Ludwig Hoffmann

Mathematisches Wörterbuch

Alphabetische Zusammenstellung

Ludwig Hoffmann

Mathematisches Wörterbuch
Alphabetische Zusammenstellung

ISBN/EAN: 9783741165788

Hergestellt in Europa, USA, Kanada, Australien, Japan

Cover: Foto ©Thomas Meinert / pixelio.de

Manufactured and distributed by brebook publishing software
(www.brebook.com)

Ludwig Hoffmann

Mathematisches Wörterbuch

MATHEMATISCHES

WÖRTERBUCH

ALPHABETISCHE ZUSAMMENSTELLUNG

SÄMMTLICHER

IN DIE MATHEMATISCHEN WISSENSCHAFTEN GEHÖRENDER GEGENSTÄNDE IN ERKLÄRENDEN UND BEWEISENDEN SYNTHETISCH UND ANALYTISCH BEARBEITETEN ABHANDLUNGEN

VON

LUDWIG HOFFMANN

BAUMEISTER IN BERLIN.

III. BAND

E—J.

BERLIN

VERLAG VON GUSTAV BOSSELMANN

1861.

Ebene. Eine Ebene ist eine Fläche von der Beschaffenheit, daſs wenn 2 in derselben gelegene beliebige Punkte durch eine gerade Linie verbunden werden, diese Linie mit allen ihren Punkten in der Ebene sich befindet.

Jede andere gerade Linie, welche gegen die Ebene geführt wird, berührt die E. in nur einem Punkt und verlängert schneidet sie die E. in diesem Punkt. In dem ersten Fall steht die gerade L. auf der E., deren Berührungspunkt heiſst der Standpunkt oder Fuſspunkt der geraden Linie.

Hat eine gerade L. eine solche Lage gegen die E., daſs sie dieselbe nicht berührt oder schneidet, so weit man beide auch verlängern mag, so läuft die gerade L. mit der E. parallel.

Fig. 584.

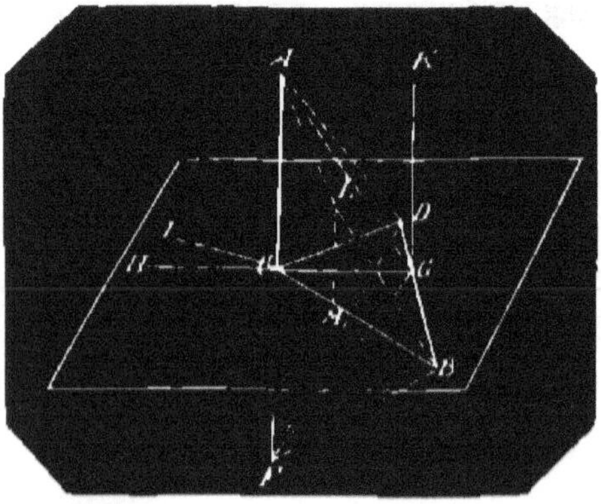

Steht eine gerade L. auf einer E. der Art, daſs sie mit allen durch ihren Standpunkt gezogenen in der Ebene befindlichen geraden Linien rechte Winkel bildet, so heiſst die Linie winkelrecht, lothrecht, normal auf der E., sie ist ein Loth auf der E. Jede gerade Linie, die auf einer E. nicht lothrecht steht, heiſst schief oder schräg.

2. Steht eine gerade L. auf zweien in einer Ebene durch ihren Standpunkt gezogenen geraden Linien lothrecht, so ist sie ein Loht auf der Ebene.

Denn ist AC mit den beiden in der Ebene gelegenen geraden Linien CB und CD lothrecht und CG eine beliebige andere durch C in derselben E gezogene gerade L, und man zieht eine beliebige gerade Linie BD, welche die 3 Linien CB, CD, CG schneidet, verlängert AC bis CF, so daſs $CF = CA$, und zieht die Linien von A und F nach den Punkten B, D, G, so sind auch die $\angle BCF$ und DCF rechte Winkel, folglich ist

	$\triangle ABC \cong \triangle FBC$
und	$\triangle ACD \cong \triangle FDC$
folglich	$AB = FB$
und	$AD = FD$
hierzu	$BD = BD$
folglich	$\triangle ABD \cong \triangle FBD$
also	$\angle ABG = \angle FBG$
hierzu	$BG = BG$
folglich	$\triangle ABG \cong \triangle FBG$
also	$AG = FG$
hierzu	$AC = FC$
und	$CG = CG$
folglich	$\triangle ACG \cong \triangle FCG$

und hieraus $\angle ACG = \angle FCG$ die als Nebenwinkel zusammen = 2 rechten Winkeln sind, und also $\angle ACG = R\angle$.

Da nun CG eine ganz beliebig gewählte Linie ist, so bildet auch AC mit jeder durch C in der E gezogenen geraden L. einen rechten Winkel.

3. 3 beliebig im Raum gegebene Punkte bestimmen die Lage einer Ebene und durch solche 3 Punkte ist nur eine E. und nicht noch eine zweite möglich.

Denn sind die 3 Punkte B, C, D gegeben und man verbindet dieselben durch gerade Linien, so muſs die gerade Linie BD mit den Punkten B und D in derselben Ebene liegen; desgleichen die Linie CD mit den Punkten C und D und die Linie BC mit den Punkten B und C in einerlei Ebene. Wollte man nun annehmen, daſs die 3 Punkte B, C, D nicht nur in der Ebene BCD sondern noch in einer zweiten Ebene lägen, so existirt ein auſserhalb BCD liegender Punkt, z. B. A in der 2ten Ebene, und da diese zweite Ebene die erste in CD, in BC und zugleich in BD schneiden müſste, so würden die drei Dreiecke ACD, ABC und ABD in dieser zweiten E. zugleich sich befinden müssen; jedes dieser Dreiecke schlieſst aber einen der gegebenen Punkte als auſserhalb liegend von der zweiten Ebene aus. Es folgt hieraus:

Die Schenkel eines geradlinigen Winkels liegen nur in einer Ebene. Zwei sich schneidende gerade Linien, zwei mit einander parallel laufende Linien liegen nur in einer E.

Zwei Ebenen schneiden sich in einer geraden Linie, denn schnitten sie sich in noch einem auſserhalb der graden L. liegenden Punkt, so würde dieser mit noch zweien beliebigen Punkten der geraden Linie zusammen 3 Punkte ausmachen, zwischen welche nicht zwei Ebenen zu legen sind.

4. Wenn von zweien sich schneidenden Linien die eine lothrecht auf einer Ebene ist, so ist die andere nicht lothrecht auf derselben E.

Denn legt man durch die beiden sich schneidenden Linien eine E., so muſs diese die erstere E. schneiden. Es sei AC auf der E. in C lothrecht, AB die zweite, die AC in A schneidende gerade L., und CB die Durchschnittslinie zwischen beiden Ebenen CDB und ACB, so ist $\angle ACB$ ein rechter $\angle$ in dem $\triangle ACB$, folglich muſs $\angle ABC$ spitz und AB kann kein Loth auf E sein.

Hieraus folgt, daſs in einem Punkt einer E. immer nur ein Loth errichtet und von einem Punkt auſserhalb einer E. auf dieselbe nur ein Loth gefällt werden kann.

5. Sind auf einer geraden Linie in einem ihrer Punkte mehrere winkelrechte Linien errichtet, so liegen diese alle in einer E. Denn es seien auf der geraden Linie AC in C die Lothe CD, CB, CH errichtet, und man legt durch CD und CB eine E., so ist AC ein Loth auf dieser E., weil die beiden $\angle ACD$ und ACB rechte sind. Gesetzt nun CH läge nicht in derselben E., und man legt durch ACH eine E., welche die erstere E. in CJ schneidet, so ist nach No. 2, $\angle ACJ$ ein rechter; da aber auch ACH ein rechter $\angle$ ist, so müssen CJ und CH zusammenfallen.

6. Die von einem Punkt A auf eine E. gefällte lothrechte ist die kürzeste Verbindungslinie zwischen dem Punkt A und der E. Jede andere Verbindungslinie wird gröſser und um so gröſser je weiter der Standpunkt derselben von dem Standpunkt des Loths entfernt ist. AC ist die kürzeste Linie, AD ist $> AC$; ist $CD < CB$ so ist auch $AD < AB$ und sind CD und CB einander gleich so sind auch AD und AB einander gleich. Die lothrechte AC heiſst der Abstand des Punkts A von der Ebene.

7. Steht eine gerade Linie AC auf einer E. lothrecht und man fällt von irgend einem Punkt A der L. auf irgend eine in der E. liegende gerade Linie BD eine Normale AG und verbindet diesen Punkt G mit dem Standpunkt C des Loths AC durch eine gerade Linie CG, so ist auch diese mit BD normal.

Denn macht man $GD = GB$, legt durch die Dreiecke ABD, ACD, ACB und ACG Ebenen, so ist

$$DG = BG$$
$$\angle AGD = \angle AGB = R$$
$$AG = AG$$
$$\overline{\triangle AGD \cong \triangle AGB}$$

folglich $AD = AB$
hierzu $AC = AC$
und $\angle ACD = ACB = R$

$$\overline{\triangle ACD \cong \triangle ACB}$$

folglich $CD = CB$
hierzu $CG = CG$
und $DG = BG$

$$\overline{\triangle CDG \cong \triangle CBG}$$

folglich $\angle CGD = \angle CGB = R$

Eben so wird bewiesen, daſs wenn die Linie CG auf die beliebige in der E. befindliche gerade Linie BD normal ist, die von irgend einem Punkt A des Loths CA nach G gezogene gerade Linie AG auf BD normal ist.

8. 2 gerade Linien, die auf einer E. senkrecht stehen, sind mit einander parallel.

Denn sind AC und KG lothrecht auf der E. und man verbindet beider Standpunkte C und G durch CG, zieht in der E. auf CG die Normale BD und die Linie AG so ist auch AG auf BD normal; da nun auch GK auf BD normal ist, so liegen die 3 geraden Linien GC, GA und GK in einerlei Ebene, und da in derselben $\angle ACG = R = \angle CGK$ so ist AC ‡ KG.

Eben so wird bewiesen, daſs wenn von 2 parallelen L. die eine lothrecht auf einer E. ist auch die andere auf derselben E. lothrecht steht.

9. Hieraus folgt, daſs zwei gerade Linien im Raum mit einander ‡ sind wenn jede von beiden mit einer dritten ‡ ist.

Ferner, daſs zwei Winkel im Raum einander gleich sind, wenn ihre Schenkel je 2 und 2 nach derselben Seite der Verbindungslinie ihrer Scheitelpunkte mit einander parallel laufen.

10. Werden aus beliebigen Punkten einer auf einer E. schräg stehenden geraden L. auf die E. Lothe gefällt, so liegen deren Standpunkte mit dem Standpunkt der schrägen in derselben geraden Linie; denn fällt man die Lothe AC, LM der schrägen AB auf die E., so befinden sich AC und LM in einerlei E., und zwar, da sie mit der Linie AB zwei Punkte A und L gemein haben in derselben E., in welcher AB liegt; legt man daher durch die Linien AC, LM und AB die ihnen gemeinschaftliche E., so schneidet diese die erste Ebene in einer geraden Linie und in dieser liegen also auch die Standpunkte jener Linien.

Die gerade Linie, in welcher die Standpunkte sämmtlicher Lothe einer schräg auf einer E. befindlichen geraden L. liegen, heiſst die **Projection** der schrägen L. auf der E.

11. Der Winkel, den eine schräge L. mit ihrer Projection auf einer Ebene macht, ist der kleinste von allen anderen Winkeln, welche die schräge L. mit anderen geraden aus ihrem Standpunkt auf der E. gezogenen Linien bilden kann.

Denn ist CG die Projection der schrägen AG, AC das Loth auf der E., und man zieht eine beliebige andere gerade GB, macht diese $= GC$ und zieht AB, so ist $AB > AC$.

Nun ist in den beiden Dreiecken AGC und AGB

	$AG = AG$
	$GC = GB$
und	$AC < AB$
folglich	$\angle AGC < \angle AGB$

12. Bilden die geraden Linien GD und GB mit der Projection GC der schrägen AG gleiche Winkel, so sind auch die $\angle AGD$ und AGB, welche die Schräge AG mit GD und GB bildet einander gleich

Denn macht man $GD = GB$, so ist in den Dreiecken CDG und CBG

Fig. 585.

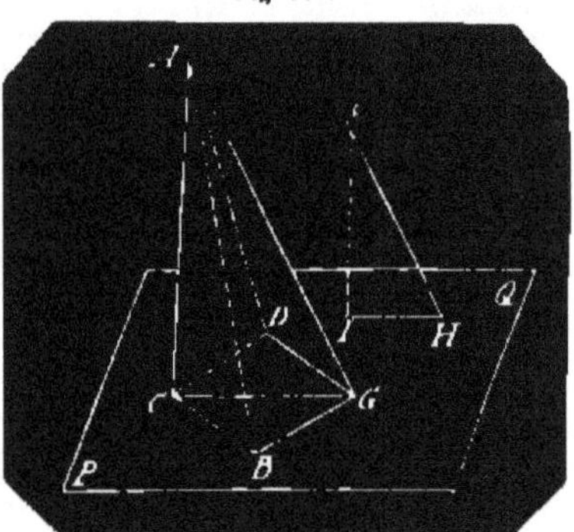

	$CG = CG$
	$GD = GB$
	$\angle DGC = \angle BGC$
daher	$\triangle DGC \cong \triangle BGC$
also	$CD = CB$
hierzu	$AC = AC$
	$\angle ACD = \angle ACB = R$
	$\triangle ACD \cong \triangle ACB$
also	$AD = AB$
hierzu	$DG = BG$
	$AG = AG$
folglich	$\triangle AGD \cong \triangle AGB$
woraus	$\angle AGD = \angle AGB$

13. Sind die Winkel, welche die Projection GC von GA mit den Linien GD und GB bilden ungleich, so sind auch die Winkel zwischen diesen Linien und der schrägen AG ungleich und zwar gehören die beiden gröſseren und die beiden kleineren Winkel zusammen.

Denn wenn man wie No. 12 beweist, so erhält man

für $\angle DGC > \angle BGC$

in den Dreiecken DGC und BGC

$$CD > BC$$

also in den bei C rechtwinkligen Dreiecken ACD und ACB

$$AD > AB$$

folglich in den Dreiecken AGD und AGB

$$\angle AGD > \angle AGB$$

14. Der Winkel AGC den eine Schräge

AG mit ihrer Projection auf einer E. bildet heifst der **Neigungswinkel** der schrägen L. gegen die E.

15. Schneidet eine von zwei parallelen Linien eine E., so trifft auch die andere dieselbe E., und beide haben mit derselben gleiche Neigungswinkel.

Denn sind AG und FH ‖ und trifft AG die Ebene PQ in G, so schneidet die E. der beiden Parallelen dieselbe Ebene PQ in einer geraden Linie, in welcher der Punkt G liegt; dieselbe Durchschnittslinie liegt aber auch in der Ebene zu welcher AG und FH gehören und folglich muſs auch FH die Ebene in einem Punkt H schneiden, so daſs die grade Linie GH in beiden Ebenen liegt. Fällt man nun die Lothe AC und FJ, so sind auch diese (nach No. 8) mit einander ‖ und nach No. 9 $\angle CAG = \angle JFH$. Zieht man nun die geraden Linien GC und HJ, so sind in den beiden Dreiecken AGC und FHJ auch die dritten $\angle AGC$ und FHJ, d. h. die Neigungswinkel der beiden Parallelen einander gleich.

16. Eine gerade Linie ist mit einer Ebene ‖, wenn sie mit einer in der Ebene liegenden geraden Linie ‖ ist.

Fig. 586.

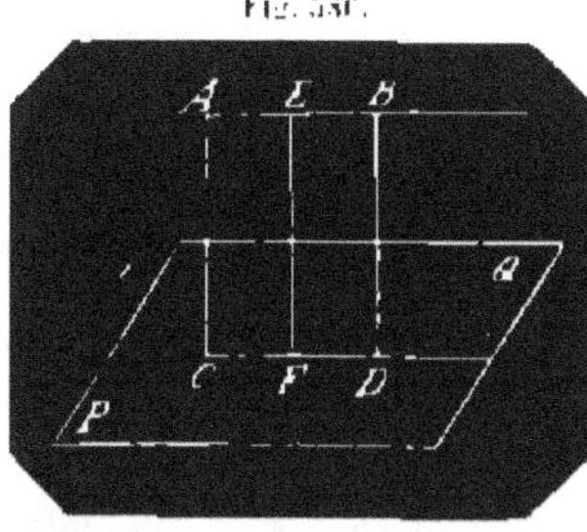

Denn ist AB auſserhalb der Ebene PQ und mit der in PQ liegenden Linie CD ‖, so liegen beide Linien in einer Ebene, welche die Ebene PQ in der geraden Linie CD schneidet. Es kann also die AB keinen Punkt auſserhalb der CD mit der Ebene PQ gemein haben, und da sie mit CD ‖ ist, so hat sie mit der Ebene PQ gar keinen Punkt gemein und ist folglich mit PQ parallel.

18. Fällt man aus beliebig vielen Punkten einer mit einer E. parallelen Linie Lothe auf die Ebene, so liegen diese alle in einerlei E. und sind gleich lang.

Denn fällt man von der mit E parallelen AB zwei Lothe AC, EF, so sind diese mit einander ‖ und liegen also in einerlei Ebene und zwar in derselben in welcher zugleich AB liegt. Verbindet man die Standpunkte C, F durch eine gerade Linie, so liegt auch diese mit den 3 Linien in derselben Ebene und ist der AE ‖, weil diese mit der E. ‖ ist, folglich sind AC und EF als Parallelen zwischen Parallelen gleich lang.

Fällt man nun von der unbegrenzten AB ein drittes Loth BD auf E, so ist BD ‖ mit AC und EF, liegt mit EF und AB in einerlei Ebene, also auch mit AC in derselben Ebene, FD liegt mit CF in einerlei Linie und $BD = EF = AC$.

17. Läuft eine gerade Linie mit einer E. ‖, und man legt durch die Linie Ebenen, welche jene E. schneiden, so sind die Durchschnittslinien unter einander und mit ersterer geraden Linie ‖.

Denn träte eine Durchschnittslinie mit der geraden L. zusammen, so müſste dies in der Ebene geschehen mit welcher die Grade ‖ ist, welches nicht sein kann. Da nun die gerade mit jeder Durchschnittslinie der sich schneidenden Ebenen ‖ ist, so sind diese auch unter einander ‖.

19. Da die Lothe aus allen Punkten einer mit einer E. parallelen geraden L. auf die Ebene gleich lang sind, so hat eine mit einer E. parallelen Linie in allen ihren Punkten einen gleichen Abstand von der Ebene.

20. Schneiden sich zwei Ebenen in einer geraden Linie AB und es werden auf dieser in verschiedenen Punkten D, H Normalen errichtet, die in beiden Ebenen liegen und nach einerlei Seite hingerichtet sind, so sind die von denselben eingeschlossenen Winkel alle einander gleich.

Fig. 587.

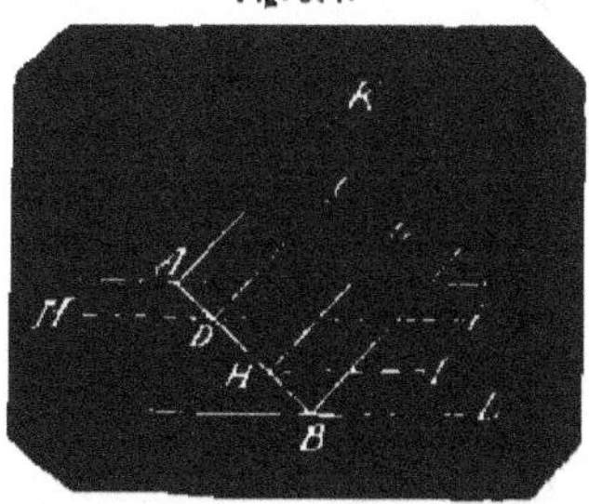

Denn sind CD und GH normal AB in der Ebene KB, so ist CD ‖ GH, eben so sind die in der Ebene AC auf AB befindlichen Normalen *FD* und *JH* einander ‡ also (nach No. 9) $\angle CDF = \angle GHJ$.

21. Ein solcher durch Normalen in einem Punkt der Durchschnittslinie zweier Ebenen gebildeter Winkel heifst der **Neigungswinkel der Ebenen**, wenn er von beiden möglichen Nebenwinkeln wie $\angle CDF$ und CDM der kleinere ist. Ist der Neigungswinkel zweier Ebenen ein Rechter, so heifsen die beiden Ebenen **normal, winkelrecht, lothrecht, perpendiculär** auf einander.

22. Wird durch eine auf einer Ebene normale gerade Linie eine E. gelegt, so sind beide Ebenen auf einander normal.

Fig. 588.

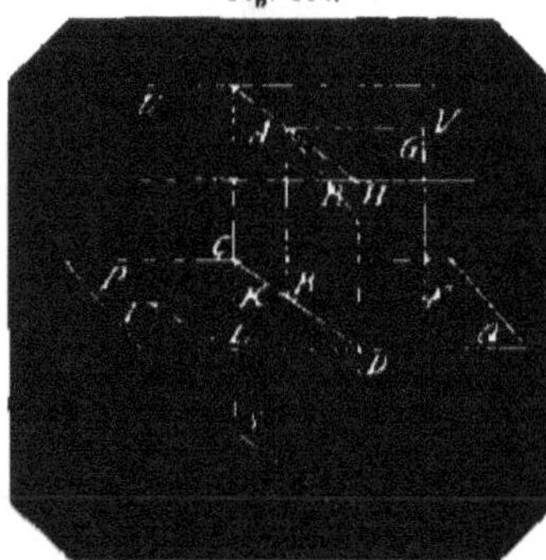

Denn ist die gerade Linie *AB* in *B* auf der Ebene *PQ* normal, und ist *RS* eine durch *AB* gelegte E., welche die *PQ* in *CD* schneidet, so ist auch *AB* auf *CD* normal. Errichtet man nun auf *CD* in *B* die in *PQ* fallende Normale *BF*, so ist *AB* auch normal *BF* und $\angle ABF$ ist ein rechter Winkel, und da dieser (nach No. 21) der Neigungswinkel zwischen beiden Ebenen ist, so sind dieselben auf einander normal.

Eben so wird bewiesen, dafs wenn man in einem Punkt der Durchschnittslinie zweier auf einander normaler Ebenen *PQ* und *RS* eine lothrechte errichtet, die in einer der beiden Ebenen liegt, diese lothrechte auch eine lothrechte auf der anderen Ebene ist.

23. Ferner wenn 2 E. auf einander normal stehen und man fällt aus einem in der einen E. befindlichen Punkt ein Loth auf die andere E., so liegt dies Loth mit allen Punkten in der ersten Ebene.

Hieraus folgt wieder, dafs wenn zwei sich schneidende Ebenen beide auf einer dritten E. normal stehen, auch deren Durchschnittslinie auf der dritten E. normal steht.

24. Haben zwei Ebenen eine solche Lage gegen einander, dafs sie sich nirgend schneiden wie viel man dieselben auch erweitern mag, so heifsen die Ebenen **parallel**, sie sind **Parallelebenen**.

25. Steht eine gerade L. auf zwei Ebenen normal, so sind beide E. ‡ mit einander.

Denn sind (Fig. 588) *A* und *B* die Standpunkte der auf den Ebenen *UV* und *PQ* gemeinschaftlichen Normalen *AB*, so ziehe in *PQ* die beliebige gerade Linie *BF* und verbinde *F* mit *A*, so ist in dem $\triangle ABF$ der $\angle ABF$ ein Rechter, folglich ist *BAF* ein spitzer Winkel. Es kann also der Punkt *F*, so weit er auch von *B* entfernt ist, kein Punkt der Ebene *UV* sein, weil sonst *AB* auf dieser Ebene nicht normal wäre, und da dies von allen in *PQ* beliebig liegenden Punkten gilt, so ist *UV* ‡ *PQ*.

26. Werden 2 parallele Ebenen von einer dritten geschnitten, so sind auch deren Durchschnittslinien mit einander parallel.

Denn da beide Durchschnittslinien in der schneidenden E. liegen, so können sie nur in dieser zusammentreffen; da sie aber zugleich in beiden parallelen E. liegen, so treffen sie nirgend zusammen und sind folglich parallel.

27. Parallele Ebenen sind überall gleich weit von einander entfernt.

Denn es seien (Fig. 588) von den beliebigen Punkten *A*, *G* der Ebene *UV* die Lothe *AB*, *GF* gefällt, so sind diese einander ‡, und liegen beide in der Ebene *AGFB*, wenn man die Linien *AG* und *BF* zieht. Es sind also *AG* und *BF* ‡ und daher ist $AB = GF$, weil diese beiden Linien Parallelen zwischen Parallelen sind, und da die Punkte *A* und *G* ganz willkührliche Punkte sind, so gilt diese Gleichheit der Lothe zwischen allen anderen Punkten der beiden Ebenen.

28. Die Ebenen zweier Winkel, deren Schenkel ‡ laufen, sind selbst mit einander parallel.

Denn sind (Fig. 588) die Schenkel *AG* und *JK*, *AH* und *JL* der $\angle GAH$ und *KJL* mit einander parallel, *UV* und *PQ* die durch die Winkel gelegten Ebenen, und man fällt das Loth *AB* auf *PQ*, zieht *BF* ‡ *JK*, *BD* ‡ *JL*, so sind (nach No. 9) diese Linien auch ‡ *AG* und *AH*. Da nun $\angle ABF = R$, so ist auch $\angle BAG = R$

und da $\angle ABD = R$, so ist auch $\angle BAH = R$, mithin ist AB normal auf PQ und UV, also nach No. 25, $UV \parallel PQ$.

29. Zwei parallele E. werden von einer dritten unter gleichen Neigungswinkeln geschnitten.

Fig. 589.

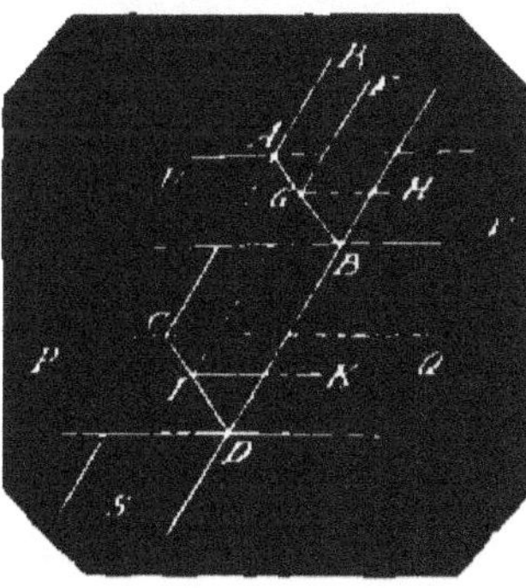

Denn sind (Fig. 589) AB und CD die beiden parallelen Linien, in welchen die beiden parallelen Ebenen UV und PQ von der Ebene RS geschnitten werden, und man errichtet in einem Punkt G der Linie AB das Loth GH in der Ebene UV und das Loth GF in der Ebene RS, so ist $\angle FGH$ der Neigungswinkel zwischen den Ebenen RS und UV. Verlängert man nun FG bis J, legt durch FJ und GH eine Ebene, welche die Ebene PQ in JK schneidet,

so ist (nach No. 26) $JK \parallel GH$

daher $\angle GJK = \angle FGH$

Da nun (nach No. 28) $CD \parallel AB$, und AB normal auf der durch FJ und GH gelegten Ebene ist, so ist auch CD dieser E. normal, folglich CD auch normal auf GJ und JK, also $\angle DJF = R$ und $\angle DJK = R$, folglich GJK der Neigungswinkel zwischen den Ebenen RS und PQ und dem Neigungswinkel FDH gleich.

30. Werden 2 Ebenen von einer dritten unter parallelen Linien und unter gleichen auf derselben Seite der schneidenden E. liegenden Neigungswinkeln geschnitten, so sind die E. parallel.

Denn ist $AB \parallel CD$ und man errichtet in J die Normale JF auf CD, so ist sie auch normal auf AB, errichtet man nun die Normalen GH auf AB in UV und JK auf CD in PQ so sind $\angle FGH$ und FJK die Neigungswinkel zwischen den Ebenen RS und UV und RS und PQ.

Sind nun diese Winkel einander gleich, so sind auch die Linien JK und GH parallel, da nun auch die Linien CD und AB parallel sind, so sind nach No. 26 die Ebenen PQ und UV parallel.

Folgende Sätze sind sehr leicht zu beweisen.

31. Wenn eine gerade Linie eine von 2 parallelen Ebenen schneidet, so schneidet sie auch die andere Ebene.

32. Wenn eine Ebene eine von 2 parallelen Ebenen schneidet, so schneidet sie auch die andere Ebene.

33. Wenn zwei E. einer dritten parallel sind, so sind sie unter einander parallel.

Ebenenwinkel oder **Flächenwinkel** ist der Winkel, den zwei zusammentreffende Ebenen mit einander bilden; er wird durch den Neigungswinkel beider Ebenen gemessen (s. Ebene No 20).

Ecke, Körperecke ist die Vereinigung mehrerer ebenen Winkel, von denen je zwei und zwei einen gemeinschaftlichen Schenkel haben und die in verschiedenen Ebenen liegen um eine gemeinschaftliche Spitze. Die gemeinschaftlichen Schenkel aller Winkelpaare oder die Durchschnittslinien der Ebenen dieser Winkel heissen die Kanten, die Winkel selbst die Seiten und die gemeinschaftliche Spitze aller Winkel die Spitze der Ecke. Die Neigungswinkel je zweier in einer Kante zusammentreffenden Ebenen heissen die Winkel der Ecke. Sind diese Winkel, welche von den Seiten eingeschlossen werden einzeln kleiner als zwei Rechte, so heisst die Ecke erhaben oder eine Ecke mit ausspringenden Winkeln. Sind die Winkel einzeln grösser als zwei Rechte, so heisst die Ecke hohl oder eine Ecke mit einspringenden Winkeln. Die Ecken werden ferner nach der Anzahl ihrer Seiten dreiseitige, vier, fünf ....seitige genannt; die dreiseitigen Ecken heissen auch Körperdreiecke.

2. In jeder dreiseitigen Ecke sind je zwei Seiten zusammengenommen grösser als die dritte Seite.

In der Ecke $ABDC$ mit der Spitze C seien die Seiten BCD und ACD einzeln kleiner als die Seite ACB, so ist zu beweisen dass

$$ACB < ACD + BCD$$

Man nehme von der Seite ACB einen Theil $ACE = ACD$, ziehe die beliebige gerade Linie AB, welche die CE in E

schneidet, mache $CD = CE$ und ziehe die Linien AD und BD,

Fig. 590.

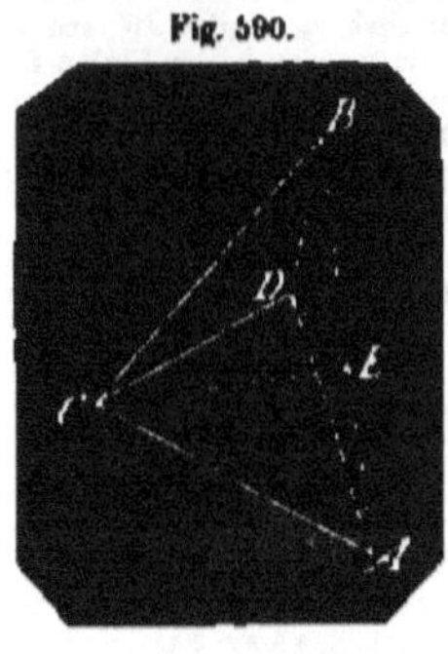

so ist	$\triangle ACD \cong \triangle ACE$
hieraus	$AD = AE$
nun ist	$AD + BD > AB$
d. h.	$AD + BD > AE + BE$
folglich	$BD > BE$
hierzu	$CD = CE$
und	$BC = BC$

folglich liegt in den Dreiecken BCD und BCE der gröfseren Seite BD der gröfsere $\angle BCD$ und der kleineren Seite BE der kleinere $\angle BCE$ gegenüber, also

	$\angle BCD > \angle BCE$
hierzu	$\angle ACD = \angle ACE$
folglich	$\angle ACD + \angle BCD > \angle ACB$

3. Hieraus folgt: wenn 3 gerade Linien von einem Punkt aus der Art gezogen sind, dafs von den 3 Winkeln, welche diese Linien mit einander bilden je 2 gröfser sind als der dritte, so liegen die 3 Linien nicht in einer Ebene sondern bilden eine dreiseitige Ecke.

4. In jeder dreiseitigen oder mehrseitigen erhabenen Ecke betragen die Seiten zusammengenommen weniger als 4 Rechte.

Denn schneidet man sämmtliche Kanten der vielseitigen Ecke C durch eine Ebene $AB \ldots G$, so bildet diese ein Vieleck von so vielen Seiten als die Ecke Seiten hat, deren Seiten bilden mit der Spitze C der Ecke eben so viele Dreiecke und deren Winkelpunkte $AB \ldots G$ mit

Fig. 591.

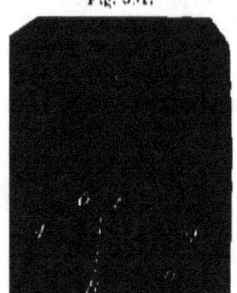

jenen Dreiecksflächen $ABC \ldots$ eben so viele dreiseitige Ecken

Nun hat man die Summe der 3 Winkel eines jeden Dreiecks wie $CAB = 2$ Rechten, also

$$\angle CAB + \angle CBA = 2R - \angle ACB$$
$$\angle CBD + \angle CDB = 2R - \angle BCD$$
. . . .

Sind nun n solcher Dreiecke vorhanden, so ist die Summe links, nämlich die Summe sämmtlicher an den Vieleckseiten befindlichen Dreieckswinkel $= 2nR$ weniger der Summe sämmtlicher n Seiten der Ecke.

Ferner ist die Summe sämmtlicher Umfangswinkel der Vielecks:

$$\angle GAB + \angle ABD + \ldots\ldots = 2nR - 4R$$

und von jenen Dreieckswinkeln sind nach No. 2 immer 2 gröfser als der anliegende Umfangswinkel, wie

$$\angle CAG + \angle CAB > \angle GAB$$
$$\angle CBA + \angle CBD > \angle ABD$$
. . . .

folglich ist auch die den links stehenden Dreieckswinkeln gleiche Summe

$2nR - (\angle ACB + \angle BCD + \ldots\ldots \angle GCA)$ gröfser als die sämmtlichen Umfangswinkeln gleiche Summe $2nR - 4R$ oder es ist

$$2nR - (\angle ACB + \angle BCD + \ldots\ldots \angle GCA) > 2nR - 4R$$

woraus

$$\angle ACB + \angle BCD + \ldots \angle GCA < 4R.$$

5. Errichtet man in der Spitze einer Ecke auf deren Seiten Normalen, legt durch je 2 und 2 neben einander stehende derselben Ebenen, so entsteht eine neue Ecke. In beiden Ecken sind die Seiten der einen die Ergänzungen der Winkel der anderen Ecke zu 2 rechten Winkeln.

Es seien ACB und BCD zwei Seiten einer Ecke mit der gemeinschaftlichen Kante CB, FC eine Normale auf der Seite

ACB also auch auf der Kante *CB*, und *CG* normal auf der Seite *BCD* also auch auf der Kante *CB*.

Fig. 592.

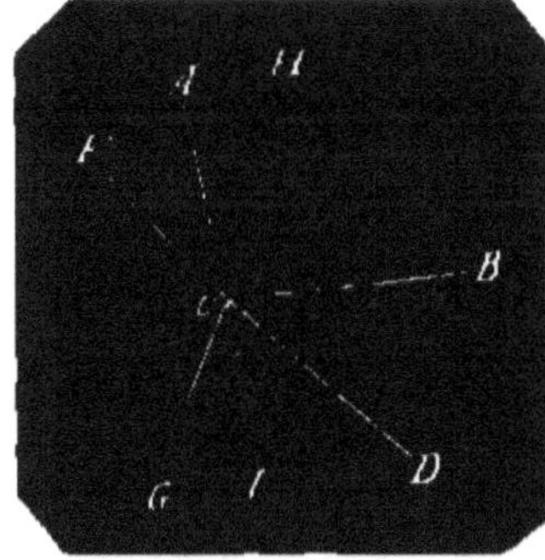

Construirt man nun den Neigungswinkel *HCJ* der beiden Seiten *ACB* und *BCD*, so dafs *CH* in der Seite *ACB* normal *BC* und *CJ* in der Seite *BCD* normal *BC* ist, so sind die Linien *CH*, *CF*, *CJ*, *CG* alle normal auf *CB* und liegen in einerlei Ebene (s. Ebene No. 5) und deren Winkel sind in Summa = 4 Rechten.

Nun liegt *CH* in der Ebene *ACB* auf welcher *CF* normal steht, es ist also $\angle FCH = R$, und *CJ* liegt in der Ebene *BCD* auf welcher *CG* normal steht, es ist also $\angle JCG = R$ demnach $\angle FCG + \angle HCJ = 2R$

d. h. die Seite *FCG* der neuen Ecke ergänzt den Winkel *HCJ* der alten Ecke zu $2R$, und dies gilt von allen übrigen Seiten der neuen Ecke.

Nun ist *GC* auf der Ebene *BCD* normal, also auch auf deren Kante *BC*; *FC* ist auf der Ebene *ACB* normal, also auch auf deren Kante *BC*. Gegenseitig also ist die Kante *BC* auf den Kanten *GC* und *FC* normal, also normal auf der Ebene *ACG*, d. h. auf der Seite der neuen Ecke und dies gilt von allen übrigen Kanten der gegebenen Ecke in Beziehung auf die übrigen Seiten der neuen Ecke. Mithin steht die neue Ecke zu der gegebenen Ecke in derselben Beziehung wie die gegebene Ecke zu der neuen Ecke und folglich ergänzen die Seiten der gegebenen Ecke die Winkel der neuen Ecke zu 2 Rechten.

6. Man nennt daher von den beiden wie No. 5 construirten Ecken die eine die **Supplementsecke** oder die **Ergänzungsecke** der anderen.

7. **In einer $n$seitigen Ecke ist die Summe sämmtlicher Winkel gröfser als $(2n-4)R$ und kleiner als $2n$ Rechten Winkeln.**

Denn bezeichnet man die Winkel der Ecke mit α, β, γ, δ.... die zu diesen gehörenden Seiten der Supplementarecke mit a, b, c, d... so ist nach No. 6

$$\alpha + a = 2R$$
$$\beta + b = 2R$$
$$\gamma + c = 2R$$
$$\cdots\cdots\cdots$$

mithin $$\alpha + \beta + \gamma + \ldots + a + b + c + \ldots = n \cdot 2R \qquad (1)$$

folglich sind die $\angle \alpha + \beta + \gamma + \delta + \ldots$ immer kleiner als $2nR\angle$.

Nach No. 4 ist die Summe der Seiten einer Ecke immer kleiner als $4R$, oder

$$a + b + c + d + \ldots < 4R \qquad (2)$$

diese Vergleichung mit Gl. 1 verbunden gibt

$$\alpha + \beta + \gamma + \delta + \ldots > (2n-4)R$$

8. **Wenn die Kanten einer Ecke über den Scheitel hinaus verlängert werden und man betrachtet diese Verlängerungen als Kanten einer neuen Ecke, so sind die Seiten und Winkel in beiden Ecken einander gleich aber in entgegengesetzter Anordnung, so dafs die Ecken nicht zur Congruenz gebracht werden können.**

Es folgt die Gleichheit der Seiten und der Winkel von einerlei Bezeichnung unmittelbar aus der Construction, eben so die entgegengesetzte Anordnung der einzelnen Stücke der Ecke der Reihenfolge nach, also keine Congruenz der Ecken sondern **symmetrische Gleichheit**, wie es mit beiden Hän-

Fig. 593.

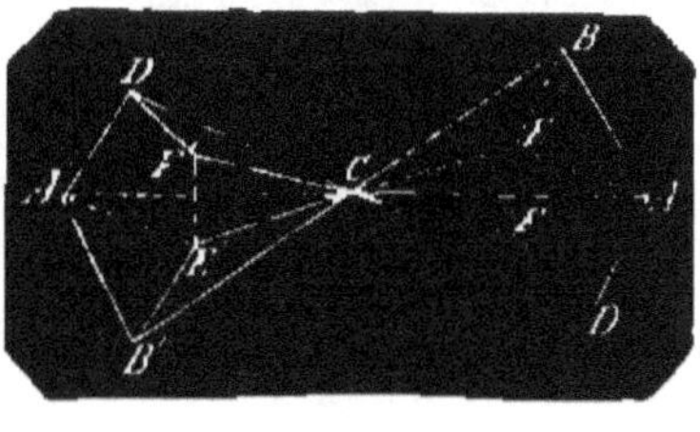

den und Füfsen eines Menschen statt findet.

9. Wenn in 2 dreiseitigen Ecken 2 Seiten und die von ihnen eingeschlossenen Winkel einzeln gleich sind, so sind die beiden Ecken entweder ≌ oder symmetrisch gleich.

Wenn in zwei Ecken wie $ABEC$ und $A'B'E'C$ mit der gemeinschaftlichen Spitze C, Seite ACB = Seite $A'CB'$, Seite ACE = Seite $A'CE'$ und die eingeschlossenen $\angle BACE = \angle B'A'CE'$, beide in einerlei Anordnung, so lassen sich beide Ecken mit den gleichen Stücken in einander schieben und sie congruiren. Liegt aber, wie hier, die Kante CE' so, dafs sie in die Ebene ACB fällt, und die Kante CA' so, dafs sie in die Ebene BCE fällt, wenn man beide Ecken in einander schieben will, so sind beide Ecken symmetrisch gleich, die Seite $B'CE'$ fällt auf die Seite BCA und die Seite $B'CA'$ auf die Seite BCE.

10. In einer dreiseitigen Ecke liegen gleiche Winkel gleichen Seiten und gleiche Seiten gleichen Winkeln gegenüber.

Denn ist in der Ecke $BADC$ (Fig. 590) die Seite BCD = der Seite ACD und man halbirt durch eine Ebene DCE den Flächenwinkel $ADCB$, so hat man 2 Ecken $BDEC$ und $ADEC$.

In beiden ist

Seite ACD = Seite BCD

Seite DCE = Seite DCE

und $\angle ADCE = \angle BDCE$

daher die Ecke $ADEC$ ≌ oder symmetrisch gleich der Ecke $BDEC$

folglich $\angle DCBE = \angle DACE$

Sind in 2 Ecken zwei Winkel einander gleich, so denke man sich die Supplementsecke construirt; in dieser sind dann die Seiten die Supplemente der in der ersten Ecke befindlichen Winkel, diese Seiten sind also einander gleich, folglich auch die ihnen gegenüberliegenden Winkel und diese sind die Supplemente der in der ersten Ecke liegenden Seiten, welche daher einander gleich sind.

11. In jeder dreiseitigen Ecke liegt dem gröfseren Winkel die gröfsere Seite und der gröfseren Seite der gröfsere Winkel gegenüber.

Denn ist in der Ecke $BADC$, $\angle ADCB > \angle DACB$ und man legt durch die Kante CD eine Ebene DCE so dafs

$\angle ADCE = \angle DACE$

so ist Seite DCE = Seite ACE

hierzu Seite BCE = Seite BCE

daher $DCE + BCE = BCA$

aber $DCE + BCE > BCD$ (nach No. 2)

folglich Seite BCA > Seite BCD

Gegenseitig liegt auch der gröfseren Seite der gröfsere Winkel gegenüber, denn wenn $BCA > BCD$ und man wollte annehmen, dafs $\angle ADCB = \angle BACD$, so würde nach No. 10 auch Seite ACB = Seite BCD sein; und wollte man annehmen, dafs $\angle ADCB < \angle BCAD$, so würde nach dem ersten Theil dieses Satzes Seite BCA < Seite BCD sein müssen.

12. Sind in 2 dreiseitigen Ecken 2 Seiten der einen zweien Seiten der anderen einzeln gleich, die von den Seiten eingeschlossenen Winkel aber ungleich, so liegt dem gröfseren Winkel auch die gröfsere Seite gegenüber.

Denn ist in der Ecke $abdc$ und in der Ecke $ABDC$ Seite acd = Seite ACD

Seite bcd = Seite BCD

$\angle adcb < \angle ADCB$

so kann man durch die Kante CD eine Ebene DCE führen, so dafs $\angle ACDE = \angle acdb$. Diese Ebene schneidet die Seite ACB in einer geraden Linie CE, wenn also die neue Seite DCE der zugehörigen Seite dcb in der zweiten Ecke gleich ist, so ist die neue Ecke $ADEC$ = der zweiten Ecke $adbc$ und Seite ACB > Seite acb.

Fig. 591.

Ist die Seite $dcb < DCE$

so sei $DCF = dcb$

Nun ist in der Ecke $DBEC$

Seite $DCB + BCE > DCE$

hierzu $ACE = ACE$

gibt $DCB + ACB > DCE + ACE$ (1)

Ferner ist in der Ecke $AEFC$

Seite $ECF + ACE > ACF$

hierzu $DCF = DCF$

gibt $DCE + ACE > ACF + DCF$ (2)

hierzu Vergleichung 1 addirt gibt

$DCB + ACB > ACF + DCF$

Nun ist Seite $DCB = dcb = DCF$

folglich $ACB > (ACF = acb)$

Ist die Seite $dcb > DCE$, so sei $DCG = dcb$

dann ist in der Ecke $BDEC$

Seite $BCE + DCE > BCD$

und in der Ecke $AGEC$

ist Seite $GCE + ACE > ACG$

addirt gibt $BCA + DCG > BCD + ACG$

Nun ist Seite $acb =$

$DCG = BCD$

daher Seite $BCA > (ACG = acb)$

13. Sind in zwei dreiseitigen Ecken 3 Seiten der einen den 3 Seiten der anderen einzeln gleich, so sind auch die 3 Winkel, die den gleichen Seiten gegenüber liegen einander gleich; und sind die 3 Winkel einzeln einander gleich so sind es auch die den gleichen Winkeln gegenüberliegenden Seiten.

Es folgt der erste Theil des Satzes unmittelbar aus dem vorigen Satz. Denn lägen den gleichen Seiten ungleiche Winkel gegenüber, so wären ungleiche Winkel von einzelnen gleichen Seiten eingeschlossen; nach dem vorigen Satz müßten aber die diesen ungleichen Winkeln gegenüberliegende Seiten ungleich sein, welches gegen die Voraussetzung ist.

Für den zweiten Theil denke man sich zu der Ecke die Supplementsecke, in welcher nach No. 5 die Seiten die Supplemente der in der ersten Ecke befindlichen Winkel sind, so hat man hier nach dem ersten Theil des Satzes die Winkel gleich also auch deren Supplemente und diese sind die Seiten der ersten Ecke.

14. Eine dreiseitige Ecke wird durch 2 Seiten und dem einer von beiden gegenüberliegenden Winkel bestimmt.

1. Wenn der Winkel und die anliegende Seite jede kleiner als ein Rechter, die gegenüberliegende Seite aber größer als die anliegende Seite ist.
2. Wenn der Winkel kleiner als ein Rechter ist, die anliegende Seite größer als ein Rechter und die Summe beider Seiten größer ist als 2 rechte Winkel
3. Wenn der Winkel größer als 1 Rechter, die anliegende Seite kleiner als ein Rechter ist, die Summe der beiden Seiten aber kleiner ist als 2 Rechte.
4. Wenn der Winkel größer als ein Rechter, die anliegende Seite größer als 1 Rechter ist und die gegenüberliegende Seite kleiner ist als die anliegende.

ad 1. Es sei $ABCS$ eine dreiseitige Ecke, der Winkel $BASC$ ist $< 90°$, die anliegende Seite $ASC < 90°$ und die gegenüberliegende Seite $BSC > ASC$. Fällt man aus C das Loth CD auf die Seite ASB, zieht DS so ist $\angle CSD$ der Neigungswinkel der Kante CS gegen die Ebene ASB, der kleinste unter allen Winkeln, die CS mit einer aus S auf der Ebene ASB gezogenen Linie bildet, und da nach Voraussetzung $\angle BSC > \angle ASC$, so ist auch $\angle BSD > \angle ASD$ (s. Ebene No. 13). Innerhalb des $\angle ASD$ kann also von S aus keine Linie SB' gezogen werden, so daß $\angle CSB' = \angle CSB$ wird, und jede Linie SB' die in der Ebene ASB links über B hinausgezogen wird, würde wieder einen $\angle LSB'$ geben, der größer als LSB wird, mithin ist die Ecke vollkommen bestimmt.

Fig. 597.

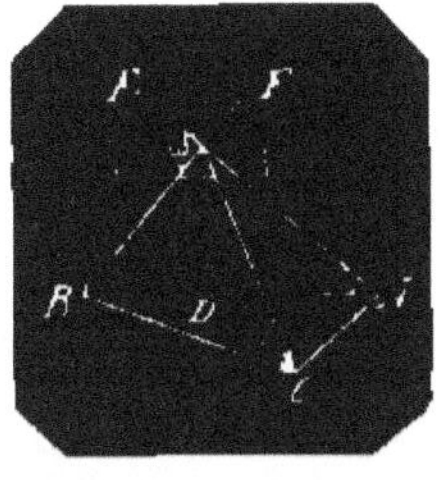

ad. 2. Es seien in der Ecke $ABCS$ die Seiten BSC und ASC und der der Seite BSC gegenüberliegende $\angle BASC$ gegeben.

$\angle BASC < 90°$

Seite $ASC > 90°$

Seite $ASC + BSC > 180°$

so daß Seite $BSC <$ und $> 90°$ sein kann.

Verlängert man nun die Kante AS um ein beliebiges Stück SE, zieht EB und EC, legt durch ESC eine Ebene, so entsteht eine Nebenecke $BCES$. In dieser ist

Seite $ESC = 180° - ASC$

und da Seite $ASC > 90°$

so ist Seite $ESC < 90°$

ferner ist

$\angle BESC = \angle BASC < 90°$

und Seite $ASC + ESC = 180°$

da nun $ASC + BSC > 180°$

so ist Seite $ESC < BSC$

Es ist also in der Nebenecke $BCES$ der $\angle BESC < 90°$, die ihm anliegende Seite $ESC < 90°$, die dem Winkel gegenüberliegende Seite $BSC >$ als die anliegende ESC, mithin der erste Fall des Satzes, es ist also die anliegende Ecke bestimmt, und folglich ist es auch die gegebene Ecke.

ad 3. Es seien in der Ecke $ABCS$ die Seiten ASC und BSC und der der Seite ASC gegenüberliegende $\angle ABSC$ gegeben

$$\angle ABSC > 90^\circ$$
$$\text{Seite } BSC < 90^\circ$$
$$\text{Seite } BSC + ASC < 180^\circ$$

Verlängert man nun die Kante AS um ein Stück SE, construirt wie ad 3, so ist in der Nebenecke $BCES$

	$\angle EBSC + \angle ABSC = 180^\circ$
da nun	$\angle ABSC > 90^\circ$
so ist	$\angle EBSC < 90^\circ$,
Ferner ist	Seite $ASC + ESC = 180^\circ$
da nun	Seite $ASC + BSC < 180^\circ$
so ist	Seite $ESC > BSC$

Es ist also in der Nebenecke $BCES$ der $\angle EBSC < 90^\circ$, die ihm anliegende Seite BSC ist $< 90^\circ$ und die ihm gegenüberliegende Seite $ESC >$ als die anliegende. Folglich ist nach No. 1 des Satzes nur eine Nebenecke möglich und folglich auch nur eine gegebene Ecke

ad 4. In der Ecke $ABCS$ seien die Seiten BSC und ASC und der der Seite ASC gegenüberliegende $\angle ABSC$ gegeben.

$$\angle ABSC > 90^\circ$$
$$\text{Seite } BSC > 90^\circ$$
$$\text{Seite } ASC < BSC$$

Verlängert man die Kanten der beiden Seiten AS und BS, welche die ihnen gemeinschaftliche Kante CS einschliefsen um die beliebigen Stücke SE und SF, so entsteht eine Nebenecke $CEFS$.

In dieser ist	$\angle EFSC + ABSC = 180^\circ$
da nun	$\angle ABSC > 90^\circ$
so ist	$\angle EFSC < 90^\circ$
ferner ist	Seite $ESC + ASC = 180^\circ$
eben so	$FSC + BSC = 180^\circ$
aber	Seite $ASC < BSC$
folglich	Seite $ESC > FSC$

In der Nebenecke $CEFS$ ist also der $\angle EFSC < 90^\circ$, die ihm anliegende Seite $FSC = 180^\circ - BSC$ ist, da Seite $BSC > 90^\circ$ ist, $< 90^\circ$ und die dem $\angle$ gegenüberliegende Seite $ESC >$ als die anliegende FSC, folglich ist nach No. 1 des Satzes nur eine Nebenecke und folglich auch nur eine gegebene Ecke möglich.

15. Sind in 2 dreiseitigen Ecken 2 Seiten und ein gegenüberliegender Winkel eben den Stücken der anderen einzeln gleich und findet eine der 4 Bedingungen des vorigen Satzes statt, so sind die Ecken entweder $\cong$ oder symmetrisch gleich.

Denn sind die gegebenen Bestimmungsstücke in beiden Ecken in gleicher Anordnung neben einander, so sind die Ecken nach dem vorigen Satz $\cong$, sind sie in entgegengesetzter Anordnung neben einander und man construirt von der einen Ecke die Scheitelecke (No. 8) so ist diese ihrer zugehörigen Ecke symmetrisch gleich, und da in ihr die Stücke nun in gleicher Anordnung mit denen der zweiten Ecke liegen, so ist sie dieser zweiten Ecke $\cong$, folglich diese zweite Ecke der ersten symmetrisch gleich.

16. Zwei dreiseitige Ecken sind entweder $\cong$ oder symmetrisch gleich, wenn eine Seite und die beiden ihr anliegenden Winkel der einen eben den Stücken der anderen Ecke einzeln = sind.

Denn sind die gleichen Stücke in beiden Ecken in einerlei Anordnung, so erfolgt die Congruenz beider durch die blofse Anschauung wenn man eine Ecke in die andere legt; ist deren Anordnung in beiden Ecken entgegengesetzt und man construirt von einer die Scheitelecke, so ist diese $\cong$ der zweiten Ecke, diese also symmetrisch gleich der ersten Ecke.

17. Zwei dreiseitige Ecken sind entweder $\cong$ oder symmetrisch gleich wenn eine Seite ein anliegender und ein gegenüberliegender Winkel in der einen Ecke denselben Stücken der anderen Ecke einzeln gleich sind und wenn die 4 Bedingungen des Satzes No. 14 statt finden, jedoch so, dafs die dortigen Bedingungen für die Seiten und den Winkel hier für die Winkel und die Seite gelten.

Nennt man die gegebene Seite a, den dieser gegenüberliegenden Winkel α, den ihr anliegenden β, und man construirt die Supplementarecken, so sind die gegebenen Ecken $\cong$ wenn die Supplementarecken $\cong$ sind. In den Supplementarecken wird nun der Winkel $= 180^\circ - a$; die gegenüberliegende Seite $= 180^\circ - \alpha$ und die anliegende Seite $= 180^\circ - \beta$.

Ist nun mit No. 14, 1:

$$a < 90^\circ$$
$$\beta < 90^\circ$$
$$\alpha > \beta$$

so ist in den Supplementarecken
der $\angle(180^\circ - a) > 90^\circ$
die anliegende Seite $(180^\circ - \beta) > 90^\circ$
die gegenüberliegende Seite

$$180^\circ - \alpha < 180^\circ - \beta$$

Dies sind die Bedingungen No. 14, 4; folglich sind die Supplementarecken und mit diesen die gegebenen Ecken $\cong$.

Ist ferner mit No. 14, 2;

$$a < 90^\circ$$
$$\beta > 90^\circ$$
$$\alpha + \beta > 180^\circ$$

so ist in den Supplementarecken
der $\angle(180^\circ - a) > 90^\circ$
die anliegende Seite $180^\circ - \beta < 90^\circ$
und $180^\circ - \alpha + 180^\circ - \beta < 180^\circ$

Dies sind die Bedingungen No. 14, 3 folglich sind die Ecken $\cong$.

Ist ferner mit No. 14, 3

$$\alpha > 90^\circ$$
$$\beta < 90^\circ$$
$$\alpha + \beta < 180^\circ$$

so ist in den Supplementarecken

der $\angle (180^\circ - \alpha) < 90^\circ$
die anliegende Seite $(180^\circ - \beta) < 90^\circ$
und $180^\circ - \alpha + 180^\circ - \beta > 180^\circ$

Dies sind die Bedingungen No. 14, 2 folglich sind die Ecken $\cong$.

Ist endlich mit No. 14, 4

$$\alpha > 90^\circ$$
$$\beta > 90^\circ$$
$$\alpha < \beta$$

so ist in den Supplementarecken
der $\angle (180^\circ - \alpha) < 90^\circ$
die anliegende Seite $(180^\circ - \beta) < 90^\circ$
und $(180^\circ - \alpha) > (180^\circ - \beta)$

Dies sind die Bedingungen No. 14, 1 folglich sind die Ecken $\cong$.

Eine entgegengesetzte Anordnung der gleichen Stücke beider Ecken gibt deren symmetrische Gleichheit (s. No. 8).

18. Zwei dreiseitige Ecken sind $\cong$ oder symmetrisch gleich wenn die drei Winkel der einen den drei Winkeln der anderen einzeln gleich sind.

Es beweist sich dieser Satz wenn man die Supplementsecken nach No. 5 bildet, indem er dann auf den No. 13 zurückgeführt wird.

19. Constructionen.

Wenn die 3 Seiten einer dreiseitigen Ecke gegeben sind so construirt man deren Winkel folgender Art.

Fig. 596.

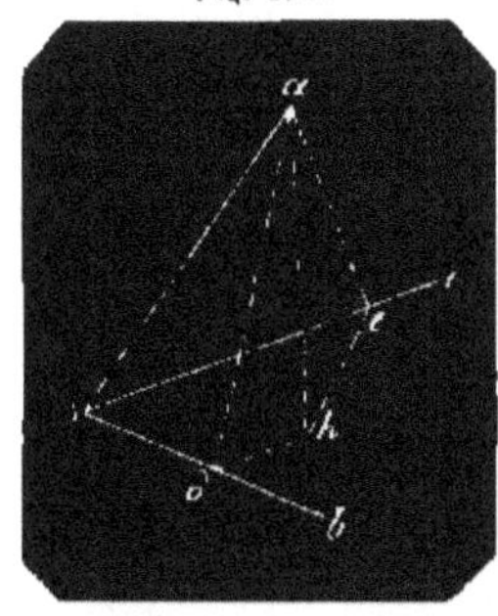

Fig. 597.

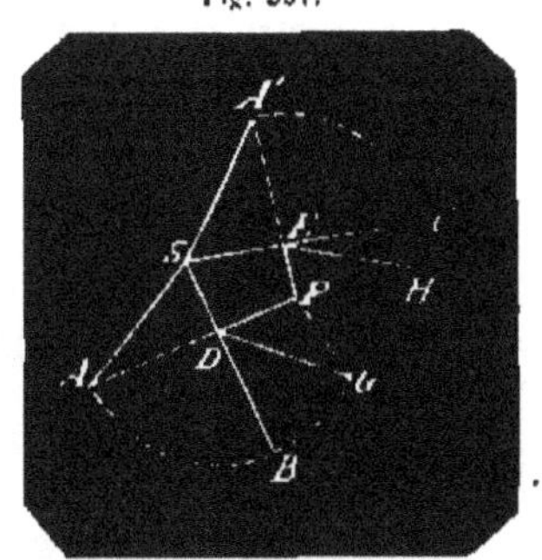

Man zeichne die Seiten $ASB = asb$ und $BSC = bsc$, deren eingeschlossenen $\angle ABSC$ man construiren will, neben einander, hieran die 3te Seite $CSA' = csa$, alle drei Seiten in derselben Ebene, in welcher man ebenfalls den $\angle absc$ darstellen will.

Nimmt man nun $SA' = SA$, fällt die Lothe $A'E$ auf SC und AD auf SB; verlängert dieselben bis zu ihrem gemeinschaftlichen Durchschnittspunkt F, errichtet in F auf AF das Loth FG, schneidet dasselbe aus D mit dem Abstand AD als Halbmesser in G, zieht DG, so ist $\angle FDG$ der $\angle absc$. Errichtet man ferner in F auf $A'F$ das Loth FH, schneidet dasselbe aus E mit EA' in H, zieht EH, so ist $\angle FEH = \angle acsb$.

Denn nimmt man $as = AS$, fällt die Lothe ad und ae auf die Kanten bs und cs, ferner das Loth ah auf die Seite bsc, verbindet d und e mit h so ist hd normal auf bs und he normal auf cs (s. Ebene No. 7).

folglich ist $\angle adh = \angle absc$
und $\angle aeh = \angle acsb$

Nun ist $as = AS = A'S$
$\angle asb = \angle ASB$
$\angle asc = \angle A'SC$

daher $\triangle asd \cong \triangle ASD$ (1)
und $\triangle ase \cong \triangle A'SE$ (2)

daher $sd = SD$
$se = SE$
ferner $\angle sdh = \angle SDF = R$
$\angle seh = \angle SEF = R$
endlich $\angle dse = \angle DSE$

folglich da 2 Seiten und 3 Winkel einander gleich sind:

Viereck $dseh \cong$ Viereck $DSEF$

hieraus $dh = DF$
und $eh = EF$

Aus 1 und 2 hat man noch

$$ad = AD = DG$$

und $$ae = A'E = EH$$

$$\angle ahd = \angle ahe = \angle DFG = \angle EFH = R$$

also $$\triangle adh \sim \triangle GDF$$

und $$\triangle aeh \cong \triangle HEF$$

woraus $$\angle adh = \angle GDF$$

und $$\angle aeh = \angle HEF$$

Den dritten $\angle bsc$ erhält man bei derselben Construction, wenn man die Seiten BSC und $A'SC$ ihrer Lagen nach mit einander vertauscht.

20. Wenn die 3 Winkel einer dreiseitigen Ecke gegeben sind und man soll in einer Ebene die 3 Seiten construiren, so nimmt man die Supplemente der Winkel als die Seiten der Supplementarecke (No. 5), construirt wie No. 19, so erhält man die Supplemente der verlangten Seiten.

21. Sind von einer dreiseitigen Ecke 2 Seiten und der von ihnen eingeschlossene Winkel gegeben, so construirt man die dritte Seite und die beiden fehlenden Winkel nach Fig. 598 wie folgt.

Fig. 598.

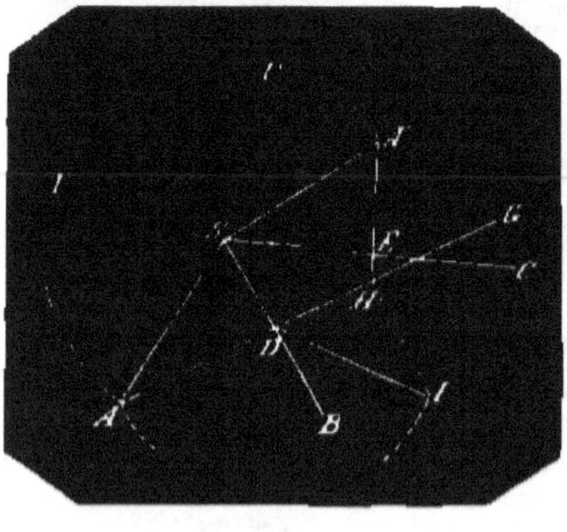

Man zeichne $\angle ASB$ = der Seite asb (Fig 596), BSC = der Seite bsc, nimmt $AS = as$, beschreibt aus S mit AS einen Kreis $ATCA'$, fällt das Loth AD auf BS mit Verlängerung DG, trägt an DG den $\angle GDJ$ = dem von beiden Seiten eingeschlossenen $\angle asbc = \angle adh$, nimmt $DJ = DA$, fällt aus dem Punkt J ein Loth JH auf DG, fällt von H auf CS ein Loth HE, verlängert dies bis A' in die Peripherie des Kreises, zieht $A'S$, so ist $A'SC$ die verlangte Seite asc.

Denn es ist

$$as = AS$$
$$sd = SD$$
$$ad = AD = JD$$
$$\angle adh = \angle JDH$$

also $$dh = DH$$

hierzu $$\angle esd = \angle ESD$$

$$\angle sdh = \angle SDH = R$$
$$\angle seh = \angle SEH = R$$

und $$sd = SD$$

daher Viereck $esdh \cong$ Viereck $ESDH$

folglich $$se = SE$$

da nun $$sa = SA'$$

$$\angle aes = \angle A'ES = R$$

so ist Seite $$asc = A'SC$$

Da nun alle 3 Seiten in der Ebene angegeben sind, so kann man nach No 19 die beiden noch fehlenden Winkel construiren.

22. Sind von einer dreiseitigen Ecke eine Seite und die beiden anliegenden Winkel gegeben, so erhält man die fehlenden Stücke durch Construction, wenn man von den gegebenen Stücken die Supplemente nimmt; man erhält hier zwei Seiten und den eingeschlossenen Winkel der Supplementarecke und nach No. 21 construirt man nun die Supplemente der verlangten Stücke von der ersten Ecke.

23. Sind von einer dreiseitigen Ecke zwei Seiten und ein gegenüberliegender Winkel gegeben, so construirt man die fehlenden Stücke nach Fig. 599.

Man trägt die beiden Seiten $ASB = asb$ (Fig. 596) und $ASC = asc$ an den gemeinschaftlichen Schenkel AS neben einander, nimmt $AS = as$, fällt aus A auf die Schenkel BS und CS die Lothe AD und AE, verlängert dasjenige Loth AD, welches auf der Kante BS des anliegenden $\angle absc$ fällt, trägt daran $\angle JDA' = \angle absc = \angle adh$, macht $DA' = DA$ und fällt auf DJ das Loth $A'H$, beschreibt dann aus A' mit dem Halbmesser AE einen Bogen, der die verlängerte DJ in J schneidet, zeichnet aus H einen Kreis mit dem Halbmesser HJ, zieht aus S an dieser die Tangente SE' so ist $\angle E'SD$ die verlangte 3te Seite.

Denn zieht man $E'H$ so hat man

$$\triangle ASD \cong \triangle asd$$

also $$SD = sd$$

$$AD = ad = A'D$$

	$\angle A'DH = \angle adh$
und	$\angle A'HD = \angle ahd = R$
daher	$\triangle A'HD \cong \triangle ahd$
hieraus	$A'H = ah$
	$DH = dh$
da nun	$A'J = AE = ae$
so ist	$HJ = he = HE'$
hierzu	$\angle SE'H = \angle seh = R$
und	$\angle SDH = \angle sdh = R$
hieraus	Viereck $SDHE' \cong$ Viereck $sdhe$
hieraus	$\angle DSE'$ = Seite hae.

Fig. 503

Da nun sämmtliche 3 Seiten construirt sind, so lassen sich die noch fehlenden Winkel nach No. 19 construiren.

24. Wenn in der Aufgabe 23 die Linie $DH \cdot HJ$, so schneidet der Kreis aus H die Linie HD und es existiren 2 Ecken von gleichen gegebenen Stücken, weil innerhalb HD noch eine zweite Tangente aus S gezeichnet werden kann. Dies stimmt auch mit der ersten Bedingung No. 14, unter welcher nur eine und keine zweite Ecke möglich ist.

Denn wenn	DH	HE'
oder	dh	eh
so ist	$\angle adh$	$\angle aeh$
folglich	Seite ase	Seite asb

Nun ist, $A'DJ = \angle adh$ kleiner als 90° gezeichnet, desgleichen die ihm anliegende Seite $ASH = asb < 90°$ und nach No. 14, 1 existirt daher nur eine Ecke **wenn die gegenüber liegende Seite $ase >$ als die anliegende asb ist, wenn also $he > hd$ oder $HE' > HD$ ist.**

Wenn man die Seiten und Winkel nach Vorschrift der 4 Bedingungen No. 14 nimmt oder zum Theil nicht nimmt erhält man die Richtigkeit auch der übrigen Sätze No. 14 mit Hülfe der Construction No. 23 anschaulich.

25. Sind von einer dreiseitigen Ecke 2 Winkel gegeben und eine Seite, welche einem dieser Winkel gegenüber liegt, so findet man die übrigen Stücke durch Construction, wenn man von den gegebenen Stücken die Supplemente nimmt: man erhält mit diesen 2 Seiten und einen der einen Seite gegenüberliegenden Winkel. Construirt man daher nach No. 23, so erhält man die Supplemente der verlangten Stücke von der gegebenen Ecke.

26. Die Bestimmungen über vier- und mehrseitige Ecken erhält man dadurch, dafs man sie in dreiseitige Ecken zerlegt.

Ecken (in einem Krystall) sind die Punkte in welchen mehrere Kanten, oder was dasselbe ist, mehrere Flächen zusammen treffen. Die E. werden nach der Anzahl der sie bildenden Flächen oder Kanten benannt und heifsen 3flächig, 4flächig u. s. w. oder 3kantig, 4kantig u. s. w. Je nach Beschaffenheit der Kanten werden die von diesen gebildeten Ecken regulär, symmetrisch und irregulär oder unsymmetrisch genannt.

Reguläre Ecken sind solche, die von lauter gleichen Kanten gebildet werden; d. h. wenn die in der E. zusammentreffenden Flächen gleiche Neigungswinkel unter einander haben.

Symmetriche Ecken sind solche, in welchen die Kanten zweierlei Gröfse haben, die aber der Reihe nach mit einander regelmäfsig abwechseln.

Irreguläre oder unsymmetrische Ecken sind solche, die weder regulär noch symmetrisch sind, die also entweder von lauter ungleichen Kanten gebildet werden oder wenn die gleichen Kanten, welche darunter sind, mit den anderen nicht regelmäfsig abwechseln.

Zwei Ecken sind einander gleich, wenn deren gleichliegende Kanten in beiden einander gleich sind, sonst ungleich.

Die Ecken in einem Krystall unterscheidet man je nach deren Lage: die Ecken, welche in den Endpunkten der Normalaxe liegen heifsen Scheitelecken oder Endecken, die übrigen Seitenecken.

Eigentlicher Bruch s. v. w. ächter Bruch.

Eilferprobe ist eine Probe oder Prüfung für richtige Addition. Das in dem Art. Addition No. 4 angegebene Verfahren beruht auf einer Eigenschaft des dekadischen Systems in Beziehung auf die Zahl 11. Es sei die Zahl

$$\ldots fedcba$$

eine dekadisch geschriebene Zahl so ist dieselbe =

$$a + 10b + 100c + 1000d + 10000e + 100000f + \ldots.$$

und diese ist zu schreiben

$$a + (11 - 1)b + (11 \cdot 9 + 1)c + (11 \cdot 91 - 1)d + (11 \cdot 909 + 1)e + (11 \cdot 9091 - 1)f + \ldots$$
$$= a - b + c - d + e - f + \ldots + 11(b + 9c + 91d + 909e + 9091f + \ldots)$$

die in der Klammer stehende Gröfse ist noch zu zerlegen in

$$b - c + d - e + f + \ldots. + 10c + 90d + 910e + 9090f + \ldots.$$

und die Zahl $\ldots fedcba$ =

$$a - b + c - d + e - f + \ldots + 11(b - c + d - e + f + \ldots) + 11(10c + 90d + 910e + 9090f + \ldots)$$

Betrachtet man nun diese Zahl als die Summe mehrerer Summanden, so findet in jedem einzelnen Summand dasselbe Gesetz dieser Zerlegung statt. Es kommen also für die Probe nur die Differenzen der Ziffern in Betracht, und wenn die Addition richtig ausgeführt ist, so müssen die Differenzen zwischen den Summen der geraden und ungeraden Stellenziffern in den Summanden mit den in der Summe übereinstimmen, wenn beide Differenzen kleiner als 11 sind. Ist aber die eine oder sind beide Differenzen gröfser als 11, so gehören in die erste Klammergröfse $11(b - c + d - e + f - \ldots)$ noch eine oder mehrere Einheiten, und die Gleichheit beider Differenzen findet erst statt, wenn von denselben die Zahl 11 so oft als darin enthalten ist, abgezogen wird. Es ist aber aus der Uebereinstimmung der Differenzen bei dieser übrigens weitläufigen Probe ein sicherer Rückschlufs auf die Richtigkeit der Rechnung nicht zu machen, denn es können Rechnungsfehler für die Uebereinstimmung der Differenzen sich mit einander verbinden.

Einaxige Form der Krystalle s. u. Axen der Krystalle am Schlufs.

Einer sind in jedem Zahlensystem die ersten mit einzelnen Ziffern zu schreibenden Zahlen von Eins bis zur Grundzahl des Systems, welche die Einheit der zweiten Zahlenklasse ausmacht und mit der Ziffer 1 und dem Nullzeichen dahinter geschrieben wird. In unserm dekadischen System sind 1, 2, .. bis 9 die Einer.

Einfacher Bruch s. u. Bruch No. 2.

Einfache Form hat ein Krystall, wenn dieser von lauter gleichnamigen Flächen gebildet wird, wie z. B. das Hexaeder Band I, Fig. 135, pag. 256, dessen Flächen aus 6 Quadraten bestehen. Ein Krystall, dessen Flächen unter sich ungleichnamig sind hat eine zusammengesetzte Form, ist eine Combination, wie die Combination des Hexaeders und Octaeders, Band II, Fig. 301, pag. 36, die C. der quadratischen Säule und des Octaeders Fig. 303.

Es ist übrigens zu merken, dafs wenn auch zu einer einfachen Form lauter gleichnamige Flächen, d. h. lauter congruente Begrenzungsebenen gehören, dennoch Ecken und Kanten ungleich sein können wie z. B. bei dem Didodekaeder Fig. 558, pag. 254, und dafs die einfachen Formen der Krystallographie nur selten mit den regulären Körpern der Geometrie übereinstimmen.

Einfallsebene (Dioptrik) ist die bei der Brechung der Lichtstrahlen (s. d. und Ablenkung des Lichtstrahls) durch den einfallenden Lichtstrahl und das Einfallsloth gelegte Ebene.

Einfallsloth, **Einfallspunkt** s. u. Brechung der Lichtstrahlen, No. 2, A.

Einfallssinus ist der Sinus des Einfallswinkels bei Brechung der Lichtstrahlen.

Einfallswinkel s. u. Ablenkung des Lichtstrahls No. 1.

Eingebildete Gröfsen, imaginäre, unmögliche Gröfsen sind Gröfsen, die nur in der Einbildung existiren, die nur der mathematischen Form nach vorhanden sind, indem sie mit wirklichen Gröfsen einerlei Form annehmen können. Z. B. $\sqrt{-1}$, welche nicht möglich ist, weil keine Zahl mit sich selbst multiplicirt $= -1$ werden kann, die aber mit $\sqrt{+1}$, welche eine wirkliche Gröfse ist, einerlei Form hat.

Eingehender Winkel oder **einspringender Winkel** (Kriegsw.) s. u. Ausspringender Winkel.

Eingesprengt heifst ein Fossil, wenn

es von einer fremdartigen Masse umschlossen ist. Hat diese Masse mehr als ½ Zoll Stärke so wird das Fossil derb genannt.

Einheit ist der Begriff, welcher ausdrückt, dafs irgend Etwas nur einmal gedacht werden soll. Sind mehrere derselben Einheiten in einer Gröfse vereinigt, so ist diese Gröfse eine Vielheit und besteht aus so vielen Einheiten, als deren in ihr vorhanden sind. In einer Gröfse ist demnach jeder gleichartige Theil derselben, welcher in ihr mehrmals vorhanden ist eine Einheit; diese Einheiten sind also gleich grofs und gleichartig, so dafs man eine für die andere setzen kann.

Ein Centner ist eine E.; denkt man sich denselben aus 100 Zollpfund bestehend, so ist er eine Vielheit und begreift in sich 100 Einheiten, von denen jede das Zollpfund ist. Solche Einheit und jede die zu einem bestimmten Gegenstande gehört, ist eine concrete E., die abstracte E. ist die Zahl Eins. Denkt man sich diese in n gleiche Theile zerlegt, so ist jeder dieser n Theile $= \frac{1}{n}$ wieder eine E. und zwar eine Bruch-einheit.

Einmaleins, eine Tabelle, auch pythagorisches Rechentäfelchen genannt:

1 mal	1 ist	1		3 mal	1 ist	3	
1 mal	2 ist	2		3 mal	2 ist	6	
. . .	. . .	. . .		. . .	. . .	. . .	
1 mal	10 ist	10		3 mal	10 ist	30	
				u. s. w. bis			
2 mal	1 ist	2		9 mal	1 ist	9	
2 mal	2 ist	4		9 mal	2 ist	18	
. . .	. . .	. . .		. . .	. . .	. . .	
2 mal	10 ist	20		9 mal	10 ist	90	

Die Tafel von 11 × 1 ist 11, bis 11 × 11 ist 121 u. s. w. bis 19 × 19 ist 361 wird von Rechnenlehrern auch das grofse Einmaleins genannt (s. Eins in eins-, Eins und eins-, Eins von eins-Tabelle).

Eins ist die erste ganze Zahl und die Einheit der ganzen Zahlen. Vergl. Einheit.

Einschalten, Interpoliren heifst zwischen 2 Glieder einer Reihe eine oder mehrere Zahlen setzen, so dafs diese eingeschalteten Zahlen mit den beiden Gliedern nach demselben Gesetz fortschreiten wie die Glieder der gegebenen Reihe; die Stellenzahlen der eingeschalteten Glieder werden gebrochene Zahlen.

Hat das gegebene erste Glied die Stellenzahl m, das zweite also die Stellenzahl $m + 1$, so hat ein zwischen beide eingeschaltetes Glied die Stellenzahl $m + \frac{1}{2}$. Zwei eingeschaltete Zahlen haben die Stellenzahlen $m + \frac{1}{3}$, $m + \frac{2}{3}$; drei eingeschaltete Glieder haben die Stellenzahlen $m + \frac{1}{4}$, $m + \frac{2}{4}$, $m + \frac{3}{4}$; das $p$te von q eingeschalteten Gliedern hat die Stellenzahl $m + \frac{p}{q+1}$.

2. Sind 4 und 16 zwei aufeinander folgende Zahlen der arithmetischen Reihe

Stellenzahl	1	2	3	4	5
Reihe	4 ·	16 ·	28 ·	40 ·	52 . . . .

Differenz = 12

so ist ein eingeschaltetes Glied = 10, dessen Stellenzahl $1\frac{1}{2}$; Differenz $= \frac{12}{2} = 6$

zwei eingeschaltete Glieder sind 8, 12; deren Stellenzahlen $1\frac{1}{3}$ und $1\frac{2}{3}$; Differenz $= \frac{1}{3} \times 12 = 4$

drei eingeschaltete Glieder sind 7, 10, 13; deren Stellenzahlen $1\frac{1}{4}$, $1\frac{2}{4}$, $1\frac{3}{4}$; Differenz $= \frac{1}{4} \times 12 = 3$

n eingeschaltete Glieder sind $4 + \frac{12}{n+1}$; $4 + 2 \cdot \frac{12}{n+1}$; $4 + 3 \cdot \frac{12}{n+1}$ .... $4 + n \cdot \frac{12}{n+1}$; deren Stellenzahlen sind $1 + \frac{1}{n+1}$; $1 + \frac{2}{n+1}$; $1 + \frac{3}{n+1}$ .... $1 + \frac{n}{n+1}$; Differenz $= \frac{12}{n+1}$.

3. Sind die Zahlen 4 und 16 aufeinanderfolgende Glieder der geometrischen Reihe

Stellenzahl	1	2	3	4	5
Reihe	1 ·	4 ·	16 ·	64 ·	256 . . . .

Exponent = 4

so ist ein eingeschaltetes Glied = 8, Stellenzahl $= 2\frac{1}{2}$, Exponent $= \sqrt[2]{4} = 2$

zwei eingeschaltete Glieder sind $4\sqrt[3]{4}$; $4\sqrt[3]{4^2}$; deren Stellenzahlen $2\frac{1}{3}$, $2\frac{2}{3}$; Exponent $= \sqrt[3]{4}$

drei eingeschaltete Glieder sind $4\sqrt[4]{4}$; $4\sqrt[4]{4^2}$, $4\sqrt[4]{4^3}$; deren Stellenzahlen $2\frac{1}{4}$, $2\frac{2}{4}$, $2\frac{3}{4}$; Exponent $\sqrt[4]{4}$

n eingeschaltete Glieder sind $4\sqrt[n+1]{4}$; $4\sqrt[n+1]{4^2}$ .... $4\sqrt[n+1]{4^n}$; deren Stellenzahlen $2 + \frac{1}{n+1}$, $2 + \frac{2}{n+1}$, ... $2 + \frac{n}{n+1}$; deren Exponent $= \sqrt[n+1]{4}$.

4. Sind 4 und 16 neben einander ste-

hende Glieder der arithmetischen Reihe zweiter Ordnung

Stellenzahlen	1	2	3	4	5
Reihe	1	4	16	37	67....
1. Differenzenreihe	3	12	21	30	
2. Differenzenreihe	9	9	9		

so findet man ein eingeschaltetes Glied y von der Beschaffenheit, daſs eine Reihe folgender Form entsteht

Stellenzahlen	1	$1\frac{1}{2}$	2	$2\frac{1}{2}$	3 ....
Reihe	1	$(1+s)$	4	y	16 ....
1. Differenzenreihe	s	$s+v$	$s+2v$	$s+3v$	
2. Differenzenreihe	v	v	v	v	

Man hat demnach

I. $2s + v = 4 - 1 = 3$

II. $2s + 5v = 16 - 4 = 12$

hieraus $v = 2\frac{1}{4}$

$s = \frac{3}{8}$

und $y = 8\frac{7}{8}$

Es entsteht die Reihe

Stellenzahlen	1	$1\frac{1}{2}$	2	$2\frac{1}{2}$	3 ....
Reihe	1	$1\frac{3}{8}$	4	$8\frac{7}{8}$	16 ....
1. Differenzenreihe	$\frac{3}{8}$	$2\frac{5}{8}$	$4\frac{7}{8}$	$7\frac{1}{8}$	
2. Differenzenreihe	$2\frac{1}{4}$	$2\frac{1}{4}$	$2\frac{1}{4}$		

5. Sind zwischen 4 und 16 zwei Zahlen einzuschalten, so erhält man die Gleichungen

$$3s + 3v = 4 - 1 = 3$$
$$3s + 12v = 16 - 4 = 12$$

woraus $v = 1$

$s = 0$

die gesuchten Zahlen sind $4 + s + 3v = 7$

und $7 + s + 4v = 11$

und die Reihe ist:

Stellenzahlen	1	$1\frac{1}{3}$	$1\frac{2}{3}$	2	$2\frac{1}{3}$	$2\frac{2}{3}$	3 ....
Reihe	1	1	2	4	7	11	16 ...
1. Differenzenreihe	0	1	2	3	4	5	
2. Differenzenreihe	1	1	1	1	1		

6. Sind zwischen 4 und 16 drei Glieder einzuschalten, so erhält man die beiden Gleichungen:

$$4s + 6v = 3$$
$$4s + 22v = 12$$

hieraus $v = \frac{9}{16}$

$s = -\frac{3}{32}$

und die Reihe ist

Stellenzahlen	1	$1\frac{1}{4}$	$1\frac{1}{2}$	$1\frac{3}{4}$	2	$2\frac{1}{4}$	$2\frac{1}{2}$	$2\frac{3}{4}$	3 ....
Reihe	1	$\frac{29}{32}$	$1\frac{3}{8}$	$2\frac{13}{32}$	4	$6\frac{5}{32}$	$8\frac{7}{8}$	$12\frac{5}{32}$	16 ....
1. Differenzenreihe	$\frac{3}{32}$	$\frac{15}{32}$	$1\frac{1}{32}$	$1\frac{19}{32}$	$2\frac{5}{32}$	$2\frac{23}{32}$	$3\frac{9}{32}$	$3\frac{27}{32}$	
2. Differenzenreihe	$\frac{9}{16}$	$\frac{9}{16}$	$\frac{9}{16}$	$\frac{9}{16}$	$\frac{9}{16}$	$\frac{9}{16}$	$\frac{9}{16}$		

7. Sind zwischen 4 und 16 n Glieder einzuschalten, so erhält man die beiden Gleichungen:

$$(n + 1)s + \frac{1}{2}n(n + 1)v = 3$$
$$(n + 1)s + \frac{1}{2}(n + 1)(3n + 2) = 12$$

woraus $v = \left(\frac{3}{n+1}\right)^2$

$$s = \frac{3}{2}\,\frac{2 - n}{(n + 1)^2}$$

Das erste der zwischen 4 und 16 einzuschaltenden Glieder ist

$$= 4 + s + (n + 1)v$$

Das $m$te derselben

$$= 4 + ms + \frac{1}{2}m\,[2(n + 1) + (m - 1)]\,v$$

8. Auf dieselbe Weise geschieht die Einschaltung von Gliedern bei arithmetischen Reihen noch höherer Ordnungen.

9. In einer arithmetischen Reihe von n Gliedern der allgemeinen Form (s. Bd. I, pag. 119, No. 3).

$$a \cdot a + d \cdot a + 2d \cdot a + 3d \ldots..$$

hat man die Formel für das $n$te Glied pag. 120, Formel 1).

$$u = a + (n - 1)d \qquad (1)$$

Für die Summe der ersten n Glieder (pag. 120, Formel 5).

$$s = \frac{n}{2}\,[2a + (n - 1)d] \qquad (2)$$

Die Entstehungsweise dieser beiden Formeln zeigt, daſs die erste auch für gebrochene Stellenzahlen gilt, die zweite nicht.

In folgender Reihe z. B.

Stellenzahl	1 · 2 · 3 · 4 · $4\frac{1}{2}$ · 5 ....
Reihe	1 · 4 · 7 · 10 · $11\frac{1}{2}$ · 13 ....

erhält man für $n = 4\frac{1}{2}$ aus der ersten Formel:

$$u = 1 + (4\tfrac{1}{2} - 1)3 = 11\tfrac{1}{2}$$

Die Summe nach der zweiten Formel

$$s = \frac{4\frac{1}{2}}{2}\,[2 \cdot 1 + (4\tfrac{1}{2} - 1)3] = 28\tfrac{1}{8}$$

Es ist aber $1 + 4 + 7 + 10 + 11\frac{1}{3} = 33\frac{1}{3}$.

10. Wenn zwischen dem $m$ten und dem $(m+1)$ten Gliede einer Reihe r Glieder eingeschaltet sind und man will die Summe s bei $n = m + \frac{k}{r}$ finden, so heifst dies: man will die Summe der ersten m ursprünglichen Glieder der Reihe + den ersten k der r eingeschalteten Glieder bestimmen, und man mufs daher die Formel für s zweimal anwenden

$$s' = \frac{m}{2}[2a + (m-1)d]$$

gibt die Summe der ersten m Glieder der ganzen Stellenzahlen.

Um die Summe s'' der ersten k eingeschalteten Glieder zu erhalten hat man das erste Glied derselben

$$a' = a + (m-1)d + \frac{1}{r+1}d = a + \left(m - \frac{r}{r+1}\right)d$$

die Summe derselben

$$s'' = \frac{k}{2}\left[2a' + \frac{k-1}{r+1}d\right]$$
$$= k\left[a + \left(m + \frac{k-2r-1}{2(r+1)}\right)d\right]$$

Es ist mithin

$$s = s' + s''$$
$$= (m+k)a + \left[\frac{m(m-1)}{2} + k\left(m + \frac{k-2r-1}{2(r+1)}\right)\right]d$$

Sind in der obigen Reihe zwischen dem 4ten und 5ten Gliede 5 Glieder eingeschaltet, so hat man dieselbe

$1 \cdot 4 \cdot 7 \cdot 10 \; {}_{10\frac{1}{2} \cdot 11 \cdot 11\frac{1}{2} \cdot 12 \cdot 12\frac{1}{2}} \; 13 \ldots$

Die Summe der ersten 4 Glieder ist

$$s' = \frac{4}{2}[2 \cdot 1 + (4-1)3] = 22$$

Die Summe der ersten 3 eingeschalteten Glieder ist

$$s'' = 3 \cdot \left[1 + \left(4 + \frac{3-10-1}{2 \cdot (5+1)}\right)3\right] = 33$$

Die Summe beider

$$s = (4+3)1 + \left[\frac{4 \cdot 3}{2} + 3\left(4 + \frac{3-10-1}{2 \cdot 6}\right)\right]3 = 55.$$

11. Eine Anwendung des Vortrags No. 9 findet man in dem Correspondenzblatt des naturforschenden Vereins zu Riga, XI, No. 6 in einem Aufsatz von Dr. Carl Hechel über gebrochene Stellenzahlen (Indices), welche bei naturwissenschaftlichen Fragen oft eingeführt werden müssen und über die Fälle, in welchen die Formeln für ganze Stellenzahlen auf die gebrochenen anzuwenden sind oder nicht.

Die Reihe No. 9 ist hier als Beispiel genommen, die Stellenzahlen bedeuten Secunden und die Glieder der Reihe sind Wege. Die Aufgabe lautet:

Wenn ein Körper in der ersten Secunde seiner Bewegung einen Fufs, in jeder folgenden aber 3 Fufs zurücklegt, welchen Raum durchläuft er in $4\frac{1}{2}$ Secunden? — Es entsteht nach Formel 1, No. 8 der Weg = $11\frac{1}{2}$ Fufs.

Dafs die Formel 2, No. 8 für s nicht stimmt, dafs $28\frac{1}{2}$ Fufs anstatt $33\frac{1}{3}$ Fufs resultiren schadet hier nichts, denn da jedes Glied der Reihe schon eine Summe von Wegen ist, so kann nach der Summe der Glieder gar nicht gefragt werden.

Ein zweites Beispiel, in welchem die Summenformel stimmt, die für's ute Glied aber nicht, gibt bei derselben Reihe der Aufsatz in folgender Aufgabe:

Wenn der Körper in der ersten Secunde seiner Bewegung einen Fufs, in jeder folgenden Secunde aber 3 Fufs mehr als in der nächstvorhergehenden zurücklegt, welchen Raum durchläuft er in der $4\frac{1}{2}$ten (oder $\frac{9}{2}$ten) Secunde? —

Hier ist klar, dafs die erste Formel, welche $11\frac{1}{2}$ Fufs liefert, nicht gelten kann, weil der Körper wegen seiner gleichförmig beschleunigten Bewegung, wenn er in der ersten Hälfte der 5ten Secunde $11\frac{1}{2}$ Fufs durchliefe, in der ganzen 5ten Secunde, statt 13 Fufs, mehr als 23 Fufs durchlaufen würde; es mufs die Summenformel angewendet werden; diese gibt

für $n = 4\frac{1}{2}$ die Summe $s = 28\frac{1}{2}$ Fufs
für $n = 4$ die Summe $s' = 22$ Fufs

woraus der Weg in

der $4\frac{1}{2}$ten Sec. = $6\frac{1}{2}$ Fufs

und die Richtigkeit des Verfahrens erweist sich, wenn man $28\frac{1}{2}$ Fufs von der Summe 35 für $n = 5$ abzieht, wo dann für die zweite Hälfte der 5ten Secunde der Weg $6\frac{1}{2}$ Fufs sich ergibt.

Die vorstehende Aufgabe und alle ähnlichen werden meiner Ansicht nach am zuverlässigsten durch diejenigen Formeln gelöst, welche in der Mechanik aufgestellt sind:

Die erste Aufgabe gehört in die gleichförmige Bewegung. Es ist nach Band I, pag. 361, rechts, Formel 1:

$$s = c \cdot t$$

Nun ist hier der Fall betrachtet, wo der Körper in der ersten Secunde den Weg 1 Fufs (c') zurücklegt; nach Beendigung dieser ersten Secunde erhält er einen Impuls, der ihn um 2 Fuſs per Secunde forttreibt, so daſs er von jetzt ab 3 Fuſs (c) per Secunde zurücklegt; mithin hat er nach t Secunden zurückgelegt

$$c' + (t - 1)\,c \text{ Fuſs}$$

oder $c' \cdot t + (c - c')(t - 1)$ Fuſs;

also $c' = 1$, $c = 3$, $t = 4\frac{1}{2}$ gesetzt, überhaupt $11\frac{1}{2}$ Fuſs.

Die zweite Aufgabe gehört in die gleichförmig beschleunigte Bewegung, welche nicht mit 0 sondern mit einer Anfangsgeschwindigkeit beginnt.

Band 1, pag. 365 ist Formel 4

$$S = cT + GT^2$$

wo c die Anfangsgeschwindigkeit, G die Beschleunigung, T die Zeit in Secunden, S den Weg bedeutet, der in T Secunden zurückgelegt ist. Nun ist in der Reihe der Weg in der 1ten Secunde = 1, der Weg in der 2ten Secunde = 4, in den beiden ersten Secunden = 5 folglich hat man

$$1 = c \cdot 1 + G \cdot 1^2 = c + G$$
$$5 = c \cdot 2 + G \cdot 2^2 = 2c + 4G$$

woraus $c = -\frac{1}{2}$

und $G = +\frac{3}{2}$

d. h. der Körper will mit $\frac{1}{2}$ Fuſs in der entgegengesetzten Richtung gleichförmig sich bewegen, wird aber mit der Beschleunigung $+\frac{3}{2}$ vorwärts getrieben.

Nun erhält man

für $t = 4$; $S = -\frac{1}{2} \cdot 4 + \frac{3}{2}\, 4^2 = 22$ Fuſs

für $t = 4\frac{1}{2}$; $S = -\frac{1}{2} \cdot 4\frac{1}{2} + \frac{3}{2} \cdot (4\frac{1}{2})^2 = 28\frac{1}{8}$ Fuſs

folglich der Weg in der $4\frac{1}{2}$ten Sec. $= 6\frac{1}{8}$ Fuſs

12. Die geometrische Reihe von allgemeiner Form ist

Stellenzahl	1	2	3	4 ……	m
Reihe	a	ae	ae^2	ae^3 ……	ae^{m-1}

Sollen zwischen dem $m+1$ten und dem $m+2$ten Gliede $(r - 1)$ Glieder eingeschaltet werden, so erhält man

Stellenzahl $m + 1$, $m + 1 + \frac{1}{r}$, $m + 1 + \frac{2}{r}$, $m + 1 + \frac{3}{r}$ …, $m + 1 + \frac{r-1}{r}$, $m + 2$

Reihe ae^m, $ae^m \cdot \sqrt[r]{e}$, $ae^m \cdot \sqrt[r]{e^2}$, $ae^m \cdot \sqrt[r]{e^3}$, …, $ae^m \cdot \sqrt[r]{e^{r-1}}$, ae^{m+1}

Das $h$te der $r - 1$ Glieder, also das Glied für die Stellenzahl

$$m + 1 + \frac{h}{r} \text{ ist } = ae^m \cdot \sqrt[r]{e^h} = ae^{m + \frac{h}{r}}$$

Die Formel für's $m$te Glied gilt also auch für gebrochene Stellenzahlen. Anders ist es mit der Summenformel. Multiplicirt man die Reihe mit e und setzt beide Reihen untereinander

$$a + ae + ae^2 + ae^3 + \dots + ae^{m-1} = S$$
$$ae + ae^2 + ae^3 + ae^4 + \dots + ae^m = eS$$

so erhält man $ae^m - a = eS - S = (e - 1)\,S$

woraus $S = a\,\dfrac{e^m - 1}{e - 1}$

Die Summe bis zum $m+1$ten Gliede ist

$$S' = a\,\frac{e^{m+1} - 1}{e - 1}$$

Die Summe der ersten h der $(r - 1)$ eingeschalteten Glieder ist

$$S'' = ae^m \cdot \sqrt[r]{e}\,\frac{\sqrt[r]{e^h} - 1}{\sqrt[r]{e} - 1}$$

beide Summen

$$S = a\,\frac{e^{m+1} - 1}{e - 1} + ae^m \sqrt[r]{e}\,\frac{\sqrt[r]{e^h} - 1}{\sqrt[r]{e} - 1}$$

Die Formel auf die gebrochene Stellenzahl angewendet gibt

$$S = a\,\frac{e^{m+1+\frac{h}{r}} - 1}{e - 1}$$

welche von der ersten richtigen verschieden und auf gebrochene Stellenzahlen nicht anzuwenden ist.

Einschattige, s. v. w. Gegenschattige, Antiscii (s. d.), Heteroscii.

Eins-in-einstabelle, die erste Hülfstabelle für das Dividiren:

1 in	1	geht	1 mal		2 in	2	geht	1 mal
1 „	2	„	2 „		2 „	4	„	2 „
1 „	3	„	3 „		2 „	6	„	3 „
. .	.	.	. .		. .	.	.	. .
1 „	8	„	8 „		2 „	16	„	8 „
1 „	9	„	9 „		2 „	18	„	9 „

3 in	3	geht	1	mal		9 in	9	geht	1	mal
3 „	6	„	2	„		9 „	18	„	2	„
3 „	9	„	3	„		9 „	27	„	3	„
. .	.	.	.	.		. .	.	.	.	.
3 „	24	„	8	„		9 „	72	„	8	„
3 „	27	„	9	„		9 „	81	„	9	„

u. s. w. bis

Eins-und-einstabelle, die erste Hülfstabelle für's Addiren.

1 und	1	macht	2		3 und	1	macht	4
1 „	2	„	3		3 „	2	„	5
1 „	3	„	4		3 „	3	„	6
. .	.	.	.		. .	.	.	.
1 „	8	„	9		3 „	8	„	11
1 „	9	„	10		3 „	9	„	12
					u. s. w. bis			
2 und	1	macht	3		9 und	1	macht	10
2 „	2	„	4		9 „	2	„	11
2 „	3	„	5		9 „	3	„	12
. .	.	.	.		. .	.	.	.
2 „	8	„	10		9 „	8	„	17
2 „	9	„	11		9 „	9	„	18

Eins-von-einstabelle, die erste Hülfstabelle für's Subtrahiren.

1 von	1	bleibt	0		3 von	3	bleibt	0
1 „	2	„	1		3 „	4	„	1
1 „	3	„	2		3 „	5	„	2
. .	.	.	.		. .	.	.	.
1 „	9	„	8		3 „	11	„	8
1 „	10	„	9		3 „	12	„	9
					u. s. w. bis			
2 von	2	bleibt	0		9 von	9	bleibt	0
2 „	3	„	1		9 „	10	„	1
2 „	4	„	2		9 „	11	„	2
. .	.	.	.		. .	.	.	.
2 „	10	„	8		9 „	17	„	8
2 „	11	„	9		9 „	18	„	9

Einspringende Winkel, s. v. w. eingehende Winkel, s. u. auspringende Winkel.

Eintritt eines Gestirns, s. u. Austritt.

Ein und einaxiges Krystallisationssystem, s. u. Axensystem.

Ein und eingliedriges Krystallisationssystem, s. u. Axensystem.

Eklipse ist Finsternifs oder Verfinsterung eines Gestirns wenn ein näher befindliches Gestirn es bedeckt; wie die Verfinsterung der Sonne durch den davor tretenden Mond oder wenn die Erde zwischen Sonne und Mond tritt die Verfinsterung des Mondes.

Ekliptik, Sonnenbahn ist die Bahn, welche die Sonne von Abend über Mittag gegen Morgen am Himmel jährlich zu durchlaufen scheint. In dem Art.: Aequator der Erde ist die E. schon als die Bahn erklärt, in welcher die Erde in der Zeit, welche wir Jahr nennen, um die Sonne sich bewegt und dafs also die E. der Ort ist, in welchem der Mittelpunkt unserer Erde sich fortdauernd befindet. In dem Art. Centralbewegung ist auf den die Erde begleitenden und umkreisenden Mond gerücksichtigt und nachgewiesen, dafs nicht der Mittelpunkt der Erde es ist, der in der E. sich befindet, sondern der in der beweglichen Axe zwischen Erde und Mond befindliche gemeinschaftliche Schwerpunkt beider Weltkörper und der mit der Bewegung des Mondes um die Erde in jedem Augenblick sich ändert.

Ferner ist in dem erstgenannten Art. die Schiefe der Ekliptik, d. h. der Winkel, den die E. mit dem ╪ mit sich selbst bleibenden Aequator bildet, im Mittel zu 23½° angegeben worden, der daraus hervorgehende Wechsel in der Beleuchtung der Erde durch die Sonne mit Fig. 34 bildlich dargestellt und es sind die 4 Hauptpunkte der E., der Frühlings-, Sommer-, Herbst- und Winterpunkt erklärt und nachgewiesen.

Endlich sind in dem Art. Bahn der Weltkörper, No. 24, pag. 301 als Beispiel vorangegangener Formeln die Bewegung der Erde um die Sonne und die Masse der Sonne berechnet und dafür die aus Beobachtungen hergeleiteten Dimensionen der E. angegeben.

Uebereinstimmend mit Fig. 34, pag. 33 sei umstehende Figur, die um die Ekliptik *SHWF* gelegte Himmelskugel also mit einem Durchmesser von etwa 42 Millionen Meilen, die auch mit allen darin befindlichen Kreisen bis ins Unendliche erweitert gedacht werden kann. *AHBF* die durch den Mittelpunkt *C* gelegte erweiterte Ebene unseres Erdaequators der in allen Punkten der E., wo die Erde sich auch befinden möge, ╪ mit sich selbst bleibt. Beide gröfsten Kreise, die E. und der Aequator schneiden sich in den Punkten *F* und *H*. Die auf der Ebene *AB* durch *C* gezogene senkrechte *Pp* ist die Axe des Aequators, die Punkte *P*, *p* sind dessen Pole; die auf der Ebene *SW* in *C* senkrechte Linie *P'p'* heifst die Axe der E., deren Endpunkte *P'*, *p'* sind die Pole der E., die Bogen $AS = BW$ sind die gröfsten Entfernungen zwischen dem Aequator und der E., sie messen die Schiefe der E., sind von den Durchschnittspunkten *F*, *H* gleich weit entfernt und gleich grofs den Bogen *PP'* und *pp'*.

Fig. 600.

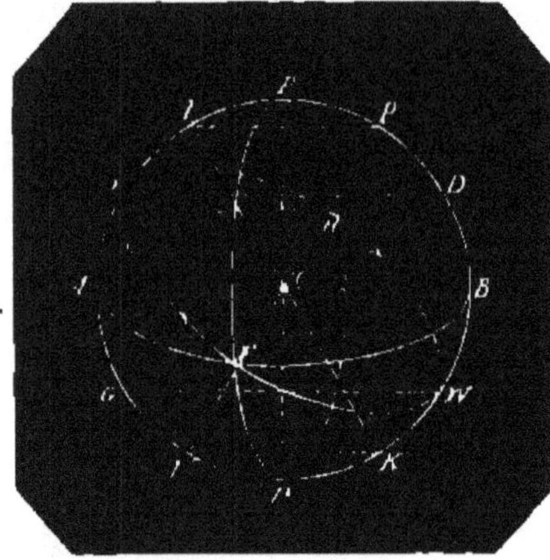

Ein grösster Kreis *PFpHP* durch die Weltaxe (vergl. Aequator, Himmelsaequator pag. [illegible]) heisst der Kolur der Nachtgleichen, ein grösster Kreis *PSpWP* durch die Weltaxe und die Sonnenwendepunkte der Kolur der Stillstandspunkte.

Parallelkreise *SD*, *GW* mit dem Aequator, durch die Sonnenwendepunkte *S* und *W* gezogen, heissen Wendekreise, Wendezirkel, weil diese die Sonne zu den Zeiten der Sonnenwende zu durchlaufen scheint; der Kreis *SD* in der nördlichen Halbkugel der Wendekreis des Krebses, weil von hier ab die Sonne eine rückgängige Bewegung macht, der Kreis *WG* in der südlichen Halbkugel der Wendekreis des Steinbocks, weil von hier ab die Sonne eine aufsteigende Bewegung macht.

Anstatt nun, dass wie Fig. [illegible] die Erde in der Ekliptik um die in *C* befindliche Sonne sich bewegt, soll hier die scheinbare Bewegung der Sonne um die scheinbar in *C* feststehende Erde betrachtet werden.

Steht die Sonne in *F* und *H* so ist auf der ganzen Erde Tag und Nacht gleich, Aequinoctium (vergl. Astronomische Dämmerung, No 4, pag. 136), *F* und *H* sind die Punkte der Nachtgleiche, die Aequinoctialpunkte. Steht die Sonne in *S*, so ist auf der nördlichen, steht sie in *W*, so ist auf der südlichen Halbkugel der Erde der längste Tag. Weil die Sonne an diesen Punkten eine Zeit lang zu verbleiben scheint, so heissen *S* und *W* die Solstitialpunkte, Sonnenstillstandspunkte und weil die Sonne hier entgegengesetzte Richtungen annimmt, Punkte der Sonnenwende.

Von *F* tritt die Sonne in die nördliche Halbkugel, geht während der Frühlingszeit daselbst bis *S*, während des Sommers bis *H*, tritt hier in die südliche Halbkugel, geht während des Herbstes bis *W* und während des Winters von *W* bis *F*.

Daher ist *F* der Punkt der Frühlingsnachtgleiche, *H* der Punkt der Herbstnachtgleiche, *S* der Sommer-, *W* der Winterstillstandspunkt.

Parallelkreise mit dem Aequator durch die Pole *P*, *p'* der E. heissen Polarkreise, *PJ* der nördliche, *p'K* der südliche Polarkreis.

Von diesen Kreisen an der Himmelskugel sind auch die gleichnamigen der Erdkugel abgeleitet; sie werden durch die Punkte bestimmt, welche auf der Erdoberfläche entstehen, wenn man von *S*, *W*, *P* *p'* nach dem Erdmittelpunkt *C* gerade Linien zieht. Stellt also der Kreis *PApBP* die Erdkugel vor so sind von den unter den einander gleichen etwa $23\frac{1}{2}°$ betragenden Winkeln *SCA*, *WCB*, *PCP*, *pCp'* gezogenen Kreisen die Kreise *SD* und *WG* die Wendekreise, die Kreise *PJ*, *p'K* die Polarkreise auf der Erdoberfläche.

Die Schiefe der Ekliptik ist nicht nur durch das Schwanken der Erdaxe, sondern auch durch die Gesammteinwirkung sämmtlicher Planeten der Aenderung unterworfen. Diese Aenderung, welche seit 2000 Jahren in einer Abnahme besteht, beträgt in 100 Jahren noch nicht ganz eine Minute.

Da nun die Schiefe der E. eine der Grundlagen aller astronomischen Berechnungen ist, so sind wiederholte Messungen und Beobachtungen derselben erforderlich. Sie ist bestimmt worden durch

Eratosthenes 250 J. v. Chr. = 23° 51' 20"
Almamon 830 „ n. Chr. = 23° 35' 0"

Copernicus	1540 J. n. Chr.	= 23° 28′ 8″
Flamstead	1691 . . .	= 23° 28′ 23″
Condamine	1737 . . .	= 23° 28′ 24″
Struve	1750 . . .	= 23° 28′ 17,44″
Tob. Mayer	1756 . . .	= 23° 28′ 16″
Piazzi	1800 . . .	= 23° 27′ 56,3″
Peters	1800 . . .	= 23° 27′ 54,22″

Die Schiefe der E. wird 9 Jahre lang immer gröfser, in den folgenden 9 Jahren immer kleiner, jedoch so dafs die Summe der Zuwachse durch die der Abnahmen übertroffen wird. Diese periodischen Aenderungen heifsen das Schwanken oder die Nutation der E. Man hat eine wahre oder scheinbare Schiefe der E., in derjenigen, welche zu einer Zeit wirklich beobachtet wird, und eine mittlere Schiefe der E.; letztere ist diejenige, welche man durch die Beobachtung gefunden haben würde, wenn eine Nutation nicht stattgefunden hätte und die also nur durch Berechnung zu finden ist.

Die Schiefe der E. ist offenbar gleich der gröfsten nördlichen oder südlichen Abweichung der Sonne (s. Abweichung eines Gestirns) also deren Abweichung wenn der Mittelpunkt der Sonne in einem der Wendepunkte steht, und sie würde unmittelbar durch die Beobachtung der Sonne in dem Augenblick deren Eintritts in den Sommer- oder in den Winterpunkt gefunden werden können, wenn die Sonne in diesem Augenblick durch den Beobachtungort culminirte; geschieht dies nicht, so erhält man die Schiefe der Ekliptik allerdings um eine oder einige Secunden geringer.

Gestirne die in der Ekliptik liegen haben keine Breite und wenn sie zugleich im Frühlingspunkt liegen, auch keine Länge. Die Sonne hat also keine Breite, im Frühlingspunkt weder Länge noch Breite, in beiden Nachtgleichen, dem Frühlings- und dem Herbstpunkt keine Declination. Gestirne, die in einerlei Parallelkreis mit der Ekliptik liegen, haben einerlei Breite.

Die halbe große Axe der E. wird nach verschiedenen Beobachtungen angegeben von 20 644130 bis 20 682329 geogr. Ml. und nach dieser mittleren Entfernung der Erde von der Sonne auch die übrigen Dimensionen derselben:

Die Excentricität der E. ist festgestellt zu 0,01679226 als Theil der halben grofsen Axe oder des Halbmessers des excentrischen Kreises. Man drückt dieselbe auch in Bogensecunden aus. Es ist nämlich der Halbmesser eines Kreises = einem Bogen von 57° 17′ 44,8″ = 20624,8 Secunden, so dafs die Excentricität 0,01679226 × 20624,8 = 3464 Secunden = 57′ 44″ des excentrischen Kreises beträgt.

Demnach ist die Entfernung des Perihels von der Sonne = 20297474 bis 20335031 geogr. Ml. Die Entfernung des Aphels von der Sonne 20990786 bis 21029627 geogr. Ml. Die vorher angegebene freilich noch nicht ganz bestimmt ausgegebene mittlere Entfernung der Erde von der Sonne ist der astronomische Maafsstab (die Einheit = 1) für alle astronomischen Längen.

Elasticität ist die Eigenschaft eines starren Körpers, dafs dessen Massentheile, wenn sie durch eine äufsere auf ihn einwirkende Kraft verrückt worden, nach Hinfortnahme der Kraft ihre frühere Stelle wieder einnehmen. Die E. ist also eine dem Körper innewohnende Kraft, welche wie die Festigkeit der Verrückung seiner Massentheile als Widerstand entgegenwirkt und zugleich als thätige Kraft die Wiederherstellung des natürlichen Orts der Massentheile vollbringt; oder auch die Kraft, mit welcher die einzelnen Massentheile das Bestreben haben in dem ihnen durch die Natur angewiesenen Ort zu verbleiben.

Je gröfser die äufsere Kraft ist, desto gröfser ist die Länge, um welche die Massentheile in ihrem gegenseitigen Ort geändert werden und Kraft und Länge der Verrückung sind proportional.

2. Der Körper wird durch Zug ausgedehnt, durch Druck zusammengeprefst. Eine Kraft, welche die Massentheile eines Körpers um das $n$fache ihrer natürlichen Entfernung l von einander entfernt, ist gleich derjenigen Kraft, welche diese Massentheile auf $\frac{1}{n} l$ einander nähert. Einen Beweis davon liefert die Wärme als ausdehnende Kraft.

Wenn nämlich ein eiserner Stab von der Länge l bei der Temperatur von $T°$, durch $t°$ vermehrt auf die Länge $l + \frac{1}{n} l = \frac{n+1}{n} l$ gebracht wird, so wird derselbe Stab, wenn die Temperatur von $T°$ um $t°$ vermindert wird, auf die Länge x zusammengeprefst werden, dafs

$$x + \frac{1}{n} x = l$$

woraus

$$x = \frac{n}{n+1} l = \frac{1}{\left(\frac{n+1}{n}\right)} l$$

Werden beide Kräfte hinfort genommen, d. h. wird in beiden Fällen die Temperatur wieder auf T^0 gebracht, so entsteht die ursprüngliche Länge l. Die ersten t^0 Temperatur wirken als Kraft ausdehnend, die zweiten $(-t^0)$ Temperatur als Kraft zusammenpressend, beide Kräfte sind als Wärmemengen von einerlei Temperatur gleich grofs, folglich ist das Gesetz richtig.

3. Wenn der Körper aus homogenem Stoff besteht, so besitzt jedes einzelne Massentheilchen desselben eine gleich grofse E., daher verhalten sich zwei Kräfte, welche m Theile und n Theile desselben Stoffs um eine gleiche Länge l ausdehnen oder zusammendrücken wie $m : n$, und die in beiden Stoffen befindlichen jenen Kräften gleichen E. verhalten sich ebenfalls wie $m : n$.

4. Es gibt keinen starren Körper, der bis ins Unendliche ausgedehnt werden kann; er zerreifst und zwar bei derjenigen auf ihn einwirkenden Zugkraft, welche seiner Cohäsionskraft gleich grofs ist. Die E. in einem Körper hat also ihre Grenze und diese liegt unterhalb seiner absoluten Festigkeit.

Jeder Körper hat 2 Elasticitätsgrenzen. Die erste besteht in dem Grade der Ausdehnsamkeit, dafs wenn dieser überschritten, die Ausdehnung also darüber hinaus vermehrt wird, die Massentheilchen nach Hinfortnahme der Zugkraft sich zwar zusammenziehen, aber nicht wieder in ihre natürliche Lage zurückkehren, sondern in einer gröfseren Entfernung als vorher von einander verbleiben. Wird die Ausdehnung noch weiter getrieben, so entsteht zuletzt ein Zustand, dafs bei Hinfortnahme der Kraft gar kein Zurückweichen der Massentheilchen statt findet und diese Grenze kann mit dem Zustand, in welchem der Körper eben zerreifsen will, gleich gesetzt werden.

Innerhalb der ersten Grenze ist die E. vollkommen, innerhalb der ersten und zweiten Grenze unvollkommen. Wird die erste Grenze bei einem Körper überschritten, so hat der Körper seine natürliche Structur verloren, er ist ein Körper von ganz anderer und untergeordneter Beschaffenheit geworden.

Innerhalb der ersten Grenze könnte demnach ein Baustück auf die Dauer belastet werden ohne dafs es mit der Zeit an Tragfähigkeit verliert; mit Ueberschreitung dieser Grenze durch Belastung wird seine Tragfähigkeit vermindert, seine erste E.-grenze ist geringer als sie vorher war und das Baustück mufs bis zu derselben auf die Dauer entlastet werden.

Dagegen lehrt die Erfahrung, dafs Gestaltänderungen von Körpern unter Belastungen auf nur kurze Zeit lang mit der Entlastung wieder verschwinden, jedoch unter denselben Belastungen lange Zeit verbleibend ebenfalls verbleiben, so dafs die Körper unter anhaltendem Druck ihre ursprüngliche E. ganz oder zum Theil verlieren. Die Bestimmung einer E.-grenze der ersten Art oder für vollkommen bleibende E. bei Körpern ist also unsicher und es wird für die Tragfähigkeit von Baustücken der Coefficient für den Bruch zu Grunde gelegt (s. Bruchungscoefficient und Belastung).

Für die Untersuchung der Elasticitätsgesetze hat man nach dem Vorschlag von Thomas Young den Elasticitätsmodul eingeführt. Dieser ist eine hypothetische Gröfse, nämlich diejenige Kraft in Pfunden, welche erforderlich ist um einen Stab von 1 □Zoll Querschnitt von der Länge l auf die Länge $2l$ auszudehnen oder auf die Länge $\frac{1}{4}l$ zusammenzupressen, ohne dafs die Elasticitätsgrenze überschritten wird, wenn also diese E.-grenze solches gestattete. Man bezeichnet diesen Modul mit E.

Die Länge l des Stabes ist gleichgültig, denn die Kraft, nach der Längenrichtung des Stabes angebracht wirkt zwar unmittelbar nur auf das ihr zunächst befindliche von ihr angegriffene Massenelement, dieses aber pflanzt vermöge der nun erhaltenen der Kraft gleich grofsen Spannung dieselbe Wirkung auf das ihm unmittelbar vorhergehende Element fort, dieses dieselbe Wirkung auf das ihm vorhergehende dritte Element u. s. w., so dafs die Kraft auf alle Massenelemente des Stabes eine gleich grofse Wirkung ausübt, die Länge des Stabes und die Anzahl der Massentheilchen sei welche sie wolle; und wenn die Kraft einen Stab von der beliebigen Länge l um l oder auf $2l$ ausdehnt, so geschieht dies dadurch, dafs jede 2 Massenelemente, die der Länge nach neben einander um die sehr kleine Länge λ von einander entfernt sind um die Länge 2λ auseinander gerückt werden.

6. Ist E gegeben, so erhält man die Kraft P, welche den Stab von 1 □Zoll Querschnitt von der Länge L um die Länge l, also auf die Länge $L + l$ ausdehnt, nach dem Gesetz No. 1.

$$P : E = l : L$$

woraus
$$P = \frac{l}{L} E \qquad (1)$$

Ist $l = \frac{m}{n} L$ so erhält man $P = \frac{m}{n} E$ (2)

Die Kraft P', welche denselben Stab von der Länge L um die Länge l, oder auf die Länge $L - l$ zusammendrückt, ist nach No. 2 gleich derjenigen Kraft, welche im Stande ist den Stab von der Länge $L - l$ auf die Länge L auszudehnen. Daher

$$P' = \frac{l}{L - l} E = \frac{m}{n - m} E \qquad (3)$$

Hat der Stab k □Zoll Querschnitt, so ist die Kraft

$$P = k \frac{l}{L} E = k \frac{m}{n} E \qquad (4)$$

und

$$P' = k \frac{l}{L - l} E = k \cdot \frac{m}{n - m} E \qquad (5)$$

7. Aus den Formeln 1 bis 5 findet man, wenn E gegeben ist bei einem Stab von gegebener Länge L die Länge l, um welche bei gegebener Belastung P der Stab ausgedehnt und zusammengedrückt wird, und die Länge $L + l = L'$ und $L - l = L'$ auf welche beides geschieht:

Nämlich für die Ausdehnung bei 1 □Zoll Querschnitt

$$l = \frac{P}{E} L \qquad (6)$$

$$L + l = L' = \frac{E + P}{E} L \qquad (7)$$

Bei k □Zoll Querschnitt

$$l = \frac{P}{kE} L \qquad (8)$$

$$L + l = L' = \frac{kE + P}{kE} \cdot L \qquad (9)$$

für die Zusammendrückung bei 1 □Zoll Querschnitt

$$l = \frac{P}{P + E} L \qquad (10)$$

$$L - l = L' = \frac{E}{P + E} L \qquad (11)$$

bei k □Zoll Querschnitt

$$l = \frac{P}{P + kE} L \qquad (12)$$

$$L - l = L' = \frac{kE}{P + kE} L \qquad (13)$$

8. Um den Modul E für einen Stoff zu finden, hat man nur nöthig Versuche zu machen. Man nimmt den Stab von k □Zoll Querschnitt, von L Fuſs Länge, belastet diesen mit einem bestimmten Gewicht P, miſst die neue Länge $L' = L + l$, so hat man nach Gl. 4.

$$E = \frac{L}{l} P = \frac{L}{L' - L} \cdot \frac{P}{k} \qquad (14)$$

Je zahlreicher die Versuche sind, die man mit verschiedenen Stäben desselben Stoffs und unter verschiedenen Belastungen vornimmt, desto genauer und zuverlässiger erhält man E.

Man kann Versuche mit Zusammenpressungen den vorigen hinzufügen und nach Formel 5.

$$E = \frac{L - l}{l} \cdot \frac{P'}{k} = \frac{L'}{L - L'} \cdot \frac{P'}{k} \qquad (15)$$

finden, wenn L die ursprüngliche Länge, L' die Länge unter dem Druck P' bedeutet.

9. Der Modul E ist von der Temperatur des Stabes unabhängig. Denn gesetzt ein Stab von der Temperatur 0° werde durch Einwirkung von t° Temperatur von der Länge L zur Länge $L + l = L'$ ausgedehnt, so hat man nach Formel 2 die Kraft P, welche auf den Stab von 0° dieselbe Wirkung ausübt

$$P = \frac{l}{L} E = \frac{L' - L}{L} E$$

Offenbar ist diejenige Kraft, welche diesen Stab von der nun ursprünglichen Länge L' auf die Länge L zusammenpreſst, dieselbe Kraft P. Geschähe aber diese Zusammenpressung, wenn der Stab durch Erwärmung auf t° zur Länge L' gebracht worden wäre und während dem Bestehen der Temperatur t°, so sei der Modul $= E'$, dann hat man nach Formel 3

$$P = \frac{l}{L' - l} = \frac{L' - L}{L} E'$$

also

$$\frac{L' - L}{L} E = \frac{L' - L}{L} E'$$

oder

$$E = E'$$

10. Es erfolgen hier die Angaben des E-modul von mehreren Stoffen, aus Mosely-Scheffler nebst den daneben gestellten absoluten Festigkeiten derselben in alten preuſs. Pfunden. In der 3ten Columne sind die Quotienten der zweiten in die ersten Zahlen angegeben, welche als Nenner zum Zähler 1 die Quotienten der ersten in die zweiten Zahlen und damit zugleich nach Formel 8 die aliquoten Theile der Längen, um welche die Stoffe als Stäbe bis zum Zerreiſsen ausgedehnt werden, bezeichnen.

	Modul E	Absolute Festigkeit P	
Akazie	1200 000	14 000	86
Birke	1600 000	15 000	107
Blei	730 000	1 900	384

	Modul E	Absolute Festigkeit P	
Bronze	4700 000	34 000	138
Buche	1400 000	12 000	117
Eiche	1800 000	11 000	164
Eisendraht . . .	20000 000	90 000	222
Esche	1600 000	18 000	89
Fichte	2100 000	12 000	175
Fischbein . . .	840 000	8 000	105
Gußeisen . . .	17000 000	19 000	895
Kiefer	1700 000	12 000	142
Kupferdraht . .	19000 000	70 000	271
Lerche	1300 000	10 000	130
Mahagoni spanisches . . .	1600 000	14 000	114
Messing, gegossen	9400 000	18 000	522
Messingdraht .	15000 000	70 000	214
Schmiedeeisen	29000 000	66 000	439
Stahl	37000 000	110 000	336
Teakholz . . .	2500 000	16 000	156
Ulme	1400 000	15 000	93
Weißtanne . .	1900 000	12 000	158
Zink, gegossen	14000 000	8 800	1591
Zinn, gegossen	4700 000	4 400	1068

Beispiel. Nach den Versuchen von Duleau kann das Schmiedeeisen im Minimo um $0{,}000441 = \frac{1}{2267}$, im Maximo um $0{,}001167 = \frac{1}{857}$, nach Tredgold um $0{,}000714 = \frac{1}{1400}$ seiner Länge sich ausdehnen, ehe es über die Grenzen seiner E hinauskommt. In dem Art.: Belastung ist angeführt, daſs das Schmiedeeisen für die Dauer nur mit $\frac{1}{6}$, d. h. auf den □Zoll Querschnitt nur mit $\frac{1}{6} \times 66000$ Pfd. = 11000 Pfd. belastet werden solle. Hierbei ist also die Länge l, um welche es sich bei der ursprünglichen Länge L ausdehnt $= \frac{1}{6 \cdot 439} \cdot L = \frac{1}{2634} L$, woraus hervorgeht, daſs für diese vorgeschriebene Belastung das Eisen noch innerhalb seiner E.-grenze verbleibt. Nach der vorstehenden Tabelle zerreiſst es wenn es um $\frac{1}{439}$ seiner Länge ausgedehnt wird.

Elastische Flüssigkeiten. Die Gase haben mit den tropfbaren Flüssigkeiten die Veränderbarkeit ihrer Form gemein, unterscheiden sich aber von denselben dadurch, daſs sie sich in einen kleineren Raum zusammenpressen und in einen gröſseren Raum ausdehnen lassen.

Elastische Linie ist die Gestalt, welche eine nicht ausdehnbare vollkommen elastische gewichtlose gerade Linie annimmt, wenn sie an einem Ende unbeweglich befestigt und an dem anderen Ende von einer Kraft zu Biegung derselben angegriffen wird.

1. Es sei die gerade Linie AB deren ursprüngliche Lage, durch das an B normal auf AB gerichtete Gewicht P habe sie die Gestalt AFC angenommen, so ist bei einer gleichförmigen vollkommenen Elasticität der Linie deren Krümmung am Ende C um so gröſser, je länger AB und je gröſser P ist und bei gleichbleibendem P werden die Krümmungen der Linie von C nach A hin immer geringer.

2. Die Krümmung irgend eines Curvenelements ist gleich der des zu diesem gehörenden Krümmungskreises und da die Krümmungen der Kreise um so gröſser werden je kleiner deren Halbmesser sind, oder mit deren Halbmesser in umgekehrtem Verhältniſs stehen, so verhalten sich die Krümmungen der Elemente in der elastischen Linie umgekehrt wie die zu diesen Elementen gehörenden Krümmungshalbmesser.

Die Wirkung der Kraft P auf die Linie AB, also die Form der Linie AFC hängt nun zunächst noch ab von dem Grade der Elasticität den die Linie besitzt, und diese soll dadurch ausgedrückt werden, daſs bei der normal auf AB in Entfernung = 1 von A wirkenden Kraft p der Krümmungshalbmesser in $A = r$ sei.

3. Es ist also durch die Kraft P in C dieselbe Krümmung in A vom Halbmesser $AD = r$ hervorgegangen. Bezeichnet man den zu der gleichfalls durch P in C hervorgegangenen Krümmung in F gehörenden Halbmesser FJ mit R, stellt sich in F diejenige Kraft P' wirkend vor, welche bei Hinfortnahme von P dieselbe Curve von A bis F veranlaſst, wobei dann das Curvenstück FC unbelastet ist, bringt in Entfernung $FH = 1$ eine Kraft Q an, welche statt P' dieselbe Krümmung in F von dem Halbmesser R hervorbringt, so müssen nach dem Obigen die Kräfte Q und p sich umgekehrt wie die zu F und A gehörenden Krümmungshalbmesser R und r verhalten oder es ist

$$Q : p = r : R$$

woraus

$$Q = \frac{p\,r}{R}$$

Aber die Kraft P in C bringt ebenfalls in F die Krümmung vom Halbmesser R hervor; sieht man also $CK \perp AB$, bezeichnet CK mit x, so hat man für die gleich

Fig. 601.

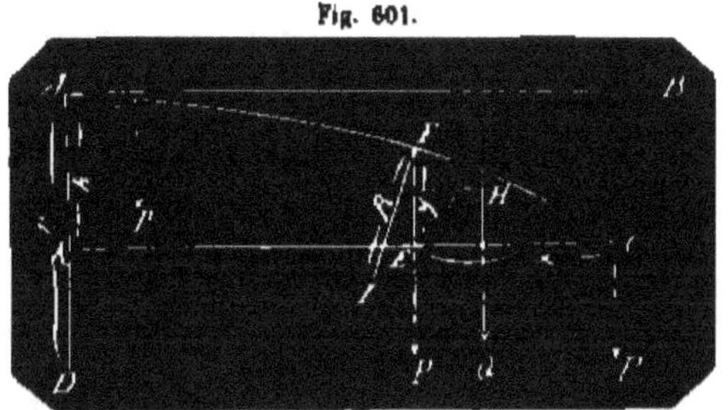

großen Wirkungen der Kräfte Q und P in Beziehung auf den Punkt F.

$$1 \times Q = x \times P$$

woraus $$x = \frac{Q}{P} = \frac{pr}{PR} \qquad (1)$$

4. Das Product pr ist für jede elastische Linie, die immer nur eine materielle Linie sein kann, eine Constante, und von der Natur der Linie, von der Größe E der Elasticität abhängig. Man kann das Product pr daher allgemein mit E bezeichnen und dann ist $x = \frac{E}{P \cdot R}$

folglich das Moment $$xP = \frac{E}{R} \qquad (2)$$

5. Nimmt man CE als Abscissenlinie, C als den Anfangspunkt der Coordinaten, bezeichnet EF mit y, so hat man nach pag. 188, Formel 1. allgemein

$$R = -\frac{\left[1 + \left(\frac{\partial y}{\partial x}\right)^2\right]^{\frac{3}{2}}}{\frac{\partial^2 y}{\partial x^2}} \qquad (3)$$

wo das subtractive Vorzeichen deshalb gilt, weil die Curve nach der Abscissenlinie gerichtet hohl ist.

Substituirt man diesen Werth von R in Gleichung 2, so erhält man

$$x = -\frac{E}{P}\,\frac{\frac{\partial^2 y}{\partial x^2}}{\left[1 + \left(\frac{\partial y}{\partial x}\right)^2\right]^{\frac{3}{2}}} \qquad (4)$$

Aus dieser Differenzialgleichung sind nun mittelst Integrirens die Differenziale von y fortzuschaffen und y allein einzuführen. Setzt man deshalb der Kürze wegen $\frac{\partial y}{\partial x} = s$, so erhält man

$$\frac{\partial^2 y}{\partial x^2} = \frac{\partial s}{\partial x}$$

Die Gleichung verwandelt sich in

$$x = -\frac{E}{P} \cdot \frac{\frac{\partial s}{\partial x}}{(1 + s^2)^{\frac{3}{2}}}$$

und hieraus

$$\int x\,\partial x = -\frac{E}{P} \int_0 \frac{\frac{\partial s}{\partial x}}{(1 + s^2)^{\frac{3}{2}}}\,\partial x$$

Nun ist $\int x\,\partial x = \frac{1}{2}x^2$

Um das rechts befindliche Integral zu finden ist der Factor ∂s nöthig, demnach mit $\frac{\partial s}{\partial s}$ multiplicirt entsteht

$$\int_0 \frac{\frac{\partial s}{\partial x} \cdot \frac{\partial x}{\partial s}}{(1 + s^2)^{\frac{3}{2}}} \cdot \partial s = \int_0 \frac{1}{(1 + s^2)^{\frac{3}{2}}}\,\partial s$$

Um dies Integral rational zu machen, setzt man

$$(1 + s^2)^{\frac{1}{2}} = \mu s$$

so ist $$1 + s^2 = \mu^2 s^2$$

woraus $$s^2 = \frac{1}{\mu^2 - 1}$$

Diese Gleichung auf μ differenzirt entsteht

$$2s \cdot \frac{\partial s}{\partial \mu} = -2\mu(\mu^2 - 1)^{-2}$$

woraus $$\frac{\partial s}{\partial \mu} = -\frac{\mu}{s(\mu^2 - 1)^2} = -\mu s^3$$

Nun ist also

$$\int_0 \frac{\partial s}{(1+s^2)^{\frac{3}{2}}} = \int_0 \frac{\frac{\partial s}{\partial \mu}}{(1+s^2)^{\frac{3}{2}}}\,\partial \mu = -\int_0 \frac{\mu s^3}{(\mu^3 s^3)}\,\partial \mu = -\int \frac{\partial \mu}{\mu^2} = \frac{1}{\mu} = \frac{1}{\left(\frac{(1+s^2)^{\frac{1}{2}}}{s}\right)} = \frac{s}{\sqrt{1+s^2}} = \frac{\frac{\partial y}{\partial x}}{\sqrt{1+\left(\frac{\partial y}{\partial x}\right)^2}}$$

und folglich

$$\frac{1}{2}x^2 = -\frac{E}{P}\,\frac{\frac{\partial y}{\partial x}}{\sqrt{1+\left(\frac{\partial y}{\partial x}\right)^2}} + C \qquad (5)$$

Die Constante bestimmt sich auf folgende Weise:

Es ist $\frac{\partial y}{\partial x}$ der Winkel, den die Tangente in F mit der Abscisse x bildet. Für den Punkt A ist AB diese Tangente, und da sie mit der Abscisse $\frac{1}{2}$ läuft, so ist der Winkel, den die Tangente in A mit der Abscisse bildet $= 0$. Setzt man also die Länge $CK = a$, so hat man für $x = a$ auch $\frac{\partial y}{\partial x} = 0$. Man hat also

$$\frac{1}{2}a^2 = 0 + C$$

woraus

$$C = \frac{1}{2}a^2$$

diesen Werth substituirt gibt

$$\frac{1}{2}(a^2 - x^2) = \frac{E}{P}\,\frac{\frac{\partial y}{\partial x}}{\sqrt{1+\left(\frac{\partial y}{\partial x}\right)^2}} \qquad (6)$$

hieraus ist nun y zu entwickeln. Man erhält

$$\frac{1}{4}(a^2 - x^2)^2\left[1 + \left(\frac{\partial y}{\partial x}\right)^2\right] = \frac{E^2}{P^2}\left(\frac{\partial y}{\partial x}\right)^2$$

woraus

$$\frac{\partial y}{\partial x} = \frac{1}{2}\,\frac{P(a^2 - x^2)}{\sqrt{E^2 - \frac{1}{4}(a^2 - x^2)^2 P^2}}$$

und

$$y = \frac{1}{2}P\int_0^x \frac{a^2 - x^2}{\sqrt{E^2 - \frac{1}{4}(a^2 - x^2)^2 P^2}}\,\partial x \qquad (7)$$

6. Nach den bisher bekannten Lehren der Integralrechnung läſst sich dies Integral nur in einer Reihe darstellen, deren Glieder integrirbar sind, ein weitläufiges Verfahren, welches die Entwickelung des Gesetzes der elastischen Linie in nur wenig anwendbaren Formeln liefert und daher nicht interessirt. Erwägt man dagegen, daſs in den Fällen, wo eine Untersuchung der elastischen Linie erwünscht oder erforderlich ist, diese immer nur in sehr geringen Krümmungen vorkommt so kann die Untersuchung hier auf diese Annahme beschränkt werden.

Bei kleinen Krümmungen sind auch die Winkel, welche die Tangenten mit der Abscissenlinie bilden sehr klein und mit ihnen die trigonometrischen Tangenten dieser Winkel. Geht man daher auf Gl. 5 zurück so ist $\frac{\partial y}{\partial x}$ diese sehr kleine trigonometrische Tangente eines so kleinen Winkels und im Nenner $\sqrt{1+\left(\frac{\partial y}{\partial x}\right)^2}$ ist schon $\frac{\partial y}{\partial x}$ gegen 1 sehr unbedeutend, vielmehr unbedeutender $\left(\frac{\partial y}{\partial x}\right)^2$ gegen 1, und es ist mithin der Nenner $= 1$ zu setzen. Demnach hat man

$$\frac{1}{2}(a^2 - x^2) = \frac{E}{P}\cdot\frac{\partial y}{\partial x}.$$

Wird diese Gleichung integrirt, so erhält man

$$\frac{E}{P}\,y = \frac{1}{2}\int(a^2 - x^2) = \frac{1}{2}(a^2 x - \tfrac{1}{3}x^3)$$

woraus

$$y = \frac{1}{2}\,\frac{P}{E}(a^2 x - \tfrac{1}{3}x^3) \qquad (8)$$

wo die Constante bei $y = 0$ für $x = 0$, als 0 fortfällt.

7. Setzt man die Ordinate AK für $A = h$, so wird $x = a$ und es ist

$$h = \frac{1}{2}\,\frac{P}{E}(a^3 - \tfrac{1}{3}a^3) = \frac{1}{3}\,\frac{P}{E}\,a^3$$

und

$$E = \frac{1}{3}P\cdot\frac{a^3}{h} \qquad (9)$$

eine Gleichung, aus welcher E durch Versuche zu ermitteln ist.

8. Bezeichnet man die Länge CF des Bogens mit λ, so ist nach pag. 191 rechts, die allgemeine Rectificationsformel

$$\lambda = \int\sqrt{1 + \left(\frac{\partial y}{\partial x}\right)^2}\,\partial x$$

Die Wurzelgröſse $= \left[1 + \left(\frac{\partial y}{\partial x}\right)^2\right]^{\frac{1}{2}}$ nach dem binomischen Satz in eine Reihe entwickelt gibt

$$1 + \frac{1}{2}\left(\frac{\partial y}{\partial x}\right)^2 - \frac{1}{8}\left(\frac{\partial y}{\partial x}\right)^4 + \ldots\ldots$$

also

$$\lambda = \int\left[1 + \frac{1}{2}\left(\frac{\partial y}{\partial x}\right)^2 - \frac{1}{8}\left(\frac{\partial y}{\partial x}\right)^4 + \ldots\right]\partial x$$

oder

$$\frac{\partial\lambda}{\partial x} = 1 + \frac{1}{2}\left(\frac{\partial y}{\partial x}\right)^2 - \frac{1}{8}\left(\frac{\partial y}{\partial x}\right)^4 + \ldots.$$

Da $\frac{\partial y}{\partial x}$ sehr klein ist, so kann man die höheren Potenzen von $\frac{\partial y}{\partial x}$ fortlassen und man hat

$$\frac{\partial\lambda}{\partial x} = 1 + \frac{1}{2}\left(\frac{\partial y}{\partial x}\right)^2$$

und wenn man für $\frac{\partial y}{\partial x}$ aus 7 seinen Werth $\frac{1}{2}\frac{P}{E}(a^2 - x^2)$ setzt

$$\frac{\partial\lambda}{\partial x} = 1 + \frac{1}{2}\frac{P^2}{E^2}(a^2 - x^2)^2 = 1 + \frac{1}{2}\frac{P^2}{E^2}[a^4 - 2a^2x^2 + x^4]$$

Diese Gleichung integrirt, gibt

$$\lambda = x + \frac{1}{2}\frac{P^2}{E^2}(a^4x - \tfrac{2}{3}a^2x^3 + \tfrac{1}{5}x^5) \quad (10)$$

wo die Constante fortfällt, weil für $x = 0$ auch $\lambda = 0$ wird.

9. Setzt man die Länge der elastischen Linie $AC = L$, so wird $x = a$ und es ist

$$L = a + \frac{1}{2}\frac{P^2}{E^2}[a^5 - \tfrac{2}{3}a^5 + \tfrac{1}{5}a^5]$$

oder $L = a + \frac{4}{15}\frac{P^2}{E^2}a^5$ (11)

Aus dieser Gleichung läfst sich auch $CK = a$ finden, wenn $AB = L$ und wenn P und E gegeben sind.

Ist b gegeben, so hat man aus 9:

$$\frac{P}{E} = \frac{3b}{a^3}$$

Diesen Werth in Gleichung 11 substituirt gibt

$$L = a + \frac{1}{2}\frac{b^2}{a}$$

Der Unterschied zwischen L und a, nämlich zwischen $AB = AFC$ und CK ist also bei kleinen Krümmungen der Linie sehr gering.

II. Eine materielle elastische Linie ACB, deren Gewicht auf die Längen-Einheit $= G$ ist, liegt mit ihren in einer Horizontalen befindlichen Endpunkten frei auf Unterstützungen. Zwischen diesen an einem Punkt C wirkt ein Gewicht P; es soll die Gestalt der elastischen L. bestimmt werden unter der Bedingung, dafs die Krümmung in Folge der Belastungen nur gering ist.

Die Entfernung AB beider Unterstützungen von einander sei $= c$, der Abstand AD des Gewichts P von A sei $= a$, die Pressungen, welche die Unterlagen erleiden, seien Q und Q'; für irgend einen Punkt H seien AF und HF die Coordinaten x und y. Bei der geringen Krümmung in H sind die Längen $AH = x$ und $AHB = c$ zu setzen; dann sind die auf AH und AHB gleichvertheilten Gewichte $= xG$ und cG.

2. Setzt man den Krümmungshalbmesser in $H = R$ so ist nach Gleichung 2 das Moment der Elasticität in $H = \frac{E}{R}$; dies ist aber offenbar im Gleichgewicht mit dem Gegendruck Q und dem Gewicht xG, deren Momente sind Qx und $xG \cdot \frac{1}{2}x$, daher hat man

$$\frac{E}{R} = Qx - \tfrac{1}{2}Gx^2 \quad (1)$$

Nach No. 1. Formel 3 hat man

$$R = \frac{\left[1 + \left(\frac{\partial y}{\partial x}\right)^2\right]^{\frac{3}{2}}}{-\frac{\partial^2 y}{\partial x^2}} \quad (2)$$

welche sich nach No. 6, indem $\frac{\partial y}{\partial x}$ gegen 1 sehr klein und weggelassen ist, in die Formel abändert

$$R = -\frac{1}{\frac{\partial^2 y}{\partial x^2}} \quad (3)$$

Diesen Werth in Gleichung 1 gesetzt gibt

$$-E\frac{\partial^2 y}{\partial x^2} = Qx - \tfrac{1}{2}Gx^2 \quad (4)$$

woraus

$$-E\frac{\partial y}{\partial x} = \int(Qx - \tfrac{1}{2}Gx^2)\,\partial x$$

$$= \tfrac{1}{2}Qx^2 - \tfrac{1}{6}Gx^3 + C \quad (5)$$

$\frac{\partial y}{\partial x}$ ist die trigonometrische Tangente des Winkels den die Curventangente in H mit AB bildet. Setzt man $x = AD = a$ und bezeichnet den Winkel zwischen der Tangente in C und AB mit α, so hat man aus Gl. 5

$$-E\,tg\,\alpha = \tfrac{1}{2}Qa^2 - \tfrac{1}{6}Ga^3 + C \quad (6)$$

Zieht man diese Gleichung von Gleichung 5 ab, so erhält man

Fig. 602.

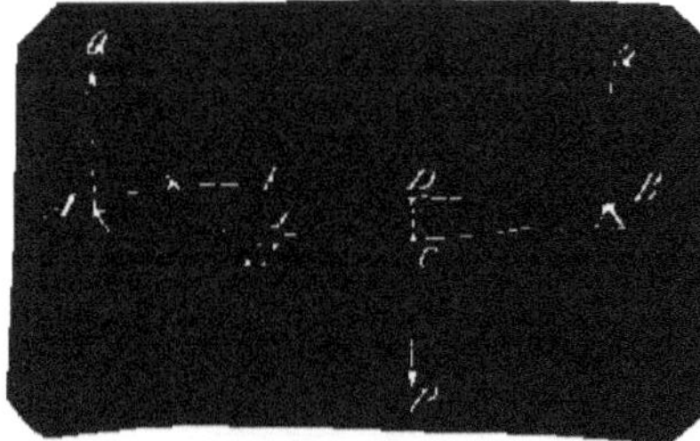

$$-E\left(\frac{\partial y}{\partial x} - tg\,\alpha\right) = \frac{1}{2} Q (x^2 - a^2) - \frac{1}{6} G (x^3 - a^3) \qquad (7)$$

woraus integrirt die Gleichung entsteht

$$-E(y - x\,tg\,\alpha) = \frac{1}{2} Q \int (x^2 - a^2) \partial x - \frac{1}{6} G \int (x^3 - a^3) = \frac{1}{6} Q (x^3 - 3a^2 x) - \frac{1}{24} G (x^4 - 4a^3 x) \qquad (8)$$

wo keine Constante hinzukommt, weil für $x = 0$ auch $y = 0$ ist.

3. Dies ist die Gleichung für den beliebigen Bogen AH. Man erhält offenbar die Gleichung für den Bogen BCH, wenn man B als Anfangspunkt der Abscissen, $BF = x'$, $BD = c - a$, Q' für Q und $\alpha = 180^\circ - \alpha$ setzt. Also

$$-E(y + x'\,tg\,\alpha) = \frac{1}{6} Q' [x'^3 - 3(c - a)^2 x'] - \frac{1}{24} G [x'^4 - 4(c - a)^3 x'] \qquad (9)$$

Setzt man die Ordinate $CD = b$, so wird in Gl. (8) $y = b$ für $x = a$ und in Gl. (9) $y = b$ für $x' = c - a$. Man hat also

$$-E(b - a\,tg\,\alpha) = -\frac{1}{3} a^3 Q + \frac{1}{8} a^4 G \qquad (10)$$

$$-E[b + (c - a)\,tg\,\alpha] = -\frac{1}{3} (c - a)^3 Q' + \frac{1}{8} (c - a)^4 G \qquad (11)$$

Die zweite Gleichung von der ersten abgezogen gibt

$$cE\,tg\,\alpha = \frac{1}{3} (c - a)^3 Q' - \frac{1}{3} a^3 Q - \frac{(c - a)^4 - a^4}{8} G \qquad (12)$$

4. Sind also die Grüßen Q und Q' bekannt, so sind auch α, hiermit b und die Gleichungen für die Bogen AC und BC gegeben.

Nimmt man zu diesem Behuf A und B als Momentenpunkte, so hat man

1. $cQ' = aP + \frac{1}{2} c^2 G$

2. $cQ = (c - a) P + \frac{1}{2} c^2 G$

woraus

$$Q = \frac{c - a}{c} P + \frac{1}{2} c G \qquad (13)$$

und

$$Q' = \frac{a}{c} P + \frac{1}{2} c G \qquad (14)$$

Diese Werthe in Gleichung 12 gesetzt und reducirt gibt

$$cE\,tg\,\alpha = \frac{1}{3} a (c - a)(c - 2a) P + \frac{1}{24} [(c - a)^3 (c + 3a) - a^3 (4c - 3a)] G \qquad (15)$$

5. Nach Gleichung 1 ist

$$\frac{E}{R} = Qx - \frac{1}{2} G x^2$$

das Minimum von R, d. h. die größte Krümmung der Linie findet bei demjenigen x statt, für welches $Qx - \frac{1}{2} G x^2$ ein Maximum wird.

Setzt man $Qx - \frac{1}{2} G x^2 = z$

so ist $\frac{\partial z}{\partial x} = Q - Gx = 0$

also für

$$x = \frac{Q}{G} = \frac{1}{G} \left(\frac{c - a}{c} P + \frac{1}{2} c G\right) = \frac{c - a}{c} \cdot \frac{P}{G} + \frac{1}{2} c$$

III. Eine materielle gewichtlose elastische Linie ACB ist mit einem Ende A unbeweglich befestigt und liegt mit dem anderen Ende B frei auf einer Unterstützung, beide Enden A, B in derselben Horizontalen. In irgend einem Punkt C der Linie zwischen den Endpunkten ist ein Gewicht P aufgehängt; die Gestalt der Linie zu bestimmen, wenn die Krümmung in Folge der Belastung P nur gering ist.

Die Entfernungen AB und AD seien wieder c und a. Wird das Gewicht P hinfortgenommen, so geht die Linie ACB in die gerade Linie AB über. An statt der Befestigung in A denke man

Fig. 603.

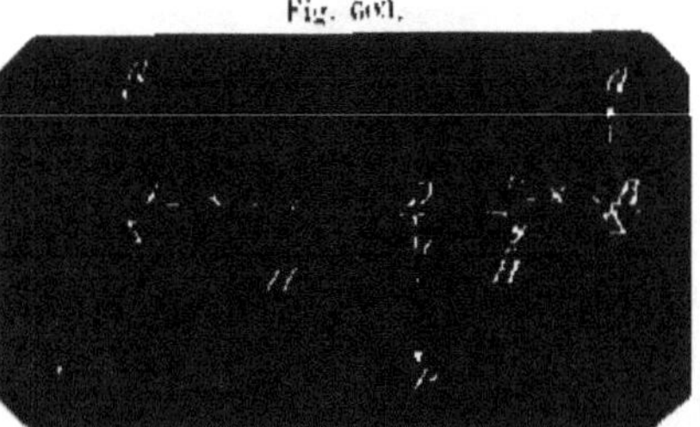

sich daselbst eine blofse Unterstützung, die Linie über A hinaus verlängert und in der Entfernung $AG = 1$ ein Gewicht R angebracht, welches mit der Befestigung in A dieselbe Wirkung auf die Linie ausübt; ferner setze man die Widerstände, welche die Unterstützungen A und B den Vertikalpressungen entgegensetzen $= Q, Q'$.

Nimmt man wieder für den beliebigen Punkt H die Ordinaten AF und $FH = x$ und y, setzt den Krümmungshalbmesser der Linie in $H = r$, so ist nach I, Gleichung 2 das Moment mit welchem der Bogen AH in H der Biegung widersteht $= \frac{E}{r}$ und dies ist offenbar im Gleichgewicht mit den Momenten der Kräfte Q und R in Beziehung auf den Punkt F, d. h. es ist

$$\frac{E}{r} = Qx - R(x + 1) \qquad (1)$$

Nun ist zugleich

$$1 \times R = aP - cQ' \qquad (2)$$

und $$Q + Q' = P + R \qquad (3)$$

woraus $$Q = P(a + 1) - Q'(c + 1) \qquad (4)$$

Substituirt man diese Werthe von Q und P in Gl. 1, so erhält man

$$\frac{E}{r} = (x - a)P - (x - c)Q' \qquad (5)$$

Nach No. II, Formel 3 für r den Näherungswerth $-\frac{1}{-\frac{\partial^2 y}{\partial x^2}}$ gesetzt, entsteht

$$-E\frac{\partial^2 y}{\partial x^2} = (x - a)P - (x - c)Q'$$

oder $$E\frac{\partial^2 y}{\partial x^2} = (a - x)P - (c - x)Q' \qquad (6)$$

diese Gleichung integrirt gibt

$$E\frac{\partial y}{\partial x} = (ax - \tfrac{1}{2}x^2)P - (cx - \tfrac{1}{2}x^2)Q' \qquad (7)$$

indem die Constante fortfällt, weil für $x = 0$ die Tangente in dem Punkt A in die Abscissenlinie AB fällt, mit AB also den $\angle = 0$ bildet, dessen trigonometrische Tangente $\frac{\partial y}{\partial x}$ also ebenfalls $= 0$ ist

Gleichung 7 noch einmal integrirt gibt die Gleichung für den Bogen AH

$$Ey = (\tfrac{1}{2}ax^2 - \tfrac{1}{6}x^3)P - (\tfrac{1}{2}cx^2 - \tfrac{1}{6}x^3)Q' \qquad (8)$$

wo ebenfalls die Constante fortfällt weil für $x = 0$ auch $y = 0$ wird.

2. Die Gestalt eines Bogens BH' von dem zweiten Endpunkt B ab genommen, wird eine andere, weil hier keine Befestigung statt findet und mithin kein Gewicht R einzuführen ist. Es seien für den Punkt H' die Ordinaten BF' und $H'F' = x_1$ und y_1; der Krümmungshalbmesser für $H' = \varrho$, so ist $\frac{E}{\varrho}$ das Moment, mit welchem der Bogen BH' in H' der Biegung widersteht und dieser ist im Gleichgewicht mit dem alleinigen Moment von Q' in Beziehung auf F' also mit $Q' \cdot x_1$. Man hat demnach

$$\frac{E}{\varrho} = -E\frac{\partial^2 y_1}{\partial x_1^2} = Q'x_1 \qquad (9)$$

woraus integrirt

$$-E\frac{\partial y_1}{\partial x_1} = \tfrac{1}{2}Q'x_1^2 + C \qquad (10)$$

Zur Bestimmung der Constante hat man nicht wie ad 1 für den Punkt A die Tangente für den Punkt B in AB belegen, man mufs vielmehr wie in der Untersuchung II. auf den Punkt C zurückgehen. Bezeichnet man hier den Winkel zwischen der Tangente in C und AB für den Anfangspunkt B der Abscissen mit α so ist dessen trigonometrische Tangente, wenn für x_1 der Werth $c - a$ gesetzt wird, $= \frac{\partial y_1}{\partial x_1}$. Man hat also

$$-E\,tg\,\alpha = \tfrac{1}{2}Q'(c - a)^2 + C \qquad (11)$$

von dieser die Gleichung 10 abgezogen gibt

$$E\left(tg\,\alpha - \frac{\partial y_1}{\partial x_1}\right) = \tfrac{1}{2}Q'[x_1^2 - (c - a)^2] \qquad (12)$$

Noch einmal integrirt entsteht

$$E(x_1\,tg\,\alpha - y_1) = \tfrac{1}{2}Q'[\tfrac{1}{3}x_1^3 - (c - a)^2 x_1] \qquad (13)$$

wo die Constante fortfällt, weil für $x_1 = 0$ auch $y_1 = 0$ wird.

Um diese Gleichung für den Bogen BH' wie die für den Bogen AH ohne Hülfe von $tg\,\alpha$ zu erhalten hat man für Gl. 7, wenn man $x = a$ setzt,

$$\frac{\partial y}{\partial x} = tg\,(180^0 - \alpha) = -tg\,\alpha$$

also $$-E\,tg\,\alpha = \tfrac{1}{2}a^2 P - (ac - \tfrac{1}{2}a^2)Q' \qquad (14)$$

Diese Gleichung mit x_1 multiplicirt, Gleichung 13 addirt und entgegengesetzte Vorzeichen genommen gibt die Gleichung für den Bogen BH'

$$Ey' = -\tfrac{1}{2}a^2 x_1 P + (\tfrac{1}{2}c^2 x_1 - \tfrac{1}{6}x_1^3)Q' \qquad (15)$$

3. Setzt man, wie in II, 3, die Ordinate $CD = b$, so erhält man aus Gleichung 8 die Gleichung für den Bogen AC wenn man darin $x = a$ setzt, und aus Gleichung 14 die Gleichung für den Bogen BC wenn man $x_1 = (c - a)$ setzt. Man erhält die Gleichung für AC:

$$Eb = \tfrac{1}{3}a^3 P - \tfrac{1}{6}a^2(3c - a)Q' \qquad (16)$$

die Gleichung für BC

$$E\delta = -\tfrac{1}{6}a^2(c-a)P + \tfrac{1}{6}(c-a)(2c^2+2ac-a^2)Q' \qquad (17)$$

Setzt man beide Werthe von $E\delta$ einander gleich, so erhält man

$$Q' = \tfrac{1}{2}\frac{a^2}{c^3}(3c-a)P \qquad (18)$$

und aus Gleichung 4

$$Q = \frac{1}{2c^3}[c(a+1)(2c^2-2a^2)+(c+1)a^2]P \qquad (19)$$

4. Setzt man in Gleichung 5 den Werth von Q' aus Gleichung 18, so hat man

$$\frac{E}{r} = (x-a)P + (c-x)\frac{a^2}{2c^3}(3c-a)P$$

oder

$$\frac{E}{r} = \frac{2c^3 - a^2(3c-a)}{2c^3}\cdot Px + \frac{a^2(3c-a) - 2ac^2}{2c^2}\cdot P \qquad (20)$$

Der größte Werth, den a annehmen kann ist $= c$, d. h. das Gewicht P wird in B aufgehängt, und es entsteht für $a = c$ auch für $\frac{E}{r}$ der Werth $= 0$.

Schreibt man für a den Werth $(c - s)$ so entsteht aus Gl. 20

$$\frac{E}{r} = s\cdot\frac{c^2-s^2}{2c^3}Px - s\frac{(c-s)^2}{2c^2}P$$

Da s kleiner angenommen ist als c, so ist das erste Glied mit dem Factor Px immer positiv, das zweite Glied mit dem Factor P immer subtractiv. Die Gleichung 20 ist also zu schreiben

$$\frac{E}{r} = \frac{2c^3 - a^2(3c-a)}{2c^3}\cdot Px - \frac{2ac^2 - a^2(3c-a)}{2c^2}P \qquad (21)$$

Für $x = 0$ also für den Punkt A wird $\frac{E}{r}$ negativ, es ist also r negativ und folglich ist in A die Krümmung der Linie entgegengesetzt, d. h. nach oben zu erhaben.

Wächst aber x von 0 ab, so wird $\frac{E}{r}$ größer und es entsteht ein Werth $\frac{E}{r} = 0$ wenn beide Glieder rechts einander gleich werden also für

$$x = c\cdot\frac{2ac^2 - a^2(3c-a)}{2c^3 - a^2(3c-a)} \qquad (22)$$

Für dieses x wird $r = \pm\infty$ und der Punkt der Linie für x in Gleichung 22 ist ein Wendungspunkt. Von hier ab wächst $\frac{E}{r}$ und r nimmt ab bis zu $x = a$ wo $\frac{E}{r}$ am größten und also r am kleinsten wird. Und zwar ist für $x = a$

$$\frac{E}{r} = \frac{a^2}{2c^3}(c-a)(3c-a)P$$

$$\text{und } r \text{ in } C = \frac{2c^3E}{a^2(c-a)(3c-a)P} \qquad (23)$$

Aus Gleichung 21 hat man für $x = 0$ also für den Punkt A

$$\frac{E}{r^1} = -\frac{2ac^2 - a^2(3c-a)}{2c^2}P \qquad (24)$$

$$\text{und} \quad r^1 = -\frac{2c^2E}{a(3c-a)(c-a)P} \qquad (25)$$

5. Zur Vergleichung beider Krümmungshalbmesser r^1 in A und r in C hat man aus 23 und 25

$$r^1 : r = a(3c-a) : c(2c-a)$$

r^1 in A wächst von $a = 0$ bis $a = \tfrac{1}{2}c$ wo r^1 ein Maximum ist; a kann aber höchstens $= c$ werden und r^1 wird um so größer, also die Krümmung in A um so geringer, je weiter P von A entfernt ist. r in C nimmt mit dem Wachsthum von a immerfort ab.

Beide Krümmungen sind einander gleich wenn

$$a(3c-a) = c(2c-a)$$

oder wenn $\quad a^2 - 4ac + 2c^2 = 0$

also wenn $\quad a = c(2 - \sqrt{2})$

6. Setzt man die Werthe von Q' (Gl 18) in Gl. 14, so erhält man

$$E\,tg\,\alpha = \frac{a^2}{4c^2}(c-a)(4ac - 2c^2 - a^2)P$$

wo B Anfangspunkt der Abscissen ist, also die Winkelspitze des spitzen $\angle\alpha$ von C nach B hin liegt. Nimmt man x wie ad II für den Anfangspunkt A der Abscissen, dann ist

$$E\,tg\,\alpha = \frac{a^2}{4c^3}(c-a)(2c^2 + a^2 - 4ac)P$$

der $\angle\alpha$ bleibt so lange spitz als $2c^2+a^2 > 4ac$

Für $\quad 2c^2 + a^2 = 4ac$

also für $a = c(2 - \sqrt{2}) = 0{,}586\,c$ wird $\alpha = 180^0$, d. h. die Tangente läuft ‡ mit AB.

Es ist dies nach No. 5 derselbe Ort C für das Gewicht P, in welchem die Krümmung der entgegengesetzten und gleich ist.

IV. Eine elastische Linie ist mit ihren horizontal liegenden Endpunkten A, B unbeweglich befestigt. Wenn in einem Punkt C der Linie das Gewicht P aufgehängt wird, so kommt die Linie aus der geradlinigen Richtung AB in die gekrümmte ACB, die Gleichung für diese Linie aufzustellen.

Wegen der Befestigungsweise senkt die Linie sich so, dass die gerade Linie AB an beiden Endpunkten A und B Tangente an derselben wird.

Wie in den vorigen Untersuchungen seien $AB = c$, die Coordinaten AD und $DC = a$ und b, die Coordinaten AF und FH für einen beliebigen Punkt H seien x und y. In B sei wie bei A in No. III statt der Befestigung eine Unterlage und in der Entfernung $BG = 1$ in G das Gewicht R angebracht, der Druck auf diese Unterstützung $= Q$.

Bei vorausgesetzter nur geringer Krümmung hat man dann wie No. II. und III. Gleichung 1:

$$\frac{E}{r} = Q(c - x) - P(a - x) - R(c + 1 - x) \quad (1)$$

$r = \frac{1}{\frac{\partial^2 y}{\partial x^2}}$ also $\frac{E}{r} = E\frac{\partial^2 y}{\partial x^2}$ und integrirt

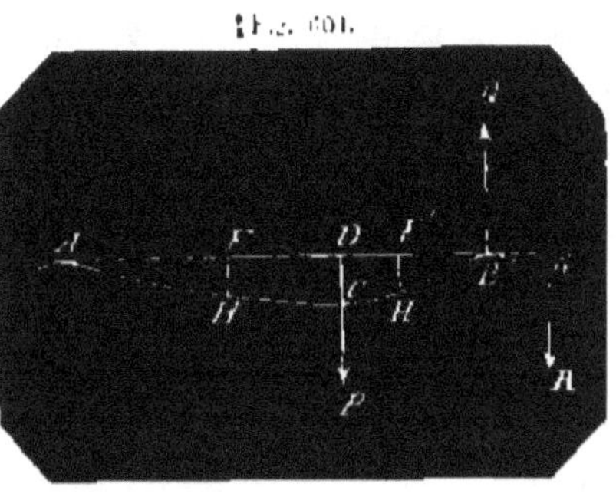

Fig. 601.

$$-E\frac{\partial y}{\partial x} = (cx - \tfrac{1}{2}x^2)\,Q - (ax - \tfrac{1}{2}x^2)\,P - [(c+1)\,x - \tfrac{1}{2}x^2]\,R \quad (2)$$

wo die Constante wegfällt, weil für $x = 0$ auch $\frac{\partial y}{\partial x}$ als trigonometrische Tangente des Winkels zwischen ACB und $AB = 0$ ebenfalls $= 0$ wird.

Noch einmal integrirt gibt

$$-Ey = (\tfrac{1}{2}cx^2 - \tfrac{1}{6}x^3)\,Q - (\tfrac{1}{2}ax^2 - \tfrac{1}{6}x^3)\,P - [\tfrac{1}{2}(c+1)\,x^2 - \tfrac{1}{6}x^3]\,R \quad (3)$$

wo wiederum die Constante wegfällt, weil für $x = 0$ auch $y = 0$ wird.

Setzt man wieder den Winkel den die Tangente in C mit AB bildet $= \alpha$, so hat man $x = AD = a$ gesetzt aus Gl. 2 und 3

$$-E\,tg\,\alpha = (ca - \tfrac{1}{2}a^2)\,Q - \tfrac{1}{2}a^2 P - [(c+1)\,a - \tfrac{1}{2}a^2]\,R \quad (4)$$

$$-E\,b = (\tfrac{1}{2}ca^2 - \tfrac{1}{6}a^3)\,Q - \tfrac{1}{3}a^3 P - [\tfrac{1}{2}(c+1)\,a^2 - \tfrac{1}{6}a^3]\,R \quad (5)$$

Sind für einen Punkt H' zwischen B und C die Ordinaten BF' und $F'H' = x_1$ und y_1, so hat man

$$-E\frac{\partial^2 y_1}{\partial x_1^2} = x_1 Q - (x_1 + 1)\,R \quad (6)$$

hieraus, 2mal hinter einander integrirt

$$E\frac{\partial y_1}{\partial x_1} = \tfrac{1}{2}x_1^2 Q - (\tfrac{1}{2}x_1^2 + x)\,R \quad (7)$$

$$E y_1 = \tfrac{1}{6}x_1^3 Q - (\tfrac{1}{6}x_1^3 + \tfrac{1}{2}x_1^2)\,R \quad (8)$$

wo aus denselben Gründen wie für Gl. 2 und 3 in beiden Malen die Constante wegfällt.

Setzt man $x_1 = c - a$ so wird $\frac{\partial y_1}{\partial x_1} = tg\,(180^0 - \alpha) = -\,tg\,\alpha$ und $y_1 = b$.

Man hat demnach aus den Gleichungen 7 und 8

$$E\,tg\,\alpha = \tfrac{1}{2}(c - a)^2 Q - (c - a)\left(\frac{c - a}{2} + 1\right) R \quad (9)$$

$$-Eb = \tfrac{1}{6}(c - a)^3 Q - \tfrac{1}{6}(c - a)^2 (c - a + 3)\,R \quad (10)$$

Addirt man beide Gleichungen 4 und 9 und setzt beide Werthe $-Eb$ in Gleichung 5 und 10 einander gleich, so erhält man reducirt

$$0 = c^2 Q - a^2 P - c(c+2) R \quad (11)$$

$$0 = c^2 (c - 3a) Q + 2a^2 P - c(c^2 - 3ac + 3c - 6a) R \quad (12)$$

Multiplicirt man Gl. 11 mit $(c - 3a)$, zieht dann die Gleichung von der Gl. 12 ab, so erhält man

$$R = \frac{a^2}{c^2} (c - a) P \quad (13)$$

und hiernach aus Gleichung 11

$$Q = \frac{a^2}{c^3} (c^2 - ac + 3c - 2a) P \quad (14)$$

Durch die Einsetzung der Werthe Q und R in die Gleichungen 1 und 6 lassen sich alle Krümmungshalbmesser durch P und E ausdrücken. Ebenso findet man die Ordinaten y und y_1 durch E und P bestimmt, wenn man die Werthe von Q und R in die Gleichungen 3 und 8 substituirt.

Setzt man die Werthe von Q und R in die Gleichung 4 oder 9 so erhält man

$$E\,tg\,\alpha = \frac{(c - 2a)(c - a)^2 a^2}{3c^2}$$

Diese Tangente bleibt positiv so lange $a < \frac{1}{2}c$; für $a = \frac{1}{2}c$ wird sie $= 0$, d. h. die Tangente läuft ǂ mit der Abscissenlinie AB.

V. Eine materielle Linie ist in den 3 horizontal liegenden Punkten A, B, C unterstützt, auf dieselbe ist ein Gewicht gleichmäfsig vertheilt, so dafs auf die Längeneinheit das Gewicht G kommt. Die Pressungen Q, Q', Q'' zu bestimmen, welche die 3 Unterstützungen A, B, C zu erleiden haben wenn die Krümmungen der Linie nur gering sind.

Ist die Länge $AC = c$, $AB = a$ und sind die Coordinaten AF, FH eines beliebigen Punktes $H = x$ und y so hat man wie früher

Fig. 605.

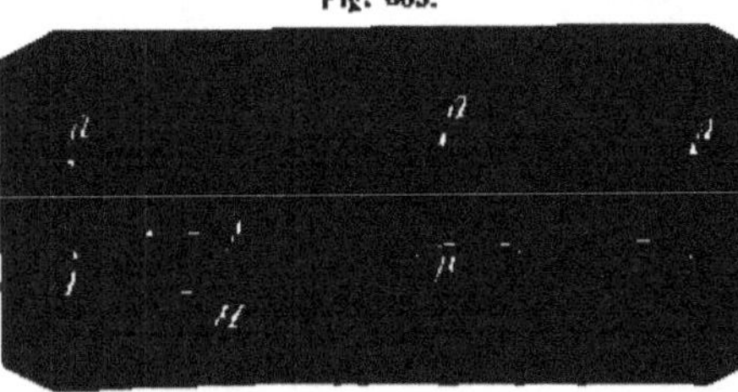

$$\frac{E}{r} = -E\frac{\partial^2 y}{\partial x^2} = Qx - \frac{1}{2}Gx^2$$

Integrirt:

$$-E\frac{\partial y}{\partial x} = \frac{1}{2}Qx^2 - \frac{1}{6}Gx^3 + C \quad (1)$$

Ist der Winkel der Tangente in B mit $AB = \alpha$ so ist für $x = a$

$$-E\,tg\,\alpha = \frac{1}{2}Qa^2 - \frac{1}{6}Ga^3 + C \quad (2)$$

Beide Gleichungen mit einander verbunden

$$-E\left(\frac{\partial y}{\partial x} - tg\,\alpha\right) = \frac{1}{2}Q(x^2 - a^2) - \frac{1}{6}G(x^3 - a^3) \quad (3)$$

und noch einmal integrirt

$$-E(y - x\,tg\,\alpha) = \frac{1}{6}Q(x^3 - 3a^2x) - \frac{1}{24}G(x^4 - 4a^3x) \quad (4)$$

wo $C = 0$, weil für $x = 0$ auch $y = 0$ ist.

Für $x = a$ wird ebenfalls $y = 0$ und man erhält daher zur Bestimmung von $tg\,\alpha$

$$E\,tg\,\alpha = -\frac{1}{3}a^2 Q + \frac{1}{8}a^3 G \quad (5)$$

2. Nimmt man die Gleichungen für den zweiten Bogen BC und C zum Anfangspunkt der Abscissen, so erhält man ganz dieselben wenn man $c - a$ für a, Q'' für Q und $180^\circ - \alpha$ für α, also $-tg\,\alpha$ für $tg\,\alpha$ setzt; also für Gleichung 5 erhält man

$$-E\,tg\,\alpha = -\frac{1}{3}(c - a)^2 Q'' + \frac{1}{8}(c - a)^3 G \quad (6)$$

Durch Addition beider Gleichungen verschwindet E und $tg\,\alpha$ und man erhält

$$0 = -\frac{1}{3}a^2 Q - \frac{1}{3}(c - a)^2 Q'' + \frac{1}{8}[a^3 + (c - a)^3] G \quad (7)$$

Aufser dieser Gleichung liefert noch die Statik 2 Gleichungen

$$Q + Q' + Q'' = cG \quad (8)$$

und den Punkt B zum Momentenpunkt genommen:

$$aQ - \frac{1}{2}a^2 G = (c - a) Q'' - \frac{1}{2}(c - a)^2 G \quad (9)$$

Aus Gleichung 9 erhält man

$$Q'' = \frac{aQ + \frac{1}{2}(c^2 - 2ac)}{c - a} G \quad (10)$$

Substituirt man diesen Werth in Gl. 7, so erhält man

$$Q = \frac{a^3 + 3ac - c^3}{8a} G \quad (11)$$

Diesen Werth in Gleichung 10 substituirt, gibt

$$Q'' = \frac{a^3 - 6ac + 3c^2}{8(c - a)} G \quad (12)$$

und endlich mit Hülfe von Gleichung 8, 11 und 12.

$$Q' = \frac{c(c^2 + ac - a^2)}{a(c - a)} G \quad (13)$$

3. Setzt man den Werth von Q in Gl. 5. oder den von Q' in Gl. 6 so erhält man

$E\, tg\, \alpha = \frac{1}{24} a (c-a)(c-2a)$

Dieser Ausdruck wird $= 0$ bei $a = \frac{1}{2}c$, wenn also die Unterstützung B zwischen A und C in der Mitte liegt. Für $a > \frac{1}{2}c$ wird $tg\, \alpha$ negativ, sie macht also in B mit AB einen spitzen Winkel und daher tritt die elastische Linie nach C hin über die gerade Linie BC hinaus. Bei $a < \frac{1}{2}c$ ist $tg\, \alpha$ positiv, sie macht also in B mit AB einen stumpfen, mit BC einen spitzen Winkel und tritt daher von B ab nach A hin über die Linie AB hinaus.

VI. Eine materielle Linie AB von der Länge $2c$, deren Gewicht wie sub V $= 2cG$ gleich vertheilt ist, liegt auf 4 horizontal befindlichen Unterstützungen, von denen jede der mittleren von der nächsten äußeren Unterstützung um die Länge $AC = DB = a$ entfernt ist, die Pressungen zu bestimmen, welche jede der Unterstützungen zu erleiden hat, wenn die Krümmungen der Linie nur gering sind.

Die Pressungen auf A und B seien $= Q$, die auf C und $D = Q'$; wie früher sei $AF = x$, $FH = y$, so hat man die Gleichung in Beziehung auf den Momentenpunkt H

Fig. 606.

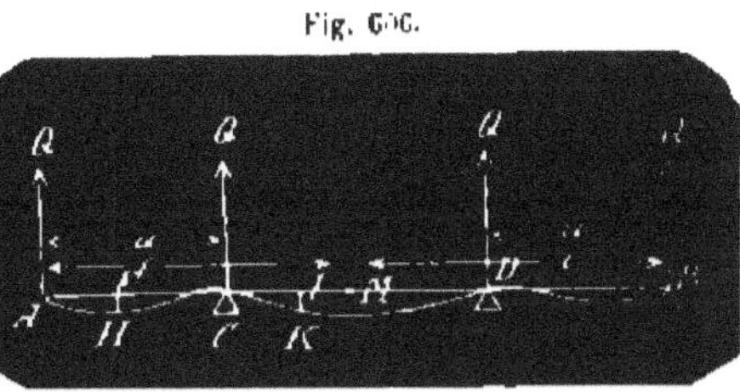

$$- E \frac{\partial^2 y}{\partial x^2} = \frac{E}{r} = xQ - \tfrac{1}{2} x^2 G \qquad (1)$$

diese Gleichung integrirt

$$- E \frac{\partial y}{\partial x} = \tfrac{1}{2} Q x^2 - \tfrac{1}{6} G x^3 + \text{Constante} \qquad (2)$$

Der Winkel den die geometrische Tangente an der elastischen Linie in dem Punkt C bildet, sei α

so ist für $x = a$; $\frac{\partial y}{\partial x} = tg\, \alpha$

hieraus entsteht

$$- E\, tg\, \alpha = \tfrac{1}{2} a^2 Q - \tfrac{1}{6} a^3 G + \text{Constante} \qquad (3)$$

Eliminirt man die Constante, indem man Gl. 2 von 3 abzieht, so erhält man

$$E \left(\frac{\partial y}{\partial x} - tg\, \alpha \right) = \tfrac{1}{2} Q (a^2 - x^2) - \tfrac{1}{6} G (a^3 - x^3) \qquad (4)$$

noch einmal integrirt

$$E (y - x\, tg\, \alpha) = \tfrac{1}{6} (3a^2 x - x^3) Q - \tfrac{1}{24} (4a^3 x - x^4) G \qquad (5)$$

wo für $x = 0$ auch $y = 0$ und folglich zugleich die Constante $= 0$ wird.

Für $x = a$ wird wiederum $y = 0$ daher hat man zur Bestimmung der $tg\, \alpha$ aus Gl. 5

$$- E\, a\, tg\, \alpha = \tfrac{1}{3} a^3 Q - \tfrac{1}{8} a^4 G \qquad (6)$$

2. Für einen Punkt K, dessen Abscisse, von dem Mittelpunkt M aus genommen, $MJ = x_1$ und dessen Ordinate $JK = y_1$ hat man, K zum Momentenpunkt genommen:

$$- E \frac{\partial^2 y_1}{\partial x_1^2} = \frac{E}{r_1} = (c - x_1) Q + (c - a - x_1) Q' - \tfrac{1}{2} (c - x_1)^2 G \qquad (7)$$

diese Gleichung integrirt gibt

$$- E \frac{\partial y_1}{\partial x_1} = (c x_1 - \tfrac{1}{2} x_1^2) Q + [(c - a) x_1 - \tfrac{1}{2} x_1^2] Q' + \tfrac{1}{6} (c - x_1)^3 G + C \qquad (8)$$

Für $x' = c - a$, also für den Punkt C wird der Winkel, den die geometrische Tangente mit AB bildet $= 180° - \alpha$ folglich dessen trigonometrische Tangente $= - tg\, \alpha = \frac{\partial y_1}{\partial x_1}$. Man hat demnach:

$$E\, tg\, \alpha = \tfrac{1}{2} (c^2 - a^2) Q + \tfrac{1}{2} (c - a)^2 Q' + \tfrac{1}{6} a^3 G + C \qquad (9)$$

Gleichung 8 von 9 abgezogen eliminirt Constante und es entsteht

$$E \left[\frac{\partial y_1}{\partial x_1} + tg\, \alpha \right] = \tfrac{1}{2} [(c - x_1)^2 - a^2] Q + \tfrac{1}{2} (c - a - x_1)^2 Q' + \tfrac{1}{6} [a^3 - (c - x_1)^3] G \qquad (10)$$

Noch einmal integrirt entsteht

$$E[y_1 + x_1 \operatorname{tg}\alpha] = -\tfrac{1}{6}[(c-x_1)^3 + 3a^2x_1]Q - \tfrac{1}{6}(c-a-x_1)^3Q + \tfrac{1}{24}[4a^3x_1 + (c-x_1)^4]G + C \quad (11)$$

Zur Bestimmung der Constante hat man für $x_1 = (c-a)$ also für den Punkt C, $y_1 = 0$ daher

$$E(c-a)\operatorname{tg}\alpha = -\tfrac{1}{6}(3a^2c - 2a^3)Q + \tfrac{1}{24}(4a^3c - 3a^4)G + C \quad (12)$$

Diese Gleichung durch Subtraction mit Gl. 11 verbunden gibt eine Gleichung für y_1 bei gegebenem x_1 wenn Q und Q' bekannt sind, welches dann die Gleichung für den Bogen CD ist, wie Gleichung 5 für den Bogen AC gilt.

3. Um Q und Q' zu finden ist Gl. 10 anzuwenden. Da nämlich M die Mitte zwischen C und D ist, und da in C und D die Pressungen gleich grofs sind, so ist der unter M befindliche Curvenpunkt ganz gewifs zwischen C und D der tiefste und dessen Tangente läuft $\#$ mit AB.

Setzt man also $x_1 = 0$, so wird $\frac{\partial y_1}{\partial x_1} = 0$.

Man hat demnach aus Gl. 10:

$$E\operatorname{tg}\alpha = \tfrac{1}{2}(c^2 - a^2)Q + \tfrac{1}{2}(c-a)^2Q' - \tfrac{1}{6}(c^3 - a^3)G \quad (13)$$

Diese Gleichung mit a multiplicirt und zu Gleichung 6 addirt, gibt reducirt

$$0 = 4(3c^3 - a^3)Q + 12(c-a)^2Q' - (4c^3 - a^3)G \quad (14)$$

Nun liefert noch die Statik die Gleichung

$$2Q + 2Q' = 2cG$$

woraus

$$Q' = cG - Q \quad (15)$$

Diesen Werth in Gl. 14 gesetzt ergibt

$$Q = \frac{24ac^2 - 12a^2c - 8c^3 - a^3}{8a(3c-2a)}G$$

Diesen Werth in Gleichung 15 gesetzt ergibt

$$Q' = \frac{8c^3 + a^3 - 4a^2c}{8a(3c-2a)}G$$

4. Setzt man den Werth von Q in Gl. 6, so erhält man

$$-E\operatorname{tg}\alpha = \frac{a(24ac^2 - 21a^2c - 8c^3 + 5a^3)}{24(3c-2a)}G$$

Für $a = c$ wird $E\operatorname{tg}\alpha$, also $\operatorname{tg}\alpha = 0$.

Um zu erfahren, für welche Werthe von a, $\operatorname{tg}\alpha$ positiv und negativ wird, setze man $a = c - s$ so erhält man

$$E\operatorname{tg}\alpha = \frac{s(c-s)}{24(c+2s)}(5s^2 + 6cs - 3c^2)$$

Für $s = \frac{-3 + \sqrt{24}}{5}c = 0{,}3798 \cdot c$ wird die Klammergröfse und mit derselben $\operatorname{tg}\alpha = 0$; also wenn $a = 0{,}6202\,c$ (nahe $\frac{5}{8}c$) also wenn AC nahe $\frac{5}{8}AM$ oder wenn $AC : CM$ nahe $= 3 : 2$ so fallen die Tangenten in C und D mit AB zusammen.

Für $a < 0{,}6202\,c$ wird $\operatorname{tg}\alpha$ positiv, der Bogen bei C hat die Lage des Bogens AH und die Linie tritt zwischen C und A über die Linie AB hinweg. Für $a > 0{,}6202$ wird $\operatorname{tg}\alpha$ negativ, der Bogen bei C hat die Lage des Bogens von H nach C hin und die Linie tritt von C nach M hin über AB hinweg. Dasselbe findet bei D statt.

Für $s = \frac{2}{5}c = 0{,}4c$ wird $E\operatorname{tg}\alpha = +\frac{1}{900}c^3$

Für $s = 0{,}35\,c$ wird $E\operatorname{tg}\alpha = -0{,}00908\ldots c^3$

VII. Eine materielle elastische Linie AB steht senkrecht auf einer festen Ebene EF. Eine auf B in der Richtung der Linie angebrachte Kraft P unterhält eine geringe Krümmung derselben, so dafs die Linie die Form BDA annimmt, die Bedingungen des Gleichgewichts zu finden.

Fig. 607.

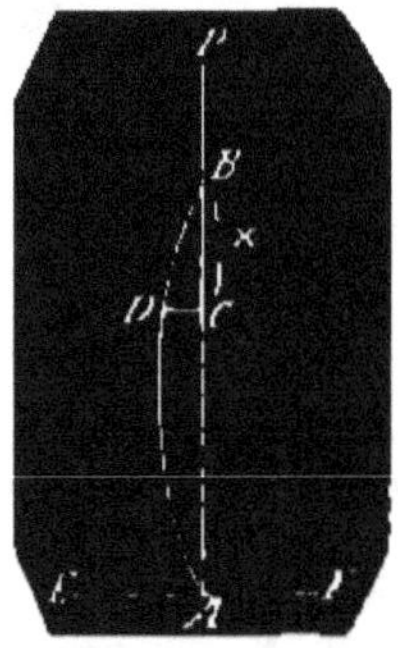

Es sei die Länge $AB = c$, AB die Abscissenlinie, B der Anfangspunkt; für einen beliebigen Punkt D sei $BC = x$, $CD = y$. Dann ist für den Punkt D das Moment der Kraft $= Py$, das Moment der

Elasticität $= \frac{E}{r} = -E\frac{\partial^2 y}{\partial x^2}$ und für's Gleichgewicht $yP = -E\frac{\partial^2 y}{\partial x^2}$

Um die Gleichung integriren zu können ist für die linke Seite der Factor $\frac{\partial y}{\partial x}$ erforderlich. Man schreibt demnach

$$Py\frac{\partial y}{\partial x} = -E\frac{\partial y}{\partial x}\cdot\frac{\partial^2 y}{\partial x^2} = -E\frac{\partial y}{\partial x}\cdot\partial\frac{\partial y}{\partial x}$$

und integrirt

$$\tfrac{1}{2}y^2P = -\tfrac{1}{2}\left(\frac{\partial y}{\partial x}\right)^2\cdot E + \text{Constante}$$

Zur Bestimmung der Constante sei die Ordinate $y = b$ für $x = \frac{1}{2}c$, dann ist zugleich hier die gröfste Krümmung, die Tangente des Mittelpunkts läuft $\parallel$ mit AB, für diesen Fall ist also die trigonometrische Tangente $\frac{\partial y}{\partial x} = 0$ folglich hat man

$$\tfrac{1}{2}b^2P = \text{Constante}$$

und $\tfrac{1}{2}y^2P = -\tfrac{1}{2}\left(\frac{\partial y}{\partial x}\right)E^2 + \tfrac{1}{2}b^2P$

oder $-\left(\frac{\partial y}{\partial x}\right)^2 E = (y^2 - b^2)\,P$

mit $-E$ dividirt und die $\sqrt{\ }$ ausgezogen

$$\frac{\partial y}{\partial x} = \sqrt{\frac{P}{E}(b^2 - y^2)}$$

Die Auflösung durch Integrirung gibt eine transcendente unauflösliche Gleichung für y, daher schreibt man

$$\frac{\partial x}{\partial y} = \frac{1}{\sqrt{\frac{P}{E}(b^2 - y^2)}}$$

woraus

$$x = \int_0 \frac{1}{\sqrt{\frac{P}{E}(b^2 - y^2)}}\,\partial y = \sqrt{\frac{E}{P}}\int_0 \frac{\partial y}{\sqrt{b^2 - y^2}}$$

und integrirt

$$x = \sqrt{\frac{E}{P}}\ \text{arc sin}\ \frac{y}{b}$$

wo die Constante fortfällt, weil für $x = 0$ auch $y = 0$ also auch $\text{arc sin}\ 0 = 0$ ist.

Und gegenseitig

$$\frac{y}{b} = \sin\left(x\cdot\sqrt{\frac{P}{E}}\right)$$

oder $y = b\sin\left(x\cdot\sqrt{\frac{P}{E}}\right)$

Für $x = l$ wird y wieder $= 0$

folglich ist $\sin l\sqrt{\frac{P}{E}} = 0$

und da $l\sqrt{\frac{P}{E}}$ nicht gleich 0 sein kann, so ist es $= n$

Aus $l\sqrt{\frac{P}{E}} = n$

folglich $P = \frac{n^2E}{l^2}$

Diese Kraft ist also das Maafs der rückwirkenden Festigkeit einer materiellen elastischen Linie, d. h. das Maximum der Kraft, welche die Linie vermöge ihrer Elasticität der Krümmung entgegensetzt. Jeder gröfseren Kraft widersteht die Linie vermöge ihrer respectiven Festigkeit.

Elemente sind die einfachen Theile eines Ganzen. In der Natur sind es bekanntlich diejenigen Stoffe, mit denen es noch nicht gelungen ist, sie in mehrere einzelne untereinander und von dem Ganzen ganz verschiedene Stoffe chemisch zu zerlegen, als: der Sauerstoff, der Stickstoff, das Eisen.

In der Mathematik sind Elemente zunächst die einfachsten Grundlehren einer Disciplin, als die Elemente der Arithmetik, der Geometrie, der Differenzialrechnung u. s. w. Man versteht aber auch unter Elemente die einzelnen Begriffe, die man zu einem Lehrgebäude mit einander verbindet; als in der Arithmetik: die auf einander folgend eingeführten Begriffe von Zahl, deren Vermehrung (Addition), deren Verminderung (Subtraction), deren wiederholte gleich vielfache Vermehrung und Verminderung (Multiplication und Division) das Potenziren, Radiciren, die Proportionen, Reihenbildungen u. s. w. In der Geometrie: die Begriffe von Linie, von gerader und krummer L., von Flächen, von ebenen und krummen Flächen; die verschiedenen Lagen der geraden Linien und Ebenen: normal, schief, parallel u. s. w.

Elemente der Bahn eines Planeten, Cometen, Doppelsterns sind diejenigen Bestimmungsstücke durch welche man deren Lauf und die Dimensionen ihrer Bahnen zu berechnen im Stande ist; so wie man zu genauer Kenntnifs der Form und der Dimensionen einer ebenen geradlinigen Figur einer ganz bestimmten Anzahl von Bestimmungsstücken bedarf, ohne dafs diese die Elemente der Figur genannt werden.

Planeten und Kometen bewegen sich in einer Ebene und zwar in einer Ellipse, in welcher die Sonne einer der beiden Brennpunkte ist. Die Beobachtung dieser Bahn geschieht von der Erde aus, also innerhalb der Ekliptik, derjenigen Ebene, in welcher die Erde um die in einem Brennpunkt befindliche Sonne sich bewegt, so dafs die Sonne ein gemeinschaftlicher Brennpunkt beider Bahnen oder vielmehr aller Planeten- und Kometenbahnen ist.

Das 1te Element der Bahn eines anderen Planeten ist also die in dem vorhandenen Ebenenwinkel gegebene Lage dessen Bahn gegen unsere Ekliptik (die Neigung der Bahn). Das 2te Element bildet die beiden Orte des aufsteigenden und absteigenden Knotens, der Punkte in welchen jene Bahn unsere Ekliptik durchschneidet und deren geradlinige Verbindung die gemeinschaftliche Durchschnittslinie (die Knotenlinie) beider Bahnen bildet.

Die Form und Gröfse der Planetenbahn sind gegeben, wenn man die grofse und die kleine Axe deren Ellipse kennt; aber auch deren Lage mufs noch bekannt sein. Man findet diese aus der Beobachtung des Perihels, dem Ort des Planeten in seiner (gröfsten) Sonnennähe, indem die gerade Verbindungslinie zwischen Perihel und Sonne und deren Verlängerung die grofse Axe der Ellipse angiebt. Die (gröfste) Sonnenferne, das Aphel ist bei den der Sonne entfernteren Planeten und den Kometen nicht zu beobachten. Daher mufs die Länge der grofsen Axe, die der kleinen Axe oder die Gröfse der Excentricität (Entfernung zwischen Sonne und Mittelpunkt der Ellipse) durch Beobachtungen des Gestirns an verschiedenen Orten und der Zeitpunkte für die Einnahme dieser Orte in Beziehung auf den Ort des Perihels und die Zeit des Eintritts in dasselbe berechnet werden.

Elevationswinkel, s. u. Depressionswinkel.

Elimination ist für die Auflösung der Gleichungen das Verfahren, 2 oder mehrere Gleichungen mit eben so vielen unbekannten Gröfsen dergestalt zu verbinden, dafs eine der unbekannten ausgeschieden wird.

Aus n Gleichungen mit n Unbekannten erhält man zunächst $n-1$ Gleichungen mit $(n-1)$ Unbekannten. Behandelt man diese wie die ersten n Gleichungen, so erhält man $(n-2)$ Gleichungen mit $(n-2)$ Unbekannten u. s. f. bis man nur eine Gleichung mit nur einer Unbekannten erhält, die man entwickelt.

Man erhält eine zweite Unbekannte wenn man den erhaltenen Werth der letzten Unbekannten in eine der vorher erhaltenen 2 Gleichungen mit 2 Unbekannten setzt und entwickelt; u. s. f., eine 3te und nach und nach alle n Unbekannten entwickelt.

2. Es sei gegeben:

$$1.\ ax + by = A$$
$$2.\ \alpha x + \beta y = B$$

Um y zu eliminiren multiplicire Gl. 1 mit β, Gl. 2 mit b, und ziehe die eine von der anderen ab. Man erhält

$$a\beta x + b\beta y = \beta A$$
$$b\alpha x + b\beta y = bB$$
$$(b\alpha - a\beta)x = bB - \beta A$$

woraus
$$x = \frac{bB - \beta A}{b\alpha - a\beta}$$

Setzt man diesen Werth von x in Gl. 1 (oder 2) so erhält man

$$a \cdot \frac{bB - \beta A}{b\alpha - a\beta} + by = A$$

hiernach

$$b(b\alpha - a\beta)y = (b\alpha - a\beta)A - abB + a\beta A$$

woraus
$$y = \frac{\alpha A - aB}{b\alpha - a\beta}$$

Man kann aber auch dasselbe Eliminationsverfahren wie für x, auch für y anwenden, nämlich Gl. 1 mit α und Gl. 2 mit a multipliciren und abziehen.

3. Ist gegeben $1.\ ax + by = A$

$$\alpha x - \beta y = B$$

so multiplicirt man wie vorher und addirt die Gleichungen um y zu eliminiren.

Man erhält
$$x = \frac{\beta A + bB}{a\beta + b\alpha}$$
$$y = \frac{\alpha A - aB}{b\alpha + a\beta}$$

4. Sind 3 Gleichungen gegeben

$$ax + by + cz = A$$
$$a'x + b'y + c'z = B$$
$$a''x + b''y + c''z = C$$

so multiplicirt man, um z zu eliminiren, die erste Gleichung mit $c'c''$, die zweite mit cc'', die dritte mit cc'. Man erhält

$$ac'c''x + bc'c''y + cc'c''z = c'c''A$$
$$a'cc''x + b'cc''y + c'cc''z = cc''B$$
$$a''cc'x + b''cc'y + c''cc'z = cc'C$$

Nun die erste Gleichung von der zweiten und der dritten abgezogen (oder die zweite von der ersten und der dritten oder die dritte von der ersten und der zweiten) gibt

$$(a'cc'' - ac'c'')x + (b'cc'' - bc'c'')y = cc''B - c'c''A$$
$$(a''cc' - ac'c'')x + (b''cc' - bc'c'')y = cc'C - c'c''A$$

Mit diesen beiden Gleichungen wird nun verfahren wie No. 2: Um y zu elliminiren multiplicirt man die erste Gleichung mit $(b''cc' - bc'c'')$, die zweite Gleichung mit $(b'cc'' - bc'c'')$; Um x zu elliminiren multiplicirt man die erste Gleichung mit $(a''cc' - ac'c'')$, die zweite mit $(a'cc'' - ac'c'')$, subtrahirt und erhält:

$$x = \frac{(b''cc' - bc'c'')(cc''B - c'c''A) - (b'cc'' - bc'c'')(cc'C - c'c''A)}{(a'cc'' - ac'c'')(b''cc' - bc'c'') - (a''cc' - ac'c'')(b'cc'' - bc'c'')}$$
$$y = \frac{(a''cc' - ac'c'')(cc''B - c'c''A) - (a'cc'' - ac'c'')(cc'C - c'c''A)}{(b'cc'' - bc'c'')(a''cc' - ac'c'') - (b''cc' - bc'c'')(a'cc'' - ac'c'')}$$

Ganz auf dieselbe Weise verfährt man bei 4 gegebenen Gleichungen.

5. Die Elliminationen und Entwickelungen werden weitläufiger, wenn die Unbekannten in Potenzen, und besonders wenn sie in ungleichen Potenzen vorkommen.

Beispiel:

$$ax^2 + by + cy^2 = 0 \quad (1)$$
$$\alpha x + \beta y + \gamma y^2 = 0 \quad (2)$$

Man multiplicirt die erste Gleichung mit γ, die zweite mit c und erhält

$$a\gamma x^2 + b\gamma y + c\gamma y^2 = 0$$
$$c\alpha x + c\beta y + c\gamma y^2 = 0$$

also $a\gamma x^2 - c\alpha x + (b\gamma - c\beta)y = 0$

woraus $$y = \frac{c\alpha x - a\gamma x^2}{b\gamma - c\beta} = \frac{a\gamma x^2 - c\alpha x}{c\beta - b\gamma} \quad (3)$$

Multiplicirt man nun die erste Gl. mit α, die zweite mit ax so erhält man

$$a\alpha x^2 + b\alpha y + c\alpha y^2 = 0$$
$$a\alpha x^2 + a\beta xy + a\gamma xy^2 = 0$$

also $(a\beta x - b\alpha)y + (a\gamma x - c\alpha)y^2 = 0$

oder $a\beta x - b\alpha + (a\gamma x - c\alpha)y = 0$

woraus $$y = \frac{a\beta x - b\alpha}{c\alpha - a\gamma x} \quad (4)$$

Gl. 3 und 4 einander gleich gesetzt, die Nenner fortgeschafft und geordnet gibt

$$x^3 - 2\frac{\alpha c}{a\gamma}x^2 + \frac{c^2\alpha + ac\beta^2 - ab\beta\gamma}{a^2\gamma^2}x + \frac{b(c\beta - b\gamma)}{a\gamma^2} = 0$$

Ellipse ist eine Linie der zweiten Ordnung oder eine Curve der ersten Klasse, indem sie einer Gleichung vom zweiten Grade angehört; ferner ist sie eine Kegelschnittslinie. Aus beiden Gesichtspunkten, dem analytischen und dem synthetischen oder dem arithmetischen und dem geometrischen ist sie bereits in diesem Wörterbuch behandelt.

In dem Art. „Curven" III. Abtheilung, pag. 172, ist die der ganzen Klasse von Curven zu Grunde liegende allgemeine Gleichung (1) aufgestellt:

$$ay^2 + bxy + cx^2 + dy + ex + f = 0 \quad (1)$$

Nachdem zunächst die Bedeutung und der Einfluſs der einzelnen Coefficienten gezeigt worden, ist unter der Bedingung beliebig groſser Abscissen (x) der Gleichung die Form gegeben (Gl. 9):

$$\frac{y}{x} = \frac{1}{2a}\left[-\left(b + \frac{d}{x}\right) \pm \sqrt{(b^2 - 4ac) + \frac{2(bd - 2ae)}{x} + \frac{d^2 - 4af}{x^2}}\right] \quad (9)$$

und die beliebige Gröſse der Abscisse x bis zur Unendlichkeit ausgedehnt, wo dann die Glieder, welche x im Nenner haben, als 0 fortfallen und die Gleichung die allgemeine Form annimmt (Gl. 10):

$$\frac{y}{x} = \frac{1}{2a}\left(-b \pm \sqrt{b^2 - 4ac}\right) \quad (10)$$

Hierauf sind für sämmtliche Curven derselben Klasse 3 mögliche Fälle gezeigt:

1. $b^2 > 4ac$
2. $b^2 < 4ac$
3. $b^2 = 4ac$

woraus nun 3 mögliche Formen von Curven nachgewiesen worden, welche folgende 3 Gleichungen (19, 20, 21, pag. 175) aussprechen:

1. $y^2 = Ax + Bx^2$
2. $y^2 = Ax - Bx^2$
3. $y^2 = Ax$

Für die erste und die dritte Gleichung sind bei unendlichen Abscissen auch unendliche Ordinaten vorhanden; für die zweite Gleichung sind für unendliche Abscissen Ordinaten unmöglich. Die erste Gleichung gehört der Hyperbel, die dritte der Parabel und die zweite der Ellipse. Für $B = 1$ geht die Ellipse in den Kreis über (s. pag. 175 Gl. 22).

Die allgemeine Gleichung der Ellipse, wenn deren Axe die Abscissenlinie und der Scheitel der Anfangspunkt der Abscissen ist, hat man also

$$y^2 = Ax - Bx^2 \tag{4}$$

2. In No. 15, pag. 176 ist, um auf den Character der Kegelschnitte specieller zu kommen, Bezug genommen auf den Art. „Brennpunkte der Kegelschnitte" Bd. I, pag. 120 mit Fig. 257. Hier werden die Constructionen der Kegelschnitte aus dem Kegel bildlich dargestellt und die Hauptformeln für dieselben abgeleitet, wobei die Axen die Abscissenlinien mit dem Scheitel F als Anfangspunkt gelten. Die Abtheilung B. handelt speciell von der Ellipse.

Mit Bezug auf die Bezeichnung Fig. 257 ist die rechtwinklige Coordinatengleichung entwickelt (pag. 432, Gl. (1)).

$$y^2 = k \cdot \frac{\sin\beta'}{\cos(\frac{1}{2}\alpha)} x - \frac{\sin(\beta'-\alpha)\sin\beta'}{\cos^2(\frac{1}{2}\alpha)} x^2 \tag{5}$$

Hier ist k der Durchmesser EF des Kegels in dem Scheitel F der Ellipse, α der $\angle FAF$ des Axenquerschnitts an der Kegelspitze und β' der $\angle DFJ'$ den die Ellipsenaxe FJ' mit der zu dem Scheitel F gehörenden Kegelseite AD bildet; oder den Coefficient des ersten Gliedes durch p ausgedrückt (Gl. (2)).

$$y^2 = px - \frac{\sin(\beta'-\alpha)}{k\cos(\frac{1}{2}\alpha)} px^2 \tag{6}$$

An diese Gleichung knüpft sich der Grund für den Namen (Ellipse) der Curve. Ferner ist die Länge ($2a$) der grofsen Axe erwiesen:

$$2a = \frac{\cos(\frac{1}{2}\alpha)}{\sin(\beta'-\alpha)} k = \frac{k^2}{p} \cdot \frac{\sin\beta'}{\sin(\beta'-\alpha)} = \frac{\cos^2(\frac{1}{2}\alpha)}{\sin\beta'\sin(\beta'-\alpha)} p \tag{7}$$

Endlich ist durch die Formeln nachgewiesen, dafs die Ellipse aus 2 congruenten Hälften besteht, wie Bd. II, pag. 175, No. 13 aus der Formel 1:

$$y^2 = Ax - Bx^2$$

und dafs $\frac{A}{B}$ und $\frac{A}{\sqrt{B}}$ die beiden Axen der E. sind.

Für die halbe grofse Axe zur Abscisse, also für $x = \frac{\cos(\frac{1}{2}\alpha)}{2\sin(\beta'-\alpha)} k$ erhält man in y die halbe kleine Axe c.

Mithin hat man aus Gl. 2 die kleine Axe

$$2c = k\sqrt{\frac{\sin\beta'}{\sin(\beta'-\alpha)}} = \frac{p\cos(\frac{1}{2}\alpha)}{\sqrt{\sin\beta'\cdot\sin(\beta'-\alpha)}} \tag{8}$$

Aus Gl. 4 und 5 geht hervor, dafs die beiden Axen sich verhalten

$$2a : 2c = \cos(\tfrac{1}{2}\alpha) : \sqrt{\sin\beta'\cdot\sin(\beta'-\alpha)} \tag{9}$$

Wenn das 4te Glied > ist als das 3te, so ist $2c$ die grofse, $2a$ die kleine Axe. So wie Bd. II, pag. 175, No. 13 nachgewiesen ist, dafs für $B < 1$ die grofse Axe $= \frac{A}{B}$, die kleine $= \frac{A}{\sqrt{B}}$ und für $B > 1$ die grofse Axe $\frac{A}{\sqrt{B}}$ die kleine $\frac{A}{B}$ wird.

Es stimmt diese Angabe mit der Proportion 9 überein; denn es ist

$$B = \frac{\sin(\beta'-\alpha)}{\cos(\frac{1}{2}\alpha)} \cdot \frac{p}{k} = \frac{\sin\beta'\cdot\sin(\beta'-\alpha)}{\cos^2(\frac{1}{2}\alpha)}$$

Mithin hat man aus $B \lessgtr 1$

$$\cos^2(\tfrac{1}{2}\alpha) \gtrless \sin\beta'\cdot\sin(\beta'-\alpha)$$

3. Die Gleichungen 4 bis 6 für die Ellipse haben die Beschränkung, dafs die Abscissenlinie die Axe mit dem Scheitel als Anfangspunkt ist und dafs die Ordinaten rechtwinklig sind. Eine allgemeine Gleichung für die Ellipse ist aber eine solche, die eine gegen die Axe ganz beliebig liegende Abscissenlinie, einen beliebigen Anfangspunkt hat und dessen Ordinaten einen beliebigen Winkel mit der Abscissenlinie bilden. Nur liegt das ganze Coordinatensystem mit der Ellipse in einerlei Ebene. Für diesen ganz allgemeinen Fall nimmt die Coordinatengleichung die Formel 1 angegebene Form an.

Es ist jedoch erforderlich, dafs diese allgemeine Gleichung mit ihren Coefficienten a bis f die Gesetze einschliefse, welche für die Ellipse die speciellen Gleichungen 5 und 6 aussprechen, für die übrigens die einfachere Gleichung 4 gelten kann.

Das Verfahren für die Aufstellung solcher allgemeinen Gleichung mit Berücksichtigung der der Curve angehörenden speciellen Gröfsenelemente gibt Bd. II, pag. 176, No. 16 an, mit Berufung auf das Art. „Coordinatengleichung“ mit Fig. 516.

Man hat sich nun für den vorliegenden Fall die Linie XX' als die Axe der Ellipse zu denken, A als den Scheitel, D als einen beliebigen Ellipsenpunkt, statt der schiefen Ordinate $BD = y$ ein von D auf XX' gefälltes Loth y, für welches dann die Gleichungen 4 bis 6 gelten wenn die E. aus dem Kegel Bd. I, pag. 421, Fig. 257 construirt ist.

Nun wird die Coordinatengleichung entwickelt, für welche die beliebige Linie CF Abscissenlinie, der beliebige Punkt E in derselben der Anfangspunkt ist, die Abscisse u für den Ellipsenpunkt D ist so gewählt, dafs alle Ordinaten, wie die Ordinate FD für den Punkt D, mit der Abscissenlinie den $\angle \delta$ bilden und die Ordinaten wie FD werden mit z bezeichnet. β ist ein Winkel, um die Abscissenlinie der Lage nach, b eine Länge, um den Anfangspunkt E der Abscissen und a eine Länge, um den Scheitel A der Ellipse zu bestimmen.

In den ermittelten allgemeinen Gleichungen von pag. 176, No. 16 ab ist aus dort angegebenen Gründen der Buchstabe a mit p, der Buchstabe b mit g vertauscht worden. Ferner sind in diesen Gleichungen die Formel 4 stehenden Parameter A und B eingeführt, unter welchen man die in Gleichung 5 und 6 dafür gesetzten speciellen Gröfsen sich zu denken hat.

4. Der Art. Curven hat von No. 16 bis No. 22 (pag. 178 bis 180) die Gleichungen für alle 4 Kegelschnitte entwickelt, welche zuerst nachzulesen sein möchten. Es sollen nun die der Ellipse angehörenden Gleichungen hier geordnet und auf nebenstehende Figur bezogen zusammengestellt und noch einige andere Fälle hinzugefügt werden.

A, B bedeuten die Parameter der allgemeinen Gleichung (4)

$$y^2 = Ax - Bx^2$$

AC ist die Axe, A der Scheitel, $EF = u$ die Abscisse, $FD = z$ die Ordinate. Die allgemeine Gleichung für den Ellipsenpunkt D (pag. 177, III. Formel 31) ist

Fig. 608.

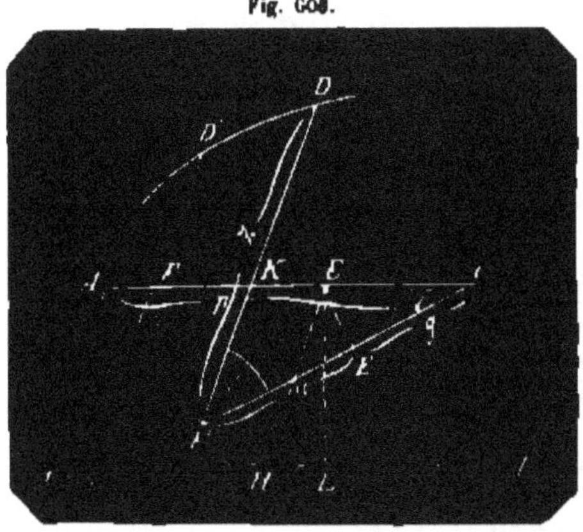

I. $$[\sin^2(\beta+\delta) + B\cos^2(\beta+\delta)]\,z^2 - 2\,[\sin(\beta+\delta)\sin\beta - B\cos(\beta+\delta)\cos\beta]\,z\,u + (\sin^2\beta + B\cos^2\beta)\,u^2 - [2g\sin(\beta+\delta)\sin\beta + A\cos(\beta+\delta) - 2B\cos(\beta+\delta)(p - g\cos\beta)]\,z + [2g\sin^2\beta + A\cos\beta - 2B\cos\beta\,(p - g\cos\beta)]\,u + g^2\sin^2\beta - A\,(p - g\cos\beta) + B\,(p - g\cos\beta)^2 = 0$$

Dreht man die Abscissenlinie CF um C in der Axe AC, so kommt F in F', E in E', der Anfangspunkt E' der Abscissen ist um die Länge $p - g$ vom Scheitel A entfernt. Ist dann $\angle D'F'C = \delta$, $E'F' = u$, $F'D' = z$, so hat man für den Ellipsenpunkt D' die Gleichung (pag. 177, III. Formel 35).

II. $$(\sin^2\delta + B\cos^2\delta)\,z^2 + 2B\cos\delta \cdot zu + Bu^2 - [A - 2B\,(p - g)]\cos\delta \cdot z + [A - 2B\,(p - g)]\,u - A\,(p - g) + B\,(p - g)^2 = 0.$$

Setzt man in diese Gleichung $p - g = 0$; $u = -u$, so erhält man die Gleichung für die in der Axe liegende Abscissenlinie, für den Scheitel A als Anfangspunkt der Abscissen und den Coordinatenwinkel δ

III. $(\sin^2\delta + B\cos^2\delta)\,s^2 - 2B\cos\delta\cdot su + Bu^2 - A\cos\delta\cdot s - Au = 0$

Nimmt man in der beliebigen Entfernung $K'L = h$ eine der Axe parallele GJ, verlängert $D'F'$ bis G, setzt $GD' = s'$, so ist für Gl. II.

$$D'F' = s = s' - F'G = s' - h\,\mathrm{cosec}\,\delta$$

Setzt man daher in Gl. II. $s - h\,\mathrm{cosec}\,\delta$ für s, so erhält man die Gleichung, wenn die Abscissenlinie in dem Abstand h mit der Axe $\neq$ läuft, der Art, dafs die Axe zwischen Curve und Abscissenlinie liegt. Bezeichnet man die Länge $AF' = p - g$ mit h, zieht von F' eine gerade Linie $F'H$ unter dem Coordinatenwinkel $F'HJ = \delta$, so ist H der Anfangspunkt der Abscissen, für den Punkt D' die Länge $HG = u$. Die Gleichung für den Ellipsenpunkt D' ist:

IV. $(\sin^2\delta + B\cos^2\delta)s^2 + 2B\cos\delta\cdot su + Bu^2 - [2h\sin\delta + (A + 2hB\cot\delta - 2Bs)\cos\delta]\,s$
$+ [A - 2B(s + h\cot\delta)]\,u + (1 + B\cot^2\delta)\,h^2 + (A - 2Bs)\cot\delta\cdot h - As + Bs^2 = 0$

Setzt man in diese Gleichung $s = 0$, $u = -u$, so erhält man die Gleichung der Ellipse für dieselbe Abscissenlinie GJ, denselben Coordinatenwinkel δ, und mit dem unter dem Scheitel A belegenen Anfangspunkt H.

V. $(\sin^2\delta + B\cos^2\delta)s^2 - 2B\cos\delta\cdot su + Bu^2 - [2h\sin\delta + (A + 2hB\cot\delta)\cos\delta]\,s$
$- (A - 2Bh\cot\delta)\,u + (1 + B\cot^2\delta)\,h^2 + A\cot\delta\cdot h = 0$

Setzt man in diese Gleichung $h = 0$, so erhält man Gleichung III.

Setzt man in Gleichung IV. für h den Werth $(-h)$ so erhält man die Gleichung unter denselben Bedingungen mit IV., nur dafs die Abscissenlinie in dem Abstand h von der Axe entgegengesetzt, nämlich nach der Curvenhälfte zu liegt.

VI. $(\sin^2\delta + B\cos^2\delta)s^2 + 2B\cos\delta\cdot su + Bu^2 + [2h\sin\delta - (A - 2hB\cot\delta - 2Bs)\cos\delta]\,s$
$+ [A - 2B(s - h\cot\delta)]\,u + (1 + B\cot^2\delta)\,h^2 - (A - 2Bs)\cot\delta\,h - As + Bs^2 = 0$

Setzt man in diese Gleichung $h\sin\delta$ für h, so erhält man die Gleichung Bd. II., pag. 177, Formel 39.

Setzt man in den vorstehenden Gleichungen I. bis VI. den Coordinatenwinkel, in I. $\angle(\beta + \delta)$, in II. bis VI. $\angle\delta = 90°$ so erhält man Gleichungen unter denselben Voraussetzungen nur dafs die Ordinaten mit der Axe normal sind.

Aus Gl. I. entsteht:

VII. $s^2 - 2\sin\beta\cdot su + (\sin^2\beta + B\cos^2\beta)\,u^2 - 2g\sin\beta\cdot s$
$+ [2g\sin^2\beta + A\cos\beta - 2B\cos\beta(p - g\cos\beta)]\,u + g^2\sin^2\beta - A(p - g\cos\beta)$
$+ B(p - g\cos\beta)^2 = 0$

Aus Gl. II. entsteht:

VIII. $s^2 + Bu^2 + [A - 2B(p - g)]\,u - A(p - g) + B(p - g)^2 = 0$

Aus Gl. III. entsteht:

IX. $s^2 + Bu^2 - Au = 0$

Aus Gl. IV. entsteht:

X. $s^2 + Bu^2 - 2hs + (A - 2Bs)\,u + h^2 - As + Bs^2 = 0$

Aus Gl. V. entsteht:

XI. $s^2 + Bu^2 - 2hs - Au + h^2 = 0$

Aus Gl. VI. entsteht:

XII. $s^2 + Bu^2 + 2hs + (A - 2Bs)\,u + h^2 - As + Bs^2 = 0$

5. Bd. II, pag. 176, No. 23 von I. bis VI. sind für alle Kegelschnitte die Werthe der in der allgemeinen Gleichung (1) vorkommenden Coefficienten erwiesen und angegeben. Es sollen diese Werthe für die Ellipse allein hier zusammengestellt werden und zwar in Beziehung auf No. 4 mit Fig. 606 für die Gleichung

$$as^2 + bsu + cu^2 + ds + eu + f = 0$$

1. Der Coefficient a ist $= 1$, wenn $\angle DKC = (\delta + \beta)$, d. h. der Winkel, den die Ordinate mit der Axe bildet, ein Rechter ist. Dividirt man daher eine mit as^2 gegebene allgemeine Gleichung

für die Ellipse mit a, so verwandelt man dieselbe in eine Gleichung, für welche die Ordinaten mit der Ellipsenaxe normal sind.

Da diese einfache Operation überall anzuführen ist, und die übrigen Coefficienten vereinfacht, so sollen die Gleichungen von I. bis VI. für die Untersuchung der Coefficienten außer Betracht bleiben. Die letzten 6 Gleichungen gehören also der allgemeinen Gleichung an

$$s^2 + bsu + cu^2 + ds + eu + f = 0$$

II. Der Coefficient b von su ist = dem doppelten negativen Sinus des Winkels (β) zwischen der Abscissenlinie und der Axe (Gl. VII.). Wo die Abscissenlinie in der Axe oder mit derselben ∦ liegt, ist $\beta = 0$ und das Glied mit su fällt fort. (Gl. VIII. bis XII.).

III. Der Coefficient c von u^2 ist ebenfalls nur von demselben Winkel β abhängig und $= \sin^2\beta + B\cos^2\beta$.

Wo die Abscissenlinie in der Axe oder derselben ∦ liegt, wird $c = B$. Dieser Coefficient kann nie $= 0$ werden und das Glied mit u^2 kann nie ausfallen.

IV. Der Coefficient d von s ist = der doppelten Entfernung des Anfangspunkts der Abscissen von der Axe, negativ wenn die Axe zwischen der Ellipsenhälfte und der Abscissenlinie liegt (Gl. VII., X., XI.); positiv wenn die Abscissenlinie zwischen der Axe und der Ellipse liegt (Gl. XII.). Ist die Axe zugleich Abscissenlinie, so fällt das Glied mit s fort.

V. Der Coefficient e von u hängt von 3 Elementen ab; 1. von dem $\angle\beta$ zwischen der Abscissenlinie und der Axe; 2. von der Entfernung des Anfangspunkts F oder der Projection des Scheitelpunkts E auf die Axe von dem Scheitelpunkt A der Ellipse und 3. von den Parametern A und B.

Ist die Abscissenlinie die Axe, der Scheitel der Anfangspunkt der Abscissen (Gl. IX.) oder läuft die Abscissenlinie mit der Axe ∦ und ist die Projection des Anfangspunkts auf die Axe der Scheitel (Gl. XI.), so ist $e = -A$.

Ist die Abscissenlinie die Axe und die Entfernung des Anfangspunkts vom Scheitel $= p - g = s$ (Gl. VIII.); oder läuft die Abscissenlinie mit der Axe ∦ und ist die Projection des Anfangspunkts auf die Axe vom Scheitel um die Länge s entfernt, so ist $e = + A - 2Bs$ (Gl. X., XII.).

In Gl. VII. ist $p - g\cos\beta = s$; für A und B stehen deren Projectionen $A\cos\beta$ und $B\cos\beta$; hierzu kommt das Glied $2g\sin^2\beta$ und es ist

$$e = 2g\sin^2\beta + A\cos\beta - 2B\cos\beta(p - g\cos\beta)$$

VI. Der Coefficient f, das bekannte Glied wird $= 0$, wenn der Anfangspunkt der Curve zugleich Anfangspunkt der Abscissen ist. (Gl. IX.)

Liegt die Abscissenlinie ∦ der Axe und ist die Projection des Anfangspunkts auf die Axe der Scheitel (Gl. XI.), so ist f = dem Quadrat des Abstandes h beider Parallelen

$$f = h^2$$

Liegt die Abscissenlinie in der Axe, der Anfangspunkt der Abscissen in der Entfernung $p - g = s$ vom Scheitel (Gl. VIII.) so ist

$$f = -As + Bs^2$$

Läuft die Abscissenlinie in der Entfernung h ∦ der Axe und ist die Projection des Anfangspunkts auf die Axe um s von dem Scheitel entfernt (Gl. X., XII.) so ist

$$f = h^2 - As + Bs^2$$

Setzt man $h^2 - As + Bs^2 = 0$, so erhält man dasjenige s bei gegebenem h oder dasjenige h bei gegebenem s für welches der Anfangspunkt in einem Ellipsenpunkt liegt.

Setzt man in der allgemeinsten Gleichung VII. die Entfernung $g\sin\beta$ des Anfangspunkts von der Axe $= h_1$; $p - g\cos\beta$, die Entfernung der Projection des Anfangspunkts vom Scheitel $= s$ so hat man ganz allgemein

$$f = h_1^2 - As + Bs^2$$

In Band II., pag. 180, No. 95 mit Fig. 534 wird die geometrische Construction der Parameter A und B gezeigt.

6. Setzt man nach No. 2.

$$\frac{A}{B} = \text{der großen Axe } AB = 2a$$

Fig. 609.

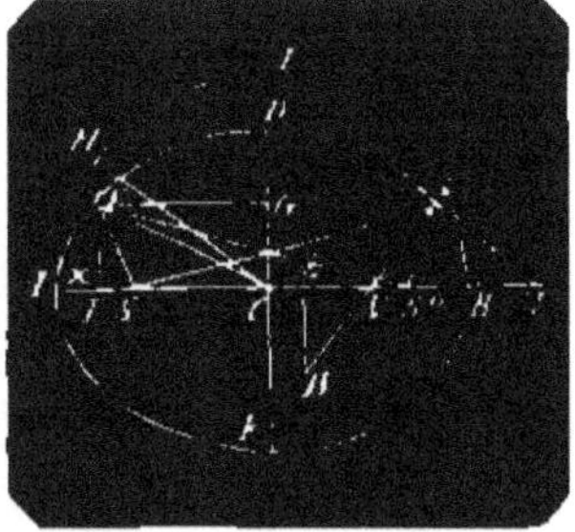

$\frac{A}{\sqrt{B}}$ = der kleinen Axe $DE = 2c$

so erhält man

$$A = \frac{2c^2}{a}$$

$$B = \frac{c^2}{a^2}.$$

Diese Werthe in Gleichung 4 gesetzt und geordnet gibt

$$y^2 = \frac{c^2}{a^2}(2ax - x^2) \qquad (10)$$

Ist nun für den Ellipsenpunkt L (Fig. 609), $RU = x$, $UL = y$, LT die Tangente, LV die Normale, so ist auch UT die Subtangente, VU die Subnormale.

Bd. II., pag. 165 mit Fig. 536, welche in Fig. 609 mit begriffen ist, sind nun aus Gl. 10 folgende Formeln entwickelt

1. $tg\,\alpha = \frac{c^2}{a^2} \cdot \frac{a-x}{y} \qquad (11)$

2. $Subtg\; UT = \frac{2ax - x^2}{a-x} = \frac{a^2}{c^2} \cdot \frac{y^2}{a-x} \qquad (12)$

3. $Tang\; LT = \frac{y}{a-x} \cdot \sqrt{\left(\frac{a^2}{c^2}y\right)^2 + (a-x)^2} \qquad (13)$

4. $Subnorm\; VU = \frac{c^2}{a^2}(a-x) \qquad (14)$

5. $Norm\; LV = \sqrt{y^2 + \left[\frac{c^2}{a^2}(a-x)\right]^2} \qquad (15)$

Bd. II., pag. 166 gibt in Gleichung 9 die Formel für den Halbmesser $r = LW$ des Krümmungskreises für den Punkt L; in Gl. 10 die Formel für die Abscisse $\alpha = ZU$ des Mittelpunkts W und in Gl. 11 die für die Ordinate $\beta = ZW$ desselben. Setzt man in diese Formeln die speciellen Werthe ein, nämlich aus

$$y^2 = \frac{c^2}{a^2}(2ax - x^2)$$

I. $\frac{\partial y}{\partial x} = \frac{c^2}{a^2} \cdot \frac{a-x}{y}$

II. $\frac{\partial^2 y}{\partial x^2} = -\frac{c^4}{a^2 y^3}$

so erhält man

6. $LW = r = -\frac{[a^4y^2 + c^4(a-x)^2]^{\frac{3}{2}}}{a^4c^4} \qquad (16)$

7. $ZU = \alpha = x + \frac{(a^2-c^2)y^2 + c^4}{a^2c^2}(a-x) \qquad (17)$

8. $ZW = \beta = -\frac{a^2-c^2}{c^4}y^3 \qquad (18)$

7. Nimmt man die Abscissen vom Mittelpunkt C der Ellipse als Anfangspunkt, bezeichnet für den Punkt L die Abscisse CU mit u, so ist $x = a - u$. Diesen Werth in Gleichung 10 gesetzt gibt

$$y^2 = \frac{c^2}{a^2}(a^2 - u^2) \qquad (19)$$

Die in No. 6 entwickelten Größen durch u statt durch x ausgedrückt erhält man

1. $tg\,\alpha = \frac{c^2}{a^2} \cdot \frac{u}{y} \qquad (20)$

2. $Subtg\; UT = \frac{a^2 - u^2}{u} \qquad (21)$

3. $Tang\; LT = \frac{y}{cu}\sqrt{a^4 - (a^2 - c^2)u^2} \qquad (22)$

$$= \frac{\sqrt{(a^2 - u^2)(a^4 - a^2u^2 + c^2u^2)}}{au}$$

4. $Subnorm\; VU = \frac{c^2}{a^2}u \qquad (23)$

5. $Norm\; LV = \frac{c}{a^2}\sqrt{a^4 - (a^2 - c^2)u^2} \qquad (24)$

6. $LW = r = -\frac{(a^4y^2 + c^4u^2)^{\frac{3}{2}}}{a^4c^4} \qquad (25)$

7. $ZU = \alpha' = u - (a^2 - c^2) \cdot \frac{u^3}{a^4} \qquad (26)$

8. $ZW = \beta' = \frac{a^2 - c^2}{a^2c}(a^2 - u^2)^{\frac{3}{2}} \qquad (27)$

8. Nimmt man die Abscissen auf der kleinen Axe DE, die rechtwinkligen Ordinaten ∥ der großen Axe AB, wie $DG = x'$, $GF = y'$, so erhält man zwischen beiden die Gleichung, wenn man in Gl. 10:

$$y^2 = \frac{c^2}{a^2}(2ax - x^2)$$

für y den Werth $(JF = DC - DG) = c - x'$ und für x den Werth $(AJ = AC - FG) = a - y'$ setzt.

$$(y')^2 = \frac{a^2}{c^2}[2cx' - (x')^2] \qquad (28)$$

Desgleichen wenn man die Abscissen u', vom Mittelpunkt C aus, auf der kleinen Axe nimmt, wie $CG = u'$, die Gleichung zwischen u' und y', wenn in Gl. 19:

$$y^2 = \frac{c^2}{a^2}(a^2 - u^2)$$

für y der Werth u' und für u der Werth y' oder in Gl. 28 für x' der Werth $c - u'$ gesetzt wird.

$$(y')^2 = \frac{a^2}{c^2}[c^2 - (u')^2] \qquad (29)$$

9. Gibt man der Gl. 6, No. 2

$$y^2 = px - \frac{\sin(A' - \alpha)}{h\cos(\frac{1}{2}\alpha)}px^2$$

die Form

$$y^2 = p\left(x - \frac{\sin(A' - \alpha)}{h\cos(\frac{1}{2}\alpha)}x^2\right)$$

Desgleichen Gl. 10 die Form

$$y^2 = \frac{2c^2}{a}\left(x - \frac{x^2}{2a}\right)$$

so hat man, zugleich nach Gl. 5

$$p = \frac{2c^2}{a} = h \cdot \frac{\sin \beta'}{\cos(\frac{1}{2}\alpha)} \qquad (30)$$

und $$y^2 = p\left(x - \frac{x^2}{2a}\right) \qquad (31)$$

Ebenso erhält man aus Gl. 28

$$(y')^2 = \frac{2a^2}{c}\left(x' - \frac{(x')^2}{2c}\right)$$

und wenn man $\frac{2a^2}{c}$ mit p' bezeichnet

$$(y')^2 = p'\left(x' - \frac{(x')^2}{2c}\right) \qquad (32)$$

Es ist also

$$p : p' = \frac{2c^2}{a} : \frac{2a^2}{c} = c^3 : a^3 \qquad (33)$$

Ferner aus Gl. 30:

$$p : 2c = 2c : 2a \qquad (34)$$

wie $$p' : 2a = 2a : 2c \qquad (35)$$

Man nennt p und p' die Axenparameter, p den Parameter der Axe $2a$, p' den Parameter der Axe $2c$, und man ersieht aus Formel 34 und 35, dafs jede Axe mittlere geometrische Proportionale zwischen der zweiten Axe und deren Parameter ist (s. Bd. II., pag. 44, conjugirte Axe).

10. Nimmt man von dem Mittelpunkt C auf der grofsen Axe 2 Längen

$$CS = CS' = \sqrt{BC^2 - DC^2} = \sqrt{a^2 - c^2}$$

so haben die beiden Punkte S und S' die Eigenschaft, dafs 2 von ihnen aus nach einem beliebigen Punkt L gezogene Linien SL, $S'L$ zusammengenommen constant und gleich der grofsen Axe sind. Also

$$SL + S'L = AB = 2a$$

denn man hat

$$(SL)^2 = (SU)^2 + (LU)^2 = (e + u)^2 + y^2 = (e + u)^2 + \frac{c^2}{a^2}(a^2 - u^2)$$
$$= e^2 + 2eu + u^2 + c^2 - \frac{c^2}{a^2}u^2$$

Für $e^2 = a^2 - c^2$ gesetzt gibt

$$(SL)^2 = a^2 + 2eu + \frac{a^2 - c^2}{a^2}u^2$$
$$= a^2 + 2eu + \frac{e^2}{a^2}u^2$$

woraus

$$SL = a + \frac{e}{a}u \qquad (36)$$

ferner ist

$$(S'L)^2 = (S'U)^2 + (LU)^2 = (e - u)^2 + y^2$$
$$= a^2 - 2eu + \frac{e^2}{a^2}u^2$$

woraus

$$S'L = a - \frac{e}{a}u \qquad (37)$$

also $$SL + S'L = 2a \qquad (38)$$

11. Die beiden Linien SL und $S'L$ bilden mit der Tangente TT' die gleichen $\angle SLT$ und $S'LT'$, also auch mit der Normale VL die gleichen $\angle SLV$ und $S'LV$.

Denn es ist *Subnorm* $VU = \frac{c^2}{a^2}u$ (Gl. 23)

daher

$$SV = SC + CU - UV = e + u - \frac{c^2}{a^2}u$$
$$= e + \frac{a^2 - c^2}{a^2}u = e + \frac{e^2}{a^2}u$$

ferner $$S'V = SS' - SV = 2e - \left(e + \frac{e^2}{a^2}u\right) = e - \frac{e^2}{a^2}u$$

daher $$SV : S'V = e + \frac{e^2}{a^2}u : e - \frac{e^2}{a^2}u = a + \frac{e}{a}u : a - \frac{e}{a}u$$

da nun $SL = a + \frac{e}{a}u$ und $S'L = a - \frac{e}{a}u$

so ist $$SV : S'V = SL : S'L$$

woraus nach Bd. II., pag. 326, No. 17

$$\angle SLV = \angle S'LV$$

also auch $$\angle SLT = \angle S'LT'$$

Wegen dieser letzten Eigenschaft werden Licht- und Wärmestrahlen, von S auf die Peripherie der Ellipse geworfen, nach S' und die von S' ausgehenden nach S reflectirt. Es heifsen daher die Punkte S und S' die **Brennpunkte** der E. und 2 gerade Linien von irgend einem Punkt wie L der E. nach den Punkten S und S' heifsen **zusammengehörige Brennstrahlen**. Die Entfernung CS oder CS' vom Mittelpunkt bis zum Brennpunkt $= \sqrt{a^2 - c^2}$ heifst die **Excentricität** der E.

Bd. I., pag. 418, Art. „Brennpunkt der Ellipse" mit Fig. 256 ist die geometrische Construction der E. aus den Brennpunkten mit Hülfe eines biegsamen Fadens gezeigt; die Brennstrahlen werden hier zu Radii vectoren. Ferner sind in dem Art. mehrere Formeln und Gesetze die E. betreffend aus der Eigengenschaft der Brennpunkte hergeleitet.

Setzt man in Gl. 19 für u^2 den Werth $e^2 = a^2 - c^2$, so erhält man die Gleichung für die Ordinate des Brennpunkts nämlich

$$y^2 = \frac{c^4}{a^2}$$

oder $$y = \frac{c^2}{a} \qquad (39)$$

Es ist mithin die Ordinate des Brennpunkts = dem halben Parameter p (Gl. 30) der großen Axe.

12. Setzt man den Brennstrahl (Radius vector) $SL = R$ den $\angle LSB = \eta$ so ist

$$SU = R \cos \eta = CU + CS = u + e$$

woraus $$u = R \cos \eta - e \qquad (40)$$

Diese Bezeichnung zwischen dem Radiusvector eines elliptischen Bahnpunkts, seinem Winkel mit der großen Axe, der Ordinate und der Excentricität findet in der Astronomie Anwendung.

13. Zeichnet man über der großen Axe AB einen Halbkreis, verlängert JF bis H so hat man

$$AJ : JH = JH : JB$$

d. i. $$x : JH = JH : 2a - x$$

oder $$JH^2 = 2ax - x^2$$

nach Formel 10 ist

$$\frac{a^2}{c^2}\, y^2 = 2ax - x^2$$

hieraus $$JH^2 = \frac{a^2}{c^2}\, y^2$$

mithin $a : c = JH : JF = AC : DC$

Aus dieser Proportion ergiebt sich eine Constructionsweise für die Ellipse: Ist nämlich die große Axe AB und die halbe kleine Axe CD gegeben, so beschreibt man über AB den Halbkreis AKB, zeichnet über AB eine beliebige Anzahl lothrechter Ordinaten wie JH und verlängert BA beliebig. Um nun den in der Linie JH liegenden Ellipsenpunkt zu erhalten zieht man KH bis in die verlängerte BA nach L und von L die gerade Linie nach D, so schneidet diese den Ellipsenpunkt F ab, denn es ist

$$CK\,(=a) : CD\,(=c) = JH : JF$$

14. Sind die Brennpunkte S, S' und die große Axe AB gegeben, so zeigt Bd. I., pag. 418, das Mittel, die Ellipse mittelst eines biegsamen Fadens in stetiger Linie zu verzeichnen. Ist dagegen die große Axe AB und die halbe kleine Axe CD gegeben und gezeichnet, so beschreibt man aus D mit der halben großen Axe AC einen Bogen, der die große Axe AB in den Brennpunkten SS' durchschneidet (s. Formel 30) und man kann nun die Construction nach Bd. I., pag. 418 vornehmen.

15. Trägt man von einem beliebigen Ellipsenpunkt F nach der kleinen Axe die Länge $FE = AC = a$, so ist $FK = CD = c$.

Denn zieht man $FG \neq AC$ so ist

$$FK : FJ = FE : EG$$

oder $$FK : y = a : \sqrt{a^2 - u^2}$$

oder $$FK^2 : y^2 = a^2 : a^2 - u^2$$

oder $$y^2 = \frac{FK^2}{a^2}\,(a^2 - u^2)$$

also nach Gl. 19.

$$FK = c = CD$$

Ist also die große Axe $2AC$ und die kleine Axe $2DC$ gegeben, man trägt auf die Kante eines Papierstreifens die Längen FK, FE d. h. AC und CD von einem Punkt F aus ab, rückt diese Länge so dafs der Punkt E immer in der Linie DC und K immer in der Linie AC bleibt,

Fig. 610.

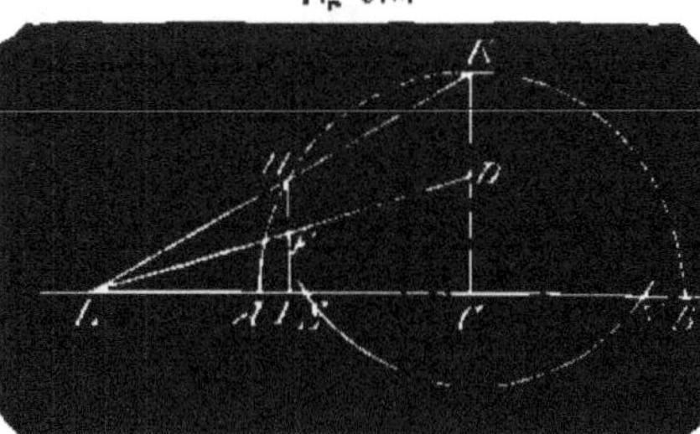

Fig. 611.

so gibt der Punkt F von A bis D beliebig viele Ellipsenpunkte an.

16. Wie die beiden Axen AB, DE sich gegenseitig halbiren, so geschieht dies auch von jeden 2 anderen durch den Mittelpunkt C gezogenen Sehnen, wenn dieselben eine bestimmte Lage zu einander haben. Wie z. B. HJ und FG, indem HJ alle mit FG parallelen Sehnen und FG alle mit HJ parallelen

Fig. 612.

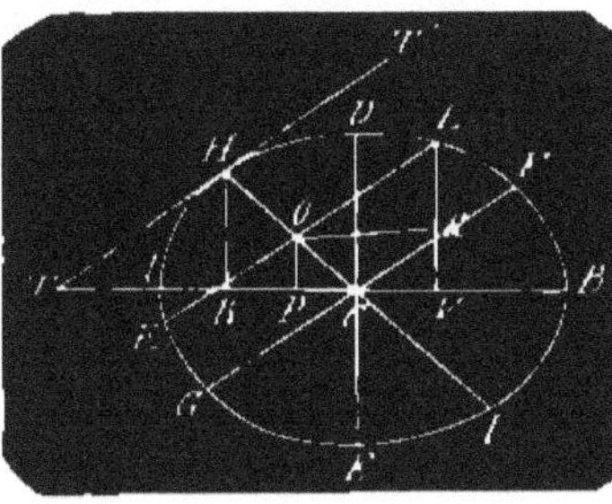

Sehnen halbirt. Wenn man alle diese mit einander und mit FG parallelen Sehnen sich denkt und bis an den Endpunkt H verfolgt, so müssen sie natürlicher Weise bei H in die Tangente übergehen, deshalb ist klar, daſs diese Sehnen der Tangente TT' des Endpunkts H ∦ sein müssen; und es ist dies auch zu beweisen.

Nämlich aus Gl. No. 19:

$$y^2 = \frac{c^2}{a^2}(a^2 - u^2)$$

folgt durch Umformung

$$a^2c^2 = c^2u^2 + a^2y^2$$

Ist nun L der betreffende Ellipsenpunkt, so ist $CN = u$, $LN = y$ und

$$a^2c^2 = c^2 \cdot CN^2 + a^2 \cdot LN^2$$

Fällt man nun die Lothe OP auf AB und OQ auf LN,

so ist $\quad CN = PN - CP$

und $\quad LN = OP + LQ$

Nimmt man nun in der Abscissenlinie CH die Abscisse $CO = x$, die Ordinate $OL = y$, den $\angle ACH = \varphi$, $\angle BCF = \psi$,

so ist

$$PN - CP = y \cos\psi - x \cos\varphi$$
$$OP + LQ = x \sin\varphi + y \sin\psi$$

folglich hat man

$$\begin{aligned} a^2c^2 &= c^2(y \cos\psi - x \cos\varphi)^2 + a^2(x \sin\varphi + y \sin\psi)^2 \\ &= c^2[y^2 \cos^2\psi - 2xy \cos\psi \cdot \cos\varphi + x^2 \cos^2\varphi] \\ &+ a^2[x^2 \sin^2\varphi + 2xy \sin\varphi \cdot \sin\psi + y^2 \sin^2\psi] \end{aligned} \tag{41}$$

Nun soll die Sehne KL durch CH halbirt werden, also soll $OK = OL$ sein, d. h. es sollen für x zwei gleiche und entgegengesetzte y entstehen. Dies ist aber nur möglich wenn die Glieder mit dem Factor y in Summa $= 0$ werden. Die Bedingung gleicher entgegengesetzter Ordinaten ist also:

$$-2c^2xy \cos\varphi \cdot \cos\psi + 2a^2xy \sin\varphi \cdot \sin\psi = 0$$

woraus
$$\frac{c^2}{a^2} = tg\,\varphi \cdot tg\,\psi \tag{42}$$

Für den Ellipsenpunkt H ist $CR = u$, $HR = y$

Nun ist $\quad tg\,\varphi = tg\,ACH = \frac{HR}{CR} = \frac{y}{u}$

daher
$$tg\,\psi = \frac{c^2}{a^2} \cdot \frac{u}{y}$$

Nun ist aber nach Formel 20

$$tg\,HTC = \frac{c^2}{a^2} \cdot \frac{u}{y}$$

folglich ist $\quad \angle HTC = \angle BCF$

und $\quad FG \parallel TT'$

Die beiden obigen Glieder $= 0$ gesetzt wird die erste Gleichung

$$a^2c^2 = c^2(y^2 \cos^2\psi + x^2 \cos^2\varphi) + a^2(x^2 \sin^2\varphi + y^2 \sin\psi) \tag{43}$$

woraus
$$y = \pm \sqrt{\frac{a^2c^2 - x^2(c^2 \cos^2\varphi + a^2 \sin^2\varphi)}{c^2 \cos^2\psi + a^2 \sin^2\psi}} \tag{44}$$

Die beiden durch den Mittelpunkt gezogenen Sehnen FG und HJ sind also Durchmesser und heiſsen **zusammengehörige, conjugirte Durchmesser.**

17. Aus Formel 41 hat man

$$y^2 = \frac{c^2 - x^2\left(\frac{c^2}{a^2} \cos^2\varphi + \sin^2\varphi\right)}{\frac{c^2}{a^2} \cos^2\psi + \sin^2\psi}$$

oder mit Hülfe von Formel 42:

$$y^2 = \frac{c^2 - x^2\left(\frac{\sin\varphi \cdot \sin\psi}{\cos\varphi \cdot \cos\psi} \cdot \cos^2\varphi + \sin^2\varphi\right)}{\frac{\sin\varphi \cdot \sin\psi}{\cos\varphi \cdot \cos\psi} \cdot \cos^2\psi + \sin^2\psi}$$

oder

$$y^2 = \frac{\cos\varphi}{\cos\psi} \cdot \frac{c^2\cos\psi - x^2\sin\varphi \cdot \sin(\varphi+\psi)}{\sin\psi \cdot \sin(\varphi+\psi)} \tag{45}$$

Für $x = 0$ erhält man für y den halben Durchmesser $CF = c'$; nämlich

$$(c')^2 = c^2 \cdot \frac{\cos\varphi}{\sin\psi \cdot \sin(\varphi+\psi)} \tag{46}$$

Für $y = 0$ erhält man für x den halben Durchmesser $CH = a'$ nämlich

$$(a')^2 = c^2 \cdot \frac{\cos\psi}{\sin\varphi \cdot \sin(\varphi+\psi)} \tag{47}$$

Es ist mithin aus Gl. 46 und 47:

$$\begin{aligned}(a')^2 : (c')^2 &= \sin\psi \cdot \cos\psi : \sin\varphi \cdot \cos\varphi \\ &= \sin(2\psi) : \sin(2\varphi)\end{aligned} \tag{48}$$

Setzt man in Gl. 45 für $c^2\cos\varphi$ aus 46 den Werth

$$(c')^2 \cdot \sin\psi \cdot \sin(\varphi+\psi)$$

so erhält man mit Hülfe von Gl. 48:

$$y^2 = [(a')^2 - x^2] \cdot \frac{\sin\varphi \cdot \cos\varphi}{\sin\psi \cdot \cos\psi}$$

folglich nach Formel 48

$$y^2 = \frac{(c')^2}{(a')^2}[(a')^2 - x^2] \tag{49}$$

und hieraus

$$x^2 = \frac{(a')^2}{(c')^2}[(c')^2 - y^2] \tag{50}$$

18. Setzt man in Formel 46 und 47 aus Formel 42 für c^2 den Werth $a^2 \operatorname{tg}\varphi \cdot \operatorname{tg}\psi$ so erhält man

$$(c')^2 = a^2 \cdot \frac{\sin\varphi}{\cos\psi \cdot \sin(\varphi+\psi)} \tag{51}$$

$$(a')^2 = a^2 \cdot \frac{\sin\psi}{\cos\varphi \cdot \sin(\varphi+\psi)} \tag{52}$$

19. Aus Formel 46 und 47 hat man

$$(a')^2 \times (c')^2 = c^4 \cdot \frac{\cos\varphi \cdot \cos\psi}{\sin\varphi \cdot \sin\psi \cdot \sin^2(\varphi+\psi)}$$

hieraus

$$a' \times c' \cdot \sin(\varphi+\psi) = c^2\sqrt{\cot\varphi \cdot \cot\psi}$$

und mit Hülfe von Formel 39

$$a' \times c' \times \sin(\varphi+\psi) = a \cdot c \tag{53}$$

$(\varphi+\psi)$ ist der Coordinatenwinkel LOC.

Es ist also das Product zweier conjugirten Durchmesser mit dem Sinus des Coordinatenwinkels constant und gleich dem Product beider Axen.

20. Aus No. 18 hat man

$$(a')^2 + (c')^2 = \frac{a^2}{\sin(\varphi+\psi)}\left[\frac{\sin\varphi}{\cos\psi} + \frac{\sin\psi}{\cos\varphi}\right]$$

Die Klammergröfse ist

$$= \frac{\sin\varphi \cdot \cos\varphi + \sin\psi \cdot \cos\psi}{\cos\varphi \cdot \cos\psi}$$

Schreibt man den Zähler:

$$\begin{aligned}&\sin\varphi \cdot \cos\varphi(\sin^2\psi + \cos^2\psi) + \sin\psi \cdot \cos\psi(\sin^2\varphi + \cos^2\varphi) \\ &= \sin\varphi \cdot \cos\varphi \cdot \sin^2\psi + \sin\varphi \cdot \cos\varphi \cdot \cos^2\psi + \sin\psi \cdot \cos\psi \cdot \sin^2\varphi + \sin\psi \cdot \cos\psi \cdot \cos^2\varphi\end{aligned}$$

Fafst das erste mit dem vierten, das zweite mit dem dritten Gliede zusammen, so erhält man

$$\begin{aligned}&\cos\varphi \cdot \sin\psi[\sin\varphi \cdot \sin\psi + \cos\varphi \cdot \cos\psi] + \sin\varphi \cdot \cos\psi[\cos\varphi \cdot \cos\psi + \sin\varphi \cdot \sin\psi] \\ &= (\cos\varphi \cdot \sin\psi + \sin\varphi \cdot \cos\psi)(\cos\varphi \cdot \cos\psi + \sin\varphi \cdot \sin\psi) = \sin(\varphi+\psi)\cos(\varphi-\psi)\end{aligned}$$

folglich ist $\quad (a')^2 + (c')^2 = a^2 \cdot \dfrac{\cos(\varphi-\psi)}{\cos\varphi \cdot \cos\psi} = a^2(1 + \operatorname{tg}\varphi \cdot \operatorname{tg}\psi)$

Also mit Hülfe von Formel 42:

$$(a')^2 + (c')^2 = a^2 + c^2 \tag{54}$$

d. h. die Summe der Quadrate je 2 conjugirter Durchmesser ist constant und gleich der Summe der Quadrate der Axen.

21. Aus 46 und 53 hat man

$$\frac{(c')^2}{(a')^2} = \frac{c^2}{a^2} \cdot \frac{\cos^2\varphi}{\sin^2\psi}$$

daher $\quad c' : a' = c \cdot \cos\varphi : a \sin\psi$

oder

$$\frac{c'}{a'} = \frac{c}{a} \cdot \frac{\cos\varphi}{\sin\psi} \tag{55}$$

22. Rectification der Ellipse. Die allgemeine Rectificationsformel Bd. II., pag. 191 ist

$$l = \int\sqrt{1 + \left(\frac{\partial y}{\partial x}\right)^2} \cdot \partial x + C$$

Nun ist $\quad y^2 = \dfrac{c^2}{a^2}(2ax - x^2)$

daher $\quad \dfrac{\partial y}{\partial x} = \dfrac{c^2}{a^2} \cdot \dfrac{a-x}{y}$

daher $\quad \dfrac{\partial l}{\partial x} = \sqrt{1 + \left(\dfrac{c^2}{a^2} \cdot \dfrac{a-x}{y}\right)^2}$

Setzt man (Fig. 609) $AJ = x$, $JF = y$, so ist Bogen $AF = l$

und $\quad AF = l = \displaystyle\int\sqrt{1 + \frac{c^4}{a^4} \cdot \left(\frac{a-x}{y}\right)^2}\,\partial x$

$$= \int\sqrt{1 + \frac{c^2}{a^2} \cdot \frac{(a-x)^2}{2ax-x^2}}\,\partial x$$

Um das Differenzial integrirbar zu machen kann man den $\angle RCA$ für die Ordinate JH des Halbkreises $= \beta$ setzen, dann ist $x = a - a\cos\beta$

$$\frac{\partial x}{\partial \beta} = a \sin\beta$$

$$l = \int \sqrt{1 + \frac{c^2}{a^2} \cdot \frac{\cos^2\beta}{1 - \cos^2\beta}}\, a \cdot \sin\beta \cdot \partial\beta$$

$$= a \int \sqrt{\frac{c^2}{a^2} + \sin^2\beta - \frac{c^2}{a^2} \sin^2\beta}\, \partial\beta$$

$$= \int \sqrt{c^2 + (a^2 - c^2) \sin^2\beta}\, \partial\beta$$

$$l = c \int \sqrt{1 + \left(\frac{e}{c} \sin\beta\right)^2}\, \partial\beta \qquad (56)$$

Dieses Integral ist nur näherungsweise aufzulösen, und dies geschieht am geeignetsten, wenn man

$$\sqrt{1 + \left(\frac{e}{c} \sin\beta\right)^2} = \left[1 + \left(\frac{e}{c} \sin\beta\right)^2\right]^{\frac{1}{2}}$$

durch den Binomischen Satz in eine Reihe entwickelt. Man hat, wenn man $\frac{e}{c} = n$ setzt

$$\left[1 + \left(\frac{e}{c} \sin\beta\right)^2\right]^{\frac{1}{2}} = 1 + \frac{1}{2} n^2 \sin^2\beta - \frac{1}{8} n^4 \sin^4\beta + \frac{1}{16} n^6 \sin^6\beta$$
$$- \frac{5}{128} n^8 \sin^8\beta + \frac{7}{256} n^{10} \sin^{10}\beta - \frac{21}{1024} n^{12} \sin^{12}\beta$$
$$+ \ldots\ldots$$

Von jedem dieser Glieder das Integral genommen erhält man

$$\int 1 = \beta$$

$$\int \frac{1}{2} n^2 \sin^2\beta = \frac{1}{2} n^2 \left[\frac{1}{2}\beta - \frac{1}{2} \sin\beta \cdot \cos\beta\right]$$

$$\int -\frac{1}{8} n^4 \sin^4\beta = -\frac{1}{8} n^4 \left[\frac{3}{8}\beta - \frac{3}{8} \sin\beta \cdot \cos\beta - \frac{1}{4} \sin^3\beta \cdot \cos\beta\right]$$

$$\int \frac{1}{16} n^6 \sin^6\beta = \frac{1}{16} n^6 \left[\frac{5}{16}\beta - \frac{5}{16} \sin\beta \cdot \cos\beta - \frac{5}{24} \sin^3\beta \cdot \cos\beta - \frac{1}{6} \sin^5\beta \cdot \cos\beta\right]$$

$$\int -\frac{5}{128} n^8 \sin^8\beta = -\frac{5}{128} n^8 \left[\frac{35}{128}\beta - \frac{35}{128} \sin\beta \cdot \cos\beta - \frac{35}{192} \sin^3\beta \cdot \cos\beta\right.$$
$$\left. - \frac{7}{48} \sin^5\beta \cdot \cos\beta - \frac{1}{8} \sin^7\beta \cdot \cos\beta\right]$$

$$\int \frac{7}{256} n^{10} \sin^{10}\beta = \frac{7}{256} n^{10} \left[\frac{63}{256}\beta - \frac{63}{256} \sin\beta \cdot \cos\beta - \frac{63}{384} \sin^3\beta \cdot \cos\beta\right.$$
$$\left. - \frac{21}{160} \sin^5\beta \cdot \cos\beta - \frac{9}{80} \sin^7\beta \cdot \cos\beta - \frac{1}{10} \sin^9\beta \cdot \cos\beta\right]$$

$$\int -\frac{21}{1024} n^{12} \sin^{12}\beta = -\frac{21}{1024} n^{12} \left[\frac{231}{1024}\beta - \frac{231}{1024} \sin\beta \cdot \cos\beta - \frac{231}{1536} \sin^3\beta \cdot \cos\beta\right.$$
$$- \frac{77}{640} \sin^5\beta \cdot \cos\beta - \frac{33}{320} \sin^7\beta \cdot \cos\beta - \frac{11}{120} \sin^9\beta \cdot \cos\beta$$
$$\left. - \frac{1}{12} \sin^{11}\beta \cdot \cos\beta\right]$$

Es ist mithin $\frac{l}{c}$ = einer unendlichen Summe unendlicher Reihen von denen die erste den Factor β, die zweite den Factor $\sin\beta \cdot \cos\beta$ u. s. w. hat. Die erste

$$\beta\left(\frac{n^2}{2^2} - \frac{3n^4}{8^2} + \frac{5n^6}{16^2} - \frac{175 n^8}{128^2} + \frac{441 n^{10}}{256^2} - \ldots\ldots\right).$$

die abwechselnden Vorzeichen machen die Reihe nicht geeignet, zur Berechnung einer Bogenlänge und da diese auch bei den Reihen für die Factoren $\sin\beta \cdot \cos\beta$, $\sin^3\beta \cdot \cos\beta$ u. s. w. vorkommt, so ist eine andere Reihe erwünscht. Man erhält diese, wenn man die obige Wurzelgröße $\sqrt{c^2 + (a^2 - c^2) \sin^2\beta}$ umformt in

$$\sqrt{a^2 - (a^2 - c^2) \cos^2\beta}$$

woraus $l = a \int \sqrt{1 - \left(\frac{e}{a} \cos\beta\right)^2}\, \partial\beta$

Es entsteht nun die Reihe

$$\frac{\lambda}{a} = \int\Big[1 - \tfrac{1}{2}n^2\cos^2\beta - \frac{1}{2\cdot 2^2}n^4\cos^4\beta - \frac{3}{2\cdot 3\cdot 2^3}n^6\cos^6\beta - \frac{3\cdot 5}{2\cdot 3\cdot 4\cdot 2^4}n^8\cos^8\beta$$
$$- \frac{3\cdot 5\cdot 7}{2\cdot 3\cdot 4\cdot 5\cdot 2^5}n^{10}\cos^{10}\beta - \frac{3\cdot 5\cdot 7\cdot 9}{2\cdot 3\cdot 4\cdot 5\cdot 6\cdot 2^6}n^{12}\cos^{12}\beta - \ldots\ldots\Big]$$

Nun ist

$$\int 1 = \beta$$
$$-\int \tfrac{1}{2}n^2\cos^2\beta = -\tfrac{1}{2}n^2(\tfrac{1}{2}\beta + \tfrac{1}{2}\sin\beta\cdot\cos\beta)$$
$$-\int\frac{1}{2\cdot 2^2}n^4\cos^4\beta = -\frac{n^4}{2\cdot 2^2}(\tfrac{3}{4}\cdot\tfrac{1}{2}\beta + \tfrac{3}{4}\cdot\tfrac{1}{2}\sin\beta\cdot\cos\beta + \tfrac{1}{4}\sin\beta\cdot\cos^3\beta)$$
$$-\int\frac{3}{2\cdot 3\cdot 2^3}n^6\cos^6\beta = -\frac{3n^6}{2\cdot 3\cdot 2^3}(\tfrac{5}{6}\cdot\tfrac{3}{4}\cdot\tfrac{1}{2}\beta + \tfrac{5}{6}\cdot\tfrac{3}{4}\cdot\tfrac{1}{2}\sin\beta\cdot\cos\beta + \tfrac{5}{6}\cdot\tfrac{1}{4}\sin\beta\cdot\cos^3\beta$$
$$+ \tfrac{1}{6}\sin\beta\cdot\cos^5\beta)$$
$$-\int\frac{3\cdot 5}{2\cdot 3\cdot 4\cdot 2^4}n^8\cos^8\beta = -\frac{3\cdot 5\cdot n^8}{2\cdot 3\cdot 4\cdot 2^4}(\tfrac{7}{8}\cdot\tfrac{5}{6}\cdot\tfrac{3}{4}\cdot\tfrac{1}{2}\beta + \tfrac{7}{8}\cdot\tfrac{5}{6}\cdot\tfrac{3}{4}\cdot\tfrac{1}{2}\sin\beta\cdot\cos\beta$$
$$+ \tfrac{7}{8}\cdot\tfrac{5}{6}\cdot\tfrac{1}{4}\sin\beta\cdot\cos^3\beta + \tfrac{7}{8}\cdot\tfrac{1}{6}\sin\beta\cdot\cos^5\beta + \tfrac{1}{8}\sin\beta\cdot\cos^7\beta)$$
$$-\int\frac{3\cdot 5\cdot 7}{2\cdot 3\cdot 4\cdot 5\cdot 2^5}n^{10}\cos^{10}\beta = -\frac{3\cdot 5\cdot 7\cdot n^{10}}{2\cdot 3\cdot 4\cdot 5\cdot 2^5}(\tfrac{9}{10}\cdot\tfrac{7}{8}\cdot\tfrac{5}{6}\cdot\tfrac{3}{4}\cdot\tfrac{1}{2}\beta$$
$$+ \tfrac{9}{10}\cdot\tfrac{7}{8}\cdot\tfrac{5}{6}\cdot\tfrac{3}{4}\cdot\tfrac{1}{2}\sin\beta\cdot\cos\beta + \tfrac{9}{10}\cdot\tfrac{7}{8}\cdot\tfrac{5}{6}\cdot\tfrac{1}{4}\sin\beta\cdot\cos^3\beta$$
$$+ \tfrac{9}{10}\cdot\tfrac{7}{8}\cdot\tfrac{1}{6}\sin\beta\cdot\cos^5\beta + \tfrac{9}{10}\cdot\tfrac{1}{8}\sin\beta\cdot\cos^7\beta + \tfrac{1}{10}\sin\beta\cdot\cos^9\beta)$$
$$-\int\frac{3\cdot 5\cdot 7\cdot 9}{2\cdot 3\cdot 4\cdot 5\cdot 6\cdot 2^6}n^{12}\cos^{12}\beta = -\frac{3\cdot 5\cdot 7\cdot 9\cdot n^{12}}{2\cdot 3\cdot 4\cdot 5\cdot 6\cdot 2^6}(\tfrac{11}{12}\cdot\tfrac{9}{10}\cdot\tfrac{7}{8}\cdot\tfrac{5}{6}\cdot\tfrac{3}{4}\cdot\tfrac{1}{2}\beta$$
$$+ \tfrac{11}{12}\cdot\tfrac{9}{10}\cdot\tfrac{7}{8}\cdot\tfrac{5}{6}\cdot\tfrac{3}{4}\cdot\tfrac{1}{2}\sin\beta\cdot\cos\beta + \tfrac{11}{12}\cdot\tfrac{9}{10}\cdot\tfrac{7}{8}\cdot\tfrac{5}{6}\cdot\tfrac{1}{4}\sin\beta\cdot\cos^3\beta$$
$$+ \tfrac{11}{12}\cdot\tfrac{9}{10}\cdot\tfrac{7}{8}\cdot\tfrac{1}{6}\sin\beta\cdot\cos^5\beta + \tfrac{11}{12}\cdot\tfrac{9}{10}\cdot\tfrac{1}{8}\sin\beta\cdot\cos^7\beta$$
$$+ \tfrac{11}{12}\cdot\tfrac{1}{10}\sin\beta\cdot\cos^9\beta + \tfrac{1}{12}\sin\beta\cdot\cos^{11}\beta)$$

Hieraus entsteht

$$\frac{\lambda}{a} = \left(1 - \frac{n^2}{2^2} - \frac{3n^4}{8^2} - \frac{5n^6}{16^2} - \frac{175n^8}{128^2} - \frac{441n^{10}}{256^2} - \frac{4851n^{12}}{1024^2}\right)\beta$$
$$- \left(\frac{n^2}{4} + \frac{3n^4}{8^2} + \frac{5n^6}{16^2} + \frac{175n^8}{128^2} + \frac{441n^{10}}{256^2} + \frac{4851\cdot n^{12}}{1024^2}\right)\sin\beta\cdot\cos\beta$$
$$- \left(\frac{n^4}{3\cdot 4^2} + \frac{5n^6}{6\cdot 8^2} + \frac{175n^8}{6\cdot 64^2} + \frac{147n^{10}}{2\cdot 128^2} + \frac{1617n^{12}}{2\cdot 1024^2}\right)\sin\beta\cdot\cos^3\beta$$
$$- \left(\frac{n^6}{96} + \frac{35n^8}{8\cdot 32^2} + \frac{147n^{10}}{10\cdot 64^2} + \frac{1617\cdot n^{12}}{10\cdot 256^2}\right)\sin\beta\cdot\cos^5\beta$$
$$- \left(\frac{5n^8}{32^2} + \frac{63n^{10}}{5\cdot 64^2} + \frac{693n^{12}}{5\cdot 256^2}\right)\sin\beta\cdot\cos^7\beta$$
$$- \left(\frac{7n^{10}}{10\cdot 16^2} + \frac{77n^{12}}{10\cdot 64^2}\right)\sin\beta\cdot\cos^9\beta - \frac{7n^{12}}{64^2}\sin\beta\cdot\cos^{11}\beta - \ldots. \quad (57)$$

Die Constante fällt fort, weil für $\beta = 0$ auch $\lambda = 0$ wird.

Für $x = a$ wird $\beta = 90° = \frac{\pi}{2}$, $\sin\beta = 1$, $\cos\beta = 0$; λ ist der elliptische Quadrant, für welchen nur die erste Reihe mit dem Factor β zu berechnen ist, während die übrigen Reihen $= 0$ werden.

Für $a = 5$, $b = 3$ ist $e = 4$, $n = \frac{4}{5}$.

Man hat den Quadrant

$$\lambda = 5(1 - 0{,}16 - 0{,}0192 - 0{,}00512 - 0{,}001792 - 0{,}0007225344$$
$$- 0{,}000028901376 - \ldots)\frac{\pi}{2} = 6{,}366\ldots$$

23. Quadratur der Ellipse. Die allgemeine Quadraturformel für rechtwinklige Coordinaten steht Bd. II, pag. 193 mit Fig. 540

$$F = \int y\,\partial x + C$$

Es ist Formel 10: $y^2 = \frac{b^2}{a^2}(2ax - x^2)$

hieraus
$$F = \text{Ebene } AJF \text{ (Fig. 609)}$$
$$= \int y \partial x = \int \frac{c}{a}\sqrt{2ax - x^2}\,\partial x$$

Nun ist nach der allgemeinen Integralformel:

$$\int\sqrt{ax - bx^2} = -\frac{a - 2bx}{4b}\sqrt{ax - bx^2} + \frac{a^2}{8b\sqrt{b}}\,Arc\sin\frac{-a + 2bx}{a}.$$

$$\int y\,\partial x = \frac{c}{a}\int\sqrt{2ax - x^2} = \frac{c}{a}\left[-\frac{a-x}{2}\sqrt{2ax - x^2} + \frac{a^2}{2}\,Arc\sin\left(-\frac{a-x}{a}\right) + C\right]$$

Für $x = 0$ wird $F = 0$ daher
$$C = +\tfrac{1}{4}\pi a^2$$
daher vollständig
$$F = \frac{c}{a}\left[-\frac{a-x}{2}\sqrt{2ax - x^2} + \frac{a^2}{2}\,Arc\sin\left(-\frac{a-x}{a}\right) + \tfrac{1}{4}\pi a^2\right] \quad (58)$$

Für $x = a$ wird F zum elliptischen Quadrant und dieser
$$= \pi\,\frac{c}{a}\cdot\frac{a^2}{4}\,\pi = \tfrac{1}{4}\pi ac \quad (59)$$

24. Es ist (Fig. 609) $JF = y = \frac{c}{a}\sqrt{2ax - x^2}$
$$CJ = a - x$$
daher ist das erste Glied des Integrals
$$-\frac{a-x}{2}\cdot\frac{c}{a}\sqrt{2ax - x^2} = -\tfrac{1}{2}CJ \times JF = -\triangle CFJ$$

Wird dies $\triangle$ zu dem Integral hinzugesetzt, so erhält man

$$\text{Ebene } ACF = \tfrac{1}{2}ac\left(\frac{\pi}{2} - arc\sin\frac{a-x}{a}\right) = \tfrac{1}{2}ac\cdot arc\cdot\cos\frac{a-x}{a} = \tfrac{1}{2}ac\cdot arc\cdot \text{sinv}\,\frac{x}{a} \quad (60)$$

Und da
$$\cos\frac{a-x}{a} = \sin\frac{\sqrt{2ax - x^2}}{a} = \sin\frac{y}{c}$$
so ist auch
$$\text{Ebene } ACF = \tfrac{1}{2}ac\cdot arc\sin\frac{y}{c} \quad (61)$$

25. Nimmt man die Radien von den Brennpunkten aus, so hat man
$$\text{Ebene } AS'F = ACF + CFS'$$
$$ASF = ACF - CFS$$

Es ist die Excentricität $CS = CS' = e$, $FJ = y$
daher $\triangle CFS = \triangle CFS' = \frac{1}{2}e\cdot y$
also
$$\text{Ebene } AS'F = \tfrac{1}{2}ac\cdot arc\cdot\sin\frac{y}{c} + \tfrac{1}{2}ey \quad (62)$$
$$\text{Ebene } ASF = \tfrac{1}{2}ac\cdot arc\cdot\sin\frac{y}{c} - \tfrac{1}{2}ey \quad (63)$$

26. Es ist für die Astronomie von Wichtigkeit, die Ebenen $AS'F$ und ASF durch a, c, e und die Winkel ASF und $AS'F$ (η) auszudrücken. Hierzu hat man Gleichung 40, wenn man (Fig. 609) $S'F = R$, $SF = r$ setzt.

1. $u = r\cos\eta' + e$
2. $u = R\cos\eta - e$

Nach Gleichung 30 und 37 hat man

3. $r = a - \frac{e}{a}u$
4. $R = a + \frac{e}{a}u$

Setzt man die Werthe von u aus 1 und 2 in 3 und 4, so erhält man für beide Fälle

5. $a^2 - e^2 = c^2 = r(a - e\cos\eta')$
6. $a^2 - e^2 = c^2 = R(a - e\cos\eta)$

Nun ist $y = R\sin\eta = r\sin\eta'$
folglich in Gl. 62 und 63
$$\frac{y}{c} = \frac{cR\sin\eta}{R(a - e\cos\eta)} = \frac{c\sin\eta}{a - e\cos\eta}$$
$$= \frac{cr\sin\eta'}{r(a - e\cos\eta')} = \frac{c\sin\eta'}{a - e\cos\eta'}$$

Eben so ist
$$ey = eR\sin\eta = er\sin\eta'$$
$$= \frac{c^2e\sin\eta}{a - e\cos\eta} = \frac{c^2e\sin\eta'}{a - e\cos\eta'}$$

Mithin ist nach Gl. 62 und 63

$$\text{Ebene } AS'F = \tfrac{1}{2}ac\,arc\sin\frac{c\sin\eta}{a - e\cos\eta} + \tfrac{1}{2}\,\frac{c^2e\sin\eta}{a - e\cos\eta} \quad (64)$$

$$\text{Ebene } ASF = \tfrac{1}{2}ac \, arc \sin \frac{c \sin \eta'}{a - e \cos \eta'} + \tfrac{1}{2} \frac{c^2 e \sin \eta'}{a - e \cos \eta'} \tag{65}$$

Der $\angle \eta$ heißt in der Astronomie: die wahre Anomalie (s. d. A.)

24. Bestimmung der Umdrehungsflächen. Bd. II., pag. 194 steht die allgemeine Formel für rechtwinklige Coordinaten

$$F = 2\pi \int y \sqrt{1 + \left(\frac{\partial y}{\partial x}\right)^2} + C$$

Legt man Formel 19 zu Grunde

$$y^2 = \frac{c^2}{a^2}(a^2 - u^2)$$

so hat man

$$\frac{\partial y}{\partial u} = -\frac{c^2 u}{a^2 y}$$

$$F = 2\pi \int \sqrt{y^2 + \left(y \frac{\partial y}{\partial u}\right)^2} = 2\pi \int \sqrt{y^2 + \frac{c^4 u^2}{a^4}} \, \partial u$$

$$= 2\pi \int \sqrt{\frac{c^2}{a^4}\left(a^4 - (a^2 - c^2) u^2\right)} = \frac{2\pi c}{a^2} \int \sqrt{a^4 - e^2 u^2} \, \partial u$$

daher aus der allgemeinen Integralformel:

$$\int \sqrt{a - bx^2} = \tfrac{1}{2} x \sqrt{a - bx^2} + \frac{a}{2\sqrt{b}} \, Arc \sin \left[x \sqrt{\frac{b}{a}}\right]$$

$$F = \frac{2\pi c}{a^2}\left[\tfrac{1}{2} u \sqrt{a^4 - e^2 u^2} + \frac{a^4}{2e} \, Arc \sin \frac{eu}{a^2}\right] + C$$

Dies ist der Ausdruck für die Zone, welche entsteht wenn der Bogen DF (Fig. 609) um die große Axe AB sich herum dreht. Da für $u = 0$ auch $F = 0$ und der Ausdruck für $F = 0$ wird, so fällt die Constante fort und es ist

$$\text{Zone durch } DF = \pi \frac{c}{a^2}\left[u \sqrt{a^4 - e^2 u^2} + \frac{a^4}{e} \, Arc \sin \frac{eu}{a^2}\right] \tag{66}$$

Für $u = a$ entsteht die halbe ellipsoidische Oberfläche, indem der Quadrant AD um die große Axe sich dreht:

Oberfläche durch AD

$$= \pi \left(c^2 + \frac{a^2 c}{e} \, arc \sin \frac{e}{a}\right) \tag{67}$$

25. Um die Zone F' zu finden, welche durch Umdrehung des Bogens AF um die kleine Axe DE entsteht, hat man aus Gl. 29

$$y_1^2 = \frac{a^2}{c^2}(c^2 - u_1^2)$$

wo u_1 die Länge CG bedeutet; hieraus

$$F' = 2\pi \int \sqrt{\frac{a^2}{c^2}(c^2 - u_1^2) + \frac{a^4}{c^4} u_1^2} = 2\pi \frac{a}{c^2} \int \sqrt{c^4 - (c^2 - a^2) u_1^2}$$

und da $c < a$ ist

$$F' = 2\pi \frac{a}{c^2} \int \sqrt{c^4 + (a^2 - c^2) u_1^2}$$

Nach der allgemeinen Integralformel

$$\int \sqrt{a + bx^2} = \tfrac{1}{2} x \sqrt{a + bx^2} + \frac{a}{2\sqrt{b}} \, log\,n \left[x \sqrt{b} + \sqrt{a + bx^2}\right]$$

hat man

$$F' = 2\pi \frac{a}{c^2}\left[\tfrac{1}{2} u_1 \sqrt{c^4 + e^2 u_1^2} + \frac{c^4}{2e} \, ln\left(eu_1 + \sqrt{c^4 + e^2 u_1^2}\right) + C\right]$$

Für $u = 0$ wird $F' = 0$. Man hat also

$$0 = 2\pi \frac{a}{c^2}\left[0 + \frac{c^4}{2e} \, ln(0 + c^2) + C\right]$$

Es ist mithin $C = -\frac{c^4}{2e} \, ln \, c^2$

daher vollständig

$$F' = \pi \frac{a}{c^2}\left[u_1 \sqrt{c^4 + e^2 u_1^2} + \frac{c^4}{e} \, ln \frac{eu_1 + \sqrt{c^4 + e^2 u_1^2}}{c^2}\right] \tag{68}$$

Für $a_1 = c$ erhält man die halbe elliptische Oberfläche, wenn der Quadrant AFD um die kleine Axe DE sich dreht

$$F' = \pi a\left[\sqrt{c^2 + a^2} + \frac{c^2}{a}\, ln\,\frac{a + \sqrt{c^2 + a^2}}{c}\right] = \pi a\left[a + \frac{c^2}{a}\, ln\,\frac{a + c}{c}\right] \qquad (69)$$

26. Cubatur der Ellipse. Der ellipsoidische Körper, der durch die Umdrehung der Ebene AFJ um die große Axe entsteht, ist aus der allgemeinen Cubaturformel Bd. II., pag. 195.

$$K = \pi \int y^2\, \partial x$$

also $K = \pi \int \frac{c^2}{a^2}\,(2ax - x^2) + C$

oder $K = \pi \frac{c^2}{a^2} \cdot (ax^2 - \frac{1}{3}x^3)$ (70)

wo die Constante fortfällt, weil mit $x = 0$ auch $k = 0$ wird. Für $x = a$ entsteht das halbe Ellipsoid, wenn die Ebene ADC um AB sich dreht

$$K = \tfrac{2}{3}\pi\, ac^2 \qquad (71)$$

Für den Körper K' durch die Umdrehung der Ebene DFG und DE erhält man

$$K' = \pi \frac{a^2}{c^2}\,(a x_1^2 - \tfrac{1}{3} x_1^3) \qquad (72)$$

und das halbe Ellipsoid der Ebene ACD um CE

$$K' = \tfrac{2}{3}\pi a^2 c \qquad (73)$$

Ellipsoid entsteht als Umdrehungskörper wenn ein halber Ellipsenbogen entweder um die große oder um die kleine Axe sich herumdreht. Aus dem vorigen Art. Formel 71 und 73 geht hervor, daß das um die große Axe a gedrehte E. $=$ ist $\frac{4}{3}\pi ac^2$ das um die kleine Axe gedrehte E. ist $= \frac{4}{3}\pi a^2 c$

Ellipticität ist der Unterschied zwischen dem Durchmesser des Erdaequators und der Erdaxe dividirt durch den Aequatordurchmesser; also die Erdabplattung $\left(\frac{D - d}{D}\right.$ in dem Art. Abplattung$\left.\right)$.

Elongation, Elongationswinkel s. v. w. Ausweichung eines Planeten. Man versteht nicht nur hierunter den Winkel zwischen der Sonne und dem wahren Ort des Planeten mit der Erde als Scheitelpunkt, sondern auch ganz besonders den Winkel, den die Sonne und der auf die Ekliptik (durch den Breitenbogen) reducirte Ort des Planeten mit der Erde bildet, so daß der E.-winkel in der Ebene der Ekliptik liegt.

Endekagonalzahlen, elfeckige Zahlen sind diejenigen Polygonalzahlen deren zu Grunde liegenden Polygon das Elfeck ist. Die Natur dieser Zahlen s. aus den Art. Hekagonalzahl, Dodekagonalzahl.

Die arithmetische Reihe, aus welcher die Zahlen entspringen haben zur 2ten Differenzenreihe die gleichen Zahlen 9.

$$9;\quad 9;\quad 9;$$

hieraus die erste Differenzenreihe

$$1;\; 1 + 9;\; 1 + 2 \cdot 9;\; 1 + 3 \cdot 9;\; 1 + 4 \cdot 9;\; \ldots\ldots\; 1 + (n - 1) \cdot 9$$

hieraus die Endekagonalzahlen

$$1;\; 2 + 9;\; 3 + 3 \cdot 9;\; 4 + 6 \cdot 9;\; 5 + 10 \cdot 9\; \ldots\ldots\ldots\ldots$$

oder $1;\quad 11;\quad 30;\quad 58;\quad 95;\quad \ldots\ldots\; \frac{n}{2}(9n - 7)$

Endecken, s. u. Ecken.

Endflächen sind bei einem prismatischen Krystall diejenigen Flächen, in deren Mittelpunkte die Endpunkte der Normalaxe fallen (s. Axensystem und Axen). Hat z. B. der Krystall die Form der sechsseitigen Säule, so wird diejenige Axe, welche die Mittelpunkte der mit einander parallelen Grundebenen verbindet, zur Normalaxe genommen und diese Grundebenen heißen die E. des Krystalls.

Die E. bilden mit den Seitenflächen rechte oder schiefe Winkel; sie heißen demnach gerade oder schiefe E., oder man sagt, sie seien auf die Seitenkanten oder Seitenflächen gerade oder schief aufgesetzt.

Endgeschwindigkeit. Aus den 4 Art. „Bewegung" geht hervor, daß unter Geschwindigkeit der Weg verstanden wird, den ein Punkt oder Körper in irgend einer Zeiteinheit, wofür in der Regel die Secunde gilt, durchläuft. Sowie nun dem Wortlaut nach Anfangsgeschwindigkeit diejenige Geschwindigkeit ist, mit welcher Bewegung beginnt, so ist Endgeschwindigkeit diejenige mit der die Bewegung beendet wird.

Bei gleichförmiger Bewegung ist die E. gleich der Anfangsgeschwindigkeit und gleich jeder innerhalb der Bewegung statt habenden Geschwindigkeit.

Eine verzögerte Bewegung kann so lange fortgesetzt werden bis die E. = 0 wird.

Bei beschleunigter Bewegung ist dagegen die E. eine ideelle Gröfse. Hat nämlich der Körper t Secunden lang sich bewegt, so ist die zu Ende der $t$ten Secunde erlangte oder die nach t Secunden stattfindende E. derjenige Weg, den der Körper in der folgenden $(t+1)$ten Secunde zurücklegen würde wenn er bei Beginn dieser $(t+1)$ten Secunde mit der erlangten Geschwindigkeit noch eine Secunde lang gleichförmig sich fortbewegte. Der Art „Beschleunigung" No. 3 gibt bei der Anfangsgeschwindigkeit = 0 diesen Weg als E. nach Verlauf von t Secunden an $= 2Gt$; der wirkliche Weg in der $(t+1)$ten Secunde ist $= 2Gt + G$; man erhält also die E. einer gleichförmigen Bewegung, wenn man von dem Wege der folgenden Secunde die Beschleunigung abzieht.

Fängt die beschleunigte Bewegung mit der (Anfangs-) Geschwindigkeit $= c$ an, so ist nach Bd. I., pag. 353, Formel 8 die E. $= C = c + 2Gt$; und dieser Weg würde in der folgenden $(t+1)$ten Secunde durchlaufen werden, wenn mit dem Ende der $t$ten Secunde die Beschleunigung G zu wirken aufhörte.

Ist die Beschleunigung negativ, ist sie Verzögerung, beginnt die Bewegung mit der Geschwindigkeit C und wird nach Verlauf von t Secunden, wo die Ruhe noch nicht eingetreten ist, nach der E. gefragt, so ist diese ebenfalls der Weg, der in der folgenden Secunde gleichförmig zurückgelegt werden würde, wenn also die Verzögerung während dieser Secunde zu wirken aufhörte.

Der Weg in den ersten T Secunden ist

$$= CT - GT^2$$

der Weg in den ersten $(T+1)$ Secunden ist

$$= C(T+1) - G(T+1)^2$$

folglich der Weg in der $(T+1)$ten Secunde

$$= C - 2GT - G$$

Wird nun von diesem wirklichen Wege die Verzögerung $(-G)$ fortgenommen, so bleibt der gleichförmig durchlaufene (gröfsere) Weg, d. h. die E. nach T Secunden $= C - 2GT$.

Bei der ungleich veränderlichen Bewegung (s. diesen Art.: Bd. I., pag. 356) findet derselbe Begriff von E. statt.

Endkanten in einem Krystall sind die Kanten, welche den Endecken zulaufen; die übrigen Kanten heifsen Seitenkanten.

Endlich ist dem Wortlaut alles was ein Ende hat. In der Mathematik hingegen kann der Begriff endlich nicht wortgetreu genommen werden, weil sonst jede geschlossene Curve nicht endlich also unendlich sein würde. Unter endlich versteht man daher jede Gröfse, welche sich in einer bestimmten Anzahl von ihr gleichartigen Einheiten angeben läfst. Kreislinien, Ellipsen, Kugeloberflächen u. s. w. sind endliche Gröfsen. Die Parabel ist nicht endlich, weil deren mögliche Länge in einer Anzahl von Längeneinheiten nicht auszusprechen ist.

Jede Zahl rational und irrational ist endlich, weil ihr eine Einheit zu Grunde liegt, die eine bestimmte Anzahl mal sie begreift. Eine unendliche steigende arithmetische oder geometrische Reihe ist sowohl in Anzahl der Glieder als in dem Werth unendlich; ist die Reihe abnehmend, so ist sie nur in der Anzahl ihrer Glieder unendlich in ihrem Werthe dagegen eine endliche Gröfse.

Enneadisches Zahlensystem, neuntheiliges System, in welchem die Neun (9) als Ziffer fehlt und als kleinste zweiziffrige Zahl mit 10 bezeichnet wird (vergl. dodekadisches Zahlensystem).

Enneagon, s. v. w. neunseitige Figur, Neuneck.

Enneagonalzahlen, **neuneckige Zahlen** (s. Endekagonalzahlen) haben das Neuneck zum Constructionspolygon; arithmetisch entsteht die Reihe folgender Art:

$7;\ 7;\ 7;\ 7$

$1;\ 1+7;\ 1+2\cdot7;\ 1+3\cdot7;\ \ldots\ 1+(n-1)7$

hieraus die Enneagonalzahlen

$1;\ 2+7;\ 3+3\cdot7;\ 4+6\cdot7\ \ldots\ \tfrac{1}{2}n(7n-5)$

oder

$1;\ 9;\ 24;\ 46;\ \ldots$

Enteckung (Kryst) ist die Fortnahme einer Ecke mittelst einer durch die diese Ecke bildenden Kanten hindurch gelegten Fläche. Man denkt sich dieselbe an einem Krystall vorgenommen, wenn man die combinirte Form desselben aus einer einfacheren Form ableiten will. Ein Beispiel hiervon gibt Bd. II., pag. 36 und 37, Fig. 301 und 302, wo das Octaeder als durch fortgesetzte Enteckung des Hexaeders entstanden gedacht wird. Vergl. „Abstumpfungsflächen."

Entfernung, s. v. w. Abstand.

Entgegengesetzte Gröfsen. In allen

Disciplinen der Mathematik kommen Gröfsen vor, die ungeachtet ihrer Gleichartigkeit, ja selbst ihrer vollkommenen Gleichheit dennoch in Absicht einer von der Gröfse selbst unabhängigen also äufseren Eigenschaft wesentlich verschieden sind. Diese Eigenschaft ist das Entgegengesetztsein; die Gröfsen, denen diese entgegengesetzte Beziehung anhaftet heifsen entgegengesetzte Gröfsen.

Der Grund für solche Beziehung, wo sich dieselbe auch finden mag, läfst sich zusammenfassen in einer der Zeit und dem Raum gemeinsamen wesentlichen Eigenschaft, in der Stetigkeit, welche in der Ausdehnung als Form zur Anschauung kommt. Der Raum hat dreifache, die Zeit nur einfache Ausdehnung (Abmessung, Dimension). Abstrahirt man von 2 Dimensionen des Raums, so dafs nur eine Dimension übrig bleibt, so hat man die Linie, welche eine Raumlinie so wie die Zeit eine Zeitlinie ist.

Nur in der Linie findet Entgegengesetztes statt, indem man die Stetigkeit durch den Gedanken, „Punkt" genannt, unterbricht und von diesem Punkt aus die beiden alleinigen Richtungen zu derselben einzeln verfolgt; also vor und nach dem Zeitpunkt und rechts und links von dem Raumpunkt.

Die eine Richtung, gleichviel welche, heifst positiv oder affirmativ, die andere negativ. Beide Richtungen heifsen entgegengesetzt, und Gröfsen, denen verschiedene Richtungen zukommen heifsen entgegengesetzte Gröfsen.

Hat man Entgegengesetztes in dem körperlichen Raum zu bezeichnen, so hat man für die 3 Hauptlängenrichtungen desselben: rechts und links, hinten und vorn, oben und unten. Z. B. Bei allen Windmühlen ist gebräuchlich die Ruthen immer auf einerlei Weise sich drehen zu lassen. Um diese Weise anzugeben kann man sagen: die Ruthen drehen sich rechts, sie drehen sich links, man mag die Drehung vor oder hinter der Mühle betrachten. Man mufs daher auf die 3 Dimensionen des Raumes Rücksicht nehmen und z. B. sagen: Alle Windruthen drehen sich der Art, dafs wenn man vor der Mühle steht und sie ansieht, der untere Flügel sich rechts dreht. Auf diese Weise kann man dieselbe Drehungsweise der Windflügel auf viererlei Art bezeichnen, indem man sagt, man stehe vor oder hinter der Mühle und von der Drehung des unteren oder des oberen Flügels spricht.

Alle entgegengesetzten Gröfsen, so verschiedenartig sie auch sein mögen, können auf das Princip der eben betrachteten unterbrochenen Stetigkeit zurückgeführt werden.

Vermögen und Schulden z. B. in der Arithmetik sind entgegengesetzte Gröfsen; denn Vermögen ist der Zustand des Empfangenhabens, Schulden der Zustand des Gebensollens, beide also entgegengesetzt im Raum und in der Zeit. Nämlich Empfangen und Geben vom Punkte des zu denkenden Zähltisches aus im Raum nach entgegengesetzten Richtungen — und Haben und Sollen, das Ehemals und Künftig von dem Punkt der Gegenwart aus in der Zeit entgegengesetzt.

So hat man entgegengesetzte Linien, Winkel, Ebenen, Kräfte, Wasserbewegungen als Zuflufs und Abflufs u. s. w.

Wenn man von dem Punkt, der die Ausdehnung unterbricht, einer Richtung derselben folgt und sodann um gleichviel nach entgegengesetzter Richtung, so befindet man sich wieder in demselben Punkt, von dem man ausgegangen ist. Entgegengesetzte Gröfsen haben also das Merkmal, dafs sie absolut gleich grofs genommen sich einander aufheben, zu Null werden.

Entgegengesetzte Operationen in der Arithmetik und der Analysis haben mit den entgegengesetzten Gröfsen denselben Grund, z. B. Vorwärts zählen und rückwärts zählen, indem man die in einer Linie geschrieben zu denkenden Zahlen nach entgegengesetzten Richtungen ablies't. Eben so das Zusammenzählen entgegengesetzt dem Abziehen, das Theilen dem Vervielfältigen, das Radiciren dem Potenziren, das Integriren dem Differenziiren, das Auflösen einer Gleichung dem Ansetzen derselben u. s. w.

Entkantung (Kryst) ist die Fortnahme einer Kante an einem Krystall mittelst einer Fläche, die durch die beiden jene Kante bildenden Flächen gelegt wird; sie wird eben so wie die Enteckung vorgenommen gedacht. Wenn man z. B. die Kanten des Octaeders, Fig. 138, pag. 257 durch schmale Flächen fortnimmt, womit zugleich die Ecken vierflächige Zuspitzungen erhalten, so hat man die Combination des Octaeders und des Dodekaeders mit vorherrschenden Octaederflächen, eine Form in welcher der Magneteisenstein vorkommt.

Entwickelung einer Function in eine Reihe. Diese geschieht:

1. Durch Partialdivision (s. Buch-

stabenrechnung pag. 439 mit 2 Beispielen).

2. Beim Potenziren mit Hülfe des binomischen Lehrsatzes (s. d. Art. pag. 374).

3. Durch Radiciren aus unvollständigen Potenzen (s. „Ausziehung einer Wurzel“ pag. 251, No. 4 bis pag. 253 No. 7).

4. Durch die Mac-Laurin'sche und die Taylor'sche Reihe s. Differenzialrechnung pag. 288 bis pag. 294).

Epakten (*ἐπακτος* hinzugesetzt) sind die Tage, welche von dem Tage des letzten Neumonds im Jahre bis zum 1ten Tag des folgenden Jahres noch fehlen, also das Alter des Mondes in ganzen Tagen an jedem Neujahrstage. Fällt der Neumond auf den 1ten Januar, so ist die E. für dieses Jahr = 0; das höchste Alter des Mondes ist 30 Tage, weil 2 auf einander folgende Neumonde abwechselnd 29 und 30 ganze Tage auseinander liegen.

Das Mondjahr aus 12 Monaten bestehend hat also 6 × (29 + 30) = 354 ganze Tage (+ ⅓ Tag); das julianische Sonnenjahr 365¼ Tage, also ist das Mondjahr 11 Tage kürzer als das Sonnenjahr und folglich wird mit jedem folgenden Jahre das Mondalter 11 Tage länger. Fällt der Neumond auf den 1ten Januar, so fällt der letzte Neumond desselben Jahres auf den 20ten December und die E. des folgenden Jahres ist = 11, die nächstfolgende = 22, wieder die folgende 33, für welche man 33 − (der Monatslänge = 30) = 3 für die E. setzt, weil nicht der zu 33 sondern der zu 3 Tagen vor dem Jahresschlufs gehörende Neumond wirklich der letzte im Jahre ist.

Diese Epakten liefern einen Cyclus von 19 Jahren (den alten Metonschen Mondcyclus), nach welchem die Neumonde wieder der Reihe nach auf dieselben Tage fallen, die folgenden 19 Jahre also wieder dieselben Epakten haben, wenn man nämlich am Schlufs des Cyclus für die erste E. des folgenden Cyclus einen Tag zugibt. Die Jahreszahlen dieses Cyclus von 1 bis 19 heifsen die goldenen Zahlen.

Im Jahre 1843 war die E. = 0, der Neumond fiel auf den 1ten Januar, man hat demnach den Cykel, in welchem wir jetzt leben in folgender Tabelle

Jahreszahl.	Goldene Zahl.	Epakte.
1843	1	0
1844	2	XI
1845	3	XII
1846	4	III
1847	5	XIV
1848	6	XXV
1849	7	VI
1850	8	XVII
1851	9	XXVIII
1852	10	IX
1853	11	XX
1854	12	I
1855	13	XII
1856	14	XXIII
1857	15	IV
1858	16	XV
1859	17	XXVI
1860	18	VII
1861	19	XVIII
1862	1	0

Es wird hiernach in diesem Jahre (1860) der letzte Neumond auf den 13ten December fallen.

Dieser Mondcykel von 19 Jahren diente früher dazu, die Osterfeste künftiger Jahre durch einfache Rechnung schnell bestimmen zu können. Da die Epakten nur in ganzen Tagen angegeben sind, so stimmen die aus den Epakten berechneten Mondphasen mit den astronomischen oder den wirklichen nicht genau überein.

Ephemeriden, s. astronomische Jahrbücher, Bd. I., pag. 140.

Epicykel (*ἐπί* neben) Nebenkreis, nach der Vorstellung der alten Astronomen, welche die Erde als ruhend annahmen, ein Kreis, an dessen Peripherie ein Gestirn sich bewegt, dessen Mittelpunkt aber wieder einen andern Kreis im Weltraume durchläuft.

Epicycloide unterscheidet sich von der Cycloide dadurch, dafs der erzeugende Kreis auf einer Kreisperipherie aufserhalb derselben sich abwälzt, während dies zur Bildung der Cycloide auf einer geraden Linie geschieht. Ist Fig. 813 *BD* ein Kreisbogen vom Halbmesser *BC*, auf welchem der Kreis *AEB* sich abwälzt, so ist der Kreis zu *AD* der Grundkreis, der Kreis zu *AEB* der erzeugende Kreis, der beschreibende Punkt *A* verzeichnet während der Abwälzung des Halbkreises *AEB* die halbe Epicycloide *AJD*; die andere dieser congruenten Hälfte ist rechts von *AB* zu denken. Wie bei der Cycloide entsteht auch hier, wenn der beschreibende Punkt aufserhalb des erzeugenden Kreises liegt, die verkürzte Cycloide und wenn er innerhalb desselben liegt, die gestreckte Epicycloide.

Fig. 613.

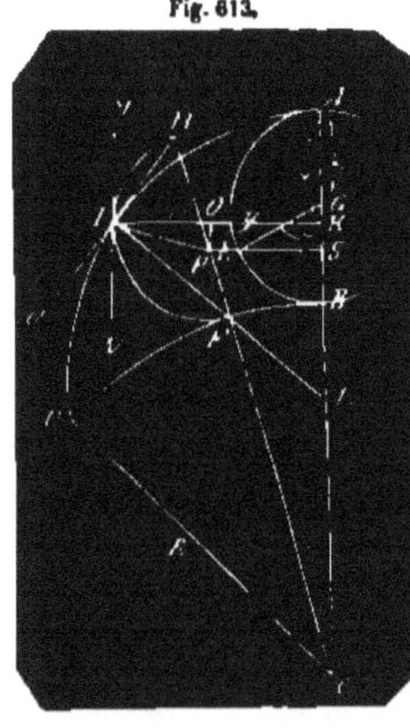

Der in dem verlängerten Halbmesser CB befindliche Punkt A, der beschreibende Punkt, verzeichnet den Bogen AJ wenn der Kreisbogen BF von B bis F sich abgewälzt hat. E befindet sich in F und Bogen BF = Bogen BE. Zieht man durch F den Radius $CH = CA$, beschreibt aus P in CH den Halbkreis HJF, so ist, da A in J und E in F sich befindet, Bogen EA = Bogen FJ und Bogen BE = Bogen JH.

2. Bezeichnet man den Halbmesser BC des Grundkreises mit R, den des Erzeugungskreises AG mit r, setzt für den Punkt J die auf CA genommene Abscisse $AK = x$, die auf CA rechtwinklige Ordinate $KJ = y$, fällt die Normale PQ auf JK und die Normale PS auf AC, so ist

$$AK = x = AC - PQ - CS$$
$$JK = y = JQ + PS$$

bezeichnet man $\angle ACH$ mit ψ, $\angle BGF$ mit φ so ist $\angle HPJ = \varphi$, $\angle HPQ = \psi$, und es ist also

1. $x = R + r - r\cos(\varphi + \psi) - (R + r)\cos\psi$ (1)

2. $y = r\sin(\varphi + \psi) + (R + r)\sin\psi$ (2)

ferner aus Bogen BE = Bogen BF

3. $r\varphi = R\psi$ (3)

Der Werth $\psi = \frac{r}{R}\varphi$ aus Gl. 3 in die ersten beiden Gleichungen substituirt gibt

$$x = R + r - r\cos\left(\frac{R+r}{R}\varphi\right) - (R+r)\cos\left(\frac{r}{R}\varphi\right) \qquad (4)$$

$$y = r\sin\left(\frac{R+r}{R}\varphi\right) + (R+r)\sin\left(\frac{r}{R}\varphi\right) \qquad (5)$$

3. Um nun von diesen Gleichungen auf die Untersuchung der Curve Anwendung zu machen hat man

$$\frac{\partial x}{\partial \varphi} = \frac{r}{R}(R+r)\left[\sin\left(\frac{R+r}{R}\varphi\right) + \sin\left(\frac{r}{R}\varphi\right)\right] \qquad (6)$$

$$\frac{\partial y}{\partial \varphi} = \frac{r}{R}(R+r)\left[\cos\left(\frac{R+r}{R}\varphi\right) + \cos\frac{r}{R}\varphi\right] \qquad (7)$$

hieraus

$$\frac{\partial y}{\partial x} = \frac{\cos\left(\frac{R+r}{R}\varphi\right) + \cos\left(\frac{r}{R}\varphi\right)}{\sin\left(\frac{R+r}{R}\varphi\right) + \sin\left(\frac{r}{R}\varphi\right)} = \cot\tfrac{1}{2}\left[\frac{R+r}{R}\varphi + \frac{r}{R}\varphi\right] = \cot\left(\frac{R+2r}{2R}\varphi\right) \qquad (8)$$

hieraus nach Differenzialformel 158, pag. 284

$$\frac{\partial^2 y}{\partial x^2} = \frac{\frac{\partial x}{\partial \varphi}\cdot\frac{\partial^2 y}{\partial \varphi^2} - \frac{\partial y}{\partial \varphi}\cdot\frac{\partial^2 x}{\partial \varphi^2}}{\left(\frac{\partial x}{\partial \varphi}\right)^3}$$

Oder da bereits $\frac{\partial y}{\partial x}$ berechnet ist, einfacher:

$$\frac{\partial^2 y}{\partial x^2} = \partial\left(\frac{\partial y}{\partial x}\right)\cdot\frac{\partial \varphi}{\partial x}$$

Nun ist aus 8:

$$\partial\left(\frac{\partial y}{\partial x}\right) = -\frac{R+2r}{2R}\operatorname{cosec}^2\left(\frac{R+2r}{2R}\varphi\right)$$

und aus 6:

$$\frac{\partial \varphi}{\partial x} = \frac{1}{\frac{r}{R}(R+r)\left[\sin\left(\frac{R+r}{r}\varphi\right) + \sin\left(\frac{r}{R}\varphi\right)\right]}$$

Mithin $$\frac{\partial^2 y}{\partial x^2} = -\frac{(R+2r)\operatorname{cosec}^2\left(\frac{R+2r}{2R}\varphi\right)}{2r(R+r)\left[\sin\left(\frac{R+r}{R}\varphi\right) + \sin\frac{r}{R}\varphi\right]}$$

$$= -\frac{(R+2r)\operatorname{cosec}^2\left(\frac{R+2r}{2R}\varphi\right)}{4r(R+r)\cdot\sin\left[\left(\frac{R+r}{R}+\frac{r}{R}\right)\frac{\varphi}{2}\right]\cdot\cos\left[\left(\frac{R+r}{R}-\frac{r}{R}\right)\frac{\varphi}{2}\right]}$$

$$\frac{\partial^2 y}{\partial x^2} = -\frac{R+2r}{4r(R+r)\cos(\tfrac{1}{2}\varphi)\sin^3\left[\frac{R+2r}{2R}\varphi\right]} \tag{9}$$

4. Denkt man sich die Tangente OJ in J bis zur verlängerten Abscissenlinie CA verlängert und bezeichnet den Scheitelpunkt dort mit T so ist (s. Curvenlehre pag. 185, Gl. 2)

$$tg\angle OTC = tg\,\alpha = \frac{\partial y}{\partial x} = \cot\left(\frac{R+2r}{2R}\varphi\right)$$

oder $Ctg\left(\frac{\pi}{2}-\alpha\right) = \cot\frac{R+2r}{2R}\varphi$

folglich $\alpha = 90^0 - \frac{R+2r}{2R}\varphi$

Nun ist

$$\angle FHJ = 90^0 - \angle HFJ = 90^0 - \tfrac{1}{2}\angle HPJ$$
$$= 90^0 - \tfrac{1}{2}\varphi$$

also

$$\angle FHJ - \angle HCA = 90^0 - \tfrac{1}{2}\varphi - \psi$$
$$= 90^0 - \tfrac{1}{2}\varphi - \frac{r}{R}\varphi = 90^0 - \frac{R+2r}{2R}\varphi = \alpha$$

Wenn man aber die Sehne JH bis in CA verlängert, so entsteht in der Verlängerung derjenige Winkel, der mit ψ den $\angle CHJ = \angle FHJ$ zum äußeren gegenüberliegenden Winkel eines Dreiecks hat, ist also $= \angle FHJ - \psi = \alpha$

folglich ist die Sehne HJ, verlängert HO, die Tangente an der Epicycloide in J.

5. Ist MN die Tangente des Kreises HJF in J, so ist

$$\angle NJF + \angle FJP = \angle HJP + \angle FJP = R$$

folglich

$$\angle NJP = \angle HJP = \angle JHP = 90^0 - \frac{\varphi}{2}$$

also der $\angle NJF$, den die Kreistangente MN mit der Normale JF der Epicycloide bildet ist = dem Complement des halben Wälzungswinkels φ.

6. Die Subtangente KF ist nach Bd. II., pag. 185, Formel 1

$$\frac{y}{\left(\frac{\partial y}{\partial x}\right)} = y\cdot tg\left(\frac{R+2r}{R}\varphi\right) \tag{10}$$

Die Subnormale KL nach pag. 185, Formel 4

$$y\cdot\frac{\partial y}{\partial x} = y\cot\left(\frac{R+2r}{2R}\varphi\right) \tag{11}$$

Die Tangente JT nach pag. 185, Formel 3

$$\frac{y}{\left(\frac{\partial y}{\partial x}\right)}\sqrt{1+\left(\frac{\partial y}{\partial x}\right)^2} = y\cdot tg\left(\frac{R+2r}{2R}\varphi\right)\sqrt{1+\cot^2\left(\frac{R+2r}{R}\varphi\right)} = \frac{y}{\cos\left(\frac{R+2r}{2R}\varphi\right)} \tag{12}$$

Die Normale JL, welche mit der Sehne JF zusammenfällt, nach pag. 185, Formel 5

$$y\sqrt{1+\left(\frac{\partial y}{\partial x}\right)^2} = \frac{y}{\sin\left(\frac{R+2r}{2R}\varphi\right)} \tag{13}$$

Der Krümmungshalbmesser für den Punkt J in der Richtung der Normale nach pag. 188, Formel 8

$$r = \pm\frac{\left[1+\left(\frac{\partial y}{\partial x}\right)^2\right]^{\frac{3}{2}}}{\left(\frac{\partial^2 y}{\partial x^2}\right)} = \left[1+\cot^2\left(\frac{R+2r}{2R}\varphi\right)\right]^{\frac{3}{2}}\cdot\frac{4r(R+r)\cos(\tfrac{1}{2}\varphi)\sin^3\left(\frac{R+2r}{R}\varphi\right)}{R+2r} = \frac{4r(R+r)\cos\frac{\varphi}{2}}{R+2r} \tag{14}$$

Die Abscisse des Mittelpunkts nach pag. 188, Formel 10.

$$a = x - \frac{1 + \left(\frac{\partial y}{\partial x}\right)^2}{\left(\frac{\partial^2 y}{\partial x^2}\right)} \cdot \frac{\partial y}{\partial x}$$

$$= x + \left[1 + \cot^2\left(\frac{R + 2r}{2R}\varphi\right)\right] \cdot \frac{4r(R + r) \cdot \cos\frac{\varphi}{2} \cdot \sin^2\left(\frac{R + 2r}{2R}\varphi\right)}{R + 2R} \cdot \cot\left(\frac{R + 2r}{2R}\varphi\right)$$

$$= x + \frac{4r(R + r)}{R + 2r} \cdot \cos(\tfrac{1}{2}\varphi) \cdot \cos\left(\frac{R + 2r}{2R}\varphi\right) \tag{15}$$

Die Ordinate des Mittelpunkts nach pag. 188, Formel 11:

$$b = y + \frac{1 + \left(\frac{\partial y}{\partial x}\right)^2}{\left(\frac{\partial^2 y}{\partial x^2}\right)} = y + \operatorname{cosec}^2\left(\frac{R + 2r}{2R}\varphi\right) \cdot \frac{4r(R + r)\cos\frac{\varphi}{2} \cdot \sin^2\left(\frac{R + 2r}{2R}\varphi\right)}{-(R + 2r)}$$

$$= y - \frac{4r(R + r)}{R + 2r}\cos\frac{\varphi}{2} \cdot \sin\left(\frac{R + 2r}{2R}\varphi\right) \tag{16}$$

7. **Rectification der Epicycloide.** Nach der allgemeinen Rectificationsformel, Bd. II., pag. 191.

$$l = \int \sqrt{1 + \left(\frac{\partial y}{\partial x}\right)^2}\, \partial x$$

erhält man den Bogen $AJ = \int \operatorname{cosec}\left(\frac{R + 2r}{2R}\varphi\right) \partial x$

also nach Gl. 6

$$AJ = l = \int \operatorname{cosec}\left(\frac{R + 2r}{2R}\varphi\right) \cdot \frac{r}{R}(R + r)\left[\sin\frac{R + r}{R}\varphi + \sin\frac{r}{R}\varphi\right]$$

$$= \frac{2r}{R}(R + r)\int \operatorname{cosec}\left(\frac{R + 2r}{2R}\varphi\right) \cdot \sin\left(\frac{R + 2r}{2R}\varphi\right) \cdot \cos(\tfrac{1}{2}\varphi)\,\partial\varphi$$

$$= \frac{2r}{R}(R + r)\int \cos\frac{\varphi}{2} \cdot 2\partial\left(\frac{\varphi}{2}\right)$$

$$= \frac{4r}{R}(R + r)\sin(\tfrac{1}{2}\varphi) \tag{17}$$

Für $\varphi = \pi$ wird der Halbkreis abgewälzt, und man erhält:

$$\text{Die halbe Epicycloide } AJD = \frac{4r}{R}(R + r) \tag{18}$$

$$\text{daher Bogen } DJ = \frac{4r}{R}(R + r)[1 - \sin(\tfrac{1}{2}\varphi)] = 8\frac{r}{R}(R + r)\sin^2\frac{\pi - \varphi}{4} \tag{19}$$

8. Denkt man sich anstatt dafs der Halbkreis BEA auf BD von B bis D sich abwälzt, den Kreis um den festen Mittelpunkt G drehbar und den Bogen BD durch Drehung um den Mittelpunkt C von B bis D gegen B fortgeschoben, so dafs vermöge eines starken Drucks der Peripherie DB gegen den Punkt B des Rades die beiden einander gleichen Bogen BEA und BFD zugleich beschrieben werden, so geschieht dieselbe Beschreibung dieser gleichen Bogen, wenn an dem Kreis AEB in B ein Stift sich befindet, und an D die Epicycloide DJA befestigt ist, welche von B aus diesem Stift bei der Bewegung von B nach D von B über E bis A mit fortnimmt. Wenn demnach der Kreis um G der Theilrifs zwischen den Zähnen eines Getriebes und der Kreis des Bogens BD der Theilrifs eines Stirnrades ist, so legen beide Theilkreise in jedem noch so kleinen Zeittheilchen gleich große Bogen zurück: d. h. Kraft und Widerstand haben jederzeit einerlei Geschwindigkeit, wenn die Zähne des Rades auf der angreifenden Oberfläche vom Theilrifs ab die Form eines cycloidischen Bogens DJ haben.

Epoche eines Weltkörpers ist der mittlere Ort desselben in seiner Bahn für irgend einen bestimmten Zeitaugenblick.

In dem Art. Anomalie ist (Fig. 66) B der wirkliche Ort des Planeten. In der Nähe des Perihels P ist seine Geschwindigkeit am gröfsten, mit der Annäherung an das Aphel A wird sie immer geringer; da nun von dem Planet der Weg PBA so wie die zweite halbe Ellipse ADP in immer constanter Zeit zurückgelegt wird, so würde der Planet, wenn er denselben Weg mit gleichförmiger Geschwindigkeit zurücklegte in B noch nicht gelangt sein, sondern erst etwa in B' sich befinden. Dieser eingebildete Ort B' heifst der mittlere Ort des Planeten, und dieser wird zur Epoche des Planeten, wenn derselbe von ihm an einem ganz bestimmten Zeitpunkt z. B. zu der Zeit des mittleren Mittags, den der Berliner Meridian am 1ten Januar 1801, als dem Anfang des 19ten Jahrhunderts hatte, eingenommen worden ist.

Die Anstellung solcher Epoche für unsere Erde, unseren Mond, für jeden Planeten und Kometen hat den Nutzen, dafs von derselben aus zu jedem späteren Zeitpunkt deren jedesmaliger mittlerer Ort mit Hülfe der von ihnen bekannten mittleren Bewegungen genau berechnet werden kann, wie dies aus dem Art. Anomalie zu ersehen ist.

Hält man den oben gedachten mittleren Mittag als den Normalzeitpunkt fest, so ist die Epoche der Erde der Ort in der Ekliptik, in welchem die Erde sich zu jener Mittagszeit befunden hat.

Es ist nun noch erforderlich, dafs der mittlere Ort eine allgemein verständliche Bezeichnung erhalte. In dem Art.: „astronomische Länge" ist bereits angeführt, dafs der Ort der Erde in der Ekliptik als Länge in Graden östlich vom Frühlingspunkt angegeben wird. Auch

Fig. 614.

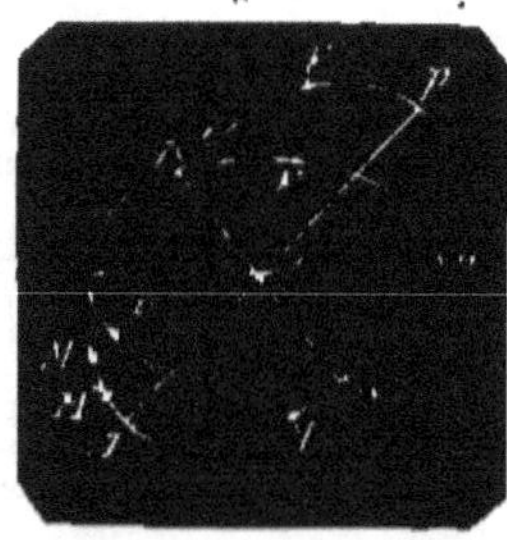

bei den Orten der anderen Planeten wird der Frühlingspunkt unserer Ekliptik zu Grunde gelegt.

Es sei $P'K'A'K_1F'$ die elliptische Bahn irgend eines Planeten um die Sonne S; $PK'AK_1P$ die bis in diese Bahn erweiterte Ebene der Ekliptik, F in derselben der Frühlingspunkt, P das Perihel, A das Aphel, E die Epoche der Erde, so ist der östliche Abstand der Erde E von F der Bogen $E.4K'F$, also zugleich die Länge von E. Ist M der mittlere Ort und die Epoche des Planeten, K' der aufsteigende, K_1 der niedersteigende Knoten, P' das Perihel, A' das Aphel, so geschieht die Bewegung des Planeten nach der Richtung $P'K'A'M$; hat nun der aufsteigende Knoten K' die Länge $K'F$, so nimmt man dieselbe Länge für $K'F'$ und zählt die Länge von M von dem Nullpunkt F' und der mittlere Ort von M ist der Bogen $MA'K'F'$.

Um nun den mittleren Ort des Planeten für einen bestimmten späteren Zeitpunkt zu finden, kennt man die Umlaufszeit des Planeten, also auch die mittlere Bewegung desselben nach Graden in einem Jahre, in einem Tage und jedem beliebigen noch so kleinen Zeitraum, also auch in der Zeit T nach der Epoche, in welcher der mittlere Ort angegeben werden soll; und dieser Bogen, der den ganzen Umkreis mehrere Male in sich begreifen kann ($n \times 360 + a = a$ Grade)', der Länge $F'.1M$ hinzugesetzt gibt (wenn a = Bogen $MK_1P'K'M'$ = ist) den verlangten mittleren Ort M', nämlich dessen Länge $T'M'$.

Der Unterschied dieser Länge und der bekannten Länge $F'M'K_1P'$ des Perihels P' gibt den Abstand $M'K_1P'$ des mittleren Orts M' vom Perihel P' und aus diesem kann (s. Anomalie) der wirkliche Ort des Planeten, der in der Nähe des Aphels etwas vorwärts, etwa in M'' liegen wird, gefunden werden.

Unter Epoche eines Weltkörpers versteht man übrigens bald den mittleren Ort desselben, theils den Zeitaugenblick für diesen Ort, theils die Länge des Orts.

Epoche in der Chronologie ist der Anfangspunkt einer Zeitperiode, sowohl einer geschichtlichen, z. B. von der Völkerwanderung bis zu Carl dem Grofsen, als auch einer astronomischen, z. B. der 19 jährigen Metonschen Mondsperiode; daher man von Begebenheiten sagt, dafs sie Epoche machen werden.

Erde, unser Erdkörper, ist von der Sonne aus der dritte Planet (der Erste ist der Merkur, der Zweite die Venus). In dem Art. Attraction pag. 187 mit Fig. 104 ist eine hypothetische Ansicht über die Entstehung der Planeten aus der Sonne aufgestellt und man kann sich solcher Art auch unsere Erde entstanden denken, wodurch sowohl ihre Bewegung um die Sonne in einer elliptischen Linie, ihre Axendrehung und ihre sphäroidische Form erklärlich wird.

Fig. 615.

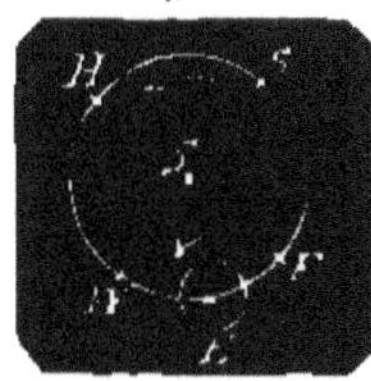

Es sei S der Sonnenkörper, FSHW die Ekliptik, in welcher die Erde sich um die Sonne bewegt, F der Frühlingspunkt, S der Sommerpunkt, H der Herbstpunkt, W der Winterpunkt, so wird diese Bahn nach der Richtung FSHW von der Erde E durchlaufen; in jedem Augenblick des Fortschritts in der Ekliptik aber bewegt sie sich zugleich um ihre Axe nach derselben Richtung, wie die Pfeile es anzeigen. Stellt man sich in Gedanken auf einem Punkt der Ekliptik, um dieselbe nach Art der Erde zu durchlaufen, so mufs man die Sonne ansehen, mit dem rechten Fuſs weiter schreiten und zugleich mit der linken Seite des Körpers nach hinten und um den Körper herum schwenken, überhaupt während der ganzen Umkreisung der Sonne eine Bewegung machen wie in einem runden Saal ein Tänzer eine Linkstour walzt, und zwar dergestalt fortschreitend, dafs die nach der Saalwandung gerichtete Hälfte des Körpers vorwärts sich bewegt, die nach dem Inneren des Saales befindliche Hälfte aber die rückgängige Bewegung macht.

Die Richtung FSHW in der Ekliptik ist die Richtung von Abend über Mittag nach Morgen und in dieser Richtung scheinen auch die Sonne und alle übrigen Gestirne sich fortzubewegen. Steht nämlich die Erde in F, so scheint die Sonne in H zu stehen, und bewegt sich nun weiter die Erde nach S, so scheint die Sonne nach W, also denselben Weg mit der Erde zu verfolgen.

Die Dimensionen der Bahn s. Ekliptik am Schlufs; über die verschiedenen Geschwindigkeiten der Erde in der Ekliptik s. Bahn der Weltkörper pag. 301 u. f. Folgende mittlere Zahlenangaben werden hier der Uebersicht wegen zusammengestellt.

Umfang des Aequators 5400 g. Ml.
Durchmesser des Aequators 1718,87 g. Ml.
1 Grad des Aequators 15 g. Ml. zu 0,9850376 preufs. Ml. = 14,7763 preufs. Ml.
1 Minute des Aequators $\frac{1}{4}$ geogr. Ml. = 492,54 preufs. Ruthen.
1 Secunde des Aequators $\frac{1}{240}$ g. Ml. = 8,21 preufs. Ruthen.
Durchmesser der Axe 1713,13 g. Ml.
Unterschied zwischen Aequator und Erdaxe 5,74 g. Ml.

Abplattung = $\frac{1}{299,15}$

1 Meridian beträgt 5390,668 g. Ml.
1 Meridianquadrant 1347,667 g. Ml.
1 Meridiangrad durchschnittlich 14,974 g. Ml.
Oberfläche der Erde 9261108 g. □Ml.
Kubikinhalt der Erde 2650 Millionen g. Kubikml.
Die Erde durchläuft in 365¼ Tagen = 8766 Stunden die Ekliptik von 129917000 geogr. Ml.
hiernach
Geschwindigkeit
in 1 Stunde durchschnittlich 14820 g. Ml.
in 1 Minute " 247 g. Ml.
in 1 Secunde " 4,13 g. Ml.
Umdrehungsgeschwindigkeit im Aequator
in 24 Stunden = 5400 g. Ml.
in 1 Stunde = 225 g. Ml.
in 1 Minute = 3,75 g. Ml.
in 1 Secunde = 0,0625 g. Ml.
= 123,136 prfs. Ruthen.
Dichtigkeit der Erde c. 4½ mal der des Wassers.

Erdferne, s. Apogeum.

Erdnähe, Perigeum, s. u. Apogeum.

Erfahrung ist die Folge entweder einer Beobachtung oder eines Versuchs (s. Beobachtung).

Ergänzung s. Complement, dekadische Ergänzung.

Ergänzungsecke, Supplementsecke s. u. Ecke No. 6.

Ergänzungsglied einer Reihe s. u. Differenzialrechnung I., No. 1 und 8.

Erkenntnifssätze sind: die Erklärung (Definition), der Grundsatz (Axiom), der Lehrsatz (Theorema) und der Folgesatz oder Zusatz (Corollarium).

Erklärung in der Mathematik ist gleichbedeutend mit Definition. S. d. Art.

Erleuchtungskreis eines Planeten ist die Grenze zwischen der durch die Sonne erleuchteten und der dunklen Oberfläche desselben. Wenngleich die Sonne viel größer ist als jeder der Planeten, also mehr als die Hälfte deren Oberfläche durch sie erleuchtet wird, so kann man doch wegen der großen Entfernung der Sonne von ihnen die Strahlen als ∥ betrachten und annehmen, daß von jedem Planeten also auch von der Erde nicht mehr als die Hälfte seiner Oberfläche wirklich erleuchtet wird, so daß der Erleuchtungskreis jedes Planeten ein größter Kreis desselben ist.

Evolute. Eine kurze Erklärung gibt der kurze Art. Abwickelung mit Fig. 23. Es ist demnach eine E. eigentlich die Grenzlinie *ABC* einer beliebig krummlinigen Chablone, um welche eine biegsame mathematische Linie liegt, die unter steter Anspannung zu einer geraden Linie *CE* abgewickelt wird. Hierdurch entsteht eine andere Curve *ADE*, welche der Endpunkt *A* der E. beschreibt und uneigentlich die abwickelnde Linie, die Evolvente genannt wird.

In dem Art. Curvenlehre pag. 188, III. wird E. erklärt als die Curve der Mittelpunkte einer gegebenen Curve (der Evolvente) und den Zusammenhang beider in dieser Beziehung zeigt besonders Fig. 543, pag. 196, die Cycloide *ALCHB* mit deren Evolute *ATWB*. Hier ist *TL* der Krümmungshalbmesser der Cycloide in dem Punkt *L*, der Endpunkt *T* liegt in der Curve *ATW* und *LT* ist an derselben in *T* Tangente. Zieht man zwischen *A* und *T* an *AT* beliebig viele Tangenten bis zu dem Bogen *AL*, so werden alle diese Linien Krümmungshalbmesser für den cycloidischen Bogen *AL*, weil *AT* die Curve der Mittelpunkte für diesen Bogen, so wie *ATW* die Curve der Mittelpunkte für die halbe Cycloide *ALC* ist. Es ist nämlich der Krümmungshalbmesser für den Punkt *A* der Cycloide = 0, wie pag. 196, No. 6 am Schluß nachweist, so daß die Evolute mit dem Punkt *A* der Cycloide beginnt.

Demnach ist hier jeder Krümmungshalbmesser wie *LT*, normal im Berührungspunkt auf der Evolvente, die Tangente an der Evolute und gleich dem Bogen *AT* derselben. Folglich ist der Bogen *AL* zu betrachten als dadurch entstanden, daß die Evolute von *A* bis *T* in der geraden Linie *TL* abgewickelt ist.

2. Es ist hier die Evolvente in der Cycloide gegeben. Eben so kann sie eine Parabel, eine Ellipse und jede beliebige andere bekannte Curve sein. Wie die Gleichungen der E. bei gegebener Evolvente gefunden werden, zeigt der oben citirte Art.: Curvenlehre, pag. 186, No. III., indem die Abscisse a und die Ordinate b für einen Krümmungsmittelpunkt durch x und y ausgedrückt werden, wonach man sodann durch Substitution der Werthe von x und y die Gleichung zwischen a und b erhält.

Das dortige Beispiel für die Parabel gibt

$$b^2 = \frac{16}{27p}\left(a - \tfrac{1}{2}p\right)^3$$

Da b^2 immer positiv ist, so kann $a - \frac{1}{2}p$ nicht subtractiv werden, und die Werthe von a fangen mit $\frac{1}{2}p$ an. Für $a = \frac{1}{2}p$ ist $b = 0$, der Krümmungshalbmesser liegt also in der Axe und gilt für den Scheitelpunkt. Die Curve der Mittelpunkte fängt also nicht wie bei der Cycloide in einem Curvenpunkt an, sondern in Entfernung $= \frac{1}{2}p$ vom Scheitel in der Axe und man muß daher diese Curve als Evolute für wirkliche Abwickelung um die Länge $\frac{1}{2}p$ in der Axe geradlinig sich verlängert denken, und zwar muß diese Verlängerung an dem Berührungspunkt Tangente an der Curve werden.

Der Art. Ellipse gibt pag. 43 in Formel 17 und 18 die Werthe von a und b (für α und β gesetzt) in x und y ausgedrückt. Ohne die Gleichung zwischen α und β daraus zu entwickeln hat man für $x = 0$ also auch $y = 0$ den Krümmungshalbmesser für den Scheitel und $\beta = 0$, der Krümmungshalbmesser liegt in der großen Axe; für α erhält man $\frac{c^2}{a}$ und dies ist zugleich der Werth für r.

Ferner hat man für $x = a$, also für $y = c$ und für den Scheitel der kleinen Axe $\alpha = a$ = der halben großen Axe, $\beta = \frac{e^2}{c}$ folglich $r = \frac{e^2 + c^2}{c} = \frac{a^2}{c}$ in der kleinen Axe, oder wenn $2c^2 < a^2$, in deren Verlängerung.

Die Curve der Mittelpunkte besteht also aus 4 Zweigen, welche um den Mittelpunkt der Ellipse ein symmetrisch krummliniges Viereck bilden; die Entfernungen der Ecken in der großen Axe vom Mittelpunkt sind $\frac{e^2}{a}$, die der kleinen Axe $\frac{e^2}{c}$. Soll diese Curve für wirkliche Abwickelung als Evolute gelten, so muß sie in der großen Axe für jeden der 4 Zweige um die Länge $\frac{c^2}{a}$ geradlinig verlängert werden.

3. Ob nun in allen Fällen einer ad 2 gedachten nothwendigen Abänderung der Curve der Mittelpunkte um sie zur Evolute für unmittelbare Abwälzung zu gestalten, auch wirklich eine solche Evolute entsteht, verlangt eine allgemeine Untersuchung und diese erstreckt sich daher nur auf 2 Punkte. 1, Ob alle Krümmungshalbmesser auch Tangenten an der Evolute sind und 2, ob ein Bogenstück der Evolute mit der Differenz beider zu den Endpunkten des Bogenstücks gehörenden Krümmungshalbmesser gleich lang ist.

4. **Erster Satz:** Sämmtliche Krümmungshalbmesser einer Curve sind an der Evolute Tangenten.

Denn die beiden Formeln für die Abscisse a und die Ordinate b eines Krümmungsmittelpunkts durch x und y ausgedrückt sind (Bd. II., pag. 168, II., III.)

$$\text{II.} \quad a = x - \frac{1 + \left(\frac{\partial y}{\partial x}\right)^2}{\left(\frac{\partial^2 y}{\partial x^2}\right)} \cdot \frac{\partial y}{\partial x}$$

$$\text{III.} \quad b = y + \frac{1 + \left(\frac{\partial y}{\partial x}\right)^2}{\left(\frac{\partial^2 y}{\partial x^2}\right)}$$

Setzt man für den zweiten Summand rechts, No. III. den Werth $b - y$ in II., so hat man

$$a = x - (b - y)\frac{\partial y}{\partial x}$$

oder

$$(y - b)\frac{\partial y}{\partial x} + x - a = 0 \qquad (1)$$

und aus III.

$$(y - b)\frac{\partial^2 y}{\partial x^2} + 1 + \left(\frac{\partial y}{\partial x}\right)^2 = 0 \qquad (2)$$

In diesen Gleichungen ist für jeden Punkt der Evolute a die Abscisse, b die rechtwinklige Ordinate, beide von dem jedesmaligen x und y abhängig. Nimmt man x als urvariabel, differenziirt also Gleichung 1. nach x so erhält man

$$(y - b)\frac{\partial^2 y}{\partial x^2} + \frac{\partial y}{\partial x}\left(\frac{\partial y}{\partial x} - \frac{\partial b}{\partial x}\right) + 1 - \frac{\partial a}{\partial x}$$

oder

$$(y - b)\frac{\partial^2 y}{\partial x^2} + 1 + \left(\frac{\partial y}{\partial x}\right)^2 - \frac{\partial y}{\partial x} \cdot \frac{\partial b}{\partial x} - \frac{\partial a}{\partial x} = 0$$

Nach Gleichung 2 sind die ersten 3 Glieder dieser letzten Gleichung $= 0$, folglich ist

$$\frac{\partial y}{\partial x} \cdot \frac{\partial b}{\partial x} + \frac{\partial a}{\partial x} = 0 \qquad (3)$$

Nun ist (Differenzialformel 140)

$$\frac{\partial b}{\partial x} = \frac{\partial b}{\partial a} \cdot \frac{\partial a}{\partial x}$$

folglich diesen Werth in Gleichung 3 substituirt und mit $\frac{\partial a}{\partial x}$ dividirt

$$\frac{\partial y}{\partial x} \cdot \frac{\partial b}{\partial a} + 1 = 0$$

hieraus

$$\frac{\partial b}{\partial a} = \frac{-1}{\left(\frac{\partial y}{\partial x}\right)} \qquad (4)$$

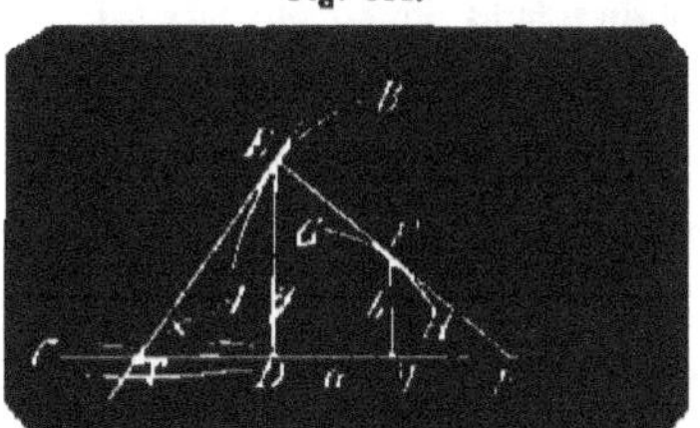

Fig. 616.

Es sei nun CL die Abscissenlinie für die gegebene Curve AEB, für den Curvenpunkt E sei $CD = x$, $DE = y$, so ist $\frac{\partial y}{\partial x} = tg\, ETL = tg\, \alpha$, wenn ET die Tangente in E an AEB ist. Ist GFH die Evolute zu AEB, EF der Krümmungshalbmesser an E, so ist $CM = a$, $FM = b$. Nun liegt aber dieser Halbmesser EF in der Normale zu E, mithin ist $\angle TEF = 90°$; verlängert man also EF bis CL nach K, so ist $\angle EKT = 90° - \alpha$

oder

$$tg\, \alpha = -\cot(180° - EKT) = -\cot(\angle EKL) = \frac{-1}{\left(\frac{\partial y}{\partial x}\right)}$$

und

$$tg\, EKT = \cot \alpha = \frac{1}{\left(\frac{\partial y}{\partial x}\right)}$$

also $$tg(180^0 - \angle EKT) = tg\angle EKL = -\cot\alpha = -\frac{1}{\left(\frac{\partial y}{\partial x}\right)}$$

Da nun $\frac{\partial b}{\partial a} = tg\angle EKL$ ist, so bald *FK* die Tangente in *F* an der Curve *GFH* ist, so ist mit

$$\frac{\partial b}{\partial a} = -\frac{1}{\left(\frac{\partial y}{\partial x}\right)}$$

bewiesen, dafs *EK* in *F* an der Evolute Tangente ist.

5. Zweiter Satz. Die Länge eines Bogens einer Evolute ist = dem Unterschied beider zu den Endpunkten desselben gehörenden Krümmungshalbmesser der Evolvente.

Sind wieder *a* und *b* die Coordinaten für einen Punkt *F* der Evolute, *FE* der zugehörige Krümmungshalbmesser ρ für den Punkt *E* der Evolvente, so hat man zu Gleichung 1 und 2 aus Bd. II., pag. 188, Formel 9 noch die dritte

$$r^2 = \pm\frac{\left[1+\left(\frac{\partial y}{\partial x}\right)^2\right]^3}{\left(\frac{\partial^2 y}{\partial x^2}\right)^2} = \pm(y-b)^3\frac{\partial^2 y}{\partial x^2} = (y-b)^2\left[1+\left(\frac{\partial y}{\partial x}\right)^2\right] \qquad (6)$$

Differenzirt man diese Gleichung mit *x*, so erhält man

$$2r\frac{\partial r}{\partial x} = (y-b)^2\cdot 2\frac{\partial y}{\partial x}\cdot\frac{\partial^2 y}{\partial x^2} + \left[1+\left(\frac{\partial y}{\partial x}\right)^2\right]\cdot 2(y-b)\left(\frac{\partial y}{\partial x} - \frac{\partial b}{\partial x}\right)$$

oder reducirt

$$r\frac{\partial r}{\partial x} = (y-b)\left[(y-b)\frac{\partial^2 y}{\partial x^2} + 1 + \left(\frac{\partial y}{\partial x}\right)^2\right]\frac{\partial y}{\partial x} - (y-b)\left[\frac{\partial b}{\partial x} + \left(\frac{\partial y}{\partial x}\right)^2\cdot\frac{\partial b}{\partial x}\right]$$

Die zweite Klammergröfse des ersten Summand wird nach Gleichung 2 = 0, mithin reducirt sich die Gleichung auf

$$r\frac{\partial r}{\partial x} = -(y-b)\frac{\partial b}{\partial x} - (y-b)\frac{\partial b}{\partial x}\cdot\left(\frac{\partial y}{\partial x}\right)^2$$

Nach Gleichung 1 ist $(y-b)\frac{\partial y}{\partial x} = a - x$, daher

$$r\frac{\partial r}{\partial x} = -(y-b)\frac{\partial b}{\partial x} - (a-x)\frac{\partial y}{\partial x}\cdot\frac{\partial b}{\partial x}$$

und folglich mit Hülfe von Gl. 3

$$r\frac{\partial r}{\partial x} = -(y-b)\frac{\partial b}{\partial x} - (x-a)\frac{\partial a}{\partial x} \qquad (8)$$

Setzt man in Gl. 8 den Werth von $(x-a)$ aus Gl. 1, so hat man

$$r\frac{\partial r}{\partial x} = -(y-b)\frac{\partial b}{\partial x} + (y-b)\frac{\partial y}{\partial x}\cdot\frac{\partial a}{\partial x}$$

woraus $$y-b = \frac{r\cdot\frac{\partial r}{\partial x}}{\frac{\partial y}{\partial x}\cdot\frac{\partial a}{\partial x} - \frac{\partial b}{\partial x}}$$

Aus Gl. 5 ist

$$y-b = -\frac{r}{\sqrt{1+\left(\frac{\partial y}{\partial x}\right)^2}}$$

daher aus den beiden letzten Gleichungen

$$\frac{\partial r}{\partial x} = -\frac{\left(\frac{\partial b}{\partial x} - \frac{\partial y}{\partial x}\cdot\frac{\partial a}{\partial x}\right)}{\sqrt{1+\left(\frac{\partial y}{\partial x}\right)^2}} \qquad (7)$$

Nun ist $$\frac{\partial r}{\partial x} = \frac{\partial r}{\partial a}\cdot\frac{\partial a}{\partial x}$$
$$\frac{\partial b}{\partial x} = \frac{\partial b}{\partial a}\cdot\frac{\partial a}{\partial x}$$

Aus Gleichung 3 endlich

$$\frac{\partial y}{\partial x} = -\frac{\frac{\partial a}{\partial x}}{\frac{\partial b}{\partial x}} = -\frac{\partial a}{\partial b}$$

Diese 3 Werthe in Gleichung 7 gesetzt entsteht

$$\frac{\partial r}{\partial a}\cdot\frac{\partial a}{\partial x} = \frac{\frac{\partial b}{\partial a}\cdot\frac{\partial a}{\partial x} + \frac{\partial a}{\partial x}\cdot\frac{\partial a}{\partial b}}{\sqrt{1+\left(\frac{\partial a}{\partial b}\right)^2}}$$

und mit $\frac{\partial a}{\partial x}$ dividirt, sodann Zähler und Nenner mit $\frac{\partial b}{\partial a}$ multiplicirt

$$\frac{\partial r}{\partial a} = \frac{1+\left(\frac{\partial b}{\partial a}\right)^2}{\sqrt{1+\left(\frac{\partial b}{\partial a}\right)^2}} = \sqrt{1+\left(\frac{\partial b}{\partial a}\right)^2}$$

woraus $r = \int \sqrt{1 + \left(\frac{\partial b}{\partial a}\right)^2}\,\partial a + C$

Diese Formel ist die Rectificationsformel (Bd. II., pag. 191):

$$\lambda = \int \sqrt{1 + \left(\frac{\partial y}{\partial x}\right)^2}\,\partial x + C$$

wenn b statt y die Ordinate und a statt x die Abscisse ist, und dieser Bogen einer Evolute ist also = dem Krümmungshalbmesser r für die Evolvente + einer Constante.

Bezeichnet man daher den Anfangspunkt der Evolute GFH (Fig. 616) für den Anfangspunkt C der Abscissen mit J, so ist der Bogen $JGF = \lambda$ = dem Krümmungshalbmesser FE + einer Constante C, welche der Gleichung $y = \varphi x$ für die Evolvente, also auch der Gleichung $b = fa$ für die Evolute entspricht und somit für alle Krümmungshalbmesser und Bogen derselben Evolute dieselbe bleibt. Folglich ist der Bogen $JGFH = \lambda'$ = dem Krümmungshalbmesser r', der von dem Punkt H aus zur Evolvente AEB gehört + derselben Constante C.

Aus $\lambda = r + C$

und $\lambda' = r' + C$

folgt aber $FH = \lambda' - \lambda = r' - r$

womit der Satz erwiesen ist.

Evolution, s. v. w. Abwickelung: analytische Evolution s. v. w. Entwickelung einer Function in eine Reihe.

Evolvente. Die Erklärung dieser Curve ist in dem Art.: Abwickelung und in dem Art.: Evolute No. 1 und 2 gegeben worden. Es wird diejenige Curve verstanden, welche durch unmittelbare Abwickelung einer biegsamen mathematischen Linie von einer gegebenen Curve, der Evolute hervorgeht.

Ist (Fig. 616) GFH die gegebene Evolute; ist nämlich CL die Abscissenlinie, C der Anfangspunkt der Abscissen, F ein Punkt der Evolute, a dessen Abscisse, b dessen Ordinate und die Gleichung gegeben $b = \varphi a$

Ist ferner von der Curve die in H oder rechts von H befestigte biegsame Linie bis F abgewickelt, so findet man durch Rectification (Bd. II., pag. 191) die Länge des Bogens über G bis F =

$$\lambda = \int \sqrt{1 + \left(\frac{\partial b}{\partial a}\right)^2}\,\partial a + C$$

Dieser Bogen λ ist nun gleich der in F an der Curve GFH gezeichneten Tangente FE und es ist bereits der Bogen AE der Evolvente abgewickelt.

Fällt man die Normale ED auf CL, setzt $CD = x$, $ED = y$, so hat man aus der gegebenen Gleichung $b = \varphi a$ für E die rechtwinklige Coordinatengleichung zu entwickeln.

Verlängert man die Tangente EF bis K in die Abscissenlinie CL so ist (Bd. II., pag. 185, Formel 7)

$$tg\,\angle EKC = -\frac{\partial b}{\partial a}$$

woraus $\angle EKC = \alpha$ gefunden wird. Man hat also

$$CD = CH - DH$$

oder $x = a - EF \cos\alpha = a - \lambda \cos\alpha$ (1)

Ferner

$ED = y = b + EF \sin\alpha = b + \lambda \sin\alpha$ (2)

womit die Gleichung zwischen y und x gegeben ist.

Die Entwickelung aller für die Evolvente wissenswürdigen Formeln aus der gefundenen Coordinatengleichung $y = Fx$ s. Curvenlehre.

Evolvirende Linie, s. v. w. Evolvente.

Excentricität ist bei der Ellipse der Abstand des Mittelpunkts von jedem der beiden Brennpunkte.

Excentrisch ist jeder Punkt innerhalb eines Kreises, der nicht in dessen Mittelpunkt liegt.

Excentrische Anomalie, s. u. Anomalie.

Excentrischer Kreis einer Ellipse ist der aus dem Mittelpunkt derselben mit deren halben großen Axe beschriebene Kreis, der also die Ellipse in den Endpunkten der großen Axe tangirt.

In dem Art.: Ellipse hat man Formel 58 in Beziehung auf Fig. 609 die Ebene AJF =

$$F = \frac{c}{a}\left[-\frac{a-x}{2}\sqrt{2ax - x^2} + \frac{a^2}{2} Arc \cdot \sin\left(-\frac{a-x}{a}\right) + \frac{1}{4}\pi a^2\right]$$

Setzt man $c = a$ so erhält man die Ebene AJH. Folglich ist

Ebene AJH : Ebene $AJF = AC : CD = a : c$

Desgleichen nach Formel 59.

Der Halbkreis AEB : der halben Ellipse $ADB = a : c$.

Demnach schneidet jede auf der grofsen Axe genommene rechtwinklige Ordinate von dem excentrischen Kreis und der Ellipse 2 Segmente ab, die wie die grofse Axe zur kleinen Axe sich verhalten.

Exhaustion (Ausschöpfung) ist das Verfahren, eine unbekannte beständige Gröfse dadurch aufzufinden, dafs man sie in eine Anzahl Theile zerlegt und jeden derselben mit 2 bekannten Gröfsen vergleicht, von denen die eine immer gröfser, die andere immer kleiner bleibt als der ihnen zugehörige Theil der Unbekannten, so dafs mit der Vermehrung der Theile die bekannten einschliefsenden Theile den Unbekannten immer näher und näher kommen und von jenen als ihre Grenzen begriffen und zusammengesetzt (ausgeschöpft) werden.

Ein Beispiel von diesem Verfahren gibt Bd. I., pag. 352 mit Fig. 224:

Wege sind Producte aus Zeit und Geschwindigkeit; werden beide letzten als Linien dargestellt, so erscheint der Weg als Fläche. Ist nun die Zeit T in Anzahl Secunden durch die Linie AB in Anzahl Längen-Einheiten und die Endgeschwindigkeit C in Anzahl Fufsen durch die normal auf AB genommene Linie BC in Längen-Einheiten ausgedrückt, so ist offenbar das Rechteck $AA'BC$ die bildliche Darstellung des Products $C \times T$.

Nun wird zuerst bewiesen, dafs für jeden von A ab in AB genommenen Zeittheil $\frac{T}{n}$ durch die mit BC Parallele bis zur Diagonale AC gezogene gerade Linie die zugehörige Endgeschwindigkeit im Verhältnifs zu der Länge BC ausdrückt.

Um nun den den Gröfsen T und C zugehörigen Weg S zu finden ist folgendes (Exhaustions-) Verfahren eingeschlagen worden:

Die Länge AB ist in gleiche Theile Aa, ab, bd ... yB getheilt. Für jeden dieser Theile sind die zugehörigen Endgeschwindigkeiten aa', bb', dd' ... yw wie BC verzeichnet. Es ist also für den Zeittheil Aa die Anfangsgeschwindigkeit der Punkt $A = 0$, die Endgeschwindigkeit $= aa'$; aa' die Anfangs-, bb' die Endgeschwindigkeit für den Zeittheil ab u. s. w. Nun wird angenommen, dafs für jeden Zeittheil der Weg mit gleichförmiger Geschwindigkeit durchlaufen wird, einmal mit der Anfangsgeschwindigkeit und ein zweites Mal mit der Endgeschwindigkeit; der erste Weg ist jedesmal zu klein, der zweite jedesmal zu grofs. Als den ersten Weg erhält man für den Zeittheil Aa den Punkt A (als Fläche = 0), als den zweiten Weg das Rechteck $Aa \times aa'$ = dem Rechteck aa; der Weg 0 ist zu klein, das Rechteck aa als Weg zu grofs. So ist für den Zeittheil ab das Rechteck ba' als Weg zu klein, das Rechteck b,t als Weg zu grofs u. s. w. bis zu dem Zeittheil yB, für welchen das Rechteck Bw als Weg zu klein, das Rechteck yC zu grofs ist.

Nun ist die Summe der kleineren Rechtecke kleiner als das $\triangle ABC$, die Summe der gröfseren Rechtecke gröfser als das $\triangle ABC$. Man kann aber mit beliebiger Vermehrung der Zeittheile in AB beide Summen dem $\triangle ABC$ beliebig nahe bringen, so dafs der Unterschied beider Rechtecksummen kleiner wird als jede noch so kleine endliche Gröfse, ohne dafs beide Summen die Gröfse des $\triangle ABC$ je erreichen. Demnach ist $\triangle ABC$ die Grenze zwischen beiden Rechtecksummen.

Beide Summen der Rechtecke geben nun bildlich den Weg an, welcher in der Zeit T mit der Endgeschwindigkeit C durchlaufen wird; einmal diesen Weg zu klein und zum zweiten Mal zu grofs, folglich gibt das $\triangle ABC$ das Bild für den wirklich zurückgelegten Weg in Verhältnifs zu dem Rectangel $AA'BC$, welches den Weg $C \times T$ bildlich darstellt. Wie also $\triangle ABC$ zu dem Rectangel $AA'BC$ sich verhält, so mufs auch der wirkliche Weg zu dem Wege $C \times T$ sich verhalten und es ist daher der wirklich zurückgelegte Weg $= \frac{1}{2}CT$.

Ein zweites Beispiel derselben Art gibt Bd. II., pag. 211, No. 7 für die Ermittelung der Gröfse des geraden Cylindermantels.

Ein analytisches Beispiel gibt Bd. I., pag. 280, Art.: „Bahn einer Masse" u. s. w., in welcher die Endgeschwindigkeit v für einen gegebenen Weg s bei ungleichförmig beschleunigter Bewegung ermittelt wird. Man findet mit Bezug auf Fig. 177 die Differenz der Quadrate zweier Geschwindigkeiten $v^2 - v_n^2$ zwischen 2 Gröfsen eingeschlossen; nämlich

$$v^2 - v_n^2 < \frac{4s}{n}(\gamma + \gamma_1 + \gamma_2 + \cdots \gamma_{n-1})$$

$$> \frac{4s}{n}(\gamma_1 + \gamma_2 + \gamma_3 + \cdots \gamma_n)$$

da nun der Unterschied beider einschliefsenden Gröfsen

$$\frac{4s}{n}(\gamma - \gamma_n)$$

mit Vermehrung von n beliebig klein

werden kann, so würde eine andere bekannte Grösse, welche ebenfalls zwischen denselben Grenzen begriffen ist, der Grösse $v^2 - w^2_n$ gleich und somit die Unbekannte $v^2 - v_n^2$, oder vielmehr da $v_n = 0$ ist, die verlangte Geschwindigkeit v gefunden sein.

Man findet aber die Grösse $4g'\left(\frac{1}{a_0} - \frac{1}{a_n}\right)$ zwischen denselben Grenzen begriffen folglich ist

$$v^2 = 4g'\left(\frac{1}{a^0} - \frac{1}{a_n}\right) = 4g'\frac{s}{a(a-s)}$$

Ein ganz ähnliches Beispiel ist in demselben Art.: No. 5 durchgeführt.

Expansibel, s. u. Aggregatzustand und Aerodynamik.

Expansion, s. Ausdehnung, Expansion.

Expansivkraft, s. u. Aerodynamische Gesetze.

Experiment, s. v. w. Versuch, s. u. Beobachtung.

Exponent ist immer eine abstracte Zahl und entweder ein Factor oder die Anzahl gleicher Factoren. E. einer geometrischen Reihe ist die constante Zahl, welche entsteht wenn man ein $n$tes Glied durch ein $(n-1)$tes dividirt. Z. B. in der Reihe

$$a \cdot ae \cdot ae^2 \cdot ae^3 \ldots ae^n$$

ist e der Exponent. Aus diesem Grunde nennt man auch den Quotient aus dem 1ten Gliede in das 2te Glied eines geometrischen Verhältnisses den Exponent des Verhältnisses: In dem Verhältniß $a:b$ ist $\frac{b}{a}$ der Exponent.

Bei Potenzen und Wurzeln zeigt der E. die Anzahl der gleichen Factoren aus welchen die Potenz besteht.

In $a^n = A$ ist n die Zahl, welche anzeigt, wie oft a mit sich selbst multiplicirt werden muß um die Zahl A zu geben; n ist der Potenzexponent.

In $\sqrt[n]{a} = b$ zeigt n die Anzahl der gleichen Factoren b aus deren Product die Zahl a besteht; n ist der Wurzelexponent.

In der Reihe

$$\ldots a^{-2} \cdot a^{-1} \cdot a^0 \cdot a^1 \cdot a^2 \cdot a^3 \ldots$$

können die Exponenten als Stellenzahlen

$$\ldots -2 \cdot -1 \cdot 0 \cdot 1 \cdot 2 \cdot 3 \ldots$$

betrachtet werden, und es werden daher auch die Stellenzahlen geometrischer Reihen Exponenten genannt. Aus demselben Grunde werden auch die Logarithmen als Exponenten angesehen, sie zeigen auch wirklich an, zu welcher Potenz die Basis erhoben werden muß um den Numerus zu geben.

Exponentialcurve ist eine solche Curve, in deren Gleichung die Abscisse x als Potenzexponent vorkommt, z. B.

$$y = a^{x}$$

Exponentialformel ist eine Formel, in welcher veränderliche Grössen als Potenzexponenten vorkommen.

$$y = a^x;\ s = y^x$$

Exponentialfunction ist eine Function, in welcher veränderliche Grössen als Potenzexponenten vorkommen.

Exponentialgleichung ist eine Gleichung, in welcher unbekannte Grössen als Potenzexponenten vorkommen.

Exponentialgrösse ist eine Grösse, in der eine unbekannte oder eine veränderliche Grösse als Potenz vorkommt, die Wurzel kann veränderlich und unveränderlich sein, als:

$$a^x;\ y^{bx}$$

Exponentialrechnung ist das Entwickelungsverfahren für gegebene Exponentialgleichungen. Es geschieht dies entweder durch Verwandlung der Exponentialgleichung in eine logarithmische wie

$$y = a^x$$

in $\log y = x \cdot \log a$

wo nun für jeden Werth von x der Werth von y gefunden werden kann; oder durch Entwickelung in eine Reihe mit Hülfe des Mac-Laurin'schen oder Taylor'schen Satzes.

Die Function $y = a^x$ läßt sich nach der Mac-Laurin'schen Reihe (Bd. II., pag. 989) in eine Reihe entwickeln, die nach ganzen positiven Potenzen von x fortschreitet. Es ist nämlich nach Differenzialformel 82 und 151:

$$\frac{\partial y}{\partial x} = a^x \cdot \log n\, a$$

$$\frac{\partial^2 y}{\partial x^2} = a^x (\ln a)^2$$

$$\frac{\partial^3 y}{\partial x^3} = a^x (\ln a)^3$$

$$\ldots\ldots\ldots\ldots$$

$$\frac{\partial^n y}{\partial x^n} = a^x (\ln a)^n$$

Für $x = 0$ wird $a^x = 1$.

Mithin nach der Mac-Laurin'schen Reihe

$$y = a^x = 1 + x\,ln\,a + \frac{x^2}{1\cdot 2}(ln\,a)^2 + \frac{x^3}{1\cdot 2\cdot 3}\cdot(ln\,a)^3 + \ldots\ldots + \frac{x^{n-1}}{1\cdot 2\ldots(n-1)}\cdot(ln\,a)^{n-1}$$

$$= 1 + \frac{x\,ln\,a}{1} + \frac{(x\,ln\,a)^2}{1\cdot 2} + \frac{(x\,ln\,a)^3}{1\cdot 2\cdot 3} + \ldots\ldots \frac{(x\,ln\,a)^{n-1}}{1\cdot 2\ldots(n-1)}$$

Nun ist nach Bd. II., pag. 290 das Ergänzungsglied

$$= \frac{x^n}{1\cdot 2\ldots n}(ln\,a)^n\cdot a^{\lambda x}$$

und das folgende Ergänzungsglied für das $(n+1)$te Glied der Reihe

$$= \frac{x^{n+1}}{1\cdot 2\ldots(n+1)}(ln\,a)^{n+1}\,a^{\lambda x}$$

Also = dem ersten Ergänzungsgliede multiplicirt mit $\frac{x}{n+1}\,ln\,a$.

Es kann aber n so grofs genommen werden, dafs $n + 1$ · wird als $x\,ln\,a$, folglich werden die nachfolgenden Glieder mit der Vergröfserung von n immer kleiner und die Reihe convergirt.

Für $a = e = 2{,}7182818\ldots$ ist $logn\,a = 1$ und

$$y = e^x = 1 + \frac{x}{1} + \frac{x^2}{1\cdot 2} + \frac{x^3}{1\cdot 2\cdot 3} + \ldots \frac{x^n}{1\cdot 2\ldots n}$$

Extension, s. Ausdehnung (Bd. I., pag. 186).

F.

Facit ist das Resultat der Ausrechnung eines in Zifferzahlen gegebenen Exempels.

Factor ist der gemeinschaftliche Name von Multiplicandus und Multiplicator und überhaupt jede der zwei oder mehreren Zahlen, die mit einander multiplicirt werden sollen.

Factum eine seltenere Bezeichnung für Product, dem Resultat aus einer Multiplication.

Facultät ist ein Product, dessen Factoren in arithmetischer Reihe fortschreiten.

$a\times(a+b)\times(a+2b)\times(a+3b)\times\ldots\times[a+(n-1)b]$

ist eine F. von n Factoren; a ist die Basis, b der Unterschied oder die Differenz, die Anzahl der Factoren n der Exponent. Die Schreibweise der F. ist verschieden; Klügel schlägt vor zu schreiben

$$a^{n,b}$$

Die einfachste F., welche häufig vorkommt und unter andern in den Binomialcoefficienten deren Nenner ausmacht ist die Facultät

$$1\cdot 2\cdot 3\cdot 4\cdot 5\ldots\ldots n$$

Man bezeichnet sie mit (n) oder $n!$

Demnach ist

$$(2) \text{ oder } 2! = 1\cdot 2$$
$$(3) \text{ oder } 3! = 1\cdot 2\cdot 3$$
$$(4) \text{ oder } 4! = 1\cdot 2\cdot 3\cdot 4$$

u. s. w.

Fadendreieck, ein Instrument zu Feststellung einer bestimmten Richtung, s. u. Culmination, Bd. II., pag. 160.

Fadenkreuz. Bei jedem Fernrohr ist es für die genaue Messung von Winkeln von Wichtigkeit (s. den Art. „Astronomisches Fernrohr“ mit Fig. 91), dafs der beobachtete Gegenstand N genau mit der Axe Ce des Fernrohrs zusammenfalle, und der Gegenstand N, welcher in der Ebene $C'C''$ des beiden Gläsern AB und DE gemeinschaftlichen Brennpunkts c' als Luftbild erscheint, soll genau in den Punkt c' fallen. Damit dies nun wirklich geschehe, wird in das Rohr innerhalb der Ebene $C'C''$ ein Metallring eingelegt, über welchen zwei oder mehrere Fäden dergestalt ausgespannt werden, dafs sie sich in dem Mittelpunkt überkreuzen, dafs dieser Kreuzpunkt also in den Axenpunkt c' fällt, und das Fernrohr wird auf den Gegenstand so gerichtet, dafs er vor dem Ocular AC mit dem Kreuzpunkt c' in einerlei Punkt gesehen wird.

Da das in die Ebene $C'C'$ fallende Luftbild durch das Glas AB vergröfsert erscheint, so werden auch die Fäden in gröfserer Stärke als sie wirklich beträgt gesehen; daher müssen die Fäden möglichst fein sein und es werden feine Metallfäden, am besten Spinneweben dazu genommen.

Fall, ist Bewegung eines Körpers gegen einen anderen Körper in Folge der Anziehung (der Attraction, Gravitation, Schwere), welche der zweite Körper auf den ersten äufsert. Ist kein Hindernifs der Bewegung vorhanden, so geschieht der Fall in gerader Linie (s. Anziehung und Attraction).

Im 2ten Art. No. 4 ist die Centrifugalkraft als das weise angeordnete Hindernifs nachgewiesen, dafs die Weltkörper in geraden Linien nicht auf einander fallen, und dafs beide Kräfte, die Schwere und die Centrifugalkraft vereinigt, als alleinige Ursachen für die Erhaltung der Weltsysteme mittelst gegenseitiger umkreisender Bewegung wirksam sind.

Fall, freier Fall. Im gemeinen Leben versteht man unter Fall die Erscheinung, dafs ein Körper in der Luft freigelassen in gerader senkrechter Linie zur Erde sich bewegt; nämlich nach dem Mittelpunkt der Erde hin, weil dieser als Mittelpunkt der anziehenden Erdmasse zugleich der Mittelpunkt deren Schwerkraft ist. Ein solcher ohne Hindernifs in gerader Linie statt habender Fall heifst freier Fall.

Der Art. „Attraction" No. 9 weist nach, dafs leichte und schwere Körper gleich schnell auf die Erde fallen; dafs dies in Wirklichkeit nicht geschieht, liegt in dem Widerstand der atmosphärischen Luft, welche schwere Körper wenig, leichte Körper mehr hindert, und da die Luft jedem Körper ohne Ausnahme beim Fall einen Widerstand verursacht, so gibt es auf unserer Erdoberfläche streng genommen keinen freien Fall.

2. Eine Theorie des freien Falls, ganz allgemein und mit veränderlicher Beschleunigung betrachtet gibt der Art.: „Bahn einer Masse" etc., Bd. I., pag. 280 mit Beispielen No. 4 über den Fall des Mondes auf die Erde wenn die Centrifugalkraft zu wirken aufhörte, und No. 5 den Fall desselben durch die Erde wenn ein Durchmesser derselben mit geeigneter cylindrischer Durchlafsöffnung umgeben wäre; ferner No. 10 und 11 dessen wiederholter (pendulirender) Fall durch die Erde. Endlich gibt der Art. Bewegung, gleichförmig beschleunigte, pag. 352, die Theorie des freien Falls in der Nähe unserer Erdoberfläche, also bei constanter Beschleunigung (ohne Rücksicht auf den Widerstand der atmosphärischen Luft).

3. Aus den pag. 353, No 4 angegebenen Formeln gehen folgende Gesetze für den freien Fall hervor:

$$C : c = T : t$$

d. h. Bei 2 frei fallenden Körpern verhalten sich die von der Ruhe ab erlangten Endgeschwindigkeiten (C, c) wie die von Anfang ab verflossenen Zeiten (T, t). Und gegenseitig: die bei 2 frei fallenden Körpern von der Ruhe ab verflossenen Zeiten verhalten sich wie die von ihnen erlangten Endgeschwindigkeiten.

$$S : s = C^2 : c^2 = T^2 : t^2$$

D. h. wenn 2 Körper von der Ruhe ab fallen, so verhalten sich die von ihnen durchlaufenen Fallhöhen wie die Quadrate der erlangten Endgeschwindigkeiten oder wie die Quadrate der während des Fallens verflossenen Zeiten.

4. Der Art.: „Bewegung in einem widerstehenden Mittel", pag. 361, gibt pag. 363 in Formel 7:

$$v^2 = \frac{G}{A}\left(1 - \frac{1}{e^{4As}}\right)$$

in Formel 8

$$t = \frac{1}{4\sqrt{GA}} \operatorname{logn} \frac{1 + v\sqrt{\frac{A}{G}}}{1 - v\sqrt{\frac{A}{G}}}$$

und in Formel 6

$$s = \frac{1}{4A} \operatorname{logn} \frac{G}{G - Av^2}$$

alle 3 Formeln für den Fall auf die Erde mit Berücksichtigung des Widerstandes der atmosphärischen Luft, wenn die Bewegung (der Fall) mit der Geschwindigkeit = 0 anfängt. Es bedeuten

v die Endgeschwindigkeit,
s der Weg oder die Fallhöhe,
t die Zeit des Falles in Secunden
und aufserdem
G die Beschleunigung beim freien Fall = $15\frac{5}{8}$ preufs. Fufs,
A ein Versuchs-Coefficient für den Luftwiderstand,
e die Basis der natürlichen Logarithmen.

Fall, beschränkter Fall. Jeder Fall, d. h. jede Bewegung, welche die Anziehung eines Körpers auf einen anderen Körper an jenem hin veranlafst, wird beschränkt, wenn die Bewegung auch noch anderen Einflüssen unterworfen ist, wie im 1ten Art. Fall von der Centrifugalkraft gesagt worden.

Die Kraft der Schwere wirkt auf jedes einzelne Massenelement gleich stark und der Art, dafs es in der ersten Secunde in unserer Gegend $15\frac{5}{8}$ preufs. Fufs. (Beschleunigung g) fällt. Bezeichnet man das Massenelement mit m so ist sein Effect in der ersten Secunde beim freien Fall = Masse mal Weg = $g \cdot m$. Hat eine andere Masse (M) n Massenelemente, ist also $M = n \cdot m$; und bezeichnet man die Beschleunigung von M mit G so ist

$$MG = n \cdot m \cdot g$$

also $$G = \frac{n \cdot m}{M} \cdot g = \frac{M}{M} g = g$$

Beim beschränkten Fall wird nun dieser für alle Massen constant bleibenden Schwerkraft entgegenwirkt; entweder direct in gerader Linie senkrecht aufwärts oder nach Seitenrichtungen, von denen ein Theil der Kraft in die Richtung senkrecht aufwärts reducirt wird.

Der beschränkte Fall ist also so anzusehen, daſs mit einer Masse M, welche fallen will, eine andere kleinere Masse M' das Bestreben hat zu steigen. Daher ist die nach der Richtung senkrecht abwärts wirkende Masse $M - M'$ und deren Effect in der ersten Secunde

$$Mg - M'g = (M - M')g$$

Nun wirkt aber die Schwerkraft senkrecht abwärts auf beide Massen M und M', also auf $M + M'$ nach der Richtung senkrecht abwärts. Bezeichnet man daher die summarische Beschleunigung beider Massen senkrecht abwärts mit G, so ist deren Effect

$$= (M + M')G$$

Man hat also

$$(M - M')g = (M + M')G$$

woraus die Beschleunigung für den beschränkten Fall

$$G = \frac{M - M'}{M + M'}g$$

Massengröſsen sind uns unbekannt, dagegen verhalten sich dieselben wie deren Gewichte. Sind diese Q und Q', so hat man

$$G = \frac{Q - Q'}{Q + Q'}g$$

Es sollen hier folgende Fälle betrachtet werden.

A. Der Fall im Wasser.

Wenn ein Körper a Pfund wiegt und ein ihm gleiches Volum Wasser wiegt a' Pfund, so verdrängt der Körper in Wasser gesenkt a' Pfund Wasser, welches den von dem Körper eingenommenen Raum von unten nach oben wieder auszufüllen strebt. Mit a Pfund Gewicht will der Körper fallen, mit a' Pfund strebt das Wasser ihn zu heben; ist $a' > a$ so wird der Körper mit der Kraft $a' - a$ in die Höhe getrieben, ist $a > a'$ so sinkt er, d. h. er fällt mit der Ueberwucht $(a - a')$ (s. beschleunigende Kraft); seine Masse ist a, folglich die beschleunigende Kraft $= \frac{a - a'}{a} = \left(1 - \frac{a'}{a}\right)$ und die Beschleunigung $= \left(1 - \frac{a'}{a}\right)g$. Bezeichnet man das specifische Gewicht des Körpers mit α so ist $\frac{a}{a'} = \alpha$, folglich die Beschleunigung $= \left(1 - \frac{1}{\alpha}\right)g = \frac{\alpha - 1}{\alpha}g$.

Der Körper fällt also in t Secunden um die Tiefe $s = \frac{\alpha - 1}{\alpha}gt^2$

erlangt die Geschwindigkeit $c = 2\frac{\alpha - 1}{\alpha}gt$.

Wird er im Wasser mit der Geschwindigkeit v hinabgestoſsen, so erlangt er in t Secunden die Tiefe $S = vt + \frac{\alpha - 1}{\alpha}gt^2$

und die Endgeschwindigkeit

$$C = v + 2\frac{\alpha - 1}{\alpha}gt$$

Anmerk. Daſs hier die Masse a des Körpers und nicht die des Körpers + der des Wassers $a + a'$ in den Nenner gesetzt wird liegt darin, daſs der eingesenkte Körper im Wasser das Gewicht a' verliert; er wiegt nur noch $(a - a')$ Pfund, hierzu das Gewicht des verdrängten Wassers $= a'$ gibt $a - a' + a' = a$ Pfund.

B. Fall um eine feste Rolle.

1. Ohne Rücksicht auf Reibung.

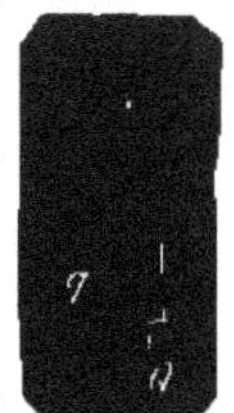

Fig. 617.

Ueber einer festen Rolle hangen an einem Faden 2 Gewichte Q, q. So tief das gröſsere Gewicht Q sinkt so hoch steigt das kleinere Gewicht q. Die Ueberwucht ist $Q - q$, die Masse auf welche die Schwere wirkt ist $Q + q$ und die Beschleunigung $G = \frac{Q - q}{Q + q}g$

Hieraus findet man wie ad A. in t Secunden die Höhe des Falls von Q und der Steigung von q

$$s = \frac{Q - q}{Q + q} \cdot gt^2$$

die Endgeschwindigkeit beider Gewichte

$$C = 2\frac{Q - q}{Q + q}gt$$

2. Mit Berücksichtigung der Reibung zwischen dem Zapfen der Rolle und dem Lager, wenn das Gewicht der Rolle mit w, der Halbmesser der Rolle mit R, der Halbmesser des Zapfens mit r und der Reibungscoefficient mit μ bezeichnet wird, hat man das Reibungshinderniſs in das rechts für Q befindliche Fadenende reducirt

$$(Q + q + w) \cdot \frac{r}{R}\mu$$

mithin die Ueberwucht

$$= Q - q - (Q + q + w)\frac{r}{R}\mu$$

und die Beschleunigung

$$= \frac{Q - q - (Q + q + w)\frac{r}{R}\mu}{Q + q}\, g$$

C. Der Fall auf der schiefen Ebene.

1. Ohne Rücksicht auf Reibung.

Auf der schiefen Ebene AB liegt ein Körper A vom Gewicht Q; die Schwere strebt, ihn nach der lothrechten Richtung AD herab zu bewegen, die Wandung AB der schiefen Ebene hindert dies,

Fig. 616.

die Bewegung kann nur nach der Richtung AB geschehen und das Gewicht Q übt dabei einen Druck nach AE lothrecht auf AB aus.

Stellt AF als Länge das Gewicht Q vor, so entsteht aus dieser als Mittelkraft das Parallelogramm $AEFG$ der Kräfte.

Es ist $AE = AF \cos EAF = AF \cos \alpha$ also der Normaldruck nach $AE = Q \cos \alpha$, welche von der festen Wandung AB aufgehoben wird.

Es bleibt daher nur für den Fall die zweite Seitenkraft

$$AG = Q \sin \alpha$$

als bewegende Kraft.

Die Masse auf welche die Schwere wirkt ist Q, folglich die beschleunigende Kraft

$$= \frac{Q \sin \alpha}{Q} = \sin \alpha$$

unabhängig von dem Gewicht des Körpers, und die Beschleunigung G ist $= g \sin \alpha$.

Daher wie in A und B.

Die Endgeschwindigkeit $C = 2gt \sin \alpha$
der Weg $S \qquad = gt^2 \sin \alpha$
oder wenn man die Länge AB der schiefen Ebene mit l, deren Höhe AC mit h bezeichnet,

$$C = 2g \cdot \frac{h}{l}\, t$$

$$S = g \cdot \frac{h}{l}\, t^2$$

Für den Fall auf der schiefen Ebene ergeben sich einige interessante Gesetze:

1. Beim freien Fall ist $C = 2gT$

auf der schiefen Ebene $c = 2g \frac{h}{l}\, t$

Bei $T = t$ ist also

$$C : c = l : h = AB : AC = AD : AB$$

D. h. Wenn von zweien Körpern der eine senkrecht nach AD, der andere längs AB fällt, so geben beide Linien AB und AC oder AD und AB das Verhältnifs der in gleichen Zeiten erlangten Endgeschwindigkeiten.

2. Ist $C = c$ so hat man

$$T : t = h : l = AC : AB$$

d. h. wenn 2 Körper, von denen der eine senkrecht nach AD herab, der andere längs AB fällt, gleiche Geschwindigkeiten erlangt haben, so geben die beiden Linien AC und AB das Verhältnifs der von ihnen durchlaufenen Fallzeiten.

3. Beim freien Fall ist $S = gT^2$

auf der schiefen Ebene $s = g \cdot \frac{h}{l}\, t^2$

Bei gleichen Fallzeiten T und t ist

$$S : s = l : h = AD : AB$$

d. h. wenn 2 Körper nach AB und AB fallen, so geben die Linien AD und AB das Verhältnifs der von ihnen gleichzeitig durchlaufenen Wege.

4. Da $\angle ABD$ ein Rechter ist, so liegen die 3 Punkte A, B, D in der Peripherie eines Halbkreises, AD ist der Durchmesser, AB eine Sehne. Es folgt also aus No. 3, dafs alle von dem obersten Punkt eines senkrechten Durchmessers gezogene Sehnen des Kreises von einem Körper gleichzeitig durchlaufen werden.

5. Beim freien Fall ist $S = \frac{C^2}{4g}$

auf der schiefen Ebene ist $s = \frac{c^2}{4g \frac{h}{l}}$

Bei gleichen Endgeschwindigkeiten ist daher

$$S : s = h : l = AC : AB$$

d. h. 2 Körper, die nach der Höhe und der Länge der schiefen Ebene fallen, erhalten an der Basis BC gleiche Endgeschwindigkeiten.

II. Mit Rücksicht auf Reibung.

Wegen der Reibung zwischen dem Körper vom Gewicht Q und der Wandung AB widersteht diese jetzt nicht in der lothrechten Linie AE, sondern nach einer Richtung AE', welche mit AE den Reibungswinkel r bildet.

Demnach entsteht ein Parallelogramm $AE'FG$, und es ist:

Fig. 619.

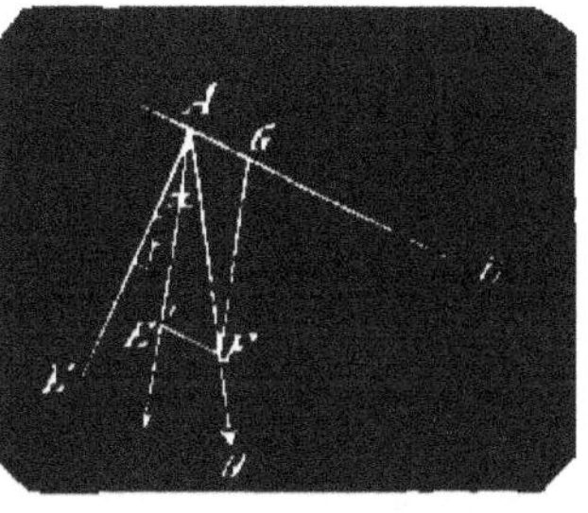

$$AF : AE' : AG = \sin AE'F : \sin AFE' : \sin E'AF$$
$$= \sin(90^\circ + r) : \sin(90^\circ - \alpha) : \sin(\alpha - r)$$

hieraus

$$AG = \frac{\sin(\alpha - r)}{\sin(90^\circ + r)} AF = \frac{\sin(\alpha - r)}{\cos r} AF$$

Es ist also die bewegende Kraft

$$= \frac{\sin(\alpha - r)}{\cos r} \cdot Q$$

die Schwere wirkt auf die Masse Q mithin die beschleunigende Kraft

$$= \frac{\sin(\alpha - r)}{\cos r} \cdot \frac{Q}{Q} = \frac{\sin(\alpha - r)}{\cos r}$$

und die Beschleunigung $= \frac{\sin(\alpha - r)}{\cos r} g$

D. Fall durch einen Kreisbogen.

Ein durch die Schwere angegriffener Körper bewegt sich durch den senkrecht aufgestellten beliebigen Kreisbogen BA; es ist die Zeit zu ermitteln, in welcher er von B und von der Ruhe aus bis zu dem tiefsten Punkt A gekommen ist.

Es sei C der Mittelpunkt des Bogens, BD horizontal; nimmt man ein beliebiges Stück BE des Bogens, zieht $EF \parallel BD$, setzt $EF = y$, $DF = x$, so kann man den Bogen BE als eine Menge sehr kleiner aneinander liegender Polygonseiten oder schiefe Ebenen betrachten. Da nun nach No. C, I., 5, ein Körper einerlei Geschwindigkeit erhält, er mag die Höhe der schiefen Ebene frei herab fallen oder längs der schiefen Ebene sich bewegen, so erhält der Körper auch dieselbe Geschwindigkeit (vergl. auch No. 4) wenn er durch mehrere an einander liegende schiefe Ebenen sich bewegt. Die Geschwindigkeit des Körpers in E ist also $=$

$$v = 2\sqrt{gx}$$

Fig. 620.

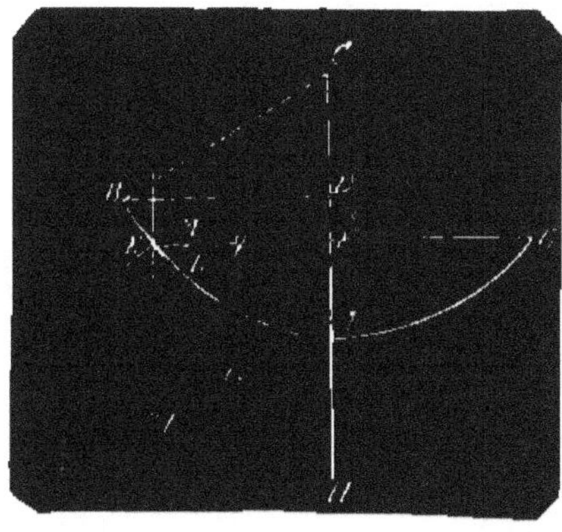

Dasselbe Resultat erhält man durch die allgemeinen phoronomischen Gleichungen, Bd. I., pag. 357, No. 4.

Denn bezeichnet t die Zeit für den Weg durch den Bogen $BE = s$, so ist nach Formel 2 die Beschleunigung in E und zwar nach der Tangente EH gerichtet

$$G = \frac{\partial^2 s}{\partial t^2}$$

Diese ist aber offenbar die Beschleunigung der Schwere, wenn dieselbe nach der Richtung EH reducirt wird. D. h.

wenn EJ die Beschleunigung g der Schwere vorstellt und G die nach der Tangente EH reducirte Beschleunigung bezeichnet, so ist

$$G : g = EK : EJ$$

woraus

$$G = \frac{EK}{EJ} \cdot g$$

oder durch die Seiten des sehr kleinen Dreiecks ELM ausgedrückt

$$G = \frac{ML}{EL} g = g \frac{\partial x}{\partial s}$$

Man hat demnach $\frac{1}{2} \frac{\partial^2 s}{\partial t^2} = g \frac{\partial x}{\partial s}$

Multiplicirt man beiderseits mit $4 \frac{\partial s}{\partial t}$, so erhält man

$$2 \frac{\partial^2 s}{\partial t^2} \cdot \frac{\partial s}{\partial t} = 4g \frac{\partial x}{\partial t}$$

und nach t integrirt

$$\left(\frac{\partial s}{\partial t}\right)^2 = 4gx + C$$

Nun ist nach Bd. I., pag. 357, Formel 1:

$$\frac{\partial s}{\partial t} = v$$

folglich hat man

$$v^2 = 4gx$$

oder

$$v = 2\sqrt{gx} \qquad (1)$$

indem die Constante fortfällt, weil für $x = 0$ auch $v = 0$ ist.

Nun ist nach Formel 4, pag. 358

$$t = \int \frac{1}{v} \partial s = \int \frac{1}{2\sqrt{gx}} \partial s = \int \frac{1}{2\sqrt{gx}} \cdot \frac{\partial s}{\partial x} \cdot \partial x \qquad (2)$$

Ferner ist $EL^2 = EM^2 + ML^2$

oder

$$(\partial s)^2 = (\partial y)^2 + (\partial x)^2$$

woraus

$$\frac{\partial s}{\partial x} = \sqrt{1 + \left(\frac{\partial y}{\partial x}\right)^2}$$

Und wenn man den Halbmesser AC mit r, die Höhe AD des Bogens AB mit h bezeichnet

$$y^2 = (h - x)(2r - h + x) \qquad (3)$$

oder $FA = h - x = u$ gesetzt:

$$y^2 = u(2r - u) \qquad (4)$$

also

$$\frac{\partial u}{\partial x} = -1$$

und

$$2y \frac{\partial y}{\partial u} = 2(r - u)$$

also

$$y \frac{\partial y}{\partial u} \cdot \frac{\partial u}{\partial x} = y \frac{\partial y}{\partial x} = (r - u) \frac{\partial u}{\partial x} = u - r \qquad (5)$$

und

$$\frac{\partial y}{\partial x} = \frac{u - r}{y} = \frac{u - r}{\sqrt{u(2r - u)}} \qquad (6)$$

hiernach

$$\frac{\partial s}{\partial x} = \sqrt{1 + \frac{(u - r)^2}{u(2r - u)}} = \frac{r}{\sqrt{u(2r - u)}} \qquad (7)$$

Folglich verwandelt sich Gl. 2

$$t = \int \frac{1}{2\sqrt{g(h - u)}} \cdot \frac{r}{\sqrt{u(2r - u)}} \partial x = \frac{r}{2\sqrt{g}} \int \frac{-\partial u}{\sqrt{(h - u)(2ru - u^2)}} \qquad (8)$$

Dieses Integral läfst sich nur näherungsweise angeben, indem man es in eine Reihe entwickelt. Zu diesem Behuf forme man um

$$\frac{-1}{\sqrt{(h - u)(2ru - u^2)}} \text{ in } \frac{-1}{\sqrt{h - u} \cdot \sqrt{2ru\left(1 - \frac{u}{2r}\right)}} = \frac{-1}{\sqrt{2r}} \cdot \frac{1}{\sqrt{hu - u^2}} \cdot \frac{1}{\sqrt{1 - \frac{u}{2r}}} \qquad (9)$$

Entwickelt man die letzte Wurzelgröfse mit Hülfe des binomischen Satzes, so hat man

$$\frac{1}{\sqrt{1 - \frac{u}{2r}}} = \left(1 - \frac{u}{2r}\right)^{-\frac{1}{2}} = 1 - (-\tfrac{1}{2}) \frac{u}{2r} + \frac{-\frac{1}{2} \times -\frac{3}{2}}{1 \cdot 2} \cdot \left(\frac{u}{2r}\right)^2 - \frac{-\frac{1}{2} \cdot -\frac{3}{2} \cdot -\frac{5}{2}}{1 \cdot 2 \cdot 3} \left(\frac{u}{2r}\right)^3$$

$$+ \ldots \pm \frac{-\frac{1}{2} \cdot -\frac{3}{2} \cdot -\frac{5}{2} \ldots -\frac{2n - 1}{2}}{1 \cdot 2 \cdot 3 \ldots n} \left(\frac{u}{2r}\right)^n \mp \ldots$$

$$= 1 + \frac{1}{2} \frac{u}{2r} + \frac{1 \cdot 3}{2 \cdot 4} \left(\frac{u}{2r}\right)^2 + \frac{1 \cdot 3 \cdot 5}{2 \cdot 4 \cdot 6} \left(\frac{u}{2r}\right)^3 + \ldots + \frac{1 \cdot 3 \cdot 5 \cdot 7 \ldots (2n - 1)}{2 \cdot 4 \cdot 6 \cdot 8 \ldots (2n)} \left(\frac{u}{2r}\right)^n + \ldots$$

Multiplicirt man daher das 2te Glied $\frac{1}{\sqrt{hu - u^2}}$ Gleichung 9 mit jedem einzelnen Gliede dieser Reihe so erhält man die zu integrirende Function:

$$\frac{-1}{\sqrt{2r}}\left[1\cdot\frac{1}{\sqrt{hu-u^2}}+\frac{1}{2}\cdot\frac{u}{2r}\frac{1}{\sqrt{hu-u^2}}+\frac{1\cdot 3}{2\cdot 4}\cdot\left(\frac{u}{2r}\right)^2\cdot\frac{1}{\sqrt{hu-u^2}}+\ldots\ldots \right.$$
$$\left.+\frac{1\cdot 3\cdot 5\ldots\ldots 2n-1}{2\cdot 4\cdot 6\ldots\ldots 2n}\left(\frac{u}{2r}\right)^n\cdot\frac{1}{\sqrt{hu-u^2}}+\ldots\right] \qquad (10)$$

Das allgemeine Glied der entwickelten und zu integrirenden Reihe ist demnach

$$-\frac{1\cdot 3\cdot 5\ldots\ldots 2n-1}{2\cdot 4\cdot 6\ldots\ldots 2n}\cdot\frac{1}{(2r)^{n+\frac{1}{2}}}\times\int\frac{u^n}{\sqrt{hu-u^2}}$$

Schreibt man nun für $\int\frac{-u^n}{\sqrt{hu-u^2}}$

$$\int\frac{\frac{1}{2}hu^{n-1}-u^n-\frac{1}{2}hu^{n-1}}{\sqrt{hu-u^2}}=\int\frac{(\frac{1}{2}h-u)\,u^{n-1}}{\sqrt{hu-u^2}}-\frac{1}{2}h\int\frac{u^{n-1}}{\sqrt{hu-u^2}} \qquad (11)$$

so hat man zur Anwendung die allgemeine Reductionsformel:

$$\int\varphi x\cdot fx\cdot\partial x=\varphi x\int fx\,\partial x-\int[\varphi' x\int fx\,\partial x]\,\partial x$$

Um mit Hülfe dieser Formel das erste Integral rechts des Gleichheitszeichens zu finden, setzt man

$$\varphi x=u^{n-1}$$

hieraus ist $\varphi' x=(n-1)\,u^{n-2}$

ferner $fx=\frac{\frac{1}{2}h-u}{\sqrt{hu-u^2}}$

so ist

$$\int fx\cdot\partial x=\int\frac{\frac{1}{2}h-u}{\sqrt{hu-u^2}}\,\partial u=\sqrt{hu-u^2}$$

Mithin

$$\int\frac{(\frac{1}{2}h-u)\,u^{n-1}}{\sqrt{hu-u^2}}=u^{n-1}\sqrt{hu-u^2}-\int(n-1)\,u^{n-2}\sqrt{hu-u^2}\,\partial u$$
$$=u^{n-1}\sqrt{hu-u^2}-(n-1)\int\frac{u^{n-2}(hu-u^2)}{\sqrt{hu-u^2}}\,\partial u$$
$$=u^{n-1}\sqrt{hu-u^2}-(n-1)\,h\int\frac{u^{n-1}}{\sqrt{hu-u^2}}\,\partial u+(n-1)\int\frac{u^n}{\sqrt{hu-u^2}}\,\partial u$$

Diesen Werth in Gleichung 11 gesetzt giebt

$$\int\frac{-u^n}{\sqrt{hu-u^2}}=u^{n-1}\sqrt{hu-u^2}-(n-1)\,h\int\frac{u^{n-1}}{\sqrt{hu-u^2}}\,\partial u+(n-1)\int\frac{u^n}{\sqrt{hu-u^2}}\,\partial u$$
$$-\frac{1}{2}h\int\frac{u^{n-1}}{\sqrt{hu-u^2}}$$

und reducirt:

$$n\int\frac{-u^n}{\sqrt{hu-u^2}}=u^{n-1}\sqrt{hu-u^2}+(n-\tfrac{1}{2})\,h\int\frac{-u^{n-1}}{\sqrt{hu-u^2}}$$

Dividirt man mit n, so erhält man das Integral des allgemeinen Gliedes der Reihe

$$\int\frac{-u^n}{\sqrt{hu-u^2}}=\frac{1}{n}\,u^{n-1}\sqrt{hu-u^2}+\frac{2n-1}{2n}\,h\int\frac{-u^{n-1}}{\sqrt{hu-u^2}}\,\partial u \qquad (12)$$

In der Reihe 10 ist das erste Glied $\int\frac{-1}{\sqrt{hu-u^2}}$, das zweite $\int\frac{-u}{\sqrt{hu-u^2}}$ u. s. w. und bei demselben Nenner sind die Zähler der Integrale der Reihe nach $u^0, u^1, u^2 \ldots\ldots u^n$. Man hat daher in dem Integral 12 des allgemeinen Gliedes für n nach und nach die Werthe 0, 1, 2, 3 u. s. w. zu setzen und jedes der einzelnen Glieder zu integriren.

Ferner ist zu bemerken, daſs in Bezug auf Fig. 620 beim Anfang des Schwunges x in dem Punkt $D=0$ ist und bis zur Mitte des Schwunges auf die Höhe $DA=h$ wächst. Da nun $u=h-x$, so bleibt auch u in den Grenzen zwischen 0 und h, es muſs daher jedes der obigen Integrale zwischen den Grenzen 0 und h genommen werden, und dies geschieht wenn man bei jedem einzelnen Integral das für 0 genommene von dem für h genommenen abzieht.

Das erste Glied des Integrals:

$$\frac{1}{n}u^{n-1}\sqrt{hu-u^2}$$

wird für $u=h$ und für $u=0$ zu Null es kommt dies Glied also in der Reihe nicht vor und man hat nur

$$\int\frac{-u^n}{\sqrt{hu-u^2}}=\frac{2n-1}{2n}h\int\frac{-u^{n-1}}{\sqrt{hu-u^2}}\partial u \quad (13)$$

Bezeichnet man daher das Integral

$$\int\frac{-u^0}{\sqrt{hu-u^2}}=\int\frac{-1}{\sqrt{hu-u^2}} \text{ mit } J_0$$

$$\int\frac{-u^1}{\sqrt{hu-u^2}} \text{ mit } J_1$$

u. s. w.

$$\int\frac{-u^n}{\sqrt{hu-u^2}} \text{ mit } J_n$$

so hat man

$$J_1=\tfrac{1}{2}hJ_0$$
$$J_2=\tfrac{3}{4}hJ_1=\tfrac{1}{2}\cdot\tfrac{3}{4}h^2J_0$$
$$J_3=\tfrac{5}{6}hJ_2=\tfrac{1}{2}\cdot\tfrac{3}{4}\cdot\tfrac{5}{6}h^3J_0$$
. . . .
$$J_n=\tfrac{1}{2}\cdot\tfrac{3}{4}\cdot\tfrac{5}{6}\ldots\frac{2n-1}{2n}h^nJ_0$$

Diese Werthe in die Reihe 10 gesetzt, und den gemeinschaftlichen Factor J_0 vorangestellt, gibt das Integral der Reihe

$$=\frac{J_0}{\sqrt{2r}}\left[1+(\tfrac{1}{2})^2\frac{h}{2r}+\left(\frac{1\cdot3}{2\cdot4}\right)^2\cdot\left(\frac{h}{2r}\right)^2+\left(\frac{1\cdot3\cdot5}{2\cdot4\cdot6}\right)^2\cdot\left(\frac{h}{2r}\right)^3+\ldots\ldots\right.$$
$$\left.+\left(\frac{1\cdot3\cdot5\ldots(2n-1)}{2\cdot4\cdot6\ldots2n}\right)^2\cdot\left(\frac{h}{2r}\right)^n+\ldots\right]$$

Es ist jetzt noch das Integral $J_0=\int\frac{-1}{\sqrt{hu-u^2}}$ zu bestimmen, und es ist dies

$$=-Arc\cdot sin\frac{-h+2u}{h}+\text{Const.}$$

Für $u=h$ wird $J^h{}_0=-Arc(sin=1)=-\tfrac{1}{2}\pi+C$

für $u=0$ wird $J^0{}_0=-Arc(sin=-1)=+\tfrac{1}{2}\pi+C$

Das obere J von dem unteren abgezogen gibt das zwischen beiden Grenzen genommene Integral $J_0=\pi$

Man hat demnach die integrirte Reihe vollständig

$$=\frac{\pi}{\sqrt{2r}}\left[1+(\tfrac{1}{2})^2\frac{h}{2r}+\left(\frac{1\cdot3}{2\cdot4}\right)^2\cdot\left(\frac{h}{2r}\right)^2+\left(\frac{1\cdot3\cdot5}{2\cdot4\cdot6}\right)^2\cdot\left(\frac{h}{3r}\right)^3+\ldots\ldots\right.$$
$$\left.+\left(\frac{1\cdot3\cdot5\ldots(2n-1)}{2\cdot4\cdot6\ldots2n}\right)^2\cdot\left(\frac{h}{2r}\right)^n+\ldots\right] \quad (14)$$

und wenn man nach Gleichung 8 dieses Integral mit $\frac{r}{2\sqrt{g}}$ multiplicirt, so erhält man die Zeit, in welcher der Körper von B nach A fällt:

$$t=\frac{\pi}{2}\sqrt{\frac{r}{2g}}\left[1+(\tfrac{1}{2})^2\frac{h}{2r}+\left(\frac{1\cdot3}{2\cdot4}\right)^2\left(\frac{h}{2r}\right)^2+\left(\frac{1\cdot3\cdot5}{2\cdot4\cdot6}\right)^2\left(\frac{h}{2r}\right)^3+\ldots\ldots\right] \quad (15)$$

Ist die Höhe $AD=h$ des Schwingungsbogens gegen den Halbmesser $CB=r$ sehr klein, so kann man näherungsweise setzen:

$$t=\frac{\pi}{2}\sqrt{\frac{r}{2g}} \quad (16)$$

Der Körper bei dem Fall von B nach A erreicht in diesem Punkt eine Geschwindigkeit mit welcher er vermöge des Beharrungszustandes die Bewegung weiter fortsetzt; beim Aufsteigen nach G hin wird diese Geschwindigkeit immer geringer und in dem Punkt $G=0$, wo dann der Körper wieder über A nach B zurückschwingt. Beide gleiche Bogen BA und GA beim Fallen und Aufsteigen werden in der gleichen Zeit t zurückgelegt, Bogen BAG ist der Schwingungsbogen, die Bewegung von B nach G und die von G nach B heisst eine Schwingung und die Zeit dann, die Schwingungszeit ist

$$T=2t \text{ näherungsweise } =\pi\sqrt{\frac{r}{2g}} \quad (17)$$

Eine gewichtlos zu denkende Stange CB von der Länge r mit einem schweren Punkt B versehen, heisst ein einfaches Pendel und wenn dieses eine Schwingung BAG in einer Secunde vollbringt, ein Secundenpendel.

Aus der Formel 16 erhält man das Secundenpendel T_1 wenn man $2t=1$ setzt:

$$r = \frac{2g}{\pi^2} \qquad (18)$$

Für $g = 15\frac{5}{8}$ Fuſs also $r = 0{,}1013212 \times 31{,}25 = 3{,}1663875$ pr. Fuſs $= 37{,}9995\ldots$ preuſs. Zoll.

Fallmaschine, s. Atwood's Fallmaschine.

Falsche Wurzel einer Gleichung ist die ehemals vorgekommene Bezeichnung für negative Wurzel.

Falschrechnung oder **Falsirechnung** ist eine indirecte Rechnungsweise, um die unbekannte Zahl aus einer Rechnungsaufgabe zu finden, indem man eine willkührliche (eine falsche) Zahl für die unbekannte annimmt und diese probirt um auf die richtige Unbekannte zu kommen. Z. B. die Zahl (x) zu finden, welche mit 4 dividirt, hierzu 5 addirt und diese Summe mit 3 multiplicirt die Zahl 30 gibt. Anstatt zu rechnen

$$x = \left(\frac{30}{3} - 5\right) 4 = 20$$

nimmt man für x, da sie zunächst durch 4 dividirt werden soll, die Zahl 4 selbst und erhält nach den verlangten Rechnungsoperationen die Zahl 18 statt 30. Hiernach versucht man höhere Zahlen bis man auf das richtige $x = 20$ kommt.

Familie von Curven, s. Curven, IV., pag. 164.

Feldmeſskunst, s. Baculometrie.

Fermat's Sätze. Fermat, ein französischer Mathematiker des 17ten Jahrhunderts hat mehrere arithmetische Gesetze aufgefunden, deren Richtigkeit noch nicht hat angegriffen werden können, ohne daſs jedoch der Beweis ihrer Giltigkeit gegeben worden ist, und die unter dem Namen: Fermat's Sätze oder Fermat's Lehrsätze bekannt sind.

I. Die Sätze über die Polygonalzahlen lassen sich in folgenden allgemeinen Satz zusammenfassen:

Jede ganze Zahl ist entweder eine $n$eckige Zahl oder sie ist aus 2, 3 … oder n $n$eckigen Zahlen zusammengesetzt.

Hieraus entspringt der Satz:

A. Jede ganze Zahl ist entweder eine dreieckige Zahl oder sie ist aus 2 oder 3 dreieckigen Zahlen zusammengesetzt:

Beispiele:

Dreieckige Zahlen sind: 1, 3, 6, 10, 15, 21, 28, 36, überhaupt Zahlen von der Form $\frac{1}{2}n(n+1)$.

Die Zahl 30 ist $= 3 + 6 + 21 = 15 + 15$
$= 1 + 1 + 28$
die Zahl 31 ist $= 3 + 28$
32 „ $= 1 + 10 + 21$
33 „ $= 3 + 15 + 15 = 6 + 6 + 21$
34 „ $= 6 + 28$
35 „ $= 1 + 6 + 28 = 10 + 10 + 15$
36 „ $= 36$

B. Jede ganze Zahl ist entweder eine viereckige Zahl oder sie ist aus 2, 3 oder 4 viereckigen Zahlen zusammengesetzt.

Beispiele:

Viereckige Zahlen sind 1, 4, 9, 16 …. überhaupt Zahlen von der Form n^2.

$30 = 1 + 4 + 9 + 16 = 1 + 4 + 25$
$31 = 1 + 1 + 4 + 25 = 4 + 9 + 9 + 9$
$32 = 16 + 16$
$33 = 4 + 4 + 25$
$34 = 9 + 25$
$35 = 1 + 9 + 25$
$36 = 36$

C. Jede ganze Zahl ist entweder eine fünfeckige Zahl oder sie ist aus 2, 3, 4 oder 5 fünfeckigen Zahlen zusammengesetzt.

Beispiele:

Fünfeckige Zahlen sind 1, 5, 12, 22, 35 …. überhaupt Zahlen von der Form $\frac{1}{2}n(3n-1)$.

$30 = 1 + 5 + 12 + 12 = 1 + 1 + 1 + 5 + 22$
$31 = 1 + 1 + 5 + 12 + 12$
$32 = 5 + 5 + 22$
$33 = 1 + 5 + 5 + 22$
$34 = 12 + 22$
$35 = 35$
$36 = 1 + 35$

Und nach demselben Gesetz für sechseckige, siebeneckige u. s. w. Zahlen.

II. In jeder Reihe von Potenzen

$$a, a^2, a^3, a^4 \ldots\ldots a^n$$

gibt es ein Glied a^m von der Beschaffenheit, daſs $a^m - 1$ durch eine gegebene Primzahl p theilbar ist, wenn zugleich $p - 1$ durch m ohne Rest getheilt wird.

Z. B. in $4^6 - 1 = 728$ geht die Primzahl 13 auf, weil 6 ein Theiler von $13 - 1 = 12$ ist: Es ist $728 = 13 \times 56$.

Die Primzahlen 31, 37 u. s. w. gehen nicht in 728 auf, wenngleich 6 ein Theiler von $31 - 1 = 30$ und von $37 - 1 = 36$ ist. Nur noch die Primzahl 7 genügt und 728 ist $= 7 \times 104$.

III. Ist $a^m - 1$ durch p theilbar, so ist auch jede Potenz $a^{mn} - 1$ durch p theilbar.

Z. B. $2^4 - 1 = 15$ ist durch 5 theilbar und 4 ist ein Theiler von $5 - 1 = 4$. Daher ist auch $2^{4 \cdot 3} - 1 = 4095$ durch 5 theilbar.

IV. Der Satz II. ist von Euler und Gauss

in folgenden Satz umgeändert worden, der aber dennoch zu Fermat's Sätzen gerechnet wird:

Es ist $a^{p-1} - 1$ durch p theilbar, wenn p eine Primzahl und a nicht durch p theilbar ist.

Z. B. $2^{10} - 1 = 1023$ ist durch 11 theilbar: Es ist $1023 = 11 \times 93$.

V. Jede Primzahl von der Form $4n + 1$ ist die Summe zweier Quadrate. Z. B.

$$17 = 4 \times 4 + 1; \quad 17 = 1 + 4^2$$
$$29 = 4 \times 7 + 1; \quad 29 = 2^2 + 5^2$$
$$89 = 4 \times 22 + 1; \quad 89 = 5^2 + 8^2$$

Fernglas, ein Glas durch welches mittelst Brechung der Lichtstrahlen ferne Gegenstände als Bilder dem Auge näher gerückt und dadurch deutlicher gesehen werden. Die Form und Wirkung der Gläser siehe in dem Art.: Brille, B, Brille für die Ferne, pag. 433.

Fernrohr ist ein optisches Instrument zu dem gleichen Behuf mit Fernglas (s. astronomisches Fernrohr mit Fig. 91). Die von einem fernen Gegenstande NN' ausgehenden Lichtstrahlen werden von einem Glase DE, dem vordersten im Rohre, dem Objectivglase aufgefangen, durchgelassen, zugleich in ihrer Richtung abgelenkt und wieder von einem zweiten Glase oder auch von mehreren Gläsern hintereinander aufgefangen, durchgelassen und dem Auge dergestallt zugeführt, dafs der Gegenstand vergrößert erscheint.

Von der hierbei stattfindenden Brechung, Refraction der Lichtstrahlen wird das Fernrohr auch Refractor genannt; denn man hat auch Fernröhre, welche mittelst Spiegelung, also durch Zurückwerfung oder Reflection der Lichtstrahlen Gegenstände vergrößern und welche daher Reflectoren, Teleskope, Spiegelteleskope heifsen. Erstere Fernröhre sind dioptrische, letztere katoptrische Fernröhre; von den Ersteren ist hier die Rede.

Sämmtliche Fernröhre kommen darin überein, dafs sie ein biconvexes Objectiv wie DE haben, und deren Systeme unterscheiden sich nur in der Form des Oculars AB und dafs statt eines auch mehrere Ocularglàser zwischen AB und DE eingelegt werden. Sämmtliche Gläser liegen mit einander in einer und derselben Axe und sind zur Abhaltung des Seitenlichts mit einem undurchsichtigen Rohre umschlossen.

Da jedes Fernrohr ohne Ausnahme ein biconvexes Objectiv DE hat, so gilt auch für alle Fernröhre die Betrachtung der Erscheinungen, welche mit Hülfe des Glases DE hervorgehen, wie sie in dem Art.: Astronomisches Fernrohr bis pag. 145 vorgetragen sind; und zwar bis zur Gestaltung des Luftbildes in der Ebene $C'C''$; wobei noch zu bemerken ist dafs dieses Bild nur dann als wirkliches Bild dem Auge erscheint, wenn man die Ebene $C'C''$ mit weifsem Papier oder mit einer sonst hellfarbigen Ebene belegt, dafs es aber auch ohne selbstständig sichtbar zu sein, in seinen einzelnen Strahlenpunkten als Bild von dem Ocular AB aufgefangen und zu einem dem Auge nun sichtbaren Bilde gesammelt wird.

Von diesem Luftbilde ab nach dem Ocular hin fängt das Fernrohr an ein Keppler'sches Fernrohr zu sein, indem Keppler es so wie es Fig. 91 zeigt, construirt hat, und der zu dieser Figur gehörige Artikel gibt Beschreibung und Theorie desselben.

2. Das Galileische oder das holländische Fernrohr, welches früher als das ad 1 gedachte astronomische Fernrohr erfunden worden ist, hat dasselbe Objectiv DE (Fig. 91), dessen Brennpunkt sei m (Fig. 621), so würde in derselben Ebene $C'C''$ dasselbe Luftbild wie in Fig. 91 entstehen, wenn nicht ein Glas GH zwischen gelegt wäre. Es würde also der aus dem sehr fernen Punkt N herrührende Strahl NC ungebrochen geradlinig nach m hin fortgehen und alle von N ‡ mit NC auf die Fläche CD fallenden Strahlen werden wie der Strahl $N'D$ in den Strahl Dm nach m hin gebrochen werden und sich sämmtlich in m vereinigen.

Ferner würde der aus dem sehr fernen Punkt M ausgehende Strahl $M^{\circ}C$ geradlinig nach m fortgehen und alle von M ‡ mit $M^{\circ}C$ auf die Fläche CD fallenden Strahlen würden wie der Strahl $M'D$ in den Strahl Dm nach m hin gebrochen werden und sich sämmtlich in m vereinigen. Es würde also wie bei dem astronomischen Fernrohr von dem fernen Gegenstande NM das verkehrte Luftbild mm in $C'C''$ entstehen. Diese Strahlen aber, welche das Luftbild hervorbringen sollen, werden von einem zwischen gelegten biconcaven Glase unterbrochen, dessen hohle nach dem Brennpunkt m hin gerichtete Fläche GH diesen Punkt m zugleich zum Zerstreuungspunkt hat (s. Brille, B, pag. 433 mit Fig. 265). Die hohle Fläche $G'H'$ fängt die durch DE gebrochenen Lichtstrahlen auf und leitet sie durch.

Der Strahl Dm z. B. wird in p aufge-

Fig. 621.

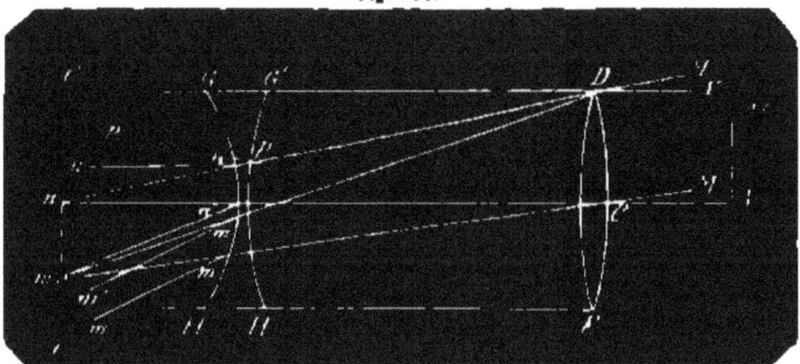

fangen; er geht aber nicht wie hier gezeichnet ist, geradlinig durch, sondern wie der Art.: „Ablenkung des Lichtstrahls" mit Fig. * angibt, nach dem Einfallsloth hin geneigt. Ist *pp* dieses Einfallsloth für den Punkt *p*, so fällt der gebrochene fortgesetzte Strahl über *pn* hinaus, der Austrittspunkt des Strahls liegt oberhalb *n'*, so dafs das wirklich entstehende Luftbild *nm* um ein Geringes von *n* über *m* verlängert wird. Von diesem beiläufigen und geringfügigen Umstande ist bei der Zeichnung abgesehen worden.

Fig. 265 zeigt aber, dafs wenn mit der Axe parallele Strahlen *aA*, *bB* ... auf ein Hohlglas fallen, dieselben durch das Glas hindurch nach *Aa'*, *Bb'* .... hin und zwar so gebrochen werden, als wenn sie aus einem vor dem Glase befindlichen Punkt *N*, dem Zerstreuungspunkt ungebrochen ausgegangen wären. Nun findet in Fig 621 der umgekehrte Fall statt: sämmtliche ∥ mit der Axe auf *DE* fallende und daselbst gebrochene Strahlen vereinigen sich ungebrochen in *n*; nun ist dies dieselbe Erscheinung, als wenn Lichtstrahlen von *nm* aus ∥ der Axe auf die Glasfläche *GH* fielen, folglich werden die von *N* herkommenden Strahlen, indem sie aus *GH* heraustreten, ∥ mit der Axe gebrochen; der Strahl *Dn'* also in die mit n^0n parallele Richtung $n'n_1$.

Desgleichen vereinigen sich alle unter dem $\angle M^0CN$ auf *DE* fallenden und daselbst gebrochenen Strahlen ungebrochen in *m*, dieselben scheinen aber von der hohlen Oberfläche *GH* herzukommen; folglich werden diese Strahlen, indem sie aus *GH* heraustreten, in Richtungen gebrochen, die mit n^0m ∥ sind, wie z. B. der Strahl *Dm* in die Richtung mm_1; der Strahl *Cm* in die Richtung m^0m_0.

Dieser letzte Satz stimmt auch vollkommen überein mit dem letzten Satz des Art. „Brille" zu Fig. 266: Es wird hier von dem Gegenstand ab, welcher in nur geringer Entfernung von dem Glase *AB* sich befindet, das dem Glase näher gerückte Bild *a'b* construirt. In Fig. 621 ist *nm* das Bild, und der Gegenstand *NM*, welcher in Wirklichkeit jenseits des Glases *GH* liegt, übt durch die Brechung der Lichtstrahlen eine Wirkung auf das Auge, als wenn es diesseits des Glases *GH*, weit über *nm* hinaus sich befände.

In Fig. 266 sind die beiden Strahlen *Aa'* und *Ca'*, welche das Bild *a'* hervorbringen, nach dessen Gegenstand *a* gerichtet; je weiter *a* von *AB* entfernt ist, desto kleiner wird ∠ *Aca'*, für eine unendliche Entfernung wird dieser Winkel = 0 und die Strahlen *Aa*, *Ca* werden ∥ mit einander. Dies ist aber Fig. 621 der Fall, weil *NM* als Gestirn in einer so grofsen Entfernung sich befindet, dafs n^0m und m^0m_0, welche rückwärts verlängert in *M* zusammen treffen sollen, als ∥ erscheinen.

Wenn das Auge dicht vor die Fläche *GH* gebracht wird, so empfängt es alle Strahlen, die von dem Gegenstand *NM* auf *DE* fallen, und derselbe erscheint in einem Bilde *nm*, und da dieses Bild auf der Netzhaut verkehrt sich abspiegelt, so wird es durch die Vernunft wieder zurück also verkehrt aus dem Auge hinausgeworfen und man sieht es wie der Gegenstand in Wirklichkeit ist, während bei dem Keppler'schen Fernrohr der Gegenstand verkehrt erscheint.

In Betreff der Vergröfserung hat man den natürlichen Sehewinkel für den Gegenstand *NM* den $\angle M^0CN = \angle nCm$, der durch Brechung der Lichtstrahlen entstehende Sehwinkel ist der $\angle nn^0m$.

Nun ist

$$nm = Cn \cdot tg\, nCm = nn^0\, tg\, nn^0m$$

mithin

$$tg \angle nCm : tg\, nn^0m = nn^0 : Cn$$

Die Tangenten beider Winkel, und mit diesen die Höhen des Gegenstandes, wie sie natürlich und vergrößert gesehen werden, verhalten sich also wie die Brennweiten n^0n und Cn beider Gläser und die Vergrößerung beträgt das $\frac{Cn}{n^0n}$ fache.

3. Diese beiden einfachsten Fernröhre, das zweite älteste, welches Galilei nach einem in Holland erfundenen Rohr construirte und das erste, welches Kepler erfunden hat, geben die Hauptprincipien derselben an. Sie haben zugleich die meiste Helligkeit, weil nur 2 Gläser dazu gehören, deren Anzahl die Lichtstärke vermindert. Zu astronomischen Beobachtungen wird nur noch das Kepler'sche Fernrohr angewendet.

4. Die Fernröhre für Beobachtung entlegener irdischer Gegenstände, die Erdfernröhre müssen die Gegenstände in ihrer natürlichen Lage darstellen. Das Theaterperspectiv hat ein Ocular in einem verschiebbaren Einsatz. Es ist dies also ein biconcaves Glas und nach Galileischem Princip.

Die längeren verschiebbaren Röhre haben entweder 2 oder 3 biconvexe Oculare in Einsätzen, die das innere verkehrte Luftbild wieder aufrichten.

Wird nämlich durch das Objectiv *DE* innerhalb des Rohrs das verkehrte Luftbild *nm* erzeugt, so wird zuerst ein bi-

Fig. 622.

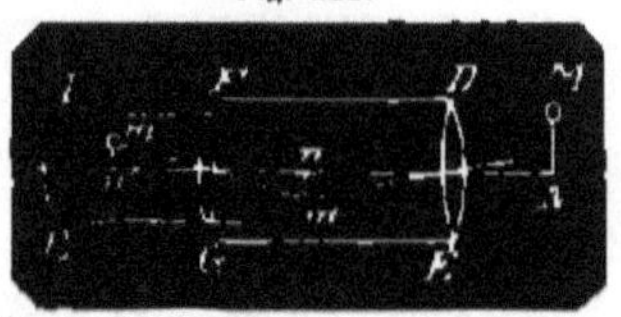

convexes Glas *FG* in einer größeren Entfernung von *nm* eingesetzt als dessen Brennweite beträgt. Alsdann brechen sich die Strahlen von *nm* durch *FG* und erzeugen ein aufrechtes Bild *n'm'*, indem dieses Glas in Beziehung auf *nm* dieselbe Wirkung hat als das Glas *DE* in Beziehung *NM* (s. auch Brille, No. 5 mit Fig. 264, pag. 433). Von *n'm'* nun geben die Strahlen nach dem zweiten Ocular *AB*, und da *n'm'* in dessen Brennweite steht, so hat *AB* in Beziehung auf *n'm'* dieselbe Wirkung wie das Ocular *AB* (Fig. 91) des Keplerschen Fernrohrs.

Wird Fig. 623 das biconvexe Glas *FG* so eingelegt, dafs *NC* dessen Brennweite ist, so ist *FDEG* ein Keplersches Fernrohr: die Strahlen hinter *FG*, die von *n* kommen, laufen ∥ der Axe, die von *m* kommen, ∥ mit *mC*. Werden diese nun von dem zweiten biconvexen Glase *HJ* aufgefangen, so entsteht aus dem verkehrten Luftbilde *nm* ein aufrechtes Bild *n'm'* in der Brennweite *Cn'*, wie durch *DE* ein verkehrtes Bild *nm* von dem aufrechten Gegenstand *NM* in der Brennweite von *DE* entstanden ist; und wird ein drittes Ocular *AB* so eingestellt, dafs *n'* gleichfalls dessen Brennweite ist, so hat *AB*, Fig. 623 mit *AB* Fig. 91 denselben Einflufs: das Bild *n'm'*, also der Gegenstand *NM* wird aufrecht gesehen.

Fernsichtig, s. Auge, No. 6, pag. 184.

Feste Punkte in der Feldmefskunst sind Punkte, welche die Natur oder die Kunst entweder durch Form oder Lage in die Augen springend hervorgebracht oder ausgezeichnet hat, so dafs dieselben als Fundamentalpunkte einer Vermessung, als Ecken grofser Dreiecke zu einem Netz gewählt werden, als Bergkuppen, hohe und starke Bäume, Thürme, ferner Ausgänge oder Endpunkte von einem durch Sumpfboden geführten Damm, an welche als feste Punkte Vermessungen geknüpft werden.

Am Hebel wird auch der Drehpunkt oder der Aufhängepunkt fester Punkt genannt.

Festigkeit ist der Widerstand gegen Trennung und besteht bei einem Körper in der Gröfse der Kraft, welche die Cohäsion der Massentheile desselben, wenn sie angegriffen wird, zu entwickeln vermag, bevor die Trennung erfolgt.

Die Trennung geschieht auf fünferlei Weise:

1. Durch Zerreifsen, wenn in dem Körper die Massentheile mit einer auf ihn wirkenden Zugkraft in einerlei Richtung getrennt werden.

2. Durch Zerbrechen, wenn in dem Körper die Massentheile durch Hebelwirkung, also auf die Richtung der Kraft rechtwinklig gerichtet getrennt werden.

3. Durch Zerquetschen, wenn in dem Körper die Massentheile dadurch, dafs sie zusammengedrückt werden, rechtwinklig mit der Richtung der Druckkraft von einander sich trennen.

4. Durch Zerknicken, wenn der Körper durch eine auf ihn wirkende Druckkraft in Folge seiner gröfseren Höhe nach der Richtung dieser Kraft einbiegt und wie ad 2 zerbricht.

5. Durch Verdrehen, wenn in dem Körper die Massentheile durch zwei in verschiedenen Ebenen befindliche entgegengesetzt wirkende Tangentialkräfte von aufsen nach innen um eine sich selbst bildende mittlere Längenaxe von einander verschoben und endlich an einem zwischen beiden Kräften liegenden Ort dadurch von einander getrennt werden.

So viele Arten von Trennungen es gibt, so viele Arten von Festigkeiten unterscheidet man auch: die Festigkeit gegen das Zerreifsen heifst die absolute Festigkeit; die gegen das Zerbrechen heifst die respective oder relative F.; die F. gegen das Zerquetschen und Zerknicken ist die rückwirkende F., die dann auf beide Wirkungen untersucht wird; die F. gegen das Verdrehen endlich heifst die Torsionsfestigkeit.

Die Cohäsionskraft oder die Festigkeit ist je nach Beschaffenheit des Stoffs, aus dem der Körper besteht verschieden und man hat aus Versuchen die Festigkeiten verschiedener Stoffe ermittelt und tabellarisch geordnet; es sind dies die Tabellen über die Festigkeit der Materialien.

3. In allen diesen Tabellen ist die Festigkeit als das Maximum des natürlichen Zusammenhanges der Molecüle eines Stoffes (Eisen, Messing, Holz u. s. w.) angegeben; also als Gröfse der Kraft oder des Gewichts unter welchem gerade die Trennung der einzelnen Theile des Körpers von gewisser Gröfse und Form erfolgt.

Für die theoretische Betrachtung und Untersuchung der Festigkeiten mufs vorausgesetzt werden:

1. Dafs einfache Molecüle derselben Art einerlei Festigkeit haben.

2. Dafs jeder Körper, welcher seiner Form nach auf F. untersucht wird, von durchaus gleichartigem und durchweg gleicher Art zusammen gefügtem Stoff besteht.

Beiden Annahmen widerspricht die Erfahrung, dafs die Festigkeit eines Stoffes den Versuchen gemäfs verschieden gefunden worden ist. Es hat diese Erscheinung darin seinen Grund, dafs einerlei Stoff in verschiedenen Körpern unter verschiedenen Bedingungen zusammengesetzt ist. So z. B. hat man verschiedene Sorten Schmiedeeisen von verschiedenen Festigkeiten. Dasselbe findet bekanntlich bei einerlei Holz statt, selbst wenn man von Rissen, Aesten und anderen Ungleichartigkeiten absieht.

A. Absolute Festigkeit.

Die absolute Festigkeit kommt zur Erscheinung, wenn ein Körper in seinem oberen Querschnitt frei aufgehängt und in seinem unteren Querschnitt durch eine Zugkraft so stark belastet wird, dafs er zerreifst.

Je gröfser der Querschnitt des Körpers ist, desto mehr Molecüle sind der Länge nach mit einander vereinigt und die absoluten Festigkeiten zweier prismatischen Körper desselben Stoffs verhalten sich also wie deren Querschnitte, wobei die Form des Querschnitts in beiden verschieden, bei dem einen z. B. rund bei dem anderen eckig sein kann.

Jeder prismatische Körper zerreifst in seinem obersten Querschnitte, weil für diesen das Gewicht des ganzen Körpers zur Belastung hinzutritt, und der oberste Querschnitt also immer die gröfste Belastung erhält.

Ist ein Körper auf seine Länge von verschiedenen Querschnitten, so zerreifst er in seinem kleinsten Querschnitt und zwar bei derjenigen Belastung, welche der absoluten Festigkeit des Körpers in diesem Querschnitt zukommt.

Wird ein Körper successive oder auf einmal mit dem seiner absoluten Festigkeit gleich grofsen Gewicht belastet, so zerreifst er nicht augenblicklich, sondern er verlängert sich zuerst. Das Gesetz, nach welchem diese Verlängerung vor sich geht, findet sich in dem Art. Elasticität No. 1 bis 9. No. 10 gibt die tabellarische Zusammenstellung der absoluten Festigkeiten und der Elasticitätsmodel verschiedener Stoffe. Nun ist No. 7, Formel 10.

$$l = \frac{P}{kE} L$$

d. h. l ist die Länge, um welche ein prismatischer Körper von der Länge L, dem Querschnitt k und dem Elasticitätsmodul E durch die Belastung P als Zugkraft ausgedehnt wird. Setzt man den Querschnitt $k = 1$, so hat man:

$$l = \frac{P}{E} L.$$

Nimmt man nun für P die absolute Festigkeit, so hat man in l die Länge, um welche ein Körper sich verlängert bevor er zerreifst. In der genannten Tabelle ist

für Akazie $E = 1200\,000$
$P = 14\,000$

Mithin ist vor dem Zerreifsen bei 14000 Pfund Belastung die Verlängerung

$$l = \frac{14000}{1200\,000} L = \frac{1}{85{,}7} L$$

wofür in der 4ten Columne die ganze Zahl 86 steht.

Die Angaben der absoluten Festigkeiten beziehen sich in jedem Lande auf die dort üblichen Maafs- und Gewichtseinheiten: in Frankreich für 1 □Centimeter Querschnitt die Belastung in Kilogrammen; in Preufsen für 1 □Zoll Querschnitt, die Belastung bis jetzt noch in alten preufs. Pfunden.

Nach der Tabelle pag. 24 zerreifst also ein Stab von Akazienholz von 1 □Zoll Querschnitt bei einer Belastung von 14000 Pfund. Hat der Stab 1 □Linie Querschnitt, so zerreifst er bei einer Belastung von $\frac{14000}{144}$ Pfund = 97⅕ Pfund.

Ein Stab von 3 Linien Breite, 9 Linien Höhe zerreifst bei einer Belastung von 9 × 3 × 97⅕ Pfund = 583⅕ Pfund.

In dem Art.: Brechungscoefficient, pag. 403 und 404 finden sich die absoluten Festigkeiten der gebräuchlichsten Stoffe in alten preufs. Pfunden alphabetisch angegeben. Hier folgt dieselbe Tabelle in Zollpfunden.

Die Kraft gegen die absolute Festigkeit, d. h. für's Zerreifsen des Körpers durch Zugkraft nach dessen Länge, wenn der Querschnitt 1 preufs. □Zoll beträgt in Zollpfunden.

Ahorn	15900
Akazie	13100
Apfelbaum	9350 bis 14030
Basalt	1030
Birke	14030
Birnbaum	9350 bis 10300
Blei, gegossen	842 bis 1780
Blei, gewalzt	1870
Bleidraht (Eytelwein)	3650
Bronze, gegossen	2980
Buchsbaum (Eytelwein)	14780
engl. (Barlow)	18710
Ebenholz	12030
Eichenholz	
Sommereichen, Kern, (Eytelwein)	24320
zwischen Kern und Splint (ders.)	20690
Splint (ders.)	13810
Steineichen (ders.)	20670
englisch (Barlow)	9350 bis 10290
Eisen, deutsches, gegossen (Eytelw.)	85850
englisch, gegossenes (Rennie)	69520
englisch (Mosely, Scheffler)	17770
schlesisches, geschmiedet (Eytelw.)	72960
gewöhnliches, geschmiedet	71650
englisch, geschmiedet (Tredgold)	66415
englisch, geschmiedet (Mosely, Scheffler)	61740
Eisendraht (Eytelwein)	58500
englischer (Mosely, Scheffler)	84180
französischer	87930
englischer in Seilen	41160
Elfenbein	15900
Erle (Eytelwein)	26415
englische (Barlow)	14030
Esche (Eytelwein)	20110
englische (Barlow)	16370
Fichte, Rothtanne (Eytelwein)	10290
englische	11225
Fischbein	7480
Flieder	11225
Glas	2620 bis 2806
Gold, gegossen	19640
Golddraht	69870
Granadillenholz	15900

Guajakholz	11225 bis 13470
Hagedorn	10290
Hainbuche	18710
Hanfseile, neue	7460 bis 9960
alte	5610
neue englische	5240
Hasel	16840
Hollunder	9820
Horn von Ochsen	8490
Kalkstein von Portland	842
zum lithographiren	421
wallisischer	187
Kampferbaum	15300
Kastanienbaum	11225
Ketten, eiserne mit ovalen Gliedern	39740
mit geraden verbolzten Gliedern	43960
Kiefernholz, stärkstes	20020
schwächstes	11680
englisches	11225
Kirschbaum, wild	13100
Klavierdraht	117300 bis 127600
Knochen von Ochsen	4677
Kupfer, gegossen, englisch	18710
desgl. japanisches	19550
desgl. spanisches	20390
desgl. ungarisches	30490
desgl. schwedisches	36390
geschmiedet, englisches	32740
desgl. schwedisches	36390
desgl. französisches	31800
Kupferdraht	37420 bis 65480
Lerche	9354
Linde	13000
englische	16840
Mahagoni (Barlow)	8280
spanisches	13100
Marmor, weißer (Tredgold)	1743
Mauerziegel (dem.)	965
Messing	16840
Messingdraht	45370 bis 65480
Mispelbaum	11225
Mörtel	47
hydraulischer	94
Nußbaum	13380
Olivenbaum	11785
Pappel	5612
Pflaumenbaum	11225
Platane	11225
Rohr, spanisches	1618
Rothbuche (Eytelwein)	20990
(Barlow)	10730
Sackerdanholz	21310
Sandelbaum	9475
Sandstein, stärkster	700
Schiefer, italienischer	11040
von Westmoreland	7580
schottischer	9237
Silber, feines, gegossenes	39290
Silberdraht	43965
Spießglanz, gegossenes	1864
Stahl zu Scheermessern	143000
zu gewöhnlichen Messern	133200
Stahl, mittelmäßig biegsamer	122350
bester biegsamer	117400
bester gehärtet	110470
englischer	102900 bis 195070
Teak, indische Eiche	14125
Ulme	13845
Wallnußbaum	7480
Weide	14030
Weißbuche	18080
Weißdorn	17120
Weißtanne	11500 bis 14400
Wismuth, gegossen	2990
Zeder	11225
Zink, gewalzt	6930
gegossen	8230
Zinn, englisch, gegossen	4116
Zuckerkistenholz	17590

B. Respective oder relative Festigkeit.

1. Die respective Festigkeit kommt zur Erscheinung wenn in einem unverrückbaren Körper mit einer Endebene E ein Körper befestigt ist, um eine Länge hervorragt und an dem Ende durch eine mit E parallele Kraft P belastet wird, so dafs dann eine Trennung der Theile quer durch die Länge des Körpers hervorgeht.

In Figur 674 ist zu diesem Körper die einfachste Form, ein rechtwinkliges Parallelepipedum gewählt, dessen letzter befestigter Querschnitt, welcher mit der lothrechten Ebene E zusammenfällt, ist $ABCD$, dessen Höhe AC, dessen Breite AB und in dem lothrechten Endquerschnitt $FGHJ$ im Abstand AF von E in dessen lothrechten Mittellinien das Gewicht P aufgehängt.

Man ersieht, dafs eine Trennung der Theile des belasteten Körpers quer gegen die Richtung der Kraft P erfolgen wird.

Ueber den Vorgang dieser Trennung, Bruch genannt, hat man jetzt wohl allgemein eine Ansicht, nämlich die, welche in dem Art. Bruch (Dynamik) pag. 437 vorgetragen ist und welche von Bernoully herrührt. Dagegen sollen hier der Vollständigkeit wegen die früher darüber stattgehabten Ansichten und die daraus hervorgegangenen Resultate aufgeführt werden.

2. Die älteste Hypothese von Galilei ist offenbar unter der Annahme aufgestellt, dafs der zu zerbrechende Körper nicht die geringste Elasticität besitzt, sondern durchaus hart ist, denn er sagt: die Theile des Körpers werden vor dem Zerbrechen nicht ausgedehnt, der Körper wird also nicht gebogen; der Querschnitt, in welchem Bruch erfolgt, setzt in jedem seiner Theile dem Bruch einen gleich

grofsen Widerstand entgegen und dieser ist gleich der absoluten Festigkeit. Dagegen ist deren Wirkung gegen die beim Zerreifsen der Länge nach dadurch verschieden, dafs sie für das Zerbrechen mit Hebelsarmen um Axen drehbar dem Zerreifsen der Theile des Körpers widersteht.

Fig. 624.

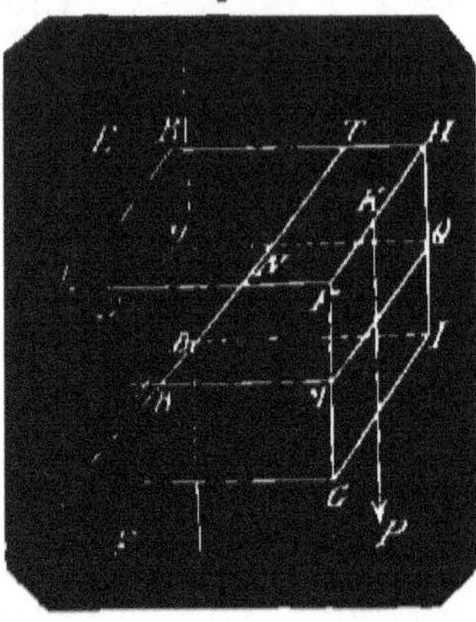

Aus dieser Hypothese entspringt folgende Theorie für die respective Festigkeit:

Es sei in dem Parallelepipedum, Fig. 624 die Breite $CD = b$, die Höhe $AC = h$, die Länge $AF = l$; dann wird bei der Einwirkung von P die Linie CD zur Drehaxe, nämlich zu der Axe, um welche der Körper im Augenblick des Bruchs sich drehen würde. Bezeichnet man den Coefficient der absoluten Festigkeit, d. h. die Kraft durch welche der Körper von der Flächeneinheit als Querschnitt zerreifst mit k, so ist die absolute F. des Körpers $= kbh$.

Nun ist die absolute F. auf den Querschnitt gleichmäfsig vertheilt, also kann dieselbe in dem Schwerpunkt S allein thätig gesetzt werden; dieser liegt auf der halben Höhe $SL = \frac{1}{2}h$, es wirkt also der Widerstand kbh an dem Hebelsarm $\frac{1}{2}h$ und dessen statisches Moment ist $\frac{1}{2}kbh^2$. Die Kraft P wirkt am Hebelsarm l, folglich ist für's Gleichgewicht:

$$P \cdot l = \frac{1}{2}kbh^2$$

woraus

$$P = \frac{1}{2}\frac{bh^2}{l}k$$

3. Die zweite Hypothese von Leibnitz und Mariotte nimmt gleichfalls an, dafs bei der Äufserung der respectiven Festigkeit sich eine Drehaxe CD bildet, ferner dafs die Theile eines festen Körpers als ausdehnbar betrachtet werden müssen und dafs die in dem Befestigungsquerschnitt $ABCD$ befindlichen Körpertheile in dem Verhältnifs ihrer Entfernung von der Drehaxe sich ausdehnen.

Nun wird vorausgesetzt, dafs der Körper zerbricht, wenn die der Drehaxe entferntesten Theile des Befestigungsquerschnitts diejenige Ausdehnung erhalten, mit welcher sie beim Angriff ihrer absoluten Festigkeit zerreifsen würden.

Aus dieser Hypothese entspringt folgende Theorie für die respective Festigkeit:

Gesetzt es sei $AN = BT$, Fig. 624, die Ausdehnung der von der Drehaxe CD um $AC = h$ entfernten auf der Linie AB befindlichen Körpertheile, bei welcher diese nach den Richtungen $AN \ldots BT$ zerreifsen müssen, so ist deren Widerstand $= b \cdot k$ und deren Moment $= bk \cdot h$. Die in der Entfernung $CO = x$ von der Drehaxe befindlichen Körpertheile haben die Ausdehnung $OR = \frac{x}{h} AN$, folglich ist deren Widerstand gegen das Zerreifsen nach der Richtung $OR = \frac{x}{h} bk$ und deren Moment $= \frac{x}{h} b \cdot k \cdot x = \frac{bk}{h} x^2$ (1)

Folglich haben sämmtliche auf die Höhe CO in dem befestigten Querschnitt befindlichen Körpertheile $CDOU$ das Moment:

$$\frac{bk}{h} \int x^2 \qquad (2)$$

wo die Constante fortfällt weil für $x = 0$ das Moment ebenfalls $= 0$ wird. Also das Moment auf $CO =$

$$\frac{1}{3}\frac{bk}{h} x^3$$

Für $x = h$ erhält man das Moment der absoluten Festigkeit für die Körpertheile des ganzen Querschnitts $ABCD =$

$$\frac{1}{3}bh^2k \qquad (3)$$

Nun ist das Moment der Kraft $P = lP$ folglich für's Gleichgewicht

$$lP = \frac{1}{3}bh^2k$$

woraus

$$P = \frac{1}{3}\frac{bh^2}{l}k \qquad (4)$$

4. Die dritte Hypothese von Bernoully sagt, dafs bei der Einwirkung einer Kraft P auf Zerbrechen der Körper gebogen wird und dafs sämmtliche Molecüle des Körpers zum Theil ausgedehnt, zum Theil

zusammen gedrückt werden. Diese Theile werden bei einem prismatischen Körper durch eine Ebene geschieden, welche in der Mitte des Körpers mit den Längenkanten parallel läuft.

Ist *MOUQ* diese Ebene, so werden die Theile des über derselben befindlichen Körpers *OAHQ* ausgedehnt, die des unter derselben Ebene befindlichen Körpers *OCJQ* zusammengedrückt, die in der Ebene *MOUQ* befindlichen Theile bleiben unverändert und die mit *OU* und *MQ* parallelen Linien in derselben bilden für die dazu gehörenden normalen Querschnitte die Drehaxen.

Aus dieser Hypothese entspringt nun folgende Theorie für die respective Festigkeit:

Es sei in dem Körper *AFGC*, Fig. 625, *OM* die unverändert bleibende (die neutrale) Ebene ⊦ *CG*, *BD* ein beliebiger normaler Querschnitt, so wird dieser durch die Belastung mit *P* die Lage *NR* annehmen.

Fig. 625.

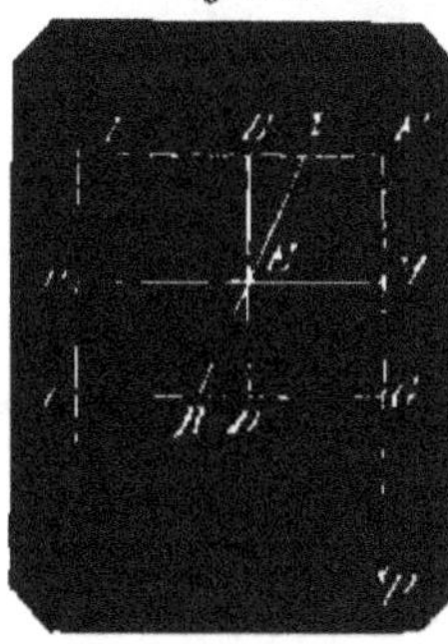

Für den Bruch ist *BN* die dem Zerreißen unmittelbar vorangehende Längenausdehnung, und da man hier *E* als Drehaxe annehmen muß, so hat man das Moment der absoluten Festigkeit nach No. 3 in Beziehung auf *E*

$$\mathfrak{M} = \tfrac{1}{3} b (BE)^2 k$$

Oder wenn man $BE = m \cdot BD = mh$ setzt,

$$\mathfrak{M} = \tfrac{1}{3} m^2 bh^2 k \qquad (1)$$

Die Zusammendrückung der Theile in *CG* auf die Länge *DR* sei von der Art, daß wenn dieselbe auf sämmtliche Theile einer Flächeneinheit stattfände, dazu eine Kraft k' erforderlich wäre. Man hat sodann das Moment $\mathfrak{M}'$ für die Zusammendrückung der Theile des Querschnitts von der Höhe *DE* in Beziehung auf *E* eben so wie $\mathfrak{M}$

$$\mathfrak{M}' = \tfrac{1}{3} b (DE)^2 k' = \tfrac{1}{3} (1-m)^2 bh^2 k' \qquad (2)$$

Also für's Gleichgewicht mit *P*

$$lP = \tfrac{1}{3} bh^2 [m^2 k + (1-m)^2 k'] \qquad (3)$$

Von diesen beiden Momenten sind die durch die Dreiecksflächen *BEN* und *DER* bildlich dargestellten Widerstände

$$\tfrac{1}{2} BN \cdot BE \text{ und } \tfrac{1}{2} DR \cdot DE$$

also die wirklichen Widerstände

$$\tfrac{1}{2} mh \cdot b \cdot k \text{ und } \tfrac{1}{2} (1-m) h \cdot b \cdot k' \qquad (4)$$

und deren Hebelsarme in Beziehung auf *E* die Entfernungen der Dreiecksschwerpunkte von der Axe *OM*, nämlich

$$\tfrac{2}{3} BE \text{ und } \tfrac{2}{3} DE \text{ oder } \tfrac{2}{3} mh \text{ und } \tfrac{2}{3} (1-m) h \qquad (5)$$

Beide wirken einander ∥ und entgegengesetzt gerichtet und können folglich in der Axe *OM* wirksam angenommen werden. Da nun aus beiden entgegengesetzten Wirkungen keine Wirkung auf die Axe erfolgt, so sind beide Widerstände einander gleich, also

$$\tfrac{1}{2} mhbk = \tfrac{1}{2} (1-m) bhk'$$

woraus $$k' = \frac{m}{1-m} k \qquad (6)$$

Diesen Werth in die obige Momentengleichung gesetzt, gibt

$$lP = \tfrac{1}{3} bh^2 \left[m^2 k + (1-m)^2 \frac{m}{1-m} k \right] = \tfrac{1}{3} m bh^2 k \qquad (7)$$

woraus $$P = \tfrac{1}{3} \frac{bh^2}{l} \cdot mk \qquad (8)$$

5. Den 3 Hypothesen nach hat man also die respective Festigkeit des Balkens Fig. 624, wenn er an einem Ende befestigt und an dem anderen belastet wird:

nach Galilei $P = \tfrac{1}{2} \frac{bh^2}{l} k$

nach Leibnitz und Mariotte $P = \tfrac{1}{3} \frac{bh^2}{l} k$

nach Bernoulli $P = \tfrac{1}{3} \frac{bh^2}{l} \cdot mk$

In allen dreien sind $\frac{bh^2}{l}$ und der Coefficient k der absoluten Festigkeit übereinstimmende Factoren; aber der aliquote Theil, welcher von dem Product $\frac{bh^2}{l} k$ genommen werden muß, um die respective Festigkeit zu finden, ist verschieden.

Setzt man $b = h = l = 1$ Zoll, so erhält man analog der absoluten Festigkeit den Coefficient der respectiven Festigkeit

entweder $\frac{1}{3}k$
oder $\frac{1}{4}k$
oder $\frac{1}{6}mk$

wo m einen noch unbekannten ächten Bruch bedeutet.

Dieser Verschiedenheit wegen drückt man den Coefficient s der respectiven Festigkeit nicht als aliquoten Theil des Coefficient k aus, sondern man ermittelt ihn direct aus Versuchen. Das Moment der respectiven Festigkeit eines vierkantig rechtwinkligen Körpers ist dann $lP = sbh^2$, wo s der Coefficient der respectiven Festigkeit ist. In dem Art. Brechungscoefficient unter No. 2, pag. 404 sind die Coefficienten der respectiven F. für mehrere Stoffe angegeben.

Diese sind aber für die Formel (Mosely-Scheffler, Formel 648, pag. 768) $P = \frac{1}{6}k \frac{bc^2}{a}$ angenommen, so dafs $\frac{k}{6} = s$ ist. Deshalb mufs von den dortigen Zahlen der 6te Theil genommen werden um s in alten preufsischen Pfunden zu erhalten, und diese auf Zollpfund reducirt ergeben folgende Tabelle.

Die Kraft gegen die respective Festigkeit, d. h. gegen das Zerbrechen des Körpers, dessen Querschnitt 1" breit, 1" hoch ist, durch Einwirkung normal auf die Länge in 1" Entfernung von der Drehaxe, in Zollpfund:

Ahorn	1528
Akazie	1715
Birke	1481
Eiche	1715
Eisen, Gufseisen	6236
Schmiedeeisen	10290
Erle	1560
Esche	1715
Kiefer	1560
Lerche, grün	811
trocken	1107
Mahagoni, spanisch	1216
Mauerziegel	47
Pappel, italienische	936
Portlandkalk	156
Rothbuche	1715
Rothtanne	1560
Sandstein	109
Traubenbaum	1027
Ulme	1185
Wallnufsbaum	1386
Weide	1045
Weifstanne	1637
Zeder von Canada	1185

6. Ermittelung der respectiven Festigkeit eines prismatischen Körpers von beliebig begrenztem Querschnitt.

Es sei Fig. 626 der Querschnitt des Körpers an der Befestigungsebene, dieselbe vertical und normal auf der centrischen Linie des Körpers, die also horizontal ist. Sämmtliche diesem Querschnitt parallele Querschnitte sind einander congruent und in der Entfernung

Fig. 626.

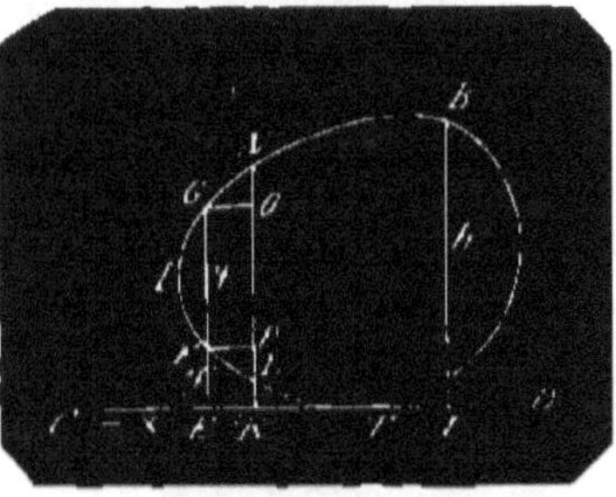

l von diesem Querschnitt ist ein Gewicht P aufgehängt, welches mit der respectiven Festigkeit des Körpers im Gleichgewicht ist.

Zieht man durch den untersten Punkt T der Begrenzung die waagerechte Berührungslinie CD, so wird diese Linie zur Drehaxe des Querschnitts. Die Begrenzung sei durch eine rechtwinklige Coordinatengleichung gegeben, es sei CD die Abscissenlinie, C der Anfangspunkt der Abscissen, so ist jede Ordinate y wie die in E eine zweiförmige Function von x, weil sie die Begrenzung in 2 Punkten F und G schneidet.

Ist nun B der höchste Punkt in dem Querschnitt, so findet bei B die gröfste Spannung statt, welche die Theile erleiden können ohne zu zerreifsen. Ist also der Coefficient der absoluten Festigkeit $= k$, so ist die Spannung der Theile im Punkt B gleich der Spannung der Theile eines Körpers vom Querschnitt $= 1$, der die summarische Spannung k hat. Wird die Ordinate AB des Punkts $B = h$, die Ordinate $EG = y$, die $EF = y'$ gesetzt, so verhält sich, wenn man vorläufig von einer Zusammendrückung von Theilen absieht, die Spannung in B zu der in G und in F wie $h : y : y'$ (s. Leibnitz Hypothese No. 2).

Werden die Spannungen in G und in F auf sämmtliche Theile einer Flächen-Einheit bezogen, so ist diese für die

Flächeneinheit bei $G = \frac{y}{h} \cdot h$ und die für die Flächeneinheit bei $F = \frac{y'}{h} h$.

Das Moment mit dem das Stück JGF dem Zerbrechen widersteht, sei $\mathfrak{M}$. Läfst man $CE = x$ um die sehr kleine Länge $EK = \Delta x$ wachsen, so ist das Moment der Spannung des Flächenstücks $FLNG$ $= \Delta\mathfrak{M}$.

Zeichnet man die mit der Abscisse Parallelen GO, FP so ist das Moment der Spannung des Flächenstücks $FGOP$ $= (y - y')\Delta x$ offenbar kleiner als (das der Fläche $GFLN$) $\Delta\mathfrak{M}$, und denkt man sich von L und N auf EG Parallelen gezogen, so ist das Moment des nun entstehenden Flächenstücks $LN \times \Delta x = [y + \Delta y - (y' + \Delta y')]\,\Delta x$ gröfser als $\Delta\mathfrak{M}$.

Nun ist das Moment des Rechtecks $FGOP$ = dem Moment des Rechtecks $EGOK$ − dem Moment des Rechtecks $EFPK$. Da nun EK für beide Rechtecke die Drehaxe ist, so hat man die Momente der Spannung in beiden Rechtecken wenn die Spannung einmal in G, das andere Mal in F für die Flächeneinheit $= h$ ist, nach No. 3 Formel 3

$$\tfrac{1}{3} EK \cdot EG^2 \cdot h \text{ und } \tfrac{1}{3} EK \cdot EF^2 h$$

nach No. 4, Formel 7

$$\tfrac{1}{3} EK \cdot EG^2 \cdot mh \text{ und } \tfrac{1}{3} EK \cdot EF^2 \cdot mh$$

Also ist das Moment des Rechtecks von der Grundlinie EK und der Höhe FG nach No. 4:

$$\tfrac{1}{3} mh \cdot \Delta x\, y^2 - \tfrac{1}{3} mh \cdot \Delta x (y')^2$$

Die Spannung in G ist aber nicht h sondern $\frac{y}{h} h$ und in $F = \frac{y'}{h} h$ folglich hat man das Moment für das Rechteck $FGOP$

$$\mathfrak{M}' = \tfrac{1}{3} mh \cdot \frac{y}{h} \Delta x \cdot y^2 - \tfrac{1}{3} mh \frac{y'}{h} \cdot \Delta x \cdot (y')^2 = \tfrac{1}{3} \frac{m}{h} h \Delta x [y^3 - (y')^3] \qquad (1)$$

Setzt man in diesen Ausdruck $y + \Delta y$ für y und $y' + \Delta y'$ für y' so erhält man das Moment der respectiven Festigkeit des Rechtecks von der Grundlinie $EK = \Delta x$ und der Höhe LN

$$\mathfrak{M}'' = \tfrac{1}{3} \frac{m}{h} h \Delta x [(y + \Delta y)^3 - (y' + \Delta y')^3] \qquad (2)$$

Das Moment $\mathfrak{M}'$ ist kleiner, das Moment $\mathfrak{M}''$ ist gröfser als $\Delta\mathfrak{M}$. Man hat also die Vergleichung

$$\tfrac{1}{3} \frac{m}{h} h \Delta x [y^3 - (y')^3] < \Delta\mathfrak{M} < \tfrac{1}{3} \frac{m}{h} h \Delta x [(y + \Delta y)^3 - (y' + \Delta y')^3] \qquad (3)$$

Dividirt man mit Δx, so wird das mittlere Glied $\frac{\Delta\mathfrak{M}}{\Delta x}$ der Zuwachsquotient des Moments $\mathfrak{M}$ und das erste Glied ist der Grenzwerth des dritten Gliedes, demnach hat man auf die Differenziale übergehend

$$\frac{\partial\mathfrak{M}}{\partial x} = \tfrac{1}{3} \frac{m}{h} h \cdot [y^3 - (y')^3] \qquad (4)$$

woraus

$$\mathfrak{M} = \tfrac{1}{3} \frac{m}{h} h \int [y^3 - (y')^3]\, \partial x + C.$$

Für $\frac{1}{3} mh$ den Coefficient n der respectiven Festigkeit gesetzt gibt

$$\mathfrak{M} = \frac{n}{h} \int [y^3 - (y')^3]\, \partial x + C. \qquad (5)$$

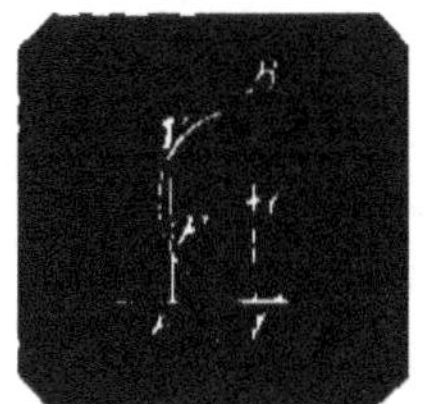

Fig. 627.

Beispiel. Es sei der Balken ein Cylinder von dem Halbmesser $= r$; nach Fig. 627 sind die Abscissen vom lothrechten Durchmesser AB ab genommen, $AK = x$ gesetzt und $h = AB = 2r$. Man hat also das Moment des Flächenstücks $ABNF$.

$$\mathfrak{M}' = \frac{n}{2r} \int [y^3 - (y')^3]\, \partial x + C.$$

Es ist

$$KN = y = r + \sqrt{r^2 - x^2} \qquad (1)$$

$$KF = y' = r - \sqrt{r^2 - x^2} \qquad (2)$$

mithin

$$\mathfrak{M}' = \frac{n}{2r} \int [(r + \sqrt{r^2 - x^2})^3 - (r - \sqrt{r^2 - x^2})^3]\, \partial x + C. \qquad (3)$$

$$= 4r \int \sqrt{r^2 - x^2} - \frac{1}{r} \int x^2 \sqrt{r^2 - x^2} \qquad (4)$$

Nun ist $4r\int\sqrt{r^2-x^2} = 4r\left[\frac{1}{2}x\sqrt{r^2-x^2}+\frac{r^2}{2}\,Arc\sin\frac{x}{r}\right]$

$$= 2rx\sqrt{r^2-x^2}+2r^3\,Arc\sin\frac{x}{r} \qquad (5)$$

Für das zweite Integral No. 4 hat man die Reductionsformel

$$\int x^m(a+cx^2)^n\,\partial x = \frac{1}{c(2n+m+1)}\left\{(a+cx^2)^{n+1}\cdot x^{m-1}-(m-1)a\int(a+cx^2)^n\,x^{m-2}\right\}$$

Hier ist $a=r^2$, $c=-1$, $n=\frac{1}{2}$, $m=2$

Also

$$\int\sqrt{r^2-x^2}\cdot x^2\,\partial x = -\frac{1}{4}\left[(r^2-x^2)^{\frac{3}{2}}x-r^2\int(r^2-x^2)^{\frac{1}{2}}\right]$$

$$= -\frac{1}{4}x(r^2-x^2)\sqrt{r^2-x^2}+\frac{1}{4}r^2\left(\frac{1}{2}x\sqrt{r^2-x^2}+\frac{r^2}{2}\,Arc\sin\frac{x}{r}\right)$$

und

$$\frac{1}{r}\int\sqrt{r^2-x^2}\,x^2\,\partial x = -\frac{1}{8}rx\sqrt{r^2-x^2}+\frac{1}{4}\frac{x^3}{r}\sqrt{r^2-x^2}+\frac{1}{8}r^3\,Arc\sin\frac{x}{r} \qquad (6)$$

Mithin den Ausdruck 6 von dem No. 5 abgezogen gibt

$$\mathfrak{M}' = n\left(\frac{17r^2x-2x^3}{8r}\sqrt{r^2-x^2}+\frac{15}{8}r^3\,Arc\sin\frac{x}{r}\right)$$

wo die Constante fortfällt, weil für $x=0$ auch $\mathfrak{M}=0$ wird.

Für $x=r$ entsteht das Moment des Halbkreises.

Das erste Glied fällt fort, $\frac{x}{r}=1$ folglich $Arc\,(\sin=1)=\frac{\pi}{2}$ und

$$\mathfrak{M} = \frac{15}{16}\pi r^3 n$$

Für den ganzen Cylinderquerschnitt erhält man

$$\mathfrak{M} = \frac{15}{8}\pi r^3 n \qquad (7)$$

7. Ein vierkantiger Balken von den Abmessungen l, b, h ist an einem Ende in horizontaler Lage befestigt, so findet man das auf das andere Ende anzubringende Gewicht Q durch welches er zerbricht, wenn sein eigenes Gewicht mit berücksichtigt wird wie folgt:

Ist g das Gewicht der Körpereinheit, so ist das Gewicht des Balkens $= lbhg$, dieses ist in seinem Schwerpunkt, also auf der Hälfte seiner Länge wirksam, mithin sein Moment in Beziehung auf den Befestigungsquerschnitt $= \frac{1}{2}bhl^2g$, das Moment des Gewichts Q ist $= l\cdot Q$, daher hat man die Momentengleichung

$$lQ+\frac{1}{2}bhl^2g = nbh^2$$

woraus $Q = \frac{nbh^2}{l}-\frac{1}{2}bhlg$

Für $Q=0$ hat man in l die Länge, bei welcher der Balken vermöge seines eigenen Gewichts in dem Befestigungsquerschnitt zerbricht

$$L = \sqrt{2n\frac{h}{g}}$$

8. Ein vierkantiger Balken von den Abmessungen l, b, h ist in horizontaler Lage an seinen Enden unterstützt und zwischen beiden Unterstützungspunkten in Entfernung a von dem einen Ende mit einem Gewicht Q belastet, so findet man das Maximum von Q, bei welchem also der Balken zerbricht, wenn auf das Gewicht des Balken keine Rücksicht genommen wird, durch folgendes Verfahren.

Das Gewicht Q hat zur Gegenwirkung den Druck des Balkens auf beiden Unterstützungen in A und B. Der Druck auf A sei P, so kann man die Stütze A hinweg und dafür lothrecht aufwärts eine

Fig. 628.

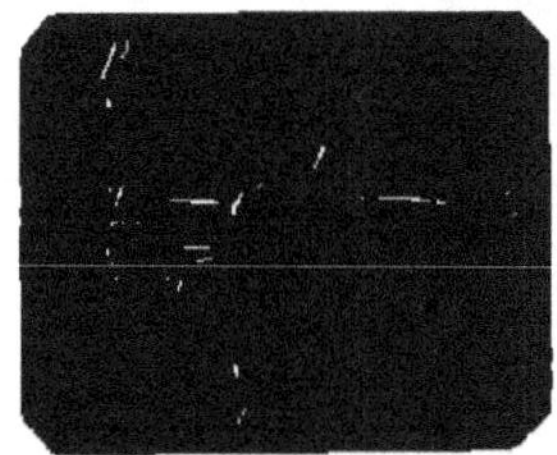

Kraft P angebracht denken, so dass das Gleichgewicht hergestellt bleibt. Durch diese Abänderung ist nun der Balken A zum Hebel mit dem festen Drehpunkt B

geworden und man hat in Beziehung auf den Punkt B die Momentengleichung

$$P \cdot l = Q\,(l - a)$$

woraus der Druck auf A =

$$P = Q \cdot \frac{l - a}{l}$$

Diese Kraft P hat nun das Bestreben, den Balken in C zu zerbrechen, deren Hebelsarm ist a, folglich ist aP = dem Moment der respectiven Festigkeit, oder

$$aP = aQ \cdot \frac{l - a}{l} = bh^2 n$$

woraus die Last in C, welche den Balken in C zerbricht

$$Q = \frac{b \cdot l \cdot h^2}{a\,(l - a)}\, n$$

denselben Werth für Q erhält man für Annahme eines Drucks P auf den Punkt B.

Das Gewicht Q wird am geringsten, wenn der Nenner $a(l - a)$ am grössten wird und da für jeden Werth die Summe der Factoren $= l$ ist, so ist der Nenner ein Maximum für $a = \frac{1}{2}l$. Mithin wird der Balken durch das kleinste Gewicht zerbrochen, wenn es in seiner Mitte aufgehängt wird und ist

$$= 4n \cdot \frac{bh^2}{l}$$

Ein Balken auf beiden Enden unterstützt und in der Mitte belastet trägt also die 4fache Last von der wenn er an einem Ende befestigt und an dem andern belastet wird.

9. Ein vierkantiger Balken von den Abmessungen b, h, l ist in horizontaler Lage an beiden Enden unterstützt und eine Belastung auf denselben gleichmässig vertheilt. Man bestimmt die Grösse derselben für das Gleichgewicht mit der respectiven Festigkeit folgender Art.

Es sei Fig. 629 die Belastung $= Q$, so erleidet jede Unterstützung in A und B den Druck $\frac{1}{2}Q$, und auf jeden Fuss Länge des Balkens wirkt die Last $\frac{Q}{l}$. Bringt man daher statt der Unterstützung in A die lothrecht aufwärts wirkende Kraft $\frac{1}{2}Q$ an, so verbleibt das Gleichgewicht. Diese Kraft hat nun das Bestreben den Balken zu zerbrechen und es ist zu untersuchen, in welchem Querschnitt des Balkens der Bruch erfolgt, in welchem Querschnitt nämlich die grösste Spannung zum Zerbrechen statt findet.

Demnach sei C dieser Querschnitt in dem Abstand a von A, so ist auf diese Länge a die Belastung $\frac{a}{l}Q$ gleich vertheilt und man kann daher dieselbe in der Mitte von AC allein wirkend annehmen. Man hat also in dem Querschnitt C das Moment der Spannung

$$a \cdot \tfrac{1}{2}Q - \tfrac{1}{2}a \cdot \frac{a}{l}\,Q = \tfrac{1}{2}a\,\frac{l - a}{l}\,Q$$

Die Grösse der Spannung ist also in den verschiedenen Querschnitten verschieden und sie wird in demjenigen Querschnitt am grössten, für welchen $a(l - a)$ ein Maximum ist, also für $a = \frac{1}{2}l$. Mithin erfolgt der Bruch in der Mitte des Balkens. In diesem Querschnitt ist nun das Moment der Spannung

$$\tfrac{1}{2} \cdot \frac{l}{2} \cdot \frac{l - \frac{1}{2}l}{l}\,Q = \tfrac{1}{8}lQ$$

mit diesem im Gleichgewicht soll die respective Festigkeit sein, d. h.

$$\tfrac{1}{8}lQ = n\,b\,h^2$$

woraus

$$Q = 8n\,\frac{bh^2}{l}$$

Eine auf einen in beiden Endpunkten unterstützten Balken gleich vertheilte Last Q kann also das doppelte von der betragen, mit welcher man allein die Mitte des Balkens belastet und das 8fache von der, mit welcher der mit einem Ende befestigte Balken an dem anderen Ende belastet werden kann.

10. Ein vierkantiger Balken von den Abmessungen b, h, l ist in horizontaler Lage an beiden Enden A, B unterstützt, eine Belastung Q auf denselben gleichmässig vertheilt und ausserdem in einem Querschnitt C zwischen den Unterstützungspunkten im Abstand a von A noch mit

Fig. 629.

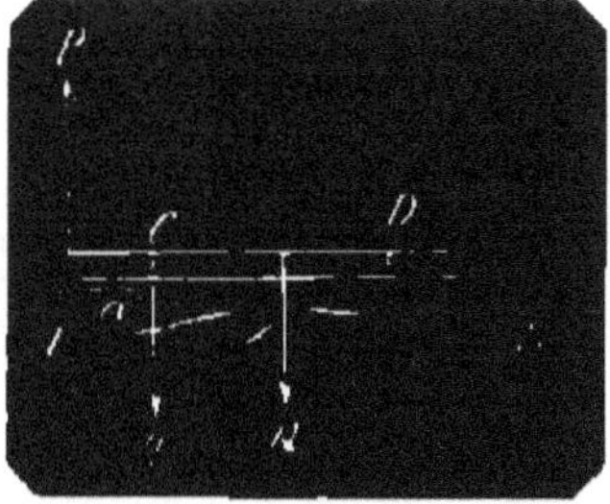

einem Gewicht q belastet. Das Gleichgewicht für die respective Festigkeit und der Ort des Bruchs wird folgender Art bestimmt.

Denkt man sich die Unterstützung in

A fortgenommen und eine senkrecht aufwärts wirkende Kraft P dafür gesetzt, so erhält man diese durch die Momentengleichung in Beziehung auf den Endpunkt B

$$Pl = q \cdot (l - a) + Q \cdot \tfrac{1}{2} l$$

$$P = \frac{l - a}{l} q + \tfrac{1}{2} Q \qquad (1)$$

Auch hier sind die Spannungen für den Bruch in den Querschnitten verschieden. Nimmt man den Querschnitt D in der beliebigen Entfernung x von A zur Untersuchung, so hat man für die Spannung in D

Erstens die Kraft P, welche den Theil AD des Balkens um D aufwärts zu drehen strebt, deren Moment also $P \cdot x$

Zweitens die Kraft q für die Drehung senkrecht abwärts mit dem Hebelsarm $CD = x - a$

Drittens die Belastung des auf AD fallenden Theils von $Q = \frac{x}{l} Q$, die in der Mitte von AD, also in Entfernung $\tfrac{1}{2}x$ von D allein thätig gedacht, den Balken um D gleichfalls niederwärts drehen will.

Das Moment der Spannung im Querschnitt D ist demnach

$$s = xP - (x - a)q - \tfrac{1}{2}x \cdot \frac{x}{l} Q$$

$$= x \left[\frac{2l(P - q)}{Q} - x \right] \frac{Q}{2l} + aq \qquad (2)$$

Dies Moment ist mit x veränderlich und wird ein Maximum wenn das Product der zwei ersten Factoren des ersten Summand ein Maximum ist.

Da hier wieder die Summe der Factoren constant bleibt, so entsteht das Maximum für

$$x = \frac{P - q}{Q} \cdot l \qquad (3)$$

und wenn man für P seinen Werth setzt.

$$x = \tfrac{1}{2} l - a \frac{q}{Q} \qquad (4)$$

Das Moment s (2) ist unter der Bedingung ausgedrückt, daſs der Querschnitt D zwischen C und B liegt, es ist also erforderlich die Bedingung

$$x = \tfrac{1}{2} l - a \frac{q}{Q} \geqq a \qquad (5)$$

Für das Gleichheitszeichen, also für $x = a$ erfolgt der Bruch in C und es ist

$$a = \tfrac{1}{2} l \cdot \frac{Q}{Q + q} \qquad (6)$$

$$q = \frac{l - 2a}{2a} Q \qquad (7)$$

In beiden Fällen, für $x \gtreqless a$ erhält man das Moment der gröſsten Spannung, wenn man in dem Ausdruck 2, für x den Maximalwerth No. 3, $= \frac{P - q}{Q} l$ setzt, also

$$s = l^2 \left(\frac{P - q}{Q} \right)^2 \frac{Q}{2l} + aq = \tfrac{1}{2} l \frac{(P - q)^2}{Q} + aq \qquad (8)$$

Und aus 1 den Werth von P gesetzt

$$s = \tfrac{1}{2} \frac{l}{Q} \left[\frac{l - a}{l} q + \tfrac{1}{2} Q - q \right]^2 + aq = \frac{(lQ + 2aq)^2}{8lQ} \qquad (9)$$

Dieses Moment muſs also für's Gleichgewicht dem Moment der respectiven Festigkeit gleich sein, also

$$\frac{(lQ + 2aq)^2}{8lQ} = mbh^2 \qquad (10)$$

woraus $$aq = \sqrt{2mbh^2 lQ} - \tfrac{1}{2} l Q = \left(\sqrt{\frac{2mbh^2 l}{Q}} - \tfrac{1}{2} l \right) Q \qquad (11)$$

Soll nun der Bruch zwischen C und B oder in C erfolgen, so ist die Bedingung No. 5 zu erfüllen

woraus $aq \leqq (\tfrac{1}{2} l - a) Q$

und für aq den Werth aus 11 gesetzt:

$$\left(\sqrt{\frac{2mbh^2 l}{Q}} - \tfrac{1}{2} l \right) Q \leqq (\tfrac{1}{2} l - a) Q$$

woraus $$\sqrt{\frac{2mbh^2 l}{Q}} \leqq l - a$$

und $$Q \geqq \frac{2bh^2 l}{(l - a)^2} \cdot m \qquad (12)$$

Ist die auf den Balken von der Länge l gleich vertheilte Last Q gröſser als der rechts stehende nur von den Dimensionen des Balkens und der Gröſse der Festigkeit seines Stoffs abhängige Ausdruck, so kommt auf einen Querschnitt zwischen C und B die gröſste Spannung und man findet bei bekanntem Q aus Gl. 11 die Belastung q in C mit welcher der Balken zerbricht; den Ort des Bruchs in dem Abstande von A gibt dann Gleichung 4.

Ist Q = dem rechts befindlichen Ausdruck in 12, so ist die gröſste Spannung in C; man findet q für den Bruch entweder aus 11 oder aus 4, wenn man $x = a$ setzt.

Aus 4 ersieht man ferner, daſs die gröſste Spannung nicht jenseits der halben Balkenlänge fallen kann; soll die gröſste Spannung in der Mitte des Balkens sein, so muſs $q = 0$ werden und der Balken darf keine andere Belastung erhalten als das gleich vertheilte Q.

Ist Q kleiner als der rechts befindliche Ausdruck in 12, und findet eine Belastung q in C statt, so ist auch in C die gröſste Spannung und zwischen A und C kann sie niemals fallen.

Man hat dann statt des Ausdrucks 4 das Maximum von $x = a$, die Spannung in C erhält man, wenn man C zum Drehpunkt nimmt, wo dann P mit dem Hebelarm a aufwärts, die Belastung $\frac{a}{l} Q$ über a mit dem Hebelarm $\frac{1}{2}a$ abwärts wirkt =

$$Pa - \frac{a^2}{2l} Q = nbh^2$$

für P den Werth aus 1 gesetzt:

$$\left(\frac{l-a}{l} q + \frac{l-a}{2l} Q\right) a = nbh^2$$

woraus
$$q = \frac{bh^2 ln}{a(l-a)} - \frac{1}{2}Q \qquad (13)$$

Beispiel. Ein kieferner Balken, der 10 Fuſs frei liegt, hat die Breite $b = 10$ Zoll, die Höhe $h = 10$ Zoll, in einem Abstande 2′ 6″ = 30 Zoll von dem einen Ende soll er mit dem Gewicht q und auſserdem noch mit einem gleichförmig vertheilten Gewicht Q belastet werden.

Der Balken selbst hat, wenn man den Cubikfuſs Kiefernholz 48 Pfund setzt, ein Gewicht von $10 \cdot \frac{5}{6} \cdot \frac{5}{6} \cdot 48$ Pfund = 330 Pfund.

Nach No. 9 kann derselbe bevor er zerbricht eine gleichvertheilte Last erhalten

$$= 8n \frac{bh^2}{l} = Q$$

Es ist $n = \frac{10000}{6} = 1666$ Pfund, wofür 1650 Pfund genommen werden soll, also die gleichvertheilte Last

$$Q = 8 \cdot 1650 \cdot \frac{10 \cdot 10^2}{120} - 330 = 109670 \text{ Pfd.},$$

bei welcher er zerbrechen würde.

Würde der Balken in Entfernung 40 Zoll von einem Ende A allein belastet, so würde er nach No. 8 zerbrechen durch die Last

$$q = \frac{b \cdot l \cdot h^2}{a(l-a)} n = \frac{10 \cdot 120 \cdot 10^2}{30 \cdot 90} \cdot 1650 = 73333 \text{ Pfund}$$

Nun ist Formel 13

$$\frac{2bh^2 l}{(l-a)^2} n = \frac{2 \cdot 10 \cdot 10^2 \cdot 120}{90^2} \cdot 1650 = 48888 \text{ Pfund}$$

Hiervon das Gewicht des Balkens 330 Pfund bleibt 48558 Pfund Belastung;

Es kann aber sein $Q \gtrless 48888$ Pfund.

1. Nimmt man $Q = 80000$ Pfund, so hat man nach Gleichung 11

$$30 \cdot q = \left(\sqrt{\frac{2 \cdot 1650 \cdot 10 \cdot 10^2 \cdot 120}{80000}} - 60\right) 80000 \text{ Pfund} = 10{,}35625 \times 80000 = 828500$$

woraus $q = 27617$ Pfund.

Nach No. 4 erhält man nun den Ort des Bruchs

$$= 60 - 30 \cdot \frac{27617}{80000} = 49\tfrac{2}{3} \text{ Zoll}$$ von dem Ende A oder $19\frac{2}{3}$ Zoll von C, dem Ort des Gewichts q.

Eine Prüfung gewährt Formel 10, welche mit dem Resultat übereinstimmt.

2. Nimmt man $Q = 48558$ Pfund, so hat man für Gleichung 4 weil $x = a = 30$ ist, und das Gewicht des Balkens mit 330 Pfund hinzukommt:

$$30 = 60 - 30 \cdot \frac{q}{48888}$$

woraus $q = Q = 48888$

3. Nimmt man Q kleiner, z. B. 25000 Pfund, so hat man nach Formel 13

$$q = \frac{10 \cdot 10^2 \cdot 120 \cdot 1650}{30 \cdot 90} - \frac{1}{2} \cdot 25000$$
$$= 60833 \text{ Pfund.}$$

In allen 3 Fällen sind die ermittelten Werthe für q diejenigen, bei welchen der Balken so eben zerbricht.

11. Ein vierkantiger Balken von den Abmessungen b, h, l ist in horizontaler Lage mit dem einen Ende frei aufliegend, mit dem anderen Ende unbeweglich befestigt (z. B. eingemauert) und zwischen beiden Enden in der Entfernung a von dem befestigten Ende mit einem Gewicht Q belastet, so findet man die Gröſse dieses Gewichts für das Gleichgewicht

mit der respectiven Festigkeit folgender Art:

Das Gewicht Q zerbricht den Balken in dem Querschnitt C, und da der Balken in A nicht nachgeben kann, auch in dem Befestigungsquerschnitt A. Mithin

Fig. 630.

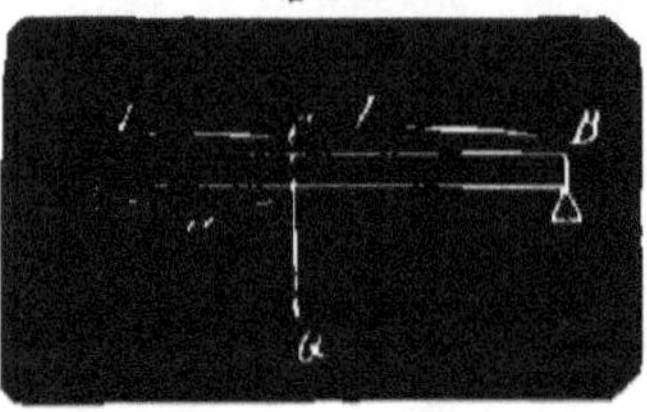

ist das Gewicht Q aus 2 Theilen bestehend zu denken, in den einen Q', welcher den Balken in C, und in den anderen Theil Q'', welcher ihn in A zerbricht.

Wenn Q' für den Bruch des Balkens in C wirkt, so entsteht in A senkrecht aufwärts ein Widerstand P, und B zum Momentenpunkt genommen ist

$$Pl = Q'(l - a) \qquad (1)$$

woraus $$P = \frac{l-a}{l} Q' \qquad (2)$$

und da C Drehpunkt ist, das Moment Pa = dem Moment der respectiven Festigkeit in $C = nbh^2$.

Folglich $$Pa = \frac{l-a}{l} a\, Q' = nbh^2 \qquad (3)$$

woraus $$Q' = \frac{nbh^2 l}{a(l-a)} \qquad (4)$$

(Vergleiche No. 8 mit Fig. 628.)

Für den Bruch in A wirkt die Kraft Q'' mit dem Hebelsarm a, mithin ist nach No. 7 das Moment

$$aQ'' = nbh^2 \qquad (5)$$

woraus $$Q'' = \frac{nbh^2}{a} \qquad (6)$$

hieraus $$Q' + Q'' = Q = \frac{nbh^2 l}{a(l-a)} + \frac{nbh^2}{a}$$

oder $$Q = \frac{nbh^2(2l-a)}{a(l-a)}$$

Die Gröfse des Gewichts Q für den Bruch in A und C ist also von dem Abstand a abhängig; es entsteht für $a = l$ und $a = 0$, also für die Punkte B und A anstatt C, für Q der Werth ∞, folglich mufs zwischen A und B ein Ort C sein, für welchen Q ein Minimum wird, und dieser ergibt sich aus dem Minimum von $\frac{2l-a}{a(l-a)}$

Man erhält aus Bd. II., pag. 300, No. 4 am Schlufs dieses Minimum für die Gleichung $$a^2 - 4al + 2l^2 = 0$$

woraus $$a = (2 - \sqrt{2})\,l$$

und das Minimum von Q

$$= (3 + 2\sqrt{2})\frac{nbh^2}{l} = 5{,}8284 \ldots \frac{nbh^2}{l}$$

Wird Q in die Mitte des Balkens gehängt, so ist $a = \frac{1}{2}l$ und

$$Q = \frac{nbh^2(2l - \frac{1}{2}l)}{\frac{1}{2}l(l - \frac{1}{2}l)} = 6\frac{nbh^2}{l}$$

12. Die gröfste Last Q zu bestimmen, die der Balken ad 11 tragen kann, wenn Q auf den Balken gleichmäfsig vertheilt wird.

Da eine gleichförmige Belastung auf Bruch eines horizontalen Balkens gerade so wirkt wie eine auf den brechenden Querschnitt direct wirkende Last (s. No. 9) so mufs auch hier wie in No. 11 für den Fall des Bruchs der Balken in dem Befestigungsquerschnitt A und in einer Stelle zwischen A und B zerbrechen. Der gegen die Festigkeit schwächste Querschnitt C hat nach No. 11 von A eine Entfernung $a = (2 - \sqrt{2})\,l$ und es wird folglich auch bei gleichmäfsiger Belastung der Bruch in diesem Querschnitt erfolgen.

Es sei nun auch hier von der auf den Balken gleichmäfsig vertheilten Last Q der Theil, welcher den Balken in C zerbricht $= Q'$ und der welcher ihn in A zerbricht $= Q''$.

Die gleichförmig vertheilte Last Q veranlafst in A und B die gleichen Bruchwirkungen $\frac{1}{2}Q$, die ebenso in $\frac{1}{2}Q' + \frac{1}{2}Q''$ zu theilen sind. Für den Bruch in C erhält man nun die Spannung daselbst, wenn C als Drehpunkt genommen wird entweder aus den Wirkungen links von C oder rechts von C. Links von C wirkt $\frac{1}{2}Q'$ mit dem Hebelsarm AC und die auf AC vertheilte Last $\frac{AC}{AB}Q'$ mit dem Hebelsarm $\frac{1}{2}AC$, also das Moment

$$\tfrac{1}{2}Q' \cdot a - \frac{a}{l} Q' \cdot \tfrac{1}{2}a = \tfrac{1}{2}a \frac{l-a}{l} Q'$$

Rechts von C wirkt $\frac{1}{2}Q'$ mit dem Hebelsarm BC und die auf BC gleich vertheilte Last $\frac{BC}{AB}Q'$ mit dem Hebelsarm $\frac{1}{2}BC$, also das Moment

$$\frac{Q'}{2}(l-a) - \frac{l-a}{l} Q' \cdot \frac{l-a}{2} = \tfrac{1}{2}a \frac{l-a}{l} Q'$$

das Moment der Spannung ist für den Eintritt des Bruchs = dem der respectiven Festigkeit, also

$$\frac{1}{2} a \frac{l-a}{l} Q' = n b h^2$$

woraus $$Q' = \frac{2 n b h^2 l}{a (l-a)}$$

Es ist diese Last das doppelte Q' (No. 11, Gl. 4), welches direct auf C wirkend Bruch erzeugt.

Für den Bruch in A hat man das Gewicht Q'' in der Mitte von AB, also in Entfernung $\frac{1}{2}l$ von A wirksam zu denken. Es ist also das Moment

$$Q'' \cdot \tfrac{1}{2} l = n b h^2$$

woraus $$Q'' = \frac{2 n b h^2}{l}$$

Es ist also dieses Q'' zu dem No. 11, Gl. 6 bei directer Belastung in $C = a : \frac{1}{2}l$.

Man hat nun

$$Q' + Q'' = Q = \frac{2 n b h^2 l}{a (l-a)} + \frac{2 n b h^2}{l} = 2 n b h^2 \frac{l^2 + a l - a^2}{a l (l-a)}$$

Für a den Werth $(2 - \sqrt{2})\, l$ gesetzt und reducirt:

$$Q = 3 (2 + \sqrt{2}) \frac{n b h^2}{l}$$

13. Ein vierkantiger Balken von den Abmessungen b, h, l ist mit seinen beiden Enden A, B unbeweglich befestigt (eingemauert) und zwischen denselben in Entfernung a von A mit einem Gewicht Q belastet, die Größe von Q für das Gleichgewicht mit der respectiven Festigkeit zu finden unter der Bedingung, daß ein Bruch in den 3 Stellen A, B, C erfolgt.

Fig. 631.

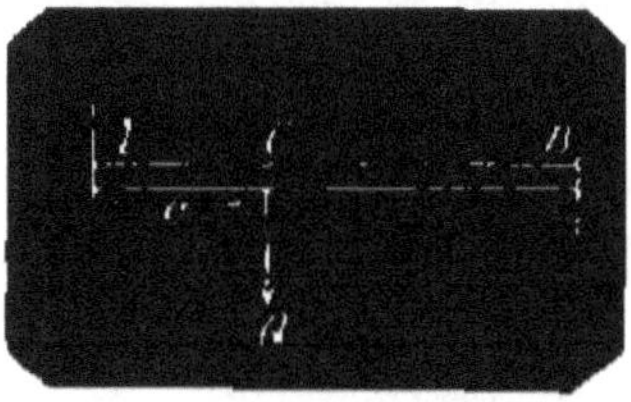

Es ist hier die Last Q in 3 Theilen bestehend zu denken: Q' welcher den Bruch in A, Q'' welcher den Bruch in B und Q''' welcher den Bruch in C hervorbringt, wobei man sich vorzustellen hat, daß jedes einzelne Gewicht unabhängig von den beiden anderen Gewichten wirkt.

Das Gewicht Q' wirkt also auf Bruch in A mit dem Hebelsarm a und es ist

$$Q' = \frac{n b h^2}{a}$$

Desgleichen Q'' auf Bruch in B mit dem Hebelsarm $l - a$, woher

$$Q'' = \frac{n b h^2}{l - a}$$

Das Gewicht Q''' wirkt auf Bruch in C, so als wenn, da zugleich Bruch in A und B erfolgt, der Balken in A und B frei auflâge. Also ist nach No. 8

$$Q''' = \frac{n b h^2 l}{a (l - a)}$$

hieraus

$$Q' + Q'' + Q''' = Q = \frac{n b h^2}{a} + \frac{n b h^2}{l - a} + \frac{n b h^2 l}{a(l-a)} = \frac{2 n b h^2 l}{a (l - a)}$$

Der Balken kann also eine doppelt so große Last tragen als wenn er an beiden Enden bloß unterstützt wäre.

Ist $a = \frac{1}{2}l$ so ist Q die kleinste Last, die der Balken je zu tragen vermag

$$= \frac{8 n b h^2}{l}$$

Ist folglich die Last Q auf die ganze Länge gleichmäßig vertheilt, dann ist

$$Q = \frac{16 n b h^2}{l}$$

C. Rückwirkende Festigkeit.

Die rückwirkende Festigkeit kommt zur Erscheinung, wenn ein Körper auf eine feste Ebene gestellt und auf seinem oberen Querschnitt so lange belastet wird, bis die einzelnen Theile des Körpers von allen Seiten sich verbreitern, während um so viel die Höhe sich vermindert; oder auch, wenn die Höhe gegen die kleinste Querschnittsdimension etwa das Funfzehnfache beträgt, daß der Körper einbiegt und endlich zerbricht. Die erste Erscheinung heißt das Zerquetschen, die zweite das Zerknicken. Es ist also dieser Angriff der Festigkeit eines Körpers dem der absoluten Festigkeit durch Zerreißen gerade entgegengesetzt und die erforderliche Kraft für das Zerquetschen und das Zerdrücken eines Körpers wächst eben so wie für das Zerreißen mit dessen Querschnitt.

Es existiren mehrere wissenschaftliche Untersuchungen über die rückwirkende Festigkeit in Beziehung auf ihr Verhalten bei verschiedenen Dimensionen desselben Stoffs, allein alle stimmen mehr oder weniger mit den Erfahrungen nicht überein und man muß auf dieselben vorläufig noch verzichten.

Unter den wenigen Versuchen, welche nur existiren werden die von Hodgkinson angestellten für die zuverlässigsten gehalten.

Mosely, übersetzt von Scheffler, II., pag. 295 hat aus Hodgkinsons Versuchen folgende Resultate aufgeführt:

Runde Säulen, deren Länge = 15 mal dem Durchmesser, die an beiden Enden abgerundet sind, zerknicken durch eine Belastung W in preuß. Pfunden, wenn L die Länge in preuß. Fußen, d und d' äußere und innere Durchmesser in preuß. Zollen bedeuten:

1. Eine volle cylindrische Säule aus Gußeisen $W = 34338$ (in Zollpfund 32139) $\times \frac{d^{3,76}}{L^{1,7}}$

2. Eine hohle desgl. $W = 28077$ (in Zollpfd. = 28040) $\times \frac{d^{3,76} - d_1^{3,76}}{L^{1,7}}$

3. Eine volle cylindrische Säule aus Schmiedeeisen $W = 97830$ (in Zollpfd. = 91512) $\times \frac{d^{3,76}}{L^2}$

Wenn die beiden Endflächen eben sind, wo dann die Länge L das 30fache des Durchmessers d betragen kann:

1. Eine volle cylindrische Säule von Gußeisen $W = 101284$ (in Zollpfd. = 94715) $\times \frac{d^{3,55}}{L^{1,7}}$

2. Eine hohle cylindrische Säule von Gußeisen $W = 101618$ (in Zollpfd. = 95053) $\times \frac{d^{3,55} - d_1^{3,55}}{L^{1,7}}$

3. Eine volle cylindrische Säule von Schmiedeeisen $W = 303647$ (in Zollpfd. = 28422) $\times \frac{d^{3,55}}{L^2}$

4. Eine volle quadratische Säule von Danziger Eichenholz trocken (Seite = d) $W = 25205$ (in Zollpfd. = 23577) $\times \frac{d^4}{L^2}$

5. Eine volle quadratische Säule von Fichtenholz (trocken) $W = 17977$ (in Zollpfd. = 16816) $\times \frac{d^4}{L^2}$

Säulen an einem Ende eben, an dem anderen abgerundet, zeigten eine Stärke gleich dem arithmetischen Mittel zwischen Säulen mit 2 ebenen und Säulen mit 2 abgerundeten Endflächen.

In dem Art.: Brechungscoefficient No. 3, pag. 404 sind die Coefficienten für bloßes Zerquetschen zusammengestellt. Bei Prismen von einer Höhe die unter 30 und 15 mal der kleinsten Querschnittsdimension liegt, geschieht der Bruch theils durch Zerknicken, theils durch Zerquetschen; nun soll das Gewicht P für den wirklich erfolgenden Bruch zwischen dem durch Versuche ermittelten W und dem durch Zerquetschen W' liegen und zwar soll sein (Mosely pag. 296, Formel 093)

$$P = \frac{W \times W'}{W + \frac{3}{4} W'}$$

Diese Formel, welche auch in andere technische Bücher übergegangen gibt aber Resultate, die außer der Wahrscheinlichkeit liegen, z. B.

Ein Pfeiler von Kiefernholz 10□″ stark 10′ hoch hat nach Formel 5 die Kraft für's Zerknicken:

$$W = 17977 \times \frac{10000}{100} = 1797700 \text{ Pfund.}$$

Der Coefficient für's Zerdrücken ist 6300 daher die Kraft zum Zerdrücken $W' = 630000$ Pfd.

Nun ist

$$P = \frac{W \cdot W'}{W + \frac{3}{4} W'} = \frac{1797700 \cdot 630000}{1797700 + 472000} = 499000 \text{ Pfd.}$$

also noch geringer als der einfache Coefficient der Zerdrückung die Kraft P ergibt.

Nachstehend sind die Coefficienten für rückwirkende Festigkeit (Bd. I., pag. 405) auf Zollpfund reducirt.

Die Kraft gegen die rückwirkende Festigkeit, und zwar für Zerquetschen allein, von einem Körper, dessen Querschnitt 1 □Zoll preuß. beträgt, in Zollpfunden.

Apfelbaum	0207
Basalt	27130
Birke, grün	4400
„ trocken	6174
Birnbaum	6548
Buchsbaum, trocken	9822
Eiche, grün	4303
„ trocken	9167
Eisen, Gußeisen	130960
„ Schmiedeeisen	84190
Erle	6640
Esche	8700
Flieder	8138

Granit	4677 bis 9354
Hainbuche	7016
Kalkstein	250 bis 8420
Kiefer	5893
Lerche, grün	3090
„ trocken	5332
Mahagoni	7860
Marmor	3740 bis 10290
Mauerziegel	4677 bis 1871
Mörtel	4677
„ hydraulischer	6548
Pappel, grün	3090
„ trocken	4958
Pflaumbaum, grün	3555
„ trocken	5980
Portlandkalk	5612
Rothbuche, grün	7483
„ trocken	8980
Rothtanne	5145
Sandstein, stärkster	9354
Ulme	9728
Wallnußbaum	6360
Zeder	4864

D. Torsionsfestigkeit.

1. Ist ein cylindrischer Körper mit einem Endquerschnitt AB unverrückbar befestigt und wirkt an dem anderen Ende ED in Entfernung $CC = l$ an der Peripherie eine Tangentialkraft P, so werden die Massentheile von AB bis DE von der festbleibenden Cylinderaxe ab um dieselbe als Drehaxe in Form von Schraubenwindungen verdreht, und zwar ist die Größe der Verdrehung in den einzelnen von AB ab nach DE hin genommenen Schichten proportional ihren Abständen von AB, und von der Axe ab nach der Oberfläche hin in jedem einzelnen Querschnitt proportional ihren Halbmessern.

Wenn man daher die Schraubenlinie der Cylinder-Oberfläche in einer Ebene

Fig. 632.

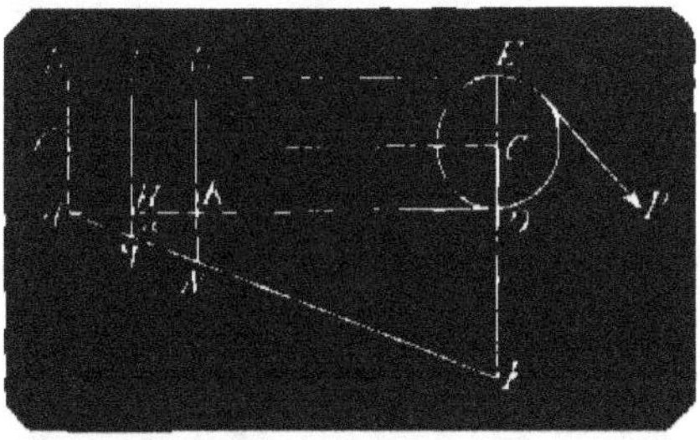

abwickelt, so erhält man für dieselbe eine gerade Linie AF. Ist die in der Kreislinie der Schicht DE gemessene Verschiebung jedes äußeren Massenelements $= DF$, so ist die Länge deren Verschiebung in der Schicht $HJ = HN$ und die der Schicht $KL = KN$.

2. Der Vorgang bei dieser Torsionswirkung wird nun folgender Art erklärt (Mosely-Scheffler II., pag. 297):

Zwei Massentheilchen ab, ac, die neben einander gezeichnet sind, sollen über einander liegend gedacht werden. Das untere

Fig. 633.

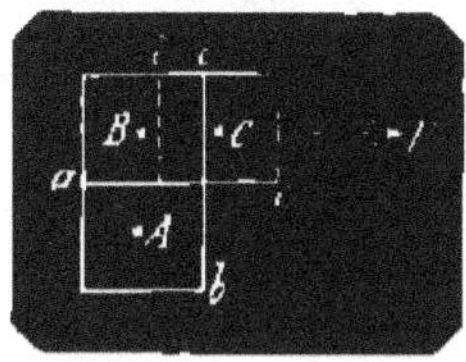

Theilchen ab wird festgehalten, auf das andere wirkt eine Kraft p, durch welche das Theilchen ac nach de gerückt wird. Sind A und B die Mittelpunkte der Theilchen, ist B um die Länge $BC = \beta$ nach C gezogen worden und bezeichnet man eine Kraft, durch welche die Verrückung $BC = BA = a$ wird, mit t so ist

$$p : t = \beta : a$$

also
$$p = \frac{\beta}{a} t \qquad (1)$$

Bestehen die Flächen ab und ac jede aus einer Schicht von n Massentheilchen, so sei $nt = T$, $np = P$, und so ist dann

$$P = \frac{\beta}{a} T \qquad (2)$$

Liegen nun m solcher Schichten übereinander und man bringt an die oberste eine Kraft P an, so soll diese Kraft P eine Spannung P auf die zunächst untere, diese wieder eine Spannung P auf die ihr folgende und so fort eine Spannung P bis auf die unterste Schicht erzeugen, so daß in allen Schichten einerlei Spannung $= P$ statt findet. Wäre demnach die Gesammthöhe der Schichten $= h$ so würde $P = \frac{\beta}{h} T$ sein, und setzt man $\beta = h$ so ist

$$P = T \qquad (3)$$

Hiernach ist die Länge eines Körpers für die Torsionswirkung auf denselben ganz gleichgültig. Ob also Fig. 632 in

Fig. 634.

D oder in H dieselbe Kraft P angebracht wird, die Wirkung bleibt dieselbe; für $\beta = a$ und für $\beta = h$ bleibt also $P = T$, und wenn jede Schicht ein □Zoll Grüfse hat und sämmtliche Schichten zusammen ein Prisma von der beliebigen Höhe h und 1 □Zoll Querschnitt ausmachen, so wird die für die Verdrehung dieses Prisma um die beliebige Länge h erforderliche Kraft T, der Torsionsmodul genannt, der eine für jedes Material constante Grüfse ist.

Mit diesem Vortrag kann man sich nicht einverstanden erklären. Denn gesetzt es wären nur die beiden in der um die Peripherie gewundenen Linie AF befindlichen Molecüle N und F zu verdrehen gewesen, so ist klar, dafs eine viel geringere Kraft dazu gehört, das Molecül N auf die Länge KN als das ihm gleiche Molecül F auf die gröfsere Länge DF fortzubewegen; um so mehr Kraft also für die Bewegung sämmtlicher auf die Linie AF vertheilten Molecüle um die Längen HM, KN .... DF.

In dieser Theorie wird auch der Winkel, der in einem Querschnitt von den Endpunkten des Verdrehungsbogens mit den Radien gebildet wird, der Torsionswinkel genannt: also für den Querschnitt LK der Winkel, den die Endpunkte K, N des Verdrehungsbogens KN mit den Radien des Cylinders bilden.

Ist $\angle DAF = \alpha$, $AH = 1$, $AD = l$, so ist der Torsionswinkel in $HJ = \frac{1}{r}\alpha$, in $DF = \frac{l}{r}\alpha$.

Ist K□" der Querschnitt des Cylinders, so ist nach der obigen Bezeichnung

$$P = TK \frac{\beta}{a}. \qquad (4)$$

Ist $ABDE$ (Fig. 632) ein sehr dünner Cylindermantel, dessen innerer Halbmesser $= \varrho$, die Dicke des Mantels $= \Delta\varrho$, also der Querschnitt $K = 2\pi\varrho\Delta\varrho$; ist δ der Bogen des Torsionswinkels in DF für den Halbmesser $= 1$, also der Bogen selbst $= \varrho\delta$, die Länge $CC' = l$, so ist die Kraft für die Verdrehung nach Formel 4:

$$P = T \cdot 2\pi\varrho\Delta\varrho \frac{\varrho\delta}{l} = 2\pi T \frac{\delta}{l} \varrho^2 \Delta\varrho \qquad (5)$$

und das Moment dieser Kraft in Beziehung auf die Axe des Cylinders

$$P\varrho = 2\pi T \cdot \frac{\delta}{l} \varrho^3 \Delta\varrho \qquad (6)$$

Ist der Cylinder voll und man denkt sich denselben aus lauter concentrischen Scheiben von der unendlich kleinen Dicke $\Delta\varrho$ bestehend, so erhält man das Moment des Cylinderquerschnitts für die Torsion

$$Pr = 2\pi T \frac{\delta}{l} \int \varrho^3 d\varrho$$

$$= \frac{1}{2}\pi T \frac{\delta}{l} r^4 \qquad (7)$$

3. Denselben Vorgang der Torsionswirkung erkläre ich folgendermaafsen:

Der Winkel (Fig. 632) $DAF = \alpha$ um welche die Verschiebung sämmtlicher auf dem Cylindermantel befindlichen Massenelemente geschehen ist, sei der Torsionswinkel, und unter dem Maximum dieses Winkels, welches von der jedesmaligen Festigkeit des Materials abhängt, geschieht der Bruch, d. h. die Ablösung der äufseren Molecüle von den zunächst unteren, oder wenn man statt des vollen Cylinders einen äufserst dünnen Cylindermantel sich vorstellt, eine Trennung des ganzen Körpers innerhalb eines Querschnitts.

Denkt man sich den sehr dünnen Cylindermantel $ABDE$ von der Länge l in n gleich hohe Schichten getheilt, ist HJ die erste Schicht im Abstand $\frac{1}{n} l$ von AB, KL die zweite in Entfernung $\frac{2}{n} l$ von AB u. s. w., ist in dem Umkreise HJ die Kraft p erforderlich um dessen Massentheile um die Länge $HM = \frac{1}{n} DF$ gegen die des Querschnitts AB zu verschieben, so machen die von HJ bis DE mit HJ zusammenhangenden Theile diese Verschiebung ebenfalls mit, ohne jedoch unter sich verschoben zu werden. Sollen nun die Massentheile in der Schicht KL ebenfalls um die Länge HM gegen die in HJ befindlichen Massentheile, also um die Länge $2HM = KN$ gegen die Massentheile in AB verschoben werden, so ist noch eine Tangentialkraft p in KL erforderlich, oder eine Kraft $= 2p$ in KL allein thätig. So fortgeschlossen ergiebt für die Verschiebung der Massentheile in DE um die Länge $DF = n \cdot HM$ eine Kraft $P = np$ tangential in DE, mit welcher allein thätigen Kraft die Verdrehungen sämmtlicher Massentheile des Mantels von AB bis DE geschehen

Um also in dem Material des Querschnitts AB die Spannung hervorzubringen, welche mit der Verdrehung der darüber befindlichen Massentheile um einen Torsionswinkel α verbunden ist, bleibt es gleich ob man im Abstand $\frac{1}{n} l$ die Kraft $\frac{1}{n} P$ oder in dem Abstande l die Kraft P wirken läfst.

Ist p die Kraft in HJ für's Maximum von α und also zugleich die Spannung p' in AB für den Bruch, und wirken auf die weitere Länge des Cylinders keine anderen Kräfte, so wird wie schon oben gesagt, der Cylinder auf diese weitere Länge DH mit um den $\angle \alpha$ gedreht ohne irgend eine Spannung zu erleiden. Soll nun in KL eine Drehung um den $\angle \alpha$ geschehen, so mufs nothwendig in KL ebenfalls eine Tangentialkraft p angebracht werden, von welcher wiederum der Cylinder von K bis D nicht afficirt wird. Dagegen übt diese Kraft p auf den Querschnitt HJ eine Spannung p' auf Bruch, und dasselbe geschieht wenn in HJ die Kraft p fortgenommen und in KL eine Kraft $2p$ angebracht wird.

Ist somit auf der $m$ten Schicht das alleinige Gewicht mp thätig und man bringt auf die $(m+1)$te Schicht noch das Gewicht p, so nehmen die ersten $(m+1)$ Schichten Theil an der Torsion und jede einzelne Schicht bis zur $m$ten erhält die Spannung p' für den Bruch; dasselbe geschieht wenn man die Kraft mp von der $m$ten auf die $m+1$te Schicht bringt, so dafs dort $(m+1)p$ allein wirken.

Es hat also seine vollkommene Richtigkeit, dafs die Welle bei jeder beliebigen Länge, sobald das eine Ende derselben befestigt und das andere Ende von einer Tangentialkraft P angegriffen wird in allen Querschnitten einerlei Spannung zum Bruch erhält; dagegen ist jede einzelne Spannung der freie Ueberschufs der Kraft aus der Spannung des Querschnitts gegen die Spannung des unmittelbar vorhergehenden Querschnitts. Die zu Hervorbringung aller der Spannungen erforderliche Kraft selbst aber wächst mit der Länge der Welle.

Wird die Kraft P in DE allmählich bis zum Maximum vermehrt, so pflanzt sich deren Wirkung bis zum Befestigungsquerschnitt AB fort, und da nun hier das Material elastisch nicht nachgeben kann, so erfolgt auch der Bruch in AB. Durch augenblickliche starke Vergröfserung von P dagegen wird der $\angle \alpha$ in der Nähe von DE schneller vergröfsert als die Fortpflanzung der Kraft P bis zu AB geschieht, und der Bruch erfolgt zwischen AB und DE und diesem Querschnitt um so näher, je schneller die Vergröfserung der Kraft erfolgt.

Die Festigkeit gegen die Torsion ist von der Elasticität des Materials abhängig, erfordert eine ähnliche wissenschaftliche Behandlung; man hat daher auch für dieselbe einen Modul, den Torsionsmodul eingeführt, und dieser ist dann diejenige Kraft, welche erforderlich wäre die in der Oberfläche von 1 □″ Querschnitt befindliche Massentheile einer Schicht von der Höhe 1 Zoll um diese Höhe 1″ zu verschieben, oder um die auf einen Quadratzoll einer Cylinderoberfläche von einem Zoll Halbmesser vertheilten Massenelemente einen Zoll weit im Umfang um die Axe herumzudrehen wenn die Elasticität dies zuliefse.

4. Nach diesem Vortrage (3) hat man nun nachstehende Folgerungen.

Wenn in dem Cylindermantel $ABDE$ von einer unendlich geringen Dicke und $AC = 1$ Zoll Halbmesser die Länge $AH = AC = 1$ Zoll und der $\angle \alpha = 45^0$, also $HM = AH = 1$ Zoll ist, so hat man in der in HJ angebrachten Tangentialkraft p, um einen in dem Querschnitt JH des Mantels befindlichen Flächenraum von 1 □Zoll auf die Bogenlänge HM von 1 Zoll zu verdrehenden Torsionsmodul T.

Die Torsionsfestigkeit wirkt nun senkrecht um eine Drehaxe wie die respective Festigkeit, und daher kann man schliefsen, dafs der Torsionsmodul zu dem Elasticitätsmodul sich verhalte wie der Coëfficient der respectiven Festigkeit zu dem der absoluten Festigkeit in Beziehung auf einerlei Material.

Dieser Torsionsmodul wird aber eben so wenig in irgend einem Material erreicht als der Elasticitätsmodul, der Bruch erfolgt schon bei einem kleineren Winkel α.

Für diesen $\angle$ ist dann nach Obigem die Kraft in H

$$p = \frac{\alpha}{45^0} T = \frac{2\alpha}{\pi} T \qquad (8)$$

In D ist dann die Kraft

$$P = \frac{2\alpha}{\pi} l T \qquad (9)$$

Ist der Halbmesser AC des Cylindermantels $= r$, so geschieht beim Torsionswinkel α die $r$fache Verdrehungslänge, folglich ist die Kraft in H

$$p = \frac{2\alpha}{\pi} r T \qquad (10)$$

und die Kraft in D

$$P = \frac{2\alpha}{\pi} r l T \qquad (11)$$

Für die Verdrehung einer Fläche von K □Zoll gehört in allen vorigen Fällen die Kfache Kraft.

Hat, wie ad 2 betrachtet worden, der hohle Cylinder den inneren Halbmesser ϱ, die Manteldicke $\Delta\varrho$, so ist in Formel 5: $K = 2\pi\varrho\Delta\varrho$ und in H die Kraft

$$p = \frac{2\alpha}{\pi}\varrho \cdot 2\pi\varrho\Delta\varrho T = 4\alpha\varrho^2\Delta\varrho T \qquad (12)$$

und deren Moment statt Formel 6

$$p\varrho = 4\alpha\varrho^3\Delta\varrho T \qquad (13)$$

Für die Kraft in D muss in den Formeln 12 und 13 das $l$fache genommen werden.

Ist der Cylinder vom Halbmesser r voll, so hat man das Moment der Kraft in D statt Formel 7

$$Pr = 4\alpha l T \int r^3 \partial r = \alpha r^4 l T \qquad (14)$$

und wenn P an einem Stirnrade oder einer Scheibe vom Halbmesser R in Entfernung l vom Befestigungsquerschnitt angebracht ist

$$PR = \alpha r^4 l T \qquad (15)$$

5. So wie man aus versuchsweiser Vergrößerung von Stäben verschiedener Dimensionen durch angehängte Gewichte den Elasticitätsmodul findet (s. Elasticität No. 8) so findet man aus Versuchen mit Wellen den Torsionsmodul:

Aus Gleichung 15 hat man nämlich

$$T = \frac{P \cdot R}{\alpha l r^4} \qquad (16)$$

Hat man nun durch einen sorgfältigen Versuch für eine Kraft P an dem Hebelarm R Zoll die Verdrehung eines markirten Punkts D in der Peripherie der Wellenstirnfläche DE vom Halbmesser $CD = r$ Zoll = einem Bogen $DF = b$ Zoll gefunden, so ist der Bogen daselbst für den Halbmesser = 1 Zoll = $\frac{DF}{DC} = \frac{b}{r}$.

Dieser Bogen gehört nun zugleich zu einem Kreis von dem Halbmesser $CC' = l$ Zoll, und wenn man $C'A = AH = 1$ Zoll setzt, von dem Mittelpunkt A. Es ist mithin der Bogen $HH' =$

$$\alpha = \frac{b}{rl}$$

und

$$T = \frac{PR}{\frac{b}{rl} l \cdot r^4} = \frac{PR}{b r^3} \qquad (17)$$

Uebrigens wird der ad 4 gedachte Zusammenhang zwischen dem Torsionsmodul und dem Elasticitätsmodul allgemein mit Cauchy festgestellt, daß für jedes Material $T = \frac{2}{5}E$, d. h. der Torsionsmodul ist = $\frac{2}{5}$ des Elasticitätsmoduls.

6. Der Coefficient für den Bruch durch Torsion ist, wie ad 4 schon bemerkt, kleiner als der Torsionsmodul und hat wie dieser denselben ad 4 gedachten Zusammenhang mit dem Coefficienten der respectiven Festigkeit. Aus diesem Grunde ist dem Torsionsbrechungscoefficient s der Coefficient σ der respectiven Festigkeit zu Grunde gelegt und man nimmt nach Cauchy $s = \frac{4}{5}\sigma$.

Es ist hier s die Kraft, welche im Stande ist eine Schicht von 1 □Zoll Fläche über die zunächst untere Schicht so weit zu verschieben, dass Bruch erfolgt.

Gesetzt der Querschnitt AB, Fig. 632, erhalte die Spannung für den Bruch, so beginnt dieser an der Oberfläche um die Axe und pflanzt sich nach und nach bis zur Axe fort. Es ist demnach in dem Umfange für ein □Zoll Oberfläche die Spannung = s, in der Entfernung ϱ von der Axe angenblicklich = $\frac{\varrho}{r}s$ und wenn der Umfang vom Halbmesser ϱ die sehr kleine Höhe $\Delta\varrho$ hat, also die Fläche $2\pi\varrho\Delta\varrho$ enthält, so ist die Spannung in diesem Umfang

$$2\pi\varrho\Delta\varrho \cdot \frac{\varrho}{r}s = 2\pi\frac{\varrho^2}{r}\Delta\varrho s$$

und deren Moment in Beziehung auf die Axe

$$\mathfrak{M} = 2\pi\frac{\varrho^3}{r}\Delta\varrho s$$

das Moment der Kreisebene vom Halbmesser ϱ daher

$$\mathfrak{M} = 2\pi \cdot \frac{s}{r}\int\varrho^3\partial\varrho = \frac{1}{2}\pi\frac{\varrho^4}{r}s$$

und das Moment der Spannung für den Bruch beim Halbmesser r:

$$\mathfrak{M} = \frac{1}{2}\pi s r^3$$

Bezeichnet p die Kraft in HJ in Entfernung $BJ = 1$ Zoll an dem Halbmesser R so ist das Moment der Kraft gleich dem des Torsionswiderstandes

$$pR = \frac{1}{2}\pi s r^3$$

und wenn die Kraft $P = lp$ in D angebracht ist

$$\frac{P}{l}R = \frac{1}{2}\pi s r^3$$

Figur ist eine begrenzte Fläche, die Grenzen sind Linien und heißen **Seiten** der Figur. Ist die Fläche eine Ebene, so heißt die Figur eine **ebene Figur**, ist sie eine unebene Fläche, eine **unebene**

oder krummflächige Figur. Von den letzteren Figuren werden nur diejenigen betrachtet, welche auf der Kugeloberfläche von Kreislinien als Seiten eingeschlossen werden. Zwei zusammentreffende Seiten bilden einen Umfangswinkel; jede Figur hat also so viele Umfangswinkel als Seiten, die Scheitelpunkte der Umfangswinkel heifsen Ecken.

Die ebenen Figuren sind geradlinige, wenn sie von lauter geraden Linien, krummlinige wenn sie von lauter krummen Linien, gemischtlinige, wenn sie theils von geraden, theils von krummen Linien begrenzt werden.

Krummlinige Figuren sind der Kreis, die Ellipse und die von Kreis- und elliptischen Bogen eingeschlossenen Figuren; man kann zu ihnen auch die durch vollständige einmalige Abwickelung einer Epicycloide und einer Hypocycloide auf ihren Grundkreisen begrenzten Ebenen rechnen.

Gemischtlinige Figuren sind alle Segmente und Sectoren von Kreisen, Ellipsen und anderen Curven.

Die geradlinigen Figuren werden nach der Anzahl der sie begrenzenden Seiten bezeichnet mit dreiseitige, vierseitige u. s. w. Figuren, die mehr als 4 Seiten habenden Figuren werden mit dem gemeinschaftlichen Namen: vielseitige Figuren belegt. Da jede Figur so viele Umfangswinkel als einschliefsende Seiten hat, so nennt man sie nach der Anzahl der mit den Seiten gleich vielen Ecken kürzer: Dreiecke, Vierecke, Fünfecke ..., Vielecke.

Figuren sind gleichseitig, wenn sie lauter gleiche Seiten haben, wie der Rhombus, das Quadrat; gleichwinklig, wenn sie lauter gleiche Umfangswinkel haben, wie das Quadrat, das Rechteck. Gleichseitige und gleichwinklige Figuren heifsen regelmäfsige Figuren.

Figuren, auch von verschieden vielen Seiten, die einen gleichen Flächeninhalt einnehmen sind einander gleich. Eine Figur construiren, die einer gegebenen anderen von mehreren Seiten oder von überhaupt anderer Form gleich ist, heifst die gegebene Figur verwandeln. In dem Art.: Constructionen aus der Elementargeometrie finden sich mehrere Beispiele davon.

Figuren sind einander ähnlich, wenn sie durch gleichliegende Diagonalen in gleichliegende ähnliche Dreiecke zerlegt werden können.

Figuren sind einander congruent, wenn die eine F. in eine solche Lage gebracht werden kann, dafs sie mit ihrer Begrenzung die der ersten Figur in allen Punkten deckt.

Figurirte Zahlen sind Zahlenreihen, deren Gesetz für die Fortschreitung immer eine gerade regelmäfsige Figur (ein Polygon), oder ein regelmäfsiger Körper (ein Polyeder) zu Grunde liegt und die nach der Anzahl der Ecken dieser Flächen und Körper ihren Namen erhalten.

Den dreieckigen Zahlen liegt das Dreieck, den viereckigen Zahlen das Viereck, überhaupt den neckigen Zahlen das Neck zu Grunde und diese Zahlen heifsen deshalb auch vieleckige Zahlen, Polygonalzahlen. Diejenigen figurirten Zahlen, denen ein regelmäfsiges Polyeder zu Grunde gelegt wird, werden gewöhnlich Polyedralzahlen genannt.

I. Die Polygonal- oder vieleckigen Zahlen.

1. Es sei ABC ein regelmäfsiges Dreieck, deren Seiten $AB = AC = BC = 1$ sind; die Anzahl der Eckpunkte A, B, $C = 3$ bildet die Grundzahl der dreieckigen Zahlen. Um die folgende dreieckige Zahl

Fig. 635.

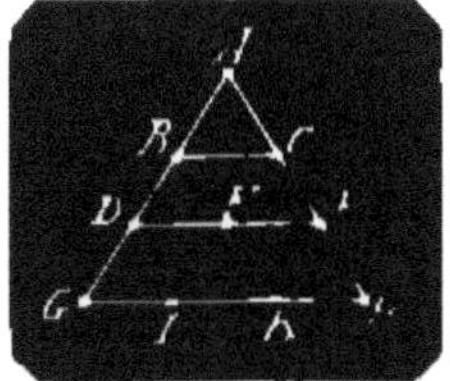

zu erhalten verlängert man die Seiten AB, AC um die Längen $BD = CE = 1$, zieht DE, so ist $AD = AE = DE = 2$. Nun sollen die für die zweite Zahl neu hinzukommenden Punkte den gleichen Abstand $= 1$ von einander erhalten, folglich ist in $DE = 2$ noch ein mittlerer Punkt F zu setzen, hierzu die Punkte D, E, gibt die folgende dreieckige Zahl $= 3 + 3 = 6$.

Verlängert man wieder die Seiten AD und AE um die Längen $DG = EH = 1$, zieht GH, so ist $GH = 3$; es sind demnach in GH die beiden Punkte J, K in gleichen Abständen $= 1$ einzusetzen, zu den vorigen 6 Punkten kommen die 4 Punkte G, J, K, H hinzu und die folgende dreieckige Zahl ist $6 + 4 = 10$. So wird die nächstfolgende $10 + 5 = 15$, die nächstkommende $15 + 6 = 21$ u. s. w.

Für die Bildung der vollständigen Zahlenreihe stellt man sich vor, dafs die beiden Seiten AB und AC nach A hin immer mehr abnehmen, so dafs beide Punkte B, C endlich in dem einen Punkt A verschwinden, und somit ist die erste dreieckige Zahl und überhaupt jede erste $n$eckige Zahl = 1.

Die Reihe der dreieckigen Zahlen ist demnach

$$1 \cdot 3 \cdot 6 \cdot 10 \cdot 15 \cdot 21 \ldots\ldots$$

Man sieht, wie auch aus der Bildungsweise der auf einander folgenden Zahlen hervorgeht, dafs diese Reihe eine arithmetische Reihe der zweiten Ordnung ist (s. Arithmetische Reihe, pag. 122, mit der Bezeichnung). Deren Differenzenreihen sind

$$2 \cdot 3 \cdot 4 \cdot 5 \ldots\ldots$$
$$1 \quad 1 \quad 1$$

Es ist also hier $B = 1$, $A = 2$, $d = 1$ daher nach der Formel

$$B + \frac{n-1}{1} \cdot A + \frac{(n-1)(n-2)}{1 \cdot 2} d \qquad (1)$$

das $n$te Glied der Reihe $= \frac{n \cdot (n+1)}{1 \cdot 2}$

Nach der Formel (pag. 128, rechts)

$$S = \frac{n}{1} a + \frac{n \cdot (n-1)}{1 \cdot 2} a_1 + \frac{n \cdot (n-1)(n-2)}{1 \cdot 2 \cdot 3} a_2 \qquad (2)$$

wo $a = B = 1$; $a_1 = A = 2$; $a_2 = d = 1$ ist die Summe der ersten n Glieder der dreieckigen Zahlen

$$S = \frac{n \cdot (n+1)(n+2)}{1 \cdot 2 \cdot 3}$$

2. Es sei $ABCD$ ein regelmäfsiges Viereck (Quadrat) von den Seiten $AB = AD = BC = CD = 1$; die Ecken desselben liefern 4 Punkte als Grundzahl 4 der viereckigen Zahlen; das durch Verlängerung der Seiten AB und AD um $BE = DG = 1$ entstehende zweite Quadrat $AEFG$ liefert zur 2ten Zahl noch die 5 Punkte in

Fig. 636.

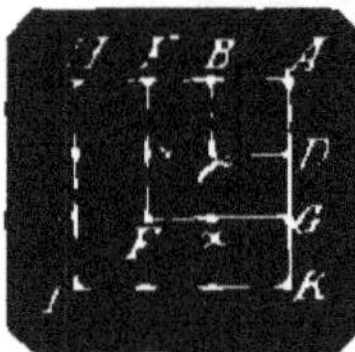

EF, FG und die 2te viereckige Zahl ist $4 + 5 = 9$. Die dritte Zahl erhält in HJ, JK noch 7 Punkte und es ist die 3te viereckige Zahl $= 9 + 7 = 16$ u. s. w. Die erste Zahl ist wie bei den dreieckigen Zahlen = 1 also wird die $n$te Zahl $= n^2$. Die Summe der ersten n Zahlen wird nach Formel 2, wo

$a = B = 1$; $a_1 = A = 3$; $a_2 = d = 2$ ist

$$S = \frac{n(n+1)(2n+1)}{1 \cdot 2 \cdot 3}$$

3. Es sei $ABCDE$ ein regelmäfsiges Fünfeck, die 5 Eckpunkte liefern die Grundzahl 5 für die fünfeckigen Zahlen;

Fig. 637.

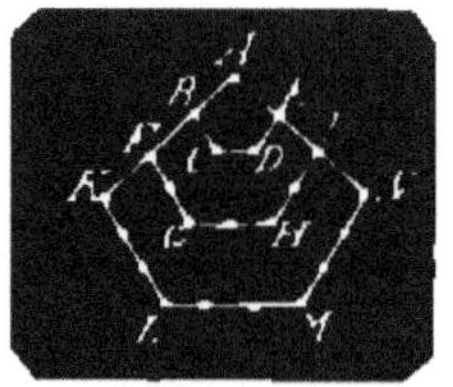

zur folgenden Zahl liefern die Seiten FG, GH, HJ noch 7 Punkte, zur nächsten die Seiten KL, LM, MN wieder 10 Punkte; die folgenden vierten nicht gezeichneten 3 Seiten liefern 4 Eckpunkte $+ 3 \times 3$ Seitenpunkte = 13 Punkte, die fünften 3 Seiten liefern 4 Eckpunkte $+ 3 \times 4$ Seitenpunkte = 16 Punkte u. s. w. Die $n$ten 3 Seiten liefern 4 Eckpunkte $+ 3 \times (n-1)$ Seitenpunkte $= 3n + 1$ Punkte: die Reihe der fünfeckigen Zahlen ist also

$$1 \cdot 5 \cdot 12 \cdot 22 \cdot 35 \cdot 51 \ldots$$

Das $n$te Glied ist nach Formel 1, wo $B = 1$, $A = 4$, $d = 3$ ist $= \frac{n \cdot (3n-1)}{1 \cdot 2}$

Die Summe der ersten n Glieder

$$S = \tfrac{1}{2} n^2 (n+1)$$

4. Auf dieselbe Weise findet man die 6, 7, 8, 9 .... $n$eckigen Zahlen. Bd. I, pag. 252 sind die 10eckigen oder Decagonalzahlen aus Fig. 556 abgeleitet.

Die allen Polygonalzahlen gemeinschaftliche Reihe ist

$$1 \cdot 2 + d \cdot 3 + 3d \cdot 4 + 6d \cdot 5 + 10d \ldots\ldots$$

Das allgemeine $n$te Glied ist

$$n + \tfrac{1}{2} n (n-1) d = n \left[1 + \frac{n-1}{2} d \right]$$

Die Summe der ersten n Glieder ist

$$\tfrac{1}{2}n(n+1) + \tfrac{1}{6}n(n+1)(n-1)d = \frac{n(n+1)}{1 \cdot 2}\left[1 + \frac{n-1}{3}d\right]$$

Für $d = 1$ entstehen die dreieckigen Zahlen
für $d = 2$ „ „ viereckigen „
. . . .
für $d = n - 2$ „ „ n eckigen „
Die vieleckigen Zahlenreihen zusammengestellt, ergeben demnach:

dreieckig $1 \cdot 3 \cdot 6 \cdot 10$ .... $\tfrac{1}{2}n(n+1)$; $S = \frac{n \cdot (n+1)(n+2)}{1 \cdot 2 \cdot 3}$

viereckig $1 \cdot 4 \cdot 9 \cdot 16$ .... n^2; $S = \frac{n \cdot (n+1)(2n+1)}{1 \cdot 2 \cdot 3}$

fünfeckig $1 \cdot 5 \cdot 12 \cdot 22$ .... $\tfrac{1}{2}n(3n-1)$; $S = \tfrac{1}{2}n^2(n+1)$

sechseckig $1 \cdot 6 \cdot 15 \cdot 28$ .... $n(2n-1)$; $S = \frac{n \cdot (n+1)(4n-1)}{1 \cdot 2 \cdot 3}$

siebeneckig $1 \cdot 7 \cdot 18 \cdot 34$ .... $\tfrac{1}{2}n(5n-3)$; $S = \frac{n \cdot (n+1)(5n-2)}{1 \cdot 2 \cdot 3}$

achteckig $1 \cdot 8 \cdot 21 \cdot 40$ .... $n(3n-2)$; $S = \tfrac{1}{2}n(n+1)(2n-1)$

neuneckig $1 \cdot 9 \cdot 24 \cdot 46$ .... $\tfrac{1}{2}n(7n-5)$; $S = \frac{n \cdot (n+1)(7n-4)}{1 \cdot 2 \cdot 3}$

zehneckig $1 \cdot 10 \cdot 27 \cdot 52$ .... $n(4n-3)$; $S = \frac{n \cdot (n+1)(8n-5)}{1 \cdot 2 \cdot 3}$

Band II., pag. 321 befindet sich noch ein kurzer Artikel über die zwölfeckige oder Dodekagonalzahl.

II. Die Polyedralzahlen.

Es sind diejenigen figurirten Zahlen, denen die regelmäfsigen Polyeder zu Grunde liegen und zwar in derselben Weise durch die Summirung der Eckpunkte, welche mit der ein- und mehrmaligen Verlängerung der Polyederseiten von Neuem hervortreten.

Es gibt nur 5 regelmäfsige Polyeder und demnach auch nur 5 verschiedene Polyedralzahlen.

1. Die Tetraedralzahlen.
2. Die Octaedralzahlen.
3. Die Icosaedralzahlen.
4. Die Hexaedralzahlen.
5. Die Dodekaedralzahlen.

Die erste jeder Polyedralzahlen ist wie die erste jeder Polygonalzahl und aus dem dort angeführten Grunde $= 1$; die zweite ist die Anzahl der dem betreffenden Polyeder zugehörigen Ecken.

1. Die Tetraedralzahlen. Das Tetraeder wird begrenzt durch 4 Dreiecksflächen mit 6 Kanten und 4 Ecken, von denen jede 3 Dreiecksflächen begreift.

Es sei $abcd$ ein Tetraeder, dessen Seiten oder Kanten ab, ac, ad, bd, bc, cd $= 1$ sind, so bilden die 4 Ecken a, b, c, d die 4 Punkte für die Grundzahl 4.

Fig. 638.

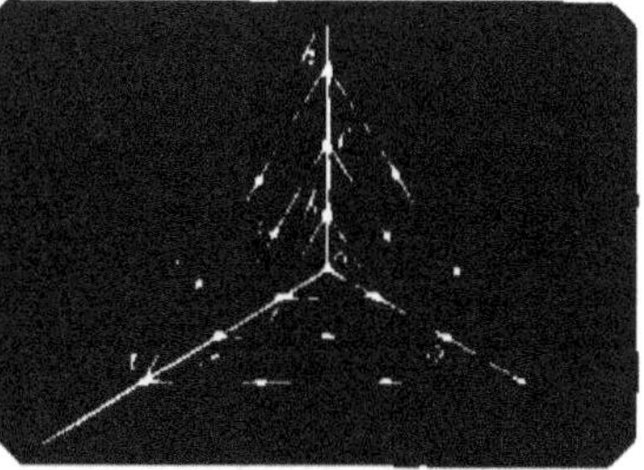

Verlängert man nun die 3 Kanten ab, ac, ad um die gleichen Längen $= 1$, so dafs sämmtliche 6 Kanten ae, af, ag, ef, eg, $fg = 2$ werden, so erfordern die letzten 3 Kanten noch jede einen Punkt α in ihrer Mitte. Es sind also zu der dritten Tetraedralzahl hinzugekommen 3 Eckpunkte e, f, g + 3 Kantenpunkte α; mithin ist die Zahl $= 4 + 2 \times 3 = 10$.

Verlängert man die 3 Kanten wieder um die Länge 1, so dafs die Kanten ah, ai, ak, hi, hk, $ik = 3$ werden, so erfordern die 3 letzten Kanten jede 2 mittlere Punkte β; es sind also zur 4ten Tetraedralzahl hinzugekommen 3 Eckpunkte h, i, k und $3 \times 2 = 6$ Kantenpunkte β.

Jede der drei sichtbaren Dreiecksebenen hat nun 4 Reihen Punkte, z. B. die Ebene *abi*; die Reihe *a* mit 1 Punkt, die Reihe *bc* mit 2 Punkten, die Reihe *ef* mit 3 Punkten und die Reihe *hi* mit 4 Punkten. Die untere, nur in den 3 Kanten *hi*, *hk*, *ik* sichtbare Ebene hat in der obersten Reihe *h* einen Punkt, die zweite Reihe *ββ* mit 2 Punkten, die dritte Reihe *β'β'* nur mit 2 Punkten, die Reihe *ik* wieder mit 4 Punkten; es fehlt also in der Mitte zwischen *β'β'* ein Punkt, und dieser eingesetzt entsteht die 4te Tetraedralzahl $10 + 3 + 3 \times 2 + 1 = 20$.

Verlängert man wiederum, zieht die mit *hi*, *ik*, *hk* parallelen Kanten, so kommen hinzu 3 Eckpunkte, in jeder der neuen Kante 3 Punkte also 3×3 Kantenpunkte. In der neugebildeten unteren Ebene aber fehlen außer dem zu *β'β'* gehörenden einen mittleren Punkt die in der mit *ik* correspondirenden Reihe die beiden mit *β*, *β* correspondirenden Mittelpunkte. Es sind also zu der 5ten Tetraedralzahl an Punkten hinzugekommen: 3 Eckpunkte, $3 \times 3 = 9$ Kantenpunkte und 3 Flächenpunkte und diese 5te Zahl ist $20 + 3 + 9 + 3 = 35$.

Zur 6ten Tetraedralzahl kommen hinzu 3 Eckpunkte + $3 \times 4 = 12$ Kantenpunkte + $(1 + 2 + 3) = 6$ Flächenpunkte und die Zahl ist $35 + 3 + 12 + 6 = 56$.

Zur Bildung der Tetraedralzahlenreihe kommen zu jeder unmittelbar vorhergehenden Zahl

zur 1ten die Zahl 1
„ 2ten „ „ 3
„ 3ten „ „ $2 \times 3 = 6$
„ 4ten „ „ $3 \times 3 + 1 = 10$
„ 5ten „ „ $4 \times 3 + (1 + 2) = 15$
„ 6ten „ „ $5 \times 3 + (1 + 2 + 3) = 21$
. . . .
„ *n*ten „ „ $(n-1)3 + \frac{1}{2}(n-2)(n-3)$
$= \frac{1}{2}n(n+1)$

Diese Zahlen bilden die erste Differenzenreihe:

$1 \cdot 3 \cdot 6 \cdot 10 \cdot 15 \cdot 21 \ldots\ldots \frac{1}{2}n(n+1)$

die zweite Differenzenreihe ist:

$2 \cdot 3 \cdot 4 \cdot 5 \cdot 6 \ldots$

die letzte: $1 \cdot 1 \cdot 1 \cdot 1, \ldots$

Die Tetraedralzahlen bilden also eine arithmetische Reihe der 3ten Ordnung, und diese ist

$1 \cdot 4 \cdot 10 \cdot 20 \cdot 35 \ldots\ldots \frac{1}{6}n(n+1)(n+2)$

Die Summe der ersten *n* Glieder ist nach der Formel Bd. I., pag. 128.

$$S = \frac{n}{1} a + \frac{n \cdot (n-1)}{1 \cdot 2} a_1 + \frac{n \cdot (n-1)(n-2)}{1 \cdot 2 \cdot 3} \cdot a_2 + \frac{n \cdot (n-1)(n-2)(n-3)}{1 \cdot 2 \cdot 3 \cdot 4} a_3$$

wo $a = 1$; $a_1 = 3$; $a_2 = 3$; $a_3 = 1$ ist; mithin

$$S = \frac{n \cdot (n+1)(n+2)(n+3)}{1 \cdot 2 \cdot 3 \cdot 4}.$$

2. Die Octaedralzahlen. Das Octaeder wird begrenzt durch 8 Dreiecksflächen, 12 Kanten und 6 Ecken, deren jede von 4 Dreiecksflächen gebildet wird.

Fig. 639 sei das (halbe) Octaeder mit der einen Ecke *a* in der Mitte, Fig. 640 die Seitenansicht desselben, mit welcher eine Fläche der unteren Hälfte sichtbar wird. Das Octaeder *abcdea'* habe die Kanten = 1, so liefern die 6 Ecken die zweite Octaedralzahl 6.

Mit der Verlängerung der Kanten bis *f*, *g*, *h*, *i* um die Länge = 1 entsteht das

Fig. 639.

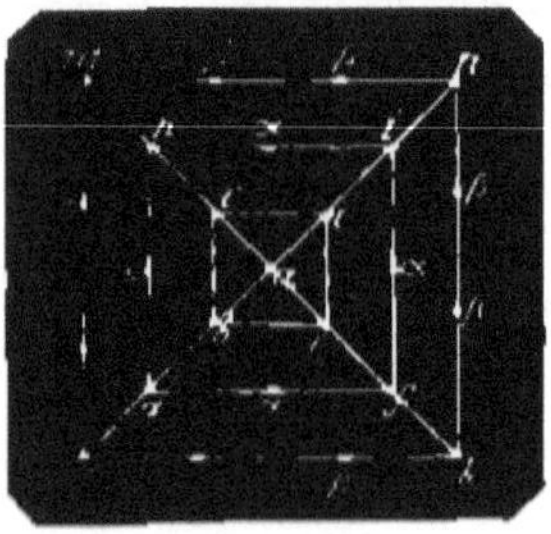

Fig. 640.

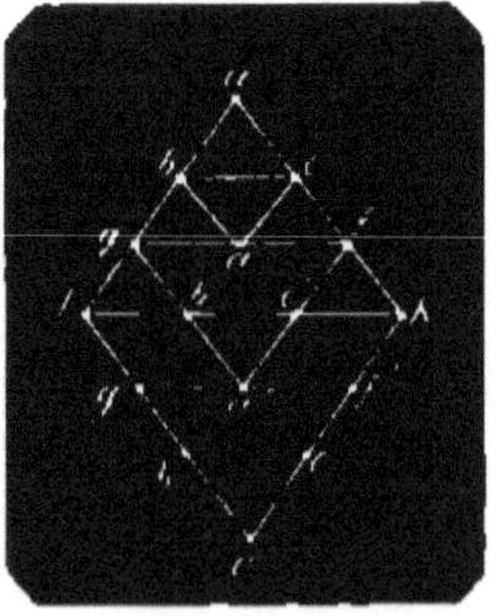

neue Octaeder aa'', es kommen also an Punkten hinzu 5 Eckpunkte f, g, h, i, a''; die 4 Kantenpunkte a in dem Quadrat $fghi$, welches der unteren Pyramide gia'' gemeinschaftlich ist; ferner die in den Kanten ga'', fa'', ha'', ia'' noch erforderlichen 4 Kantenpunkte b', c', d', e', zusammen $2 \times 4 = 8$ Kantenpunkte und die 3te Octaedralzahl ist

$$6 + 5 + 2 \times 4 = 19$$

Bei abermaliger Verlängerung der Kanten nach k, l, m, n entsteht das dritte Octaeder aa'''. Es kommen hinzu die 5 Eckpunkte k, l, m, n, a'''; die 8 in dem den beiden Pyramiden gemeinschaftlichen Quadrat befindlichen Kantenpunkte β und die in den 4 unteren Kanten noch fehlenden mit h und g etc. correspondirenden 8 Kantenpunkte h'', g''; c'', f''; d'', i''; e'', k''. Endlich 4 Flächenpunkte a' in den unteren 4 Dreiecksflächen in den Mitten zwischen g'', f''; f'', i''; i'', h'' und h'', g'', welche den oberen 4 Punkten a entsprechen und mit der Projection von a'' (Fig. 640) zusammenfallen. Mithin kommen hinzu: 5 Eckpunkte + 4×4 Kantenpunkte + 4 Flächenpunkte, und die 4te Octaedralzahl ist

$$19 + 5 + 4 \times 4 + 4 = 44$$

Bei nochmaliger Verlängerung kommen hinzu 5 Eckpunkte, 4×3 Kantenpunkte (γ) in dem neuen gemeinschaftlichen Quadrat, und die in den unteren 4 neuen Kanten noch fehlenden, mit h, g, l correspondirenden $4 \times 3 = 12$ zusammen 6×4 Kantenpunkte; endlich in den 4 neuen unteren Dreiecksflächen 4 Punkte a'' und $2 \times 4 = 8$ Punkte β'', zusammen $3 \times 4 = 12$ Flächenpunkte, überhaupt also

$$5 + 6 \times 4 + 3 \times 4 = 41 \text{ Punkte;}$$

daher die 5te Octaedralzahl $= 44 + 41 = 85$.

Zur Bildung der Octaedralzahlenreihe kommen zu jeder unmittelbar vorhergehenden Zahl

zur 1ten	die	Zahl	1
„ 2ten	„	„	5
„ 3ten	„	„	$5 + 2 \times 4 = 13$
„ 4ten	„	„	$5 + 5 \times 4 = 25$
„ 5ten	„	„	$5 + 9 \times 4 = 41$
„ 6ten	„	„	$5 + 14 \times 4 = 61$
. . . .	. . . .	. . . .	. . . .
„ $n$ten	„	„	$5 + \frac{(n-2)(n+1)}{1 \cdot 2} \cdot 4 = 2n(n-1) + 1$

Diese Zahlen bilden den Octaedralzahlen die erste Differenzenreihe

$$1 \cdot 5 \cdot 13 \cdot 25 \cdot 41 \cdot 61 \ldots 2n(n-1) + 1$$

Die zweite Differenzenreihe ist

$$4 \cdot 8 \cdot 12 \cdot 16 \cdot 20 \ldots$$

die letzte:

$$4 \cdot 4 \cdot 4 \cdot 4 \ldots$$

Die Octaedralzahlen bilden also eine Reihe der 3ten Ordnung und diese ist

$$1 \cdot 6 \cdot 19 \cdot 44 \cdot 85 \cdot 146 \ldots \tfrac{1}{3}n(2n^2 + 1)$$

Die Summe der ersten n Glieder nach der Bd. I., pag. 126 aufgeführten Formel für $x' = S$

wo $a = 1$; $a_1 = 5$; $a_2 = 8$; $a_3 = 4$, ist mithin

$$S = \tfrac{1}{6}n(n+1)(n^2 + n + 1)$$

3. Die Icosaedralzahlen. Das Icosaeder wird begrenzt durch 20 Dreiecksflächen, 30 Kanten und 12 Ecken, deren jede von 5 Dreiecksflächen gebildet wird.

Die Grundzahl der Icosaedralzahlen ist die Anzahl der Ecken = 12.

Es sei A eine der 12 Ecken mit den 5 regelmäfsigen Dreiecken Aaa, deren Seiten oder Kanten Aa und $aa = 1$ sind. Bei der Verlängerung der Kanten Aa bis b, so dafs $Ab = bb = 2$ wird, entsteht ein neues Icosaeder, in welchem nur die eine

Fig. 641.

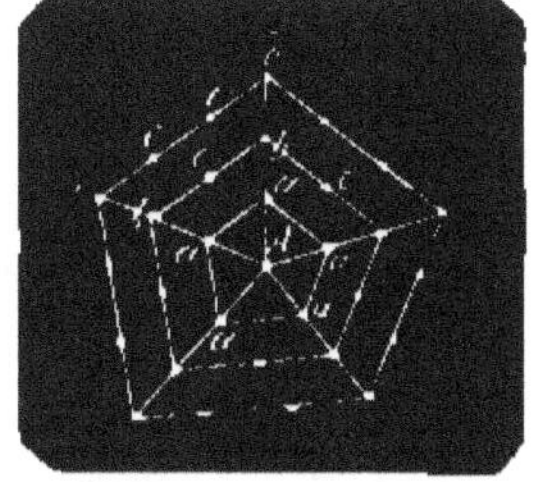

Ecke A mit dem ersten gemeinschaftlich ist, folglich kommen hinzu $12 - 1 = 11$ neue Eckpunkte. Von den 30 neuen Kanten haben nur die 5 Kanten Ab einen mittleren Punkt a, die übrigen $30 - 5 = 25$ Kanten erhalten also noch 25 mittlere Punkte wie c in bb, mithin kommen für die 3te Icosaedralzahl hinzu $11 + 25 = 36$ Punkte und die Zahl ist $12 + 36 = 48$.

Bei einer wiederholten Verlängerung der Kanten um bd entsteht ein 3tes Icosaeder, dessen einzige gemeinschaftliche Ecke mit dem vorigen ist A, mithin kommen hinzu 11 neue Eckpunkte. Von den neuen Kanten haben nur die 5 verlängerten Kanten Ad 2 mittlere Punkte a, b, folglich kommen hinzu $25 \times 2 = 50$ Kantenpunkte e. Endlich haben nur die 5 Dreiecksflächen den einen mittleren

Flächenpunkt *c*, mithin kommen hinzu noch 20 − 5 = 15 Dreiecksflächen jede mit einem Mittelpunkt, sind 15 Flächenpunkte. In Summa kommen hinzu 11 + 50 + 15 = 76 Punkte und die 4te Icosaedralzahl ist 48 + 76 = 124.

Bei abermaliger Verlängerung der 5 Kanten *Ad* entsteht ein 4tes Icosaeder; für dieses kommen hinzu 11 Eckpunkte, 25 × 3 = 75 Kantenpunkte und 15 × 3 = 45 Flächenpunkte, in Summa 11 + 75 + 45 = 131 und die 5te Icosaedralzahl ist 124 + 131 = 255 u. s. w.

Die Reihe der Icosaedralzahlen ist

1 · 12 · 48 · 124 · 255 ....
11 · 36 · 76 · 131 .... (1te Differenzenreihe)
25 · 40 · 55 .... (2te Differenzenreihe)
15 · 15 · 15 .... (3te Differenzenreihe)

Das *n*te Glied der Icosaedralzahlen ist nach der Formel Bd. I., pag. 122:

$$C + \frac{n-1}{1}B + \frac{(n-1)(n-2)}{1 \cdot 2}A + \frac{(n-1)(n-2)(n-3)}{1 \cdot 2 \cdot 3}d$$

wo $C = 1$, $B = 11$, $A = 25$ und $d = 15$ ist; also *n*tes Glied $= \frac{1}{2}n(5n^2 - 5n + 2)$

Die Summe der ersten *n* Glieder nach der Bd. I., pag. 126 aufgestellten Formel wo $a = 1$, $a_1 = 11$, $a_2 = 25$; $a_3 = 15$, ist mithin $S = \frac{1}{24}n(15n^3 + 10n^2 - 3n + 2)$

4. **Die Hexaedralzahlen.** Das Hexaeder oder der Cubus hat zur Begrenzung 6 Vierecksflächen, 12 Kanten und 8 Ecken, deren jede von 3 Vierecksflächen gebildet wird. Es sei *ABCD*, Fig. 636, eine der Vierecksflächen, deren Seiten = 1 sind; die im Abstande = 1 darunter befindliche Fläche sei *A'B'C'D'* dann sind die 4 Seitenflächen mit welchen diese beiden Grundflächen verbunden werden *AA'*, *BB'*. *BB'CC'*, *CC'DD'* und *AA'DD'*. Die 8 Ecken *A*, *B*, *C*, *D*, *A'*, *B'*, *C'*, *D'* bilden die Grundzahl 8 der Hexaedralzahlen.

Verlängert man die 3 Kanten *AB*, *AD*, *AA'* um 1 bis *AE*, *AG*, *AA''* und man vollendet das dazugehörige Hexaeder *AEFGA''E''F''G''*, so ist mit diesem die einzige Ecke *A* des ersten Hexaeders gemeinschaftlich. Zu der 2ten Hexaederzahl kommen also hinzu 7 Eckpunkte. Von den 12 Kanten haben nur die 3 Kanten *AE*, *AG* und *AA''* schon die Mittelpunkte *B*, *D*, *A'*, folglich erhalten von den übrigen 9 Kanten jede einen Punkt *e* und es kommen hinzu 9 Kantenpunkte. Ferner haben nur 3 Flächen einen Mittelpunkt wie *C*, nämlich die Fläche *AEFG* den Punkt *C*, *AEA''E''* den Punkt *B'* und die Fläche *AGA''G''* den Punkt *D'*; folglich erhalten von den übrigen 3 Flächen noch jede einen Mittelpunkt und es kommen hinzu 3 Flächenpunkte, die 2te Hexaedralzahl ist demnach

$$8 + 7 + 9 + 3 = 27$$

Verlängert man wieder bis *AH*, *AK*, *AA'''*, so kommen zur 4ten Hexaedralzahl hinzu 7 Eckpunkte; 9 Kanten jede mit 2 Punkten wie *β*, *ε*, also 9 × 2 = 18 Kantenpunkte und 3 Flächen jede mit 4 Flächenpunkten wie *c*, *m*, *F*, *α* = 3 × 4 = 12 Flächenpunkte, die 4te Hexaedralzahl ist also 27 + 7 + 18 + 12 = 64

Die Zahlen, welche den vorangegangenen Hexaedralzahlen zugezählt werden, um die nächstfolgenden zu geben sind

1) 7
2) 7 + 9 · 1 + 3
3) 7 + 9 · 2 + 4 · 3
4) 7 + 9 · 3 + 9 · 3
. . . .
n) $7 + 9(n - 1) + 3(n - 1)^2$

Die Hexaedral- oder Cubikzahlenreihe ist

$$1 \cdot 8 \cdot 27 \cdot 64 \cdot 125 \ldots\ldots n^3$$

und die Summe der ersten *n* Glieder nach der Formel Bd. I., pag. 126 wo $a = 1$, $a_1 = 7$; $a_2 = 12$; $a_3 = 6$ ist

$$S = \frac{1}{4}n^2(n + 1)^2$$

5. **Die Dodekaedralzahlen** sind Bd. II., pag. 319 mit Fig. 565 abgehandelt. Die Reihe derselben ist

$$1 \cdot 20 \cdot 84 \cdot 210 \cdot 455 \ldots \tfrac{1}{2}n(9n^2 - 9n + 2)$$

die Summe derselben findet man nach der schon vorher gedachten Formel wo $a = 1$; $a_1 = 19$; $a_2 = 45$; $a_3 = 27$ ist

$$S = \frac{n}{8}(9n^3 + 6n^2 - 5n - 2) = \tfrac{1}{8}n(n + 1)(3n + 1)(3n - 2)$$

6. Die Polyedralzahlen sind Zahlen der Reihe 3ter Ordnung von folgender Form:

1tes Glied = 1
2tes „ $= 1 + A$
3tes „ $= 1 + 2A + B$
4tes „ $= 1 + 3A + 3B + C$
5tes „ $= 1 + 4A + 6B + 4C$
6tes „ $= 1 + 5A + 10B + 10C$

. . . .

$$n\text{tes Glied} = 1 + \frac{n-1}{1} A + \frac{n-1 \cdot n-2}{1 \cdot 2} B + \frac{n-1 \cdot n-2 \cdot n-3}{1 \cdot 2 \cdot 3} C$$

Die Summe der ersten n Glieder ist

$$S = \frac{n}{1} \cdot 1 + \frac{n \cdot n-1}{1 \cdot 2} A + \frac{n \cdot n-1 \cdot n-2}{1 \cdot 2 \cdot 3} B + \frac{n \cdot n-1 \cdot n-2 \cdot n-3}{1 \cdot 2 \cdot 3 \cdot 4} C$$

$1 + A$ ist die Anzahl der Ecken des Polyeders.
Für Tetraedralzahlen ist $A = 3$, $B = 3$, $C = 1$
für Octaedralzahlen ist $A = 5$, $B = 8$, $C = 4$
für Icosaedralzahlen ist $A = 11$, $B = 25$, $C = 15$
für Hexaedralzahlen ist $A = 7$, $B = 12$, $C = 6$
für Dodekaedralzahlen ist $A = 19$, $B = 45$, $C = 27$.

Firmament (firmus, fest) ist die scheinbare hohle Kugeloberfläche des Himmels, so genannt weil sie als eine feste Kugeloberfläche gedacht wurde, an welcher die Sterne angeheftet sind.

Fische (♓) das 6te und letzte Himmelszeichen (s. absteigendes Zeichen) der südlichen Halbkugel. Es fängt an am Endpunkt des Wassermanns, 60° vom Winterwendepunkt und endet am Anfangspunkt des Widders, dem Frühlingspunkt.

Fixsterne sind diejenigen Sterne am Himmel, die ihren Stand gegen die Erde nicht ändern (davon, dass während eines sehr langen Zeitraums kleine Ortsänderungen dieser Sterne entdeckt worden sind vorläufig abgesehen). Dieser feste Stand liegt in der grossen Entfernung derselben von unserem Sonnensystem. Ist Bd. I., pag. 31, Fig. 32, S die Sonne, E ein Standpunkt der Erde in der Ekliptik in irgend einem Augenblick, so ist E' deren Stand nach einem halben Jahre und die Länge EE', der Durchmesser der Ekliptik ist etwa 42 Millionen Meilen. Nun ist ein Fixstern s um die Länge sS so weit von der Sonne entfernt, dass der $\angle sE'D$ von dem $\angle sED$ durch noch so scharfe Messinstrumente an Grösse nicht unterschieden gefunden wird und dass folglich der Stern s festzustehen scheint.

Diese Fixsterne befinden sich in einer unzählbaren Menge am Himmel, sie haben sämmtlich ein funkelndes Licht und unterscheiden sich dadurch von den Planeten, dass diese durch Fernröhre betrachtet, in einem ruhigen reflectirten Lichte erscheinen. Die Fixsterne sind also wie unsere Sonne selbstleuchtend, sie sind Sonnen und bilden höchstwahrscheinlich mit den ihnen angehörenden uns unsichtbar bleibenden Planeten selbstständige Sonnensysteme.

Die Fixsterne sind von verschiedener Lichtstärke und man unterscheidet sie danach in Sterne erster, zweiter, dritter …… Grösse (anstatt Lichtstärke zu sagen). Ob diese grössere und geringere Lichtstärke von ihrem geringeren und grösseren Abstand von der Erde herrührt oder von ihren wirklichen grösseren oder geringeren körperlichen Inhalt und ihrem Umfang ist nur bei einigen erweislich uns näheren Sternen ermittelt. Beides, die wirkliche körperliche Grösse und der Abstand von uns hat auf deren Lichtstärke Einfluss.

Man hat 18 Sterne erster, 55 Sterne zweiter, 187 Sterne dritter Grösse; die Sterne der nachfolgenden Grössen betragen das etwa 3½fache an Anzahl der Sterne der ihnen vorhergehenden Klasse.

In Folge des Vorrückens der Nachtgleichen unserer Ekliptik um 50,24 Secunden jedes Jahr scheinen alle Sterne parallel mit der Ekliptik ebenfalls fortzurücken, so dass deren Breite dieselbe bleibt und nur deren Länge sich ändert. So hat Hipparch im J. 138 v. Chr. die Länge des Sterns Spica in der Jungfrau 174° gefunden, de la Lande im Jahr 1750 dieselbe 200° 21', gibt also in 1878 Jahren einen Unterschied = 26° 21', beträgt in einem Jahr 50,5 Secunden. Bei der Vorrückung der Nachtgleichen um 50,24 Secunden würde die Aenderung der Länge nur 26,2085° = 26° 12' 30,6" betragen und Hipparch hätte den Winkel um 8' 29,4" zu klein angegeben, was bei der damaligen Unvollkommenheit der Instrumente ganz erklärlich ist, so dass die

Spica seit 1878 Jahren ihre Lage gegen unser Sonnensystem nicht geändert hat.

In dem Art. Attraction ist schon nachgewiesen, daſs ein unverrückt bleibender Stand, die absolute Ruhe eines Weltkörpers nicht denkbar ist und die Spica ist demnach entweder so enorm weit von der Sonne entfernt, daſs ihr Lauf in so langen Jahren noch nicht als Bogenlänge zur Wahrnehmung gekommen ist, oder sie hat mit unserem Sonnensystem, welches ebenfalls nicht in Ruhe bleiben kann, eine fast parallele und gleich gerichtete Bewegung.

Es gibt aber auch Fixsterne, deren Bewegung von uns wahrgenommen wird. Ein Beispiel hierfür zeigt der Art.: Doppelsterne.

Auſser der Unterscheidung der Fixsterne nach deren Leuchtvermögen theilt man dieselben in Gruppen, deren Sterne zusammengenommen ein Sternbild ausmachen wie z. B. das allgemein bekannte nördliche Sternbild: der groſse Bär.

Fixsterntrabant, s. u. Doppelsterne.

Fläche ist eine Ausdehnung des 2ten Grades, eine Ausdehnung nach 2 Hauptrichtungen, der Länge und der Breite; sie bildet die Begrenzung einer Ausdehnung des dritten Grades, die Begrenzung eines Körpers, indem sie kein Theil, kein Bestandtheil derselben ist, aber den Charakter des Körpers mit ausmacht.

Die Flächen sind entweder gerade oder krumme Flächen. Eine gerade Fläche oder Ebene ist eine Fläche, in welcher jede beliebig eingezeichnete gerade Linie mit allen ihren Punkten liegt; oder die in jeder beliebigen Richtung eine gerade Linie ist, oder die mit jeder zwischen 2 beliebigen in ihr befindlichen Punkten verbundenen geraden Linie sämmtliche Punkte derselben gemein hat, so daſs mit jedem noch so kleinen Stück einer Ebene deren ganze Ausdehnung gegeben ist und durch beliebige Verbreitung vergröſsert werden kann (s. den Art. Ebene).

Jede Fläche, die nicht Ebene ist, ist eine krumme Fläche. Diese ist regelmäſsig oder unregelmäſsig. Regelmäſsige Flächen sind die Oberflächen von regelmäſsig gebildeten Körpern: die Kugeloberflächen, die parabolischen, hyperbolischen, elliptischen, cylindrischen durch Umdrehung um eine Axe entstehenden Oberflächen.

Die Durchschnittsebenen und die Grundebenen von Körpern werden auch Durchschnittsflächen, Grundflächen genannt.

Flächen eines Krystalls sind die den Krystall einschlieſsenden Ebenen; sie sind stets geradlinig begrenzt und heiſsen nach der Zahl ihrer Seiten drei-, vier- und vielseitig. Ein Krystall hat entweder lauter congruente Flächen (gleiche Flächen genannt) oder Flächen von verschiedener Form. In diesem Fall hat der Krystall von jeder Fläche einer besonderen Form noch eine oder mehrere ihr gleiche Flächen und diese in symmetrischer Anordnung belegen; sie heiſsen unter sich gleichnamig, in Beziehung auf die Flächen der anderen Form ungleichnamig.

Man unterscheidet Seitenflächen, Scheitelflächen und Endflächen. Seitenflächen sind solche, die mit der Hauptaxe ‡ laufen, wie Fig. 303, Bd. II., pag. 37, die 4 vierseitigen Flächen; Scheitelflächen solche, die mit den Endpunkten der Hauptaxe und unter sich in Ecken zusammentreffen, wie dieselbe Fig. die 8 dreieckigen Flächen, und Endflächen solche, deren Mittelpunkte zugleich die Endpunkte der Hauptaxe sind. Wenn also in einem Krystall Scheitelflächen sich befinden, so können in demselben keine Endflächen sein, und gegenseitig: die Einen schlieſsen die anderen aus wie Fig. 303. In dem Hexaeder (s. Bd. I., pag. 256, Fig. 135) ist jede Fläche zugleich Endfläche und Seitenfläche, weil jede der drei Axen *ab*, *de*, *fg* als Hauptaxe betrachtet werden kann.

Gleichnamige Flächen, die noch so weit verlängert, für sich einen Raum nicht einschlieſsen, heiſsen zusammengehörige Flächen; sie können nur in zusammengesetzten Formen, d. h. in demselben Krystall nicht allein, sondern nur mit gleichnamigen Flächen anderer Art vorkommen. In Fig. 303 sind die 4 Seitenflächen zusammengehörige Flächen; im Würfel Fig. 135 sind alle Flächen gleichnamig, desgleichen in dem Octaeder Fig. 138, in dem Granatoeder Fig. 564, Bd. I., pag. 319, und daher haben diese Krystalle keine zusammengehörigen Flächen.

Flächenanziehung, s. v. w. Adhäsion.

Flächeneinheit ist die bestimmte Gröſse einer Fläche, in deren Anzahl man die Gröſse einer anderen Fläche ausdrückt. Sie ist eine Ebene und der Einfachheit wegen das Quadrat der Längeneinheit, daher auch wie diese in Beziehung auf zu messende Längen nach der Gröſse der zu messenden Fläche grofs und klein, jedoch so dafs die kleineren Einheiten aliquote Theile der gröfseren sind. Ferner sind sie in den verschiedenen Ländern verschieden: In Frankreich hat man die Quadratmeter, in anderen Ländern, wie in Preufsen Quadratmeilen, Quadratruthen, Quadratfufse u. s. w. (s. Flächenmaafs).

Flächeninhalt ist die Anzahl der Flächeneinheiten einer Fläche als Gröfse derselben.

Flächenkörperzahl ist das Product aus der Multiplication von 5 Zahlen mit einander, von welchen 2 Factoren die Flächenzahl und die anderen 3 Factoren die Körperzahl geben.

Flächenkraft, s. v. w. Flächenanziehung.

Flächenmaafs. Jedes Maafs mufs mit dem Gegenstand den es mifst gleichartig und die möglich einfachste Gröfse derselben Art sein. Ein Flächenmaafs mufs also eine Fläche und zwar die möglich einfachste Fläche, also eine Ebene sein. In keiner begrenzten Ebene sind aber die beiden Hauptausdehnungen „Länge und Breite" so unmittelbar vor Augen liegend als in dem rechtwinkligen Parallelogramm, und als Maafseinheit desselben das Quadrat der Längeneinheit.

Es ist aber in den meisten Fällen nicht möglich, ein Quadrat als Maafsebene auf die zu messende Fläche wiederholt zu legen und deren Gröfse direct zu messen, wie bei der geraden Linie geschieht. Z. B. ist dies bei dem Dreieck, jeder vieleckigen Figur, dem Kreise und allen Figuren mit krummen Begrenzungen nicht möglich; noch viel weniger bei krummen Flächen und aus diesem Grunde müssen solche zu messende Ebenen und krumme Flächen in rechtwinklige Parallelogramme verwandelt, d. h. solche angegeben werden, die mit den zu messenden Flächen einerlei Flächeninhalt haben, welches die Geometrie lehrt, und diese Parallelogramme werden dann mit der Maafseinheit verglichen.

Die Elementargeometrie lehrt nämlich, dafs Parallelogramme von gleichen Grundlinien sich verhalten wie ihre Höhen und Parallelogramme von gleichen Höhen wie ihre Grundlinien, also Parallelogramme überhaupt wie die Producte aus Grundlinie und Höhe. Ist also die zu messende Fläche in ein Parallelogramm von a Fufs Grundlinie und b Fufs Höhe umgewandelt, so vergleicht sich dessen Flächeninhalt mit dem der Maafseinheit von 1 Fufs Länge und ein Fufs Höhe, dafs es $a \times b$ dieser Einheitsquadrate enthält.

Diese Multiplication von 2 Linien mit einander und die Natur des daraus entstehenden Products läfst sich folgender Art veranschaulichen.

Denkt man sich irgend eine endliche gerade Linie, so entsteht aus deren Bewegung nach einer anderen als deren Längenrichtung eine Fläche. Die möglich einfachste Bewegung der Linie ist, dafs jeder Punkt derselben einen gleichen Weg zurücklegt und dafs dieser Weg eine gerade Linie ist. Es entsteht dann ein Parallelogramm, und dem oben angeführten Satze gemäfs bei einerlei Weg das gröfste wenn dieser Weg normal mit der sich bewegenden geraden Linie ist.

Hält man mit dieser Bewegung irgend wo an, so hat die gerade Linie offenbar so viele gleich grofse gerade Linien oder Wege zurückgelegt als Punkte in ihr vorhanden sind. Weifs man die Anzahl dieser Punkte, so hat man diese Zahl nur mit dem gleich grofsen Weg jedes einzelnen Punkts zu multipliciren um die summarische Länge der ganzen Bewegung zu erhalten. Da aber die Punkte der Linie unendlich nahe an einander liegen, so drückt die Länge der ursprünglichen Linie selbst die Anzahl ihrer Punkte aus und folglich ist die summarische Bewegung gleich dem Product wenn man die bewegte Linie mit der Länge der Bewegung multiplicirt.

Denkt man sich die ursprüngliche Linie nach beiden Richtungen unendlich lang und deren Bewegung in demselben Sinn nach 2 entgegengesetzten Richtungen bis in die Unendlichkeit fort, so hat auch diese Ebene noch das Vermögen, ihren Ort zu ändern und zwar wo sie sich auch befinden möge, weil sie überall in der Mitte des unendlichen Raums sich befindet. Bewegt sich nun die Ebene nach beiden Richtungen, so dafs wieder jeder einzelne Punkt der Ebene gleich grofse geradlinige Wege normal der Ebene zurücklegt, so wird nach und nach jeder einzelne Punkt des unendlichen Raumes durchlaufen und eine weitere Ortsänderung ist nicht mehr möglich: Zu Länge und Breite ist noch eine dritte Normaldimension, die Höhe gekommen und der mit diesen drei Dimensionen begriffene Raum ist der gesammte Raum, der körperliche Raum und wird mit dem Körpermaafs gemessen (vgl. cubisches Maafs).

Flächenraum ist die Gröfse einer begrenzten Fläche.

Flächenwinkel ist ein Winkel den zwei Ebenen mit einander bilden, die Neigung zweier Ebenen zu einander, wie die Neigung zweier geraden Linien ebener Winkel oder schlechtweg Winkel genannt wird. Der F. wird gemessen durch den Neigungswinkel der beiden Ebenen, welche den F. bilden (s. Ebene No. 21) und der Neigungswinkel der Ebenen wird auch Neigungswinkel des Flächenwinkels genannt. Man sagt daher, Flächenwinkel verhalten sich wie ihre Neigungswinkel, Flächenwinkel sind gleich, ungleich, wenn ihre Neigungswinkel gleich, ungleich sind; sie sind mit diesen rechte, stumpfe, spitze und erhabene F.

Die Ebenen oder die Stücke derselben, welche den F. bilden, heissen die Schenkelflächen, die gerade Durchschnittslinie derselben heisst die Kante oder die Scheitellinie des F.

Flächenzahl ist das Product aus der Multiplication von 2 Zahlen mit einander. (Vergl. Flächenkörperzahl).

Flaschenzug ist ein uralter Apparat zur Gewältigung von Lasten, ein Hebezeug, dessen Erfindung dem Archimedes zugeschrieben wird. Es besteht aus 2 Rahmen oder Gehäusen, Flaschen genannt, in welchen eine oder mehrere jedoch nur selten über 3 Rollen um Axen drehbar befestigt sind. Beide Flaschen haben unterhalb Haken; an den Haken der unteren Flasche wird die zu hebende Last, an den der oberen Flasche das feste Ende des Zugseils befestigt. Die obere Flasche wird mit einer Oese um einen festen unverrückbaren Haken *h* aufgehängt.

2. Ist in jeder Flasche nur eine Rolle (Fig. 642), so wird das Zugseil um die Rolle der unteren Flasche geschlungen, von dort in die Höhe genommen über die Rolle der oberen Flasche geführt und

Fig. 642.

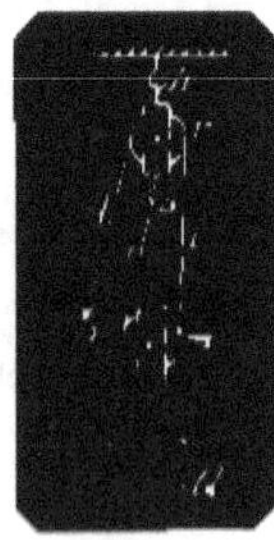

an das über diese Rolle hinwegreichende Ende die Kraft *P* zum Angriff gebracht.

Führt *P* das Seilende *d* um die Länge *l* fort, so macht das Seilende *c* ebenfalls den Weg *l*, und da das Seilstück *e* an dem festen Haken *a* um eben so viel sich verkürzt und zu dem Ende *c* hinzutritt, so geben beide Enden *b* und *c* die Länge *l* her und die Rolle *m* steigt mit der Flasche und der Last *Q* nur um die Höhe $\frac{1}{2}l$. Da nun bei einem System von Kräften diese mit den von ihnen gleichzeitig zurückgelegten Wegen in umgekehrtem Verhältniss stehen, so ist $P:Q = \frac{1}{2}:1$ und die zur Hebung der Last *Q* erforderliche Kraft *P* ist $= \frac{1}{2}Q$.

3. Befinden sich in jeder Flasche 2 Rollen (Fig. 643), so geschieht die Seilführung über die Rollen *m* und *n* wie in

Fig. 643

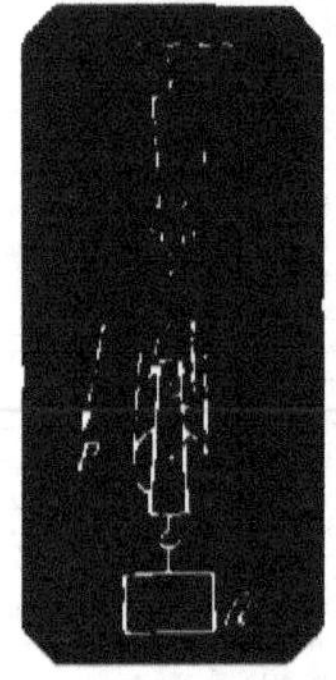

dem ersten Fall; anstatt aber, dass an das Seilende *d* die Kraft *P* angreift, wird es unter die unterste Rolle *o* der unteren Flasche, von hier über die oberste Rolle *p* der oberen Flasche genommen und an das freie Ende *f* die Kraft *P* zum Angriff gebracht.

Wird nun die Last *Q* mit der unteren Flasche und den beiden Rollen *m*, *o* um die Höhe *l* gehoben, so wird das Seilende *b* um die Länge *l* verkürzt, mithin legt das Seilende *c* den Weg 2*l* zurück und mit demselben das Seilende *d* denselben Weg 2*l*. Das Seilende *e* verhält sich aber zu dem Ende *d* wie *c* zu *b*, folglich macht das Seilende *e* und mit demselben die Kraft *P* den Weg 4*l*. Es ist mithin für den Flaschenzug mit 2 Rollen in jeder Flasche $P = \frac{1}{4}Q$.

4. Befinden sich in jeder Flasche 3 Rol-

len (Fig. 644), so geschieht die Seilführung über die Rollen m, o und n, p wie vorher. Das Seilende P wird nun unter die 3te Rolle q der unteren Flasche, von dort über die 3te Rolle r der oberen Flasche geführt und das freie Seilende h mit der Kraft P bespannt.

Fig. 644.

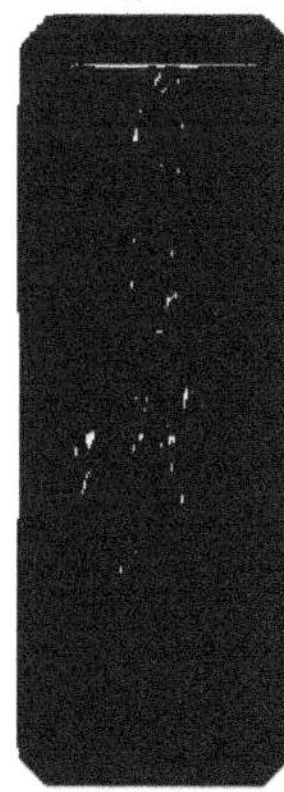

Wird nun die Last Q mit der unteren Flasche und den 3 Rollen n, o, q um die Höhe l gehoben, so macht wieder das Seilstück c den Weg $2l$, mit diesem das Seilstück d den Weg $2l$ und das Seilstück e den Weg $4l$ und auch f und g den Weg $4l$. Wegen der um l aufsteigenden Rolle q macht jedes der beiden Seilstücke noch den Weg l und zwar f durch Verkürzung, folglich das Seilstück g wie in den vorigen Fällen allein noch $2l$, zusammen also $6l$ und auch die Kraft P macht den Weg $6l$, folglich ist $P = \frac{1}{6}Q$.

Ueberhaupt verhält sich P zu Q wie 1 zu der Anzahl der Rollen in beiden Flaschen zusammengenommen.

5. Hat jede Flasche nur eine Rolle, so sind beide von gleichem Durchmesser, sind aber mehrere Rollen darin, so werden die inneren Rollen hinter einander kleiner genommen, weil sonst die Seilstücke an einander sich reiben und beschädigen. Wenn große Lasten sehr hoch zu heben sind, so spannt man Pferde vor das Seil und damit deren Zugkraft immer gleichmäßig angreife führt man das freie Seilende senkrecht abwärts und unten in der Zugbahn über eine feste Leitrolle, damit die Pferde stets einen ihrer Natur angemessenen horizontalen Zug behalten. Die Kraft P wirkt dann auf die oberste Rolle der oberen Flasche senkrecht abwärts.

6. Berücksichtigt man bei Berechnung der Kraft P die Nebenhindernisse, so sei für eine Rolle in jeder Flasche (Fig. 642)

der Halbmesser der Rolle a bis in die Mitte des Seils $= r$ Zoll
der Halbmesser des Bolzenzapfens $= \rho$ Zoll
der Durchmesser des Seils $= \delta$ Zoll
die Spannung des Seilstücks $c = s$
das Gewicht des Seils und der Rolle nebst Zapfen $= w$
der Reibungscoefficient $= \mu$
so ist der Gesammtdruck auf die Zapfen von $a = P + s + w$
das Moment der Reibung $= \mu\rho(P + s + w)$
das Moment von $P = rP$
das Moment von s wegen der Steifigkeit des Seils auf dessen Seite $= (r + \frac{1}{2}\delta^2)s$
folglich hat man die Momentengleichung

$$rP = (r + \tfrac{1}{2}\delta^2)s + \mu\rho(P + s + w) \qquad (1)$$

Nennt man die Spannung des Seilstücks $b = s'$, und gelten die übrigen Bestimmungen für die Rolle m wie für n, so hat man den Druck auf die Bolzenzapfen $= Q$, mithin die Momentengleichung

$$(r + \tfrac{1}{2}\delta^2)s' + \mu\rho Q = r \cdot s \qquad (2)$$

hierzu die Kräftegleichung

$$s + s' = Q + w \qquad (3)$$

In Gleichung 2 die Werthe für s und s' aus Gleichung 3 gesetzt entsteht

$$s = \frac{r + \frac{1}{2}\delta^2 + \mu\rho}{2r + \frac{1}{2}\delta^2}Q + \frac{r + \frac{1}{2}\delta^2}{2r + \frac{1}{2}\delta^2}w \qquad (4)$$

$$s' = \frac{r - \mu\rho}{2r + \frac{1}{2}\delta^2}Q + \frac{r}{2r + \frac{1}{2}\delta^2}w \qquad (5)$$

Schreibt man für Gleichung 1

$$(r - \mu\rho)P = (r + \tfrac{1}{2}\delta^2 + \mu\rho)s + \mu\rho w$$

und setzt hierin den Werth für s aus Gleichung 4, so erhält man

$$(r - \mu\rho)P = \frac{(r + \frac{1}{2}\delta^2 + \mu\rho)^2}{2r + \frac{1}{2}\delta^2}Q + \frac{(2r + \delta^2)\mu\rho + (r + \frac{1}{2}\delta^2)^2}{2r + \frac{1}{2}\delta^2}w \qquad (6)$$

Läßt man in Vergleich mit der bedeutenden Last Q und der noch größeren erforderlichen Kraft das Gewicht w der Flasche und des Seils außer Betracht, so erhält man

$$P = \frac{(r + \frac{1}{2}\delta^2 + \mu\rho)^2}{(2r + \frac{1}{2}\delta^2)(r - \mu\rho)}Q \qquad (7)$$

7. Die Entwickelung der Kraft P durch Q ausgedrückt wird für 2 Rollen in jeder Flasche, Fig. 643, viel schwieriger, besonders wenn man berücksichtigen will, dafs beide Rollen in derselben Flasche verschiedene Halbmesser r, r' und verschiedene Gewichte w, w' haben. Nimmt man für die Halbmesser beider Rollen einen mittleren $= r$, für die Halbmesser der Bolzenzapfen einen mittleren $= \varrho$ und läfst das mittlere Gewicht w fort, so erhält man durch Fortsetzung der Schlüsse ad. 6:

Für 2 Rollen in jeder Flasche:

$$P = \frac{2\varrho\mu + \frac{1}{2}\delta^2}{r - \varrho\mu} \cdot \frac{(r + \mu\varrho + \frac{1}{2}\delta^2)^4}{(r + \mu\varrho + \frac{1}{2}\delta^2)^4 - (r - \mu\varrho)^4}$$

Für 3 Rollen in jeder Flasche (Fig. 644)

$$P = \frac{2\varrho\mu + \frac{1}{2}\delta^2}{r - \varrho\mu} \cdot \frac{(r + \mu\varrho + \frac{1}{2}\delta^2)^6}{(r + \mu\varrho + \frac{1}{2}\delta^2)^6 - (r - \mu\varrho)^6}$$

Fliehkraft, s. Centrifugalkraft.

Flüssigkeit ist jeder Körper, welcher fliefst, der also nicht starr ist, und man unterscheidet tropfbare und expansible oder luftförmige Flüssigkeiten. Die Statik und Mechanik der tropfbaren F. heifsen die Hydrostatik und die Hydraulik; die der luftförmigen F. die Aerostatik und die Aerodynamik oder Aeromechanik (s. Aerodynamik, Ausflufs des Wassers, Ausflufs der Luft).

Focus, s. v. w. Brennpunkt bei wirklicher Sammlung von Lichtstrahlen, s. Brennglas, Brennspiegel.

Folgen der Vorzeichen in den auf Null reducirten geordneten Gleichungen sind je nach Beschaffenheit der Vorzeichen zweier auf einander folgender Glieder entweder Folgen gleichnamiger oder Folgen ungleichnamiger Vorzeichen.

In der Gleichung $x^3 + ax^2 + bx + c = 0$ befinden sich 3 Folgen gleichnamiger Vorzeichen, nämlich zwischen dem ersten und zweiten Gliede (+ +) dem 2ten und 3ten Gliede (+ +) und dem 3ten und 4ten Gliede (+ +).

In der Gleichung $x^3 + ax^2 + bx - c = 0$ befinden sich zwischen dem 1ten und 2ten Gliede (+ +) und zwischen dem 2ten und 3ten Gliede (+ +) also im Ganzen 2 Folgen gleichnamiger Vorzeichen, das 3te und 4te Glied bilden eine Folge ungleichnamiger Vorzeichen (+ −).

In der Gleichung $x^3 + ax^2 - bx - c = 0$ sind 2 Folgen gleichnamiger (1tes und 2tes Glied + +, 3tes und 4tes Glied − −) und eine Folge ungleichnamiger Vorzeichen (2tes und 3tes Glied + −).

In der Gleichung $x^3 - ax^2 - bx - c = 0$ sind 2 Folgen gleichnamiger Vorzeichen (2tes und 3tes Glied − −; 3tes und 4tes Glied − −) und eine Folge ungleichnamiger Vorzeichen (+ −).

In der Gleichung $x^3 - ax^2 \pm bx + c = 0$ sind für jedes der beiden Vorzeichen des 3ten Gliedes eine Folge gleichnamiger und 2 Folgen ungleichnamiger Vorzeichen:

entweder + −; − +; + +.

oder + −; − −; − +.

In der Gleichung $x^4 + ax^3 - bx + c = 0$ fehlt das Glied mit x^2, d. h. der Coefficient von x^2 ist = 0. Um zu bestimmen, welches die Folgen der Vorzeichen in der Gleichung sind, hat man das fehlende Glied = 0 mit ± als Vorzeichen hinzuzusetzen, also

$$x^4 \pm 0 + ax^3 - bx + c = 0$$

also entweder + +, + +, + −, − +.

oder + −, − +, + −, − +.

Im ersten Fall 2 Folgen gleichnamiger und 2 Folgen ungleichnamiger, im zweiten Fall 4 Folgen ungleichnamiger Vorzeichen.

Die Folge ungleichnamiger Zeichen wird auch Wechsel der Vorzeichen genannt.

Welchen Einflufs die Folgen und Wechsel der Vorzeichen auf die Vorzeichen der Wurzeln haben zeigt der Art.: algebraische Gleichung: Für quadratische Gleichungen No. 12, pag. 40 nämlich, dafs jede quadratische Gleichung so viele positive Wurzeln hat als Wechsel und so viele negative Wurzeln als Folgen der Vorzeichen. No. 17, pag. 51 erklärt, dafs dies auch bei den cubischen Gleichungen der Fall ist. No. 19 beweist aus den Folgen und Wechseln der Vorzeichen, dafs die gegebene unvollständige Gleichung vom 3ten Grade $x^3 + bx \pm c = 0$ zwei unmögliche Wurzeln haben mufs.

Dieses Gesetz findet bei den Gleichungen aller übrigen höheren Grade statt:

Für die Gleichung vom 4ten Grade seien die Producte

$$(x + a)(x + b)(x + c)(x + d) = 0$$

die Wurzeln a, b, c, d also sämmtlich negativ, so entsteht die geordnete Gleichung

$$x^4 + (a + b + c + d)x^3 + (ab + ac + ad + bc + bd + cd)x^2 + (abc + abd + acd + bcd)x + abcd = 0$$

mithin für 4 negative Wurzeln 4 Folgen von Vorzeichen.

Sind die Producte:

$$(x-a)(x-b)(x-c)(x-d)=0$$

so entsteht

$$x^4-(a+b+c+d)x^3+(ab+ac+\dots)x^2-(abc+\dots\dots)x+abcd=0$$

also für 4 positive Wurzeln 4 Wechsel der Vorzeichen.

Sind die Producte

$$(x+a)(x+b)(x+c)(x-d)$$

so entsteht die Gleichung

$$x^4+(a+b+c-d)x^3+(ab+ac-ad+bc-bd-cd)x^2+(abc-abd-acd-bcd)x-abcd=0$$

Je nachdem d kleiner oder gröfser als $a+b+c$ ist, entstehen die Gleichungen von der Form

$$x^4+Ax^3\pm Bx^2-Cx-D=0$$

Also in beiden Fällen entstehen 3 Folgen und 1 Wechsel der Vorzeichen für 3 negative und 1 positive Wurzel.

Sind die Producte

$$(x+a)(x+b)(x-c)(x-d)=0$$

so entsteht die Gleichung

$$x^4+(a+b-c-d)x^3+(ab-ac-ad-bc-bd+cd)x^2+(-abc-abd+acd+bcd)x+abcd=0$$

Je nachdem nun $c+d$ kleiner oder gröfser ist als $a+b$, hat man die Gleichungen von der Form

$$x^4\pm Ax^3-Bx^2+Cx+D=0$$

In beiden Fällen 2 Folgen und 2 Wechsel der Vorzeichen für 2 negative und 2 positive Wurzeln.

Sind endlich die Producte

$$(x+a)(x-b)(x-c)(x-d)=0$$

so entsteht die Gleichung

$$x^4-(-a+b+c+d)x^3+(-ab-ac-ad+bc+bd+cd)x^2+(abc+abd+acd-bcd)x-abcd=0$$

Je nachdem nun a kleiner oder gröfser ist als $b+c+d$ entstehen die beiden Gleichungen von der Form

$$x^4\mp Ax^3+Bx^2+Cx-D=0$$

In beiden Fällen 1 Folge und 3 Wechsel der Vorzeichen für eine negative und 3 positive Wurzeln.

Die oben als Beispiel aufgeführte unvollständige Gleichung:

$$x^4+ax^3-bx+c=0$$

hat also 2 unmögliche Wurzeln, weil sie je nach Ergänzung des fehlenden Gliedes einmal 2 Folgen und 2 Wechsel und das andere Mal 4 Wechsel hat, weil sie also sowohl 2 positive und 2 negative und zugleich 4 positive Wurzeln haben müfste, welches nicht möglich ist.

Diese Entwickelungen und Schlüsse auf Gleichungen von jedem noch so hohen Grade angewendet ergeben, dafs die ausgesprochene Regel allgemein gilt (s. Fouriers Lehre etc.)

Folge der Zeichen, der himmlischen Zeichen, der Himmelszeichen ist die Reihenfolge nach welcher die 12 Sternbilder, welche die 12 Zeichen des Thierkreises um die Ekliptik am Himmel ausmachen, vom Frühlingspunkt nach dem Sommer-, dem Herbst- und dem Winterpunkt bis wieder zum Frühlingspunkt hin gezählt werden.

In dem Art. „Absteigendes Zeichen" mit Fig. 19 sind die 12 Himmelszeichen der Reihe nach im Kreise abgebildet, sie werden auch in der dort angegebenen Folge gezählt, es wird aber mit dem Widder angefangen.

In dem Art. „Erde" mit Fig. 615 ist die wirkliche Bewegung der Erde E und die scheinbare Bewegung der Sonne S in der Ekliptik über F, S, H, W dargestellt. Man nennt diese Bewegungen die von der Rechten zur Linken, oder von Abend (über Mittag) nach Morgen. Wenn man aber die Ekliptik, wie Fig. 19 geschehen, mit den himmlischen Zeichen versieht, so kann man auch sagen, dafs die Bewegungen der Erde und der Sonne nach der Folge der Zeichen geschehen; wenn man nämlich mit dem in dem Frühlingspunkt F gezeichneten Sternbilde, dem Widder anfängt.

Die Erde bewegt sich also wirklich und die Sonne scheinbar nach der Folge der Zeichen:

1. Widder (Frühlingspunkt F)
2. Stier
3. Zwillinge
4. Krebs (Sommerpunkt S)

5. Löwe
6. Jungfrau
7. Waage (Herbstpunkt H)
8. Skorpion
9. Schütze
10. Steinbock (Winterpunkt W)
11. Wassermann
12. Fische

Der angegebene Stand dieser Sternbilder ist der wie er vor ältesten, den chaldäisch-astronomischen Zeiten gewesen ist. Seit damals bis jetzt sind die beiden Nachtgleichenpunkte, der Frühlingspunkt F und der Herbstpunkt H um cc. 30° zurück, F nach Fische und H nach Jungfrau, die Sternbilder also um so viel vorgerückt: das 1te Sternbild, der Widder steht jetzt, wenn F und H constant gedacht bleiben, in dem Ort wo der Stier damals sich befand.

Folgerung ist die Erkennung einer Wahrheit aus vorangegangenen Bedingungen oder Gründen.

Folgesatz ist die in Form eines Satzes aufgestellte Folgerung. Er wird auch Zusatz, Corollarium (s. d.) genannt, und ist dann ein Lehrsatz, dessen Wahrheit aus einem vorher aufgestellten Lehrsatz entweder unmittelbar oder doch mit Hülfe von nur wenigen Schlußfolgen sich ergibt. Wenn z. B. erwiesen worden ist, daß in einem Dreieck nur ein Winkel sein kann, der gleich einem rechten Winkel oder der größer ist, so ergibt sich als Folgesatz, daß in jedem Dreieck nothwendig zwei spitze Winkel sein müssen.

Forderung ist das Verlangen, einen Begriff, dessen Merkmale aus Definitionen und Grundsätzen hervorgegangen sind, anschaulich zu machen, ihn zu construiren. Z. B. einen Kreis zu zeichnen, ein Product aus 2 Factoren darzustellen, von denen jeder eine Summe zweier Summanden ist.

Constructionen, die auf Lehrsätzen beruhen, sind ausgeschlossen.

Forderungssatz, Postulat ist ein Satz, der eine Forderung ausspricht.

Form einer Größe ist das Gesetz, nach welchem die Größe zusammengesetzt oder gebildet ist. Zu jeder Form, der allgemeinen Form gehören mehrere Größen; diese sind Größen von einerlei Form. Jede quadratische Gleichung hat die Form

$$x^2 + ax + b = 0$$

oder sie ist in diese Form zu bringen.

Alle Kreise haben einerlei Form und diese wird in der Erklärung desselben ausgesprochen.

Ist n eine ganze Zahl, so ist $2n$ die Form jeder geraden Zahl; $2n + 1$ die Form jeder ungeraden Zahl.

Formen der Krystalle sind entweder einfache oder zusammengesetzte F. Die ersteren bestehen aus lauter gleichnamigen Flächen, die letzteren aus zweierlei gleichnamigen Flächen. Durch Verlängerung der gleichnamigen Flächen einerlei Art verschwinden die anderen, und es entsteht eine einfache Form, eine Kernform oder Grundform des Krystalls.

Man wählt zur Grundform diejenige, welche aus den größeren, den vorherrschenden Flächen gebildet wird. S. Combination pag. 36 mit Fig. 301 und 302. Vergrößert man immerfort die größeren 8eckigen Flächen, so verschwinden die dreieckigen und es entsteht das Hexaeder *abcdefgh*.

Eben so wird aus einer einfachen Form durch Enteckungen und Entkantungen eine zusammengesetzte hervorgebracht. Setzt man diese Enteckungen oder Entkantungen bis zum Maximum, also bis zu den Mitten der anliegenden Kanten fort, so entsteht wieder eine einfache Form, eine abgeleitete Form. Z. B. aus dem Würfel entsteht durch fortgesetzte Enteckung das reguläre Octaeder, wie Fig. 302, wo die Enteckung des Hexaeders so weit fortgesetzt ist, daß das Octaeder $\alpha\beta\gamma\delta\epsilon\eta$ hervorgeht.

Die Begriffe: einaxige und vielaxige Formen s. u. Axen der Krystalle, Bd. I., pag. 256.

Es ist hier noch ganz besonders der Unterschied von homoedrischen und hemiedrischen Formen zu merken: die Krystalle werden nach Axensystemen, s. d., so unterschieden, daß in jedem Krystall die Axen nachzuweisen sein müssen, welche dem System angehören; desgleichen die ihm zugehörige Anzahl von Flächen. Nun gibt es aber Krystalle, in welchen nur die Hälfte, auch wohl nur ¼ der ihm zukommenden Flächen vorhanden sind, die deshalb Hälftflächner oder Viertelflächner genannt werden und der hemiedrischen Form angehören, während die Krystalle der ursprünglichen, der homoedrischen Form, Vollflächner heißen.

Z. B. dem Octaeder, einer homoedrischen Form des regulären Systems von 8 gleichseitigen Dreiecksflächen gehört als abgeänderte hemiedrische Form das Hemioktaeder oder Halbachtflächner an. Dieser hat nur 4 gleichseitige Dreiecksflächen, ist also das eigentliche reguläre Tetraeder und wird auch Vierflächner genannt.

Wenngleich nun dieser Körper ein regulärer, also ein Körper von primitiver Form ist, so wird er dennoch dem Krystallisationssystem gemäfs aus dem Octaeder entstanden gedacht.

Es sei $ABCDEF$ das Octaeder. Man denke die Flächen AED und ABC beide ¼ mit sich selbst einander entgegengerückt, E ist in E', D in D', B in B' und C in C', so schneiden sich beide Flächen

Fig. 645.

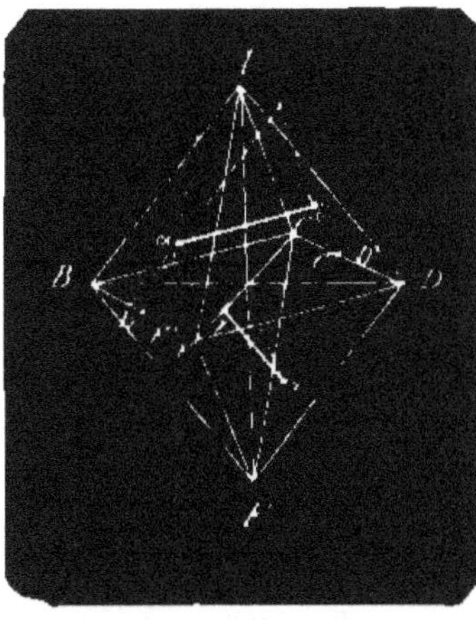

in der geraden Linie $\alpha\beta$, der Endpunkt α liegt in der Fläche ABE, der Endpunkt β in der Fläche ACD.

Eben so rücke man die Flächen FBE und FCD ¼ mit einander näher bis sie sich in der geraden Linie $\gamma\delta$ schneiden; γ liegt in der Fläche FBC, δ in der Fläche FED. Die Linien $\alpha\beta$ und $\gamma\delta$ liegen auf entgegengesetzten Seiten und ‡ der Basis $BCDE$ in einem Abstande von derselben $= \frac{1}{4} AF$ und $\alpha\beta$ und $\delta\gamma$ zugleich rechtwinklig zu einander in einem gegenseitigen Abstand $\frac{1}{4} AF = \frac{1}{2} BD = \frac{1}{2} CE$. Sie sind $=$ lang $= \frac{1}{2} CB = \frac{1}{2} BE$ und liegen wie die Halbirungslinie der gegenüberliegenden Seiten des Quadrats $BCDE$. Nimmt man also $\alpha\beta$ und $\gamma\delta$ als Kanten, construirt die Dreiecksebenen $\alpha\beta\gamma$, $\alpha\gamma\delta$, $\beta\gamma\delta$ und $\alpha\beta\delta$, so sind die Dreiecke gleichseitig, congruent und bilden das reguläre Tetraeder.

So nun wie dieses Hemioctaeder aus dem Octaeder entstanden gedacht wird, so werden alle übrigen hemiedrischen Formen aus den ihr zu Grunde liegenden homoedrischen Formen entstanden gedacht.

Formel ist in dem Art. „algebraische Formel" definirt und für diese sind Beispiele gegeben. Aufser der Algebra liefert die Analysis Formeln für Differenziale, Integrale, Reihen-Entwickelungen (s. Differenzialrechnung); die algebraische Geometrie (s. d.) Formeln für den Zusammenhang zwischen den Seiten, den Diagonalen und dem Inhalt der Figuren; die Trigonometrie liefert Formeln zwischen genannten Stücken und den Winkeln.

Fortschreitende Bewegung. s. u. Bewegung No. 2.

Fouriers Lehre von der Auffindung der Wurzeln algebraischer Gleichungen mit einer unbekannten Gröfse.

Die Methode, die Wurzeln einer auf Null reducirten geordneten Gleichung zu finden besteht darin, dafs deren Differenziale der Reihenfolge nach gebildet und deren Wurzeln mit denen der gegebenen Gleichung verglichen werden.

Ist $X = fx = x^n + ax^{n-1} + bx^{n-2}$
$$+ \ldots + px + q = 0$$
$$X_1 = f'x = nx^{n-1} + a(n-1)x^{n-2}$$
$$+ b(n-2)x^{n-3} + \ldots + p$$
$$X_2 = f''x = n(n-1)x^{n-2} + \ldots.$$
$$\ldots\ldots\ldots\ldots$$
$$X_n = n(n-1)(n-2)\ldots 2 \cdot 1$$

so kann man in jede dieser Functionen einen so grofsen Werth M für x setzen, dafs das erste Glied, weil es den höchsten Exponent hat, gröfser wird als alle übrigen Glieder zusammengenommen. Ist M positiv, so werden die Werthe aller Functionen positiv, ist M negativ, so werden die Werthe der Functionen positiv oder negativ, je nachdem deren erste Glieder gerade oder ungerade Exponenten haben. Die Folgen oder Wechsel der Vorzeichen spielen aber eine wichtige Rolle für die Auffindung der Wurzeln der gegebenen Gleichung.

Beispiel. Es ist folgende Gleichung vom 5ten Grade gegeben und von derselben sind der Reihe nach die 5 möglichen Differenziale genommen.

$$[(x+1)(x+5)(x-2)(x-6)(x-50)]$$
$$X = x^5 - 52x^4 + 69x^3 + 1582x^2 - 1540x$$
$$- 3000 = 0$$
$$X_1 = 5x^4 - 208x^3 + 207x^2 + 3164x - 1540$$

$X_2 = 20x^3 - 624x^2 + 414x + 3164$

$X_3 = 60x^2 - 1248x + 414$

$X_4 = 120x - 1248$

$X_5 = 120$

Um in Betreff der positiven und negativen Vorzeichen alle nur möglichen Zahlenwerthe einzuschließen sei $M = \pm \infty$, so sind für $x = M = +\infty$ die Werthe sämmtlicher 6 Functionen positiv; für $x = M = -\infty$ sind die Werthe der Gleichung und der geraden Differenziale subtractiv, die der ungeraden Differenziale additiv. Man hat demnach folgendes Schema:

Für $x = +\infty$	für $x = -\infty$
$X = +$	$X = -$
$X_1 = +$	$X_1 = +$
$X_2 = +$	$X_2 = -$
$X_3 = +$	$X_3 = +$
$X_4 = +$	$X_4 = -$
$X_5 = +$	$X_5 = +$

Man sieht, daß diese Ordnung der aufeinander folgenden Vorzeichen bei jeder geordneten auf Null reducirten Gleichung vorkommen muß; nämlich daß für $x = +\infty$ die Werthe der Gleichung und deren n Differenziale n Folgen der Vorzeichen und für $x = -\infty$, n Wechsel der Vorzeichen abgeben.

Ist das erste Glied x^n subtractiv, so sind für $x = +\infty$ sämmtliche Vorzeichen subtractiv.

2. Diese n Zeichenwechsel bei einer Gleichung vom $n$ten Grade gegen die voranstehenden n Folgen sind nun nach Fourier die Ursache, daß zwischen $x = +\infty$ und $x = -\infty$, also daß überhaupt n Wurzeln für die Gleichung existiren.

Setzt man in dem Beispiel $x = 10$, so erhält man

$$X = -280900$$
$$X_1 = -107200$$
$$X_2 = -35096$$
$$X_3 = -6066$$
$$X_4 = -48$$
$$X_5 = +120$$

Die ersten 5 Functionen geben 4 Zeichenfolgen, die 5te und die 6te geben einen Zeichenwechsel. Es sind also 4 Folgen und 1 Wechsel in diesem Beispiel. Da nun für $x = +\infty$ 5 Folgen existiren, so wird geschlossen, daß zwischen $x = 10$ und $x = \infty$ eine Wurzel der Gleichung existirt.

Dies ist nun freilich schon aus dem subtractiven Werth von X zu schließen. Denn wenn für $x = \infty$, X additiv und für $x = 10$, X subtractiv wird, so muß zwischen beiden Werthen ein x' existiren, für welches $X = 0$ wird, also eine Wurzel x' und es geht noch nicht hervor, daß die Fourier'sche Lehre Vortheile darbietet.

3. Setzt man um der Wurzel näher zu kommen $x = 100$, so hat man $X = + 4884663000$. Man weiß also, daß die Wurzel zwischen 10 und 100 liegt; allein man weiß nicht, ob zwischen $x = 100$ und $x = \infty$, d. h ob über $x = 100$ noch eine Wurzel für die Gleichung existirt oder nicht, weil die Uebereinstimmung der Vorzeichen (+) hierbei nichts entscheidet.

Denn setzt man $x = 3$, so erhält man für X den Werth $+ 9724$. Nun ist der Werth von X für $x = +\infty$ ebenfalls + und gleichwohl existirt zwischen $x = 10$ und $x = 100$ eine Wurzel.

Hier nun gibt die Fourier'sche Lehre bestimmte Auskunft. Nämlich für $x = 100$ ist

$$X = +4884663000$$
$$X_1 = +294384860$$
$$X_2 = +13804564$$
$$X_3 = +475614$$
$$X_4 = +10752$$
$$X_5 = +120$$

Da nun bei $x = 100$ und $x = +\infty$ kein Zeichenwechsel statt findet, so ist nach Fourier auch über $x = 100$ keine Wurzel der Gleichung vorhanden.

Setzt man $x = 0$, so erhält man

$$X = -3000$$
$$X_1 = -1540$$
$$X_2 = +3164$$
$$X_3 = +414$$
$$X_4 = -1248$$
$$X_5 = +120$$

Man findet hier 2 Zeichenfolgen und 3 Wechsel; da nun für $x = \infty$ 5 Folgen existiren, so existiren nach Fourier zwischen $x = 0$ und $x = +\infty$ oder nach dem vorigen Satz zwischen $x = 0$ und $x = 100$ drei Wurzeln; und da für $x = 10$ vier Folgen und 1 Wechsel statt haben, so existiren zwischen $x = 0$ und $x = 10$ zwei Wurzeln, die dritte liegt demnach zwischen $x = 10$ und $x = 100$.

Da ferner bei $x = -\infty$ fünf Zeichenwechsel vorkommen, so hat die Gleichung zwischen $x = 0$ und $x = -\infty$ noch $(5 - 3) = 2$ Wurzeln.

4. Nimmt man nämlich für x zwei Werthe A und B, zwischen welchen kein Werth von x weder X noch eine der Differenziale zu Null macht, so müssen

für alle Werthe von x innerhalb A und B die Zeichenreihen dieselben bleiben.

Setzt man $x = 1$, so erhält man in dem obigen Beispiel

$$X = -2940$$
$$X_1 = +1628$$
$$X_2 = +2974$$
$$X_3 = -774$$
$$X_4 = -1128$$
$$X_5 = +120$$

Die Zeichenwechsel sind also mit denen für $x = 0$ nicht dieselben; man ersieht auch, daſs es zwischen $x = 0$ und $x = 1$ Werthe von x gibt, durch welche X_1 und X_2 zu Null werden.

5. Wird ferner mit einem Werth C für x die Function $= 0$, der Werth jedes der Differenziale aber nicht $= 0$ so ist, unter s eine positive Gröſse gedacht, nach der Taylor'schen Reihe:

$$f(C+s) = fC + sf'C + \frac{s^2}{2} f''C + \frac{s^3}{6} f'''C + \dots$$

$$f(C-s) = fC - sf'C + \frac{s^2}{2} f''C - \frac{s^3}{6} f'''C + \dots$$

Nun ist $fC = 0$; $f'C$ aber nicht $= 0$, folglich ist

$$f(C+s) = sf'C + \frac{s^2}{2} f''C + \dots.$$

$$f(C-s) = -sf'C + \frac{s^2}{2} f''C - \frac{s^3}{6} f'''C + \dots.$$

Nun kann man sich unter s eine so kleine Gröſse denken, daſs $sf'C >$ ist als die absolute Summe aller übrigen Glieder, und es hat sodann

$f(C+s)$ das Vorzeichen $+$
$f(C-s)$ das Vorzeichen $-$

für Werthe von $x > C$ behält also die Function das Vorzeichen, für Werthe von $x < C$ wird es geändert und es entsteht für die Function bei $x = A$ gegen die bei $x = B$ ein Zeichenwechsel. Da der Voraussetzung nach für keinen Werth von x zwischen A und B eins der Differenziale $= 0$ wird, so bleiben nach Satz 4 die Vorzeichen derselben für $x = C \pm s$ dieselben mit denen für $x = A$ und B, oder mit A allein oder mit B allein, je nachdem die Vorzeichen der abgeleiteten Functionen für $x = A$ und B übereinstimmen oder nicht.

In dem Beispiel ist zwischen $x = 10$ und $x = 100$ die Wurzel $C = 50$.

Man hat:

für $x = 51$	für $x = 49$
$X = +6420960$	$X = -5456700$
$X_1 = +6932828$	$X_1 = +5003616$
$X_2 = +1054274$	$X_2 = +878206$
$X_3 = +92526$	$X_3 = +83322$
$X_4 = +4872$	$X_4 = +4632$
$X_5 = +120$	$X_5 = +120$

Es stimmen also die Vorzeichen der Differenziale mit denen für $x = B = 100$.

Man hat zusammengestellt:

	für $x = 10$,	für $x = 49$,	für $x = 51$,	für $x = 100$
X	$= -$	$= -$	$= +$	$= +$
X_1	$= -$	$= +$	$= +$	$= +$
X_2	$= -$	$= +$	$= +$	$= +$
X_3	$= -$	$= +$	$= +$	$= +$
X_4	$= -$	$= +$	$= +$	$= +$
X_5	$= +$	$= +$	$= +$	$= +$

Setzt man $x = -2$ so erhält man

$$X = +4892$$
$$X_1 = -5296$$
$$X_2 = -320$$
$$X_3 = +3150$$
$$X_4 = -1488$$
$$X_5 = +120$$

Für $x = 0$ (No. 3) hat man 3 Zeichenwechsel, für $x = -2$ hat man 4 Zeichenwechsel, es existirt also eine Wurzel von X für einen Werth von x zwischen 0 und -2 und diese Wurzel ist $= -1$. Nimmt man wieder 2 benachbarte Werthe von -1, z. B. $-1{,}1$ und $-0{,}9$ so erhält man

für $x = -1{,}1$	für $x = -0{,}9$
$X = +438$	$X = -418$
$X_1 = -1002$	$X_1 = -4065$
$X_2 = +1927$	$X_2 = +2192$
$X_3 = +1859$	$X_3 = +1585$
$X_4 = -1116$	$X_4 = -1356$
$X_5 = +120$	$X_5 = +120$

und eine Zusammenstellung der Vorzeichen für A, B, $C + s$ und $C - s$ ergibt

	für $x=0$,	für $x = -0{,}9$,	für $x = -1{,}1$,	für $x = -2$
X	$= -$	$-$	$+$	$+$
X_1	$= -$	$-$	$-$	$-$
X_2	$= +$	$+$	$+$	$-$
X_3	$= +$	$+$	$+$	$+$
X_4	$= -$	$-$	$-$	$-$
X_5	$= +$	$+$	$+$	$+$

In beiden Fällen, für die Wurzeln 50 und -1 ersieht man die Uebereinstimmung der Vorzeichen für sämmtliche Differenziale und die entgegengesetzten Vorzeichen in der gegebenen Gleichung. Ferner ist ersichtlich, daſs die Anzahl der Zeichenwechsel in den zusammengestellten Functionen von $x = +\infty$ bis nach $x = -\infty$ hin sich vermehren, oder wie man gewöhnlich es ausdrückt: es gehen die Zeichenwechsel von $x = -\infty$ bis $x = +\infty$ hin durch die Wurzeln verloren.

6. Hat eine Gleichung mehrere gleiche Wurzeln, so gehen durch dieselben eine gleiche Anzahl von Wechseln verloren.

Denn ist zwischen den Grenzen A und B für x die Zahl C zweimal als Wurzel, macht also C die Gleichung 2mal zu Null, so wird für $x = C$, fx und $f'x$ oder fC und $f'C = 0$. Man hat wie ad 5

$$f(C+s) = fC + sf'C + \frac{s^2}{2} f''C + \frac{s^3}{6} f'''C + \ldots$$

$$f(C-s) = fC - sf'C + \frac{s^2}{2} f''C - \frac{s^3}{6} f'''C + \ldots$$

$$f(C+s) = + \frac{s^2}{2} f''C + \frac{s^3}{6} f'''C$$

$$f(C-s) = + \frac{s^2}{2} f''C - \frac{s^3}{6} f'''C$$

Unter s wieder eine sehr kleine Grösse gedacht wie ad 5, ergibt

$f(C+s)$ mit dem Vorzeichen $+$
und $f(C-s)$ mit dem Vorzeichen $+$
$fC = 0$ hat aber den Zeichenwechsel $+ -$ gegeben, und $f'C = 0$ ergibt nun den Zeichenwechsel $- +$, folglich sind von B nach A hin 2 Zeichenwechsel entstanden, oder von A nach B hin verloren gegangen. Aus dem abwechselnden Vorzeichen in der zweiten Taylor'schen Reihe ersieht man, dafs bei 3 gleichen Wurzeln 3 Zeichenwechsel, bei n gleichen Wurzeln n Zeichenwechsel verloren gehen, indem $fx = f'x = \ldots f^{n-1}x = 0$ wird.

Beispiel $[(x-1)(x-1)(x+5)]$

$X = x^3 + 3x^2 - 9x + 5 = 0$
$X_1 = 3x^2 + 6x - 9$
$X_2 = 6x + 6$
$X_3 = +6$

Für $x = 1$ wird $X = X_1 = 0$.

Setzt man $x = 0$ und $= 10$, so erhält man

$X = +5$	$X = +1215$
$X_1 = -9$	$X_1 = +351$
$X_2 = +6$	$X_2 = +66$
$X_3 = +6$	$X_3 = +6$

Bei $x = 0$ sind 2 Zeichenwechsel, die bei $x = 10$ verloren gegangen sind.

2tes Beispiel.

$[(x-1)(x-1)(x-1)(x+5)]$

$X = x^4 + 2x^3 - 12x^2 + 14x - 5 = 0$
$X_1 = 4x^3 + 6x^2 - 24x + 14$
$X_2 = 12x^2 + 12x - 24$
$X_3 = 24x + 12$
$X_4 = 24$

Man erhält für $x = 0$ und für $x = 10$:

$X = -5$	$X = +10935$
$X_1 = +14$	$X_1 = +4364$
$X_2 = -24$	$X_2 = +1296$
$X_3 = +12$	$X_3 = +252$
$X_4 = +24$	$X_4 = +24$

Bei $x = 0$ sind 3 Zeichenwechsel, die bei $x = 10$ verloren gegangen sind. Für $x = 1$ wird $X = X_1 = X_2 = 0$.

7. Es ist No. 4 in dem Beispiel gezeigt, dafs Differenziale für Werthe von x innerhalb zweier Grenzen A und B zu Null werden. Gesetzt es gebe für einen Werth von $x = C$ zwischen A und B das $m$te Differenzial in den Werth $= 0$ über, so liegen der Gleichung und deren ersten $(m-1)$ Differenzialen die vorhin ermittelten Gesetze zu Grunde. Dann aber hat man:

$$f_{m+1}(C+s) = f_mC + sf_{m+1}C + \frac{s^2}{2} f_{m+2}C + \ldots.$$

$$f_{m+1}(C-s) = f_mC - sf_{m+1}C + \frac{s^2}{2} f_{m-2}C - \ldots.$$

oder da $f_mC = 0$ ist

$$f_{m+1}(C+s) = + sf_{m+1}C + \frac{s^2}{2} f_{m+2}C + \ldots.$$

$$f_{m+1}(C-s) = - sf_{m+1}C + \frac{s^2}{2} f_{m+2}C - \ldots.$$

Es hat also wie No. 5 nachgewiesen, bei sehr kleinem s das erste Differenzial das Vorzeichen $+$, das zweite das Vorzeichen $-$.

Stellt man diese Werthe mit $f_{m+1}C$ und $f_{m-1}C$ zusammen, so erhält man, da X bis X_{m-1} keine Aenderung erfahren

Für $x =$	$\ldots . X_{m-1}$	X_m	X_{m+1}
$C+s$	$f_{m-1}C$	$+sf_{m+1}C$	$f_{m+1}C$
C	$f_{m-1}C$	0	$f_{m+1}C$
$C-s$	$f_{m-1}C$	$-sf_{m+1}C$	$f_{m+1}C$

Haben nun $f_{m-1}C$ und $f_{m+1}C$ gleiche Vorzeichen, entweder + oder −, so entstehen folgende Zeichenreihen

$x =$	$\ldots X_{m-1}$	X_m	X_{m+1}
$C+\varepsilon$	+	+	+
C	+	0	+
$C-\varepsilon$	+	−	+

$x =$	$\ldots X_{m-1}$	X_m	X_{m+1}
$C+\varepsilon$	−	−	−
C	−	0	−
$C-\varepsilon$	−	+	−

wobei zu bemerken, daſs für $-X_{m+1} = -f_{m+1}C$ auch $\varepsilon \times (-f_{m+1}C) = -\varepsilon f_{m+1}C$ und $-\varepsilon(-f_{m+1}C) = +\varepsilon f_{m+1}C$ wird.

Die 3 Differenziale für $x = C + \varepsilon$ haben also 2 Zeichenfolgen, die 3 Differenziale für $x = C - \varepsilon$ haben 2 Zeichenwechsel und diese gehen bei dem Durchgang bei $x = C$ durch den Werth 0 verloren.

Sind die Vorzeichen von $f_{m-1}C$ und $f_{m+1}C$ ungleich, ± oder ∓ so entsteht

$x =$	$\ldots X_{m-1}$	X_m	X_{m+1}
$C+\varepsilon$	+	−	−
C	+	0	−
$C-\varepsilon$	+	+	−

$x =$	$\ldots X_{m-1}$	X_m	X_{m+1}
$C+\varepsilon$	−	+	+
C	−	0	+
$C-\varepsilon$	−	−	+

In beiden Fällen haben die drei Differenziale für $x = C + \varepsilon$ und $x = C - \varepsilon$ einen Wechsel und eine Folge und es ist kein Zeichenwechsel verloren gegangen.

Wenn also ein Differenzial = 0 wird, so gehen entweder 2 Zeichenwechsel oder es geht keiner verloren, und dies findet für jedes Differenzial statt, wenn mehrere derselben, die auch aufeinander folgen können, zu Null werden.

8. In einer Gleichung können höhere Werthe von x nie mehr Zeichenwechsel liefern als niedrigere; für $x = +\infty$ entstehen nur Folgen, für $x = -\infty$ nur Wechsel von Zeichen. Wird für einen Werth von x die Gleichung $X = 0$, so geschieht dies immer mit Verlust eines Zeichenwechsels. Bei gleichen Wurzeln werden immer so viele hintereinanderliegende Funtionen von X ab gerechnet zu Null als die Anzahl der gleichen Wurzeln beträgt.

Hat eine Gleichung vom $n$ten Grade n reelle Wurzeln, so kann kein Zeichenwechsel verloren gehen, ohne daſs zwischen den dazu gehörigen Grenzen (A und B) eine Wurzel sich befinde.

Hat eine Gleichung vom $n$ten Grade $n - m$ reelle Wurzeln, so gehen durch dieselben $n - m$ Zeichenwechsel verloren, und m gehen verloren, ohne daſs dabei $X = 0$ wird, also dadurch, daſs Differenziale zu Null werden. Da dies immer nur paarweise geschehen kann, so muſs m eine gerade Zahl sein und es kann in einer Gleichung mit lauter reellen Gliedern nur eine gerade Anzahl von unmöglichen Wurzeln sich befinden.

9. Beispiele 1. In dem zu 1 gewählten Beispiel:

$$X = x^5 - 62x^4 + 69x^3 + 1582x^2 - 1540x - 3000 = 0$$

hat man folgendes Schema:

$x =$	X	X_1	X_2	X_3	X_4	X_5
$+\infty$	+	+	+	+	+	+
100	+	+	+	+	+	+
51	+	+	+	+	+	+
50	0	+	+	+	+	+
49	−	+	+	+	+	+
10	−	−	−	−	−	+
6	0	−	−	−	−	+
5	+	−	−	−	−	+
2	0	+	+	−	−	+
1	−	+	+	−	−	+
0	−	−	+	+	−	+
−1	0	−	+	+	−	+
−2	+	−	−	+	−	+
−5	0	+	−	+	−	+
$-\infty$	−	+	−	+	−	+

Von $x = +\infty$ bis $x = 51$ bleiben dieselben Zeichenfolgen, es existirt also in diesem Intervall keine Wurzel der Gleichung. Für $x = 49$ ist ein Zeichenwechsel mit 4 Zeichenfolgen, für $x = 10$ entstehen 4 Folgen und ein Wechsel, zwischen $x = 10$ und $x = 49$ ist also keine Wurzel. Da aber $x = 51$ fünf Folgen, $x = 49$ und $x = 10$ vier Folgen hat, so existirt zwischen $x = 10$ und $x = +\infty$ eine aber nur eine Wurzel und diese ist = 50.

Nimmt man das Intervall für $x = 10$

bis $x = 1$ oder $x = 0$, so hat man bei $x = 10$ ein Wechsel, bei $x = 0$ oder 1 drei Wechsel; es existiren also in diesem Intervall entweder 2 Wurzeln oder es gehen auch Differenziale in den Werth $= 0$ über. Um dies zu finden theilt man das Intervall; für $x = 5$ erhält man nun 2 Wechsel, bei $x = 10$ ist nur 1 Wechsel also liegt ganz bestimmt zwischen 5 und 10 eine Wurzel, und diese ist $= 6$. Aus demselben Grunde ist zwischen 0 und 5 eine Wurzel (2) vorhanden.

Da für $x = 0$ drei Wechsel, für $x = -\infty$ fünf Wechsel vorhanden sind, so existiren entweder 2 negative Wurzeln oder es gehen Differenziale verloren. Durch Theilung des Intervalls findet man, dafs 2 reelle Wurzeln (-1 und -5) existiren.

10. Folgendes Beispiel

$$[(x^2 - 3x + 4)(x - 3)(x + 1)]$$

hat 2 unmögliche Wurzeln. Es ist

$$X = x^4 - 5x^3 + 7x^2 + x - 12 = 0$$
$$X_1 = 4x^3 - 15x^2 + 14x + 1$$
$$X_2 = 12x^2 - 30x + 14$$
$$X_3 = 24x - 30$$
$$X_4 = +24$$

Es entsteht

für $x =$	X	X_1	X_2	X_3	X_4
$-\infty$	+	−	+	−	+(24)
0	−(12)	+(1)	+(14)	−(30)	+(24)

Da für $x = 0$ ein Zeichenwechsel weniger ist als für $x = -\infty$, so hat die Gleichung nothwendig eine negative Wurzel, die übrigen 3 Wurzeln sind positiv, wie dies auch $x = 0$ mit 3 Zeichenwechseln angibt, indem $x = +\infty$ vier positive Folgen liefert.

Für $x = 1$ entstehen die Zeichen

$$-(8) \quad +(4) \quad -(4) \quad -(6) \quad +(24)$$

in 3 Wechseln, so dafs zwischen 0 und 1 keine Wurzel liegt.

Für $x = 10$ entstehen die Zeichen

$$+(5698) + (2641) + (914) + (210) + (24)$$

so dafs keine Wurzel existirt, die > 10 ist, die 3 Wurzeln also zwischen 1 und 10 liegen. Man erhält ferner

für $x = 4$: $+ 40 + 73 + 86 + 66 + 24$
$ = 2$: $- 6 + 1 + 2 + 18 + 24$
hieran $= 1$: $- 8 + 4 - 4 - 6 + 24$

$x = 4$ stimmt in den Zeichen mit $x = \infty$, also gibt es keine Wurzel > 4. Für $x = 2$ entsteht ein Wechsel, mithin liegt eine Wurzel zwischen 2 und 4. Zwischen 1 und 2 für x liegen also entweder 2 Wurzeln oder es existirt keine reelle Wurzel.

11. Das Verfahren um zu erkennen, ob Wurzeln vorhanden sind oder nicht, ist nach Fourier etwas weitläufig und soll mit den Beweisen für die Richtigkeit fortgelassen werden. Hat man das Intervall auf möglichst enge Grenzen gebracht, wie es auch von Fourier geschieht, so ist es in vielen Fällen am einfachsten, wenn man die Differenziale ignorirt und sich einzig mit der gegebenen Gleichung beschäftigt.

Man thut wohl, das Intervall auf eine Einheit grofs zu bringen, wie in dem vorliegenden Beispiel, wo die beiden Wurzeln zwischen $x = 1$ und $x = 2$ angezeigt sind. Nun setze man $x = 1 + a$, wo a einen positiven ächten Bruch bedeutet und ermittle durch a den Werth von X. Man erhält

$$\begin{array}{rcrcl}
x^4 &=& (1+a)^4 &=& 1 + 4a + 6a^2 + 4a^3 + a^4 \\
-5x^3 &=& -5(1+a)^3 &=& -5 - 15a - 15a^2 - 5a^3 \\
+7x^2 &=& +7(1+a)^2 &=& +7 + 14a + 7a^2 \\
x &=& &&1 + a \\
-12 &=& &&-12 \\
\hline
X &=& &&-8 + 4a - 2a^2 - a^3 + a^4
\end{array}$$

Der gröfste Werth, den a annehmen kann, ist $= 1$, mithin der gröfste negative Werth von $X = -6$, nämlich für $x = 2$; für jeden kleineren Werth von a bleibt X zwischen -6 und -8 und es existirt mithin zwischen 1 und 2 kein Werth von x, der die Function $X = 0$ macht, also auch keine Wurzel, woraus hervorgeht, dafs die Gleichung 2 unmögliche (imaginäre) Wurzeln hat.

12. Man soll aus folgender gegebenen Gleichung die Wurzeln finden:

$$X = x^5 - 21x^4 + 43x^3 - 465x^2 + 450x + 1000 = 0$$

Es ist

$$X_1 = 5x^4 - 84x^3 + 129x^2 - 930x + 450$$
$$X_2 = 20x^3 - 252x^2 + 258x - 930$$
$$X_3 = 60x^2 - 504x + 258$$
$$X_4 = 120x - 504$$
$$X_5 = 120$$

Man erhält folgendes Schema

$x =$	$-\infty$	0	10	100	$+\infty$
X	−	+	−	+	+
X_1	+	+	−	+	+
X_2	−	−	−	+	+
X_3	+	+	+	+	+
X_4	−	−	+	+	+
X_5	+	+	+	+	+

Bei $x = 0$ sind 4 Zeichenwechsel, bei $x = -\infty$ sind 5 Wechsel, folglich existirt eine negative Wurzel. Ueber $x = +100$ ist keine Wurzel vorhanden; bei $x = +10$ ist ein Zeichenwechsel, daher liegt eine positive reelle Wurzel zwischen 10 und 100; die übrigen 3 Wurzeln liegen zwischen 0 und 10; bei 0 sind 4 bei 10 ist ein Zeichenwechsel. Um nun zu erfahren, ob nur eine oder ob 3 reelle Wurzeln zwischen 0 und 10 vorhanden sind, schränke das Intervall ein

für $x = 0$ sind die Zeichen $+ + - + - +$
für $x = 1$ „ „ „ $+ - - - - +$

Es existiren mithin zwischen 0 und 1 entweder 2 reelle Wurzeln oder keine; die 3te Wurzel liegt jedenfalls zwischen 1 und 10 und ist reell.

Um nun das Intervall 0 − 1 auf Wurzeln zu untersuchen, ignorire die Differenziale, setze $x = a =$ einem ächten Bruch, so hat man

$$X = a^5 - 21a^4 + 43a^3 - 485a^2 + 450a + 1000$$

für $a = 0$ ist $X = + 1000$
für $a = 1$ ist $X = + \ 988$

Für $a = 1$, den höchsten Werth den a annehmen kann, wird die algebraische Summe der mit a versehenen Glieder $= - 12$.

Für jeden kleineren Werth wird die Summe grösser, X bleibt also von $x = 0$ bis $x = 1$ positiv und es existirt keine Wurzel für X innerhalb $x = 0$ und $x = 1$.

13. Folgende Gleichung ist gegeben und es sind deren Differenziale aufgeführt:

$$X = x^4 - 6x^3 + 6x^2 + 8x + 2 = 0$$
$$X_1 = 4x^3 - 18x^2 + 12x + 8$$
$$X_2 = 12x^2 - 36x + 12$$
$$X_3 = 24x - 36$$
$$X_4 = 24$$

Man erhält vorläufig folgendes Schema:

$x =$	$-\infty$	0	1	10
X	+	+	+	+
X_1	−	+	+	+
X_2	+	+	−	+
X_3	−	−	−	+
X_4	+	+	+	+

Man ersieht, daß über + 10 hinaus keine Wurzel mehr statt findet, daß zwischen 1 und 10 zwei Wurzeln und daß zwischen 0 und $-\infty$ ebenfalls 2 Wurzeln angezeigt werden.

Für $x = -1$ erhält man die Zeichenreihe

$$X = +(7);\ X_1 = -(26);\ X_2 = +(60);\ X_3 = -(60);\ X_4 = +(24)$$

also 4 Wechsel, mithin ist unterhalb − 1 keine Wurzel mehr und beide angezeigte Wurzeln können nur zwischen 0 und − 1 liegen.

Für $x = 0{,}5$ ist die Zeichenreihe für X bis X_4

+	−	+	−	+
0,1875;	3;	33;	24;	24

Es liegen mithin die angezeigten Wurzeln zwischen 0 und − 0,5.

Für $x = -\frac{3}{8} = -0{,}375$ ist die Reihe

$+ + + - +$

die Wurzeln liegen also zwischen − 0,375 und − 0,5

Für $x = -4$ hat man $+ + + - +$
für $x = -0{,}45$ $\quad + - + - +$

Es liegt mithin zwischen − 0,4 und − 0,45 ein Werth von x, welcher X_1 zu Null macht während X positiv bleibt, und also sind die beiden angezeigten Wurzeln nicht vorhanden.

Für $x = 10$ ist $X = + 4682$; $X_3 = + 2328$
$x = \ 5$ ist $X = + \ 227$; $X_1 = + \ 112$
$x = \ 2$ ist $X = + \ \ 10$; $X_1 = - \ \ 8$
$x = \ 1$ ist $X = + \ \ 11$; $X_1 = + \ \ 6$

Für einen Werth von x zwischen 1 und 2 wird also $X_1 = 0$ und es existiren auch diese beiden Wurzeln nicht, woher die gegebene Gleichung keine reelle Wurzel hat.

14. Es ist die Gleichung gegeben:

$$X = x^3 - 4x^2 - 5x - 1 = 0$$

hieraus

$$X_1 = 3x^2 - 8x - 5$$
$$X_2 = 6x - 8$$
$$X_3 = 6$$

Man findet:

für $x =$	X	X_1	X_2	X_3
10	+ 546	+ 215	+ 58	+ 6
5	− 1	+ 30	+ 22	+ 6
0	− 1	− 5	− 8	+ 6
− 1	− 1	+ 6	− 14	+ 6

Für $x = 10$ sind nur Zeichenfolgen, für $x = -1$ nur Wechsel, daher existirt über $+10$ und unter -1 keine Wurzel. Eine Wurzel liegt zwischen 5 und 10, 2 Wurzeln (oder keine) zwischen 0 und -1.

Für $x = -0{,}5$ erhält man

$$\begin{matrix} + & - & - & + \\ 2{,}375 & 0{,}25 & 11 & 6 \end{matrix}$$

Es sind also 2 Wurzeln vorhanden, die eine zwischen 0 und $-0{,}5$ die zweite zwischen $-0{,}5$ und -1.

15. Die Gleichung

$$X = x^5 + x - 1 = 0$$
$$X_1 = 5x^4 + 1$$
$$X_2 = 20x^3$$
$$X_3 = 60x^2$$
$$X_4 = 120x$$
$$X_5 = 120$$

für $x =$	X	X_1	X_2	X_3	X_4	X_5
$+\infty$	+	+	+	+	+	+
$+1$	+	+	+	+	+	+
0	−	+	0	0	0	+
-1	−	+	−	+	−	+

Für $x = +1$ bestehen sämmtliche Folgen, bei $x = -1$ sämmtliche Wechsel, mithin liegen alle 5 Wurzeln der Gleichung zwischen $+1$ und -1.

Setzt man einen beliebig kleinen positiven Bruch a für x, so erhält man die Zeichenreihe

$$- + + + + +$$

und setzt man einen beliebig kleinen negativen Bruch $-a$ für x, so entsteht

$$- + - + - +$$

Innerhalb der beliebig kleinen Differenz zwischen $+a$ und $-a$ gehen also 4 Zeichenwechsel, mit diesen 4 Wurzeln verloren und es existirt mithin nur die eine reelle Wurzel zwischen 0 und $+1$, die übrigen 4 sind unmögliche Größen.

16. Es liegt oft sehr daran, eine irrationale Wurzel genau in möglichst vielen Decimalstellen zu erhalten, und man hat für die möglichst schnelle Berechnung derselben auch mancherlei Hülfsmittel. Bevor ich auf die Fourier'sche Methode komme, soll auf anderen Wegen die Wurzel zwischen 0 und 1 in Gleichung 15 berechnet werden.

Um dieser Wurzel sich durch Probiren schneller zu nähern, schreibe die Gleichung

$$x(x^4 + 1) = 1$$

Man erhält den links stehenden Ausdruck X

Für $x = 0{,}5$ $X = 0{,}53125$
$x = 0{,}6$ $X = 0{,}67776$
$x = 0{,}7$ $X = 0{,}86807$
$x = 0{,}8$ $X = 1{,}12768$

Die Wurzel liegt also zwischen 0,7 und 0,8.

Wendet man die Regula falsi an, so hat man

$$08 - 07 : x - 0{,}7$$
$$= 1{,}12768 - 0{,}86807 : 1 - 0{,}86807$$

woraus $x(x^4 + 1) = 0{,}92778$

die Regel wiederholt gibt

$$0{,}8 - 0{,}75 : x - 0{,}75$$
$$= 1{,}12768 - 0{,}92778 : 1 - 0{,}92778$$

woraus $x = 0{,}768$
und $x(x^4 + 1) = 1{,}03518$
wiederum

$$0{,}768 - 0{,}75 : x - 0{,}75 = 0{,}10740 : 0{,}07222$$

woraus $x = 0{,}7621$ und $x(x^4 + 1) = 1{,}01917$

Versucht man nun nahe Werthe, so erhält man

für $x = 0{,}76$; $X = 1{,}0135$
$x = 0{,}755$; $X = 1{,}00042$
$x = 0{,}752$; $X = 0{,}99248$
$x = 0{,}753$; $X = 0{,}99508$
$x = 0{,}754$; $X = 0{,}99770$
$x = 0{,}8543$; $X = 0{,}99000$
$x = 0{,}75495$; $X = 1{,}000194$
$x = 0{,}7549$; $X = 1{,}000058$
$x = 0{,}75481$; $X = 0{,}999822$

u. s. w. Es sind bis jetzt erst die 4 ersten Decimalen richtig gefunden.

17. Um nach Fouriers Methode eine zwischen 2 Intervallen liegende Wurzel zu finden muß diese allein und von allen übrigen Wurzeln gesondert in dem Intervall sich befinden.

In dem Beispiel No. 12 hat man

für $x =$	X	X_1	X_2	X_3	X_4	X_5
0	+	+	−	+	−	+
10	−	−	−	+	+	+

Der erste Werth von x liefert 4, der zweite nur einen Zeichenwechsel, in dem Intervall $0 + 10$ befinden sich also 3 Wurzeln und es muß dasselbe durch Zwischenwerthe von x so eingeschränkt werden, daß der Unterschied beider Reihen nur in einem Zeichenwechsel bestehe.

In demselben Beispiel hat man

für $x =$	X	X_1	X_2	X_3	X_4	X_5
10	−	−	−	+	+	+
100	+	+	+	+	+	+

Es ist also bei dem einen Zeichenwechsel nur eine reelle Wurzel zwischen 10 und 100, dagegen kann das Intervall noch nicht zur Anwendung kommen, weil in demselben X_1 und X_2 ebenfalls Wurzeln haben, welche nicht sein dürfen und durch Einschränkung des Intervalls fortgeschafft werden müssen.

Man erhält nun

für $x =$	X	X_1	X_2	X_3	X_4	X_5
40	+	+	+	+	+	+
20	−	+	+	+	+	+

und dieses Intervall ist mithin für die Anwendung der Methode geeignet.

18. Es ist also erforderlich, dafs die Zeichen der X entgegengesetzt sind und dafs die der Differenziale einzeln mit einander übereinstimmen. Ferner ist zur Auffindung der Wurzel nur das erste Differenzial zu beachten. Bezeichnet man im Intervall den höheren Werth von x mit b, den niederen mit a, so sind in Beziehung auf die Zeichen für das Intervall $b - a$ folgende 4 Fälle möglich

$x =$	X	X_1
a	−	+
b	+	+

$x =$	X	X_1
a	+	−
b	−	−

$x =$	X	X_1
a	−	−
b	+	−

$x =$	X	X_1
a	+	+
b	−	+

Die Werthe von X; X_1 sind für $x = b$ und $x = a$ bekannt; die Wurzel liegt zwischen a und b und man bestimmt die Gröfsen α und β so, dafs $a + \alpha = b - \beta$ die Wurzel gibt. Es ist dann

$$X = f(a + \alpha) = f(b - \beta) = 0 \qquad (1)$$

Nun ist nach der Taylor'schen Reihe

$$f(a + \alpha) = fa + \alpha f'a + \frac{\alpha^2}{2} f''a + \ldots.$$

$$f(b - \beta) = fb - \beta f'b + \frac{\beta^2}{2} f''b - \ldots.$$

Für ein kleines Intervall $b - a$ sind α und β ebenfalls nur klein und dann sind $\alpha f'a$ und $\beta f'b$ mit den Zeichen vorherrschend; bezeichnet demnach μ einen positiven ächten Bruch, so kann man setzen

$$f(a + \alpha) = fa + \alpha f'(a + \mu\alpha) = 0 \qquad (2)$$

$$f(b - \beta) = fb - \beta f'(b - \mu\beta) = 0 \qquad (3)$$

wo μ in beiden Formeln verschiedene Werthe hat.

Es ist hieraus

$$\alpha = \frac{-fa}{f'(a + \mu\alpha)} \qquad (4)$$

$$\beta = \frac{fb}{f'(b - \mu\beta)} \qquad (5)$$

Für den Fall I. ist $X_1 = f'x$ positiv; da mithin die Werthe von X von $x = a$ bis $x = b$ fortdauernd wachsen, so ist

$$f'b > f'(b - \mu\beta)$$
$$> f'(a + \mu\alpha)$$

Diese Vergleichung mit 4 und 5 verbunden gibt

$$\alpha > \frac{-fa}{f'b}$$

$$\beta > \frac{fb}{f'b}$$

Berechnet man also $\frac{-f'a}{f'b}$, addirt dies zu a, so erhält man einen Werth von x, der kleiner ist als die Wurzel $a + \alpha$, und berechnet man $\frac{fb}{f'b}$, zieht diesen von b ab, so erhält man einen Werth von x, der gröfser ist als die Wurzel $b - \beta$; mithin erhält man die beiden neuen Werthe $a + \frac{-f'a}{f'b}$ und $b - \frac{fb}{f'b}$ welche einander näher liegen als a und b und welche als Grenzen die Wurzel einschliefsen.

Für den Fall II. hat man dieselben Vergleichungen wie I. Nur ist zu beachten, dafs α und β positive Gröfsen sind und dafs man also für fa, fb und $f'b$ deren absolute Werthe einsetzen mufs

also
$$\alpha > \frac{fa}{f'b}$$
$$\beta > \frac{fb}{f'b}$$

und $a + \frac{fa}{f'b}$ und $b - \frac{fb}{f'b}$ geben nähere, die Wurzel einschliefsende Grenzen.

Z. B. $\quad X = -x^3 + x^2$

$\quad X_1 = -3x^2 + 2x$

für x	X	X'
$a = -2$	+ 12	− 16
$b = +2$	− 4	− 8

Man hat nun zu neuen Grenzen

$$a + \frac{fa}{f'b} = -2 + \frac{12}{8} = -\tfrac{1}{2}$$

$$b - \frac{fb}{f'b} = +2 - \frac{4}{8} = +1\tfrac{1}{2}$$

Nun ist eine Wurzel $= +1$ mithin $\alpha = x - a = 1 - (-2) = +3$ und $\beta = b - x = 2 - 1 = +1$.

Es ist also

$$\frac{fa}{f'b} = 1\tfrac{1}{2} < \alpha; \quad \frac{fb}{f'b} = \tfrac{1}{2} < \beta$$

Für den Fall III. hat man dieselben Rücksichten wie für den vorigen Fall.

Beispiel. $X = x^4 - 10x^3 + 3$

$X_1 = 4x^3 - 30x$

für x	X	X_1
$a = -3$	-6	-48
$b = +\frac{1}{2}$	$+\frac{9}{16}$	$-\frac{19}{2}$

Man erhält die engeren Grenzen

$$a + \frac{fa}{f'b} = -3 + \frac{6}{\frac{1}{2} \cdot 19} = -2\frac{7}{19}$$

$$b - \frac{fb}{f'b} = +\tfrac{1}{2} - \frac{9}{16} \cdot \frac{19}{2} = +\frac{67}{152}$$

(Die Wurzel liegt zwischen -1 und $-\frac{1}{2}$).

Dieselbe Bewandnifs hat es mit Fall IV.

19. Es soll nun das Beispiel No. 15 zu Prüfung der Fourier'schen Methode benutzt werden.

Es ist $X = x^5 + x - 1$

$X_1 = 5x^4 + 1$

Bekannt ist, dafs die Wurzel zwischen 0,7 und 0,8 liegt.

Es ist also $a = 0{,}7$
$b = 0{,}8$

das Intervall ist $0{,}8 - 0{,}7 = 0{,}1$

Es ist nun $fa = -0{,}13193$
$fb = +0{,}12768$
$f'b = +3{,}048$

also $a + \frac{-fa}{f'b} = 0{,}7 + \frac{0{,}13193}{3{,}048} = 0{,}743$

und $b - \frac{fb}{f'b} = 0{,}8 - \frac{0{,}12768}{3{,}048} = 0{,}758$

Das Intervall ist jetzt 0,015

Nun ist $fa = f0{,}743 = -0{,}03056$
$fb = f0{,}758 = +0{,}00823$
$f'b = f'0{,}758 = +2{,}6506$

mithin von neuem

$$a + \frac{-fa}{f'b} = 0{,}743 + \frac{0{,}03056}{2{,}6506} = 0{,}7545$$

$$b - \frac{fb}{f'b} = 0{,}758 - \frac{0{,}00823}{2{,}6506} = 0{,}7549$$

Die 3 ersten Decimalen sind also richtig.

Nun ist $fa = f0{,}7545 = -0{,}00099$
$fb = f0{,}7549 = +0{,}00006$
$f'b = f'0{,}7549 = +2{,}62375$

und

$$a + \frac{-fa}{f'b} = 0{,}7545 + \frac{0{,}00099}{2{,}62375} = 0{,}754877$$

$$b - \frac{fb}{f'b} = 0{,}7549 - \frac{0{,}00006}{2{,}62375} = 0{,}754878$$

Bis hierher reichen nur die Logarithmen aus, und man ersieht, dafs das Fourier'sche Verfahren weniger mühsam und zugleich sicherer ist als das vorher beispielsweise ausgeführte Probiren. Sollen noch mehrere Decimalen angefügt werden, so werden die directen fünffachen Potenzirungen langwierig und man verfährt am zweckmäfsigsten mit Anwendung des Taylor'schen Satzes, wenn man die Werthe der Function für einen zunächst kleineren oder gröfseren Werth von x vorher genau bestimmt hat.

Die Taylor'sche Reihe ist:

$$f(x \pm s) = fx \pm s f'x + \frac{s^2}{2} f''x \pm \ldots\ldots,$$

Es ist die Bestimmung der Function und der Differenzialen bei x auf obige 6 Decimalen nicht so schwierig wenn man die 1 bis 9fachen der Zahl tabellarisch unter einander stellt, so dafs man diese bei der Multiplication nur abzuschreiben hat.

Nämlich $a = 754877$
$2a = 1509754$
$3a = 2264631$
$4a = 3019508$
$5a = 3774385$
$6a = 4529262$
$7a = 5284139$
$8a = 6039016$
$9a = 6793893$
$10a = 7548770$

Man erhält zunächst

$a = 0{,}754877$
$a^2 = 0{,}56983\ 92851\ 29$
$a^3 = 0{,}43016\ 85700\ 40324\ 133$
$a^4 = 0{,}32471\ 68108\ 78329\ 76054\ 6641$
$a^5 = 0{,}24512\ 12520\ 43891\ 18065\ 21067\ 18157$

Hieraus ist

$fa = a^5 + a - 1 = -0{,}00000\ 17479\ 56108\ 81934 \ldots\ldots\ldots$
$f'a = 5a^4 + 1 \quad = +2{,}62358\ 40543\ 81648\ 80273\ 3205$
$f''a = 20a^3 \quad = 8{,}60317\ 14008\ 11403\ 06$
$f'''a = 60a^2 \quad = 34{,}19035\ 71077\ 4$
$f^{IV}a = 120a \quad = 90{,}58524$
$f^{V}a = 120$

Setzt man nun das Mittel der Differenz zwischen a und $b = + s = 0{,}0000005$

So hat man

$$f(a+s) = f0{,}7548775$$
$$= fa = -0{,}00000\ 17479\ 56108\ 81934 \ldots$$
$$s \cdot f'a = + \qquad 13117\ 92097\ 19082 \ldots$$
$$\frac{s^2}{2} f''a = + \qquad 0{,}1075\ 39642 \ldots$$
$$\frac{s^3}{6} f'''a = + \qquad 71 \ldots$$
$$f(a+s) = -0{,}00000\ 04361\ 63008\ 23139$$

Man kann sich nun mit weniger Mühe der Wurzel schnell nähern, wenn man erwägt, dafs den meisten Einflufs das Glied $s \cdot f'a$ hat.

Es ist $f'a = 2{,}62358\ 40543 \ldots$

die Grenze ist $fa = -0{,}00000\ 17479 \ldots$

dividirt man daher $17479 \ldots$ durch $2{,}623584 \ldots$

so erhält man sehr nahe s in den geltenden Decimalen $= 6662$ und $f(a+s) = 0{,}7548776662$

Dieser Werth probirt gibt

$$s \cdot f'a = 0{,}00000\ 17476\ 31686\ 86304$$
$$\frac{s^2}{2} f''a = \qquad 1909\ 14026$$
$$+\ 0{,}00000\ 17478\ 33595\ 50630$$
$$fa = -0{,}00000\ 17479\ 56108\ 81934$$
$$f0{,}7548776662 = -0{,}00000\ 00001\ 22513\ 31304$$

Für $x = 0{,}7548776663$ entsteht X positiv, die ersten 10 Decimalstellen sind also richtig und man kann das Verfahren für beliebig mehrere Decimalen wiederholen.

20. Das letzte abgekürzte Verfahren mit Hülfe der Taylorschen Reihe ist so recht geeignet zu erkennen, dafs Fourier seine Lehre aus der Taylorschen Reihe entnommen hat. Denn man dividirt fa durch $f'a$, man erhält also, wenn man die Division vollständig ausführt, den Werth von s zu grofs; sowie man den Werth von s durch $\frac{fb}{f'b}$ zu klein also beide Werthe $(a+s)$ und $(b-s)$ für x zu grofs erhält. Wendet man, unbekümmert um Fouriers Satz gleich von vorn herein die Taylor'sche Reihe an, so habe man durch Probiren vorläufig gefunden: (s. No. 19)

$$f7 = -0{,}13193$$
$$f8 = +0{,}12768$$

so erhält man

$$f'7 = 2{,}2005$$
$$f'8 = 3{,}048$$

Nun ist $\frac{f7}{f'7} = 0{,}05995$; also $x = 0{,}75995$

$\frac{f8}{f'8} = 0{,}04189$; also $x = 0{,}75811$

Da nun $s = \frac{fb}{f'b}$ zwar immer ein zu grofses, aber bei Wiederholung ein immer kleiner werdendes x liefert, so ist die Anwendung der Reihe für $f(b-s)$ vorzuziehen, wenn man sich von einer Seite nur der Wurzel nähern will.

Aus No. 19 ersieht man

$$x = 0{,}756 - \frac{f0{,}756}{f'0{,}756} = 0{,}7549$$
$$x = 0{,}7549 - \frac{f0{,}7549}{f'0{,}7549} = 0{,}754878$$

und x schon auf 5 Decimalstellen richtig.

Fourier hat also verstanden, aus der Taylor'schen Reihe, welche von selbst eine Grenze für die Wurzel gibt, noch kleinere Grenzen zu entwickeln.

Frageglied oder **Fragezahl** ist beim bürgerlichen Rechnen die Zahl, über welche eine Frage geschieht; die übrigen Zahlen oder Glieder heifsen Bedingungsglieder. In der Regel de tri wird das 3te Glied zum Frageglied genommen, z. B.

Wenn 4 Pfund einer Waare 3 Thlr. kosten, was kosten 7 Pfund davon? Hier ist 7 Pfund das Frageglied weil über dessen Preis gefragt wird.

Die Regel quinque hat 2, die Regel septem hat 3 Fragezahlen u. s. w. Z. B. Wie viel Zinsen geben 350 Thlr. in 8 Monaten zu 5 pro cent pro anno; wird angesetzt:

100 Thaler } geben 5 Thlr. { 350 Thaler?
in 12 Monat } was geben { in 8 Monaten?

wo 350 Thaler und 8 Monat die Fragezahlen sind.

Die Gesellschaftsrechnung hat so viel Frageglieder als Theilnehmer zur Gesellschaft gehören: z. B. 5 Personen spielen gemeinschaftlich ein Lotterieloos, welches 50 Thlr. kostet: A gibt dazu 1 Thlr., B gibt 2 Thlr., C gibt 5 Thlr., D gibt 10 Thlr., E gibt 12 Thlr. und F gibt 20 Thlr. Sie gewinnen 5000 Thlr. wie viel bekommt jeder? der Ansatz ist

50 Thlr. gewinnt 5000 Thlr.
wie viel gewinnt ..... { 1 Thlr.? 2 Thlr.? 5 Thlr.? 10 Thlr.? 12 Thlr.? 20 Thlr.?

Die Kettenrechnung hat nur ein Frageglied. Z. B. Wie viel an preufsischem Courant sind 300 oldenburger Pistolen, wenn 35½ Stück derselben auf 1 Mark bei 21½ Karat fein kommen, wenn 35 preussische Friedrichsd'or auf 1 Mark bei 21 Karat 8 Grän fein kommen und wenn 1 preussischer Friedrichsd'or 5 Thlr. 20 gr. Courant gilt? der Ansatz ist

Wie viel preuss.
Thaler sind = 300 oldenb. Pistl.?
wenn 35½ Pistolen = 21½ Karat
wenn 21½ Karat = 35 Friedrichsd'or
wenn 1 Frd'or = 5½ preuss. Thaler

Frühling ist in der von uns bewohnten nördlichen Erdhalbkugel die Jahreszeit von dem Augenblick des scheinbaren Eintritts der Sonne (mit ihrem Mittelpunkt) in den Frühlingspunkt bis zu dem Augenblick des scheinbaren Eintritts der Sonne in den Sommerpunkt der Ekliptik. Also die Jahreszeit von dem wirklichen Eintritt der Erde in den Herbstpunkt bis zu dem wirklichen Eintritt derselben in den Winterpunkt der Ekliptik (vergl. astronomische Jahreszeiten, Ekliptik, Erde, Aequator der Erde).

Frühlingsnachtgleiche, s. u. Aequator der Erde, Ekliptik.

Frühlingspunkt, Punkt der Frühlingsnachtgleiche, Widderpunkt, Widder-Nullpunkt ist einer der beiden Punkte (*F*, *H*, Fig. 34, pag. 33, Bd. I.) in der Ekliptik *FSHW*, in welchen diese mit der durch die Sonne gelegten dem Erdaequator parallelen Ebene sich schneidet. Beide Punkte *F*, *H* sind zugleich die Aequinoctialpunkte der Ekliptik, weil wenn die Erde in diesen Punkten sich befindet, innerhalb 24 Stunden auf jedem Punkt der Erdoberfläche Tag und Nacht gleich also 12 Stunden lang ist, wie auch Fig. 34 in I. und III. darstellt.

Die Astronomen des Alterthums wussten nicht, dass die Sonne in dem Brennpunkt innerhalb der Ekliptik steht, und dass die Erde es ist, welche in der Ekliptik um dieselbe sich herumbewegt. Befand sich also die Erde in *H*, so glaubten sie die Sonne stehe in *F*, und da von nun ab die wärmeren Tage begannen, so nannten sie den Punkt *F*, den in welchen ihrer Wahrnehmung nach die Sonne tritt, wann der Frühling beginnt, den Frühlingspunkt.

Seitdem die von Copernicus entdeckte und von den späteren Astronomen bestätigte Umdrehung der Erde und der Stillstand der Sonne in mitten der Erdbahn bekannt geworden, ist nun eigentlich *H* Frühlingspunkt und *F* Herbstpunkt, so wie *W* der Sommerpunkt und *S* der Winterpunkt, weil die Erde beim Beginn des Frühlings in *H*, beim Beginn des Herbstes in *F*, beim Beginn des Sommers in *W* und beim Beginn des Winters in *S* steht; allein die neueren Astronomen haben aus Pietät gegen die Gelehrten des Alterthums die Punkte und deren Namen der Ueberlieferung nach beibehalten und erklären: Frühlingspunkt ist derjenige Punkt der Ekliptik, in welchen die Sonne zu treten scheint wann der Frühling beginnt. Und in derselben Weise werden die anderen 3 Hauptpunkte der Ekliptik erklärt.

Die 4 Hauptpunkte der Ekliptik, oder vielmehr die beiden Nachtgleichenpunkte *F* und *H* sind nicht constant, sie rücken jährlich um 50,1 bis 50,24 Secunden von links nach rechts, oder der Zeichenfolge entgegen (s. Folge der Zeichen), indem die Weltaxe (die der Erdaxe parallele Axe) um die feste Axe der Ekliptik diesen Bogen jährlich beschreibt, womit die Punkte *F* und *H* des Aequators den Punkten *W* und *S* der Ekliptik sich nähern, eine Bewegung, die seit der chaldäisch astronomischen Zeit schon über 30 Grade betragen hat.

Da die in dieser uralten Zeit bekannten Planeten in ihren Bahnen nur um 9° bis 10° von der Ekliptik abwichen, so zogen die damaligen Astronomen 2 in Entfernung 10° von der Ekliptik belegene mit dieser parallele Kreise, bildeten somit eine 20° breite Zone, vereinigten von 30° zu 30° Länge die Sterne zu 12 Sternbildern, gestalteten dieselben zu Thieren, gaben ihnen Thiernamen und nannten sie die 12 Himmelszeichen, so wie die Zone in denen sie sich befanden, den Thierkreis, und bestimmten vermittelst der Zeichen die Standpunkte der Planeten und anderer Gestirne (s. Folge der Zeichen). In den Frühlingspunkt wurde der Widder gesetzt, woher der Name Widderpunkt, und da dieser Punkt zugleich Anfangspunkt (Nullpunkt) für alle Längenbestimmungen war und noch jetzt es ist, so wird der Frühlingspunkt noch heut Widderpunkt, Widder-Nullpunkt genannt, wenngleich dieses Sternbild über 30° vorwärts steht und der Frühlingspunkt in dem Sternbild „Fische" sich befindet.

Gestirne, die in *F* sich befinden, haben weder Länge, noch Breite, noch Abweichung, noch gerade Aufsteigung. Daher bestimmt man auch diesen so wichtigen Punkt alljährlich (um den 21ten März) durch Beobachtung der Sonne und es ist derjenige Punkt der Frühlingspunkt, in welchem die Sonne in dem Augenblick steht in welchem sie sich ohne Abweichung ergiebt.

Füllung eines Gefäſses, einer Schleusenkammer mit Wasser, eines leeren Raums mit Luft unter gegebenen Bedingungen, s. Inhaltsverzeichniſs und Sachregister des 1ten Bandes, pag. 450.

Fünfeck ist eine ebene von 5 geraden Linien (Seiten) begrenzte Figur. Aus jeder Ecke sind 2 Diagonalen möglich, die das Fünfeck in 3 Dreiecke zerlegen. Der Winkel, von dessen Ecke (c) aus die Diagonalen gezogen werden wird in 3 Theile, jeder der beiden Winkel nach deren Ecken (A, E) hin sie gezogen werden, in 2 Theile getheilt, die beiden anderen Umfangswinkel (B, D) bleiben ungetheilt. Die 5 Umfangswinkel des Fünfecks sind also in Summa die Umfangswinkel von 3 Dreiecken und da in jedem Dreieck die 3 Umfangswinkel zusammen = 2 rechten Winkeln sind, so ist die Summe der Umfangswinkel jedes Fünfecks = 6 Rechten. Daher können in einem Fünfeck höchstens 2 convexe Winkel statt finden (s. Fig. 650 und 651).

Jedes Dreieck erfordert zu seiner Verzeichnung 3 Bestimmungsstücke, die 3 Dreiecke also, in welche das Fünfeck zerlegt wird, erfordern zusammen 9 Bestimmungsstücke. Ist aber das mittlere Dreieck (CAE) bestimmt, so hat dieses Dreieck für jedes der beiden anliegenden Dreiecke in der Diagonale schon ein Bestimmungsstück, folglich bedarf jedes der beiden Seitendreiecke nur noch 2 Bestimmungsstücke, das Fünfeck im Ganzen also $3 + 2 \times 2 = 7$ Bestimmungsstücke.

2. Bezeichnet man den Winkel, den die Seite $AB = a$ mit der Seite $AE = e$ macht mit ae, den Winkel zwischen $BC = b$ und e mit be, den $\angle$ zwischen $CD = c$ und e mit ce, den Winkel zwischen $DE = d$ und e mit de jedoch so verstanden daſs man immer einerlei Richtung der Seiten gegen die feste Seite $AE = e$ zu beobachten hat.

Nimmt man für die Seite a die Richtung BA, also der spätere Buchstabe voran, so ist die analoge Richtung von $b = CB$, die von $c = DC$ von $d = ED$. Beide letzte Richtungen treffen die Seite e nicht und damit dies geschehe weil Winkel gebildet werden müssen, so denkt man sich in C und D Parallelen CH, DJ mit e.

Ist nun für die Ecke A der $\angle BAE = ae$, so ist $\angle CBF = be$, der links liegende erhabene $\angle DCH = ce$ und der links liegende erhabene $\angle EDJ = de$. In diesem Sinne genommen ist

$$e = a \cos ae + b \cos be + c \cos ce + d \cos de \quad (1)$$

denn fällt man auf die verlängerte AE die Lothe BB', CC', DD' und zieht die mit e Parallelen BF und DG bis in die Normale CE so ist

Fig. 616.

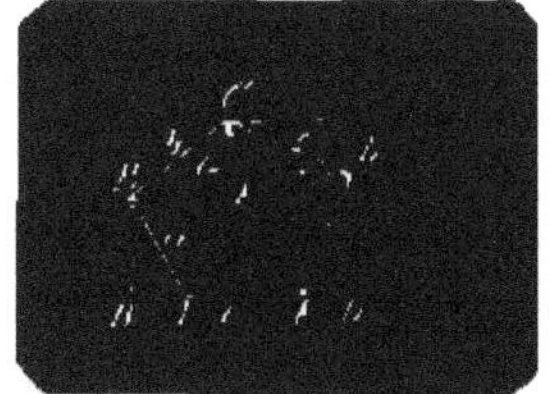

$$a \cos ae = a \cos BAE = - AB'$$
$$b \cos be = b \cos CBF = + BF$$

$$c \cos ce = c \cdot \cos (\text{convex } \angle DCH) = c \cdot \cos (\text{concav } \angle DCH) = \cos CDG = + DG$$
$$d \cos de = d \cdot \cos (\text{convex } \angle EDJ) = d \cdot \cos (\text{concav } \angle EDJ) = \cos DEA = - ED'$$

Mithin

$$a \cos ae + b \cos be + c \cos ce + + d \cos de = - AB' + BF + DG - ED' = AE = e$$

3. Bezeichnet man die Umfangswinkel mit deren Eckpunkten A, B, C, D, E so hat man

$$\angle ae = A; \ \cos ae = \cos A$$

ferner ist $\angle FBA + \angle BAE = 2R$

oder $\angle B - \angle be + \angle A = 2R$

hieraus $\angle be = A + B - 2R$

und $\cos be = \cos (A + B - 2R)$
$= - \cos (A + B)$

Noch ist $\angle CBF + \angle C + \angle CDG = 2R$

oder $\angle be + \angle C - \angle ce = 2R$

oder $A + B - 2R + C - \angle ce = 2R$

woraus $\angle ce = (A + B + C) - 4F$

und $\cos ce = \cos [(A + B + C) - 4R]$
$= + \cos (A + B + C)$

endlich ist $\angle de = - E = (A+B+C+D) - 6R$

folglich $\cos de = - \cos (A + B + C + D)$

Man hat daher auch

$$e = a \cos A - b \cos (A + B) + c \cos (A + B + C) - d \cos (A + B + C + D) \quad (2)$$

4. Bezeichnet man nach Fig. 647 die nach einerlei Richtung genommenen Aufsenwinkel der Umfangswinkel mit α, β, γ, δ, η so ist

$$A = 2R - \alpha$$
$$B = 2R - \beta$$
$$C = 2R - \gamma$$
$$D = 2R - \delta$$
$$E = 2R - \eta$$

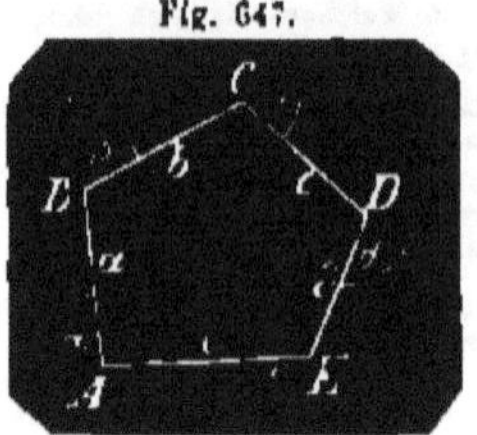

Fig. 647.

Man hat demnach nach Formel 2:

$$e = a \cos(2R - \alpha) - b \cos[4R - (\alpha + \beta)] + c \cos[6R - (\alpha + \beta + \gamma)] - d \cos[8R - (\alpha + \beta + \gamma + \delta)]$$

oder reducirt

$$e = - a \cos \alpha - b \cos(\alpha + \beta) - c \cos(\alpha + \beta + \gamma) - d \cos(\alpha + \beta + \gamma + \delta)$$

oder $-e = a \cos \alpha + b \cos(\alpha + \beta) + c \cos(\alpha + \beta + \gamma) + d \cos(\alpha + \beta + \gamma + \delta)$ (3)

Beispiel.

Es sei $A = 110^\circ$, also $ae = 110^\circ$ und $\alpha = 70^\circ$
$B = 120^\circ$, also $be = 50^\circ$ und $\beta = 60^\circ$
$C = 100^\circ$, also $ce = - 30^\circ$ und $\gamma = 80^\circ$
$D = 80^\circ$, also $de = - 130^\circ$ und $\delta = 100^\circ$
$E = 130^\circ$, also $ee = - 180^\circ$ und $\eta = 50^\circ$

Nach Formel 1 ist $e = a \cos 110^\circ + b \cos 50^\circ + c \cos(-30^\circ) + d \cos(-130^\circ)$
Nach Formel 2 ist $e = a \cos 110^\circ - b \cos 230^\circ + c \cos 330^\circ - d \cos 410^\circ$
Nach Formel 3 ist $- e = a \cos 70^\circ + b \cos 130^\circ + c \cos 210^\circ + d \cos 310^\circ$

Reducirt man auf Winkel unter 90° so erhält man aus allen 3 Formeln

$$e = - a \cos 70^\circ + b \cos 50^\circ + c \cos 30^\circ - d \cos 50^\circ$$

5. Es ist in jedem Fünfeck:

$$a \cdot \sin ae + b \cdot \sin be + c \cdot \sin ce + d \cdot \sin de = 0 \quad (4)$$

denn nach Fig. 646 und No. 2 hat man

$$a \cdot \sin ae = a \cdot \sin BAE = BB'$$
$$b \cdot \sin be = b \cdot \sin CBF = CF$$
$$c \cdot \sin ce = c \cdot \sin(- CDG) = - c \cdot \sin CDG = - CG$$
$$d \cdot \sin de = d \cdot \sin(- DEA) = - d \cdot \sin DEA = - DD'$$

Mithin $a \sin ae + b \sin be + c \sin ce + d \sin de = BB' + CF - CG - DD' = 0$

6. Um diese Formel durch die Umfangswinkel A, B, C, D auszudrücken hat man nach No. 3

$$a \sin A + b \sin(A + B - 2R) + c \sin(A + B + C - 4R) + d \sin(A + B + C + D - 6R) = 0$$

und reducirt

$$a \sin A - b \sin(A + B) + c \sin(A + B + C) - d \sin(A + B + C + D) = 0 \quad (5)$$

7. Um diese Formel durch die Aufsenwinkel α, β, γ, δ auszudrücken hat man nach No. 4

$$a \sin(2R - \alpha) - b \sin[4R - (\alpha + \beta)] + c \sin[6R - (\alpha + \beta + \gamma)] - d \sin[8R - (\alpha + \beta + \gamma + \delta)] = 0$$

und reducirt

$$a \sin \alpha + b \sin(\alpha + \beta) + c \sin(\alpha + \beta + \gamma) + d \sin(\alpha + \beta + \gamma + \delta) = 0 \quad (6)$$

Nach dem Beispiel No 4 hat man

aus Formel 4 $a \sin 110^\circ + b \sin 50^\circ + c \sin(-30^\circ) + d \sin(-130^\circ)$
aus Formel 5 $a \sin 110^\circ - b \sin 230^\circ + c \sin 330^\circ - d \sin 410^\circ$
aus Formel 6 $a \sin 70^\circ + b \sin 130^\circ + c \sin 210^\circ + d \sin 310^\circ$

Die Winkel auf den 1 Quadrant reducirt gibt übereinstimmend

$$a \sin 70^\circ + b \sin 50^\circ - c \sin 30^\circ - d \sin 50^\circ$$

Aus den vorstehenden 2 Formeln (1 bis 3) und (4 bis 6) lassen sich nun Formeln finden, aus welchen man bei gegebenen 7 Bestimmungsstücken die fehlenden 2 Stücke finden kann.

8. Es sind 4 Seiten a, b, c, d und die 3 von ihnen gebildeten Winkel B, C, D oder β, γ, δ oder die Winkel ab, ac, ad, bc, bd und cd. So sind zu finden die Seite e und die Winkel A und E.

Wenn man die Gleichung 1 mit e multiplicirt, so erhält man

1. $e^2 = ae \cos ae + be \cos be + ce \cos ce + de \cos de$

Eben so erhält man für die 4 anderen Seiten

$$a^2 = ab \cos ab + ac \cos ac + ad \cos ad + ae \cos ae$$
$$b^2 = ab \cos ab + bc \cos bc + bd \cos bd + be \cos be$$
$$c^2 = ac \cos ac + bc \cos bc + cd \cos cd + ce \cos ce$$
$$d^2 = ad \cos ad + bd \cos bd + cd \cos cd + de \cos de$$

Zieht man von der ersten Gleichung die folgenden 4 Gleichungen ab so erhält man

$$e^2 - a^2 - b^2 - c^2 - d^2 = -2\,[ab \cos ab + ac \cos ac + ad \cos ad + bc \cos bc + bd \cos bd + cd \cos cd]$$

woraus

$$e^2 = a^2 + b^2 + c^2 + d^2 - 2\,[ab \cos ab + ac \cos ac + ad \cos ad + bc \cos bc + bd \cos bd + cd \cos cd] \quad (7)$$

Schreibt man aus No. 3 die Werthe dieser Winkel in Umfangswinkel ausgedrückt, so erhält man:

$$e^2 = a^2 + b^2 + c^2 + d^2 - 2\,[ab \cos B + ac \cos(B + C - 2R) + ad \cos(B + C + D - 4R) + bc \cos C + bd \cos(C + D - 2R) + cd \cos D]$$

und reducirt

$$e^2 = a^2 + b^2 + c^2 + d^2 - 2\,[ab \cos B - ac \cos(B + C) + ad \cos(B + C + D) + bc \cos C - bd \cos(C + D) + cd \cos D] \quad (8)$$

Schreibt man aus No. 4 für die Umfangswinkel deren Aufsenwinkel, so erhält man

$$e^2 = a^2 + b^2 + c^2 + d^2 - 2\,[ab \cos(2R - \beta) - ac \cos(4R - \beta - \gamma) + ad \cos(6R - \beta - \gamma - \delta) + bc \cos(2R - \gamma) - bd \cos(4R - \gamma - \delta) + cd \cos(2R - \delta)]$$

und reducirt

$$e^2 = a^2 + b^2 + c^2 + d^2 + 2ab \cos\beta + 2ac \cos(\beta + \gamma) + 2ad \cos(\beta + \gamma + \delta) + 2bc \cos\gamma + 2bd \cos(\gamma + \delta) + 2cd \cos\delta \quad (9)$$

9. Nun findet man eine Formel für $\cos ae$ oder $\cos A$ oder $\cos \alpha$ aus den Formeln 1, 2, 3 wenn man mit der Seite a statt mit e anfängt.

Aus No. 2 Formel 1 erhält man

$$a = b \cos ba + c \cos ca + d \cos da + e \cos ea$$

Nun ist $ea = 540^\circ - ae$

also $\cos ea = \cos(6R - ae) = -\cos ae$

Mithin hat man

$$\left.\begin{aligned} \cos ae &= \frac{1}{e}\,[-a + b \cos ba + c \cos ca + d \cos da] \\ &= -\frac{1}{e}\,(+a - (b \cos ba + c \cos ca + d \cos da)) \end{aligned}\right\} \quad (10)$$

Aus No. 3 Formel 2 hat man

$$a = b \cos B - c \cos(B + C) + d \cos(B + C + D) - e \cos(B + C + D + E)$$

Hier ist wieder $B + C + D + E = 540^\circ - A$

folglich $-e \cos(B + C + D + E) = e \cos A$

hieraus $\cos A = \frac{1}{e}\,[a - b \cos B + c \cos(B + C) - d \cos(B + C + D)]$ (11)

Aus No. 4 Formel 3 erhält man

$$-a = b \cos\beta + c \cos(\beta + \gamma) + d \cos(\beta + \gamma + \delta) + e \cos(\beta + \gamma + \delta + \eta)$$

Nun ist $\beta + \gamma + \delta + \eta = 4R - \alpha$

also $\cos(\beta + \gamma + \delta + \eta) = + \cos\alpha$

daher $-\cos\alpha = \frac{1}{e}\,[a + b \cos\beta + c \cos(\beta + \gamma) + d \cos(\beta + \gamma + \delta)]$ (12)

10. Man findet eine Formel für den Sinus der um die Ecke A liegenden Winkel, wenn man die Formel 4, 5, 6 mit der Seite b anfängt:

Aus No. 5, Formel 4 hat man

$$b \sin ba + c \sin ca + d \sin da + e \sin ea = 0$$

Nun ist $\sin ea = -\sin ae$

hieraus $\sin ae = \frac{1}{e}(b \sin ba + c \sin ca + d \sin da)$ (13)

Aus No. 6, Formel 5 hat man

$$b \sin B - c \sin(B + C) + d \sin(B + C + D) - e \sin(B + C + D + E) = 0$$

Nun ist $\sin(B + C + D + E) = \sin A$

folglich $\sin A = \frac{1}{e}[b \sin B - c \sin(B + C) + d \sin(B + C + D)]$ (14)

Aus No. 7, Formel 6 hat man

$$b \sin \beta + c \sin(\beta + \gamma) + d \sin(\beta + \gamma + \delta) + e \sin(\beta + \gamma + \delta + \eta) = 0$$

Nun ist $\sin(\beta + \gamma + \delta + \eta) = -\sin \alpha$.

hieraus $\sin \alpha = \frac{1}{e}[b \sin \beta + c \sin(\beta + \gamma) + d \sin(\beta + \gamma + \delta)]$ (15)

11. Verbindet man die Formeln 10 bis 12 mit den Formeln 13 bis 15 so erhält man 3 Formeln für Tangente ae, A und α, und zwar unabhängig von der Seite e, nämlich:

$$tg\, ae = \frac{b \sin ba + c \sin ca + d \sin da}{a - (b \cos ba + c \cos ca + d \cos da)} \quad (16)$$

$$tg\, A = \frac{b \sin B - c \sin(B + C) + d \sin(B + C + D)}{a - b \cos B + c \cos(B + C) - d \cos(B + C + D)} \quad (17)$$

$$tg\, \alpha = \frac{b \sin \beta + c \sin(\beta + \gamma) + d \sin(\beta + \gamma + \delta)}{a + b \cos \beta + c \cos(\beta + \gamma) + d \cos(\beta + \gamma + \delta)} \quad (18)$$

12. Den Inhalt des Fünfecks findet man folgender Art:

Es ist (Fig. 646)

$\triangle CBA = \frac{1}{2} b \cdot a \sin ba$

$\triangle CAE = \frac{1}{2} e \cdot CE' = \frac{1}{2} e \cdot [b \sin be + a \sin ae]$

$= \frac{1}{2} be \sin be + \frac{1}{2} ae \sin ae$

und $\triangle CED = \frac{1}{2} cd \sin cd$

also $J = \frac{1}{2}(ab \sin ab + be \sin be + ae \sin ae + cd \sin cd)$ (19)

Man sieht dafs dies keine Formel ist, deren Gesetz man wie die früheren übersehen kann.

Formel 4 zu Hülfe genommen, nämlich

$$a \sin ae + b \sin be + c \sin ce + d \sin de = 0$$

gibt, wenn man mit dem in Buchstaben nur einmal vorhandenen letzten Gliede $cd \sin cd$, oder den Factor c als gegeben fortgelassen, mit $d \sin cd$ beginnt, so hat man Formel 4 gemäfs $d \sin dc$ zu schreiben und über e, a, b weiter fortzugehen, es ist also

$$d \sin dc + e \sin ec + a \sin ac + b \sin bc = 0$$

und $d \sin dc = -e \sin ec - a \sin ac - b \sin bc$

Diesen Werth von $d \sin dc$ in den Ausdruck für J gesetzt gibt

$$J = \frac{1}{2}[ab \sin ab + be \sin be + ae \sin ae - ce \sin ec - ca \sin ac - cb \sin bc]$$

In diesem Ausdruck sind die Winkel nicht nach einerlei Richtung bezeichnet. Nimmt man e als die erste Seite, also die Winkel in der Ordnung ae, be, ce, ba, ca, cb so hat man

$$-ce \sin ec = +ce \sin ce$$
$$-ca \sin ac = +ca \sin ca$$
$$-cb \sin bc = +cb \sin cb$$

und es wird wenn man ordnet

$$J = \frac{1}{2}(ae \sin ae + be \sin be + ce \sin ce + ba \sin ba + ca \sin ca + cb \sin cb)$$

oder wenn man wie gewöhnlich mit a anfängt und die Ordnung nach b, c, d nimmt: (vergl. Formel 7)

$$J = \frac{1}{2}(ab \sin ab + ac \sin ac + ad \sin ad + bc \sin bc + bd \sin bd + cd \sin cd) \quad (20)$$

Wenn man diese Formel durch die Umfangswinkel ausdrücken will so erhält man wie man Formel 8 aus 7 gefunden hat

$$J = \frac{1}{2}[ab \sin B + ac \sin(B + C - 2R) + ad \sin(B + C + D - 4R) + bc \sin C + bd \sin(C + D - 2R) + cd \sin D]$$

Hieraus reducirt:

$$J = \frac{1}{2}[ab \sin B - ac \sin(B + C) + ad \sin(B + C + D) + bc \sin C - bd \sin(C + D) + cd \sin D] \quad (21)$$

und durch die Aufsenwinkel ausgedrückt:

$$J = \tfrac{1}{2}[ab \sin\beta + ac \sin(\alpha+\beta) + ad \sin(\alpha+\beta+\gamma) + bc \sin\gamma + bd(\gamma+\delta) + cd \sin\delta] \quad (22)$$

Beispiel zu No. 6 bis 12.

Es sei $a = 20$, $b = 25$, $c = 30$, $d = 35$

$B = 110^\circ$ also $ba = 110^\circ$ und $\beta = 70^\circ$

$C = 90^\circ$ also $ca = 20^\circ$ und $\gamma = 90^\circ$

$D = 120^\circ$ also $da = 320^\circ$ und $\delta = 60^\circ$

ferner $bc = 90^\circ$, $bd = 30^\circ$, $cd = 120^\circ$

Nun ist also aus Gleichung 7

$$e^2 = 20^2 + 25^2 + 30^2 + 35^2 - 2\,[500 \cos 110^\circ + 600 \cos 20^\circ + 700 \cos 320^\circ + 750 \cos 90^\circ + 875 \cos 30^\circ + 1050 \cos 120^\circ]$$

aus Gleichung 8

$$e^2 = 20^2 + 25^2 + 30^2 + 35^2 - 2\,[500 \cos 110^\circ - 600 \cos 200^\circ + 700 \cos 320^\circ + 750 \cos 90^\circ - 875 \cos 210^\circ + 1050 \cos 120^\circ]$$

aus Gleichung 9

$$e^2 = 20^2 + 25^2 + 30^2 + 35^2 + 2\,[500 \cos 70^\circ + 600 \cos 160^\circ + 700 \cos 220^\circ + 750 \cos 90^\circ + 875 \cos 150^\circ + 1050 \cos 60^\circ]$$

Alle 3 Gleichungen geben

$$e^2 = 3150 + 1000 \cos 70^\circ - 1200 \cos 20^\circ - 1400 \cos 40^\circ + 0 - 1750 \cos 30^\circ + 2100 \cos 60^\circ = 826,39$$

woraus $e = 28,75$

Aus Gleichung 10 bis 12 erhält man

$$\left.\begin{matrix}\cos A\\ -\cos\alpha\end{matrix}\right\} = \frac{1}{28,75}[20 + 25 \cos 70^\circ - 30 \cos 20^\circ - 35 \cos 40^\circ]$$

woraus

$$\left.\begin{matrix}\cos A\\ -\cos\alpha\end{matrix}\right\} = -\frac{26,45189}{28,75} = -0,92006$$

woraus $\alpha = 23^\circ\,3\tfrac{1}{2}'$

$A = 156^\circ\,56\tfrac{1}{2}'$

Aus Gleichung 13 bis 15 erhält man

$$\left.\begin{matrix}\sin A\\ \sin\alpha\end{matrix}\right\} = \frac{1}{28,75}(25 \sin 70^\circ + 30 \sin 20^\circ - 35 \sin 40^\circ)$$

$$= \frac{11,255359}{28,75} = 0,3915$$

woraus

$$\left.\begin{matrix}A\\ \alpha\end{matrix}\right\} = \text{entweder } 23^\circ\,2\tfrac{1}{2}' \text{ oder } 156^\circ\,57\tfrac{1}{2}'$$

Aus Gleichung 16 bis 18 erhält man

$$\left.\begin{matrix}\operatorname{tg} A\\ -\operatorname{tg}\alpha\end{matrix}\right\} = \frac{11,255359}{-26,45189} = -0,425503$$

woraus $\alpha = 23^\circ\,3'$

$A = 156^\circ\,57'$

Nun ist $\angle E = 540^\circ - (110^\circ + 90^\circ + 120^\circ + 156^\circ\,57') = 63^\circ\,3'$

also $\angle\eta = 116^\circ\,57'$

Der Inhalt J ist nach Formel 20 bis 22

$$J = \tfrac{1}{2}[20 \cdot 25 \sin 70^\circ + 20 \cdot 30 \sin 20^\circ - 20 \cdot 35 \cdot \sin 40^\circ + 25 \cdot 30 \cdot 1 + 25 \cdot 35 \cdot \sin 30^\circ + 30 \cdot 35 \cdot \sin 60^\circ] = 1160,967 \ \square\text{Fuſs.}$$

13. Es sind 3 Seiten z. B. a, b, d und sämmtliche Winkel gegeben. Für die beiden unbekannten Seiten c, e hat man die beiden Gleichungen 1 bis 3 und 4 bis 6

1) $e = a \cos ae + b \cos be + c \cos ce + d \cos de$

4) $0 = a \sin ae + b \sin be + c \sin ce + d \sin de$

Aus Gleichung 4 ist

$$c = -\frac{a \sin ae + b \sin be + d \sin de}{\sin ce} \quad (23)$$

diesen Werth in Gl. 1 gesetzt ergibt e.

Diese Gleichungen in den Umfangswinkeln ausgedrückt hat man die Gleichung 2:

2) $e = a \cos A - b \cos(A + B) + c \cos(A + B + C) - d \cos(A + B + C + D)$

und aus Gleichung 5:

$$c = \frac{-a \sin A + b \sin(A + B) + d \sin(A + B + C + D)}{\sin(A + B + C)} \quad (24)$$

Diese Gleichungen in den Aufsenwinkeln ausgedrückt, hat man Gleichung 3.

3) $-e = a \cos\alpha + b \cos(\alpha + \beta) + c \cos(\alpha + \beta + \gamma) + d \cos(\alpha + \beta + \gamma + \delta)$

und aus Gleichung 6:

$$e = -\frac{a \sin \alpha + b \sin(\alpha + \beta) + d \sin(\alpha + \beta + \gamma + \delta)}{\sin(\alpha + \beta + \gamma)} \qquad (95)$$

Sind c und e gefunden, so erhält man J aus Formel 20 bis 22.

Beispiel (das vorige pag. 128).

Gegeben $a = 20$, $b = 25$, $d = 35^0$

$$\angle A = 156^\circ 57'; \; B = 110^\circ; \; C = 90^\circ; \; D = 120^\circ; \; E = 63^\circ 3'$$

Man findet aus den Formeln 93 bis 95

$$c = -\frac{20 \cdot \sin 20^\circ 3' + 25 \sin 23^\circ 3' - 35 \cdot \sin 63^\circ 3'}{-\sin 3^\circ 3'} = +30$$

Diesen Werth in Gleichung (1 bis 3) gesetzt gibt reducirt:

$$-e = 20 \cdot \cos 23^\circ 3' - 25 \cos 86^\circ 57' - 30 \cdot \cos 3^\circ 3' - 35 \cos 63^\circ 3'$$

woraus $\quad e = 28,75$

14. Es sind 4 Seiten, z. B. a, b, d, e und 3 Winkel B, C, D oder β, γ, δ gegeben, so dafs die beiden unbekannten Winkel A, E oder α, η an einer gegebenen Seite c liegen.

Aus Gleichung 7 hat man folgende geordnete Gleichung für die Unbekannte c:

$$c^2 - 2c\,[a \cos ac + b \cos bc + d \cos cd] + a^2 + b^2 + d^2 - e^2 - 2\,(ab \cos ab + ad \cos ad + bd \cos bd) = 0 \qquad (96)$$

oder aus 8

$$c^2 + 2c\,[a \cos(B + C) - b \cos C - d \cos D] + a^2 + b^2 + d^2 - e^2 - 2ab \cos B - 2ad \cos(B + C + D) + bd \cos(C + D) = 0 \qquad (97)$$

oder aus 9

$$c^2 + 2c\,[a \cos(\beta + \gamma) + b \cos \gamma + d \cos \delta] + a^2 + b^2 + d^2 - e^2 + 2ab \cos \beta + 2ad \cos(\beta + \gamma + \delta) + 2bd \cos(\gamma + \delta) = 0 \qquad (98)$$

Ist c gefunden, so erhält man aus Formel 10 bis 18 die Winkel A und E.

15. Es ist nur eine Seite gemessen, z. B. $AB = a$ und sämmtliche Winkel von A und von B aus mit den beiden Seiten AE und BC und mit den nach C, D und E visirten Diagonalen; das Fünfeck zu bestimmen. (Feldmesser-Aufgabe.)

Fig. 648.

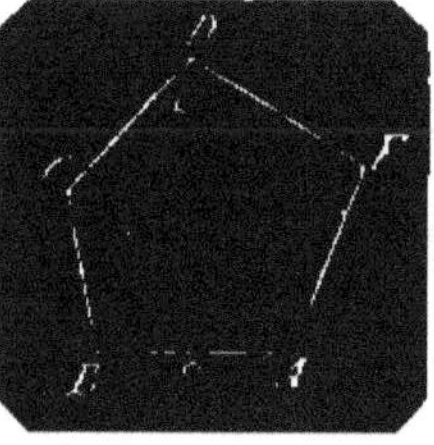

Man theile das Fünfeck in die 3 Dreiecke ABE, BDE und BCD, so hat man aus dem Art. „Dreieck" pag. 331, Formel 35 und 36

die Seite $BE = b = a \cdot \frac{\sin BAE}{\sin AEB} \qquad (1)$

den Inhalt des $\triangle ABE = \frac{1}{2} a^2 \cdot \frac{\sin ABE \cdot \sin BAE}{\sin AEB} \qquad (2)$

Eben so $BD = c = b \cdot \frac{\sin BED}{\sin BDE} = a \frac{\sin BAE}{\sin AEB} \cdot \frac{\sin BED}{\sin BDE}$

und $\triangle BDE = \frac{b^2}{2} \cdot \sin DBE \cdot \frac{\sin BED}{\sin BDE}$

Aus den nur bei A und B zu messenden möglichen Winkeln lassen sich aber die $\angle BAE$ und BDE nicht berechnen, daher können dieselben nicht in die Formel aufgenommen werden.

Nun hat man aber

$BD = c = a \frac{\sin BAD}{\sin ADB} = b \cdot \frac{\sin BED}{\sin BDE} \qquad (3)$

Setzt man für diesen letzten Werth den ersten in die eben erhaltene Formel für das $\triangle BDE$ so hat man

$$\triangle BDE = \frac{b}{2} \cdot \sin DBE \cdot a \frac{\sin BAD}{\sin ADB}$$

Setzt man hierein den Werth von b aus Gleichung 1, so ist

$$\triangle BDE = \frac{1}{2} a^2 \cdot \frac{\sin BAD \cdot \sin BAE}{\sin ADB \cdot \sin AEB} \cdot \sin DBE \qquad (4)$$

Endlich ist

$$\triangle BCD = \tfrac{1}{2}c^2 \cdot \sin CBD \cdot \frac{\sin BDC}{\sin BCD}$$

wo wiederum die beiden Winkel BDC und BCD nicht zu berechnen sind. Man hat aber aus $\triangle ABC$

die Seite $BC = a \dfrac{\sin BAC}{\sin ACB}$

und $BC : (BD = c) = \sin BDC : \sin BCD$

woraus $c \cdot \dfrac{\sin BDC}{\sin BCD} = BC = a \cdot \dfrac{\sin BAC}{\sin ACB}$

Diesen Werth in die Formel für $\triangle BCD$ gesetzt gibt

$$\triangle BCD = \tfrac{1}{2}c \sin CBD \cdot a \cdot \frac{\sin BAC}{\sin ACB}$$

und aus Gleichung 3 den Werth von c entnommen

$$\triangle BCD = \tfrac{1}{2}a^2 \cdot \frac{\sin BAC \cdot \sin BAD}{\sin ACB \cdot \sin ADB} \cdot \sin CBD$$

Es ist demnach der Inhalt des Fünfecks

$$J = \tfrac{1}{2}a^2 \left[\frac{\sin BAC \cdot \sin BAD}{\sin ACB \cdot \sin ADB} \times \sin CBD + \frac{\sin BAD \cdot \sin BAE}{\sin ADB \cdot \sin AEB} \times \sin DBE + \frac{\sin BAE}{\sin AEB} \times \sin ABE\right] \qquad (5)$$

In dieser Formel für J ist $\frac{1}{2}a^2$ multiplicirt mit dem

1ten Klammerglied der Inhalt von $\triangle CBD$

2ten „ „ „ „ $\triangle DBE$

3ten „ „ „ „ $\triangle ABE$

Der in der Klammergröfse befindliche

$\angle ACB$ ist $= 180^\circ - \angle ABC - \angle BAC$

$\angle ADB$ „ $= 180^\circ - \angle ABD - \angle BAD$

$\angle AEB$ „ $= 180^\circ - \angle ABE - \angle BAE$

Die Seiten und Diagonalen des Fünfecks sind übrigens leicht zu finden:

Seite BC und Diagonale AC aus $\triangle ABC$; gegeben eine Seite a und 2 anliegende Winkel.

Diagonalen AD und BD aus $\triangle ABD$; gegeben a + 2 anliegende Winkel.

Seite CD und $\angle C$ aus $\triangle BCD$; gegeben BD, BC und der eingeschlossene Winkel.

Seite AE und Diagonale BE aus $\triangle ABE$; gegeben a + 2 anliegende Winkel.

Seite DE und $\angle E$ aus $\triangle ADE$; gegeben AE, AD und der eingeschlossene Winkel.

Der Umfangswinkel CDE ist
$= 540^\circ - (A + B + C + E)$

16. Das zu berechnende auf dem Felde befindliche Fünfeck kann einen auch 2 convexe Winkel haben; je nachdem daraus die Gestalt desselben hervorgeht sind die Klammerglieder positiv oder negativ zu nehmen.

Bezeichnet man die Klammerglieder in Formel 5 der Reihe nach mit X, Y, Z so ist

für Fig. 648: $J = \frac{1}{2}a^2(X + Y + Z)$

für Fig. 649: $J = \frac{1}{2}a^2(X - Y + Z)$

für Fig. 650: $J = \frac{1}{2}a^2(X + Y - Z)$

für Fig. 651: $J = \frac{1}{2}a^2(-X + Y - Z)$

Fig. 649.

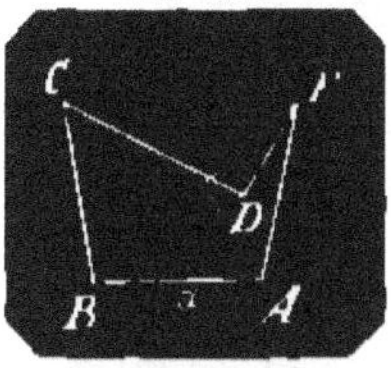

Fig. 650.

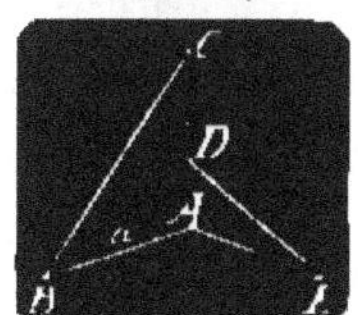

Fig. 651.

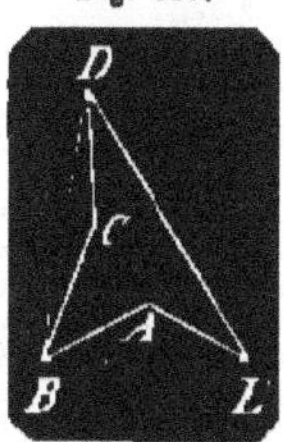

Fünfeck, regelmäfsiges.

Euklid (IV, 11) enthält die geometrische Construction des regulären Fünfecks im Kreise, nachdem der Satz vorher die Construction eines gleichschenkligen Dreiecks zeigt, in welchem jeder Winkel an der

Grundlinie das Doppelte des Winkels an der Spitze beträgt. In dem Art. „Constructionen, geometrische" Bd. II., pag. 71 ist No. 88 mit Fig. 404 der 10te Satz und No. 93 mit Fig. 405 der 11te Satz des Euklid, die Construction des Fünfecks ausgeführt.

Der Centriwinkel für die Seite ist $= \frac{4}{5} R\angle = 72^\circ$

der Umfangswinkel ist $= \frac{6}{5} R\angle = 108^\circ$

Die Seite s als Sehne des mit dem Halbmesser $= r$ um das Fünfeck beschriebenen Kreises

$$s = r\sqrt{\frac{5-\sqrt{5}}{2}} = 2r\sin 36^\circ = r\cdot 1{,}175\,5700$$

Die Seite S als Tangente des mit dem Halbmesser $= r$ in dem Fünfeck beschriebenen Kreises

$$S = 2r\sqrt{5-2\sqrt{5}} = 2r\,tg\,36^\circ = r\cdot 1{,}453\,0852$$

Der Halbmesser

$$r = s\sqrt{\frac{5+\sqrt{5}}{10}} = \frac{1}{2}s\cdot cosec\,36^\circ = s\cdot 0{,}850\,6508$$

$$r = \frac{1}{2}S\sqrt{\frac{5+2\sqrt{5}}{5}} = \frac{1}{2}S\cdot cot\,36^\circ = S\cdot 0{,}688\,1900$$

Der Inhalt f des Fünfecks im Kreise

$$f = \frac{5}{4}s^2\sqrt{\frac{5+2\sqrt{5}}{5}} = \frac{5}{4}s^2 cot\,36^\circ = s^2\cdot 1{,}720\,4774$$

$$f = \frac{5}{8}r^2\sqrt{10+2\sqrt{5}} = \frac{5}{2}r^2\cdot\sin 72^\circ = r^2\cdot 2{,}377\,6412$$

Der Inhalt F des Fünfecks um den Kreis

$$F = 5r^2\sqrt{5-2\sqrt{5}} = 5r^2\,tg\,36^\circ = r^2\cdot 3{,}632\,7130$$

$$F = \frac{5}{4}S^2\sqrt{\frac{5+2\sqrt{5}}{5}} = \frac{5}{4}S^2 cot\,36^\circ = S^2\cdot 1{,}720\,4774$$

Function ist eine veränderliche Gröfse, welche von einer anderen veränderlichen Gröfse oder mehreren derselben abhängig ist, eine abhängig veränderliche Gröfse, während die eine oder mehrere veränderliche Gröfsen, von denen die Function abhängt, und die beliebig wählbar sind, unabhängig veränderliche oder urveränderliche Gröfsen genannt werden.

Wenn nämlich in dem Zusammenhang mehrerer Gröfsen einige immer densel ben Werth behalten, während andere beliebig viele Werthe annehmen können, so heifsen die ersteren beständige oder constante Gröfsen, die letzteren veränderliche oder variable Gröfsen. Jede einzelne beständige Gröfse, welche für die veränderliche gesetzt werden kann, heifst ein Werth der Veränderlichen.

Beispiele von beständigen und veränderlichen Gröfsen in Zusammenhang, kommen in allen Theilen der Elementar-Mathematik vor:

In der Arithmetik ist das allgemeine Glied einer gegebenen arithmetischen Reihe ausgedrückt durch $a + (n-1)d$; wo a das erste Glied der Reihe und d die Differenz je zweier neben einander befindlichen Glieder bezeichnet. Durch dieses allgemeine Glied läfst sich nun jedes bestimmte Glied unmittelbar dadurch erhalten, dafs man für n die betreffende bestimmte Stellenzahl setzt. Folglich ist n nicht das Zeichen einer bestimmten Zahl wie dies von a und d bei derselben bestimmten Reihe gilt, sondern n ist das Zeichen für den Inbegriff aller bestimmten Stellenzahlen, also eine veränderliche Gröfse und die bestimmten Stellenzahlen sind ihre Werthe.

In der Geometrie vergleicht man Kreisumfänge und Kreisflächen mit ihren Halbmessern oder Durchmessern bekanntlich dadurch, dafs man um und in den Kreis ähnliche Vielecke verzeichnet, dafs man diese nun mit dem Halbmesser des Kreises vergleicht und dafs man, mit beliebig fortgesetzter Vermehrung deren Seitenzahl, ihr Verhältnifs zu dem Halbmesser dem Verhältnifs des Kreises zu dem Halbmesser immer näher bringt und somit endlich zu dem gesuchten Verhältnifs des Kreisumfangs und der Kreisfläche zu dem Halbmesser selbst gelangt. In diesem Falle sind die Kreisfläche, der Kreisumfang, der Halbmesser und der Durchmesser beständige Gröfsen, die Vielecke dagegen sind veränderliche Gröfsen und jedes Vieleck mit einer bestimmten Anzahl von Seiten stellt in seinem Umfang oder in seinem Flächeninhalt einen Werth der veränderlichen Gröfse dar.

Während also eine beständige Gröfse eine einzige ganz bestimmte Gröfse ist, ist die veränderliche Gröfse eine ganze Klasse einzelner Gröfsen derselben Art.

In dem obigen Beispiel ist jedes Glied $a + (n-1)d$ der Reihe eine Function von n und n ist die Urveränderliche; ist aber auch die Differenz d beliebig wählbar, so ist der Werth des Gliedes nicht nur von dem Werth von n, sondern auch von dem Werth von d abhängig, das Glied $a + (n-1)d$ ist eine Function der beiden Urveränderlichen n und d.

In dem 2ten Beispiel ist der Inhalt jedes Vielecks nur abhängig von der Anzahl n dessen Seiten, wenn der Halbmesser r des Kreises, in oder um welchen es beschrieben worden, unveränderlich ist. Wird aber r ebenfalls beliebig wählbar, so ist der Inhalt des Vielecks eine Function von 2 Urveränderlichen n und r.

Die allgemeine Bezeichnung der Abhängigkeit einer Veränderlichen von einer oder mehreren anderen geschieht durch den Anfangsbuchstaben des Wortes Function:

$y = fx$ heifst: y ist eine Function von x
$z = F(x, y)$ heifst: z ist eine Function der beiden Urveränderlichen x und y.

Die Eintheilung der Functionen in algebraische und transcendente Functionen s. in dem Art. „algebraische Function" Bd. I, pag. 44. Es sind aufserdem noch folgende Bezeichnungen zu merken:

Gehört zu einem bestimmten Werth der Urveränderlichen nur ein bestimmter Werth der Function, so heifst diese einförmig; gehören dagegen zu einem bestimmten Werth der Urveränderlichen mehrere Werthe der Function, so heifst diese vielförmig und zwar zweiförmig, dreiförmig u. s. w., wenn der Function 2, 3 u. s. w. Werthe zukommen. Vielförmig kann eine Function nur sein, wenn sie in einer Potenz gegeben ist. Als:

$$y^2 - axy + b = 0$$

woraus $y = +\frac{1}{2}ax \pm \sqrt{\frac{1}{4}a^2x^2 - b}$
wo y als Function von x zweiförmig ist.

2. Ist eine Function durch eine oder mehrere Urveränderliche gegeben, so heifst sie eine unmittelbare Function; ist sie dagegen von Veränderlichen gegeben, die selbst wieder Functionen von anderen Veränderlichen, den Urveränderlichen sind, so heifst sie eine mittelbare Function; die Veränderlichen, von welchen die Function zunächst abhängt, heifsen die vermittelnden Veränderlichen.

3. Kommt in einer Function der Urveränderlichen diese nur in den geraden Potenzen vor, so ist die Function eine gerade, kommt die Urveränderliche nur in den ungeraden Potenzen vor, so heifst die Function eine ungerade. Gerade Functionen sind daher auch solche, bei welchen für gleiche und entgegengesetzte Werthe der Urveränderlichen dieselben Werthe der Function gehören; ungerade Functionen solche, bei welchen für gleiche und entgegengesetzte Werthe der Urveränderlichen auch gleiche und entgegengesetzte Werthe der Function entstehen.

4. Gleichartig heifst eine Function zweier oder mehrerer Veränderlichen wenn die Summe deren Exponenten in allen Gliedern gleich grofs ist. Z. B.:

$$ay^3 + by^2x + cyx^2 + dy^3 = 0$$

5. Aehnlich heifsen Functionen, wenn in ihnen die Verbindungen zwischen den Unveränderlichen und den Veränderlichen auf einerlei Weise geschieht, als

$$\varphi x = \frac{a + bx}{cx^2}$$

$$\varphi y = \frac{A + By}{Cy^2}$$

6. Unter den transcendenten Functionen begreift man

1. die Exponentialfunction, in welcher die Potenz von dem Exponent abhängig ist; als $y = a^x$.

2. Die logarithmische Function, in welcher der Exponent einer Potenz bei constanter Basis von der Potenz abhängig ist; als $x = a^y$
weil man diese Function auch schreibt

$$y = \frac{\log x}{\log a}$$

oder wenn e die Basis des Systems ist:

$$y = \log x$$

3. Die Winkel- oder Kreisfunctionen, unter welchen zweierlei Functionen begriffen werden:

a. die trigonometrischen Linien in ihrer Abhängigkeit von dem zugehörigen Winkel oder dem für den Halbmesser = 1 gehörenden Bogen als Urveränderliche, als

$$y = \sin x;\ y = \cos x$$

b. die Bogen in ihrer Abhängigkeit von einer ihm zugehörigen trigonometrischen Linie als

$$y = arc \cdot \sin x;\ y = arc \cdot \cos x$$

7. Setzt man anstatt der urveränderlichen Gröfse x 2 aufeinander folgende Werthe derselben x', x'' so heifst der Unterschied zwischen beiden $(x' - x'')$ der Zuwachs der Urveränderlichen. Der Unterschied zwischen den beiden zugehörigen Werthen y', y'' der Function $(y' - y'')$ heifst der Zuwachs der Function. Kann der Zuwachs der Urveränderlichen kleiner werden als jede noch so klein gegebene Gröfse und gilt dies zugleich von dem Zuwachs der Function, so heifst die Urveränderliche und die Function stetig.

Das Weitere s. den Art. „Differenzial".

8. Ist y eine Function von x, so ist auch x eine Function von y. Es gehört mit zu den wichtigsten Aufgaben, eine Function umzukehren, d. h. eine gegebene Function $y = fx$ in die umgekehrte $x = \varphi y$ zu verwandeln. Bei algebraischen Functionen hat es keine Schwierigkeit z. B.

$$y = fx = \sqrt{a^2 + x^2}$$

gibt durch Umformung

$$x = \varphi x = \sqrt{y^2 - a^2}$$

Ist eine Function durch eine nach Potenzen der Urveränderlichen fortlaufende Reihe gegeben, so wendet man die unbestimmten Coefficienten an: die Function

$$y = 1 + x + x^2 + x^3 + x^4 + \dots$$

umzukehren hat man $y = 1$ für $x = 0$.

Also setzt man

$$x = A(y-1) + B(y-1)^2 + C(y-1)^3 + D(y-1)^4 + \dots$$

hieraus hat man

$$\begin{aligned} x^2 &= A^2(y-1)^2 + 2AB(y-1)^3 + (B^2 + 2AC)(y-1)^4 + \dots \\ x^3 &= \qquad\qquad + A^3(y-1)^3 + 3A^2B(y-1)^4 + \dots \\ x^4 &= \qquad\qquad\qquad\qquad + A^4(y-1)^4 + \dots \\ &\dots\dots\dots\dots\dots\dots \end{aligned}$$

Die Werthe von x, x^2, x^3, x^4 .... in die Function gesetzt und auf 0 reducirt gibt

$$\begin{aligned} 0 = (A-1)(y-1) &+ (A^2+B)(y-1)^2 + (C + 2AB + A^3)(y-1)^3 \\ &+ (D + B^2 + 2AC + 3A^2B + A^4)(y-1)^4 + (2BC + 2AD + 3AB^2 + A^2C + A^5)(y-1)^5 \end{aligned}$$

Hieraus

$$\begin{aligned} A - 1 &= 0 \\ A^2 + B &= 0 \\ C + 2AB + A^3 &= 0 \\ D + B^2 + 2AC + 3A^2B + A^4 &= 0 \end{aligned}$$

woraus

$$A = 1,\quad B = -1,\quad C = +1,\quad D = -1$$

mithin die umgekehrte Function

$$x = (y-1) - (y-1)^2 + (y-1)^3 - (y-1)^4 + \dots$$

Beispiele von Umkehrung transcendenter Functionen durch unbestimmte Coefficienten geben die Art. Cosecante, No. 12, pag. 138; Cosinus, No. 16, pag. 143; Cosinus versus, No. 4, pag. 146; Cotangente No. 11, pag. 149.

Functionalgröße, s. v. w. urvariable Größe, s. u. Function.

Functionalzeichen ist das Zeichen F, f, φ ... für Function von der Urvariablen oder mehreren derselben als

$$Fx;\ f(x, z);\ \varphi(z, u) \dots$$

Functionenlehre, die Lehre von den Functionen, Aufstellung des Begriffs, Eintheilung derselben, ihre Behandlung und Umformung; überhaupt die Rechnung mit Functionen. Der Begriff Function und die Eintheilung der Functionen ist in dem Art. Function angegeben, der Unterschied zwischen der Rechnung mit Functionen und der Buchstabenrechnung und Algebra in dem Art. Analysis. Die Umformung oder Verwandlung einer F. geschieht vorliegenden Bedürfnissen entsprechend; unter diesen ist eine der wichtigsten, die Umkehrung einer F. in dem Art. Function gezeigt.

2. Eine gegebene gesonderte algebraische Function (s. d. Bd. I., pag. 44), die nach Potenzen der Urveränderlichen geordnet ist, wird nach der Lehre von den algebraischen Gleichungen in ein Product verwandelt:

Bd. I., pag. 57 ist die Gleichung aufgestellt

$$x^5 - 4x^4 - 186x^3 + 916x^2 + 4673x - 17160 = 0$$

Die Wurzeln derselben sind gefunden

$$+3;\ +8;\ +11;\ -5;\ -13$$

Setzt man den Ausdruck $= y$ statt $= 0$, so ist y eine gesonderte algebraische Function und sie ist nach der Lehre von den algebraischen Gleichungen in das Product verwandelt

$$y = (x-3)(x-8)(x-11)(x+5)(x+13)$$

Eben so wird die dort befindliche auf 0 reducirte Gleichung als Function von y genommen:

$$\begin{aligned} y &= x^5 - 3x^4 - 8x^3 + 24x^2 - 9x + 27 \\ &= (x-3)(x-3)(x+3)(x - \sqrt{-1})(x + \sqrt{-1}) \end{aligned}$$

3. Ist die algebraische Function ungesondert und man will eine gesonderte zwischen y und x erhalten, so verfährt man wie bei der Umkehrung der Function, z. B. die Function (Klügel 2, pag. 301)

$$y^3 + 4yx^2 - 5y^2 + 7y + 24x - 3 = 0$$

Setzt man

$$y = A + Bx + Cx^2 + Dx^3 + Ex^4 + Fx^5 + Gx^6 + \dots$$

so ist

$$\begin{aligned} y^3 = A^3 + 3A^2Bx &+ 3(AB^2 + A^2C)x^2 + (B^3 + 6ABC + 3A^2D)x^3 \\ &+ 3(B^2C + AC^2 + 2ABD + A^2E)x^4 \\ &+ 3(BC^2 + B^2D + 2ACD + 2ABE + A^2F)x^5 \\ &+ (C^3 + 6BCD + 3AD^2 + 3B^2E + 6ABF + 3A^2G)x^6 + \dots \end{aligned}$$

$$4yx^2 = 4Ax^2 + 4Bx^3 + 4Cx^4 + 4Dx^5 + 4Ex^6 + \dots$$
$$5y^2 = 5A^2 + 10ABx + 5(B^2 + 2AC)x^2$$
$$+ 10(BC + AD)x^3 + 5(C^2 + 2BD + 2AE)x^4 + 10(CD + BE + AF)x^5$$
$$+ 5(D^2 + 2CE + 2BF + 2AG)x^6$$
$$7y = 7A + 7Bx + 7Cx^2 + Dx^3 + 7Ex^4 + 7Fx^5 + 7Gx^6$$
$$24x - 3 = -3 + 24x$$

hieraus

1) $A^3 - 5A^2 + 7A - 3 = 0$
2) $3A^2B - 10AB + 7B + 24 = 0$
3) $3(AB^2 + A^2C) + 4A - 5(B^2 + 2AC) + 7C = 0$
4) $B^3 + 6ABC + 3A^2D + 4B - 10(BC + AD) + 7D = 0$
5) $3(B^2C + AC^2 + 2ABD + A^2E) + 4C - 5(C^2 + 2BD + 2AE) + 7E = 0$
6) $3(BC^2 + B^2D + 2ACD + 2ABE + A^2F) + 4D - 5(C^2 + 2BD + 2AF) + 7F = 0$
7) $C^3 + 6BCD + 3AD^2 + 3B^2E + 6ABF + 3A^2G + 4E - 5(D^2 + 2CE + 2BF + 2AG) + 7G = 0$

u. s. w.

Aus Gleichung 1 ergeben sich für die 3 Wurzeln

$$A = 1;\ A = 1;\ A = 3$$

folglich hat man entweder $A = 1$ oder $A = 3$.

Aus Gleichung 2 ergibt sich

$$(3A^2 - 10A + 7)B = -24$$

für $A = 1$ ist $B = \infty$; für $A = 3$ ist $B = -6$

Aus Gleichung 3 ergibt sich, wenn man $A = 3$ und $B = -6$ setzt:

$$C = -30$$

Aus Gleichung 4 ist nun $D = -408$.

Aus Gleichung 5 ist $E = -5325$ u. s. w.

Und die gesonderte Function ist

$$y = 3 - 6x - 30x^2 - 408x^3 - 5325x^4 - \dots$$

für $x = 0$ wird $y = 3$

Statt der ersten Gleichung für A erhält man die Gleichung für y wenn man in der gegebenen Gleichung $x = 0$ setzt, nämlich

$$y^3 - 5y^2 + 7y - 3 = 0$$

Man hat also für $x = 0$ die 3 Werthe von $y = A = 1$, 1 und 3.

Setzt man $y = 0$ so erhält man aus der gegebenen Gleichung

$$24x - 3 = 0$$

woraus $x = \frac{1}{8}$

Also für jeden Werth $x > \frac{1}{8}$ wird y negativ; für positive Werthe von y muſs $x < \frac{1}{8}$ sein.

Es läſst sich auch eine Reihe mit absteigenden Exponenten von x darstellen als $y = Ax^0 + Bx^{\frac{1}{3}} + Cx^{\frac{2}{3}} + \dots$ sie führt aber zu irrationalen Gliedern und macht eine Berechnung höchst langwierig.

4. Eine andere Art der Verwandlung von Functionen ist die Zerlegung eines Bruchs in 2 oder mehrere Brüche, wenn dessen Nenner ein Product aus 2 oder mehreren Factoren ist. Z. B. der Bruch

$$\frac{(3a + b)x - 2ab}{x^2 + (a - b)x - ab} = \frac{(3a + b)x - 2ab}{(x + a)(x - b)}$$

Der Bruch kann nun in zwei Brüche zerlegt werden, welche die Factoren des Nenners zu Nennern haben, deren Zähler nun zu finden sind. Bezeichnet man dieselben mit A und B so hat man die Brüche

$$\frac{A}{x + a} + \frac{B}{x - b}$$

Diese auf gleiche Benennung gebracht gibt

$$\frac{(A + B)x - Ab + aB}{(x + a)(x - b)}$$

folglich ist

$$(A + B)x - Ab + aB = (3a + b)x - 2ab$$

Und es kann also nur sein:

$$(A + B)x = (3a + b)x$$

und $$-Ab + aB = -2ab$$

aus 1 ist $\quad A + B = 3a + b$

Diese mit b multiplicirt, mit Gleichung 2 addirt und entwickelt gibt

$$B = \frac{ab + b^2}{a + b} = b$$

woraus man $A = 3a$

folglich

$$\frac{(3a + b)x - 2ab}{(x + a)(x - b)} = \frac{3a}{x + a} + \frac{b}{x - b}$$

5. Man kann auch folgendes Verfahren einschlagen um A und B zu finden.

Aus der Gleichung

$$\frac{A}{x + a} + \frac{B}{x - b} = \frac{(3a + b)x - 2ab}{(x + a)(x - b)}$$

folgt

$$A(x-b)+B(x+a)=(3a+b)x-2ab$$

Wird nun $A(x-b)=0$, d. h. wird $x=b$ genommen, so ist auch

$$-B(x+a)+(3a+b)x-2ab=0$$

also $-B(b+a)+(3a+b)b-2ab=0$

woraus $B=b$

hiernach $A=3a$

6. Ein Bruch mit zweien oder mehreren gleichen Factoren als Nenner ist in so viele Brüche als Factoren sind, oder überhaupt in ein Aggregat nicht zu zerlegen, denn es würde sein müssen

$$\frac{N}{(a+x)^n}=\frac{A}{a+x}+\frac{B}{a+x}+\frac{C}{a+x}+\ldots=\frac{A+B+C\ldots}{a+x}$$

Es müſste also sein

$$N=(a+x)^{n-1}\cdot(A+B+C\ldots)$$

7. Befinden sich außer der Potenz noch andere Factoren im Nenner, so muſs die Potenz als einfacher Nenner angesehen werden, z. B.

$$\frac{a^3-5a^2b-2ab^2-2b^3}{(a+b)^2(a-b)}=\frac{A}{(a+b)^2}+\frac{B}{a-b}$$

woraus

$$A(a-b)+B(a+b)^2=a^3-5a^2b-2ab^2-2b^3$$

für $a=b$ wird

$$4a^2B=-8a^3 \text{ also } B=-2a$$

aber auch $4b^2B=-8b^3$ also $B=-2b$

hieraus $B=-(a+b)$

mithin

$$A(a-b)-(a+b)^3=a^3-5a^2b-2ab^2-2b^3$$

woraus $A=2a^2+b^2$

folglich der Bruch $=\frac{2a^2+b^2}{(a+b)^2}-\frac{a+b}{a-b}$

Fundamentalebene ist die Ebene der Ekliptik.

Fünfzehneck ist eine von 15 Seiten eingeschlossene Figur. Es wird von jeder beliebigen Ecke aus durch 12 Diagonalen in 13 Dreiecke zerlegt und erfordert also $3+2\times 12=27$ Bestimmungsstücke, die Summe sämmtlicher Umfangswinkel ist = 26 rechte Winkel mit höchstens 12 convexen Winkeln, die Anzahl der möglichen Diagonalen ist $\frac{1}{2}\cdot 15\cdot 12=90$.

Fünfzehneck, reguläres. Euklid Bd. IV., S. 16 lehrt die Construction der Seite desselben: Man beschreibe von einem Punkt der Peripherie eines Kreises die die Seite des regulären Dreiecks, von demselben Punkt aus nach derselben Richtung die Seite des regulären Fünfecks im Kreise, so ist der Bogen für die Dreieckseite $=\frac{1}{3}=\frac{5}{15}$, der Bogen für die Fünfecksseite $=\frac{1}{5}=\frac{3}{15}$ der Peripherie, die Differenz beider Bogen also $\frac{2}{15}$ der Peripherie. Halbirt man also diese Differenz, so erhält man den Bogen für die Seite des regulären Fünfzehnecks (s. Dreieck, Fünfeck, regelmäſsiges.)

Der Centriwinkel ist $=\frac{4}{15}R\angle=24^\circ$

der Umfangswinkel ist $=\frac{26}{15}R\angle=156^\circ$

die Seite s als Sehne des mit dem Halbmesser $=r$ um das Fünfzehneck beschriebenen Kreises

$$s=\tfrac{1}{4}r\left[\sqrt{10+2\sqrt{5}}-\sqrt{15}+\sqrt{3}\right]=2r\sin 12^\circ$$
$$=r\cdot 0{,}415\,8234$$

die Seite S als Tangente des mit dem Halbmesser r in dem Fünfzehneck beschriebenen Kreises

$$2r\,tg\,12^\circ=r\cdot 0{,}425\,1130$$

der Halbmesser

$$r=\tfrac{1}{2}s\cdot cosec\,12^\circ=s\cdot 2{,}404\,8671$$
$$=\tfrac{1}{2}S\cdot cot\,12^\circ=S\cdot 2{,}352\,3150$$

der Inhalt des Fünfzehnecks im Kreise

$$f=\frac{15}{2}r^2\sin 24^\circ=r^2\cdot 3{,}050\,5245$$
$$=\frac{15}{4}s^2\cot 12^\circ=s^2\cdot 17{,}643\,3629$$

der Inhalt des Fünfzehnecks um den Kreis

$$F=15r^2\,tg\,12^\circ=r^2\cdot 3{,}188\,3475$$
$$=\frac{15}{4}S^2\cdot\cot 12^\circ=S^2\cdot 17{,}642\,3629$$

G.

g, das Zeichen der **Beschleunigung** eines in der Nähe der Erdoberfläche frei fallenden Körpers, d. h. des Weges, den ein frei fallender Körper von der Ruhe aus in der ersten Secunde zurücklegt.

Man ermittelt die Gröfse von *g* mittelst des Pendels durch Versuche, und zwar am einfachsten mit Hülfe des Secundenpendels. In dem Art.: **Fall durch einen Kreisbogen**, pag. 72, Formel 18 ist für kleine Bogen die Länge des Secundenpendels *r* oder $l = \frac{2g}{\pi^2}$ also $g = \frac{1}{2}\pi^2 l$

Die Längen der Secundenpendel auf der Erdoberfläche sind unter den verschiedenen geographischen Breiten wegen der an den Polen stattfindenden Abplattung verschieden und somit auch die Beschleunigungen.

Für folgende geographische Breiten hat man die Längen *l* der Secundenpendel in preufs. Zollen und die Beschleunigung *g* in preufs. Fufsen:

für	0° (Aequator)	l = 37,88509 Zoll · g =	15,5796 Fufs
„	10°	37,90028	15,5866 „
„	20°	37,90608	15,5891 „
„	30°	37,93426	15,5998 „
„	40°	37,96032	15,6130 „
„	50°	38,00043	15,6271 „
„	52° 31' 13" (Berlin)	38,00891	15,6305 „
„	60°	38,03256	15,6403 „
„	70°	38,05871	15,6510 „
„	80°	38,07576	15,6580 „
„	90° (Pol	38,08171	15,6605 „

Für unsere Gegend rechnet man im Mittel

$g = 15\frac{5}{8} = 15,625$ preufs. Fufs
= 4,904 Meter
= 14,7 neue pariser Fufs
= 15,096 alte pariser Fufs

Man hat noch

$g = 15,625;$ $\quad \log g = 1,193\,9200$

$\frac{1}{g} = 0,064;$ $\quad \log \frac{1}{g} = 0,806\,1800 - 2$

$\sqrt{g} = 3,95285;$ $\quad \log \sqrt{g} = 0,596\,9100$

$\sqrt{\frac{1}{g}} = 0,25474;$ $\log \sqrt{\frac{1}{g}} = 0,406\,0900 - 1$

Galilei'sches Fernrohr, s. u. **Fernrohr 2.**

Galilei'sches Gesetz ist das Gesetz des Falls der Körper.

Galilei'sche Zahl ist die von Galilei ermittelte Zahl *g* (s. den Art. *g*).

Ganz ist etwas Ungetheiltes oder was

aus der Gesammtsumme seiner Theile besteht. Der 8te Grundsatz des Euklid heifst: das Ganze ist gröfser als sein Theil; andere Lehrbücher haben als Grundsatz: das Ganze ist seinen Theilen zusammengenommen gleich.

Eine Zahl heifst ganz, wenn sie aus einer oder mehreren ungetheilten Einheiten zusammengesetzt ist; so auch die Bezeichnung: dekadische Ganze für dekadische Zahlen im Gegensatz zu dekadischen Brüchen. Ganze Function s. u. algebraische Function.

Gase. Das Gesetz deren Ausdehnung nach Rudberg's Versuchen tabellarisch, s. Bd. I., pag. 213. Unter dem Art. Ausflufs der Luft, Bd. I., pag. 230 sind besonders für andere Gase als Luft die Gesetze beim Ausflufs der Gase aus Oeffnungen No. 12, pag. 233 zusammengestellt. Dieselben beim Einströmen von Gas s. No. 17, pag. 235.

Gaufs'sche Gleichungen. Es sei nebenstehendes Kugeldreieck von den Seiten a, b, c und den diesen gegenüberliegenden Winkeln α, β, γ, so sind die Gleichungen

Fig. 652.

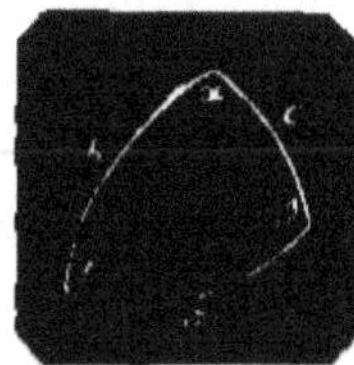

1) $\sin \frac{1}{2}(a+b) \sin \frac{1}{2}\gamma = \cos \frac{1}{2}(\alpha-\beta) \sin \frac{1}{2}c$

2) $\sin \frac{1}{2}(a-b) \cos \frac{1}{2}\gamma = \sin \frac{1}{2}(\alpha-\beta) \sin \frac{1}{2}c$

3) $\cos \frac{1}{2}(a+b) \sin \frac{1}{2}\gamma = \cos \frac{1}{2}(\alpha+\beta) \cos \frac{1}{2}c$

4) $\cos \frac{1}{2}(a-b) \cos \frac{1}{2}\gamma = \sin \frac{1}{2}(\alpha+\beta) \cos \frac{1}{2}c$

Aus deren Verbindung mit einander erhält man die fehlenden Stücke des Dreiecks, wenn entweder 2 Seiten und der von ihnen eingeschlossene Winkel oder 2 Winkel und die eingeschlossene Seite gegeben sind.

Sind z. B. a, b, γ gegeben, so hat man durch die Division von Gl. 1 durch 2:

$$\cot \tfrac{1}{2}(\alpha-\beta) = \frac{\sin \frac{1}{2}(a+b)}{\sin \frac{1}{2}(a-b)} \operatorname{tg} \gamma$$

durch die Division von Gl. 3 durch 4:

$$\cot \tfrac{1}{2}(\alpha+\beta) = \frac{\cos \frac{1}{2}(a+b)}{\cos \frac{1}{2}(a-b)} \operatorname{tg} \gamma$$

Da nun die Cotangenten von $\frac{1}{2}(\alpha-\beta)$ und $\frac{1}{2}(\alpha+\beta)$ bekannt sind, so sind es auch die Winkel $\frac{1}{2}(\alpha-\beta)$ und $\frac{1}{2}(\alpha+\beta)$

Setzt man nun $\frac{1}{2}(\alpha+\beta) = \delta$

und $\frac{1}{2}(\alpha-\beta) = \varepsilon$

so ist $\alpha = \delta + \varepsilon$

und $\beta = \delta - \varepsilon$

Eben so findet man, wenn α, β und c gegeben sind, durch Division von Gl. 1 durch 3:

$$\operatorname{tg} \tfrac{1}{2}(a+b) = \frac{\cos \frac{1}{2}(\alpha-\beta)}{\cos \frac{1}{2}(\alpha+\beta)} \operatorname{tg} \tfrac{1}{2} c$$

durch Division von Gleichung 2 durch 4:

$$\operatorname{tg} \tfrac{1}{2}(a-b) = \frac{\sin \frac{1}{2}(\alpha-\beta)}{\sin \frac{1}{2}(\alpha+\beta)} \operatorname{tg} \tfrac{1}{2} c = D$$

Ist nun gefunden $\frac{1}{2}(a+b) = d$

$\frac{1}{2}(a-b) = e$

so erhält man $a = d + e$

$b = d - e$

In dem Art.: Kugeldreieck wird die Richtigkeit der Gaufs'schen Gleichungen erwiesen werden.

Gebrochene Linie.

1. Die Parallellinien AX, FY sind durch eine gebrochene Linie $ABCDEF$ mit einander verbunden. Bezeichnet man die Winkel auf einer Seite der gebrochenen Linie, wie sie durch kleine Bogen angegeben sind, mit A, B, C, D, E, F, zieht die mit AX und FY parallelen BB', CC'', DD', EE', so hat man:

Fig. 653.

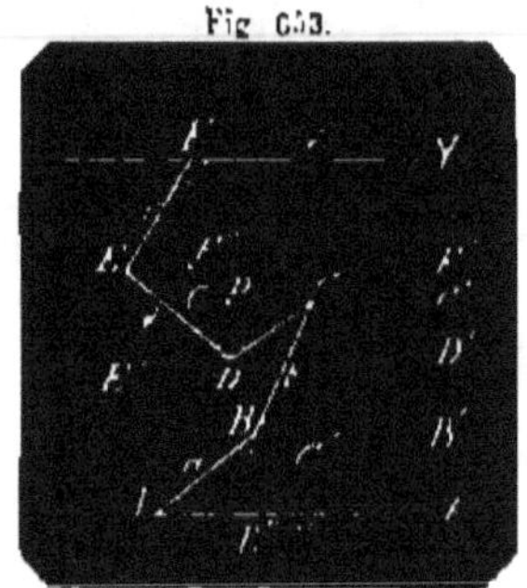

$\angle A + \angle ABB' = 2R$

$\angle CBB' + \angle BCC'' = 2R$

also $\angle A + \angle B + \angle BCC'' = 4R$

Hierzu kommt

der gestreckte $\angle C'CC'' = 2R$

$\angle DEE' + \angle EDD'$ oder

$\angle DEE' + \angle EDC + \angle C''CD = 2R$

zusammen $= 8R$

Nun ist

$\angle BCC' +$ gestreckter $\angle C'CC'' + \angle C''CD = \angle C$

$\angle CDE = \angle D$

folglich

$\angle A + \angle B + \angle C + \angle D + \angle DEE' = 8R$

hierzu $\angle F + \angle FEE' = 2R$

und da

$\angle FEE' + \angle DEE' = \angle E$

so ist

$$\angle A + \angle B + \angle C + \angle D + \angle E + \angle F = 10R \quad (1)$$

Man sieht, dafs bei jeder beliebigen Anzahl von Theillinien, aus welchen die gebrochene Linie besteht, die Summe der auf einer Seite der gebrochenen Linie liegenden Winkel = ist 2mal so vielen rechten Winkeln als Theillinien vorhanden sind.

2. Verlängert man die Theillinien sämmtlich nach einerlei Richtung BA, CB, DC, ED, FE, YF, und bezeichnet die entstehenden Aufsenwinkel, nach einerlei Richtung von jeder Theillinie ab nach der Verlängerung der nächstfolgenden Theillinie mit α, β, γ, δ, ε, η, so hat man

Fig. 654.

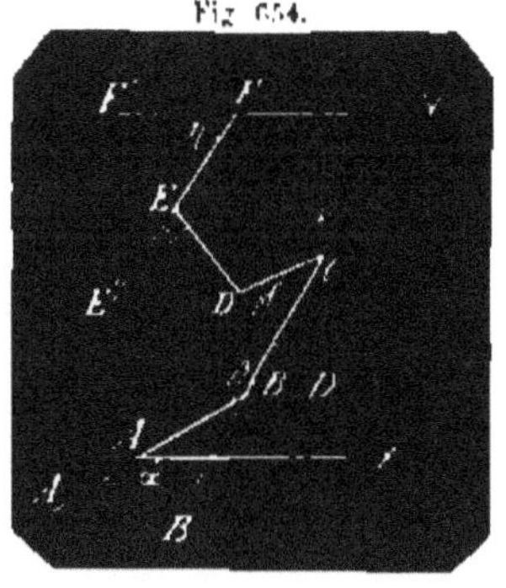

$$\begin{aligned}
\alpha &= 2R - A \\
\beta &= 4R - \angle ABB' = 4R - (B - 2R) = 6R - B = 2R - B \\
\gamma &= 4R - \angle C'CB = 4R - (C - 2R) = 2R - C \\
\delta &= 2R - D \\
\varepsilon &= 2R - E \\
\eta &= 2R - F
\end{aligned}$$

$$\alpha + \beta + \gamma + \delta + \varepsilon + \eta = 12R - (A + B + C + D + E + F) = 2R \quad (2)$$

Also die Summe der Aufsenwinkel einer zwischen Parallellinien eingeschlossenen gebrochenen Linie ist = zweien rechten Winkeln.

3. Um die Entfernung H zwischen AX und FY durch die Längen der Theillinien und deren Winkel auszudrücken, setze die Längen der auf einander folgenden Theillinien a, b, c, d, e u. s. w., fälle die Lothe BB'', CC'', DD'', EE'', FF'', so hat man:

$$\begin{aligned}
BB'' &= a \sin A \\
CC'' &= b \sin CBB' = b \sin (B - ABB') = b \sin (A + B - 2R) = - b \sin (A + B) \\
DD'' &= c \sin DCC'' = c \sin (C - 2R - BCC') = c \sin [C - 2R - (2R - CBB')] \\
&= c \sin (A + B + C - 6R) = - c \sin (A + B + C) \\
EE'' &= d \sin EDE'' = d \sin (2R - D - CDD') = d \sin (2R - D - DCC'') \\
&= d \sin (4R - A - B - C - D) = - d \sin (A + B + C + D) \\
FF'' &= e \sin FEE' = e \sin (E - E'ED) = e \sin (E - EDE'') \\
&= e \sin (A + B + C + D + E - 4R) = e \sin (A + B + C + D + E)
\end{aligned}$$

Nun ist $H = BB'' + CC'' - DD'' + EE'' + FF'' \pm \ldots$

folglich $H = a \sin A - b \sin (A + B) + c \sin (A + B + C) - d \sin (A + B + C + D) + e \sin (A + B + C + D + E) - \ldots \quad (3)$

woraus das Gesetz der Fortschreitung erkannt wird.

4. H durch die Aufsenwinkel α, β, γ, δ, ε, η ausgedrückt, ist zunächst nach No. 2:

$$\begin{aligned}
A &= 2R - \alpha \\
A + B &= 4R - (\alpha + \beta) \\
A + B + C &= 6R - (\alpha + \beta + \gamma) \\
A + B + C + D &= 8R - (\alpha + \beta + \gamma + \delta) \\
A + B + C + D + E &= 10R - (\alpha + \beta + \gamma + \delta + \varepsilon)
\end{aligned}$$

Hieraus

$$H = a \sin \alpha + b \sin(\alpha + \beta) + c \sin(\alpha + \beta + \gamma) + d \sin(\alpha + \beta + \gamma + \delta) + e \sin(\alpha + \beta + \gamma + \delta + \varepsilon) \quad (4)$$

5. Bezeichnet man Fig. 653 den $\angle BAX$ zwischen g und a mit ag, den $\angle CBB'$ zwischen b und g mit bg; den $\angle$ zwischen c und g mit cg u. s. w.; so erhält man aus No. 1:

$$ag = A$$
$$bg = A + B - 2R$$
$$cg = A + B + C - 4R$$
$$dg = A + B + C + D - 6R$$
$$eg = A + B + C + D + E - 8R$$
$$fg = A + B + C + D + E + F - 10R = 0 \quad (5)$$

Sind FY und AX nicht parallel, so hat man wie vorhin

$$fg = \angle FEE' = A + B + C + D + E + F - 10R$$

Ist fg positiv, so liegt der Schneidungspunkt zwischen FY und AX links, ist fg negativ, rechts der gebrochenen Linie.

6. $ABCDEF$ ist eine gebrochene Linie, RX eine beliebige Abscissenlinie, R der Anfangspunkt der Coordinaten; es sollen die Coordinaten der Eckpunkte $A, B, C \ldots$ aus den Längen AB, BC, $CD \ldots$ der Theillinien und den Winkeln bestimmt werden, welche diese Theillinien unter sich oder mit der Abscissenlinie bilden.

Zu diesem Behuf sind die Theillinien in allen möglichen Lagen gegen die Abscissenlinie gewählt. Fällt man nun die Lothe Aa, $Bb \ldots$ auf die Abscissenlinie, zieht die mit derselben parallelen $A\alpha$, $B\beta \ldots$, bestimmt den Anfangspunkt R der Abscissen durch die Länge $Ra = a'$; bezeichnet den Winkel zwischen BA und RX (von BA rechts bis auf RX) also $\angle BA\alpha$ mit A, den Winkel zwischen CB und BA (von CB rechts bis auf BA) also $\angle CBA$ mit B, die eben so gemessenen Winkel in den übrigen Eckpunkten mit C, D, E, so ist

Fig. 655.

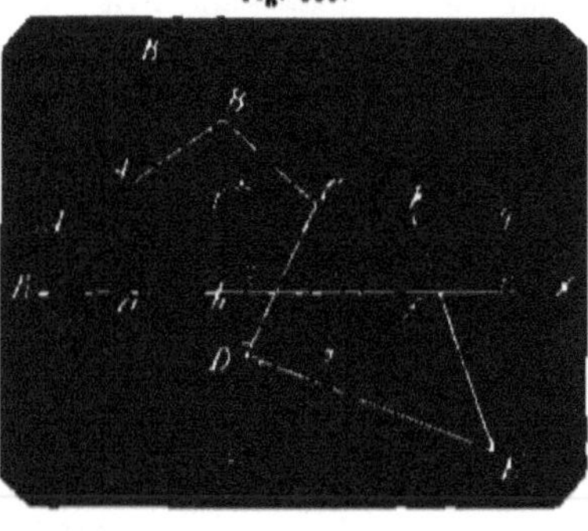

$$ab = AB \cos AB\beta = AB \cos A$$
$$bc = C\gamma = BC \cos BC\gamma = BC \cos(2R - A - B) = -BC \cos(A + B)$$
$$cd = D\delta = CD \cos CD\delta = CD \cos DC\gamma = CD \cos(C - BC\gamma)$$
$$= CD \cos(A + B + C - 2R) = -CD \cos(A + B + C)$$
$$de = E\varepsilon = DE \cos DE\varepsilon = DE \cos ED\delta = DE \cos(4R - D - CD\delta)$$
$$= DE \cos(4R - D - DC\gamma) = DE \cos(6R - A - B - C - D) = -DE \cos(A + B + C + D)$$
$$ef = F\eta = EF \cos EF\eta = EF \cos FE\varepsilon = EF \cos(4R - E + DE\varepsilon) = EF \cos(4R - E + ED\delta)$$
$$= EF \cos(10R - A - B - C - D - E) = -EF \cos(A + B + C + D + E)$$

Bezeichnet man nun, wie Ra mit a', so Rb mit b', Rc mit c' u. s. w., so hat man

$$Ra = a'$$
$$Rb = b' = a' + ab = a' + AB \cos A$$
$$Rc = c' = b' + bc = a' + AB \cos A - BC \cos(A + B)$$
$$Rd = d' = c' - cd = a' + AB \cos A - BC \cos(A + B) + CD \cos(A + B + C)$$
$$Re = e' = d' + de = a' + AB \cos A - BC \cos(A + B) + CD \cos(A + B + C) - DE \cos(A + B + C + D)$$
$$Rf = e' - ef = a' + AB \cos A - BC \cos(A + B) + CD \cos(A + B + C) - DE \cos(A + B + C + D) + EF \cos(A + B + C + D + E) \quad (6)$$

woraus das allgemeine Gesetz der Fortschreitung hervorgeht.

7. Es stimmt dies Resultat vollkommen überein mit Formel 3 (No. 3, Fig. 653) für H, wenn man die Ordinaten aA und fF, Fig. 655 als die einschließenden End-

parallelen AX und FY (Fig. 658) betrachtet, wenn man also $H = af$ setzt; alsdann ist nämlich $\angle BAa = A'$ für $\angle AB\beta = A$ in Fig. 655 zu nehmen, wenn die übrigen Winkel B, C, D, E in beiden Figuren übereinstimmen sollen.

Man hat demnach

$$\cos A = \cos AB\beta = \cos BAa = \cos(A' - 90^\circ) = \sin A' \cos(A + B) = \cos(A' + B - 90^\circ)$$
$$= \sin(A' + B)$$

u. s. w.

folglich

$$Rf = f' = a' + H = a' + AB \sin A' - BC \sin(A' + B) + CD \sin(A' + B + C)$$
$$- DE \sin(A' + B + C + D) + EF \sin(A' + B + C + D + E) \quad (7)$$

8. Construirt man Fig. 655 die Aufsenwinkel wie No. 2, Fig. 654, ist also (für aA die Parallele RX gedacht)

$$\angle aAA' = \alpha = 2R - A$$
$$\angle ABB' = \beta = 2R - B$$

u. s. w.

so ist wie No. 4:

$$A = 2R - \alpha$$
$$A + B = 4R - (\alpha + \beta)$$
$$A + B + C = 6R - (\alpha + \beta + \gamma)$$
$$A + B + C + D = 8R - (\alpha + \beta + \gamma + \delta)$$
$$A + B + C + D + E = 10R - (\alpha + \beta + \gamma + \delta + \varepsilon)$$

hieraus

$$ab = AB \cos(2R - \alpha) = - AB \cos \alpha$$
$$bc = - BC \cos(4R - \alpha - \beta) = - BC \cos(\alpha + \beta)$$
$$cd = - CD \cos(6R - \alpha - \beta - \gamma) = + CD \cos(\alpha + \beta + \gamma)$$
$$de = - DE \cos(8R - \alpha - \beta - \gamma - \delta) = - DE \cos(\alpha + \beta + \gamma + \delta)$$
$$ef = EF \cos(10R - \alpha - \beta - \gamma - \delta - \varepsilon) = + EF \cos(\alpha + \beta + \gamma + \delta + \varepsilon)$$
$$Rf = a' - AB \cos\alpha - BC \cos(\alpha + \beta) - CD \cos(\alpha + \beta + \gamma) - DE \cos(\alpha + \beta + \gamma + \delta)$$
$$- EF \cos(\alpha + \beta + \gamma + \delta + \varepsilon) \quad (8)$$

Beispiel. Es sei

$AB = 4$; $BC = 5$; $CD = 6$; $DE = 7$; $EF = 8$

$A = 30^\circ$ also $\alpha = 150^\circ$

$B = 90^\circ$ „ $\beta = 90^\circ$

$C = 110^\circ$ „ $\gamma = 70^\circ$

$D = 270^\circ$ „ $\delta = - 90^\circ$

$E = 340^\circ$ „ $\varepsilon = - 160^\circ$

Aus Formel 6 und 8 erhält man reducirt:

$$Rf = a' + 4 \cos 30^\circ + 5 \cos 60^\circ - 6 \cos 50^\circ + 7 \cos 40^\circ - 8 \cos 60^\circ$$

Aus Formel 7 hat man, weil $A' = 120^\circ$ ist:

$$Rf = a' + AB \sin 120^\circ - BC \sin 210^\circ + CD \sin 320^\circ - DE \sin 590^\circ + EF \sin 930^\circ$$
$$= a' + 4 \sin 60^\circ + 5 \sin 30^\circ - 6 \sin 40^\circ + 7 \sin 50^\circ - 8 \sin 30^\circ$$
$$= a' + 4 \cos 30^\circ + 5 \cos 60^\circ - 6 \cos 50^\circ + 7 \cos 40^\circ - 8 \cos 60^\circ$$

9. Um das Gesetz der Ordinaten zu erhalten hat man gegeben

$$Aa = a''$$
$$Bb = Aa + Ba = Aa + AB \sin A$$
$$Cc = Bb - B\gamma = Bb - BC \sin BC\gamma = Bb - BC \sin(2R - A - B) = Bb - BC \sin(A + B)$$
$$= Aa + AB \sin A - BC \sin(A + B)$$
$$Dd = -(C\delta - Cc) = Cc - C\delta = Cc - CD \sin CD\delta = Cc - CD \sin(A + B + C - 2R)$$
$$= Cc + CD \sin(A + B + C)$$
$$= Aa + AB \sin A - BC \sin(A + B) + CD \sin(A + B + C)$$
$$Ee = Dd + (- D\varepsilon) = Dd - DE \sin DE\varepsilon = Dd - DE \sin(6R - A - B - C - D)$$
$$= Dd - DE \sin(A + B + C + D) = Aa + AB \sin A - BC \sin(A + B) + CD \sin(A + B + C)$$
$$- DE \sin(A + B + C + D)$$
$$Ff = E\eta - (- Ee) = E\eta + Ee = Ee + EF \sin EF\eta = Ee + EF \sin(10R - A - B - C - D - E)$$
$$= Ee + EF \sin(A + B + C + D + E)$$

$$= Aa + AB \sin A - BC \sin (A + B) + CD \sin (A + B + C) - DE \sin (A + B + C + D)$$
$$+ EF \sin (A + B + C + D + E) - \ldots .$$
u. s. w.

Das Beispiel ad No. 8 gibt

$Aa = a''$

$Bb = Aa + 4 \sin 30^\circ$

$B\gamma = 5 \sin (30^\circ + 90^\circ) = 5 \sin 120^\circ = 5 \sin 60^\circ$

daher

$Cc = Aa + 4 \sin 30^\circ - 5 \sin 60^\circ$

$-C\delta = 6 \sin (30^\circ + 90^\circ + 110^\circ) = 6 \sin 230^\circ = -6 \sin 50^\circ$

daher

$Dd = Aa + 4 \sin 30^\circ - 5 \sin 60^\circ - 6 \sin 50^\circ$

$-D\varepsilon = -7 \sin 500^\circ = -7 \sin 40^\circ$

daher

$Ee = Aa + 4 \sin 30^\circ - 5 \sin 60^\circ - 6 \sin 50^\circ - 7 \sin 40^\circ$

$E\eta = 8 \sin 840^\circ = 8 \sin 60^\circ$

daher

$Ff = Aa + 4 \sin 30^\circ - 5 \sin 60^\circ - 6 \sin 50^\circ - 7 \sin 40^\circ + 8 \sin 60^\circ$

10. Sollen die Ordinaten durch die Aufsenwinkel angegeben werden, so ist nach No. 4:

$$Ff = Aa + AB \sin (2R - \alpha) - BC \sin (4R - \alpha - \beta) + CD \sin (6R - \alpha - \beta - \gamma)$$
$$- DE \sin (8R - \alpha - \beta - \gamma - \delta) + EF \sin (10R - \alpha - \beta - \gamma - \delta - \varepsilon)$$

also

$$Ff = Aa + AB \sin \alpha + BC \sin (\alpha + \beta) + CD \sin (\alpha + \beta + \gamma) + DE \sin (\alpha + \beta + \gamma + \delta)$$
$$+ EF \sin (\alpha + \beta + \gamma + \delta + \varepsilon) \qquad (10)$$

Für das obige Beispiel hat man

$$Ff = Aa + 4 \sin 150^\circ + 5 \sin 240^\circ + 6 \sin 310^\circ + 7 \sin 220^\circ + 8 \sin 60^\circ$$
$$= Aa + 4 \sin 30 - 5 \sin 60^\circ - 6 \sin 50^\circ - 7 \sin 40^\circ + 8 \sin 60^\circ$$

Gefäfsbarometer, s. u. Barometer, Bd. I., pag. 321.

Gegebene Gröfsen, s. v. w. bekannte Gröfsen; diese werden zu gegebenen Gröfsen, wenn aus ihnen Unbekannte gefunden werden sollen.

Gegenbewegung ist Bewegung nach entgegengesetzter Richtung.

Gegendreieck ist das einem gegebenen Kugeldreieck, wenn man dessen Seiten zu vollen Kreisen verlängert, diametral gegenüber entstehende ihm congruente Dreieck.

Gegendruck ist der Druck, der als Widerstand aus dem einen Druck empfangenden Körper hervorgerufen wird und den der drückende Körper gegenseitig empfängt. Hat der gedrückte Körper das Vermögen einen gröfseren Druck zu entwickeln als er empfängt, so bleiben beide Körper in Ruhe; der dynamische Zustand beider Körper heifst Spannung. Hat der Körper nicht die Fähigkeit einen so hohen Druck entgegen zu setzen als er empfängt, so weicht der Körper dem Ueberschufs an Druck, es entsteht Bewegung; der Ueberschufs der Kraft ist die bewegende Kraft und die Spannung beider Körper ist gleich dem geringeren Gegendruck.

Gegenfüfsler, s. v. w. Antipoden.

Gegengewicht ist ein Gewicht, welches die bewegende Kraft eines anderen Gewichts vermindern oder ganz aufheben oder auch eine abwechselnd rückgängige Bewegung hervorbringen soll.

Eine Last, die über einer Rolle an einem Seil herabgelassen wird, würde allein thätig immer schneller und schneller fallen; es wird daher auf der entgegengesetzten Seite durch Zugkräfte entsprechend gehemmt und zu Erleichterung der Hemmung daselbst ein Gewicht, also ein Gegengewicht angebracht, welches nun um so viel aufsteigt als die Last sinkt.

Bei den früheren einseitigen Dampfmaschinen drückte der Dampf den Kolben herab und mit demselben das eine Ende des Balanciers; an dem anderen Ende desselben war ein Gegengewicht, welches hiermit in die Höhe gezogen wurde. Hatte der Kolben den tiefsten Stand erreicht, so wurde der Dampf im Kessel abgesperrt, der in den Kolben geleitete Dampf in die freie Luft gelassen, das Gegengewicht hatte nun die Kraft zu fallen, die Balancierseite herab und den Kolben zu neuem Angriff des Dampfes wieder in die Höhe zu ziehen.

Bei den Gewichtsuhren bildet das Pendel mit der Hemmung das Gegengewicht zu augenblicklich gänzlicher Aufhebung der Kraft des Gehgewichts.

Gegenschattige, s. Antiscii.

Gegenschein, s. u. Aspecten und Conjunction. G. ist der Kalenderausdruck für Opposition.

Gegenwirkung ist die einer ursprünglichen Wirkung entgegengesetzte Wirkung. Zwei gleich grofse Kräfte nach geraden entgegengesetzten Linien oder Richtungen wirkend heben einander auf, sie bleiben in Ruhe, sie befinden sich blofs in Spannung. Ist eine Kraft gröfser als die andere so geschieht nach der Richtung der gröfseren mit dem Ueberschufs an Kraft d. h. mit der Differenz beider Kräfte als bewegende Kraft eine Bewegung.

Ein Körper vom Gewicht P und der Geschwindigkeit C hat das Bewegungsvermögen $P \cdot C$; trifft er einen ruhenden Körper vom Gewicht p, so setzt dieser ihm eine Wirkung entgegen, die Geschwindigkeit des ersteren Körpers wird vermindert, der Körper p wird dafür in die Bewegung mit hineingeführt und da von dem ursprünglichen Bewegungsvermögen nichts verloren gehen kann, so ist bei einer beiden Körpern gemeinschaftlichen Geschwindigkeit c

$$(P + p)c = P \cdot C$$

folglich die gemeinschaftliche neue Geschwindigkeit

$$c = \frac{P}{P + p} \cdot c$$

Vergleiche den Art. Gegengewicht.

Gegenwohner, s. v. Antoëci.

Geist ist das Regierende der Natur. Eine Natur ohne den sie regierenden Geist zu denken ist unmöglich. Der Geist, etwas Nichtkörperliches, von dessen Beschaffenheit wir keinen Begriff, sondern nur hypothetische Vorstellungen haben, die je nach den Richtungen des Gedanken- und Auffassungssystems eines jeden einzelnen Menschen eben so vielfach verschieden sein können, mufs offenbar die ganze Natur durchdringen, so dafs nicht Gott in der Welt sondern die Welt in Gott ist, der als Geist in seiner Continuität durch keine Körperlichkeit und nirgend unterbrochen wird, also allgegenwärtig, allwissend und somit fähig durch die That überall augenblicklich einzugreifen.

Die Naturkräfte können betrachtet werden als Richtungen oder Theile dieses allgemeinen Geistes zur Regierung willenloser Dinge nach Gesetz.

Gemäfsigte Zonen sind die beiden Zonen auf der Erdoberfläche, welche parallel mit dem Aequator zwischen den Wendekreisen und den ihnen zunächst liegenden Polarkreisen sich befinden; so genannt wegen der hier herrschenden mittleren Temperatur zwischen der kalten jenseits der Polarkreise und der heifsen zwischen beiden Wendekreisen.

Die mathematische Geographie bestimmt die Polarkreise als diejenigen, deren Peripherien von der Axe der Ekliptik und die Wendekreise als diejenigen, welche von der Ebene der Ekliptik berührt werden. Die Ekliptik durch den Erdmittelpunkt gelegt.

Gemeinschaftliches Maafs ist ein Maafs, mit welchem mehrere Dinge derselben Art gemessen werden. Das allen Dingen derselben Art g. M. ist deren Einheit; die Zahlen 10, 15 haben 5 und 1 zum g. M.; die Zahlen 3, 10, 15 haben das einzige gemeinschaftliche (ganze) Maafs in der Einheit 1.

Incommensurable Gröfsen haben mit commensurabelen Gröfsen kein g. M., z. B. 4 und $\sqrt{3}$. Dagegen können incommensurable Gröfsen untereinander ein g. M. haben. Z. B. $\sqrt{6}$ und $\sqrt{15}$ haben das g. M. $\sqrt{3}$. Es ist nämlich

$$\sqrt{6} = \sqrt{2} \times \sqrt{3} \text{ und } \sqrt{15} = \sqrt{5} \times \sqrt{3}$$

Aus diesem Grunde haben 2 gleiche Catheten mit der Hypothenuse eines rechtwinkligen Dreiecks kein g. M.

Gemeinschaftlicher Theiler ist ein gemeinschaftliches Maafs zweier oder mehrerer Zahlen. Es wird in der Arithmetik oft nach dem gröfsten g. T. mehrerer gegebener Zahlen gefragt. Dieser kann nicht gröfser sein als die kleinste der gegebenen Zahlen und man hat mit dieser also in die anderen zu dividiren, wenn man dieselbe als Theiler versuchen will.

Von den Zahlen 7, 91, 135 findet man 7 als den gröfsten (und einzigen) g. Th. Denn es ist $7 = 7 \cdot 1$; $91 = 7 \cdot 13$ und $105 = 7 \cdot 15$

Zwischen den Zahlen 14, 133, 182 kann wegen der ungeraden mittleren Zahl die Zahl 14 kein Theiler sein und da $14 = 2 \cdot 7$, so ist entweder 7 der g. T. oder die Zahlen haben keinen g. T.

Man findet durch Division

$$14 = 7 \cdot 2;\ 133 = 7 \cdot 19;\ 182 = 7 \cdot 26$$

Um den g. T. zweier oder mehrerer Zahlen zu finden ist demnach das einfachste Mittel, die kleinste gegebene Zahl in ihre Primfactoren zu zerlegen.

Sind die Primfactoren nicht sogleich zu übersehen, so dividirt man die gröfsere Zahl durch die kleinere; wenn die Division ohne Rest nicht aufgeht, so dividirt man die kleinere Zahl durch den

Rest und sofort den vorhergegangenen Divisor durch den erhaltenen letzten Rest bis man keinen Rest behält; dieser letzte Divisor ist dann der gröfste gemeinschaftliche Theiler zwischen beiden Zahlen und ist eine dritte gröfsere Zahl noch gegeben, so wird der gröfste g. T. mit letzterer Zahl durch Division mit dem so eben erhaltenen Theiler untersucht. Z. B. Die Zahlen 9737 und 20202

man erhält $\frac{20202}{9737} = 2 + \frac{728}{9737}$

d. h. es ist $20202 = 2 \times 9737 + 728$

und folglich kann zwischen 9737 und 20202 nur ein Theiler existiren, der zugleich Theiler zwischen 728 und 9737 ist, und deshalb ist mit 728 in 9737 zu dividiren. Man erhält

$$\frac{9737}{728} = 13 + \frac{273}{728}$$

Wiederum kann zwischen 728 und 9737 also zwischen 9737 und 20202 kein Theiler existiren, der nicht zugleich Theiler zwischen 273 und 728 ist. Man erhält

$$\frac{728}{273} = 2 + \frac{182}{273}$$

Jetzt beschränkt sich wieder die Aufgabe auf die Untersuchung des gröfsten g. T. zwischen den Zahlen 182 und 273.

Es ist $\frac{273}{182} = 1 + \frac{91}{182}$

$$\frac{182}{91} = 2$$

Mithin ist 91 der gröfste g. Th.

zwischen	91	und	182
also auch zwischen	182	und	273
also auch zwischen	273	und	728
also auch zwischen	728	und	9737
also auch zwischen	9737	und	20202

und es ist $9737 = 91 \times 107$ und $20202 = 91 \times 222$, vergl. Bruch No 5.

Gemischt ist in der Mathematik was aus ungleichartigen Theilen zusammengesetzt ist.

Ein gemischter Bruch ist ein unächter Bruch, der als ganze Zahl + einem ächten Bruch dargestellt ist. Z. B. $5\frac{1}{4}$ statt des reinen und unächten Bruchs $\frac{21}{4}$.

Eine gemischte ebene Figur ist eine Figur, die von geraden und krummen Linien oder aus krummen Linien, denen verschiedene Bildungsgesetze zu Grunde liegen, als Seiten eingeschlossen ist.

Gemischte Mathematik nennt man auch wohl die angewandte M., weil Naturgesetze und Erfahrungen darüber mit den reinen Lehren der Mathematik in Verbindung vorkommen.

Gemischte Verhältnisse sind solche Verhältnisse, die aus ungleichnamigen einfachen Verhältnissen zusammengesetzt sind, als die durch Multiplication gewonnenen Endverhältnisse bei der Regel quinque, der Kettenrechnung u. s. w.

Gemischte Zahl ist eine Zahl, die aus ganzen und gebrochenen Zahlen zusammengesetzt ist, also in so fern gleichbedeutend mit gemischtem Bruch; auch eine Zahl die aus rationalen und irrationalen Gliedern besteht, als $3 + \sqrt{5}$ ist eine gemischte Zahl.

Generalnenner, s. Addition No. 6 und Bruch No. 6.

Genetische Erklärung, genetische Definition ist Sacherklärung, Erklärung von dem Entstehen des Begriffs. z. B. eine Kugel entsteht, indem ein Halbkreis um seinen Durchmesser sich herumdreht.

Geocentrisch ist was sich auf den Mittelpunkt der Erde bezieht, im Gegensatz zu heliocentrisch, was sich auf den Mittelpunkt der Sonne bezieht; beide Beziehungen für Planeten genommen.

Es sei *Efsh* die Ekliptik, *E* ein augenblicklicher Standort der Erde darin, *S* in deren Mittelpunkt die Sonne, *P* ein Planet; die Kreislinie, in der sich *P* befindet sei seine Bahn, welche gegen die Ebene der Ekliptik geneigt ist und sie in 2 Punkten, den Knotenpunkten schneidet, die äufsere Kreislinie eine gröfste Kreislinie des scheinbaren Himmelsgewölbes. Von *E* aus sieht man *P* in der

Fig. 656.

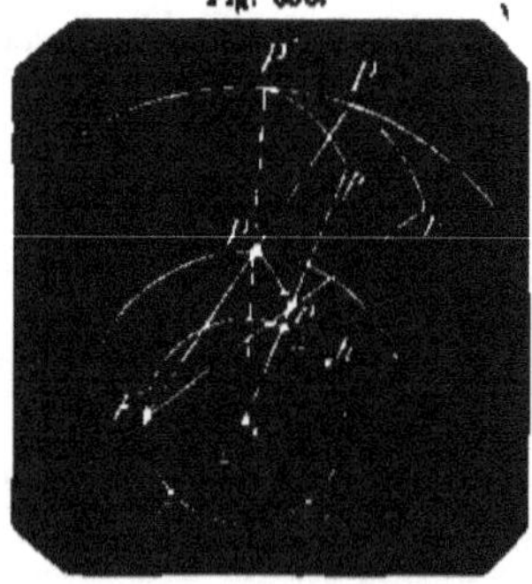

geraden Linie EP und der Ort des Planeten scheint in P'' zu sein; von der Sonne aus sieht man den Planeten in der geraden Linie SP und versetzt seinen Ort in P'; es ist somit P' der heliocentrische und P'' der geocentrische Ort des Planeten.

Denkt man sich die Ebene der Ekliptik bis in die scheinbare Himmelskugel erweitert, so fälle den lothrechten Bogen Pp auf dieselbe und p ist der reducirte Ort des Planeten. Von der Sonne S aus wird derselbe in p' gesehen, da wo der lothrechte von P' auf die Ekliptik gefällte Bogen $P'p'$ dieselbe schneidet, und von der Erde E aus wird der Ort p in p'' gesehen, dem Endpunkt des von P'' in der Himmelskugel auf die Ebene der Ekliptik gefällten Lothes $P''p''$. Beide Linien Sp' und Ep'' schneiden die Ekliptik $Efsh$ in den Punkten π' und π''. Ist demnach f der Frühlingspunkt, so ist Bogen $fsh\pi'$ die heliocentrische und Bogen $fsh\pi''$ die geocentrische Länge des Planeten P.

Geodäsie, s. v. w. Feldmeſskunst Ein Theil derselben ist in dem Art. Baculometrie vorgetragen. Zusammengesetzte Vermessungen geschehen mit Hülfe von Winkel-Instrumenten, s. Boussole. Sollen Vermessungen sehr genau werden, so bedient man sich der Theodoliten als Winkelmesser. Man miſst eine möglichst lange gerade Linie; bei coupirtem Terrain nivellirt man sie auch, um deren Horizontalprojection zu erhalten und verbindet mit deren beiden Endpunkten 2 oder mehrere Hauptlinien zu Dreiecken indem man die Winkel an den Endpunkten der vermessenen Grundlinie miſst und die anderen Seiten trigonometrisch berechnet. Die Details zwischen den Hauptlinien werden dann mit Kette und Stäben vermessen und aufgetragen. Zwei oder mehrere neue Hauptlinien werden dann mit den berechneten Dreiecksseiten wiederum zu Dreiecken verbunden und so weiter auf dieselbe Weise fortgefahren.

Geoden in einem Fossil sind die im Innern mit Krystallen besetzten Höhlungen.

Geographische Breite, s. Breite, geographische.

Geographische Länge eines Orts der Erdoberfläche ist der in dem Breitenkreise des Orts nach Graden gemessene Abstand des Orts von einem bestimmten beliebig gewählten ersten Meridian.

So wie für die astronomische Länge die Ekliptik der Grund- oder Normalkreis ist, so ist es für die geographische Länge der Erdaequator. Dieser hat aber nirgend eine Auszeichnung für den Nullpunkt wie die Ekliptik in dem Frühlingspunkt und daher kann man jeden beliebigen Punkt des Aequators dazu nehmen. Es kommt ferner hinzu, daſs jeder beliebige mit dem Aequator parallele Breitenkreis, der wie jener in 360 Grade getheilt wird, durch die von Pol zu Pol über den Aequator hinweg zu führenden Meridiane mit dem Aequator überall in Betreff der Längenbestimmung einerlei Beziehung hat, so daſs in jedem beliebigen Breitenkreis ein beliebiger Punkt als Nullpunkt, also der zu diesem Punkt gehörende Meridian als der erste angenommen werden kann.

Ein solcher erster Meridian ist für Frankreich durch Befehl Ludwigs XIII. vom 25. April 1634 derjenige, welcher die äuſserste Westküste der Insel Ferro berührt und von den meisten Staaten als solcher angenommen worden, woher dieser erste Meridian der Ferro'sche Meridian heiſst.

Es hat sich später ergeben, daſs dieser Meridian von der Pariser Sternwarte 20° 2' 30" westlich liegt und man ist übereingekommen, den Ferro'schen Meridian genau 20° westlich von dem der Pariser Sternwarte anzunehmen, so daſs eigentlich dieser pariser Meridian die Norm gibt und der Ferro'sche Meridian unbestimmt und nur dem Namen nach vorhanden ist. Daher kommt es, daſs der Pariser Meridian auch als der erste vielfach angenommen wird, so z. B. geschieht dies in Ritters geographisch-statistischem Lexicon; in Littrows Verzeichniſs geographischer Ortsbestimmungen (Gehlers physikalisches Wörterbuch Bd. X., am Schluſs).

In den neuesten Zeiten hat man auch angefangen, den Meridian der Greenwicher Sternwarte als den ersten anzunehmen; dieser liegt 2° 20' 23" westlich von dem Pariser.

Die Längen werden in der Regel nur bis 180° gezählt und je nachdem ein Ort östlich oder westlich von einem der ersten Meridiane liegt, hat derselbe östliche oder westliche Länge.

Der Pariser Meridian ist 20° östlich, der Greenwicher 17° 39' 37" östlich von dem Ferro'schen Meridian.

Der Ferro'sche Meridian ist 20° westlich, der Greenwich'sche 2° 20' 23" westlich von dem Pariser Meridian.

Der Ferro'sche Meridian ist 17° 39' 37"

westlich, der Pariser 2° 20' 23" östlich von dem Greenwicher Meridian.

Die alte Sternwarte von Berlin hat

von Ferro	31° 3' 23"	östliche Länge
von Paris	11° 3' 23"	„ „
von Greenwich	13° 23' 46"	„ „

Die neue Sternwarte von Berlin hat

von Ferro	31° 3' 30"	östliche Länge
von Paris	11° 3' 30"	„ „
von Greenwich	13° 23' 53"	„ „

Die geogr. Länge zwischen zweien Orten der Erde mifst man mit einer richtigen Uhr, wenn man die Zeit der Culmination eines Fixsterns in beiden Orten beobachtet. Die Differenz beider Zeitpunkte gibt das Zeitmaafs der Länge, welches in Bogenmaafs verwandelt wird, indem 4 Zeitminuten einen Grad Länge geben.

Geographische Meile ist festgestellt worden auf den 5400ten Theil des Erdaequator-Umkreises, so dafs eine geogr. Meile = ist $\frac{360^\circ}{5400} = \frac{1}{15}$ des Aequatorgrades, oder dafs ein Aequatorgrad 15 geogr. Meilen enthält. Da es schwierig ist, Längengradmessungen genau zu erhalten, so ist auch die g. M. verschieden angegeben worden.

Nach der neuesten genauen Ermittelung des Grades im Aequator beträgt dieser 57106,442 Toisen, also

die geogr. Meile = 3807,09 Toisen
= 7420,158 Meter
= 0,9850 876 prfs. Meilen
= 1970,1752 prfs. Ruthen
= 23642,1 preufs. Fufs.

Geomechanik ist die Wissenschaft von der Bewegung fester Körper, s. d. Art. Angewandte Mathematik, Bd. I., pag. 72.

Geometer ist ein der Geometrie Kundiger, gebräuchlich ist auch die Bezeichnung für Feldmesser.

Geometrie ist diejenige Disciplin der Mathematik, welche sich mit den Raumgröfsen beschäftigt. Da der Raum in einer bis drei Dimensionen gegeben wird, so ist die natürlichste Eintheilung der G. in die Longimetrie, in die Planimetrie und in die Stereometrie, nämlich in die Wissenschaft der Raumgröfsen von einer von zweien und von drei Dimensionen.

Man macht aber diesen Unterschied nicht in diesem Sinne. Man hat eine Elementargeometrie, die Lehre von denjenigen Linien, Flächen und Körpern, deren Natur einfache Untersuchungen zulassen: Von den Linien nämlich die gerade und die Kreislinie, von den Flächen die Ebenen und die krummen Flächen, welche von der Kreislinie erzeugt werden, und von den Körpern diejenigen, deren Oberflächen Ebenen und die aus der Kreislinie hervorgehenden krummen Flächen sind. Dieser letzte Theil der G. ist die Elementar-Stereometrie; sie behandelt die vieleckigen Körper, den Cylinder, den Kegel und die Kugel.

Die höhere Geometrie beschäftigt sich mit den krummen Linien, deren Formen andere sind als der Kreis und die aus gegebenen Gesetzen hervorgehen, mit den von diesen Linien eingeschlossenen Ebenen und Flächen und mit den Körpern, deren Oberflächen aus jenen krummen Linien erzeugt werden.

Die Geometrie wird synthetisch und analytisch behandelt. Die synthetische Behandlung besteht darin, dafs die gegebenen Raumgröfsen zusammengesetzt, getheilt und in Gröfse und Form mit einander verglichen werden, wie dies im Euklid stattfindet. Die analytische Behandlung besteht darin, dafs die Gröfsen auf Einheiten zurückgeführt, mit der Einheit verglichen und als Vielfache derselben, also als Zahlen betrachtet werden, mit denen nun gerechnet wird. (Vergl. algebraische und analytische Geometrie).

Meine Ansicht über die Weise wie die Elementargeometrie mit Hülfe eines einfacheren Lehrgebäudes vorgetragen werden könnte, s. d. Art. Axiom.

Geometrisch ist was zur Geometrie gehört.

Geometrisch ähnlich, s. u. Aehnlich, 2, pag. 30.

Geometrische Analysis ist die Bezeichnung des analytischen Verfahrens oder der analytischen Methode, um geometrische Constructionen zu erfinden; heut unsere analytische Geometrie, s. d, und analytische Auflösung, analytische Methode.

Geometrische Auflösung ist die Auflösung einer Rechenaufgabe mit Hülfe der geometrischen Gröfsen; so sind z. B. Bd. I., Fig. 41 bis 43, pag. 45 und 46 die geometrischen Auflösungen der Rechenexempel 3 Fufs × 4 Fufs; 4' × 3' 5" und 3' 5" × 2' 2".

Geometrischer Beweis eines Satzes geschieht nur mit Hülfe vorangegangener anerkannter geometrischer Wahrheiten durch deren Verbindung und Schlufsfolgen und ohne Hülfe der Arithmetik.

Geometrische Construction ist die Auflösung einer geometrischen Aufgabe durch Zeichnung.

Geometrische Construction der Gleichungen, s. Construction der Gleichungen, Bd. II., pag. 120.

Geometrische Curven und Flächen sind solche, deren Form dadurch gegeben ist, dafs sämmtliche Punkte derselben ihrer Lage nach einem gemeinschaftlichen Gesetz unterworfen sind.

Geometrische Gröfsen sind die Raumgröfsen.

Geometrischer Körper ist ein körperlicher Raum im Gegensatz zu physischem Körper, der mit Stoff angefüllte Raum.

Geometrische Methode der Alten für die Auflösung der geometrischen Aufgaben ist wie noch bei dem heutigen Standpunkt der Mathematik der Fall ist, zweierlei: synthetisch und analytisch. Die erstere Methode besteht in der Beschreibung der nach und nach erforderlichen Zeichenarbeiten bis zur Vollendung der Auflösung und dem hierauf folgenden Beweis für die Richtigkeit der Operationen zu dem geforderten Zweck.

Die zweite analytische Methode ist jetzt die Anwendung der analytischen Geometrie; die Alten jedoch kannten dieselbe noch nicht und verfuhren mit der Construction wie mit einem umgekehrt zu führenden Beweis.

Als Beispiel gelte die Aufgabe in dem Art.: Analytische Auflösung, Euklid 2. Buch, 11. Satz:

Eine gegebene gerade Linie (AB) so

Fig. 657.

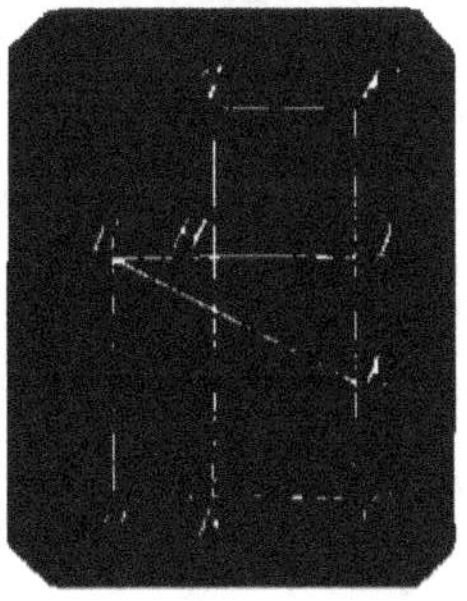

zu schneiden, dafs das unter der ganzen (AB) und einem (BH) der beiden Abschnitte (AH, BH) enthaltene Rectangel (BK) dem Quadrate (FH) des übrigen Abschnitts (AH) gleich sei.

Die synthetische Auflösung Euklids ist folgende:

Beschreibe von AB das Quadrat $ABCD$, halbire AC in E und ziehe BE. Verlängere CA nach F bis $EF = EB$, beschreibe von AF das Quadrat FH und verlängere GH bis K, so ist AB in H so geschnitten, dafs $AB \times BH =$ Quadrat von AH.

Denn da CA in E halbirt und ihr die AF gerade fort angesetzt ist, so ist (2, 6. Satz).

$$CF \times AF + \square(AE) = \square(EF) = \square(EB)$$

Nun ist $\angle BAE = R$

und daher $\square(EB) = \square(AB) + \square(AE)$

folglich ist

$$CF \times AF + \square(AE) = \square(AB) + \square(AE)$$

folglich wenn man $\square(AE)$ wegnimmt

$$CF \times AF = \square(AB)$$

oder weil $AF = FG$

auch $FK = AD$

folglich wenn man AK wegnimmt

$$FH = HD$$

Nun ist

$FH = \square(AH)$ und $HD = DB \times BH = AB \times BH$

folglich ist $AB \times BH = \square(AH)$

Die analytische Methode würde mit Benutzung des eben aufgeführten Satzes (Euklid 2. B., 6. Satz) etwa folgender sein:

Gesetzt es wäre H der Theilungspunkt der Linie AB, so zeichne die Quadrate AD über AB und AG über AH, verlängere GH bis K so wäre

Rectangel $BK = AB \times BH$

Quadrat $AG = \square(AH)$

hierzu Rectangel $AK = AK$

gibt Quadrat $BC =$ Rect. CG

oder $\square(AC) = CF \times AF$

Nun ist nach 2. Buch, 6. Satz, wenn AC in E halbirt wird

$$\square(EF) = CF \times AF + \square(AE)$$

zieht man nun BE so ist

$\square(AB) + \square(AE) = \square(BE)$

Also $\square(EF) + \square(AB) + \square(AE)$

$= CF \times AF + \square(BE) + \square(AE)$

also $\square(EF) + \square(AB) = CF \times AF + \square(BE)$

Ist also $\square(EF) = \square(BE)$

so ist auch $\square(AB) = CF \times AF = CG$

Hiervon $AK = AK$

bleibt Rect. $BK = \square(AH)$

oder $AB \times BH = \square(AH)$

Damit diese verlangte Theilung der geraden Linie AB geschehe, mufs demnach $BE = EF$ sein und die von Euklid vorgenommene Construction ist durch das eben beobachtete analytische Verfahren aufgefunden.

Geometrisches Mittel zwischen zweien Gröfsen ist die Quadratwurzel aus deren Product. Ist $b^2 = a \cdot c$, so ist b das g. M. zwischen a und c.

Geometrischer Ort ist eine Linie oder eine Fläche, welche als Grenze beobachtet, allen Linien, Flächen und Körpern derselben Art irgend eine Eigenschaft gemeinschaftlich macht.

Z. B. Alle Dreiecke von einerlei Grundlinie und einerlei Höhe haben gleichen Flächeninhalt. Ist nun die Grundlinie $= a$ und der Inhalt F gegeben, so ist die zu a erforderliche Höhe $h = 2\frac{F}{a}$. Zieht man daher mit der Grundlinie a eine Parallele von unbegrenzter Länge in dem Abstand $2\frac{F}{a}$, so ist diese der geometrische Ort für die Spitzen sämmtlicher Dreiecke von einerlei Grundlinie a und einerlei Flächeninhalt F. Dreht man diese Linie um die Grundlinie bis in ihre ursprüngliche Lage, so erhält man einen Cylindermantel für denselben geometrischen Ort.

Soll der geometrische Ort für Dreiecke von einerlei Grundlinie und einerlei Winkel an der Spitze angegeben werden, so beschreibt man um das Dreieck einen Kreis und man hat in dem zwischen der Grundlinie und der Spitze befindlichen Bogen den g. O. für die Spitzen sämmtlicher Dreiecke der genannten gemeinschaftlichen Eigenschaft, weil sämmtliche Winkel an der Spitze Peripheriewinkel in demselben Kreisbogen sind.

Eine mit einer ebenen Grundfläche parallele Ebene ist der g. Ort für alle Prismen oder Kegel von einerlei Grundebene und einerlei körperlichem Inhalt.

Um den g. O. zu finden, dafs die von 2 gegebenen Punkten A, B an jeden beliebigen Punkt desselben gezogenen geraden Linien zusammengenommen immer die Länge a erhalten, hat man über AB ein gleichschenkliges Dreieck ABC zu beschreiben, in welchem die Schenkel $AC = BC = \frac{1}{2}a$ sind. Nimmt man dann C als Scheitelpunkt der kleinen Axe, A, B als Brennpunkte und construirt nach Fig. 266, Bd. I., pag. 418, die Ellipse, so ist diese der verlangte g. O.

Geometrische Progression, s. geometrische Reihe.

Geometrische Proportion ist die Gleichheit zweier geometrischen Verhältnisse: 2 verhält sich geometrisch zu 5 wie 4 zu 10, denn die Quotienten $\frac{2}{5}$ und $\frac{4}{10}$ beider Verhältnisse sind einander gleich. Man vereinigt beide gleichen Verhältnisse zu einer Proportion und schreibt:

$$2 : 5 = 4 : 10$$

und wie man $\frac{2}{5} = \frac{4}{10}$ hat, so hat man auch

$$2 \times 10 = 5 \times 4 = 20$$

überhaupt in jeder geometrischen Proportion

$$A : B = a : b$$

wo also die Quotienten $\frac{A}{B}$ und $\frac{a}{b}$ beider Verhältnisse einander gleich sind, hat man aus diesem Grunde oder durch arithmetische Operation

$$Ab = aB$$

d. h. das Product der äufseren Glieder ist gleich dem Product der inneren Glieder. Aus diesem Grunde ist jede Proportion mehrfach umzustellen.

Wenn $A : B = a : b$

so ist auch $A : a = B : b$

$B : A = b : a$

$B : b = A : a$

$a : b = A : B$

$a : A = b : B$

$b : a = B : A$

$b : B = a : A$

2. Sind die beiden inneren Glieder oder die beiden äufseren einander gleich, wie

$$A : C = C : D$$

oder $D : E = F : D$

so heifst die Proportion eine stetige geometrische P. und das gleiche Glied heifst das geometrische Mittel oder die mittlere geometrische Proportionale zwischen den beiden anderen Gliedern.

Es ist $C^2 = A \cdot D$ also $C = \sqrt{A \cdot D}$

$D^2 = E \cdot F$ „ $D = \sqrt{E \cdot F}$

Vergl. „arithmetische Proportion".

3. Sind mehrere Proportionen mit Wiederholung von Gliedern gegeben als:

$A : B = a : b$

$B : C = b : c$

$C : D = c : d$

so ist auch $A : C = a : c$

$A : D = a : d$

$B : D = b : d$

Man schreibt daher auch solche Proportionen zusammenhängend

$$A : B : C : D = a : b : c : d$$

und sagt, die Größen stehen in fortlaufender oder in geordneter Proportion.

4. Die ersten Elementaraufgaben aus der Lehre von den geometrischen Proportionen sind in dem Vorigen schon gelöst: nämlich

A. Aus 2 gegebenen gleichen Producten eine Proportion zu bilden. Dies geschieht, indem man die beiden zu dem einen Product gehörenden Factoren zu äußeren, die zu dem andern Product gehörenden zu inneren Gliedern macht:

Aus $a \cdot b = A \cdot B$

entsteht $a : A = B : b$

oder $A : a = b : B$

B. Aus zwei gegebenen geometrischen Verhältnissen oder Quotienten zwei gleiche Producte zu bilden, welches die umgekehrte Operation erfordert; denn

aus $\frac{a}{b} = \frac{A}{B}$ oder $a : b = A : B$

entsteht $aB = Ab$.

C. Aus drei gegebenen Gliedern a, b, c einer geometrischen Proportion das 4te Glied zu finden, oder wie man sagt: zu 3 gegebenen Zahlen die vierte geometrische Proportionale zu finden:

Nennt man das 4te Glied x, so ist

$$a : b = c : x$$

woraus $bc = ax$

also $x = \frac{b \cdot c}{a}$

D. Sind 2 der 3 gegebenen Glieder einander gleich, z. B. a, b, b, so findet man das 4te Glied einer stetigen g. P. oder man findet zwischen 2 gegebenen Größen a, b die 3te geometrische Proportionale x aus $a : b = b : x$

oder $b^2 = ax$

mit $x = \frac{b^2}{a}$

E. Zwischen 2 gegebenen Zahlen a, b findet man endlich die mittlere geometrische Proportionale x in der Quadratwurzel des Products

denn da $a : x = x : b$

so ist $x = \sqrt{ab}$

5. Folgende Sätze sind mit Hülfe ganz einfacher arithmetischer Operationen als richtig abzuleiten, oder indem man die Producte der äußeren und inneren Glieder bildet als richtig nachzuweisen.

Wenn $A : B = a : b$

so ist 1. $nA : nB = na : nb$

2. $A : nB = a : nb$

3. $nA : B = na : b$

4. $A : B = na : nb$

5. $nA : nB = a : b$

6. $\frac{A}{n} : \frac{B}{n} = \frac{a}{n} : \frac{b}{n}$

7. $A : B = \frac{a}{n} : \frac{b}{n}$

8. $\frac{A}{n} : \frac{B}{n} = a : b$

9. $A : \frac{B}{n} = a : \frac{b}{n}$

10. $\frac{A}{n} : B = \frac{a}{n} : b$

11. $A : nB = \frac{a}{n} : b$

12. $A : \frac{B}{n} = na : b$

13. $An : B = a : \frac{b}{n}$

14. $\frac{A}{n} : B = a : nb$

15. $An : Bn = \frac{a}{n} : \frac{b}{n}$

. . . .

$$A^n : B^n = a^n : b^n$$

$$\sqrt[n]{A} : \sqrt[n]{B} = \sqrt[n]{a} : \sqrt[n]{b}$$

6. Wenn $A : B = a : b$

so ist auch

$$nA \pm mB : pA \pm qB = na \pm mb : pa \pm qb$$

denn aus $A : B = a : b$

folgt $\frac{A}{B} = \frac{a}{b}$

also auch $\frac{A}{B} \pm \frac{m}{n} = \frac{a}{b} \pm \frac{m}{n}$

oder $\frac{nA \pm mB}{nB} = \frac{na \pm mb}{nb}$ (1)

Ebenso $\frac{A}{B} \pm \frac{q}{p} = \frac{a}{b} \pm \frac{q}{p}$

oder $\frac{pA \pm qB}{pB} = \frac{pa \pm qb}{pb}$ (2)

Die Gleichung 1 durch Gl. 2 dividirt gibt

$$\frac{nA \pm mB}{pA \pm qB} \times \frac{pB}{nB} = \frac{na \pm mb}{pa \pm qb} \times \frac{pb}{nb}$$

Nun ist $\frac{pB}{nB} = \frac{pb}{nb} = \frac{p}{n}$

folglich die letzte Gleichung durch $\frac{p}{n}$ dividirt

$$\frac{nA \pm mB}{pA \pm qB} = \frac{na \pm mb}{pa \pm qb}$$

welches die behauptete Proportion ist:

7. Man hat aus dem vorstehenden allgemeinen Satz über die Bildung neuer Proportionen aus einer gegebenen einfachen in der Summe oder Differenz der beliebig Vielfachen des ersten und zweiten Gliedes zur Summe oder Differenz derselben Vielfachen des dritten und vierten Gliedes eine grosse Anzahl einfacherer abzuleiten

Wenn $A : B = a : b$

so ist 1. $A : A \pm B = a : a \pm b$

2. $A : A \pm nB = a : a \pm nb$

3. $A : nA \pm mB = a : na \pm mb$

u. s. w.

Beispiele.

Da $5 : 10 = 1 : 2$

so ist auch $5 : 10 \pm 5 = 1 : 2 \pm 1$

und $5 : 5 + 3 \cdot 10 = 1 : 1 + 3 \cdot 2$

und $2 \times 5 + 3 \times 10 : 4 \times 5 - 10 = 2 \times 1 + 3 \times 2 : 4 \times 1 - 2$

oder $40 : 10 = 8 : 2$

u. s. w.

Aus folgenden Proportionen soll die Unbekannte x gefunden werden:

1. $15 + x : x = 6 : 1$

Man hat $15 + x - x : x = 6 - 1 : 1$

oder $15 : x = 5 : 1$

woraus $5x = 15$

also $x = 3$

2. $8 - x : 3 = x : 1$

hier ist $8 - x + x : 3 + 1 = x : 1$

oder $8 : 4 = x : 1$

woraus $x = 2$

3. $3x + 5 : 10x - 1 = 13 : 8$

Man hat $3x + 5 - \frac{3}{10}(10x - 1) : 3x + 5 = 13 - \frac{3}{10} \cdot 8 : 13$

oder $\frac{53}{10} : 3x + 5 = \frac{106}{10} : 13$

oder $1 : 3x + 5 = 2 : 13$

Nun ist $1 : 3x + 5 - 5 \cdot 1 = 2 : 13 - 5 \cdot 2$

oder $1 : 3x = 2 : 3$

woraus $x = \frac{1}{2}$

8. Wenn die gleichnamigen Glieder mehrerer Proportionen mit einander multiplicirt werden, so entsteht aus den 4 Producten wieder eine geometrische Proportion.

Wenn
$$A : B = a : b$$
$$C : D = c : d$$
$$E : F = e : f$$
$$\cdots\cdots\cdots$$

so ist $A \cdot C \cdot E \ldots : B \cdot D \cdot F \ldots = a \cdot c \cdot e \ldots : b \cdot d \cdot f \ldots$

Denn es ist
$$\frac{A}{B} = \frac{a}{b}$$
$$\frac{C}{D} = \frac{c}{d}$$
$$\frac{E}{F} = \frac{e}{f}$$
$$\cdots\cdots$$

folglich $\frac{A}{B} \cdot \frac{C}{D} \cdot \frac{E}{F} \ldots = \frac{a}{b} \cdot \frac{c}{d} \cdot \frac{e}{f} \ldots$

woraus $ACE : BDF = ace : bdf$

Dieser 8te Satz gibt das Mittel, aus n gegebenen Proportionen n unbekannte Grössen zu finden:

Z. B. Gegeben sind die beiden Proportionen:

$$5 + 2x : 3y = 3 : 7$$
$$y : 7x = 1 : 2$$

beide Proportionen mit einander multiplicirt entsteht

$$(5 + 2x)\,y : 21xy = 3 : 14$$

also mit y die beiden ersten Glieder dividirt:

$5 + 2x : 21x = 3 : 14$

oder $5 + 2x : 3x = 3 : 2$

oder $3(5 + 2x) - 2 \cdot 3x : 3x = 3 \cdot 3 - 2 \cdot 2 : 2$

oder $15 : 3x = 5 : 2$

oder $5 : x = 5 : 2$

woraus $x = 2$

Setzt man nun in die gegebene zweite

Proportion für x den Werth 2, so erhält man

$$y : 7 \times 2 = 1 : 2$$

woraus $y = 7$

9. Wenn $A : B = a : b = \alpha : \beta =$ u. s. w., so ist auch

$$A + a + \alpha + \ldots : B + b + \beta + \ldots = A : B = a : b = \ldots$$

denn aus $A : B = a : b$

ist $A : a = B : b$

und nach No. 7

$$A + a : B + b = a : b = \alpha : \beta$$

hieraus $A + a : \alpha = B + b : \beta$

wieder aus No. 7:

$$A + a + \alpha : \alpha = B + b + \beta : \beta$$

u. s. w.

z. B. da $1 : 2 = 3 : 6 = 4 : 8 = 7 : 14$

so ist auch

$$1 + 3 + 4 + 7 : 2 + 6 + 8 + 14 = 1 : 2$$

oder $15 : 30 = 1 : 2$

10. Hat man n Grössen a, b, c ... und deren Verhältnisse untereinander durch $n - 1$ Proportionen bestimmt gegeben, so kann man aus denselben eine fortlaufende Proportion bilden. Zuerst bestimmt man das Verhältniss nur einer der Grössen zu jeder aller übrigen, hierauf verwandelt man durch Multiplicationen alle dieser einen Grösse zukommenden Verhältnisszahlen in eine gemeinschaftliche Zahl und bestimmt dieser gemäss das Verhältniss der Grösse zu den übrigen.

Soll eine fortlaufende Proportion zwischen 6 Grössen a, b, c, d, e, f gebildet werden, so müssen zwischen denselben 6 Verhältnisse bekannt sein: z. B.

1. $a : b = 1 : 3$
2. $c : d = 2 : 5$
3. $e : f = 7 : 4$
4. $e : b = 11 : 10$
5. $d : f = 5 : 9$

Hier kommen die Grössen c, d, e, f zweimal vor.

Schreibt man No. 4: $b : e = 10 : 11$

und multiplicirt mit No. 1; oder dividirt man 1 durch 4, so erhält man

6. $a : e = 10 : 33$

diese Proportion mit No. 3 multiplicirt und reducirt

7. $a : f = 35 : 66$

No. 5 umgekehrt geschrieben und mit 7 multiplicirt oder 7 durch 5 dividirt und reducirt

8. $a : d = 21 : 22$

diese Proportion durch No. 2 dividirt

9. $a : c = 105 : 44$

Man hat demnach

$$a : b = 1 : 3$$
$$a : c = 105 : 44$$
$$a : d = 21 : 22$$
$$a : e = 10 : 33$$
$$a : f = 35 : 66$$

Die kleinste Zahl für die Factoren von a: 1, 105, 21, 10, 35 ist die Zahl 210. Man hat demnach:

$$a : b = 210 : 630$$
$$a : c = 210 : 88$$
$$a : d = 210 : 220$$
$$a : e = 210 : 693$$
$$a : f = 210 : 396$$

woraus die fortlaufende Proportion

$$a : b : c : d : e : f = 210 : 630 : 88 : 220 : 693 : 396$$

11. Es gibt Grössen, die in zusammengesetzten Verhältnissen stehen. Z. B. die Werthe zweier Waaren in Beziehung auf Menge und Güte. Die Werthe von Gebäuden in Beziehung auf Dimensionen, auf die Werthe der dazu verwendeten Materialien, auf Alter und Abnutzung, auf Abgaben, Lage, Ertrag u. s. w. Stehen nun 2 Grössen in solchen vielfachen geometrischen Verhältnissen, so verhalten sie sich überhaupt wie die Producte der Verhältnisse.

Verhalten sich z. B. 2 Grössen A und B in einer Beziehung wie $a : b$, in einer zweiten Beziehung wie $\alpha : \beta$ so verhalten sie sich überhaupt wie $a \cdot \alpha : b \cdot \beta$; und haben dieselben noch Beziehungen $a' : b'$, $a'' : b''$ u. s. w., so verhalten sie sich überhaupt wie $aa'a''\alpha : bb'b''\beta$.

Denn denkt man sich eine Grösse E, die für jede einzelne Beziehung die Einheit $= 1$ ist, so ist für die erste Beziehung A das $a$fache von $E = aE$, für die zweite Beziehung wird dieses aE das αfache von $E = a\alpha E$ u. s. w. Ebenso ist B das $b\beta$fache u. s. w. von E und es ist überhaupt

$$A : B = a \cdot \alpha \ldots : b \cdot \beta \ldots$$

Z. B. die Geldwerthe zweier Aecker A, B verhalten sich

in Bezug auf Grösse	$A : B = 2 : 5$
" " " Bonität	$= 6 : 7$
" " " erforderliche Arbeitskräfte	$= 1 : 3$
" " " die Transportkosten zum Markt	$= 5 : 1$

so verhält sich der summarische Werth von $A : B = 2 \cdot 6 \cdot 1 \cdot 5 : 5 \cdot 7 \cdot 3 \cdot 1 = 4 : 7$

Geometrische Reihe. Reihe und geometrische Reihe sind in dem Art. Arithmetische Reihe, Bd. I., pag. 118 erklärt. Sie besteht in einer Reihenfolge von Zahlen, von welchen jede 2 nebeneinander stehenden in einerlei geometrischem Verhältnifs sich befinden; wie bei der arithmetischen Reihe heifsen auch hier die einzelnen Zahlen der Reihe Glieder, die von einem beliebig gewählten ersten Gliede ab mit den Stellenzahlen als 2, 3, 4 ... ntes Glied bezeichnet werden. Die der ganzen Reihe zugehörige Verhältnifszahl je zweier aufeinander folgender Glieder heifst der Exponent; und wenn man ein beliebiges ntes Glied durch den Exponent dividirt, so erhält man das ihm unmittelbar vorhergehende $(n-1)$te Glied. Wenn die aufeinander folgenden Glieder immer gröfser werden, so heifst die Reihe steigend oder wachsend; wenn sie immer kleiner werden, fallend oder abnehmend.

2. Bezeichnet man das erste Glied einer g. R. mit a, den Exponent mit e, so hat man das allgemeine Schema einer g. R.

$$a \cdot ae \cdot ae^2 \cdot ae^3 \cdot ae^4 \ldots . ae^{n-1} \cdot ae^n \ldots .$$

Ist $e > 1$, so ist die Reihe wachsend, ist $e < 1$ so ist die Reihe abnehmend. a ist das erste, ae das zweite, ae^2 das dritte überhaupt ae^{n-1} das nte Glied. Bezeichnet man dies mit u so ist

$$u = e^{n-1} \cdot a \qquad (1)$$

3. Um die Summe S der ersten n Glieder einer g. R. zu finden, multiplicire dieselbe mit e.

Dann ist

die einfache Reihe $a + ae + ae^2 + ae^3 + \ldots . . ae^{n-1} = S$

die $e$fache Reihe $ae + ae^2 + ae^3 + ae^4 + \ldots . . \quad ae^n = eS$

Zieht man die obere Reihe von der unteren ab, so heben sich bis auf das übrig bleibende erste Glied a sämmtliche Glieder der oberen Reihe mit den Gliedern der unteren Reihe auf, so dafs nur das nte Glied ae^n übrig bleibt und es ist

$$ae^n - a = eS - S$$

oder

$$a(e^n - 1) = S(e - 1)$$

woraus

$$S = \frac{e^n - 1}{e - 1} \cdot a = \frac{e^n a - a}{e - 1} = \frac{eu - a}{e - 1} \qquad (2)$$

Ist das erste Glied a, das letzte Glied u und der Exponent e gegeben, so erhält man aus Gleichung 1:

$$(n - 1) \log e = \log u - \log a$$

woraus

$$n = \frac{\log u - \log a}{\log e} + 1 \qquad (3)$$

Ist $e < 1$, so schreibt man

$$S = \frac{1 - e^n}{1 - e} a = \frac{a - eu}{1 - e} \qquad (4)$$

In folgender Reihe

1	2	3	4	5	6	7	8	9	10
1 ·	2 ·	4 ·	8 ·	16 ·	32 ·	64 ·	128 ·	256 ·	512

ist nach Formel 1 das 10te Glied

$$u = 2^9 \cdot 1 = 512$$

die Summe der ersten 10 Glieder ist nach Formel 2

$$S = \frac{2^{10} - 1}{2 - 1} \cdot 1 = \frac{2 \cdot 512 - 1}{2 - 1} = 1023$$

In folgender Reihe:

$$1 \cdot \tfrac{1}{2} \cdot \tfrac{1}{4} \cdot \tfrac{1}{8} \cdot \tfrac{1}{16} \cdot \tfrac{1}{32} \cdot \tfrac{1}{64} \cdot \tfrac{1}{128} \cdot \tfrac{1}{256} \cdot \tfrac{1}{512}$$

ist das 10te Glied nach Formel 1.

$$u = (\tfrac{1}{2})^9 \cdot 1 = \tfrac{1}{512}$$

Die Summe der ersten 10 Glieder nach Formel 4

$$S = \frac{1 - (\frac{1}{2})^{10}}{1 - \frac{1}{2}} \cdot 1 = \frac{1 - \frac{1}{2} \cdot \frac{1}{512}}{1 - \frac{1}{2}} = \frac{1023}{512} = 2 - \tfrac{1}{512}$$

4. In jeder Reihe kann die Anzahl der Glieder bis ins Unendliche fortgesetzt werden. Bei jeder steigenden Reihe ist das letzte Glied ∞ grofs und die Summe ist ∞ grofs. Bei einer fallenden Reihe ist das letzte Glied = Null zu setzen.

In der obigen Reihe

$$1 \cdot \tfrac{1}{2} \cdot \tfrac{1}{4} \cdot \tfrac{1}{8} \ldots\ldots$$

hat man sodann nach Formel 4

$$S = \frac{1 - (\frac{1}{2})^\infty}{1 - \frac{1}{2}} = \frac{1 - \frac{1}{2} \cdot 0}{1 - \frac{1}{2}} = 2$$

5. Die Einschaltung von Gliedern s. den Art. Einschalten No. 12.

Geometrischer Rifs ist die genaue Zeichnung eines Gegenstandes nach seinen Dimensionen, wie er sich der Anschauung gemäfs auf einer Ebene als Bild darstellen würde, in der Regel in verjüngtem Maafsstabe.

Geometrischer Schritt ein selten zur Anwendung kommendes Maafs von 5 Fufs.

Geometrisches Verhältnifs zwischen

zwei Zahlen ist die Angabe des Wievielfache die eine Zahl von der anderen ist, während arithmetisches V. die Angabe ist um wie viel Einheiten die eine gröfser oder kleiner ist als die andere.

Geordnet ist was einer Ordnung gemäfs dargestellt ist.

G e o r d n e t sind in Combinationen die Elemente, wenn sie der Ordnung des Alphabets gemäfs aufgestellt werden. Bei den gegebenen 5 Elementen *a*, *b*, *c*, *d*, *e* sind die möglichen Combinationen der 4ten Klasse

abcd, *abce*, *abde*, *bcde*

geordnet.

acbd, *bcea* u. s. w. sind ungeordnete Elemente.

Folgende Permutationen sind geordnet.

abc, *acb*, *bac*, *bca*, *cab*, *cba*

In einer anderen Reihenfolge würden sie nicht geordnet sein.

Folgende Variationen sind geordnet:

aaa, *aab*, *aba*, *abb*; *baa*, *bab*, *bba*, *bbb*

In einer anderen Folge sind sie ungeordnet.

Geordnete Gleichungen, s. u. A l g e b r a i s c h e G l e i c h u n g e n, No. 4, pag. 48.

Geostatik, s. u. Angewandte Mathematik, pag. 72.

Gerade hat in der Mathematik vielerlei Bedeutungen, s. d. folgenden Artikel und die zu g e r a d e gehörenden Hauptwörter.

Gerade Aufsteigung und Absteigung, s. u. Aufsteigung und Absteigung eines Gestirns, pag. 180.

Gerader Kegel ist ein Kegel, dessen Axe auf der Grundebene winkelrecht steht.

Gerade Linie kann man eigentlich nicht anders erklären, als: s i e i s t e i n e L i n i e, w e l c h e g e r a d e i s t.

Euklid sagt in seiner 2ten Erklärung: Eine Linie ist eine Länge ohne Breite, und in der 4ten: Eine gerade Linie ist, welche zwischen den in ihr befindlichen Punkten auf einerlei Art liegt. Diese Erklärung pafst aber auch auf die Kreislinie: Es wird auch die gerade Linie erklärt, dafs sie mit ihrem kleinsten Theil ganz gegeben ist; aber auch dies findet bei jeder Kreislinie statt. Man stellt in Lehrbüchern als Grundsatz auf: Zwischen 2 Punkten ist nur e i n e gerade Linie möglich und nicht eine zweite. Diesen Grundsatz kann man zu einer Erklärung umformen und sagen: Eine gerade Linie ist diejenige Linie, welche zwischen zweien Punkten n u r e i n m a l vorhanden ist; allein diese Erklärung wäre offenbar zu abstract.

Als Sacherklärung kann folgende gelten: Eine gerade L. ist die einzige Linie welche, wenn man sie zwischen zweien ihrer Punkte um sich selbst dreht keinen geschlossenen Raum beschreibt, sondern dieselbe Linie bleibt. Alsdann wäre hiermit zugleich nachgewiesen, dafs zwischen zwei Punkten nur eine einzige gerade Linie möglich ist.

Der Einfachheit einer geraden Linie wegen ist es auch keine A u f g a b e: eine g. L. zu zeichnen; nach Euklid schon ist es nur eine Forderung, so wie die zweite Forderung bei ihm, eine begrenzte gerade Linie stetig gerade zu verlängern.

Gerades Parallelogramm ist ein P., bei welchem die Seiten gegenseitig einander normal sind.

Gerades Parallelepipedum und **gerades Prisma** ist ein solches P., bei welchem die Seitenkanten auf der Grundebene normal stehen.

Gerade Zahl ist eine Zahl, welche durch 2 ohne Rest theilbar ist; d o p p e l t g e r a d e oder g e r a d g e r a d e wurde früher eine Z. genannt, die durch 4 ohne Rest theilbar ist; so wie u n g e r a d g e r a d e, die durch 4 dividirt den Rest 2 läfst.

Geradlinig heifsen Figuren, die von geraden Linien begrenzt werden.

Gesammtdifferenzial oder **Totaldifferenzial** im Gegensatz zu T h e i l- oder P a r t i a l d i f f e r e n z i a l einer Function, s. D i f f e r e n z i a l No. 45, pag. 273.

Geschoben oder **verschoben** nennt man bisweilen Vierecke mit schiefen Winkeln also die Rhomben und die Rhomboide.

Geschwindigkeit ist der in irgend einer Zeiteinheit zurückgelegte Weg. Weg ist die Länge, um welche ein Punkt oder eine Masse sich fortbewegt; G. findet also nur statt wo Bewegung ist. Die Zeiteinheit wählt man der Natur der Bewegung angemessen: Man hat G. in einer Secunde, in einer Minute, in einer Stunde, in 24 Stunden oder einem Tage, in einem Jahre, in 100 Jahren. Den Weg drückt man in Längeneinheiten aus: in Linien, Zollen, Fufsen, Schritten, Ruthen, Metern, Knoten, Toisen, Meilen. Das Licht hat die G. von cc. 42000 geogr. Meilen in einer Secunde; von einem Eisenbahn-Personenzug sagt man, er habe eine G. von 6 preufs. Meilen in einer Stunde.

Bei gleichförmiger Bewegung eines

Punkts bleibt die G. immer dieselbe. So z. B. bewegt sich die Erde um ihre Axe in einer constanten Zeit von 24 Stunden, jeder Punkt des Aequators hat also eine constante G. von 5400 geogr Meilen in 24 Stunden. Bei ungleichförmiger Bewegung ist die G. in jedem Augenblick der Bewegung eine andere: Beim freien Fall eines Körpers ist die G. im ersten Augenblick des Falles, die Anfangsgeschwindigkeit = Null; sie wächst mit jedem folgenden Augenblick und die Endgeschwindigkeit ist am gröfsten. Bei Wurfbewegungen ist die Anfangsgeschwindigkeit am gröfsten, die Endgeschwindigkeit am geringsten; beim senkrecht aufwärts gerichteten Wurf wird die Endgeschwindigkeit = Null und zugleich zur Anfangsgeschwindigkeit für den nun erfolgenden senkrecht abwärts gerichteten Fall.

Bei stetig beschleunigter und verzögerter Bewegung wird unter Geschwindigkeit ein Weg verstanden, der nicht sichtbar ist und der nur berechnet werden kann. S. darüber den Art.: „Atwoods Fallmaschine", Bd. I., pag. 172 rechts: „Ein drittes Gesetz" u. s. w.; den Art. „Bewegung, gleichförmig beschleunigte," pag. 352; den Art. „Bewegung, ungleichförmig veränderliche", pag. 356.

Unter virtueller Geschwindigkeit versteht man die G., welche aus einer Bewegung in Folge einwirkender Kräfte hervorgehen würde, wenn nicht andere diesen Kräften entgegengesetzt wirkende Kräfte die Bewegung hinderten.

Hier folgen die Angaben einiger Geschwindigkeiten in preufs. Fufsen per Secunde.

Die Geschwindigkeit

der schnellsten Stroms höchstens	12 pr. Fufs	
des mäfsigen Windes . . .	10	„ „
des Sturms . . . . über	50	„ „
des Orkans höchstens . .	120	„ „
ein mit kräftiger Hand geworfener Stein	60	„ „
der Bleikugel ⅔" Durchmesser aus einer Windbüchse 4' langem Lauf mit 100 fach comprimirter Luft nach Gehler höchstens 654 par. Fufs sind	677	„ „
derselben aus einem Militairgewehr nach Gehler 1167 par. Fufs	1208	„ „
einer Büchsenkugel nach demselben höchstens 1600 par. Fufs	1650	„ „
einer 24pfündigen Kanonenkugel nach demselben höchstens 2300 par. Fufs	2380 pr Fufs	
des Schalls in der Luft 337⅙ Meter sind	1074	„ „
in Silber 3037 Mtr. . .	9677	„ „
in Messing 3610 Mtr. . .	11500	„ „
in Kupfer 4030 Mtr. . .	12900	„ „
in Hölzern 5000 bis 6000 Mtr. . . . 15900 bis	19100	„ „
eines langsamen Fufsgängers 1 Meile in einer Stunde	3⅓	„ „
eines raschen Fufsgängers [illegible] Meile in einer Stunde	6⅔	„ „
die preufsische Fahrpost 1 Meile in 50 Minuten . . von Nummerstein zu Nummerstein = 20° in 30 Sec.	8	„ „
die preufsische Schnellpost 1 Meile in 40 Min. . . eine Chausseestein-Nummer = 20° in 24 Sec.	10	„ „
die preufsische Courierpost 1 Meile in 30 Min. . . 1 Chausseesteinnummer = 20° in 18 Sec.	13⅓	„ „
1 Schnellsegelschiff . . .	14⅙	„ „
1 Dampfschiff 3 Meilen in 1 Stunde	20	„ „
Güterzug mit Personenbeförderung in einer Stunde 4⅔ Meilen . . . . . 1 Steinnummer 20° in 7⅓ Sec.	31⅙	„ „
Personenzug in 1 Stunde 6 Meilen . . . . 1 Steinnummer 20° in 6 Sec.	40	„ „
Kourierzug 1 Stunde 10 Meilen. . . . . 1 Steinnummer 20° in 3,6 Sec.	66⅔	„ „
die Erdoberfläche bei Drehung um ihre Axe im Aequator 123,136° . .	1477,6	„ „
der Erde in der Ekliptik im Mittel s. Erde.		
des Lichts nach Delambre	41935 geogr. Ml.	
nach Struve	41645	„ „

Gesellschaftsrechnung. Diese besteht in der allgemeinen Aufgabe: n Gröfsen x, y, z, w ... zu finden, deren Summe einer gegebenen Zahl S = [illegible] ist und die unter einander in gegebenen geometrischen Verhältnissen stehen.

1. Der einfachste Fall ist, wenn die Verhältnifszahlen eine fortlaufende geometrische Proportion bilden. Z. B. (Meier Hirsch, pag. 165, No. 16).

Eine Zahl a in 3 solche Theile zu zerlegen, dafs der zweite $m$mal und der dritte $n$mal so grofs sei als der erste. Welche Theile sind es? Die Aufgabe besagt also, es sollen 3 Zahlen x, y, z gefunden werden, deren Summe $= a$ ist und die unter einander in dem Verhältnifs $= 1 : m : n$ stehen.

Wenn $x : y : z = 1 : m : n$
so hat man nach dem Art. „Geometrische Proportionen" No. 9

$$x : x + y + z = 1 : 1 + m + n$$

oder $$x : a = 1 : 1 + m + n$$

Eben so $$y : a = m : 1 + m + n$$

$$z : a = n : 1 + m + n$$

mithin ist

$$x = \frac{a}{1 + m + n};\ y = \frac{ma}{1 + m + n};\ z = \frac{na}{1 + m + n}$$

Einen Zahlenfall gibt Meier Hirsch, pag. 166, No. 19:

1170 Thaler sollen unter 3 Personen A, B, C nach Verhältnifs ihres Alters vertheilt werden. Nun ist B um den dritten Theil älter, C aber doppelt so alt als A. Wieviel erhält jeder?

Die gegebene fortlaufende Proportion ist

$$A : B : C = 1 : 1\tfrac{1}{3} : 2$$

folglich der Ansatz

$$\left.\begin{matrix} A : \\ B : \\ C : \end{matrix}\right\} 1170 = \left.\begin{matrix} 1 : \\ 1\tfrac{1}{3} : \\ 2 : \end{matrix}\right\} 4\tfrac{1}{3}$$

woraus A erhält $\frac{1}{4\frac{1}{3}} \times 1170$ Thlr. $= 270$ Thlr.

B $\frac{1\frac{1}{3}}{4\frac{1}{3}} \times 1170$ Thlr. $= 360$ Thlr.

C $\frac{2}{4\frac{1}{3}} \times 1170$ Thlr. $= 540$ Thlr.

Summa 1170 Thlr.

2. Wenn die Zahlenverhältnisse in **fortlaufender Proportion** nicht gegeben werden, so sind dieselben in eine solche zuvor zu verwandeln, (s. „geometrische Proportionen", No. 10).

Meier Hirsch, pag. 166, No. 22 gibt folgendes Schema:

Eine Zahl a in 3 solche Theile zu zerlegen, dafs der erste Theil (x) sich zum zweiten (y) wie $m : n$ und der zweite Theil zum dritten (z) wie $p : q$ verhalte. Diese Theile sind?

Die gegebenen Proportionen sind

$$x : y = m : n$$

$$y : z = p : q$$

das erste Verhältnifs mit p, das zweite mit n multiplicirt ergibt

$$x : y : z = mp : np : nq$$

also $$\left.\begin{matrix} x : \\ y : \\ z : \end{matrix}\right\} a = \left.\begin{matrix} mp : \\ np : \\ nq : \end{matrix}\right\} mp + np + nq$$

woraus $$x = \frac{mp}{mp + np + nq} \cdot a;\ y = \frac{np}{mp + np + nq} \cdot a;\ z = \frac{nq}{mp + np + nq} \cdot a$$

Ein Zahlenbeispiel gibt Meier Hirsch, pag. 166, No. 21:

Eine Schuldenmasse von 21000 Thlr. soll unter 4 Gläubiger A, B, C, D nach Verhältnifs ihrer Forderungen vertheilt werden. Nun verhält sich die Forderung des A zu der des B wie $2 : 3$, die Forderung des B zu der des C wie $4 : 5$ und die Forderung des C zu der des D wie $6 : 7$. Wie viel erhält demnach jeder Gläubiger?

Die gegebenen Proportionen fortlaufend zu machen ist

$$A : B = 2 : 3 = \ \ 8 : 12 = 16 : 24$$

$$B : C = 4 : 5 = 12 : 15 = 24 : 30$$

$$C : D = 6 : 7 = \ \ 6 : \ \ 7 = 30 : 35$$

Man hat also

$$\left.\begin{matrix} A : \\ B : \\ C : \\ D : \end{matrix}\right\} 21000 \text{ Thlr.} = \left.\begin{matrix} 16 : \\ 24 : \\ 30 : \\ 35 : \end{matrix}\right\} (16 + 24 + 30 + 35 = 105)$$

A erhält $\frac{16}{105} \times 21000$ Thlr. $= 3200$ Thlr.

B erhält $\frac{24}{105} \times 21000$ Thlr. $= 4800$ Thlr.

C „ $\frac{30}{105} + 21000$ Thlr. $= 6000$ Thlr.

D „ $\frac{35}{105} \times 21000$ Thlr. $= 7000$ Thlr.

Summa 21000 Thlr.

3. Die gegebenen Verhältnifszahlen können auch gemischte sein.

Beispiel. (Meier Hirsch, pag. 168, No. 33).

Eine Wittwe soll nach dem Testament ihres verstorbenen Ehemannes mit ihren 2 Söhnen und 3 Töchtern eine Summe von 7500 Thlr. theilen, und zwar soll jeder Sohn doppelt so viel bekommen wie jede Tochter, sie selbst aber gerade so viel wie ihre Kinder zusammengenommen und noch überdies 500 Thlr. Wie viel wird die Wittwe und jedes ihrer Kinder bekommen?

Nennt man den Antheil der Tochter t, so sind die Verhältnisse:

3 Töchter erhalten	$3\,T$
2 Söhne „	$4\,T$
die Wittwe	$7\,T + 500$
die Summe ist	$14\,T + 500$ Thlr.
	$= 7500$ Thlr.
	$14\,T = 7000$ Thlr.

Hiernach bekommt jede Tochter 500 Thlr., jeder Sohn 1000 Thlr. und die Mutter 4000 Thlr.

Gesetz ist die Art und Weise des inneren Zusammenhanges der Elemente oder der einzelnen Theile mit der Beschaffenheit oder der Natur des Ganzen.

Die Entwickelung einer Reihe geschieht mit Beobachtung des Gesetzes, nach welchem die Glieder für die Darstellung der Reihe fortschreiten müssen. Dies Gesetz bestimmt dann die Regel oder die Vorschrift des Verfahrens dabei.

Jeder Lehrsatz in der Geometrie ist das Gesetz für die Beschaffenheit einer geometrischen Gröfse, als deren Zusammenhang mit ihren einzelnen Theilen. Z. B. der Satz, dafs die Inhalte der Dreiecke und Parallelogramme von gleichen Grundlinien und Höhen wie 1 : 2 sich verhalten.

In den dynamischen Wissenschaften kommen noch die Kraft und die Zeit als Elemente hinzu, und jede Art des Zusammenwirkens von Kräften in Zeit und Raum ergibt ein Gesetz, nach welchem dieselbe als Erscheinung sich äufsert.

Die Gesetze des freien Falls sind die summarischen Ergebnisse aus der Attraction der Erdkugel, der Entfernung des frei im Raum befindlichen Körpers von derselben und der Zeitdauer, innerhalb welcher die Attraction auf den freien Körper ohne Unterstützung im Raum einwirkt.

Gesichtsaxe, s. v. w. Augenaxe.

Gesichtsfeld ist der Raum, den man entweder mit blofsem Auge oder mit einem Fernrohr auf einmal übersehen kann.

Gesichtskreis, s. v. w. Horizont, s. „Astronomischer Horizont“.

Gestalt eines Körpers (Kryst.). Diese ist regelmäfsig, wenn sie durch die Form und die gegenseitige Lage der Begrenzungsflächen mathematisch bestimmbar ist, sonst unregelmäfsig.

Gestirn ist der allgemeine Name für jeden Himmelskörper, für Fixsterne, Planeten, Trabanten und Kometen. Deren scheinbare Bahnen unter dem Aequator, den Polen und den zwischen diesen liegenden Punkten der Erdoberfläche, desgleichen deren geometrische Construction, s. u. „Aufgang und Untergang der Gestirne“, Bd. I., pag. 174 mit Fig. 108 bis 111.

Die Bewegung der Gestirne ist 1. die gemeine oder tägliche Bewegung derselben, nämlich die Erscheinung ihres täglichen Auf- und Untergangs und des sichtbaren Bogens, den sie über dem Horizont am Himmel beschreiben. 2. die eigene oder besondere Bewegung, die sie aufserdem noch machen, indem sie zu derselben Zeit an verschiedenen Tagen an verschiedenen Orten des Himmels sich befinden, eine Bewegung, welche allen Planeten, Monden und Kometen eigen ist.

Dafs diese Fixsterne täglich 3 Minuten 56 Secunden von Ost nach West vorrücken ist eine scheinbare eigene Bewegung; die Ursach davon ist die eigene Bewegung der Sonne, nach welcher sie täglich von West nach Ost um 3′ 56″ zurück bleibt. Die Fixsterne haben nur gemeine Bewegung.

Gestrichelte Buchstaben. Buchstaben, welche mathematische Gröfsen bezeichnen, werden der leichteren Uebersicht wegen gestrichelt, wenn sie Gröfsen derselben Art, von demselben Zusammenhange mit anderen Gröfsen oder von demselben Gesetz bezeichnen sollen. In Fig. 934, Bd. I., pag. 352 sind die waagerechten Linien, welche als Längen die Geschwindigkeiten ausdrücken sollen, mit aa', bb', dd' … bezeichnet, weil diese Längen einerlei Zusammenhang haben, weil sie daher, ohne dafs man nöthig hat auf die Figur zu sehen, also schneller sich niederschreiben lassen und beim Lesen schneller verstanden werden.

Meier Hirsch hat pag. 222, No. 69 folgende Aufgabe: Es sollen 3 Zahlen aus folgenden Angaben bestimmt werden: Wenn die erste zum $m$fachen der übrigen addirt wird, so ist die Summe $= a$; wird die zweite zum m'fachen der übrigen addirt, so ist die Summe $= a'$, wird aber die dritte zum m''fachen der übrigen addirt, so ist die Summe a''. Welche Zahlen sind es?

Der erste Ansatz ist:

$$x + my + mz = a$$
$$y + m'x + m'z = a'$$
$$z + m''x + m''y = a''$$

Die äufserst bequeme Bezeichnung läfst es zu, dafs man die 3 Gleichungen ansetzen kann, nachdem man die Aufgabe nur einmal durchgelesen hat, was bei Gebrauch verschiedener Buchstaben nicht gut möglich wäre. Auch das Calcül wird dahin erleichtert, daſs keine Schreibfehler vorkommen können und das Resultat ist von den Formen, daſs man über dessen Richtigkeit kein Zweifel haben kann. Es ist, wenn

$$\frac{m}{m-1}+\frac{m'}{m'-1}+\frac{m''}{m''-1}=A$$

und

$$\frac{a}{m-1}+\frac{a'}{m'-1}+\frac{a''}{m''-1}=B$$

gesetzt wird

$$x=\frac{1}{m-1}\left(\frac{mB}{A-1}-a\right)$$

$$y=\frac{1}{m'-1}\left(\frac{m'B}{A-1}-a'\right)$$

$$z=\frac{1}{m''-1}\left(\frac{m''B}{A-1}-a''\right)$$

Geviertschein, s. u. „Aspecten", No. 3, Bd. I., pag. 131.

Gewicht eines Körpers ist die Aeuſserung der Gröſse eines Drucks, den er ruhend auf seiner Unterlage ausübt; die Gröſse seines Druckes, sein Gewicht wird durch Einheiten, Gewichtseinheiten gemessen, nämlich durch Gewichte allgemein bekannter unveränderlicher Stoffe von bestimmtem Rauminhalt und den vervielfältigten Exemplaren von Körpern anderen Stoffs, welche drückend mit derselben Gewichtseinheit sich äuſsern.

In dem Art. Attraction, No. 9, Bd. I., pag. 169 ist auseinandergesetzt, daſs die Anziehung unseres Erdkörpers, deren Sitz in dem Erdmittelpunkt zu denken ist, auf jedes Massenelement eine gleich groſse Kraft äuſsert, daſs also jedes Massenelement mit gleichem Bestreben dem Mittelpunkt der Erde sich nähern will. Dies Bestreben eines auf der Erdoberfläche frei befindlichen Elements äuſsert sich durch Fall, das eines ruhenden Elements durch Druck.

Eine so groſse Anzahl der Elemente in einem Körper angehäuft ist, so viele gleich groſse Bestrebungen sind vorhanden, die Bewegung nach dem Erdmittelpunkt zu beginnen, so groſs ist also auch die Anzahl der Elementar-Druckkräfte, die in dem Körper angehäuft sind.

Massenelemente wissen wir nicht einzeln zu unterscheiden, haben also auch keine Kenntniſs von deren Anzahl in einem Körper. Ferner sind der Atomenlehre nach die Massenelemente oder Atome von verschiedenem Gewicht, welches wir wieder nicht kennen (s. die Art.: Atom, Atomgewicht, Atomvolum). So wichtig die Untersuchung über diesen Gegenstand auch ist, so liegt in dem vorliegenden Fall nicht daran, diese Einzelheiten zu wissen, sondern nur daran, die summarischen Druckwirkungen sämmtlicher in einem Körper vereinigten Atome, d. h. das Gewicht des Körpers zu erfahren, indem dies mit dem bekannten Gewicht eines bestimmten Körpers verglichen, oder in dem es als ein Vielfaches einer Gewichtseinheit angegeben wird.

Nun ist aus dem Obigen klar, daſs die Gewichte zweier Körper desselben Stoffs sich nothwendig verhalten müssen, wie die in beiden Körpern befindlichen Massenelemente, und wenn die Körper von verschiedenen Stoffen sind, wie die Producte aus der Anzahl der Atome mal dem Atomgewicht. Sieht man von diesem letzten Umstand ab, der hier ebenfalls ohne alle Bedeutung ist, so wird mit dem Verhältniſs der Gewichte zugleich das Verhältniſs der Massen zweier oder mehrerer Körper gegeben, und man setzt in den dynamischen Wissenschaften deshalb auch Gewicht = Masse.

2. Die Gewichtseinheit kann der obigen Erklärung zu Folge nur aus einem Stoff hervorgehen, der auf das Genaueste cubisch zu messen ist: der geeignetste Stoff ist also ein unelastischer tropfbar flüssiger Körper, der möglichst überall in unverfälschter Reinheit zu haben ist, folglich das destillirte Wasser, indem Weingeist, Quecksilber u. s. w. erst durch mühsame Arbeiten rein zu erhalten sind. Die nothwendige Genauigkeit erfordert auch, daſs die Temperatur festgestellt wird, und endlich ist ein cubisches Maaſs für den Stoff festzustellen.

Da nun das cubische Maaſs unmittelbar mit dem Längenmaaſs im Zusammenhang steht, fast jedes Land aber andere Längenmaaſse hat, so gibt es auch eben so viele verschiedene Gewichtseinheiten, z. B. Pfunde als es Fuſse gibt.

So z. B. war das ehemalige Preuſsische Pfund = dem 66ten Theil des Gewichts eines preuſsischen Kubikfuſs destillirten Wassers bei 15° Reaumur.

Die neapler Libbra ist = dem Gewicht von 30 Kubik-Once destill. Wassers unter 0,76 Meter Barometerdruck bei 12,95° Réaumur.

Das russische Pfund von 9216 Doli wird bestimmt, daſs der russische (englische) Kubikzoll destillirtes Wasser bei 62° Fahrenheit (Normaltemperatur für das englische Längenmaaſs) im luftleeren Raum 368,361 Doli wiegt.

Das englische Imperial Troy-Pound von 5760 Troy-Grän hat zur Bestimmung, daß 1 englischer Kubikzoll destillirten Wasser bei 30 engl. Zoll Barometerstand und 62° Fahrenheit 252,458 Troy-Grän wiegt.

Das französische Normalgewicht ist das Grammengewicht; die Gramme hat das Gewicht eines Kubik-Centimeters destillirten Wassers bei 3,5° Réaumur.

Dieses letzte Grammengewicht hat die größte Verbreitung erhalten und man rechnet danach jetzt in Preußen, dem ganzen Zollverein, in Dänemark, in der Schweiz, in den Niederlanden, in Belgien u. s. w. Das Pfund in diesen Ländern ist = dem halben Kilogramm = 500 Gramme, in den Niederlanden ist das Pfund (Pond) und in Belgien die Livre = dem Kilogramm = 1000 Gramme.

3. Es ist bekanntlich von großer Wichtigkeit zu wissen, welches Gewicht ein aus einem bestimmten Stoff bestehender Körper hat, wenn dessen Rauminhalt gegeben ist; oder welch einen Raum ein Körper von gegebenem Gewicht einnehmen wird, und es ist daher die Aufgabe der Wissenschaft gewesen, die Gewichte aller im Leben vorkommenden Stoffe für eine bestimmte Kubikeinheit zu ermitteln.

Um nun diese Angaben von den so überaus verschiedenen Maaß- und Gewichtseinheiten unabhängig zu machen und zeitraubende und unsichere Gewichtsreductionen zu vermeiden, bedient sich die Wissenschaft nicht einer Gewichtseinheit, sondern einer Stoffeinheit und wiederum die eines überall in unverfälschter Beschaffenheit aufzufindenden Stoffs, nämlich des destillirten Wassers bei einer bestimmten Temperatur, von dem das Gewicht der landesüblichen Kubikeinheit in der landesüblichen Gewichtseinheit überall bekannt ist.

Das Gewicht eines Stoffs in Beziehung auf das Gewicht = 1 des destillirten Wassers als Stoffeinheit heißt das specifische Gewicht desselben Stoffs; dem gegenüber das Gewicht des Stoffs für eine Volumeneinheit in Bezug auf eine Gewichtseinheit dessen absolutes Gewicht. Ist für einen Stoff S (Eisen, Blei u. s. w.) das specifische Gewicht $= \gamma$ ermittelt, und wiegt 1 Kubikfuß destillirtes Wasser p Pfund, so ist das absolute Gewicht von 1 Kubikfuß des Stoffes $S = \gamma p$ Pfund.

4. Diese erforderlichen Gewichtsbestimmungen gehören mit zu den wesentlichsten Gründen, daß die Gewichte des destillirten Wassers bei den verschiedenen Temperaturen im Vergleich zu dem Wasser bei 0° C. so überaus genau durch vielfache Versuche ermittelt worden sind. In dem Art. „Ausdehnung des Wassers“, Bd. I., pag. 200 u. f. sind die Größen der jeder einzelnen Temperatur angehörigen Ausdehnung und Dichtigkeit tabellarisch geordnet, die specifischen und absoluten Gewichte aber verhalten sich genau direct wie die Dichtigkeiten und indirect wie die Ausdehnungen.

In der Tabelle pag. 201 bis 204 ist die Dichtigkeit und die Ausdehnung des Wassers bei 0° C. Temperatur mit 1,000... zu Grunde gelegt. Bei 20° C. ist 0,998408 die Dichtigkeit. Wird nun das specifische Gewicht des Wassers bei 0° C. = 1 gesetzt, so ist das specifische Gewicht des Wassers bei 20° C. = 0,998409.

Nach No. 2 wiegt der preuß. Kubikfuß Wasser bei 15° R. 66 alte preuß. Pfund; 15° R. sind = 18¾° C.

Das Volumen bei 19° C. ist (Tabelle) =	1,001397
Die Differenz der Volumen zwischen 18° und 19° ist 187 mithin ¼ · 187 =	0,000047
Gibt Volumen für 18¾°	1,001350

Es ist mithin das specifische Gewicht des Wassers bei 0° C. = 1,001350.

1 Kubikfuß Wasser bei 0° C. wiegt 1,00135 × 66 = 66,08910 alte preußische Pfund.

4. Die Ermittelung des specifischen Gewichts fester und flüssiger Körper geschieht durch das Aräometer, das der Gase mit Hülfe von geräumigen Ballons. Der Art. „Aräometer“, Bd. I., pag. 66, gibt von No. 1 bis 6 die Beschreibung und Einrichtung der A. zu Bestimmung der specifischen Gewichte tropfbar flüssiger Körper; in den folgenden Abschnitten die Theorie und die practische Anwendung desselben: No. 17 betrachtet besonders das Alkoholometer, mit welchem die Gradigkeit der Alkoholmischungen gemessen wird und pag. 97 erklärt das Gewichtsaräometer, welches von dem vorher beschriebenen Skalenaräometer darin abweicht, daß die eintauchende Röhre nur einen Theilstrich hat, daß unten eine Kugel angeblasen ist, in welche zur Beschwerung Schrot oder Quecksilber geschüttet wird und daß oberhalb zu Einlegung von Gewichten eine Schale sich befindet. Soll dieses Aräometer zu Bestimmung des specifischen Gewichts fester Körper benutzt werden, so ist noch unterhalb eine Schale anzubringen, in welche der zu

untersuchende Körper behufs des Eintauchens unter Wasser gelegt werden kann, und die zu verschliessen sein muss, wenn derselbe leichter als Wasser ist.

Gesetzt nun man wolle das specifische Gewicht eines Körpers untersuchen, so legt man den Körper in die obere Schale und so viele kleine Gewichtstücke, in Summa das Gewicht P hinzu, bis das Aräometer bis zu dem Theilstrich in dem Wasser einsinkt, alsdann nimmt man den Körper heraus, legt in dieselbe Schale so viele Gewichtstücke in Summa von dem Gewicht p hinzu bis das Aräometer wieder bis zu demselben Theilstrich eingesenkt ist und hat mit diesem hinzugelegten Gewicht p das absolute Gewicht des Körpers. Hiernach nimmt man das Gewicht p fort, legt den Körper in die untere Schale und senkt das A. wiederum ins Wasser. Der Körper wiegt nun um so viel weniger als das Gewicht des von ihm verdrängten Wassers, und das Gewicht q, welches nun in die obere Schale gelegt werden muss, damit das A. bis zu dem Theilstrich einsinke, ist um so viel grösser. Es ist also $q - p$ das Gewicht des von dem Körper verdrängten Wassers und dies Gewicht verhält sich zu dem Gewicht des Körpers wie $q - p : p$. Es ist mithin das specifische Gewicht des Körpers $= \frac{p}{q-p}$.

Die Ermittelung des specifischen Gewichts von Flüssigkeiten geschieht durch einfaches Eintauchen des Aräometers in dieselben, wie dies der Art. „Aräometer" angibt.

Den specifischen Gewichten der Gase liegt das der atmosphärischen Luft als Einheit zu Grunde. Es wird ein möglichst geräumiger Ballon von dünner Glaswandung evacuirt, mit dem zu untersuchenden Gase angefüllt und direct gewogen. Wiegt nun der evacuirte Ballon Q, mit atmosphärischer Luft angefüllt $Q + p$, mit Gas gefüllt $Q + q$ so ist $\frac{q}{p}$ das specifische Gewicht des Gases.

Tabelle der specifischen Gewichte fester Körper.

Achat	2,590
Ahornholz	0,750
Alabaster	2,700
Alaun	1,714
Alaunerde	1,20—1,740
Alaunstein, derb	2,671
„ krystall.	2,694
Albit	2,53—2,630
Allanit	3,53—4,000
Aluminit	1,66—1,705
Analcim	2,086
Anatas	3,830
Andalusit	3,1—3,160
Anhydrit	2,70—2,899
Anthophyllit	3,190
Anthracit	1,4—1,480
Antimon	6,702
„ blende	4,600
„ glanz	4,600
„ oxyd	5,560—5,778
„ silber	9,440—9,820
Antimonige Säure	6,525
Apatit	3,195—3,218
Apfelbaumholz	0,793
Apophyllit	2,335
Arragonit	2,930
Arsenige Säure	3,695—3,738
Arsenik	5,760—5,960
„ kies	6,127
„ nikel	7,650
„ säure	3,39—3,698
Asbest, biegsamer	0,908—2,444
„ gemeiner	2,050—2,800
Asphalt	1,070—1,160
Augit	3,23—3,340
Auripigment (Rauschgelb)	3,480
Axinit	3,270
Balsam, peruvianischer	1,150
Barium	4,000
Baryt	3,30—4,800
Basalt	2,722—2,864
Bausteine durchschn.	2,500
Benzoë	1,063—1,090
Bergkork	0,680—0,993
Bergkrystall	2,655—2,880
Bergmehl	0,360—1,372
Bergtheer	1,130
Bernstein	1,065—1,085
„ säure	1,350
Beryllerde	2,967
Bildstein	2,810
Bimsstein	0,914—1,647
Birkenholz vom Stamm, frisch	0,702
Birkenholz vom Stamm, trocken	0,580
Birnbaumholz vom Stamm trocken	0,661
Bitterkalk	2,878
Bittersalz	1,750
Bitterspath	2,920
Blätterkohle	1,27—1,340
Blättertellur	7,00—8,910
Blasenoxyd	1,577
Blasenstein (menschl.)	1,700
Blei, englisches	11,600
„ deutsches	11,352—11,445
„ chromsaures	5,7—6,000
„ phosphorsaures	7,090
Bleiglanz	7,585
„ hornerz	6,060
„ oxyd, verglastes	9,277—9,500
„ spath	6,460

Bleiüberoxyd	8,902
" überoxydul	9,096—9,190
" vitriol	6,309
" zucker	2,395
Blende	4,070
Blutkuchen	1,126
Bolus	1,90—2,050
Boracit	2,566—2,911
Borax	1,720
" glas	2,600
" säure, geschmolzen	1,830
krystallisirt	1,479
Bournonit	5,790
Brasilienholz	1,031
Braunkohle	1,280
Braunstein	3,69—3,760
Brogniartin	2,73—2,800
Bronzit	3,201—3,252
Buchenholz, frisch	0,852
s. Rothb. Weißb.	
Buchsbaumholz, franz.	0,912
" holländ.	1,028
" brasil.	1,031
Buntkupfererz	5,000
Butter	0,942
Cacaobutter	0,892
Calomel	7,14—7,700
Campecheholz	0,913
Campfer	0,980
Cautchouc	0,9345
Caranna	1,124
Carneol	2,620
Cedernholz, wildes	0,596
" aus Palästina	0,613
" indisches	1,315
" amerikanisches	0,561
Cerer (neutr. flußsaures)	4,700
Cererit	4,930
Cerin	0,969
Chabasie	2,040
Chalcedon	2,207—2,691
Chiastolith	2,940
Chinasäure	1,637
Chlorcyan	1,320
Chlorkalium	1,826—3,860
Chlorkohlenstoff in max.	1,5767
Chrom	5,900
Chromeisen	4,362
Chromoxydul	2,500
Chrysoberill	3,750
Chrysolith	3,34—3,440
Cimolit	2,00—2,180
Citronenholz	0,726
Citronensäure	1,617
Cocosbaumholz	0,726
Cölestin	3,858
Coffein	1,230
Copal	1,069—1,139
Cordierit	2,580
Crichtonit	4,000
Cronstedtit	3,348
Cypressenholz, spanisches	0,644
Dachschiefer	2,67—3,500
Datolith	2,85—2,980
Diamant	3,40—3,530
Diaspor	3,430
Disthen	3,545—3,678
Drachenblut	1,196
Dysodil	1,14—1,250
Ebenholz von den Alpen	1,050
" amerikanisches	1,331
" indisches	1,209
" spanisches	0,800
Edingtonit	2,710
Eibenbaum, holländisch	0,788
" spanisches	0,807
Eichenholzkohle	1,573
Eichenkernholz, frisch	1,170
s. Sommer-Steineichen.	
Eis	0,9265—0,950
Eisen, gegossen	7,207—7,251
" geschmiedet, brandenb.	7,600
" englisches	7,790
" meteorisches	7,6—7,830
" phosphorsaures	2,660
Eisenchrom	4,498
" hammerschlag	5,480
" oxyd, rothes	4,93—5,240
" oxydhydrat	3,940
" oxydul	3,500
" sinter	2,3—2,400
" vitriol	1,970
Eiweißstoff	1,0408
Elaterit	0,9—1,230
Elemi	1,083
Elfenbein	1,825—1,917
Epheuharz	1,294
Epidot	3,269—3,425
Epistilbit	2,249
Erde lehmichte und feste frisch	2,060
trocken	1,930
" magere, trocken	1,340
" s. Gartenerde.	
Erdkobalt	2,240
Erdpech	1,07—1,165
Erlenholz, Stamm frisch	0,788—0,800
" " trocken	0,586—0,660
" Splint trocken	0,485—0,574
Eschenholz, Stamm trocken	0,845
" Zweige	0,734
Euklas	3,090
Fahlerz	4,79—5,100
Fahlunit	2,61—2,660
Federharz, fossiles	0,905
Feldspath	1,841—2,717
Feldsteine	2,602
Fergusonit	5,830
Fernambukholz	1,014
Fett von Ochsen	0,923
" " Schweinen	0,937
" " Hammeln	0,924
" " Kälbern	0,934
Feuerstein	2,594—2,700

Fichtenharz 1,073
Fichtenholz, frisch 0,546
„ trocken . . 0,370—0,498
Fliederholz, spanisches . . . 0,770
Flintglas, englisches . . 3,373—3,443
„ französisches . 3,156—3,200
„ Körners 3,341
„ Fraunhofers . . . 3,779
Flussspath . . . . . . 3,094—3,300
Franklinit 5,090
Franzosenholz 1,333
Gadolinit 4,230
Gahnit . . . . 4,23—4,700
Gallensteinsäure . . . . 0,80—1,000
Galmei 3,360
Gartenerde fest, frisch . . . 2,047
„ „ trocken . . 1,630
Gehlenit 3,020
Gelberde 2,240
Glanzerz (Schwefelsilber) . . 7,000
Glas, grünes 2,642
s. Spiegelglas, Flintglas, Krystallglas
Glaubersalz 1,470
Glaukolith 2,900
Glimmer . . . . 2,654—2,934
Gmelinit 2,050
Gold, das reinste gegossen . 19,258
„ „ „ gehämmert 19,361
„ in Ducaten 19,352
„ französisches zu 22 Carat
gegossen 17,486
geschlagen 17,589
„ guineisches 18,888
„ in englischen Guineen . 17,629
Granat, gemeiner . . . 3,668—3,757
„ edler . . . . . 3,839—4,230
Granatbaum 1,354
Granit, ägyptischer 2,654
„ gemeiner . . . 2,538—2,958
Graphit . . . . 2,24—2,450
Griesholz 1,200
Grobkohle . . . . . . 1,45—1,600
Grünspan, destillirter . . . 1,914
Guajakharz 1,205
Gummi, arabisches 1,452
„ gutti 1,482
„ lack 1,139
Gyps, dichter . . . . . 1,872—2,964
„ fasriger 2,300
„ körniger 2,199 2,310
„ spermberger . . . 2,199—2,288
„ „ gebrannter 1,810
„ „ frisch gegossen 1,292
„ „ gegossen und ausgetrocknet 0,973
Gypsspath 2,322
Harmotom 2,390
Harnstoff 1,350
Harz, fossiles 1,048
s. Fichtenharz
Haselnussholz 0,600
Hauyn . . . . 2,28—2,833

Helvin 3,100
Hisingerit 3,040
Holunderbaum 0,695
Holz, fossiles . . . . . 0,20—1,380
Holzkohle . . . . . . 0,28—0,440
Honigstein . . . . . . 1,58—1,660
Hornblende . . . . . 2,922—3,410
Hornsilber, chlorsaures . 4,74—5,550
Hühnereier 1,090
Hyazinth . . . . 4,35—4,680
Hypersthen 3,390
Jamesonit 5,560
Jaspis . . . . 2,358—2,764
Idokras . . . . 3,08—3,400
Indigo 0,769
Jod 4,948
Jodkalium 3,070
Jodsilber 5,614
Iridium . . . . . . 15,568—15,862
Ittnerit 2,300
Kadmium, gegossen 8,604
„ gehämmert . . . 8,694
„ oxyd 8,183
Käsestoff 1,259
Kalium 0,865
Kali, arseniks. 2,638
„ chroms. 2,612
„ kohlens. 2,600
„ schwefelsaures 2,636
„ talgs. 0,820
Kalihydrat . . . . . . 1,708—2,100
Kalk, gebrannter 1,274
„ kieselsaurer . . . 2,76—2,900
„ phosphorsaurer 3,180
„ salzsaurer 2,210
Kalkmörtel, frisch 1,769
„ trocken 1,636
Kalkspath 2,714
Kalkstein, dichter . . . 2,396—2,700
„ rüdersdorfer . . . 2,396
„ körniger . . 2,707—2,862
Kannelkohle . . . . . . 1,21—1,270
Kaolin 2,210
Karpolit 2,930
Kiefernholz Kern, frisch, harzig 0,725
„ Kern u. Splint frisch 0,640
„ Kern trocken . . 0,625
„ Kern u. Splint trocken 0,625
„ Splint trocken 0,400—0,570
Kieselerde 2,660
Kieselkupfer 2,100
Kieselmalachit 2,000
Kieselmangan . . . . . 3,50—3,600
Kirschbaumholz 0,715
Kleesäure 1,507
Knebelit 3,710
Knochen von Ochsen 1,656
Kobalt, gegossen 8,710
„ gestreckt 9,152
„ arseniksaurer 3,032
„ glanz 6,290
„ überoxyd 5,322

Kochsalz	2,13—2,170
Korallen	2,690
Korkholz	0,240
Korund	3,9—3,970
Kreide	2,252—2,675
„ schwarze	2,144—2,210
„ weisse	1,797—2,657
Kryolith	2,963
Kupfer, gegossen	8,788
„ gehämmert	9,000
„ draht	8,878
„ japanisches	8,434
„ erz, rothes	5,7—6,000
„ glanz	5,690
„ kies	4,160
„ lasur	3,831
„ glimmer	2,540
„ oxyd	6,09—6,400
„ oxydul	5,3—5,749
„ phosphorsaures	3,60—3,800
„ schaum	3,080
„ smaragd	2,10—3,278
„ vitriol	2,194—2,300
Labrador	2,714—2,751
Lambertsnussholz	0,600
Laumonit	2,300
Lava	2,795—2,873
Lazulith	3,024—3,039
Leberkies	4,630
Lehm, fetter, frisch	1,664
„ erhärtet	1,516
„ mit Stroh vermischt zum Staken frisch	1,192
trocken	1,072
Leucit	2,48—2,500
Lievrit	3,82—3,980
Limonienbaum	0,703
Lindenholz	0,604
Lorbeerbaum	0,822
Magnesia	2,300
Magneteisenstein	5,090
Magnetkies	4,400
Mahagoni	1,063
Malachit	3,670—4,001
Mangan	7,00—8,013
„ glanz	3,950
„ oxyd	4,328
„ oxydul	4,720
„ überoxyd	3,69—3,760
Marmor, ägyptischer, grüner	2,668
„ baireuther	2,840
„ blankenburger	2,675
„ campanischer	2,736
„ cararischer	2,717
„ elbingeroder	2,551
„ italienischer schwarzer	2,712
„ „ weisser	2,715
„ parischer weisser	2,838
„ schlesischer, Jaspis	2,739
„ „ blauer	2,711
„ „ grüner	2,700
„ „ weisser	2,648
Marmor, schwedischer	2,725
Mastix	1,04—1,074
Mastixbaum	0,849
Mauerstein	2,000
Mauerwerk mit Kalkmörtel	
von rüdersdorfer Bruchsteinen	
frisch	2,461
trocken	2,396
von magdeburger Sandsteinen	
frisch	2,193
trocken	2,047
von Ziegelsteinen	
frisch	1,654—1,899
trocken	1,471—1,593
Maulbeerbaum	0,897
Meerschaum	1,27—1,600
Menakan	4,10—4,500
Mergel, erdiger	2,40—2,606
„ erhärteter	2,300—2,700
Mesotyp	2,249
Messing, gegossen	8,396
„ draht	8,544
Meteorstein	3,55—3,800
Milchzucker	1,534
Mispelbaum	0,944
Molybdän	7,50—8,600
„ glanz	4,590
„ säure	3,460
Monophan	2,150
Mühlenstein	2,490
Myricin	1,000
Myrthenwachs	1,010
Naphthalin	1,048
Natrium	0,972
Natron, weinsteinsaures	1,744
„ alaun	1,600
„ hydrat	1,536
Nephelin	2,700
Nephrit	3,020
Nickel, gegossen	8,279
„ gestreckt	8,666
„ antimonglanz	6,450
„ überoxyd	4,646
Obsidian	2,34—2,390
Olivenbaum	0,927
Olivenit	4,400
Onyx	2,638—2,816
Opal	1,70—2,114
Ophit	2,560
Opium	1,336
Opopanax	1,622
Orangenbaum	0,705
Orthit	3,280
Osmium	10,000
Osmium-Iridiumerz	17,87—19,250
Palladium, gegossen	11,30—11,800
„ gehämmert	12,148
Pappel, s. Schwarz-, Weisspappel	
Pech	1,150
„ weisses	1,072
Pechblende	6,5—6,600
Pechkohle	1,29—1,350

Pechstein	2,210
Perlen, orientalische	2,684
„ gemeine	2,750
Petalit	2,440
Pflaumenbaum	0,785
Pharmakolith	2,640
Phosphor	1,7—1,770
„ eisen	6,700
„ kupfer	7,122
„ säure	2,687
Pikrosmin	2,59—2,660
Platin, geschmolzen	20,855
„ gehämmert	21,25—21,314
„ geprägt	21,343
„ draht	21,4—21,400
„ erz	16,0—17,7—18,940
„ staub, schwarzer	16,660
Polyhalit	2,65—2,769
Polymignit	4,800
Porphyr	2,7—2,800
Porzellan, berliner	2,293
„ chinesisches	2,385
„ französisches (Sevres)	2,146
„ meissener	2,493
„ wiener	2,075—2,386
Prehnit	2,925
Probirstein	2,415
Pyrodmalith	3,080
Pyrorthit	2,190
Quarz	2,652
Quecksilber, deutsches	14,000
„ englisches	13,593
„ gefrornes	14,391—15,612
„ oxyd	11,0—11,290
„ oxydul	11,074
„ sublimat	5,139—5,420
Quittenbaum	0,705
Realgar	3,3—3,600
Retinit	1,07—1,350
Rhodium	11,000
Rothbuchen, Stamm, trocken	0,666—0,854
„ Splint, trocken	0,600—0,721
Rothgiltigerz	5,42—5,830
Rothtannenholz, s. Fichten.	
Rubin, orient.	3,990
Rutil	4,240
Salmiak	1,45—1,600
Salpeter	1,930
„ feuerbeständiger	2,745
Sand, gemeiner, trocken	1,638
„ aus Bächen	1,900
„ mit Wasser gesättigt	1,945
Sandarach	1,05—1,000
Sandelholz, weisses	1,041
„ rothes	1,128
„ gelbes	0,809
Sandstein	1,933—2,099
„ magdeburger	1,971—2,123
Saphir, orient.	4,29—4,830
„ brasilianischer	3,130
Saphirin	3,420
Sassafrasholz	0,482
Sauerkleesäure	1,507
Saussürit	3,256—3,343
Schaumkalk	2,480
Scheelit	6,760
Schiefer	2,672
„ thon	2,600—2,680
Schiesspulver, gehäuft	0,836
„ geschüttelt	0,932
„ gestampft	1,745
Schillerspath	2,691
Schmirgel	3,972
Schrifttellur	5,800
Schwarzgiltigerz	5,9—6,900
Schwarzpappel, trocken	0,380
Schwefel in Stangen	1,92—1,990
„ gediegen	2,07—2,100
„ krystallisirt	2,033
„ blumen	2,086
„ kies	4,60—4,808
„ säure, krystallisirte wasserfreie	1,970
„ wismuth	6,500
Schwerspath	4,412—4,679
Schwimmstein	0,405—0,797
Selen	4,310
„ blei	7,697
Serpentin	2,43—2,669
Silber, gegossen	10,414
„ gehämmert	10,622
„ glanz	6,9—7,200
„ hornerz	5,55—7,740
„ oxyd	7,143—7,250
Skorodit	3,162
Smaragd	2,678—2,775
Sodalit	2,37—2,490
Sommereichen, Kern, trocken	0,720—0,795
„ Kern und Herz, trocken	0,618—0,695
„ Splint, trocken	0,610
„ Stamm, frisch	0,849
„ Wurzel, frisch	0,860
„ Zweige, frisch	0,898—0,760
Speckstein	2,600
Speiskobalt	6,460
Spinell	3,48—3,640
Stahl, geschlagen	7,819
„ ungeschlagen	7,833
„ kölnisches	8,215
„ von engl. Feilen	8,169
„ gegossen (Gussstahl)	7,919
Staurolith	3,720
Steineichen, Stamm, frisch	0,99—1,100
„ trocken	0,724—0,760
„ Wurzel, frisch	1,008—1,200
„ Zweige, frisch	0,819—0,839
Steinkohle	1,232—1,510
Steinsalz	2,142—2,419
Stilbit	2,193—2,213
Strahlkies	4,69—4,840

Strals	3,6—3,600
Stroh, zusammengebunden	0,063
" zusammengepresst	0,125
Strontian	3,4—3,958
" kohlensaures	3,67—3,600
" schwefelsaures	3,6 3,900
Strontium	4,0—5,000
Tacamahak	1,046
Talgstoff	0,966
Talkerde	2,350
" phosphorsaure	3,130
Tannenholz, weisses	0,550
" rothes	0,498
Tantalit von Kimito	7,6—7,900
Tantalsäure	6,500
Taxus, s. Eibenbaum	
Tellur	6,115
" wismuth	7,820
Tennantit	4,375
Thomsonit	2,370
Thon	1,80—2,630
Thonerde, reine	1,305—1,699
Thonschiefer	2,76—2,660
Thorerde	9,402
Titan	5,300
" eisen	4,63—4,690
" oxyd	3,85—4,240
Titanit	3,49—3,600
Topas	3,49—3,560
Tragant	1,316
Tripel	1,0—2,200
Triphan	3,000
Türkis	2,86—3,000
Tungstein	5,9—6,000
Turmalin	3,0—3,300
Ulmenholz vom Stamm, trocken	0,600—0,749
Uran	9,000
" glimmer	3,12—3,300
Wachholder	0,556
Wachs, gelbes	0,965
" weisses	0,969
Wacke	2,622—2,893
Walkererde	1,5—2,000
Wallnussbaum	0,671
Wallrath	0,942
Wallrosszahn	1,833
Wawellit	2,330
Weidenholz	0,585
Weihrauch	1,221
Weinreben	1,327
Weinsteinrahm	1,900
Weinsteinsäure	1,696—1,750
Weissbuchen, Stamm, trocken	0,755—0,806
Weissgiltigerz	5,322
Weisspappel, trocken	0,529—0,810
Wernerit	2,720
Wismuth, gegossen	9,822—9,831
" glanz	6,540
" ocher	4,360
" oxyd	8,449
Witherit	2,27—4,426
Wolfram	7,600
" metall	17,22—17,600
" säure	6,120
Wollastonit	2,805
Wootz	7,665
Würfelerz	2,980
Yttererde	4,842
" phosphorsaure	4,557
" schwefelsaure	2,790
Ziegel, gebrannt	1,410—2,215
Zink, gegossen	7,213
" gehämmert	7,861
" blüthe	3,350
" oxyd	5,43—5,600
" spath	4,441
" vitriol	1,912
Zinn, englisch, gegossen	7,291
" gehämmert	7,299
" erz	0,51—6,960
" kies	4,350
" oxyd (Zinnstein)	6,30—6,900
" oxydul	6,666
Zinnober	8,090
Zirkon	4,0—4,700
" erde	4,300
Zucker, weisser	1,600
Zurlit	3,274

Tabelle
der specifischen Gewichte tropfbar flüssiger Körper.

Aethersäure	1,0150
Alkohol	0,7920
Ameisenäther	0,9157
Ameisensäure	1,1168
Ammoniakflüssigkeit	0,8750
Anisöl	0,9958
Arsenikäther	0,6900
Arseniksäure, stärkste	2,5500
Baldrianöl	0,9650
Benzoeäther	1,0640
Bergamottöl	0,8855
Bier	1,0230—1,0340
Blausäure	0,7050
Blutwasser	1,0250—1,0310
Boraxsäure	1,7770
Buchheckeröl	0,9225
Buttersäure	0,9675
Butyrin	0,9080
Cajeputöl	0,9474
Calmusöl	0,9950
Cascarillöl	0,9380
Citronenöl	0,8470—0,8517
Chloräther	1,1340
" arsenik	2,2000
" cyan	1,2200
" kohlenstoff in med.	1,5526
" phosphor in min.	1,4500
" säure	1,3000
" " oxydirte	1,6500
" schwefel in min.	1,7000

Chlorschwefel in mas.	1,6980
„ stickstoff	1,6530
„ zinn	2,2500
Copaivabalsam	0,95—0,9666
Cyan, flüssig	0,9000
Delphinöl	0,9178
„ säure	0,9320
Dillöl	0,8810
Erdöl	0,75—0,8400
Essigäther	0,8660
„ säure	1,0630
„ „ concentrirte	1,0791
Essigsäurehydrat	1,0630
Fenchelöl	0,9990
Fluorarsenik	2,7300
Flufssäure	1,0609
Fuselöl	0,8210
Galbanumöl	0,9165
Hanföl	0,9268
Harn	1,0110
Honig	1,4500
Hopfenöl, spanisch	0,9465
Hydriotäther	1,9206
„ säure	1,7000
Kleesäure	1,0450
Kohlenwasserstoff	0,6270
Krausemünzöl	0,9696
Kümmelöl	0,9598
„ römisches	0,9450
Kubebäure	0,9100
Lavendelöl	0,9480
Leberthran	0,9450
Leinöl	0,9395
Mandelöl	0,9200
Melissenöl	0,9750
Milch	1,020—1,0410
Mohnöl	0,9243
Mohrrübenöl	0,8860
Muskatblüthenöl	0,9538
„ nufsöl	0,9480
Naphta, ameisensaure	0,9157
Nelkenöl	1,0660
Nufsöl	0,9260
Oelsäure	0,8960
„ stoff	0,9130
„ süfs	1,2700
Oel des ölbildenden Gases	1,2200
Perubalsam	1,1400
Petersilienöl	1,0150
Petroleum	0,836—0,7580
Pfeffermünzöl	0,9550
Pflaumenkernöl	0,9127
Pommeranzenblüthenöl	0,9085
„ schalenöl	0,8880
Rainfarrnöl	0,9315
Rautenöl	0,9110
Repsöl	0,9136
Ricinusöl	0,9699
Rosenöl	0,8320
Rosmarinöl	0,9100
Rüböl	0,9128
Sadebaumöl	0,9155
Salbeiöl	0,9640
Salpeteräther	0,8860
„ naphta	0,8000
„ säure	1,5130—1,5540
Salpetrige Säure	1,4510
Salzäther, leichter	0,8740
„ säure	1,2109—1,2780
Sassafrasöl	1,0940
Sauerkleeäther	0,7155
Schaafgarbenöl	0,8590
Schwefeläther	0,7155
„ bläusäure	1,0780
„ kohlenstoff	1,2790
„ säure (Vitriolöl)	1,8450
„ „ Nordhäuser	1,8600
„ wasserstoff, flüssig	0,9000
Seewasser	1,0266
„ im todten Meer	1,2122
Selensäure	2,6240
Senföl	1,0380
Spiköl	0,8770
Steinkohlentheeröl	0,7700
„ öl	0,836—0,7580
Terpenthinöl	0,7920—0,8910
Thran	0,9270
Tymianöl	0,9050
Unterschwefelsäure	1,3470
Wachholderöl	0,9360
Wasser	1,0000
Wasserstoffüberoxyd	1,4580
Wein, Bordeaux	0,9940
„ Burgund	0,9920
„ Canarien	1,0330
„ Capwein	1,0810
„ Champagner	0,9930
„ französischer, weifser	1,0800
„ Madeira	1,0380
„ Malaga	1,0160
„ Portwein	0,9970
„ Rheinwein	0,9925—1,0020
Weinöl, schweres	1,1330
„ leichtes	0,9174—0,9210
Weinsteinöl	1,5400
Wermuthöl	0,9725
Wurmsaamenöl	0,9258
Ziegensäure	0,9720
Zimmtöl	1,0740

Tabelle
der specifischen Gewichte von Gasen. Das der atmosphärischen Luft als Einheit genommen.

Ammoniakgas	0,5912
Arsenikwasserstoffgas	0,529 (und 2,695?)
Atmosphärische Luft	1,0000
Chlorgas	2,4700
„ kohlenoxydgas	2,4378
„ oxydgas	2,7000
„ oxydulgas	2,4090
Chlorborgas	2,4216
Chlorcyangas	2,1230
Cyangas	1,8064

Fluorborgas	2,3709
Fluorphosphor	5,9390
Fluorsiliciumgas	3,5735
Hydriotsaures Gas . . 4,4288 —	4,3700
Jodsäuregas	4,4193
Kohlenoxydgas	0,9727
„ saures Gas	1,5240
„ wasserstoffgas	0,5590
Kohlenwasserstoffgas, ölbildendes	0,9784
Phosphorwasserstoffgas in min. des Ph. 0,9022 —	1,7610
Phosphorwasserstoffgas in max des Ph. . . 0,9700, 1,214,	1,2300
Salzsaures Gas	1,2474
Sauerstoffgas	1,1026
Schwefelwasserstoffgas	1,1912
Schwefligsaures Gas	2,2470
Stickstoffgas	0,9760
„ oxydgas	1,0393
„ oxydulgas	1,5270
Wasserstoffgas . . . 0,0688 —	0,0689

Tabelle
der specifischen Gewichte von Dämpfen, das der atmosphärischen Luft als Einheit genommen.

Alkoholdampf . . . . 1,6018 —	1,6133
Arsenikdampf	5,1839
Benzoëätherdampf	5,4090
Bordampf	0,7487
Bromdampf	5,3934
Blausäuredampf	0,9476
Chlorarsenikdampf in min.	6,3006
Chlorcyandampf	2,1130
Chlorphosphordampf in min.	4,8750
Chlorsiliciumdampf	5,9390
Chlortitandampf $Ti\,Cl^3$	6,8360
Chlorzinndampf $St\,Cl^4$	1,1997
Cyansäuredampf	0,9476
Essigätherdampf	3,0670
Hydriodätherdampf	4,8720
Joddampf . . . . . 8,6195 —	8,7160
Naphthadampf von Miano	2,8330
Phosphordampf	2,2052
Quecksilberdampf	6,9760
Salpeterätherdampf	2,6270
Salpetrigsaurer Dampf	1,4500
Salzätherdampf	2,2190
„ (schwerer)	3,4484
Sauerkleeätherdampf	5,0870
Schwefelätherdampf	2,5860
Schwefelkohlenstoffdampf	2,6447
Schwefelsäuredampf	2,1204
Siliciumdampf	1,0107
Terpenthinöldampf	5,0130
Titandampf	2,1070
Wasserdampf	0,6200
Zinndampf	4,0530

Gewichtsaräometer, s. u. Aräometer, Bd. I., pag. 97.

Gewichtsverlust ist der Verlust, den ein Körper an seinem Gewicht erleidet, wenn er in Wasser gesenkt wird. Die Erklärung davon gibt der Art. Druck, hydrostatischer, Bd. II., pag. 333, No. 2 und 3; die Ermittelung specifischer Gewichte von Körpern mit Hülfe des gefundenen Gewichtsverlustes derselben der Art. Gewicht, No. 4. Der Art. Archimedische Aufgabe, Bd. I., pag. 99 lehrt, bei gegebenen Mischungen aus 2 bestimmten Stoffen das Gewicht jedes dieser Stoffe mit Hülfe der bekannten Gewichtsverluste zu finden.

Gewölbe über einen Raum ist dessen hohle gekrümmte Decke; die Wände des Raums oder einzelne Pfeiler, auf welchen das Gewölbe ruht, heißen seine Widerlager. Je nach der Form der Krümmung erhält das Gewölbe den speciellen Namen, jedoch nicht in geometrischer Bezeichnung, sondern im Vergleich mit Gegenständen aus dem practischen Leben mit denen das Gewölbe Aehnlichkeit hat.

Ist die Krümmung eine Halbkugelfläche oder eine Calotte, so heifst das Gewölbe Kuppel; man bedeckt mit derselben kreisförmige und viereckige Räume. Ist die Krümmung der Theil eines Cylindermantels, so heifst das Gewölbe Tonnen- oder Kufengewölbe und wenn die Decke nur einen kleinen Theil eines Cylindermantels ausmacht, Kappengewölbe. Zwei Tonnen- oder Kappengewölbe über einen Raum, die sich in scharfen Kanten überschneiden heifst Kreuzgewölbe. Werden diese Kanten zu krummen Flächen abgerundet, Muldengewölbe. Geschieht der mittlere Schluſs eines Muldengewölbes oder einer Kugel durch eine horizontale Ebene, so heifst das Gewölbe ein Spiegelgewölbe, die Ebene selbst der Spiegel. Treffen 2 halbe Tonnengewölbe in der Mitte des überdeckten Raums in einer mit beiden Widerlagern parallelen Kante zusammen, so heifst das Gewölbe Spitzgewölbe. Die unteren sichtbaren krummen Oberflächen der Gewölbe heifsen Wölbungen.

Die Gewölbe werden, abgesehen von künstlichen Holz- und Eisenconstructionen, den Bohlendächern und dergleichen, aus keilförmigen Bausteinen zusammengesetzt, der Art, daſs diese Steine eine gegenseitige Spannung auf einander ausüben, die sich bis auf die Widerlager fortpflanzt, dieselben belastet und in ihnen einen festen Halt findet. Es sind also diese gegenseitigen Wirkungen zu untersuchen erforderlich, und es soll zuerst abgehandelt werden die Statik der Tonnengewölbe.

1. Das Tonnengewölbe hat mit dem Kappengewölbe und dem Spitzgewölbe einerlei Construction, nur in der Profilform sind sie verschieden und sie haben zugleich die gemeinschaftliche Eigenschaft, dafs in jedem Gewölbe alle lothrecht auf die *A* mit einander befindlichen Widerlager genommenen Profile einander ∾ sind. Es wird vorläufig angenommen, dafs das Gewölbe keinen Schlufsstein, sondern eine Fuge in der lothrechten Scheitelebene hat.

Es seien *ABDE* und *ABD'E'* die beiden obersten gleichgeformten und gleichliegenden Gewölbstücke, *A* also der Scheitel, *AB* die Scheitelfuge des Gewölbes, *DE*, *D'E'* die Lagerfugen beider Steine, mit welchen sie auf den unmittelbar darunter befindlichen Steinen ruhen, so wie von den folgenden Steinen die oberen auf den zunächst unteren ihre Stützen finden bis zum Widerlager hin.

Fig. 658.

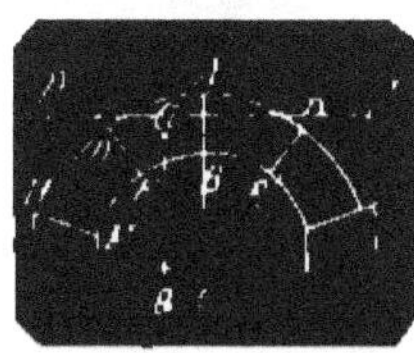

Aus dieser Zusammensetzung schwerer keilförmiger Körper entspringen zunächst 2 gleich grofse horizontale Druckwirkungen *P*, welche die beiden obersten Steine gegenseitig auf einander ausüben, die Scheitelspannungen, die sich einander aufheben.

2. Hierauf wirken die Steine von oben nach unten bis zu den Widerlagern hin als Keile: ein oberer Stein hat das Bestreben längs seiner Lagerfuge auf dem zunächst unteren Stein herabzugleiten und diesen zum Rückgleiten nach aufsen zu veranlassen. Diese Wirkung heifst die Keilwirkung und das Gewölbe mit seinen Widerlagern mufs in seinen Abmessungen so construirt werden, dafs es dieser Wirkung widersteht, dafs es im Gleichgewicht gegen die Keilwirkung ist.

3. Ist *G* der Schwerpunkt des Gewölbestücks *ABDE*, *Q* sein in *G* zu denkendes senkrecht abwärts wirkendes Gewicht, so fällt dies Gewicht aufserhalb der Lagerfuge. Es hat also der Stein das Bestreben sich um die Kante *E* der Lagerfuge rechts nach einwärts zu drehen und die Fuge in der Aufsenkante *D* zu öffnen. Mit diesem Bestreben ist offenbar das zur Drehung des Steins um die Kante *A* nach links und zu Oeffnung der Fuge *AB* in *B* verbunden. Ferner erhält das darunter befindliche Gewölbstück auf der oberen Innenkante *E* theils einen lothrechten Druck, theils einen horizontalen Schub und somit ein Bestreben, nach links um *H* und auswärts sich zu drehen. Diese Wirkung heifst die Hebelwirkung; sie findet bei allen Gewölbstücken statt, von deren Schwerpunkten die Lothe aufserhalb der Lagerfuge fallen, sie ist bedeutender als die Keilwirkung und auf den Widerstand gegen dieselbe mufs ganz besonders geachtet werden. Das Gleichgewicht des Gewölbes gegen dieselbe heifst das Gleichgewicht gegen die Hebelwirkung.

4. Eine zweite Hebelwirkung entsteht durch die horizontale Scheitelspannung *P*, indem diese strebt, das Gewölbstück *ABDE* nach aufsen, nämlich um die Kante *D* nach links zu drehen und somit die Fuge *DE* in *E* zu öffnen. Mit dieser Drehung geschieht zugleich eine Drehung des Steins um die Kante *B* nach oben und die Oeffnung der Fuge *AB* in *A*.

Dieselbe Wirkung entsteht durch das Bestreben des unteren Gewölbstücks *DEFH* zur Drehung um die innere Kante *F* seiner Lagerfuge nach rechts einwärts, wodurch die Kante *D* offenbar zur Drehaxe für den Stein *ABDE* werden mufs.

Die ad 3 betrachtete erste Hebelwirkung könnte demnach die Hebelwirkung nach innen wie die zweite die Hebelwirkung nach aufsen genannt werden.

5. Dadurch dafs das obere Gewölbstück *ABDE* nach innen zu gleiten strebt, entsteht in dessen Lagerfuge *DE* ein Horizontalschub nach links. Derselbe kann in der Kante *E* dahin wirken, dafs der untere Stein *DEFH* um die äufsere Unterkante *H* nach links, also nach aufsen sich dreht. Eben so kann durch Gleitung des unteren Gewölbstücks *DEFH* nach innen der gegen die Kante *D* hervorgehende Horizontalschub das obere Gewölbstück *ABDE* zu einer Drehung um die Kante *D* nach links, also nach oben veranlassen. Oder es kann auch das untere Gewölbstück *DEFH*, um die Kante *F* nach innen rechts sich drehend, das obere Wölbstück zur Rückgleitung auf der Lagerfuge nach der Richtung *ED*, also nach aufsen veranlassen.

Alle diese hier gedachten Wirkungen sind offenbar Keilwirkungen und Hebelwirkungen vereinigt.

6. Die hier genannten Wirkungen der Gewölbstücke gegen einander um das Gleichgewicht des Gewölbes aufzuheben sind diejenigen, welche am meisten vorkommen. Es gibt aber noch folgende Fälle.

A. Ein unteres Gewölbstück *EDFH* hat das Bestreben um seine innere Unterkante *F* rechts nach einwärts sich zu drehen, das darüber befindliche Gewölbstück widersteht ihm als Hebel, erhält in seiner äußeren Unterkante *D* eine Drehaxe, das Bestreben sich um dieselbe zu erheben, und findet in seiner inneren Oberkante *B* den Widerstand in dem Horizontalschube. Die Untersuchung des Gleichgewichts geschieht also, indem der Horizontalschub *P* in dem Punkt *B* thätig angenommen wird. Es ist dies der umgekehrte Fall mit No. 4.

B. Ein unteres Gewölbstück hat das Bestreben nach innen als Keil zu gleiten und dadurch das darüber befindliche Gewölbstück aufwärts zu drehen indem es in der untersten Außenkante eine Drehaxe bildet, wo wiederum der Widerstand in dem in *B* wirkenden Horizontalschub besteht. Gesetzt das untere gleitende Gewölbstück läge unter der Fuge *FH*, so soll das Gewölbstück *DEFH* um die Kante *H* nach außen sich drehen, und es fragt sich nun bei der Untersuchung, ob der in der Kante *B* wirkende Horizontalschub so groß ist, daß er diese Drehung des Gewölbstücks *DEFH* um die Kante *H* nach außen hervorzubringen vermag.

C. Ein oberes Gewölbstück *ABDE* hat das Bestreben als Keil nach einwärts zu gleiten, und indem es dabei auf die oberste Außenkante *D* des unteren Gewölbstückes einen Horizontaldruck ausübt, strebt es dieses Wölbstück um die äußere Unterkante *H* nach außen zu drehen (vergl. No. 5).

D. Ein unteres Gewölbstück hat das Bestreben zur Drehung um die innere Unterkante *F* nach einwärts, das obere Gewölbstück aber wirkt dieser Hebelwirkung als Keil entgegen, indem an dessen äußerer Unterkante *D* das untere Gewölbstück gleitet.

7. Es sollen die Bedingungen des Gleichgewichts eines Gewölbes und seiner Widerlager bei der Voraussetzung einer bloßen Keilwirkung der Gewölbstücke auf einander bestimmt werden.

Es sei *ABDE* das oberste Gewölbstück der Gewölbehälfte; rechts gegen die Fuge *AB* ist ein zweites gleiches und gleichliegendes Gewölbstück *ABD'E'* wie Fig. 658 zu denken. Wenn nur Keilwirkung statt findet, so haben beide Steine das Bestreben, auf ihren Lagerfugen *DE*, *D'E'* einwärts zu gleiten, und aus diesem

Fig. 659.

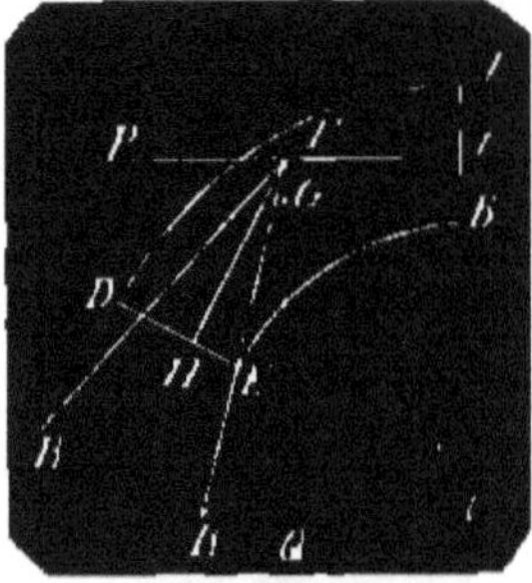

Bestreben erfolgt ein gegenseitiger Horizontalschub *P*, der von dem rechts befindlichen Stein auf den hier gezeichneten die Richtung *JP* hat, und der für's Gleichgewicht das Einwärtsgleiten des Steins *ABDE* längs *DE* verhindert.

Ist *G* der Schwerpunkt des Steins, *Q* sein Gewicht, so sind *Q* lothrecht durch *G* und *P* horizontal in *JP* die einzigen beiden wirkenden Kräfte; beider Richtungslinien schneiden sich in *F*, und es ist daher *F* ein Punkt in der zwischen *P* und *Q* stattbabenden Mittelkraft *R*, und diese Mittelkraft wird für's Gleichgewicht mit der auf *DE* normalen *FH* den Reibungs$\angle$ $HFR = r$ bilden. Bezeichnet man den Winkel *DCA*, den die Lagerfuge *DE* mit der Vertikalen des Scheitels bildet mit φ

so ist auch $\angle PFH = \varphi$

und $\angle PFR = \varphi + r$

und $\angle QFR = 90^\circ - (\varphi + r)$

folglich wenn man sich das Parallelogramm der Kräfte gezeichnet denkt,

$$P = Q \operatorname{tg}[90^\circ - (\varphi + r)] = Q \cot(\varphi + r) \quad \text{(I)}$$

Zerlegt man die in der Richtung *FR* wirkende Mittelkraft *R* in der Fuge *DE* horizontal und vertikal, so erhält man wieder für die horizontale Seitenkraft *P*, für die vertikale Seitenkraft *Q*. Hat das unter der Fuge *DE* befindliche Gewölbstück das Gewicht *Q'*, so ist auf dessen

Lagerfuge der horizontale Schub $= P$, der Vertikaldruck $= Q + Q'$. Jede Fuge des Gewölbes also erleidet eine Horizontalwirkung = der Scheitelspannung und einen Vertikaldruck = dem Gewicht der über der Fuge bis zum Scheitel befindlichen Gewölbstücke.

Es entwickelt sich also für jede einzelne Fuge die ihr zugehörige Scheitelspannung, und die **wirklich im Scheitel thätige Spannung** ist offenbar die, bei welcher $Q \cdot \cot(\varphi + \rho)$ ein Maximum ist, welches ermittelt werden muſs und mit welchem die wirkliche Scheitelspannung, **der Horizontalschub des Gewölbes vermöge der Keilwirkung** gefunden wird.

Wird der Horizontalschub kleiner, so entfernt sich die Mittelkraft R von P, der $\angle PFR$ wird gröſser; ist demnach der Horizontalschub so gering, daſs für das Maximum von $Q \cot(\varphi + \rho)$ der $\angle HFR$ gröſser wird als der Reibungswinkel, so erfolgt ein wirkliches Gleiten des Gewölbstücks $ABDE$ auf DE nach innen zu; desgleichen ein Gleiten des rechts befindlichen Gewölbstücks $ABD'E'$ längs seiner Lagerfuge $D'E'$.

8. Um den Werth der Scheitelspannung ad 7 zu ermitteln, ist zuerst der Reibungswinkel ρ für das Steinmaterial zu bestimmen nöthig, welches nur aus Erfahrungen geschehen kann.

Durch wiederholte Versuche ist ermittelt worden:

	μ	ρ
Bei gebrannten Ziegeln (nach Amontons) . .	0,75	36° 52'
Bei behauenen Steinen zwischen welche gesägtes (nicht behobeltes) Holz gelegt ist (nach Perronet)	0,636	32° 28'
Bei Wölbsteinen auf Keilen und trocken versetzt (nach Gauthey) .	0,8	38° 40'
Bei Stein auf Stein oder auf lufttrocknem Mörtel (nach Boistard) . .	0,76	37° 14'
Bei gut angerichteten Steinen (nach Perronet) .	0,5317	28°
bis .	0,5773	30°
Bei den Granitgewölbsteinen der New-London-Bridge, deren Lagerfugen gut und ohne Mörtel angerichtet . . .	0,65 0,67	33° 34°
Dieselben mit frischem und feingemahlenem Mörtel dazwischen . .	0,47 0,49	25° 26°
Bei Bramley-Fall- und Welbey-Sandsteinen, die Fugen auf gewöhnliche Art angerichtet .	0,7 0,7265	35° 36°
Dieselben mit Mörtel . .	0,649 0,6745	33° 34°
Nach Morin's Versuchen (Mosely-Scheffler)		
Oolith auf Oolith . . .	0,74	36° 30'
Muschelkalk auf Oolith .	0,75	36° 52'
Ziegelstein auf Oolith .	0,67	33° 50'
Muschelkalk auf Muschelkalk	0,70	35° 0'
Oolith auf Muschelkalk .	0,75	36° 52'
Ziegelstein auf Muschelkalk	0,67	33° 50'
Oolith auf Oolith, mit Mörtel aus 3 Theilen feinem Sande und 1 Theil hydraulischen Kalk	0,74	36° 30'
Weicher Kalkstein auf weichem Kalkstein, gut behauen	0,74	36° 30'
Harter Kalkstein auf weichem Kalkstein, gut behauen	0,75	36° 52'
Ziegelstein auf weichem Kalkstein, gut behauen	0,67	33° 50'
Harter Kalkstein auf hartem Kalkstein, gut behauen	0,70	35° 0'
Weicher Kalkstein auf hartem Kalkstein, gut behauen	0,67	33° 50'
Ziegelstein auf hartem Kalkstein, gut behauen	0,67	33° 50'
Weicher Kalkstein auf weichem Kalkstein mit frischem Mörtel . . .	0,74	36° 30'
Weicher Quadersandstein auf demselben (nach Rennie)	0,71	35° 23'
Derselbe auf demselben mit frischem Mörtel (nach Rennie) . . .	0,66	33° 26'
Kalkstein auf Kalkstein, beide Flächen mit dem Meiſsel rauh gemacht (nach Bouchardi) . .	0,78	37° 58'
Gut bearbeiteten Granit auf rauhem Granit (nach Rennie)	0,68	33° 26'
Desgleichen auf frischem Mörtel (nach Rennie) .	0,49	26° 7'
Grob behauener Werkstein auf einer Unterlage von Thon	0,51	27° 1'
Desgl. der Thon feucht und milde	0,34	18° 47'

	μ	r
Grob behauener Werkstein auf einer Unterlage von feuchtem Thon mit dickem Sande bedeckt	0,40	21° 48'

9. Beispiel. Es soll die Scheitelspannung für die Keilwirkung an einem Gewölbe ermittelt werden, welches im Profil aus 2 concentrischen Kreisbogen besteht.

Es sei Fig. 659 *ABDE* das halbe Gewölbe im Profil, die Halbmesser $AC = R$ und $BC = r$, die Fuge *DE* mit dem Widerlager bildet mit dem Scheitelloth den $\angle ACD$, dessen Bogen für den Halbmesser = 1 sei $= \varphi$. Das Gewicht der Gewölbhälfte auf die Länge = 1 sei $= Q$, so ist bei der Länge L des Gewölbes das Gewicht desselben $= LQ$, und ist das Profil durch den Schwerpunkt des Gewölbes genommen, so ist der Schwerpunkt G des Kreisringstücks *ABDE* zugleich der Schwerpunkt des halben Gewölbes.

Da die Scheitelspannung von dem Gewicht Q und Q von den Dimensionen des Gewölbes abhängt, so verfährt man am entsprechendsten wenn man Q durch den Flächeninhalt des Ringstücks ausdrückt

folglich mit $Q = \frac{1}{2}(R^2 - r^2)\varphi$ (1)

Da für das Gleichgewicht zwischen den auf das Gewölbe einwirkenden Kräften das Gewölbe eine bestimmte Stärke haben muss, die innere Weite aber in jedem Fall constant gegeben ist, so setzt man r constant und $R = n \cdot r$. Alsdann ist

$$Q = \tfrac{1}{2}(n^2 - 1) r^2 \varphi \qquad (2)$$

Die Scheitelspannung ist nach Formel I., No. 7

$$P = Q \cot(\varphi + r) \qquad (3)$$

und diese soll ein Maximum sein. Man hat also das Maximum zu bestimmen von

$$P = \tfrac{1}{2}(n^2 - 1) r^2 \varphi \cot(\varphi + r) \qquad (4)$$

und dieser Ausdruck wird für jeden Werth von r und n ein Maximum, wenn $\varphi \cot(\varphi + r)$ ein Maximum wird.

Für gegebene Werthe von r findet man dieses Maximum am bequemsten durch Proberechnungen. Sieht man von den tabellarisch geordneten Versuchszahlen ab, die bei dem angewandten feuchten Thon und frischem oder feinem Mörtel auch nur für die Construction von Lehrbogen Wichtigkeit haben, so ist kein einziger Coefficient kleiner als ½. Nimmt man also den Reibungscoefficient der Sicherheit wegen zu dem kleinen Werth ½, also $r = arc(tg\ \tfrac{1}{2}) = 26° 34'$, so erhält man mit Hülfe der Logarithmen, (wenn nämlich eine Zahl ein Maximum ist so ist auch deren Logarithmus ein Maximum).

$$\log \varphi + \log \cot(\varphi + 26° 34') = \text{Maximum}$$

und erhält bei $\varphi = 27° 17' = 0{,}4761840$ also $M' = 0{,}5414248 - 1$

bei $\varphi = 27° 18' = 0{,}4764748$ " $M = 0{,}5414284 - 1$

bei $\varphi = 27° 19' = 0{,}4767656$ " $M'' = 0{,}54142457 - 1$

Es ist demnach für's Maximum der Scheitelspannung

der $\angle \varphi = 27° 18'$

der Bogen $\varphi = 0{,}4764749$

und $\varphi \cot(\varphi + r) = num \cdot 0{,}5414284 - 1 = 0{,}34788$ (5)

Hieraus der größte Horizontalschub für die Keilwirkung

$$P = 0{,}17394 \cdot (n^2 - 1) r^2 \qquad (II)$$

10. Es sollen die Bedingungen des Gleichgewichts eines Gewölbes und seiner Widerlagen bei der Voraussetzung der bloßen Hebelwirkung der Gewölbstücke bestimmt werden, wenn also (nach No. 3) ein oberes Gewölbstück das darunter befindliche oder das Widerlager um die unterste Außenkante auswärts zu drehen strebt.

Fig. 660 ist *ABFH* das Profil des halben Gewölbes mit dem Widerlager *FH*, durch den Schwerpunkt des ganzen Gewölbes genommen, also zugleich eine Schwerebene. Das oberste Wölbstück *ABDE* hat den Schwerpunkt G in Ent-

Fig. 660.

fernung $GJ = s$ vom Scheitelloth und das Gewicht Q; das darunter befindliche Wölbstück $DEKL$ hat den Schwerpunkt G' in dem Abstand $G'N = s'$ vom Scheitelloth und das Gewicht Q'. Die lothrechte Entfernung AM des Scheitels A von der inneren Kante E der ersten Lagerfuge DE sei x, die lothrechte Entfernung AO des Scheitels A von der Aufsenkante K der zweiten Lagerfuge KL sei x'. Der Abstand EM der ersten Kante E von dem Scheitelloth sey y, der KO von der zweiten Kante K bis zum Scheitelloth $= y'$. AB ist eine Scheitelfuge.

Wenn nun das obere Wölbstück $ABDE$ als Hebel wirkend das darunter befindliche Wölbstück $DEKL$ um die Kante K nach aufsen zu drehen strebt, so bilden sich für den Fall der wirklichen Drehung in E und A Drehaxen und die Fugen DE und AB werden in D und B geöffnet. Das Gleichgewicht des oberen Gewölbstücks wird also dadurch bedingt, dafs die andere Gewölbehälfte in A einen horizontalen Gegendruck P ausübt, während das obere Gewölbestück $ABDE$ in der Kante E seine feste Stütze findet und diese mufs durch das Gewicht Q hervorgebracht werden. Für das Gleichgewicht dieser beiden Kräfte P und Q mufs die Mittelkraft beider durch die Drehaxe E gerichtet sein, und dies geschieht wenn das Moment der Mittelkraft, also auch die Momentensumme der Seitenkräfte P und Q in Beziehung auf E als Momentenaxe $= 0$ ist. Oder wenn

$$xP = (y - s)\,Q$$

woraus
$$P = \frac{y - s}{x}\,Q \qquad \text{(IIIa)}$$

Zerlegt man die durch den Punkt E gerichtete Mittelkraft in dem Punkt E, so entstehen dieselben beiden Seitenkräfte P und Q horizontal und vertikal und es wirkt also das obere Gewölbstück auf das darunter befindliche in seiner inneren Oberkante E mit dem horizontalen Schub P und dem vertikalen Druck Q.

Soll nun durch das obere Gewölbstück, also durch die horizontale Kraft P in E kein Bestreben des unteren Wölbstücks für die Drehung um K nach aufsen hervorgehen, so darf das Moment von P in Beziehung auf die Kante K als Momentenaxe nicht gröfser sein, als die auf dieselbe Axe genommenen Momente der Kräfte, welche jener Drehung um K widerstreben. Diese Kräfte sind aber der in E lothrecht abwärts gerichtete Druck Q und das im Schwerpunkt G' vereinigt zu denkende Gewicht Q' des Wölbstücks $DEKL$.

In Beziehung auf K hat die Kraft P in E den Hebelsarm $MO = x' - x$; der Druck Q in E den Hebelsarm $KO - EM = y' - y$, das Gewicht Q' den Hebelsarm $KO - G'N = y' - s'$. Daher ist für's Gleichgewicht und für Sicherheit:

$$(x' - x)\,P \leqq (y' - y)\,Q + (y' - s')\,Q' \qquad (3)$$

Nun ist $xP = (y - s)\,Q$

Addirt man beide, Gleichung und Vergleichung, so erhält man

$$x'P \leqq (y' - s)\,Q + (y' - s')\,Q'$$

oder $$x'P \leqq y'(Q + Q') - (sQ + s'Q') \qquad (4)$$

Setzt man das Gewicht beider Gewölbstücke, also

$$Q + Q' = W \qquad (5)$$

den Abstand des Schwerpunkts der Fläche $ABKL$ von dem Scheitelloth $= u$, so hat man

$$uW = sQ + s'Q' \qquad (6)$$

Setzt man die Werthe aus 5 und 6 in 4, so erhält man

$$x'P \leqq y' \cdot W - uW$$

oder
$$x'P \leqq (y' - u)\,W$$

woraus
$$P \leqq \frac{y' - u}{x'}\,W \qquad \text{(IIIb)}$$

Es ist aber $y' - u$ der Abstand des Loths aus dem Schwerpunkt der Ebene oder des Wölbstücks $ABKL$ von der Drehkante K, also ist $(y' - u)\,W$ das Moment dieses Wölbstücks in Beziehung auf die Kante K als Drehaxe.

II. Betrachtet man den Fall, dafs von der Lagerfuge KL nach dem Scheitel bis in keiner Fuge wie DE eine Drehung um die innere Kante wie um E statt finden kann, so dafs K allein nur Drehaxe sein kann, und nennt man die zu diesem Fall gehörende Scheitelspannung P'' so hat man deren Abstand von $K = AO = x'$ und demnach für's Gleichgewicht

$$x'P'' = (y' - u)\,W$$

woraus
$$P'' = \frac{y' - u}{x'}\,W \qquad \text{(IV)}$$

Nun war für den Fall, dafs auch in einem oberen Gewölbstück eine Drehkante sich bilden kann

$$P \leqq \frac{y' - u}{x'}\,W$$

Hieraus die Bedingung $P'' \geqq P$ (V)

Demnach kann ein unteres Wölbstück durch ein darüber liegendes vermöge der Hebelwirkung nicht mehr nach aufsen gedreht und umgeworfen werden, wenn die Horizontalkraft P die im Scheitel wirksam das obere Gewölbstück auf seiner unteren Innenkante als Drehaxe im Gleichgewicht zu erhalten vermag, nicht gröfser ist als eine Horizontalkraft P' im Scheitel, welche beiden Gewölbstücken als ein Ganzes betrachtet auf ihrer untersten Aufsenkante als Drehaxe das Gleichgewicht hält.

Um also des Gleichgewichts in allen Theilen des Gewölbes versichert sein zu können hat man in jedem besonderen Fall nur nöthig, das **Maximum** von P und das **Minimum** von P' zu bestimmen; ist dann Ersteres nicht als Letzteres, so ist die Bedingung für den schlimmsten Fall erfüllt und es findet um so mehr für alle übrigen Fälle Sicherheit statt:

Dies Maximum von P ist übrigens diejenige aus beiden Gewölbehälften gegenseitig im Scheitel sich entwickelnde Horizontalspannung also die **wirkliche Scheitelspannung des Gewölbes für die Hebelwirkung.**

Diese Scheitelspannung ist denn auch gleich dem Horizontalschube, welchen das obere vom Scheitel ab gerechnete Wölbstück in der untersten Innenkante seiner Fuge, zu welcher das Maximum von P' gehört, oder der sogenannten **Bruchungsfuge** ausübt. Da nun für jede andere Fuge die sich gleichbleibende Horizontalspannung **denselben Horizontalschub** auf ihre Innenkante ausübt, so nennt man diese wirkliche Scheitelspannung auch den **Horizontalschub des Gewölbes.**

Das Minimum von P' würde der Horizontalschub im Scheitel sein, wenn das Gewölbstück, dessen Lagerfuge diesem Minimum entspricht, blofs in seiner untersten Aufsenkante unterstützt wäre, daher nennt man auch das Minimum von P' die **hypothetische Scheitelspannung des Gewölbes.**

Bei der soeben vorgenommenen Bestimmung der Stabilität eines Gewölbes gegen die Hebelwirkung hat die Lage der Fuge gegen die Horizontale keinen Einflufs gehabt, die Gesetze gelten also auch für Gewölbstücke mit horizontalen Lagerfugen, d. h. für die Widerlager. Bestimmt man daher für irgend eine Lagerfuge des Widerlagers die hypothetische Scheitelspannung, die Aufsenkante dieser Fuge als allein unterstützt angenommen, so wird das Widerlager um diese Kante nicht umgeworfen, wenn die hypothetische Scheitelspannung nicht kleiner gefunden ist, als die wirkliche Scheitelspannung.

12. **Beispiel.** Es soll die **wirkliche Scheitelspannung für die Hebelwirkung** an einem Gewölbe ermittelt werden, welches im Profil aus 2 concentrischen Kreisbogen besteht.

Es ist in No. 10, Formel III.:

$$P' = \frac{y - s}{x} Q$$

für die wirkliche Scheitelspannung ganz allgemeingültig und demnach gleichgültig, ein wie grofses Ringstück, vom Scheitel aus genommen, untersucht wird. In Fig. 661 sind mit Fig. 660 für das Ringstück $ABDE$ mit dem Schwerpunkt G und dem Gewicht Q die Längen x, y, s dieselben; wie in Fig. 660 sei $BC = r$, $AC = R = nr$, $\angle ACD = \varphi$. Halbirt man φ, so trifft die Halbirungslinie CT den Schwerpunkt G.

Fig. 661.

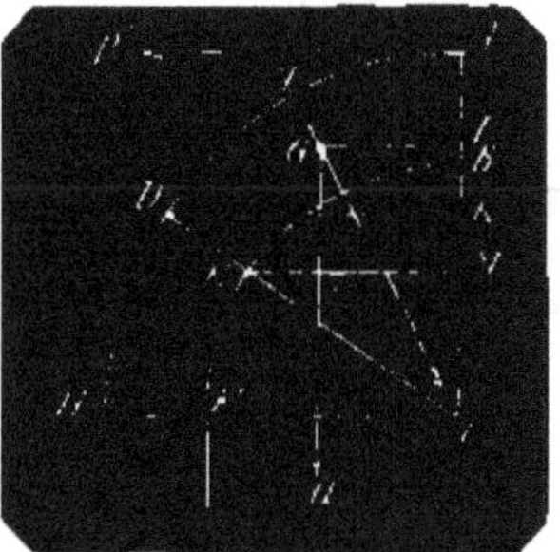

Nun hat man bei der Bezeichnung mit dem Beispiel No. 9:

$$Q = \tfrac{1}{2}(R^2 - r^2)\varphi = \tfrac{1}{2}(n^2 - 1) r^2 \varphi \qquad (1)$$

$$y = r \sin \varphi \qquad (2)$$

$$AM = x = AC - MC = R - r\cos\varphi = (n - \cos\varphi)\, r \qquad (3)$$

$$s = CG \sin \tfrac{1}{2}\varphi$$

Die Entfernung des Schwerpunkts des Kreisringstücks $ABDE$ vom Mittelpunkt ist

$$CG = \tfrac{2}{3} \frac{\sin \frac{1}{2}\varphi}{\frac{1}{2}\varphi} \cdot \frac{R^3 - r^3}{R^2 - r^2} = \tfrac{2}{3} \frac{\sin \frac{1}{2}\varphi}{\frac{1}{2}\varphi} \cdot \frac{n^3 - 1}{n^2 - 1}\, r$$

also

$$s = CG \sin \tfrac{1}{2}\varphi = \tfrac{2}{3} \frac{\sin^2 \frac{1}{2}\varphi}{\frac{1}{2}\varphi} \cdot \frac{n^3 - 1}{n^2 - 1} \cdot r \qquad (4)$$

Endlich $$P' = \frac{r \sin\varphi - \frac{1}{3}\,\frac{\sin^2 \frac{1}{2}\varphi}{\frac{1}{2}\varphi}\cdot\frac{n^3-1}{n^2-1}\,r}{(n - \cos\varphi)\,r}\cdot \tfrac{1}{2}(n^2-1)\,r^2\,\varphi$$

$$= \tfrac{1}{2}(n^2-1)\,r^2\,\frac{\varphi\sin\varphi - \frac{1}{3}\,\frac{n^3-1}{n^2-1}\,(1-\cos\varphi)}{n - \cos\varphi} \qquad \text{(VIa)}$$

Schreibt man für $1 - \cos\varphi$ den Ausdruck $1 - n + n - \cos\varphi$, so erhält man

$$P' = \tfrac{1}{2}(n^2-1)\,r^2\left[\frac{\varphi\sin\varphi + \frac{1}{3}\,\frac{n^3-1}{n+1}}{n - \cos\varphi} - \frac{1}{3}\,\frac{n^3-1}{n^2-1}\right] \qquad \text{(VIb)}$$

Nun wird P' ein Maximum, wenn der Minuend der Klammergröfse ein Maximum wird, weil die übrigen Aggregate constant sind. Es kommt also darauf an, den Werth von φ für dieses Maximum zu finden. Der mit Hülfe der Differenzialrechnung gefundene Werth von φ für's Maximum wird aber noch verwickelter als die gegebene Formel ist. Aufserdem ist φ noch von n selbst abhängig. Es ist also in einem speciellen Fall mit gegebenem n gerathener, das Maximum für φ durch Proberechnungen zu finden, wo man dann unmittelbar P' erhält. Vermöge dieses Verfahrens findet man das Maximum von P' für φ bei folgenden Werthen von n:

Für $n = 1{,}01$ ist $\varphi = 33^\circ\ 37'$
$n = 1{,}02$ „ $\varphi = 38^\circ\ 12'$
$n = 1{,}04$ „ $\varphi = 44^\circ\ 26'$
$n = 1{,}05$ „ $\varphi = 46^\circ\ 33'$
$n = 1{,}08$ „ $\varphi = 51^\circ\ 6'$
$n = 1{,}10$ „ $\varphi = 53^\circ\ 16'$
$n = 1{,}12$ „ $\varphi = 55^\circ$
$n = 1{,}2$ „ $\varphi = 59^\circ\ 34'$
$n = 1{,}3$ „ $\varphi = 62^\circ\ 28'$
$n = 1{,}4$ „ $\varphi = 63^\circ\ 48'$
$n = 1{,}496$ „ $\varphi = 64^\circ\ 9'\ 50''$
$n = 1{,}5$ „ $\varphi = 64^\circ\ 9'\ 47''$

Aus dieser Tabelle geht hervor, dafs mit einem gleichförmigen Wachsthum von n um 0,01 die Werthe von φ immer langsamer annehmen bis für $n = 1{,}496$ wo φ seinen gröfsten Werth erhält. Für gröfsere Werthe von n nähert sich die Fuge des gröfsten Horizontalschubes wieder dem Scheitel und somit kann dieselbe sich nie weiter vom Scheitel entfernen als um 64° 9′ 50″.

13. Beispiel. Es soll die hypothetische Scheitelspannung für die Hebelwirkung an demselben Gewölbe No. 12, Fig. 661 ermittelt werden.

Hierfür gilt Formel IIIb oder IV, welche beide identisch sind.

Ist das Gewölbstück $ABDE$ dasjenige, dessen Lagerfuge dem Minimum von P' entspricht, so mufs für's Gleichgewicht P' gerade nur so grofs sein, dafs es das Wölbstück nicht mehr um D links nach aufsen herumdreht. D. h. es mufs sein

$$AK \times P' = (DK - GJ)\,Q$$

Nun ist $DK = CD\sin\varphi = nr\sin\varphi$

$$GJ = s = \tfrac{1}{3}\,\frac{n^3-1}{n^2-1}\cdot\frac{\sin^2(\frac{1}{2}\varphi)}{\frac{1}{2}\varphi}\cdot r$$

daher

$$DK - GJ = r\left[n\sin\varphi - \tfrac{1}{3}\,\frac{n^3-1}{n^2-1}\cdot\frac{\sin^2(\frac{1}{2}\varphi)}{\frac{1}{2}\varphi}\right]$$

ferner ist $Q = \frac{1}{2}(n^2-1)\,r^2\varphi$.

daher das Moment von Q in Beziehung auf die Kante D.

$$M = \tfrac{1}{2}(n^2-1)\,r^2\left[n\varphi\sin\varphi - \tfrac{1}{3}\,\frac{n^3-1}{n^2-1}\,(1-\cos\varphi)\right]$$

der Hebelsarm von P' ist $AK = AC - KC = R - R\cos\varphi = nr\,(1-\cos\varphi)$

Mit diesem das Moment M dividirt gibt die Scheitelspannung

$$P' = \tfrac{1}{2}(n^2-1)\,r^2\left[\frac{\varphi\sin\varphi}{1-\cos\varphi} - \tfrac{1}{3}\,\frac{n^3-1}{n(n^2-1)}\right] \qquad (1)$$

$$= \tfrac{1}{2}(n^2-1)\,r^2\left[\frac{2\varphi\sin(\frac{1}{2}\varphi)\cos(\frac{1}{2}\varphi)}{2\sin^2(\frac{1}{2}\varphi)} - \tfrac{1}{3}\,\frac{n^3-1}{n(n^2-1)}\right]$$

$$= \tfrac{1}{2}(n^2-1)\,r^2\left[\varphi\cot(\tfrac{1}{2}\varphi) - \tfrac{1}{3}\,\frac{n^3-1}{n(n^2-1)}\right]$$

$$= \tfrac{1}{2}(n^2-1)\,r^2\left[2\,\frac{\frac{1}{2}\varphi}{tg(\frac{1}{2}\varphi)} - \tfrac{1}{3}\,\frac{n^3-1}{n(n^2-1)}\right] \qquad (2)$$

Dieser Ausdruck wird ein Minimum wenn $\frac{\frac{1}{2}\varphi}{tg(\frac{1}{2}\varphi)}$ ein Minimum wird. Nun wird aber der Quotient eines Bogens für den Halbmesser = 1 dividirt durch die Tangente des Bogens immerfort kleiner wenn der Bogen von 0 bis 90° wächst, weil der Bogen gleichförmig, die Tangente aber beschleunigend zunimmt und für $\frac{1}{2}\varphi = 90°$ unendlich wird; demnach findet das Minimum in der horizontalen Fuge am Widerlager statt. Für ein Kreisbogengewölbe von durchweg gleicher Stärke ist also die hypothetische Scheitelspannung = derjenigen am Scheitel anzubringenden Horizontalkraft, welche der Hälfte des Gewölbes für das Umwerfen um seine unterste am Widerlager befindliche Aufsenkante als Drehaxe das Gleichgewicht hält.

Ist diese Fuge horizontal so ist $\frac{1}{2}\varphi = \frac{1}{2}\pi$, $tg(\frac{1}{2}\varphi) = 1$ also das erste Glied der Klammergröße $= \frac{1}{2}\pi$

und
$$P'' = \tfrac{1}{2}(n^2 - 1)r^2\left[\tfrac{1}{2}\pi - \tfrac{2}{3}\frac{n^3 - 1}{n(n^2 - 1)}\right] \qquad \text{(VII a)}$$

Ist dagegen die unterste Fuge nicht horizontal, der Winkel derselben mit dem Loth $= \alpha$, so hat man

$$P'' = \tfrac{1}{2}(n^2 - 1)r^2\left[\alpha \cot(\tfrac{1}{2}\alpha) - \tfrac{2}{3}\frac{n^3 - 1}{n(n^2 - 1)}\right] \qquad \text{(VII b)}$$

14. Formel V, No. 10 spricht die Bedingung aus, dafs $P' > P''$. Der Werth von P'' (No. 13, Formel VII b) vermindert sich aber mit dem Wachsthum des Winkels und es kann einen Fufswinkel α geben, bei welchem $P'' = P'$ wird.

Ist nun in einem speciellen Fall n gegeben, so findet man das Maximum von P' wenn man in Formel VI b den Werth für φ aus der darunter stehenden Tabelle setzt.

Nun hat man P'' Formel VII b, No. 13 = dem bekannten P' zu setzen und erhält

$$P' = \tfrac{1}{2}(n^2 - 1)r^2\left[\alpha \cot\frac{\alpha}{2} - \tfrac{2}{3}\frac{n^3 - 1}{n(n^2 - 1)}\right]$$

woraus

$$\tfrac{1}{2}\alpha \cot(\tfrac{1}{2}\alpha) = \frac{P'}{(n^2 - 1)r^2} + \tfrac{1}{3}\frac{n^3 - 1}{n(n^2 - 1)}$$

Die rechte Seite des Gleichheitszeichens ist eine bekannte Zahl $= m$, $\frac{\alpha}{2}$ bedeutet den Bogen in Theilen von π, $\frac{\alpha}{2}$ ist aber als Winkel in Graden gegeben; man hat also zur Berechnung

$$\angle \varphi^\circ : 180^\circ = \text{Bogen } \varphi : \pi$$

woraus Bogen $\varphi = \frac{\varphi^\circ}{180^\circ} \cdot 3{,}14159 \ldots$

Demnach schreibt man

$$\tfrac{1}{2}\alpha^\circ \cot(\tfrac{1}{2}\alpha) = \frac{180^\circ}{\pi} \cdot m$$

eine einfache Form für Rechnung mit Logarithmen, wenn für ein bestimmtes n Proberechnungen gemacht werden sollen.

Z. B. Bei $n = 1{,}01$ ist für das Maximum von $P' : \varphi = 32° 37'$.

Setzt man den Werth von n in Gl. VI b, No. 12, so erhält man

$$P' = 0{,}01005 \cdot r^2\left[\frac{\varphi \sin\varphi + 0{,}01005}{1{,}01 - \cos\varphi} - 1{,}005008\right]$$

Für $\varphi = 32° 37'$ rechnet man

$$\frac{32{,}6166\ldots}{180}\pi \sin 32° 37' = 0{,}306844$$

hierzu $+\,0{,}010050$

gibt den Zähler $0{,}316894$

der Nenner ist $1{,}01 - \cos 32° 37' = 0{,}167704$

daher $\frac{\varphi \sin\varphi - 0{,}01005}{1{,}01 - \cos\varphi} = 1{,}88960$

hiervon $1{,}00501$

gibt die Klammergröfse $0{,}88459$

also $P' = 0{,}01005 \times 0{,}88459 \cdot r^2 = 0{,}0088901 \cdot r^2$

Also ist $$n = \frac{0{,}0066001 \cdot r^2}{0{,}0201 \cdot r^2} + 0{,}497529 = 0{,}939819$$

und endlich $$\log \cdot \tfrac{1}{2}\alpha \cot(\tfrac{1}{2}\alpha) = \log \cdot \frac{180}{\pi} \cdot 0{,}939819 = 1\ 7311608$$

Man findet $\log(\frac{1}{2}\alpha)\cot(\frac{1}{2}\alpha)$

für $\frac{1}{2}\alpha = 24^\circ\ 10' = 1{,}7312413$

$= 24^\circ\ 25' = 1{,}7310486$

$= 24^\circ\ 12' = 1{,}7311651$

Es ist mithin der gesuchte Fufswinkel $\alpha = 48^\circ\ 24'$.

Man erhält diejenigen Fufswinkel des kreisbogenförmigen Gewölbes bei welchen $P' = P''$:

Für $n = 1{,}01$ ist $\alpha = 48^\circ\ 24'$

$= 1{,}04$ „ „ $= 69^\circ\ 4'$

$= 1{,}05$ „ „ $= 73^\circ\ 8'$

$= 1{,}1$ „ „ $= 87^\circ\ 11'$

$= 1{,}11$ „ „ $= 89^\circ\ 17'$

$= 1{,}12$ „ „ $= 91^\circ\ 13'$

15. Es soll die Stärke eines Kreisbogengewölbes bestimmt werden, bei welchem die wirklichen Scheitelspannungen der Hebel und der Keilwirkung einander gleich sind und bei welchem die eine die andere übertrifft.

No. 12, Formel VIb ist der allgemeine Ausdruck für die Scheitelspannung P' aus der Hebelwirkung bei einem kreisförmigen Gewölbe; diese wird als Maximum zur wirklichen Scheitelspannung P', und zwar bei den Verhältnissen $R : r = n$, unter den Winkeln φ, wie sie zum Theil in der Tabelle angegeben sind.

No. 9, Formel II gibt den Ausdruck für die Scheitelspannung P aus der Keilwirkung, und für $\mu = \frac{1}{2}$ oder $\rho = 26^\circ\ 34'$ das Maximum als die wirkliche Scheitelspannung bei dem $\angle \varphi = 27^\circ\ 17'$. Diese ist also bei einerlei ρ bei beliebigem n, also in jedem Kreisbogengewölbe bei dem constanten $\angle \varphi = 27^\circ\ 17'$ vorhanden.

Die erste Formel VIb ist

$$P' = \tfrac{1}{2}(n^2 - 1)\, r^2 \left[\frac{\varphi \sin\varphi + \frac{1}{2}\frac{n^2-1}{n+1}}{n - \cos\varphi} - \frac{1}{2}\frac{n^3-1}{n^2-1}\right]$$

Die zweite Formel II ist

$$P = \tfrac{1}{2}(n^2 - 1)\, r^2 \varphi \cot(\varphi + \rho)$$

Für jedes gegebene n sind also beide Maxima zu bestimmen und mit einander zu vergleichen.

Da der Factor $\frac{1}{2}(n^2 - 1)\, r^2$ beiden Formeln gemeinschaftlich ist, so hat man nur zu vergleichen:

$$\frac{\varphi \sin\varphi + \frac{1}{2}\frac{n^2-1}{n+1}}{n - \cos\varphi} - \frac{1}{2}\frac{n^3-1}{n^2-1}$$

mit $\varphi \cdot \cot(\varphi + \rho)$

und nach No. 9 ist bei $\rho = 26^\circ\ 34'$

$\log \varphi \cdot \cot(\varphi + \rho) = 0{,}54142486 \quad 1$

woraus $\varphi \cot(\varphi + \rho) = 0{,}347876$

Für $n = 1{,}01$ ist $\varphi = 32^\circ\ 37'$ und $M = 0{,}88459$

$n = 1{,}1$ „ $\varphi = 53^\circ\ 16'$ und $M = 0{,}61390$

$n = 1{,}3$ „ $\varphi = 62^\circ\ 28'$ und $M = 0{,}41166$

$n = 1{,}4$ „ $\varphi = 63^\circ\ 48'$ und $M = 0{,}33670$

Von hierab wird das Maximum für die Hebelwirkung immer kleiner und die Gleichheit beider Spannungen liegt zwischen $n = 1{,}3$ und $n = 1{,}4$.

Wenn demnach bei $\mu = \frac{1}{2}$ der äufsere Halbmesser des Gewölbes um $\frac{3}{10}$ und weniger gröfser ist als der innere, so ist die Scheitelspannung für die Hebelwirkung gröfser und wenn es um $\frac{4}{10}$ und darüber gröfser ist als der innere Durchmesser, so ist die Scheitelspannung für die Keilwirkung gröfser.

Der Reibungswinkel ρ ist aber mit 26° 34' in fast allen Fällen zu klein, ein gröfseres ρ gibt aber eine kleinere Scheitelspannung für die Keilwirkung und dann mufs auch für ein gröfseres n die Scheitelspannung für die Hebelwirkung noch überwiegend sein.

16. Es sollen die Bedingungen des Gleichgewichts eines Gewölbes und seiner Widerlager unter der Voraussetzung er-

mittelt werden, dafs bei vereinigter Hebel- und Keilwirkung ein oberes Gewölbstück als Hebel wirkend ein darunter befindliches auf seiner untersten Lagerfuge nach aufsen zu verschieben strebt.

Es sei Fig. 662 $ABKL$ das Gewölbstück, welches durch die Hebelwirkung des oberen Stücks $ABDE$ das Bestreben erhält, auf der Lagerfuge KL nach aufsen zu gleiten. Ist P die wirkliche horizontale Scheitelspannung, so wirkt auch dieselbe (s. No 10) in der Kante E horizontal und in E das Gewicht des Gewölbstücks $ABDE$ vertikal. Dies letztere setzt sich mit dem Gewicht des unteren Wölbstücks $DEKL$ zu einer Mittelkraft zusammen, welche dann in dem Schwerpunkt G des ganzen Gewölbestücks $ABKL$ lothrecht abwärts wirkt, und welche = ist dem Gewicht Q des Gewölbestücks $ABKL$.

Fig. 662.

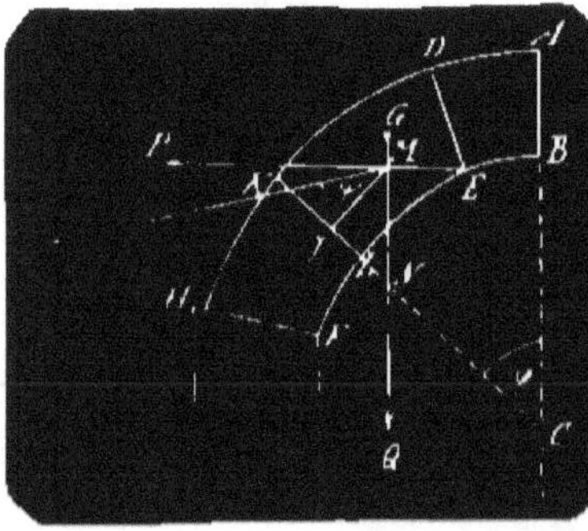

Beide Kräfte P und Q schneiden sich in dem Punkt M und durch diesen Punkt ist auch die Mittelkraft R zwischen beiden Kräften P, Q gerichtet. Soll nun ein Gleiten des Steins $DEKL$ nach aufsen möglich sein, so kann die Mittelkraft R nicht zwischen Q und das Loth MJ auf KL fallen, sondern sie mufs links von dem Loth MJ wie nach MR gerichtet sein.

Ist nun $\angle JMR$ gröfser als der Reibungswinkel ϱ, so geschieht die Gleitung, ist er kleiner so geschieht sie nicht und für das Gleichgewicht ist $\angle JMR = \psi = \varrho$

Bezeichnet man daher den $\angle ACK$ zwischen dem Scheitelloth und der Fuge mit φ, so ist auch $\angle MNK = \varphi$ also $\angle NMJ = 90^\circ - \varphi$ und $\angle RMQ = 90^\circ + \psi - \varphi = 90^\circ - (\varphi - \psi)$

Nun ist, wenn man mit P, Q, R das Parallelogramm der Kräfte bildet,

$$Q\, tg\, RMQ = P$$

oder $$Q\, tg\,[90^\circ - (\varphi - \psi)] = P$$

oder $$Q \cot(\varphi - \psi) = P$$

oder $$P\, tg(\varphi - \psi) = Q$$

oder $$P \cdot \frac{tg\,\varphi - tg\,\psi}{1 + tg\,\varphi \cdot tg\,\psi} = Q$$

woraus $$tg\,\psi = \frac{P\, tg\,\varphi - Q}{P + Q\, tg\,\varphi} \qquad \text{(VIII)}$$

17. **Beispiel.** Der Satz No. 16 soll auf das in den früheren schon untersuchte Kreisbogengewölbe angewendet werden.

Es ist wie No. 12

$$Q = \tfrac{1}{2}(n^2 - 1) r^2 \varphi$$

daher $$tg\,\psi = \frac{P\, tg\,\varphi - \frac{1}{2}(n^2-1) r^2 \varphi}{P + \frac{1}{2}(n^2-1) r^2 \varphi\, tg\,\varphi} = \frac{\frac{2P}{(n^2-1) r^2}\, tg\,\varphi - \varphi}{\frac{2P}{(n^2-1) r^2} + \varphi\, tg\,\varphi} \qquad \text{(I)}$$

oder wenn man den constanten Werth $\frac{2P}{(n^2-1) r^2} = A$ setzt

$$tg\,\psi = \frac{A\, tg\,\varphi - \varphi}{A + \varphi\, tg\,\varphi} = \frac{A - \frac{\varphi}{tg\,\varphi}}{\frac{A}{tg\,\varphi} + \varphi} \qquad \text{(IX)}$$

Da nun für die Hebelwirkung nach No. 12, Formel VIb

$$P = \tfrac{1}{2}(n^2 - 1) r^2 \left[\frac{\varphi \sin\varphi + \frac{1}{3}\frac{n^3-1}{n+1}}{n - \cos\varphi} - \frac{1}{3}\frac{n^3-1}{n^2-1} \right]$$

so ist $$A = \frac{\varphi \sin\varphi + \frac{1}{3}\frac{n^3-1}{n+1}}{n - \cos\varphi} - \frac{1}{3}\frac{n^3-1}{n^2-1} \qquad \text{(X)}$$

Wobei zu bemerken, dafs dieses letzte φ in dem Ausdruck für A dem jedesmaligen Maximum für n (No. 19) entspricht, und dafs für jedes bestimmte n das aus dem Maximum hervorgehende constante P in jeder Fugenkante wie K, L dasselbe bleibt

Nun ist jederzeit $A < 1$; In No. 15 ist berechnet, dafs für $n = 1,01$ der Werth von $A = 0,86459$ und dafs er mit dem Wachsthum von n immerfort abnimmt.

Da nun $\frac{\varphi}{tg\,\varphi}$ ebenfalls < 1 aber mit beliebiger Abnahme von φ dem Werthe $= 1$ beliebig nahe gebracht werden kann, so ist für sehr kleine Werthe von φ, also für die Stellen nahe am Scheitel, $\frac{\varphi}{tg\,\varphi} > A$ und hiermit $tg\,\psi$ und ψ selbst negativ: d. h. die Mittelkraft R ist nach dem Innern des Gewölbes gerichtet und es kann kein Ausweichen eines Gewölbstücks nach aufsen geschehen.

Mit dem Wachsthum von φ wird $\frac{\varphi}{tg\,\varphi}$ immer kleiner und es wird einen Werth von φ geben, für welchen $\frac{\varphi}{tg\,\varphi} = A$ also $tg\,\psi = \psi = 0$ ist. Dies ist der Ort, an welchem die Mittelkraft R in das Loth MJ fällt. Wächst φ noch mehr, entfernt sich also die Fuge vom Scheitel, so wird $\frac{\varphi}{tg\,\varphi} < A$, $tg\,\psi$ wird positiv und die Mittelkraft R fällt von dem Loth MJ ab links nach aufsen.

Nun ist zu untersuchen, ob mit dem ferneren Wachsthum von φ auch $tg\,\psi$ fortgesetzt wächst oder wiederum abnimmt, wo dann für ein bestimmtes φ ein Maximum für ψ entstehen würde. Es wird aber $tg\,\psi$ fortgesetzt wachsen, wenn der Unterschied der Werthe von $tg\,\psi$, die zu 2 zunächst auf einander folgenden Werthen von φ gehören, immer positiv ist. Bezeichnen φ' und φ zwei zunächst auf einander folgenden Fugenwinkel, von welchen $\varphi' > \varphi$ und sind ψ' und ψ die dazu gehörigen Werthe der Mittelkraftswinkel, so hat man

$$
\begin{aligned}
tg\,\psi' - tg\,\psi &= \frac{A\,tg\,\varphi' - \varphi'}{A + \varphi'\,tg\,\varphi'} - \frac{A\,tg\,\varphi - \varphi}{A + \varphi\,tg\,\varphi} \\
&= \frac{A\sin\varphi' - \varphi'\cos\varphi'}{A\cos\varphi' + \varphi'\sin\varphi'} - \frac{A\sin\varphi - \varphi\cos\varphi}{A\cos\varphi + \varphi\sin\varphi} \\
&= \frac{A^2\sin(\varphi' - \varphi) - A(\varphi' - \varphi)\cos(\varphi' - \varphi) + \varphi'\varphi\sin(\varphi' - \varphi)}{(A\cos\varphi' + \varphi'\sin\varphi')(A\cos\varphi + \varphi\sin\varphi)} \\
&= \frac{A^2 + \varphi'\varphi - A(\varphi' - \varphi)\cot(\varphi' - \varphi)}{(A\cos\varphi' + \varphi'\sin\varphi')(A\cos\varphi + \varphi\sin\varphi)}\sin(\varphi' - \varphi) \qquad (5)
\end{aligned}
$$

Aus dieser letzten Form der Tangentendifferenz ersieht man, dafs das Vorzeichen derselben blofs von dem des Zählers abhängt, denn der Nenner und der zweite Factor sind positiv.

Es kommt also darauf an, für welche verschiedene Werthe von φ' und φ der Zähler positiv und negativ ist.

Nun ist $(\varphi' - \varphi)\cot(\varphi' - \varphi) = \frac{\varphi' - \varphi}{tg\,(\varphi' - \varphi)}$ immer kleiner als 1, kann aber mit Verminderung von $\varphi' - \varphi$ dem Werth 1 beliebig nahe gebracht werden. Daher ist auch $A(\varphi' - \varphi)\cot(\varphi' - \varphi)$ immer kleiner als A und kann durch Annäherung von φ' an φ dem Werthe A beliebig nahe kommen.

Da nun $\varphi' > \varphi$ so ist $\varphi'\varphi > \varphi^2$

und $A^2 + \varphi'\varphi > A^2 + \varphi^2$

Die erstere Summe kann aber wieder der zweiten durch Annährung von φ' an φ beliebig nahe gebracht werden. Aus beiden Vergleichungen

$$
\begin{array}{ll}
A(\varphi' - \varphi)\cot(\varphi' - \varphi) & < A \\
A^2 + \varphi'\varphi & > A^2 + \varphi^2 \\
\hline
A^2 + \varphi'\varphi - A(\varphi' - \varphi)\cot(\varphi' - \varphi) & > A^2 + \varphi^2 - A
\end{array}
$$

folgt (6)

Es kann aber das erste Aggregat dem zweiten beliebig nahe kommen.

Ist daher $A^2 + \varphi^2 - A$ negativ, so kann φ' an φ so nahe gebracht werden, dafs auch die linke Seite der Vergleichung negativ wird, und dann ist $tg\,\psi' - tg\,\psi$ ebenfalls negativ.

Wird $A^2 + \varphi^2 - A = 0$ so wird $\psi' - \psi = 0$ oder $\psi' = \psi$. Wird von hier ab $A^2 + \varphi^2 - A$ positiv, so wird auch $tg\,\psi' - tg\,\psi$ und

$\psi' - \psi$ positiv und $tg\,\psi$ und ψ wächst dem Obigen nach fortdauernd mit dem Wachsthum von φ.

Denn da A immer < als 1 ist, so ist $A - A^2$ positiv und für einerlei n constant; es ist also in dem letzten Fall $\varphi^2 > (A - A^2)$ und $A^2 + \varphi^2 - A$ wird mit dem Wachsthum von φ immer größer.

Ueber das Verhalten des $\angle\,\psi$ bei negativem $A^2 + \varphi^2 - A$ ist noch Folgendes zu bemerken: Für kleine Winkel ist nach dem Obigen auch ψ negativ. Da nun bei $A^2 + \varphi^2 - A < 0$ auch $\psi' - \psi < 0$, oder ψ' und ψ absolut genommen, $\psi' + \psi < 0$ so muß ψ' negativ größer sein als ψ. Aus diesem Grunde wächst $\angle\,\psi$ negativ vom Scheitel ab bis zu dem Werth von φ für welchen $A^2 + \varphi^2 - A = 0$ ist, wo $tg\,\psi$ und ψ ihre größten negativen Werthe haben. Von hier ab nimmt ψ wieder negativ ab bis zu dem Werth φ für welchen $A = \frac{\varphi}{tg\,\varphi}$, wo $\psi = 0$ ist und von hier ab bis $\varphi = 90^\circ$ wachsen $tg\,\psi$ und und ψ fortdauernd positiv, so daß ψ für α in der untersten am Widerlager befindlichen Fuge ein Maximum ist.

Gibt man dem Ausdruck $\mu = tg\,\psi = \frac{A\,tg\,\alpha - \alpha}{A + \alpha\,tg\,\alpha}$ durch Division mit dem Nenner die Form

$$\mu = tg\,\psi = tg\,\alpha - \frac{\alpha(1 + tg^2\alpha)}{A + \alpha\,tg\,\alpha}$$

so ersieht man, daß μ mit A zu- und abnimmt, und da mit der Zunahme von n also mit der größeren Stärke des Gewölbes A abnimmt, so ist das Rückgleiten eines Gewölbestücks auf der unteren Fuge um so weniger zu besorgen, je stärker es ist, und um so mehr zu erwarten je schwächer es ist.

Die Praxis verlangt die Kenntniß von dem inneren Zustand eines zu erbauenden Gewölbes und will auch in dem vorliegenden Fall nicht nur die gefährlichste Stelle desselben wissen, sondern auch dessen Verhalten und der Fortschritt der Nachtheile von der ungefährlichsten Stelle ab ist von Interesse. Aus diesem Grunde soll das Verfahren zur Ermittelung der fraglichen Punkte mit Zahlen erläutert werden.

A. Auffindung des Orts, wo die Mittelkraft R in die auf die Fuge gerichtete Normale fällt.

Für diesen Fall hat man den Zähler in Formel 2:

$$A - \frac{\varphi}{tg\,\varphi} = 0$$

oder

$$A = \frac{\varphi}{tg\,\varphi}$$

Nach No. 15 ist

für $n = 1{,}01$	$A = 0{,}88459$
$n = 1{,}1$	$A = 0{,}61320$
$n = 1{,}3$	$A = 0{,}41166$
$n = 1{,}4$	$A = 0{,}33670$

Um nicht den Bogen φ mit Logarithmen in Rechnung bringen zu müssen hat man

$$\text{Bogen } \varphi = \frac{\varphi^\circ}{180^\circ}\,\pi$$

also

$$\varphi^\circ = \frac{180}{\pi}(\text{Bogen } \varphi)$$

und

$$\frac{\varphi^\circ}{tg\,\varphi} = \frac{180}{\pi}\,A$$

Nun berechnet man

für $n = 1{,}01$ $log\,\frac{180}{\pi}\,A$	$= 1{,}7048646$
$1{,}1$	$= 1{,}5457247$
$1{,}3$	$= 1{,}3726613$
$1{,}4$	$= 1{,}2853657$

Ferner setzt man $\frac{\varphi}{tg\,\varphi} = \varphi^\circ\,cot\,\varphi$ und berechnet $log\,\varphi + log\,cot\,\varphi = L$.

Man erhält, wenn man das Gewölbe bei $n = 1{,}01$ zum Beispiel nimmt.

Für $\varphi = 33^\circ$ $L = 1{,}7059965$
$\varphi = 34^\circ$ $L = 1{,}7024912$

Es liegt also das gesuchte φ' zwischen 33° und 34°.

Man hat nach der Regula falsi

$$33^\circ - \varphi' : 33^\circ - 34^\circ = 11319 : 35053$$

woraus $\varphi' - 33^\circ = \frac{11319}{35053} \cdot 60' = 20'$

und für $33^\circ\,20'$ ist $L = 1{,}7048440$

Nun ist wieder

$$33^\circ - 33^\circ\,20' : \varphi' - 33^\circ\,20' = 11524 : 206$$

woraus $\varphi' = 33^\circ\,19'\,39''$

denn L für φ' ist $= 1{,}7048644$

Es ist also der Winkel zwischen der Fuge und dem Scheitelloth, bei welchem $\angle\,\psi = 0$ ist, wobei also die Mittelkraft R normal auf die Fuge gerichtet ist $= 33^\circ\,19'\,39''$.

Für alle kleineren Winkel wird $tg\,\psi$ und ψ negativ und es fällt die Mittelkraft innerhalb des Gewölbes.

B. Auffindung des Orts wo ψ seinen größten negativen Werth hat, wo also die Mittelkraft dem Mittelpunkt des Gewölbes oder dem Fugenhalbmesser am nächsten liegt.

Für diese Fuge ist $A^2 + \varphi^2 - A = 0$

Nun hat man $A = 0{,}88459$
$$A^2 = 0{,}78255$$
also Bogen $\varphi = \sqrt{0{,}10204} = 0{,}319437$

und $\angle \varphi = 18^\circ\, 18'\, 6''$

Man findet der Reihe nach aus Formel 9,

für $\varphi = 0$, also dem Scheitel $tg\,\psi = \dfrac{A-1}{\infty + 0} = -0$

$\varphi = 1^\circ$	$tg\,\psi = -0{,}09267$	$\psi = -1^\circ\, 18'$
$\varphi = 18^\circ$	$tg\,\psi = -0{,}09564$	$\psi = -1^\circ\, 27\tfrac{1}{2}'$
$\varphi = 18^\circ\, 18'\, 6''$	$tg\,\psi = -0{,}09718$	$\psi = -1^\circ\, 33\tfrac{1}{2}'$
$\varphi = 19^\circ$	$tg\,\psi = -0{,}09705$	$\psi = -1^\circ\, 33'$
$\varphi = 33^\circ\, 19'\, 39''$	$tg\,\psi = 0$	$\psi = 0$

Am Scheitel ($\varphi = 0$) also fällt die Mittelkraft rechtwinklig auf die Scheitelfuge, $\angle \psi$ ist $= 0$ und wächst negativ bis zu seinem gröfsten Werth $1^\circ\, 33\tfrac{1}{2}'$ von wo er wieder negativ abnimmt und bei $\varphi = 33^\circ\, 19'\, 39''$ wieder zu Null wird.

Die empfindlichste Stelle des Gewölbes für die Rückgleitung ist die Widerlagerfuge.

Nimmt man das schwächste Gewölbe für $n = 1{,}01$, so hat man nach No 15: $A = 0{,}88459$.

$$\text{Also}\quad tg\,\psi = \frac{0{,}88459 - \dfrac{\alpha}{tg\,\alpha}}{\dfrac{0{,}88459}{tg\,\alpha} + \alpha}$$

Setzt man für den nachtheiligsten Fall $\angle \alpha^\circ = 90^\circ$ also Bogen $\alpha = \tfrac{1}{2}\pi$ so ist $tg\,\alpha = \infty$ und

$$tg\,\psi = \frac{0{,}88459}{\tfrac{1}{2}\pi} = 0{,}56315$$

In allen den Fällen also, wo No. 8 die Versuchszahlen für μ kleiner sind als 0,56315 muſs das Gewölbe stärker sein, oder die Fuge muſs am Widerlager einen kleineren Fuſswinkel als 90° erhalten.

Für das Gewölbe $n = 1{,}01$ und $A = 0{,}61320$ hat man für $\alpha = 90^\circ$

$$tg\,\psi = \frac{0{,}61320}{\tfrac{1}{2}\pi} = 0{,}4060$$

Für das Gewölbe $n = 1{,}3$ und $A = 0{,}41166$

$$tg\,\psi = \frac{0{,}41166}{\tfrac{1}{2}\pi} = 0{,}25887$$

Für das Gewölbe $n = 1{,}4$ und $A = 0{,}33670$

$$tg\,\psi = \frac{0{,}3367}{\tfrac{1}{2}\pi} = 0{,}21435$$

Alle diese Gewölbe haben für die Mittelkraft am Widerlager einen Winkel ψ, der kleiner ist als der Reibungswinkel und sind somit gegen das Rückgleiten eines Gewölbestücks gesichert.

18. Es sollen die Bedingungen des Gleichgewichts eines überall gleich starken Kreisbogengewölbes und seiner Widerlager unter der Voraussetzung ermittelt werden, daſs ein oberes Gewölbestück als Keil wirkend das darunter befindliche zum Rückgleiten bringt.

Hierunter ist verstanden, daſs ein oberes Gewölbstück vermöge der Keilwirkung nach innen gleiten will und mit diesem Bestreben das darunter befindliche Gewölbstück die Einwirkung zum Gleiten nach auſsen mittheilt.

Die erstgenannte Wirkung des oberen Wölbstücks ist für ein Kreisbogengewölbe in No. 9 mit Fig. 659 betrachtet worden: das Wölbstück $ABDE$, ein Kreisringstück unter dem Centriwinkel φ erhält dadurch das Bestreben nach innen zu rutschen, daſs die aus der Kraft P und dem Gewicht Q hervorgehende Mittelkraft R rechts der Normale FH fällt und es ist für's Gleichgewicht (Formel 3)

$$P = Q\,cot\,(\varphi + \rho) = \tfrac{1}{2}(n^2 - 1)\,r^2 \varphi\,cot(\varphi + \rho)$$

Ferner ist zu Verhütung des Rutschens nach innen unter der Bedingung, daſs $\mu = tg\,\rho = \tfrac{1}{2}$ ist, im Maximo (Formel 5)

$$\varphi\,cot\,(\varphi + \rho) = 0{,}34788$$

und der Horizontalschub (P) für die Keilwirkung im Maximo (Formel 11)

$$P = 0{,}17394\,(n^2 - 1)\,r^2$$

Mit diesem constanten Werth von P ist auch der dem Maximo entsprechende $\angle ACD$ (Fig. 659) $= \varphi = 27^\circ\, 18'$ für die folgende Untersuchung befestigt.

Die zweite Wirkung, das Gleiten nach auſsen ist im Allgemeinen für das Gewölbe in No. 16 mit Fig. 682 untersucht. Hier ist $ABDE$ das Gewölbstück, dessen Kanten AB und DE den beseitigten Maximalwinkel in C bilden und das auf das untere Wölbstück $DEKL$ mit der Horizontalspannung im Maximo

$$= 0{,}17394\,(n^2 - 1)\,r^2$$

eine Wirkung zum Auswärtsgleiten äuſsert.

indem das Gewicht beider Gewölbstücke zu dem einzigen Q vereinigt der Horizontalspannung P nachgibt, so dafs die Mittelkraft R aufserhalb des Gewölbes fällt.

Die Formeln No. 16 beweisen übrigens ihre gänzliche Unabhängigkeit von der Lage des Punktes B, in welchem beide Kräfte P und Q sich schneiden und Formel VIII gibt für's Gleichgewicht der Kräfte mit der Reibung

$$tg\,\psi = \frac{P\,tg\,\varphi - Q}{P + Q\,tg\,\varphi}$$

wo φ den Winkel bedeutet den die untere Fuge beider Gewölbstücke mit dem Scheitelloth bilden.

Setzt man nun
für P den Werth $0{,}17394\,(n^2 - 1)\,r^3$
für Q den Werth $\frac{1}{2}(n^2 - 1)\,r^2\varphi$
und dividirt Zähler und Nenner mit $\frac{1}{2}(n^2 - 1)\,r^3$, so erhält man

$$tg\,\psi = \frac{0{,}34788\;tg\,\varphi - \varphi}{0{,}34788 + \varphi\;tg\,\varphi} = \frac{0{,}34788 - \varphi\,cot\,\varphi}{0{,}34788\,cot\,\varphi + \varphi}$$

Der Werth von $tg\,\psi$ wird also im Maximum für $\varphi = 90^0$. Für diesen Werth hat man

$$tg\,\psi = \frac{0{,}34788}{\frac{1}{2}\pi} = 0{,}22145$$

Es ist also $tg\,\varepsilon = \mu$ immer gröfser als der Winkel, den nach aufsen die Mittelkraft R mit dem Loth auf die Fuge bildet, und es kann in Folge der Keilwirkung kein unteres Gewölbstück nach aufsen rutschen.

19. Es sollen die Bedingungen des Gleichgewichts eines gleich starken Kreisbogengewölbes und seiner Widerlager unter der Voraussetzung ermittelt werden, dafs ein unteres Gewölbstück als Hebel wirkend sich nach einwärts dreht.

Ist Fig. 663 $DEKL$ das Gewölbestück, welches das Bestreben hat, um die untere Innenkante L nach einwärts sich zu drehen, also die Fuge LK bei K zu öffnen, so prefst es mit der äufseren Oberkante D gegen das obere Gewölbstück $ADER$, es strebt dasselbe um diese Kante D nach innen zu drehen und die Fuge DR bei E zu öffnen. Mit diesem Bestreben entsteht zugleich ein Gegendruck des oberen Stücks $ARDE$ in der Unterkante R der Scheitelfuge gegen das rechts befindliche Scheitelstück und ein Bestreben zu Oeffnung der Scheitelfuge in A.

Es ist dieser Fall also der entgegengesetzte von No. 10 mit Fig. 660. Der Horizontaldruck wirkt dort in A, hier in R, und geht von R auf den festen Punkt D über, wo er der Drehung um L widersteht, während dort eine Drehung um K vorausgesetzt worden

Die Kraft P_1 wirkt demnach mit dem Hebelsarm $MO = x_1$ auf die Drehaxe L um die Oeffnung der Fuge bei K zu hindern; ihr entgegen wirkt Q in G mit dem Hebelsarm $(LO - GJ) = (y'' - s)$ indem sie beabsichtigt die Fuge in K zu öffnen; ferner hat das Gewicht Q' in G' dieselbe Absicht und wirkt mit dem Hebelsarm $(LO - G'N) = (y'' - s')$. Man hat also die Gleichung:

$$P_1 x_1 > Q\,(y'' - s) + Q'\,(y'' - s')$$
$$> (Q + Q')\,y'' - (sQ + s'Q')$$

Setzt man (wie No. 10) W = dem Gewicht beider Gewölbestücke, oder der ganzen $ABKL$; u dessen Abstand vom Scheitelloth, so ist

$$Q + Q' = W$$
$$sQ + s'Q' = uW$$

daher $\quad P_1 x_1 > y'' W - uW$
$$> W\,(y'' - u)$$

wo $y'' - u$ der Abstand des Schwerpunkts des ganzen Gewölbestücks von der Kante L ist.

Vergleicht man diese Bedingung mit der aus No. 10

$$P x' < (y' - u)\,W$$

so hat man in beiden die Länge u übereinstimmend, y' aber $> y''$ folglich das Moment der wirklichen Scheitelspannung für die Hebelwirkung gröfser als das für das Einwärtsdrehen eines unteren Wölbstücks. Ist daher das Gewölbe mit der wirklichen Scheitelspannung im Gleichgewicht, so wäre der Bedingung gemäfs $P_1 x_1$ gewifs gröfser als $W\,(y'' - u)$, wäre $P x'$ aber auch kleiner, so wäre

$$P x' - P_1 x_1 = (y' - u)\,W - (y'' - u)\,W$$
$$= (y' - y'')\,W$$

und es könnte das Moment der wirklichen Scheitelspannung von dem Moment der Spannung für Einwärtsdrehen eines unteren Gewölbestückes nur übertroffen werden, wenn $y'' > y'$ wäre, welches nicht möglich ist.

20. Ein unteres Gewölbstück, welches als Hebel wirkend sich einwärts dreht, kann mit diesem Bestreben ein oberes Wölbstück nicht als Keil zum Rückgleiten bringen, denn die wirkliche Scheitelspannung P für die Hebelwirkung verhindert das Einwärtsdrehen der Wölbstücke, die Keilwirkung kommt aber erst dann in Betracht, wenn deren Scheitelspannung $P >$ ist als die für die Hebelwirkung P und dann verhindert die Schei-

telspannung P das Einwärtsdrehen der unteren Wölbstücke.

21. In den bisherigen Untersuchungen der Gewölbe ist jederzeit eine Fuge im Scheitel angenommen worden, es fragt sich nun wie die Kräfte und Wirkungen sich verhalten wenn das Gewölbe einen Schlufsstein hat. Da nun die wirklichen Scheitelspannungen für die Keilwirkung und für die Hebelwirkung die hervorragendsten Kräfte sind, so kann die Untersuchung auf diese beiden sich beschränken.

Es sei $ABDE$ der halbe Schlufsstein des Gewölbes von dem Gewicht Q in dem Abstand $GJ = s$ dessen Schwerpunkts G vom Scheitelloth wirkend. Der Abstand DM der oberen Aufsenkante D vom Scheitelloth sei y; der lothrechte Abstand AM der Kante D vom Scheitel A sei x.

Fig. 663.

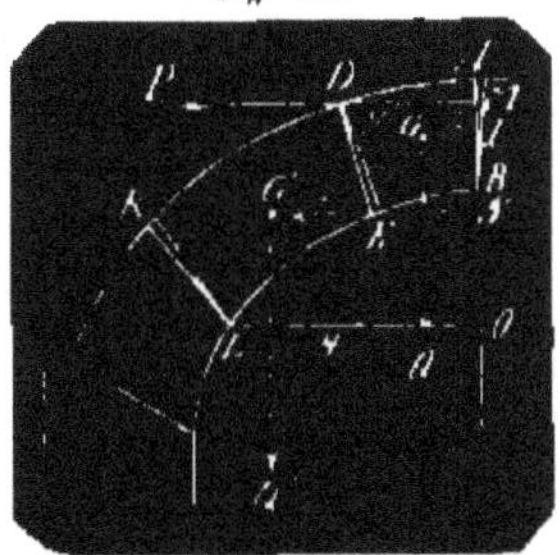

Das dem Schlufsstein zunächst befindliche Gewölbstück $DELK$ habe das Gewicht Q', der Abstand $G'N$ seines Schwerpunkts G' vom Scheitelloth sei s', der der inneren Unterkante L von dem Scheitelloth sei $LO = y''$, und der Abstand AO der Kante L vom Scheitel A sei x'.

Da nun in AB keine Fuge ist, so kann weder in A noch in B Bestreben zur Drehung sein; die Hebelwirkung kann also nur von dem Gewölbestück $DEKL$ ausgehen, und es wird dann vermöge seines Gewichts Q' in G' das Bestreben haben, sich um die innere Unterkante L nach einwärts zu drehen; hierdurch aber geschieht ein Druck des Gewölbestücks gegen den Schlufsstein in der Kante D und der Schlufsstein wird in dieser Kante D der Drehung um die Kante L mit einem Horizontalschube $P_{,,}$ Widerstand leisten. Das Gewicht des Schlufssteins wirkt im Scheitelloth AB auf beide Gewölbehälften zugleich, der halbe Schlufsstein folglich mit dem halben Gewicht Q in der Stützkante D lothrecht abwärts, beide Kräfte Q und Q' vereinigen sich, die Drehung des unteren Gewölbstücks $EDLK$ um die Kante L zu vollbringen, die Kraft P'' wirkt die Drehung zu verhindern. Für's Gleichgewicht hat man daher die Momentengleichung in Beziehung auf die Axe L:

$$(AO - AM) P_{,,} = (LO - DM) Q + (LO - G'N) Q'$$

oder $$x' P_{,,} = (y'' - y) Q + (y'' - s') Q'$$

woraus $$P_{,,} = \frac{(y'' - s') Q' + (y'' - y) Q}{x'}$$

oder $$P_{,,} = \frac{y''(Q + Q') - s'Q' - yQ}{x'}$$

In No. 19 ist die Kraft, welche bei einer Scheitelfuge derselben Drehung um L widersteht

$$P_{,} = \frac{y''(Q + Q') - s'Q' - sQ}{x'}$$

also ist $$P_{,} - P_{,,} = (y - s) \frac{Q}{x'}$$

Es ist aber $y > s$

folglich ist die Kraft $P_{,}$ bei einer Scheitelfuge gröfser als die Kraft $P_{,,}$ bei einem Schlufsstein und mithin die Stabilität des Gewölbes bei einem Schlufsstein mehr gesichert als bei einer Scheitelfuge.

22. Für ein Gewölbe ist die Scheitelspannung der Art bestimmt worden, dafs es den Anforderungen der Stabilität entspricht. Die Abmessungen seiner Widerlager sollen so festgesetzt werden, dafs dieselben sowohl gegen das Verschieben als gegen das Umwerfen gesichert sind.

Es sei Fig. 664 $DFHKL$ der Querschnitt des trapezförmigen Widerlagers, die halbe Spannung des Gewölbes $= b$,

Fig 664.

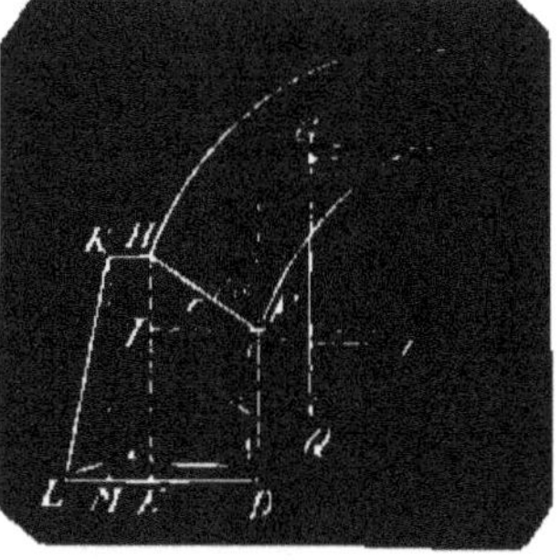

die lichte Höhe bis zur Horizontalen der inneren Oberkante des Widerlagers $= a$, die wirkliche Scheitelspannung $= P$, der Fußwinkel $FHJ = \alpha$, die innere Höhe des Widerlagers $= h$, die obere Breite desselben $FH = c$, die äußere Böschung KL sei $n$füßig, die untere Breite $DL = x$; die Gewichtseinheit, wie bei den früheren Untersuchungen = der Flächeneinheit, Q das Gewicht der Gewölbhälfte, d der Abstand dessen Schwerpunkts vom Scheitelloth.

Der Querschnitt des Widerlagers ist = den Trapezen

$$DEFH + EHKL = \tfrac{1}{2}(DF + EH) \cdot DE + \tfrac{1}{2}(HK + EL) \cdot EH$$

Nun ist $DF = h$

$$EH = EJ + JH = h + c \cos \alpha$$

$$DE = c \sin \alpha$$

also $\tfrac{1}{2}(DF + EH) \cdot DE = \tfrac{1}{2}(2h + c \cos \alpha) c \cdot \sin \alpha$

$$HK = DL - DE - ML = x - c \sin \alpha - n \cdot EH$$

$$= x - c \sin \alpha - n(h + c \cos \alpha) = x - c(\sin \alpha + n \cos \alpha) - nh$$

$$EL = DL - DE = x - c \sin \alpha$$

also $\tfrac{1}{2}(HK + EL) EH = [x - c \sin \alpha - \tfrac{1}{2} n (h + c \cos \alpha)](h + c \cos \alpha)$

Mithin das Trapez $DFHKL$

$$= x(h + c \cos \alpha) + (h + \tfrac{1}{2} c \cos \alpha) c \cdot \sin \alpha - [c \sin \alpha - \tfrac{1}{2} n (h - c \cos \alpha)](h + c \cdot \cos \alpha)$$

welches der Kürze wegen bezeichnet werden soll

$$Ax + B$$

dann ist das Gesammtgewicht des Gewölbes mit dem Widerlager

$$Ax + B + Q$$

Aus diesem Gewicht entspringt an der Grundfläche des Widerlagers eine Reibung $= \mu(Ax + B + Q)$

Also für's Gleichgewicht und die Sicherheit gegen das Verschieben des Widerlagers mit dem Horizontalschub

$$P < \mu(Ax + B + Q)$$

Man nimmt für die Sicherheit an, daß der Reibungswiderstand mindestens um die Hälfte größer sei als der Horizontalschub, also die Gleichung für die Stabilität gegen das Verschieben ist

$$\tfrac{3}{2}P = \mu(Ax + B + Q)$$

woraus

$$x = \left(\frac{3P}{2\mu} - B - Q\right)\frac{1}{A} = \frac{3P - 2\mu(B + Q)}{2\mu A}$$

Hat das Widerlager horizontale Fugen, so kann auf der obersten horizontalen Fuge ein Gleiten des Oberkörpers erfolgen; alsdann wird die Stärke x in dieser Fuge und h von derselben Fuge bis zur inneren Anfänger-Kante F gemessen.

Soll das Widerlager durch den Horizontalschub P um die Kante L nicht gedreht und umgeworfen werden können, so darf das Moment des halben Gewölbes und des Widerlagers in Beziehung auf die Kante L genommen nicht kleiner sein, als das Moment des Horizontalschubes P in Beziehung auf dieselbe Kante L.

Der Hebelarm des halben Gewölbes ist $= x + b - d$ also dessen Moment in Beziehung auf $L = (x + b - d) Q$.

Ist das Gewicht des Widerlagers q, die Entfernung des Loths aus dessen Schwerpunkt von $L = e$ so ist dessen Moment in Beziehung auf die Kante $L = e \cdot q$; der Horizontalschub hat den Hebelarm $a + h$ mithin ist für's Gleichgewicht und Sicherheit

$$P(a + h) \cdot (x + b - d) Q + eq$$

Auch hier soll der Sicherheit wegen das Moment des Widerstandes das 1½fache von dem Moment der Scheitelspannung betragen.

23. Den Horizontalschub eines Gewölbes zu bestimmen, dessen innere Wölblinie ein Kreisbogen, dessen äußere aber eine Horizontallinie ist, die noch außerdem eine nach ihrer Länge gleichmäßig vertheilte Belastung trägt.

Fig. 605.

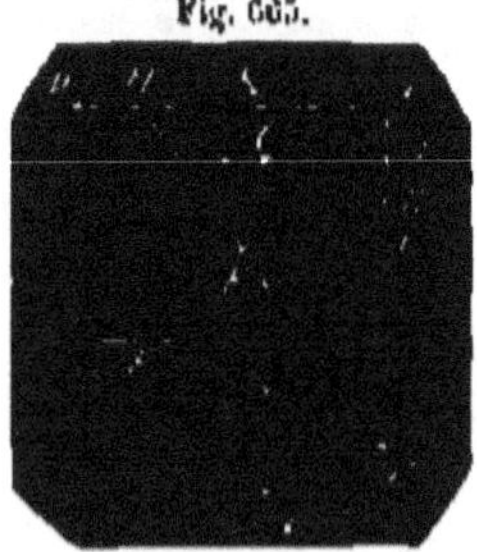

A. Wenn die Wölbfugen bis zur obersten Horizontallinie sich erstrecken.

Es sei BF die innere Wölblinie vom Halbmesser $BC = r$, die Stärke AB des Gewölbes im Scheitel $= d$, die Belastung der Horizontalen auf die Längeneinheit $= q$, der Winkel HCB eines Wölbstückes $= \varphi$. Alsdann ist die Belastung auf die Länge $AH = (r+d)\, q\, tg\, \varphi$.

Ist G der Schwerpunkt des Gewölbstückes $ABEH$, dessen Abstand GM von dem Scheitelloth $= s$, der Abstand EJ der Bogenkante E von demselben Loth $= y$, der Abstand EK derselben Kante von der Horizontalen $AH = x$, das Gewicht des Gewölbestücks $ABEH = Q$ und die Scheitelspannung in $A = P$, so hat man für die Kante E als Drehaxe: das Moment der Scheitelspannung für die Hebelwirkung = der Summe der Momente von Q und q. D. h.

$$xP = (y - s)\, Q + (y - \tfrac{1}{2} AH)\, AH \cdot q$$
$$= (y - s)\, Q + [y - \tfrac{1}{2}(r+d)\, tg\, \varphi]\,(r+d)\, q\, tg\, \varphi\ .$$

hieraus die Scheitelspannung für die Hebelwirkung:

$$P = \frac{y\,[Q + (r+d)\, q\, tg\, \varphi] - sQ - \tfrac{1}{2}(r+d)^2\, q\, tg^2 \varphi}{x}$$

Nun ist $\quad Q = \triangle CAH -$ Ausschnitt CBE

$$= \tfrac{1}{2}\, AC \times AH - \tfrac{1}{2}\, BC^2 \varphi$$
$$= \tfrac{1}{2}(r+d)^2\, tg\, \varphi - \tfrac{1}{2}\, r^2 \varphi$$

Ferner ist sQ = dem Moment des $\triangle CAH$ − dem Moment des Ausschnitts CBE, beide Momente in Beziehung auf das Scheitelloth AC.

Das Moment des $\triangle CAH$ in Beziehung auf AC ist

$$\triangle CAH \times \tfrac{1}{3}\, AH = \tfrac{1}{2}(r+d)^2 tg\, \varphi \cdot \tfrac{1}{3}(r+d)\, tg\, \varphi$$
$$= \tfrac{1}{6}(r+d)^3\, tg^2 \varphi$$

Der Ausschnitt CBE ist $= \tfrac{1}{2} r^2 \varphi$.

Der Abstand des in der Halbirungslinie von φ liegenden Schwerpunkts des Ausschnitts vom Mittelpunkt C

ist $= \tfrac{2}{3}\, \frac{\sin(\frac{1}{2}\varphi)}{\frac{1}{2}\varphi}\, r$

also der Abstand desselben vom Scheitelloth AC

$$= \tfrac{2}{3}\, \frac{\sin(\frac{1}{2}\varphi)}{\frac{1}{2}\varphi}\, r \cdot \sin(\tfrac{1}{2}\varphi) = \tfrac{4}{3} \cdot \frac{\sin^2(\frac{1}{2}\varphi)}{\varphi}\, r$$

und das Moment des Ausschnitts in Beziehung auf AC

$$= \tfrac{4}{3}\, \frac{\sin^2(\frac{1}{2}\varphi)}{\varphi} \cdot r \times \tfrac{1}{2} r^2 \varphi = \tfrac{2}{3}\, r^3 \sin^2(\tfrac{1}{2}\varphi)$$

mithin das Moment des Gewölbestücks $ABEH$ auf AC

$$sQ = \tfrac{1}{6}(r+d)^3 tg^2 \varphi - \tfrac{2}{3}\, r^3 \sin^2(\tfrac{1}{2}\varphi)$$

Ferner ist $y = r \sin \varphi$
$$x = r + d - r \cos \varphi$$

Substituirt man alle diese Werthe in den Ausdruck für P, so erhält man die Scheitelspannung für die Hebelwirkung:

$$P = \frac{r \sin \varphi\, \{\tfrac{1}{2}(r+d)^2 tg\, \varphi - \tfrac{1}{2} r^2 \varphi + (r+d)\, q\, tg\, \varphi\}}{r + d - r\cos \varphi}$$
$$- \frac{\tfrac{1}{6}(r+d)^3 tg^2 \varphi - \tfrac{2}{3}\, r^3 \sin^2(\tfrac{1}{2}\varphi) + \tfrac{1}{2}(r+d)^2 q\, tg^2 \varphi}{r + d - r \cos \varphi}$$

oder

$$P = \frac{r(r+d)\, tg\, \varphi \sin \varphi\, [\tfrac{1}{2}(r+d) + q] - \tfrac{1}{2} r^3 \varphi \sin \varphi - \tfrac{1}{2}(r+d)^2 tg^2 \varphi\, [\tfrac{1}{3}(r+d) + q] + \tfrac{2}{3}\, r^3 \sin^2 \frac{\varphi}{2}}{r + d - r \cos \varphi}$$

Nun ist $\quad \tfrac{2}{3}\, r^3 \sin^2 \frac{\varphi}{2} = \tfrac{1}{3} r^3 (1 - \cos \varphi) = \tfrac{1}{3} r^2 [d + r(1 - \cos \varphi) - d]$

$$= \tfrac{1}{3} r^2 [d + r(1 - \cos \varphi)] - \tfrac{1}{3} r^2 d$$

Diesen Werth für das letzte Glied und mit dem ersten Gliede vorangesetzt gibt

$$P = \frac{\tfrac{1}{3} r^2 [d + r(1 - \cos \varphi)]}{d + r(1 - \cos \varphi)} + \frac{r(r+d)\, tg\, \varphi \sin \varphi\, [\tfrac{1}{2}(r+d) + q] - \tfrac{1}{2} r^3 \varphi \sin \varphi}{d + r(1 - \cos \varphi)}$$
$$- \frac{\tfrac{1}{2}(r+d)^2 tg^2 \varphi\, [\tfrac{1}{3}(r+d) + q] + \tfrac{1}{3} r^2 d}{d + r(1 - \cos \varphi)}$$

also

$$P = \tfrac{1}{2} r^3 - \frac{\tfrac{1}{2} r^2 d + \tfrac{1}{2}(r+d)^2 tg^2 \varphi \left(q + \frac{r+d}{3}\right) - \left[r(r+d)\left(q + \frac{r+d}{2}\right) tg\, \varphi - \tfrac{1}{2} r^2 \varphi\right] \sin \varphi}{d + r(1 - \cos \varphi)}$$

oder mit $\tfrac{1}{2} r$ dividirt:

$$P = \tfrac{1}{2} r^2 - \tfrac{1}{2} \frac{\tfrac{1}{2} rd + \frac{(r+d)^2}{r}\left(q + \frac{r+d}{3}\right) tg^2 \varphi - [(r+d)(2q + r + d)\, tg\, \varphi - r^2 \varphi] \sin \varphi}{\frac{r+d}{r} - \cos \varphi}$$

Das zweite Glied des Ausdrucks für P bleibt für jeden Werth von φ subtractiv, denn für $\varphi = 0$ und für $\varphi = 90°$ ist der Nenner positiv. Für $\varphi = 0$ wird der Zähler $= + \tfrac{1}{2} rd$ und für $\varphi = 90°$ wird der Zähler $= + \infty$. Um also das Maximum von P für die wirkliche Scheitelspannung zu finden, hat man nur nöthig, von dem zweiten Gliede das Minimum zu bestimmen.

2. Die Scheitelspannung für die Keilwirkung ist nach Formel 1.

$$\begin{aligned} P &= [Q + (r+d)\, tg\, \varphi \cdot q] \cot(\varphi + r) \\ &= [\tfrac{1}{2}(r+d)^2 tg\, \varphi - \tfrac{1}{2} r^2 \varphi + (r+d)\, q\, tg\, \varphi] \cot(\varphi + r) \\ &= \tfrac{1}{2} [(r+d)(r+d+2q)\, tg\, \varphi - r^2 \varphi] \cot(\varphi + r) \end{aligned}$$

Eine leichte mit Logarithmen auszuführende Proberechnung ergibt den $\angle \varphi$ für's Maximum von P und P_1; das größte beider Maxima ist der wirkliche Horizontalschub des Gewölbes.

B. Wenn die Wölbfugen nicht bis zu der äußeren horizontalen Linie sich erstrecken, sondern nur die Fugen eines aus concentrischen Kreisbogen bestehenden Gewölbes sind, welches bis zu der horizontalen Oberfläche übermauert ist.

Es sei nun $ABDE$ der Theil des Gewölbes, von welchem der Horizontalschub entsteht. Für den nachtheiligsten Fall soll vorausgesetzt werden, daß die Uebermauerung in einer lothrechten Fuge DH sich trennen kann. Ist dann die Belastung durch dasselbe Material von der Höhe $AL = q$ gegeben, so hat man bei denselben Bezeichnungen mit Fig. 665, und wenn man noch den äußeren Halbmesser AC mit R annimmt, das Gewicht Q = dem Querschnitt $BEDML$ = dem Trapez $CDML$ – dem Kreisausschnitt CBE.

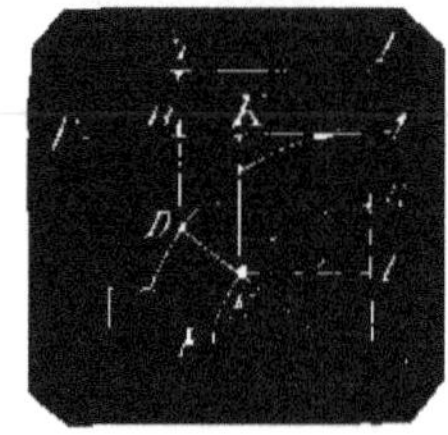

Fig. 666.

$$\begin{aligned} &= \tfrac{1}{2}(CL + DM)\, ML - CBE \\ &\quad \tfrac{1}{2}[(R+q) + (R + q - R\cos\varphi)] \times R \sin \varphi - \tfrac{1}{2} r^2 \varphi \\ Q &= (R + q - \tfrac{1}{2} R \cos \varphi) R \sin \varphi - \tfrac{1}{2} r^2 \varphi \end{aligned}$$

Das Moment von Q in Beziehung auf das Scheitelloth CL ist = dem Moment des Trapezes $CDML$ – dem Moment des Kreisausschnitts CBE.

Der Abstand des Trapezes von CL ist =

$$\begin{aligned} \tfrac{1}{3} ML \frac{CL + 2DM}{CL + DM} &= \tfrac{1}{3} R \sin \varphi \frac{R + q + 2(R + q - R\cos\varphi)}{R + q + R + q - R \cos \varphi} \\ &= \tfrac{1}{3} R \sin \varphi \frac{3(R+q) - 2 R \cos \varphi}{2(R+q) - R \cos \varphi} \end{aligned}$$

Dies multiplicirt mit dem Trapez $(R + q - \tfrac{1}{2} R \cos \varphi) R \sin \varphi$ gibt das Moment des Trapezes

$$= \tfrac{1}{6} R^2 \sin^2 \varphi \cdot [3(R+q) - 2 R \cos \varphi]$$

hiervon das Moment des Kreisausschnitts nach A

$= \frac{2}{3} r^3 \sin^2(\frac{1}{2}\varphi) = \frac{1}{3} r^3 (1 - \cos\varphi)$ gibt das Moment von Q in Beziehung auf CL

$= s \cdot Q = \frac{1}{6} R^2 \sin^2\varphi \,[3(R + \rho) - 2R\cos\varphi] - \frac{1}{3} r^3 (1 - \cos\varphi)$

und das Moment auf die Kante E als Drehkante genommen $= (y - s)\,Q$.

Das Moment der Scheitelspannung in der Richtung AP auf dieselbe Kante E genommen ist $= P \cdot EK = Px$, folglich

$$xP = (y - s)\,Q$$

oder $(R - r\cos\varphi)\,P = (r\sin\varphi - s)\,Q$

also

$$(R - r\cos\varphi)\,P = r\sin\varphi\; Q - sQ = r\sin\varphi\,[(R + \rho - \tfrac{1}{2}R\cos\varphi)\,R\sin\varphi - \tfrac{1}{2}r^2\varphi] - sQ$$

Für sQ den obigen Werth gesetzt und reducirt:

$$P = \frac{R\sin^2\varphi\,[(R+\rho)(r - \frac{1}{2}R) - \frac{1}{6}R(3r - 2R)\cos\varphi] - \frac{1}{2}r^2\varphi\sin\varphi + \frac{1}{3}r^3(1 - \cos\varphi)}{R - r\cos\varphi}$$

Oder wenn man wie früher $\frac{R}{r} = n$ und noch $\frac{\rho}{r} = m$ setzt:

$$P = \frac{n\sin^2\varphi\,[(n+m)(1 - \frac{1}{2}n) - \frac{1}{6}n(3 - 2n)\cos\varphi] - \frac{1}{2}\varphi\sin\varphi + \frac{1}{3}(1 - \cos\varphi)}{n - \cos\varphi}\,r^2$$

Es ist nun in einem gegebenen Fall bei bekanntem n und m der $\angle\varphi$ für's Maximum P als die wirkliche Scheitelspannung für die Hebelwirkung zu ermitteln.

2. Die Scheitelspannung P für die Keilwirkung ist nach Formel I:

$$P = Q\cot(\varphi + \tau) = [(R + \rho - \tfrac{1}{2}R\cos\varphi)\,R\sin\varphi - \tfrac{1}{2}r^2\varphi]\cot(\varphi + \tau)$$

$$= [(n + m - \tfrac{1}{2}n\cos\varphi)\,n\sin\varphi - \tfrac{1}{2}\varphi]\,r^2\cot(\varphi + \tau)$$

Dieser Ausdruck gibt für's Maximum die wirkliche Scheitelspannung für die Keilwirkung.

24. Zahlenbeispiel für ein Kreisbogengewölbe.

Es soll die Stabilität eines Gewölbes untersucht werden, welches in Form eines Halbkreises eine Spannung von 20 Fuſs und eine durchweg gleichförmige Stärke von 1½ Fuſs hat; ferner soll die Stärke der Widerlager bei deren Höhe von 12 Fuſs gefunden werden.

Es ist (s. No. 9)

$r = 10'$, $R = 10 + 1\frac{1}{2} = 11\frac{1}{2}'$ folglich

$n = 1{,}15$

$n^2 = 1{,}3225$

$n^3 = 1{,}5209$

Die Scheitelspannung im Maximo für die Keilwirkung ist nach No. 9

1) $P = 0{,}17394 \times (n^2 - 1)\,r^2$
$= 0{,}17394 \times 0{,}3225 \times 100 = 5{,}6095$

Die Scheitelspannung im Maximo für die Hebelwirkung ist nach No. 1

$$P = \tfrac{1}{2}(n^2 - 1)\,r^2 \left[\frac{\varphi\sin\varphi + \frac{2}{3}\frac{n^3 - 1}{n + 1}}{n - \cos\varphi} - \frac{2}{3}\,\frac{n^3 - 1}{n^2 - 1}\right]$$

$$= 16{,}125\left[\frac{\varphi\sin\varphi + 0{,}16152}{1{,}15 - \cos\varphi} - 1{,}0768\right]$$

Der Tabelle No. 19 zufolge versuche φ zwischen 54° und 58°.

(Nach No. 14 rechnet man $\varphi\sin\varphi = \frac{\varphi°}{180}\,\pi\sin\varphi$).

Man erhält den ersten Summand der Klammer

für $\varphi = 54°$ Summand $= 1{,}6435$
„ $\varphi = 55$ „ $= 1{,}6443$
„ $\varphi = 56°$ „ $= 1{,}6449$
„ $\varphi = 57°$ „ $= 1{,}6554$
„ $\varphi = 58°$ „ $= 1{,}6449$

Es ist also für $\varphi = 57°$, P ein Maximum.

2. $P = 16{,}125\,(1{,}6554 - 1{,}0768) = 9{,}3299$.

Woraus hervorgeht, daſs die Scheitelspannung für die Hebelwirkung gröſser ist als die für die Keilwirkung.

Die hypothetische Scheitelspannung bei dem Fuſswinkel = 90° hat man nach No. 13, Formel VIIa;

3. $P' = \frac{1}{2}(n^2 - 1)\,r^2\left[\frac{1}{2}\pi - \frac{2}{3}\,\frac{n^3 - 1}{n(n^2 - 1)}\right]$
$= 16{,}125\,(1{,}57080 - 0{,}93634) = 10{,}231$

Die wirkliche Scheitelspannung für die Hebelwirkung ist also bedingungsgemäfsig kleiner als die hypothetische Scheitelspannung.

4. Ob nach No. 10 ein oberes Wölbstück, als Hebel wirkend, ein unteres nach aufsen verschiebt findet man für das Kreisbogengewölbe aus No. 17, Formel IX.

$$tg\,\psi = \frac{A - \frac{\varphi}{tg\,\varphi}}{\frac{A}{tg\,\varphi} + \varphi}$$

wo A nach Formel X = ist der Klammergröfse von F im Maximo, also für $\varphi = 57^\circ$

$$A = 1{,}6554 - 1{,}0768 = 0{,}5786$$

Nun ist das Maximum der gedachten Rückschiebewirkung in der untersten Fuge, mithin $\varphi = 90^\circ$ und

$$tg\,\psi = \frac{A}{\frac{1}{2}\pi} = \frac{0{,}5786}{1{,}5708} = 0{,}371$$

Da nun der geringste Werth von $\mu = tg\,\rho = 0{,}5$ ist, so kann ein Rückgleiten eines Gewölbstücks auf dem Widerlager nicht statt finden.

5. Dafs durch die Keilwirkung eines oberen Wölbstücks ein unteres zum Auswärtsgleiten nicht gebracht werden kann ist in No. 18 nachgewiesen.

6. Desgleichen weist No. 19 nach, dafs ein unteres Gewölbstück als Hebel wirkend zur Drehung nach einwärts nicht kommen kann.

7. Die Widerlager sollen einen rechteckigen Querschnitt haben. Um deren Stärke x zu finden hat man

Die gröfsere von beiden Scheitelspannungen, die für die Hebelwirkung $= 9{,}3299$

Die lothrechte Entfernung der horizontalen Scheitelspannung von der unteren Aufsenkante des Widerlagers $1\frac{1}{2}' + 10' + 12' = 23\frac{1}{2}'$.

Das Gewicht eines Widerlagers ist $= 12x$ mit dem Hebelarm $\frac{1}{2}x$.

Das Gewicht des halben Gewölbes

$$= \frac{\pi}{4}(R^2 - r^2) = \frac{\pi}{4}(n^2 - 1)\,r^2$$

$$= \frac{\pi}{4} \cdot 0{,}3225 \cdot 10^2 = 25{,}3290.$$

Der Hebelarm des halben Gewölbes in Beziehung auf die äufsere Widerlagerkante findet man folgender Art.

Nach Formel 4, No. 12 ist die Entfernung des Schwerpunkts eines Kreisbogengewölbes vom Scheitelloth

$$\frac{2}{3}\,\frac{\sin^2 \frac{1}{2}\varphi}{\frac{1}{2}\varphi} \cdot \frac{n^3 - 1}{n^2 - 1}\,r = \frac{2}{3}\,\frac{1 - \cos\varphi}{\varphi} \cdot \frac{n^3 - 1}{n^2 - 1}\,r$$

Für $\varphi = 90^\circ = \frac{1}{2}\pi$ also $= \frac{4}{3} \cdot \frac{(n^3 - 1)}{(n^2 - 1)\,\pi}\,r$

also das Moment des Gewölbes in Beziehung auf das Scheitelloth

$$= \frac{4}{3}\,\frac{n^3 - 1}{(n^2 - 1)\,\pi}\,r \times \frac{\pi}{4}(n^2 - 1)\,r^2 = \frac{1}{3}(n^3 - 1)\,r^3 = \frac{1}{3} \cdot 0{,}5209 \cdot 1000 = 173{,}625$$

Nun ist das Gewicht des halben Gewölbes $= 25{,}3290$ folglich der Abstand des Schwerpunkts vom Scheitelloth

$$s = \frac{173{,}625}{25{,}3290}$$

Mithin der Abstand des Gewölbeschwerpunkts von der äufseren Widerlagerkante

$$= r + x - s = 10 + x - \frac{173{,}625}{25{,}329}$$

Und also das Moment des Gewölbes auf die Aufsenkante =

$$(10 + x)\,25{,}329 - 173{,}625 = 25{,}329x + 79{,}665$$

Das Moment des Widerlagers =

$$\frac{1}{2}x \cdot 12x = 6x^2$$

Mithin das gesammte Widerstandsmoment =

$$6x^2 + 25{,}329x + 79{,}665$$

und das Moment der Scheitelspannung:

$$9{,}3299 \times 23\frac{1}{2} = 219{,}2526$$

Man hat nun für die Sicherheit des Gewölbes:

1. Gegen das Verschieben des Widerlagers:

Das Gesammtgewicht von Gewölbe und Widerlager $= 25{,}3290 + 12x$

Die Scheitelspannung $= 9{,}3299$

also für's Gleichgewicht und für die Sicherheit die Vergleichung

$$\mu\,(25{,}3290 + 12x) \geq 9{,}3299$$

Wenn man für μ den kleinsten Werth $= \frac{1}{2}$ nimmt, so ersieht man, dafs das Gewölbe gegen das Verschieben der Widerlager hinreichend geschützt ist.

Denn nach No. 22 soll der Reibungswiderstand das $1\frac{1}{2}$fache der Scheitelspannung betragen, also

$\frac{1}{2}(25{,}3290 + 12x) = \frac{3}{2} \cdot 9{,}3299 = 13{,}9948$

oder $6x \quad = 13{,}9948 - 12{,}6645 = 1{,}3303$

also x nur $\quad = 0{,}22 \ldots$

Es mufs aber die Breite des Widerlagers mindestens = der Gewölbedicke = 1,5 sein, wobei also ein Verschieben desselben nicht möglich ist.

Gegen das Umwerfen des Widerlagers um die äufsere Kante hat man die Gleichung für's Gleichgewicht

$$bx^2 + 25{,}329x + 79{,}665 = 219{,}2526$$

Nach No. 23 soll für die Sicherheit des Gewölbes das Moment des Widerstandes aus der Belastung mindestens das $1\frac{1}{2}$ fache des Moments der Scheitelspannung betragen.

Mithin $bx^2 + 25{,}329x + 79{,}665 = \frac{3}{2} \cdot 219{,}2526 = 328{,}8789$

Diese Gleichung geordnet ist

$$x^2 + 4{,}2215x - 41{,}5316 = 0$$

woraus $x = -2{,}11075 + \sqrt{45{,}9868}$

$$= -2{,}11075 + 6{,}78136 = 4{,}67061 \text{ Fufs.}$$

25. Zahlenbeispiel. Die vorige Aufgabe mit dem Unterschied, dafs die Höhe der Wölbung nur $\frac{1}{3}$ der Spannung beträgt.

Dieser Aufgabe entspricht die nebenstehende Figur.

Es ist gegeben $DF = 20'$

$$JB = \tfrac{1}{3} \cdot 20' = 6\tfrac{2}{3}'$$

Um nun den Halbmesser $CD = r$ zu bestimmen hat man

Sehne $DB^2 = DJ^2 + JB^2 = 10^2 + 6\frac{2}{3}^2 = 144\frac{4}{9}$

Nun ist $2 \cdot CD \times JB = BD^2$

also $2r \cdot 6\frac{2}{3} = 144\frac{4}{9}$

Fig. 667.

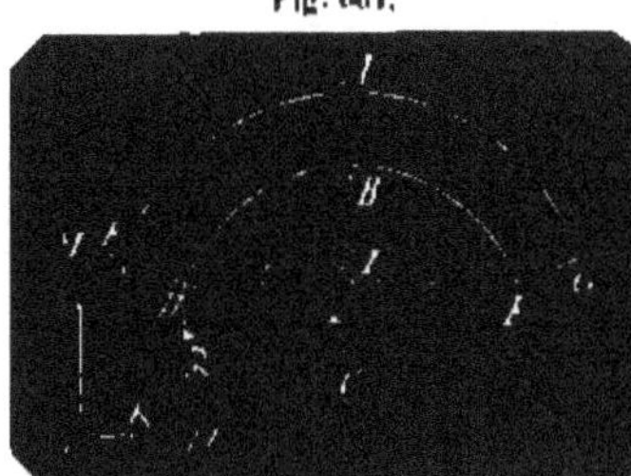

woraus $r = 10\frac{5}{6} = 10{,}833\ldots$

ferner $AB = 1{,}500\ldots$

hieraus $AC = R = 12{,}333\ldots$

folglich $n = \frac{12{,}33\ldots}{10{,}83\ldots} = \frac{74}{65} = 1{,}1385$

$$n^2 = 1{,}2961$$

$$n^3 = 1{,}4755$$

$$r^3 = 117{,}3611$$

Bezeichnet man den Fufswinkel der Fuge DE mit dem Lothe mit α so ist dieser $= \angle ACD$ und

$$\sin\alpha = \frac{DJ}{DC} = \frac{10}{10{,}833} = 0{,}923077$$

woraus $\alpha = 67^\circ\ 23'$

Der gröfste Horizontalschub für die Keilwirkung ist nach No. 9, Formel II.

1. $P = 0{,}17394(n^2 - 1)r^3$

$$= 0{,}17394 \cdot 0{,}2961 \cdot 117{,}3611$$

$$= 6{,}04432$$

Der gröfste Horizontalschub für die Hebelwirkung hat nach No. 12, Tabelle den Maximalwinkel höchstens $64^\circ\ 9'\ 50''$; der Bogen des halben Gewölbes ist $67^\circ\ 23'$ mithin ist der Maximalwinkel in demselben mit begriffen. Man hat nach No. 12 die Scheitelspannung

$$P' = \tfrac{1}{2}(n^2 - 1)r^2\left[\frac{\varphi\sin\varphi + \frac{1}{2}(n^2 - 1)}{n - \cos\varphi} - \tfrac{2}{3}\,\frac{n^3 - 1}{n^2 - 1}\right]$$

$$= \tfrac{1}{2} \cdot 0{,}2961 \cdot 117{,}3611\left[\frac{\varphi\sin\varphi + 0{,}1482}{1{,}1385 - \cos\varphi} - 1{,}0706\right]$$

Eine Proberechnung mit dem ersten Summand der Klammergröfse ergibt für's Maximum $\varphi = 56^\circ\ 20'$

Demnach ist

$$P' = 17{,}3753\left[\frac{\text{arc } 56^\circ\ 20' \times \sin 56^\circ\ 20' + 0{,}1482}{1{,}1385 - \cos 56^\circ\ 20'} - 1{,}0706\right] = 17{,}3753\left[\frac{0{,}9665}{0{,}58414} - 1{,}0706\right]$$

$$= 17{,}3753 \times (1{,}6546 - 1{,}0706) = 17{,}3753 \cdot 0{,}584$$

2. $P' = 10{,}1470$

Es ist also die Scheitelspannung für die Hebelwirkung gröfser als die für die Keilwirkung.

Die hypothetische Scheitelspannung für den Fußwinkel 67° 23' hat man nach No. 13, Formel VII, b

$$P'' = \tfrac{1}{2}(n^2 - 1)r^2\left[\alpha \cot \tfrac{1}{2}\alpha - \tfrac{2}{3}\frac{n^3 - 1}{n(n^2 - 1)}\right]$$
$$= 17{,}3753 \cdot [\mathrm{arc}\, 67°\, 23' \times \cot 33°\, 41'\, 30'' - 1{,}0706]$$

3. $P'' = 17{,}3753 \times 0{,}6934 = 12{,}0481$

Die wirkliche Scheitelspannung für die Hebelwirkung ist also bedingungsmäßig kleiner als die hypothetische Scheitelspannung.

4. Ob nach No. 16 ein oberes Gewölbestück als Hebel wirkend ein unteres nach außen verschiebt findet man für das Kreisbogengewölbe aus No. 17, Formel IX

$$tg\, \psi = \frac{A - \dfrac{\varphi}{tg\, \varphi}}{\dfrac{A}{tg\, \varphi} + \varphi}$$

wo A die Klammergröße für $P' = 0{,}584$ bedeutet.

Es ist demnach, da das Maximum von $tg\, \psi$ für den größten Werth von φ, also für den Fußwinkel $= 67°\, 23'$ entsteht

$$tg\, \psi = \frac{0{,}584 - 0{,}490}{0{,}24330 + 1{,}17606} = 0{,}067$$

Der geringste Werth von $\mu = tg\, \tau$ ist $= \frac{1}{2}$, mithin ist die gedachte Wirkung nicht zu besorgen.

No. 5 und 6 der Wirkungen, deren bei dem Kreisbogengewölbe Erwähnung geschehen, können hier noch weniger eintreten.

7. Die Scheitelspannung, mit welcher das halbe Gewölbe um die unterste Außenkante E gedreht wird, ist nach No. 13, Formel VIII, b

$$P' = \tfrac{1}{2}(n^2 - 1)r^2\left[\alpha \cot(\tfrac{1}{2}\alpha) - \tfrac{2}{3}\frac{n^3 - 1}{n(n^2 - 1)}\right]$$

Der Hebelsarm ist $= AC - CE \cos \alpha = R - R \cos \alpha = nr(1 - \cos \alpha)$

Daher das Moment von P' in Beziehung auf die Kante E

$$\mathfrak{M}\, P' = \tfrac{1}{2}(n^2 - 1)r^2\left[\alpha n \cot(\tfrac{1}{2}\alpha)(1 - \cos \alpha) - \tfrac{2}{3}\frac{n^3 - 1}{n^2 - 1}(1 - \cos \alpha)\right]$$
$$= \tfrac{1}{2}(n^2 - 1)r^2\left[\alpha n \sin \alpha - \tfrac{2}{3}\frac{n^3 - 1}{n^2 - 1}(1 - \cos \alpha)\right]$$
$$= \tfrac{1}{2} \cdot 0{,}2061 \cdot 10{,}833\ldots^2 [1{,}1385 \cdot \mathrm{arc}\, 67°\, 23' \cdot \sin 67°\, 23' - 1{,}0706(1 - \cos 67°\, 23')]$$
$$\mathfrak{M}\, P' = 188{,}233(1{,}2360 - 0{,}6588) = 108{,}6255$$

Nun ist $HK = DE \cdot \sin \alpha = 1{,}5 \cdot \sin 67°\, 23' = 1{,}38462$

$EK = 12 + DE \cdot \cos \alpha = 12{,}57684$

Das Moment des Trapezes $DEKH$ gegen EK also

$$\tfrac{1}{2}(DH + EK) \times HK \times \tfrac{1}{3} HK \times \frac{EK + 2DH}{EK + DH} = \tfrac{1}{6} HK^2 (EK + 2DH)$$
$$= \tfrac{1}{6} \cdot 1{,}38462^2 \cdot (12{,}57684 + 24) = 11{,}6870$$

Mithin die Summe der Momente des halben Gewölbes und des Trapezes in Beziehung auf die lothrechte EK $= 108{,}6255 + 11{,}6870 = 120{,}3125$

Nun ist der Inhalt des halben Gewölbes $= \frac{1}{2}(n^2 - 1)r^2 \cdot \mathrm{arc}\, 67°\, 23'$
$= 17{,}3750 \times 1{,}17606 = 20{,}450$

Der Inhalt des Trapezes
$= \frac{1}{2}(DH + EK)\, HK$
$= \frac{1}{2} \cdot 24{,}57684 \times 1{,}38462 = 17{,}015$

Die Summe beider Inhalte $= 37{,}465$

Daher der Abstand des gemeinschaftlichen Schwerpunkts von Gewölbe + Trapez von der lothrechten $EK = \dfrac{120{,}3125}{37{,}465}$

und von der Kante $L = x + \dfrac{120{,}3125}{37{,}465}$

Daher die Summe der Momente des Gewölbes und des Trapezes in Beziehung auf die Kante L

$$\mathfrak{M} = 37{,}465\left(x + \frac{120{,}3125}{37{,}465}\right)$$
$$= 37{,}465 \cdot x + 120{,}3125$$

Hierzu kommt nun das Moment des Rechtecks EL
$= EK \times LK \times \frac{1}{2} LK = \frac{1}{2}x^2 \cdot 12{,}57684$
$= 6{,}2884 \times x^2$

Folglich ist das Moment des halben Gewölbes und eines Widerlagers in Beziehung auf die Kante L

$$6{,}2884x^2 + 37{,}465x + 120{,}3125$$

Nun ist der lothrechte Abstand des Scheitels A von der Kante L

$$1\tfrac{1}{2} + 6\tfrac{2}{3} + 12 = 20\tfrac{1}{6}$$

Die wirkliche Scheitelspannung F war 10,147.

Deren Moment auf die Kante L also $= 20\frac{1}{6} \times 10{,}147 = 204{,}63$.

Der Sicherheit wegen soll das Moment des Widerstandes das $1\frac{1}{2}$fache der Scheitelspannung betragen

$$= 1\tfrac{1}{2} \times 204{,}63 = 306{,}95$$

Demnach hat man die Gleichung für Sicherheit

$$6{,}2884x^2 + 37{,}465x + 120{,}3125 = 306{,}95$$

und geordnet

$$x^2 + 5{,}9576x - 29{,}6786 = 0$$

woraus $x = -2{,}9789 + 6{,}2091 = 3{,}2302$

Daher die Stärke HL des ganzen Widerlagers $= 3{,}2302 + 1{,}3846 = 4{,}6148$

28. Wenn man bei solchen Berechnungen die Logarithmentafeln vermeiden will, kann man die Fuge des gröfsten Horizontalschubes unter dem $\angle\varphi = 60°$ annehmen, dann hat man

$$F = \tfrac{1}{2}(n^2 - 1)r^2\left[\frac{\operatorname{arc} 60° \cdot \sin 60° + \frac{2}{3}\,\frac{n^3-1}{n+1}}{n - \cos 60°} - \tfrac{2}{3}\,\frac{n^3-1}{n^2-1}\right]$$

Nun ist $\operatorname{arc} 60° = \dfrac{60°}{180°}\pi = \frac{1}{3}\pi$

$\sin 60° = \frac{1}{2}\sqrt{3}$

$\cos 60° = 0{,}5$

Daher in dem letzten Beispiel:

$$F = 17{,}3753\left[\frac{\frac{1}{6}\pi\sqrt{3} + 0{,}1489}{1{,}1365 - 0{,}5} - 1{,}0706\right]$$

$$= 17{,}3753\left[\frac{1{,}05519}{0{,}6365} - 1{,}0706\right] = 17{,}3753 \times (1{,}6525 - 1{,}0706)$$

$$= 17{,}3753 \times 0{,}5819 = 10{,}1107$$

In dem Beispiel hat man, mit dem wirklichen Maximalwinkel $\varphi = 56° 20'$ gerechnet $F = 10{,}1470$, welches einen nur geringen Unterschied ausmacht.

Um nun für die Ermittelung der Stärke des Widerlagers den Fufswinkel α einführen zu können hat man

$\sin\frac{1}{2}\alpha$ = der halben Sehne BD dividirt durch den Halbmesser r.

Nun ist $BD^2 = BJ \times 2CD = 2rh$

also $\sin\frac{1}{2}\alpha = \frac{1}{2}\,\dfrac{BD}{r} = \dfrac{1}{2r}\sqrt{2rh} = \sqrt{\dfrac{h}{2r}}$

Nun ist $h = 6\frac{2}{3}$; $r = 10\frac{5}{6}$

also $\sqrt{\dfrac{h}{2r}} = \sqrt{\dfrac{6\frac{2}{3}}{2 \cdot 10\frac{5}{6}}} = \sqrt{\dfrac{4}{13}} = 0{,}554703$

Nun hat man zur Bestimmung eines Bogens aus dessen Sinus die Reihe (s. arcus)

$$\operatorname{arc}\sin(\tfrac{1}{2}\alpha) = \sin\tfrac{1}{2}\alpha + \frac{1}{2 \cdot 3}(\sin^3\tfrac{1}{2}\alpha) + \frac{3}{2 \cdot 4 \cdot 5}\cdot(\sin^5\tfrac{1}{2}\alpha) + \frac{3 \cdot 5}{2 \cdot 4 \cdot 6 \cdot 7}(\sin^7\tfrac{1}{2}\alpha) + \ldots.$$

Eine Reihe, welche so convergirt, dafs man nur 4 Glieder zu berechnen nöthig hat um den Bogen auf 4 Decimalstellen genau zu erhalten.

Für $\sin(\frac{1}{2}\alpha)$ den Werth 0,55470 gesetzt erhält man

$$\sin(\tfrac{1}{2}\alpha) = 0{,}55470$$
$$\tfrac{1}{6}\sin^3(\tfrac{1}{2}\alpha) = 0{,}028446$$
$$\tfrac{3}{40}\sin^5(\tfrac{1}{2}\alpha) = 0{,}003938$$
$$\tfrac{5}{112}\sin^7(\tfrac{1}{2}\alpha) = 0{,}000721$$

mithin $\frac{1}{2}\alpha = 0{,}5878$

und $\alpha = 1{,}1756$

In dem logarithmisch berechneten Beispiel ist $\alpha = 1{,}17608$.

Es liegt dieser Unterschied darin, dafs der $\angle 67° 23'$ ohne Secunden angegeben ist. Es ist nämlich

$$0{,}923077 = \sin 67° 22' 49''$$

Aus dem gefundenen Bogen hat man nun das Gewicht des halben Gewölbebogens $= \frac{1}{2}(n^2 - 1)r^2\alpha = 17{,}3753 \times 1{,}1756 = 20{,}4263$ (anstatt 20,450).

Die Entfernung des Schwerpunkts des Kreisringstücks $ABDE$ vom Mittelpunkt ist ebenfalls logarithmisch-trigonometrisch berechnet. Um dies zu vermeiden hat man nach No. 12, Formel 4 den Abstand des Schwerpunkts vom Scheitelloth =

$$s = \frac{2}{3}\,\frac{n^3-1}{n^2-1}\cdot\frac{\sin^2 \frac{1}{2}\varphi}{\frac{1}{2}\varphi}\,r$$

Nun ist $\sin \frac{1}{2}\varphi = \sqrt{\frac{h}{2r}}$

also $s = \frac{2}{3}\,\frac{n^3-1}{n^2-1}\cdot\frac{h}{\varphi}$

folglich das Moment des halben Gewölbes in Beziehung auf das Scheitelloth

$$= \frac{1}{2}(n^2-1)\,r^2\varphi\cdot s = \frac{1}{3}(n^3-1)\,hr^2$$

Nun ist der Abstand der Axe AC von der $LM = x + a$, wenn x die Stärke des Widerlagers und a die halbe Spannung $= DJ$ bezeichnet. Dieser Abstand multiplicirt mit dem Gewicht des halben Gewölbes ist $= \frac{1}{2}(n^2-1)(x+a)\,r^2\varphi$.

Hiervon das Moment in Beziehung auf AC abgezogen, gibt das Moment des halben Gewölbes in Beziehung auf die Axe LM:

$$\mathfrak{M}\,P' = \frac{1}{2}(n^2-1)(x+a)\,r^2\varphi - \frac{1}{3}(n^3-1)\,hr^2$$
$$= \{\tfrac{1}{2}\,0{,}2961\,(x+10)\,117{,}3611\cdot 1{,}1766 - \tfrac{1}{3}\cdot 0{,}4755\cdot 6\tfrac{1}{3}\}\cdot 117{,}3611$$
$$= 20{,}4264\,x + 80{,}261$$

Nun ist die fehlende Höhe über $HD = ML - DH = h'$

und $h' : ED = CJ : CD$

oder $h' : R - r = r - h : r$

woraus $h' = \frac{(R-r)(r-h)}{r} = (n-1)(r-h)$

$$= 0{,}1365\,(10\tfrac{5}{6} - 6\tfrac{1}{3}) = 0{,}5771$$

Nimmt man hiervon die Hälfte und setzt die Höhe des Widerlagers im Mittel $12 + \frac{h'}{2} = 12{,}2885$ so ist das Moment des Widerlagers in Beziehung auf die Kante $L = \frac{1}{2}hx^2 = 6{,}14425\cdot x^2$ mithin das gesammte Moment des Widerstandes

$$6{,}14425\,x^2 + 20{,}4264\,x + 80{,}261$$

Die Scheitelspannung P ist gefunden 10,1107

der Hebelsarm $= 20\frac{1}{6}$

also deren Moment in Beziehung auf die Kante $L =$

$$10{,}1107 \times 20\tfrac{1}{6} = 203{,}899$$

und der Sicherheit wegen

$$\tfrac{3}{2}\cdot 203{,}899 = 305{,}848$$

daher die Momentengleichung in Beziehung auf L

$$6{,}14425\,x^2 + 20{,}4264\,x + 80{,}2610 = 305{,}848$$

und geordnet

$$x^2 + 3{,}326\,x - 35{,}9014 = 0$$
$$x = -1{,}663 + \sqrt{38{,}607} = 4{,}545$$

Durch logarithmische Rechnung ist $x = 4{,}6148$ gefunden.

37. Zahlenbeispiel. Es soll der wirkliche Horizontalschub eines Kreisbogengewölbes bestimmt werden, dessen Fugen bis zu der Scheitelhorizontalen reichen, und welches über dieser horizontalen noch gleichmäßig belastet ist. Der lichte Halbmesser sei 100 Fuß, die Stärke des Gewölbes im Scheitel 3' und die Belastung sei = einer Uebermauerung auf 2' Höhe.

No. 23, A mit Fig. 666 gibt die Formel für die Scheitelspannung aus der Hebelwirkung

$$P = \tfrac{1}{3}r^2 - \tfrac{1}{2}\cdot\frac{\tfrac{2}{3}rd + \frac{(r+d)^2}{r}\left(q + \frac{r+d}{3}\right)tg^2\varphi - [(r+d)(3q+r+d)\,tg\,\varphi - r^2\varphi]\sin\varphi}{\frac{r+d}{r} - \cos\varphi}$$

Hierein die Werthe 100 für r, 3 für d und 2 für q gesetzt, gibt

$$P = \frac{10000}{3} - \tfrac{1}{2}\,\frac{200 + 106{,}09\cdot 36{,}33\,tg^2\varphi - (103\cdot 107\cdot tg\,\varphi - 10000\,\varphi)\sin\varphi}{1{,}03 - \cos\varphi}$$

$$= 3333\tfrac{1}{3} - \tfrac{1}{2}\,\frac{200 + 3854{,}00\,tg^2\varphi - (11021\,tg\,\varphi - 10000\,\varphi)\sin\varphi}{1{,}03 - \cos\varphi}$$

$$= 3333\tfrac{1}{3} - 5000\,\frac{0{,}02 + 0{,}38540\,tg^2\varphi - (1{,}1021\,tg\,\varphi - \varphi)\sin\varphi}{1{,}03 - \cos\varphi}$$

Man erhält den Quotient des letzten Gliedes

1) Für $\varphi = 38^\circ = \frac{0{,}02 + 0{,}235287 - 0{,}121736}{0{,}2419893} = 0{,}55164$

2) Für $\varphi = 41^\circ = \frac{0{,}02 + 0{,}29128 - 0{,}15906}{0{,}2752904} = 0{,}55294$

3) Für $\varphi = 40^\circ = \frac{0,02 + 0,27140 - 0,14635}{0,2639556} = 0,55332$

4) Für $\varphi = 39^\circ = \frac{0,02 + 0,25276 - 0,13128}{0,2528540} = 0,55162$

Es ist mithin für für $\varphi = 39^\circ$ die Scheitelspannung ein Maximum und

$$P = 3333\tfrac{1}{3} - 5000 \times 0,55162 = 575$$

Die Scheitelspannung für die Keilwirkung ist nach No. 23, B

$$P = \tfrac{1}{2}\,[(r + d)(r + d + 2q)\,tg\,\varphi - r^2\varphi]\,cot\,(\varphi + \iota)$$

Setzt man hierein die obigen Werthe für r, d und q, für ι das Minimum $26^\circ 34'$ ($tg\,\iota = \frac{1}{2}$) so hat man

$$P = \tfrac{1}{2}\,[103 \cdot 107 \cdot tg\,\varphi - 10000\,\varphi]\,cot\,(\varphi + 26^\circ 34')$$

$$P = 5000\,(1,1021\,tg\,\varphi - \varphi)\,cot\,(\varphi + 26^\circ 34')$$

Den Logarithmus des Products der beiden letzten Factoren erhält man

für $\varphi = 46^\circ$ $log = 0,026308$

47° $log = 0,027050$

48° $log = 0,027681$

mithin ist P für $\varphi = 47^\circ$ ein Maximum

und $P = 533$

Es ist mithin die Scheitelspannung für die Hebelwirkung größer als die der Keilwirkung und daher $P = 575$ die wirkliche Scheitelspannung.

28. Es soll der Horizontalschub eines gleich starken Korbbogengewölbes bestimmt werden, also eines Gewölbes, dessen Wölblinie aus mehreren Kreisbogen von verschiedenen Halbmessern besteht.

Es sei Fig. 668, $ABJK$ ein Korbbogengewölbe, das obere Gewölbstück $ABDE$ aus dem Mittelpunkt C mit den Halbmessern $BC = R$, $AC = nR$ unter dem $\angle ACD = \alpha$ beschrieben. Das zweite Wölbstück $DEFH$ aus dem Mittelpunkt C' mit

Fig. 668.

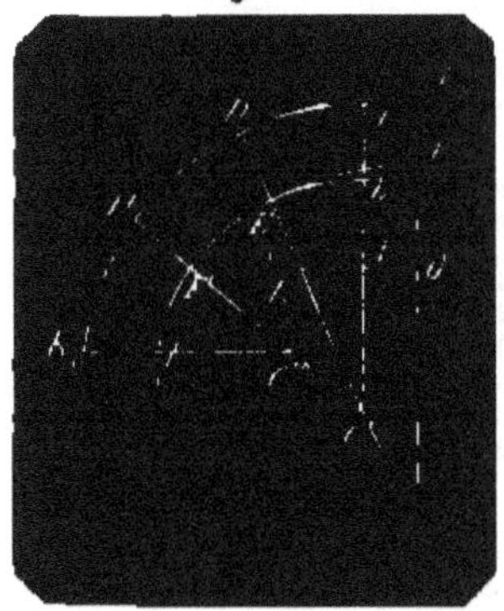

den Halbmessern $DC' = mr$ und $EC' = r$ unter dem $\angle \beta$ beschrieben u. s. w. bis zum Widerlager.

Bestimmt man die Momente der Wölbstücke $ABDE$ und $DEFH$ in Beziehung auf die Kante F, so ist deren Summe das Moment des ganzen Wölbstücks $ABFH$ in Beziehung auf F, und hieraus ist dann die Scheitelspannung zu finden. Aus den vorstehenden Vorträgen ist aber das Moment des Gewölbstücks $ABDE$ nur auf die Kante E zu bestimmen, weil mit dieser Kante die Radien nR, R ihr Ende haben, und das Moment des Wölbstücks $DEFH$ in Beziehung auf F ist erst dann zu bestimmen, wenn man das bis zu dem dem Bogen HD zugehörigen Scheitel A' mit in Rechnung bringt.

Es sei M das Moment des Wölbstücks $ABDE$ in Beziehung auf E, dessen Gewicht $= Q$, so ist $\frac{M}{Q}$ der Abstand, dessen Schwerpunkt von der Kante E.

Folglich der Abstand desselben Schwerpunkts von der Kante $F = \frac{M}{Q} + FL$ und das Moment von $ABDE$ in Beziehung auf $F = M + FL \cdot Q$.

Ergänzt man das Wölbstück $DEFH$ bis zum Scheitelloth $A'B'$ so trifft die mit AC parallele $A'C'$ den Mittelpunkt C' des Bogens HDA'.

Ist nun das Moment des Gewölbestücks $A'B'HF$ in Beziehung auf die Kante F $= M'$, das des Gewölbestücks $A'B'DE$ in Beziehung auf dieselbe Kante $F = M''$ so ist $M' - M''$ das Moment des Wölbstücks $DEFH$ in Beziehung auf die Kante F und das Moment des Wölbstücks $ABFH$ in Beziehung auf die Kante F

$$= M + FL \cdot Q + M' - M'' \qquad \text{(I)}$$

Nun ist No 12, VIa, die Formel für den Horizontalschub P wenn dessen Hebelarm $= (n - cos\,\varphi)\,r$ ist. Multiplicirt man mit diesem Hebelsarm, so erhält man das Moment von P', und wenn man R für r und α für φ setzt, so entsteht das Moment

$$M = \tfrac{1}{2}(m^2-1)R^3\left[\alpha \sin\alpha - \tfrac{2}{3}\frac{m^3-1}{m^2-1}(1-\cos\alpha)\right]$$

Nach No. 12, Formel 1 ist

$$Q = \tfrac{1}{2}(m^2-1)R^2\alpha$$

Ferner ist $FL = FN - LN = r\,[\sin(\alpha+\beta) - \sin\alpha]$

Nach No. 12, Formel VI, a wie so eben M auch

$$M' = \tfrac{1}{2}(m^2-1)r^3\left[(\alpha+\beta)\sin(\alpha+\beta) - \tfrac{2}{3}\frac{m^3-1}{m^2-1}[1-\cos(\alpha+\beta)]\right]$$

und

$$M'' = \tfrac{1}{2}(m^2-1)r^3\left[\alpha\sin\alpha - \tfrac{2}{3}\frac{m^3-1}{m^2-1}(1-\cos\alpha)\right]$$

Diese Werthe in den Momentenausdruck I gesetzt, gibt das Moment der Scheitelspannung für das Gleichgewicht und die Sicherheit:

$$AO \times P' \gtreqless \tfrac{1}{2}(m^2-1)R^2\left[(R-r)\alpha\sin\alpha + r\alpha\sin(\alpha+\beta) - \tfrac{2}{3}\frac{m^3-1}{m^2-1}R(1-\cos\alpha)\right]$$
$$+ \tfrac{1}{2}(m^2-1)r^3\left[(\alpha+\beta)\sin(\alpha+\beta) - \alpha\sin\alpha - \tfrac{2}{3}\frac{m^3-1}{m^2-1}[\cos\alpha - \cos(\alpha+\beta)]\right]$$

Nun ist

$$AO = AC - OC = AC - C'N - CC'\cos\alpha$$
$$= mR - r\cos(\alpha+\beta) - (R-r)\cos\alpha$$

Eben so wird weiter verfahren, wenn ein drittes, ein viertes .... ein ntes Gewölbstück, jedes folgende von kleinerem Halbmesser als das vorhergehende, zu dem halben Korbbogen gehört und die Berechnung bis zum Widerlager erfolgen soll

20. Beispiel. Es sei Fig. 668, der Halbmesser $BC = R = 100'$, der Halbmesser $C'F = r = 70'$, die Stärke DE des Gewölbes 3', $\angle BCE = \alpha = 35°$, $\angle ECF = \beta = 35°$, so hat man die halbe Spannung

$$FO = CC'\sin\alpha + C'F\sin(\alpha+\beta)$$
$$= 30\cdot\sin 35° + 70\cdot\sin 70° = 82{,}98577$$

$m = 1{,}03$; $m^2 = 1{,}0609$; $m^3 = 1{,}0927$

$m = 1{,}043$; $m^2 = 1{,}0878$; $m^3 = 1{,}1346$

Es ist nun

$$AO \times P = \tfrac{1}{2}\cdot 0{,}0609\cdot 10000\left[30\cdot \operatorname{arc}35°\cdot\sin 35° + 70\cdot\operatorname{arc}35°\cdot\sin 70° - \tfrac{2}{3}100\cdot\frac{0{,}0927}{0{,}0609}(1-\cos 35°)\right] + \tfrac{1}{2}\cdot 0{,}0878\cdot 343000\left[\operatorname{arc}70°\cdot\sin 70° - \operatorname{arc}35°\cdot\sin 35° - \tfrac{2}{3}\frac{0{,}1346}{0{,}0878}(\cos 35° - \cos 70°)\right]$$
$$= 304{,}5\,[10{,}51134 + 40{,}18179 - 18{,}35209]$$
$$+ 15057{,}7\,[1{,}14805 - 0{,}35038 - 0{,}48764]$$
$$= 304{,}5 \times 32{,}34111 + 15057{,}7 \times 0{,}31003 = 9847{,}867 + 4668{,}338 = 14516{,}205$$

Nun ist $AO = AC - CC'\cos C'CO - C'F\cos FC'N$

$$= 103 - 30\cos 35° - 70\cos 70° = 54{,}48403$$

Mithin ist die Scheitelspannung für die Hebelwirkung

$$P = \frac{14516{,}205}{54{,}484} = 266$$

Es ist aber dieser Werth nicht das Maximum des Horizontalschubes. Um dieses zu finden, hat man aus dem Vortrag (No. 12 Tabelle) dieses Maximum für einfache Kreisbogen. Die Anwendung dieser Winkel auf Korbbogen, besonders wenn sie aus mehr als 2 verschiedenen Bogen bestehen, ist weitläufig, und es ist besser in jedem einzelnen vorkommenden Fall Probeberechnungen anzustellen

Z. B. I. Man setze zunächst $\beta = 0$, so erhält man die Scheitelspannung für die Fuge DE.

Es ist das Moment derselben

$$(AC - CE\cos\alpha)\,P = (103 - 100\cos 35°)\,P = 21{,}085 \times P$$

= dem ersten Gliede ($AO \times P$) der rechten Seite der Gleichung

$$= 30450\,(0{,}35038 - 0{,}18369) = 5080{,}8$$

woraus $F = \frac{5080,8}{21,086} = 241$

also kleiner als bei ($\beta = 35°$) für die Fuge HF.

II. Setzt man nun $\beta = 36°$, also $\alpha + \beta = 71°$, so hat man den Hebelarm von $F = 78,425437 - 22,789774 = 55,635663$

$$55,\ldots F = 304,5\,(42,760667 \sin 71° - 7,84068)$$
$$+ 15057,7\,[\text{arc } 71° \sin 71° - 0,35038 - 1,01201974\,(\cos 35° - \cos 71°)]$$
$$= 304,5 \times 32,50023 + 15057,7\,(1,17167 - 0,35038 - 0,50454)$$
$$= 9923,795 + 4769,525 = 14693,25$$

und $F = \frac{14693,25}{55,635663} = 264$

Mithin liegt das Maximum unter einem kleineren Winkel β als 35°.

III. Setzt man $\beta = 34°$ so ist $\alpha + \beta = 69°$, der Hebelarm von F ist $= 78,425437 - 25,085753 = 53,339684$ und

$$53,\ldots F = 304,5\,(42,760667 \cdot \sin 69° - 7,84068) + 15057,7\,(1,12429 - 0,35038 - 0,47093)$$
$$= 304,5 \times 32,07975 + 15057,7 \times 0,30298 = 9768,283 + 4562,182 = 14330,465$$

und $F = \frac{14330,465}{53,339684} = 268,6$

IV. Setzt man $\beta = 32°$, so ist $\alpha + \beta = 67°$
der Hebelarm von $F = 51,07426$
und

$$51,\ldots F = 304,5 \times 31,52064 + 15057,7 \times 0,28818 = 13937,362$$

und $F = \frac{13937,362}{51,07426} = 272,9$

V. Setzt man $\beta = 6°$, also $\alpha + \beta = 40°$, so erhält man den Hebelarm von $F = 24,80233$

$$24,8\ldots F = 304,5 \times 19,6453 + 15057,7 \times 0,03348 = 5982 + 504 = 6486$$

und $F = 261$

Es liegt also das Maximum zwischen $\beta = 6°$ und $\beta = 32°$

VI. Für $\beta = 10°$, also $\alpha + \beta = 45°$ ist
der Hebelarm von $F = 28,92796$

$$28\ldots F = 304,5 \times 22,3956 + 15057,7 \times 0,09067 = 6819,45 + 1365,28 = 8184,73$$

und $F = 283$

VII. Für $\beta = 9°$ also $\alpha + \beta = 44°$ ist
der Hebelarm von $F = 28,07165$

$$28\ldots F = 304,5 \times 21,8633 + 15057,7 \times 0,08088 = 6657,37 + 1217,86 = 7875,23$$

und $F = 280$

Der Maximalwinkel β ist also größer als 9°.

VIII. Setzt man $\beta = 11°$, also $\alpha + \beta = 46°$, so ist
der Hebelarm von $F = 29,799349$

$$29,7\ldots F = 304,5 \times 22,9187 + 15057,7 \times 0,09991 = 6978,73 + 1505,77 = 8484,50$$

und $F = 285$

IX. Setzt man $\beta = 15°$, also $\alpha + \beta = 50°$, so ist
der Hebelarm von $F = 33,430305$

$$33\ldots F = 304,5 \times 24,9156 + 15057,7 \times 0,13787 = 7586,85 + 2076 = 9662,85$$
$$F = 289$$

Der Maximalwinkel β ist also größer als 15°.

X. Setzt man $\beta = 20°$, also $\alpha + \beta = 55°$, so ist
der Hebelarm von $F = 38,27509$

$$38\ldots F = 304,5 \times 27,1867 + 15057,7 \times 0,18997 = 8278,34 + 2860,96 = 11139,30$$
$$F = 291$$

XI. Setzt man $\beta = 25°$, so ist $\alpha + \beta = 60°$
der Hebelarm von $F = 43,425437$

$$43,\ldots F = 304,5 \times 29,19227 + 15057,7 \times 0,23243 = 8889,046 + 3499,850 = 12388,896$$
$$F = 283$$

Es ist mithin der Maximalwinkel β kleiner als 25° und liegt in der Nähe von 20°.

XIII. Setzt man $\beta = 21^\circ$, so ist $\alpha + \beta = 56^\circ$
und der Hebelsarm von $F' = 39{,}261934$
und $39,..\, F' = 304{,}5 \times 27{,}59943 + 15057{,}7 \times 0{,}19422 = 8404{,}20 + 2924{,}50 = 11328{,}7$
und $F' = 288{,}4$

XIV. Setzt man $\beta = 19^\circ$, so ist $\alpha + \beta = 54^\circ$
und der Hebelsarm von $F' = 37{,}280466$
$37{,}2 \ldots F' = 304{,}5 \times 26{,}75234 + 15057{,}7 \times 0{,}17564 = 8146{,}29 + 2644{,}73 = 10791{,}12$
und $F' = 289{,}5$

Es ist mithin $\beta = 20^\circ$ der Maximalwinkel und das Maximum der Scheitelspannung, die in dem Korbbogen thätig ist, beträgt $F' = 291$.

30. Statik der Kuppelgewölbe.

Das Kuppelgewölbe schliefst sich unmittelbar an das Tonnengewölbe an. Das Kuppelgewölbe ist ein Tonnengewölbe, dessen innere Widerlagerkante einen Kreis (oder überhaupt eine geschlossene Curve) bildet und dessen Scheitellothe in eine einzige Linie fallen.

Die auf dem Widerlager befindliche Kuppel äufsert im Scheitelloth nach allen Richtungen im Kreise herum Horizontalspannungen, also in jedem Punkt der inneren Widerlagskante normal auf dieselbe und bei kreisrundem Widerlager radial und auf gleiche Längen der Kante mit gleicher Gröfse. Die Kuppel hat innerhalb ihres Gewölbekörpers in keiner ihrer horizontalen Schichten waagerechte Spannungen oder Pressungen von Stein auf Stein, im Gegentheil in Folge der überall radial nach aufsen wirkenden Schubkräfte auch überall das Bestreben in ihren Fugen sich zu trennen.

Aus diesem Grunde sind die Untersuchungen für Kuppelgewölbe mit denen für Tonnengewölbe dieselben.

Es würde zu weitläufig sein, die für das Tonnengewölbe vorgenommenen Untersuchungen hier für die Kuppel ebenso auszudehnen und es sollen nur die eintretenden Spannungen erörtert werden, die bei einer Kuppel vorkommen, die eine Kugelschale bildet, so dafs jeder Querschnitt durch das Scheitelloth ein concentrisches Kreisringstück ausmacht, wonach es dann nicht schwierig ist, jede von dieser Form abweichende Kuppel ebenfalls zu untersuchen.

Wenn man sich vorstellt, dafs das Kreisringstück *ABDE*, Fig. 661, pag. 171, um das Scheitelloth *AC* eine vollständige Umdrehung macht, so entsteht eine kugelförmige Kuppel, deren Widerlager die in *E* zu denkende waagerechte Kreislinie zur Innenkante hat.

Das Kreisringstück hat den Inhalt

$$\tfrac{1}{2}(n^2 - 1)\, r^2 \varphi$$

sein Schwerpunkt *G* hat vom Scheitelloth den Abstand

$$s = \tfrac{2}{3}\,\frac{\sin^2(\frac{1}{2}\varphi)}{\frac{1}{2}\varphi} \cdot \frac{n^3-1}{n^2-1}\, r$$

sein Weg um die Drehaxe $= 2\pi s$.

Mithin nach der Guldinischen Regel der körperliche Inhalt des Gewölbes:

$$K = 2\pi \cdot \tfrac{2}{3}\,\frac{\sin^2(\frac{1}{2}\varphi)}{\frac{1}{2}\varphi} \cdot \frac{n^3-1}{n^2-1}\, r \times \tfrac{1}{2}(n^2-1)\, r^2 \varphi$$
$$= \tfrac{4}{3}\pi\,(n^3-1)\, r^3 \sin^2(\tfrac{1}{2}\varphi) = \tfrac{2}{3}\pi\,(n^3-1)\, r^3 (1 - \cos\varphi) \qquad (1)$$

Die Länge des Gewölbes ist offenbar die innere Widerlagerkante $2\pi r$. Es kommt also auf die Längeneinheit 1 (Fufs) das Gewicht

$$Q' = \tfrac{1}{3}(n^3-1)\, r^2 (1 - \cos\varphi) \qquad (2)$$

Ein Tonnengewölbe vom Centriwinkel φ und der Länge $2\pi r$ hat den Inhalt

$$K = \tfrac{1}{2}(n^2-1)\, r^2\varphi \times 2\pi r = (n^2-1)\,\pi r^3 \varphi \qquad (3)$$

und auf die Längeneinheit

$$Q = \tfrac{1}{2}(n^2-1)\, r^2 \varphi \qquad (4)$$

Es verhält sich also der körperliche Inhalt und das Gewicht eines Tonnengewölbes zu dem eines Kuppelgewölbes

$$Q' : Q = \tfrac{1}{3}(n^3-1)\, r^2 (1 - \cos\varphi) : \tfrac{1}{2}(n^2-1)\, r^2 \varphi$$

oder

$$Q' = \tfrac{2}{3} \cdot \frac{n^3-1}{n^2-1} \cdot \frac{1-\cos\varphi}{\varphi}\, Q \qquad (5)$$

Die Entfernung *CJ* des Schwerpunkts dieser concentrischen Kugelschale von dem Mittelpunkt *C* ist =

$$\tfrac{3}{8}\,\frac{R^4 - r^4}{R^3 - r^3}(1 + \cos\varphi) = \tfrac{3}{8}\,\frac{n^4-1}{n^3-1}\, r\,(1 + \cos\varphi) \qquad (6)$$

In derselben Entfernung von *C* liegt also auch die Linie *GJ*, welche durch den Schwerpunkt *G* eines zwischen zweien durch das Scheitelloth genommenen Querschnitten begrenzten Gewölbesegments waagerecht nach dem Scheitelloth geführt ist.

Theilt man nun das Gewölbe vom Scheitelloth aus in lauter sehr schmale Segmente, so liegt der Schwerpunkt jedes einzelnen Segments in der durch die Linie GJ gelegten waagerechten Ebene und es ist sehr nahe

$$CG = \frac{2}{3}\,\frac{\sin \frac{1}{2}\varphi}{\frac{1}{2}\varphi}\cdot\frac{n^3-1}{n^2-1}\,r \qquad (7)$$

indem man diese Entfernung = der des Schwerpunkts eines Kreisringstücks vom Mittelpunkt annimmt.

Bezeichnet man $\angle GCA$ mit ψ, so ist

$$CG \cos\psi = CJ$$

und

$$\cos\psi = \frac{\frac{3}{4}\,\frac{n^4-1}{n^3-1}\,r\,(1+\cos\varphi)}{\frac{2}{3}\,\frac{\sin(\frac{1}{2}\varphi)}{\frac{1}{2}\varphi}\cdot\frac{n^3-1}{n^2-1}\,r} = \frac{9}{16}\,\frac{(n^4-1)(n^2-1)}{(n^3-1)^2}\cdot\varphi\,\frac{\cos^2(\frac{1}{2}\varphi)}{\sin(\frac{1}{2}\varphi)} \qquad (8)$$

Hat man ψ berechnet so erhält man

$$s = CG \times \sin\psi \qquad (9)$$

Die Scheitelspannung P' in A des Gewölbes auf die Längeneinheit des Widerlagers ist =

$$\frac{EM - GJ}{AM}\,Q' = \frac{y-s}{x}\,Q'$$

Es ist aber $y = r \sin\varphi$ (10)

$x = (n - \cos\varphi)\,r$ (11)

Mithin ist in jedem speciellen Fall eine Aufgabe der vorstehenden Art zu lösen.

31. Beispiel. Es sei der innere Halbmesser der Kuppel = 100 Fufs, die Stärke des Gewölbes 3', so ist

$n = 1{,}03$; $n^2 = 1{,}0609$; $n^3 = 1{,}0927$; $n^4 = 1{,}1255$

Nun ist

$AM = x = (n - \cos\varphi)\,r = 103 - 100 \cos\varphi$

$EM = y = r \sin\varphi = 100 \sin\varphi$

$s = CG \sin\psi$

$$CG = \frac{2}{3}\,\frac{\sin(\frac{1}{2}\varphi)}{\frac{1}{2}\varphi}\cdot\frac{n^3-1}{n^2-1}\,r = 101{,}478\cdot\frac{\sin(\frac{1}{2}\varphi)}{\frac{1}{2}\varphi}$$

$$\cos\psi = \frac{9}{16}\cdot\frac{0{,}1255\cdot 0{,}0609}{0{,}0927^2}\cdot\varphi\cdot\frac{\cos^2(\frac{1}{2}\varphi)}{\sin(\frac{1}{2}\varphi)} = 0{,}48833\cdot\frac{\cos^2(\frac{1}{2}\varphi)}{\sin(\frac{1}{2}\varphi)}\,\varphi$$

$Q' = \frac{1}{3}(n^3-1)\,r^3(1-\cos\varphi) = 309(1-\cos\varphi)$

Für $\varphi = 90^\circ$ ist

$\varphi = \frac{1}{2}\pi$; $\sin\varphi = 1$; $\cos\varphi = 0$;

hieraus $\psi = 57^\circ\ 10'$

$\log \cos\psi = 9{,}7343214$

$\log \sin\psi = 9{,}9243412$

$$CG = 101{,}478 \times \frac{\sin 45^\circ}{\frac{1}{4}\pi} = 91{,}3624$$

$$s = 91{,}3624 \times \sin\psi = 76{,}7554$$

$$y = 100 \sin 90^\circ = 100$$

$$x = 103 - 100 \cos 90^\circ = 103$$

$$Q' = 309\,(1 - \cos 90^\circ) = 309$$

und $P' = \frac{100 - 76{,}7554}{103}\cdot 309 = 69{,}73$

Bei diesem Gewölbe als Tonnengewölbe beträgt nach No. 12, Formel VI, a, die Scheitelspannung = 164.

Für $\varphi = 70^\circ$ ist

$$\cos\psi = 0{,}48833\cdot \text{arc}\cdot 70^\circ\cdot\frac{\cos^2 35^\circ}{\sin 35^\circ}$$

hieraus

$\psi = 45^\circ\ 44'\ 12''$

$$CG = 101{,}478\cdot\frac{\sin 35^\circ}{\text{arc}\ 35^\circ} = 95{,}2835$$

$$s = CG \sin 45^\circ\ 44'\ 12'' = 68{,}2363$$

$$y = 100 \sin 70^\circ = 93{,}9693$$

$$x = 103 - 100 \cos 70^\circ = 68{,}7980$$

$$Q' = 309\,(1 - \cos 70^\circ) = 203{,}3158$$

und

$$P' = \frac{93{,}9693 - 68{,}2363}{68{,}7980} \times 203{,}3158 = 76{,}05$$

Für $\varphi = 60^\circ$ ist

$$\cos\psi = 0{,}48833\cdot \text{arc}\ 60^\circ\cdot\frac{\cos^2 30^\circ}{\sin 30^\circ}$$

hieraus $\psi = 39^\circ\ 54'\ 34''$

$$CG = 101{,}478\,\frac{\sin 30^\circ}{\text{arc}\ 30^\circ} = 96{,}9043$$

$$s = CG\cdot\sin 39^\circ 54' 34'' = 62{,}1715$$

$$x = 103 - 100 \cos 60^\circ = 53$$

$$y = 100\cdot\sin 60^\circ = 86{,}6025$$

$$Q' = 309\,(1 - \cos 60^\circ) = 154{,}5$$

$$P' = \frac{86{,}6025 - 62{,}1715}{53} \times 154{,}5 = 71{,}22$$

Das Maximum der Scheitelspannung liegt also bei einem Winkel zwischen 60° und 90°.

Nimmt man nach einander $\varphi = 69^\circ$ und 71°, so erhält man für $\varphi = 69^\circ$

$$\cos\psi = 0{,}48833\cdot \text{arc}\ 69^\circ\,\frac{\cos^2 34^\circ\ 30'}{\sin 34^\circ\ 30'}$$

hieraus $\psi = 45^\circ\ 9'\ 20''$

$$CG = 101{,}478\cdot\frac{\sin 34^\circ 30'}{\text{arc}\ 34^\circ 30'} = 95{,}4680$$

$$s = CG \sin 45^\circ\ 9'\ 20'' = 67{,}6808$$
$$x = 103 - 100 \cos 50^\circ = 67{,}1632$$
$$y = 100 \cdot \sin 69^\circ = 93{,}3580$$
$$Q' = 309\,(1 - \cos 69^\circ) = 198{,}2642$$
$$P = \frac{93{,}3580 - 67{,}6806}{67{,}1632} \times 198{,}2642 = 75{,}80$$

Für $\varphi = 71^\circ$

$$\cos \psi = 0{,}48833 \cdot \operatorname{arc} 71^\circ \frac{\cos^2 35^\circ\ 30'}{\sin 35^\circ\ 30'}$$

hieraus $\psi = 46^\circ\ 19'$

$$CG = 101{,}478 \cdot \frac{\sin 35^\circ 30'}{\operatorname{arc} 35^\circ 30'} = 95{,}1090$$
$$s = CG \cdot \sin 46^\circ\ 19' = 68{,}7796$$
$$x = 103 - 100 \cos 71^\circ = 70{,}4432$$
$$y = 100 \cdot \sin 91^\circ = 94{,}5518$$
$$Q' = 309\,(1 - \cos 71^\circ) = 204{,}3598$$
$$P = \frac{95{,}5518 - 68{,}7796}{70{,}4432} \times 204{,}3598 = 74{,}76$$

Es ist mithin die Scheitelspannung für die Hebelwirkung bei dem Centriwinkel $\varphi = 70^\circ$ ein Maximum und die wirkliche Scheitelspannung für die Längeneinheit der inneren Widerlagerkante = 76.

Die übrigen Untersuchungen an dem Kuppelgewölbe geschehen wie die vorstehenden mit Bezug auf den Vortrag über die Tonnengewölbe.

Gleich ist gleich grofs, von einerlei Gröfse. Arithmetisch gleich ist gleich in der Zahl, geometrisch gleich ist gleich im Raum. Eine Summe von geraden Linien ist einer einzigen geraden Linie gleich, wenn jene zu einer geraden Linie zusammengesetzt mit der gegebenen geraden Linie einerlei Länge hat. Krumme Linien von verschiedener Form sind einander gleich, wenn sie zu geraden Linien ausgespannt einerlei Länge haben. Ebene Figuren von verschiedener Form und krumme Flächen sind einander gleich, wenn sie zu Quadraten verwandelt congruent werden. Körperliche Räume sind einander gleich, wenn sie bei ihrer Verwandlung congruente Würfel liefern.

Gleichartig (homogen) sind Gröfsen, die ein gemeinschaftliches Maafs haben, die mit einander zusammengezählt und von einander abgezogen werden können; Linien, Flächen, Körper sind untereinander gleichartig. Eine ganze Zahl und ein Bruch sind der Form nach ungleichartig; sie werden gleichartig, wenn die ganze Zahl in einen Bruch mit dem Nenner des gegebenen Bruchs verwandelt wird. Eben so sind Brüche von verschiedenen Nennern in der Form ungleichartig, sie können erst zusammengezogen und von einander abgezogen werden, wenn man sie in Brüche von einerlei Nenner verwandelt, wenn man ihnen eine gleiche Einheit gibt, sie gleichartig macht.

Münzen, Maafse und Gewichte mit ihren Unterabtheilungen sind der Form nach ungleichartig: als Centner und Pfund, Fufs und Zoll, Thaler und Groschen; sie werden gleichartig wenn die Centner in Pfunden, die Fufse in Zollen, die Thaler in Groschen ausgesprochen werden.

Wurzelgröfsen und Potenzen werden gleichartig genannt, wenn sie einerlei Exponenten haben, obgleich sie nicht zu addiren sind als:

$\sqrt[3]{4} \pm \sqrt[3]{5}$, $4^3 \pm 5^3$. Die Rechnung ist nicht eher auszuführen, als bis wirklich im ersten Fall radicirt, im zweiten potenzirt ist.

Eine algebraische Gleichung heifst gleichartig, wenn sämmtliche Glieder von gleichen Dimensionen sind.

$$y^2 + xy + x^2 + ay + bx + cd = 0$$

ist eine gleichartige Gleichung,

$$ay^2 + x^3 + by + cxy + \ldots = 0$$

ist eine ungleichartige Gleichung.

Gleichartige und ungleichartige Axen der Krystalle, s. den Art: Axen der Krystalle, Bd. I, pag. 25.

Gleicher für Aequator, s. den Art. Aequator der Erde am Schlufs.

Gleichförmig ist der uneigentliche Ausdruck für gleichmäfsig. Gleichförmig heifst nämlich dem Wortlaut nach: von gleicher Form, bedeutet aber für jede Aenderung, die mit einer Gröfse vorgenommen wird, oder für die Gröfse selbst, dafs von einer Eigenschaft mit welcher sie behaftet ist, auf jeden gleichen Theil gleich viel kommt, so dafs hier nicht die Form sondern das Maafs zur Sprache kommt.

Eine Bewegung ist gleichförmig, wenn der bewegte Punkt in gleichen Zeiten gleiche Wege zurücklegt und zwar nicht ruckweise, sondern dafs die gedachte Gleichförmigkeit für jede noch so kleine Zeit gilt.

Eine Bewegung ist gleichförmig beschleunigt und verzögert, wenn in gleichen noch so kleinen Zeiten die Gröfsen der Zuwachse und Abnahmen gleich grofs sind.

Eine arithmetische Reihe der ersten Ordnung ist gleichförmig wachsend oder abnehmend, weil zwischen je zwei aufeinander folgenden Gliedern die Differenz, das Maafs der Aenderung, sich gleich bleibt.

Eine arithmetische Reihe höherer Ordnung ist ungleichförmig wachsend und abnehmend; die aufeinander folgenden Glieder sind mit beschleunigter Zu- oder Abnahme begriffen. Die arithmetische Reihe 2ter Ordnung könnte man, conform mit der Bewegung, gleichförmig beschleunigt wachsend oder abnehmend nennen.

Ein Körper ist von gleichförmiger Dichtigkeit, wenn auf jedes gleiche noch so kleine Volumen gleich viel Masse kommt, wenn also die Masse gleichmäßig vertheilt ist.

Gleichgewicht ist gleichbleibender Zustand zwischen zusammenwirkenden Kräften. S. Aequilibrium, Bd. I., pag. 36.

Gleichheit ist Uebereinstimmung in der Größe.

Gleichheitszeichen, das Zeichen der Gleichheit zweier Größen a und b ist $=$. Man schreibt $a = b$. S. den Art.: Algebraische Zeichen.

Gleichlaufend, parallel sind gerade in einer und derselben Ebene liegende Linien, die noch so weit verlängert sich nicht schneiden. Denkt man sich zwei auf einander liegende sich deckende gerade Linien, die weil sie keine Dicke haben nur eine einzige gerade Linie ausmachen, nimmt die obere von der unteren fort und bewegt sie der Art, daß jeder Punkt derselben einen gleichen Weg macht, so entstehen 2 Parallellinien. Dieselben haben in allen Punkten einerlei Abstand von einander (vergl. Axiom). Eben so sind Ebenen mit einander gleichlaufend wenn sie sich nirgend schneiden, sie mögen noch so weit nach allen Richtungen verbreitert werden. Die Entstehung derselben kann man auf dieselbe Weise wie bei den gleichlaufenden geraden Linien erklären.

Gleichmacher für Aequator, s. den Art. Aequator am Schluß.

Gleichnamig ist was einen gleichen Namen hat oder was sich auf einen gleichen Namen bezieht; z. B. zwei Glieder einer Reihe oder einer Gleichung, die beide positiv oder beide negativ sind, heißen gleichnamig, desgleichen die mit denselben Vorzeichen versehenen Wurzeln einer Gleichung von höherem Grade; die genannten Größen mit verschiedenen Vorzeichen heißen ungleichnamig untereinander. In einer einfachen und zusammengesetzten Proportion heißen sämmtliche Vorderglieder und sämmtliche Hinterglieder unter einander gleichnamig, die Vorderglieder mit den Hintergliedern ungleichnamig.

Die gleichliegenden Seiten, Winkel und Diagonalen in congruenten und ähnlichen Figuren heißen untereinander gleichnamig. Eben so hat man in den Figuren durch gleichnamige Diagonalen gebildete gleichnamige Dreiecke, im Allgemeinen gleichnamige Stücke.

Gleichschenklig ist ein Dreieck, in welchem von den 3 Seiten 2 Seiten gleich sind. Diese gleichen Seiten heißen die Schenkel, die dritte Seite ist die Grundlinie, der von den Schenkeln eingeschlossene Winkel heißt der Winkel an der Spitze, die beiden anderen gleich großen Winkel sind die Winkel an der Grundlinie (s. den Art. Dreieck, No. 7 und 30 mit Fig 577).

Ist Fig. 577, pag. 326 ABC ein gleichschenkliges Dreieck, $BC = a$ die Grundlinie, sind also $AB = AC$ die Schenkel, $\angle BAC$ der Winkel an der Spitze $= \alpha$, die Winkel an der Grundlinie $\angle ABC = \angle ACB = \beta$, so ist

$$\angle \beta = 90^\circ - \tfrac{1}{2}\alpha$$

$$\angle \alpha = 180^\circ - 2\beta$$

$$\sin \tfrac{1}{2}\alpha = \cos \beta = \tfrac{1}{2}\frac{a}{b}$$

$$\cos \tfrac{1}{2}\alpha = \sin \beta = \frac{\sqrt{(2b+a)(2b-a)}}{2b}$$

$$\sin \alpha = \frac{a}{2b^2}\sqrt{(2b+a)(2b-a)}$$

$$\cos \alpha = 1 - \frac{a^2}{2b^2}$$

$$\sin \tfrac{1}{2}\beta = \tfrac{1}{2}\sqrt{\frac{2b-a}{b}}$$

$$\cos \tfrac{1}{2}\beta = \tfrac{1}{2}\sqrt{\frac{2b+a}{b}}$$

Gleichseitig für Figur und Hyperbel, s. den Art. Aequilateral, pag. 36 mit Fig. 37.

Gleichstellige Glieder sind in zusammengehörigen Reihen die Glieder, welchen dieselben Stellenzahlen angehören.

Gleichung ist die Gleichsetzung zweier Zahlengrößen von verschiedener Form. Liegen diesen verschiedenen Formen für eine und dieselbe Größe nur arithmetische Operationen zu Grunde, so ist die Gl. eine analytische. Z. B.

$$(a+b)(a-b) = a^2 - b^2$$

ist eine Gleichung, die durch die Auflösung der Klammern des links stehenden Products entstanden ist.

$$\frac{a+\sqrt{-b}}{a-\sqrt{-b}} + \frac{a-\sqrt{-b}}{a+\sqrt{-b}} = \frac{2(a^2-b)}{a^2+b}$$

In dieser Gleichung ist der rechts stehende einfachere Ausdruck entstanden, dafs beide links stehende Summanden unter einerlei Benennung gebracht worden und hierauf Zähler und Nenner reducirt worden sind. Beide Gleichungen sind analytisch, und sämmtliche analytische Gleichungen haben keinen anderen Zweck als zusammengesetzte algebraische Ausdrücke zu vereinfachen, oder sie sind das Resultat von geschehenen Reductionen zu einer allgemein gebräuchlichen Formel, wie Beispiele in den Art.: „Analytische Formel und analytische Gleichung“ gegeben sind.

Solche analytische Gleichungen oder Formeln kommen natürlich auch mit transcendenten Gröfsen vor. Z. B.

$$\log A + \log B = \log (AB)$$

ist eine analytische Gleichung, nämlich eine logarithmische Formel, welche ausspricht, dafs man um den Logarithmus eines Products zu finden nur nöthig hat die Logarithmen dessen Factoren zu addiren.

Die Art. „Cosinus und Cosecante“ haben eine grofse Menge von analytischen Entwickelungen. Der erste Art. hat pag. 140, Formel 27 und 28 die beiden trigonometrischen Gleichungen oder Formeln:

$$\cos\alpha + \cos\beta = 2\cos\tfrac{1}{2}(\alpha+\beta)\cdot\cos\tfrac{1}{2}(\alpha-\beta)$$
$$\cos\beta - \cos\alpha = 2\sin\tfrac{1}{2}(\alpha+\beta)\cdot\sin\tfrac{1}{2}(\alpha-\beta)$$

Beide Gleichungen durch einander dividirt und dann reducirt gibt die trigonometrischen Formeln 32 und 33.

$$\frac{\cos\alpha + \cos\beta}{\cos\beta - \cos\alpha} = \cot\tfrac{1}{2}(\alpha+\beta)\cdot\cot\tfrac{1}{2}(\alpha-\beta)$$

und

$$\frac{\cos\beta - \cos\alpha}{\cos\alpha + \cos\beta} = tg\,\tfrac{1}{2}(\alpha+\beta)\cdot tg\,\tfrac{1}{2}(\alpha-\beta)$$

Desgleichen sind die Art. Differenzial bis Differenzialrechnung zum grofsen Theil Entwickelungen neuer Formeln und Gleichungen aus gegebenen, die ebenso zu den analytischen Gleichungen gehören.

Bestehen dagegen die gleich gesetzten Werthe in dem algebraisch ausgedrückten Zusammenhang von unbekannten mit bekannten Gröfsen, und sollen diese Unbekannten aus dem gegebenen Zusammenhang ermittelt (entwickelt) werden, so sind die Gleichungen algebraische.

Der Art. algebraische Gleichung erklärt gleich zu Anfang, dafs Gleichungen, in welchen die Unbekannten mit Logarithmen, trigonometrischen Linien, Differenzialen und Integralen verwickelt sind oder als Potenzexponenten vorkommen, keine algebraische sondern transcendente Gleichungen sind; und in der That man hat keine andere Bezeichnung für dieselben, wiewohl nach dem Obigen auch transcendente Gleichungen den Character der analytischen Gleichungen haben.

Der Art. Algebraische Gleichung handelt von den Gleichungen mit einer und mit mehreren Unbekannten, von den Gleichungen des ersten Grades und der höheren Grade.

Transcendente Gleichungen können entweder durch Logarithmen aufgelöst werden oder es mufs durch Probiren geschehen. Viele Gleichungen sind auch nur scheinbar transcendent und können algebraisch entwickelt werden. Z. B.

1. Die Gleichung

$$x^2 + x\log a = \log b$$

ist keine transcendente Gleichung. Denn es ist

$$x = -\tfrac{1}{2}\log a \pm \sqrt{\tfrac{1}{4}(\log a)^2 + \log b}$$

algebraisch zu entwickeln und der Werth von x numerisch auszurechnen.

2. Desgleichen die Gleichung

$$x^2 - x\,tg\,\varphi = \sin(\varphi + \alpha)$$

ist eine algebraische Gleichung weil mit φ und α auch die Tangente und der Sinus bekannte Zahlengröfsen sind.

3. Die Gleichung

$$\log x + \log(a + x) = b$$

ist transcendent, sie kann auch nur durch Probiren gelöst werden.

4. Die Gleichung

$$\log x + \log(ax) = b$$

dagegen ist algebraisch. Denn es ist

$$\log(ax) = \log a + \log x$$

folglich hat man

$$2\log x + \log a = b$$

woraus $\log x = \tfrac{1}{2}(b - \log a)$

5. Die Gleichung $a^x = b$ ist transcendent, kann aber in eine algebraisch logarithmische Gleichung umgeformt werden, nämlich in

$$x\log a = \log b$$

woraus $x = \dfrac{\log b}{\log a}$

6. Dagegen ist die Gleichung $x^x = b$ transcendent und bleibt auch durch Umformung transcendent, denn man erhält

$$x\log x = \log b$$

und diese Gleichung ist nur durch Probiren zu lösen.

7. Die Gleichung

$$tg^2 x + tg\, x - a = 0$$

ist algebraisch entwickelt

$$tg\, x = -\tfrac{1}{2} \pm \sqrt{\tfrac{1}{4} + a}$$

Wird der rechts stehende Werth numerisch ausgerechnet, so findet man x aus den Tafeln.

8. Dagegen bleiben die Gleichungen

$$x\, tg^2 x + tg\, x - a = 0$$

$$tg^2 x + tg\, x - ax = 0$$

u. s. w. transcendent.

S. Bd. I. und II. die Art. über Gleichung in dem Inhaltsverzeichnifs und Sachregister, ferner Fouriers Lehre etc. pag. 112.

Gleichung (Astr.) hat die Bedeutung von Ausgleichung, und zwar ist sie die Differenz zwischen dem mittleren Werth und dem wahren Werth einer Gröfse, oder der positive oder negative Betrag, welcher dem mittleren Werth einer Gröfse hinzugefügt werden mufs, um den wahren Werth derselben Gröfse zu erhalten. (S. die folgenden Art.)

Gleichung der Bahn oder **des Mittelpunkts** ist die Gleichung für die Bestimmung des wahren Orts eines Planeten in seiner Bahn mit Benutzung seines bekannten mittleren Orts:

Jeder Planet nämlich durchläuft seine Bahn um die Sonne mit ungleichförmiger Geschwindigkeit; in der Gegend des Aphels ist seine Bewegung am langsamsten, in der Gegend des Perihels am schnellsten (s. den Art. Bahn, No. 4, pag. 171 mit Fig. 165 und 166).

Macht der Planet nun seinen vollständigen Umlauf um die Sonne, also 360° seiner Bahn beispielsweise in 300 Tagen, so ist sein mittlerer Weg pro Tag $\frac{360}{100}$ = 3,6 Grade, und in 10 Tagen sein mittlerer Weg 36 Grad. Nimmt man nun den Anfangspunkt seiner Bewegung im Perihel, so hat er offenbar in den ersten 10 Tagen einen gröfseren Weg als 36° zurückgelegt; es betrage derselbe $(36 + \alpha)$ Grade, so ist sein mittlerer Ort 36°, sein wahrer Ort $(36 + \alpha)^\circ$ vom Perihel entfernt und die Gleichung beträgt $+\alpha$. Wird der Weg vom Aphel ab gerechnet, so hat er in den ersten 10 Tagen weniger als 36°, etwa $(36 - \beta)^\circ$ zurückgelegt und seine Gleichung ist $(-\beta)^\circ$. Gleichung der Bahn heifst die Gleichung, sofern man die Bogen α und β in der Bahn angibt, Gleichung des Mittelpunkts, sofern α und β die Winkel bezeichnen, um welche die Radii-vectoren des Planeten für seine mittleren und seinen wahren Ort von einander abstehen. Der Art. Anomalie, pag. 74 mit Fig. 66 gibt eine anschauliche Vorstellung von der Gleichung der Bahn.

Gleichung der Zeit ist der Unterschied zwischen der wahren und der mittleren Sonnenzeit. S. den Art. Chronologie mit Fig. 285.

Gleichwinklig sind Dreiecke und Vielecke, die lauter gleiche Umfangswinkel haben. Die regulären Figuren sind gleichseitig und gleichwinklig.

Glied ist ein einzelner der abgesonderten Theile, aus welchen ein Ganzes besteht. In der Arithmetik ist es jede zwischen zweien Additions- oder Subtractionszeichen befindliche Gröfse eines Aggregats, also gleichbedeutend oder ein gemeinschaftlicher Name für Summand, Minuend und Subtrahend.

Das Aggregat: $ax + x^2 \pm by \mp cd$

hat 4 Glieder.

Das Aggregat $ax + (b + c - d)\, y$

hat 2 Glieder, von denen jedes ein Product aus 2 Factoren ist, der erste Factor des zweiten Gliedes ist eine dreigliedrige Gröfse.

Jede auf Null reducirte Gleichung besteht aus mindestens 2 Gliedern; befindet sich in derselben ein Glied, in welchem die Unbekannten nicht vorkommen, so heifst dieses Glied das bekannte Glied oder das absolute Glied. In der Gleichung $x^2 + ax - b = 0$ ist b das absolute Glied.

Jedes Verhältnifs $a : b$; $c - d$, besteht aus zwei Gliedern, dem Vordergliede und dem Hintergliede. Jede Proportion besteht aus 2 gleichen Verhältnissen mit 4 Gliedern, zweien äufseren und zweien inneren Gliedern. Dasjenige Glied in einem Regeldetri-Ansatz, zu welchem das ihm angehörige Verhältnifsglied gefunden werden soll, heifst Frageglied (s. d.). In einer Reihe (s. arithmetische Reihe, geometrische Reihe) ist das erste von Wichtigkeit für die Auffindung eines 3ten, 4ten, $n$ten Gliedes und die Summe sämmtlicher Glieder. Dasjenige mit allgemeinen Zeichen ausgedrückte Glied einer speciellen Reihe, mit welchem das Gesetz der Fortschreitung der Reihe allgemein gegeben ist, heifst das allgemeine Glied

In der Reihe 1 · 3 · 6 · 10 ....

ist das allgemeine Glied $u = \frac{1}{2}n(n + 1)$; wo n die Stellenzahl des Gliedes der Reihe bezeichnet, und man hat

für $n = 1$ $s = \frac{1}{2} \cdot 1(1+1) = 1$
$n = 2$ $s = \frac{1}{2} \cdot 2(2+1) = 3$
$n = 3$ $s = \frac{1}{2} \cdot 3(3+1) = 6$
$n = 4$ $s = \frac{1}{2} \cdot 4(4+1) = 10$
. . . .
$n = 10$ $s = \frac{1}{2} \cdot 10(10+1) = 55$

S. auch den Art. Gleichnamig.

Gnomon (Geometr.) nennt Euklid im zweiten Buch, Satz 6, 7 und 8 den einem Winkelmaafs ähnlichen (γνώμων das Winkelmaafs, die Richtschnur) Ueberrest aus einem Quadrat, wenn ein in demselben von einem Eckpunkt aus construirtes Quadrat von dem ganzen fortgenommen wird; also Bd. II., pag. 73, Fig. 412, die aus 2 Rectangeln bestehende Ebene *JGCEH*, also die Ebene, welche übrig bleibt, wenn von dem Quadrat *GH* das Quadrat *CE* fortgenommen ist.

Klügel in seinem mathematischen Wörterbuch erweitert den Begriff dahin, dafs er nicht nur für ein Quadrat, sondern auch für jedes Parallelogramm gilt, wenn, wie es bei dem Quadrat immer der Fall ist, eine Diagonale des kleineren abzuziehenden Parallelogramms mit einer des gnomen in derselben Linie liegt.

Demnach wäre auch Bd II., pag. 73, Fig. 410 die Figur *CGHEBA* (ein schiefes Winkelmaafs) ein Gnomon.

Gnomon (Astr.) bedeutet den Zeiger an einer Sonnenuhr (γνώμων Anzeiger). Auch bezeichnet man mit Gnomon eine Vorrichtung, mittelst welcher man den Augenblick des eintretenden wahren Mittags markirt, indem man einen finsteren Raum, auf dessen horizontalen Boden die Mittagslinie verzeichnet ist, mit einer normal auf der Mittagslinie befindlichen Wand schliefst und in einem mit jener Mittagslinie in derselben lothrechten Ebene liegenden Punkt dieser Wand eine sehr kleine Oeffnung bildet, durch welche nun die Sonne einen Strahl in den dunklen Raum wirft, der von dem Morgen bis zu dem Mittage hin der auf dem Boden verzeichneten Mittagslinie immer näher kommt und mit dem augenblicklichen Eintritt des wahren Mittags sie trifft.

Goldene Regel war bei den alten Rechenmeistern die Anweisung, aus 3 gegebenen Gliedern einer Proportion das vierte zu finden, also die Vorschrift für die Ausrechnung eines Regel-de-tri-Exempels.

Goldene Zahlen, s. u. Epakten.

Goniometrie (γωνία Winkel, Ecke) wird jetzt ziemlich allgemein derjenige Theil der Geometrie genannt, welcher mit dem Zusammenhang zwischen Winkeln und ihnen zugehörigen geraden Linien sich beschäftigt; und da man eine zweite Abtheilung dieses Theils Cyclometrie (κύκλος, Kreis) nennt, so ist die Goniometrie die Wissenschaft, welche Linien aus gegebenen Winkeln und Cyclometrie die Wissenschaft, welche die Winkel (Kreisbogen) aus gegebenen Linien kennen lehrt.

Früher nannte man beide Disciplinen, die G. und die C. allgemein Trigonometrie, und wiewohl dieses Wort Dreieckemessung heifst (τρίγωνον Dreieck, μετρεῖν messen), so wurden nach der Erklärung der trigonometrischen Linien und den Aufgaben über die Dreiecke auch noch die der Vierecke und der Vielecke aufgelöst, so wie in der Elementar-Geometrie die Lehre von den Dreiecken die Basis aller geometrischen Erkenntnisse ist.

Die Namen Goniometrie und Cyclometrie sind aber entsprechender und bezeichnender, so bald sie die Lehren, abgesehen von deren Anwendung auf Figuren, enthalten; es folgt hiernach dann die Trigonometrie und wenn man will eine Polygonometrie.

2. Der Name Trigonometrie für die Gesammtheit der hierher gehörigen Erkenntnisse wird dadurch gerechtfertigt, dafs das Dreieck so recht geeignet ist, die Unerläfslichkeit dieser neuen Disciplin der Geometrie zu begründen.

Fig. 680.

Denn die Elementargeometrie lehrt den Zusammenhang zwischen Seiten und Winkeln nur in den Fällen, wo Winkel rechte und aliquote Theile von rechten Winkeln sind.

Es sei nämlich $\angle ACD = \angle BCD$
also $\angle ACB = 2\angle BCD$
ferner $CA = CD = CB$
so ist Seite AB nicht = 2mal Seite BD.
Denn es ist nach geometrischen Lehren

$$AB < DA + DB$$

also $AB < 2BD$

Wenn also in 2 gleichschenkligen Dreiecken die beiden Paar Schenkel einander gleich sind, der von ihnen eingeschlossene Winkel in dem einen Dreieck aber doppelt so grofs ist, als der in dem anderen Dreieck, so ist die Grundlinie des ersten Dreiecks nicht doppelt so grofs als die Grundlinie des zweiten Dreiecks.

Eben so ist die Grundlinie des ersten Dreiecks nicht das 3, 4, 5, ... mfache der Grundlinie des zweiten Dreiecks, wenn der ihr gegenüberliegende Winkel das 3, 4, 5 ... mfache des der einfachen Grundlinie gegenüberliegenden Winkels ist.

3. Wenn in dem Dreieck ABC $\angle C = 2w$, $\angle A = w$

also $\angle BCA = 2 \angle BAC$

so ist zwar $BA > CB$, allein BA nicht $= 2BC$.

Denn halbirt man $\angle BCA$ durch CE

so ist $AE = CE$

Nun ist $\angle BEC = \angle ECA + \angle EAC = 2w$

und $\angle BCE = w$

Folglich liegt in dem $\triangle BCE$ die Seite BC dem doppelten und die Seite BE dem einfachen Winkel gegenüber.

Wäre nun $BA = 2BC$

so wäre aus gleichem Grunde

$$BC = 2BE$$

Man hätte also $BA = 2BC$

$$BC = 2BE$$

folglich $BC + BA = 2BC + 2BE$

oder $BC + BE + AE = 2BC + 2BE$

oder $AE = CE = BC + BE$

Mithin wäre in dem $\triangle CBE$ eine Seite gleich der Summe der beiden anderen Seiten, welches unmöglich ist.

Es ist also unmöglich dafs $AB = 2BC$ ist. Eben so ist AB nicht das 3, 4, 5... mfache von BC, wenn $\angle BCA$ das 3, 4, 5... mfache von $\angle BAC$ ist.

Man kann also aus dem Verhältnifs der Seiten eines Dreiecks nicht auf das Verhältnifs der Winkel und aus dem Verhältnifs der Winkel eines Dreiecks nicht auf das Verhältnifs der Seiten desselben schliefsen. Ueberhaupt kann man aus den Seiten nicht unmittelbar die Winkel und aus den Winkeln nicht unmittelbar die Seiten finden. Und dennoch ist es von Wichtigkeit diese beiden Aufgaben zu lösen.

Es gehören also zu dem Vergleich zwischen Winkeln und Seiten eines Dreiecks vermittelnde Gröfsen, Gröfsen, die mit den Winkeln und zugleich mit den Seiten verglichen werden können, welche in der Elementargeometrie nicht vorkommen und einer höheren Abtheilung der Geometrie, der Goniometrie oder der Trigonometrie vorbehalten bleiben. Es sind dies die goniometrischen oder trigonometrischen Linien, die jetzt erklärt werden sollen.

4. Es seien Fig. 669 die Linien CA, CD, CB als Radien eines Kreises gleich lang und in den Dreiecken ACD, DCB und ACB haben die Seiten AD, BD und AB einerlei Lage in Beziehung auf die ihnen gegenüberliegenden Winkel. Hätte man nun diese Sehnen bei einer bestimmten Länge des Radius z. B. der Längeneinheit = 1 für sämmtliche Winkel von Secunde zu Secunde berechnet, so wären diese Sehnen mit den Winkeln unmittelbar verglichen; sie sind aber als Linien auch mit den Seiten eines Dreiecks zu vergleichen, in welchen die zu ihnen gehörenden Centriwinkel als Umfangswinkel vorkommen, und somit wäre die Vergleichung zwischen Winkeln und Seiten eines Dreiecks geschehen.

Fig. 670

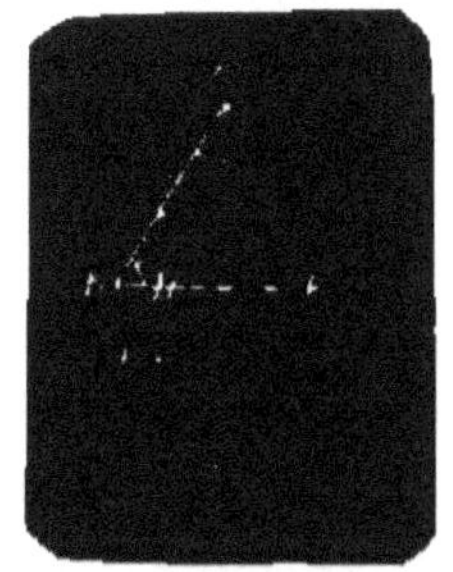

Beispiel. Es sei in dem Dreieck ABC die Seite $BC = 40$ gegeben, ferner der $\angle ABC = 65°10'$, der $\angle ACB = 54°50'$, so dafs auch der dritte $\angle BAC$ bekannt $= 180° - (65°10' + 54°50') = 60°$ ist. Man soll die Längen der Seiten AB und AC finden.

Man zeichne an einer der beiden unbekannten Seiten z. B. an AB ein dem gegebenen $\triangle ABC$ congruenten $\triangle ABC'$, so dafs $\angle C'BA = \angle CBA$ und $\angle C'AB = \angle CAB$, also $\angle CBC' = 2 \angle CBA = 130°20'$ und $\angle CAC' = 2 \angle CAB = 120°$ ist.

Ferner zeichne man aus A und B die Kreisbogen FG und DE mit der Längeneinheit der Seite BC also mit $AF = BD = 1$, ziehe die Sehnen FG und DE, welche berechnet und also bekannt sein sollen, so ist $BD = BE,\ BC = BC'$

eben so $AF = AG,\ AC = AC'$

Zieht man daher CC' so ist diese mit DE und FG parallel.

Es ist daher $BD : BC = DE : CC'$

oder $1 : 40 = DE : CC'$

folglich $CC' = 40 \cdot DE$

Da nun auch $AF : FG = AC : CC'$

oder $1 : FG = AC : CC'$

so ist auch $CC' = AC \cdot FG$

folglich $CC' = AC \cdot FG = 40\ DE$

Die Sehne DE für den Centriwinkel $130^\circ\ 20'$ ist $= 1,815$

Die Sehne FG für den Centriwinkel $120^\circ = 1,732$

Mithin hat man $AC \times 1,732 = 40 \times 1,815$

woraus $AC = 41,92$

Auf dieselbe Weise würde man die Länge der Seite AB finden, wenn man an AC ein dem $\triangle ABC$ congruentes Dreieck zeichnet.

Die Linien CC', DE und FG werden von der Seite AB halbirt. Da nun halbe Linien wie die zugehörigen ganzen Linien sich verhalten, so hat man zur Berechnung der Seite AC nicht nöthig, das $\triangle AC'B$ zu zeichnen; man darf nur von den Punkten D, C, F die Lothe DH, CL, FK auf AB fällen.

Es ist dann $BD : BC = DH : CL$

und $AF : AC = FK : CL$

mithin $CL = \frac{DH}{DB} \times BC = \frac{FK}{AF} \times AC$

oder $\frac{DH}{1} \times 40 = \frac{FK}{1} \cdot AC$

$$DH = 0,9075;\ FK = 0,8660$$

also $AC = \frac{0,9075}{0,8660} \cdot 40 = 41,92$

5. Die auf diese Weise construirten halben Sehnen sind nun wirklich für alle Winkel von Secunde zu Secunde berechnet und tabellarisch geordnet. Sie haben den Namen Sinus (semissis halb, inscripta die Sehne, semissis inscripta wurde s. ins. abgekürzt geschrieben, woraus der Name Sinus entstanden ist.)

Ist nun $DB = 1$, so heifst das Loth DH auf dem anderen Schenkel BH des Winkels der Sinus des $\angle DBH$ und man schreibt $DH = \sin DBH$ oder $\sin B$.

Da nun in dem rechtwinkligen Dreieck CBL $BD : BC = DH : CL$

oder $1 : BC = \sin B : CL$

so ist $CL = BC \cdot \sin B$

und $\sin B = \frac{CL}{BC}$

In jedem rechtwinkligen Dreieck ist also der Sinus eines spitzen Winkels = dem Bruch, in welchem die dem Winkel gegenüberliegende Cathete der Zähler und die Hypotenuse der Nenner ist.

6. Dieser Sinus ist also einmal eine Linie, die in Beziehung auf einen beliebigen Winkel auf einerlei Weise construirt wird; nämlich als die dem Winkel gegenüberliegende Cathete eines rechtwinkligen Dreiecks oder was dasselbe ist, in Beziehung auf den Winkel als Centriwinkel als das Loth von dem Endpunkt des einen Halbmessers auf den anderen, und in seiner Länge in Theilen, entweder der Hypotenuse des rechtwinkligen Dreiecks oder des Halbmessers des Kreises ausgedrückt. Der Sinus wird also als eine abstracte Zahl angegeben und ist zugleich die wirkliche Länge wenn Hypotenuse oder Halbmesser $= 1$ gesetzt wird.

Die vielfachen Beziehungen zwischen Seiten und Winkeln in einer Figur machen es fast unmöglich, dafs diese ursprüngliche trigonometrische Linie, der Sinus die einzige Vermittelung zwischen Seiten und Winkeln bleibe: es würden beschwerliche Rechnungen und complicirte Formeln nothwendig werden.

7. Aus der Geometrie ist bekannt, dafs in einem Dreieck ABC (Fig. 670)

$$AC^2 = BC^2 + AB^2 - 2AB \cdot BL$$

Nun ist aber

$$BL = BC \sin BCL = BC \cdot \sin y$$

wo y der Complementswinkel von $\angle CBA = x$ ist. Man kann daher die dritte Seite AC eines Dreiecks finden, wenn die beiden anderen Seiten AB, BC und der von ihnen eingeschlossene $\angle x$ gegeben sind, indem man den Sinus des zu x gehörenden Complementswinkels in Rechnung bringt. Um für jeden einzelnen Fall nicht erst den Complementswinkel ausrechnen zu müssen, hat man ebenfalls diese Complements-Sinus (abgekürzt: Cosinus, cos) besonders berechnet und tabellarisch geordnet.

Es sei gegeben $BC = 10$, $AB = 12$, $\angle x = 35^\circ\ 10'$, so hat man

$$AC^2 = 10^2 + 12^2 - 2 \cdot 12 \cdot 10 \cdot \cos 35^\circ\ 10'$$
$$= 244 - 240 \cdot 0,81748 = 45,8048$$

und $AC = \sqrt{45,8048} = 6,77$

8. Es sei Fig. 671 im rechtwinkligen Dreieck ABC die Cathete $AB = a$ und der ihr anliegende $\angle BAC = x$ gegeben, man soll die Cathete BC finden.

Zeichnet man aus A den Bogen BD, fällt das Loth DF auf AB

so ist $DF = AD \sin x = AB \sin x = a \sin x$,

$AF = AD \cos x = a \cos x$

und man hat

Fig. 671.

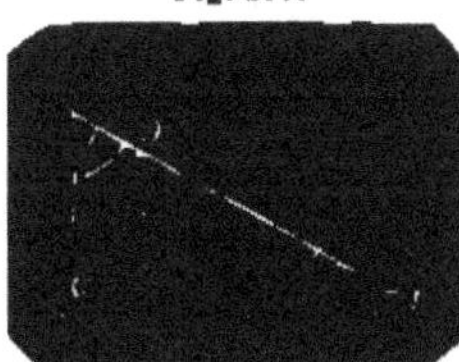

$$AF : DF = AB : BC$$

oder $a \cos x : a \sin x = a : BC$

woraus $BC = a \cdot \frac{\sin x}{\cos x}$

Man kann also BC finden, sobald a und x in Zahlen gegeben sind. Um aber nicht die Division von $\cos x$ in $\sin x$ nöthig zu haben hat man den Quotient $\frac{\sin x}{\cos x}$ für alle Winkel von Secunde zu Secunde berechnet und mit den Sinus und Cosinus unter dem Namen Tangente (abgekürzt *tang* oder *tg*) zusammen gestellt, und es ist demnach

$$BC = a \operatorname{tg} x$$

Der Name Tangente für den Quotient ist ganz angemessen, denn der Quotient $\frac{\sin x}{\cos x}$ würde mit der geometrischen Tangente BC an dem Kreisbogen BD und dem $\angle x$ zugehörig gleich grofs sein, wenn $AB = 1$ wäre.

Wäre statt x der Complementswinkel y gegeben, so müfste man, um BC zu finden, erst $\angle x$ ausrechnen und um dies zu vermeiden hat man die Complementstangenten, abgekürzt Cotangenten (*cotg*, *cot*) ebenfalls mitunter tabellarisch zusammengestellt. Man kann sie jedoch entbehren; denn da

$$BC = a \operatorname{tg} x$$

und $a = BC \cot x$

so ist $BC = BC \cdot \cot x \cdot \operatorname{tg} x$

oder $\operatorname{tg} x \cdot \cot x = 1$

woraus $\cot x = \frac{1}{\operatorname{tg} x} = \frac{\cos x}{\sin x}$

Ist also y gegeben, so hat man $BC = \frac{a}{\operatorname{tg} y}$.

9. Auch die Hypotenuse AC kann man unmittelbar aus der gegebenen Cathete a und dem $\angle x$ finden. Denn es ist

$$AF : AD = AB : AC$$

oder $a \cos x : a = a : AC$

woraus $AC = a \cdot \frac{1}{\cos x}$

Wäre $a = 1$, so hätte man $AC = \frac{1}{\cos x}$ und man hat diesen Quotienten, welcher mit der Länge AC für den Halbmesser $AB = 1$ übereinstimmt, Secante genannt, weil diese Linie den Kreis durchschneidet.

Man schreibt $AC = a \sec x$

Eben so heifst die Secante des Complementswinkels y von x die Cosecante. Es ist daher auch

$$AC = a \operatorname{cosec} y$$

10. Die trigonometrischen Linien sind in No 7, 8, 9 in Beziehung auf Dreiecksberechnung, also rein trigonometrisch entwickelt. Sie sind aber in Rücksicht auf ihre allgemeine Anwendung auch allgemein aufzufassen und zwar ohne Beziehung auf Figurenberechnung, sondern als Vermittelung zwischen Winkeln und deren die Längeneinheit bildenden Schenkeln, also in Beziehung auf Centriwinkel und deren Radien.

In dem Art. Constructionen, trigonometrische, pag. 80 mit Fig. 437 bis 440 sind die genannten trigonometrischen Linien für einen beliebigen Winkel ACD construirt, und zwar

Fig. 437 für Winkel von 0 bis incl 90°, also im 1ten Quadrant liegend.

Fig. 438 für Winkel von 90° bis incl. 180°, also im 2ten Quadrant liegend.

Fig. 439 für Winkel von 180° bis incl. 270°, also im 3ten Quadrant liegend.

Fig. 440 für Winkel von 270° bis incl. 360°, also im 4ten Quadrant liegend.

No 2, pag. 81 ist gezeigt, das die gleichnamigen trigonometrischen Linien für die Winkel der 4 verschiedenen Quadranten, sobald sie sich auf gleich grofse Winkel des ersten Quadrant, nämlich auf gleich grofse Ergänzungen zu 2 oder 4 rechten Winkeln zurückführen lassen, in den Längen gleich und nur in den Vorzeichen verschieden sind. In No 3 ist angegeben, wie solche Zurückführungen geschehen.

Ueber die beiden trigonometrischen Linien Sinus versus und Cosinus versus oder Quersinus und Quercosinus s. den Art. „Cosinus versus".

11. Die trigonometrischen Linien für die ein- und mehrfachen rechten Winkel zu bestimmen ist von grofser Wichtigkeit:

Für den $\angle ACA$ (Fig. 437, pag. 80) = 0 fällt der Sinus DE und die Tangente GA in den Punkt A; beide werden = 0. Die Secante CH fällt in CA und wird = 1, der Sinusversus AE fällt in den Punkt A und wird = 0. Der Cosinus DF oder CE wird = CA = 1. Die Cotangente nach derselben Richtung BH wird ∞, desgleichen die Cosecante CH in der Richtung $CA = \infty$ und der Cosinus versus BF wird = BC = 1.

Für den $\angle BCA = 90°$ fällt der Sinus DE in BC und ist = 1, die Tangente wird in derselben Richtung AG ∞, die Secante CG fällt in die Richtung CB und wird ∞, der Sinus versus AE erstreckt sich von A bis C und wird = 1. Der Cosinus DF fällt in den Punkt B und wird = 0, die Cotangente BH fällt in den Punkt B und wird = 0, die Cosecante CH fällt in CB und wird = 1, der Cosinus versus BF fällt in den Punkt B und wird = 0.

Für den $\angle A'CA$ (wenn man Fig. 438 den rechts in dem waagerechten Durchmesser liegenden Endpunkt mit A' bezeichnet) = 180° fällt der Sinus DE in A' und wird = 0, die Tangente $(-AG)$ fällt in den Punkt A und wird = 0, die Secante $(-CG)$ fällt in den Halbmesser CA und wird = − 1, der Sinus versus AE erstreckt sich von A bis A' und wird = + 2. Der Cosinus CE erstreckt sich von C bis A' und wird = − 1, die Cotangente $(-BH)$ wird ∞ also = − ∞, die Cosecante + CH fällt in die Richtung CA' und wird ∞, der Cosinus versus BF wächst bis C und wird = + 1.

Für den $\angle B'CA$ (Fig. 439) = 270°, wenn nämlich der unterste Endpunkt des lothrechten Durchmessers mit B' bezeichnet wird, hat man den Sinus DE in $CB' = -1$, die Tangente AG in derselben Richtung ∞, die Secante − CG in der Richtung CB ∞ also = − ∞, der Sinusversus AE in AC = + 1. Der Cosinus − CE in dem Punkt C = − 0, die Cotangente BH in dem Punkt B = 0, die Cosecante − CH in der Länge CB = − 1 und der Cosinus versus BF in der Länge BB' = 2.

Für den $\angle ACA = 360°$ (Fig. 440) wird der Sinus $(-DE)$ in dem Punkt A zu − 0, die Tangente − AG desgleichen in dem Punkt A zu − 0, die Secante CG fällt in AC und wird = 1, der Sinus versus AE verschwindet in dem Punkt A zu 0. Der Cosinus CE wird der Halbmesser CA = 1, die Cotangente − BH wird in derselben Richtung ∞ also = − ∞, die Cosecante − CH fällt in die entgegengesetzte Richtung von CA und wird − ∞, der Cosinus versus BF wird = BC = 1.

Hiernach hat man folgende Zusammenstellung der Werthe.

Für α =	0	90°	180°	270°	360°
Sinus	+ 0	+ 1	+ 0	− 1	− 0
Tangente	+ 0	+ ∞	− 0	+ ∞	− 0
Secante	+ 1	+ ∞	− 1	− ∞	+ 1
Sinus versus	+ 0	+ 1	+ 2	+ 1	+ 0
Cosinus	+ 1	+ 0	− 1	− 0	+ 1
Cotangente	+ ∞	+ 0	− ∞	+ 0	− ∞
Cosecante	+ ∞	+ 1	+ ∞	− 1	− ∞
Cosinus versus	+ 1	+ 0	+ 1	+ 2	+ 1

12. Die zeichnungsweise Erklärung der trigonometrischen Linien ist durchaus unerläßlich. Eben so sind nur mit Hülfe der Anschauung von Figuren folgende Formeln zu entwickeln:

Es ist Fig. 437:

$$CD^2 = DE^2 + CE^2$$

oder $\qquad 1 = \sin^2\alpha + \cos^2\alpha \qquad (1)$

woraus $\qquad \sin\alpha = \sqrt{1 - \cos^2\alpha} \qquad (2)$

und $\qquad \cos\alpha = \sqrt{1 - \sin^2\alpha} \qquad (3)$

Es ist ferner

$$CG^2 = AC^2 + AG^2$$

oder $\qquad \sec^2\alpha = 1 + tg^2\alpha \qquad (4)$

oder $\qquad \sec\alpha = \sqrt{1 + tg^2\alpha} \qquad (5)$

oder $\qquad tg\,\alpha = \sqrt{\sec^2\alpha - 1} \qquad (6)$

Ferner

$$CH^2 = CB^2 + BH^2$$

oder $\qquad cosec^2\alpha = 1 + cot^2\alpha \qquad (7)$

oder $\qquad cosec\,\alpha = \sqrt{1 + cot^2\alpha} \qquad (8)$

oder $\qquad cot\,\alpha = \sqrt{cosec^2\alpha - 1} \qquad (9)$

Ferner

$$CE : ED = CA : AG$$

oder $\cos\alpha : \sin\alpha = 1 : tg\,\alpha$

woraus $\qquad tg\,\alpha = \frac{\sin\alpha}{\cos\alpha} \qquad (10)$

Man kann noch folgende Proportion ansetzen:

$$CF : DF = BC : BH$$

oder $\sin\alpha : \cos\alpha = 1 : cot\,\alpha$

woraus $\qquad cot\,\alpha = \frac{\cos\alpha}{\sin\alpha} \qquad (11)$

Ferner hat man

$$CE : CA = CD : CG$$

oder $\qquad \cos\alpha : 1 = 1 : \sec\alpha$

woraus $\qquad \sec\alpha = \frac{1}{\cos\alpha} \qquad (12)$

Endlich

$$CF : CB = CD : CH$$

oder $\sin\alpha : 1 = 1 : \operatorname{cosec}\alpha$

woraus $\operatorname{cosec}\alpha = \dfrac{1}{\sin\alpha}$ (13)

13. Die Haupt- oder Grundformeln für alle analytischen Entwickelungen sind die zur Bestimmung des Sinus und des Cosinus einer Summe und einer Differenz zweier Winkel durch die Sinus und Cosinus der einzelnen Winkel. Es sind diese

$$\sin(\alpha \pm \beta) = \sin\alpha \cdot \cos\beta \pm \cos\alpha \cdot \sin\beta \quad (14)$$

$$\cos(\alpha \pm \beta) = \cos\alpha \cdot \cos\beta \mp \sin\alpha \cdot \sin\beta \quad (15)$$

Aus diesem Grunde machen diese 4 Formeln aus. Von denselben sind die beiden

$$\sin(\alpha + \beta) = \sin\alpha \cdot \cos\beta + \cos\alpha \cdot \sin\beta \quad (16)$$

und

$$\cos(\alpha + \beta) = \cos\alpha \cdot \cos\beta - \sin\alpha \cdot \sin\beta \quad (17)$$

in dem Art. Constructionen in No. 14, pag. 88 mit Fig. 454 bis Fig. 460

und die Formeln

$$\sin(\alpha - \beta) = \sin\alpha \cdot \cos\beta - \cos\alpha \cdot \sin\beta \quad (18)$$

$$\cos(\alpha - \beta) = \cos\alpha \cdot \cos\beta + \sin\alpha \cdot \sin\beta \quad (19)$$

in No. 15, pag. 93 mit Fig 464 bis Fig. 473 in allen nur möglichen Lagen der einzelnen Winkel synthetisch als richtig nachgewiesen.

Die übrigen trigonometrischen Formeln sind gleichfalls synthetisch und mit möglichst euklidischer Strenge in Form von Aufgaben als richtig dargethan; sie sollen darum hier noch analytisch entwickelt werden.

14. Es läfst sich die Tabelle der Werthe aller trigonometrischen Linien No. 11 aus den ad 12 aufgestellten Formeln **analytisch** ableiten, wenn man nur die Werthe des Sinus und des Cosinus als bekannt annimmt.

Setzt man in Formel 10 für Sinus und Cosinus die Werthe, so erhält man

$$tg\,0 = \frac{\sin 0}{\cos 0} = \frac{0}{1} = 0$$

$$tg\,90^\circ = \frac{\sin 90^\circ}{\cos 90^\circ} = \frac{1}{0} = \infty$$

$$tg\,180^\circ = \frac{\sin 180^\circ}{\cos 180^\circ} = \frac{0}{-1} = -0$$

$$tg\,270^\circ = \frac{\sin 270^\circ}{\cos 270^\circ} = \frac{-1}{-0} = \infty$$

$$tg\,360^\circ = \frac{\sin 360^\circ}{\cos 360^\circ} = \frac{-0}{+1} = -0$$

Eben so aus Formel 11.

$$\cot 0 = \frac{\cos 0}{\sin 0} = \frac{1}{0} = \infty$$

$$\cot 90^\circ = \frac{\cos 90^\circ}{\sin 90^\circ} = \frac{0}{1} = 0$$

$$\cot 180^\circ = \frac{\cos 180^\circ}{\sin 180^\circ} = \frac{-1}{0} = -\infty$$

$$\cot 270^\circ = \frac{\cos 270^\circ}{\sin 270^\circ} = \frac{-0}{-1} = 0$$

$$\cot 360^\circ = \frac{\cos 360^\circ}{\sin 360^\circ} = \frac{+1}{-0} = -\infty$$

Aus Formel 12 hat man

$$\sec 0 = \frac{1}{\cos 0} = \frac{1}{1} = 1$$

$$\sec 90^\circ = \frac{1}{\cos 90^\circ} = \frac{1}{0} = \infty$$

$$\sec 180^\circ = \frac{1}{\cos 180^\circ} = \frac{1}{-1} = -1$$

$$\sec 270^\circ = \frac{1}{\cos 270^\circ} = \frac{1}{-0} = -\infty$$

$$\sec 360^\circ = \frac{1}{\cos 360^\circ} = \frac{1}{1} = 1$$

Aus Formel 13

$$\operatorname{cosec} 0 = \frac{1}{\sin 0} = \frac{1}{0} = \infty$$

$$\operatorname{cosec} 90^\circ = \frac{1}{\sin 90^\circ} = \frac{1}{1} = 1$$

$$\operatorname{cosec} 180^\circ = \frac{1}{\sin 180^\circ} = \frac{1}{0} = \infty$$

$$\operatorname{cosec} 270^\circ = \frac{1}{\sin 270^\circ} = \frac{1}{-1} = -1$$

$$\operatorname{cosec} 360^\circ = \frac{1}{\sin 360^\circ} = \frac{1}{-0} = -\infty$$

Der Sinus versus ist $= 1 - \cos$, der Cosinus versus $= 1 - \sin$, beide werden also für keinen Werth des Winkels negativ.

$$\begin{array}{llll}
\operatorname{sinv}(0) \text{ ist } = 1 - 1 & = 0 & \operatorname{cosv}(0^\circ) = 1 - 0 & = 1 \\
\operatorname{sinv}\ 90^\circ = 1 - 0 & = 1 & \operatorname{cosv}\ 90^\circ = 1 - 1 & = 0 \\
\operatorname{sinv} 180^\circ = 1 - (-1) & = 2 & \operatorname{cosv} 180^\circ = 1 - 0 & = 1 \\
\operatorname{sinv} 270^\circ = 1 - (-0) & = 1 & \operatorname{cosv} 270^\circ = 1 - (-1) & = 2 \\
\operatorname{sinv} 360^\circ = 1 - 1 & = 0 & \operatorname{cosv} 360^\circ = 1 - 0 & = 1
\end{array}$$

15. Setzt man in Formel 16 und 17 hintereinander $\alpha = 90^\circ$, 180° und 270°, $\beta = \alpha$, so hat man

$$\sin(90^\circ + \alpha) = 1 \cdot \cos\alpha + 0 \cdot \sin\alpha = \cos\alpha$$

$$\sin(180^\circ + \alpha) = 0 \cdot \cos\alpha + (-1) \cdot \sin\alpha = -\sin\alpha$$

$$\sin(270^\circ + \alpha) = (-1)\cdot\cos\alpha + (-0)\cdot\sin\alpha = -\cos\alpha$$
$$\cos(90^\circ + \alpha) = 0\cdot\cos\alpha - 1\cdot\sin\alpha = -\sin\alpha$$
$$\cos(180^\circ + \alpha) = (-1)\cdot\cos\alpha - 0\cdot\sin\alpha = -\cos\alpha$$
$$\cos(270^\circ + \alpha) = (-0)\cdot\cos\alpha - (-1)\cdot\sin\alpha = \sin\alpha$$

Setzt man in Formel 18 und 19 hintereinander $\alpha = 180^\circ$, 270°, 360°, und $\beta = \alpha$, so erhält man

$$\sin(180^\circ - \alpha) = 0\cdot\cos\alpha - (-1)\cdot\sin\alpha = \sin\alpha$$
$$\sin(270^\circ - \alpha) = (-1)\cdot\cos\alpha - (-0)\cdot\sin\alpha = -\cos\alpha$$
$$\sin(360^\circ - \alpha) = (-0)\cdot\cos\alpha - 1\cdot\sin\alpha = -\sin\alpha$$
$$\cos(180^\circ - \alpha) = (-1)\cdot\cos\alpha + 0\cdot\sin\alpha = -\cos\alpha$$
$$\cos(270^\circ - \alpha) = (-0)\cdot\cos\alpha + (-1)\cdot\sin\alpha = -\sin\alpha$$
$$\cos(360^\circ - \alpha) = 1\cdot\cos\alpha + (-0)\cdot\sin\alpha = \cos\alpha$$

16. Mit Hülfe der Formeln No. 15 hat man nun die Werthe der Tangente, Cotangente, der Secante, Cosecante, des Sinus versus und des Cosinus versus von Winkeln in späteren Quadranten auf Winkel des ersten Quadrant reducirt wie folgt:

$$tg(90^\circ + \alpha) = \frac{\sin(90^\circ + \alpha)}{\cos(90^\circ + \alpha)} = \frac{\cos\alpha}{-\sin\alpha} = -\cot\alpha$$
$$tg(180^\circ + \alpha) = \frac{\sin(180^\circ + \alpha)}{\cos(180^\circ + \alpha)} = \frac{-\sin\alpha}{-\cos\alpha} = tg\,\alpha$$
$$tg(270^\circ + \alpha) = \frac{\sin(270^\circ + \alpha)}{\cos(270^\circ + \alpha)} = \frac{-\cos\alpha}{\sin\alpha} = -\cot\alpha$$
$$tg(180^\circ - \alpha) = \frac{\sin(180^\circ - \alpha)}{\cos(180^\circ - \alpha)} = \frac{\sin\alpha}{-\cos\alpha} = -tg\,\alpha$$
$$tg(270^\circ - \alpha) = \frac{\sin(270^\circ - \alpha)}{\cos(270^\circ - \alpha)} = \frac{-\cos\alpha}{-\sin\alpha} = \cot\alpha$$
$$tg(360^\circ - \alpha) = \frac{\sin(360^\circ - \alpha)}{\cos(360^\circ - \alpha)} = \frac{-\sin\alpha}{\cos\alpha} = -tg\,\alpha$$
$$\cot(90^\circ + \alpha) = \frac{\cos(90^\circ + \alpha)}{\sin(90^\circ + \alpha)} = \frac{-\sin\alpha}{\cos\alpha} = -tg\,\alpha$$
$$\cot(180^\circ + \alpha) = \frac{\cos(180^\circ + \alpha)}{\sin(180^\circ + \alpha)} = \frac{-\cos\alpha}{-\sin\alpha} = \cot\alpha$$
$$\cot(270^\circ + \alpha) = \frac{\cos(270^\circ + \alpha)}{\sin(270^\circ + \alpha)} = \frac{\sin\alpha}{-\cos\alpha} = -tg\,\alpha$$
$$\cot(180^\circ - \alpha) = \frac{\cos(180^\circ - \alpha)}{\sin(180^\circ - \alpha)} = \frac{-\cos\alpha}{\sin\alpha} = -\cot\alpha$$
$$\cot(270^\circ - \alpha) = \frac{\cos(270^\circ - \alpha)}{\sin(270^\circ - \alpha)} = \frac{-\sin\alpha}{-\cos\alpha} = tg\,\alpha$$
$$\cot(360^\circ - \alpha) = \frac{\cos(360^\circ - \alpha)}{\sin(360^\circ - \alpha)} = \frac{\cos\alpha}{-\sin\alpha} = -\cot\alpha$$
$$\sec(90^\circ + \alpha) = \frac{1}{\cos(90^\circ + \alpha)} = \frac{1}{-\sin\alpha} = -\mathrm{cosec}\,\alpha$$
$$\sec(180^\circ + \alpha) = \frac{1}{\cos(180^\circ + \alpha)} = \frac{1}{-\cos\alpha} = -\sec\alpha$$
$$\sec(270^\circ + \alpha) = \frac{1}{\cos(270^\circ + \alpha)} = \frac{1}{\sin\alpha} = \mathrm{cosec}\,\alpha$$
$$\sec(180^\circ - \alpha) = \frac{1}{\cos(180^\circ - \alpha)} = \frac{1}{-\cos\alpha} = -\sec\alpha$$
$$\sec(270^\circ - \alpha) = \frac{1}{\cos(270^\circ - \alpha)} = \frac{1}{-\sin\alpha} = -\mathrm{cosec}\,\alpha$$
$$\sec(360^\circ - \alpha) = \frac{1}{\cos(360^\circ - \alpha)} = \frac{1}{\cos\alpha} = \sec\alpha$$

$$cosec\,(90^\circ + \alpha) = \frac{1}{\sin(90^\circ + \alpha)} = \frac{1}{\cos \alpha} = \sec \alpha$$

$$cosec\,(180^\circ + \alpha) = \frac{1}{\sin(180^\circ + \alpha)} = \frac{1}{-\sin \alpha} = -\,cosec\,\alpha$$

$$cosec\,(270^\circ + \alpha) = \frac{1}{\sin(270^\circ + \alpha)} = \frac{1}{-\cos \alpha} = -\sec \alpha$$

$$cosec\,(180^\circ - \alpha) = \frac{1}{\sin(180^\circ - \alpha)} = \frac{1}{\sin \alpha} = cosec\,\alpha$$

$$cosec\,(270^\circ - \alpha) = \frac{1}{\sin(270^\circ - \alpha)} = \frac{1}{-\cos \alpha} = -\sec \alpha$$

$$cosec\,(360^\circ - \alpha) = \frac{1}{\sin(360^\circ - \alpha)} = \frac{1}{-\sin \alpha} = -\,cosec\,\alpha$$

Nach No. 14 ist $sinv\,\alpha = 1 - \cos \alpha$
$cosv\,\alpha = 1 - \sin \alpha$

daher

$$sinv\,(90^\circ + \alpha) = 1 - \cos(90^\circ + \alpha) = 1 + \sin \alpha = 2 - cosv\,\alpha$$
$$sinv\,(180^\circ + \alpha) = 1 - \cos(180^\circ + \alpha) = 1 - (-\cos \alpha) = 2 - sinv\,\alpha$$
$$sinv\,(270^\circ + \alpha) = 1 - \cos(270^\circ + \alpha) = 1 - \sin \alpha = cosv\,\alpha$$
$$sinv\,(180^\circ - \alpha) = 1 - \cos(180^\circ - \alpha) = 1 - (-\cos \alpha) = 2 - sinv\,\alpha$$
$$sinv\,(270^\circ - \alpha) = 1 - \cos(270^\circ - \alpha) = 1 - (-\sin \alpha) = 2 - cosv\,\alpha$$
$$sinv\,(360^\circ - \alpha) = 1 - \cos(360^\circ - \alpha) = 1 - \cos \alpha = sinv\,\alpha$$
$$cosv\,(90^\circ + \alpha) = 1 - \sin(90^\circ + \alpha) = 1 - \cos \alpha = sinv\,\alpha$$
$$cosv\,(180^\circ + \alpha) = 1 - \sin(180^\circ + \alpha) = 1 - (-\sin \alpha) = 2 - cosv\,\alpha$$
$$cosv\,(270^\circ + \alpha) = 1 - \sin(270^\circ + \alpha) = 1 - (-\cos \alpha) = 2 - sinv\,\alpha$$
$$cosv\,(180^\circ - \alpha) = 1 - \sin(180^\circ - \alpha) = 1 - \sin \alpha = cosv\,\alpha$$
$$cosv\,(270^\circ - \alpha) = 1 - \sin(270^\circ - \alpha) = 1 - (-\cos \alpha) = 2 - sinv\,\alpha$$
$$cosv\,(360^\circ - \alpha) = 1 - \sin(360^\circ - \alpha) = 1 - (-\sin \alpha) = 2 - cosv\,\alpha$$

17. Die trigonometrischen Linien **negativer Winkel** kommen im Calcül nicht selten vor und müssen auf positive Winkel reducirt werden. Unter negativen Winkeln versteht man diejenigen, welche (Fig. 437 bis 440) von dem festen Schenkel *CA* ab nach entgegengesetzter Richtung, also aufeinander folgend durch den 4ten, den 3ten, den 2ten und den 1ten Quadrant gezählt oder gemessen werden. Es ist demnach gleich bedeutend:

der (−1)te Quadrant mit dem (+4)ten Quad.
„ (−2)te „ „ „ (+3)ten „
„ (−3)te „ „ „ (+2)ten „
„ (−4)te „ „ „ (+1)ten „

Und in derselben Uebereinstimmung stehen auch die Vorzeichen der trigonometrischen Linien (s. Tabelle, Bd. II., pag. 81).

Quadranten	+ I	+ II	+ III	+ IV
Sinus	+	+	−	−
Cosinus	+	−	−	+
Tangente	+	−	+	−
Cotangente	+	−	+	−
Secante	+	−	−	+
Cosecante	+	+	−	−
Sinus versus	+	+	+	+
Cosinus versus	+	+	+	+
Quadranten	− IV	− III	− II	− I

Da nun correspondiren:
− 0 mit + 360°
− 90° mit + 270°
− 180° mit + 180°
− 270° mit + 90°
− 360° mit + 0°

so hat man aus der Tabelle No. 11:

Für α =	− 0	− 90°	− 180°	− 270°	− 360°
Sinus	− 0	− 1	+ 0	+ 1	+ 0
Tangente . .	− 0	+ ∞	− 0	+ ∞	+ 0
Secante . . .	+ 1	− ∞	− 1	+ ∞	+ 1
Sinus versus .	+ 0	+ 1	+ 2	+ 1	+ 0
Cosinus . . .	+ 1	− 0	− 1	+ 0	+ 1
Cotangente . .	− ∞	+ 0	− ∞	+ 0	+ ∞
Cosecante . .	− ∞	− 1	+ ∞	+ 1	+ ∞
Cosinus versus .	+ 1	+ 2	+ 1	+ 0	+ 1

Ferner correspondiren:

$$-\alpha \text{ mit } +360^\circ - \alpha$$
$$-(90^\circ - \alpha) \text{ mit } +270^\circ + \alpha$$
$$-(90^\circ + \alpha) \text{ mit } +270^\circ - \alpha$$
$$-(180^\circ - \alpha) \text{ mit } +180^\circ + \alpha$$
$$-(180^\circ + \alpha) \text{ mit } +180^\circ - \alpha$$
$$-(270^\circ - \alpha) \text{ mit } +\ 90^\circ + \alpha$$
$$-(270^\circ + \alpha) \text{ mit } +\ 90^\circ - \alpha$$
$$-(360^\circ - \alpha) \text{ mit } +\alpha$$

Daher ist nach No. 15 und 16

$$\sin(-\alpha) = -\sin\alpha$$
$$\cos(-\alpha) = \cos\alpha$$
$$tg(-\alpha) = -tg\,\alpha$$
$$\cot(-\alpha) = -\cot\alpha$$
$$\sec(-\alpha) = \sec\alpha$$
$$cosec(-\alpha) = -cosec\,\alpha$$
$$sinv(-\alpha) = sinv\,\alpha$$
$$cosv(-\alpha) = 2 - cosv\,\alpha$$

$$\sin - (90^\circ - \alpha) = -\cos\alpha$$
$$\cos - (90^\circ - \alpha) = \sin\alpha$$
$$tg - (90^\circ - \alpha) = -\cot\alpha$$
$$\cot - (90^\circ - \alpha) = -tg\,\alpha$$
$$\sec - (90^\circ - \alpha) = cosec\,\alpha$$
$$cosec - (90^\circ - \alpha) = -\sec\alpha$$
$$sinv - (90^\circ - \alpha) = cosv\,\alpha$$
$$cosv - (90^\circ - \alpha) = 2 - sinv\,\alpha$$

$$\sin - (90^\circ + \alpha) = -\cos\alpha$$
$$\cos - (90^\circ + \alpha) = -\sin\alpha$$
$$tg - (90^\circ + \alpha) = \cot\alpha$$
$$\cot - (90^\circ + \alpha) = tg\,\alpha$$
$$\sec - (90^\circ + \alpha) = -cosec\,\alpha$$
$$cosec - (90^\circ + \alpha) = -\sec\alpha$$
$$sinv - (90^\circ + \alpha) = 2 - cosv\,\alpha$$
$$cosv - (90^\circ + \alpha) = 2 - sinv\,\alpha$$

$$\sin - (180^\circ - \alpha) = -\sin\alpha$$
$$\cos - (180^\circ - \alpha) = -\cos\alpha$$
$$tg - (180^\circ - \alpha) = tg\,\alpha$$
$$\cot - (180^\circ - \alpha) = \cot\alpha$$
$$\sec - (180^\circ - \alpha) = -\sec\alpha$$
$$cosec - (180^\circ - \alpha) = -cosec\,\alpha$$
$$sinv - (180^\circ - \alpha) = 2 - sinv\,\alpha$$
$$cosv - (180^\circ - \alpha) = 2 - cosv\,\alpha$$

$$\sin - (180^\circ + \alpha) = \sin\alpha$$
$$\cos - (180^\circ + \alpha) = -\cos\alpha$$
$$tg - (180^\circ + \alpha) = -tg\,\alpha$$
$$\cot - (180^\circ + \alpha) = -\cot\alpha$$
$$\sec - (180^\circ + \alpha) = -\sec\alpha$$
$$cosec - (180^\circ + \alpha) = cosec\,\alpha$$
$$sinv - (180^\circ + \alpha) = 2 - sinv\,\alpha$$
$$cosv - (180^\circ + \alpha) = cosv\,\alpha$$

$$\sin - (270^\circ - \alpha) = \cos\alpha$$
$$\cos - (270^\circ - \alpha) = -\sin\alpha$$
$$tg - (270^\circ - \alpha) = -\cot\alpha$$
$$\cot - (270^\circ - \alpha) = -tg\,\alpha$$
$$\sec - (270^\circ - \alpha) = -cosec\,\alpha$$
$$cosec - (270^\circ - \alpha) = \sec\alpha$$
$$sinv - (270^\circ - \alpha) = 2 - cosv\,\alpha$$
$$cosv - (270^\circ - \alpha) = sinv\,\alpha$$

$$\sin - (270^\circ + \alpha) = \cos\alpha$$
$$\cos - (270^\circ + \alpha) = \sin\alpha$$
$$tg - (270^\circ + \alpha) = \cot\alpha$$
$$\cot - (270^\circ + \alpha) = tg\,\alpha$$
$$\sec - (270^\circ + \alpha) = cosec\,\alpha$$
$$cosec - (270^\circ + \alpha) = \sec\alpha$$
$$sinv - (270^\circ + \alpha) = cosv\,\alpha$$
$$cosv - (270^\circ + \alpha) = sinv\,\alpha$$

$$\sin - (360^\circ - \alpha) = \sin\alpha$$
$$\cos - (360^\circ - \alpha) = \cos\alpha$$
$$tg - (360^\circ - \alpha) = tg\,\alpha$$
$$\cot - (360^\circ - \alpha) = \cot\alpha$$
$$\sec - (360^\circ - \alpha) = \sec\alpha$$
$$cosec - (360^\circ - \alpha) = cosec\,\alpha$$
$$sinv - (360^\circ - \alpha) = sinv\,\alpha$$
$$cosv - (360^\circ - \alpha) = cosv\,\alpha$$

---

18. Es sollen nun die ferneren in dem Art. „Constructionen, trigonometrische," synthetisch als richtig erwiesenen Formeln, welche die gebräuchlichsten sind, analytisch abgeleitet werden.

Schreibt man in Formel 16 für β den Werth α, so ist

$$\sin(2\alpha) = \sin\alpha \cdot \cos\alpha + \cos\alpha \cdot \sin\alpha$$

also (Bd. II., pag. 90, No. 16 V. synthetisch)

$$\sin(2\alpha) = 2\sin\alpha \cdot \cos\alpha \qquad (20)$$

Schreibt man in Formel 17: $\beta = \alpha$, so ist (No. 17, VI. synthetisch)

$$\cos(2\alpha) = \cos^2\alpha - \sin^2\alpha \qquad (21)$$

Schreibt man in Formel 21, nach Formel 1:

$$\cos^2\alpha = 1 - \sin^2\alpha$$

so erhält man (No. 18, VII. synthetisch)

$$\cos(2\alpha) = 1 - 2\sin^2\alpha \qquad (22)$$

Schreibt man dagegen in Formel 21

$$\sin^2\alpha = 1 - \cos^2\alpha$$

so erhält man (No. 19, VIII. synth.)

$$\cos(2\alpha) = 2\cos^2\alpha - 1 \qquad (23)$$

Dividirt man Formel 20 durch Formel 21, so erhält man $\frac{\sin(2\alpha)}{\cos(2\alpha)} = \frac{2\sin\alpha\cos\alpha}{\cos^2\alpha - \sin^2\alpha}$ und wenn man Zähler und Nenner des rechts stehenden Bruchs mit $\cos^2\alpha$ dividirt und $\frac{\sin\alpha}{\cos\alpha} = tg\,\alpha$ setzt, so erhält man

(No. 20, IX. synth.)

$$tg\,(2a) = \frac{2\,tg\,a}{1 - tg^2 a} \qquad (24)$$

Dividirt man 21 durch 20, so ist

$$\frac{cos\,(2a)}{sin\,(2a)} = \frac{cos^2 a - sin^2 a}{2\,sin\,a \cdot cos\,a}$$

und nun Zähler und Nenner des rechts stehenden Bruchs mit $sin^2 a$ dividirt ergibt (No. 21, X. synth.)

$$cot\,(2a) = \frac{cot^2 a - 1}{2\,cot\,a} \qquad (25)$$

Dividirt man Formel 25, Zähler und Nenner rechts, durch $cot\,a$, so erhält man (No. 22, XI. synth.)

$$cot\,(2a) = \frac{cot\,a - \frac{1}{cot\,a}}{2} = \frac{cot\,a - tg\,a}{2} \qquad (26)$$

Es ist nach Formel 4 und 26

$$1 + cot^2(2a) = sec^2(2a) = 1 + \frac{(cot\,a - tg\,a)^2}{4} = \tfrac{1}{4}(4 + cot^2 a + tg^2 a - 2\,cot\,a \cdot tg\,a)$$
$$= \tfrac{1}{4}(4 + cot^2 a + tg^2 a - 2) = \tfrac{1}{4}(cot^2 a + tg^2 a + 2\,cot\,a \cdot tg\,a) = \tfrac{1}{4}(cot\,a + tg\,a)^2$$

woraus (No. 23, XII.), wenn man radicirt

$$cosec\,(2a) = \frac{cot\,a + tg\,a}{2} \qquad (27)$$

Entwickelt man aus Formel 22: $sin\,a$ und schreibt $\tfrac{1}{2}a$ für a, so erhält man (No. 24, XIII. synth.)

$$sin\,(\tfrac{1}{2}a) = \sqrt{\frac{1 - cos\,a}{2}} \qquad (28)$$

Entwickelt man $cos\,a$ aus Formel 23, schreibt $\tfrac{1}{2}a$ für a, so erhält man (No. 25, XIV. synth.)

$$cos\,(\tfrac{1}{2}a) = \sqrt{\frac{1 + cos\,a}{2}} \qquad (29)$$

Schreibt man in Formel 28: $(90^0 - a)$ für a, so hat man (No. 26, XV. synth.)

$$sin\,\frac{90^0 - a}{2} = \sqrt{\frac{1 - cos\,(90^0 - a)}{2}} = \sqrt{\frac{1 - sin\,a}{2}} \qquad (30)$$

Schreibt man $(90^0 - a)$ für a in Formel 29, so erhält man (No 29, XVIII. synth.)

$$cos\,\frac{90^0 - a}{2} = \sqrt{\frac{1 + cos\,(90^0 - a)}{2}} = \sqrt{\frac{1 + sin\,a}{2}} \qquad (31)$$

Schreibt man $(90^0 + a)$ für a in Formel 28, so erhält man (No. 28, XVII. synth.)

$$sin\,\frac{90^0 + a}{2} = \sqrt{\frac{1 - cos\,(90^0 + a)}{2}} = \sqrt{\frac{1 + sin\,a}{2}} \qquad (32)$$

Schreibt man $(90^0 + a)$ für a in Formel 29, so erhält man (No. 27, XVI. synth.)

$$cos\,\frac{90^0 + a}{2} = \sqrt{\frac{1 + cos\,(90^0 + a)}{2}} = \sqrt{\frac{1 - sin\,a}{2}} \qquad (33)$$

Dividirt man Formel 30 durch 31, so erhält man (No. 30, XIX. synth.)

$$tg\,\frac{90^0 - a}{2} = \sqrt{\frac{1 - sin\,a}{1 + sin\,a}} \qquad (34)$$

Durch die Umkehrung des Bruchs Formel 34 erhält man (No. 32, XXI. synth.)

$$cot\,\frac{90^0 - a}{2} = \sqrt{\frac{1 + sin\,a}{1 - sin\,a}} \qquad (35)$$

Dividirt man Formel 32 durch 33, so erhält man

$$tg\,\frac{90^0 + a}{2} = \sqrt{\frac{1 + sin\,a}{1 - sin\,a}} \qquad (36)$$

und dividirt man Formel 33 durch 32: (No. 31, XX. synth.)

$$cot\,\frac{90^0 + a}{2} = \sqrt{\frac{1 - sin\,a}{1 + sin\,a}} \qquad (37)$$

Multiplicirt man in Formel 34, Zähler und Nenner der Wurzelgröſse mit $(1 - sin\,a)$ und reducirt, so erhält man (No. 34, XIII. synth.)

$$tg\,\frac{90^0 - a}{2} = \frac{1 - sin\,a}{cos\,a} \qquad (38)$$

Multiplicirt man Zähler und Nenner der Wurzelgröſse in Formel 35 mit $(1 - sin\,a)$ und reducirt, so erhält man (No. 37, XXVI. synth.)

$$cot\,\frac{90^0 - a}{2} = \frac{1 + sin\,a}{cos\,a} \qquad (39)$$

Multiplicirt man Zähler und Nenner der Wurzelgröſse in Formel 36 mit $(1 + sin\,a)$ und reducirt, so erhält man (No. 36, XXV. synth.)

$$tg\,\frac{90^0 + a}{2} = \frac{1 + sin\,a}{cos\,a} \qquad (40)$$

Multiplicirt man in Formel 37, Zähler und Nenner der Wurzelgröſse mit $(1 - sin\,a)$

und reducirt, so erhält man (No. 35, XXIV. synth.)

$$\cos\frac{90^\circ + \alpha}{2} = \frac{1 - \sin\alpha}{\cos\alpha} \qquad (41)$$

Dividirt man Formel 28 durch Formel 29 und reducirt, so erhält man (No. 40, XXIX. synth.)

$$tg\,(\tfrac{1}{2}\alpha) = \sqrt{\frac{1 - \cos\alpha}{1 + \cos\alpha}} \qquad (42)$$

und multiplicirt man in dieser Formel Zähler und Nenner der Wurzelgröfse mit $(1 - \cos\alpha)$ so erhält man (No. 38, XXVII.)

$$tg\,(\tfrac{1}{2}\alpha) = \frac{1 - \cos\alpha}{\sin\alpha} \qquad (43a)$$

Multiplicirt man dagegen mit $(1 + \cos\alpha)$, so erhält man (No. 39, XXVIII. synth.)

$$tg\,(\tfrac{1}{2}\alpha) = \frac{\sin\alpha}{1 + \cos\alpha} \qquad (43b)$$

Addirt man Formel 28 und 29, so hat man

$$\sin(\tfrac{1}{2}\alpha) + \cos(\tfrac{1}{2}\alpha) = \sqrt{\frac{1 - \cos\alpha}{2}} + \sqrt{\frac{1 + \cos\alpha}{2}} = \sqrt{\left(\sqrt{\frac{1 - \cos\alpha}{2}} + \sqrt{\frac{1 + \cos\alpha}{2}}\right)^2}$$

$$= \sqrt{\left[\frac{1 - \cos\alpha}{2} + \frac{1 + \cos\alpha}{2} + 2\sqrt{\frac{(1 - \cos\alpha)(1 + \cos\alpha)}{4}}\right]}$$

$$= \sqrt{(1 + \sqrt{1 - \cos^2\alpha})} = \sqrt{1 + \sin\alpha}$$

Man hat demnach (No. 41, XXX. synth.)

$$\sin(\tfrac{1}{2}\alpha) + \cos(\tfrac{1}{2}\alpha) = \sqrt{1 + \sin\alpha} \qquad (44)$$

Subtrahirt man Formel 28 von Formel 29, so hat man

$$\cos(\tfrac{1}{2}\alpha) - \sin(\tfrac{1}{2}\alpha) = \sqrt{\frac{1 + \cos\alpha}{2}} - \sqrt{\frac{1 - \cos\alpha}{2}}$$

und eben so wie mit der Summe verfahren ergibt (No. 42, XXXI. synth.)

$$\cos(\tfrac{1}{2}\alpha) - \sin(\tfrac{1}{2}\alpha) = \sqrt{1 - \sin\alpha} \qquad (45)$$

Subtrahirt man Formel 29 von Formel 28 so erhält man (No. 43, XXXII. synth.)

$$\sin(\tfrac{1}{2}\alpha) - \cos(\tfrac{1}{2}\alpha) = \sqrt{1 - \sin\alpha} \qquad (46)$$

Der Grund davon, dafs beide Ausdrücke Formel 45 und 46 dieselben sind und unter welchen Umständen die eine oder die andere gilt, (s. Bd. II., pag. 106 und 107, No. 42 und 43).

Subtrahirt man Formel 45 von Formel 44 und dividirt mit 2, so erhält man

$$\sin(\tfrac{1}{2}\alpha) = \tfrac{1}{2}\left(\sqrt{1 + \sin\alpha} - \sqrt{1 - \sin\alpha}\right) \qquad (47)$$

Addirt man die Formeln 44 und 46, so erhält man

$$\sin(\tfrac{1}{2}\alpha) = \tfrac{1}{2}\left(\sqrt{1 + \sin\alpha} + \sqrt{1 - \sin\alpha}\right) \qquad (48)$$

und subtrahirt man Formel 46 von 44:

$$\cos(\tfrac{1}{2}\alpha) = \tfrac{1}{2}\left(\sqrt{1 + \sin\alpha} - \sqrt{1 - \sin\alpha}\right) \qquad (49)$$

Beide Formeln in eine Formel zusammengezogen steht No. 44, XXXIV.

Addirt man Formel 44 und 45 so erhält man

$$\cos(\tfrac{1}{2}\alpha) = \tfrac{1}{2}\left(\sqrt{1 + \sin\alpha} + \sqrt{1 - \sin\alpha}\right) \qquad (50)$$

Beide Formeln in eine zusammengezogen ist No. 44, XXXIII.

Der Grund davon, das beide Paar Formeln 47, 48 und 49, 50 das Entgegengesetzte ausdrücken und welche Formeln in speciellen Fällen genommen werden müssen, s. Bd. II., pag 107, No. 44 mit noch den Formeln XXXV und XXXVI

Subtrahirt man Formel 17 von 19, so erhält man (No. 48, XL. synth.)

$$\left.\begin{aligned} \sin\beta \cdot \sin\alpha &= \tfrac{1}{2}[\cos(\alpha - \beta) - \cos(\alpha + \beta)] \\ \text{oder } \sin\alpha &= \frac{\cos(\alpha - \beta) - \cos(\alpha + \beta)}{2\sin\beta} \end{aligned}\right\} \qquad (51)$$

Addirt man Formel 17 und 19 so erhält man (No. 47, XXXIX.)

$$\left.\begin{aligned} \cos\alpha \cdot \cos\beta &= \tfrac{1}{2}[\cos(\alpha + \beta) + \cos(\alpha - \beta)] \\ \text{oder } \cos\alpha &= \frac{\cos(\alpha + \beta) + \cos(\alpha - \beta)}{2\cos\beta} \end{aligned}\right\} \qquad (52)$$

Addirt man die beiden Formeln 16 und 18, so hat man (No. 45, XXXVII. synth.)

$$\left.\begin{aligned} \sin\alpha \cdot \cos\beta &= \tfrac{1}{2}[\sin(\alpha + \beta) + \sin(\alpha - \beta)] \\ \text{oder } \sin\alpha &= \frac{\sin(\alpha + \beta) + \sin(\alpha - \beta)}{2\cos\beta} \end{aligned}\right\} \qquad (53)$$

Subtrahirt man Formel 18 von Formel 16, so erhält man (No. 46, XXXVIII.)

$$\left.\begin{aligned} \sin\beta \cdot \cos\alpha &= \tfrac{1}{2}[\sin(\alpha + \beta) - \sin(\alpha - \beta)] \\ \text{oder } \cos\alpha &= \frac{\sin(\alpha + \beta) - \sin(\alpha - \beta)}{2\sin\beta} \end{aligned}\right\} \qquad (54)$$

Schreibt man in den letzten 4 Formeln

$$\gamma = \alpha + \beta$$

$$\delta = \alpha - \beta$$

so ist $\alpha = \frac{\gamma + \delta}{2}$

und $\beta = \frac{\gamma - \delta}{2}$

also hat man

Für Formel 51:

$$\cos\delta - \cos\gamma = 2\sin\frac{\gamma + \delta}{2} \cdot \sin\frac{\gamma - \delta}{2} \qquad (55)$$

Für Formel 52:

$$\cos\gamma + \cos\delta = 2\cos\frac{\gamma+\delta}{2}\cdot\cos\frac{\gamma-\delta}{2} \qquad (56)$$

Für Formel 53:

$$\sin\gamma + \sin\delta = 2\sin\frac{\gamma+\delta}{2}\cdot\cos\frac{\gamma-\delta}{2} \qquad (57)$$

Für Formel 54:

$$\sin\gamma - \sin\delta = 2\sin\frac{\gamma-\delta}{2}\cdot\cos\frac{\gamma+\delta}{2} \qquad (58)$$

Diese 4 Formeln stehen No. 49 bis 52, XLI. bis XLIV.

Dividirt man Formel 16 durch Formel 17, so erhält man

$$\frac{\sin(\alpha+\beta)}{\cos(\alpha+\beta)} = \frac{\sin\alpha\cdot\cos\beta + \cos\alpha\cdot\sin\beta}{\cos\alpha\cdot\cos\beta - \sin\alpha\cdot\sin\beta}$$

Dividirt man Zähler und Nenner des rechts stehenden Bruchs durch $\cos\alpha\cdot\cos\beta$ und reducirt, so erhält man (No. 53, XLV.)

$$tg(\alpha+\beta) = \frac{tg\,\alpha + tg\,\beta}{1 - tg\,\alpha\cdot tg\,\beta} \qquad (59)$$

Dividirt man Formel 18 durch Formel 19 und verfährt wie für Formel 59, so erhält man (No. 54, XLVI.)

$$tg(\alpha-\beta) = \frac{tg\,\alpha - tg\,\beta}{1 + tg\,\alpha\cdot tg\,\beta} \qquad (60)$$

Dividirt man Formel 17 durch Formel 16 und verfährt wie für die vorigen Formeln, so erhält man (No. 55, XLVII.)

$$\cot(\alpha+\beta) = \frac{\cos\alpha\cdot\cos\beta - \sin\alpha\cdot\sin\beta}{\sin\alpha\cdot\cos\beta + \cos\alpha\cdot\sin\beta} = \frac{\cot\alpha\cdot\cot\beta - 1}{\cot\beta + \cot\alpha}$$

oder $$\cot(\alpha+\beta) = \frac{\cot\alpha\cdot\cot\beta - 1}{\cot\alpha + \cot\beta} \qquad (61)$$

Dividirt man Formel 19 durch Formel 18 u. s. w., so erhält man (No. 56, XLVIII.)

$$\cot(\alpha-\beta) = \frac{\cot\alpha\cdot\cot\beta + 1}{\cot\beta - \cot\alpha} \qquad (62)$$

Schreibt man

$$tg\,\alpha + tg\,\beta = \frac{\sin\alpha}{\cos\alpha} + \frac{\sin\beta}{\cos\beta}$$

bringt die Brüche rechts auf gleiche Benennung, also

$$= \frac{\sin\alpha\cdot\cos\beta + \cos\alpha\cdot\sin\beta}{\cos\alpha\cdot\cos\beta} = \frac{\sin(\alpha+\beta)}{\cos\alpha\cdot\cos\beta}$$

so hat man (No. 57, XLIX.)

$$tg\,\alpha + tg\,\beta = \frac{\sin(\alpha+\beta)}{\cos\alpha\cdot\cos\beta} \qquad (63)$$

Eben so erhält man (No. 58, L.)

$$tg\,\alpha - tg\,\beta = \frac{\sin(\alpha-\beta)}{\cos\alpha\cdot\cos\beta} \qquad (64)$$

Schreibt man

$$\cot\alpha + \cot\beta = \frac{\cos\alpha}{\sin\alpha} + \frac{\cos\beta}{\sin\beta} = \frac{\cos\alpha\cdot\sin\beta + \sin\alpha\cdot\cos\beta}{\sin\alpha\cdot\sin\beta}$$

so erhält man (No. 59, LI.)

$$\cot\alpha + \cot\beta = \frac{\sin(\alpha+\beta)}{\sin\alpha\cdot\sin\beta} \qquad (65)$$

Desgleichen (No. 60, LII.)

$$\cot\beta - \cot\alpha = \frac{\cos\beta}{\sin\beta} - \frac{\cos\alpha}{\sin\alpha} = \frac{\cos\beta\cdot\sin\alpha - \sin\beta\cdot\cos\alpha}{\sin\alpha\cdot\sin\beta}$$

$$\cot\beta - \cot\alpha = \frac{\sin(\alpha-\beta)}{\sin\alpha\cdot\sin\beta} \qquad (66)$$

Multiplicirt man Formel 16 mit Formel 18:

$$\sin(\alpha+\beta)\cdot\sin(\alpha-\beta) = (\sin\alpha\cos\beta + \cos\alpha\sin\beta)(\sin\alpha\cos\beta - \cos\alpha\sin\beta)$$
$$= \sin^2\alpha\cos^2\beta - \cos^2\alpha\sin^2\beta = \sin^2\alpha[1 - \sin^2\beta] - (1 - \sin^2\alpha)\sin^2\beta$$

Reducirt man und dividirt durch $\sin(\alpha-\beta)$ so entsteht die Formel (No. 61, LIII.)

$$\sin(\alpha+\beta) = \frac{\sin^2\alpha - \sin^2\beta}{\sin(\alpha-\beta)} \qquad (67)$$

Schreibt man für beide Sinusse im Quadrat 1 − cos², so erhält man reducirt (No. 62, LIV.)

$$\sin(\alpha+\beta) = \frac{\cos^2\beta - \cos^2\alpha}{\sin(\alpha-\beta)} \qquad (68)$$

Multiplicirt man Formel 17 und 19, so erhält man

$$\cos(\alpha+\beta)\cdot\cos(\alpha-\beta)$$
$$= \cos^2\alpha\cdot\cos^2\beta - \sin^2\alpha\cdot\sin^2\beta$$

Die Sinusse fortgeschafft ergibt die rechte Seite der Gleichung

$$-1 + \cos^2\alpha + \cos^2\beta = \cos^2\beta - \sin^2\alpha$$

hieraus die Formel (No. 63, LV.)

$$\cos(\alpha+\beta) = \frac{\cos^2\beta - \sin^2\alpha}{\cos(\alpha-\beta)} \qquad (69)$$

Schreibt man in dieser Formel $1 - \sin^2\beta$

für $\cos^2\beta$, $1-\cos^2\alpha$ für $\sin^2\alpha$, so erhält man die Formel (No. 64, LVI.)

$$\cos(\alpha+\beta) = \frac{\cos^2\alpha - \sin^2\beta}{\cos(\alpha-\beta)} \qquad (70)$$

Dividirt man Formel 57 durch Formel 56, so erhält man (No. 65, LVII.)

$$tg\,\frac{\gamma+\delta}{2} = \frac{\sin\gamma + \sin\delta}{\cos\gamma + \cos\delta} \qquad (71)$$

Dividirt man Formel 55 durch Formel 58, so erhält man (No. 66, LX.)

$$tg\,\frac{\gamma+\delta}{2} = \frac{\cos\delta - \cos\gamma}{\sin\gamma - \sin\delta} \qquad (72)$$

Dividirt man Formel 58 durch Formel 56, so erhält man (No. 68, LVIII.)

$$tg\,\frac{\gamma-\delta}{2} = \frac{\sin\gamma - \sin\delta}{\cos\gamma + \cos\delta} \qquad (73)$$

Dividirt man Formel 55 durch Formel 57, so erhält man (No. 67, LIX.)

$$tg\,\frac{\gamma-\delta}{2} = \frac{\cos\delta - \cos\gamma}{\sin\gamma + \sin\delta} \qquad (74)$$

Schreibt man in Formel 16: 2α für α und α für β, so hat man

$$\sin 3\alpha = \sin 2\alpha \cdot \cos\alpha + \cos 2\alpha \cdot \sin\alpha$$

Formel 20 und 22 angewendet entsteht:

$$\sin 3\alpha = 2\sin\alpha \cdot \cos^2\alpha + (1-2\sin^2\alpha)\sin\alpha$$
$$= 2\sin\alpha(1-\sin^2\alpha) + (1-2\sin^2\alpha)\sin\alpha$$

endlich (No. 69)

$$\sin 3\alpha = 3\sin\alpha - 4\sin^3\alpha \qquad (75)$$

Schreibt man in Formel 17: 2α für α, α für β, so hat man

$$\cos 3\alpha = \cos 2\alpha \cdot \cos\alpha - \sin 2\alpha \cdot \sin\alpha$$

Mit Anwendung der Formeln 20 und 23 entsteht (No. 70)

$$\cos 3\alpha = (2\cos^2\alpha - 1)\cos\alpha - 2\sin^2\alpha\cos\alpha$$
$$= \cos\alpha\,[2\cos^2\alpha - 1 - 2\sin^2\alpha]$$
$$= \cos\alpha\,[2\cos^2\alpha - 1 - 2(1-\cos^2\alpha)] =$$
$$\cos 3\alpha = 4\cos^3\alpha - 3\cos\alpha \qquad (76)$$

19. Mehrere Formeln für die trigonometrischen Linien finden sich in den speciellen Artikeln über dieselben. Bis jetzt sind in diesem Wörterbuche gegeben die Art: Cosinus, Cosinus versus, Cotangente, Cosecante.

Trigonometrische Berechnungen von ebenen Figuren werden desgleichen in den sie betreffenden Artikeln abgehandelt. Es befinden sich in diesem Wörterbuch bereits die Art.: Dreieck, Fünfeck, Fünfzehneck, Gebrochene Linie.

20. Es erfolgt hier eine geordnete Tabelle derjenigen trigonometrischen Formeln, welche in dem Art.: Constructionen, trigonometrische synthetisch und in dem vorstehenden Art. analytisch hergeleitet worden sind.

Trigonometrische Formeltafel.

1. $\sin^2\alpha + \cos^2\alpha = 1$
2. $\sin\alpha = \sqrt{1-\cos^2\alpha}$
3. $\cos\alpha = \sqrt{1-\sin^2\alpha}$
4. $tg^2\alpha + sec^2\alpha = 1$
5. $sec\,\alpha = \sqrt{1+tg^2\alpha}$
6. $tg\,\alpha = \sqrt{sec^2\alpha - 1}$
7. $cosec^2\alpha - cot^2\alpha = 1$
8. $cosec\,\alpha = \sqrt{1+cot^2\alpha}$
9. $cot\,\alpha = \sqrt{cosec^2\alpha - 1}$
10. A. $tg\,\alpha \cdot cot\,\alpha = 1$

    B. $tg\,\alpha = \frac{1}{cot\,\alpha} = \frac{\sin\alpha}{\cos\alpha}$
11. $cot\,\alpha = \frac{1}{tg\,\alpha} = \frac{\cos\alpha}{\sin\alpha}$
12. A. $\cos\alpha \cdot sec\,\alpha = 1$

    B. $sec\,\alpha = \frac{1}{\cos\alpha}$
13. A. $\sin\alpha \cdot cosec\,\alpha = 1$

    B. $cosec\,\alpha = \frac{1}{\sin\alpha}$
14. $\sin(\alpha \pm \beta) = \sin\alpha \cdot \cos\beta \pm \cos\alpha \cdot \sin\beta$
15. $\cos(\alpha \pm \beta) = \cos\alpha \cdot \cos\beta \mp \sin\alpha \cdot \sin\beta$
16. $\sin(\alpha+\beta) = \sin\alpha \cdot \cos\beta + \cos\alpha \cdot \sin\beta$
17. $\sin(\alpha-\beta) = \sin\alpha \cdot \cos\beta - \cos\alpha \cdot \sin\beta$
18. $\cos(\alpha+\beta) = \cos\alpha \cdot \cos\beta - \sin\alpha \cdot \sin\beta$
19. $\cos(\alpha-\beta) = \cos\alpha \cdot \cos\beta + \sin\alpha \cdot \sin\beta$
20. $\sin(2\alpha) = 2\sin\alpha \cdot \cos\alpha$
21. $\cos(2\alpha) = \cos^2\alpha - \sin^2\alpha$
22. $\cos(2\alpha) = 1 - 2\sin^2\alpha$
23. $\cos(2\alpha) = 2\cos^2\alpha - 1$
24. $tg(2\alpha) = \frac{2\,tg\,\alpha}{1-tg^2\alpha}$
25. $cot(2\alpha) = \frac{cot^2\alpha - 1}{2\,cot\,\alpha}$
26. $cot(2\alpha) = \frac{cot\,\alpha - tg\,\alpha}{2}$
27. A. $sec(2\alpha) = \frac{1+tg^2\alpha}{1-tg^2\alpha} = \frac{sec^2\alpha}{2-sec^2\alpha}$

    B. $cosec(2\alpha) = \frac{cot\,\alpha + tg\,\alpha}{2}$
28. $\sin\frac{1}{2}\alpha = \sqrt{\frac{1-\cos\alpha}{2}}$
29. $\cos\frac{1}{2}\alpha = \pm\sqrt{\frac{1+\cos\alpha}{2}}$

    A. Für α von incl. 0 bis incl. 180° ist

    $$\cos\frac{1}{2}\alpha = +\sqrt{\frac{1+\cos\alpha}{2}}$$

B. Für α von incl. 180° bis incl. 360° ist

$$\cos\tfrac{1}{2}\alpha = -\sqrt{\frac{1+\cos\alpha}{2}}$$

30. $\sin\frac{90^\circ-\alpha}{2} = \sin\frac{\frac{\pi}{2}-\alpha}{2} = \pm\sqrt{\frac{1-\sin\alpha}{2}}$

A. Für α von incl. 0 bis incl. 90° ist

$$\sin\frac{90^\circ-\alpha}{2} = +\sqrt{\frac{1-\sin\alpha}{2}}$$

B. Für α von incl. 90° bis incl. 360° ist

$$\sin\frac{90^\circ-\alpha}{2} = -\sqrt{\frac{1-\sin\alpha}{2}}$$

31. $\cos\frac{90^\circ-\alpha}{2} = \cos\frac{\frac{1}{2}\pi-\alpha}{2} = \pm\sqrt{\frac{1+\sin\alpha}{2}}$

A. Für α von incl. 0 bis incl. 270° ist

$$\cos\frac{90^\circ-\alpha}{2} = +\sqrt{\frac{1+\sin\alpha}{2}}$$

B. Für α von incl. 270° bis incl. 360° ist

$$\cos\frac{90^\circ-\alpha}{2} = -\sqrt{\frac{1+\sin\alpha}{2}}$$

32. $\sin\frac{90^\circ+\alpha}{2} = \sin\frac{\frac{1}{2}\pi+\alpha}{2} = \pm\sqrt{\frac{1+\sin\alpha}{2}}$

A. Für α von incl. 0 bis incl. 270° ist

$$\sin\frac{90^\circ+\alpha}{2} = +\sqrt{\frac{1+\sin\alpha}{2}}$$

B. Für α von incl. 270° bis incl. 360° ist

$$\sin\frac{90^\circ+\alpha}{2} = -\sqrt{\frac{1+\sin\alpha}{2}}$$

33. $\cos\frac{90^\circ+\alpha}{2} = \cos\frac{\frac{1}{2}\pi+\alpha}{2} = \pm\sqrt{\frac{1-\sin\alpha}{2}}$

A. Für α von incl. 0 bis incl. 90° ist

$$\cos\frac{90^\circ+\alpha}{2} = +\sqrt{\frac{1-\sin\alpha}{2}}$$

B. Für α von incl. 90° bis incl. 360° ist

$$\cos\frac{90^\circ+\alpha}{2} = -\sqrt{\frac{1-\sin\alpha}{2}}$$

34. $tg\frac{90^\circ-\alpha}{2} = tg\frac{\frac{1}{2}\pi-\alpha}{2} = \pm\sqrt{\frac{1-\sin\alpha}{1+\sin\alpha}}$

A. Für α von incl. 0° bis incl. 90° und von incl. 270° bis incl. 360° ist

$$tg\frac{90^\circ-\alpha}{2} = +\sqrt{\frac{1-\sin\alpha}{1+\sin\alpha}}$$

B. Für α von incl. 90° bis incl. 270° ist

$$tg\frac{90^\circ-\alpha}{2} = -\sqrt{\frac{1-\sin\alpha}{1+\sin\alpha}}$$

35. $\cot\frac{90^\circ-\alpha}{2} = \cot\frac{\frac{1}{2}\pi-\alpha}{2} = \pm\sqrt{\frac{1+\sin\alpha}{1-\sin\alpha}}$

A. Für α von incl. 0 bis incl. 90° und von incl. 270° bis incl. 360° ist

$$\cot\frac{90^\circ-\alpha}{2} = +\sqrt{\frac{1+\sin\alpha}{1-\sin\alpha}}$$

B. Für α von incl. 90° bis incl. 270° ist

$$\cot\frac{90^\circ-\alpha}{2} = -\sqrt{\frac{1+\sin\alpha}{1-\sin\alpha}}$$

36. $tg\frac{90^\circ+\alpha}{2} = tg\frac{\frac{1}{2}\pi+\alpha}{2} = \pm\sqrt{\frac{1+\sin\alpha}{1-\sin\alpha}}$

A. Für α von incl. 0 bis incl. 90° und von incl. 270° bis incl. 360° ist

$$tg\frac{90^\circ+\alpha}{2} = +\sqrt{\frac{1+\sin\alpha}{1-\sin\alpha}}$$

B. Für α von incl. 90° bis incl. 270° ist

$$tg\frac{90^\circ+\alpha}{2} = -\sqrt{\frac{1+\sin\alpha}{1-\sin\alpha}}$$

37. $\cot\frac{90^\circ+\alpha}{2} = \cot\frac{\frac{1}{2}\pi+\alpha}{2} = \pm\sqrt{\frac{1-\sin\alpha}{1+\sin\alpha}}$

A. Für α von incl. 0 bis incl. 90° und von incl. 270° bis incl. 360° ist

$$\cot\frac{90^\circ+\alpha}{2} = +\sqrt{\frac{1-\sin\alpha}{1+\sin\alpha}}$$

B. Für α von incl. 90° bis incl. 270° ist

$$\cot\frac{90^\circ+\alpha}{2} = -\sqrt{\frac{1-\sin\alpha}{1+\sin\alpha}}$$

38. $tg\frac{90^\circ-\alpha}{2} = tg\frac{\frac{1}{2}\pi-\alpha}{2} = \frac{1-\sin\alpha}{\cos\alpha}$

39. $\cot\frac{90^\circ-\alpha}{2} = \cot\frac{\frac{1}{2}\pi-\alpha}{2} = \frac{1+\sin\alpha}{\cos\alpha}$

40. $tg\frac{90^\circ+\alpha}{2} = tg\frac{\frac{1}{2}\pi+\alpha}{2} = \frac{1+\sin\alpha}{\cos\alpha}$

41. $\cot\frac{90^\circ+\alpha}{2} = \cot\frac{\frac{1}{2}\pi+\alpha}{2} = \frac{1-\sin\alpha}{\cos\alpha}$

42. $tg\tfrac{1}{2}\alpha = \pm\sqrt{\frac{1-\cos\alpha}{1+\cos\alpha}}$

A. Für α von incl. 0 bis incl. 180° ist

$$tg\tfrac{1}{2}\alpha = +\sqrt{\frac{1-\cos\alpha}{1+\cos\alpha}}$$

B. Für α von incl. 180° bis incl. 360° ist

$$tg\tfrac{1}{2}\alpha = -\sqrt{\frac{1-\cos\alpha}{1+\cos\alpha}}$$

43. A. $tg\tfrac{1}{2}\alpha = \frac{1-\cos\alpha}{\sin\alpha}$

B. $tg\tfrac{1}{2}\alpha = \frac{\sin\alpha}{1+\cos\alpha}$

44. $\sin\tfrac{1}{2}\alpha + \cos\tfrac{1}{2}\alpha = \pm\sqrt{1+\sin\alpha}$

A. Für α von incl. 0 bis incl. 270° ist

$$\sin\tfrac{1}{2}\alpha + \cos\tfrac{1}{2}\alpha = +\sqrt{1+\sin\alpha}$$

B. Für α von incl. 270° bis incl. 360° ist

$$\sin\tfrac{1}{2}\alpha + \cos\tfrac{1}{2}\alpha = -\sqrt{1+\sin\alpha}$$

45. $\cos\tfrac{1}{2}\alpha - \sin\tfrac{1}{2}\alpha = \pm\sqrt{1-\sin\alpha}$

A. Für α von incl. 0 bis incl. 90° ist

$$\cos\tfrac{1}{2}\alpha - \sin\tfrac{1}{2}\alpha = +\sqrt{1-\sin\alpha}$$

B. Für α von incl. 90° bis incl. 360° ist
$\cos \tfrac{1}{2}\alpha - \sin \tfrac{1}{2}\alpha = -\sqrt{1 - \sin \alpha}$

46. $\sin \tfrac{1}{2}\alpha - \cos \tfrac{1}{2}\alpha = \pm \sqrt{1 - \sin \alpha}$

A. Für α von incl. 0 bis incl. 90° ist
$\sin \tfrac{1}{2}\alpha - \cos \tfrac{1}{2}\alpha = -\sqrt{1 - \sin \alpha}$

B. Für α von incl. 90° bis incl. 360° ist
$\sin \tfrac{1}{2}\alpha - \cos \tfrac{1}{2}\alpha = +\sqrt{1 - \sin \alpha}$

47. $\sin \tfrac{1}{2}\alpha = \pm \tfrac{1}{2}\left[\sqrt{1 + \sin \alpha} - \sqrt{1 - \sin \alpha}\right]$

A. Für α von incl. 0 bis incl. 90° ist
$\sin \tfrac{1}{2}\alpha = + \tfrac{1}{2}\left[\sqrt{1 + \sin \alpha} - \sqrt{1 - \sin \alpha}\right]$

B. Für α von incl. 90° bis incl. 270° ist die Formel nicht anwendbar

C. Für α von incl. 270° bis incl. 360° ist
$\sin \tfrac{1}{2}\alpha = - \tfrac{1}{2}\left[\sqrt{1 + \sin \alpha} - \sqrt{1 - \sin \alpha}\right]$

48. $\sin \tfrac{1}{2}\alpha = + \tfrac{1}{2}\left[\sqrt{1 + \sin \alpha} + \sqrt{1 - \sin \alpha}\right]$

Diese Formel gilt nur für α von incl. 90° bis incl. 270°.

49. $\cos \tfrac{1}{2}\alpha = + \tfrac{1}{2}\left[\sqrt{1 + \sin \alpha} - \sqrt{1 - \sin \alpha}\right]$

Diese Formel gilt nur für α von incl. 90° bis incl. 270°.

50. $\cos \tfrac{1}{2}\alpha = \pm \left(\sqrt{1 + \sin \alpha} + \sqrt{1 - \sin \alpha}\right)$

A. Für α von incl. 0 bis incl. 90° ist
$\cos \tfrac{1}{2}\alpha = + \left(\sqrt{1 + \sin \alpha} + \sqrt{1 - \sin \alpha}\right)$

B. Für α von incl. 270° bis incl. 360° ist
$\cos \tfrac{1}{2}\alpha = - \left(\sqrt{1 + \sin \alpha} + \sqrt{1 - \sin \alpha}\right)$

Für α von incl. 90° bis incl. 270° ist die Formel ungültig.

51. $\sin \alpha \cdot \sin \beta = \tfrac{1}{2}\left[\cos(\alpha - \beta) - \cos(\alpha + \beta)\right]$

52. $\cos \alpha \cdot \cos \beta = \tfrac{1}{2}\left[\cos(\alpha + \beta) + \cos(\alpha - \beta)\right]$

53. $\sin \alpha \cdot \cos \beta = \tfrac{1}{2}\left[\sin(\alpha + \beta) + \sin(\alpha - \beta)\right]$

54. $\cos \alpha \cdot \sin \beta = \tfrac{1}{2}\left[\sin(\alpha + \beta) - \sin(\alpha - \beta)\right]$

55. $\sin \frac{\alpha + \beta}{2} \cdot \sin \frac{\alpha - \beta}{2} = \tfrac{1}{2}(\cos \beta - \cos \alpha)$

56. $\cos \frac{\alpha + \beta}{2} \cdot \cos \frac{\alpha - \beta}{2} = \tfrac{1}{2}(\cos \alpha + \cos \beta)$

57. $\sin \frac{\alpha + \beta}{2} \cdot \cos \frac{\alpha - \beta}{2} = \tfrac{1}{2}(\sin \alpha + \sin \beta)$

58. $\cos \frac{\alpha + \beta}{2} \cdot \sin \frac{\alpha - \beta}{2} = \tfrac{1}{2}(\sin \alpha - \sin \beta)$

59. $tg(\alpha + \beta) = \frac{tg\,\alpha + tg\,\beta}{1 - tg\,\alpha \cdot tg\,\beta}$

60. $tg(\alpha - \beta) = \frac{tg\,\alpha - tg\,\beta}{1 + tg\,\alpha \cdot tg\,\beta}$

61. $\cot(\alpha + \beta) = \frac{\cot \alpha \cdot \cot \beta - 1}{\cot \alpha + \cot \beta}$

62. $\cot(\alpha - \beta) = \frac{\cot \alpha \cdot \cot \beta + 1}{\cot \beta - \cot \alpha}$

63. $tg\,\alpha + tg\,\beta = \frac{\sin(\alpha + \beta)}{\cos \alpha \cdot \cos \beta}$

64. $tg\,\alpha - tg\,\beta = \frac{\sin(\alpha - \beta)}{\cos \alpha \cdot \cos \beta}$

65. $\cot \alpha + \cot \beta = \frac{\sin(\alpha + \beta)}{\sin \alpha \cdot \sin \beta}$

66. $\cot \beta - \cot \alpha = \frac{\sin(\alpha - \beta)}{\sin \alpha \cdot \sin \beta}$

67. $\sin(\alpha + \beta) = \frac{\sin^2 \alpha - \sin^2 \beta}{\sin(\alpha - \beta)}$

68. $\sin(\alpha + \beta) = \frac{\cos^2 \beta - \cos^2 \alpha}{\sin(\alpha - \beta)}$

69. $\cos(\alpha + \beta) = \frac{\cos^2 \beta - \sin^2 \alpha}{\cos(\alpha - \beta)}$

70. $\cos(\alpha + \beta) = \frac{\cos^2 \alpha - \sin^2 \beta}{\cos(\alpha - \beta)}$

71. $tg \frac{\alpha + \beta}{2} = \frac{\sin \alpha + \sin \beta}{\cos \alpha + \cos \beta}$

72. $tg \frac{\alpha + \beta}{2} = \frac{\cos \beta - \cos \alpha}{\sin \alpha - \sin \beta}$

73. $tg \frac{\alpha - \beta}{2} = \frac{\sin \alpha - \sin \beta}{\cos \alpha + \cos \beta}$

74. $tg \frac{\alpha - \beta}{2} = \frac{\cos \beta - \cos \alpha}{\sin \beta + \sin \alpha}$

75. $\sin 3\alpha = 3 \sin \alpha - 4 \sin^3 \alpha$

76. $\cos 3\alpha = 4 \cos^3 \alpha - 3 \cos \alpha$

21. Sind die Winkel $\alpha + \beta + \gamma = 2$ Rechten, so ergeben sich mehrere interessante Gesetze, von denen folgende sechs die vorzüglichsten sind.

I. $2 . \sin \alpha \cdot \sin \beta \cdot \sin \gamma = \sin \alpha \cdot \cos \alpha + \sin \beta \cdot \cos \beta + \sin \gamma \cdot \cos \gamma$

Analytischer Beweis.

Formel 18 ist $\sin(\alpha + \beta) = \sin \alpha \cdot \cos \beta + \cos \alpha \cdot \sin \beta$

hierzu $\sin \alpha \cdot \sin \beta = \sin \alpha \cdot \sin \beta$

gibt $\sin \alpha \cdot \sin \beta \cdot \sin(\alpha + \beta) = \sin^2 \alpha \cdot \sin \beta \cdot \cos \beta + \sin^2 \beta \cdot \sin \alpha \cdot \cos \alpha$

$= \sin \beta \cdot \cos \beta (1 - \cos^2 \alpha) + \sin \alpha \cdot \cos \alpha (1 - \cos^2 \beta)$

$= \sin \alpha \cdot \cos \alpha + \sin \beta \cdot \cos \beta - \cos \alpha \cdot \cos \beta (\sin \alpha \cdot \cos \beta + \cos \alpha \cdot \sin \beta)$

und mit Hülfe von Formel 16:

$\sin \alpha \cdot \sin \beta \cdot \sin(\alpha + \beta) = \sin \alpha \cdot \cos \alpha + \sin \beta \cdot \cos \beta - \cos \alpha \cdot \cos \beta \cdot \sin(\alpha + \beta)$

hierzu $\sin \alpha \cdot \sin \beta \cdot \sin(\alpha + \beta) = \sin \alpha \cdot \sin \beta \cdot \sin(\alpha + \beta)$

gibt $2 \cdot \sin \alpha \cdot \sin \beta \cdot \sin(\alpha + \beta) = \sin \alpha \cdot \cos \alpha + \sin \beta \cdot \cos \beta - \sin(\alpha + \beta)\left[\cos \alpha \cdot \cos \beta - \sin \alpha \cdot \sin \beta\right]$

also nach Formel 18: $= \sin \alpha \cdot \cos \alpha + \sin \beta \cdot \cos \beta - \sin(\alpha + \beta) \cdot \cos(\alpha + \beta)$

Nun ist wegen $\alpha+\beta=180°-\gamma$; $\sin(\alpha+\beta)=\sin\gamma$ und $\cos(\alpha+\beta)=-\cos\gamma$ daher hat man $2\cdot\sin\alpha\cdot\sin\beta\cdot\sin\gamma=\sin\alpha\cdot\cos\alpha+\sin\beta\cdot\cos\beta+\sin\gamma\cdot\cos\gamma$ da $\alpha+\beta+\gamma=180°$, so sind sie die Umfangswinkel eines Dreiecks.

Synthetischer Beweis. Es sei demnach Fig. 672 im $\triangle ABD$ der $\angle A=\alpha$, der $\angle B=\beta$, der $\angle D=\gamma$; beschreibe um dasselbe einen Kreis vom Halbmesser $=1$, dessen Mittelpunkt C sei, ziehe die Radien AC, BC und DC von den Ecken des Dreiecks aus, fälle die Lothe CE, CF und CG auf die Seiten des Dreiecks, und fälle auf eine beliebige Seite BD die Höhe AH, so ist

Fig. 672.

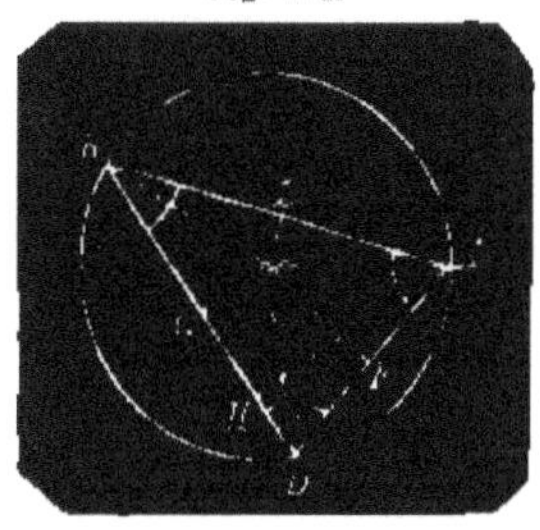

$$2\cdot\triangle ABD=BD\cdot CG+AD\cdot CF+AB\cdot CE$$
$$=BD\cdot AH$$

Nun ist $\angle BCD=2\angle BAD=2\alpha$

und da zugleich $BG=DG$

also auch $\angle BCG=\angle DCG=\frac{1}{2}\angle BCD$

so ist $\angle BCG=\angle DCG=\alpha$

Eben so hat man

$$\angle DCF=\angle ACF=\beta$$

und $\angle ACE=\angle BCE=\gamma$

folglich

$BD=2\sin\alpha$, $AD=2\sin\beta$ und $AB=2\sin\gamma$

ferner

$CG=\cos\alpha$, $CF=\cos\beta$ und $CE=\cos\gamma$

und da $AH=AD\cdot\sin\gamma=2\sin\beta\cdot\sin\gamma$

so hat man $BD\cdot AH=2\sin\alpha\cdot2\sin\beta\cdot\sin\gamma=4\sin\alpha\cdot\sin\beta\cdot\sin\gamma$

und $2\triangle ABD=2\sin\alpha\cdot\cos\alpha+2\sin\beta\cdot\cos\beta+2\sin\gamma\cdot\cos\gamma=4\sin\alpha\cdot\sin\beta\cdot\sin\gamma$

woraus $2\sin\alpha\cdot\sin\beta\cdot\sin\gamma=\sin\alpha\cdot\cos\alpha+\sin\beta\cdot\cos\beta+\sin\gamma\cdot\cos\gamma$

II. $\sin\alpha+\sin\beta+\sin\gamma=4\cos\cdot\frac{\alpha}{2}\cdot\cos\frac{\beta}{2}\cdot\cos\frac{\gamma}{2}$

Analytischer Beweis.

Es ist $\gamma=180°-(\alpha+\beta)$

daher $\sin\gamma=\sin(\alpha+\beta)$

mithin nach Formel 20

$$\sin\gamma=2\sin\frac{\alpha+\beta}{2}\cdot\cos\frac{\alpha+\beta}{2}$$

Also nach Formel 16 und 18

$$\sin\gamma=2\left(\sin\frac{\alpha}{2}\cdot\cos\frac{\beta}{2}+\cos\frac{\alpha}{2}\cdot\sin\frac{\beta}{2}\right)\left(\cos\frac{\alpha}{2}\cdot\cos\frac{\beta}{2}-\sin\frac{\alpha}{2}\cdot\sin\frac{\beta}{2}\right)$$

oder

$$\sin\gamma=2\sin\frac{\alpha}{2}\cdot\cos\frac{\alpha}{2}\cdot\cos^2\frac{\beta}{2}+2\sin\frac{\beta}{2}\cdot\cos\frac{\beta}{2}\cdot\cos^2\frac{\alpha}{2}-2\sin^2\frac{\alpha}{2}\cdot\sin\frac{\beta}{2}\cdot\cos\frac{\beta}{2}$$
$$-2\sin^2\frac{\beta}{2}\cdot\sin\frac{\alpha}{2}\cdot\cos\frac{\alpha}{2}$$
$$=2\sin\frac{\alpha}{2}\cdot\cos\frac{\alpha}{2}\left(\cos^2\frac{\beta}{2}-\sin^2\frac{\beta}{2}\right)+2\sin\frac{\beta}{2}\cdot\cos\frac{\beta}{2}\left(\cos^2\frac{\alpha}{2}-\sin^2\frac{\alpha}{2}\right)$$

oder

$$\sin\gamma=2\sin\frac{\alpha}{2}\cdot\cos\frac{\alpha}{2}\left(2\cos^2\frac{\beta}{2}-1\right)+2\sin\frac{\beta}{2}\cdot\cos\frac{\beta}{2}\left(2\cos^2\frac{\alpha}{2}-1\right)$$
$$=4\sin\frac{\alpha}{2}\cdot\cos\frac{\alpha}{2}\cdot\cos^2\frac{\beta}{2}+4\sin\frac{\beta}{2}\cdot\cos\frac{\beta}{2}\cdot\cos^2\frac{\alpha}{2}-2\sin\frac{\alpha}{2}\cdot\cos\frac{\alpha}{2}-2\sin\frac{\beta}{2}\cdot\cos\frac{\beta}{2}$$

hierzu $\sin\alpha+\sin\beta=$ $+2\sin\frac{\alpha}{2}\cdot\cos\frac{\alpha}{2}+2\sin\frac{\beta}{2}\cdot\cos\frac{\beta}{2}$

gibt $\sin\alpha + \sin\beta + \sin\gamma = 4\left[\sin\frac{\alpha}{2}\cdot\cos\frac{\alpha}{2}\cdot\cos^2\frac{\beta}{2} + \sin\frac{\beta}{2}\cdot\cos\frac{\beta}{2}\cdot\cos^2\frac{\alpha}{2}\right]$

$$= 4\cos\frac{\alpha}{2}\cdot\cos\frac{\beta}{2}\left(\sin\frac{\alpha}{2}\cdot\cos\frac{\beta}{2} + \cos\frac{\alpha}{2}\cdot\sin\frac{\beta}{2}\right)$$

$$= 4\cos\frac{\alpha}{2}\cdot\cos\frac{\beta}{2}\cdot\sin\frac{\alpha+\beta}{2}$$

Nun ist $\sin\frac{\alpha+\beta}{2} = \cos\left(90^\circ - \frac{\alpha+\beta}{2}\right) = \cos\frac{180^\circ-(\alpha+\beta)}{2} = \cos\frac{\gamma}{2}$

daher hat man $\sin\alpha + \sin\beta + \sin\gamma = 4\cos\frac{\alpha}{2}\cdot\cos\frac{\beta}{2}\cdot\cos\frac{\gamma}{2}$

Synthetischer Beweis. Man zeichne Fig. 673, um einen Punkt C die $\angle\alpha = ACF$, $\beta = FCB$ und $\gamma = BCE$ neben einander, so liegen die beiden äußeren Schenkel AC und EC in einer geraden Linie. Beschreibe nun aus C mit dem Halbmesser $= 1$ den Kreis $AFBEA$, verlängere FC bis in die Peripherie, verbinde A, B und D durch Sehnen, so entsteht das Dreieck ABD; in diesem ist $\angle ADF = \frac{1}{2}\angle ACF = \frac{\alpha}{2}$, $\angle BDF = \frac{1}{2}\angle BCF = \frac{1}{2}\beta$,

673.

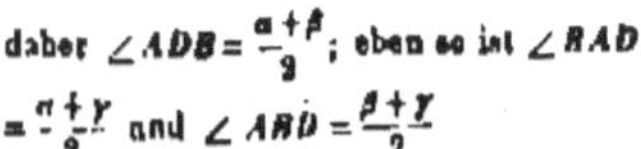

daher $\angle ADB = \frac{\alpha+\beta}{2}$; eben so ist $\angle BAD = \frac{\alpha+\gamma}{2}$ und $\angle ABD = \frac{\beta+\gamma}{2}$

Fällt man nun die Lothe CJ auf AD, CH auf BD und CG auf AB, so hat man $2\triangle ABD = AD\cdot CJ + BD\cdot CH + AB\cdot CG$ aber es ist auch $2\triangle ABD = \frac{AD\cdot BD\cdot AB}{2AC}$

daher ist

$$AD\cdot CJ + BD\cdot CH + AB\cdot CG = \frac{AD\cdot BD\cdot AB}{2AC}$$

Nun ist

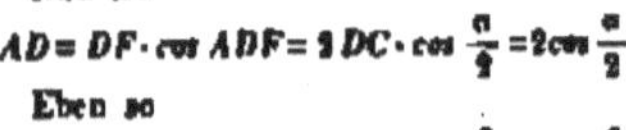

$$AD = DF\cdot\cos ADF = 2DC\cdot\cos\frac{\alpha}{2} = 2\cos\frac{\alpha}{2}$$

Eben so

$$BD = DF\cdot\cos BDF = 2DC\cdot\cos\frac{\beta}{2} = 2\cos\frac{\beta}{2}$$

und

$$AB = AE\cdot\cos BAE = 2AC\cdot\cos\frac{\gamma}{2} = 2\cos\frac{\gamma}{2}$$

Ferner ist $CJ = DC\cdot\sin CDJ = \sin\frac{\alpha}{2}$

$$CH = DC\cdot\sin CDB = \sin\frac{\beta}{2}$$

und $CG = AC\cdot\sin CAG = \sin\frac{\gamma}{2}$

daher hat man

$$2\cos\frac{\alpha}{2}\cdot\sin\frac{\alpha}{2} + 2\cos\frac{\beta}{2}\cdot\sin\frac{\beta}{2} + 2\cos\frac{\gamma}{2}\cdot\sin\frac{\gamma}{2} = \frac{2\cos\frac{\alpha}{2}\cdot 2\cos\frac{\beta}{2}\cdot 2\cos\frac{\gamma}{2}}{2}$$

oder

$$2\sin\frac{\alpha}{2}\cdot\cos\frac{\alpha}{2} + 2\sin\frac{\beta}{2}\cdot\cos\frac{\beta}{2} + 2\sin\frac{\gamma}{2}\cdot\cos\frac{\gamma}{2} = 4\cos\frac{\alpha}{2}\cdot\cos\frac{\beta}{2}\cdot\cos\frac{\gamma}{2}$$

Nun ist Bd. II., pag. 98, No. 16 mit Formel V. synthetisch bewiesen, daß $2\sin\alpha\cdot\cos\alpha = \sin 2\alpha$, daher ist auch $2\sin\frac{\alpha}{2}\cdot\cos\frac{\alpha}{2} = \sin\alpha$, $2\sin\frac{\beta}{2}\cdot\cos\frac{\beta}{2} = \sin\beta$ und $2\sin\frac{\gamma}{2}\cdot\cos\frac{\gamma}{2} = \sin\gamma$

Folglich hat man

$$\sin\alpha + \sin\beta + \sin\gamma = 4\cos\frac{\alpha}{2}\cdot\cos\frac{\beta}{2}\cdot\cos\frac{\gamma}{2}$$

III. $tg\,\alpha + tg\,\beta + tg\,\gamma = tg\,\alpha\cdot tg\,\beta\cdot tg\,\gamma$

Analytischer Beweis. Da wieder $\gamma = 180^\circ - (\alpha+\beta)$ so ist $tg\,\gamma = tg\,[180^\circ - (\alpha+\beta)]$; daher nach No. 16 $tg\,\gamma = -tg\,(\alpha+\beta)$

also nach Formel 59 $tg\,\gamma = -\frac{tg\,\alpha + tg\,\beta}{1 - tg\,\alpha\cdot tg\,\beta}$

daher $\quad tg\,\alpha + tg\,\beta + tg\,\gamma = tg\,\alpha + tg\,\beta - \frac{tg\,\alpha + tg\,\beta}{1 - tg\,\alpha \cdot tg\,\beta}$

$$= \frac{tg\,\alpha + tg\,\beta - tg\,\alpha \cdot tg\,\beta(tg\,\alpha + tg\,\beta) - tg\,\alpha - tg\,\beta}{1 - tg\,\alpha \cdot tg\,\beta}$$

$$= - tg\,\alpha \cdot tg\,\beta \cdot \frac{tg\,\alpha + tg\,\beta}{1 - tg\,\alpha \cdot tg\,\beta}$$

$$= - tg\,\alpha \cdot tg\,\beta \cdot tg(\alpha + \beta)$$

$$= + tg\,\alpha \cdot tg\,\beta \cdot tg[180^0 - (\alpha + \beta)]$$

oder $\quad tg\,\alpha + tg\,\beta + tg\,\gamma = tg\,\alpha \cdot tg\,\beta \cdot tg\,\gamma$

Synthetischer Beweis. Es sei Fig. 674 im $\triangle ABC$ der $\angle A = \alpha$, $\angle B = \beta$ und $\angle C = \gamma$.

Fälle die 3 Höhen Aa, Bb und Cc, die sich nach geometrischen Lehren in einerlei Punkt durchschneiden,

Fig. 674.

so hat man $Bc^2 = Bc(AB - Ac)$

oder $\quad Bc^2 = Bc \cdot AB - Bc \cdot Ac$

Nun ist nach geometrischen Lehren

$$AB \cdot Bc = BC \cdot Ba$$

daher auch $\quad Bc^2 = BC \cdot Ba - Bc \cdot Ac$

dies von $\quad BC^2 = BC^2$

bleibt $\quad BC^2 - Bc^2 = BC^2 - BC \cdot Ba + Bc \cdot Ac$

oder $\quad Cc^2 = BC(BC - Ba) + Bc \cdot Ac$

oder I. $\quad Cc^2 = BC \cdot Ca + Bc \cdot Ac$

Nun ist

$$\angle BcC = R = \angle BaA$$

hierzu $\quad \angle B = \angle B$

daher II. $\quad \triangle ABc \sim \triangle BAa$

woher $\quad Bc : Cc = Ba : Aa$

mithin $\quad Aa = Cc \cdot \frac{Ba}{Bc}$

dies multiplicirt mit

$$Bb = Bb$$

und mit I. $\quad Cc^2 = BC \cdot Ca + Bc \cdot Ac$

gibt $\quad Aa \cdot Bb \cdot Cc^2 = (BC \cdot Ca + Bc \cdot Ac)\, Bb \cdot Cc \cdot \frac{Ba}{Bc}$

also ist III. $\quad Aa \cdot Bb \cdot Cc = \frac{BC \cdot Ba \cdot Bb \cdot Ca}{Bc} + Ac \cdot Ba \cdot Bb$

Aus II. folgt: $\quad BC : Bc = AB : Ba$

daher ist $\quad \frac{BC \cdot Ba}{Bc} = AB = Ac + Bc$

Man hat also, dies mit III. verbunden:

$$Aa \cdot Bb \cdot Cc = (Ac + Bc)\, Bb \cdot Ca + Ac \cdot Ba \cdot Bb$$

oder IV. $\quad Aa \cdot Bb \cdot Cc = Ac \cdot Bb \cdot Ca + Bb \cdot Bc \cdot Ca + Ac \cdot Ba \cdot Bb$

Aus gleichen Gründen wie für II. hat man ferner

$$\triangle ABb \sim \triangle ACc$$

woher $\quad Ab : Bb = Ac : Cc$

oder $\quad Ac \cdot Bb = Ab \cdot Cc$

mithin ist der 1te Summand in IV.,

$$Ac \cdot Bb \cdot Ca = Ab \cdot Ca \cdot Cc$$

und der 3te Summand in IV.

$$Ac \cdot Ba \cdot Bb = Ab \cdot Ba \cdot Cc$$

Aus der nach II. erhaltenen Proportion

$$Bc : Cc = Ba : Aa$$

hat man $\quad Ba \cdot Cc = Aa \cdot Bc$

daher entsteht aus dem 3ten Summanden

$$Ab \cdot Ba \cdot Cc = Aa \cdot Ab \cdot Bc$$

Diese 2 Werthe in IV. gesetzt, entsteht

$$Aa \cdot Bb \cdot Cc = Ab \cdot Ca \cdot Cc + Bb \cdot Bc \cdot Ca + Aa \cdot Ab \cdot Bc$$

Diese Gleichung durch $Ca \cdot Ab \cdot Bc$ dividirt

gibt $\quad \frac{Aa}{Ca} \cdot \frac{Bb}{Ab} \cdot \frac{Cc}{Bc} = \frac{Cc}{Bc} + \frac{Bb}{Ab} + \frac{Aa}{Ca}$

oder $\quad tg\,\gamma \cdot tg\,\alpha \cdot tg\,\beta = tg\,\beta + tg\,\alpha + tg\,\gamma$

IV: $\cot\frac{\alpha}{2} + \cot\frac{\beta}{2} + \cot\frac{\gamma}{2} = \cot\frac{\alpha}{2}\cdot\cot\frac{\beta}{2}\cdot\cot\frac{\gamma}{2}$

Analytischer Beweis.

Es ist $\cot\frac{\gamma}{2} = \cot\frac{180^0-(\alpha+\beta)}{2} = \cot\left(90^0-\frac{\alpha+\beta}{2}\right) = tg\,\frac{\alpha+\beta}{2}$

also nach Formel 59 $\cot\frac{\gamma}{2} = \frac{tg\,\frac{\alpha}{2} + tg\,\frac{\beta}{2}}{1 - tg\,\frac{\alpha}{2}\cdot tg\,\frac{\beta}{2}}$

hierzu $\cot\frac{\alpha}{2} + \cot\frac{\beta}{2} = \cot\frac{\alpha}{2} + \cot\frac{\beta}{2}$

gibt $\cot\frac{\alpha}{2} + \cot\frac{\beta}{2} + \cot\frac{\gamma}{2} = \cot\frac{\alpha}{2} + \cot\frac{\beta}{2} + \frac{tg\,\frac{\alpha}{2} + tg\,\frac{\beta}{2}}{1 - tg\,\frac{\alpha}{2}\cdot tg\,\frac{\beta}{2}}$

$$= \frac{\cot\frac{\alpha}{2} + \cot\frac{\beta}{2} - tg\,\frac{\alpha}{2}\cdot\cot\frac{\alpha}{2}\cdot tg\,\frac{\beta}{2} - tg\,\frac{\alpha}{2}\cdot tg\,\frac{\beta}{2}\cdot\cot\frac{\beta}{2} + tg\,\frac{\alpha}{2} + tg\,\frac{\beta}{2}}{1 - tg\,\frac{\alpha}{2}\cdot tg\,\frac{\beta}{2}}$$

Nun ist nach Formel 10: $tg\,\frac{\alpha}{2}\cdot\cot\frac{\alpha}{2} = 1 = tg\,\frac{\beta}{2}\cdot\cot\frac{\beta}{2}$.

Daher erhält man nach geschehener Reduction:

$$\cot\frac{\alpha}{2} + \cot\frac{\beta}{2} + \cot\frac{\gamma}{2} = \frac{\cot\frac{\alpha}{2} + \cot\frac{\beta}{2}}{1 - tg\,\frac{\alpha}{2}\cdot tg\,\frac{\beta}{2}} = \frac{\cot\frac{\alpha}{2} + \cot\frac{\beta}{2}}{\left(1 - \frac{1}{\cot\frac{\alpha}{2}\cdot\cot\frac{\beta}{2}}\right)}$$

$$= \cot\frac{\alpha}{2}\cdot\cot\frac{\beta}{2}\cdot\frac{\cot\frac{\alpha}{2} + \cot\frac{\beta}{2}}{\cot\frac{\alpha}{2}\cdot\cot\frac{\beta}{2} - 1}$$

und nach Formel 61 und 11 $= \frac{\cot\frac{\alpha}{2}\cdot\cot\frac{\beta}{2}}{\cot\frac{\alpha+\beta}{2}} = \cot\frac{\alpha}{2}\cdot\cot\frac{\beta}{2}\cdot tg\,\frac{\alpha+\beta}{2}$

$$= \cot\frac{\alpha}{2}\cdot\cot\frac{\beta}{2}\cdot\cot\left(90^0 - \frac{\alpha+\beta}{2}\right)$$

$$= \cot\frac{\alpha}{2}\cdot\cot\frac{\beta}{2}\cdot\cot\frac{180^0-(\alpha+\beta)}{2}$$

oder $\cot\frac{\alpha}{2} + \cot\frac{\beta}{2} + \cot\frac{\gamma}{2}$

$$= \cot\frac{\alpha}{2}\cdot\cot\frac{\beta}{2}\cdot\cot\frac{\gamma}{2}$$

Fig. 675.

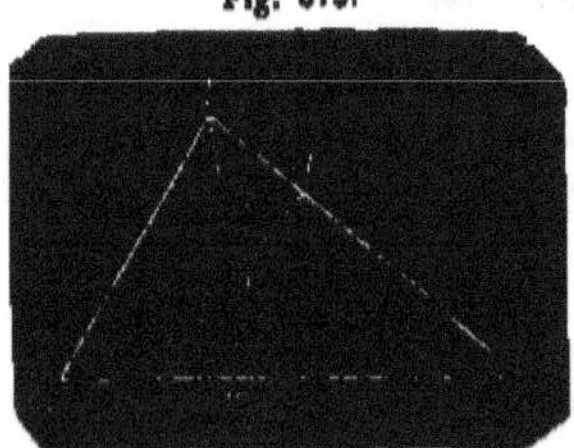

Synthetischer Beweis. Es sei Fig. 675 im $\triangle ABC$, $\angle A = \alpha$, $\angle B = \beta$, $\angle C = \gamma$, so halbire die Winkel durch die Linien AP, BP und CP, welche nach geometrischen Lehren einen gemeinschaftlichen Durchschnittspunkt P haben, und fälle von P aus die Lothe Pc auf AB, Pb auf AC und Pa auf BC, so sind diese 3 Lothe einander gleich.

Nun ist nach geometrischen Lehren

$$\triangle ABC = \tfrac14\sqrt{(AB+AC+BC)(AB+AC-BC)(AB+BC-AC)(AC+BC-AB)}$$

Eben so ist $\triangle ABC = \frac12 AB\cdot cP + \frac12 AC\cdot bP + \frac12 BC\cdot aP = aP\cdot\frac{AB+AC+BC}{2}$

Daher hat man

$$aP\cdot\frac{AB+AC+BC}{2} = \tfrac14\sqrt{(AB+AC+BC)(AB+AC-BC)(AB+BC-AC)(AC+BC-AB)}$$

folglich

$$\frac{(aP)^2(AB+AC+BC)^2}{4} = \tfrac{1}{16}(AB+AC+BC)(AB+AC-BC)(AB+BC-AC)(AC+BC-AB)$$

Diese Gleichung dividirt durch $\frac{(aP)^3}{2}(AB+AC+BC)$ giebt

$$\frac{AB+AC+BC}{2aP} = \frac{AB+AC-BC}{2aP}\cdot\frac{AB+BC-AC}{2aP}\cdot\frac{AC+BC-AB}{2aP}$$

Nun ist $AB = Ac + Bc = Ab + Bc$
$AC = Ab + Cb = Ab + Ca$
$BC = Ca + Ba = Ca + Bc$

daher ist $\frac{AB+AC-BC}{2} = Ab$

$\frac{AB+BC-AC}{2} = Bc$

$\frac{AC+BC-AB}{2} = Ca$

und $\frac{AB+AC+BC}{2} = Ab+Bc+Ca$

Daher hat man diese Werthe in die letzte Gleichung gesetzt

$$\frac{Ab+Bc+Ca}{aP} = \frac{Ab}{aP}\cdot\frac{Bc}{aP}\cdot\frac{Ca}{aP}$$

oder $\frac{Ab}{bP}+\frac{Bc}{cP}+\frac{Ca}{aP} = \frac{Ab}{bP}\cdot\frac{Bc}{cP}\cdot\frac{Ca}{aP}$

also mit Hülfe der Figur $\cot\frac{\alpha}{2}+\cot\frac{\beta}{2}+\cot\frac{\gamma}{2} = \cot\frac{\alpha}{2}\cdot\cot\frac{\beta}{2}\cdot\cot\frac{\gamma}{2}$

V. $tg\frac{\alpha}{2}\cdot tg\frac{\beta}{2} + tg\frac{\alpha}{2}\cdot tg\frac{\gamma}{2} + tg\frac{\beta}{2}\cdot tg\frac{\gamma}{2} = 1$

Analytischer Beweis.

Es ist $tg\frac{\gamma}{2} = tg\frac{180^0-(\alpha+\beta)}{2} = tg\left(90^0-\frac{\alpha+\beta}{2}\right) = \cot\frac{\alpha+\beta}{2}$

also nach Formel 01 $tg\frac{\gamma}{2} = \frac{\cot\frac{\alpha}{2}\cdot\cot\frac{\beta}{2}-1}{\cot\frac{\alpha}{2}+\cot\frac{\beta}{2}}$

daher ist

$$tg\frac{\alpha}{2}\cdot tg\frac{\gamma}{2} + tg\frac{\beta}{2}\cdot tg\frac{\gamma}{2} = \left(tg\frac{\alpha}{2}+tg\frac{\beta}{2}\right)\cdot\frac{\cot\frac{\alpha}{2}\cdot\cot\frac{\beta}{2}-1}{\cot\frac{\alpha}{2}+\cot\frac{\beta}{2}}$$

$$= \frac{tg\frac{\alpha}{2}\cdot\cot\frac{\alpha}{2}\cdot\cot\frac{\beta}{2}+\cot\frac{\alpha}{2}\cdot tg\frac{\beta}{2}\cdot\cot\frac{\beta}{2}-\left(tg\frac{\alpha}{2}+tg\frac{\beta}{2}\right)}{\cot\frac{\alpha}{2}+\cot\frac{\beta}{2}}$$

und da nun wieder $tg\frac{\alpha}{2}\cdot\cot\frac{\alpha}{2} = 1 = tg\frac{\beta}{2}\cdot\cot\frac{\beta}{2}$

$$= \frac{\cot\frac{\beta}{2}+\cot\frac{\alpha}{2}-\left(tg\frac{\alpha}{2}+tg\frac{\beta}{2}\right)}{\cot\frac{\alpha}{2}+\cot\frac{\beta}{2}} = 1 - \frac{tg\frac{\alpha}{2}+tg\frac{\beta}{2}}{\cot\frac{\alpha}{2}+\cot\frac{\beta}{2}}$$

daher

$$tg\frac{\alpha}{2}\cdot tg\frac{\beta}{2}+tg\frac{\alpha}{2}\cdot tg\frac{\gamma}{2}+tg\frac{\beta}{2}\cdot tg\frac{\gamma}{2}=1+tg\frac{\alpha}{2}\cdot tg\frac{\beta}{2}-\frac{tg\frac{\alpha}{2}+tg\frac{\beta}{2}}{cot\frac{\alpha}{2}+cot\frac{\beta}{2}}$$

$$=1+\frac{tg\frac{\alpha}{2}\cdot cot\frac{\alpha}{2}\cdot tg\frac{\beta}{2}+tg\frac{\alpha}{2}\cdot tg\frac{\beta}{2}\cdot cot\frac{\beta}{2}-\left(tg\frac{\alpha}{2}+tg\frac{\beta}{2}\right)}{cot\frac{\alpha}{2}+cot\frac{\beta}{2}}$$

$$=1+\frac{tg\frac{\beta}{2}+tg\frac{\alpha}{2}-\left(tg\frac{\alpha}{2}+tg\frac{\beta}{2}\right)}{cot\frac{\alpha}{2}+cot\frac{\beta}{2}}=1$$

oder $tg\frac{\alpha}{2}\cdot tg\frac{\beta}{2}+tg\frac{\alpha}{2}\cdot tg\frac{\gamma}{2}+tg\frac{\beta}{2}\cdot tg\frac{\gamma}{2}=1$

Synthetischer Beweis. Für Fig. 675 hat man nach dem vorigen Satz

$$\frac{(aP)^2}{4}(AB+AC+BC)^2=\tfrac{1}{16}(AB+AC+BC)(AB+AC-BC)(AB+BC-AC)(AC+BC-AB)$$

mithin $4(aP)^2(AB+AC+BC)=(AB+AC-BC)(AB+BC-AC)(AC+BC-AB)$

und $4(aP)^2\cdot\frac{AB+AC+BC}{(AB+AC-BC)(AB+BC-AC)(AC+BC-AB)}=1$

Nun ist $AB+AC+BC=2AB-AB+2AC-AC+2BC-BC$

$$=(AB+AC-BC)+(AB+BC-AC)+(AC+BC-AB)$$

daher ist $4aP^2\cdot\frac{(AB+AC-BC)+(AB+BC-AC)+(AC+BC-AB)}{(AB+AC-BC)\cdot(AB+BC-AC)\cdot(AC+BC-AB)}=1$

Nun ist nach IV. ebenfalls $\frac{AB+AC-BC}{2}=Ab$, daher $AB+AC-BC=2Ab$

eben so $AB+BC-AC=2Bc$, und $AC+BC-AC=2Ca$

daher ist $4aP^2\cdot\frac{2Ab+2BC+2CA}{2Ab\cdot 2Bc\cdot 2Ca}=1$

oder $aP^2\cdot\frac{Ab+Bc+Ca}{Ab\cdot Bc\cdot Ca}=1$

oder $aP^2\cdot\frac{Ab}{Ab\cdot Bc\cdot Ca}+aP^2\cdot\frac{Bc}{Ab\cdot Bc\cdot Ca}+aP^2\cdot\frac{Ca}{Ab\cdot Bc\cdot Ca}=1$

oder $\frac{aP^2}{Bc\cdot Ca}+\frac{aP^2}{Ab\cdot Ca}+\frac{aP^2}{Ab\cdot Bc}=1$

Nun ist $aP=bP=cP$, $Bc=Ba$, $Ca=Cb$, $Ab=Ac$

daher hat man $\frac{aP}{Ba}\cdot\frac{aP}{Ca}+\frac{bP}{Ab}\cdot\frac{bP}{Cb}+\frac{cP}{Ac}\cdot\frac{cP}{Bc}=1$

oder mit Hülfe der Figur $tg\frac{\beta}{2}\cdot tg\frac{\gamma}{2}+tg\frac{\alpha}{2}\cdot tg\frac{\gamma}{2}+tg\frac{\alpha}{2}\cdot tg\frac{\beta}{2}=1$

VI. $cot\,\alpha\cdot cot\,\beta+cot\,\alpha\cdot cot\,\gamma+cot\,\beta\cdot cot\,\gamma=1$

Analytischer Beweis. Es ist $cot\,\gamma=cot[180^\circ-(\alpha+\beta)]=-cot(\alpha+\beta)$

also nach Formel 61 $cot\,\gamma=-\frac{cot\,\alpha\cdot cot\,\beta-1}{cot\,\alpha+cot\,\beta}=\frac{1-cot\,\alpha\cdot cot\,\beta}{cot\,\alpha+cot\,\beta}$

daher ist $cot\,\alpha\cdot cot\,\gamma+cot\,\beta\cdot cot\,\gamma=(cot\,\alpha+cot\,\beta)\cdot\frac{1-cot\,\alpha\cdot cot\,\beta}{cot\,\alpha+cot\,\beta}=1-cot\,\alpha\cdot cot\,\beta$

folglich $cot\,\alpha\cdot cot\,\beta+cot\,\alpha\cdot cot\,\gamma+cot\,\beta\cdot cot\,\gamma=1$

Synthetischer Beweis. Für Fig. 674 hat man

$$BC^2=AB^2+AC^2-2AB\cdot Ac$$

woraus $Ac=\frac{AB^2+AC^2-BC^2}{2AB}$

Nun ist $Cc^2 = AC^2 - Ac^2$ also $= AC^2 - \left(\frac{AB^2 + AC^2 - BC^2}{2AB}\right)^2$

daher $4AB^2 \cdot Cc^2 = 4AB^2 \cdot AC^2 - (AB^2 + AC^2 - BC^2)^2$

Ferner ist $\triangle ABC = \frac{AB \cdot Cc}{2}$

daher $(\triangle ABC)^2 = \frac{AB^2 \cdot Cc^2}{4}$

und $(4\triangle ABC)^2 = 4AB^2 \cdot Cc^2$

folglich ist $(4\triangle ABC) = 4AB^2 \cdot AC^2 - (AB^2 + AC^2 - BC^2)^2$
$$= 2AB^2 \cdot AC^2 + 2AB^2 \cdot BC^2 + 2AC^2 \cdot BC^2 - AB^4 - AC^4 - BC^4$$

oder $(4\triangle ABC)^2 = AB^4 + AC^4 + BC^4 + (-AB^4 - AC^4 + 2AB^2 \cdot AC^2)$
$$+ (-AB^4 - BC^4 + 2AB^2 \cdot BC^2) + (-AC^4 - BC^4 + 2AC \cdot BC)$$
$$= AB^4 - (AC^2 - BC^2)^2 + AC^4 - (AB^2 - BC^2)^2 + BC^4 - (AB^2 - AC^2)^2$$

oder I. $(4\triangle ABC)^2 = (AB^2 + AC^2 - BC^2) \cdot (AB^2 + BC^2 - AC^2)$
$$+ (AC^2 + AB^2 - BC^2) \cdot (AC^2 + BC^2 - AB^2) + (BC^2 + AB^2 - AC^2) \cdot (BC^2 + AC^2 - AB^2)$$

Nun war $Ac = \frac{AB^2 + AC^2 - BC^2}{2AB}$

Eben so ist $Bc = \frac{AB^2 + BC^2 - AC^2}{2AB}$

daher $\frac{(AB^2 + AB^2 - BC^2) \cdot (AB^2 + BC^2 - AC^2)}{4AB^2} = Ac \cdot Bc$

oder $(AB^2 + AC^2 - BC^2) \cdot (AB^2 + BC^2 - AC^2) = 4AB^2 \cdot Ac \cdot Bc$

Nun war $(4\triangle ABC)^2 = 4AB^2 \cdot Cc^2$

hieraus $4AB^2 = \frac{(4\triangle ABC)^2}{Cc^2}$

Daher ist $(AB^2 + AC^2 - BC^2) \cdot (AB^2 + BC^2 - AC^2) = (4\triangle ABC)^2 \cdot \frac{Ac \cdot Bc}{Cc \cdot Cc}$

ebenso ist $(AC^2 + AB^2 - BC^2) \cdot (AC^2 + BC^2 - AB^2) = (4\triangle ABC)^2 \cdot \frac{Ab \cdot Cb}{Bb \cdot Bb}$

und $(BC^2 + AB^2 - AC^2) \cdot (BC^2 + AC^2 - AB^2) = (4\triangle ABC)^2 \cdot \frac{Ba \cdot Ca}{Aa \cdot Aa}$

Daher durch Addition und mit Hülfe von I.

$$(4\triangle ABC)^2 \cdot \left(\frac{Ac}{Cc} \cdot \frac{Bc}{Cc} + \frac{Ab}{Bb} \cdot \frac{Cb}{Bb} + \frac{Ba}{Aa} \cdot \frac{Ca}{Aa}\right) = (4\triangle ABC)^2$$

oder
$$\frac{Ac}{Cc} \cdot \frac{Bc}{Cc} + \frac{Ab \cdot Cb}{Bb \cdot Bb} + \frac{Ba}{Aa} \cdot \frac{Ca}{Aa} = 1$$

oder mit Hülfe der Figur
$$\cot\alpha \cdot \cot\beta + \cot\alpha \cdot \cot\gamma + \cot\beta \cdot \cot\gamma = 1$$

Goniometrische Functionen oder **trigonometrische Functionen** sind die trigonometrischen Linien, Sinus, Cosinus u. s. w.

Grad von dem lateinischen Wort gradus (Schritt, Stufe, Ehrenstelle), welches übrigens arabischen Ursprungs ist. Wie der Schritt der Theil eines Weges ist, so ist der Grad der Theil eines Kreisumfangs, bei den Thermometern, den Aräometern ein Theil ihres Fundamentalabstandes. Als Rangordnung bezeichnet Grad auch in der Mathematik die höhere oder niedere Ordnung, nämlich von Gleichungen, je nachdem die Unbekannte in einer höheren oder niederen Potenz erscheint; von Reihen, je nachdem die Anzahl der Differenzenreihen ist, welche das Fortschreiten der Glieder bestimmt.

Der Kreisumfang wird in 360 gleich große Theile getheilt, welche Grade heißen. Zweckmäßiger wäre eine Centesimaltheilung, so daß die Untertheile in Decimalen ausgedrückt werden können. Allein die Zahl 360 für die Anzahl der

Grade ist uralt und rührt von den Astronomen her, welche damals das Jahr zu 360 Tagen rechneten und somit die Ekliptik in 360 Theile theilten, von welchen nun jeder Theil einen Tag bezeichnete.

Die Franzosen, welche seit ihrer ersten Revolution alles decimiren, haben es auch mit dem Kreise gethan, und zwar mit dem Quadrant, den sie in 100 Grade theilten; 1 Grad wurde = 100 Minuten, 1 Minute = 100 Secunden u. s. w. gesetzt. Ungeachtet der grofsen Zweckmäfsigkeit dieser Decimaltheilung hat sie sich nicht lange erhalten.

Jeder der 360 Grade (360°) wird in 60 Minuten (60′), jede Minute in 60 Secunden (60″), diese in 60 Tertien (60‴) getheilt.

Demnach hat der Kreisumfang

360 Grade; $log = 2,556\,3025$

21600 Minuten; $log = 4,334\,4538$

1296000 Secunden; $log = 6,112\,6050$

Der Halbmesser eines Kreises hat an Länge

57,29578 Grade; $log = 1,758\,1226$

3437,7468 Minuten; $log = 3,536\,2739$

206264,8 Secunden; $log = 5,314\,4251$

Da zu gleichen Kreisbogen auch gleiche Centriwinkel gehören, so wird mit der Eintheilung des Kreisumfangs in 360 Graden der zu ihm gehörende Centriwinkel, in einer Gröfse von 4 rechten Winkeln in ebenfalls 360 Grade getheilt, also der Quadrant in 90 Grade. Der Umfang hat Bogengrade, Bogenminuten, Bogensecunden; der Centriwinkel hat Winkelgrade, Winkelminuten, Winkelsecunden.

Da die zu gleichen Centriwinkeln gehörenden Kreisbogen in Länge wie die Halbmesser des Kreises sich verhalten, so werden die Längen der Bogen für den Halbmesser = 1 als abstracte Zahlen angegeben; eben so die zu den Bogen gehörenden trigonometrischen Linien. Nur bei deren Logarithmen wird ein Halbmesser von 10000 000000 (10 tausend Millionen) zu Grunde gelegt, um die ihnen meist zukommende subtractive Characteristik zu vermeiden, welche stillschweigend = − 10 festgesetzt ist.

Der Kreisumfang = 2π correspondirt mit 360° (Winkelgrad)

Der Halbkreis = π mit 180°

Der Quadrant = $\frac{1}{2}\pi$ mit 90°

1 Bogengrad = $\frac{1}{180}\pi$ mit 1°

Die elliptischen Umfänge werden gleichfalls in 360° getheilt, und zwar von dem Mittelpunkt aus in 360 gleiche Winkelgrade, so dafs die Bogengrade ungleiche Längen erhalten.

Alle Parallelkreise der Erdoberfläche vom Aequator bis zu den Polen, alle Meridiane werden in 360 Grade getheilt. Erstere geben die **Längengrade**, letztere die **Breitengrade** (s. d.)

Gradbogen ist ein in Graden angegebener Kreisbogen, dessen Länge bei Vermessungen und Berechnungen in Theilen des Halbmessers ausgedrückt werden mufs. Bezeichnet man diesen in Winkelgraden gegebenen Bogen mit α, so hat man die Länge x des Bogens aus der Proportion:

$$360^\circ : 2\pi r = \alpha^\circ : x$$

woraus $x = 2\pi r \frac{\alpha^\circ}{360^\circ} = \pi r \frac{\alpha^\circ}{180^\circ}$

und in Logarithmen

$$log\, x = log\left(\frac{\pi}{180} \cdot r\alpha\right)$$

Es ist $log\, \pi = 0,497\,1499$

$log\, 180 = 2,255\,2725$

mithin $log \frac{\pi}{180} = 0,241\,8474 - 2$

und $log\, x = 0,2418474 - 2 + log\,(r\alpha)$

Tabellen der Längen der Gradbogen von 1° bis 360°, von 1′ bis 60′ und von 1″ bis 60″ finden sich in den gröfseren logarithmischen Tafeln; u. a. in den Werken: Sammlung mathematischer Tafeln... von Georg Freiherrn von Vega, herausgegeben von Dr. J. A. Hülsse, Leipzig 1849 und in: Georg Freih. v. Vega Logarithmisch-trigonometrisches Handbuch, bearbeitet von Dr. C. Bremiker, Berlin 1859.

Gradeintheilung. Diese (s. den Art. **Grad**) betrifft die Eintheilung der Vollkreise von Winkelmefsinstrumenten, und man hat es in der Technik für die Anfertigung correcter Theilmaschinen zu einer sehr bedeutenden Höhe gebracht. Früher, wo dies noch nicht der Fall war, hatte man neben der üblichen Eintheilung in 360°, oder vielmehr bei Eintheilung von Quadranten in 90°, zur Correction noch eine Eintheilung in 96°, weil man den Quadrant mit der Länge des Halbmessers als Sehne genau in 3 gleiche Theile theilen konnte und aufserdem, da die Zahl 96 durch wiederholte geometrisch auszuführende Halbirungen in kleinere Theile zu bringen ist, vorausgesetzt, dafs diese Theile correcter ausfallen als die der Zahl 90. Mit einer Correctionstabelle wurden die neunziger und die sechsundneunziger Grade auf einander reducirt und man hatte durch die zweifachen Zahlen bei derselben Vermessung eine Prüfung für den Grad der Genauigkeit.

Gradlängen. Diese sind nur auf der Kugeloberfläche in den verschiedenen Parallelkreisen verschieden; so auf unserer Erdoberfläche die Längengrade in den verschiedenen geographischen Breiten. In dem Aequator enthielt jeder Grad 15 geographische Meilen. In einem Parallelkreise von φ Grad nördlicher oder südlicher geographischer Breite verhält sich der Halbmesser und also auch die Länge eines Grades zu dem des Aequators wie $\cos \varphi : 1$. Unter der Voraussetzung also, daſs die Meridiane richtige Kreislinien sind, hat man den Längengrad unter φ Grad Breite $= 15 \cdot \cos \varphi$ geogr. Meilen, den Umfang des Parallelkreises $= 5400 \cos \varphi$ geogr. Ml.

Einen interessanten Vergleich zwischen Breiten- und Längengraden gibt Muncke für einerlei geographische Breite.

Breite.	Grade im Meridian. Geogr. Meilen.	Grade im Parallelkreis. Geogr. Meilen.
0°	14,8999	15,0000
10°	14,9044	14,7736
20°	14,9174	14,1009
30°	14,9373	13,0012
40°	14,9617	11,5065
45°	14,9748	10,6243
50°	14,9878	9,6608
60°	15,0125	7,5188
70°	15,0326	6,1455
80°	15,0457	2,6132
90°	15,0468	0,0000

Gradmessung. Hierunter versteht man die Ermittelung der Länge eines Kreisbogens unserer Erdoberfläche, dessen Endpunkte mit dem Erdmittelpunkt den Winkel von einem Grade bilden. Man miſst Längengrade und Breitengrade. Multiplicirt man die für einen Grad gefundene Länge mit 360, so hat man bei gemessenem Breitengrade die Länge des Erdumfangs in der Meridianebene, welche beide Erdpole durchschneidet, und bei gemessenem Längengrade die Umfangslänge eines Parallelkreises oder des Aequators, in welchem man gemessen hat.

Die wirkliche Vermessung durch Maaſsstäbe und Winkelinstrumente erfordert für Längen- und Breitengrad-Vermessungen dieselben Operationen, und bei keiner von beiden finden mehr oder weniger Schwierigkeiten statt.

Dagegen ist die Ermittelung des Erdcentriwinkels aus der wirklich vermessenen Länge für Linien in den Parallelkreisen sehr schwierig oder vielmehr unsicher, während sie bei den Meridianlängen möglichst correct geschieht.

Es liegt dies darin, daſs bei dem letzten gegebenen Meridianbogen die Vermessung der Winkel, welche die Lothe in den Endpunkten des vermessenen Bogens mit Fixsternen bilden, den Erdcentriwinkel zwischen denselben Endpunkten eben so genau ergeben, als die Winkelmessung selbst geschehen ist; daſs aber bei der Längengradvermessung die Zeitdifferenz es ist, welche bei der Culmination von Fixsternen in dem einen und dem anderen Endpunkt sich ergibt, aus der der Erdcentriwinkel allein zu finden ist, und die nur mit Hülfe einer Uhr bestimmt werden kann. Nun dreht die Erde sich in 24 Stunden einmal vollständig um, im Aequator repräsentiren also 24 Stunden genau 5400 geogr. Meilen, daher repräsentirt eine Zeitsecunde 0,0625 geogr. Meilen = 123,136 preuſs. Ruthen; bei einem Bogen von einem Grade würde daher eine Unrichtigkeit von nur einer viertel Secunde in der Beobachtung schon eine Unrichtigkeit von 34 Ruthen geben, um welche der Längengrad zu groſs oder zu klein gefunden wird.

Aus diesem Grunde sind auch nur wenige Längengradvermessungen vorgenommen worden und sie sind alle mehr und weniger unzuverlässig.

Die Vermessung geschieht nun folgender Art.

Es sei A ein durch Natur oder Kunst ausgezeichneter Punkt, z. B. ein hoher Berg, auf den ein Signal zu errichten ist oder eine Sternwarte; B ein zweiter ausgezeichneter Punkt, mehrere Grade entfernt von A und in der Nähe des Meridians AM von A gelegen. Auf einem möglichst ebenen, mit keinen Hindernissen als Bäume, Häuser, Bäche versehenen Terrain messe man mit Genauigkeit eine lange gerade Linie ab. Suche einen oder mehrere feste Punkte, die von a und b aus zugleich gesehen werden, z. B. die Punkte C und D, messe die Winkel Cab, Cba, Dab, Dba, berechne trigonometrisch die Dreiecksseiten aC, bC, aD, bD. Suche nun einen festen Punkt E, der von a und von D zugleich gesehen wird, messe die Winkel EaD, EDa, berechne trigonometrisch die Dreiecksseiten aE, DE; suche einen Punkt F, der von E und D zugleich gesehen wird, messe die Winkel an D und E, berechne die Seiten EF, DF. Gesetzt der Endpunkt A der Vermessung würde von E und von F aus gesehen, so sind durch die Vermessung der Winkel bei E und F auch die Seiten EA und FA gegeben, und da nun sämmtliche Punkte a, b, D, E, F, A fest liegen, so ist auch die gerade Linie DC zu bestimmen.

Fig. 676

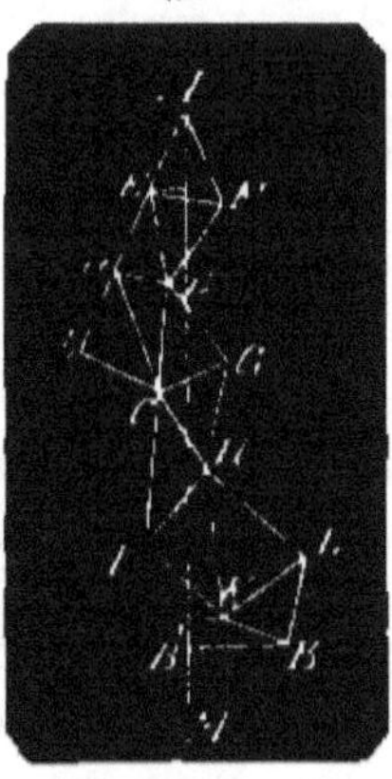

Ein ähnliches Dreiecksnetz sei von ab aus mit dem zweiten Endpunkt B verbunden, so sind die Lagen der Punkte A und B mit den Zwischenpunkten vollkommen bestimmt und durch rechtwinklige Ordinaten von E, F, a, D, C, G, H, L, K und B auf AM ergeben sich die Projectionen der Linien AF, AE, ED, FD,... bis LB auf den Meridian und somit die Länge AB' des Meridian-Abstandes der Endpunkte A und B in dem Landes-Längenmaafs. Auf astronomische Weise kann aber die Länge dieses Meridianbogens genau gefunden werden, wenn man in A und B Winkelinstrumente aufstellt, Fixsterne während ihrer Culmination beobachtet und den Winkel mifst, den der Stern mit dem Bleiloth bildet.

Die Hauptlinie ab, die Basis der Vermessung, mufs möglichst lang sein, damit die beim Trianguliren nie ganz zu vermeidenden kleinen Fehler auf grofse Längen sich vertheilen. Die bei der von Delambre und Mechain ausgeführten französischen Gradmessung betrug die eine bei Perpignan gemessene Basis 6006 Toisen, also etwa 1,6 preufsische Meilen; eine zweite am Nordende der Linie vermessene Basis bei Melun 6076 Toisen, gegen 2 Meilen lang. Eben so werden aus demselben Grunde die Seiten der Hauptdreiecke 5 Meilen und darüber, so weit das Auge nämlich reicht, genommen. Bei den Terrainschwierigkeiten, welche man selbst in den ebensten Gegenden findet, kann man selten eine Basis über eine Meile lang zu erhalten erwarten.

Die Hauptaufgabe ist die Vermessung der Basis, und da diese äufserst genau geschehen mufs, so werden dazu metallene und genau eingetheilte Maafsstäbe genommen, die für eine mittlere aber ganz bestimmte Temperatur geaicht sind. Während der Vermessung von Morgens bis Abends wird in bestimmten Zeitintervallen die Lufttemperatur am Thermometer beobachtet und registrirt, so dafs nach beendeter Vermessung alle stattgehabten Temperaturen durch Rechnung auf eine stattgehabte mittlere reducirt und mit Hülfe des bekannten Wärmeausdehnungs-Coefficient die durch Messung gefundene Länge bei der stattgehabten mittleren Temperatur auf die der Normaltemperatur zugehörige Länge berechnet wird.

Zu der oben gedachten französischen Gradmessung wurden Maafsstäbe aus einer Mischung von Kupfer und Platin angewendet. Beim Anlegen eines Maafsstabs bei Fortsetzung der Vermessung liefs man um einen Rückstofs gegen den ersten Maafsstab zu vermeiden, einen kleinen Spielraum zwischen beiden Stäben, der mit einem kleinen mit feiner Theilung versehenen Maafsstab besonders vermessen und notirt wurde.

Die Vermessung der Winkel geschah bei der französischen Vermessung mit dem Bordaschen Kreis, s. d. Jetzt würde man den seitdem erfundenen Theodoliten anwenden.

Wie nun nach beendeter Vermessung und Berechnung der wirklichen Länge AB', nämlich der Breitendifferenz zwischen den Punkten A und B, ermittelt wird, welchen Theil des Meridianumfanges der Bogen AB' beträgt, erhellt aus Fig. 677.

Es sei C der Mittelpunkt der Erde, A, B' seien die beiden Endpunkte des in dem Meridian $EAB'D$ vermessenen Bogens, AH und $B'J$ die in den Punkten A und B' durch ein Bleiloth bezeichneten nach dem Mittelpunkt C der Erde gerichteten Lothe. Ein Fixstern, welcher in dem Augenblick seiner Culmination in A beobachtet wird, stehe in der Richtung AF, derselbe Fixstern bei seiner

Culmination in B' beobachtet, stehe in der Richtung $B'G$, so sind mit dem Instrument die Winkel HAF und $JB'G$ gemessen. Da nun der Fixstern unermeſslich weit von der Erde entfernt ist, so sind die Linien AF und $B'G$ parallel.

Fig. 677.

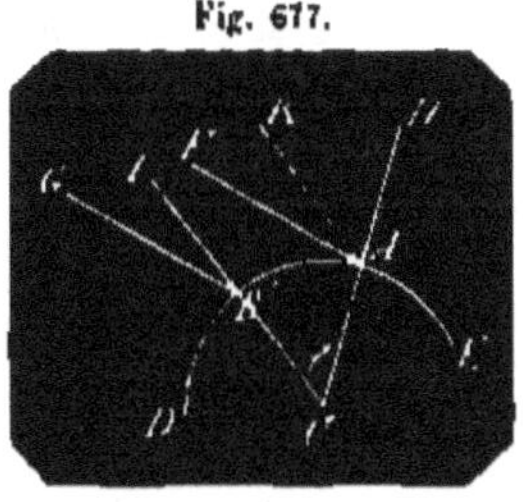

Nun ist, wenn man durch A mit $B'J$ die Parallele AK zieht

$\angle JB'G = \angle KAF$

$\angle KAH = \angle JCH = \angle q$

$\angle HAF = \angle KAH + \angle KAF = \angle q + \angle JB'G$

hieraus $\angle q = \angle HAF - \angle JB'G$

Man hat also in der Differenz der beiden in A und B' mit demselben Fixstern gemessenen Winkel, welche die Zenithdistanzen des Fixsterns sind, den Erdcentriwinkel q gefunden.

Bezeichnet nun b die gemessene Bogenlänge AB', r den Halbmesser der Erde, q den gefundenen Centriwinkel, so hat man

$$b : 2\pi r = q^{\circ} : 360^{\circ}$$

woraus der Halbmesser der Erde

$$r = \frac{b}{2\pi} \cdot \frac{360^{\circ}}{q^{\circ}}$$

und die Länge eines Meridiangrades

$$= \frac{2\pi r}{360^{\circ}} = \frac{b}{q^{\circ}}$$

Gradzeichen ist eine kleine Null oben rechts an der Zahl als Anzahl der Grade: 20° heiſst 20 Grad.

Granatoeder (Kryst.) s. Dodekaeder, Bd. II., pag. 319.

Gravitation oder Schwere ist gleichbedeutend mit Attraction und ist in diesem Art. abgehandelt. Eine Anwendung der Lehre von den Gravitationsgesetzen ist der Art. Abplattung der Erde. In Beziehung auf die Bewegung der Planeten und Kometen um die Sonne, der Monde um die Planeten gibt der Art. „Bahn" die mit bildlichen Darstellungen unterstützte Erklärung von den Gesetzen der Bewegung einer Masse, die durch 2 Kräfte, nämlich durch die Kraft der Gravitation, die Centralkraft und die Centrifugalkraft, getrieben wird und in Fig. 166 sämmtliche Thätigkeiten und deren Wirkungen zu einem vollständigen Umlauf eines Weltkörpers um einen anderen.

Ferner in dem Art.: „Bahn einer Masse, welche durch die allein thätige Schwerkraft eines Weltkörpers bewegt wird," die Bewegung einer Masse unabhängig von einer Seitenkraft mit einem Beispiel über die Zeit, in welcher der Mond auf die Erde fallen würde und dessen pendulirende Bewegung, wenn er durch die Erde hindurch fallen könnte. Hierauf folgt der Art.: „Bahn der Weltkörper" in allgemeiner Untersuchung und „Bahn der Weltkörper, Ellipse" mit der als Beispiel berechneten Jupiterbahn. Auch die Art. „Centralbewegung" und „Centralkräfte" sind Beiträge zur Kenntniſs des Sonnensystems.

Gravitationspunkt, Centralpunkt, Mittelpunkt des anziehenden Weltkörpers, der als der Schwerpunkt des Körpers auch als der Sammelpunkt, als der Sitz des gesammten Gravitationsvermögens angesehen werden kann.

Grenze ist das Aeuſsere einer Gröſse, so daſs die Grenze zu der Gröſse selbst nicht gehört, daſs sie keinen Theil der Gröſse ausmacht. Von einer Linie sind deren Endpunkte die Grenzen; eine geschlossene Linie, ein Kreis, eine Ellipse kann als 2 Linien betrachtet werden, die mit ihren Grenzen zusammentreffen und sich decken, so daſs diese verschwinden. Von einer Fläche ist die Grenze deren Umfang. Eine geschlossene Fläche z. B. eine Kugeloberfläche kann als 2 Flächen betrachtet werden, deren Umfänge zusammenfallen und dadurch verschwinden. Von einem Körper ist dessen Oberfläche die Grenze.

Jede geometrische oder Raumgröſse hat die Grenze zu ihrem Merkmal, zu ihrem Character: Raumgröſsen ohne Grenzen gibt es nicht, sie sind unbegrenzte Räume, die nach einer, nach 2 und nach allen 3 Richtungen unbegrenzt sein können.

Zahlen sind Gedankengröſsen und haben ihre Grenze in sich selbst, in ihrer Quantität, in der Anzahl der Einheiten, welche die Zahl begreift.

Bei einer veränderlichen Gröſse ist Grenze dasjenige Aeuſsere der Gröſse, bis zu welchem sie sich ausdehnen oder sich einschränken, bis an welchem sie entweder wachsen oder abnehmen kann: Ein in einen Kreis beschriebenes regelmässiges Vieleck wird mit der Vermehrung der Seitenzahl an Inhalt und Umfang immer grösser, dagegen bildet der Umfang des Kreises die Grenze des Wachsthums, die Grössen der Kreislinie und der Kreisfläche sind die Grenzwerthe für den Umfang und den Inhalt des möglich grössten Vielecks.

Ein um einen Kreis beschriebenes regelmässiges Vieleck wird mit der Vermehrung der Seitenanzahl an Umfang und Inhalt immer geringer, dagegen bildet die Kreislinie die Grenze der Abnahme und die Grössen der Kreislinie und der Kreisebene sind die Grenzwerthe für den Umfang und den Inhalt des möglich kleinsten Vielecks.

Bei einer zunehmenden arithmetischen oder geometrischen Reihe ist die Grenze das unendlich grosse Glied, der Grenzwerth des letzten Gliedes und der Summe der Reihe ist ∞.

Bei einer abnehmenden arithmetischen Reihe ist die Grenze das negativ unendlich grosse Glied, bei einer abnehmenden geometrischen Reihe ist die Grenze 0. Der Grenzwerth des letzten Gliedes $= 0$, der der Summe der Reihe eine bestimmte in einer Formel gegebene Zahl (s. geometrische Reihe).

Grenze eines Verhältnisses, Grenzverhältniss zweier veränderlichen Grössen ist dasjenige Verhältniss, dem sich mit dem Wachsthum oder der Abnahme der Grössen deren Verhältniss immer mehr nähert. Es ist dies jedesmal das Differenzialverhältniß, der Differenzialquotient. Z. B. Es sei

$$ay - bx = c$$

so ist $$a\,\mathfrak{d}y - b\,\mathfrak{d}x = 0$$

woraus $$\frac{\mathfrak{d}y}{\mathfrak{d}x} = \frac{b}{a}$$

Man erhält dies elementar, wenn man die Gleichung durch ax dividirt, dann entsteht

$$\frac{y}{x} = \frac{b}{a} + \frac{c}{ax}$$

Man kann also mit beliebigem Wachsthum von x und in dem durch die Gleichung gegebenen Verhältniss von y den Quotient $\frac{y}{x}$ oder das Verhältniss von $y : x$ dem Verhältniß $b : a$ beliebig nahe bringen und demnach ist $\frac{b}{a}$ das Grenzverhältniß von $y : x$.

Grenzverhältniß, s. u. Grenze und Analysis.

Grenzwerth, s. u. Grenze und Analysis.

Grenzwinkel (Dioptr.) s. Ablenkung des Lichtstrahls 1, am Schluß.

Grösse wird vielfach erklärt als Dasjenige, welches sich vermehren und vermindern läßt. Grösse ist also ein Vielfaches, das aus mehreren Theilen zusammengesetzt ist. Man unterscheidet Grösse als Quantum und Grösse als Quantitas. Quantum ist Grösse an sich, Quantitas ist die Grösse des Quantums, die Menge der Theile, aus denen das Quantum zusammengesetzt ist.

Man unterscheidet ferner zwei Hauptklassen von Grössen: 1, die zusammenhangenden, stetigen, fliessenden, continuirlichen Grössen, die Grössen im Raum, deren einzelne Theile ununterbrochen zusammenhangen, in einander fliessen und 2, die nicht zusammenhangenden, unterbrochenen, discreten, collectiven Grössen, die zählbaren Grössen, die Vielheiten in gegebener Anzahl bestimmter Einheiten.

Die ersteren sind die geometrischen Grössen, die letzteren die arithmetischen Grössen.

Mit diesen Grössen nun beschäftigt sich die Mathematik, die arithmetischen Grössen vergleicht sie in der Anzahl ihrer Einheiten, die geometrischen in ihrer Ausdehnung, Form und Lage.
Was mit einander verglichen werden soll muss gleichartig sein, d. h. es muß zu einem Ganzen zusammengefaßt, addirt werden können, Linien sind mit Flächen nicht zu vergleichen. Aus diesem Grunde muss jede Grösse aus lauter gleichartigen Theilen zusammengesetzt sein. Gleichartige arithmetische Grössen heissen commensurabel (s. d.) ungleichartige incommensurabel. Letztere haben keine gemeinschaftliche Einheit, von welcher beide Vielheiten sind, z. B. 3 und $\sqrt{2}$. Brüche von ungleichen Nennern sind incommensurabel, weil sie nicht mit einander zu einem einzigen Bruch addirt werden können, sie werden aber commensurabel dadurch, dass man ihnen einen gemeinschaftlichen Nenner verschafft. Brüche mit ungleichen Nennern sind also nur der Form nach incommensurabel. Die Zahlen 4 und $\sqrt{2}$ sind incommensurabel, denn wenngleich $4 = \sqrt{16} = \sqrt{8} \cdot \sqrt{2}$ und beide Zahlen die gleiche Einheit $\sqrt{2}$ haben, so sind doch in der Summe $4 + \sqrt{2}$

$= (\sqrt{8} + 1)\sqrt{2}$ die Zahlen des ersten Factors nicht zu addiren.

Geometrische Gröfsen werden behufs des Calcüls oft als discrete Gröfsen behandelt, dann sind die Hypotenuse und die Catheten eines rechtwinkligen und zugleich gleichschenkligen Dreiecks incommensurabel. Denn ist die Cathete $= a$, so ist die Hypotenuse $= a\sqrt{2}$.

Arithmetische Gröfsen, welche weder die Eins noch einen aliquoten Theil von Eins zur Einheit haben, heifsen irrationale Gröfsen im Gegensatz zu den rationalen, welche bestimmte Vielfache der Eins oder eines aliquoten Theils der Eins sind.

Gröfsen, welche ermittelt werden sollen, heifsen unbekannte Gröfsen; Gröfsen, die gegeben werden, um unbekannte Gröfsen zu finden, heifsen bekannte Gröfsen.

Gröfsen, die eine bestimmte Anzahl von gleichartigen Theilen ausmachen, heifsen endliche Gröfsen; Gröfsen, bei denen die Anzahl gleichartiger Theile in ihr durch keine noch so grofse Zahl angegeben werden kann, heifsen unendliche Gröfsen.

Eine der merkwürdigsten Beziehungen, in welchen gleichartige Gröfsen mit einander stehen, ist die Entgegengesetztheit. S. darüber den Art.: Entgegengesetzte Gröfsen.

Eine der merkwürdigsten und interessantesten Gröfsen ist die Winkelgröfse, welche in der Neigung oder Abweichung zweier in einem Punkt zusammentreffenden geraden Linien besteht, und die auch als Gröfse nur dadurch zur Erscheinung kommt, dafs der Winkel durch einen von dem Scheitelpunkt als Mittelpunkt aus zwischen beide Schenkel gezeichneten Kreisbogen in seinem Verhältnifs zum Kreisumfang gemessen wird.

Endlich ist noch der Zeitgröfse als einer ganz eigenthümlichen Gröfse Erwähnung zu thun. Sie ist eine continuirliche Gröfse, eine unsichtbare Linie, die auf einer Seite ohne Ende, nämlich in der Vergangenheit ohne Anfang ist, die in jedem Augenblick einen ganz bestimmten Endpunkt, die Gegenwart hat und ohne Mitwirkung einer Gröfse anderer Art über diesen Endpunkt hinaus sich stetig verlängert.

Gröfsenlehre, die Lehre von den Gröfsen, die Mathematik

Gröfstes und Kleinster oder gröfster und kleinster Werth einer Function ist an sich klar; und um den einen oder den andern zu finden lehrt die „Differenzialrechnung", III., pag. 298, den dafür entsprechenden Werth der Veränderlichen bestimmen, von welcher die Function abhängig ist. Es gibt aber Functionen, die in verschiedenen Intervallen für die Werthe der Urveränderlichen (x) auch verschiedene gröfste und kleinste Werthe der Function (X) geben, und daher wird in dem eben angeführten Art. der Begriff von Gröfstem und Kleinstem dahin einschränkend definirt, dafs diese gröfsten und kleinsten Werthe innerhalb bestimmter Grenzen für die Werthe von x nur gelten, weil aufserhalb dieser Grenzen wiederum andere gröfste und kleinste Werthe der Function statt finden können.

Es sei

$$X = x^3 - 5x^2 - x + 5$$

Setzt man $X = 0$ so hat man die Wurzeln der Gleichung $-1, +1, +5$; demnach hat man für $x = -1$; $x = +1$ und $x = +5$ die Function $X = 0$ und zwischen diesen 3 Grenzen müssen andere Werthe mit einem gröfsten oder einem kleinsten Werth jedesmal statt finden.

Setzt man x negativ gröfser als -1, so entstehen negative Werthe von X, die mit dem negativen x auch negativ wachsen, und für $x = -\infty$ wird auch $X = -\infty$, so dafs von diesem absoluten Minimum $X = -\infty$ bis zu $X = 0$ für $x = -1$ weder ein gröfster noch ein kleinster Werth von X existirt. Dasselbe entgegengesetzt findet für Werthe von $x > 5$ statt und für $x = +\infty$ wird auch $X = \infty$ und zu einem absoluten Maximum.

Zwischen $x = -1$ und $x = +1$ für welche beide Werthe $X = 0$ wird, ist ein Werth $x = -0,1$ für welchen $X = +5,051$ als gröfster Werth entsteht.

Es ist mithin, da

für $x = -1$ für $x = -0,1$ für $x = +1$

$X = 0$ $X = +5,051$ $X = 0$

X für $x = -0,1$ ein Maximum zwischen den Grenzen $x = -1$ und $x = +1$, oder vielmehr, da von $x = -0,1$ auch X bis für $x = -\infty$ fortwährend abnimmt, das $X = +5,051$ ein Maximum zwischen den Grenzen von $x = -\infty$ bis zu $x = +1$.

Zwischen den Werthen $x = +1$ und $x = +5$ ist ein Werth $x = 3,43$ bei welchem X ein Minimum ist.

Für $x = +1$ $+3,4$ $+3,43$ $+3,5$ $+5$

ist $X = 0$ $-16,896$ $-16,901$ $-16,875$ 0

Es ist also dieses Minimum für das Intervall $x = +1$ und $x = +5$. Die Function hat also 2 Minima und 2 Maxima.

von welchen 1 Minimum und 1 Maximum absolut ist.

Trägt man die berechneten Werthe der gegebenen Gleichung auf (s. Construction der Werthe einer Gleichung mit Fig. 502 bis 505), so ersieht man, dafs wenn man von den absoluten Gröfsten $+\infty$ und Kleinsten $-\infty$, die bei jedem Aggregat mit ganzen Potenzen der Unbekannten vorkommen, nur ein Gröfstes und ein Kleinstes existirt und dafs hier eine Einschränkung durch Grenzen für die Abscisse nicht statt findet.

Fig. 678.

Folgende Function von x

$$X = x^4 + 3x^3 - 10x^2 - 10$$

auf Vorhandensein von Gröfsten und Kleinsten [nach dem Art. Differenzialrechnung III., No. 4, 5, pag. 300, nebst Beispielen] untersucht: gibt

$$\mathfrak{D}X = 4x^3 + 9x^2 - 10x = 0$$

Es ist mithin für $x = 0$ die Function X ein $\mathfrak{M}$, entweder ein Maximum oder ein Minimum.

Dividirt man $\mathfrak{D}X$ durch x, so hat man

$$4x^2 + 9x - 10 = 0$$

und geordnet

$$x^2 + \tfrac{9}{4}x - 5 = 0$$

woraus

$$x = \frac{-9 \pm \sqrt{401}}{8} = \begin{cases} -3{,}628 \\ +1{,}378 \end{cases}$$

Zwei andere Werthe von x, für welche X ein $\mathfrak{M}$ wird.

Um zu erfahren, welches $\mathfrak{M}$ für jeden der 3 Werthe, ob ein Gröfstes oder ein Kleinstes entsteht, setze die 3 gefundenen Werthe in

$$\mathfrak{D}^2X = 12x^2 + 18x - 10$$

so entsteht

für $x = 0$; $\mathfrak{D}^2X = -10$
für $x = -3{,}628$; $\mathfrak{D}^2X = +6{,}07$
für $x = +1{,}378$; $\mathfrak{D}^2X = +15{,}311$

Für $x = 0$ entsteht also ein Maximum und für die beiden anderen Werthe jedesmal ein Minimum.

Man findet durch Rechnung als Probe für dies gefundene Resultat:

Für $x = +0{,}1$; $X = -10{,}0969$
$x = 0$; $X = -10{,}0000$
$x = -0{,}1$; $X = -10{,}1029$

Ferner

Für $x = -3$; $X = -100$
$x = -3{,}628$; $X = -111{,}6347$
$x = -4$; $X = -106$

Endlich

Für $x = +1{,}36$; $X = -16{,}579$
$x = +1{,}378$; $X = -17{,}586$
$x = +1{,}40$; $X = -17{,}596$

Aufserdem findet man

Für $x = +\infty$; $X = +\infty$
$x = +4$; $X = +378$
$x = +3$; $X = +62$
$x = +2$; $X = -10$
$x = +1$; $X = -16$
$x = 0$; $X = -10$
$x = -2$; $X = -22$
$X = -5$; $X = -10$
$X = -6$; $X = +178$

Es liegt also eine Wurzel der Function $X = 0$ für x zwischen $+2$ und $+3$ und für x zwischen -5 und -6.

Trägt man die Gleichung auf, so ersieht man zugleich, dafs bei $x = 0$ die Abscisse nicht geschnitten wird, die Curve aber dort einen Wendepunkt hat, woher dort 2 imaginaire Wurzeln sich befinden, welche $X = 0$ machen.

Fig. 679.

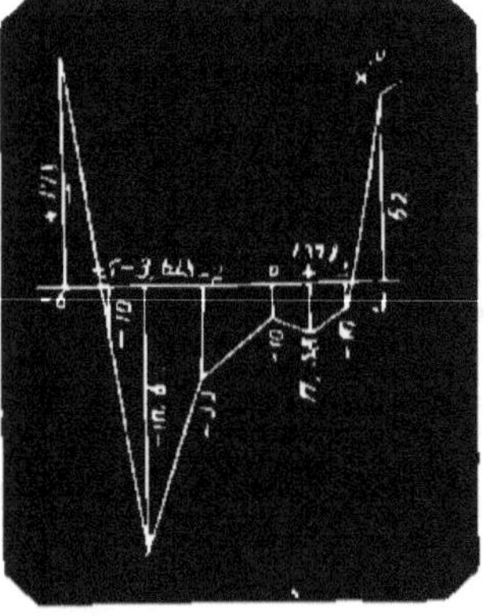

Die Differenzialrechnung gibt nun eine ganz allgemein geltende Auflösung für die Auffindung des Gröfsten und Kleinsten von Functionen; sie ist aber auch oft durch einfache Betrachtung oder durch arithmetische und geometrische Operation zu erhalten.

Z. B. 1. die Verbindung zweier Punkte durch eine gerade Linie ist die kürzeste. D. h. Die gerade Linie ist unter allen zwischen zwei Punkten möglichen Linien das Minimum, welches ein Lehrsatz in der Elementargeometrie ist.

2. Unter allen geraden Verbindungslinien zwischen einem Punkt und einer geraden Linie oder einer Ebene ist die Normale die kürzeste. (Das Minimum). Dieser Satz ist ein Lehrsatz der Elementargeometrie.

3. Unter allen Sehnen eines Kreises ist der Durchmesser der gröfste. (Desgl. Elem.-Geom.)

4. Es sei die Linie AB als Grundlinie von Dreiecken gegeben, deren Spitzen in die gleichfalls gegebene mit AB in derselben Ebene liegende grade Linie XX fallen sollen, so hat dasjenige aller Dreiecke den kleinsten Umfang, dessen Schenkel AC, BC mit der Linie XX gleiche Winkel bilden.

Fig. 680.

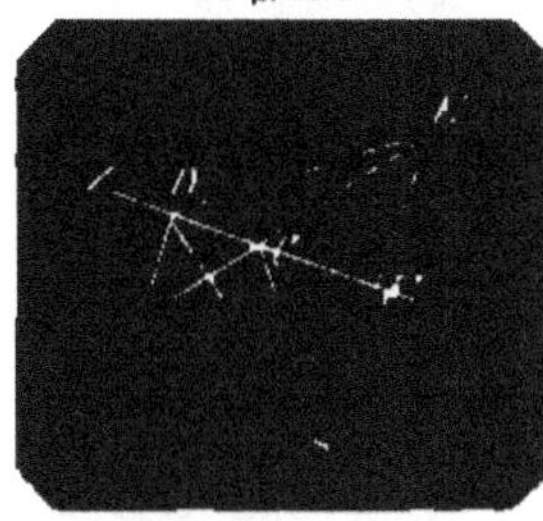

Denn zeichnet man ein beliebiges anderes $\triangle ABD$, fällt die Normale AF auf XX, verlängert dieselbe bis in die Verlängerung CE von BC, zieht DE so ist

$$AC = CE$$

also $$AC + BC = BE$$

eben so $$AD = DE$$

also $$AD + DB = DE + DB$$

Nun ist aber

$$DE + DB > BE$$

also $$AD + DB > AC + BC$$

Da dies nun von jedem beliebigen Dreieck gilt, dessen Spitze D in einem anderen Punkt als C von XX liegt, so sind die Schenkel $AC + BC$ in Summa die kürzesten und der Umfang des $\triangle ABC$ ist ein Minimum.

5. Denkt man sich die Linien $XX \neq AB$, so hat man den Satz, daſs unter allen Dreiecken von einerlei Grundlinie und gleicher Höhe, also von gleichem Flächeninhalt das gleichschenklige Dreieck den kleinsten Umfang hat.

Hieraus folgt:

6. Unter allen Dreiecken von derselben Grundlinie und gleichem Umfange hat das gleichschenklige die gröfste Höhe und folglich auch den gröfsten Flächeninhalt. Denn da unter allen Dreiecken von einerlei Grundlinie und Höhe das gleichschenklige Dreieck den kleinsten Umfang hat, so haben alle nicht gleichschenkligen Dreiecke von gleichem Umfange mit dem gleichschenkligen bei einerlei Grundlinie auch kleinere Höhen als das gleichschenklige.

Ferner folgt:

7. Unter allen Dreiecken von gleichem Umfang ist das gleichseitige das gröfste. Denn denkt man sich das gleichschenklige Dreieck ad 6 über einer Grundlinie von der Länge eines Schenkels, so folgt der Satz unmittelbar.

Endlich:

8. Unter allen Dreiecken von gleichem Inhalt hat das gleichseitige den kleinsten Umfang.

Beschreibt man mit dem Schenkel des gleichschenkligen Dreiecks No. 5 einen Kreis, trägt die Grundlinie $n$mal als Sehne ein, so hat man das $n$eck im Kreise = dem $n$fachen Dreieck. Da nun, was von dem einen Dreieck gilt auch von den n Dreiecken in Summa gilt, so hat man noch folgende Sätze:

9. Unter allen gleich vielseitigen Vielecken von gleichem Flächen-Inhalt hat das regelmäfsige den kleinsten Umfang.

10. Unter allen gleichvielseitigen Vielecken von gleichem Umfang hat das gleichseitige den gröfsten Inhalt.

11. Unter allen in einen Kreis geschriebenen Dreiecken ist das gleichseitige Dreieck das gröfste. Denn unter allen über einer Sehne in den Kreis beschriebenen Dreiecken ist das gleichschenklige das gröfste, weil es die gröfste Höhe hat. Beschreibt man nun über einem der Schenkel ein gleichschenkliges Dreieck, so ist dieses wieder das gröfste aller über dem Schenkel in den Kreis beschriebenen Dreiecken, und wird jedenfalls grö-

ner als das erste Dreieck, wenn die Grundlinie dieses ersten Dreiecks nicht mit dem Schenkel einerlei Länge hat, d. h. wenn es nicht das gleichseitige Dreieck ist. S. die Beispiele Bd. II., pag. 304 No. 9 bis zum Schlufs. Ein Mehreres in dem Art. Maximum.

Grofs ist das Merkmal der Gröfse. Grofs ist alles was kleiner sein kann, ohne dafs es zu sein aufhört; oder von dem noch was übrig bleibt, wenn was hinfort genommen wird.

Grofse Axe ist die gröfsere von 2 oder mehreren Axen einer geometrischen Gröfse, wie bei der Ellipse. Es ist nicht recht, wenn man die, beide Scheitel zweier zusammen gehörenden Hyperbeln verbindende Linie die grofse Axe nennt, denn sie kann kleiner werden als die zweite auf dieser normale Axe. Die erstere Axe soll Hauptaxe, die zweite Nebenaxe heifsen.

Grofses Einmaleins. Die Einmaleinstabelle in der Fortsetzung von 11 ab, s. „Einmaleins", pag. 18.

Grundfläche, Grundebene, s. „Basis, geometrische und Basis der Krystalle.

Grundform oder **Kernform**, s. „Formen der Krystalle", pag. 111 mit Fig. 645.

Grundformeln sind die in einer Lehre aus den ersten Anschauungen unmittelbar hervorgehenden Formeln, aus welchen dann alle übrigen analytisch abgeleitet werden können. Z. B. in dem Art. Goniometrie die Formeln 1. 4. 7. 10. 11. 12. 13 und die Formeln 16 bis 19 die alle unmittelbar aus dem Begriff der trigonometrischen Linien und mit Hülfe der Figur aus der Anschauung unmittelbar sich ergeben und aus welchen nun alle übrigen noch nothwendigen oder nützlichen Formeln durch Umformung abgeleitet werden.

Grundkanten sind von einem Prisma und einer Pyramide die an der Grundfläche befindlichen Kanten.

Grundlinie, s. „Basis, geometrische".

Grundsatz, s. „Axiom".

Grundzahl ist die Zahl in einem System, auf welcher das ganze System beruht. Die Grundzahl des dekadischen Zahlensystems ist die Zahl 10, s. Dekadik. Diese Zahl ist die Grundzahl, Basis des Systems der Briggschen Logarithmen. Die Grundzahl der natürlichen Logarithmen ist $e = 2,71828\ldots$ (s. „Basis, Grundzahl eines Logarithmensystems). Die Grundzahl einer Polygonalzahlenreihe ist die Anzahl der Ecken des Polygons von der die Zahlenreihe den Namen führt, desgleichen die Grundzahl einer Polyedralzahlenreihe die Anzahl der Ecken des betreffenden Polyeders.

Guerickesche Leere ist die Luftleere, welche mit Hülfe einer Luftpumpe erzeugt wird (von Otto Guericke, dem Erfinder der Luftpumpe). Die Leere ist unvollkommen, weil mit jedem Kolbenzuge nur gleichmäfsige Verdünnung hervorgebracht wird, die nicht bis ins Unendliche oder bis zur absoluten Leere, wie die torricellische (durch Füllung und Leerung von Gefäfsen) getrieben werden kann.

Guldins Regel: 1. Eine Umwälzungsfläche ist = dem Product der sich umwälzenden, die Fläche erzeugenden Linie mit der Kreislinie als dem Wege, den der Schwerpunkt der Linie um die feste Axe zurück legt.

2. Ein Umwälzungskörper ist = dem Product der sich umwälzenden den Körper erzeugenden Ebene mit der Kreislinie als dem Wege, den der Schwerpunkt der Ebene um die feste Axe zurücklegt.

Guldin hat die Regel nicht bewiesen, sie läfst sich übrigens auch nur statisch beweisen, weil der hier mitwirkende Schwerpunkt ein statisches Element ist. Die beiden die Guldinsche Regel begründenden statischen Sätze lauten:

1. Wenn mehrere Kräfte (Gewichte) $p, p', p''\ldots$ von einer geraden Linie XX als Drehaxe in den Abständen $a, a', a''\ldots$ sich befinden, so ist die Summe der Producte aus jeder Kraft mit ihrem Abstande = dem Product aus der Summe sämmtlicher Kräfte mit dem Abstand deren Mittelkraft von der Linie. D. h. Das statische Moment der Mittelkraft ist = der Summe der statischen Momente aller Seitenkräfte. Der Ort der Mittelkraft ist der Schwerpunkt sämmtlicher Kräfte und die Mittelkraft ist = der Summe sämmtlicher einzelnen Kräfte.

2. Wenn ein System von Kräften im Gleichgewicht der Bewegung um eine Axe sich befindet, so ist die Summe der Producte jeder einzelnen Kraft mit ihrer Geschwindigkeit = dem Product deren Mittelkraft mit ihrer Geschwindigkeit. D. h. Das mechanische Moment der Mittelkraft ist = der Summe der mechanischen Momente aller Seitenkräfte.

Man denke sich eine gerade schwere

Linie AC von der Länge l. Hat jedes Element derselben das Gewicht p, so ist das Gewicht der Linie $= lp$. Nennt man allgemein λ den Abstand irgend eines Elements p von dem Endpunkt C der Linie, so ist die Summe der Abstände aller Elemente von $C = \Sigma\lambda$ und die Summe der statischen Momente aller Elemente in Beziehung auf den Punkt C ist $= p \cdot \Sigma\lambda$.

Diese Momentensumme ist nun = dem statischen Moment der Mittelkraft lp und da der Abstand des Schwerpunkts der Linie, des Orts der Mittelkraft $= \frac{1}{2}l$ ist, das statische Moment der Mittelkraft $= \frac{1}{2}l^2p$. Mithin hat man

$$p \cdot \Sigma\lambda = \tfrac{1}{2}l^2p$$

Denkt man sich nun die Linie AC in einer Ebene um den Endpunkt vollständig umgedreht, so beschreibt die Linie eine Kreisebene. Das beliebige Element p in dem Abstand λ von C beschreibt die Kreislinie $2\pi\lambda$ und die Summe sämmtlicher von sämmtlichen Elementen der Linie AC beschriebenen Kreislinien ist $2\pi\Sigma\lambda$.

Da nun die Elemente unendlich nahe an einander liegend gedacht werden müssen, so liegen auch die von diesen Elementen beschriebenen Kreislinien unendlich nahe aneinander und deren Summe kann als der Flächenraum des von AC beschriebenen Kreises betrachtet werden. Nun ist Geschwindigkeit nichts anderes als Weg in einer bestimmten Zeit; und da sämmtliche Elemente p ihre Kreislinien gleichzeitig beschrieben haben, so machen sämmtliche von ihnen beschriebenen Kreislinien $2\pi\Sigma\lambda$ die Summe ihrer Geschwindigkeiten aus und es ist $2\pi p \cdot \Sigma\lambda$ die Summe der mechanischen Momente sämmtlicher in Bewegung befindlich gewesener Kräfte.

Die Mittelkraft $= lp$ hat aber die Kreislinie mit dem Halbmesser $\frac{1}{2}l$ beschrieben, deren mechanisches Moment ist also =

$$2\pi \cdot lp \cdot \tfrac{1}{2}l = \pi l^2p$$

Mithin ist $\quad 2\pi p\Sigma\lambda = \pi l^2p$

oder $\quad 2\pi\Sigma\lambda = \pi l^2$

d. h. die Kreisfläche hat den Inhalt πl^2.

Eben so wird der Beweis für den Inhalt der Umdrehungskörper geführt.

Da die Bestimmung des Schwerpunkts oft sehr schwierig ist, und oft in complicirten Ausdrücken erscheint, so ist die Guldinsche Regel nur in einfachen Fällen zu Bestimmung von Umdrehungsgrößen anzuwenden. Dagegen kann sie für Flächen und Körper, deren Größen bekannt sind dazu dienen, die Lage der Schwerpunkte leichter zu finden als es nach statischen Regeln geschehen kann, wobei zu bemerken, daß eine vollständige Umdrehung nicht erforderlich ist.

Z. B. Der Inhalt der Kugel ist bekannt $= \frac{4}{3}\pi r^3$

Der Inhalt des Halbkreises desgl. $\frac{1}{2}\pi r^2$

Bezeichnet man nun den Abstand des Schwerpunkts im Halbkreise von dem Mittelpunkt mit x, so ist die mit x beschriebene Kreislinie $= 2\pi x$ daher

$$2\pi x \times \tfrac{1}{2}\pi r^2 = \tfrac{4}{3}\pi r^3$$

woraus $\quad x = \dfrac{4}{3\pi}r$

Haarröhrchenanziehung, s. unter dem Art. „Adhäsion“, pag. 30 und „Capillarität“, pag. 9.

Hälftflächner (Kryst.), s. u. „Formen, pag. 111“. Diese sind zweierlei Art: parallelflächig und geneigtflächig. Bei den letzteren verschwinden gänzlich die parallelen Flächen der zurückbleibenden Krystalle mit dem Wachsthum der abwechselnden Flächen, so dafs nur geneigte Flächen ihnen übrig bleiben; bei den ersteren bleiben auch parallele Flächen zurück.

Zu den ersteren, den parallelflächigen gehören die Hemitetrakishexaeder und die Hemioctakishexaeder. Zu den geneigtflächigen gehören das Hemioctaeder, die Hemiikositetraeder, die Hemitriakisoctaeder und die Hemihexakisoctaeder.

Halbachtflächner, (Kryst.) Hemioctaeder, Vierflächner, ist das regelmäfsige Tetraeder. Es hat 4 Flächen, welche gleichseitige Dreiecke sind, 6 gleiche Kanten und 4 dreiflächige gleiche Ecken. Die 3 octaedrische Axen verbinden die Mittelpunkte zweier gegenüberliegenden Kanten, die 4 hexaedrischen Axen verbinden die Mittelpunkte der Flächen mit den ihnen gegenüberliegenden Ecken.

Halbachtmalsechsflächner, s. Hemioctakishexaeder.

Halbdreimalachtflächner, der deutsche Name für Deltoiddodekaeder (s. d. mit Fig. 557).

Halbiren heifst: in 2 gleiche Theile theilen. Die Elementargeometrie hat zu den ersten Aufgaben: Eine gerade Linie zu halbiren und: einen Winkel zu halbiren. In dem Art. „Constructionen, geometrische“ ist pag. 51, No. 8 die erste Aufgabe und No. 11 die 2te Aufgabe gelöst. Mit beiden Auflösungen ist zugleich die Aufgabe gelöst: Einen Kreisbogen zu halbiren. Denn für die erste Auflösung darf man nur annehmen, dafs AB die Sehne des Kreisbogens ist, so wird der Bogen AB zugleich mit der Sehne AB durch die Linie DE halbirt; und für die 2te Auflösung denke man den $\angle ACB$ als den zu dem Bogen gehörenden Centriwinkel.

Halbkreis. Hierunter versteht man entweder die halbe Kreislinie oder die halbe Kreisfläche.

Ueber den Halbkreis hat man mehrere Sätze.

1. Die Aufgabe: den Halbkreisbogen aus einer Kreislinie zu bestimmen, oder eine Kreislinie zu halbiren, ohne dafs man einen Durchmesser zieht, wird gelöst, indem man von einem Punkt der Peripherie ab 3mal hintereinander mit dem Zirkel den Halbmesser als Sehne absteckt, weil die Seite des regelmäfsigen Sechsecks im Kreise dem Halbmesser gleich ist.

2. Da der Centriwinkel des Halbkreises = zweien rechten Winkeln ist, so ist jeder in einem Halbkreis liegende Peripheriewinkel = einem rechten Winkel. Der Halbkreisbogen ist also der geometrische Ort für alle möglichen rechtwinkligen Dreiecke über derselben Hypotenuse.

3. Zieht man in dem Halbkreise das

Fig. 681.

beliebige Dreieck ADB und fällt die Normale DE auf den Durchmesser, so sind die 3 Dreiecke rechtwinklig und einander ähnlich, und zwar in der Ordnung der homologen Ecken geschrieben

$$\triangle DAE \sim \triangle BDE \sim \triangle BAD$$

Hieraus hat man die Proportionen

$$AE : DE = DE : BE \qquad (1)$$

$$AE : AD = AD : AB \qquad (2)$$

oder $$DE^2 = AE \times BE \qquad (3)$$

und $$AD^2 = AE \times AB \qquad (4)$$

also auch $$BD^2 = BE \times AB \qquad (5)$$

Schreibt man die Proportionen:

$$AE : DE = AD : BD$$

$$DE : BE = AD : BD$$

und multiplicirt beide mit einander, so erhält man

$$AE : BE = AD^2 : BD^2 \qquad (6)$$

4. Zeichnet man (Fig. 682) eine mit dem Durchmesser parallele Sehne EF, bezeichnet deren zugehörigen Centriwinkel ECF mit φ, so ist der Kreisausschnitt $ECF = \frac{\varphi}{360} \pi r^2$ (1)

$$\triangle ECF = 2\triangle CFG = 2 \cdot \frac{CG \cdot FG}{2} = r^2 \sin\frac{\varphi}{2} \cdot \cos\frac{\varphi}{2} = \frac{1}{2} r^2 \sin\varphi$$

Mithin der Abschnitt

$$DEF = \frac{\varphi}{360°} \pi r^2 - \frac{1}{2} r^2 \sin\varphi = \frac{1}{2} r^2 \left(\frac{\varphi}{180°} \pi - \sin\varphi\right) \qquad (2)$$

Man erhält hiernach den $\angle\varphi$ für die Sehne EF, welche den Halbkreis halbirt, aus der Gleichung

Fig. 682.

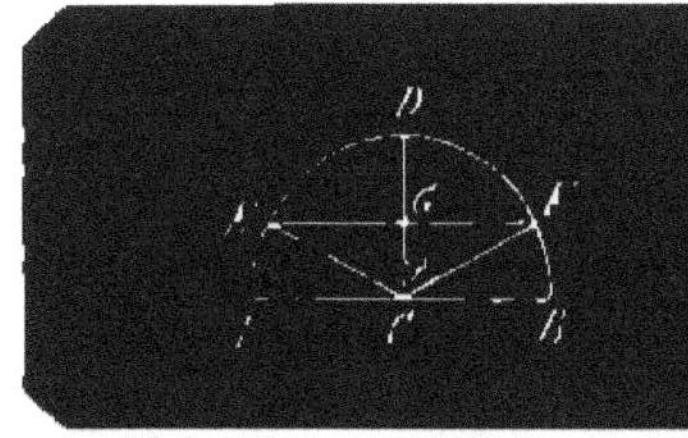

$$\frac{1}{2} r^2 \left(\frac{\varphi}{180°} \pi - \sin\varphi\right) = \frac{1}{4} r^2 \pi$$

und reducirt: $\frac{\varphi}{180} \cdot (\pi - 1) - \sin\varphi = 0$

wonach durch Probiren gefunden wird

$$\varphi = 132° \, 20' \, 47{,}14''$$

5. Die halbe Kreislinie ist $= \pi r$

Die halbe Kreisfläche $= \frac{1}{2} \pi r^2$

Halbkugel ist sowohl die halbe Kugeloberfläche als der halbe Körper. Ist r der Halbmesser der Kugel, so ist

die Halbkugelfläche $= 2\pi r^2$ (1)

der körperliche Inhalt $= \frac{2}{3} \pi r^3$ (2)

Halbmesser ist der halbe Durchmesser, (s. d.) wo ein solcher sich vorfindet. Die Halbmesser der Kreise heifsen auch Radien. Alle Halbmesser eines Kreises sind einander gleich.

Halbsechsmalachtflächner (Kryst.) Hemihexakisoctaeder. Diese Krystalle haben 24 Flächen, 36 Kanten und 14 Ecken. Die Flächen sind ungleichseitige Dreiecke. Die Kanten sind dreierlei: sie sind 12 schärfere und kürzere a, 12 stumpfere und längere b und 12 stumpfe und kurze c. Die Ecken sind ebenfalls dreierlei: 4 sechsflächige symmetrische Ecken A, die eine gleiche Lage haben, 6 vierflächige symmetrische B und von gleicher Lage und 4 sechsflächige symmetrische C.

Die Hemihexakisoctaeder entstehen aus den Hexakisoctaedern, wenn die um die abwechselnden Hexaederecken liegenden Flächen so weit wachsen, dafs die anderen ganz verdrängt werden.

Fig. 683

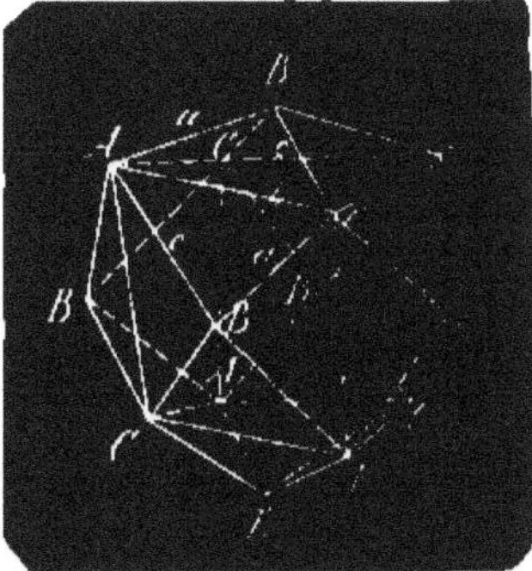

Halbviermalsechsflächner, Hemitetrakishexaeder, Pentagondodekaeder. Diese Krystalle haben 12 Flächen in symmetrischen Fünfecken, 30 Kanten und 20 Ecken. Die Fünfecke sind sehr nahe regelmäfsig, 4 Seiten b sind einander gleich, nur die 5te a ist verschieden. Der dieser Seite gegenüberliegende Winkel A ist von eigener Gröfse; B, B unter sich und C, C unter sich sind einander gleich.

Fig. 684.

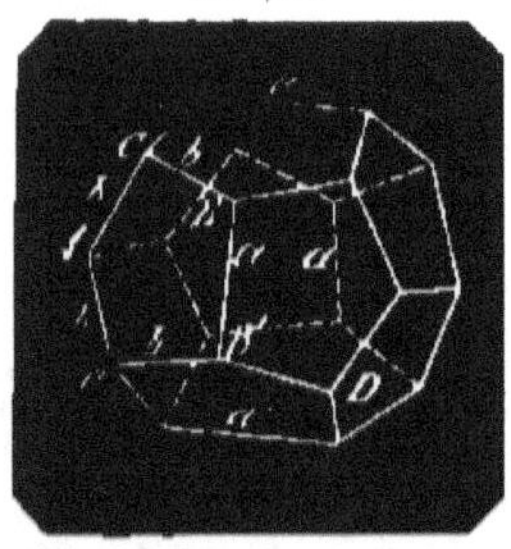

Die Kanten sind zweierlei: 6 Kanten (Grundkanten) a werden von den gleichen Seiten a und 24 Kanten b von den gleichen Seiten b gebildet.

Die Ecken sind sämmtlich dreiflächig: Die an beiden Enden der Grundkanten liegenden 12 Ecken B sind irregulär. Diese Ecke wie B' wird von einem einer Grundkante gegenüberliegenden $\angle C'B'D$ und zweien an einer Grundkante liegenden Winkeln $C'B'B$ und $BB'D$ eingeschlossen. Die übrigen 8 dreiflächigen Ecken wie D sind reguläre, die sie einschliefsenden Winkel sind die mittleren gleichen Winkel C.

Je 2 einander gegenüberliegende Flächen sind parallel, die 3 octaedrischen Axen verbinden die Mittelpunkte zweier gegenüberliegenden Grundkanten a, die 4 hexaedrischen Axen verbinden je 2 Hexaederecken wie D.

Halbvierundzwanzigflächner, Hemiicositetraeder, Pyramidentetraeder. Diese Krystalle haben 12 Flächen in gleichschenkligen Dreiecken, 18 Kanten und 8 Ecken (Fig. 685). Die Kanten sind 6 schärfere und längere a, die eine gleiche Lage haben und von den Grundlinien der Flächen gebildet werden; die übrigen 12 Kanten b sind stumpfer und kürzer und werden von den Schenkeln der Flächen gebildet.

Von den Ecken sind 4 sechsflächig symmetrisch A, die übrigen 4 sind dreiflächig und gleichkantig (B).

Die 3 octaedrischen Axen verbinden die Mittelpunkte zweier gegenüberliegenden längeren Kanten, die 4 hexaedrischen Axen verbinden die sechsflächigen Ecken mit den ihnen gegenüberliegenden dreiflächigen Ecken.

Fig. 685.

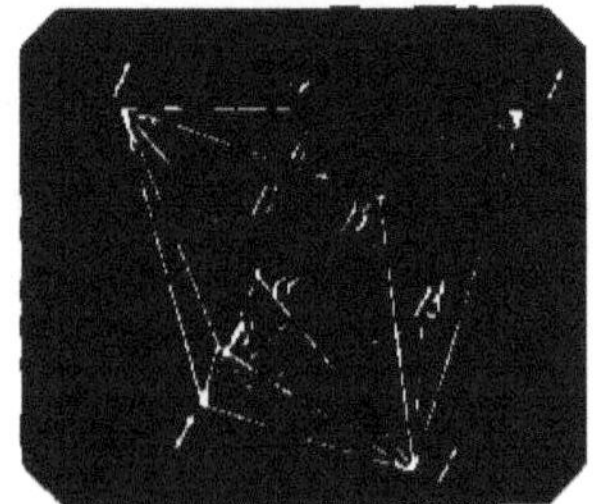

Halbzirkel, s. v. w. Halbkreis.

Halbzweimalzwölfflächner, Hemididodekaeder, Skalenoeder, Dreiunddreikantner, s. d.

Hallströms Tabelle für Ausdehnung des Wassers bei verschiedenen Temperaturen mit Hülfe von Differenzen berechnet, s. Bd. II., pag. 256.

Hapmlogarithmus, s. u. Antilogarithmus, 1.

Harmonikalen, s. Harmonische Theilung am Schlufs.

Harmonische Proportion ist eine Proportion zwischen 4 Gröfsen der Art, dafs die Differenz zwischen der ersten und zweiten zur Differenz zwischen der dritten und vierten sich verhält wie die erste zur vierten als:

$$a - b : c - d = a : d \qquad (1)$$

Für $b = c$ entsteht die stetige harmonische Proportion

$$a - b : b - d = a : d \qquad (2)$$

und aus dieser die contra-harmonische Proportion (s. d.)

$$a - b : b - d = d : a \qquad (3)$$

Aus der ersten findet man bei 3 gegebenen Gröfsen die 4te, wenn man schreibt

$$ad - cd = ac - ad$$

woraus
$$a = \frac{cd}{2d - c}$$

$$b = \frac{a(2d - c)}{d}$$

$$c = \frac{(2a - b)d}{a}$$

und $$d = \frac{ac}{2a - b}$$

Aus der stetigen harmonischen Proportion hat man

$$ad - bd = ab - ad$$

also das Seitenglied $a = \frac{bd}{2d - b}$

" " $d = \frac{ab}{2a - b}$

und das Mittelglied $b = \frac{2ad}{a + d}$

Zwischen den beiden Zahlen a und d ist das arithmetische Mittel $= \frac{1}{2}(a + d)$ das geometrische Mittel $= \sqrt{ad}$

Da nun $\frac{1}{2}(a + d) : \sqrt{ad} = \sqrt{ad} : \frac{2ad}{a + d}$

so verhält sich das arithmetische Mittel zweier Zahlen zu dem geometrischen Mittel wie das geometrische Mittel zu dem harmonischen Mittel. Oder es ist das geometrische Mittel zweier Zahlen zugleich das geometrische Mittel zwischen dem arithmetischen und dem harmonischen Mittel derselben Zahlen.

Harmonische Reihe, harmonische Progression ist eine Reihenfolge von Zahlen, von welchen je 3 aufeinander folgende Glieder in stetiger harmonischer Proportion stehen. Sind die Zahlen a, b gegeben, so bilden dieselben mit den Zahlen c, d, e ... eine harmonische Reihe wenn $c = \frac{ab}{2a - b}$; $d = \frac{bc}{2b - c}$; $e = \frac{cd}{2c - d}$ u. s. w.

Harmonische Theilung einer Linie AB, Fig. 686, geschieht durch 3 Theile, die in stetiger harmonischer Proportion mit einander stehen. Als:

$$AB - AD : AD - AC = AB : AC$$

Schreibt man BD für $AB - AD$ und CD für $AD - AC$, so hat man

$$BD : CD = AB : AC$$

oder $$AB : AC = BD : CD$$

oder $$AB : BD = AC : CD$$

Die Linie wird also harmonisch getheilt wenn die ganze Linie zu einem der äußeren Theile sich verhält wie der andere äußere Theil zum mittleren Theil.

Es ist nun leicht, eine gerade Linie harmonisch zu theilen. Man nehme außerhalb der Linie AB einen beliebigen Punkt E, ziehe AE, BE: von einem beliebigen Punkt D der Linie AB ziehe man $DF \# AE$, verlängere FD bis G, so daß

Fig. 686.

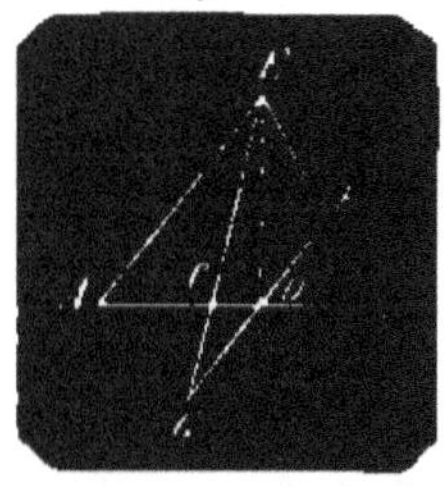

$DG = DF$, ziehe GE, so ist die Linie AB durch die Punkte C, D harmonisch getheilt.

Denn es ist

$$AB : BD = AE : DF = AE : DG = AC : CD$$

Die Linien AE, BE, CE, DE heißen die Harmonikalen.

Harriots Lehrsatz. Dieser heißt: Wenn eine Function von x, nämlich $fx = 0$, als vollständige Gleichung von beliebig vielen Wurzeln gegeben ist, so hat die Gleichung nicht mehr positive Wurzeln als Zeichenwechsel und nicht mehr negative Wurzeln als Zeichenfolgen in der Gleichung vorkommen. Hat die Gleichung lauter reelle Wurzeln, so ist die Anzahl der positiven Wurzeln gleich der Anzahl der Wechsel und die Anzahl der negativen Wurzeln gleich der Anzahl der Folgen.

Hat eine Gleichung nur positive Wurzeln α, β, γ ..., ist also

$$X = (x - \alpha)(x - \beta)(x - \gamma) \ldots = 0$$

so hat sie die Formen

$$x - A = 0$$

$$x^2 - Ax + B = 0$$

$$x^3 - Ax^2 + Bx - C = 0$$

u. s. w.

Die Gleichungen haben alle keine Zeichenfolgen, sondern nur Zeichenwechsel, und eben so viele Wechsel als Wurzeln vorhanden sind.

Hat eine Gleichung nur negative Wurzeln a, b, c .., ist also

$$X = (x + a)(x + b)(x + c) \ldots = 0$$

so hat sie die Formen:

$$x + A = 0$$

$$x^2 + Ax + B = 0$$

$$x^3 + Ax^2 + Bx + C = 0$$

u. s. w.

und keine Gleichung hat Zeichenwechsel sondern nur Folgen.

2. Hat nun eine Gleichung eine positive und eine negative Wurzel, so ist

$$fx = (x-\alpha)(x+a) = x^2 \mp (\alpha - a)\,x - \alpha a = 0$$

Je nachdem $\alpha >$ oder $< a$, ist das Mittelglied $-$ oder $+$; in beiden Fällen findet eine Zeichenfolge und ein Zeichenwechsel statt.

3. Hat eine Gleichung eine positive und 2 negative Wurzeln, ist also

$$fx = (x-\alpha)(x+a)(x+b) = (x-\alpha)(x^2 + Ax + B)$$
$$= x^3 \pm (A-\alpha)\,x^2 \pm (B - \alpha A)\,x - \alpha B = 0$$

Die Zeichenreihen sind folgender Art möglich:

1, + + + −
2, + + − −
3, + − + −
4, + − − −

In der ersten, zweiten und vierten Form hat die Gleichung nur einen Wechsel, in der dritten Form dagegen 3 Wechsel: es müfsten demnach in der Gleichung von der Form

$$x^3 - Ax^2 + Bx - C = 0$$

3 positive Wurzeln möglich sein; und da dies, wie die 3 zu Grunde liegenden Factoren $(x-\alpha)(x+a)(x-b)$ ergeben, nicht möglich ist, so hat die Gleichung offenbar 2 nicht reelle (s. Fourier No 8) und nur eine positive Wurzel.

Dafs übrigens bei 3 positiven reellen Wurzeln die 3te Zeichenfolge nicht eintreten kann geht aus folgendem hervor:

Die aus den 3 Factoren hervorgehende Gleichung würde sein

$$x^3 - (\alpha - a - b)\,x^2 + [ab - \alpha(a+b)]\,x - \alpha ab = 0$$

Es müfste also sein:

1, $\alpha > a + b$
2, $ab > \alpha\,(a + b)$

Setzt man in No. 2 für α den kleineren Werth $a + b$ aus 1, so hat man

$$ab > (a + b)^2$$

welches unmöglich ist.

4. Hat eine Gleichung 2 positive und eine negative Wurzel, ist also

$$fx = (x-\alpha)(x-\beta)(x+a)$$
$$= x^3 \mp (\alpha + \beta - a)\,x^2 \pm [\alpha\beta - a(\alpha+\beta)]\,x + \alpha\beta a$$
$$= x^3 \mp Ax^2 \pm Bx + C$$

so sind hier wieder der Form nach folgende 4 Zeichenreihen möglich:

1, + − + +
2, + − − +
3, + + + +
4, + + − +

Die dritte Zeichenfolge ist wieder der Natur der obigen Gleichungsbildung entgegengesetzt, sie kann auch niemals existiren. Denn es würde sein:

$$a > \alpha + \beta$$
$$\alpha\beta > a(\alpha + \beta)$$

woraus $\alpha\beta > (\alpha + \beta)^2$

welches unmöglich ist.

Die übrigen möglichen 3 Zeichenfolgen haben jede 2 Zeichenwechsel und eine Zeichenfolge für 2 positive und eine negative Wurzel, wie es der Lehrsatz ausspricht.

5. Kann man nun beweisen, dafs wenn eine Gleichung m positive und $n-m$ negative, also überhaupt n Wurzeln hat, eine hinzukommende positive Wurzel einen Zeichenwechsel und eine hinzukommende negative Wurzel eine Zeichenfolge mehr gibt, so ist mit Hülfe der voranstehenden Sätze der Harriotsche Lehrsatz erwiesen.

Jede vollständige Gleichung hat ein Glied mehr als die Anzahl ihrer Wurzeln beträgt. Die gegebene Gleichung von n Wurzeln hat also $n+1$ Glieder und durch eine neu hinzukommende positive oder negative Wurzel erhält sie $n+2$ Glieder.

Um die Aenderung der Vorzeichen durch das Hinzukommen eines neuen Factors $(x \pm a)$ zu erfahren, hat man in der gegebenen Gleichung nur 2 auf einander folgende Glieder zu betrachten.

I. Das Hinzutreten einer negativen Wurzel.

1. Es seien die beiden letzten Glieder der gegebenen Gleichung mit einer Zeichenfolge

$$+ Mx \pm N$$

Diese multiplicirt mit dem Factor $(x + a)$ für eine negative Wurzel entsteht

$$\pm Mx^2 \pm (Ma + N)\,x \pm aN$$

Aus einer Zeichenfolge entsteht demnach durch Hinzutritt einer negativen Wurzel niemals ein Wechsel, so viele Folgen also den beiden letzten Gliedern voranstehen, so viele Folgen sind geblieben. Aus der letzten Folge der beiden letzten Glieder werden zwei Folgen.

2. Die beiden letzten Glieder enthalten einen Wechsel

$$+ Mx \mp N$$

so entsteht mit dem Factor $(x + a)$

$$\pm Mx^2 \pm (Ma - N)\,x \mp aN$$

Also entweder

$$+ Mx^2 + (Ma - N)\,x - aN$$

Jedes der beiden Vorzeichen des Mittelgliedes gibt eine Folge und einen Wechsel, folglich eine Folge mehr

oder $\quad -Mx^2 - (Ma - N)x + aN$

Auch hier gibt jedes der beiden mittleren Vorzeichen eine Folge und einen Wechsel, Ma mag > oder <, sein als N.

Es geht also hervor, dafs wenn in der gegebenen Gleichung 2 nebeneinander stehende Glieder durch einen Zeichenwechsel verbunden sind, der Wechsel verbleibt und dem Wechsel der letzten beiden Glieder wird eine Folge hinzugefügt.

2. Das Hinzutreten einer positiven Wurzel.

Die beiden letzten Glieder der Gleichung mit einer Zeichenfolge seien wieder

$$+ Mx \pm N$$

Diese multiplicirt mit $(x - a)$ ergeben:

$$\pm Mx^2 \pm (N - aM)x \mp aN$$

also entweder $+ Mx^2 \pm Px - aN$

oder $\quad - Mx^2 \pm Px + aN$

Beide Zeichen des Mittelgliedes ergeben in beiden Fällen eine Folge und einen Wechsel.

Haben also 2 nebeneinander befindliche Glieder der Gleichung eine Zeichenfolge, so wird diese durch den Hinzutritt einer positiven Wurzel nicht in einen Wechsel geändert, die Folge verbleibt und dem letzten Gliede tritt ein Wechsel hinzu.

Haben die beiden letzten Glieder der Gleichung einen Zeichenwechsel, sind sie demnach

$$\pm Mx \mp N$$

so entsteht durch den Factor $x - a$:

$$\pm Mx^2 \mp (aM + N)x \pm aN$$

wo die oberen und die unteren Zeichen einzeln zusammen gehören. Es entstehen in beiden Fällen 2 Wechsel, also ein Wechsel mehr als in der Gleichung.

Da also, wenn für m positive und n negative Wurzeln in einer Gleichung m Zeichenwechsel und n Zeichenfolgen vorkommen, auch für $m + 1$ positive und für $n + 1$ negative Wurzeln das Gesetz richtig ist, nämlich da $m + 1$ Wechsel und $n + 1$ Folgen vorkommen, so gilt das Gesetz allgemein, weil es bei einer und bei zweien positiven und negativen Wurzeln in einer Gleichung, also auch für 3, für 4 u. s. w. Wurzeln gilt.

6. Ist eine Gleichung unvollständig, so kann sie nicht mehr positive Wurzeln haben, als Zeichenwechsel, z. B.

$$x^5 + Ax^4 - Cx^2 + E = 0$$

Diese hat 2 Zeichenwechsel, also höchstens 2 positive Wurzeln; um die negativen zu erfahren mufs man die Gleichung durch die fehlenden Glieder mit dem Coefficient ± 0 ergänzen, so entsteht:

$$x^5 + Ax^4 \pm 0 \cdot x^3 - Cx^2 \pm 0 \cdot x + E = 0$$

Man ersieht, dafs sowohl für die oberen als für die unteren Vorzeichen 3 Folgen und 2 Wechsel entstehen, dafs also die Gleichung 3 negative und 2 positive Wurzeln hat.

Die Gleichung $x^5 - Ax^4 - Cx^2 + E = 0$ hat wegen des einen Zeichenwechsels höchstens nur eine positive Wurzel. Ergänzt man durch Nullglieder, so hat man

$$+ x^5 - Ax^4 \pm 0 \cdot x^3 - Cx^2 \pm 0 \cdot x + E = 0$$

Für die oberen Vorzeichen hat die Gleichung 4 Wechsel und eine Folge, für die unteren 2 Wechsel und 3 Folgen; beides zugleich ist nicht möglich, also hat die Gleichung unmögliche Wurzeln.

Hauptaxe der Hyperbel ist die gerade Verbindungslinie beider Scheitel zweier zusammen gehörenden Hyperbeln.

Hauptaxe (Kryst.) s. Axensysteme der Krystalle, No. 2, pag. 260.

Hauptdodekaeder, s. u. „Hexagondodekaeder."

Hauptfunctionen in der Trigonometrie sind die Functionen Sinus, Tangente, Secante, Sinusversus, im Gegensatz zu den Cofunctionen: Cosinus u. s. w.

Hauptgegenden, s. v. w. Cardinalpunkte (s. d.) in irgend einem Ort der Erdoberfläche: Ost, Süd, West, Nord.

Haupthexagondodekaeder, s. u. „Hexagondodekaeder."

Hauptkreise der Kugel heifsen auch die gröfsten Kreise derselben.

Hauptparameter nennt man auch bei den Kegelschnitten den Parameter der Axe des Kegelschnitts.

Hauptpunkt in der Perspective, s. v. w. Augenpunkt (s. d.)

Hauptpunkte (Geogr.), s. v. w. Cardinalpunkte eines Orts. (Astr.) in der Ekliptik die Nachtgleichen- und Wendepunkte.

Hebel ist als mathematischer Hebel eine gerade Linie, als physischer Hebel ein stabförmiger Körper, auf welchen Kräfte der Art wirken, dafs ein Bestreben zur Drehung um irgend einen Punkt der Linie oder um irgend einen Querschnitt des Stabes oder auch wirkliche Drehung erfolgt.

In dem Art. „Centralbewegung" ist pag. 13, die um einen gemeinschaftlichen Schwerpunkt erfolgende Drehung der Erde und des Mondes erklärt; der Schwerpunkt beider Weltkörper liegt in der geraden Verbindungslinie deren Mittelpunkte und es ist dieses System der Kräfte zwischen Erde und Mond ein Hebel; beide Kräfte, Erde und Mond mit unsichtbarer Verbindungslinie und Drehaxe, ein idealer Hebel im freien Raum.

Aus diesem Grunde vielleicht, weil von solchem Hebel hier nicht die Rede ist, nennen neuere Mathematiker auch den mathematischen Hebel „materiellen Hebel", indem sie der geraden Linie Masse beilegen, und nähern sich dadurch mit ihm dem physischen Hebel, der bei den alten Mathematikern die erste der 5 statischen oder mechanischen Potenzen war.

Der Drehpunkt in der schweren Linie des Hebels wird durch Unterstützung festgelegt gedacht und heifst deshalb auch Unterstützungspunkt, Hypomochlium.

Man unterschied und unterscheidet noch Hebel dreierlei Art:

Hebel erster Art ist derjenige, bei welchem der Unterstützungspunkt zwischen den Angriffspunkten der bewegenden Kraft (P) und der Last (Q) liegt (Fig. 687).

Fig. 687.

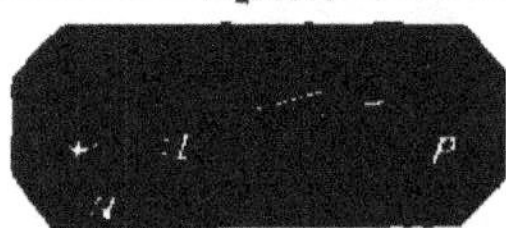

Hebel zweiter Art ist derjenige, bei welchem der Drehpunkt der eine Endpunkt der schweren Linie und deren anderer Endpunkt der Angriffspunkt der Kraft P ist, während die zu gewältigende Last Q zwischen beiden Endpunkten sich befindet (Fig. 688).

Fig. 688.

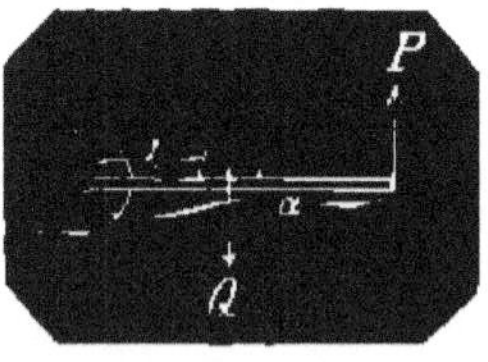

Hebel dritter Art ist derjenige wie der der zweiten Art, wenn Kraft und Last ihre Orte vertauschen (Fig. 689).

Fig. 689.

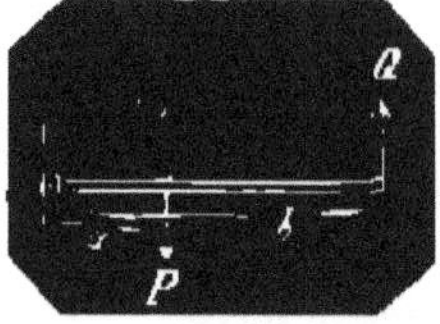

Statik des Hebels.

1. In der Linie AC, Fig. 690, sei der eine Endpunkt C befestigt, auf den anderen Endpunkt A wirkt eine Kraft P, so will diese den Punkt A senkrecht abwärts fortbewegen; der feste Punkt C verhindert dies und es geschieht nur Drehung um den Punkt C der Art, dafs die Kraft P die Linie AC im Kreise herumführt und immer wie in A', A'' tangential und auf einerlei Weise wirksam bleibt.

Fig. 690.

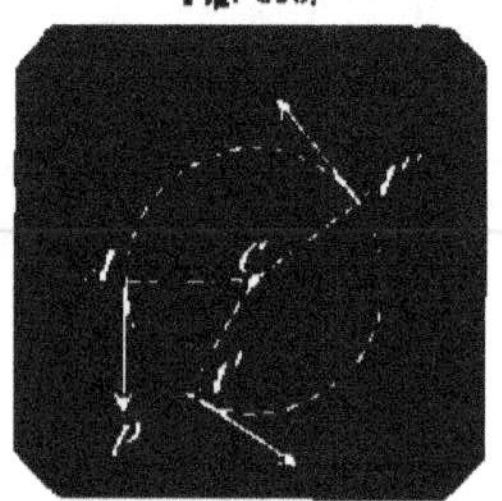

Denkt man sich die AC bis B verlängert (Fig. 691), so dafs $AC = BC$, und bringt man in B eine Kraft Q an, welche die entgegengesetzt gerichtete Drehung um C beabsichtigt, so ist klar, dafs die

Fig. 691.

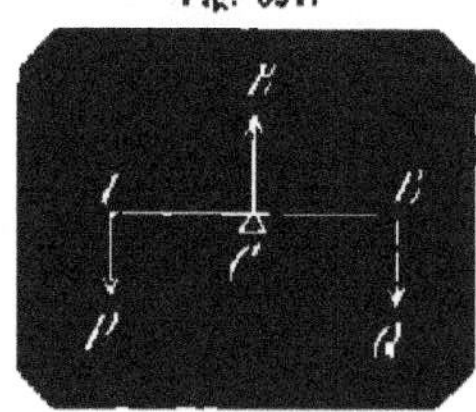

Drehung nach der Richtung erfolgt, nach welcher die gröfsere Kraft wirkt. Sind P und Q gleich grofs, so erfolgt nach keiner Richtung eine Drehung und der Hebel befindet sich im statischen Gleichgewicht.

2. Die beiden mit einander ⊦ wirkenden Kräfte P und Q haben das Bestreben, die Linie AB lothrecht abwärts fortzubewegen. Der feste Punkt C hindert dies und die Kräfte P und Q äufsern auf die Unterlage bei C einen Druck $P + Q$. Nimmt man nun die Unterstützung fort und bringt dafür in C eine entgegengesetzt gerichtete Kraft $R = P + Q$ an, so bleibt das System in demselben Zustande des Gleichgewichts für die fortschreitende Bewegung.

Sind P und Q = grofs und eben so $AC = BC$, so ist auf die Drehung nach links eben so viel Grund als zur Drehung nach rechts und es ist auch Gleichgewicht für die drehende Bewegung vorhanden.

3. Sind bei gleichen Abständen AC und BC die Kräfte P und Q ungleich, so erfolgt Drehung nach der Richtung der gröfseren Kraft. Es fragt sich daher, wo der Unterstützungspunkt in AB angebracht werden müsse, damit **Gleichgewicht für die Drehung** statt finde.

Die gemeinschaftliche Krafteinheit für P und Q sei p, es sei $Q = mp$; $P = np$, so theile man den Abstand AB, Fig. 692, in $\frac{n+m}{2}$ gleiche Theile, verlängere AB zu beiden Seiten über A hinaus bis D um $\frac{n}{2}$, über B hinaus bis E um $\frac{m}{2}$ Theile, und es sei $AC = AD = \frac{1}{2}n$ und $BC = BE = \frac{1}{2}m$.

Bringt man nun zwischen je 2 der

Fig. 692.

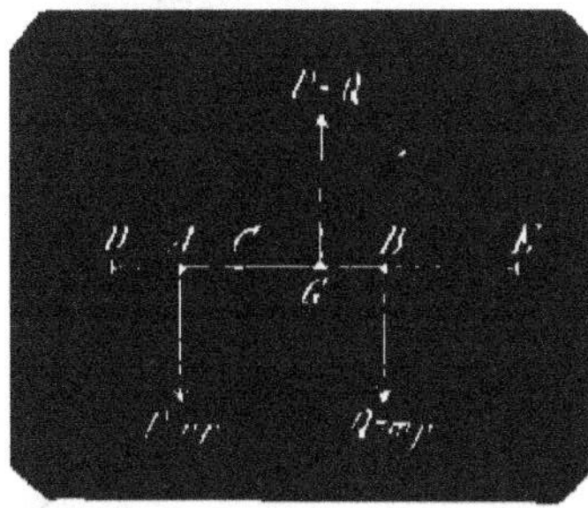

$n + m$ Theilpunkte eine Krafteinheit p an, so ist die Wirkung der von D bis C gleich vertheilten n Einheiten p = der Wirkung deren Summe $P = np$ in deren Mitte, und man kann die Kraft P hinfort nehmen und dafür die n einzelnen Kräfte p wirken lassen. Desgleichen können statt der Kraft Q die m einzelnen Kräfte p zum Angriff gebracht werden. Da nun zwischen D und E in gleichen Abständen von einander $n + m$ gleich grofser Kräfte wirken, so ist gegen die Drehung um irgend einen Punkt der Linie AB Gleichgewicht, wenn man in der Mitte G von DE senkrecht aufwärts eine Kraft $(n + m) p = P + Q$ anbringt, denn alsdann ist bei der links und rechts von G gleichmäfsigen Vertheilung gleich vieler nämlich $\frac{m+n}{2}$ gleichen Kräfte p so viel Grund zur Drehung links als zur Drehung rechts, weshalb keine Drehung weder links noch rechts erfolgt.

Nun ist $AB = DG = \frac{1}{2}n + \frac{1}{2}m$

$$AD = \tfrac{1}{2}n$$

folglich $$AG = \tfrac{1}{2}m$$

und $$BG = \tfrac{1}{2}n$$

mithin $AG : BG = \frac{1}{2}m : \frac{1}{2}n = mp : np = Q : P$

D. h. **Wenn ein Hebel für Drehung im Gleichgewicht sein soll, so müssen die Abstände des Drehpunkts von den beiden auf ihn wirkenden Kräften umgekehrt wie diese Kräfte sich verhalten.**

4. Der Abstand AG der Kraft P sei $= a$, der Abstand BG von Q sei $= b$, so ist für's Gleichgewicht

$$a : b = Q : P$$

woraus $$aP = bQ$$

D. h. **Für's Gleichgewicht müssen die Producte jeder der beiden Kräfte in ihren Abstand vom Drehpunkt einander gleich sein.**

5. Gesetzt es sollte für die Kraft P in dem Abstand a von Q auf der anderen Seite von G in der Entfernung $GE = c$ eine Kraft x angebracht werden um das Gleichgewicht herzustellen, so hat man nach No. 4

$$aP = cx$$

woraus $$x = \frac{a}{c} P$$

Hiernach kann man eine Kraft Q, die in einem bestimmten Abstande b vom Drehpunkt wirkt, durch eine andere Kraft ersetzen, wenn für diese der Abstand c vom Drehpunkt festgestellt wird; denn es ist

$$bQ = cx$$

woraus $$x = \frac{b}{c} \cdot Q$$

Man nennt dies Verfahren: Kräfte reduciren."

In den Punkten C, A, D auf einer Seite vom Drehpunkt wirken verschiedene Kräfte: in C mit dem Abstand $CG = A'$ die Kraft P', in A mit dem Abstand $AG = a''$ die Kraft P'', in D mit dem Abstand $DG = a'''$ die Kraft P'''. Es soll nun in dem Punkt B in dem Abstand $BG = b$ eine Kraft (Q) den 3 Kräften P', P'', P''' das Gleichgewicht halten, so hat man

für die Kraft P' : $a' \cdot P' = b \cdot Q'$

" " " P'' : $a'' \cdot P'' = b \cdot Q''$

" " " P''' : $a''' \cdot P''' = b \cdot Q'''$

also

$$a'P' + a''P'' + a'''P''' = b(Q' + Q'' + Q''') = b \cdot Q$$

und $$Q = \frac{1}{b}(a'P' + a''P'' + a'''P''')$$

Will man statt der drei Kräfte P', P'', P''' eine einzige in dem Abstande a von G wirkende (P) anbringen, die mit jenen einerlei Wirkung hat, so ist

$$a'P' + a''P'' + a'''P''' = aP$$

woraus $$P = \frac{1}{a}(a'P' + a''P'' + a'''P''')$$

7. Wirken in den Endpunkten A und B einer Linie mit dem Drehpunkt G 2 Kräfte P und Q unter schiefen Winkeln, so ist die Wirkung derselben, wie No 1 mit Fig. 690 es angibt; man hat nämlich von G aus auf die Richtungen der

Fig. 693.

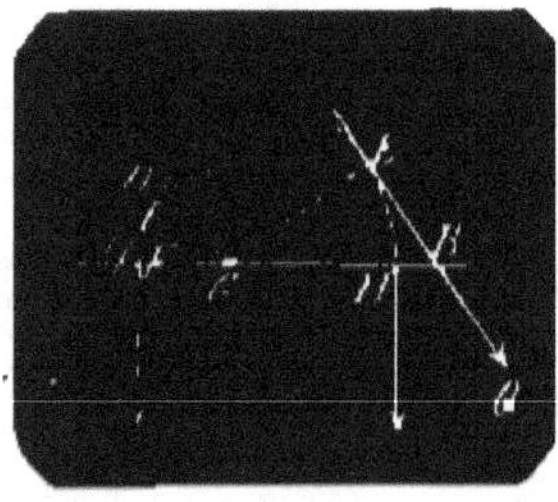

Kräfte Normalen zu fällen, aus G mit diesen als Radien Kreise zu zeichnen, so bestimmen deren Durchschnittspunkte mit der Linie diejenigen Punkte derselben, in welchen die Angriffe der Linie durch die Kräfte normal zu denken ist:

Die Wirkung der Kraft P nach der Richtung DA in A ist auf die Linie AB dieselbe mit ihrer normalen Wirkung in F, und die der Kraft Q nach der Richtung EB dieselbe mit ihrer normalen Wirkung in H. Wenn also beide Kräfte P und Q im Gleichgewicht sein sollen, so muſs sein

$$P \times DG = Q \times EG$$

der Abstand des Drehpunkts von der Richtungslinie einer Kraft wie GD von P heiſst der Hebelsarm der Kraft und das Product der Kraft in ihren Hebelsarm wie $DG \times P$ das statische Moment der Kraft.

8. Demnach sagt man: Ein Hebel ist im Gleichgewicht, wenn (bei 2 einwirkenden Kräften) das statische Moment der Kraft zur linken Seite des Drehpunkts dem statischen Moment der rechts vom Drehpunkt befindlichen Kraft gleich ist.

Wirken rechts und links vom Drehpunkt mehrere Kräfte, so ist Gleichgewicht, wenn die Summe der Momente auf beiden Seiten des Drehpunkts einander gleich sind.

Bringt man sämmtliche Momente auf eine Seite der Gleichung, so ist Gleichgewicht, wenn die algebraische Summe der Momente sämmtlicher Kräfte = 0 ist.

Beispiel 1. Die an den Pfeilen stehenden Zahlen bedeuten die Gröſsen der Kräfte in Pfunden, C ist der Drehpunkt, und die neben den Abstandslinien stehenden Zahlen bedeuten die Abstände der Kräfte von diesem Drehpunkt in Fuſsen.

Fig. 694.

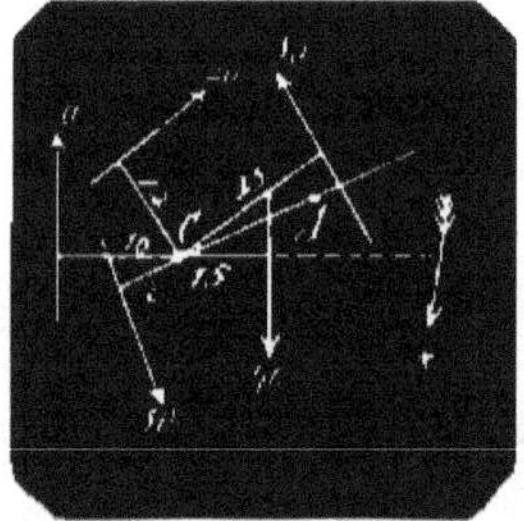

Die Richtung des rechts befindlichen Pfeils soll die positive Richtung der Bewegung sein:

Man findet die Summe der Momente:

$$40 \times 15 - 30 \times 25 + 20 \times 12 + 10 \times 16 - 50 \times 8$$
$$= 600 - 750 + 240 + 160 - 400 = -250$$

Es geschieht also um C eine Drehung

dem Pfeil entgegen mit einem statischen Moment von 250.

Ist nun in dem Punkt A, in der Entfernung $AC = 20$ Fuſs eine Kraft anzubringen um dem System Gleichgewicht zu geben, so ist die daselbst erforderliche

$$\text{Kraft} = \frac{250}{20} = 12\tfrac{1}{2} \text{ Pfund.}$$

2. In Figur 687 ist eine Wuchte vorgestellt: Ist Q eine Last von 2000 Pfund, ist die möglich gröſste Kraft P eines Menschen mit dem Gewicht seines Körpers 120 Pfund und ist die Länge $(a+b)$ des Hebels 12 Fuſs, so ist zwischen Kraft und Last Gleichgewicht wenn $b \times Q = a \times P$

also wenn $2000 b = 120(12 - b)$

woraus $b = 0{,}88$ Fuſs $= 8\tfrac{1}{4}$ Zoll.

3. Fig. 688 ist eine Karre. Der Mittelpunkt des Rades ist der Drehpunkt, die Last Q mit dem Hebelsarm b sei 400 Pfund, die Tragkraft P des Menschen mit dem Hebelsarm $a = 6$ Fuſs sei 100 Pfund, so ist Gleichgewicht wenn

$$400 \cdot b = 100 \cdot a,$$

woraus $b = 1\tfrac{1}{2}$ Fuſs.

Kann man eine Last Q bis zu einem Fuſse Abstand vom Drehpunkt legen, so kann diese sein.

$$Q = \frac{600}{1} = 600 \text{ Pfund.}$$

4. Fig. 689 zeigt ein System, nach welchem mittelst eines Trittschemels ein Spinnrad bewegt wird. P ist die Kraft des tretenden Fuſses, Q die Last, welche die Kurbel am Rade dem Fuſs entgegen setzt, links am Ende des Hebels ist der Drehpunkt. Es ist hier ebenfalls

$$P \cdot a = Q \cdot b$$

Der Hebel erster Art, Fig. 687, wird auch zweiarmiger, doppelarmiger Hebel genannt. Ein Beispiel hierüber gibt noch der Art.: Balancier. Die Hebel zweiter und dritter Art heiſsen auch einarmige Hebel.

Hebelsarm, s. Hebel No. 7.

Heben der Brüche, s. Abbreviren und Aufheben der Brüche.

Hebelade ist eine Hebemaschine, welche zur Hebung von schweren Lasten angewendet wird, die in einerlei geraden Linie verbleiben müssen, z. B. zu allmählicher Erhebung von Schützen in Schleusenthoren.

Der senkrecht mit runden Löchern versehene Bügel bildet die Hebelade, er ist von breitem Eisen zusammengeschmiedet und möglichst unverrückt mit Verschraubungen an ein Schleusenthor befestigt. Das Schütz, dessen lothrecht abwärts wirkende Last mit Q bezeichnet ist, befindet sich unten im Wasser an der Stange CQ; diese Stange reicht zwischen den beiden Wangen der Hebelade senkrecht

Fig. 695.

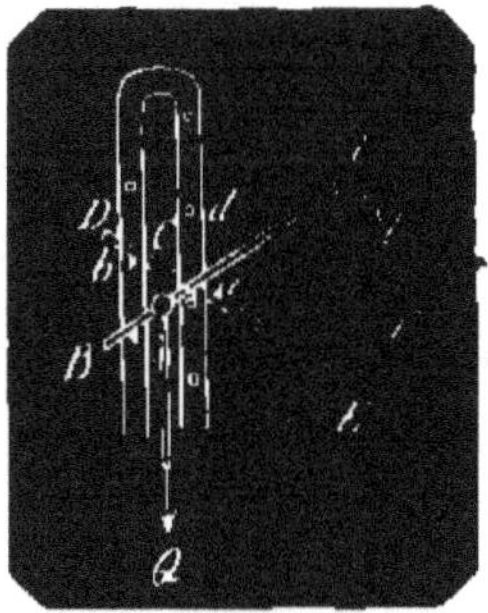

in die Höhe, hat oben eine Oese und wird mit der in dem Hebel AB befindlichen Oese durch einen Bolzen in C vereinigt. Die augenblickliche Thätigkeit, welche gezeichnet ist, besteht darin, daſs in das Loch a der Hebelade ein Bolzen gesteckt ist, der Schleusenarbeiter drückt mit der Kraft P in A senkrecht auf den Hebel und um den Bolzen a herab, bis er in die punktirte Lage kommt, wo dann der Bolzen c mit der Schützstange um eine kleine Höhe gehoben wird. Der Hebel AB ist nun in die Lage DE gekommen, die kurze Seite CB des Hebels in die Lage CD über dem Loch b. Nun wird ein Bolzen in b gesteckt, und der Hebel in E mit der Kraft P senkrecht aufwärts gedreht, wobei der Hebel auf dem Bolzen b seine Unterstützung findet, und der mittlere Bolzen C mit der Schützstange wird abermals um eine kleine Höhe gehoben. Hierbei ist der Hebel über das Loch d getreten, der Bolzen wird aus a herausgezogen durch d [illegible] steckt und die fernere Drehung [illegible] über dem Auflager d wie vorher [illegible] u. s. f.

Bezeichnet man die von dem Schütz herrührende senkrechte Last mit Q, [illegible] Kraft des Schleusenarbeiters mit P, [illegible] $Ca = Cb = Cd = r$, $AC = R$, so ist bei der Bewegung um a:

$$r \cdot Q = (R - r) P$$

bei der Bewegung um b

$$r \cdot Q = (R + r) P$$

Heber ist ein hydraulischer Apparat in Form einer zu 2 Armen gebogenen Röhre, mit welcher man aus einem Behälter oder einem See in einen tiefer stehenden Behälter oder in ein tiefer liegendes Terrain z. B. in einen Graben Wasser ablässt, wenn beide Räume durch eine über dem Wasserspiegel des ersten Raums erhöhte Wand von einander getrennt sind, so dass das Wasser erst auf diese Höhe steigen muss.

Es sei AB der höher liegende unveränderliche Wasserspiegel des links befindlichen Behälters, aus welchem Wasser auf die Sohle CD abgelassen werden soll, EFG sei der Heber in lothrechter Ebene befindlich, die lothrechte Entfernung zwischen AB und CD sei $= h$; der Heber sei mit Wasser angefüllt, so finden folgende Wirkungen statt.

Die atmosphärische Luft drückt auf den Wasserspiegel AB und durch diesen vermittelt auf die Einflussöffnung E des Hebers, wie auf die Ausflussöffnung G desselben mit dem Gewicht einer Wassersäule von 32 Fuss Höhe. Diesem Druck entgegen wirkt in dem Schenkel EF das darin befindliche Wasser mit der Höhe BF, in dem Schenkel FG der Röhre das darin befindliche Wasser mit der Höhe CF. Demnach ist die Druckhöhe des Wassers in $EF = 32' - BF$ und in $FG = 32' - CF$. Folglich ist die für den Ausfluss aus G nach der Richtung EFG wirkende hydraulische Geschwindigkeitshöhe $= (32' - BF) - (32' - CF) = CF - BF = h$

Nun ist nach dem Art: „Ausfluss des Wassers“ u. s. w. pag. 217 die Ausflussgeschwindigkeit $c = \alpha \sqrt{h}$ und wenn a der Querschnitt der Röhre ist, die ausfliessende Wassermenge per Secunde $= \alpha a \sqrt{h}$

Für Röhren ist nach Eytelwein der Contractionscoefficient $\alpha = 0{,}42$

Fig. 696.

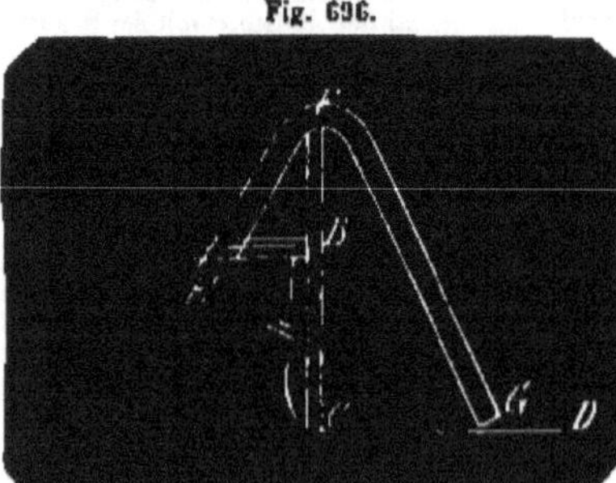

Und nach de Buat die Widerstandshöhe für die Reibungen des Wassers an den Röhrenwänden

$$h' = \frac{c^2 \cdot l}{2006 \cdot d}$$

wo c die Geschwindigkeit des Wassers, l die Länge und d den Durchmesser der Röhre bedeuten.

Demnach hat man

$$c = 0{,}42 \sqrt{h - \frac{c^2 l}{2006 \cdot d}}$$

woraus c durch Probiren gefunden wird.

Der Heber ist so lange wirksam als die Höhe BF weniger beträgt als 32 Fuss.

Heisse Zone der Erdoberfläche ist die Zone zwischen den beiden Wendekreisen, wegen der dort herrschenden höchsten Temperatur gegen die der anderen Zonen so genannt. Die Oberfläche der heissen Zone beträgt (bei $23\frac{1}{3}°$ = der Schiefe der Ekliptik) $= 4\pi r^2 \sin 23\frac{1}{3}°$ die Erdoberfläche $= 4\pi r^2$, also beträgt die heisse Zone $\sin 23\frac{1}{3}° \times = 0{,}39875 \times$ oder beinahe $\frac{2}{5} \times$ der Erdoberfläche.

Helikoide, s. v. w. „Spirallinie“.

Heliocentrisch ist was auf die Sonne sich bezieht im Gegensatz zu geocentrisch, was auf die Erde Bezug hat.

Heliocentrische Breite eines Planeten s. u. „Breite, astronomische“.

Heliostat ($\eta\lambda\iota o\varsigma$ die Sonne, $\sigma\tau\alpha\tau o\varsigma$ gestellt) zu deutsch: Sonnensteller, ein Apparat, der die Sonne oder vielmehr den Sonnenstrahl zum Stillstand bringt.

Bei vielen optischen Versuchen und wissenschaftlichen Untersuchungen über das Licht, über seine Brechung, Farbenzerstreuung, Interferenz, (mit diesem Namen (von inter, zwischen, und ferre, tragen, hervorbringen) bezeichnete Young zuerst die Veränderungen, welche bei 2 oder mehreren unter sehr geringen Winkeln zusammentreffenden Lichtstrahlen zwischen denselben hervorgebracht werden) über Licht- und Wärmevertheilung in den verschiedenen Strahlen des prismatischen Farben-Spectrums bedarf man des Sonnenlichts, welches durch seine grosse Intensität und Weisse alle die Mittel, durch welche man dasselbe in vielen Fällen zu ersetzen bemüht ist, bedeutend übertrifft. Gewöhnlich stellt man derartige Versuche in einem verfinsterten Zimmer an, und läfst die Sonnenstrahlen durch eine kleine runde Oeffnung in der Fensterlade als ein beschränktes cylindrisches Strahlenbündel in das Zimmer fallen. Dies Strahlenbündel soll dabei wo möglich eine horizontale und feststehende Richtung erhalten, eine Anforderung, welche besondere Hülfsmittel deswegen in Anspruch nimmt, weil nur selten ein Zimmer die günstigste Lage hat und die Sonne in ihrer scheinbaren täglichen Bewegung in jedem Augenblick ihre Stelle ändert. Die einfachste Vorrichtung, um den eintretenden Strahlen die erforderliche Richtung zu geben, besteht in einem Spiegel, dem man durch Schrauben-Bewegungen innerhalb des Zimmers dicht vor der Laden-Oeffnung leicht jede Stellung geben kann, so, dafs der seine Fläche treffende Sonnenstrahl *ab* horizontal in *bd* durch die Oeffnung ins Zimmer hinein reflectirt werde.

Fig. 697.

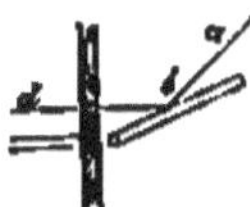

Mangelhaft bleibt diese Vorrichtung deshalb, weil man der fortrückenden Sonne wegen nicht aufhören darf, die Spiegelstellung zu corrigiren. Die bisherigen selbstthätigen Heliostaten waren von complicirter Einrichtung und kosteten in genauer Ausführung jedesmal einige Hundert Thaler; ein wesentlicher Theil des Instruments bestand in einem Uhrwerk, welches die den Spiegel tragende Axe drehen und zugleich die Neigung dieser Axe in jedem Augenblick den Erfordernissen der richtigen constanten Reflections-Richtung entsprechend einstellen mufste. Durch August wurde späterhin nachgewiesen, dafs ein Spiegel *a*, dessen Fläche parallel mit einer Axe liegt, die sich innerhalb 48 Stunden 1 Mal um sich selbst dreht, in dem Fall einen constanten reflectirten Sonnenstrahl liefert, wenn diese Drehungs-Axe *bc* mit der Welt-Axe parallel ist. Denn es sei *AB* ein Spiegel, *DC* das Einfallsloth, die Sonne stehe in der Richtung *CF*, $\angle DCF = 5°$, so wird der Strahl *FC* nach *CE* reflectirt, so dafs $\angle DCE$ ebenfalls $5°$ beträgt. Soll nun der reflectirte Strahl *CE* fixirt bleiben, und hat die Sonne nach 40 Minuten die Richtung *CG* erhalten, so dafs also $\angle FCG = 10°$ beträgt, indem der Kreis,

Fig. 698.

den die Sonne scheinbar alle 24 Stunden durchläuft, in $360°$ eingetheilt wird, so mufs bis dahin der Spiegel in die Lage *A'B'* gekommen sein, wobei $\angle BCB' = 5°$ beträgt; denn alsdann ist das Einfallsloth *DC* ebenfalls um $5°$ nach *FC* gerückt, der Strahl *GC* trifft den Spiegel unter dem $\angle GCF = 10°$ und wird in demselben Strahl *CE*, der mit *CF* den $\angle ECF = 10°$ bildet, reflectirt.

Die Drehungs-Axe mufs also wie der schattenwerfende Stift einer Sonnen-Uhr parallel der Welt- oder Erd-Axe stehen, der an derselben befestigte Spiegel soll sich in einem Tage nur ein halbes Mal umwenden, d. h. er folgt dem Laufe der Sonne, jedoch nur mit der halben Winkel-Geschwindigkeit als jene der Sonne selbst. Diese Bedingung wird in dem Grüel'schen Heliostat durch ein einfaches Räderwerk erfüllt, welches mittelst jeder gewöhnlichen Taschen-Uhr in Bewegung gesetzt werden kann, indem man ein einem Uhrschlüssel ähnliches Stück *e* auf die Axe des Minutenzeigers der geöffneten Uhr aufsteckt, während letztere auf einem beliebig höher oder tiefer zu stellenden Support *d* unter jenem Stück ruht.

Das Instrument kostet 26 Rthlr., also nur den zehnten Theil der früher bekannten Heliostaten. Die gänzliche Trennung des Apparats von einem Uhrwerk erscheint deshalb gerechtfertigt, weil die damit fest verbundenen Uhrwerke nach längerer Unthätigkeit und Aufbewahrung nicht immer ihren Dienst leisten, wenn sie später einmal gebraucht werden sollen. Eine gehende Taschen-Uhr ist dagegen überall zur Hand. Dieselbe leidet, als Triebwerk zum Heliostat benutzt, gar nicht; sie wird in ihrem Gange auch nicht verzögert, da sie eine nur äufserst geringe Kraftanstrengung zu überwinden hat. Das Werk geht fast ohne alle Reibungswiderstände und die Uhr ergreift es an einer Stelle, wo die hervorgebrachte und mit der Minutenzeiger-Axe conforme Bewegung relativ schnell erscheint gegen die Bewegung des 48 Mal langsamer sich drehenden Spiegels. Es ist aber aus den einfachsten mechanischen Principien klar,

Fig. 699.

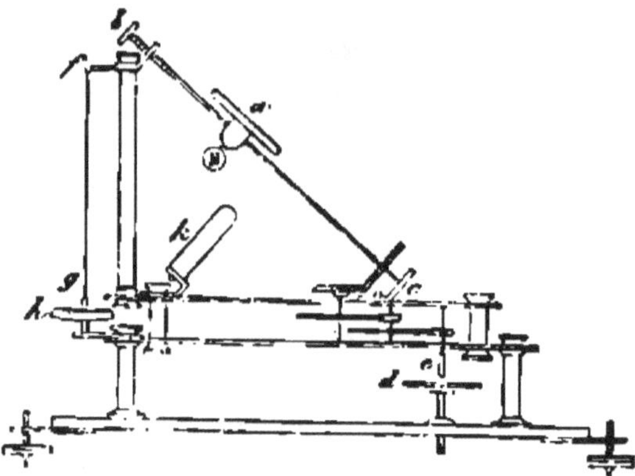

daſs die Kraft, welche von der Uhr-Axe ausgeht, gerade 48 Mal verstärkt auf die Spiegel-Axe wirken muſs, letztere ist ohnehin balancirt, sie ist nämlich auf allen Seiten des Umfangs in den gegenüberliegenden Punkten mit gleich viel Masse, deshalb auch der Spiegel a mit einem Gegengewicht versehen, und folglich eine freie Axe. Daher rührt es, daſs die kleinste Uhr gebraucht, ja sogar die Spiegel-Axe versuchsweise beschwert werden kann. Zur Orientirung ist das Instrument mit einem Pendel fg und Gradbogen h für die Polhöhe, sodann mit einer Aequinoctial-Sonnen-Uhr k versehen. Auf die Declinations-Aenderung innerhalb der Beobachtungszeit ist nicht Rücksicht genommen, da die hierdurch entstehende Differenz verschwindend klein ist.

Zu genauerer Erkennung der letztgedachten Orientirung des gedachten Instruments füge ich noch folgende Erläuterungen hinzu:

Der beistehende Kreis bedeute den Durchschnitt unserer Erde durch irgend einen Wohnort, z. B. Berlin, und durch beide Pole. B bedeute den Ort Berlins, N den Nordpol, S den Südpol; dann ist die Linie NS die Erdaxe und zugleich ein Theil der Welt-Axe, mit dieser parallel soll die oben gedachte Drehungs-Axe bc gelegt werden, und dies geschieht ganz einfach wie folgende Betrachtung zeigt:

Zieht man durch den Mittelpunkt C senkrecht auf NS die Linie AQ, so ist diese Linie AQ der Durchschnitt des Aequators. Berlin liegt, wie jede Charte von Deutschland besagt, unter 52° 31′ nördlicher Breite, d. h. der Winkel BCQ oder der Bogen BQ beträgt 52° 31′. Dieser Winkel oder Bogen heiſst die Aequatorhöhe des Ortes B, so wie der Winkel BCN oder der Bogen BN = 37° 29′ die Polhöhe desselben Ortes. Eine Tangente BE in B an dem Kreis ist die Horizontale, die Verlängerung BD von CB das Loth für Berlin.

Fig. 700.

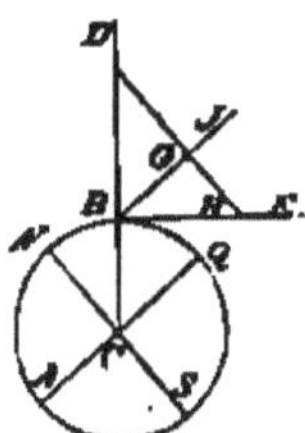

Zieht man nun BF parallel AQ und fällt von einem Punkt D das Loth DG auf BF, so ist DG mit der Verlängerung GH, oder DH parallel der Welt-Axe NS, $\angle BDH = \angle BCN$ = 37° 29′ und $\angle DHB$ = BCQ = 52° 31′ = der Aequatorhöhe.

Die Axe bc des Apparats muſs nun mit der Linie DH übereinstimmen; für den Gebrauch in Berlin also muſs bc mit der Horizontale cg den $\angle bcg$ = 52° 31′

bilden, für eine andere Stadt unter einem anderen Breitengrade belegen, diesen anderen Breitenwinkel, und zu dieser Einstellung dient der Gradbogen *h*, der so eingetheilt und so mit Zahlen versehen ist, daſs wenn mittelst der Fuſs-Schrauben der Apparat nach vorn oder hinten gehoben oder gesenkt wird bis das Loth *fg* in die Zahl des Orts Breitengrades weist, die Axe *bc* mit dem Horizont denselben Breitenwinkel bildet.

Nachdem auf diese Weise die Neigung der Axe *bc* gegen den Horizont des Ortes richtig eingestellt ist, ist noch deren Horizontaldrehung erforderlich, um die Parallelität derselben mit der Welt-Axe herzustellen, und dies geschieht einfach und schnell mit Hülfe der Aequinoctial-Sonnen-Uhr *k*, zu der die Axe *bc* den Zeiger bildet. Diese Uhr *k*, ein Zifferblatt mit derselben gleichmäſsigen Eintheilung wie bei jeder andern Uhr, zeigt, wenn sie senkrecht auf die Welt-Axe gerichtet ist, die Zeit mit der gröſsten Sicherheit; wenn man daher nach der auf *d* liegenden richtig gehenden Taschen-Uhr dieselbe Zeit durch die Axe *bc* auf *k* eingestellt, — ist diese Axe mit der Welt-Axe parallel.

Helischer oder **Heliacischer Aufgang und Untergang** der Gestirne s. u. „Aufgang und Untergang der Gestirne, poetischer" pag. 179.

Hemicyklisch, s. v. w. „halbkreisförmig".

Hemididodekaeder, s. v. w. „Dreiunddreikantner".

Hemiedrische Formen, s. u. „Formen der Krystalle".

Hemihexakisoctaeder, s. v. w. „Halbsechsmalachtflächner" (s. d.)

Hemiicositetraeder, s. v. w. „Halbvierundzwanzigflächner" (s. d.)

Hemioctaeder, s. v. w. „Halbachtflächner" (s. d.)

Hemioctakishexaeder, „Halbachtmalsechsflächner". Diese Krystalle haben 24 Flächen, 48 Kanten und 26 Ecken. Die Flächen sind unregelmäſsige Vierecke mit 2 nebeneinanderliegenden gleichen Seiten. Die Kanten sind dreierlei Art: 12 Kanten *a* in ähnlicher Lage mit den Grundkanten der Hemitetrakishexaeder, 24 Kanten *b* in ähnlicher Lage mit den Kanten *b* der Halbviermalsechsflächner, Fig. 684, und 12 Kanten *c* in ähnlicher Lage wie in Fig. 684 die Normale von der Ecke *A* auf die Grundkante *a*.

Fig. 701.

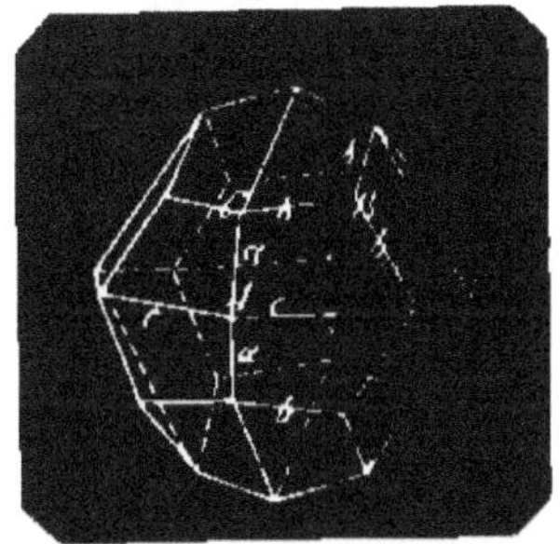

Von den Ecken sind 6 vierflächig und symmetrisch (*A*); sie liegen zwischen 2 Kanten *a* und 2 Kanten *c* und wie die Ecken des Octaeders; 8 sind 3flächig und regulär (*B*); sie werden von den neben einander liegenden gleichen Flächenseiten *b* gebildet und liegen wie die Ecken des Hexaeders, und 12 Kanten sind 4flächig irregulär (*C*), sie haben die Lage wie die Kanten *B*, *B'* an den Grundkanten Fig. 684.

Hemiorthotypes Krystallisationssystem ist gleichbedeutend mit „Ein und einaxigen System".

Hemiprismatisches Krystallisationssystem ist der Name des 5ten Systems, des zwei- und eingliedrigen Systems, wie ihn Mohs eingeführt hat. Es befinden sich in demselben 3 ungleichartige Axen, von denen eine mit den anderen beiden rechtwinklig, die anderen beiden aber schiefwinklig mit einander liegen.

Hemisphäre, s. v. w. „Halbkugel, besonders die hohle scheinbare Himmelshalbkugel".

Hemitetrakishexaeder, s. v. w. „Halbviermalsechsflächner".

Hemitriakisoctaeder, s. v. w. „Deltoiddodekaeder".

Hemmung bei Chronometern, s. „Chronometer", pag. 31.

Herbst, die Jahreszeit von dem scheinbaren Eintritt der Sonne in den Herbstnachtgleichenpunkt bis zum Eintritt derselben in den Winterwendepunkt, oder von dem wirklichen Eintritt der Erde in den Frühlingspunkt bis zum Eintritt derselben in den Sommerwendepunkt. Er dauert vom 23ten September bis zum 21 bis 22ten December. Vergl. „astronomische Jahreszeiten und Frühling".

Herbstnachtgleiche, s. u. „Ekliptik".

Herbstpunkt, s. v. w. „Herbstnachtgleiche, Herbstnachtgleichenpunkt, vergleiche Frühlingspunkt".

Heterogen, ungleichartig, das Entgegengesetzte von homogen, gleichartig (s. d.)

Heteroscii, Einschattige, (von *ἕτερος* Einer und *σκιά* Schatten) die Bewohner der gemäfsigten Zone, weil die Sonne deren Schatten das ganze Jahr über nur auf eine Seite wirft; sie heifsen auch Antiscii, Gegenschattige, weil die Bewohner der nördlich gemäfsigten Zone ihren Schatten nach Norden, die der südlichen ihn nach Süden zu haben.

Hexadisches Zahlensystem, Hexadik, bei welchem die Werthe der Zahlenstellen von der Rechten zur Linken nach den Potenzen von 6 steigen. Es gibt nur die Ziffern 1 bis 5; die Zahl 6 wird 10, die Zahl 12 wird 20 geschrieben. Vergl. „dyadisches Zahlensystem".

Hexaeder ist ein von 6 Vierecken begrenztes Polyeder, das regelmäfsige ist der Würfel.

Hexaeder, (Kryst) gehört zu dem regulären System (s. „Axen der Krystalle" mit Fig. 135 bis 137).

Hexaederecken, (Kryst.) s. „Dodekaeder" pag. 319.

Hexaedrische Axen, s. „Axen, hexaedrische".

Hexagon, s. v. w. „Sechseck".

Hexagonale Säule, (Kryst.) sechsseitige Säule ist ein gerades Prisma mit 2 regelmäfsig sechseckigen parallelen Endflächen und 6 rectangulären Seitenflächen, 12 rechtwinkligen gleichen Randkanten und 12 stumpfen Seitenkanten. Die Hauptaxe ist die gerade Verbindungslinie zwischen den Mittelpunkten der beiden Endflächen, die 3 Nebenaxen verbinden die Mittelpunkte je 2 gegenüberliegender Seitenflächen.

Hexagonales Krystallisationssystem ist gleichbedeutend mit dem dreiundeinaxigen System (s. „Axensysteme der Krystalle" pag. 280).

Hexagonal-Dodekaeder, Hexagondodekaeder ist in punktirten Linien, Fig. 147, pag. 261, Bd. I. abgebildet. Es gehört zu dem drei und einaxigen System. Es hat 12 gleichschenklige, gleiche Dreiecke zu Flächen; 18 Kanten, von welchen 12 gleiche stumpfe Scheitelkanten *AD*, *BD*, ... und 6 gleiche in einer Ebene liegende Randkanten *DH*, *HG* ..., 8 Ecken, von diesen sind 2 sechskantige Scheitelecken *A*, *B* und 6 vierflächige symmetrische Randecken.

Hexagonalsystem, s. v. w. „Hexagonales Krystallisationssystem".

Hexagonalzahlen, sechseckige Zahlen sind die Reihe von Zahlen, deren Bildung das Sechseck zu Grunde liegt (vergl. „Dekagonalzahlen, Dodekagonalzahlen"). Die Zahlenreihe ist

$$1 \cdot 6 \cdot 15 \cdot 28 \cdot 45 \ldots n(2n-1)$$

1. Differenzenreihe

$$5 \quad 9 \quad 13 \quad 17 \ldots$$

2. Differenzenreihe

$$4 \quad 4 \quad 4 \ldots$$

die Summe der ersten n Hexagonalzahlen ist

$$= \frac{n(n+1)(4n-1)}{1 \cdot 2 \cdot 3}$$

Hexakisoctaeder, (Kryst.). Sechsmalachtflächner. Er hat 48 Flächen in ungleichseitigen Dreiecken, von denen immer 6 um jede der 8 Octaederecken sich gruppiren, 72 Kanten und 26 Ecken.

Fig. 702.

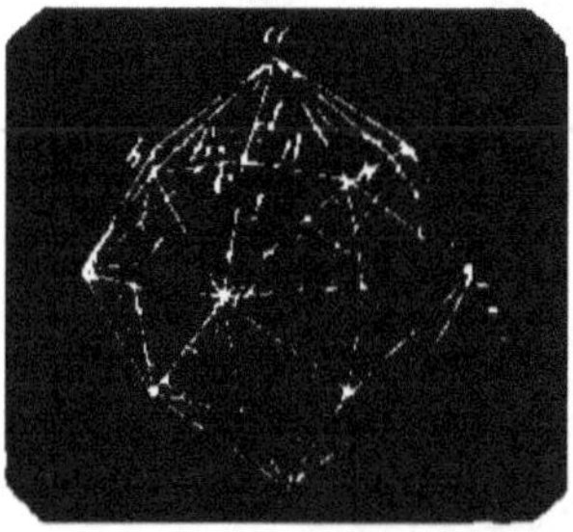

Die Kanten sind dreierlei: 24 wie *A*, von denen je 2 immer 2 Octaederaxen oder Octaederecken mit einander verbinden; 24 wie *B*, von denen je 2 immer 2 Hexaederecken mit einander verbinden und 24 wie *C*, welche die Octaederecken mit den Hexaederecken verbinden.

Von den Ecken sind 6 wie *a* achtflächig symmetrisch und liegen wie die Octaederecken; 8 Ecken wie *b*, sechsflächig symmetrisch, liegen wie die Hexaederecken und 12 Ecken wie *c* vierflächig symmetrisch.

Man hat von den Hexakisoctaedern 5

Arten oder Abänderungen in der Form, so dafs bald die Hexaederecken, bald die Octaederecken mehr hervortreten.

Hexakistetraeder (Kryst) hat 24 Flächen in ungleichseitigen Dreiecken, 36 Kanten, von denen die 3 an einer Fläche gehörenden ungleich sind und 14 Ecken. Von diesen sind 4 Ecken sechskantig spitz, 4 Ecken sechskantig stumpf, und 6 Ecken sind vierkantig.

Hexangulär, s. v. w. „sechseckig".

Himmel, der gestirnte Himmel ist der Inbegriff aller in dem über unserem Haupt befindlichen unermefslichen Raum sich bewegenden Gestirne.

Himmelsaequator, s. „Aequator".

Himmelserscheinungen sind die am Himmel unerwarteten Vorkommnisse, als die Erscheinung eines noch nicht dagewesenen Kometen, von Nebensonnen, von Nordlichtern. Ferner die zwar vorherzubestimmenden aber in Folge verschiedener Constellationen zwischen Sonne, Erde und Mond zu verschiedenen Zeiten und verschiedengradig eintretenden Sonnen- und Mondfinsternisse, ferner die zwar regelmäfsigen aber in weniger oder mehr grofsen Zeitabständen wiederkehrenden Himmelskörper als bekannte Kometen und auffallend glänzende Gestirne wie der Jupiter und die Venus als Morgen- oder Abendstern zu Zeiten in besonderem Glanze.

Himmelsgegenden sind die den Cardinalpunkten (s. d.), dem Ost-, West-, Süd- und Nordpunkte am Horizont nahe gelegenen Punkte und werden desgleichen mit denselben Namen Osten, Westen, Süden und Norden bezeichnet. Diese Punkte werden allein durch die Drehung der Erde um ihre Axe bestimmt, und für jeden Ort der Erde ist der Punkt in dem Horizont des Meridians, in welchem die Sonne culminirt, der Südpunkt, der ihm diametral gegenüberliegende der Nordpunkt, der dem Südpunkt links rechtwinklig liegende Punkt der Ostpunkt und der diesem diametral gegenüberliegende, also rechts rechtwinklig vom Südpunkt liegende Punkt der Westpunkt.

Für alle Orte der Erde befinden sich sämmtliche Ost- und Westpunkte in der bis ins Unendliche erweitert zu denkenden Erdaequatorebene. Die Süd- und Nordpunkte jedes Orts liegen in dessen Meridianebene.

Der Nordpol und der Südpol der Erde haben keine Himmelsgegenden, jeder Punkt des Horizonts daselbst hat weder Sonnenaufgang noch Sonnenuntergang noch Culmination.

Ebenso hat der gestirnte Himmel keine Himmelsgegenden, weil sich dieselben nur auf die Erde beziehen.

Himmelskörper ist jedes Gestirn.

Himmelskreise sind die Eintheilungskreise der Himmelskugel.

Himmelskugel, die scheinbare hohle Kugeloberfläche des gestirnten Himmels. Um die scheinbare Bewegung der Sterne verfolgen zu können und Bewegungsgesetze abzuleiten, hat man schon im grauesten Alterthum die Himmelskugel durch Linien und Kreise, den sichtbaren Bewegungen der Gestirne entsprechend, eingetheilt.

Fig. 703.

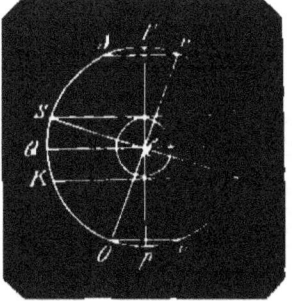

Zwei Punkte am Himmel, *P* und *p* scheinen für ewige Zeiten still zu stehen, und wenn man *P* mit *p* durch eine gerade Linie verbindet, so scheinen sämmtliche Gestirne um diese gerade Linie *Pp*, welche mitten durch die Erde geht, in parallelen und lothrecht auf *Pp* befindlichen Kreisen sich herumzudrehen. Aus diesem Grunde nennt man die Linie *Pp* die Weltaxe, Himmelsaxe und deren Endpunkte *P*, *p* die Pole, Weltpole, Himmelspole.

Die auf *Pp* normalen Kreise wie *Qq*, *Nn*, die mit einander parallel um *Pp* sich bewegen, heifsen Parallelkreise und da deren vollständige Umdrehung innerhalb 24 Stunden erfolgt, Tagekreise. Von diesen Kreisen heifst der gröfste durch den Mittelpunkt *C* des Himmels (und der Erde) liegende Kreis *Qq* der Aequator (s. d.) der Welt- oder Himmelsaequator.

Bedeutet *Sk* den Kreis, in welchem die Sonne ihren jährlichen Umlauf um die Erde zu machen scheint, die Ekliptik, so beträgt deren Winkel *SCQ* mit dem Aequator sehr nahe 23½ Grad, und wenn man in dessen vom Aequator entferntesten Punkten *S* und *k* die Parallelkreise *Ss*, *Kk* zieht, so begrenzen diese den Lauf der Sonne. Wenn die Sonne von *C* nach *S* aufgestiegen ist, so steigt sie von *S* wieder herab, und wenn sie bis *k* herabgestiegen ist, so steigt sie von *k* aus wieder hinauf. Die Sonne scheint in diesen Punkten, oder vielmehr in den Kreisen *Ss* und *Kk* sich zu wenden und deshalb werden diese beiden Kreise die Wendekreise genannt. Ferner scheint es, als wolle die Sonne in diesen Kreisen stehen bleiben, weil man die Aenderung des Aufsteigens in das Absteigen in *Ss* und das Entgegengesetzte in *Kk* nicht sobald wahrnimmt, und daher heifsen die Punkte der Sonnenwenden nicht nur Wendepunkte, sondern auch Sonnenstillstandspunkte, Solstitialpunkte.

Da die ersten Astronomen, von denen wir so bedeutende astronomische Kenntnisse überkommen haben, auf der nördlichen Halbkugel der Erde wohnten, so beziehen sich auch alle Jahreszeiten und die damit zusammenhangenden Bezeichnungen auf die nördliche Halbkugel. Nun ist bei uns Sommeranfang (in der südlichen Winteranfang) wenn die Sonne in den Wendepunkt *S* tritt, daher heifst der nördliche Wendepunkt der Sommerwendepunkt, das Sommersolstitium, und der Kreis *Ss* der Sommerwendekreis. Ferner ist bei uns Winteranfang (in der südlichen Halbkugel Sommeranfang) wenn die Sonne in den südlichen Wendekreis *Kk* tritt, und deshalb ist hier die Winterwende, das Wintersolstitium.

Errichtet man im Weltmittelpunkt *C* (dem Mittelpunkt der Erde) auf der Ebene *Sk* der Ekliptik einen normalen Durchmesser *nO*, so sind die $\angle PCn$, $\angle pCO$ = dem $\angle SCQ$ = 23½ Grad; die Linie *nO* ist die Axe der Ekliptik. Zieht man durch die Endpunkte *n*, *O* dieser Axe die Parallelkreise *nN*, *Oo*, so heifsen diese die Polarkreise.

Der Winkel *SCQ* zwischen Ekliptik und Aequator heifst die Schiefe der Ekliptik.

Himmelskunde ist Beschreibung des Himmels, eine Astrographie oder Astrognosie (s. d.).

Himmelsmechanik ist die Summe aller Sätze und Gesetze über die Bewegung der Gestirne; sie gründen sich sämmtlich auf das von Newton entdeckte Gravitationsprincip.

Himmelsmeridiane sind die durch beide Weltpole *P*, *p* gelegten gröfsten Kreise der hohlen Himmelskugel, sie stehen sämmtlich auf dem Aequator und den Parallelkreisen senkrecht. S. „Astronomischer Meridian, astronomischer Horizont" mit Fig. 92.

Himmelspole, s. u. „Himmelskugel".

Hinterglieder einer Proportion sind das 2te und 4te Glied.

Höhe ist die dritte Dimension eines körperlichen Raums; auch für geschlossene ebene Räume wird Höhe statt Breite, als zweite Dimension genannt. Besonders geschieht dies bei geradlinigen Figuren, für welche man eine Seite als Grundlinie feststellt (vergl. „Basis, geometrische"). Es ist dann die Höhe der Figur der Abstand des von der Grundlinie entferntesten Punktes des Umfangs der Figur von der Grundlinie oder der Abstand zwischen der Grundlinie und der dieser parallelen Seite der Figur; ersteres wie bei Dreiecken, letzteres wie bei Parallelogrammen und Trapezen. Bei prismatischen Körpern ist die Höhe die Entfernung zwischen beiden parallelen Endflächen, bei pyramidalen Körpern der Abstand der Spitze von der Grundebene.

Höhe des Falls, Fallhöhe ist die Länge, um welche ein Körper in einer bestimmten Zeit in der Richtung der wirkenden Schwerkraft fällt. Beim freien Fall ist die Fallhöhe mit seiner wirklichen Bewegung dieselbe, beim Fall auf schiefer Ebene ist sie die lothrechte Projection seiner wirklichen Bewegung; desgleichen beim Fall in einer Curve, beim Pendel.

Höhe eines Gestirns über einen Ort der Erdoberfläche ist der in dem Scheitelkreis des Gestirns befindliche zwischen diesem und dem Horizont begriffene Bogen. Höhe und Scheitelabstand eines Gestirns in Beziehung auf denselben Ort ergänzen einander zu 90 Grad.

Höhe eines Orts der Erde ist die lothrecht zu denkende Entfernung seines Terrains von einer Normal-Horizontalebene, zu welcher in der Regel der nächst gelegene Meeresspiegel genommen wird. Ueber die Ermittelung dieser Höhen s. den Art. „Barometermessungen".

Höhe des Pols, Polhöhe eines Orts ist der in dem Scheitelkreis des Pols also in dem Meridian des Orts gemessene Bogen zwischen seinem Horizont und dem Pol (s. Höhe eines Gestirns); die Polhöhe eines Orts ist gleich dessen geographischer Breite.

Höhen, correspondirende, s. „correspondirende Höhen“.

Höhenkreis, Almucantharatskreis ist der durch irgend ein Gestirn mit dem Horizont eines Orts ∥ gezogene Kreis (s. „Almucantharat“).

Höhenmesser, s. „Altimeter“.

Höhenmessung. Höhen werden am einfachsten direct gemessen, indem man von dem obersten Punkt eine beschwerte Schnur herabläfst oder Maafsstäbe anlegt. In den seltensten Fällen ist dies jedoch nur möglich und dann kann die Messung nur indirect geschehen. Die Methoden der Vermessung hangen von Lokalverhältnissen ab und sind entweder mathematisch, nämlich mit Hülfe von Längenvermessungen auf dem horizontalen oder geneigtem Terrain in der Nähe der zu messenden Höhe, durch Nivelliren, durch Winkelmessungen und trigonometrische Berechnungen oder sie sind physikalisch, mit Hülfe des Barometers.

1. Ist die Höhe zugänglich, so kann man, wenn es auf grosse Genauigkeit nicht ankommt, ein einfaches Verfahren mit Hülfe gerader Stäbe anwenden.

Es sei AB ein zugänglicher Thurm, so mifst man von dem unter C lothrecht befindlichen Punkt A ab eine gerade Linie AC. Ist AC nicht horizontal, sondern schräg oder uneben, so bestimmt

Fig. 704.

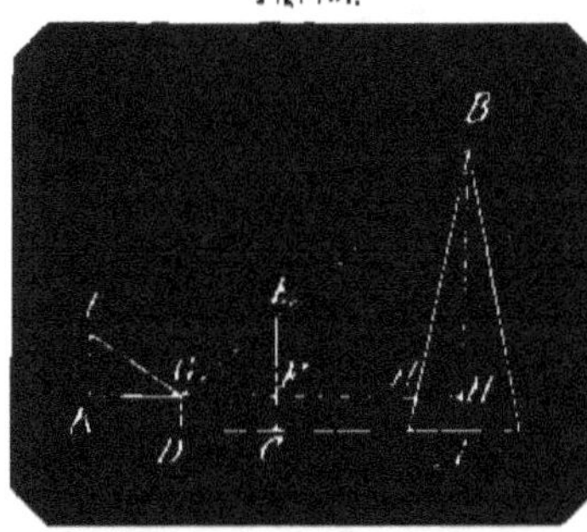

man die Horizontalprojection AC zwischen den Punkten A und C. Man steckt in C einen Stab CE lothrecht ein, geht mit einem zweiten Stabe DG in der Richtung AC so weit zurück, bis man durch Einschlagen die Oberkante G mit den Punkten E und B in eine gerade Linie bringen kann. Hierauf nivellirt man von G aus die Punkte F und H, desgleichen den Punkt H nach H' in der lothrechten AB, mifst GF, FE, so hat man

$$GF : FE = GF + AC : BH'$$

woraus

$$BH' = \frac{FE}{FG} \times (GF + AC)$$

und

$$AB = BH' + H'A.$$

2. Eben so kann man eine lange genau gemessene Stange CE mittelst eines Bleilothes in senkrechten Stand bringen, bei hellem Sonnenschein die Länge des von der Sonne hinter ihn geworfenen Schattens und zugleich den Schattenpunkt der Thurmspitze markiren. Wird der letzte Punkt gegen den Standpunkt A des Thurms nivellirt, so erhält man die Höhe AB des Thurms durch dieselbe Proportion, wie für Fig. 704.

Beide Methoden, besonders die letztere, sind nicht zuverlässig genau.

3. Eine mit beiden ähnliche Methode ist mathematisch-physikalisch; die Messung geschieht nämlich mit Hülfe der Eigenschaft des Lichtstrahls, dafs er unter gleichen Winkeln reflectirt wird. Man lege in die Nähe von G genau horizontal einen Spiegel, in K errichte lothrecht einen breiten Stab mit Schlitz und führe längs desselben eine Scheibe mit sehr kleiner Oeffnung so weit in die Höhe, bis man durch diese Oeffnung in einem Punkt G das Bild der Thurmspitze B erblickt. Alsdann ist

$$\angle BGH = \angle JGK$$

und man hat:

$$GK : KJ = GH' : H'B$$

Eben so gut kann man einen dort in Ruhe befindlichen Wasserspiegel benutzen, wenn der Einfallspunkt G des Lichtstrahls genau zu markiren ist.

4. Hat man ein Winkelinstrument zur Hand, so dafs die $\angle BCH$ und ACH, Fig. 705, bis zu einer Minute Schärfe gemessen werden können, so fertige man sich eine Tangententabelle, je nach der Genauigkeit, welche man an die Vermessung beansprucht. Als:

Für $\angle BCH$	$= 11° 19'$	ist BH	$= 0{,}2 \times CH$
	$= 16° 42'$		$= 0{,}3 \times CH$
	$= 21° 48'$		$= 0{,}4 \times CH$
	$= 26° 34'$		$= 0{,}5 \times CH$
	$= 30° 58'$		$= 0{,}6 \times CH$
	$= 35° 0'$		$= 0{,}7 \times CH$

Für $\angle BCH = 38°40'$ ist $BH = 0,8 \times CH$
$= 45°$ $\quad = 1,0 \times CH$

Fig. 705.

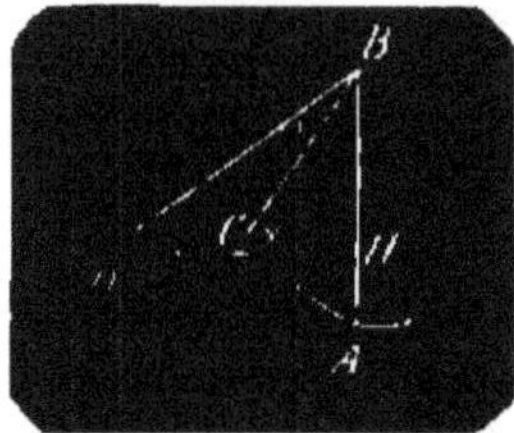

Diese Tabelle, sowohl auf den Elevationswinkel BCH, als auf den Depressionswinkel ACH angewendet gibt die Höhe AB in aliquotem Theil der Entfernung CH, welche gemessen werden muſs.

5. Unter derselben Bedingung, nämlich, daſs der horizontale Abstand AD direct gemessen oder durch Seitenvermessungen berechnet werden kann, wird die Aufgabe trigonometrisch gelöst, wenn man (Fig. 704) $\angle BGH = \alpha$ miſst. Denn es ist

$$BH' = GH' \cdot tg\,\alpha$$

also $\quad AB = AH' + GH' \cdot tg\,\alpha$

Je näher man den $\angle \alpha$ an 45° nimmt, desto geringer wird der Fehler in Folge der Ungenauigkeit des Winkelinstruments.

Denn es ist $tg\,45° = 1,000\,0000$
$tg\,45°\,1' = 1,000\,5819$

Nimmt man nun $GH' = 1000$ Fuſs, so erhält man

für $\alpha = 45°$ die Höhe $BH' = 1000$ Fuſs
für $\alpha = 45°\,1'$ $\quad BH' = 1000,5819$

Bei einem Fehler in dem Winkel um eine Minute würde man also bei einer Höhe von 1000 Fuſs einen Fehler von 0,5819 Fuſs erhalten. Nimmt man dagegen α nur 10°, so hat man

$$tg\,10° = 0,176\,3270$$
$$tg\,10°\,1' = 0,176\,6269$$

Es ist also $tg\,10°\,1' = tg\,10° + 0,0003$

Bei einer Höhe $BH' = 1000'$ würde für einen $\angle BGH' = 10°$ der Abstand $GH' = 5671,2818$ Fuſs sein müssen, und es ist

$$5671,2818 \times tg\,10° = H'B = 1000 \text{ Fuſs}$$
$$5671,2818 \times tg\,10°\,1' \text{ ist also } 1000 + 5671,2818 \times 0,0003 = 1000 + 1,70138$$

und der Fehler in der Höhe von 1000 Fuſs beträgt 1,70138 Fuſs, wenn man sich bei dem Elevationswinkel 10° um eine Minute vermiſst, also das dreifache des Fehlers der bei einem Winkel von 45° entsteht.

Dasselbe findet statt, wenn man gröſsere Winkel miſst als 45°.

Denn nimmt man die Länge $GH' = 500$ Fuſs, so gehört hierzu ein $\angle \alpha$, daſs $500\,tg\,\alpha = 1000$ ist, also $tg\,\alpha = 2$ und $\alpha = 63°\,26'\,6''$.

Gesetzt man hätte sich auch hier um eine Minute vermessen, so erhält man

$$tg\,\alpha = tg\,63°\,27'\,6'' = 2,0014599$$

also $BH' = 500 \times 2,001\,4599 = 1000,73$ Fuſs und wiederum ein gröſserer Fehler als bei $\alpha = 45°$.

6. Kann man in einer mit BH in derselben Ebene liegenden Linie HD (Fig. 706) die ganze Länge von H ab nicht messen, sondern nur ein Stück $CD = a$ derselben, so miſst man die Winkel α und β.

Bezeichnet man $\angle CBD = \alpha - \beta$ mit δ so hat man

$$1.\quad CD : BC = \sin\delta : \sin\beta$$
$$2.\quad BC : BH = \quad 1 \quad : \sin\alpha$$

hieraus $\quad CD : BH = \sin\delta : \sin\alpha \cdot \sin\beta$

und $\quad BH \quad = a \cdot \dfrac{\sin\alpha \cdot \sin\beta}{\sin(\alpha - \beta)}$

Die Höhe HA wird dann direct gemessen.

Da aus 1. $\quad BC = a \cdot \dfrac{\sin\beta}{\sin\delta}$

und $\quad CH = BC \cos\alpha$

so hat man zugleich den horizontalen Abstand

$$CH = a \cdot \frac{\sin\beta}{\sin(\alpha - \beta)} \cos\alpha$$

und $\quad DH = a\left(1 + \dfrac{\sin\beta}{\sin(\alpha - \beta)} \cos\alpha\right) = a \cdot \dfrac{\sin(\alpha - \beta) + \sin\beta \cdot \cos\alpha}{\sin(\alpha - \beta)} = a \cdot \dfrac{\sin\alpha \cdot \cos\beta}{\sin(\alpha - \beta)}$

Zu diesem letzten Ausdruck kommt man auch, wenn man setzt

$$DH = BH \times \cot\beta = a \cdot \frac{\sin\alpha \cdot \sin\beta}{\sin(\alpha - \beta)} \cdot \cot\beta = a \cdot \frac{\sin\alpha \cdot \cos\beta}{\sin(\alpha - \beta)}$$

7. Ist von dem Fusspunkt A der Höhe AB nur eine **schräge** Standlinie $AD = a$ zu messen, und man misst den Elevationswinkel α, den Depressionswinkel β, so hat man den $\angle ABD = \gamma = 90^\circ - \alpha$ und es ist

Fig. 706.

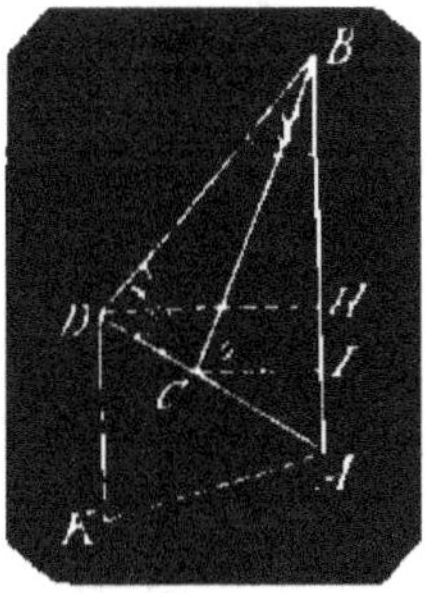

$$AD : AB = \sin\gamma : \sin(\alpha + \beta)$$

oder $\quad a : AB = \cos\alpha : \sin(\alpha + \beta)$

woraus $\quad AB = a \cdot \dfrac{\sin(\alpha + \beta)}{\cos\alpha}$

Die Höhe BH, nämlich die vom Punkt B über dem Horizont von D, erhält man aus

$$AH = AD \sin\beta = a \sin\beta$$

woraus

$$BH = AB - AH = a\left(\frac{\sin(\alpha+\beta)}{\cos\alpha} - \sin\beta\right)$$

$$= a\,\frac{\sin\alpha \cdot \cos\beta}{\cos\alpha}$$

Dieses Resultat erhält man auch, wenn man die Horizontale DH doppelt ausdrückt, nämlich

$$DH = BH \cdot tg\,\gamma = DA \cdot \cos\beta$$

also $\quad BH = a \cdot \dfrac{\cos\beta}{\cot\alpha} = a \cdot \dfrac{\sin\alpha \cdot \cos\beta}{\cos\alpha}$

8. Ist von der schrägen Standlinie AD nur ein Stück $CD = b$ zu messen, so misst man noch den Elevationswinkel $BCJ = \delta$, und es ist $\angle JCA = \beta$, $\angle DBC = \delta - \alpha$, $\angle BAC = 90^\circ - \beta$.

Nun hat man

$$CD : BC = \sin DBC : \sin BDA = \sin(\delta - \alpha) : \sin(\alpha + \beta)$$

$$BC : AB = \sin BAC : \sin BCA = \sin(90^\circ - \beta) : \sin(\beta + \delta)$$

Also $\quad CD : AB = \sin(\delta - \alpha) \cdot \cos\beta : \sin(\alpha + \beta) \cdot \sin(\beta + \delta)$

woraus $\quad AB = b \cdot \dfrac{\sin(\alpha + \beta)\sin(\beta + \delta)}{\sin(\delta - \alpha)\cos\beta}$

9. Um die Höhe AB zu messen, ist die in derselben Ebene mit AB belegene Horizontale $CD = a$ gegeben, die $\angle BDC = \alpha$, $\angle BCA = \gamma$, $\angle ACE = \beta$ sind gemessen. Bezeichnet man $\angle DBC = \gamma + \beta - \alpha$ mit δ, so hat man

Fig. 707.

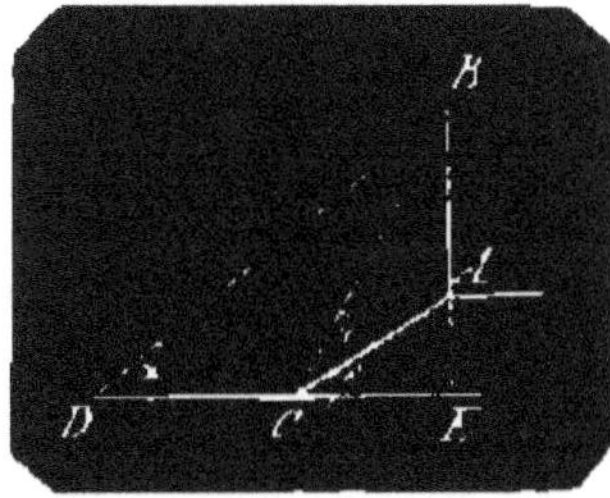

$$BC : AB = \sin BAC : \sin BCA$$

Nun ist

$$\angle BAC = \angle AEC + \angle ACE = 90^\circ + \beta$$

also

$$\sin BAC = \sin(90^\circ + \beta) = \cos\beta$$

daher

$$BC : AB = \cos\beta : \sin\gamma$$

ferner ist

$$CD : BC = \sin CBD : \sin BDC = \sin\delta : \sin\alpha$$

Hieraus

$$CD : AB = \cos\beta \cdot \sin\delta : \sin\gamma \cdot \sin\alpha$$

folglich

$$AB = a \cdot \frac{\sin\alpha \cdot \sin\gamma}{\sin\delta \cdot \cos\beta}$$

10. Um die Höhe AB zu finden, ist die schräg ansteigende Standlinie $DA = a$ gemessen, desgleichen sind es die Elevationswinkel $BDE = \alpha$, $ADE = \beta$, $BCF = \gamma$; nun ist $\angle DBE = 90^\circ - \alpha$ und man hat:

$$AD : AB = \sin DBE : \sin ADB$$

oder $\quad a : AB = \cos\alpha : \sin(\alpha - \beta)$

woraus $\quad AB = a\,\dfrac{\sin(\alpha - \beta)}{\cos\alpha}$

Die relative Höhe BE, nämlich die Erhöhung des Punkts B über dem Horizont in D hat man

$$BE = AB + AE = a\,\frac{\sin(\alpha - \beta)}{\cos\alpha} + a\sin\beta$$

$$= a \cdot \frac{\sin\alpha \cdot \cos\beta}{\cos\alpha}$$

Man erhält diese Formel auch aus

$$BE = DE \cdot tg\,\alpha = AD \cdot \cos\beta \cdot tg\,\alpha = a\,\frac{\sin\alpha \cdot \cos\beta}{\cos\alpha}$$

11. Ist von dieser Standlinie nur ein Stück $DC = b$ gegeben, so mifst man noch den Elevationswinkel $BCF = \gamma$. Dann hat man

$$BC : DC = \sin BDC : \sin DBC = \sin(\alpha - \beta) : \sin(\gamma - \alpha)$$

$$AB : BC = \sin BCA : \sin BAC = \sin(\gamma - \beta) : \sin(90^\circ + \beta)$$

hieraus $$AB : DC = \sin(\alpha - \beta)\sin(\gamma - \beta) : \sin(\gamma - \alpha) : \cos\beta$$

Fig. 708.

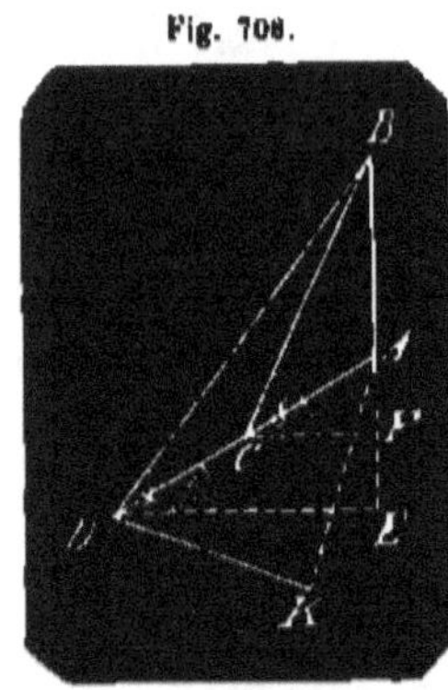

also $$AB = b\,\frac{\sin(\alpha - \beta)\sin(\gamma - \beta)}{\sin(\gamma - \alpha)\cos\beta}$$

12. Es sei zu Vermessung einer Höhe AB keine Standlinie möglich, welche mit der Höhe AB in einerlei Vertikalebene fällt, und nur eine Seitenstandlinie DK zu nehmen, welche horizontal oder schräg sein möge, die jedoch so gewählt werden mufs und immer so gewählt werden kann, dafs von beiden Endpunkten D und K die Endpunkte A und B der Höhe zu visiren sind. Fig. 706 gilt für den Fall, dafs der Fufspunkt A der Höhe unter den Horizonten, Fig. 708 für den Fall, dafs er über den Horizonten der Endpunkte D und K der schrägen Standlinie liegt.

Man mifst die Linie DK, die Winkel ADK und AKD, so läfst sich das schief liegende ebene Dreieck ADK berechnen, folglich auch eine Seite AD oder AK. Nimmt man nun eine derselben als neue Standlinie an, so hat man diese in derselben Vertikalebene mit AB und man kann die Formeln No. 7 und No. 10 anwenden um die Höhe AB zu finden.

Die Höhenmessungen mittelst des Barometers s. u. „Barometermessungen“.

Höhenparallaxe. Parallaxe oder parallaktischer Winkel (παράλλαξις, die Verwechselung, der Unterschied) ist der Winkel, den die aus zwei Standpunkten nach einem in demselben Ort verbleibenden sehr entfernten Gegenstände genommenen Visirlinien mit einander bilden, wodurch es geschieht, dafs der Gegenstand, wenn er von einem der beiden Standpunkte aus beobachtet wird, einen anderen scheinbaren Ort in Beziehung auf hinter ihm befindliche feste Punkte zu haben scheint, als wenn er von dem andern Standpunkt aus beobachtet wird, und dafs diese beiden scheinbaren Orte mit einander verwechselt werden können.

Die astronomische Parallaxe bezieht sich auf den Winkel, den die nach einem Gestirn genommenen Visirlinien mit einander bilden, wenn die eine Visirlinie von einem Ort der Erdoberfläche aus genommen und die andere von dem Erdmittelpunkt aus gedacht wird.

Es bedeute der kleine Kreis einen Erddurchschnitt, C dessen Mittelpunkt, O einen Ort der Erdoberfläche. Ist nun S ein Gestirn von mefsbarer Entfernung CS, entweder die Sonne oder der Mond oder ein Planet unseres Sonnensystems, so wird S in O nach der Richtung OS, von C aus in der Richtung CS gesehen. Da nun diese mefsbare Entfernung wegen ihrer Gröfse von den unmefsbaren Entfernungen der Fixsterne mit dem Auge nicht unterschieden werden kann, so versetzt man das Gestirn S von dem Beobachtungsort O aus nach der Richtung OS in unermefsliche Ferne OA, während sein Ort in Beziehung auf die Erde, also in Beziehung auf deren Mittelpunkt in der Richtung CS, also anderswo (in B) zwischen den Fixsternen oder auf der gestirnten Himmelskugel sich befindet. Den Unterschied beider Orte, des beobachteten und des wahren Orts bestimmt nun der Winkel CSO und dieser Winkel ist die Parallaxe des Gestirns S.

In der geraden Linie CO liegt unendlich weit entfernt das Zenith (der Scheitelpunkt) des Ortes O; steht das Gestirn S in dem Punkt Z, also in der Scheitellinie OZ des Orts O, so wird der Winkel $OSC = 0$; die Parallaxe wird also mit der Höhe des Gestirns immer kleiner und im Zenith des Ortes verschwindet sie.

Steht S in dem Punkt H', d. h. in dem Horizont des Ortes O, so ist die Parallaxe $\angle OH'C$ am gröfsten.

Denn in dem $\triangle SOC$ ist

$$OC : CS = \sin OSC : \sin SOC = \sin OSC : \sin (SOH' + 90^\circ) = \sin OSC : \cos SOH'$$

Fig. 709.

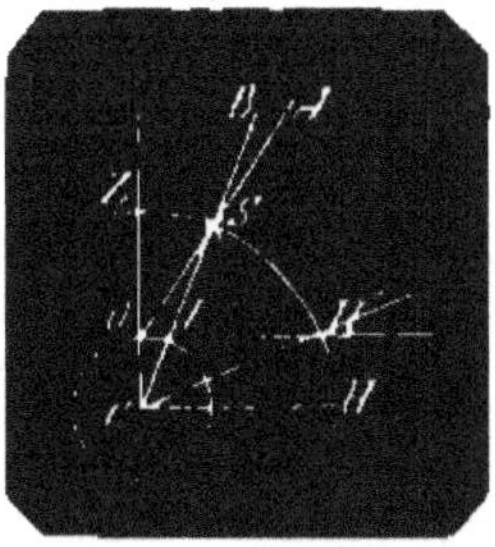

Nun ist OC der Halbmesser r der Erde, CS der Halbmesser R der Bahn des Gestirns S, $\angle OSC$ die Parallaxe p' für die Höhe SH' des Gestirns, $\angle SOH'$ diese Höhe h' des Gestirns für den Halbmesser $= 1$ mithin

$$r : R = \sin p' : \cos h'$$

woraus $\sin p' = \frac{r}{R} \cos h'$ (1)

Die Parallaxe p' ist also am gröfsten für $h' = 0$, d. h. wenn S in H steht.

Schreibt man für $\angle SOH'$ den $\angle (ZOH' - ZOS) = 90^\circ - ZOS$ so ist $r : R = \sin p' : \sin ZOS$

$\angle ZOS = z'$ ist aber die Zenithdistanz ZS des Gestirns S, mithin hat man

$$r : R = \sin p' : \sin z'$$

und $\sin p' = \frac{r}{R} \sin z'$ (2)

Die Sinusse der Parallaxen eines Gestirns verhalten sich also wie die Sinusse der Zenithdistanzen d. h. wie die Sinusse der Abstände des Gestirns vom Scheitel des Beobachtungsorts.

Für $z' = 0$ wird auch $p' = 0$. D. h. ein Gestirn im Scheitel Z eines Beobachtungsorts O hat keine Parallaxe, der beobachtete Ort desselben am Himmel ist auch der wirkliche Ort.

Ist $Z = 90^\circ$, d. h. steht das Gestirn S im Horizont H' des Beobachtungsorts O, so ist p' das Maximum nämlich

$\sin p' = \frac{r}{R}$ (3)

Die Parallaxe eines Gestirns, wenn es im Horizont des Beobachtungsorts sich befindet, heifst die Horizontal-Parallaxe des Gestirns, jede andere P., wenn also das Gestirn über dem Horizont des Beobachtungsorts steht, heifst Höhenparallaxe. Bezeichnet man die Horizontalparallaxe mit p, also beliebige Höhenparallaxe mit p', so hat man aus 2 und 3

$\sin p' = \sin p \cdot \sin z$ (4)

Die Horizontalparallaxe eines Gestirns ist bekannt, wenn man dessen Entfernung $CH = R$ kennt. Man findet daher jede beliebige Höhenparallaxe des Gestirns, wenn man dessen Zenithdistanz $ZOS = z'$ mifst.

Der wahre Horizont des Orts O ist CB. Wie nun $\angle SCH$ die wirkliche Höhe, $\angle SOH'$ die beobachtete scheinbare Höhe des Gestirns über dem Horizont von O ist, so ist auch $\angle SCZ$ die wahre und $\angle SOZ$ die beobachtete scheinbare Zenithdistanz des Gestirns für den Ort O. Zur Berechnung der Höhenparallaxe ist, wie oben gezeigt, die scheinbare Höhe oder die scheinbare Zenithdistanz erforderlich. Hat man nun die Parallaxe $\angle OSC$ gefunden, so hat man die wirkliche Höhe h des Gestirns

$$\angle SCH = \angle SJH' = \angle SOH' + \angle OSJ$$

oder $h = h' + p'$ (5)

D. h. die wirkliche Höhe eines Gestirns ist = der beobachteten scheinbaren Höhe + der Parallaxe des Gestirns.

Die Horizontalparallaxe eines Gestirns ist

$p = \operatorname{arc} \sin \frac{r}{R}$ (6)

Je gröfser R ist, desto kleiner ist also die Parallaxe; die P. des Mondes, der nur etwa 50000 Meilen von uns entfernt ist, ist daher bedeutend gröfser als die der Sonne in Entfernung von etwa 20 Millionen Meilen. Die Horizontalparallaxe des Mondes in seiner gröfsten Nähe zur Erde ist 61′ 23″, in seiner gröfsten Ferne = 53′ 30″. Die Horizontalparallaxe der Sonne ist 8,5 bis 8,6 Secunden. Für Fixsterne ist die Entfernung R unmefsbar, R ist ∞, mithin die Parallaxe der Fixsterne = 0.

Der Halbmesser r der Erde ist am

Aequator am gröfsten, von hier nimmt er in jedem Meridian ab bis zu den Polen, wo er der Erd-Abplattung wegen am kleinsten ist (s. „Abplattung"). Die Parallaxen eines Gestirns sind also in verschiedenen Breiten der Erdoberfläche verschieden, im Aequator am gröfsten, auf den Polen am kleinsten; man hat daher für jedes Gestirn eine Aequatoreal-Parallaxe und eine Lokalparallaxe. (Vergl. „Breite, geographische", pag. 408, No. 5 mit Fig. 243, „Aequatoreal-Horizontalparallaxe").

Höhere Analysis, s. u. „Analysis".

Höhere Benennung bei benannten Zahlen ist der Name der Gröfse, welche eingetheilt wird; gegen niedere Benennung, der Name des Theils: Beim Gelde ist Thaler die höhere, Groschen die niedere Benennung.

Hoher elliptischer Bogen ist ein elliptischer Bogen, der die kleine Axe oder eine deren Parallelen zur Grundlinie hat.

Hohl ist eine Eigenschaft, welche nur Raumgröfsen zukommt. In eigentlicher Bedeutung ist hohl eine der beiden nur möglichen Arten von Krümmungen, welche wiederum nur Eigenschaften von Begrenzungen, also nur von Linien und von Flächen sein können.

Die Krümmung, welche hohl genannt wird, ist bei Linien diejenige Form, welche mit der geraden Verbindungslinie zweier beliebiger Punkte der krummen Linie einen Flächenraum einschliefst, bei Flächen diejenige, welche mit jeder beliebig durchgelegten Ebene einen körperlichen Raum einschliefst.

Die zweite Art der Krümmung ist die erhabene K., das Entgegengesetzte des Hohlen. Eine Zusammenstellung der Eigenschaften hohl und erhaben und deren Begriffsbestimmungen gibt der Art.: „Convex und concav".

2. Eine uneigentliche Bedeutung von hohl ist der Begriff: leer, welche bei Körpern in Anwendung gebracht wird: Eine Hohl-Kugel ist eine volle Kugel, in welcher um denselben Mittelpunkt eine leere Kugel sich befindet; eben so hohle Halbkugel. Hohlmafs ist ein von festen Wänden umschlossener leerer körperlicher Raum von der Gröfse oder dem Inhalt eines bestimmten Körpermafses.

Hohle Fläche ist die hohle Seite einer krummen Fläche.

Hohlgläser, s. „Concavgläser".

Hohlkugel, s. u. „Hohl", 2. Ist der Halbmesser der äufseren Kugel $= R$, der der inneren $= r$, so ist der Inhalt der Hohlkugel $= \frac{4}{3}\pi (R^3 - r^3)$.

Hohlmafs, s. u. „Hohl", 2.

Hohlspiegel, ein Spiegel mit hohler Spiegelfläche, hat immer zum Zweck, von einem Gegenstande kleinere oder gröfsere Bilder und zwar nach vorher bestimmtem Gesetz hervorzubringen, und aus diesem Grunde sind die Formen der hohlen Spiegelflächen nach Krümmungen zu bilden, deren Gesetze in Beziehung auf die Reflexion des Lichtstrahls bekannt sind.

Das einzige Naturgesetz, welches die Construction der Spiegel zu Grunde liegt, ist folgendes:

Wenn ein Lichtstrahl EC eine ebene Spiegelfläche AB in dem Punkt C trifft, so wird er nach einer Richtung CF zurückgeworfen, welche mit dem einfallenden Strahl EC und dem in C auf der Ebene AB errichteten Loth CD in derselben Vertikalebene und mit dem einfallenden Strahl gegen das Loth oder gegen die Spiegelebene unter gleichen Winkeln liegt. Dasselbe findet statt,

Fig. 710.

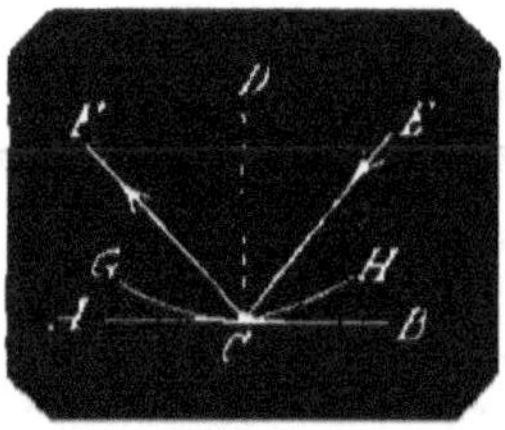

wenn die Curve GCH der Durchschnitt einer hohlen Spiegelfläche und AB die Tangente an derselben ist. Wenn also ein Lichtstrahl eine krumme Spiegelfläche trifft, so wird er eben so reflectirt, als wenn er den Berührungspunkt der Tangentialebene getroffen hätte, nämlich unter gleichen Winkeln und in derselben Ebene mit der Normalen.

Ist die Spiegelfläche parabolisch, so werden alle parallel mit der Axe einfallenden Strahlen nach dem Brennpunkt reflectirt, und ein in dem Brennpunkt befindliches Licht, welches die ganze Spiegelfläche erleuchtet, wird von jedem einzelnen Punkt derselben $\ddagger$ der Axe fortgeleitet und zu einer kreisrunden Lichtfläche umgeschaffen.

Ist die Spiegelfläche elliptisch, so wird das in einen der beiden Brennpunkte gestellte Licht die ganze Spiegelfläche erleuchten, jeder dieser Strahlen wird aber von jedem Punkt der Spiegelfläche nach dem zweiten Brennpunkt geworfen.

Parabolische und elliptische Spiegel werden zu Hervorbringung von Bildern bei Meßinstrumenten nicht angewendet und nur die sphärischen Hohlspiegel sind in Gebrauch, nämlich die Spiegel von der Form einer hohlen Kugelfläche.

2. Um die Wirkung eines sphärischen Hohlspiegels zu erkennen, ist zuerst zu bemerken, daß da jeder Halbmesser auf der Kugeloberfläche normal steht, auch der Halbmesser für jeden beliebigen auf die Spiegelfläche fallenden Strahl das Einfallsloth ausmacht.

Fig. 711.

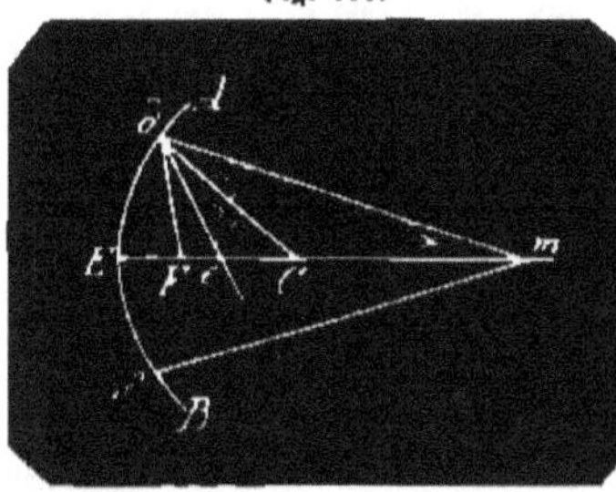

Es sei AB der Durchschnitt eines sphärischen Hohlspiegels, c sein Mittelpunkt, m sei ein leuchtender Punkt, so wirft dieser auf alle Punkte von AB Strahlen. Es sei md einer dieser Strahlen, so bildet dieser mit dem Halbmesser dc den $\angle mdc$; macht man daher $\angle cde = \angle mdc$, so ist de der von md reflectirte Strahl.

Zieht man durch m und c die gerade Linie mE und denkt den Strahl md um mE als Axe sich herumgedreht, so wird ein Strahlenkegel eingeschlossen, von welchem die Ebene $mdEf$ der Durchschnitt ist, und alle Strahlen in dem Mantel mdf, die den Spiegel in der Kreislinie df treffen, werden in Strahlen reflectirt, welche in dem Punkt e sich schneiden.

Setzt man $mE = a$, $cE = r$, $ce = b$, $\angle dmc = \alpha$, $\angle mdc = \beta$ so hat man in dem $\triangle cdm$

$$\sin\beta : \sin\alpha = cm : cd = a - r : r$$

hieraus
$$\sin\beta = \frac{a-r}{r}\sin\alpha$$

Ferner in dem $\triangle cde$

$$ce : cd = \sin\angle cde : \sin\angle ced = \sin\beta : \sin\angle deR$$

oder
$$ce : cd = b : r = \sin\beta : \sin(2\beta + \alpha)$$

hieraus
$$b = \frac{\sin\beta}{\sin(2\beta + \alpha)}\, r$$

3. Es sei md ein Strahl aus einem sehr fernen leuchtenden Punkt, c der Mittelpunkt, cE die Axe des Spiegels, $md \parallel cE$, so wird md nach de reflectirt, wenn $\angle mdc = \angle cde = \beta$ ist.

Alsdann hat man in dem $\triangle cde$

$$de : ec = \sin dec : \sin\beta$$

oder
$$r : b = \sin(2\beta) : \sin\beta$$

also
$$b = \frac{\sin\beta}{\sin(2\beta)} \cdot r = \frac{\sin\beta}{2\sin\beta\cdot\cos\beta}\, r = \tfrac{1}{2} r \cdot \sec\beta$$

Je kleiner β wird, d. h. je größer der Halbmesser des Spiegels ist, oder je näher der Axe Ec die Strahlen einfallen, desto näher kommt $ce = b$ = dem halben Spiegelhalbmesser = $\frac{1}{2}r$. Ist beides vereinigt, ist der Hohlspiegel möglichst flach und von geringem Umfange, so ist $ce = b$ für sämmtliche parallel einfallende Strahlen = $\frac{1}{2}r$ zu setzen. In jedem Falle heißen diejenigen parallelen Strahlen, deren Focus e sehr nahe um $\frac{1}{2}r$ vom Mittelpunkt c entfernt ist, centrale Strahlen, und deren Vereinigungspunkt e im Abstande $\frac{1}{2}r$ von c heißt der Hauptbrennpunkt oder Hauptfocus und soll mit F bezeichnet werden.

Fig. 712.

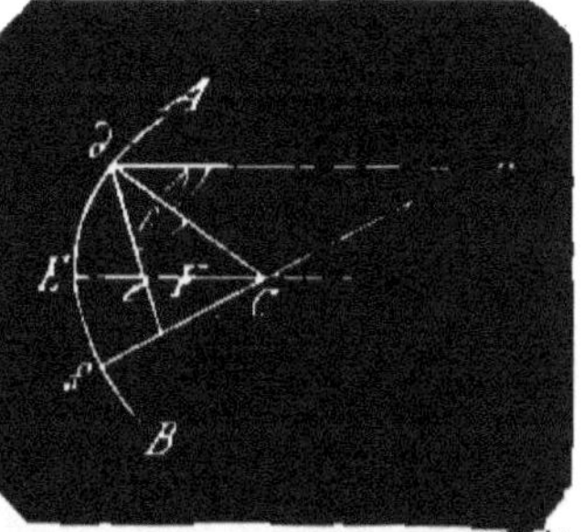

Jeder andere Brennpunkt anderer $\parallel$ mit der Axe einfallender Strahlen, also solcher, deren Winkel β wegen ihrer Größen den Quotient $\frac{\sin\beta}{\sin(2\beta)} = \frac{1}{2}r \cdot \sec\beta$ merklich größer als $\frac{1}{2}r$ machen, liegt dem

Spiegel näher als der Hauptfocus F. Der Nachtheil, daſs sämmtliche parallel auf einen Spiegel fallende Strahlen nicht genau in einem Punkte vereinigt werden können, heiſst die sphärische Aberration.

Um diese Aberration für wissenschaftliche Zwecke möglichst geringfügig zu machen, nimmt man nur Spiegel von geringer Ausdehnung, von 6 bis höchstens 8° im mittleren Kreisbogen, so daſs die auf den Rand fallenden Strahlen den Focus in Entfernung $\frac{1}{2}r \cdot \sec 4° = 0{,}50049 \times r$ haben.

4. Je näher der leuchtende Punkt m (Fig. 711) dem Mittelpunkt c kommt, desto gröſser wird der $\angle \alpha$, desto kleiner $\angle \beta$ und desto näher rückt der Focus e zu c. Kommt m in c selbst, so wird $\beta = 0$ und der Strahl cd reflectirt nach c zurück. Bewegt sich der leuchtende Punkt von e weiter über c nach E, so werden die Strahlen über dc hinaus, wie der Strahl ed nach dm, reflectirt.

Wie bei parallel der Axe einfallenden Strahlen (Fig. 712) der Hauptfocus F von allen anderen Vereinigungspunkten wie e dem Mittelpunkt c am nächsten liegt, so liegt F, wenn ein leuchtender Punkt in der Axe Em (Fig. 711) sich befindet, von allen anderen ad 3 gedachten Vereinigungspunkten wie e am entferntesten; und ist nur von centralen Strahlen die Rede, so wird jeder Strahl wie Fd, wenn nämlich der leuchtende Punkt über c bis nach F sich bewegt, nach lauter mit der Axe Em parallelen Linien reflectirt, wie dm, Fig. 712.

Bringt man endlich den leuchtenden Punkt e noch weiter über F hinaus nach dem Spiegel zu, so hat man, für die constanten Punkte e, F und c den beliebigen Punkt d im Spiegel genommen, $\angle cdf = \alpha$ gesetzt, die durch d mit der Axe parallele Linie dh, als den Strahl gezogen, in welchem ein Strahl Fd reflectiren würde, $\angle hdc = \angle cdF = \angle dce = \alpha$.

Der von dem leuchtenden Punkt e nach d geworfene Strahl reflectirt nach dk, wenn $\angle kdc = \angle cde$, oder wenn $\angle kdh = \angle edF = \beta$.

Verlängert man nun kd rückwärts bis g in die Axe cg, so ist auch $\angle kgc = \beta$. Fällt man von c auf gk ein Loth, so ist dieses sowohl $= gc \times \sin kgc$, als auch $dc \times \sin kdc$ oder $gc \sin \beta = r \sin (\alpha + \beta)$.

Und diese Gleichung gilt für jedes Loth aus c auf irgend eine von g aus durch einen anderen Punkt als d in AB gezogene gerade Linie, wofern die Strahlen aus F dahin als reflectirte Strahlen centraler Strahlen wie kd betrachtet werden. Der Punkt g ist also näherungsweise constant und bildet den hinter dem Spiegel liegenden Punkt, in welchem die divergirenden reflectirten Strahlen wie dk sich vereinigen oder schneiden.

5. Was von leuchtenden Punkten gilt, die in der Axe des Spiegels liegen, gilt auch, in Beziehung auf deren Reflexion, von Punkten auſserhalb der Spiegelaxe: Gesetzt Ec seien die Spiegelaxen, Fig. 711 und 712. Wenn nun Fig. 712 m ein leuchtender Punkt auſserhalb dieser Axe ist, so ziehe man den Strahl mf durch den Mittelpunkt c, und der um mf als Axe sich bildende Strahlenkegel wird sich so verhalten, wie der um mE, welcher Fig. 711 betrachtet worden ist, und die von dem Kegel um mf reflectirten Strahlen werden sich in einem Punkt schneiden, der in mf eben so gelegen ist, wie der Punkt e in der Axe eE.

6. Wie durch einen Hohlspiegel Bilder erzeugt werden, ist aus Fig. 714 zu entnehmen.

Fig. 713.

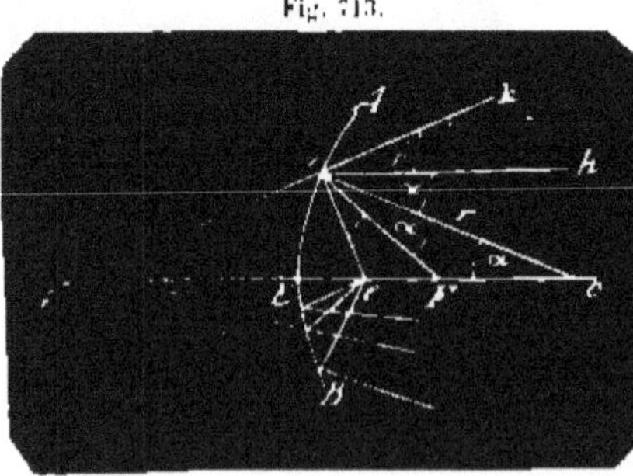

Es sei AEB ein sphärischer Hohlspiegel, C sein Mittelpunkt, EY dessen Axe, F dessen Hauptfocus, also $EF = CF = \frac{1}{2}r$.

Ein Gegenstand xy (zur Hälfte über der Axe dargestellt) sei zwischen dem Mittelpunkt C und dem Hauptfocus F aufgestellt.

Der Punkt y in der Axe wirft einen Strahl yE nach dem Scheitel, welcher in derselben Axe EY zurückgeworfen wird. Alle übrigen von y aus nach dem Spiegel geworfenen Strahlen, wie der Strahl yB, reflectiren nach

Fig. 714.

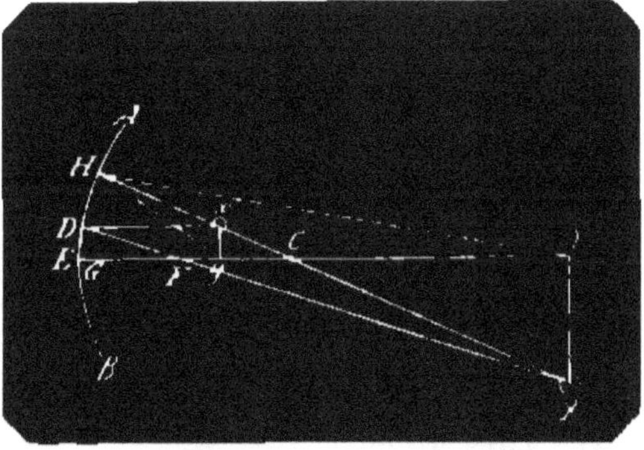

Linien HY, so dafs jedesmal yH und YH mit der Normale CH gleiche $\angle yHC$ und YHC bilden, und für Punkte sehr nahe der Axe treffen diese reflectirten Strahlen sehr nahe in dem Punkt Y zusammen, so dafs Y das Bild des Punkts y ist.

Der Endpunkt x des Gegenstandes wirft ebenfalls auf alle Punkte des Spiegels Strahlen. Von diesen reflectirt der Strahl xH nach der Richtung der Normale in sich zurück, also in die Richtung HX. Der Strahl, welchen x nach D $\parallel$ mit der Axe wirft, reflectirt nach dem Hauptfocus F und geht in gerader Linie fort, bis er sich mit dem reflectirten Strahl HX in dem Punkt X vereinigt. In X werden auch die aus x nach den übrigen Punkten des Spiegels gehenden und dort zurückgeworfenen Strahlen gesammelt. Wie mit den Endpunkten x und y ist es mit allen zwischenliegenden Punkten und XY ist das gröfsere Bild des kleineren Gegenstandes xy.

Wenn also der Gegenstand vor den Spiegel zwischen dem Mittelpunkt und dem Hauptfocus, d. h. in einer Entfernung von gröfser als ½r und kleiner als r gestellt wird, so entsteht ein vergröfsertes verkehrtes Bild.

Wenn man dagegen den gröfseren Gegenstand YX aufstellt, so geschehen die Abspiegelungen, dessen Punkte und die Zurückwerfungen der Strahlen auf die entgegengesetzte Weise und es entsteht das Luftbild xy.

Wenn also der Gegenstand vor den Spiegel in gröfserer Entfernung als dessen Mittelpunkt gestellt wird, so wird zwischen dem Mittelpunkt und dem Hauptfocus ein verkehrtes verkleinertes Bild durch den Hohlspiegel erzeugt.

Wenngleich eine grofse Menge reflectirter Strahlen nicht genau in der Ebene YX, im zweiten Fall in der Ebene yx sich schneiden und dadurch das Bild zum Theil verwischen und undeutlich machen, so ist dennoch die Anzahl der in diesen Ebenen genau sich vereinigenden Strahlen, diejenigen nämlich, welche sehr nahe der Axe den Spiegel treffen, grofs genug, um von dem Gegenstande ein hinreichend correctes Bild zu geben.

Die Vergröfserung und die Verkleinerung des Gegenstandes ergibt sich aus folgender geometrischen Betrachtung:

Fällt man aus D das Loth DG auf die Axe, so hat man in den Dreiecken DGF und XYF

$$DG : XY = FG : FY$$

oder
$$xy : XY = FG : FY \qquad (1)$$

und in den Dreiecken Cxy und CXY

$$xy : XY = Cy : CY \qquad (2)$$

Hieraus
$$FG : FY = Cy : CY \qquad (3)$$

Da nun die Bilder nur für sehr nahe an den Axenpunkt E auf den Spiegel fallende Strahlen in ihren Ebenen bestehen, so kann man FE für FG setzen, und dann ist $FG = \frac{1}{2}FC = \frac{1}{2}r$

$$FY = \tfrac{1}{2}r + CY = \tfrac{1}{2}r + b$$

$Cy = a$ gesetzt;

mithin aus 3

$$\tfrac{1}{2}r : \tfrac{1}{2}r + b = a : b \qquad (4)$$

woraus
$$b = \frac{ar}{r - 2a} = \frac{r}{\frac{r}{a} - 2} \qquad (5)$$

$$a = \frac{br}{r + 2b} = \frac{r}{\frac{r}{b} + 2} \qquad (6)$$

Aus Gl. 2 ist

$$xy : XY = a : b \qquad (7)$$

Die Formeln 5 und 6 zu Hülfe gibt

$$XY = \frac{r}{r - 2a}\, xy \qquad (8)$$

$$xy = \frac{r}{r + 2b}\, XY \qquad (9)$$

Formel 5 und 6 bestimmt die gegenseitige Entfernung der Bilder von dem Mittelpunkt des Spiegels, Formel 8 und 9 den Grad deren Vergrößerung und deren Verkleinerung.

Aus Formel 5 erhellt, dafs bei einerlei r, also bei demselben Spiegel a immer kleiner sein mufs als $\frac{1}{2}r$, wenn eine Stelle für das Bild XY von einem Gegenstand xy möglich sein soll. Für $a = 0$ wird auch $b = 0$; d. h. ein im Mittelpunkt C aufgestellter Gegenstand fällt mit seinem Bilde zusammen.

Ferner sieht man, dafs für $a = \frac{1}{2}r$, $b = \frac{r}{0} = \infty$ wird. D. h. wenn ein Gegenstand in dem Hauptfocus aufgestellt wird, so entsteht in unendlicher Entfernung erst das Bild, und dieses wird nach Gl. 8 ebenfalls unendlich grofs. Wird $a > \frac{1}{2}r$, d. h. stellt man den Gegenstand zwischen den Hauptfocus und den Spiegel, also innerhalb der Linie EF, so ist b negativ, es erscheint links vom Mittelpunkt C (s. No. 7).

Aus 8 geht die Stelle des verkleinerten Bildes xy hervor, wenn die Stelle des gröfseren Gegenstandes XY gegeben ist.

Für $b = 0$, d. h. wenn XY in dem Mittelpunkt C aufgestellt ist, wird a ebenfalls $= 0$, Gegenstand und Bild fallen in C zusammen. Für $b = r$ wird $a = \frac{1}{3}r$, d. h. wenn der Gegenstand in dem doppelten Abstand CE aufgestellt wird, entsteht das Bild von C ab links in Entfernung $\frac{1}{3}CE$. Für $b = \infty$ wird $a = \frac{1}{2}r$, d. h. das Bild xy entsteht in F.

Formel 8 gibt den Grad der Vergröfserung, Formel 9 den Grad der Verkleinerung des Gegenstandes durch das Bild. Für $a = 0$ und für $b = 0$ ist das Bild dem Gegenstande gleich, für $a = \frac{1}{2}r$ wird die Vergröfserung unendlich. Von $a = 0$ bis $a = \frac{1}{2}r$ wächst also das Bild fortdauernd.

7. Wenn man den Gegenstand xy zwischen den Hauptfocus F und den Scheitel des Spiegels stellt, entsteht hinter dem Spiegel ein Bild, und zwar ein aufrechtes Bild.

Denn von den Strahlen, welche Fig. 715 der Punkt x auf den Spiegel wirft, reflectirt der Strahl xE nach EG, wenn

Fig. 715.

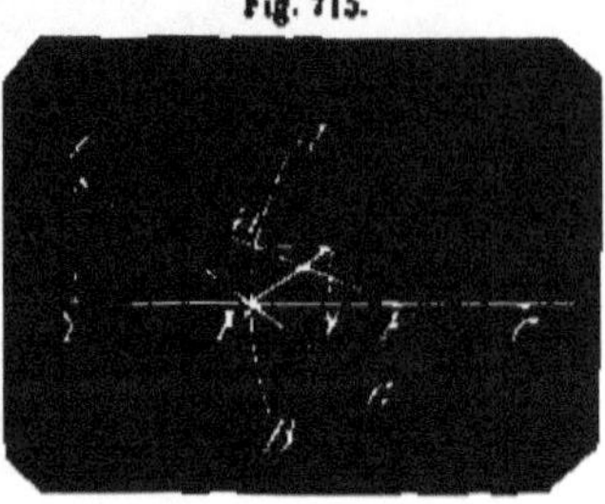

$\angle xEF = \angle GEF$; der mit der Axe parallele Strahl xH reflectirt durch den Focus F; da so beide reflectirten Strahlen HF und EG sich schneiden, bildet sich das Bild des Punkts x, also hinter dem Spiegel in X, und XY ist das Bild xy. Es entsteht also ein Bild hinter dem Hohlspiegel wie beim Planspiegel, nur dafs jenes vergröfsert erscheint. Ein gebräuchlicher Hohlspiegel für diese Wirkung ist der Rasirspiegel.

Die Gröfse der Entfernung des Bildes und den Grad dessen Vergröfserung findet man aus den Formeln No. 6, wenn man darin $a > \frac{1}{2}r$ setzt.

Homocentrisch, s. v. w. „concentrisch".

Homogen, s. v. w. „gleichartig".

Homolog, (ὁμόλογος, einstimmig) sind Gröfsen, wenn sie in Beziehung auf Stellung oder Lage übereinstimmen, als die gleichnamigen Glieder einer Proportion, die gleichen Seiten in congruenten, die gleichliegenden Seiten und Diagonalen in ähnlichen Figuren.

Horizont, s. „astronomischer Horizont" mit Fig. 92, pag. 148. In diesem Artikel ist die normal auf der Scheitellinie OZ eines Ortes O der Erdoberfläche durch den Ort O gelegte Ebene AB als der scheinbare Horizont, die mit dieser Ebene durch den Mittelpunkt C der Erde ‡ gelegte Ebene $A'B'$ als wahrer oder astronomischer Horizont erklärt worden, und beide Horizonte beziehen sich auf die Gestirne und deren Bewegungen.

Für die Feldmefskunst dagegen, wo man von Ort zu Ort mifst, woraus Landkarten und Erdgloben hervorgehen, hat man die terrestrischen Horisonte aller Orte vor Augen zu nehmen, und es ist, wenn man die Erde als einen regelmäfsigen Körper, als eine Kugel oder als ein Sphäroid betrachtet, der wahre Horisont aller Orte die in sich abgeschlossene Erdoberfläche selbst.

Hat man Fig 716 nur mit einem Ort D zu thun, so kann man die durch D normal auf den Erdhalbmesser CD gelegte Ebene AB nicht die durch den Erdmittelpunkt C gelegte Ebene GJ als wahren Horisont ansehen und es geschieht dies auch. Hat man dagegen zwei Orte D und E in geometrische oder geographische Beziehung zu bringen, so ist der Kreisbogen DE der wahre Horisont von D und E, die Tangenten BF und GF sind die scheinbaren Horisonte von D und von E. Der Ort E liegt unter dem scheinbaren Horisont von D und der Ort D unter dem scheinbaren Horisont von E, weil D von E aus und E von D aus nicht gesehen werden kann.

Theoretisch betrachtet kann ein in H befindliches Auge gar nicht um sich sehen. Nimmt man die Augenhöhe FH eines Menschen 5 Fufs an, so sieht man rund herum nur auf die Länge der Tangente FD; die jenseits D liegenden Punkte bleiben unter dem Augenhorisont.

Setzt man den $\angle DCF = \alpha$, den Halbmesser CD der Erde $= r$, so ist

$$DF = r \operatorname{tg} \alpha$$

und
$$\alpha = \operatorname{arc} \sec \left(\frac{CF}{CD}\right) = \operatorname{arc} \sec \left(\frac{r + 5'}{r}\right) = \operatorname{arc} \cos \left(\frac{r}{r + 5'}\right)$$

Nun ist $r = 860$ geogr. Meilen zu 23642 preufs. Fufs, mithin

$$\log \cos \alpha = \log \frac{20332120}{20332125} = 9{,}999\,99989 - 10$$

woraus $\alpha = 0^\circ\, 2'\, 50''$

und $\log \operatorname{tg} 2'\, 50'' = 6{,}9160239 - 10$

hierzu $\log r = 7{,}3081827$

gibt $\log DF = 4{,}2242066$

woraus $DF = 16758$ preufs. Fufs.

Es ist $\operatorname{arc} 2'\, 50'' = 0{,}000824183\ldots$

mithin $\log \alpha = 0{,}9160238 - 4$

hierzu $\log r = 7{,}3081827$

gibt $\log$ Bogen $DH = 4{,}2242065$

hieraus $DH = 16757$

Fig. 716.

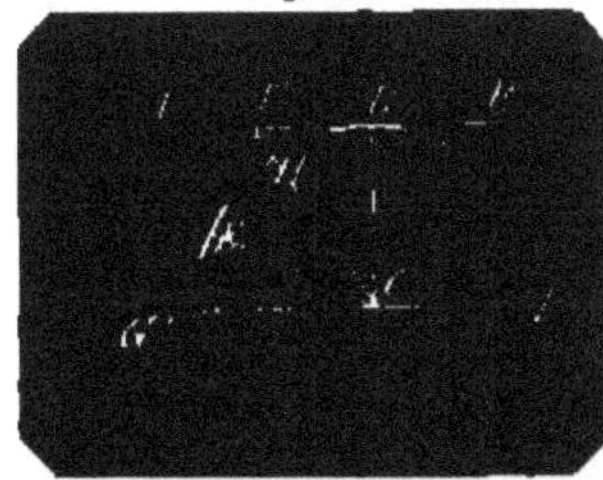

Demnach ist für Strecken von 16 bis 17000 Fufs der Bogen = der Tangente, d. h. die wahre Horizontale = der scheinbaren zu setzen.

Horizontal ist was sich auf den Horizont bezieht und was innerhalb der Horizontalebene eines Orts der Erde oder parallel mit derselben gelegen ist: Ein ruhender Wasserspiegel ist horizontal, die Turbine ist ein horizontales Wasserrad, weil es sich um eine lothrechte Welle herumdreht.

Horizontalebene eine Ebene die horizontal ist.

Horizontallinie eine gerade Linie die horizontal ist.

Horizontalparallaxe, s. u. „Höhenparallaxe".

Horizontalprojection. Hierunter versteht man das auf eine horizontale Ebene geworfene Bild einer aufserhalb dieser Ebene befindlichen geometrischen Gröfse, indem man von sämmtlichen Punkten der Gröfse Lothe auf die Ebene fällt, welche mit ihren Standpunkten daselbst das Bild markiren.

Die Horizontalprojection eines Punkts ist der Endpunkt des Loths von diesem Punkt auf die Horizontalebene, desgleichen von einer lothrechten Linie der Punkt, welcher durch die Verlängerung dieser Linie auf die Ebene trifft. Fig. 585 pag. 3 ist C die Horizontalprojection des Punkts A auf der Ebene PQ, desgleichen die H.-P. der lothrechten Linie AC. Von einer mit der Ebene PQ (Fig. 586) parallelen also horizontalen Linie

AE entsteht die ihr gleich grofse Horizontalprojection, wenn man von deren Endpunkten *A*, *E* Lothe *AC*, *EF* auf die Ebene fällt und deren Endpunkte *C*, *F* durch eine gerade Linie *CF* verbindet. Von einer schräg gegen die Ebene liegenden geraden Linie, wie *AL*, Fig. 584, erhält man gleichfalls die Projection durch die Lothe *AC* und *LM* aus deren Endpunkten in der geraden Linie *CM*, welche kürzer ist als die gegebene Linie *AL* und um so kürzer, je schräger *AL* ist.

Von einer Curve ist die P. auf der Ebene nur dann eine gerade Linie, wenn die Curve in einer senkrechten Ebene liegt, und man hat dann nur nöthig, deren Endpunkte zu projiciren. Liegt die Curve in einer der Ebene parallelen Ebene, so ist die Projection genau gleich der gegebenen Curve; liegt sie in einer schrägen Ebene und man fällt von möglichst vielen Punkten der Curve Lothe auf die Ebene, so entsteht durch Zusammenziehung der Endpunkte eine Curve von zusammengedrängter, von verkürzter Form auf der Ebene.

Geradlinige Figuren werden auf eine Ebene projicirt, indem man aus deren Eckpunkten auf die Ebene Lothe fällt und die Endpunkte derselben durch gerade Linien verbindet. Krummlinige Figuren werden wie Curven projicirt. Ein Körper wird auf eine Ebene projicirt, indem man längs dessen Grenzen lothrechte Tangenten fällt, deren Endpunkte auf der Ebene durch Linien zusammengezogen werden.

In der Feldmefskunst werden schräge Linien durch Rechnung auf die Horizontale projicirt; jede Projection einer schrägen geraden Linie ist = dieser Linie mal dem Cosinus des Elevations- oder Depressionswinkels.

Für Nivellements ist zu beachten, dafs an jedem Stationspunkte durch die Libelle das wirkliche Loth, also auch die wahre Horizontale markirt wird, so dafs mit sehr weiten Strecken die Summe aller Horizontalen eine Kreislinie ist.

Horizontalwinkel ist ein Winkel, dessen Schenkel in einer horizontalen Ebene liegen.

Hub (Mech.) ist die in gerader Linie gemessene Länge, in welcher eine hin- und hergehende Bewegung geschieht. Bei einer doppelt wirkenden Dampfmaschine ist der Hub die Länge, um welche der Dampfkolben jedesmal auf- und jedesmal niedersteigt; desgleichen bei einem Sägegatter die Länge, um welche es mit der Säge zur Vollführung des Schnitts abwärts bewegt wird. Bei Maschinen, welche während des Hingangs dieselbe Kraft äufsern, wie während des Hergangs heifst ein Hin- und Hergang ein Doppelhub. Bei Sägen findet solcher nicht statt, weil die Säge beim Aufgang leer geht.

Hubverlust ist der Theil des Hubes, bei welchem keine Wirkung der Maschine erfolgt. Ein Grund für einen möglichen Hubverlust liegt in der mangelhaften Construction der zur Bewegung gehörenden Maschinentheile, indem sie nicht genau und unverrückt mit einander schliefsen, sondern lose und wackelig sind, so dafs am Anfange des Hubes die Bewegung leer geschieht, bevor der zum Effect wirksame Maschinentheil (der Dampfkolben, die Säge) zu seiner Bewegung in Angriff genommen wird.

Ein zweiter Grund ist die unsichere Lagerung oder Aufstellung der Körper, welche durch die Maschine in Angriff genommen werden sollen, wenn z. B. der zu zersägende Block auf Unterlagen ruht, die beim Angriff der Säge sich biegen und der Block auf einen Theil des Sägenhubes ausweicht ohne zerschnitten zu werden.

Es gibt aber auch natürliche nicht zu umgehende Hubverluste, z. B. bei Pumpen in der Zeit, welche ein geöffnetes Ventil nöthig hat sich zu schliefsen, während welcher nun ein Theil des in den Pumpenkörper zur Weiterförderung eingezogenen Wassers entweicht und während welcher der Pumpenkolben einen Theil seines Hubes also nutzlos vollbringt.

Hülfslinien sind Linien, welche man für Figuren zu Hülfe nimmt, um den Beweis der Richtigkeit eines geometrischen Satzes zu führen. So sind pag. 324, Fig. 570 die geraden Linien *BF*, *CK*, *EF* Hülfslinien, um zu beweisen, dafs in ähnlichen Dreiecken die homologen Seiten mit einander in Proportion stehen.

Huf, Hufabschnitt, Hufläche, s. „Cylindrischer Hufabschnitt".

Hydraulik, ist derjenige Theil der angewandten Mathematik (s. d.), welcher sich mit der Kraft und der Wirkung des bewegten Wassers beschäftigt. Die Haupttheile dieser Wissenschaft bestehen:

1. In der Bestimmung der Geschwindigkeit und der Wassermenge beim Ausflufs des Wassers aus Oeffnungen je nach der Druckhöhe, der Gröfse, Form

und Lage der Ausflussöffnung. Dieser äusserst wichtige Theil der Hydraulik ist in den beiden Art.: „Ausfluss tropfbarer Flüssigkeiten" und „Ausfluss des Wassers" u. s. w. Bd. I., pag. 215 bis pag. 230 abgehandelt. Ferner sind die Art. „Contraction des Wasserstrahls" und „Contractionscoefficient", Bd. II., pag. 125 mit zu Hülfe zu nehmen.

Zu dieser Hauptabtheilung gehört noch die Bestimmung der Zeit bei Füllung von Gefässen mit Wasser und bei Ausleerung derselben durch Oeffnungen von verschiedener Form und Lage und während fortdauernden Zuflusses, wiewohl diese Untersuchungen auch zu einer zweiten Hauptabtheilung der Hydraulik gemacht werden. Das Nothwendigste hiervon mit Zahlenbeispielen findet der Leser in dem oben erwähnten Aufsatz, Bd. I., pag. 221, No. 17, „Ausfluss des Wassers aus Oeffnungen bei veränderlicher Druckhöhe."

2. In den Gesetzen bei der Bewegung des Wassers in Flussbetten, Kanälen, Röhrenleitungen.

3. In der Bestimmung der Kraft des Wassers zum Betrieb von Wasserrädern, Wassersäulenmaschinen u. s. w.

Ferner wird noch eine Hauptabtheilung für die Hydraulik: „die Lehre von den Wasserhebungsmaschinen" angenommen. Bei diesen aber ist das Wasser nicht thätig, wie bei den vorgenannten Abtheilungen, sondern ganz leidend, weshalb die Wasserhebungsmaschinen zur Maschinenlehre zu rechnen sind.

Hydraulische Maschinen. Hierunter werden sowohl die Wasserhebungsmaschinen begriffen als auch diejenigen Maschinen, bei welchen das Wasser die bewegende Kraft ist. Zu den ersten gehören die Pumpen, Wasserschnecken, Springbrunnen u. s. w., zu den letzten die Wasserräder, die Reactionsräder, Säulenmaschinen.

Hydraulische Presse. Der gebräuchliche aber uneigentliche Name für hydrostatische Presse, weil deren Princip auf einem hydrostatischen Gesetze beruht, nämlich auf dem Gesetz, dass in zweien mit einander communicirenden Röhren von gleichem und von ungleichem Querschnitt, Wasser mit beiden Spiegeln in der Waage steht, ein Gesetz, welches in dem Art.: „Druck, hydrostatischer", Bd. II., pag. 332, näher erörtert ist.

Nebenstehend sind 2 mit einander communicirende Röhren von den ungleichen Querschnitten A und a. Wenn Wasser hineingegossen wird, so stellt es sich in

Fig. 717.

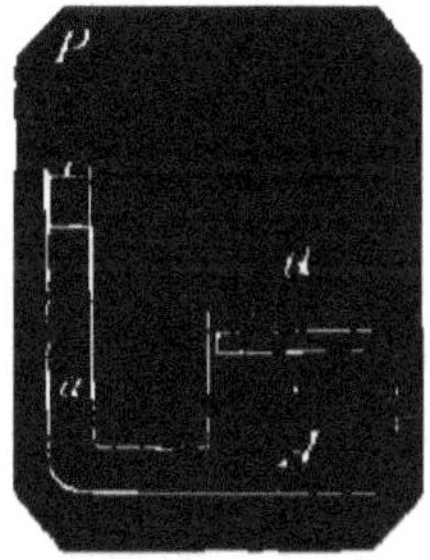

beiden Röhren in die Waage, die grössere Wassermenge in A ist mit der kleineren in a im Gleichgewicht. Bedeckt man den Wasserspiegel in A mit einer Platte und beschwert dieselbe, giesst in die kleine Röhre so viel Wasser hinein, dass es auf die Höhe h ansteigt, so würde in die Röhre vom Querschnitt A ebenfalls h Fuss Wasser eingegossen werden müssen um dem Wasser in der kleinen Röhre das Gleichgewicht zu halten. Ist γ Pfund das Gewicht einer Cubikeinheit Wasser, sind also in der kleinen Röhre $ah\gamma$ Pfund Wasser, so halten in dem grossen Gefäss $Ah\gamma$ Pfund Wasser jenem Wasser das Gleichgewicht. Folglich hat man die Platte über A mit dem Gewicht $Ah\gamma$ Pfund zu beschweren, wenn der Wasserspiegel über a in Ruhe bleiben soll. Dasselbe statische Gleichgewicht findet statt, wenn man anstatt h Fuss Wasser in a zu giessen den Wasserspiegel über a mit einer Platte bedeckt und diese mit dem Gewicht $ah\gamma$ beschwert.

Beide sich Gleichgewicht haltende Gewichte $ah\gamma$ und $Ah\gamma$ verhalten sich wie die Röhrenquerschnitte a und A. Man kann demnach bei einer Wasserunterlage mit einer auf die über a befindliche Platte wirkenden Kraft P auf den über A befindlichen Wasserspiegel und mittelst diesem auf die darauf gelegte Platte von unten nach oben einen Druck $Q = \frac{A}{a} P$ ausüben.

Dieses Princip bildet die hydraulische Presse: Man construirt die Röhre a als eine vereinigte Saug- und Druckpumpe, in der waagerechten Verbindungsröhre zwischen a und A befindet sich ein nach A hin bewegliches Ventil, die Röhre a ist nach unten verlängert, reicht in ein Gefäfs mit Wasser und ist am untersten Ende mit einem Saugventil versehen. Beim Aufzug des Kolbens in a entsteht in der Röhre ein leerer Raum, der auf den Spiegel des Wassers im Kasten wirkende atmosphärische Luftdruck öffnet das Ventil, treibt das Wasser hinein und füllt den leeren Raum. Beim Niederdruck des Kolben wird das Saugventil geschlossen, das zwischen a und A befindliche Druckventil geöffnet, in A Wasser getrieben, welches nun mit dem $\frac{A}{a}$ fachen der Kraft P einen Druck von unten nach oben ausübt.

Hydrodynamik, s. v. w. „Hydraulik“.

Hydrometer, s. v. w. „Araeometer“, auch das Araeometer zur Prüfung des Wassers.

Hydrostatik ist derjenige Theil der angewandten Mathematik, welcher sich mit dem Gleichgewicht tropfbar flüssiger Körper unter sich und mit festen Körpern beschäftigt.

Die Haupttheile dieser Wissenschaft umfassen:

1. Die Bestimmung des Normaldrucks von Wasser gegen feste Wände.

2. Die Bedingungen für das Gleichgewicht des Wassers mit eingesenkten Körpern.

3. Die Bedingungen für das Gleichgewicht verschiedener Flüssigkeiten unter sich.

Die wichtigsten hydrostatischen Gesetze sind in dem Art. „Druck, hydrostatischer“ zusammengefafst.

Hydrostatischer Druck, s. „Druck, hydrostatischer“.

Hydrostatische Waage, s. v. w. „Aräometer“.

Hyperbel (Vergleiche den Art. „Ellipse“) ist eine Linie der zweiten Ordnung oder eine Curve der ersten Classe, indem sie einer Gleichung vom 2ten Grade angehört; ferner ist sie eine Kegelschnittslinie. Aus beiden Gesichtspunkten, dem analytischen und dem synthetischen oder dem arithmetischen und dem geometrischen ist sie bereits in diesem Wörterbuch behandelt

In dem Art. „Curven“, III Abtheilung, pag. 179, ist die der ganzen Klasse von Curven zu Grunde liegende allgemeine Gleichung (1) aufgestellt:

$$ay^2 + bxy + cx^2 + dy + ex + f = 0 \qquad (1)$$

Nachdem zuerst die Bedeutung und der Einfluſs der einzelnen Coefficienten gezeigt worden, ist unter der Bedingung beliebig grofser Abscissen (x) der Gleichung die Form gegeben (Gl. 9):

$$\frac{y}{x} = \frac{1}{2a}\left[-\left(b + \frac{d}{x}\right) \pm \sqrt{(b^2 - 4ac) + \frac{2(bd - 2ae)}{x} + \frac{d^2 - 4af}{x^2}}\right] \qquad (2)$$

und die beliebige Gröſse der Abscisse x bis zur Unendlichkeit ausgedehnt, wo dann die Glieder, welche x im Nenner haben, als Null fortfallen und die Gleichung die allgemeine Form annimmt (Gl. 10).

$$\frac{y}{x} = \frac{1}{2a}\left(-b \pm \sqrt{b^2 - 4ac}\right) \qquad (3)$$

Hierauf sind für sämmtliche Curven derselben Klasse 3 mögliche Fälle gezeigt:

1. $b^2 > 4ac$
2. $b^2 < 4ac$
3. $b^2 = 4ac$

woraus nun 3 mögliche Formen von Curven nachgewiesen worden, welche durch folgende 3 Gleichungen (19, 20, 21 pag. 175) ausgesprochen werden:

1. $y^2 = Ax + Bx^2$
2. $y^2 = Ax - Bx^2$
3. $y^2 = Ax$

Für die erste und die 3te Gleichung sind bei unendlichen Abscissen auch unendliche Ordinaten vorhanden, für die zweite Gleichung sind für unendliche Abscissen Ordinaten unmöglich. Die erste Gleichung gehört der Hyperbel, die zweite der Ellipse, die dritte der Parabel an.

Die allgemeine Gleichung der Hyperbel, wenn deren Axe die Abscissenlinie und der Scheitel der Anfangspunkt der Abscissen ist, hat man also:

$$y^2 = Ax + Bx^2 \qquad (4)$$

2. In No. 15, pag. 176 ist, um auf den Character der Kegelschnitte specieller zu kommen, Bezug genommen auf den Art. „Brennpunkte der Kegelschnitte“, Bd. I., pag. 420 mit Fig. 257. Hier werden die Constructionen der Kegelschnitte aus dem Kegel bildlich dargestellt und die Hauptformeln für dieselben abgeleitet, wobei die Axen als die Abscissenlinien

mit dem Scheitel F als Anfangspunkt gelten. Die Abtheilung C handelt speciell von der Hyperbel.

Mit Bezug auf die Bezeichnung, Fig. 257 ist die rechtwinklige Coordinatengleichung entwickelt (pag. 422, Gl. 1)

$$y^2 = h\,\frac{\sin\beta''}{\cos\frac{1}{2}\alpha}\,x + \frac{\sin(\alpha-\beta'')\sin\beta''}{\cos^2(\frac{1}{2}\alpha)}\,x^2 \qquad (5)$$

Hier ist h der Durchmesser EF des Kegels in dem Scheitel F der Hyperbel, α der $\angle EAF$ des Axenquerschnitts an der Kegelspitze und β'' der $\angle DFS''$, den die Hyperbelaxe FS'' mit der an dem Scheitel F gehörenden Kegelseite AD bildet.

Oder den Coefficient des ersten Gliedes durch p ausgedrückt (pag. 422, Gl. 2):

$$y^2 = px + \frac{\sin(\alpha-\beta'')}{\cos\frac{1}{2}\alpha}\cdot\frac{p}{h}\,x^2 \qquad (6)$$

An diese Gleichung knüpft sich der Grund für den Namen Hyperbel (Ueberschufslinie), weil das Quadrat der Ordinate (y) gröfser ist, als das Rectangel zwischen dem Parameter (p) und der Abscisse (x).

3. Ferner ist nachgewiesen, dafs die durch Rückwärts-Verlängerung der Axe und der Hyperbelebene in dem entgegengesetzten Kegel eine zweite Hyperbel entsteht, welche der ersten $\sim$ ist. Denn setzt man für diese Hyperbel β_1 für β'', so erhält man für diese zweite Hyperbel die Gleichung wie 5:

$$y_1^2 = h_1\,\frac{\sin\beta_1}{\cos\frac{1}{2}\alpha}\,x + \frac{\sin(\alpha-\beta_1)\sin\beta_1}{\cos^2(\frac{1}{2}\alpha)}\,x^2 \qquad (7)$$

Nun wird gefunden:

$$\beta_1 = \alpha - \beta'' \qquad (8)$$

$$h_1 = \frac{\sin\beta''}{\sin(\alpha-\beta'')}\,h \qquad (9)$$

Diese Werthe in Gl. 6 gesetzt ergibt dieselbe Gleichung mit 5

$$y_1^2 = h\,\frac{\sin\beta''}{\cos\frac{1}{2}\alpha}\,x + \frac{\sin(\alpha-\beta'')\sin\beta''}{\cos^2(\frac{1}{2}\alpha)}\,x^2 \qquad (10)$$

woraus die Congruenz beider Hyperbeln hervorgeht.

4. Die Hauptaxe (Fig. 257) beider Hyperbeln wird No. 3 gefunden

$$FN = \frac{\cos\frac{1}{2}\alpha}{\sin(\alpha-\beta'')}\,h \qquad (11)$$

Diese Axe mit $2a$ bezeichnet, erhält man

$$h = 2\cdot\frac{\sin(\alpha-\beta'')}{\cos\frac{1}{2}\alpha}\,a \qquad (12)$$

und wenn man diesen Werth von h in Gleichung 6 einführt, so erhält man die rechtwinklige Coordinatengleichung der Hyperbel durch den Parameter p und die Hauptaxe a als gegebene Constanten ausgedrückt:

$$y^2 = px + \frac{p}{2a}\,x^2 \qquad (13)$$

Ferner erhält man die Coordinatengleichung durch 2 Axen ausgedrückt, wenn man wie bei der Ellipse eine Nebenaxe c sich denkt, für welche ist:

$$2a : 2c = 2c : p$$

$$y^2 = \frac{c^2}{a^2}(2ax + x^2) \qquad (14)$$

Und wenn man die Mitte der grofsen Axe als Anfangspunkt der Abscissen nimmt und die Abscissen mit u bezeichnet,

$$y^2 = \frac{c^2}{a^2}(u^2 - a^2) \qquad (15)$$

Aus dieser Formel geht wie aus Formel 9 hervor, dafs beide entgegengesetzt liegende Hyperbeln congruent sind, weil für $+u$ und $-u$ dieselbe Ordinate y entsteht.

Vergleicht man Formel 4 mit Formel 14, also

$$y^2 = Ax + Bx^2$$

mit $$y^2 = \frac{2c^2}{a}\,x + \frac{c^2}{a^2}\,x^2$$

so erhält man wie bei der Ellipse

die Hauptaxe $2a = \dfrac{A}{B}$ (16)

und die Nebenaxe $2c = \dfrac{A}{\sqrt{B}}$ (17)

Desgleichen mit Anwendung von Formel 5 und 6.

$$2a = \frac{\cos\frac{1}{2}\alpha}{\sin(\alpha-\beta'')}\,h = \frac{\cos^2(\frac{1}{2}\alpha)}{\sin(\alpha-\beta'')\sin\beta''}\,p \qquad (18)$$

$$2c = h\sqrt{\frac{\sin\beta''}{\sin(\alpha-\beta'')}} = \frac{\cos\frac{1}{2}\alpha}{\sqrt{\sin\beta''\cdot\sin(\alpha-\beta'')}}\,p \qquad (19)$$

Die beiden Axen $2a$ und $2c$ verhalten sich also wie $\frac{1}{B} : \frac{1}{\sqrt{B}}$

oder $2a : 2c = 1 : \sqrt{B} = \cos\frac{1}{2}\alpha : \sqrt{\sin\beta''\cdot\sin(\alpha-\beta'')}$

Je nachdem das dritte Glied größer oder kleiner ist als das 4te, ist die Hauptaxe größer oder kleiner als die Nebenaxe; für die Gleichheit beider Glieder wird die Hyperbel gleichseitig.

6. Die Gleichungen 4 bis 6 für die Hyperbel haben die Beschränkung, daß die Abscissenlinie die Axe mit dem Scheitel als Anfangspunkt ist und daß die Ordinaten rechtwinklig sind. Eine allgemeine Gleichung für die Hyperbel ist aber eine solche, die eine gegen die Axe ganz beliebig liegende Abscissenlinie, einen beliebigen Anfangspunkt hat und dessen Ordinaten einen beliebigen Winkel mit der Abscissenlinie bilden. Nur liegt das ganze Coordinatensystem mit der Hyperbel in einerlei Ebene.

Eben so wie für die Ellipse (s. „Ellipse", No. 3 und 4, pag. 39) und mit denselben dort angegebenen Hülfsmitteln sollen nun hier die der Hyperbel angehörenden allgemeinen Gleichungen geordnet und auf Fig. 608, pag. 40 bezogen zusammengestellt, auch noch einige andere Fälle hinzugefügt werden.

A und B bedeuten die Parameter der allgemeinen Gleichung 4

$$y^2 = Ax + Bx^2$$

AC ist die Axe, A der Scheitel, $EF = u$ die Abscisse, $FD = s$ die Ordinate. Die allgemeine Gleichung für den Hyperbelpunkt D (Art. „Curven", pag. 177, II. Formel 30)

$$\begin{aligned}\text{I. } & [\sin^2(\beta+\delta) - B\cos^2(\beta+\delta)]\,s^2 - 2[\sin(\beta+\delta)\sin\beta + B\cos(\beta+\delta)\cos\beta]\,su \\ & + (\sin^2\beta - B\cos^2\beta)\,u^2 - [2g\sin(\beta+\delta)\sin\beta + A\cos(\beta+\delta) + \\ & + 2B\cos(\beta+\delta)(p - g\cos\beta)]\,s + [2g\sin^2\beta + A\cos\beta + \\ & + 2B\cos\beta\,(p - g\cos\beta)]\,u + g^2\sin^2\beta - A(p - g\cos\beta) - B(p - g\cos\beta)^2 = 0\end{aligned}$$

Dreht man die Abscissenlinie CF um C in die Axe AC, so kommt F in F', E in E', der Anfangspunkt E' der Abscissen ist um die Länge $p - g$ vom Scheitel A entfernt. Ist dann $\angle D'F'C = \delta$, $E'F' = u$, $D'F' = s$, so hat man für den Hyperbelpunkt D' die Gleichung (pag. 177, II, Formel 34)

$$\begin{aligned}\text{II. } & (\sin^2\delta - B\cos^2\delta)\,s^2 - 2B\cos\delta\cdot su - Bu^2 - [A + 2B(p-g)]\cos\delta\cdot s \\ & + [A + 2B(p-g)]\,u - A(p-g) - B(p-g)^2 = 0\end{aligned}$$

Setzt man in diese Gleichung $p - g = 0$; $u = -u$, so erhält man die Gleichung für die in der Axe liegende Abscissenlinie, für den Scheitel A als Anfangspunkt der Abscissen und den Coordinatenwinkel δ.

$$\text{III. } (\sin^2\delta - B\cos^2\delta)\,s^2 + 2B\cos\delta\cdot su - Bu^2 - A\cos\delta\cdot s - Au = 0$$

Nimmt man in der beliebigen Entfernung $E'L = h$ eine der Axe parallele GJ, verlängert $D'F'$ bis G, setzt $GD' = s'$, so ist für Gleichung II. $D'F' = s = s' - F'G = s' - h\,\mathrm{cosec}\,\delta$.

Setzt man daher in Gl. II. $s - h\,\mathrm{cosec}\,\delta$ für s, so erhält man die Gleichung wenn die Abscissenlinie in dem Abstand h mit der Axe ‡ läuft, der Art, daß die Axe zwischen Curve und Abscissenlinie liegt. Bezeichnet man die Länge $AE' = p - g$ mit ε, zieht von E' eine gerade Linie $E'H$ unter dem Coordinatenwinkel $E'HJ = \delta$, so ist H der Anfangspunkt der Abscissen, für den Hyperbelpunkt D' ist dann $HG = u$ und die Gleichung ist:

$$\begin{aligned}\text{IV. } & (\sin^2\delta - B\cos^2\delta)\,s^2 - 2B\cos\delta\cdot su - Bu^2 \\ & - [(A + 2B\varepsilon - 2Bh\cot\delta)\cos\delta + 2h\sin\delta]\,s + [A + 2B(\varepsilon + h\cot\delta)]\,u \\ & + (1 - B\cot^2\delta)\,h^2 + (A + 2B\varepsilon)\,h\cot\delta - A\varepsilon - B\varepsilon^2 = 0\end{aligned}$$

Setzt man in diese Gleichung $\varepsilon = 0$, $u = -u$, so erhält man die Gleichung der Hyperbel für dieselbe Abscissenlinie GJ, für denselben Coordinatenwinkel δ und mit dem unter dem Scheitelpunkt A belegenen Anfangspunkt M der Abscissen:

$$\begin{aligned}\text{V. } & (\sin^2\delta - B\cos^2\delta)\,s^2 + 2B\cos\delta\cdot su - Bu^2 - [(A - 2Bh\cot\delta)\cos\delta + 2h\sin\delta]\,s \\ & - (A + 2Bh\cot\delta)\,u + (1 - B\cot^2\delta)\,h^2 + Ah\cot\delta = 0\end{aligned}$$

Setzt man in diese Gleichung $h = 0$, so erhält man Gleichung III.

Setzt man in Gleichung IV. für h den Werth $-h$, so erhält man die Gleichung unter denselben Bedingungen mit IV., nur daß die Abscissenlinie in dem Abstand h von der Axe entgegengesetzt, nämlich nach der Curvenhälfte zu liegt.

VI. $(\sin^2\delta - B\cos^2\delta)z^2 - 2B\cos\delta\cdot zu - Bu^2 - [(A + 2Be + 2Bh\cot\delta)\sin\delta$
$- 2h\sin\delta]z + [A + 2B(e - h\cot\delta)]u + (1 - B\cot^2\delta)h^2$
$-(A + 2Be)h\cot\delta - Ae - Be^2 = 0$

Setzt man in diese Gleichung $h\sin\delta$ für h, so erhält man die Gleichung, Bd. II., pag. 177, Formel 38.

Setzt man in den vorstehenden Gleichungen I. bis VI. den Coordinatenwinkel, in I. $\angle(\beta + \delta) = 90°$, in II. bis VI. $\angle\delta = 90°$, so erhält man Gleichungen unter denselben Voraussetzungen, nur dafs die Ordinaten mit der Axe normal sind.

Aus Gleichung I. entsteht:

VII. $z^2 - 2\sin\beta\cdot zu + (\sin^2\beta - B\cos^2\beta)u^2 - 2g\sin\beta\cdot z + [2g\sin^2\beta + A\cos\beta$
$+ 2B\cos\beta(p - g\cos\beta)]u + g^2\sin^2\beta - A(p - g\cos\beta) - B(p - g\cos\beta)^2 = 0$

Aus Gleichung II. entsteht

VIII. $z^2 - Bu^2 + [A + 2B(p - g)]u - A(p - g) - B(p - g)^2 = 0$

Aus Gleichung III. entsteht

IX. $z^2 - Bu^2 - Au = 0$

Aus Gleichung IV. entsteht

X. $z^2 - Bu^2 - 2hz + (A + 2Be)u + h^2 - Ae - Be^2 = 0$

Aus Gleichung V. entsteht

XI. $z^2 - Bu^2 - 2hz - Au + h^2 = 0$

Aus Gleichung VI. entsteht

XII. $z^2 - Bu^2 + 2hz + (A + 2Be)u + h^2 - Ae - Be^2 = 0$

6. Band II., pag. 176, No. 23 von I. bis VI. sind für alle Kegelschnitte die Werthe der in der allgemeinen Gleichung (I) vorkommenden Coefficienten erwiesen und angegeben. Es sollen diese Werthe für die Hyperbel allein hier zusammengestellt werden und zwar in Beziehung auf No. 6 mit Fig. 608 für die Gleichung

$$az^2 + bzu + cu^2 + dz + eu + f = 0$$

I. Der Coefficient a ist $= 1$, wenn $\angle DKC = (\delta + \beta)$, d. h. der Winkel, den die Ordinate mit der Axe bildet, ein Rechter ist. Dividirt man daher eine mit az^2 gegebene allgemeine Gleichung für die Hyperbel mit a, so verwandelt man dieselbe in eine Gleichung, für welche die Ordinaten mit der Hyperbelaxe normal sind.

Da diese einfache Operation überall auszuführen ist und die übrigen Coefficienten vereinfacht, so sollen die Gleichungen I. bis VI. für die Untersuchung der Coefficienten außer Betracht bleiben. Die letzten 6 Gleichungen gehören also der allgemeinen Gleichung an

$$z^2 + bzu + cu^2 + dz + eu + f = 0$$

II. Der Coefficient b von zu ist $=$ dem doppelten negativen Sinus des Winkels (β) zwischen der Abscissenlinie und der Axe (Gl. VII). Wo die Abscissenlinie in der Axe oder mit derselben $\parallel$ liegt, ist $\beta = 0$ und das Glied mit zu fällt fort (Gl. VIII. bis XII.).

III. Der Coefficient c von u^2 ist ebenfalls nur von demselben Winkel β abhängig und $= \sin^2\beta - B\cos^2\beta$.

Wo die Abscissenlinie in der Axe oder derselben $\parallel$ liegt, wird $c = -B$. Dieser Coefficient kann nie $= 0$ werden und das Glied mit u^2 kann nie ausfallen.

IV. Der Coefficient d von z ist $=$ der doppelten Entfernung des Anfangspunkts der Abscissen von der Axe; negativ, wenn die Axe zwischen der Hyperbelhälfte und der Abscissenlinie liegt (Gl. VII., X., XI.), positiv, wenn die Abscissenlinie zwischen der Axe und der Hyperbelhälfte liegt (Gl. XII.). Ist die Axe die Abscissenlinie, so fällt das Glied mit z fort.

V. Der Coefficient e von u hängt von 3 Elementen ab. 1. Von dem $\angle\beta$ zwischen der Abscissenlinie und der Axe. 2. Von der Entfernung $E'A$ des Anfangspunkts E' oder des auf die Axe projicirten Anfangspunkts E von dem Scheitelpunkt A der Hyperbel und 3. von den Parametern A und B.

Ist die Abscissenlinie die Axe, der Scheitel der Anfangspunkt der Abscissen (Gl. IX.), oder läuft die Abscissenlinie mit der Axe $\parallel$ und ist die Projection des Anfangspunkts auf die Axe der Scheitel A (Gl. XI.), so ist $e = -A$.

Ist die Abscissenlinie die Axe und die Entfernung des Anfangspunkts vom Scheitel $= p - g = s$ (Gl. VIII.), oder läuft die Abscissenlinie mit der Axe ∦ und ist die Projection des Anfangspunkts auf die Axe um die Länge s vom Scheitel entfernt (Gl. X., XII.), so ist $e = A + 2Bs$.

In Gleichung VII. ist $p - g \cos \beta = s$, für A und B stehen deren auf die Axe genommenen Projectionen $A \cos \beta$, $B \cos \beta$; hierzu kommt das Glied $2g \sin^2 \beta$, und es ist:

$$e = 2g \sin^2 \beta + A \cos \beta + 2Bs \cos \beta$$

VI. Der Coefficient f, das bekannte Glied wird $= 0$, wenn der Anfangspunkt der Abscissen ein Punkt der Hyperbel ist (Gl. IX).

Liegt die Abscissenlinie ∦ der Axe und fällt die Projection des Anfangspunkts auf die Axe in den Scheitel (Gl. XI.), so ist $f =$ dem Quadrat des Abstandes h beider Parallelen; $f = h^2$.

Liegt die Abscissenlinie in der Axe, der Anfangspunkt der Abscissen in der Entfernung $p - g = s$ vom Scheitel (Gl. VIII.), so ist

$$f = -As - Bs^2.$$

Läuft die Abscissenlinie in der Entfernung h ∦ der Axe und ist die Projection des Anfangspunkts auf die Axe um s von dem Scheitel entfernt (Gl. X., XII.), so ist

$$f = h^2 - As - Bs^2$$

Setzt man $h^2 - As - Bs^2 = 0$, so erhält man dasjenige s bei gegebenem h oder dasjenige h bei gegebenem s, für welches der Anfangspunkt der Abscissen in einem Hyperbelpunkt liegt.

Setzt man in der allgemeinsten Gleichung VII. die Entfernung $g \sin \beta$ des Anfangspunkts von der Axe $= h$, die Entfernung $p - g \cos \beta$ der Projection des Anfangspunkts vom Scheitel $= s$, so hat man ganz allgemein:

$$f = h^2 - As - Bs^2$$

In Band II., pag 180, No. 25 mit Fig. 534 wird die geometrische Construction der Parameter A und B bei gegebenem Kegel gezeigt.

Ferner ist pag. 181 ein Beispiel, wie aus einer gegebenen allgemeinen Gleichung mit Zahlencoefficienten die zugehörige Hyperbel gefunden und geometrisch construirt wird.

8. Um nun speciellere Untersuchungen über die Hyperbel anzustellen ist an die von No. 1 bis No. 4 aufgestellten Gleichungen 1 bis 19 anzuknüpfen und fortzufahren:

In Fig. 718 ist $QDEF$ eine Hyperbel, E deren Scheitel, MJ deren Axe, $ME = a$ = der halben Hauptaxe, also M der Mittelpunkt zwischen der Hyperbel $QDEF$ und der links ihr entgegengesetzt liegenden Hyperbel. Für den Hyperbelpunkt D ist also $EG = x$, $MG = u$, $GD = y$.

Fig. 718.

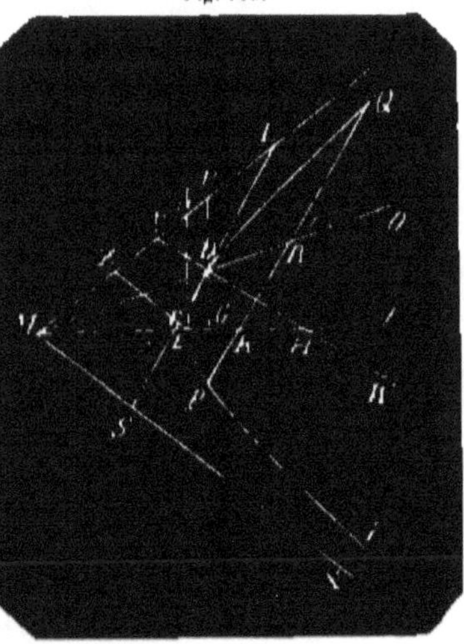

Berührt LS die Hyperbel in D und ist DW normal auf LS, so ist DT die Tangente, DN die Normale, TG die Subtangente und NG die Subnormale.

Bd. II., pag. 185 sind die allgemeinen Formeln für die genannten 4 Linien angegeben.

Nun hat man aus Gl. 14:

$$f'x = \frac{\partial y}{\partial x} = \frac{c^2}{a^2} \cdot \frac{a + x}{y}$$

$$f''x = \frac{\partial^2 y}{\partial x^2} = -\frac{c^4}{a^2 y^3}$$

Also die trigonometrische Tangente des $\angle DTG =$

$$tg\, \alpha = \frac{c^2}{a^2} \cdot \frac{a + x}{y} \qquad (20)$$

Subtangente $TG =$

$$\frac{y}{\partial y} = \frac{fx}{f'x} = \frac{a^2}{c^2} \cdot \frac{y^2}{a + x} \qquad (21)$$

$$\text{Tangente } DT = \frac{fx}{f'x}\cdot\sqrt{1+(f'x)^2} = \frac{y}{a+x}\sqrt{\left(\frac{a^2}{c^2}y\right)^2+(a+x)^2} \\ = \frac{ay}{c^2(a+x)}\sqrt{c^4+(a^2+c^2)y^2} \qquad (22)$$

$$\text{Subnormale } GH = fx\cdot f'x = \frac{c^2}{a^2}(a+x) \qquad (23)$$

$$\text{Normale } DH = fx\sqrt{1+(f'x)^2} = \frac{1}{a}\sqrt{c^4+(a^2+c^2)y^2} \qquad (24)$$

Ist DW der Krümmungshalbmesser r für D, so hat man nach Bd. II., pag. 186, Gl. 9 bis 11, nämlich nach Gl. 9:

$$r = -\frac{[1+(f'x)^2]^{\frac{3}{2}}}{f''x} = +\frac{[a^4y^2+c^4(a+x)^2]^{\frac{3}{2}}}{c^4a^4} \qquad (25)$$

Nach Gl. 10, die Abscisse

$$EJ = \alpha = x - \frac{1+(f'x)^2}{f''x}\cdot f'x = x+(a+x)\frac{(a^2+c^2)y^2+c^4}{a^2c^4} \qquad (26)$$

Nach Gl. 11 die Ordinate

$$WJ = b = y + \frac{1+(f'x)^2}{f''x} = -\frac{a^2+c^2}{c^4}y^3 \qquad (27)$$

Nimmt man die Abscissen vom Mittelpunkt M der Hyperbel als Anfangspunkt, so hat man

$$EG = MG - ME$$

oder

$$x = u - a$$

Gleichung 15 ist

$$y^2 = \frac{c^2}{a^2}(u^2-a^2)$$

und es ist nun statt Formel 20 bis 27:

$$tg\,\alpha = \frac{c^2}{a^2}\cdot\frac{u}{y} \qquad (28)$$

$$\text{Subtangente } TG = \frac{u^2-a^2}{u} \qquad (29)$$

$$\text{Tangente } DT = \frac{y}{cu}\sqrt{(a^2+c^2)u^2-a^4} \qquad (30)$$

$$\text{Subnormale } GH = \frac{c^2}{a^2}u \qquad (31)$$

$$\text{Normale } DH = \frac{c}{a^2}\sqrt{(a^2+c^2)u^2-a^4} \qquad (32)$$

$$r = DW = \frac{(a^4y^2+c^4u^2)^{\frac{3}{2}}}{a^4c^4} \qquad (33)$$

$$\left.\begin{array}{l}\text{die Abscisse } EJ = \frac{a^2+c^2}{a^4}u^3 - a \\ \text{also die Abscisse } MJ = \frac{a^2+c^2}{a^4}u^3\end{array}\right\} \qquad (34)$$

Die Ordinate WJ bleibt wie Formel 27.

7. In dem Art. „Asymptote" mit Fig. 100 sind die Bedingungen erwiesen, unter welchen eine Curve eine Asymptote hat; diese sind:

1. dass die Curve eine unendlich grosse Abscisse zulässt und

2. dass die Differenz zwischen der Subtangente und der Abscisse eine endliche Länge ist; die Hyperbel ist als Beispiel genommen und nachgewiesen, dass ihr eine Asymptote zukommt und dieselbe für die der Hyperbel zu Grunde liegende Gleichung $y^2 = a'x + b'x^2$ construirt. Es ist ohne Hülfe der Differenzialrechnung gefunden

$$\text{Subtange} - \text{Abscisse} = 2\frac{a'x+b'x^2}{a'+2b'x} - x \\ = \frac{a'}{\frac{a'}{x}+2b'}$$

woraus für $x = \infty$ diese Differenz $= \frac{a'}{2b'}$.

Ist (Fig. 718) ML die Asymptote, so ist E der Anfangspunkt der Abscisse, M der Anfangspunkt der Asymptote, also:

$$\text{Subtg.} - x = ME = \frac{a'}{2b'}$$

Soll die Gleichung $y^2 = a'x + b'x^2$ in die Form von Gl. 14 gebracht werden, so ist zu setzen

für a' der Werth $\frac{c^2}{a^2}\cdot 2a = 2\frac{c^2}{a}$

für b' der Werth $\frac{c^2}{a^2}$

Es ist demnach

$$ME = \frac{2\frac{c^2}{a}}{2\frac{c^2}{a^2}} = a \qquad (35)$$

folglich ist der Anfangspunkt der Asymptote der Mittelpunkt beider Hyperbeln.

Der $\angle LMK = \delta$ der Asymptote mit der Axe ist in dem Aufsatz gefunden (pag. 159) aus der allgemein geltenden Gleichung

Subtangente $(TG) \times tg\,\gamma\,(DTG) = y$

hierein die Werthe gesetzt und entwickelt:

$$tg\,\gamma = \frac{\frac{a^2}{x} + 2b^2}{2\sqrt{\frac{a^2}{x} + b^2}}$$

Für $x = \infty$ entsteht

$$tg\,\gamma = \frac{2b^2}{2\sqrt{b^2}} = \sqrt{b^2}$$

also nach der Bezeichnung von Gl. 14

$$tg\,\delta = \frac{c}{a} \tag{36}$$

Errichtet man also in E auf der Axe eine Normale EN = der halben Nebenaxe $= \sqrt{\tfrac{1}{4}ap} = \tfrac{1}{2}a\sqrt{\frac{\sin\beta''}{\sin(\alpha - \beta'')}}$, so hat man in der durch MN gezogenen geraden Linie die Asymptote ML.

8. Man findet die Lage der Asymptote auch aus den Gleichungen 29 und 26. Nach Gl. 29 ist

$$\text{Subtangente } GT = \frac{x^2 - a^2}{x} = x - \frac{a^2}{x}$$

$$\text{daher Subtg.} - x = -\frac{a^2}{x}$$

für $x = \infty$ ist also Subtg. $- x = 0$

oder Subtg. $= x$ (37)

Es hat mithin die Asymptote ihren Anfangspunkt in M.

Nach Gl. 26 ist $tg\,\alpha = \frac{c^2}{a^2} \cdot \frac{x}{y} = \frac{c^2}{a^2} \cdot \frac{x}{\frac{c}{a}\sqrt{x^2 - a^2}} = \frac{c}{a} \cdot \frac{1}{\sqrt{1 - \frac{a^2}{x^2}}}$

Für $x = \infty$ wird α zu δ und es ist also (wie Formel 36) $tg\,\delta = \frac{c}{a}$

9. Desgleichen findet man die Lage der Asymptote aus Gl. 21 und 20. Nach Gl. 21 ist

$$\text{Subtg.} - \text{Abscisse} = \frac{a^2}{c^2} \cdot \frac{y^2}{a + x} - x = \frac{a^2 y^2 - (ac^2 x + c^2 x^2)}{c^2(a + x)}$$

$$= \frac{c^2(2ax + x^2) - (ac^2 x + c^2 x^2)}{c^2(a + x)} = \frac{ax}{a + x} = \frac{a}{\frac{a}{x} + 1}$$

Für $x = \infty$ ist also die Differenz zwischen der Subtangente und der Abscisse $x = a = ME$.

Nach Gl. 20 ist

$$tg\,\alpha = \frac{c^2}{a^2} \cdot \frac{a + x}{y} = \frac{c^2}{a^2} \cdot \frac{a + x}{\frac{c}{a}\sqrt{2ax + x^2}} = \frac{c}{a} \cdot \frac{\frac{a}{x} + 1}{\sqrt{\frac{2a}{x} + 1}}$$

also für $x = \infty$ ist $tg\,\delta = \frac{c}{a}$.

10. Jede aus dem Mittelpunkt M durch einen Hyperbelpunkt wie D gezogene gerade Linie MO ist ein Durchmesser der Hyperbel (s. „Durchmesser" mit Fig. 582 und 583), d. h. diese Linie zur Abscissenlinie genommen, existiren Ordinaten PQ unter einem constanten $\angle \varphi$, die alle von der Abscissenlinie MO halbirt werden. Die Ordinaten sind sämmtlich $\parallel$ der Tangente LS für den Durchschnittspunkt des Durchmessers mit der Hyperbel, und wenn ML und MX die beiden Asymptoten der Hyperbel sind, so ist die zwischen beiden belegene Tangente LS der zu MD coordinirte oder conjugirte Durchmesser und wird in dem Punkt D halbirt.

Dafs diese Halbirung statt findet, dafs also $DL = DS$ erweist sich folgender Art.

Bei der Bezeichnung Fig. 718 hat man

$$MD : DS = \sin MSD : \sin DMS = \sin(\gamma + \delta) : \sin(\delta + \eta)$$
$$MD : DL = \sin MLD : \sin LMD = \sin(\gamma - \delta) : \sin(\delta - \gamma)$$

also

$$DS : DL = \frac{\sin(\delta + \eta)}{\sin(\gamma + \delta)} : \frac{\sin(\delta - \eta)}{\sin(\gamma - \delta)}$$

Es ist also zu beweisen, daſs die beiden letzten Glieder der Proportion einander gleich sind, oder mit anderen Worten: zu untersuchen, in welchem Verhältniſs die Winkel γ und η zu δ stehen müssen, damit beide Quotienten einander gleich werden:

Man hat demnach zu untersuchen das Verhältniſs

$$\sin(\delta+\eta)\cdot\sin(\gamma-\delta) : \sin(\delta-\eta)\cdot\sin(\gamma+\delta)$$

Die Klammern aufgelöst und gehoben, erhält man

$$\sin^2\delta\cdot\cos\gamma\cdot\cos\eta : \cos^2\delta\cdot\sin\gamma\cdot\sin\eta$$

oder $tg^2\delta \qquad : tg\,\gamma\cdot tg\,\eta$

Nun ist Formel 36: $tg\,\delta = \frac{c}{a}$

Aus Formel 28 der $\angle\gamma$, wenn er derjenige Winkel ist, den die Tangente an D, für $DG = y$ und $MG = u$ mit der Axe bildet $= \frac{c^2}{a^2}\cdot\frac{u}{y}$

Mithin hat man für die Gleichheit von LD und SD

$$\frac{c^2}{a^2} = \frac{c^2}{a^2}\cdot\frac{u}{y}\cdot tg\,\eta$$

woraus $tg\,\eta = \frac{y}{u} = \frac{DG}{MG}$

Es ist mithin $LD = SD$.

11. Um nachzuweisen, daſs jede mit der Tangente in D parallele Ordinate wie QP durch den Durchmesser MO halbirt wird, daſs also $RQ = RP$, kann man auf die rechtwinklige Coordinatengleichung 15 zurückgehen: Denkt man sich die Lothe QQ' und PP' auf die Axe MJ gefällt, so ist nach Gl. 15

$$(QQ')^2 = \frac{c^2}{a^2}[(MQ')^2 - a^2]$$

und $$(PP')^2 = \frac{c^2}{a^2}[(MP')^2 - a^2]$$

Bezeichnet man die Abscisse MR mit u, die Ordinaten RQ und RP mit y_1 und y_2 so hat man

$$QQ' = QR\sin\gamma + MR\sin\eta = y_1\sin\gamma + u_1\sin\eta$$
$$PP' = PR\sin\gamma - MR\sin\eta = y_2\sin\gamma - u_1\sin\eta$$
$$MQ' = MR\cos\eta + QR\cos\gamma = u_1\cos\eta + y_1\cos\gamma$$
$$MP' = MR\cos\eta - PR\cos\gamma = u_1\cos\eta - y_2\cos\gamma$$

Demnach hat man die Uebereinstimmung der beiden Gleichungen zu erweisen:

$$(y_1\sin\gamma + u_1\sin\eta)^2 = \frac{c^2}{a^2}[(u_1\cos\eta + y_1\cos\gamma)^2 - a^2]$$

$$(y_2\sin\gamma - u_1\sin\eta)^2 = \frac{c^2}{a^2}[(u_1\cos\eta - y_2\cos\gamma)^2 - a^2]$$

Oder zu ermitteln, unter welchem Verhältniſs zwischen den Winkeln γ und η, indem man $y_1 = y_2$ setzt, folgende Gleichung besteht

$$(y\sin\gamma \pm u\sin\eta)^2 = \frac{c^2}{a^2}[(u\cos\eta \pm y\cos\gamma)^2 - a^2]$$

oder geordnet:

$$(a^2\sin^2\gamma - c\cos^2\gamma)\,y^2 \pm 2\,(a^2\sin\eta\cdot\sin\gamma - c^2\cos\eta\cdot\cos\gamma)\,yu$$
$$+ (a^2\sin^2\eta - c^2\cos^2\eta)\,u^2 + a^2c^2 = 0 \qquad (38)$$

Diese Gleichung kann aber nur bestehen, wenn das mit 2 Vorzeichen versehene Glied verschwindet, wenn also

$$a^2\sin\eta\sin\gamma - c^2\cos\eta\cos\gamma = 0$$

oder wenn $$\frac{c^2}{a^2} = tg\,\eta\cdot tg\,\gamma \qquad (39)$$

Nun ist $tg\,\eta = \frac{DG}{MG} = \frac{y}{u}$

folglich ist für die Gleichheit von RP und RQ

$$tg\,\gamma = \frac{c^2}{a^2}\cdot\frac{u}{y} \qquad (40)$$

Es ist also (nach Formel 28) γ der Winkel, den die Tangente in D mit der Axe bildet.

Setzt man den Coordinatenwinkel $QRO = \varphi$, so ist $\varphi = \gamma - \eta$.

Man erhält also φ durch η ausgedrückt wenn man in die Gleichung $\frac{c^2}{a^2} = tg\,\eta\cdot tg\,\gamma$ den Werth von φ einführt.

Dann ist $\frac{c^2}{a^2} = tg\,\eta\cdot tg(\varphi+\eta)$

woraus $$tg\,\varphi = \frac{c^2 - a^2\,tg^2\eta}{(a^2+c^2)\,tg\,\eta} = \frac{c^2\cos^2\eta - a^2\sin^2\eta}{(a^2+c^2)\sin\eta\cdot\cos\eta} \qquad (41)$$

Durch Umformung erhält man noch die Formel für den Coordinatenwinkel

$$\sin^2\varphi = \frac{(c^2\cos^2\eta - a^2\sin^2\eta)^2}{a^4\sin^2\eta + c^4\cos^2\eta} \qquad (42)$$

11. Um eine schiefwinklige Coordinatengleichung zwischen $QR = y_1$ und $MR = x_1$ herzustellen hat man aus Gleichung 39

$$tg\,\gamma = \frac{c^2}{a^2}\cot\eta$$

woraus durch Umformungen

$$\left(tg^2\gamma = \frac{\sin^2\gamma}{\cos^2\gamma}\right)$$

$$\sin^2\gamma = \frac{c^4\cdot\cos^2\eta}{a^4\sin^2\eta + c^4\cos^2\eta} \qquad (43)$$

$$\cos^2\gamma = \frac{a^4\cdot\sin^2\eta}{a^4\sin^2\eta + c^4\cos^2\eta} \qquad (44)$$

Setzt man diese Werthe in die Coordinatengleichung No. 11 mit fortgelassenem Gliede $\pm(a^2\sin\eta\sin\gamma - c^2\cos\eta\cos\gamma)\,yx$, so erhält man reducirt und geordnet:

$$y_1^2 = \frac{a^4\sin^2\eta + c^4\cos^2\eta}{a^2c^2}\,x_1^2 - \frac{a^4\sin^2\eta + c^4\cos^2\eta}{c^2\cos^2\eta - a^2\sin^2\eta} \qquad (45)$$

In dieser Gleichung ist also $MR = x_1$; $RQ = RP = y_1$, $ME = a$, $EN = c$.

Setzt man in diese Gleichung $y_1 = 0$, so erhält man für $MR = x_1$ den Durchmesser $MD = a_1$, nämlich

$$MD^2 = a_1^2 = \frac{a^2c^2}{c^2\cos^2\eta - a^2\sin^2\eta} \qquad (46)$$

12. Um den conjugirten (halben) Durchmesser $DL = c_1$ gleichfalls wie a_1 durch die Axen a, c und den $\angle\eta$ auszudrücken hat man No. 10:

$$DM : DL = a_1 : c_1 = \sin(\gamma - \delta) : \sin(\delta - \eta)$$

woraus

$$c_1 = \frac{\sin(\delta - \eta)}{\sin(\gamma - \delta)}\,a_1 = \frac{\cos\eta\cdot tg\,\delta - \sin\eta}{\sin\gamma - \cos\gamma\cdot tg\,\delta}\,a_1$$

Nach Formel 36 ist $tg\,\delta = \frac{c}{a}$, daher ist

$$c_1 = \frac{c\cos\eta - a\sin\eta}{a\sin\gamma - c\cos\gamma}\,a_1 = \frac{c\cos\eta - a\sin\eta}{a\,tg\,\gamma - c}\sec\gamma\cdot a_1$$

Nach Formel 39 ist $tg\,\gamma = \frac{c^2}{a^2}\cot\eta = \frac{c^2}{a^2}\cdot\frac{\cos\eta}{\sin\eta}$, mithin

$$c_1 = \frac{c\cos\eta - a\sin\eta}{\frac{c^2}{a}\cdot\frac{\cos\eta}{\sin\eta} - c}\sec\gamma\,a_1 = \frac{a}{c}\,a_1\cdot\sin\eta\sec\gamma \qquad (47)$$

Setzt man für a_1 seinen Werth aus Formel 46 und aus Formel 39:

$$\sec\gamma = \sqrt{\left(\frac{c^2}{a^2}\cdot\frac{\cos\eta}{\sin\eta}\right)^2 + 1} = \frac{\sqrt{a^4\sin^2\eta + c^4\cos^2\eta}}{a^2\sin\eta}$$

so erhält man $c_1^2 = \frac{a^2}{c^2}\sin^2\eta\cdot\frac{a^2c^2}{c^2\cos^2\eta - a^2\sin^2\eta}\cdot\frac{a^4\sin^2\eta + c^4\cos^2\eta}{a^4\sin^2\eta}$

und reducirt

$$c_1^2 = \frac{a^4\sin^2\eta + c^4\cos^2\eta}{c^2\cos^2\eta - a^2\sin^2\eta} \qquad (48)$$

13. Man bemerkt, daſs der Werth von c_1^2 = ist dem letzten Gliede der Gleichung 45. Dividirt man c_1^2 durch a_1^2 (Formel 48 durch Formel 46), so erhält man den Coefficienten des ersten Gliedes derselben Gleichung. Man hat demnach aus Gl. 45.

$$y_1^2 = \frac{c_1^2}{a_1^2}\cdot x_1^2 - c_1^2$$

oder
$$y_1^2 = \frac{c_1^2}{a_1^2}\cdot(x_1^2 - a_1^2) \qquad (49)$$

welche mit Gl. 15, wenn statt der Durchmesser a_1; c_1 die Axen a; c gegeben sind, übereinstimmt.

Ebenso entsteht mit Gleichung 14 übereinstimmend, wenn man $DR = x_1$ setzt:

$$y_1^2 = \frac{c_1^2}{a_1^2}\cdot(2a_1x_1 + x_1^2) \qquad (50)$$

14. Verbindet man Formel 46 und 48 durch Multiplication, so erhält man

$$a_1^2\cdot c_1^2 = a^2c^2\cdot\frac{a^4\sin^2\eta + c^4\cos^2\eta}{(c^2\cos^2\eta - a^2\sin^2\eta)^2}$$

Der letzte Bruchfactor ist nach Formel 42 $= \frac{1}{\sin^2\varphi}$

hieraus $\quad a_1^2 c_1^2 \sin^2\varphi = a^2 c^2$

oder $\quad a_1 c_1 \sin\varphi = ac \qquad (51)$

D. h. das Product zweier coordinirter Halbmesser in den Sinus des von ihnen gebildeten Winkels ist constant, also gleich dem Product der beiden halben coordinirten Axen.

Nun ist $MD = a_1$; $LS = 2c_1$, $\angle MDS = \varphi$ folglich $a_1 \cdot c_1 \cdot \sin\varphi = \triangle MLS$

Es ist also jedes $\triangle$ wie MLS zwischen den beiden Asymptoten und einer Tangente constant = dem Axendreieck $2 \times MEN$, oder wenn man NE bis N' in MX verlängert denkt = dem $\triangle MNN'$.

15. Aus Formel 46 und 48 erhält man

$$a_1^2 - c_1^2 = \frac{a^2c^2 - a^4\sin^2\eta - c^4\cos^2\eta}{c^2\cos^2\eta - a^2\sin^2\eta} \qquad (52)$$

Schreibt man für a^2c^2 den Werth $a^2c^2\sin^2\eta + a^2c^2\cos^2\eta$, addirt und reducirt, so erhält man:

$$a_1^2 - c_1^2 = a^2 - c^2 \qquad (53)$$

D. h. die Differenz der Quadrate je zweier coordinirten Halbmesser ist constant und = der Differenz der Quadrate beider halben Axen.

16. Die Hyperbel ist eine Kegelschnittslinie und es kommt auch dieser, wie der Parabel und der Ellipse ein Brennpunkt, oder vielmehr: es kommen den beiden zusammengehörenden Hyperbeln auch 2 zusammengehörige Brennpunkte zu. Dieser Gegenstand ist in dem Wörterbuch schon behandelt in den Art. „Brennpunkt der Hyperbel, Brennpunkte der Kegelschnitte". In diesem letzten Aufsatz: die Brennpunkte der Hyperbel in No. 3, pag. 423 bis No. 6, pag. 425, mit Fig. 258 und 259.

Das Wesentlichste hiervon mit Bezug auf Fig. 719 zusammengestellt ist folgendes:

E, E' sind die Scheitel beider zusam-

Fig 719.

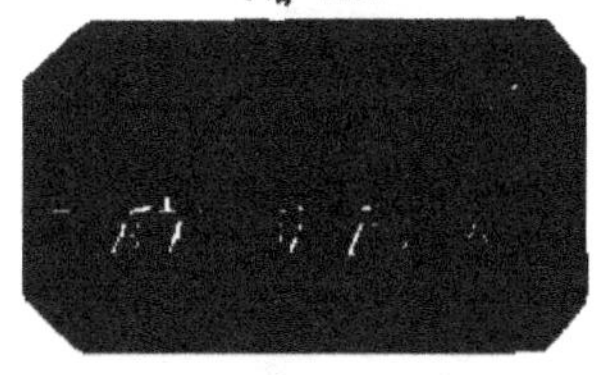

mengehörigen Hyperbeln, M deren Mittelpunkt, $ME = ME' = a$. Zur Bestimmung der Brennpunkte B, B' ist

$$MB = MB' = \sqrt{ME^2 + NE^2} = \sqrt{a^2 + c^2} = e = MN$$

(ME, NE, MN s. Fig. 718).

$MB = MB' = MN = e$ heifst die Excentricität der Hyperbel.

Zwei gerade Linien von beiden Brennpunkten nach irgend einem Hyperbelpunkt D, nämlich BD und $B'D$ heifsen zusammengehörige Brennstrahlen, und es ist jedesmal deren Differenz

$$B'D - BD = EE' = 2a \qquad (54)$$

Ist DT die Tangente in D, so ist

$$\angle BDT = \angle B'DT \qquad (56)$$

Ist u die Abscisse für den Punkt D (MG Fig. 718) so ist

$$B'D = \frac{eu}{a} + a \qquad (57)$$

$$BD = \frac{eu}{a} - a \qquad (68)$$

17. Verlängert man eine Ordinate bis zur Asymptote, wie GD bis U, so ist überall

$$GU^2 - GD^2 \text{ constant} = EN^2 = c^2 \qquad (59)$$

Denn es ist $ME : EN = MG : GU$

oder $\quad a : e = u : GU$

woraus $\quad GU = \frac{e}{a} u$

also $\quad (GU)^2 = \frac{e^2}{a^2} u^2$

Es ist aber $GD^2 = y^2 = \frac{c^2}{a^2}(u^2 - a^2)$

daher $\quad GU^2 - y^2 = \frac{c^2}{a^2} a^2 = c^2$

18. Zieht man aus einem Hyperbelpunkt D eine grade Linie DV bis zur nächsten Asymptote $\parallel$ mit der zweiten Asymptote MX, so ist $MV \times DV$ constant und zwar wenn KZ ebenfalls $\parallel MX$:

$$MV \times DV = MZ \times KZ = \tfrac{1}{4}e^2$$

Um zuerst zu beweisen, dafs $MZ \times EZ = \frac{1}{4}e^2$ hat man

da $\quad EZ \parallel MX$

$$\angle ZMK = \angle ZEM$$

daher $\quad MZ = KZ$

und

$$MZ \times KZ = MZ^2 = (\tfrac{1}{2} MN)^2 = \tfrac{1}{4}(a^2 + c^2) = \tfrac{1}{4}e^2$$

Bezeichnet man DV mit v, MV mit s so ist, da $\triangle UDV \sim \triangle NEZ$

und $EZ = NZ$

auch $DV = UV$

also $MU = MV + UV = s + v$

Nun ist $UG = MU \sin\delta = (s + v)\sin\delta$ und wenn man von V auf DU eine Normale sich denkt,

$$UD = 2UV \sin\delta = 2v \sin\delta$$

mithin $DG = UG - UD = (s - v)\sin\delta$

Hieraus $UG^2 - DG^2 = [(s + v)^2 - (s - v)^2]\sin^2\delta = 4sv \sin^2\delta$

oder nach Formel 59 $c^2 = 4sv \sin^2\delta = 4sv \cdot \frac{EN^2}{MN^2} = 4sv \cdot \frac{c^2}{e^2}$

woraus $sv = \frac{1}{4}e^2$

und folglich

$$MV \times DV = s \cdot v = \tfrac{1}{4}e^2 \qquad (60)$$

Man nennt $\frac{1}{4}e^2$ die **Potenz der Hyperbel** und die Gleichung $s \cdot v = \frac{1}{4}e^2$ die **Gleichung der Hyperbel zwischen ihren Asymptoten.**

19. **Rectification der Hyperbel.** Die allgemeine Rectificationsformel, Bd. II. pag. 191 ist:

$$l = \int_0 \sqrt{1 + \left(\frac{\partial y}{\partial x}\right)^2}\,\partial x + C$$

Nun ist $y^2 = \frac{c^2}{a^2}(2ax + x^2)$

daher $\frac{\partial y}{\partial x} = \frac{c^2}{a^2} \cdot \frac{a + x}{y}$

und $\frac{\partial l}{\partial x} = \sqrt{1 + \frac{c^4}{a^4} \cdot \left(\frac{a + x}{y}\right)^2}$

Setzt man (Fig. 718) $KG = x$, $DG = y$, so ist Bogen $KD = l$ und Bogen KD

$$= l = \int_0^x \sqrt{1 + \frac{c^4}{a^4} \cdot \left(\frac{a + x}{y}\right)^2}\,\partial x$$

$$= \int_0^x \sqrt{1 + \frac{c^2}{a^2} \cdot \frac{(a + x)^2}{2ax + x^2}}\,\partial x$$

Diese Formel ist nicht zu integriren. Nimmt man dagegen Formel 15

$$y^2 = \frac{c^2}{a^2}(u^2 - a^2)$$

so hat man $\frac{\partial y}{\partial u} = \frac{c^2}{a^2} \cdot \frac{u}{y}$

also

$$\frac{\partial l}{\partial u} = \sqrt{1 + \frac{c^4}{a^4} \cdot \frac{u^2}{y^2}} = \sqrt{1 + \frac{c^2}{a^2} \cdot \frac{u^2}{u^2 - a^2}} = \sqrt{\frac{(a^2 + c^2)u^2 - a^4}{a^2(u^2 - a^2)}} = \frac{\sqrt{u^2 - \frac{a^4}{a^2 + c^2}}}{\sqrt{\frac{a^2}{a^2 + c^2}} \times \sqrt{u^2 - a^2}}$$

Diese Formel ist nur zu integriren, wenn man die Wurzel im Zähler in eine Reihe auflöst. Setzt man zur Vereinfachung $\frac{a^2}{a^2 + c^2} = \varepsilon^2$ so ist

$$l = \int_a \frac{\sqrt{u^2 - a^2\varepsilon^2}}{\varepsilon\sqrt{u^2 - a^2}}$$

Man entwickelt die Reihe aus dem Zähler durch directe successive Wurzelausziehung und erhält

$$\sqrt{u^2 - a^2\varepsilon^2} = u - \frac{1}{2} \cdot \frac{a^2\varepsilon^2}{u} - \frac{1 \cdot 1}{2 \cdot 4} \cdot \frac{a^4\varepsilon^4}{u^3} - \frac{1 \cdot 1 \cdot 3}{2 \cdot 4 \cdot 6} \cdot \frac{a^6\varepsilon^6}{u^5} - \frac{1 \cdot 1 \cdot 3 \cdot 5}{2 \cdot 4 \cdot 6 \cdot 8} \cdot \frac{a^8\varepsilon^8}{u^7} - \ldots$$

Man hat demnach

$$l = \frac{1}{\varepsilon}\int_a^u \frac{u\,\partial u}{\sqrt{u^2 - a^2}} - \frac{\varepsilon a^2}{2}\int_a^u \frac{\partial u}{u\sqrt{u^2 - a^2}} - \frac{a^4\varepsilon^3}{8}\int_a^u \frac{\partial u}{u^3\sqrt{u^2 - a^2}} - \frac{a^6\varepsilon^5}{16}\int_a^u \frac{\partial u}{u^5\sqrt{u^2 - a^2}} - \ldots$$

Nun ist

$$\int_a^u \frac{u\,\partial u}{\sqrt{u^2 - a^2}} = \sqrt{u^2 - a^2}$$

$$\int_a^u \frac{\partial u}{u\sqrt{u^2 - a^2}} = \frac{1}{a} \operatorname{arc\,sec} \frac{u}{a}$$

$$\int_a^u \frac{\partial u}{u^3\sqrt{u^2 - a^2}} = \frac{1}{2}\frac{\sqrt{u^2 - a^2}}{a^2u^2} + \frac{1}{2a^3} \operatorname{arc\,sec} \frac{u}{a}$$

$$\int_a^u \frac{\partial u}{u^5\sqrt{u^2-a^2}} = \frac{1}{4}\frac{\sqrt{u^2-a^2}}{a^2u^4} + \frac{1\cdot3}{2\cdot4}\cdot\frac{\sqrt{u^2-a^2}}{a^4u^2} + \frac{1\cdot3}{2\cdot4\cdot a^5}\text{arc sec}\frac{u}{a}$$

$$\int_a^u \frac{\partial u}{u^7\sqrt{u^2-a^2}} = \frac{1}{6}\frac{\sqrt{u^2-a^2}}{a^2u^6} + \frac{1\cdot5}{4\cdot6}\cdot\frac{\sqrt{u^2-a^2}}{a^4u^4} + \frac{1\cdot3\cdot5}{2\cdot4\cdot6}\cdot\frac{\sqrt{u^2-a^2}}{a^6u^2} + \frac{1\cdot3\cdot5}{2\cdot4\cdot6\cdot a^7}\text{arc sec}\frac{u}{a}$$

u. s. w.

Da der Bogen vom Scheitel anfängt, so ist er $= 0$ für $u = a$. Da nun die Integrale entweder den Factor $\sqrt{u^2-a^2}$ oder den Factor $\text{sec}\frac{u}{a}$ haben, so wird jedes Integral $= 0$ für $u = a$ und die Constante fällt fort.

Die Werthe sämmtlicher Integrale zusammengestellt ergeben den Bogen

$$s = \frac{\sqrt{u^2-a^2}}{u}\left[1 - \frac{n^4}{16}\cdot\frac{a^2}{u^2} - \frac{1}{4}\cdot\frac{1}{16}n^6\left(\frac{a^4}{u^4} + \frac{3}{2}\cdot\frac{a^2}{u^2}\right)\right.$$
$$\left. - \frac{1}{6}\cdot\frac{1}{256}n^8\left(\frac{a^6}{u^6} + \frac{5}{4}\cdot\frac{a^4}{u^4} + \frac{15}{8}\cdot\frac{a^2}{u^2}\right) - \ldots\ldots\right]$$
$$-\left[\frac{1}{2} + \frac{1}{16}n^2 + \frac{1}{512}n^4 + \frac{25}{8\cdot16^2}n^6 + \ldots\right]na\cdot\text{arc sec}\frac{u}{a}$$

90. Quadratur der Hyperbel. Die allgemeine Quadraturformel für rechtwinklige Coordinaten steht Bd. II., pag. 192

$$F = \int y\cdot\partial x + C$$

Nun ist $\quad y^2 = \frac{c^2}{a^2}(2ax + x^2)$

Mithin ist die Ebene $EDG = \int_0 \frac{c}{a}\cdot\sqrt{(2ax + x^2)}$

Nach der allgemeinen Integralformel

$$\int\sqrt{bx + cx^2} = \frac{b + 2cx}{4c}\sqrt{bx + cx^2} - \frac{b^2}{8c\sqrt{c}}\cdot ln\left(\frac{b + 2cx}{2\sqrt{c}} + \sqrt{bx + cx^2}\right)$$

hat man

$$F = \frac{c}{a}\left[\frac{a + x}{2}\sqrt{2ax + x^2} - \frac{1}{2}a^2\,ln\,(a + x + \sqrt{2ax + x^2}) + C\right]$$

Für $x = 0$ wird $F = 0$, man hat also zur Bestimmung der Constante

$$0 = -\frac{1}{2}a^2\cdot ln\,a + C$$

woraus $\quad C = +\frac{1}{2}a^2\cdot ln\,a$

und vollständig

$$F = \frac{c}{a}\left[\frac{a + x}{2}\sqrt{2ax + x^2} - \frac{1}{2}a^2\cdot ln\left(\frac{a + x + \sqrt{2ax + x^2}}{a}\right)\right] \quad (61)$$

Setzt man $x = u - a$ so erhält man

$$F = \frac{c}{2a}\left[u\sqrt{u^2 - a^2} - a^2\,ln\,\frac{u + \sqrt{u^2 - a^2}}{a}\right] \quad (62)$$

91. Es ist $\triangle DMG = \frac{1}{2}(a + x)\,y = \frac{1}{2}uy$

$$= \frac{c}{2a}(a + x)\sqrt{2ax + x^2} = \frac{c}{2a}u\sqrt{u^2 - a^2}$$

Zieht man hiervon ab die Ebene $F = EDG$ (Formel 61 — 62), so erhält man die zwischen den geraden ME, MD und dem Bogen [illegible] liegende Fläche

$$MDE = \frac{1}{2}ac\cdot logn\,\frac{a + x + \sqrt{2ax + x^2}}{a} = \frac{1}{2}ac\cdot logn\,\frac{u + \sqrt{u^2 - a^2}}{a} \quad (63)$$

92. Setzt man (wie No. 11, Formel 46) den Durchmesser $MD = a_1$, so ist $MG = (a + x) = a_1\cos\eta$; und da zugleich $\sqrt{2ax + x^2} = \frac{a}{c}y = \frac{a}{c}a_1\sin\eta$, so hat man nach Formel 63

$$\text{Ebene } MDE = \frac{1}{2}ac\,logn\,\frac{a_1}{a}\cdot\frac{a\sin\eta + c\cos\eta}{c} \quad (64)$$

oder

$$\text{Ebene } MDE = \frac{1}{2}ac\,logn\,\frac{ay + c(a + x)}{ac} \quad (65)$$

23. Multiplicirt man Zähler und Nenner in

$$\log.\frac{ay + c(a+x)}{ac} \text{ mit } -ay + c(a+x)$$

so entsteht

$$\log.\frac{c^2(a+x)^2 - a^2y^2}{ac[c(a+x) - ay]}$$

Schreibt man für $(a+x)^2$ den Werth u^2, so hat man den Zähler

$$c^2u^2 - a^2y^2 = c^2u^2 - a^2\cdot\frac{c^2}{a^2}(u^2 - a^2) = a^2c^2$$

Mithin hat man den $\log$ in 65

$$\log.\frac{a^2c^2}{ac[c(a+x) - ay]} = \log\frac{ac}{c(a+x) - ay}$$

und

$$\text{Ebene } MDE = \tfrac{1}{2}ac\,ln\,\frac{ac}{c(a+x) - ay} \qquad (66)$$

24. Ist (Fig. 710) B der Brennpunkt, also $MB = e$, und denkt man sich zu D die Ordinate DG und die Linie DM wie Fig. 710,

so ist $\triangle MDB$ — Sect. MDE = Ebene EDB oder

$$\left.\begin{aligned}\text{Ebene } EDB &= \tfrac{1}{2}ey - \tfrac{1}{2}ac\,ln\,\frac{ay + c(a+x)}{ac}\\ &= \tfrac{1}{2}ey - \tfrac{1}{2}ac\,ln\,\frac{ac}{c(a+x) - ay}\end{aligned}\right\}(67)$$

25. Aus No. 16 hat man

$$DV \times MV = EZ \times MZ$$

Da nun in den beiden Dreiecken MDV und MEZ die Winkel bei V und Z einander gleich, sind so ist

$$\triangle MDV : \triangle MEZ = DV \times MV = EZ \times MZ$$

woraus $\triangle MDV = \triangle MEZ$ (68)

beiden von Ebene $MEDV = MEDV$

bleibt Ebene MDE = Ebene $DEZV$ (69)

26. Diese Ebene $DEZV$ läfst sich auch durch die Linien $DV = v$ und $MV = s$ (s. Formel 60) ausdrücken:

Es ist nämlich

$$GU : GM = EN : EM$$

oder $GU : a + x = c : a$

woraus $GU = \frac{c}{a}(a+x)$

Nun ist

$$DU = GU - y = \frac{c}{a}(a+x) - y = \frac{c(a+x) - ay}{a}$$

Da nun zugleich

$$DU : DV = EN : EZ$$

oder $DU : v = c : \tfrac{1}{2}e$

so ist $DU = \frac{2vc}{e} = \frac{c(a+x) - ay}{a}$

Hiermit Formel 66 verbunden gibt

$$\text{Ebene } MDE = \tfrac{1}{2}ac \log\cdot\frac{e}{2v}$$

Folglich nach Formel 69

$$\text{Ebene } DEZV = \tfrac{1}{2}ac \log\cdot\frac{e}{2v} \qquad (70)$$

Setzt man in Formel 70 für v den Werth aus Formel 60 $= \tfrac{1}{2}\cdot\frac{e^2}{s}$ so hat man noch

$$\text{Ebene } DEZV = \tfrac{1}{2}ac \log\cdot\frac{2s}{e} \qquad (71)$$

27. Es ist $a = e\cos\delta$

$c = e\sin\delta$ (s. No. 16)

hieraus $\tfrac{1}{2}ac = \tfrac{1}{2}e^2\sin\delta\cdot\cos\delta = \tfrac{1}{4}e^2\sin 2\delta$

Mithin

$$\text{Ebene } DEZV = \tfrac{1}{4}e^2\sin 2\delta\cdot\log\frac{2s}{e} \qquad (72)$$

Bei der gleichseitigen Hyperbel ist $\delta = 45^\circ$.

Man hat demnach für diese

$$\text{Ebene } DEZV = \tfrac{1}{4}e^2 \log\frac{2s}{e} \qquad (73)$$

Diese Eigenschaft der gleichseitigen Hyperbel, dafs die Ebenen zwischen der Asymptote und der hyperbolischen Linie nur durch den natürlichen Logarithmus der Abscissen und die Excentricität der Hyperbel als Constante bestimmt werden ist der Grund, dafs die natürlichen Logarithmen auch hyperbolische Logarithmen genannt werden.

28. Es sei Z die eine, s eine zweite von M aus auf die Asymptote genommene Abscisse, so ist der Flächenraum

für die erste $= \tfrac{1}{4}e^2\,ln\,\frac{2Z}{e}$

für die zweite $= \tfrac{1}{4}e^2\,ln\,\frac{2s}{e}$

der Unterschied ist

$$= \tfrac{1}{4}e^2\left(ln\,\frac{2Z}{e} - ln\,\frac{2s}{e}\right) = \tfrac{1}{4}e^2\,ln\,\frac{Z}{s} \qquad (74)$$

Ist demnach das Verhältnifs $Z : s$ als eine constante Gröfse gegeben, so ist auch $ln\,\frac{Z}{s}$ constant und die Unterschiede je zweier Flächenräume für dasselbe Verhältnifs zweier beliebiger Abscissen sind einander gleich.

29. Bestimmung der Umdrehungsflächen.

Bd. II., pag. 194 steht die allgemeine Formel für rechtwinklige Coordinaten

$$F = 2\pi\int y\sqrt{1 + \left(\frac{\partial y}{\partial x}\right)^2} + C$$

Legt man Formel 15 zu Grunde

$$y^2 = \frac{c^2}{a^2}(u^2 - a^2)$$

so ist $\frac{\partial y}{\partial u} = \frac{c^2}{a^2}\cdot\frac{u}{y}$

Nun ist die Oberfläche, welche entsteht, wenn der hyperbolische Bogen ED um die Axe sich dreht:

$$F_u = 2\pi\int y\sqrt{1+\frac{c^4}{a^4}\cdot\left(\frac{u}{y}\right)^2}\,\partial u = 2\pi\int\sqrt{y^2+\frac{c^4}{a^4}u^2}\,\partial u$$

$$= 2\pi\int\sqrt{\frac{c^2}{a^2}(u^2-a^2)+\frac{c^4}{a^4}u^2}\,\partial u = 2\pi\frac{c}{a^2}\int\sqrt{e^2u^2-a^4}\,\partial u$$

Nun ist $\int\sqrt{e^2u^2-a^4}\,\partial u = \frac{u}{2}\sqrt{e^2u^2-a^4} - \frac{a^4}{2e}\, ln\left(eu + \sqrt{e^2u^2-a^4}\right) + C$

Für $u = a$ wird $F = 0$ mithin hat man das $\int$ für $u = a$

$$0 = \tfrac{1}{2}a\sqrt{e^2a^2-a^4} - \frac{a^4}{2e}\, ln\left[ea+\sqrt{e^2a^2-a^4}\right] + C$$

woraus $C = -\frac{ac}{2}+\frac{a^4}{2e}\, ln(e+c)a$

und das vollständige Integral

$$F = \pi c\left[\frac{u}{a^2}\sqrt{e^2u^2-a^4} - c - \frac{a^2}{e}\, ln\frac{eu+\sqrt{e^2u^2-a^4}}{a(e+c)}\right] \qquad (75)$$

30. Für die Umdrehung des Bogens ED um eine in M auf der Axe befindliche Normale ist

$$F = 2\pi\int u\sqrt{1+\left(\frac{\partial u}{\partial y}\right)^2}\,\partial y$$

$$= 2\pi\int u\sqrt{1+\frac{a^4}{c^4}\cdot\frac{y^2}{u^2}}\,\partial y = \frac{2\pi a}{c^2}\int\sqrt{e^2y^2+c^4}\,\partial y$$

woraus $F = \frac{2\pi a}{c^2}\cdot\left[\frac{y\sqrt{e^2y^2+c^4}}{2}+\frac{c^4}{2e}\, ln\left(ey+\sqrt{e^2y^2+c^4}\right)+C\right]$

Für $y = 0$ wird $F = 0$ mithin

$$0 = 2\pi a\cdot\frac{c^4}{2e}\, ln\, c^2 + C$$

mithin vollständig und reducirt

$$F = \pi a\left[\frac{y\sqrt{e^2y^2+c^4}}{c^2}+\frac{c^2}{e}\, ln\frac{ey+\sqrt{e^2y^2+c^4}}{c^2}\right] \qquad (76)$$

31. Für die Umdrehung des Bogens ED um die Asymptote ML ist die Abscisse $= MV$, die Ordinate $= VD$; beide bilden schiefwinklige Coordinaten.

Die zur rechtwinkligen Coordinatengleichung gehörende Abscisse ist aber $MV + DV\cos(2\delta)$, die zugehörige rechtwinklige Ordinate $= DV\sin 2\delta$. Bezeichnet man nun MV mit x, DV mit y, so hat man nach No. 30 die Quadraturformel

$$F = 2\pi\int y\sin(2\delta)\sqrt{1+\frac{[\partial(y\sin 2\delta)]^2}{[\partial(x+y\cos 2\delta)]^2}}\,\partial(x+y\cos 2\delta)$$

$$= 2\pi\int y\sin(2\delta)\sqrt{[\partial(y\sin 2\delta)]^2+[\partial(x+y\cos 2\delta)]^2}$$

und die Klammern aufgelöst

$$F = 2\pi\int y\sin(2\delta)\sqrt{(\partial y)^2+(\partial x)^2+2\partial x\cdot\partial y\cos(2\delta)}$$

$$= 2\pi\int y\sin(2\delta)\sqrt{\left(\frac{\partial y}{\partial x}\right)^2+1+2\frac{\partial y}{\partial x}\cos(2\delta)}\,\partial x$$

Nun ist $x\cdot y = \frac{1}{4}e^2$, also $y = \frac{e^2}{4x}$

und $\frac{\partial y}{\partial x} = -\frac{e^2}{4x^2}$

$$\sin 2\delta = 2 \sin \delta \cdot \cos \delta = 2 \cdot \frac{NE}{NM} \cdot \frac{ME}{NM} = 2\,\frac{c}{e} \cdot \frac{a}{e} = 2\,\frac{ac}{e^2}$$

$$\cos 2\delta = \cos^2\delta - \sin^2\delta = \left(\frac{ME}{MN}\right)^2 - \left(\frac{NE}{MN}\right)^2 = \frac{a^2 - c^2}{e^2}$$

Diese Werthe in die Formel für F gesetzt gibt

$$F = 2\pi \int \frac{ac}{2x} \sqrt{\frac{e^4}{16x^4} + 1 + 2 \cdot \left(-\frac{e^2}{4x^2}\right) \cdot \frac{a^2 - c^2}{e^2}}\; \partial x$$

$$= \pi\, \frac{ac}{4} \int \frac{1}{x^3} \sqrt{e^4 - 8\,(a^2 - c^2)\,x^2 + 16x^4}\; \partial x$$

Um diese Formel integriren zu können, setze $x^2 = s$
dann ist $2x\,\partial x = \partial s$
woraus $\partial x = \frac{\partial s}{2x}$ und

$$F = \pi\, \frac{ac}{8} \int \frac{1}{s^2} \sqrt{e^4 - 8\,(a^2 - c^2)\,s + 16s^2} \cdot \partial s \qquad (1)$$

Es kann hierfür folgende Reductionsformel angewendet werden:

$$\int \frac{1}{x^m} (a + bx + cx^2)^n\, \partial x = -\frac{(a + bx + cx^2)^{n+1}}{(m-1)\,a x^{m-1}} + \frac{b\,(n + 2 - m)}{a\,(m-1)} \times$$

$$\int \frac{1}{x^{m-1}} (a + bx + cx^2)^n\, \partial x + \frac{c\,(2n + 3 - m)}{a\,(m-1)} \int \frac{1}{x^{m-2}} (a + bx + cx^2)^n\, \partial x$$

Hier ist $a = e^4$; $b = -8\,(a^2 - c^2)$; $c = 16$; $n = \frac{1}{2}$; $m = 2$, $x = s$.
Setzt man zur Abkürzung die Wurzelgröße $= W$, also

$$F = \pi\, \frac{ac}{8} \int \frac{1}{s^2} \sqrt{W}$$

so hat man

$$F = \pi\, \frac{ac}{8} \left[-\frac{W^{\frac{3}{2}}}{e^4 s} - \frac{4\,(a^2 - c^2)}{e^4} \int \frac{1}{s} \sqrt{W}\, \partial s + \frac{32}{e^4} \int \sqrt{W}\, \partial s \right] \qquad (2)$$

Nun ist das erste Integral in Formel 2:

$$\int \frac{1}{s} \sqrt{W}\, \partial s = \sqrt{W} + e^4 \int \frac{\partial s}{s\sqrt{W}} - 4\,(a^2 - c^2) \int \frac{\partial s}{\sqrt{W}} \qquad (3)$$

Das zweite Integral in Formel 2

$$\int \sqrt{W}\, \partial s = \frac{-a^2 + c^2 + 4s}{8} \sqrt{W} + \frac{e^4 - (a^2 - c^2)^2}{2} \int \frac{\partial s}{\sqrt{W}} \qquad (4)$$

Werden die Werthe aus 3 und 4 in 2 substituirt, und für $W^{\frac{3}{2}}$ der Werth $W\sqrt{W}$ geschrieben, so erhält man

$$F = \pi\, \frac{ac}{8e^4} \left[-\frac{e^4 \sqrt{W}}{s} - 4\,(a^2 - c^2)\,e^4 \int \frac{\partial s}{s\sqrt{W}} + 16e^4 \int \frac{\partial s}{\sqrt{W}} \right]$$

Nun ist $\displaystyle\int \frac{\partial s}{s\sqrt{W}} = -\frac{1}{e^2}\, ln\, \frac{2e^4 - 8(a^2 - c^2)s + 2e^2\sqrt{W}}{s}$

und $\displaystyle\int \frac{\partial s}{\sqrt{W}} = \frac{1}{4}\, ln\, [-(a^2 - c^2) + 4s + \sqrt{W}]$

Mithin, wenn man den Zähler im ersten Integral mit 2 dividirt und $log\, 2$ mit zur Constante rechnet:

$$F = \frac{\pi ac}{8e^2} \left[-\frac{e^2}{s} \sqrt{W} + 4\,(a^2 - c^2)\, ln\, \frac{e^4 - 4(a^2 - c^2)s + e^2\sqrt{W}}{s} \right.$$

$$\left. + 4e^2\, ln\, [-(a^2 - c^2) + 4s + \sqrt{W}] \right] + C$$

Zur Bestimmung der Constante hat man $F = 0$,
wenn $x = MZ = \frac{1}{2}e$ ist.
$y = EZ = \frac{1}{2}e$ also $s = \frac{1}{4}e^2$

und $W = e^4 - 8\,(a^2 - c^2) \cdot \frac{1}{4}e^2 + 16\left(\frac{e^2}{4}\right)^2 = 2e^4 - 2a^2e^2 + 2c^2e^2 = 4c^2e^2$

Mithin ist

$$0 = \frac{\pi a c}{8 e^3}\left[-8ce + 4(a^2 - c^2)\,ln[8c(c+e)] - 4e^2\,ln[2c(c+e)]\right] + C$$

Also vollständig und durch x ausgedrückt:

$$F = \frac{\pi a c}{8 e^3}\left[\frac{e}{x^2}(8cx^2 - e)\sqrt{W} + 4(a^2 - c^2)\,ln\,\frac{e^4 - 4(a^2 - c^2)x^2 + e^2\sqrt{W}}{8c(c+e)x^2}\right.$$
$$\left. + 4e^2\,ln\,\frac{4x^2 - (a^2 - c^2) + \sqrt{W}}{2c(c+e)}\right] \qquad (77)$$

W bedeutet $e^4 - 8(a^2 - c^2)x^2 + 16x^4$

Für die gleichseitige Hyperbel ist $a = c$, $e = a\sqrt{2}$, demnach

$$F = \frac{\pi}{4}a^2\left[2\sqrt{2} - \frac{\sqrt{a^4 + 4x^4}}{x^2} + 2\,ln\,\frac{2x^2 + \sqrt{a^4 + 4x^4}}{a^2(1 + \sqrt{2})}\right] \qquad (78)$$

32. Cubatur der Hyperbel.

Der hyperbolische Körper, welcher durch die Umdrehung der Ebene DEG um die Axe entsteht, ist nach der Bd. II, pag. 195 aufgestellten allgemeinen Cubaturformel

$$K = \pi\int y^2\,\partial x$$
$$= \pi\int_0 \frac{c^2}{a^2}(2ax + x^2)\,\partial x = \pi\,\frac{c^2}{a^2}\left[\int 2ax\,\partial x + \int x^2\,\partial x\right]$$
$$= \pi\,\frac{c^2}{a^2}(ax^2 + \tfrac{1}{3}x^3) + C$$

wo die Constante fortfällt.

mithin $$K = \tfrac{1}{3}\pi\,\frac{c^2}{a^2}\,x^2(3a + x) \qquad (79)$$

33. Die Ebene $VMED$ drehe sich um die Asymptote ML; dann ist, wenn $MV = x$, $DV = y$ genommen wird:

$$K = \pi\int[y\sin(2\delta)]^2\,\partial x$$

Nach No. 31 ist $\sin(2\delta) = 2\frac{ac}{e^2}$

$$y = \tfrac{1}{4}\frac{e^2}{x}$$

mithin $$K = \pi\int_e \frac{a^2c^2}{e^4}\cdot\tfrac{1}{16}\frac{e^4}{x^2}\,\partial x = \frac{\pi}{4}a^2c^2\int\frac{\partial x}{x^2} = -\frac{\pi}{4}\cdot\frac{a^2c^2}{x} + C$$

Für $x = MZ = \tfrac{1}{2}e$ wird $K = 0$, mithin vollständig

$$K = -\frac{\pi a^2 c^2}{4x} + \frac{\pi a^2 c^2}{2e} = \pi\,\frac{a^2c^2}{4e}\cdot\frac{2x - e}{x}$$

oder wenn man $x = \frac{e^2}{4y}$ schreibt:

$$K = \pi\,\frac{a^2c^2}{2e^3}(e - 2y) \qquad (80)$$

Für $y = 0$ ist $x = \infty$, also für ein unendliches x ist als Maximalgrenze

$$K = \pi\cdot\frac{a^2c^2}{2e} \qquad (81)$$

Hyperbeln höherer Art.

Aus der Gleichung für die gemeine Hyperbel (Hyp. erster Art)

$$y^2 = \frac{c^2}{a^2}(2ax + x^2)$$

kann die allgemeine Form abgeleitet werden:

$$ay^2 = bx(c + x)$$

Eine Hyperbel höherer Art ist diejenige, welcher die Gleichung entspricht:

$$ay^{m+n} = bx^m(c + x)^n$$

Vergleiche den Art. „Curven, IV, Linien dritter und höherer Ordnungen" u. s. w., pag. 164.

Die Hyperbel erster Art heifst zum Unterschiede von den anderen Apollonische Hyperbel (Vergl. „Apollonische Parabel").

Wenn bei der gemeinen Hyperbel die Asymptote Abscisse ist, so ist (s. „Hyperbel No. 18, Formel 60) die Coordinatengleichung $xy = \tfrac{1}{4}e^2$

In dieser Beziehung hat man höhere Hyperbeln von den Gleichungsformen

$$x^m y^n = a^m b^n$$

Es ist $xy^2 = ab^2$ eine Hyperbel 2ter Art;

$$\left.\begin{array}{l} xy^3 = ab^3 \\ x^2y^3 = a^2b^3 \end{array}\right\}$$ sind Hyperbeln 3ter Art,

$xy^4 = ab^4$ ist eine Hyperbel 4ter Art.

u. s. w. Bei diesen sind ebenfalls die Asymptoten die Abscissenlinien.

Hyperbolisch ist was sich auf die Hyperbel bezieht, als: Hyperbolisches Konoid, welches der in dem Art. „Hyperbel, No. 32 berechnete Umdrehungskörper ist.

Hyperbolisches Cylindroid ist der Körper, welcher durch die Umdrehung eines hyperbolischen Bogens mit seinen rechtwinkligen Ordinaten um eine durch den Mittelpunkt auf der Hauptaxe senkrechten Linie entsteht. Die Oberfläche desselben ist berechnet in dem Art. „Hyperbel" No. 30.

Hyperbolisches Konoid, s. „Hyperbolisch".

Hyperbolische Logarithmen werden auch die natürlichen Logarithmen genannt; die Ursach davon s. u. „Hyperbel" No. 37, pag. 273.

Hyperboloid, s. v. w. „Hyperbolisches Konoid.

Hypergeometrische Reihe ist eine Reihe von Zahlen, deren Glieder mit den Gliedern einer arithmetischen Reihe den Zusammenhang haben, dafs ein ntes Glied derselben = dem Product der ersten n Glieder der arithmetischen Reihe ist.

2. Aus dem Art. „Facultät" geht hervor, dafs jedes Glied der Reihe mit dem Begriff Facultät gleichbedeutend ist, denn jede gegebene arithmetische Reihe hat die Form:

$$a,\ a+b,\ a+2b,\ a+3b, \ldots\ldots a+(n-1)b$$

Die hieraus hervorgehende hypergeometrische Reihe und die hieraus hervorgehenden Facultäten sind

$$a$$
$$a \times (a+b)$$
$$a \times (a+b)(a+2b)$$
$$a \times (a+b)(a+2b)(a+3b)$$

u. s. w.

3. Ist die gegebene arithmetische Reihe

$$1 \cdot 2 \cdot 3 \cdot 4 \cdot 5 \cdot 6 \ldots.$$

so ist die hypergeometrische Reihe

$$1;\ 1\cdot 2;\ 1\cdot 2\cdot 3;\ 1\cdot 2\cdot 3\cdot 4;\ 1\cdot 2\cdot 3\cdot 4\cdot 5 \text{ u. s. w.}$$
$$1 \cdot 2 \cdot 6 \cdot 24 \cdot 125 \ldots.$$

Die Glieder der hier zum Beispiel genommenen Reihe sind diejenigen Facultäten, welche mit (1), (2), (3), (4) … oder 1! 2! 3! 4! …. bezeichnet werden.

Hypocycloide. Diese unterscheidet sich von der Epicycloide dadurch, dafs der erzeugende Kreis auf einer Kreisperipherie innerhalb derselben sich abwälzt, während die Epicycloide durch die Wälzung des Kreises aufserhalb auf einer Kreisperipherie entsteht.

Ist (Fig. 720) C der Mittelpunkt des Kreises BFD vom Halbmesser $BC = R$, in welchem der Kreis AEB vom Halbmesser $BG = r$ sich abwälzt und die Hypocycloide AJD beschreibt, so ist der Kreis BFD der Grundkreis, der Kreis AEB der erzeugende Kreis und wenn von dem Punkt A aus die Beschreibung der Hypocycloide geschehen soll, A der beschreibende Punkt. Es sei, während dieser Abwälzung von B aus, der Punkt E des Kreises AEB in F gekommen und der Punkt A habe den Hypocycloidenbogen AJ durchlaufen. Dann ist also der Bogen BE des erzeugenden Kreises AEB = dem Bogen BF des Grundkreises.

Von dem Kreise AEB befindet sich jetzt der Punkt A in J, der Mittelpunkt G in P, und zwar mit F und C in einer geraden Linie. Zeichnet man nun aus P den Halbkreis FJH, so ist FJ das Stück, welches dem Bogen BE zum Halbkreise fehlt, also = dem Bogen AE und folglich Bogen HJ = dem Bogen BE. Ist der ganze Halbkreis AEB abgewälzt, so befindet sich A in D, AJD ist die halbe Hypocycloide, die andere ihr congruente Hälfte hat man sich rechts von BC zu denken.

Nimmt man nun CB zur Abscissenlinie mit dem Anfangspunkt A, die Ordi-

Fig. 720.

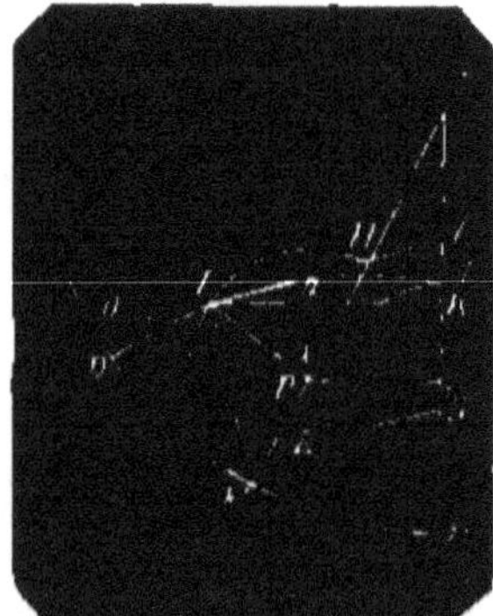

naten rechtwinklig auf CB, so ist für den Curvenpunkt J die Abscisse $AK = x$, die Ordinate $KJ = y$, der Winkel BCP sei ψ, der zu J gehörende Wälzungswinkel $BGE = HPJ = \varphi$ so hat man

$$AK = CS - KS - CA$$
$$= CP \cos\psi - JP \cos JPQ - AC$$

oder
$$x = (R - r)\cos\psi - r\cos(\varphi - \psi) - (R - 2r) \qquad (1)$$
ferner $JK = JQ + PS$

oder
$$y = r\sin(\varphi - \psi) + (R - r)\sin\psi \qquad (2)$$
und wenn man unter φ und ψ die Bogen für den Halbmesser $= 1$ versteht: für Bogen BF = Bogen BE
$$R\psi = r\varphi \qquad (3)$$

Den Werth $\psi = \frac{r}{R}\varphi$ aus Gleichung 3 in die ersten beiden Gleichungen substituirt gibt

$$x = (R - r)\cos\left(\frac{r}{R}\varphi\right) - r\cos\left(\frac{R-r}{R}\varphi\right) - (R - 2r) \qquad (4)$$

$$y = r\sin\left(\frac{R-r}{R}\varphi\right) + (R - r)\sin\left(\frac{r}{R}\varphi\right) \qquad (5)$$

3. Um nun von diesen Gleichungen auf die Untersuchung der Curve Anwendung zu machen hat man

$$\frac{\partial x}{\partial\varphi} = r\cdot\frac{R-r}{R}\left[\sin\left(\frac{R-r}{R}\varphi\right) - \sin\left(\frac{r}{R}\varphi\right)\right] \qquad (6)$$

$$\frac{\partial y}{\partial\varphi} = r\cdot\frac{R-r}{R}\left[\cos\left(\frac{R-r}{r}\varphi\right) + \cos\left(\frac{r}{R}\varphi\right)\right] \qquad (7)$$

Hieraus

$$\frac{\partial y}{\partial x} = \frac{\cos\left(\frac{R-r}{R}\varphi\right) + \cos\left(\frac{r}{R}\varphi\right)}{\sin\left(\frac{R-r}{R}\varphi\right) - \sin\left(\frac{r}{R}\varphi\right)} = \cot\tfrac{1}{2}\left[\frac{R-r}{R}\varphi - \frac{r}{R}\varphi\right] = \cot\frac{R-2r}{2R}\varphi \qquad (8)$$

Um das zweite Differenzial von y zu finden hat man

$$\frac{\partial^2 y}{\partial x^2} = \frac{\partial\left(\frac{\partial y}{\partial x}\right)}{\partial\varphi}\cdot\frac{\partial\varphi}{\partial x}$$

Nun ist aus Gl. 8

$$\frac{\partial\left(\frac{\partial y}{\partial x}\right)}{\partial\varphi} = -\frac{R-2r}{2R}\operatorname{cosec}^2\left(\frac{R-2r}{2R}\varphi\right)$$

und aus 6

$$\frac{\partial\varphi}{\partial x} = \frac{1}{r\cdot\frac{R-r}{R}\left[\sin\left(\frac{R-r}{R}\varphi\right) - \sin\left(\frac{r}{R}\varphi\right)\right]}$$

Mithin

$$\frac{\partial^2 y}{\partial x^2} = -\frac{(R-2r)\operatorname{cosec}^2\left(\frac{R-2r}{2R}\varphi\right)}{2r(R-r)\cdot 2\cos\left(\frac{R-r}{R}+\frac{r}{R}\right)\frac{\varphi}{2}\cdot\sin\left(\frac{R-r}{R}-\frac{r}{R}\right)\frac{\varphi}{2}}$$

$$= -\frac{R-2r}{4r(R-r)\cos\frac{\varphi}{2}\cdot\sin^3\left(\frac{R-2r}{2R}\varphi\right)} \qquad (9)$$

4. Zeichnet man die Sehne JH mit Verlängerung bis T in BC, so ist
$$\angle PJH = \angle PHJ = 90^\circ - \tfrac{1}{2}\varphi = \angle CHT$$
mithin
$$\angle HTA = \angle CHT + \psi = 90^\circ - \tfrac{1}{2}\varphi + \psi = 90^\circ - \tfrac{1}{2}\varphi + \frac{r}{R}\varphi = 90^\circ - \frac{R-2r}{2R}\varphi$$

Nun ist, wenn man die Tangente OJ an der Hypocycloide bis zur Abscissenlinie BC verlängert, der Winkel α, den sie mit CB bildet, nach Bd. II., pag. 185 durch die Gleichung bestimmt

$$tg\,\alpha = \frac{\partial y}{\partial x}$$

für die Hypocycloide also nach Gleichung 8

$$tg\,\alpha = cot\,\frac{R-2r}{2R}\,\varphi$$

oder $cot\,(90^\circ - \alpha) = cot\,\frac{R-2r}{2R}\,\varphi$

woraus
$$\alpha = 90^\circ - \frac{R-2r}{2R}\,\varphi \qquad (10)$$

Es ist also α derselbe Winkel JTA, den die verlängerte Sehne JH mit der Abscissenlinie bildet, und die an J gezogene Sehne JH ist die Tangente in J.

5. Die Subtangente KT ist nach Bd. II., pag. 185, Formel 1:

$$\frac{y}{\left(\frac{\partial y}{\partial x}\right)} = y\cdot tg\left(\frac{R-2r}{2R}\,\varphi\right) \qquad (11)$$

Die Subnormale, nämlich die Projection KL der bis zur Abscissenlinie CB verlängerten Sehne JF, wenn sie mit CB in L zusammentrifft: (Bd. II., pag. 185, Formel 4)

$$y\cdot\frac{\partial y}{\partial x} = y\,cot\left(\frac{R-2r}{2R}\,\varphi\right) \qquad (12)$$

Die Tangente JT nach Bd. II., p. 185, Formel 3:

$$\frac{y}{\left(\frac{\partial y}{\partial x}\right)}\cdot\sqrt{1+\left(\frac{\partial y}{\partial x}\right)^2} = y\,tg\left(\frac{R-2r}{2R}\,\varphi\right)\cdot\sqrt{1+cot^2\left(\frac{R-2r}{2R}\,\varphi\right)} = y\,sec\left(\frac{R-2r}{2R}\,\varphi\right) \quad (13)$$

Die Normale JL (Bd. II., pag. 185, Formel 6)

$$y\sqrt{1+\left(\frac{\partial y}{\partial x}\right)^2} = y\,cosec\left(\frac{R-2r}{2R}\,\varphi\right) \qquad (14)$$

Der in der Richtung JF befindliche Krümmungshalbmesser nach Bd. II., pag. 188, Formel 9

$$r = -\frac{\left[1+\left(\frac{\partial y}{\partial x}\right)^2\right]^{\frac{3}{2}}}{\left(\frac{\partial^2 y}{\partial x^2}\right)} = \left[1+cot^2\left(\frac{R-2r}{2R}\,\varphi\right)\right]^{\frac{3}{2}} \times \frac{4r(R-r)\cos\frac{\varphi}{2}\cdot sin^3\left(\frac{R-2r}{2R}\,\varphi\right)}{R-2r}$$

$$= \frac{4r(R-r)\cos\frac{\varphi}{2}}{R-2r} \qquad (15)$$

Die Abscisse für den Krümmungsmittelpunkt (Bd. II., pag. 188, Formel 10)

$$a = x - \frac{1+\left(\frac{\partial y}{\partial x}\right)^2}{\left(\frac{\partial^2 y}{\partial x^2}\right)}\cdot\frac{\partial y}{\partial x} = x + \frac{4r(R-r)\cos\frac{\varphi}{2}\,sin^3\left(\frac{R-2r}{2R}\,\varphi\right)}{(R-2r)\,sin^2\left(\frac{R-2r}{2R}\,\varphi\right)}\cdot cot\left(\frac{R-2r}{2R}\,\varphi\right)$$

$$= x + \frac{4r(R-r)}{R-2r}\cdot\cos\frac{\varphi}{2}\cdot\cos\left(\frac{R-2r}{2R}\,\varphi\right) \qquad (16)$$

Die Ordinate für den Krümmungsmittelpunkt (Bd. II., pag. 188, Formel 11)

$$b = y + \frac{1+\left(\frac{\partial y}{\partial x}\right)^2}{\left(\frac{\partial^2 y}{\partial x^2}\right)} = y - \frac{4r(R-r)}{R-2r}\cdot\cos\frac{\varphi}{2}\cdot sin\left(\frac{R-2r}{2R}\,\varphi\right) \qquad (17)$$

6. Rectification der Hypocycloide. Nach der allgemeinen Rectificationsformel, Bd. II., pag. 191.

$$l = \int\sqrt{1+\left(\frac{\partial y}{\partial x}\right)^2}\,\partial x$$

erhält man den Bogen

$$AJ = \int cosec\left(\frac{R-2r}{2R}\,\varphi\right)\partial x = \int cosec\left(\frac{R-2r}{2R}\,\varphi\right)\cdot\frac{\partial x}{\partial\varphi}\,\partial\varphi$$

also nach Formel 6

$$AJ = \int \operatorname{cosec}\left(\frac{R-2r}{2R}\varphi\right)\cdot r\,\frac{R-r}{R}\left[\sin\frac{R-r}{R}\varphi - \sin\left(\frac{r}{R}\varphi\right)\right]\partial\varphi$$

$$= 2r\cdot\frac{R-r}{R}\int \operatorname{cosec}\left(\frac{R-2r}{2R}\varphi\right)\cdot\cos\frac{\varphi}{2}\cdot\sin\left(\frac{R-2r}{2R}\varphi\right)\partial\varphi$$

$$= 2r\cdot\frac{R-r}{R}\int\cos\frac{\varphi}{2}\cdot 2\cdot\partial\frac{\varphi}{2} = 4\,\frac{r(R-r)}{R}\int\cos\frac{\varphi}{2}\cdot\partial\frac{\varphi}{2}$$

$$= \frac{4r(R-r)}{R}\sin\frac{\varphi}{2} \qquad (18)$$

Für $\varphi = \pi$ wird der Halbkreis abgewälzt und es ist die halbe Hypocycloide

$$AJD = \frac{4r(R-r)}{R} \qquad (19)$$

Hieraus der

$$\text{Bogen } DJ = \frac{4r(R-r)}{R}\cdot\left(1-\sin\frac{\varphi}{2}\right) = \frac{8r(R-r)}{R}\sin^2\frac{\pi-\varphi}{4} \qquad (20)$$

7. Setzt man in Gl. 4 und 5 $R = 2r$, so entsteht

$$x = r\cos\frac{\varphi}{2} - r\cos\frac{\varphi}{2} - 0 = 0$$

$$y = r\sin\frac{\varphi}{2} + r\sin\frac{\varphi}{2} = 2r\sin\frac{\varphi}{2} = 2r\sin\psi$$

In dem Fall also, dafs $R = 2r$ ist, dafs also der Punkt C auf A fällt, wird die Hypocycloide eine auf CB in A normale gerade Linie, die Ordinate y fällt mit derselben zusammen und wird mit Abwälzung des Halbkreises $= R$, $A = 90°$.

Hypotenuse (ὑπό über, τείνω spannen) ist die in einem rechtwinkligen Dreieck dem rechten Winkel gegenüberliegende Seite.

Hypothese (ὑπό, über, vor, θέσις Satz). In der Mathematik die Voraussetzung, die Bedingung unter welcher ein Lehrsatz (thesis) wahr ist; also der Vordersatz. In dem Lehrsatz: In einem gleichschenkligen Dreieck sind die Winkel an der Grundlinie einander gleich, ist:

Die Gleichheit zweier Seiten eines Dreiecks die Hypothesis, die Gleichheit der beiden Seiten anliegenden Winkel die Thesis.

Hypothese in den Naturwissenschaften ist eine Annahme über die physische Beschaffenheit eines Stoffs oder über die Wirkungsgesetze einer Kraft; in letzter Beziehung hat sie Wichtigkeit für die angewandte Mathematik. Eine Hypothese wird jederzeit aufgestellt als das Product der Erfahrung bei Beobachtung einer Menge von Erscheinungen einerlei Ursprungs; sie ist die Grundlage einer oft sehr umfangreichen Theorie und gilt so lange als richtig, bis aus neueren Erfahrungen oder Forschungen entweder die Unrichtigkeit derselben erwiesen oder eine wahrscheinlichere Annahme gegen die vorherige sich Bahn macht.

Eine der vortrefflichsten Hypothesen der Neuzeit über die physische Beschaffenheit des Stoffs, ein Product des menschlichen Forschergeistes ist die Atomentheorie (s. „Atom, Atomgewicht, Atomvolum“).

In dem Art.: „Festigkeit“ ist pag. 82 von 3 verschiedenen Hypothesen über den Vorgang beim Bruch starrer Körper die Rede, auf welche die Theorie der relativen Festigkeit gegründet ist.

Die uralte Hypothese, dafs die Sonne und alle Gestirne um die Erde sich drehen, welche der Augenschein hervorbrachte, hat Jahrtausende hindurch gegolten, bis Copernicus deren Unrichtigkeit nachwies. Die von Newton aufgestellte Hypothese über die Attractionsgesetze, das Ergebnifs von Beobachtungen, Berechnungen und Vergleichungen, wird sich auf ewige Zeiten bewähren.

I.

$\mathfrak{I}$ ist das Zeichen für Flächen- und Körperinhalt; früher war I statt $\int$ das Zeichen für Integral. i ist das allgemeine Zeichen für $\sqrt{-1}$ s. „Imaginäre Größen".

Identisch ist Ein und dasselbe, wenn es mehrere Male entweder da ist, oder gedacht werden soll. In der Arithmetik ist identisch was in der Geometrie congruent ist, also gleich und gleichartig oder gleich groß und von gleicher Form. Der Grundsatz: Jede Größe ist sich selbst gleich, gibt den einfachsten identischen Satz oder die einfachste identische Gleichung: $A = A$, welche oft in der Elementargeometrie zu einem Beweise erforderlich ist. Z. B. in dem Art.: „Axiom", pag. 263 zu Fig. 159 heißt es: Es ist

nach Voraussetzung	$AC = AB$
nach Construction	$AF = AG$
vermöge Grundsatz	$\angle A = \angle A$
folglich	$\triangle ACF \cong \triangle ABG$

Bloße Gleichheit gibt keine Identität.

Die Gleichung $a^2 - b^2 = (a + b)(a - b)$ ist keine identische Gleichung; sie kann aber wie jede andere analytische Gleichung zu einer identischen Gl. umgeformt werden.

Ikosaeder ist einer der 5 vieleckigen regulären Körper oder Polyeder, welche zur Untersuchung ihrer Eigenschaften einen Artikel in diesem Wörterbuch erhalten sollen.

Das Ikosaeder wird von 20 regelmäßigen Dreiecksflächen eingeschlossen, es hat 30 gleich große Kanten und 12 fünfflächige Ecken mit 60 ebenen Winkeln.

Bedeuten m, n, N, α, k, r und R dasselbe wie in dem Art.: „Dodekaeder", so ist hier

$$m = 5;\; n = 3;\; N = 20$$

$$\sin\frac{\alpha}{2} = \frac{\cos\frac{180^\circ}{m}}{\sin\frac{180^\circ}{n}} = \frac{\cos 36^\circ}{\sin 60^\circ} = \frac{1 + \sqrt{5}}{2\sqrt{3}}$$

$$\alpha = 138^\circ\, 11'\, 23''$$

$$R = \tfrac{1}{2} k\, tg\frac{\alpha}{2} \cdot tg\, 36^\circ = \tfrac{1}{4} k \sqrt{10 + 2\sqrt{5}} \qquad = 0{,}951\,0565 \times k$$

$$r = \tfrac{1}{2} k\, tg\frac{\alpha}{2} \cdot cot\, 60^\circ = \tfrac{1}{12}(3 + \sqrt{5})\, k \sqrt{3} = 0{,}755\,7613 \times k$$

$$R = r\,\frac{tg\, 36^\circ}{cot\, 60^\circ} = r\sqrt{3(5 - 2\sqrt{5})} = 1{,}258\,4087 \times r$$

$$r = R\,\frac{cot\, 60^\circ}{tg\, 36^\circ} = R\sqrt{\frac{5 + 2\sqrt{5}}{15}} \quad = 0{,}794\,6435 \times R$$

$$k = 2R\, cot\frac{\alpha}{2} \cdot cot\, 36^\circ = R\sqrt{2(1 - \tfrac{1}{5}\sqrt{5})} = 1{,}051\,4620 \times R$$

$$k = 2r\, cot\frac{\alpha}{2} \cdot tg\, 60^\circ = (3 - \sqrt{5})\, r\sqrt{3} \qquad = 1{,}323\,1691 \times r$$

$$J^a = \tfrac{1}{4} n k^2 \cot 60^\circ \qquad\qquad = \tfrac{1}{4} k^2 \sqrt{3} \qquad\qquad = 0{,}433\,0127 \times k^2$$

$$= n R^2 \cot^2 \frac{\alpha}{2} \cdot \cot 60^\circ \cdot \cot^2 36^\circ \qquad = \tfrac{1}{10}(5-\sqrt{5})\, R^2 \sqrt{3} = 0{,}478\,7270 \times R^2$$

$$= n r^2 \cot \frac{\alpha}{2} \cdot tg\, 60^\circ \qquad = \tfrac{3}{2}(7-3\sqrt{5})\, r^2 \sqrt{3} = 0{,}758\,1084 \times r^2$$

$$J^b = \tfrac{1}{12} n N \cdot k^3\, tg \frac{\alpha}{2} \cdot \cot^2 60^\circ \qquad = \tfrac{5}{12}(3+\sqrt{5})\, k^3 \qquad = 2{,}181\,6950 \times k^3$$

$$= \tfrac{1}{3} n N \cdot R^3 \cot^3 \frac{\alpha}{2} \cdot \cot^3 60^\circ \cdot \cot^3 36^\circ = \tfrac{2}{3} R^3 \sqrt{10+2\sqrt{5}} \qquad = 2{,}536\,1509 \times R^3$$

$$= \tfrac{1}{3} n N \cdot r^3 \cot^3 \frac{\alpha}{2} \cdot tg\, 60^\circ \qquad = 10(7-3\sqrt{5})\, r^3 \sqrt{3} = 0{,}505\,4056 \times r^3$$

Ikosaedralzahlen sind diejenigen der 5 Polyedralzahlen, deren zu Grunde liegendes Polyeder das Ikosaeder ist. Der Zusammenhang der Zahlen mit dem Ikosaeder ist derselbe wie der zwischen den Dodekaedralzahlen (s. d.) und dem Dodekaeder:

Die erste I. ist = 1; das Ikosaeder hat 12 fünfflächige Ecken, die zweite Zahl ist also = 12. Verlängert man je 5 zu einer Ecke gehörige Dreieckskanten (wie Fig. 565, pag. 320) *Aa* um die gleiche Länge *ab* und bildet das neue Ikosaeder, so erhält man zu den schon vorhandenen 12 Eckpunkten noch 11 neue Eckpunkte *b*, *b*, weil der 12te *A* schon gezählt ist. Von den 30 Kanten haben schon die 5 Kanten *Ab* den Mittelpunkt *a*, die übrigen 25 neue Kanten *bb* erhalten die 25 Mittelpunkte *c*, es sind also 11 Eckpunkte und 25 Kantenpunkte, zusammen 36 Punkte und die dritte Zahl ist 12 + 36 = 48.

Fig. 731.

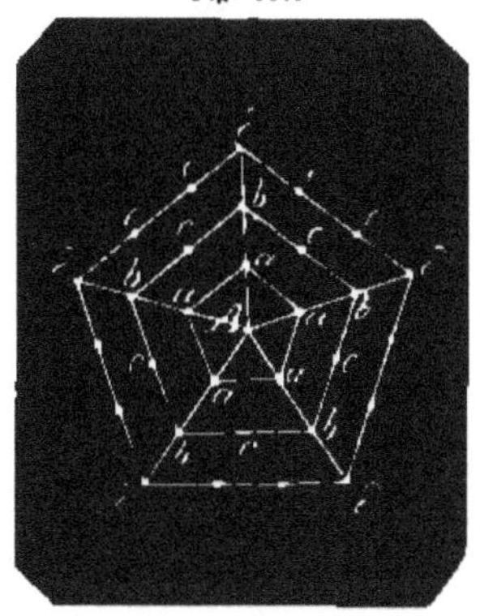

Verlängert man wieder jede der 5 Kanten *Ab* um die Länge *bd* = *Aa*, bildet das neue Ikosaeder, so kommen wieder 11 neue Eckpunkte hinzu, die 5 Kanten *Ad* haben bereits die 2 Mittelpunkte *a*, *b*, die übrigen 25 Kanten erhalten jede 2 mittlere Punkte *e*, *e*, es kommen also hinzu 50 Kantenpunkte. Die 5 Dreiecksflächen *Add* haben bereits jede den Mittelpunkt *c*, die übrigen 15 Dreiecksflächen erhalten also jede einen Punkt, zusammen 15 Flächenpunkte; mithin kommen hinzu 11 Eckpunkte, 50 Kantenpunkte, 15 Flächenpunkte, zusammen 76 Punkte und die vierte Zahl ist 124.

Wird wieder verlängert so kommen hinzu 11 Eckpunkte, + 3 × 25 Kantenpunkte + 3 × 15 Flächenpunkte, in Summa 131 Punkte und die 5te Zahl ist 255.

Bei abermaliger Verlängerung kommen hinzu 11 Eckpunkte + 4 × 25 Kantenpunkte + 6 × 15 Flächenpunkte, zusammen 201 Punkte und die 6te Zahl ist 456.

Die Differenzen zwischen den Zahlen erhält man aus folgender Reihe vierter Ordnung in der ersten Differenzenreihe

0) 1 · 12 · 48 · 124 · 255 · 456 ..... $\tfrac{1}{2}m(5m^2-5m+2)$

1) 11 36 76 131 201 ...... $\tfrac{1}{2}(15n^2-25n+12)$

25 40 55 70 ......

15 15 15 ......

Ikositetraeder, (Trapezoeder, Leucitoeder) hat 24 gleiche Trapezoidflächen; 48 Kanten, von denen 24 länger und 24 kürzer sind; 26 Ecken. Von diesen werden 6 von 4 gröfseren Kanten (*a*), 8 von 3 kleineren (*b*) und 12 von 2 größeren und 2 kleineren Kanten (c) gebildet. Die 3 Axen verbinden die 6 größeren Ecken, je 2 und 2 mit einander.

722.

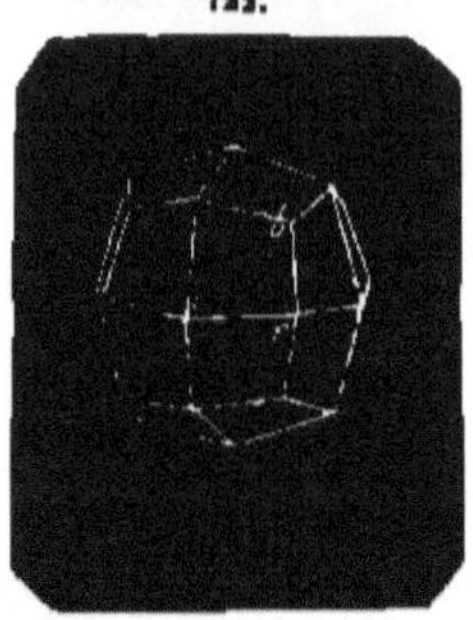

Imaginäre Größen, eingebildete, unmögliche Größen sind Größen, die nur in der Bezeichnung, nur der Form nach, nicht aber in Wirklichkeit vorhanden sind. Z. B. *arc sin* $(1 + x)$ weil es keinen Sinus gibt, der > 1 ist. *arc sinc* $(-x)$ weil es keinen negativen Sinus gibt. *Log* $(-a)$ weil eine negative Zahl keinen Logarithmus hat. So $\sqrt{-a}$, wenn a eine positive ganze Zahl ist, weil keine Zahl, 2 oder $2n$ mal mit sich selbst multiplicirt ein negatives Product geben kann.

Fig. 723.

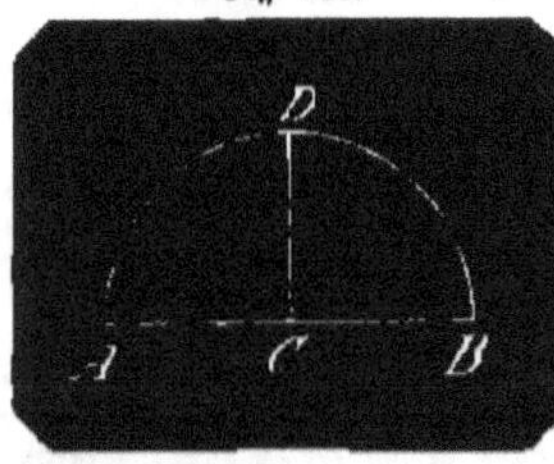

In dem Halbkreis ADB sei C der Anfangs- oder Nullpunkt, $AC = 1$

so ist $BC = -1$

da nun $AC : CD = CD : -1$

oder $1 : CD = CD : -1$

so ist $CD^2 = -1$

und $CD = \sqrt{-1}$

Es ist also CD eine imaginäre Größe, oder vielmehr, sie erscheint in ihrer Bezeichnung als imaginär, vorhanden ist sie wirklich.

So wie dieser einfache Fall darthut, können reelle Größen im Laufe des Calcüls als imaginäre Größen erscheinen, und es kommt dann darauf an, diese Form fortzuschaffen, welches in der Regel durch Einführung neuer Größen von imaginärer Form geschieht, und daher ist eine Lehre erforderlich, wie man mit imaginären Größen rechnet, die Lehre von der Rechnung mit imaginären Größen.

2. Die Größe $\sqrt{-1}$ als Repräsentant aller imaginären Größen arithmetischer Art wird in der Regel der Kürze und Bequemlichkeit wegen mit i bezeichnet.

Man schreibt dann

$$i\sqrt{a} \text{ für } \sqrt{-a} \qquad (1)$$

$$i(\sqrt{a} \pm \sqrt{b}) \text{ für } \sqrt{-a} \pm \sqrt{-b} \qquad (2)$$

Es ist ferner

$$i = \sqrt{-1} \qquad (3)$$

$$i^2 = (\sqrt{-1})^2 = -1 \qquad (4)$$

$$i^3 = (\sqrt{-1})^3 = -1\sqrt{-1} = -\sqrt{-1} \qquad (5)$$

$$i^4 = (\sqrt{-1})^4 = (-1)^2 = +1 \qquad (6)$$

$$i^5 = (\sqrt{-1})^5 = +1\sqrt{-1} = \sqrt{-1} \qquad (7)$$

u. s. w.

Daher ist

$$\sqrt{-a}\sqrt{-b} = i^2\sqrt{ab} = -\sqrt{ab} \qquad (8)$$

$$\frac{a}{\sqrt{-1}} = \frac{a}{i} = \frac{ai}{i^2} = \frac{a\sqrt{-1}}{-1} = -a\sqrt{-1} \qquad (9)$$

3. Wenn $a + bi = a' + b'i$

so muſs $a = a'$ und $b = b'$ sein.

Denn es folgt aus der gegebenen Gleichung

$$a - a' = (b' - b)\,i$$

woraus $$i = \frac{a - a'}{b' - b}$$

Wären nun $a \gtrless a'$, $b \gtrless b'$ so wären $a - a'$ und $b' - b$ reelle Größen, also $i = \frac{a - a'}{b' - b}$ eine reelle Größe, welches nicht der Fall ist. Es kann demnach nur $a = a'$ und $b = b'$ sein. Dann ist $i = \frac{0}{0}$ welches jede Größe ohne alle Ausnahme, also auch eine imaginäre Größe bezeichnet.

4. Zwei imaginäre Größen von der Form $a + bi$ und $a - bi$ heiſsen einander conjugirt.

Es ist

$$(a + bi) + (a - bi) = 2a \qquad (1)$$

$$(a + bi) - (a - bi) = 2bi \qquad (2)$$

$$(a + bi)(a - bi) = a^2 + b^2 \qquad (3)$$

$$\frac{a + bi}{a - bi} = \frac{(a + bi)^2}{a^2 + b^2} = \frac{a^2 - b^2}{a^2 + b^2} + \frac{2ab}{a^2 + b^2}\,i \qquad (4)$$

Es sind also die Summe und das Product zweier imaginärer conjugirter Ausdrücke reell, die Differenz und der Quotient derselben sind imaginär.

5. Die imaginäre Größe $A \pm Bi$ läßt sich in ein Product verwandeln; denn es ist allgemein

$$(a \pm bi)(\alpha \pm \beta i) = a\alpha - b\beta \pm (a\beta + \alpha b)\,i$$

Ein Product zweier imaginären Größen, jede von der Form $A \pm Bi$ ist hiermit durch einfache Multiplication in eine Größe von derselben Form $A \pm Bi$ umgewandelt worden. Man müßte dagegen bei specieller Anwendung 4 unbekannte Größen a, b, α, β entwickeln, wenn der rechts stehende Theil zur Verwandlung gegeben wäre.

Dagegen hat man dieselbe Umwandlung mit Hülfe trigonometrischer Functionen einfacher:

Schreibt man nämlich $\sin\varphi \pm i\cos\varphi$, so hat dieser Ausdruck die Form der gegebenen imaginären Größe, und wenn $A < 1$ und $B < 1$, so kann man $A = \sin\varphi$ und $B = \cos\varphi$ setzen. Sind dagegen A und B einzeln größer als 1, so ist ganz allgemein zu setzen

$$A \pm Bi = \varrho(\sin\varphi \pm i\cos\varphi) \qquad (1)$$

wo ϱ eine bestimmte Zahl ist.

Für die links gegebene imaginäre Größe ist also immer das rechts befindliche Product zu setzen, wenn es für weitere Entwickelungen von Nutzen ist, und man nennt ϱ den Modul und $(\sin\varphi \pm i\cos\varphi)$ den reducirten Ausdruck.

Für die Reduction hat man

$$A = \varrho\sin\varphi$$

$$B = \varrho\cos\varphi$$

hieraus $A^2 + B^2 = \varrho^2$

und
$$\varrho = \sqrt{A^2 + B^2} \qquad (2)$$

hiernach
$$\sin\varphi = \frac{A}{\varrho} = \frac{A}{\sqrt{A^2 + B^2}} \qquad (3)$$

und
$$\cos\varphi = \frac{B}{\varrho} = \frac{B}{\sqrt{A^2 + B^2}} \qquad (4)$$

Desgleichen kann man die Gleichung zu Grunde legen

$$A \pm Bi = \varrho(\cos\varphi \pm i\sin\varphi)$$

Alsdann bleibt $\varrho = \sqrt{A^2 + B^2}$ (5)

$$\sin\varphi = \frac{B}{\varrho} = \frac{B}{\sqrt{A^2 + B^2}} \qquad (6)$$

$$\cos\varphi = \frac{A}{\varrho} = \frac{A}{\sqrt{A^2 + B^2}} \qquad (7)$$

Im ersten Fall hat man

$$Arc\left(\sin = \frac{A}{\sqrt{A^2 + B^2}}\right) = Arc\left(\cos = \frac{B}{\sqrt{A^2 + B^2}}\right) = \varphi \qquad (8)$$

Im zweiten Fall

$$Arc\left(\cos = \frac{A}{\sqrt{A^2 + B^2}}\right) = Arc\left(\sin = \frac{B}{\sqrt{A^2 + B^2}}\right) = \varphi \qquad (9)$$

Da $\sqrt{A^2 + B^2}$ immer $> A$ und $> B$ so ist in jedem besonderen Fall φ zu bestimmen und wird niemals unmöglich.

6. Es ist $(A \pm Bi) \pm (A' \pm B'i) \pm (A'' \pm B''i) \pm \ldots$

$$= (A \pm A' \pm A'' + \ldots) \pm (B + B' + B'' + \ldots)\,i$$

Es kann mithin jede algebraische Summe der imaginären Größen von der Form $A \pm Bi$ auf dieselbe Form $A \pm Bi$ gebracht werden.

7. Es ist $(A \pm Bi)(A' \pm B'i)(A'' \pm B''i)\ldots\ldots$

$$= \varrho(\cos\varphi \pm i\sin\varphi)\cdot\varrho'(\cos\varphi' \pm i\sin\varphi')\cdot\varrho''(\cos\varphi'' \pm i\sin\varphi'')\ldots$$

$$= \varrho\cdot\varrho'\cdot\varrho''\ldots(\cos\varphi \pm i\sin\varphi)(\cos\varphi' \pm i\sin\varphi')(\cos\varphi'' \pm i\sin\varphi'')\ldots$$

$$= \varrho\cdot\varrho'\cdot\varrho''\ldots[\cos(\varphi + \varphi' + \varphi'' + \ldots) \pm i\sin(\varphi + \varphi' + \varphi''\ldots)]$$

Producte der imaginären Größen $A \pm Bi$ lassen sich also auf dieselbe Form $A \pm Bi$ bringen.

8. Es ist
$$\frac{A + Bi}{A' + B'i} = \frac{\varrho(\cos\varphi + i\sin\varphi)}{\varrho'(\cos\varphi' + i\sin\varphi')}$$

$$= \frac{\varrho}{\varrho'}\cdot\frac{(\cos\varphi + i\sin\varphi)(\cos\varphi' - i\sin\varphi')}{(\cos\varphi' + i\sin\varphi')(\cos\varphi' - i\sin\varphi')}$$

$$= \frac{\varrho}{\varrho'}\cdot\frac{(\cos\varphi + i\sin\varphi)(\cos\varphi' - i\sin\varphi')}{\cos^2\varphi' + \sin^2\varphi'} = \frac{\varrho}{\varrho'}\cdot[\cos(\varphi - \varphi') + i\sin(\varphi - \varphi')]$$

Quotienten der imaginären Gröfsen von der Form $A \pm Bi$ lassen sich also auf dieselbe Form $A \pm Bi$ bringen.

9. Es ist $(A + Bi)^n = \rho^n (\cos \varphi + i \sin \varphi)^n$

Denn es ist

$$(\cos \varphi + i \sin \varphi)(\cos \varphi_1 + i \sin \varphi_1) = \cos (\varphi + \varphi_1) + i \sin (\varphi + \varphi_1)$$

Multiplicirt man noch mit $(\cos \varphi_2 + i \sin \varphi_2)$ so erhält man das Product aus den 3 Factoren $= \cos (\varphi + \varphi_1 + \varphi_2) + i \sin (\varphi + \varphi_1 + \varphi_2)$ und so fort ein Product von n Factoren =

$$\cos (\varphi + \varphi_1 + \varphi_2 + \ldots\ldots \varphi_{n-1}) + i \sin (\varphi + \varphi_1 + \varphi_2 + \ldots . \varphi_{n-1})$$

Setzt man $\varphi = \varphi_1 = \varphi_2 = \varphi_3 = \ldots . \varphi_{n-1}$, so hat man

$$(\cos \varphi + i \sin \varphi)^n = \cos (n\varphi) + i \sin (n\varphi)$$

Demnach ist

$$(A + Bi)^n = \rho^n [\cos (n\varphi) + i \sin (n\varphi)] = A_1 + B_1 i$$

Also die Potenz einer imaginären Gröfse von der Form $A + Bi$ läfst sich auf dieselbe Form $A + Bi$ bringen.

10. Dafs $\log (A + Bi)$ sich in die Form $A + Bi$ bringen läfst, ist folgendermafsen zu erweisen:

Es ist Bd. III., pag. 67

$$e^{\pm x} = 1 \pm \frac{x}{1} + \frac{x^2}{(2)} \pm \frac{x^3}{(3)} + \frac{x^4}{(4)} \pm \ldots . \frac{x^n}{(n)} \qquad (1)$$

Bd. II., pag. 145, Formel IV.

$$\sin \alpha = \alpha - \frac{\alpha^3}{(3)} + \frac{\alpha^5}{(5)} - \frac{\alpha^7}{(7)} + \frac{\alpha^9}{(9)} - \ldots \qquad (2)$$

Daselbst Formel V.

$$\cos \alpha = 1 - \frac{\alpha^2}{(2)} + \frac{\alpha^4}{(4)} - \frac{\alpha^6}{(6)} + \frac{\alpha^8}{(8)} - \ldots \qquad (3)$$

Setzt man φi für x in Formel 1, ferner φ für α in Formel 2 und 3) so erhält man

$$e^{\pm \varphi i} = 1 \pm \frac{\varphi i}{1} - \frac{\varphi^2}{(2)} \mp \frac{\varphi^3 i}{(3)} + \frac{\varphi^4}{(4)} \pm \frac{\varphi^5 i}{(5)} - \frac{\varphi^6}{(6)} \mp \frac{\varphi^7 i}{(7)} + \frac{\varphi^8}{(8)} \pm \ldots . \qquad (4)$$

$$i \sin \varphi = \varphi i - \frac{\varphi^3 i}{(3)} + \frac{\varphi^5 i}{(5)} - \frac{\varphi^7 i}{(7)} + \frac{\varphi^9 i}{(9)} - \frac{\varphi^{11} i}{(11)} + \ldots\ldots \qquad (5)$$

$$\cos \varphi = 1 - \frac{\varphi^2}{(2)} + \frac{\varphi^4}{(4)} - \frac{\varphi^6}{(6)} + \frac{\varphi^8}{(8)} - \frac{\varphi^{10}}{10} + \ldots\ldots \qquad (6)$$

Addirt man nun Formel 5 und 6, so erhält man Formel 4, mit den oberen Zeichen und demnach ist

$$e^{\varphi i} = \cos \varphi + i \sin \varphi$$

Subtrahirt man Formel 5 von 6, so erhält man Formel 4 mit den unteren Zeichen, also

$$e^{-\varphi i} = \cos \varphi - i \sin \varphi$$

woraus $e^{\pm \varphi i} = \cos \varphi \pm i \sin \varphi \qquad (7)$

Nun ist e die Basis der natürlichen Logarithmen, $\ln e = 1$, folglich:

$$\pm \varphi i = \log (\cos \varphi \pm i \sin \varphi) \qquad (8)$$

also $\log \rho \pm \varphi i = \log \rho (\cos \varphi \pm i \sin \varphi) = \log (A \pm Bi)$

Also $\log (A \pm Bi) = \log \rho \pm \varphi i \qquad (9)$

also ebenfalls von der Form $A \pm Bi$.

11. Es läfst sich nun auch beweisen, dafs $\sin (A \pm Bi) =$ einer Gröfse $A' + B'i$ desgl. dasselbe von Cosinus, Tangente und allen übrigen trigonometrischen Functionen:

Aus Formel 7 No. 10 hat man

$$e^{\varphi i} = \cos \varphi + i \sin \varphi$$

$$e^{-\varphi i} = \cos \varphi - i \sin \varphi$$

durch Addition und Subtraction hat man

$$\cos \varphi = \tfrac{1}{2} (e^{\varphi i} + e^{-\varphi i}) \qquad (1)$$

$$\sin \varphi = \frac{1}{2i} (e^{\varphi i} - e^{-\varphi i}) \qquad (2)$$

durch Division beider Gleichungen in einander

$$tg\,\varphi = \frac{e^{\varphi i} - e^{-\varphi i}}{i(e^{\varphi i} + e^{-\varphi i})} = \frac{e^{2\varphi i} - 1}{i(e^{2\varphi i} + 1)} \qquad (3)$$

$$cot\,\varphi = \frac{i(e^{\varphi i} + e^{-\varphi i})}{e^{\varphi i} - e^{-\varphi i}} = \frac{i(e^{2\varphi i} + 1)}{e^{2\varphi i} - 1} = \frac{1 + e^{2\varphi i}}{i(1 - e^{2\varphi i})} \qquad (4)$$

Setzt man in Formel 1 und 2 für φ den Werth Bi, dann ist

$$\cos Bi = \tfrac{1}{2}(e^{Bi^2} + e^{-Bi^2}) = \tfrac{1}{2}(e^{-B} + e^{+B})$$

$$\sin Bi = \frac{1}{2i}(e^{Bi^2} - e^{-Bi^2}) = \frac{1}{2i}(e^{-B} - e^{+B}) = -\frac{1}{2i}(e^{B} - e^{-B})$$

Nun ist

$$\sin(A + Bi) = \sin A \cdot \cos Bi + \cos A \cdot \sin Bi$$

$$= \frac{\sin A}{2}(e^{+B} + e^{-B}) - \frac{\cos A}{2i}(e^{B} - e^{-B})$$

$$= \frac{\sin A}{2}(e^{B} + e^{-B}) + \frac{i\cos A}{2}(e^{B} - e^{-B}) = A' + B'i \qquad (5)$$

Ganz auf dieselbe Weise erhält man

$$\cos(A + Bi) = \cos A \cdot \cos Bi - \sin A \cdot \sin Bi =$$

$$\frac{\cos A}{2}(e^{B} + e^{-B}) + \frac{\sin A}{2i}(e^{B} - e^{-B})$$

$$= \frac{\cos A}{2}(e^{B} + e^{-B}) - \frac{i\sin A}{2}(e^{B} - e^{-B}) = A'' + B''i$$

$$tg(A + Bi) = \frac{\sin(A + Bi)}{\cos(A + Bi)} = \frac{A' + B'i}{A'' + B''i} = A_1 + B_1 i$$

$$cot(A + Bi) = \frac{\cos(A + Bi)}{\sin(A + Bi)} = \frac{A'' + B''i}{A' + B'i} = A_2 + B_2 i$$

$$sec(A + Bi) = \frac{1}{\cos(A + Bi)} = (A_1 + B_2 i)^{-1} = A_4 + B_4 i$$

$$cosec(A + Bi) = \frac{1}{\sin(A + Bi)} = (A_1 + B_1 i)^{-1} = A_6 + B_6 i$$

12. Ist $arc\cos(A + Bi)$ gegeben, so ist wenn man (No. 10, Formel 7) in $e^{\varphi i} = \cos\varphi + i\sin\varphi$ für $\varphi = arc\cos x$ setzt

$$e^{i\,arc\cos x} = x + i\sqrt{1 - x^2} \qquad (1)$$

hieraus $i \cdot arc\cos x = ln(x + i\sqrt{1 - x^2})$ (2)

und

$$i\,arc\cos(A + Bi) = ln\left[(A + Bi) + i\sqrt{1 - (A + Bi)^2}\right]$$

und nach Formel 5

$$arc\cos(A + Bi) = \frac{1}{i}\,ln\left[A + Bi + i(A' + B'i)\right] = \frac{1}{i}\,ln(A_1 + B_1 i)$$

und durch Auflösung in eine Reihe

$$arc\cos(A + Bi) = \frac{A_1}{i} + B_1 = A_1 + B_1 i$$

Ist $arc\sin(A + Bi)$ gegeben, so ist, wenn man für $\varphi = arc\sin x$ setzt

$$e^{i\,arc\sin x} = \sqrt{1 - x^2} + ix \qquad (3)$$

$$i\,arc\sin x = ln(ix + \sqrt{1 - x^2}) \qquad (4)$$

$$arc\sin(A + Bi) = ln\left[i(A + Bi) + \sqrt{1 - (A + Bi)^2}\right]$$

$$= \frac{1}{i}\,ln(Ai - B + \sqrt{1 - A^2 + B^2 - 2ABi}) = A_2 + B_2 i$$

Für $B = 0$ hat man aus No. 11 und 12

$$i\,Arc\cos A = ln(A + i\sqrt{1 - A^2}) \qquad (5)$$

$$i\,Arc\sin A = ln(iA + \sqrt{1 - A^2}) \qquad (6)$$

13. Die Formeln 7 No. 10 und 1, 2 No. 11 eignen sich dazu, die Summen mehrerer unendlicher abnehmender Reihen in einfachen Ausdrücken anzugeben.

Z. B. Die folgende Reihe, in welcher x = einem ächten Bruch ist:

$$y = x \sin \varphi + x^2 \frac{\sin 2\varphi}{(2)} + x^3 \frac{\sin 3\varphi}{(3)} + \ldots\ldots x^n \frac{\sin (n\varphi)}{(n)}$$

Der Kürze wegen soll die Summe aller unendlichen Glieder der Reihe durch das allgemeine Glied mit vorgesetztem Summenzeichen ausgedrückt werden, so dass $\int \frac{x^n \sin(n\varphi)}{(n)}$ so viel wie y bedeutet.

Setzt man nun in Formel 2, No. 11 für φ den Werth $n\varphi$, so erhält man das allgemeine Glied dieser Reihe

$$\frac{x^n}{(n)} \sin n\varphi = \frac{x^n}{(n)} \cdot \frac{e^{in\varphi} - e^{-in\varphi}}{2i} = \frac{1}{2i}\left[\frac{x^n}{(n)} e^{in\varphi} - \frac{x^n}{(n)} e^{-in\varphi}\right] = \frac{1}{2i}\left[\frac{(xe^{i\varphi})^n}{(n)} - \frac{(xe^{-i\varphi})^n}{(n)}\right]$$

und wenn man für n hintereinander die Werthe 1, 2, 3, ... n setzt und sämmtliche Gleichungen addirt, so erhält man

$$y = {}_0\!\int \frac{x^n}{(n)} \sin n\varphi = \frac{1}{2i}\left[{}_0\!\int \frac{(xe^{i\varphi})^n}{(n)} - {}_0\!\int \frac{(xe^{-i\varphi})^n}{(n)}\right]$$

Nun ist Formel 1, No. 10, wenn man auf beiden Seiten 1 subtrahirt

$$e^x - 1 = \frac{x}{1} + \frac{x^2}{(2)} + \frac{x^3}{(3)} + \ldots\ldots \frac{x^n}{(n)}$$

oder $e^x - 1 = {}_0\!\int \frac{x^n}{(n)}$

oder wenn man für x die Werthe $xe^{i\varphi}$ und $xe^{-i\varphi}$ setzt

$$e^{xe^{i\varphi}} - 1 = {}_0\!\int \frac{(xe^{i\varphi})^n}{(n)}$$

$$e^{xe^{-i\varphi}} - 1 = {}_0\!\int \frac{(xe^{-i\varphi})^n}{(n)}$$

Hieraus

$$y = \frac{1}{2i}\left(e^{xe^{i\varphi}} - e^{xe^{-i\varphi}}\right)$$

Setzt man die Werthe $e^{\pm i\varphi}$ aus Gleichung 7 No. 10 so erhält man

$$y = \frac{1}{2i}\left[e^{x(\cos\varphi + i\sin\varphi)} - e^{x(\cos\varphi - i\sin\varphi)}\right] = e^{x\cos\varphi} \cdot \frac{e^{xi\sin\varphi} - e^{-xi\sin\varphi}}{2i}$$

Der zweite Factor stimmt aber mit der rechten Seite der Formel 2, No. 11 überein, wenn man statt φ den Werth $x \sin \varphi$ setzt; demnach ist

$$y = e^{x\cos\varphi} \cdot \sin(x \sin \varphi)$$

14. Es sei gegeben

$$s = 1 + x \cos \varphi + x^2 \frac{\cos 2\varphi}{(2)} + x^3 \frac{\cos 3\varphi}{(3)} + \ldots\ldots x^n \frac{\cos n\varphi}{(n)}$$

In Formel 1, No. 11 für φ den Werth $n\varphi$ gesetzt und mit $\frac{x^n}{(n)}$ multiplicirt, gibt

$$\frac{x^n}{(n)} \cos n\varphi = \frac{x^n}{2(n)}\left(e^{in\varphi} + e^{-in\varphi}\right) = \tfrac{1}{2}\left[\frac{x^n}{(n)} e^{in\varphi} + \frac{x^n}{(n)} e^{-in\varphi}\right]$$
$$= \tfrac{1}{2}\left[\frac{(xe^{i\varphi})^n}{(n)} + \frac{(xe^{-i\varphi})^n}{(n)}\right]$$

Wieder die Formel $e^x - 1 = \int \frac{x^n}{(n)}$ angewendet, indem man für x die Werthe $xe^{i\varphi}$ und $xe^{-i\varphi}$ setzt, gibt

$$e^{xe^{i\varphi}} + e^{xe^{-i\varphi}} = {}_0\!\int \frac{(xe^{i\varphi})^n}{(n)} + {}_0\!\int \frac{(xe^{-i\varphi})^n}{(n)}$$

also $s = \tfrac{1}{2}\left(e^{xe^{i\varphi}} + e^{xe^{-i\varphi}}\right)$

und mit Hülfe von Formel 7, No. 10:

$$s = \tfrac{1}{2}\left[e^{x(\cos\varphi + i\sin\varphi)} + e^{x(\cos\varphi + i\sin\varphi)}\right]$$
$$= \tfrac{1}{2}e^{x\cos\varphi}\left(e^{xi\sin\varphi} + e^{-xi\sin\varphi}\right)$$

Dieser 2te Factor stimmt aber mit der rechten Seite der Formel 1, No. 11 überein, wenn man statt φ den Werth $x \sin \varphi$ setzt.

Demnach ist $s = e^{x \cos \varphi} \cdot \cos (x \sin \varphi)$

Beispiele zu No. 13 und 14.

Es sei $x = \frac{3}{4}$; $\varphi = 30^\circ$ also Bogen $\varphi = \frac{1}{6}\pi$

Nun ist also $y = e^{\frac{3}{4} \cos 30^\circ} \sin (\frac{3}{4} \sin 30^\circ) = e^{\frac{3}{8}\sqrt{3}} \sin (\frac{3}{8})$

Hieraus $\quad ln\, y = \frac{3}{8}\sqrt{3} + ln \sin 21^\circ 29' 9''$

und $\quad ln\, s = \frac{3}{8}\sqrt{3} + ln \cos 21^\circ 29' 9''$

$ln\, y = 0{,}6495190 - 1{,}0043814 = -0{,}3548624$

$ln\, s = 0{,}6495190 - 0{,}0720246 = 0{,}5774944$

hieraus $\quad log\, br\, y = 0{,}845\,6852 - 1$; $\quad y = 0{,}70127$

$log\, br\, s = 0{,}250\,8028$; $\quad s = 1{,}78157$

15. Es sei $\quad v = x \sin \varphi + x^2 \sin 2\varphi + x^3 \sin 3\varphi + \ldots\ldots x^n \sin n\varphi$

x = einem ächten Bruch. Man soll die Summe $v = \int x^n \sin n\varphi$ bestimmen.

Es ist nach No. 13

$$\sin n\varphi = \frac{e^{in\varphi} - e^{-in\varphi}}{2i}$$

und
$$x^n \sin n\varphi = \frac{1}{2i} \left[(xe^{i\varphi})^n - (xe^{-i\varphi})^n \right]$$

und
$$\int x^n \sin n\varphi = \frac{1}{2i} \cdot \int (xe^{i\varphi})^n - \frac{1}{2i} \int (xe^{-i\varphi})^n$$

Nun ist aber in der Reihe (s. Bd. III., pag. 151, Formel 4)

$$a + ae + ae^2 + \ldots\ldots ae^{n-1}$$

wenn $e < 1$ ist,

$$\int ae^{n-1} = \frac{1 - e^n}{1 - e}\, a$$

Für $n = \infty$ ist $e^n = 0$ und

$$\int ae^{n-1} = \frac{a}{1 - e}$$

wenn man nun $a = e = s$ setzt, so entsteht die Reihe

$$s + s^2 + s^3 + \ldots s^n \text{ in inf}$$

und
$$\int s^n = \frac{s}{1 - s}$$

Setzt man hierin für s die Werthe $xe^{i\varphi}$ und $xe^{-i\varphi}$ zieht die 2te Formel von der ersten ab und multiplicirt beiderseitig mit $\frac{1}{2i}$ so erhält man

$$\int x^n \sin n\varphi = \frac{1}{2i} \left(\frac{xe^{i\varphi}}{1 - xe^{i\varphi}} - \frac{xe^{-i\varphi}}{1 - xe^{-i\varphi}} \right)$$

Nimmt man x zum gemeinschaftlichen Factor, bringt beide Brüche auf gemeinschaftliche Benennung und reducirt, so erhält man

$$\int x^n \sin n\varphi = \frac{x}{2i} \cdot \frac{e^{i\varphi} - e^{-i\varphi}}{1 + x^2 - x(e^{i\varphi} + e^{-i\varphi})} = x \cdot \frac{\frac{e^{i\varphi} - e^{-i\varphi}}{2i}}{1 + x^2 - 2x \frac{e^{i\varphi} + e^{-i\varphi}}{2}}$$

Nun ist nach Formel 2, No. 11 der Zähler $= \sin \varphi$, und nach Formel 1, No. 11 der Bruch im 3ten Gliede des Nenners $= \cos \varphi$.

Mithin hat man

$$V = x \frac{\sin \varphi}{1 + x^2 - 2x \cos \varphi}$$

16. Auf dieselbe Weise erhält man

$$W = 1 + x \cos \varphi + x^2 \cos 2\varphi + x^3 \cos 3\varphi + \ldots\ldots x^n \cos n\varphi \text{ in inf}$$
$$= \frac{1 - x \cos \varphi}{1 + x^2 - 2x \cos \varphi}$$

Immensurabel, unmefsbar wegen der Gröfse des Raumes. Die Entfernungen der Fixsterne von uns sind so grofs, dafs selbst die der uns zunächst befindlichen nur geschätzt werden kann. Immensurabel oder unmefsbar ist aber nicht unendlich: Die Entfernung zwischen zweien der weitesten von uns befindlichen Fixsternen, von denen der eine im Westen, der andere im Osten steht, ist nicht unendlich, weil man die Endpunkte der Länge sieht.

Impuls ist die Einwirkung zweier Körper auf einander mittelst eines Stosses, auch der Stoss selbst. Er wird gemessen mit dem Product der Masse mal der Geschwindigkeit des stossenden Körpers.

Impulsive Kraft ist eine Kraft, die auf Stoss wirkt.

Incidenz ist der Einfall eines Lichtstrahls auf die Oberfläche eines Körpers.

Incidenzwinkel, s. v. w. „Einfallswinkel“.

Incommensurabel sind Grössen, die kein gemeinschaftliches Maass haben, als $\sqrt{3}$ und $\sqrt{2}$ (vergl. „Commensurabel“). In Potenz incommensurabel heisst bei Euklid incommensurabel im Quadrat. Im X. Buch heisst seine 2. Erklärung: Incommensurabele Grössen sind, für welche sich gar kein gemeines Maass finden lässt. 3. Erkl.: Gerade Linien sind in Potenz commensurabel, wenn ihre Quadrate von einem und demselben Flächenraum gemessen werden. 4. Erkl.: In Potenz incommensurabel aber, wenn sich für ihre Quadrate gar kein Flächenraum als gemeines Maass finden lässt.

Ferner sind folgende Zeichen eingeführt:

$A \urcorner B$ heisst: die Linien A und B sind commensurabel.

$A \cup B$, sie sind incommensurabel,

$A \frown B$, sie sind bloss in Potenz commensurabel,

$A \sqcup B$, sie sind in Potenz incommensurabel.

Lehrsatz 5 heisst: commensurabele Grössen (Linien) A, B verhalten sich wie Zahlen. Lehrs. 7 heisst: Incommensurabele Grössen A, B verhalten sich nicht wie Zahlen zu einander. Satz 9 heisst:

1. Die Quadrate gerader in Länge commensurabeler Linien A, B verhalten sich wie Quadratzahlen, und Quadrate, welche sich wie Quadratzahlen verhalten, haben in Länge commensurabele Seiten A, B.

2. Hingegen die Quadrate gerader in Länge incommensurabeler Linien A, B verhalten sich nicht wie Quadratzahlen; und Quadrate, welche sich nicht wie Quadratzahlen verhalten, haben nicht in Länge commensurabele Seiten A, B.

Satz 11 ist eine Aufgabe: Zu einer gegebenen geraden Linie A zwei andere zu finden, von denen die eine ihr bloss in Länge, die andere aber zugleich in Potenz incommensurabel ist: Auflösung. Erstlich: Nimm 2 Zahlen B, C, welche sich nicht wie Quadratzahlen verhalten und mache $B : C = \square A : \square D$, so sind A und D bloss in Länge incommensurabel.

Zweitens: Nimm zwischen A und D die mittlere Proportionallinie E, so sind A und E in Länge und Potenz zugleich incommensurabel.

Denn da $A : E = E : D$

so ist auch $A : D = \square A : \square E$

folglich sind wie A und D auch $\square A$ und $\square E$ incommensurabel, also die Linien A und E in Potenz incommensurabel.

Incomplexe Grössen sind solche, die zu keinem Complex vereinigt werden können (s. „Complex“), als 3 Thaler und 7 Pfund.

Increment bei veränderlichen Grössen ist die Grösse des Wachsthums, der Zunahme, wie Decrement die Grösse der Abnahme; für beide Bezeichnungen sagt man jetzt allgemein: Differenz.

Index (Zeiger) ist bei den Reihen die Stellenzahl, daher bei den Logarithmen die Characteristik, die Kennziffer, weil diese als ganze Stellenzahl für eine Potenzenreihe betrachtet werden kann. An Winkelinstrumenten ist Index der mit dem Nonius verbundene Schieber.

Indirect (ungerade) ist dem direct (gerade) entgegengesetzt; beides wird vornehmlich von Verhältnissen gesagt. Je grösser A ist, desto grösser ist B, ist ein gerades, ein directes Verhältniss; je grösser A ist, desto kleiner ist B, ist ein ungerades, ein umgekehrtes, ein indirectes Verhältniss. Je mehr Arbeiter desto mehr Arbeit ist ein directes Verhältniss; je mehr Arbeiter desto geringere Zeit zu Vollendung derselben Arbeit ist ein indirectes Verhältniss. Bei gleichen mechanischen Momenten $V \cdot P = v \cdot p$ verhalten sich die Kräfte oder Massen P, p indirect wie deren Geschwindigkeiten V, v; nämlich $P : p = v : V$. Darum nennt man indirecte Verhältnisse solche, bei welchen die zusammen gehörigen Grössen in ungleichnamigen Gliedern zu stehen kommen.

Indirecte Bewegung, retrograde, rückläufige Bewegung der Planeten kommt bei den beiden unteren Planeten, dem Merkur und der Venus vor. Die Planeten nämlich laufen alle nach einerlei

Seite hin gerichtet um die Sonne, und zwar von Westen über Süden nach Osten. Wenn nun die beiden unteren Planeten zwischen Erde und Sonne oder in der Nähe ihrer unteren Conjunction sich befinden (s. Conjunction), so scheinen sie, besonders da sie ihrer gröfseren Winkelgeschwindigkeit wegen voreilen, die entgegengesetzte Bewegung von Ost nach West zu machen.

Infinitesimalrechnung ist die Differenzialrechnung nach einer zu Grunde gelegten besonderen Anschauung und Methode der Behandlung. Der Hauptgrundsatz dieser Methode ist: Eine unendlich kleine Gröfse verschwindet gegen eine endliche Gröfse; eine unendlich kleine Gröfse der zweiten Ordnung verschwindet gegen eine unendlich kleine Gröfse der ersten Ordnung; überhaupt eine unendlich kleine Gröfse einer höheren Ordnung verschwindet gegen eine unendlich kleine Gröfse einer niedereren Ordnung.

Die Infinitesimalmethode ist die älteste Methode und diejenigen Mathematiker, welche ihr angehört haben und noch angehören, werden Infinitesimalisten genannt. Folgendes Beispiel wird die Methode wohl klar darlegen: man lese nur zuvor den Art. „Differenzial" No. 1 bis 7.

Wenn eine veränderliche Gröfse x um eine unendlich kleine Gröfse Δx in $x + \Delta x$ sich ändert, so ändert sich eine von x abhängige Function fx in $f(x + \Delta x)$. Dann sind in dem Quotient

$$\frac{f(x + \Delta x) - fx}{(x + \Delta x) - \Delta x} = \frac{f(x + \Delta x) - fx}{\Delta x}$$

der Zähler wie der Nenner unendlich kleine Gröfsen. Wie aber

$$\frac{1}{100\,000^n} : \frac{1}{10000\,000^n} = 10^n$$

ist, so kann auch der obige Quotient beider unendlich kleinen Gröfsen eine nicht unbedeutende endliche Gröfse werden.

Es sei $fx = x^n$, so ist nach dem binomischen Satz

$$\frac{(x + \Delta x)^n - x^n}{\Delta x} = nx^{n-1} + \frac{n \cdot n - 1}{1 \cdot 2} x^{n-2} \cdot \Delta x + \frac{n \cdot n - 1 \cdot n - 2}{1 \cdot 2 \cdot 3} x^{n-3} \Delta x^2 + \ldots\ldots$$

Nun sagt die I-methode: Das Glied mit dem Factor Δx^n verschwindet gegen das Glied mit dem Factor Δx^{n-1}; dieses verschwindet gegen das Glied mit dem Factor Δ^{n-2} u. s. f. Endlich verschwindet das zweite Glied der Reihe mit dem Factor Δx gegen das erste endliche Glied, und dieses nun ist das Differenzial der Function x^n.

Die strengere Grenzmethode sagt: nx^{n-1} sei der Grenzwerth der Function x^n unter der Bedingung, dafs die Urveränderliche x um die sehr kleine Gröfse Δx wächst oder abnimmt. Denn da Δx kleiner genommen werden kann, als jede noch so klein gegebene Gröfse, also auch jedes Product mit dem Factor Δx kleiner werden kann, als jede noch so kleine Gröfse, so ist das zweite Glied rechts kleiner als jede noch so kleine Gröfse und ebenso ist die Summe sämmtlicher Glieder vom 2ten Gliede ab kleiner zu machen als jede noch so kleine Gröfse. Demnach ist

$$\frac{(x + \Delta x)^n - x^n}{\Delta x} - nx^{n-1}$$

kleiner als jede noch so kleine Gröfse und folglich nx^{n-1} der Grenzwerth der Function x^n bei einem Wachsthum oder einer Abnahme von x um die sehr kleine Gröfse Δx.

Die Methode von Lagrange, die Nullrechnung ist noch schärfer, sie läfst $\Delta x = 0$ werden, alsdann hat man

$$\frac{(x + \Delta x)^n - x^n}{\Delta x} = \frac{0}{0}$$

und dieser jeden Werth vertretende Quotient ist in dem Fall für $\Delta x = 0$ gleich dem ersten Gliede nx^{n-1} der rechts befindlichen Reihe.

Inflexionspunkt, s. v. w. „Wendungspunkt", s. „Curvenlehre" IV., pag. 188.

Inhalt einer Fläche ist die Summe der Flächeneinheiten, welche die Fläche in sich begreift; Inhalt eines Körpers, eines körperlichen Raums die Summe der Kubikeinheiten, die der Körper in sich begreift.

In infinitum, abgekürzt in inf. ist in den Reihen die Bezeichnung, dafs die Anzahl der Glieder unendlich sein soll, dafs die Reihe bis ins Unendliche sich erstrecken oder fortgesetzt gedacht werden soll.

Innere Glieder einer Proportion, s. u. „äufsere Glieder".

Innere Winkel, s. u. „äufsere Winkel".

Instrument, Werkzeug und Apparat sind Geräthe, mit deren Hülfe durch die leitende Hand des Arbeiters nützliche Gegenstände hervorgebracht werden. Instrument und Werkzeug unterscheiden sich von Apparat, dafs jene beiden einfache Geräthe sind, die mit den Händen erfafst und geeignet geleitet, gehandhabt werden, also Handhaben; während der Apparat ein aus mehreren einzelnen Theilen zusammengesetztes standfähiges Werk, ein Hauwerk ist und welches zur Maschine wird, wenn dessen Theile durch äufsere auf sie einwirkende Kräfte ihre Lage gegen einander mittelst Construction planmäfsig ändern. Werkzeug und Instrument unterscheiden sich, dafs jenes ein Geräth des Handwerks, dieses ein Geräth der Kunst ist.

Brechstange, Maurerkelle, Zimmeraxt, Schmiedezange sind Werkzeuge; Modellirstifte, Lanzetten sind Instrumente, Dampfkessel, Destillirblasen sind Apparate; Krahne, Pumpen, Bohr- und Schneidewerke sind Maschinen.

Apparate, deren Handhabung eine besondere Kunstfertigkeit erfordert, heifsen Instrumente. Ein Leierkasten ist ein musikalischer Apparat, Klavier und Orgel sind musikalische Instrumente. Die Atwoodsche Maschine, die sogenannte Electrisirmaschine sind physikalische Apparate; Barometer, Thermometer, Aräometer sind physikalische Instrumente. Eine Taschenuhr ist ein Zeitmefsinstrument, welches aus zweien in einander wirkenden Maschinen besteht. Theodolit, Boussole, Niveau und alle die Mefsvorrichtungen, welche des Stativs oder überhaupt der nothwendigen festen Aufstellung wegen Apparate heifsen sollten, heifsen eben so wie Kette und Stäbe Mefsinstrumente.

Integral. 1. Allgemeines.

Integral einer gegebenen Function ist diejenige Function, von welcher die gegebene das Differenzial ist.

Jede Function, die zur Auffindung ihres Integrals gegeben ist, mufs demnach als ein Differenzial betrachtet werden; also als eine Gröfse, die von einer Function durch eine mit dieser geschehene Aenderung abgeleitet worden ist, und es ist die Aufgabe gestellt, aus der abgeänderten Function die ursprüngliche Function, die primitive Function, die Stammfunction in ihrem ungeändert befindlich gewesenen Zustand aufzufinden, die gegebene geänderte Function in integrum herzustellen, das Integral zu finden.

Von einer gegebenen Function das Integral finden heifst die Function integriren.

Wie die Forderung des Differenziirens ausgedrückt wird durch $\frac{\partial \varphi x}{\partial x}$, so wird die Forderung des Integrirens ausgedrückt durch $\int fx \cdot \partial x$

Jenes ∂ ist ein etwas abgeändertes lateinisches *d* (Differenzial), dieses ein etwas abgeändertes lateinisches langes s (Summe), wofür früher ein *S* gesetzt wurde.

Wenn $\frac{\partial \varphi x}{\partial x} = fx$

so ist $\int fx \cdot \partial x = \varphi x$

In den Forderungen

$$\int \varphi x \cdot \partial x$$

$$\int \varphi y \cdot fx \cdot \partial x$$

Bedeutet ∂x, dafs die gegebenen Differenziale φx, $\varphi y \cdot fx$ aus den Stammfunctionen in Beziehung auf die Urveränderliche x abgeleitet worden sind.

Das Integral $\int \varphi x \cdot \partial y$ heifst, dafs das Differenzial φx auf die Urveränderliche y genommen worden und dafs x eine von y abhängige veränderliche Gröfse ist.

In der Coordinatengleichung für die Hyperbel pag. 262, No. 3, Gl. 14.

$$y^2 = \frac{c^2}{a^2}(2ax + x^2)$$

ist die Differenzialgleichung

$$y\,\partial y = \frac{c^2}{a^2}(a + x)\,\partial x$$

hieraus

$$\frac{\partial y}{\partial x} = \frac{c^2}{a^2} \cdot \frac{a + x}{y}$$

Es ist also in dem rechts befindlichen Ausdruck das Differenzial von y in Beziehung auf die Urveränderliche x gegeben; soll nun dasselbe integrirt werden, so ist die Forderung zu schreiben:

$$y = \int \frac{c^2}{a^2} \cdot \frac{a + x}{y}\,\partial x$$

und man erhält das Integral y durch die Urveränderliche x ausgedrückt.

Entwickelt man dagegen aus obiger Coordinatengleichung das Differenzial

$$\frac{\partial x}{\partial y} = \frac{a^2}{c^2} \cdot \frac{y}{a + x}$$

so ist der rechts befindliche Ausdruck das Differenzial von x in Beziehung auf die Urveränderliche y und man erhält x durch y ausgedrückt mit der Forderung:

$$x = \int \frac{a^2}{c^2} \cdot \frac{y}{a+x} \partial y$$

Es ist $\frac{\partial a x}{\partial x} = a$

$$\frac{\partial a y}{\partial y} = a$$

$$\frac{\partial a z}{\partial z} = a$$

Es ist also $\int a =$ dem Product aus a in die Veränderliche $= ax$, auch $= ay$, auch $= az$ u. s. w.

Es ist mithin die Hinzufügung der Urveränderlichen unerläfslich und die Forderungen werden geschrieben:

$$\int a\, \partial x;\ \int a\, \partial y;\ \int a\, \partial z.$$

2. Das Integriren ist dem Differenziiren so entgegengesetzt wie das Dividiren dem Multipliciren. Denn wie das Einsineins aus dem Einmaleins unmittelbar sich ergibt, wie z. B. aus dem Satz: 6 mal 7 ist 42 sofort der Satz hervorgeht 7 in 42 geht 6 mal, so geht unmittelbar aus der Differenzialformel (104)

$$\frac{\partial \sin x}{\partial x} = \cos x$$

die Integralformel hervor:

$$\int \cos x \cdot \partial x = \sin x$$

Aus der Differenzialformel (105)

$$\frac{\partial \cos x}{\partial x} = -\sin x$$

Die Integralformel

$$\int -\sin x\, \partial x = \cos x$$

Wie man in geordneter Tabelle Differenzialformeln zusammenstellt, um diese für Fälle, wo Differenziale von Functionen ähnlicher Form zu bestimmen sind, als Fundamentalformeln zu benutzen, so geschieht dies auch mit den Integralformeln.

Es ist aber nicht angemessen, Formeln für negative Functionen aufzustellen, und da

$$\frac{\partial(-\cos x)}{\partial x} = -\frac{\partial \cos x}{\partial x} = \sin x$$

so hat man die Integralformel und zwar eine Hauptfundamentalformel

$$\int \sin x \cdot \partial x = -\cos x$$

Die Differenzialformel (85) ist

$$\frac{\partial (a + bz^n)^m}{\partial z} = m\, n\, b\, z^{n-1} (a + bz^n)^{m-1}$$

hieraus ist gegenseitig:

$$\int m\, n\, b\, z^{n-1} (a + bz^n)^{m-1}\, \partial z = (a + bz^n)^m$$

In dieser Form ist aber eine Integralformel als Normalformel nicht aufzustellen: Man hat den Coefficient mnb fortzuschaffen und m statt $m-1$ zu setzen. Alsdann erhält man eine Normalformel

$$\int z^{n-1} (a + bz^n)^m\, \partial z = \frac{(a + bz^n)^{m+1}}{mnb}$$

oder

$$\int z^n (a + bz^{n+1})^m\, \partial z = \frac{(a + bz^{n+1})^{m+1}}{mnb}$$

Behufs der Zusammenstellung von geordneten Integralformeln und um mit Hülfe dieser wieder Integrale von Functionen anderer Form ableiten zu können mufs demnach ein wissenschaftlich begründetes Verfahren angewendet werden können.

Der Inbegriff der Regeln, nach welchen die Integrale aus gegebenen Differenzialen entwickelt werden, heifst die Integralrechnung. Diese zerfällt wie die Differenzialrechnung in die Lehre vom Integriren algebraischer und transcendenter Functionen; erstere wieder in die rationaler und irrationaler, ganzer und gebrochener Functionen. Ferner wird unterschieden das Integriren gesonderter und ungesonderter Functionen, der Functionen mit einer und mit mehreren veränderlichen Gröfsen.

3. Constanten der Integrale.

Es ist $\frac{\partial a x}{\partial x} = a$

$$\frac{\partial (ax + b)}{\partial x} = a$$

Demnach ist $\int a \cdot \partial x = ax$

und dasselbe $\int a \cdot \partial x = ax + b$

Ueberhaupt ist $\int a \cdot \partial x$ entweder $= ax$ oder $ax +$ einer constanten Gröfse, so dafs die vielen Integrale $\int a$ alle durch constante Gröfsen von einander unterschieden sind.

Es fragt sich nun, ob eine Function mehrere Integrale haben kann, deren Unterschied nicht nur constant ist, sondern der auch in einer Function der Veränderlichen bestehen kann. D. h. ob zwei und mehrere verschiedene Functionen derselben Urveränderlichen ein und dasselbe Differenzial haben können.

Um dies zu untersuchen seien $y = \varphi x$ und $z = f x$ zwei verschiedene Functionen von x, deren Differenziale einander gleich, also

$$\frac{\partial y}{\partial x} = \frac{\partial z}{\partial x}$$

Da nun gleiche Functionen nur gleiche Differenziale haben können, so ist auch

$$\frac{\partial^2 y}{\partial x^2} = \frac{\partial^2 z}{\partial x^2}$$

und aus demselben Grunde

$$\frac{\partial^3 y}{\partial x^3} = \frac{\partial^3 z}{\partial x^3}$$

$$\frac{\partial^4 y}{\partial x^4} = \frac{\partial^4 z}{\partial x^4} \text{ u. s. w.}$$

Die Gleichheit dieser Functionen besteht bei jedem Werth von x, also auch für $x = 0$. Demnach ist

$$\left(\frac{\partial y}{\partial x}\right)_0 = \left(\frac{\partial z}{\partial x}\right)_0$$

$$\left(\frac{\partial^2 y}{\partial x^2}\right)_0 = \left(\frac{\partial^2 z}{\partial x^2}\right)_0$$

u. s. w.

Nun ist nach Bd. II., pag. 289 die Mac Laurinsche Reihe

$$y = \varphi x = (y)_0 + \left(\frac{\partial y}{\partial x}\right)_0 + \left(\frac{\partial^2 y}{\partial x^2}\right)_0 + \left(\frac{\partial^3 y}{\partial x^3}\right)_0 + \dots$$

$$z = fx = (z)_0 + \left(\frac{\partial z}{\partial x}\right)_0 + \left(\frac{\partial^2 z}{\partial x^2}\right)_0 + \left(\frac{\partial^3 z}{\partial x^3}\right)_0 + \dots$$

Zieht man nun eine Reihe von der anderen ab, so fallen sämmtliche untereinander stehende Glieder von den ersten Differenzialen ab gegen einander fort und es bleibt

$$y - z = \varphi x - fx = y_0 - z_0$$

Da aber in den Functionen y_0 und z_0 die Veränderliche $x = 0$ gesetzt ist, so sind y_0 und z_0 constant, der Unterschied zwischen y und $z = y - z$ besteht also in einer constanten Gröſse. D. h.

Wenn zwei von einander verschiedene Functionen gleiche Differenziale haben, so kann deren Verschiedenheit nur darin bestehen, daſs der Unterschied beider Functionen eine constante Gröſse ist. Und gegenseitig:

Die Integrale einer und derselben Function können nur um eine constante Gröſse von einander verschieden sein.

Um an diese möglicher Weise noch hinzuzufügende Constante sich zu erinnern, schreibt man in jedem besonderen Fall $\int \varphi' x = \varphi x + C$ anstatt $\int \varphi' x = \varphi x$; die Ermittelung des Werths der Constante (C) geschieht der jedesmaligen Natur der Aufgabe entsprechend.

Beispiel:

$$F\varphi = tg\,(\alpha + \varphi)$$

und

$$f\varphi = \frac{\sin \varphi}{\cos(\alpha + \varphi) \cdot \cos \alpha}$$

Nun ist

$$\frac{\partial F\varphi}{\partial \varphi} = \partial\, tg\,(\alpha + \varphi) = \sec^2(\alpha + \varphi)$$

$$\frac{\partial f\varphi}{\partial \varphi} = \partial \frac{\sin \varphi}{\cos \alpha \cdot \cos(\alpha + \varphi)} = \frac{\cos(\alpha + \varphi) \cdot \cos \varphi + \sin(\alpha + \varphi) \cdot \sin \varphi}{\cos \alpha \cdot \cos^2(\alpha + \varphi)}$$

$$= \frac{\cos \alpha}{\cos \alpha \cdot \cos^2(\alpha + \varphi)} = \sec^2(\alpha + \varphi)$$

Beide Functionen $F\varphi$ und $f\varphi$ haben einerlei Differenzial.

Es muſs demnach

$$tg\,(\alpha + \varphi) - \frac{\sin \varphi}{\cos \alpha \cdot \cos(\alpha + \varphi)}$$

constant sein.

Zur Untersuchung ist diese Differenz unter einerlei Nenner zu bringen und zu schreiben

$$\frac{\sin(\alpha + \varphi) \cdot \cos \alpha - \sin \varphi}{\cos \alpha \cdot \cos(\alpha + \varphi)}$$

Der Zähler umgeformt gibt

$$\sin \alpha \cdot \cos \alpha \cdot \cos \varphi + \cos^2 \alpha \cdot \sin \varphi - \sin \varphi$$
$$= \sin \alpha (\cos \alpha \cdot \cos \varphi - \sin \alpha \cdot \sin \varphi) = \sin \alpha \cdot \cos(\alpha + \varphi)$$

Der Unterschied $F\varphi - f\varphi$ ist demnach

$$= \frac{\sin \alpha \cdot \cos(\alpha + \varphi)}{\cos \alpha \cdot \cos(\alpha + \varphi)} = tg\,\alpha$$

4. Es ist demnach erwiesen, daſs wenn man von zwei oder mehreren Integralen, die aus einer Function entwickelt werden können, das eine Integral von einem der

anderen absieht, die Differenz eine Constante ist.

Aus diesem Grunde betrachtet man auch ein negatives Integral als den Subtrahend eines Integrals, dessen Minnend eine Constante ist. Z. B.

$$\int \sin x = -\cos x = \cos A - \cos x$$

Constanter Factor eines Integrals.

5. Wenn (Differenzial No. 10)

$$\varphi x = A fx$$

so ist $$\frac{\partial \varphi x}{\partial x} = \varphi' x = A \cdot f' x$$

Folglich ist gegenseitig

$$\int \varphi' x \cdot \partial x = \int A f' x \cdot \partial x = A \int f' x \cdot \partial x = A fx$$

D. h. Wenn eine Function fx einen constanten Factor hat, so ist deren Integral = dem Factor mal dem Integral der Function: z. B.

$$\int A \cos x = A \int \cos x = A \sin x$$

Algebraische Summe zu integriren.

6. Wenn (Differenzial No. 9)

$$y = Fx \pm fx \pm \varphi x$$

so ist $$\frac{\partial y}{\partial x} = \partial (Fx \pm fx \pm \varphi x) \frac{1}{\partial x} = \frac{\partial Fx}{\partial x} \pm \frac{\partial fx}{\partial x} \pm \frac{\partial \varphi x}{\partial x}$$

daher gegenseitig $$\int (F' x \pm f' x \pm \varphi' x) \partial x = \int F' x \cdot \partial x \pm \int f' x \cdot \partial x \pm \int \varphi' x \cdot \partial x \qquad (1)$$

D. h. Das Integral einer algebraischen Summe von Functionen ist = der algebraischen Summe der Integrale der Summanden.

Producte zu integriren.

7. Wenn (Differenzial No. 11)

$$y = u \cdot v = fx \cdot \varphi x$$

so ist

$$\partial (fx \cdot \varphi x) = fx \cdot \varphi' x + \varphi x \cdot f' x$$

Also gegenseitig

$$fx \cdot \varphi x = \int (fx \cdot \varphi' x + \varphi x \cdot f' x) = \int fx \cdot \varphi' x + \int \varphi x \cdot f' x$$

Setzt man nun $\varphi' x = Fx \cdot \partial x$

so ist $$\varphi x = \int Fx \cdot \partial x$$

Diese Werthe in die letzte Gleichung substituirt, entsteht

$$fx \int Fx \cdot \partial x = \int fx \cdot Fx \cdot \partial x + \int (f' x \int Fx \cdot \partial x) \partial x$$

woraus $$\int fx \cdot Fx \cdot \partial x = fx \int Fx \cdot \partial x - \int [f' x \int Fx \cdot \partial x] \partial x \qquad (2)$$

D. h. Das Integral eines Products zweier Functionen ist gleich der einen Function multiplicirt mit dem Integral der anderen, minus dem Integral des Products aus dem Differenzial der ersten Function multiplicirt mit dem Integral der zweiten Function.

Beispiele. 1. Zu finden: $\int \sin x \cdot \cos x \cdot \partial x$

Es ist $$\int \sin x \cdot \cos x \cdot \partial x = \sin x \int \cos x \cdot \partial x - \int \left[\frac{\partial \sin x}{\partial x} \int \cos x \cdot \partial x \right] \partial x$$

Nun ist $$\int \cos x \cdot \partial x = \sin x; \quad \frac{\partial \sin x}{\partial x} = \cos x$$

Daher hat man

$$\int \sin x \cdot \cos x \cdot \partial x = \sin x \cdot \sin x - \int \cos x \cdot \sin x \cdot \partial x$$

hieraus $$2 \int \sin x \cdot \cos x \cdot \partial x = \sin^2 x$$

folglich $$\int \sin x \cdot \cos x \cdot \partial x = \tfrac{1}{2} \sin^2 x$$

2. Zu finden $\int x^3 \partial x$

Schreibt man $x \cdot x^2$ für x^3 so hat man

$$\int x \cdot x^2 \cdot \partial x = x \int x^2 \cdot \partial x - \int \left[\frac{\partial x}{\partial x} \int x^2 \cdot \partial x \right] \partial x$$

Nach Differenzialformel 32 ist

$$\frac{\partial x^3}{\partial x} = 3x^2$$

also gegenseitig

$$\int x^2 \partial x = \tfrac{1}{3} x^3$$

also $$\int x^3 \partial x = x \cdot \tfrac{1}{3} x^3 - \int (1 \cdot \tfrac{1}{3} x^3 \partial x) \partial x = \tfrac{1}{3} x^4 - \tfrac{1}{3} \int x^3 \partial x$$

woraus $$\tfrac{4}{3} \int x^3 \partial x = \tfrac{1}{3} x^4$$

und $$\int x^3 \partial x = \tfrac{1}{4} x^4$$

3. Zu finden $\int 1 = \int x^3 \cdot \frac{1}{x^3} \partial x$

Es ist $$\int x^3 \cdot \frac{1}{x^3} \cdot \partial x = x^3 \int \frac{1}{x^3} \partial x - \int \left[\frac{\partial x^3}{\partial x} \cdot \int \frac{1}{x^3} \partial x \right] \partial x$$

Differenzialformel 36 ist

$$\partial x^{-1} = -x^{-2}$$

oder

$$\partial \frac{1}{x} = -\frac{1}{x^2}$$

also gegenseitig

$$\int \frac{1}{x^2} = -\frac{1}{x}$$

Mithin

$$\int 1 = x^2 \left(-\frac{1}{x}\right) - \int 2x \cdot \left(-\frac{1}{x}\right)$$

$$= -x + 2\int x \cdot \frac{1}{x}\, \partial x = -x + 2\int 1 \cdot \partial x = -x + 2x = x$$

II. Integrirung algebraischer Functionen.

A. Rationale Functionen.

Nach No. 3 ist

$$\int a\, \partial x = ax \tag{3}$$

8. Zu finden das Integral einer Potenz von x, als

$$y = \int x^m\, \partial x$$

Die 25te Differenzialformel ist

$$\partial y = \frac{\partial (\varphi x)^n}{\partial x} = n(\varphi x)^{n-1}\, \partial \varphi x$$

also gegenseitig

$$\int n(\varphi x)^{n-1} \cdot \partial \varphi x \cdot \partial x = \varphi x^n$$

Man kommt dem verlangten Integral gleich, wenn man $\varphi x = x$ also $\partial \varphi x = \partial x$ und $n - 1 = m$ also $n = m + 1$ setzt und mit $m + 1$ dividirt. Alsdann hat man

$$\int x^m\, \partial x = \frac{x^{m+1}}{m+1} \tag{4}$$

Für m nach und nach die Zahlen 1, 2, 3, 4.... gesetzt entstehen die Integralformeln

$$\int x \cdot \partial x = \tfrac{1}{2} x^2$$

$$\int x^2 \cdot \partial x = \tfrac{1}{3} x^3$$

$$\int x^3 \cdot \partial x = \tfrac{1}{4} x^4$$

$$\int x^4 \cdot \partial x = \tfrac{1}{5} x^5$$

u. s. w.

9. Setzt man in Differenzialformel 25 den Exponent subtractiv, so erhält man Differenzialformel 30

$$\frac{\partial s^{-n}}{\partial s} = \partial \frac{1}{s^n\, \partial s} = -ns^{-(n+1)} = -\frac{n}{s^{n+1}}$$

und gegenseitig

$$-\int \frac{n\, \partial s}{s^{n+1}} = -\int n s^{-(n+1)} \partial s = s^{-n} = \frac{1}{s^n}$$

oder

$$\int s^{-(n+1)}\, \partial s = -\frac{1}{n}\, s^{-n} = \frac{-1}{ns^n}$$

Für $n + 1$ den Werth m, also für n den Werth $m - 1$ und x für s gesetzt gibt

$$\int x^{-m}\, \partial x = \int \frac{\partial x}{x^m} = -\frac{x^{-(m-1)}}{m-1} = -\frac{1}{(m-1)\, x^{m-1}} \tag{5}$$

Setzt man für m nach und nach die Werthe 1, 2, 3.. so erhält man

$$\int x^{-1}\, \partial x = \int \frac{\partial x}{x} = -\frac{x^{-0}}{0}$$

Ueber dieses Integral, s. No. 10

$$\int x^{-2}\, \partial x = \int \frac{\partial x}{x^2} = -x^{-1} = -\frac{1}{x}$$

$$\int x^{-3}\, \partial x = \int \frac{\partial x}{x^3} = -\tfrac{1}{2} x^{-2} = -\frac{1}{2x^2}$$

$$\int x^{-4}\, \partial x = \int \frac{\partial x}{x^4} = -\tfrac{1}{3} x^{-3} = -\frac{1}{3x^3}$$

$$\int x^{-5}\, \partial x = \int \frac{\partial x}{x^5} = -\tfrac{1}{4} x^{-4} = -\frac{1}{4x^4}$$

u. s. w.

10. Das Integral von $x^{-1} = \frac{1}{x}$ ist in der Differenzialformel 64 begründet. Diese ist:

$$\partial\, logn\, s = \frac{\partial s}{s} = s^{-1}\, \partial s$$

also gegenseitig

$$\int s^{-1}\, \partial s = logn\, s$$

also

$$\int x^{-1}\, \partial x = \int \frac{\partial x}{x} = logn\, x \tag{6}$$

Einführung neuer Veränderlichen.

11. Hat man ein Differenzial $\varphi' x$ zu integriren, das in der Potenz einer zwei- oder mehrgliedrigen Function der Urver-

änderlichen x besteht oder eine complicirte Function von x als Factor enthält, so ist es oft erleichternd, diese mehrgliedrige Function durch eine einfache neue Veränderliche (s) auszudrücken.

Es sei allgemein die Aufgabe das Integral zu finden:

$$u = \int y\,\partial x = \int \varphi x \cdot \partial x$$

und man habe Veranlassung $\varphi x = fs$ zu setzen, so ist die Aufgabe

$$u = \int y \cdot \partial x = \int fs \cdot \partial x$$

In dem Integral fs erscheint nun s als urveränderlich und es entsteht aus einer Function fs von s zunächst immer nur ein Differenzial $f's \cdot \partial s$, nicht aber ein Differenzial wie $f's \cdot \partial x$ (s. Differenzialformeln 1 bis 12, pag. 278). Man hat demnach zuerst das Integral u von y in Beziehung auf die Veränderliche s zu bestimmen. D. h. man hat zu integriren

$$\int y \cdot \partial s = \int fs \cdot \partial s$$

Nun ist aus $\quad u = \int y \cdot \partial x$

$$\frac{\partial u}{\partial x} = y$$

Es ist aber (s. „Differenzial", No. 15, pag. 263)

$$\frac{\partial u}{\partial s} = \frac{\partial u}{\partial x} \cdot \frac{\partial x}{\partial s} = y \frac{\partial x}{\partial s}$$

also beiderseitig auf s als Urvariabele integrirt:

$$u = \int y\,\partial x = \int \left(y \frac{\partial x}{\partial s}\right) \partial s$$

oder (s. „Differenzial" No. 17, pag. 263)

$$u = \int y\,\partial x = \int \frac{y}{\left(\frac{\partial s}{\partial x}\right)} \cdot \partial s$$

Oder wenn $y = \varphi x = fs$, so ist

$$\int y \cdot \partial x = \int \varphi x \cdot \partial x = \int \left(fs \cdot \frac{\partial x}{\partial s}\right) \partial s \qquad (7)$$

oder

$$\int y \cdot \partial x = \int \varphi x \cdot \partial x = \int \frac{fs}{\left(\frac{\partial s}{\partial x}\right)} \partial s \qquad (8)$$

Diese beiden gleichgeltenden Formeln 7 und 8 sind also die **allgemeine Vorschrift für das Verfahren beim Integriren einer Function, wenn statt der Urveränderlichen eine neue Veränderliche eingeführt wird.** Die Regel ist also:

Nachdem die Einführung der neuen Veränderlichen geschehen, multiplicire das dadurch entstandene Resultat mit dem Differenzial der ersten Urveränderlichen als abhängig veränderliche genommen in Beziehung auf die neue Veränderliche, diese als Urveränderliche betrachtet.

Oder dividire das Resultat mit dem Differenzial der neuen Veränderlichen in Beziehung auf die erste Urveränderliche genommen.

12. Zu finden $\int y\,\partial x = \int (x + a)^m\,\partial x$

Setzt man $a + x = s$, so hat man nach No. 11:

$$\int y \cdot \partial x = \int s^m\,\partial x = \int \left(s^m \frac{\partial x}{\partial s}\right) \partial s$$

Nun ist $\partial s = \partial(a + x) = \partial x$

also $\quad \dfrac{\partial x}{\partial s} = 1$

Mithin $\quad \int y\,\partial x = \int s^m\,\partial s = \dfrac{s^{m+1}}{m+1} = \dfrac{(a+x)^{m+1}}{m+1} \qquad (9)$

13. Setzt man in No. 12: $m = -1$, so hat man

$$\int y\,\partial x = \int (a + x)^{-1}\,\partial x = \int s^{-1}\,\partial s = ln\,s \text{ (s. Formel 6)}$$

also $\quad \int (a + x)^{-1}\,\partial x = \displaystyle\int \frac{\partial x}{a + x} = ln\,(a + x) \qquad (10)$

14. Für $x = -x$ hat man aus No. 12.

$$\int y\,\partial x = \int (a - x)^m\,\partial x = \int \left(s^m \frac{\partial x}{\partial s}\right) \partial s$$

Nun ist $\quad \partial s = \partial(a - x) = -\partial s$

folglich $\quad \int y\,\partial x = \int (-s^m)\,\partial s = -\int s^m\,\partial s = -\dfrac{s^{m+1}}{m+1}$

oder $\quad \int (a - x)^m\,\partial x = -\dfrac{(a - x)^{m+1}}{m+1} \qquad (11)$

15. Man erhält nach No. 10.

$$\int y\,\partial x = \int (a - x)^{-1}\,\partial x = \int \frac{\partial x}{a - x} = -ln\,(a - x) \qquad (12)$$

16. Zu finden $\int y\,\partial x = \int (a + bx)^m\,\partial x$

Setzt man $(a + bx) = z$

so ist $\partial z = \partial(a + bx) = b\,\partial x$

woraus $\frac{\partial x}{\partial z} = \frac{1}{b}$

daher $\int y\,\partial x = \int \frac{1}{b}\, z^m\,\partial z = \frac{z^{m+1}}{b(m+1)}$

also

$$\int y\,\partial x = \int (a + bx)^m = \frac{(a + bx)^{m+1}}{b(m+1)} \qquad (13)$$

17. **Reihenentwickelung.**

Das Gesetz No. 11 veranlafst, dafs gegebene rationale Functionen durch die dort vorgeschriebene Umformung irrational werden. Z. B. Es sei zu finden

$$\int y\,\partial x = \int (a + x^n)^m\,\partial x$$

Setzt man $a + x^n = z$

so ist $x = (z - a)^{\frac{1}{n}}$

und

$$\partial x = \partial (z - a)^{\frac{1}{n}} = \frac{1}{n}(z - a)^{\frac{1}{n} - 1}\,\partial z$$

woraus $\frac{\partial x}{\partial z} = \frac{1}{n(z - a)^{\frac{n-1}{n}}}$

mithin

$$\int y\,\partial x = \int \left(z^m \frac{\partial x}{\partial z}\right)\partial z = \int \frac{z^m\,\partial z}{n(z - a)^{\frac{n-1}{n}}}$$

Um also das gegebene I zu finden mufs man auf die Einführung einer neuen Veränderlichen verzichten. Man kann jedoch das I mit Hülfe des binomischen Satzes in eine Reihe entwickeln, und wenn dann m als bestimmte Zahl gegeben ist, so erhält man ein geschlossenes Integral.

Denn man hat $(a + x^n)^m = a^m + \frac{m}{1} a^{m-1} x^n + \frac{m \cdot m - 1}{1 \cdot 2} a^{m-2} x^{2n} + \ldots\ldots$

folglich $\int (a + x^n)^m\,\partial x = \int a^m\,\partial x + ma^{m-1}\int x^n\,\partial x + \frac{m \cdot m - 1}{1 \cdot 2} a^{m-2}\int x^{2n}\,\partial x + \ldots\ldots$

$$+ \frac{m \cdot m - 1 \ldots\ldots 2}{1 \cdot 2 \ldots\ldots m - 1}\, a\int x^{(m-1)n}\,\partial x + \int x^{mn}\,\partial x \qquad (14)$$

Z. B. Für $m = 2$ ist

$$\int (a + x^n)^2\,\partial x = \int a^2\,\partial x + 2a\int x^n\,\partial x + \int x^{2n}\,\partial x$$

$$= a^2 x + 2a\frac{x^{n+1}}{n+1} + \frac{x^{2n+1}}{2n+1} \qquad (15)$$

$$\int (a + x^n)^3\,\partial x = a^3\int \partial x + 3a^2\int x^n\,\partial x + 3a\int x^{2n}\,\partial x + \int x^{3n}\,\partial x$$

$$= a^3 x + 3a^2\frac{x^{n+1}}{n+1} + 3a\frac{x^{2n+1}}{2n+1} + \frac{x^{3n+1}}{3n+1} \qquad (16)$$

u. s. w.

18. Zu finden $\int y\,\partial x = \int x^m (a + x)^n\,\partial x$

Nach dem binomischen Satz hat man

$$(a + x)^n = a^n + n_1 a^{n-1} x + n_2 a^{n-2} x^2 + \ldots\ldots nax^{n-1} + x^n$$

folglich

$$x^m (a + x)^n = a^n x^m + na^{n-1} x^{m+1} + n_2 a^{n-2} x^{m+2} + \ldots\ldots nax^{m+n-1} + x^{m+n}$$

Jedes einzelne Glied integrirt und die Integrale summirt ergibt das verlangte Integral.

19. Zu finden

$$\int y\,\partial x = \int x^m (a + x^n)^p\,\partial x$$

Entwickele nach dem binomischen Satz $(a + x^n)^p$ in eine Reihe, multiplicire jedes Glied derselben mit x^m, integrire jedes dieser Glieder, so gibt die Summe der Integrale das verlangte Integral.

3. **Reductionsformel.**

Es sind bis jetzt 2 Hülfsmittel angegeben worden, um zusammengesetzte rationale Integrale zu finden. 1. Die Einführung einer neuen Veränderlichen (No. 11) und 2. die Entwickelung in eine Reihe (No. 17). Ein drittes Hülfsmittel bietet die Formel No. 3

$$\int fx \cdot Fx \cdot \partial x = fx\int Fx \cdot \partial x - \int \left[f'x \int Fx \cdot \partial x\right]\partial x$$

durch welche man successive, nämlich mit Wiederholung eines und desselben Verfahrens zu dem verlangten I gelangt, indem man das gegebene Differential auf ein einfacheres zurückbringt, **reducirt**, weshalb die Formel die **allgemeine Reductionsformel** genannt wird.

Eine Anwendung davon ist bei folgender Aufgabe zu machen:

21. Zu finden

$$\int y\,\partial x = \int \frac{x^m\,\partial x}{(a+x)^n}$$

Schreibe $\int y\,\partial x = \int x^m (a+x)^{-n}\,\partial x$

Alsdann hat man nach der allgemeinen Reductionsformel (2)

$$\int x^m (a+x)^{-n}\,\partial x = x^m \int (a+x)^{-n}\,\partial x - \int \left[\partial x^m \cdot \int (a+x)^{-n}\,\partial x\right]\partial x$$

$$= x^m \frac{(a+x)^{-n+1}}{-n+1} - \int m x^{m-1} \cdot \frac{(a+x)^{-n+1}}{-n+1}\,\partial x$$

oder

$$= -x^m \frac{(a+x)^{-(n-1)}}{n-1} + \frac{m}{n-1}\int x^{m-1}(a+x)^{-(n-1)}\,\partial x \qquad (17)$$

Man sieht, dafs man auf ein Integral kommt, in welchem die Exponenten m und n um eine Einheit niedriger sind, als in der zu integriren gegebenen Function. Behandelt man nun dieses letztere Integral auf dieselbe Weise, so erhält man

$$\int x^{m-1}(a+x)^{-(n-1)}\,\partial x = -x^{m-1}\frac{(a+x)^{-(n-2)}}{n-2} + \frac{m-1}{n-2}\int x^{m-2}(a+x)^{-(n-2)}\,\partial x$$

Fährt man so fort, so erhält man endlich x^0 oder $(a+x)^{-0}$; und zwar das erste oder das zweite zuerst, je nachdem $m < n$ oder $n < m$ ist.

Ist $m < n$ so entsteht zuletzt das noch aufzulösende Integral

$$\int (a+x)^{-p}\,\partial x = -\frac{(a+x)^{-(p-1)}}{p-1}$$

und das verlangte I ist vollständig (**geschlossen**) gefunden.

Ist $m > n$ so erhält man als Schlufsglied $\int x^p (a+x)^{-1}\,\partial x$ und dies ist nicht anders aufzulösen, als dafs man $\int \frac{x^p\,\partial x}{x+a}$ schreibt und mit $x+a$ in x^p so lange dividirt, bis man auf ein Glied $\int \frac{a^p\,\partial x}{x+a}$ als Ergänzungsglied kommt, welches $= a^p\,ln\,(x+a)$ ist.

Mit der Summe der bis zu diesem letzten Gliede erhaltenen Integrale ist das verlangte I ebenfalls geschlossen gefunden.

22. Beispiel. Es sei $m = 2$, $n = 2$, also zu finden.

$$\int y\,\partial x = \int x^2 (a+x)^{-2}\,\partial x$$

Man hat $\int y\,\partial x = -x^2 \frac{(a+x)^{-1}}{+1} + 2\int x\,(a+x)^{-1}\,\partial x$

$$= -\frac{x^2}{a+x} + 2\int \frac{x\,\partial x}{a+x} = -\frac{x^2}{a+x} + 2\int\left(1 - \frac{a}{x+a}\right)\partial x$$

$$= -\frac{x^2}{x+a} + 2x - 2a\,ln\,(x+a)$$

oder

$$\int \frac{x^2\,\partial x}{(a+x)^2} = \frac{x^2 + 2ax}{x+a} - 2a\,ln\,(x+a) \qquad (18)$$

Von der Richtigkeit des I überzeugt man sich durch Rückdifferenzirung. Man findet

$$\partial\left[\frac{x^2 + 2ax}{x+a} - 2a\,ln\,(x+a)\right] = \frac{x^2}{(x+a)^2}$$

23. Zu finden $\int y\,\partial x = \int \frac{\partial x}{a + bx + x^2}$

Man setze $z = x + \frac{1}{2}b$

Dann ist $x = z - \frac{1}{2}b$

und da $\partial x = \partial z$ ist, so hat man

$$\frac{\partial x}{a + bx + x^2} = \frac{\partial z}{a - \frac{b^2}{4} + z^2}$$

Setzt man **unter der Voraussetzung**, dafs $\frac{1}{4}b^2 > a$ ist

$$\left(\frac{b^2}{4} - a\right) = c^2$$

so ist, wenn A, B unbestimmte Coefficienten bedeuten

$$\int \frac{\partial x}{a+bx+x^2} = \int \frac{\partial s}{s^2-c^2} = \int \left(\frac{A\,\partial s}{s+c} + \frac{B\,\partial s}{s-c}\right)$$

Nun sind A und B so zu bestimmen, daſs

$$A(s-c)+B(s+c)=1$$

also daſs $(A+B)s+(B-A)c=1$

Es kann aber diese Bedingung nur erfüllt werden, wenn $(A+B)s=0$ ist, weil s verschwinden muſs; dann hat man

$$B-A=\frac{1}{c}$$

hierzu $B+A=0$

gibt $B=\frac{1}{2c}$ und $A=-\frac{1}{2c}$

Demnach ist

$$\int \frac{\partial x}{a+bx+x^2} = -\frac{1}{2c}\int\frac{\partial s}{s+c} + \frac{1}{2c}\int\frac{\partial s}{s-c}$$

Nun ist Differenzialformel 64

$$\partial \log n\, s = \frac{\partial s}{s}$$

also auch $\partial \log n\,(s \pm c) = \frac{\partial s}{s \pm c}$

folglich $$\int \frac{\partial s}{s^2-c^2} = -\frac{1}{2c}\log n\,(s+c) + \frac{1}{2c}\log n\,(s-c) = \frac{1}{2c}\ln\frac{s-c}{s+c} \tag{19}$$

Setzt man nun für s und c die ursprünglichen Werthe, so erhält man

$$\frac{1}{2\sqrt{\frac{b^2}{4}-a}}\log n\,\frac{x+\frac{1}{2}b-\sqrt{\frac{b^2}{4}-a}}{x+\frac{1}{2}b+\sqrt{\frac{b^2}{4}-a}}$$

und reducirt

$$\int \frac{\partial x}{a+bx+x^2} = \frac{1}{\sqrt{b^2-4a}}\ln\frac{2x+b-\sqrt{b^2-4a}}{2x+b+\sqrt{b^2-4a}} \tag{20}$$

24. Ist jedoch $a > \frac{1}{4}b^2$, so hat man

$$a-\frac{b^2}{4}=c^2 \text{ gesetzt:}$$

$$\frac{\partial x}{a+bx+x^2} = \frac{\partial s}{s^2+c^2} = \frac{1}{c^2}\cdot\frac{\partial s}{1+\left(\frac{s}{c}\right)^2} = \frac{1}{c}\cdot\frac{\partial\left(\frac{s}{c}\right)}{1+\left(\frac{s}{c}\right)^2}$$

Nun ist Differenzialformel 120

$$\partial\, arc\,(tg = s) = \frac{\partial s}{1+s^2}$$

mithin ist $$\frac{1}{c}\cdot\frac{\partial\left(\frac{s}{c}\right)}{1+\left(\frac{s}{c}\right)^2} = \frac{\partial s}{s^2+c^2} = \frac{1}{c}\,\partial\, arc\, tg\,\frac{s}{c}$$

Hierein die Werthe $s = x+\frac{1}{2}b$; $c^2 = \frac{4a-b^2}{4}$ gesetzt und reducirt

$$\int \frac{\partial x}{a+bx+x^2} = \frac{2}{\sqrt{4a-b^2}}\, arc\, tg\,\frac{2x+b}{\sqrt{4a-b^2}} \tag{21}$$

25. Ist drittens $a = \frac{1}{4}b^2$ so wird

$$\int \frac{\partial x}{a+bx+x^2} = \int\frac{\partial s}{s^2} = -\frac{1}{s} = -\frac{2}{b+2x} \tag{22}$$

26. Zu finden $\int y\,\partial x = \int\frac{x+A}{a+bx+x^2}\partial x$

Man sieht, daſs diese Aufgabe aus zweien besteht, denn es ist

$$\int y\,\partial x = \int\frac{x\,\partial x}{a+bx+x^2} + \int\frac{A\,\partial x}{a+bx+x^2}$$

Das 2te Integral ist aber schon in No. 23 bis 25 für 3 verschiedene Fälle bestimmt worden, wenn man dasselbe dort mit A multiplicirt.

Setzt man für das aufzulösende erste Integral wie No. 23

$$s = x + \frac{b}{2}$$

ist also

$$x = s - \frac{b}{2}$$

und

$$\partial x = \partial s$$

Setzt man ferner $\pm c^2 = \pm \frac{b^2}{4} \mp a$

so hat man das erste Integral

$$\int \frac{x\,\partial x}{a + bx + x^2} = \int \frac{\left(s - \frac{b}{2}\right)\partial s}{s^2 \pm c^2} = \int \frac{s\,\partial s}{s^2 \pm c^2} - \frac{b}{2}\int \frac{\partial s}{s^2 \pm c^2}$$

Dieses getrennte subtractive I ist ebenfalls No 23 aufgelöset, und man hat zu dem noch aufzulösenden Integral

$$\int \frac{s\,\partial s}{s^2 \pm c^2}$$

zu addiren das Integral No. 23 multiplicirt mit $(A - \frac{1}{2}b)$.

Nun ist für den Fall $(s^2 - c^2)$ im Nenner

$$\int \frac{s\,\partial s}{s^2 - c^2} = \frac{1}{2}\int \frac{2s\,\partial s}{s^2 - c^2}$$

Also nach der 8ten Differenzialformel

$$\int \frac{s\,\partial s}{s^2 - c^2} = \frac{1}{2} \log n\,(s^2 - c^2) \qquad (A)$$

Hierzu gehört das Integral 19 mit $(A - \frac{1}{2}b)$ multiplicirt, nämlich

$$\frac{A - \frac{1}{2}b}{2c}\, ln \frac{s - c}{s + c} \qquad (B)$$

und es ist mithin, wenn $\frac{1}{4}b^2 > a$ ist, das verlangte I = (A) + (B), oder

$$\int \frac{(x + A)\,\partial x}{a + bx + x^2} = \frac{1}{2} ln\,(s^2 - c^2) + \frac{A - \frac{1}{2}b}{2c}\, ln \frac{s - c}{s + c}$$

$$= \frac{1}{2} ln\,(a + bx + x^2) + \frac{A - \frac{1}{2}b}{\sqrt{b^2 - 4a}}\, ln \frac{x + \frac{1}{2}b - \sqrt{\frac{b^2}{4} - a}}{x + \frac{1}{2}b + \sqrt{\frac{b^2}{4} - a}} \qquad (23)$$

Für den Fall $(s^2 + c^2)$ im Nenner hat man eben so

$$\int \frac{s\,\partial s}{s^2 + c^2} = \frac{1}{2}\int \frac{2s\,\partial s}{s^2 + c^2} = \frac{1}{2} ln\,(s^2 + c^2) = \frac{1}{2} ln\,(a + bx + x^2)$$

Hierzu das Integral 21 multiplicirt mit $(A - \frac{1}{2}b)$ gibt

$$\int \frac{(x + A)\,\partial x}{a + bx + x^2} = \frac{1}{2} ln\,(a + bx + x^2) + \frac{2\,(A - \frac{1}{2}b)}{\sqrt{4a - b^2}}\, arc\,tg \frac{2x + b}{\sqrt{4a - b^2}} \qquad (24)$$

Endlich drittens für $a = \frac{1}{4}b^2$ ist

$$\int \frac{s\,\partial x}{a + bx + x^2} = \int \frac{s\,\partial s}{s^2} = \int \frac{\partial s}{s} = ln\, s = ln\,(x + \frac{1}{2}b)$$

hierzu $(A - \frac{1}{2}b)$ mal dem Integral 20 gibt

$$\int \frac{(x + A)\,\partial x}{a + bx + x^2} = \int \frac{(x + A)\,\partial x}{(x + \frac{1}{2}b)^2} = ln\,(x + \frac{1}{2}b) - \frac{A - \frac{1}{2}b}{x + \frac{1}{2}b} \qquad (25)$$

27. Zu finden $\int y\,\partial x = \int \frac{\partial x}{x\,(a + bx + x^2)}$

Es ist am geeignetsten, wenn man den Bruch des gegebenen Differenzials in 2 Summanden zerlegt, in welchen die Factoren des Nenners die Nenner sind.

Man hat

$$\frac{1}{x\,(a + bx + x^2)} = \frac{A}{x} + \frac{B}{a + bx + x^2}$$

und folglich die Bedingung

$$A\,(a + bx + x^2) + Bx = 1$$

oder

$$Aa + A\,(bx + x^2) + Bx = 1$$

Setzt man nun $Aa = 1$ also $A = \frac{1}{a}$

so erhält man $A\,(b + x) + B = 0$

und hierein $A = \frac{1}{a}$ gesetzt

$$B = -\frac{b + x}{a}$$

mithin $\frac{\partial x}{x(a+bx+x^2)} = \frac{1}{a}\left[\frac{\partial x}{x} - \frac{b+x}{a+bx+x^2}\right]$

Daher $\int y\,\partial x = \frac{1}{a}\int\frac{\partial x}{x} - \frac{1}{a}\int\frac{b+x}{a+bx+x^2}\,\partial x$

$$= \frac{1}{a}\left[\ln x - b\int\frac{\partial x}{a+bx+x^2} - \int\frac{x\,\partial x}{a+bx+x^2}\right]$$

oder $\frac{1}{a}$ ($\ln x$ — einem der 3 Integrale 23, 24, 25, wenn man b statt A schreibt.)

$$\int\frac{\partial x}{x(a+bx+x^2)} = \frac{1}{a}\left[\ln x - \frac{1}{2}\ln(a+bx+x^2) - \frac{b}{2}\int\frac{\partial x}{a+bx+x^2}\right]$$

$$= \frac{1}{2a}\left[\ln\frac{x^2}{a+bx+x^2} - b\int\frac{\partial x}{a+bx+x^2}\right] \qquad (36)$$

indem für das letzte Integral die Formel 20, 21 oder 22 genommen wird, je nachdem $\frac{b^2}{4} > a$ oder $\frac{b^2}{4} < a$ oder $\frac{b^2}{4} = a$ ist.

26. Zu finden $\int y\,\partial x = \int\frac{(x+A)\,\partial x}{(a+bx+x^2)^m}$

Setzt man wieder $z = x + \frac{1}{2}b$
so hat man wie in den vorigen Aufgaben

$$y = \frac{(x+A)\,\partial z}{(z^2\mp c^2)^m} = \frac{\left(z-\frac{b}{2}+A\right)\partial z}{(z^2\mp c^2)^m} = \int\frac{z\,\partial z}{(z^2\mp c^2)^m} + \int\frac{\left(A-\frac{b}{2}\right)\partial z}{(z^2\mp c^2)^m}$$

Um das erste Integral zu finden, setze man

$$z^2\mp c^2 = \mu$$

so ist $\quad 2z\cdot\partial z = \partial\mu$

woraus $\quad z = \frac{1}{2}\frac{\partial\mu}{\partial z}$

Diese Werthe eingeführt, ist

$$\int\frac{z\cdot\partial z}{(z^2\mp c^2)^m} = \int\frac{\frac{1}{2}\frac{\partial\mu}{\partial z}\cdot\partial z}{\mu^m} = \frac{1}{2}\int\frac{\partial\mu}{\mu^m} = \frac{1}{2}\int\mu^{-m}\,\partial\mu$$

Nun ist nach Integralformel 5

$$\frac{1}{2}\int\mu^{-m}\,\partial\mu = \frac{1}{2}\,\frac{\mu^{-m+1}}{-m+1} = -\frac{1}{2(m-1)\mu^{m-1}}$$

also $\int\frac{z\cdot\partial z}{(z^2\mp c^2)^m} = -\frac{1}{2(m-1)\mu^{m-1}} = -\frac{1}{2(m-1)(z^2\mp c^2)^{m-1}} \qquad (37)$

Um das zweite Integral zu finden, mufs man dasselbe auf das Integral einer Function derselben Form zurückführen, wo m einen geringeren Werth hat, so dafs man bei wiederholtem Verfahren auf die Form $\frac{A-\frac{b}{2}}{z^2\mp c^2}$ kommt. Hierzu dient die Reductionsformel 2. (s. No. 20).

Setzt man nun $A - \frac{b}{2} = Fx = B$;

$$fx = \frac{1}{(z^2\mp c^2)^m} = (z^2\mp c^2)^{-m}$$

so hat man

$$\int Fx\,\partial z = Bz$$

$$\frac{\partial fx}{\partial z} = -m(z^2\mp c^2)^{-m-1}\cdot 2z = \frac{-2mz}{(z^2\mp c^2)^{m+1}}$$

daher $\int\frac{B\,\partial z}{(z^2\mp c^2)^m} = \frac{Bz}{(z^2\mp c^2)^m} + 2m\int\frac{z}{(z^2\mp c^2)^{m+1}}\times Bz\,\partial z$

$$= \frac{Bz}{(z^2 \mp c^2)^m} + 2m\int \frac{B}{(z^2 \mp c^2)^m} \cdot \frac{z^2}{z^2 \mp c^2}\,\partial z$$

$$= \frac{Bz}{(z^2 \mp c^2)^m} + 2m\int \frac{B}{(z^2 \mp c^2)^m}\left(1 \pm \frac{c^2}{z^2 \mp c^2}\right)\partial z$$

$$= \frac{Bz}{(z^2 \mp c^2)^m} + 2m\int \frac{B\,\partial z}{(z^2 \mp c^2)^m} \pm 2m\,c^2 \int \frac{B\,\partial z}{(z^2 \mp c^2)^{m+1}}$$

Hieraus das letzte Integral entwickelt gibt:

$$\int \frac{B\,\partial z}{(z^2 \mp c^2)^{m+1}} = \mp \int \frac{Bz\,\partial z}{2m\,c^2\,(z^2 \mp c^2)^m} \mp \frac{2m-1}{2m\,c^2}\int \frac{B\,\partial z}{(z^2 \mp c^2)^m}$$

Setzt man nun $m-1$ statt m, so erhält man die Reductionsformel

$$\int \frac{B\,\partial z}{(z^2 \mp c^2)^m} = \mp \frac{Bz}{2(m-1)c^2\,(z^2 \mp c^2)^{m-1}} \mp \frac{2m-3}{2(m-1)c^2}\int \frac{B\,\partial z}{(z^2 \mp c^2)^{m-1}} \qquad (28)$$

Vermittelst dieser Reductionsformel ist nun das Integral der Function auf ein anderes derselben Form reducirt, in welchem der Exponent um 1 geringer ist. Setzt man in das letzte Integral dann wiederum $m-1$ statt m, so erhält man dieses zurückgeführt auf ein I mit dem Exponent $m-2$; und so fortgefahren gelangt man endlich auf ein Integral $\int \frac{B\,\partial z}{z^2 \mp c^2}$ welches in den Integralformeln 16 und 18 aufgelöst ist.

Da nun $\partial x = \partial z$ ist, so kann man ohne Weiteres für z seinen Werth in x ausdrücken, und man hat (27 + 28)

$$\int \frac{(x+A)\,\partial x}{(a+bx+x^2)^m} = -\frac{1}{2(m-1)(a+bx+x^2)^{m-1}} - \frac{\left(A-\frac{b}{2}\right)(x+\frac{1}{2}b)}{2(m-1)\left(\frac{b^2}{4}-a\right)(a+bx+x^2)^{m-1}}$$

$$-\frac{2m-3}{2(m-1)\left(\frac{b^2}{4}-a\right)} \cdot \int \frac{\left(A-\frac{b}{2}\right)\partial x}{(a+bx+x^2)^{m-1}}$$

29. Das Integral aus einer gebrochenen algebraischen Function zu finden, wenn deren Nenner in ein Product von binomischen und trinomischen Factoren sich zerlegen läfst.

Das Verfahren besteht darin, dafs man den gegebenen Bruch in lauter Theilbrüche zerlegt, von jedem Theilbruch das Integral sucht und sämmtliche Integrale addirt.

In dem Art. „Functionenlehre" No. 4 und 5 ist gezeigt, wie man einen Bruch, dessen Nenner aus 2 Factoren besteht, in 2 Theilbrüche zerlegt: Der Nenner des einen Theilbruchs ist der erste Factor und der Nenner des anderen Theilbruchs der zweite Factor des gegebenen Nenners, die Zähler der beiden Theilbrüche sind aufzufinden. Von diesem Satz ist schon No. 23 dieses Art. Anwendung gemacht worden.

Hat nun der Nenner der gegebenen Function mehr als 2, z. B. n ungleiche Factoren, so nimmt man den ersten Factor als Nenner des ersten Theilbruchs und das Product der übrigen $(n-1)$ Factoren als den Nenner des zweiten Theilbruchs. Man findet den Zähler des ersten Theilbruchs und mit demselben diesen Bruch selbst. Wiederholt man nun das Verfahren mit den übrigen $(n-1)$ Factoren des Nenners, so erhält man nach und nach sämmtliche Theilbrüche der gegebenen Function.

Beispiel.

Es ist $N = \frac{2x^2+7x+3}{(x+1)(x-1)(x+2)}$ in 3 Theilbrüche zu zerlegen. Demnach sei

$$N = \frac{A}{x+1} + \frac{B}{(x-1)(x+2)}$$

hieraus

$$A(x-1)(x+2) + B(x+1) = 2x^2 + 7x + 3$$

Um A zu finden mufs B verschwinden, demnach ist $x+1=0$ also $x=-1$ zu nehmen, und diesen Werth in die Be-

Anfangsgleichung eingesetzt wird

$$-2A + 0 = -2$$

woraus $A = 1$

und es ist

$$\frac{2x^2 + 7x + 3}{(x+1)(x-1)(x+2)} = \frac{1}{x+1} + \frac{B}{(x-1)(x-2)}$$

Hieraus

$$2x^2 + 7x + 3 - (x-1)(x+2)\cdot 1 = B(x+1)$$

woraus $B = \frac{x^2 + 6x + 5}{x+1} = x + 5$

Der in 2 Theilbrüche noch zu zerlegende Bruch ist demnach

$$= \frac{x+5}{(x-1)(x+2)} = \frac{C}{x-1} + \frac{D}{x+2}$$

hieraus

$$x + 5 = C\cdot(x+2) + D(x-1)$$

Setzt man wieder $x = +1$, so hat man

$$x + 5 = C\cdot(x+2)$$

und $C = \frac{6}{3} = 2$

und setzt man $x = -2$, so erhält man

$$x + 5 = D(x-1)$$

und $D = \frac{+3}{-3} = -1$

mithin hat man

$$\frac{2x^2 + 7x + 3}{(x+1)(x-1)(x+2)} = \frac{1}{x+1} + \frac{2}{x-1} - \frac{1}{x+2}$$

Man übersieht aus diesem Beispiel das erforderliche Rechnenverfahren, ohne dafs man nöthig hat die Gleichungen aufzustellen.

Man setzt nämlich nach einander jeden Factor des Nenners $= 0$, das x welches daraus jedesmal entsteht, setzt man in die übrigen Factoren des Nenners und in den gegebenen Zähler und dividirt diesen durch jenes Product, so erhält man in dem Quotient den Zähler zu dem zu Null gemachten Nenner.

In dem vorigen Beispiel ist

$$\frac{2x^2 + 7x + 3}{(x+1)(x-1)(x+2)} = \frac{A}{x+1} + \frac{B}{x-1} + \frac{C}{x+2}$$

$x + 1 = 0$ gibt $x = -1$

daher

$$\frac{2x^2 + 7x + 3}{(x-1)(x+2)} = \frac{2 - 7 + 3}{(-2)\times(+1)} = \frac{-2}{-2} = +1 = A$$

$x - 1 = 0$ gibt $x = +1$

daher

$$\frac{2x^2 + 7x + 3}{(x+1)(x+2)} = \frac{2 + 7 + 3}{2\times 3} = \frac{12}{6} = +2 = B$$

$x + 2 = 0$ gibt $x = -2$

daher

$$\frac{2x^2 + 7x + 3}{(x+1)(x-1)} = \frac{8 - 14 + 3}{(-1)\times(-3)} = \frac{-3}{+3} = -1 = C$$

30. In No. 6 des Art.: Functionenlehre ist nachgewiesen, dafs wenn 2 oder mehrere gleiche Factoren im Nenner sich befinden, diese zweite oder höhere Potenz in so viele Brüche mit der Wurzel zum Nenner als der Grad der Potenz beträgt nicht zerlegt werden kann, und dafs diese Potenz als Nenner eines einzigen Theilbruchs genommen werden mufs.

Dagegen kann man solchen Bruch $\left(\frac{fx}{(\varphi x)^n}\right)$ in Theilbrüche zerlegen von der Form

$$\frac{fx}{(\varphi x)^n} = \frac{A}{(\varphi x)^n} + \frac{B}{(\varphi x)^{n-1}} + \frac{C}{(\varphi x)^{n-2}} + \ldots + \frac{N}{\varphi x}$$

wie folgendes Beispiel:

$$\frac{3x^2 + 2x + 5}{(x-2)^3} \text{ soll zerlegt werden in } \frac{A}{(x-2)^3} + \frac{B}{(x-2)^2} + \frac{C}{x-2}$$

Die drei letzten Brüche unter gleiche Benennung gebracht und die gleichen Nenner fortgelassen entsteht

$$3x^2 + 2x + 5 = A + B(x-2) + C(x-2)^2$$

Setzt man $x = 2$, so verschwinden B und C und man hat

$$3 \cdot 2^2 + 2 \cdot 2 + 5 = 21 = A$$

hieraus $$3x^2 + 2x + 5 - 21 = B(x-2) + C(x-2)^2$$

oder $$\frac{3x^2 + 2x - 16}{x-2} = 3x + 8 = B + C(x-2)$$

wiederum $x = 2$ gesetzt, verschwindet C, und man hat

$$3 \cdot 2 + 8 = 14 = B$$

hieraus $$3x + 8 - 14 = 3x - 6 = C(x-2)$$

woraus $$C = \frac{3x-6}{x-2} = +3$$

Es ist mithin $$\frac{3x^2 + 2x + 5}{(x-2)^3} = \frac{21}{(x-2)^3} + \frac{14}{(x-2)^2} + \frac{3}{x-2}$$

31. Nicht immer sind die Factoren des Nenners Binomen; auch trinomische Factoren kommen vor. Z. B. soll folgender Bruch behufs der Integrirung in 2 Factoren aufgelöst werden

$$\frac{2x^2 + x - 7}{(x-2)(x^2 - 2x + 3)} = \frac{A}{(x-2)} + \frac{B}{x^2 - 2x + 3}$$

so hat man $\frac{2x^2 + x - 7}{x^2 - 2x + 3}$ (für $x = 2$) $= \frac{+3}{+3} = 1 = A$

Der erste Bruch ist also $\frac{1}{x-2}$

ferner $$\frac{(2x^2 + x - 7) - (x^2 - 2x + 3)}{x-2} = \frac{x^2 + 3x - 10}{x-2} = x + 5 = B$$

mithin $$\frac{2x^2 + x - 7}{(x-2)(x^2 - 2x + 3)} = \frac{1}{x-2} + \frac{x+5}{x^2 - 2x + 3}$$

Sind aber statt eines Trinoms 2 und mehrere als Factoren im Nenner und sollen die einfachen, wie hier imaginären Wurzeln als Factoren genommen werden, so ist die Arbeit mühsam.

Es ist hier $x^2 - 2x + 3 = (x - 1 + \sqrt{-2})(x - 1 - \sqrt{-2})$

Man hat also die beiden Brüche

$$\frac{C}{x - 1 + \sqrt{-2}} + \frac{D}{x - 1 - \sqrt{-2}} \quad \text{anstatt} \quad \frac{x+5}{x^2 - 2x + 3}$$

Setzt man nun in den Zähler $2x^2 + x - 7$ den Werth von $x = 1 \pm \sqrt{-2}$ und denselben Werth für x in den Nenner $(x-2)$ so erhält man $\frac{-8 \pm 5\sqrt{-2}}{-1 \pm \sqrt{-2}}$

Setzt man diesen Bruch $= x + y\sqrt{-2}$ und entwickelt, setzt das Rationale dem Rationalen und das Irrationale dem Irrationalen gleich, so erhält man für den Nenner $x^2 - 2x + 3$) den Zähler

$$\frac{-8 \pm 5\sqrt{-2}}{-1 \pm \sqrt{-2}} = 6 \pm \sqrt{-2}$$

Setzt man nun, um C zu finden $x = 1 + \sqrt{-2}$ und um D zu finden $x = 1 - \sqrt{-2}$, so hat man:

$$\frac{6 + \sqrt{-2}}{x - 1 + \sqrt{-2}} = \frac{6 + \sqrt{-2}}{2\sqrt{-2}} = \tfrac{1}{2}(1 - 3\sqrt{-2}) = C$$

$$\frac{6 - \sqrt{-2}}{x - 1 - \sqrt{-2}} = \frac{6 - \sqrt{-2}}{-2\sqrt{-2}} = \tfrac{1}{2}(1 + 3\sqrt{-2}) = D$$

und man hat $$\frac{2x^2 + x - 7}{x^2 - 2x + 3} = \frac{1}{x-2} + \frac{\tfrac{1}{2}(1 - 3\sqrt{-2})}{x - 1 + \sqrt{-2}} + \frac{\tfrac{1}{2}(1 + 3\sqrt{-2})}{x - 1 - \sqrt{-2}}$$

32. Die zum Integriren gegebene Function ist von folgender allgemeiner Form

$$y = \frac{Ax^m + A_1 x^{m-1} + A_2 x^{m-2} + \dots A_{m-1} x + A_m}{x^n + a_1 x^{n-1} + a_2 x^{n-2} + \dots a_{n-1} x + a_n}$$

Es ist hierbei zu bemerken, dafs der Coefficient von x^n im Nenner, wenn er $= a$ gegeben sein sollte, durch Division mit a jederzeit in 1 umgeändert werden kann, wie hier als geschehen zu denken ist.

Ferner ist zu beachten, dafs wenn die Function nach einer der hier vorangestellten Integralformeln integrirt werden soll, die Function eine ächt gebrochene sein mufs, so dafs der höchste Exponent m des Zählers kleiner sein mufs als der höchste n des Nenners.

Sollte nun $m > n$ gegeben werden, so ist der Zähler so lange mit dem Nenner zu dividiren, bis ein Rest entsteht, dessen höchster Exponent von x kleiner als n wird. Die gebrochene Function wird sodann in eine ganze Function + einer ächt gebrochenen aufgelöst.

Wird nun ein Bruch, dessen Nenner aus einer polynomischen Function der Veränderlichen besteht, zum Integriren gegeben, so hat man in der Summe der Integrale seiner Theilbrüche, die nach voranstehenden Anweisungen sämmtlich zu entwickeln sind das Integral desselben.

Ist die Function in Buchstabengröfsen gegeben, so kann die Zerlegung des Nenners in Factoren unmöglich sein; alsdann ist auch deren Integrirung unmöglich. Ist die gegebene Function mit bestimmten Zahlencoefficienten versehen, so ist der Nenner jedesmal ein Product so vieler Factoren, als der höchste Exponent der veränderlichen Einheiten enthält; dagegen können diese Factoren irrational und paarweise unmöglich sein. Erstere sind dann mit beliebiger Genauigkeit annähernd zu finden. Hat man nun einen derselben gefunden und man dividirt mit demselben in den Nenner, so erhält man eine Function der Veränderlichen, deren höchster Exponent einen Grad niedriger ist, von der man nun auf dieselbe Weise einen zweiten Factor näherungsweise sucht u. s. f.

Statt dieses sehr weitläufigen Verfahrens ist es besser zu versuchen, ob man die Function in eine möglichst convergirende Reihe entwickeln kann, deren Glieder dann einzeln zu integriren sind und deren Summe dem wirklichen Integral möglichst nahe gebracht werden kann. Hiervon No. 63 und weiter.

33. Eine Function kann übrigens nur dann ein Integral haben, wenn sie selbst das Differenzial dieses Integrals, wenn sie also überhaupt das Differenzial einer Function ist. Da es nun Functionen gibt, die aus keiner anderen Function als Differenzial hervorgehen, so haben diese auch keine Integrale. Vergl. den Art.: „Differenzialgleichung," No. 4, pag. 287. Ein näherungsweises Integral ist diejenige Function, welche ein Differenzial hat, dessen Werth dem Werth der gegebenen Function nahe kommt.

B. Irrationale Functionen.

34. Irrationale Functionen sind jederzeit Wurzelgröfsen, die nicht anzugeben sind, als $\sqrt{x+a}$, $\sqrt[n]{(x+bx^n)^m}$. Irrationalzahlen wie π, $\ln a$ sind constant, $\int \pi\, \partial x$ ist $= \pi x$; $\int \ln a\, \partial x$ ist $= x \ln a$; $\sin \varphi x$, $\log \varphi x$ sind transcendente Functionen.

Die irrationale Function der einfachsten Form ist $x^{\frac{1}{m}} = \sqrt[m]{x}$. Diese und alle übrigen einfachen Functionen in Potenzen mit gebrochenen Exponenten werden integrirt, wenn man in den Integralformeln für rationale Potenzen statt des ganzen den gebrochenen Exponenten einsetzt.

Formel 4 ist: $\int x^m \partial x = \frac{x^{m+1}}{m+1}$

Man hat demnach

$$\int x^{\frac{m}{n}} \partial x = \frac{x^{\left(\frac{m}{n}+1\right)}}{\frac{m}{n}+1} = \frac{n}{m+n}\, x^{\frac{m+n}{n}} \tag{29}$$

Aus Formel 5 entsteht

$$\int x^{-\frac{m}{n}} \partial x = \int \frac{\partial x}{x^{\frac{m}{n}}} = \frac{x^{-\frac{m}{n}+1}}{-\frac{m}{n}+1} = -\frac{n}{m-n} \cdot x^{-\frac{m-n}{n}} = -\frac{n}{m-n} \cdot \frac{1}{\sqrt[n]{x^{m-n}}} \tag{30}$$

Aus Formel 6 entsteht

$$\int (a+x)^{\frac{m}{n}} \partial x = \frac{n}{m+n} (a+x)^{\frac{m+n}{n}} \tag{31}$$

Aus Formel 11

$$\int (a-x)^{\frac{m}{n}}\,\partial x = -\frac{n}{m+n}(a-x)^{\frac{m+n}{n}} \qquad (32)$$

Aus Formel 13

$$\int (a+bx)^{\frac{m}{n}}\,\partial x = \frac{n}{m+n}\cdot\frac{(a+bx)^{\frac{m+n}{n}}}{b} \qquad (33)$$

Aus Formel 14, 15, 16

$$\int\left(a+x^{\frac{n}{p}}\right)^m \partial x = a^m\int\partial x + ma^{m-1}\int x^{\frac{n}{p}}\,\partial x + m_2a^{m-2}\int x^{\frac{2n}{p}}\,\partial x$$
$$+\ldots\ldots m_{n-1}a^{m-n+1}\int x^{\frac{(n-1)n}{p}}\,\partial x + m_na^{m-n}\int x^{\frac{n^2}{p}}\,\partial x$$
$$+\ldots\ldots + m_{m-1}a\int x^{\frac{(m-1)n}{p}}\,\partial x + \int x^{\frac{mn}{p}}\,\partial x \qquad (34)$$

$$\int\left(a+x^{\frac{n}{p}}\right)^2 = a^2\int\partial x + 2a\int x^{\frac{n}{p}}\,\partial x + \int x^{\frac{2n}{p}}\,\partial x$$
$$= a^2x + \frac{2ap}{n+p}x^{\frac{n+p}{p}} + \frac{p}{2n+p}x^{\frac{2n+p}{p}} \qquad (35)$$

$$\int\left(a+x^{\frac{n}{p}}\right)^3 \partial x = a^3x + \frac{3a^2p}{n+p}x^{\frac{n+p}{p}} + \frac{3ap}{2n+p}x^{\frac{2n+p}{p}} + \frac{p}{3n+p}x^{\frac{3n+p}{p}} \qquad (36)$$

35. In No. 16 ist $\int x^m(a+x)^n\,\partial x$ dadurch gefunden, daß $(a+x)^n$ durch den binomischen Satz in eine Reihe entwickelt worden ist. Demnach muß bei diesem Verfahren n eine ganze Zahl sein. Man findet demnach:

$$\int x^{\frac{m}{p}}(a+x)^n\,\partial x = a^n\int x^{\frac{m}{p}}\,\partial x + n_1a^{n-1}\int x^{\frac{m+p}{p}}\,\partial x + n_2a^{n-2}\int x^{\frac{m+2p}{p}}\,\partial x + \ldots \quad (37)$$

Beispiel:

$$\int x^{\frac{3}{2}}(a+x)^3\,\partial x = \int x^{\frac{3}{2}}(a^3+3a^2x+3ax^2+x^3)\,\partial x$$
$$= a^3\int x^{\frac{3}{2}}\,\partial x + 3a^2\int x^{\frac{5}{2}}\,\partial x + 3a\int x^{\frac{7}{2}}\,\partial x + \int x^{\frac{9}{2}}\,\partial x$$
$$= \tfrac{2}{5}a^3x^{\frac{5}{2}} + \tfrac{6}{7}a^2x^{\frac{7}{2}} + \tfrac{6}{9}ax^{\frac{9}{2}} + \tfrac{2}{11}x^{\frac{11}{2}}$$
$$= 2x^{\frac{5}{2}}\left(\tfrac{1}{5}a^3 + \tfrac{3}{7}a^2x + \tfrac{3}{9}ax^2 + \tfrac{1}{11}x^3\right)$$

36. Man kann das I. No. 35 auch mit Hülfe der allgemeinen Reductionsformel 2 finden. Man hat:

$$\int x^{\frac{m}{p}}(a+x)^n\,\partial x = x^{\frac{m}{p}}\int(a+x)^n\,\partial x - \int\left[\frac{\partial x^{\frac{m}{p}}}{\partial x}\cdot\int(a+x)^n\,\partial x\right]\partial x$$
$$= x^{\frac{m}{p}}\frac{(a+x)^{n+1}}{n+1} - \int\left(\frac{m}{p}x^{\frac{m}{p}-1}\cdot\frac{(a+x)^{n+1}}{n+1}\right)\partial x$$
$$= x^{\frac{m}{p}}\frac{(a+x)^{n+1}}{n+1} - \frac{m}{p(n+1)}\int x^{\frac{m}{p}-1}(a+x)^{n+1}\,\partial x$$

Da $\frac{m}{p}$ eine gebrochene Zahl ist, so ist mit dem um 1 verminderten Exponenten $\left(\frac{m}{p}-1\right)$ nichts gewonnen und man muß weiter umformen. Setzt man deshalb in die Integralgleichung $n-1$ für n und $\frac{m}{p}+1$ für $\frac{m}{p}$, so erhält man

$$\int x^{\frac{m}{p}+1}(a+x)^{n-1}\,\partial x = x^{\frac{m}{p}+1}\frac{(a+x)^n}{n} - \frac{m+p}{np}\int x^{\frac{m}{p}}(a+x)^n\,\partial x$$

Hieraus das letzte Integral entwickelt gibt die ursprüngliche Aufgabe

$$\int x^{\frac{m}{p}} (a+x)^n \partial x = \frac{p}{m+p} x^{\frac{m}{p}+1} (a+x)^n - \frac{np}{m+p} \int x^{\frac{m}{p}+1} (a+x)^{n-1} \partial x \qquad (38)$$

In dieser Formel wird also der positive ganze Exponent n in dem neuen Integral um 1 geringer. Nun kann man das letzte I wiederum auf ein I zurückführen, in welchem der Exponent von $(a+x)$ um 1 geringer, nämlich $= n - 2$ wird, und so fort bis man auf den Exponent $= 0$ kommt.

Beispiel (obiges No. 35) $\int x^{\frac{2}{3}} (a+x)^3 \partial x$ wird nach Formel 38

$$\tfrac{3}{5} x^{\frac{5}{3}} (a+x)^3 - \tfrac{9}{5} \int x^{\frac{5}{3}} (a+x)^2 \partial x$$

Nun ist nach derselben Formel

$$\int x^{\frac{5}{3}} (a+x)^2 \partial x = \tfrac{3}{8} x^{\frac{8}{3}} (a+x)^2 - \tfrac{6}{8} \int x^{\frac{8}{3}} (a+x) \partial x$$

desgleichen

$$\int x^{\frac{8}{3}} (a+x) \partial x = \tfrac{3}{11} x^{\frac{11}{3}} (a+x) - \tfrac{3}{11} \int x^{\frac{11}{3}} (a+x)^0 \partial x$$

Es ist mithin

$$\int x^{\frac{2}{3}} (a+x)^3 \partial x = \tfrac{3}{5} x^{\frac{5}{3}} (a+x)^3 - \tfrac{27}{40} x^{\frac{8}{3}} (a+x)^2 + \tfrac{81}{220} x^{\frac{11}{3}} (a+x) - \tfrac{243}{3080} x^{\frac{14}{3}}$$

$$= \tfrac{3}{5} a^3 x^{\frac{5}{3}} + \tfrac{9}{5} a^2 x^{\frac{8}{3}} + \tfrac{9}{5} a x^{\frac{11}{3}} + \tfrac{3}{5} x^{\frac{14}{3}}$$

$$- \tfrac{27}{40} a^2 x^{\frac{8}{3}} - \tfrac{27}{20} a x^{\frac{11}{3}} - \tfrac{27}{40} x^{\frac{14}{3}}$$

$$+ \tfrac{81}{220} a x^{\frac{11}{3}} + \tfrac{81}{220} x^{\frac{14}{3}}$$

$$- \tfrac{243}{3080} x^{\frac{14}{3}}$$

$$\int x^{\frac{2}{3}} (a+x)^3 \partial x = \tfrac{3}{5} a^3 x^{\frac{5}{3}} + \tfrac{9}{8} a^2 x^{\frac{8}{3}} + \tfrac{9}{11} a x^{\frac{11}{3}} + \tfrac{3}{14} x^{\frac{14}{3}}$$

welches mit dem Resultat No. 35 übereinstimmt.

37. Die Formel No. 18, auf irrationale Functionen angewandt, hat man noch zu bestimmen:

$$\int x^m (a+x)^{\frac{n}{p}} \partial x$$

Die Auflösung geschieht nach No. 35 durch eine Reihe, wenn man $a + x = s$ setzt.

Dann ist $x = s - a$

$\partial x = \partial s$

und man hat

$$\int x^m (a+x)^{\frac{n}{p}} \partial x = \int s^{\frac{n}{p}} (s-a)^m \partial s$$

Nun ist $(s-a)^m = s^m - m s^{m-1} a + m_2 s^{m-2} a^2 - \ldots\ldots$

$$\mp m s a^{m-1} \pm a^m$$

Hiernach jedes Glied mit $s^{\frac{n}{p}}$ multiplicirt und integrirt

$$\int s^{\frac{n}{p}} (s-a)^m \partial s = \int s^{\frac{n}{p}+m} \partial s - ma \int s^{\frac{n}{p}+m-1} \partial s + m_2 a^2 \int s^{\frac{n}{p}+m-2} \partial s - \ldots$$

$$\mp m a^{m-1} \int s^{\frac{n}{p}+1} \partial s \pm a^m \int s^{\frac{n}{p}} \partial s$$

Für s den Werth $(a+x)$ gesetzt:

$$\int x^m (a+x)^{\frac{n}{p}} \partial x = \int (a+x)^{\frac{n}{p}+m} \partial x - ma \int (a+x)^{\frac{n}{p}+m-1} \partial x$$

$$+ m_2 a^2 \int (a+x)^{\frac{n}{p}+m-2} \partial x - \ldots\ldots$$

$$\mp m a^{m-1} \int (a+x)^{\frac{n}{p}+1} \partial x \pm a^m \int (a+x)^{\frac{n}{p}} \partial x \qquad (39)$$

Beispiel: Zu finden $\int x^3 (a+x)^{\frac{1}{2}} \partial x$. Es ist nach Formel 39:

$$\int x^2 (a+x)^{\frac{1}{2}} \partial x = \int (a+x)^{\frac{5}{2}} \partial x - 2a \int (a+x)^{\frac{3}{2}} \partial x + a^2 \int (a+x)^{\frac{1}{2}} \partial x$$
$$= \tfrac{2}{7}(a+x)^{\frac{7}{2}} - \tfrac{4}{5} a (a+x)^{\frac{5}{2}} + \tfrac{2}{3} a^2 (a+x)^{\frac{3}{2}}$$
$$= 2(a+x)^{\frac{3}{2}} \left[\tfrac{8}{105} a^2 - \tfrac{4}{35} ax + \tfrac{1}{7} x^2\right]$$

38. Dasselbe $\int x^m (a+x)^{\frac{n}{p}} \partial x$ kann auch mit Hülfe der allgemeinen Reductionsformel gefunden werden.

Man erhält unmittelbar

$$\int x^m (a+x)^{\frac{n}{p}} \partial x = x^m \int (a+x)^{\frac{n}{p}} \partial x - \int \left[\frac{\partial x^m}{\partial x} \int (a+x)^{\frac{n}{p}} \partial x\right] \partial x$$
$$= x^m \frac{(a+x)^{\frac{n}{p}+1}}{\frac{n}{p}+1} - \frac{m}{\frac{n}{p}+1} \int x^{m-1} (a+x)^{\frac{n}{p}+1} \partial x \qquad (40)$$

Das letzte I wird wiederholt auf ein I zurückgeführt, in welchem der Exponent von x immer um 1 geringer und endlich $= 0$ wird.

Beispiel (aus No. 37)

$\int y \partial x = \int x^2 (a+x)^{\frac{1}{2}} \partial x$ zu finden. Es ist

$$\int y \partial x = \frac{x^2 (a+x)^{\frac{3}{2}}}{\frac{3}{2}} - \frac{2}{\frac{3}{2}} \int x (a+x)^{\frac{3}{2}} \partial x$$
$$= \tfrac{2}{3} x^2 (a+x)^{\frac{3}{2}} - \tfrac{4}{3} \int x (a+x)^{\frac{3}{2}} \partial x$$
$$\int x (a+x)^{\frac{3}{2}} \partial x = \tfrac{2}{5} x (a+x)^{\frac{5}{2}} - \tfrac{2}{5} \int x^0 (a+x)^{\frac{5}{2}} \partial x$$

folglich summirt

$$\int x^2 (a+x)^{\frac{1}{2}} \partial x = \tfrac{2}{3} x^2 (a+x)^{\frac{3}{2}} - \tfrac{8}{15} x (a+x)^{\frac{5}{2}} + \tfrac{16}{105} (a+x)^{\frac{7}{2}}$$
$$= 2(a+x)^{\frac{3}{2}} \left[\tfrac{8}{105} a^2 - \tfrac{4}{35} ax + \tfrac{1}{7} x^2\right]$$

39. Die Aufgabe $\int y \partial x = \int x^{\frac{m}{q}} (a+x)^{\frac{n}{p}} \partial x$ ist in geschlossenem Ausdruck nicht aufzulösen. Denn man erhält durch die Reductionsformel

$$\int y \partial x = \frac{x^{\frac{m}{q}} (a+x)^{\frac{n}{p}+1}}{\frac{n}{p}+1} - \frac{m}{q\left(\frac{n}{p}+1\right)} \int x^{\frac{m}{q}-1} (a+x)^{\frac{n}{p}+1}$$

Das letzte I ist aber nur aufzulösen, wenn entweder $\frac{m}{q} - 1$ oder $\frac{n}{p} + 1$ eine ganze Zahl ist. D. h. wenn entweder $\frac{m}{q}$ oder $\frac{n}{p}$ eine ganze Zahl ist. Eben so führen Substitutionen auf nicht geschlossen zu lösende Hülfsintegrale.

40. No. 19 hat die Aufgabe

$$\int x^m (a+x^n)^p \partial x$$

wo m, n, p ganze Zahlen sind und es ist dort vorgeschrieben, die Potenz $(a+x^n)^p$ in eine Reihe zu entwickeln. Demnach kann man nur folgende Aufgaben lösen:

$$\int x^{\frac{m}{q}} (a+x^n)^p \partial x$$
$$\int x^m \left(a+x^{\frac{n}{r}}\right)^p \partial x$$
$$\int x^{\frac{m}{q}} \left(a+x^{\frac{n}{r}}\right)^p \partial x$$

Man erhält

$$\int x^{\frac{m}{q}} (a+x^n)^p \partial x = \int x^{\frac{m}{q}} \left[a^p + p_1 a^{p-1} x^n + p_2 a^{p-2} x^{2n} + \ldots pax^{(p-1)n} + x^{pn}\right]$$

Nun wird jedes Glied der Reihe mit $x^{\frac{m}{q}}$ multiplicirt, jedes Product einzeln integrirt und sämmtliche Integrale addirt.

Es ist mithin

$$\int x^{\frac{m}{q}}(a+x^n)^p\,\partial x = a^p\int x^{\frac{m}{q}}\,\partial x + p_1 a^{p-1}\int x^{\frac{m}{q}+n}\,\partial x$$
$$+ p_2 a^{p-2}\int x^{\frac{m}{q}+2n}\,\partial x + \ldots\ldots \qquad (41)$$

Man erhält ferner

$$\int x^m\left(a+x^{\frac{n}{r}}\right)^p\partial x = a^p\int x^m\,\partial x + p_1 a^{p-1}\int x^{m+\frac{n}{r}}\,\partial x$$
$$+ p_2 a^{p-2}\int x^{m+\frac{2n}{r}}\,\partial x + \ldots\ldots \qquad (42)$$

Endlich

$$\int x^{\frac{m}{q}}\left(a+x^{\frac{n}{r}}\right)^p\partial x = a^p\int x^{\frac{m}{q}}\,\partial x + p_1 a^{p-1}\int x^{\frac{m}{q}+\frac{n}{r}}\,\partial x$$
$$+ p_2 a^{p-2}\int x^{\frac{m}{q}+\frac{2n}{r}}\,\partial x + \ldots\ldots \qquad (43)$$

Beispiel zu Formel 41:

Zu finden $\int y\,\partial x = \int x^{\frac{1}{2}}(a+x^2)^3$

Man erhält $x^{\frac{3}{2}}\left[\frac{2}{3}a^3 + \frac{6}{7}a^2x^2 + \frac{6}{11}ax^4 + \frac{2}{15}x^6\right]$

Beispiel zu Formel 42:

Zu finden $\int y\,\partial x = \int x^3\left(a+x^{\frac{1}{2}}\right)^3$

Man erhält $x^4\left[\frac{1}{4}a^3 - \frac{2}{3}a^2x^{\frac{1}{2}} + \frac{3}{5}ax^2 + \frac{2}{11}x^{\frac{3}{2}}\right]$

Beispiel zu No. 43

Zu finden $\int y\,\partial x = \int x^{\frac{1}{2}}\left(a+x^{\frac{1}{3}}\right)^3$

Man erhält $x^{\frac{3}{2}}\left(\frac{2}{3}a^3 + [illegible]\,a^2x^{\frac{1}{3}} + \frac{18}{13}ax^{\frac{2}{3}} + \frac{1}{2}x\right)$

44. Für den Fall, daſs auch p gebrochen ist, hat man für

$$\int y\,\partial x = \int x^m(a+x^n)^p\,\partial x$$

die Fälle zu bestimmen, in welchen das I. geschlossen anzugeben ist.

Setze $a + x^n = s$

so ist $x = (s-a)^{\frac{1}{n}}$

und $\partial x = \frac{1}{n}(s-a)^{\frac{1}{n}-1}\partial s$

Mithin ist

$$\int y\,\partial x = \int (s-a)^{\frac{m}{n}} s^p \cdot \frac{1}{n}(s-a)^{\frac{1}{n}-1}\partial s$$
$$= \frac{1}{n}\int s^p(s-a)^{\frac{m+1}{n}-1}\partial s$$

Nach der allgemeinen Reductionsformel ist nun

$$\int y\,\partial x = \frac{1}{n}\left[\frac{s^p(s-a)^{\frac{m+1}{n}}}{\frac{m+1}{n}} - \int p s^{p-1}\frac{(s-a)^{\frac{m+1}{n}}}{\frac{m+1}{n}}\partial s\right]$$
$$= \frac{s^p(s-a)^{\frac{m+1}{n}}}{m+1} - \frac{p}{m+1}\int s^{p-1}(s-a)^{\frac{m+1}{n}}\partial s \qquad (44)$$

Nun ist aber das letzte I nur geschlossen zu bestimmen, wenn $\frac{m+1}{n}$ eine ganze positive Zahl ist, und dies ist die Bedingung, unter welcher das gegebene I geschlossen anzugeben ist.

Beispiel $\int x^{\frac{1}{3}}\left(a+x^{\frac{2}{3}}\right)^{\frac{1}{4}}$

Hier ist $s = a + x^{\frac{2}{3}}$

also $x = (s-a)^{\frac{3}{2}}$

und $\partial x = \frac{3}{2}(s-a)^{-\frac{1}{2}}\partial s$

ferner ist $m = \frac{1}{3}$; $n = \frac{2}{3}$; $p = \frac{1}{4}$

Man hat demnach nach Formel 44

$$\int y\,\partial x = \frac{s^{\frac{1}{4}}(s-a)^{\frac{\frac{1}{3}+1}{\frac{2}{3}}}}{\frac{1}{4}+1} - \frac{1}{\frac{1}{4}+1}\int s^{\frac{1}{4}-1}(s-a)\,\partial s$$

$$= \frac{4}{5}s^{\frac{5}{4}}(s-a) - \frac{4}{5}\left(\int s^{\frac{5}{4}}\cdot\partial s - a\int s^{\frac{1}{4}}\,\partial s\right)$$

$$= \frac{4}{5}s^{\frac{9}{4}} - \frac{4}{5}as^{\frac{5}{4}} - \frac{16}{45}s^{\frac{9}{4}} + \frac{4}{5}as^{\frac{5}{4}}$$

$$= \frac{4}{9}s^{\frac{9}{4}} = \frac{4}{9}\left(a+x^{\frac{2}{3}}\right)^{\frac{9}{4}}$$

Alle Functionen derselben Form, in welchen $\frac{m+1}{n}$ eine ganze positive Zahl nicht ist, können nur durch Reihen näherungsweise aufgelöst werden.

42. Zu finden $\int y\,\partial x = \int x^m(a+x)^{-\frac{n}{q}}\,\partial x = \int \frac{x^m}{(a+x)^{\frac{n}{q}}}\,\partial x$

wenn m eine ganze positive Zahl ist.

Es gilt die Formel 17 wenn man für n den Werth $\frac{n}{q}$ setzt.

$$\int y\,\partial x = -x^m\frac{(a+x)^{-\left(\frac{n}{q}-1\right)}}{\frac{n}{q}-1} + \frac{m}{\frac{n}{q}-1}\int x^{m-1}(a+x)^{-\left(\frac{n}{q}-1\right)}\partial x \qquad (45)$$

Beispiele.

$$\int\frac{x\,\partial x}{\sqrt{(a+x)}} = \frac{2}{3}(x-2a)\sqrt{a+x}$$

$$\int\frac{x^2\,\partial x}{\sqrt{a+x}} = \frac{2}{15}(3x^2-4ax+8a^2)\sqrt{a+x}$$

43. Zu finden $\int y\,\partial x = \int x^{\frac{m}{p}}(a+x)^{-n}\,\partial x = \int\frac{x^{\frac{m}{p}}}{(a+x)^n}\,\partial x$

wenn n eine ganze positive Zahl ist.

Man erhält keine geeignete Reductionsformel, denn durch jede derselben kommt man auf ein letztes Glied von der Form $\int\frac{x^{\frac{m}{p}}}{a+x}$. Dies ist aber nur zu integriren, wenn $\frac{m}{p}$ eine ganze Zahl ist, wenn man dann $x^{\frac{m}{p}}$ durch $x+a$ dividirt und so viele Glieder entwickelt, bis man endlich eins ohne x erhält. Dieses Ergänzungsglied ist dann $\int\frac{\partial x}{a+x} = \ln(a+x)$. Ist nun $\frac{m}{p}$ gebrochen, so ist eine Auflösung ganz unmöglich.

44. In allen bisherigen allgemeinen Aufgaben für die Integrirung des Products eines eingliedrigen Factors x^m mit einer zweigliedrigen Function $(a+x)$, $(a+x^n)$ als Wurzel einer Potenz ist die Bedingung für eine Auflösung in geschlossenem Integral erkannt, dass der Exponent (n) der zweigliedrigen Function eine ganze positive Zahl sei; daher wenn der Exponent p gebrochen ist, die vorgenommenen Umformungen, durch welche eine andere zweigliedrige Function mit ganzem Exponenten erzeugt wird.

In No. 41 ist durch solche Umformung möglich gemacht, dass die geschlossene

Auflösung geschieht, wenn $\frac{m+1}{n}$ eine positive ganze Zahl ist, wenn also $m = hn - 1$ ist, wo h eine ganze positive Zahl bedeutet.

Ist durch Umformung ein ganzer Exponent der zweigliedrigen Function nicht herzustellen, so muſs, wenn der Exponent der eingliedrigen Function nicht schon einen ganzen Exponent hat, durch Einführung einer Hülfsfunction ein solcher hervorgebracht werden. Sodann wird durch Reduction dieser Exponent immer um 1 vermindert bis zu dem Werth = 0, wo dann das letzte I die einfachste Form $\int(a+x^n)^p$ erhält. Nur in den wenigsten Fällen ist es möglich, dieses letzte I geschlossen aufzulösen, und dann muſs eine näherungsweise Reihen-Integrirung geschehen, wovon der folgende Abschnitt handelt.

Die Exponenten m, n, p sind nun zum Theil entweder ganz, gebrochen, additiv oder subtractiv, eine Umformung jedesmal überlegen und ausführen ist zeitraubend; es ist daher nothwendig, für alle möglich vorkommenden Fälle Reductionsformeln zu haben, welche die Umformungen ersparen und diese sollen in Folgendem entwickelt werden:

45. Die Formel $\int x^m (a+bx^n)^p$ soll durch Reduction integrirt werden.

Die allgemeine Reductionsformel (3) ist

$$\int fx \cdot Fx\,\partial x = fx \int Fx\,\partial x - \int[f'x \int Fx\,\partial x]\,\partial x$$

Man setze $Fx = x^m$

$$fx = (a+bx^n)^p$$

so ist $fx \int Fx\,\partial x = \frac{x^{m+1}(a+bx^n)^p}{m+1}$

$$f'x = nbp(a+bx^n)^{p-1} \cdot x^{n-1}$$

und

$$f'x \int Fx\,\partial x = \frac{nbp}{m+1} x^{m+n}(a+bx^n)^{p-1}$$

Demnach ist

$$\int x^m (a+bx^n)^p\,\partial x = \frac{x^{m+1}(a+bx^n)^p}{m+1} - \frac{nbp}{m+1}\int x^{m+n}(a+bx^n)^{p-1}\,\partial x \qquad (A)$$

Es ist aber auch

$$\int x^m (a+bx^n)^p\,\partial x = \int x^m (a+bx^n)^{p-1}(a+bx^n)\,\partial x$$

$$= \int ax^m (a+bx^n)^{p-1}\,\partial x + \int bx^{m+n}(a+bx^n)^{p-1}\,\partial x \qquad (B)$$

Setzt man die beiden Werthe A und B einander gleich, schafft das subtractive Glied auf die andere Seite und reducirt, so hat man

$$\int ax^m (a+bx^n)^{p-1}\,\partial x + \left(\frac{nbp}{m+1} + b\right)\int x^{m+n}(a+bx^n)^{p-1}\,\partial x = \frac{x^{m+1}(a+bx^n)^p}{m+1}$$

Oder das erste Glied links entwickelt, mit a dividirt und p für $p-1$ geschrieben

$$\int x^m (a+bx^n)^p\,\partial x = \frac{x^{m+1}(a+bx^n)^{p+1}}{a(m+1)}$$

$$- \frac{b}{a} \cdot \frac{np+n+m+1}{m+1}\int x^{m+n}(a+bx^n)^p\,\partial x \qquad (46)$$

Diese Formel ist als Reductionsformel brauchbar, wenn m und n entgegengesetzte Vorzeichen haben, weil dann $m+n < m$, das zweite I also einfacher wird.

Beispiel. Zu integriren

$$\int y\,\partial x = \int x^{-\frac{3}{2}}(a+bx^{\frac{1}{2}})^{\frac{3}{4}}\,\partial x$$

Nach Formel 46 hat man

$$\int y\,\partial x = -\frac{2}{a}x^{-\frac{1}{2}}(a+bx^{\frac{1}{2}})^{\frac{7}{4}} + \frac{3b}{4a}\int x^{-1}(a+bx^{\frac{1}{2}})^{\frac{3}{4}}\,\partial x$$

Das letzte $I = \int \frac{(a+bx^{\frac{1}{2}})^{\frac{3}{4}}}{x}\,\partial x$ läſst nur eine unvollständige Entwickelung in Reihen zu.

46. Sind m und n von einerlei Vorzeichen, so ist $m+n > m$ und die Formel führt auf eine zusammengesetztere Function als die gegebene ist. Man erhält aber eine geeignete Reductionsformel, wenn man in die Formel 46 $m-n$ für m schreibt und das zweite I entwickelt; dann hat man

$$\int x^m (a+bx^n)^p\,\partial x = \frac{x^{m-n+1}(a+bx^n)^{p+1}}{(np+m+1)b} - \frac{(m-n+1)a}{(np+m+1)b}\int x^{m-n}(a+bx^n)^p\,\partial x \qquad (47)$$

Beispiel. Zu integriren

$$\int y\,\partial x = \int x^{-[\ldots]}\left(a - bx^{-[\ldots]}\right)^{[\ldots]}$$

$$\int y\,\partial x = -\frac{6}{7\cdot b}\,x^{0}\left(a + bx^{-[\ldots]}\right)^{[\ldots]} - 0 = -\frac{6}{7\cdot b}\left(a + bx^{-[\ldots]}\right)^{[\ldots]}$$

47. Die gegebene Function kann auch dadurch vereinfacht werden, dafs man den absoluten Zahlenwerth von p vermindert, so dafs dem subtractivem p etwas additives und dem additiven p etwas subtractives hinzugesetzt wird.

Setzt man nun in Formel 47 statt p den Werth $p-1$ und statt m den Werth $m+n$, so erhält man

$$\int x^{m+n}(a+bx^n)^{p-1}\,\partial x = \frac{x^{m+1}(a+bx^n)^p}{(np+m+1)\,b} + \frac{(m+1)\,a}{(np+m+1)\,b}\int x^m(a+bx^n)^{p-1}\,\partial x$$

Setzt man diesen Werth von $\int x^{m+n}(a+bx^n)^{p-1}\,\partial x$ in die Formel 45, A statt des letzten Integrals, so erhält man die Reductionsformel

$$\int x^m(a+bx^n)^p\,\partial x = \frac{x^{m+1}(a+bx^n)^p}{np+m+1} + \frac{npa}{np+m+1}\int x^m(a+bx^n)^{p-1}\,\partial x \qquad (48)$$

Entwickelt man aus dieser dritten Reductionsformel das Integral des letzten Gliedes und schreibt dann $p+1$ statt p, so erhält man die 4te und letzte Reductionsformel

$$\int x^m(a+bx^n)^p\,\partial x = -\frac{x^{m+1}(a+bx^n)^{p+1}}{n(p+1)\,a} + \frac{np+n+m+1}{n(p+1)\,a}\int x^m(a+bx^n)^{p+1}\,\partial x \qquad (49)$$

Diese Formel wird angewendet, wenn p subtractiv ist.

48. Die letzten 4 Hauptreductionsformeln (46 bis 49) auf eine gegebene Function nach einander angewendet, führen die Integrirung auf das I einer Function zurück, bei welcher der gebrochene Exponent des Binoms ein ächter Bruch ist und m nach einander immer um n vermindert seinen einfachsten Werth erhält. Ist man auf diesem Wege zu der einfachsten Function gelangt, so dafs die fortgesetzte Anwendung der Reductionsformeln diese wieder zusammengesetzter machen würde, so mufs zur unmittelbaren Integrirung der in der einfachsten Form erhaltenen Function geschritten werden.

Beispiel $\int y\,\partial x = \int x^{[\ldots]}\left(a + x^{[\ldots]}\right)^{-[\ldots]}\partial x$

Hier ist zuerst Formel 47 anzuwenden, und man erhält,

$$\int y\,\partial x = -\frac{12}{5}\,x^{[\ldots]}\left(a + x^{[\ldots]}\right)^{-[\ldots]} + 2a\int x^{-[\ldots]}\left(a+x^{[\ldots]}\right)^{-[\ldots]}\partial x$$

Da nun in dem zweiten I x einen ächten Bruch zum Exponenten hat, so mufs zur Reduction von p mit Hülfe der Formel 49 geschritten werden und man hat

$$\int x^{-[\ldots]}\left(a+x^{[\ldots]}\right)^{-[\ldots]}\partial x = +\frac{4}{5a}\left[x^{[\ldots]}\left(a+x^{[\ldots]}\right)^{-[\ldots]} + \int x^{-[\ldots]}\left(a+x^{[\ldots]}\right)^{-[\ldots]}\partial x\right]$$

Wendet man nochmals Formel 49 an, so erhält man

$$\int x^{-[\ldots]}\left(a+x^{[\ldots]}\right)^{-[\ldots]} = -\frac{12}{5a}\,x^{[\ldots]}\left(a+x^{[\ldots]}\right)^{[\ldots]} - 3a\int x^{-[\ldots]}\left(a+x^{[\ldots]}\right)^{[\ldots]}\partial x$$

Diese Form ist für das letzte I die einfachste. Entwickelt man nun das Binom, multiplicirt jedes einzelne Glied mit $x^{-[\ldots]}$, so erhält man eine nach x steigende Reihe; schreibt man $x^{[\ldots]}$ als erstes Glied, so erhält man eine nach a steigende Reihe. Das I wird aber um so genauer und man bedarf um so weniger Glieder, je convergenter die Reihe wird. Deshalb schreibe man

$$a^{[\ldots]}\left(\frac{x^{[\ldots]}}{a} + 1\right)^{[\ldots]} \text{ für } \left(a + x^{[\ldots]}\right)^{[\ldots]}$$

entwickele binomisch und multiplicire jedes einzelne Glied mit $x^{-[\ldots]}$, so hat man

$$3a\int x^{-\frac{1}{4}}\left(a+x^{\frac{1}{3}}\right)^{\frac{1}{4}}\partial x = 3a^{\frac{5}{4}}\int x^{-\frac{1}{4}}\left(\frac{x^{\frac{1}{3}}}{a}+1\right)^{\frac{1}{4}}\partial x =$$

$$3ax^{\frac{3}{4}}+\frac{3a^{2}}{4}x^{-\frac{1}{12}}-\frac{9}{32}a^{3}x^{-\frac{11}{12}}+\frac{7}{128}a^{4}x^{-\frac{19}{12}}-$$

$$3ax^{\frac{3}{4}}+3a^{2}\cdot\tfrac{1}{4}x^{-\frac{1}{12}}-\frac{3a^{3}}{4^{2}}\cdot\frac{1\cdot 3}{1\cdot 2}x^{-\frac{11}{12}}+\frac{3a^{4}}{4^{3}}\cdot\frac{1\cdot 3\cdot 7}{1\cdot 2\cdot 3}x^{-\frac{19}{12}}$$

Das $n$te Glied ist =

$$\pm\frac{3a^{n}}{4^{n-1}}\cdot\frac{1\cdot 3\cdot 7\cdot 11\,\ldots\ldots\,[3+(n-2)4]}{1\cdot 2\cdot 3\cdot 4\,\ldots\ldots\,n}\,x^{-\frac{17+(n-2)20}{12}}$$

Die Reihe ist also nach x genommen ziemlich bedeutend convergent. Man hat demnach

$$\int y\,\partial x = -\tfrac{1}{3}x^{\frac{1}{3}}\left[\left(a+x^{\frac{1}{3}}\right)^{-\frac{1}{4}}+\frac{24}{5a}\left(a+x^{\frac{1}{3}}\right)^{\frac{3}{4}}\right]-\tfrac{4}{5}\int \text{der Reihe.}$$

Setzt man $\left(a+x^{\frac{1}{3}}\right)=s$, so ist die Summe der beiden vor dem letzten $\int$ stehenden in Klammern befindlichen Glieder

$$= s^{-\frac{1}{4}}+\frac{24}{5a}s^{\frac{3}{4}} = s^{-\frac{1}{4}}\left[1+\frac{24}{5a}s\right]=\left(a+x^{\frac{1}{3}}\right)^{-\frac{1}{4}}\cdot\frac{29a+24x^{\frac{1}{3}}}{5a}$$

und

$$\int y\,\partial x = -\frac{4x^{\frac{1}{3}}}{25\cdot a}\left(29a+24x^{\frac{1}{3}}\right)\left(a+x^{\frac{1}{3}}\right)^{-\frac{1}{4}}-\tfrac{4}{5}\int \text{der Reihe.}$$

49. Wie das letzte Beispiel, so sind die wenigsten irrationalen Functionen dieser und anderer Formen in geschlossenen Integralen zu erhalten. In den folgenden Aufgaben sollen diejenigen Fälle betrachtet werden, wo eine geschlossene Integrirung möglich ist. Diese Fälle beschränken sich auf den Werth $n = 2$.

50. Zu finden

$$\int y\,\partial x = \int_{0}\frac{x\,\partial x}{\sqrt{a+bx^{2}}}$$

Man setze $a+bx^{2}=s$

so ist $2bx\,\partial x=\partial s$

hieraus $x=\dfrac{\partial s}{2b\,\partial x}$

also

$$\int y\,\partial x = \int_{0}\frac{\frac{1}{2b}\cdot\frac{\partial s}{\partial x}\,\partial x}{\sqrt{s}} = \frac{1}{2b}\int s^{-\frac{1}{2}}\,\partial s = \frac{1}{2b}\cdot 2s^{\frac{1}{2}}$$

also

$$\int_{0}\frac{x\,\partial x}{\sqrt{a+bx^{2}}} = \frac{1}{b}\sqrt{a+bx^{2}} \qquad (50)$$

Man kann auch einfacher setzen:

$$\int\frac{x\,\partial x}{\sqrt{a+bx^{2}}} = \int x\left(a+bx^{2}\right)^{-\frac{1}{2}}\partial x = \frac{1}{2b}\int\left(a+bx^{2}\right)^{-\frac{1}{2}}\,2bx\cdot\partial x$$

$$= \frac{1}{2b}\int\left(a+bx^{2}\right)^{-\frac{1}{2}}\cdot\partial\left(a+bx^{2}\right)\partial x = \frac{1}{2b}\cdot\frac{\left(a+bx^{2}\right)^{+\frac{1}{2}}}{\frac{1}{2}} = \frac{1}{b}\sqrt{a+bx^{2}}$$

51. Zu finden $\int y\,\partial x = \displaystyle\int\frac{\partial x}{\sqrt{a+bx^{2}}}$

Diese Function ist nicht anders zu integriren, als dafs sie in eine rationale Function verwandelt wird. Schreib deshalb

$$\sqrt{a+bx^{2}} = \sqrt{b}\cdot\sqrt{\frac{a}{b}+x^{2}}$$

und setze

$$\sqrt{\frac{a}{b}+x^{2}} = s+x$$

so wird hieraus

$$\frac{a}{b} = s^{2}+2xs$$

woraus $$x = \frac{\frac{a}{b}-s^{2}}{2s}$$

hieraus $\sqrt{\frac{a}{b}+x^2} = s + \frac{\frac{a}{b}-s^2}{2s} = \frac{s^2+\frac{a}{b}}{2s}$

und $\partial x = \frac{1}{2} \cdot \frac{-2s^2-\left(\frac{a}{b}-s^2\right)}{s^2}\partial s = -\frac{\frac{a}{b}+s^2}{2s^2}\partial s$

Folglich diese Werthe in die gegebene Formel gesetzt:

$$\int \frac{\partial x}{\sqrt{a+bx^2}} = \frac{1}{\sqrt{b}}\int\left(-\frac{\frac{a}{b}+s^2}{2s^2}\partial s\right)\cdot\frac{1}{\left(\frac{s^2+\frac{a}{b}}{2s}\right)} = -\frac{1}{\sqrt{b}}\int\frac{\partial s}{s}$$

$$= -\frac{ln\, s}{\sqrt{b}} = -\frac{1}{\sqrt{b}}\, ln\left(\sqrt{\frac{a}{b}+x^2}-x\right)$$

oder

$$\int\frac{\partial x}{\sqrt{a+bx^2}} = -\frac{1}{\sqrt{b}}\, ln\frac{\sqrt{a+bx^2}-x\sqrt{b}}{\sqrt{b}} = -\frac{1}{\sqrt{b}}\left[ln\left(\sqrt{a+bx^2}-x\sqrt{b}\right)+ln\sqrt{b}\right]+C$$

Man kann das letzte constante Glied $ln\sqrt{b}$ mit zur Constante zählen; dann hat man auch

$$\int\frac{\partial x}{\sqrt{a+bx^2}} = -\frac{1}{\sqrt{b}}\, ln\left(\sqrt{a+bx^2}-x\sqrt{b}\right)+C \tag{51}$$

52. Um die gegebene Function $\int\frac{\partial x}{\sqrt{a+bx^2}}$ rational zu machen kann man auch $\sqrt{\frac{a}{b}+x^2} = \sqrt{\alpha^2+x^2} = \alpha + xs$ setzen.

Durch Quadrirung entsteht

$$x^2 = 2\alpha xs + x^2s^2$$

woraus $x = 2\alpha s + xs^2$

und $x = \frac{2\alpha s}{1-s^2}$

Mithin

$$\sqrt{\alpha^2+x^2} = \alpha + \frac{2\alpha s^2}{1-s^2} = \alpha\frac{1+s^2}{1-s^2}$$

und

$$\partial x = 2\alpha\frac{(1-s^2)+2s^2}{(1-s^2)^2}\partial s = 2\alpha\frac{1+s^2}{(1-s^2)^2}\partial s$$

Hiernach

$$\int\frac{\partial x}{\sqrt{a+bx^2}} = \frac{1}{\sqrt{b}}\int\frac{\partial x}{\sqrt{\alpha^2+x^2}} = \frac{1}{\sqrt{b}}\int 2\alpha\frac{1+s^2}{(1-s^2)^2}\partial s\cdot\frac{1}{\alpha\left(\frac{1+s^2}{1-s^2}\right)}$$

$$= \frac{2}{\sqrt{b}}\int\frac{\partial s}{1-s^2} = \frac{2}{\sqrt{b}}\int\frac{\partial s}{(1+s)(1-s)} = \frac{2}{\sqrt{b}}\int\left(\frac{\partial s}{2(1+s)}+\frac{\partial s}{2(1-s)}\right)$$

$$= \frac{1}{\sqrt{b}}\left[ln(1+s)-ln(1-s)\right] = \frac{1}{\sqrt{b}}\, ln\frac{1+s}{1-s}$$

Nun ist $s = \frac{\sqrt{\alpha^2+x^2}-\alpha}{x}$

Diesen Werth in die letzte Formel gesetzt gibt

$$\int\frac{\partial x}{\sqrt{a+bx^2}} = \frac{1}{\sqrt{b}}\, ln\frac{1+\frac{\sqrt{\alpha^2+x^2}-\alpha}{x}}{1-\frac{\sqrt{\alpha^2+x^2}-\alpha}{x}} = \frac{1}{\sqrt{b}}\, ln\frac{x+\sqrt{\alpha^2+x^2}-\alpha}{x-\sqrt{\alpha^2+x^2}+\alpha}$$

$$= \frac{1}{\sqrt{b}}\, ln\frac{x\sqrt{b}+\sqrt{a+bx^2}-\sqrt{a}}{x\sqrt{b}-\sqrt{a+bx^2}+\sqrt{a}}+C \tag{52}$$

53. Diese Formel stimmt mit der Formel 51 nicht überein. Denn multiplicirt man Zähler und Nenner des Logarithmus mit dem Zähler, so erhält man

$$\frac{(x\sqrt{b}+\sqrt{a+bx^2}-\sqrt{a})^2}{(x\sqrt{b})^2-(\sqrt{a+bx^2}-\sqrt{a})^2} = \frac{(x\sqrt{b}+\sqrt{a+bx^2}-\sqrt{a})^2}{2\sqrt{a}(\sqrt{a+bx^2}-\sqrt{a})}$$

Multiplicirt man in dem letzten Quotient Zähler und Nenner mit $(\sqrt{a+bx^2}+\sqrt{a})$, so erhält man reducirt

$$\frac{bx^2\sqrt{a+bx^2}+bx^3\sqrt{b}}{bx^2\sqrt{a}} = \frac{\sqrt{a+bx^2}+x\sqrt{b}}{\sqrt{a}}$$

und demnach ist

$$\int\frac{\partial x}{\sqrt{a+bx^2}} = \frac{1}{\sqrt{b}}\, ln\frac{\sqrt{a+bx^2}+x\sqrt{b}}{\sqrt{a}} = \frac{1}{\sqrt{b}}\left[ln\left(\sqrt{a+bx^2}+x\sqrt{b}\right)-ln\sqrt{a}\right] \quad (53)$$

Es ist aber No. 3, pag. 293 nachgewiesen, daß wenn von einer und derselben Function zwei oder mehrere von einander verschiedene Integrale aufgefunden werden, so können dieselben von einander abgezogen immer nur constante Reste geben. Nun ist das erste I (51)

$$\int y\,\partial x = -\frac{1}{\sqrt{b}}\left[ln\left(\sqrt{a+bx^2}-x\sqrt{b}\right)\right]+C$$

oder die Formel vor dem I. 51:

$$\int y\,\partial x = -\frac{1}{\sqrt{b}}\left[ln\left(\sqrt{a+bx^2}-x\sqrt{b}\right)+ln\sqrt{b}\right]+C$$

Das zweite I No. 53

$$\int y\,\partial x = \frac{1}{\sqrt{b}}\left[ln\left(\sqrt{a+bx^2}+x\sqrt{b}\right)-ln\sqrt{a}\right]+C$$

Mithin muß die Differenz

$$ln\left(\sqrt{a+bx^2}+x\sqrt{b}\right)+ln\left(\sqrt{a+bx^2}-x\sqrt{b}\right)$$

eine constante Größe liefern. Nun ist aber die Summe der Integrale = dem I des Products

$$= ln\left(\sqrt{a+bx^2}+x\sqrt{b}\right)\left(\sqrt{a+bx^2}-x\sqrt{b}\right) = ln\, a$$

Mithin sind beide I zwar sehr verschieden, aber beide richtig.

54. Zu finden $\int y\,\partial x = \int\frac{\partial x}{\sqrt{a-bx^2}}$

Verfährt man, um die Function rational zu machen, nach No. 52, so wird für $\sqrt{a-bx^2}$ geschrieben $\sqrt{b}\sqrt{\frac{a}{b}-x^2}$ $= \sqrt{b}\sqrt{\alpha^2-x^2} = \sqrt{b}(\alpha-xz)$ u. s. w. und man kann, wie No. 52 bis zum Schluß geschehen, entwickeln. Da diese Arbeit also wenig Mühe macht, so soll hier ein anderes Verfahren gewählt werden.

Man setze $\sqrt{\alpha^2-x^2} = z(\alpha-x)$

wo $\alpha = \sqrt{\frac{a}{b}}$

Beiderseits quadrirt und mit $(\alpha-x)$ dividirt, ergibt

$$\alpha+x = z^2(\alpha-x)$$

woraus $x = \frac{\alpha(z^2-1)}{z^2+1}$

und $\sqrt{\alpha^2-x^2} = z\left(\alpha-\frac{\alpha(z^2-1)}{z^2+1}\right) = \frac{2\alpha z}{z^2+1}$

und $\partial x = \frac{\alpha\cdot(z^2+1)2z-(z^2-1)2z}{(z^2+1)^2} = \frac{4\alpha z}{(z^2+1)^2}\partial z$

Mithin $$\int\frac{\partial x}{\sqrt{\alpha^2-x^2}} = \int\frac{4\alpha z\,\partial z}{(z^2+1)^2}z\cdot\frac{1}{\left(\alpha-\frac{\alpha(z^2-1)}{z^2+1}\right)} = 2\int\frac{\partial z}{z^2+1}$$

Mithin nach Differenzialformel No. 130

$$\int\frac{\partial x}{\sqrt{\alpha^2-x^2}} = 2\, arc\,(tg = z) = 2\, arc\left(tg = \sqrt{\frac{\alpha+x}{\alpha-x}}\right)$$

und $$\int y\,\partial x = \int\frac{\partial x}{\sqrt{a-bx^2}} = \frac{2}{\sqrt{b}}\,Arc\left(tg = \sqrt{\frac{\sqrt{a}+x\sqrt{b}}{\sqrt{a}-x\sqrt{b}}}\right) \quad (54)$$

55. Man kommt auf eine andere Formel, wenn man für $\sqrt{a^2-x^2}$ den Werth $a\sqrt{1-\left(\frac{x}{\alpha}\right)^2}$ setzt. Dann ist

$$\int\frac{\partial x}{\sqrt{a-bx^2}}=\frac{1}{\alpha\sqrt{b}}\cdot\int\frac{\partial x}{\sqrt{1-\left(\frac{x}{\alpha}\right)^2}}=\frac{1}{\sqrt{b}}\cdot\int\frac{\partial\left(\frac{x}{\alpha}\right)}{\sqrt{1-\left(\frac{x}{\alpha}\right)^2}}$$

Nun ist nach der Differenzialformel 118

$$\frac{\partial\left(\frac{x}{a}\right)}{\sqrt{1-\left(\frac{x}{a}\right)^2}}=Arc\ sin\left(\frac{x}{a}\right)$$

Mithin $\int\frac{\partial x}{\sqrt{1-\left(\frac{x}{a}\right)^2}}=\frac{1}{\sqrt{b}}\,Arc\ sin\ \frac{x}{\alpha}$

und für α den Werth $\sqrt{\frac{a}{b}}$ gesetzt

$$\int\frac{\partial x}{\sqrt{a-bx^2}}=\frac{1}{\sqrt{b}}\,Arc\left(sin=x\sqrt{\frac{b}{a}}\right)\qquad(55)$$

Auch diese Formel ist von der 54 verschieden, jedoch sind beide wieder nur um eine Constante unterschieden.

Nämlich

$$\frac{2}{\sqrt{b}}\,Arc\ tg\sqrt{\frac{\sqrt{a}+x\sqrt{b}}{\sqrt{a}-x\sqrt{b}}}-\frac{1}{\sqrt{b}}\,Arc\ sin\left(x\sqrt{\frac{b}{a}}\right)=C$$

oder

$$2\,Arc\ tg\sqrt{\frac{\sqrt{a}+x\sqrt{b}}{\sqrt{a}-x\sqrt{b}}}-Arc\ sin\left(x\sqrt{\frac{b}{a}}\right)=C$$

Setzt man

$$Arc\ tg\sqrt{\frac{\sqrt{a}+x\sqrt{b}}{\sqrt{a}-x\sqrt{b}}}=\varphi,$$

so ist $tg\ \varphi=\sqrt{\frac{\sqrt{a}+x\sqrt{b}}{\sqrt{a}-x\sqrt{b}}}$

Zu dem gegebenen doppelten Bogen 2φ gehört die Tangente von 2φ, und es ist

$$tg\ 2\varphi=\frac{2\,tg\ \varphi}{1-tg^2\varphi}=\frac{2\sqrt{\frac{\sqrt{a}+x\sqrt{b}}{\sqrt{a}-x\sqrt{b}}}}{1-\frac{\sqrt{a}+x\sqrt{b}}{\sqrt{a}-x\sqrt{b}}}$$

Und wenn man Zähler und Nenner des letzten Bruchs mit $\sqrt{a}-x\sqrt{b}$ multiplicirt und reducirt

$$tg\ 2\varphi=\frac{2\sqrt{a-bx^2}}{-2x\sqrt{b}}=-\frac{\sqrt{a-bx^2}}{x\sqrt{b}}$$

Setzt man nun $Arc\ sin\ x\sqrt{\frac{b}{a}}=\psi$

so ist $sin\ \psi=x\sqrt{\frac{b}{a}}$

Hieraus folgt

$$tg\ \psi=\frac{sin\ \psi}{\sqrt{1-sin^2\psi}}=\frac{x\sqrt{\frac{b}{a}}}{\sqrt{1-x^2\frac{b}{a}}}=\frac{x\sqrt{b}}{\sqrt{a-bx^2}}$$

Also $cot\ \psi=\frac{\sqrt{a-bx^2}}{x\sqrt{b}}$

Mithin ist $-cot\ \psi=tg\ 2\varphi$

oder $cot\ (\pi-\psi)=tg\ 2\varphi$

oder $tg\left[\frac{\pi}{2}-(\pi-\psi)\right]=tg\left(\psi-\frac{\pi}{2}\right)=tg\ 2\varphi$

Es ist mithin $\psi-\frac{\pi}{2}=2\varphi$

oder $\psi-2\varphi=\frac{\pi}{2}$

d. h. $Arc\ sin\left(x\sqrt{\frac{b}{a}}\right)-2\,Arc\ tg\sqrt{\frac{\sqrt{a}+x\sqrt{b}}{\sqrt{a}-x\sqrt{b}}}=\frac{1}{2}\pi$

56. Zu finden $\int y\,\partial x=\int\frac{\partial x}{\sqrt{-a+bx^2}}$ Setze wieder $\frac{a}{b}=\alpha^2$

so hat man

$$\int y\,\partial x = \frac{1}{\sqrt{b}}\int\frac{\partial x}{\sqrt{x^2-a^2}}$$

Setze ferner

$$\sqrt{x^2-a^2} = x - z$$

oder $\sqrt{x^2-a^2} = (x-a)\,z$

Für die erste Annahme erhält man

$$-a^2 = -2xz + z^2$$

woraus $x = \dfrac{z^2+a^2}{2z}$

$$\sqrt{x^2-a^2} = \frac{z^2+a^2}{2z} - z = \frac{a^2-z^2}{2z}$$

und

$$\partial x = \tfrac{1}{2}\cdot\frac{2z^2-(z^2+a^2)}{z^2} = \frac{z^2-a^2}{2z^2}\,\partial z$$

Hieraus hat man

$$\int\frac{\partial x}{\sqrt{x^2-a^2}} = \int\frac{z^2-a^2}{2z^2}\,\partial z\cdot\frac{2z}{a^2-z^2} = -\int\frac{\partial z}{z} = -\ln z$$

und

$$\int\frac{\partial x}{\sqrt{-a+bx^2}} = -\frac{1}{\sqrt{b}}\ln\frac{x\sqrt{b}-\sqrt{-a+bx^2}}{\sqrt{b}} = -\frac{1}{\sqrt{b}}\left[\ln\left(x\sqrt{b}-\sqrt{-a+bx^2}\right)-\ln\sqrt{b}\right] \quad (56)$$

wo das letzte Glied $\ln\sqrt{b}$ auch zur allgemeinen Constante gezogen und fortgelassen werden kann.

Für die zweite Annahme

$$\sqrt{x^2-a^2} = (x-a)\,z$$

geschieht die Herleitung wie No. 54 und man erhält

$$\int\frac{\partial x}{\sqrt{-a+bx^2}} = \frac{2}{\sqrt{b}}\ln\left(\sqrt{x+\sqrt{\frac{a}{b}}}+\sqrt{x-\sqrt{\frac{a}{b}}}\right) \quad (57)$$

$$= \frac{2}{\sqrt{b}}\ln\left(\sqrt{x\sqrt{b}+\sqrt{a}}+\sqrt{x\sqrt{b}-\sqrt{a}}\right) \quad (58)$$

Beide Integrale 56 und 58 sind wieder von einander verschieden. Daſs deren Differenz constant ist, beweist sich wie folgt:

Es ist die Differenz beider Integrale =

$$D = \frac{1}{\sqrt{b}}\left[\ln\left(x\sqrt{b}-\sqrt{-a+bx^2}\right)-\ln\sqrt{b}+2\ln\left(\sqrt{x\sqrt{b}+\sqrt{a}}+\sqrt{x\sqrt{b}-\sqrt{a}}\right)\right]$$

$-\ln\sqrt{b}$ als Constante und den Factor $\dfrac{1}{\sqrt{b}}$ als constant fortgelassen, ist

$$D = \ln\left(x\sqrt{b}-\sqrt{-a+bx^2}\right)+\ln\left(\sqrt{x\sqrt{b}+\sqrt{a}}+\sqrt{x\sqrt{b}-\sqrt{a}}\right)^2$$

$$= \ln\left(x\sqrt{b}-\sqrt{-a+bx^2}\right)+\ln 2\left(x\sqrt{b}+\sqrt{-a+bx^2}\right)$$

$$= \ln 2\left[x\sqrt{b}-\sqrt{-a+bx^2}\right]\left[x\sqrt{b}+\sqrt{-a+bx^2}\right] = \ln 2a$$

wie No 3 verlangt.

57. Zu finden $\int y\,\partial x = \displaystyle\int\frac{\partial x}{\sqrt{-a-bx^2}}$

Schreibt man $\int y\,\partial x = \displaystyle\int\frac{\partial x}{\sqrt{-1}\cdot\sqrt{a+bx^2}} = -\sqrt{-1}\int\frac{\partial x}{\sqrt{a+bx^2}}$ (59)

so hat man das I nach No. 51, 52 und 53 (Formel 51, 52 und 53), wenn man jedes dieser I mit $-\sqrt{-1}$ multiplicirt.

58. Zu finden $\int y\,\partial x = \displaystyle\int\frac{\partial x}{\sqrt{a+bx+cx^2}}$

(Vergleiche No. 23)

Setzt man $x = z - \dfrac{b}{2c}$ so erhält man

$$a+bx+cx^2 = a+b\left(z-\frac{b}{2c}\right)+c\left(z-\frac{b}{2c}\right)^2 = a-\frac{b^2}{4c}+cz^2$$

Schreibt man daher in die Formeln 51 bis 59 für a den Werth $\left(a - \frac{b^2}{4c}\right)$ und für b den Werth c, so erhält man, da $\partial x = \partial s$ ist, die Integrale für die verlangte Function.

Aus Formel 51 hat man

$$\int \frac{\partial s}{\sqrt{a - \frac{b^2}{4c} + cs^2}} = -\frac{1}{\sqrt{c}} ln\left[\sqrt{a - \frac{b^2}{4c} + cs^2} - s\sqrt{c}\right]$$

Für s den Werth $x + \frac{b}{2c}$ und für ∂s den Werth ∂x gesetzt

$$\int \frac{\partial x}{\sqrt{a + bx + cx^2}} = -\frac{1}{\sqrt{c}} ln\left[\sqrt{a + bx + cx^2} - \frac{b + 2cx}{2\sqrt{c}}\right] \qquad (60)$$

Aus Formel 52 hat man

$$\int \frac{\partial x}{\sqrt{a + bx + cx^2}} = \frac{1}{\sqrt{c}} ln \frac{b + 2cx - \sqrt{4ac - b^2} + 2\sqrt{c}\sqrt{a + bx + cx^2}}{b + 2cx + \sqrt{4ac - b^2} - 2\sqrt{c}\sqrt{a + bx + cx^2}} \qquad (61)$$

Aus Formel 53 hat man

$$\int \frac{\partial x}{\sqrt{a + bx + cx^2}} = \frac{1}{\sqrt{c}} ln\left[\sqrt{a + bx + cx^2} + \frac{b + 2cx}{2\sqrt{c}}\right] \qquad (62)$$

Aus Formel 54 hat man

$$\int \frac{\partial x}{\sqrt{a + bx - cx^2}} = \frac{2}{\sqrt{c}} Arctg \frac{\sqrt{4ac - b^2} + b + 2cx}{\sqrt{4ac - b^2} - b - 2cx} \qquad (63)$$

Aus Formel 55 hat man

$$\int \frac{\partial x}{\sqrt{a + bx - cx^2}} = \frac{1}{\sqrt{c}} Arc\sin \frac{2cx - b}{\sqrt{4ac + b^2}} \qquad (64)$$

Aus Formel 56 hat man

$$\int \frac{\partial s}{\sqrt{-\left(a + \frac{b^2}{4c}\right) + cs^2}} = -\frac{1}{\sqrt{c}} ln\left(s\sqrt{c} - \sqrt{-\left(a + \frac{b^2}{4c}\right) + cs^2}\right)$$

(indem man hier für a den Werth $a + \frac{b^2}{4c}$ setzen mufs)

Hieraus

$$\int \frac{\partial x}{\sqrt{-a + bx + cx^2}} = -\frac{1}{\sqrt{c}} ln\left(\frac{b + 2cx}{2c} - \sqrt{-a + bx + cx^2}\right) \qquad (65)$$

Aus Formel 56 und 57 hat man

$$\int \frac{\partial x}{\sqrt{-a + bx + cx^2}} = \frac{2}{\sqrt{c}} ln\left[\sqrt{\frac{2cx + b + \sqrt{b^2 + 4ac}}{2\sqrt{c}}} + \sqrt{\frac{2cx + b - \sqrt{b^2 + 4ac}}{2\sqrt{c}}}\right] \qquad (66)$$

Aus Formel 58 hat man

$$\int \frac{\partial x}{\sqrt{-a - bx - cx^2}} = -\sqrt{-1}\int \frac{\partial x}{\sqrt{a + bx + cx^2}}$$

Für das letzte I wird Formel 61 oder 62 gesetzt.

69. Zu finden $\int \sqrt{a + bx^2}\,\partial x$

Setze in die allgemeine Reductionsformel 2

$$\int fx\, Fx = fx \int Fx\,\partial x - \int (f'x \cdot \int Fx\,\partial x)\,\partial x$$

$$fx = \sqrt{a + bx^2}$$

$$Fx = \partial x$$

so ist

$$\int Fx\,\partial x = x$$

$$f'x = \frac{bx\,\partial x}{\sqrt{a + bx^2}}$$

Mithin

$$\int\sqrt{a+bx^2}\cdot\partial x = \sqrt{a+bx^2}\cdot x - \int\left(\frac{bx}{\sqrt{a+bx^2}}\right)\cdot x\,\partial x$$

$$= x\sqrt{a+bx^2} - \int\frac{a+bx^2-a}{\sqrt{a+bx^2}}\,\partial x$$

$$= x\sqrt{a+bx^2} - \int\sqrt{a+bx^2}\,\partial x + \int\frac{a\,\partial x}{\sqrt{a+bx^2}}$$

hieraus

$$2\int\sqrt{a+bx^2}\,\partial x = x\sqrt{a+bx^2} + a\int\frac{\partial x}{\sqrt{a+bx^2}}$$

woraus

$$\int\sqrt{a+bx^2}\,\partial x = \frac{x}{2}\sqrt{a+bx^2} + \frac{a}{2}\int\frac{\partial x}{\sqrt{a+bx^2}}$$

Statt des letzten I die Formel 51 oder 52 oder 53 gesetzt: gibt

$$\int\sqrt{a+bx^2}\,\partial x = \tfrac{1}{2}x\sqrt{a+bx^2} - \frac{a}{2\sqrt{b}}\,ln\left[\sqrt{a+bx^2} - x\sqrt{b}\right] \qquad (67)$$

oder

$$= \tfrac{1}{2}x\sqrt{a+bx^2} - \frac{a}{2\sqrt{b}}\,ln\,\frac{x\sqrt{b}+\sqrt{a+bx^2}-\sqrt{a}}{x\sqrt{b}-\sqrt{a+bx^2}+\sqrt{a}} \qquad (68)$$

oder

$$= \tfrac{1}{2}x\sqrt{a+bx^2} + \frac{a}{2\sqrt{b}}\,ln\left(\sqrt{a+bx^2}+x\sqrt{b}\right) \qquad (69)$$

60. Zu finden $\int\sqrt{a-bx^2}\,\partial x$

Setze hier $fx = \sqrt{a-bx^2}$; $Fx = \partial x$

also $f'x = -\frac{bx\,\partial x}{\sqrt{a-bx^2}}$; $\int Fx\,\partial x = x$

so hat man

$$\int\sqrt{a-bx^2} = \sqrt{a-bx^2}\cdot x + \int\frac{bx^2\,\partial x}{\sqrt{a-bx^2}}$$

$$= x\sqrt{a-bx^2} - \int\frac{a-bx^2}{\sqrt{a-bx^2}}\,\partial x + a\int\frac{\partial x}{\sqrt{a-bx^2}}$$

$$= x\sqrt{a-bx^2} - \int\sqrt{a-bx^2}\,\partial x + a\int\frac{\partial x}{\sqrt{a-bx^2}}$$

also

$$\int\sqrt{a-bx^2} = \tfrac{1}{2}x\sqrt{a-bx^2} + \frac{a}{2}\int\frac{\partial x}{\sqrt{a-bx^2}} \qquad (70)$$

Für das letzte I Formel 54 gesetzt, gibt

$$\int\sqrt{a-bx^2} = \tfrac{1}{2}x\sqrt{a-bx^2} + \frac{a}{\sqrt{b}}\,Arc\,tg\sqrt{\frac{\sqrt{a}+x\sqrt{b}}{\sqrt{a}-x\sqrt{b}}} \qquad (71\,A)$$

Für das letzte I Formel 55 gesetzt, gibt

$$\int\sqrt{a-bx^2} = \tfrac{1}{2}x\sqrt{a-bx^2} + \frac{a}{2\sqrt{b}}\,Arc\sin\left(x\sqrt{\frac{b}{a}}\right) \qquad (71\,B)$$

61. Zu finden $\int y\,\partial x = \int\sqrt{a+bx+cx^2}\,\partial x$

Schreibe, wie in No. 58, $x = s - \frac{b}{2c}$, so erhält man

$$\int y\,\partial x = \sqrt{\left(a-\frac{b^2}{4c}\right)+cs^2}$$

Setzt man nun $a-\frac{b^2}{4c}$ für a in No. 59, so erhält man

$$\int y\,\partial x = \frac{(b+2cx)\sqrt{a+bx+cx^2}}{4c} + \frac{4ac-b^2}{8c}\int\frac{\partial x}{\sqrt{a+bx+cx^2}} \qquad (72)$$

womit das I auf Formel 61 und 62 zurückgeführt ist.

62. Zu finden $\int y \partial x = \int \sqrt{a + bx - cx^2}\, \partial x$

Verfahre hier wie ad 61, setze aber, weil c subtractiv ist, $a + \frac{b^2}{4c}$ für a und $x = z + \frac{b}{2c}$, so hat man nach Formel 70

$$\int \sqrt{\left(a + \frac{b^2}{4c}\right) - cz^2}\, \partial z = \tfrac{1}{2} z \sqrt{\left(a + \frac{b^2}{4c}\right) - cz^2} + \tfrac{1}{2}\left(a + \frac{b^2}{4c}\right) \int \frac{\partial z}{\sqrt{\left(a + \frac{b^2}{4c}\right) - cz^2}}$$

also

$$\int \sqrt{a + bx - cx^2}\, \partial x = \frac{1}{4c}\left[(2cx - b)\sqrt{a + bx - cx^2} + \tfrac{1}{2}(4ac + b^2) \int \frac{\partial x}{\sqrt{a + bx - cx^2}}\right] \quad (73)$$

C. Von der Integrirung in Reihen.

63. Eine gegebene zu integrirende Function ist oft von der Beschaffenheit, dafs die bisher aufgefundenen Regeln des Integrirens nicht im Stande sind, das I vollständig oder geschlossen darzustellen. Vornehmlich ist dies der Fall bei den zusammengesetzten irrationalen Functionen, und aufser den im vorigen Abschnitt aufgeführten Fällen gibt es nur noch wenige, die wenn sie sich nicht auf jene Fälle zurückführen lassen, eine vollständige Integrirung gestatten. In solchen Fällen mufs man sich mit einem I begnügen, welches dem gesuchten I an Werth möglichst nahe kommt. (Vergl. No. 49 in Beziehung auf die in No. 48 geschehene Reihen-Integration.)

Um solche Näherungs-I. zu erhalten, entwickelt man die gegebene Function, oder wie es in No. 37 geschehen ist, den schwierigen Factor derselben in eine Reihe, die nach Potenzen der Urveränderlichen fortschreitet, dergestalt, dafs jedes einzelne Glied der Reihe sich vollständig integriren läfst. Integrirt man dann diese Reihe, indem man jedes einzelne Glied integrirt, und die Glieder des I convergiren, so hat man in der algebraischen Summe dieser Glieder das I um so annähernder, je mehr Glieder der Reihe man nimmt. Das Verfahren, eine Function auf diese Weise zu integriren heifst: Integrirung durch Reihen, Reihen-Integration.

Dagegen kommen Fälle vor, wo es nicht gelingen will, die I.-reihe convergent zu machen (vergl. No. 44), und es ist ein Mittel erforderlich, um auch in solchem Fall das I näherungsweise darzustellen. Dieses Mittel besteht darin, dafs die Function zwischen 2 Grenzen für bestimmte Werthe der Urveränderlichen integrirt wird.

64. Setzt man nämlich in ein Integral statt der Urveränderlichen 2 auf einander folgende bestimmte Werthe derselben, und zieht die angehörigen Werthe der I von einander ab, so nennt man den Unterschied beider Werthe ein bestimmtes oder begrenztes Integral oder einen Integralwerth.

Die beiden bestimmten Werthe der Urveränderlichen heifsen die Grenzen des I, und die Forderung für die Bildung eines solchen I drückt man aus: Es soll das I zwischen zwei bestimmten Grenzen genommen werden.

Z. B. Es sei zu finden $\int \left(a + \frac{b}{x^m}\right)^n \partial x$ so hat man nach dem binomischen Satz:

$$\int \left(a + \frac{b}{x^m}\right)^n \partial x = \int a^n \partial x + n a^{n-1} b \int \frac{\partial x}{x^m} + n_2 a^{n-2} b^2 \int \frac{\partial x}{x^{2m}} + n_3 a^{n-3} b^3 \int \frac{\partial x}{x^{3m}}$$
$$+ \ldots\ldots + n a b^{n-1} \int \frac{\partial x}{x^{(n-1)m}} + b^n \int \frac{\partial x}{x^{nm}}$$

also Glied für Glied integrirt:

$$\int \left(a + \frac{b}{x^m}\right)^n \partial x = a^n x - \frac{n a^{n-1} b}{(m-1)x^{m-1}} - \frac{n_2 a^{n-2} b^2}{(2m-1)x^{2m-1}} - \frac{n_3 a^{n-3} b^3}{(3m-1)x^{3m-1}} - \ldots\ldots$$
$$\ldots\ldots - \frac{n a b^{n-1}}{(nm - m - 1)\, x^{(n-1)m-1}} - \frac{b^n}{(nm-1)\, x^{nm-1}}$$

Um nun das I zwischen 2 bestimmten Grenzen zu nehmen, z. B. für $x = 1$ und $x = a$, hat man

$$\int\left(a + \frac{b}{x^m}\right)^n \partial x \text{ für } x = 1$$

$$a^n - \frac{n_1}{m-1} a^{n-1} b - \frac{n_2}{2m-1} a^{n-2} b^2 - \frac{n_3}{3m-1} a^{n-3} b^3 - \ldots - \frac{n b^{n-1}}{(n-1)m-1} - \frac{b^n}{nm-1}$$

für $x = a$

$$a^{n+1} - \frac{n}{m-1} a^{n-m} b - \frac{n_2}{2m-1} a^{n-2m-1} b^2 - \frac{n_3}{3m-1} a^{n-3m-2} b^3 -$$

$$\ldots - \frac{1}{(n-1)m-1} a^{-(n-1)m+2} b^{n-1} - \frac{1}{nm-1} a^{-nm+1} b^n$$

Zieht man von der zweiten Reihe die erste ab, so erhält man das zwischen $x = 1$ und $x = a$ genommene begrenzte I reducirt und geordnet.

$$= a^n (a-1) + \frac{n}{m-1} b a^{n-m} (a^{m-1} - 1) + \frac{n_2 b^2}{2m-1} a^{n-2m-1} (a^{2m-1} - 1)$$

$$+ \frac{n_3 b^3}{3m-1} a^{n-3m-2} (a^{3m-1} - 1) + \ldots + \frac{n b^{n-1}}{(n-1)m-1} a^{-(n-1)m+2} (a^{(n-1)m-1} - 1)$$

$$+ \frac{b^n}{nm-1} a^{-nm-1} (a^{nm} - 1)$$

Für $n = 2$, $m = 3$ erhält man das begrenzte I

$$= a^2 (a-1) + b \cdot \frac{a^2 - 1}{a} + \frac{b^2}{5} \cdot \frac{a^5 - 1}{a^4}$$

85. Allgemein hat man also Folgendes: Ist $y = fx$ irgend ein I, welches zwischen zweien Grenzen a und b genommen werden soll, so sind die zugehörigen Werthe der Function

$$y' = fa$$
$$y'' = fb$$

und das begrenzte I hat den Werth

$$y'' - y' = fb - fa$$

Man kommt also zu dem begrenzten I auch, wenn man in dem allgemeinen I die Constante dergestalt bestimmt, daſs dessen Werth für die eine Grenze $a = 0$ wird und wenn man hiernach für x die 2te Grenze b als Werth für x einsetzt.

Dann hat man die Bestimmung

$$fa + C \text{ (Constante)} = 0$$

mithin $C = -fa$

und das vollständige $I = fx - fa$

Wird nun für x die 2te Grenze b gesetzt, so hat man das begrenzte $I = fb - fa$

In dem Beispiel

$$\int\left(a + \frac{b}{x^3}\right)^2 \partial x = a^2 x - \frac{ab}{x^2} - \frac{b^2}{5x^5} + C$$

soll für $x = 1$ der Werth des $I = 0$ werden. Man hat demnach

$$a^2 - ab - b^2 + C = 0$$

woraus $C = -a^2 + ab + b^2$

und das vollständige I

$$= a^2 (x-1) - ab\left(\frac{1}{x^2} - 1\right) - \frac{b^2}{5}\left(\frac{1}{x^5} - 1\right)$$

Wird nun in diesem vollständigen I für $x = a$ gesetzt, so ist der Integralwerth zwischen a und 1

$$= a^2 (a-1) + b \frac{a^2 - 1}{a} + \frac{b^2}{5} \cdot \frac{a^5 - 1}{a^4}$$

Man kann demnach die Forderung: Ein bestimmtes I zu nehmen auch ausdrücken, indem man sagt: Das I soll in seiner Constante so bestimmt werden, daſs dasselbe für einen bestimmten Werth der Urveränderlichen verschwinde und hierauf für einen zweiten bestimmten Werth der Urveränderlichen angegeben werden.

Wenn ein I für einen bestimmten Werth der Urveränderlichen verschwinden soll, so sagt man auch: das I fange mit diesem Werthe an, man drückt diese Forderung dadurch aus, daſs man den Anfangswerth rechts des Integralzeichens unten beifügt:

$$\int_1 \left(a + \frac{b}{x^m}\right)^n \partial x \text{ drückt die Forderung}$$

aus, daſs $\int\left(a + \frac{b}{x^m}\right)^n \partial x$ für $x = 1$ verschwinde. Eine zweite Grenze der Urveränderlichen, bis zu welcher das I genommen werden soll, wird oben dem

I-zeichen angefügt: die Forderung für das Beispiel würde geschrieben werden

$$\int_1^n \left(a + \frac{b}{x^m}\right)^n \partial x$$

66. Wenn x_0; x_1 x_2 x_3 .... x_n auf einander folgende bestimmte Werthe der Urveränderlichen x in sehr geringem Abstande von einander sind. fx_0 fx_1 fx_2 .... fx_n die Werthe der Integrale der gegebenen Function für die Werthe x_0 x_1 .... x_n. Ferner

$$Fx_1 = fx_1 - fx_0$$
$$Fx_2 = fx_2 - fx_1$$
$$Fx_3 = fx_3 - fx_2$$
$$\cdots\cdots\cdots\cdots$$
$$Fx_{n-1} = fx_{n-1} - fx_{n-2}$$
$$Fx_n = fx_n - fx_{n-1}$$

Die Integralwerthe zwischen den Grenzen fx_1 und fx_0; fx_2 und fx_1; .... fx_n und fx_{n-1}

so ist offenbar die Summe $Fx_1 + Fx_2 + Fx_3 + \ldots Fx_n$ der Werth des Gesammt-I zwischen den Werthen x_0 und x_n. Addirt man nun die unter einander gestellten Summanden und deren rechts stehenden Werthe, so heben sich unter diesen immer je 2 gleiche mit entgegengesetzten Vorzeichen versehene Glieder einander auf und man hat

$$\Sigma Fx_n = fx_n - fx_0$$

Setzt man fest, daſs für $x = 0$ auch $fx = 0$ werde, so hat man

$$fx_0 + C = 0$$

woraus $\quad C = -fx_0$

Es ist sodann

$$\Sigma Fx_n = fx_n - fx_0 = F_0 x^n = fx_n + C$$

Aus derselben Darstellung geht hervor, daſs der Gesammtwerth des Integrals $\Sigma F_m x^n$ zwischen den Grenzen x_m und x_n $= fx_n - fx_m$

Demnach ist der oben erklärte Integralwerth zugleich der Gesammtwerth des zwischen den Grenzen genommenen I.

Wenn $fx = \int_0^x x^4 \partial x = \int x^4 \partial x = \frac{1}{5}x^5$

so ist $\quad f_0 x = \int 0^5 = 0$

$$f_1 x = \tfrac{1}{5} \cdot 1$$
$$f_2 x = \tfrac{1}{5} \cdot 32 = 6{,}4$$
$$f_1^2 x^4 = 5{,}4$$

Beispiele von Reihen-Integrirung:

1. Beispiel. Es ist $\frac{1}{\sqrt{1-x^2}} = 1 + \frac{1}{2}x^2 + \frac{1\cdot 3}{2\cdot 4}x^4 + \frac{1\cdot 3\cdot 5}{2\cdot 4\cdot 6}x^6 + \ldots.$

Beiderseits integrirt gibt

$$\text{arc sin } x = x + \tfrac{1}{2}\cdot\frac{x^3}{3} + \frac{1\cdot 3}{2\cdot 4}\cdot\frac{x^5}{5} + \frac{1\cdot 3\cdot 5}{2\cdot 4\cdot 6}\cdot\frac{x^7}{7} + \ldots.$$

2. Beispiel. Es ist $\frac{1}{1+x^2} = 1 - x^2 + x^4 - x^6 + x^8 - \ldots.$

Beiderseits integrirt

$$\text{Arc}\cdot\text{tg } x = x - \tfrac{1}{3}x^3 + \tfrac{1}{5}x^5 - \tfrac{1}{7}x^7 + \tfrac{1}{9}x^9 + \ldots.$$

3. Beispiel. Es ist $\quad e^x = 1 + \frac{x}{1} + \frac{x^2}{1\cdot 2} + \frac{x^3}{1\cdot 2\cdot 3} + \ldots.$

Hieraus $\quad \int e^x = x + \frac{x^2}{2} + \frac{x^3}{1\cdot 2\cdot 3} + \frac{x^4}{1\cdot 2\cdot 3\cdot 4} + \ldots.$

Eine interessante Reihenintegrirung enthält der Art. „Fall. D. durch einen Kreisbogen", Band III. pag. 72.

III. Integrirung transcendenter Functionen.

A. Exponentialfunctionen.

67. Die Exponentialfunction a^x zu integriren.

In dem Art. „Differenzial" ist pag. 265 entwickelt

Formel 5. $\quad \frac{\partial a^x}{\partial x} = \frac{a^x}{M}$

Formel 6. $\quad \frac{\partial a^x}{\partial x} = a^x \cdot \ln a$

„ 8. $\quad \frac{\partial a^x}{\partial x} = a^x \cdot \frac{\log a}{\log e}$

„ 9. $\quad \frac{\partial a^x}{\partial x} = \frac{a^x}{\log^a e}$

Die Bedeutung der Bezeichnungen ist dort angegeben. Von diesen 4 Formeln ist die von allen Nebengröſsen unabhängige Formel

$$\frac{\partial a^x}{\partial x} = a^x \ln a$$

Hieraus ist unmittelbar

$$a^x = \int a^x \, ln\, a \, \partial x = ln\, a \int a^x \, \partial x$$

und $\int a^x \, \partial x = \frac{a^x}{ln\, a}$ (74)

Es ist also das I der Function a^x = dieser Function selbst, dividirt durch den natürlichen Logarithmus der Basis a.

Ist $s = fx$, so ist

$$\int a^s \, \partial x = \int a^s \frac{\partial x}{\partial s} \partial s = \frac{a^s}{ln\, a} \qquad (75)$$

Bedeutet e die Basis des natürlichen Logarithmensystems, so ist, weil $ln\, e = 1$ ist,

$$\int e^x \, \partial x = e^x \qquad (76)$$

68. Die Function $x^n \cdot a^x$ zu integriren, wenn n eine ganze positive Zahl ist.

Setzt man in die allgemeine Reductionsformel

$$\int \varphi x \cdot fx \, \partial x = \varphi x \int fx \, \partial x - \int \frac{\partial \varphi x}{\partial x} \int fx \, \partial x$$

$\varphi x = x^n$; $fx = a^x$, so hat man

$$\int x^n \cdot a^x \, \partial x = x^n \cdot \frac{a^x}{ln\, a} - \int n x^{n-1} \frac{a^x}{ln\, a} \, \partial x$$

$$= x^n \cdot \frac{a^x}{ln\, a} - \frac{n}{ln\, a} \int x^{n-1} a^x \, \partial x$$

Das subtractive I nach derselben Reductionsformel aufgelöst und so fortgefahren, bis man endlich auf ein I $= \int x^0 a^x \, \partial x$ kommt, gibt das I

$$\int x^n a^x \, \partial x = \frac{a^x}{ln\, a}\left[x^n - \frac{n x^{n-1}}{ln\, a} + \frac{n(n-1)\, x^{n-2}}{(ln\, a)^2} - \ldots \mp \frac{n(n-1)\ldots 3\cdot 2\cdot 1}{(ln\, a)^n}\right] \qquad (77)$$

69. Die Function $\frac{a^x}{x^n}$ zu integriren.

Für die Reductionsformel ist hier

$$\varphi x = x^{-n};\; fx = a^x$$

Diese Werthe eingesetzt ist

$$\int x^{-n} a^x \, \partial x = -\frac{x^{-(n-1)}}{n-1} a^x - \int \left(-\frac{x^{-(n-1)}}{n-1}\right) a^x \, ln\, a \cdot \partial x$$

$$= -\frac{x^{-(n-1)}}{n-1} a^x + \frac{ln\, a}{n-1} \int a^x x^{-n+1} \, \partial x$$

Das gesuchte I ist also wieder auf ein I zurückgeführt, welches mit dem gegebenen von einerlei Form ist, und in welchem der subtractive Exponent von x um 1 geringer geworden. Das so erhaltene I durch dieselbe Reductionsformel aufgelöst, mit dem neu erhaltenen I desgleichen und so fort ergibt

$$\int x^{-n} a^x \, \partial x = -\frac{x^{-n+1}}{n-1} a^x - \frac{x^{-n+2}}{(n-1)(n-2)} a^x \, ln\, a - \frac{x^{-n+3}}{(n-1)(n-2)(n-3)} a^x (ln\, a)^2 - \ldots$$

$$\ldots - \frac{x^{-1} a^x (ln\, a)^{n-2}}{(n-1)(n-2)\ldots 2\cdot 1} + \frac{(ln\, a)^{n-1}}{(n-1)(n-2)\ldots 3\cdot 2\cdot 1} \int x^{-1} a^x \, \partial x \qquad (78).$$

Dieses letzte I, worauf das obige Verfahren zuletzt hinführt, läßt sich nicht geschlossen integriren, die Integrirung muß durch Reihen geschehen. Nun hat man aber

$$a^x = 1 + \frac{ln\, a}{1} x + \frac{(ln\, a)^2}{1\cdot 2} x^2 + \frac{(ln\, a)^3}{1\cdot 2\cdot 3} x^3 + \ldots \frac{(ln\, a)^m}{1\cdot 2 \ldots n} x^m$$

folglich ist

$$x^{-1} a^x = \frac{a^x}{x} = \frac{1}{x} + \frac{ln\, a}{1} + \frac{x (ln\, a)^2}{1\cdot 2} + \frac{x^2 (ln\, a)^3}{1\cdot 2\cdot 3} + \ldots + \frac{x^{m-1} (ln\, a)^m}{1\cdot 2\cdot 3 \ldots m}$$

und

$$\int \frac{a^x}{x} \, \partial x = ln\, x + x\, ln\, a + \frac{x^2 (ln\, a)^2}{2\cdot 2} + \frac{x^3 (ln\, a)^3}{2\cdot 3\cdot 3} + \ldots \frac{x^m (ln\, a)^m}{2\cdot 3\cdot 4 \ldots m\cdot m} \qquad (79)$$

Dieses letzte I Glied für Glied mit dem Coefficient des I, Formel 78, multiplicirt und zu den vorhergehenden Gliedern addirt gibt $\int x^{-m} a^x \partial x$

B. Logarithmische Functionen.

Vorbemerkung. Es ist in dem Folgenden nur der natürliche Logarithmus (ln) aufgeführt; der briggische Logarithmus ($log\,br$) verhält sich zum natürlichen Logarithmus der Art dafs

$$log\,br\,a = \frac{1}{Modul}\,ln\,a = \frac{ln\,a}{ln\,10} = 0{,}43429\ldots ln\,a$$

Um also das Integral eines briggischen Logarithmus zu finden hat man

$$\int log\,br\,x\,\partial x = 0{,}43429\ldots\int ln\,\partial x$$

70. Die einfachste logarithmische Function ist $ln\,x$. Nun ist aber unter den Differenzialformeln nicht eine Function aufgeführt worden, die $ln\,x$ zum Differenzial hat und auf welche hier zurückgegangen werden könnte. Aus diesem Grunde mufs man entwickeln, und behufs der Entwickelung die Function $ln\,x\cdot\partial x$ aus 2 Factoren $ln\,x$ und ∂x bestehend denken. Dann hat man in der Reductionsformel

$$\int \varphi x\, fx\,\partial x = \varphi x \int fx\,\partial x - \int(\varphi' x \int fx)\,\partial x$$

$\varphi x = ln\,x$ und $fx = \partial x$; mithin

$$\int ln\,x\cdot\partial x = ln\,x\cdot x - \int\frac{1}{x}\cdot(x\,\partial x) = x\,ln\,x - \int\partial x$$

folglich $\quad \int ln\,x\,\partial x = x\,(ln\,x - 1) \qquad (80)$

71. Die Function $x^n\,ln\,x$ zu integriren.

Hier hat man $\varphi x = ln\,x$ und $fx = x_n$; mithin

$$\int x^n\,ln\,x\,\partial x = \frac{x^{n+1}}{n+1}\,ln\,x - \int\left(\frac{1}{x}\cdot\frac{x^{n+1}}{n+1}\right)\partial x$$

$$= \frac{x^{n+1}}{n+1}\,ln\,x - \frac{1}{n+1}\int x^n\,\partial x$$

woraus $\quad \int x^n\,ln\,x\,\partial x = \frac{x^{n+1}}{n+1}\left[ln\,x - \frac{1}{n+1}\right] \qquad (81)$

72. Die Function $(ln\,x)^m$ zu integriren.

Man hat wie No. 70

$$\int(ln\,x)^m\,\partial x = (ln\,x)^m\,x - \int m\,(ln\,x)^{m-1}\cdot\frac{1}{x}\cdot x\,\partial x$$

$$= (ln\,x)^m\,x - m\int(ln\,x)^{m-1}\,\partial x$$

Durch wiederholte Reduction des jedesmaligen neuen I kommt man endlich auf $\int ln\,x\,\partial x$ wenn nämlich m eine positive ganze Zahl ist, und man hat das geschlossene I.

$$\int(ln\,x)^m\,\partial x = x\,[(ln\,x)^m - m\,(ln\,x)^{m-1} + m\,(m-1)\,(ln\,x)^{m-2} - \ldots\ldots$$
$$\mp x\,(m-1)\ldots\ldots 3\cdot 2\cdot x\int ln\,x\,\partial x]$$
$$= x\,[(ln\,x)^m - m\,(ln\,x)^{m-1} + m\,(m-1)\,(ln\,x)^{m-2} - \ldots\ldots$$
$$\mp m\,(m-1)\ldots\ldots 3\cdot 2\,(ln\,x - 1)] \qquad (82)$$

Ist m eine gebrochene Zahl, so ist Auflösung in geschlossenem I nicht möglich.

73. Die Function $x^n\,(ln\,x)^m$ zu integriren.

Hier hat man wie No. 71:

$$\int x^n\,(ln\,x)^m\,\partial x = \frac{x^{n+1}}{n+1}\,(ln\,x)^m - \int m\,(ln\,x)^{m-1}\,\frac{1}{x}\cdot\frac{x^{n+1}}{n+1}\,\partial x$$

$$= \frac{x^{n+1}}{n+1}\,(ln\,x)^m - \frac{m}{n+1}\int x^n\,(ln\,x)^{m-1}\,\partial x$$

In dem gewonnenen neuen I ist der Exponent n derselbe geblieben, der zweite m aber um 1 geringer geworden. Es entsteht demnach die Formel 82, wenn man dieselbe mit x^n multiplicirt und die aus den Integralen von x^n hervorgehenden Nenner $\frac{1}{n+1}, \left(\frac{1}{n+1}\right)^2 \ldots$, den einzelnen Gliedern zufügt. Man hat dann

$$\int x^n (\ln x)^m \partial x = \frac{x^{n+1}}{n+1}(\ln x)^m - \frac{m}{(n+1)^2} x^{n+1} (\ln x)^{m-1} + \frac{m(m-1)}{(n+1)^3} x^{n+1} (\ln x)^{m-2}$$
$$\pm \frac{m(m-1)(m-2)\ldots 3 \cdot 2}{(n+1)^m} x^{n+1} \left(\ln x - \frac{1}{n+1}\right)$$

oder

$$\int x^n (\ln x)^m \partial x = \frac{x^{n+1}}{n+1} \left[(\ln x)^m - \frac{m}{n+1} (\ln x)^{m-1} + \frac{m(m-1)}{(n+1)^2} (\ln x)^{m-2} - \ldots\ldots \right.$$
$$\left. + (-1)^{m-1} \frac{m(m-1)\ldots 3 \cdot 2}{(n+1)^{m-1}} \ln x + (-1)^m \frac{m(m-1)\ldots 3 \cdot 2 \cdot 1}{(n+1)^m} \right] \quad (83)$$

Dieses I ist nur geschlossen integrirbar, wenn m eine positive ganze Zahl ist.

74. Die Function $\frac{\partial x}{\ln x}$ zu integriren.

Setze $\ln x = z$

so ist $e^z = x$

und $\partial e^z \partial z = e^z \partial z = \partial x$

Demnach ist

$$\int \frac{\partial x}{\ln x} = \int \frac{e^z \partial z}{z}$$

Dieses I ist aus Formel 79 zu entnehmen, wenn man e für a, also $\ln a = 1$ setzt:

$$\int \frac{\partial x}{\ln x} = \ln z + z + \frac{z^2}{2 \cdot 2} + \frac{z^3}{2 \cdot 3 \cdot 3} + \ldots + \frac{z^m}{2 \cdot 3 \cdot 4 \ldots m \cdot m}$$
$$= \ln(\ln x) + \ln x + \frac{(\ln x)^2}{2 \cdot 2} + \frac{(\ln x)^3}{2 \cdot 3 \cdot 3} \ldots\ldots + \frac{(\ln x)^m}{2 \cdot 3 \cdot 4 \ldots m \cdot m} \quad (84)$$

75. Die Function $\frac{x^n}{(\ln x)^m}$ zu integriren.

Aus der Reductionsformel

$$\int x^n (\ln x)^m \partial x = \frac{x^{n+1}}{n+1} (\ln x)^m - \frac{m}{n+1} \int x^n (\ln x)^{m-1} \partial x$$

hat man das letzte I entwickelt:

$$\int x^n (\ln x)^{m-1} \partial x = \frac{x^{n+1}}{m} (\ln x)^m - \frac{n+1}{m} \int x^n (\ln x)^m \partial x \quad (A)$$

Hierin $-m+1$ statt m gesetzt gibt

$$\int x^n (\ln x)^{-m} \partial x = \frac{x^{n+1}}{-m+1} (\ln x)^{-m+1} - \frac{n+1}{-m+1} \int x^n (\ln x)^{-m+1} \partial x \quad (B)$$

Dies letzte I hat also einen um -1 geringeren Exponent für $\ln x$ und kann nach und nach reducirt werden bis zu dem $I = \int x^n (\ln x)^{-1} \partial x$. Man erhält

$$\int \frac{x^n \partial x}{(\ln x)^m} = -\frac{x^{n+1}}{m-1} \left[\frac{1}{(\ln x)^{m-1}} + \frac{n+1}{(m-2)(\ln x)^{m-2}} + \frac{(n+1)^2}{(m-2)(m-3)(\ln x)^{m-3}} \right.$$
$$\left. + \ldots\ldots + \frac{(n+1)^{m-2}}{(m-2)(m-3)\ldots 2 \cdot 1 \ln x} \right] + \frac{(n+1)^{m-1}}{(m-1)(m-2)\ldots 2 \cdot 1} \int \frac{x^n \partial x}{\ln x} \quad (85)$$

Das letzte I ist durch Formel 79 aufgelöst, wenn man nach No. 74 umformt. Nämlich $\ln x = z$. Dann ist

$$\int \frac{x^n \partial x}{\ln x} = \int \frac{(e^z)^n \cdot e^z \cdot \partial z}{z} = \int \frac{(e^{n+1})^z}{z} \partial z$$

Setzt man nun $e^{n+1} = a$, so hat man $\int \frac{x^n \partial x}{\ln x}$ nach Formel 79.

C. Trigonometrische Functionen.

76. Die Function $\sin x$ zu integriren.

Es ist $\frac{\partial \cos x}{\partial x} = -\sin x$, also $-\frac{\partial \cos x}{\partial x} = \sin x$

daher $\int \sin x \, \partial x = -\cos x + C = \text{Constante } (C) - \cos x$

77. Die Function $\cos x$ zu integriren.

Es ist $\frac{\partial \sin x}{\partial x} = \cos x$

folglich $\int \cos x \, \partial x = \sin x$

78. Die Function $tg\, x$ zu integriren.

$$\text{Es ist} \quad tg\, x = \frac{\sin x}{\cos x} = -\frac{\frac{\partial \cos x}{\partial x}}{\cos x}$$

daher $\int tg\, x \, \partial x = -\ln \cos x = \ln \frac{1}{\cos x} = \ln \sec x$

79. Die Function $\cot x$ zu integriren.

$$\text{Es ist} \quad \cot x = \frac{\cos x}{\sin x} = \frac{\frac{\partial \sin x}{\partial x}}{\sin x}$$

daher $\int \cot x \cdot \partial x = \ln \sin x$

80. Die Function $\sec x$ zu integriren.

$$\text{Es ist} \quad \sec x = \frac{1}{\cos x} = \frac{\cos x}{\cos^2 x} = \frac{\partial \sin x}{1 - \sin^2 x}$$

daher $\int \sec x \, \partial x = \frac{1}{2} \ln \frac{1 + \sin x}{1 - \sin x}$

$$\int \sec x \, \partial x = \frac{1}{2} \ln \cot^2 \frac{\frac{1}{2}\pi - x}{2} = \ln \cot \frac{\frac{1}{2}\pi - x}{2} = \ln tg \frac{\frac{1}{2}\pi + x}{2}$$

81. Die Function $cosec\, x$ zu integriren.

$$\text{Es ist} \quad cosec\, x = \frac{1}{\sin x} = \frac{\sin x}{\sin^2 x} = \frac{\sin x}{1 - \cos^2 x} = -\frac{\frac{\partial \cos x}{\partial x}}{1 - \cos^2 x}$$

mithin

$$\int cosec\, x \, \partial x = -\frac{1}{2} \ln \frac{1 + \cos x}{1 - \cos x} = \frac{1}{2} \ln \frac{1 - \cos x}{1 + \cos x} = \frac{1}{2} \ln \frac{2 \sin^2(\frac{1}{2} x)}{2 \cos^2(\frac{1}{2} x)}$$

$$= \frac{1}{2} \ln tg^2(\tfrac{1}{2} x) = \ln tg\, (\tfrac{1}{2} x)$$

82. Die Functionen $sinv\, x$ und $cosv\, x$ zu integriren.

Es ist $sinv\, x = 1 - \cos x$

mithin $\int sinv\, x \, \partial x = x - \sin x$

desgleichen ist

$$\int cosv\, x \, \partial x = x + \cos x$$

83. Die Function $\frac{1}{\sin x \cdot \cos x}$ zu integriren.

$$\text{Es ist} \quad \frac{1}{\sin x \cdot \cos x} = \frac{\sin^2 x + \cos^2 x}{\sin x \cdot \cos x} = \frac{\sin x}{\cos x} + \frac{\cos x}{\sin x} = \frac{\frac{\partial \sin x}{\partial x}}{\sin x} - \frac{\frac{\partial \cos x}{\partial x}}{\cos x}$$

folglich $\int \frac{\partial x}{\sin x \cdot \cos x} = \ln \sin x - \ln \cos x = \ln \frac{\sin x}{\cos x} = \ln tg\, x$

84. Die Function $\sin^n x$ zu integriren.

Es ist $\sin^n x = \sin^{n-1} x \cdot \sin x$

also $\int \sin^n x \, \partial x = -\sin^{n-1} x \cdot \cos x + \int (n-1) \sin^{n-2} x \cdot \cos^2 x \, \partial x$

$$= -\cos x \sin^{n-1} x + (n-1)\int(\sin^{n-2} x - \sin^n x)\,\partial x$$

$$= -\cos x \sin^{n-1} x + (n-1)\int \sin^{n-2} x\,\partial x - (n-1)\int \sin^n x\,\partial x$$

Das letzte Glied auf die linke Seite geschafft und mit n dividirt

$$\int \sin^n x\,\partial x = -\frac{1}{n}\cos x \sin^{n-1} x + \frac{n-1}{n}\int \sin^{n-2} x\,\partial x \qquad (95)$$

als geeignete Reductionsformel.

Ist n gerade, so kommt man zuletzt auf
$\int \sin^0 x \cdot \partial x = \int \partial x = x$

Ist n ungerade, so wird das letzte I
$= \int \sin x \cdot \partial x = -\cos x$

85. Die Function $\cos^n x$ zu integriren.

Es ist $\cos x = \sin\left(\frac{\pi}{2} - x\right)$

Setzt man $\frac{\pi}{2} - x = s$, so ist $x = \frac{\pi}{2} - s$
und $\partial x = -\partial s$

Es ist daher
$\int \cos^n x\,\partial x = -\int \sin^n s \cdot \partial s$

Mithin nach Formel 95

$$\int \sin^n s\,\partial s = -\frac{1}{n}\cos s \cdot \sin^{n-1} s + \frac{n-1}{n}\int \sin^{n-2} s\,\partial s$$

und indem man $-\partial x$ für ∂s setzt:

$$\int \cos^n x\,\partial x = +\frac{1}{n}\sin x \cdot \cos^{n-1} x + \frac{n-1}{n}\int \cos^{n-2} x \cdot \partial x \qquad (96)$$

86. Die Function $tg^n x$ zu integriren.

Es ist $tg^n x = tg^{n-2} x \cdot tg^2 x = tg^{n-2} x\,(\sec^2 x - 1) = tg^{n-2} x \cdot \sec^2 x - tg^{n-2} x$

Daher als Reductionsformel

$$\int tg^n x\,\partial x = \int tg^{n-2} x \cdot \partial\, tg\, x\,\partial x - \int tg^{n-2} x\,\partial x = \frac{tg^{n-1} x}{n-1} - \int tg^{n-2} x\,\partial x \qquad (97)$$

87. Die Function $\cot^n x$ zu integriren.

Schreibt man wie No. 85 $\cot x = tg\left(\frac{\pi}{2} - x\right)$, setzt $\frac{\pi}{2} - x = s$ so hat man nach Formel 97

$$\int tg^n s\,\partial s = \frac{tg^{n-1} s}{n-1} - \int tg^{n-2} s\,\partial s$$

mithin ($-\partial x$ für ∂s gesetzt)

$$\int \cot^n x\,\partial x = -\frac{\cot^{n-1} x}{n-1} - \int \cot^{n-2} x\,\partial x \qquad (98)$$

88. Die Function $\sec^n x$ zu integriren.

Es ist $\sec^n x = \sec^{n-2} x \cdot \sec^2 x = \sec^{n-2} x \cdot \partial\, tg\, x$

daher $\int \sec^n x\,\partial x = \int \sec^{n-2} \cdot \partial\, tg\, x\,\partial x = \sec^{n-2} x\, tg\, x - \int \partial \sec^{n-2} tg\, x\,\partial x$

$$= \sec^{n-2} x\, tg\, x - (n-2)\int \sec^{n-3} \cdot \partial \sec x \cdot tg\, x\,\partial x$$

$$= \sec^{n-2} x\, tg\, x - (n-2)\int \sec^{n-2} tg^2 x\,\partial x$$

$$= \sec^{n-2} x\, tg\, x - (n-2)\int \sec^n x\,\partial x + (n-2)\int \sec^{n-2} \partial x$$

Das erste I der rechten Seite auf die linke gebracht und mit $n-1$ dividirt gibt

$$\int \sec^n x\,\partial x = \frac{\sec^{n-2} x \cdot tg\, x}{n-1} + \frac{n-2}{n-1}\int \sec^{n-2} x \cdot \partial x \qquad (99)$$

89. Wie $\cot^n x$ aus $tg^n x$ findet man aus $\sec^n x$:

$$\int cosec^n x\,\partial x = -\frac{cosec^{n-2} x \cot x}{n-1} + \frac{n-2}{n-1}\int cosec^{n-2} x\,\partial x \qquad (100)$$

90. Die Function $\sin^n x \cos^m x$ zu integriren.

Es ist $\sin^n x = \dfrac{\frac{\partial \sin^{n+1} x}{\partial x}}{(n+1)\cos x}$

daher $\int \sin^n x \cdot \cos^m x \, \partial x = \int \frac{\cos^{m-1} x}{n+1} \cdot \frac{\partial \sin^{n+1} x}{\partial x} \cdot \partial x$

$$= \frac{1}{n+1}\left[\cos^{m-1} x \cdot \sin^{n+1} x - \int \frac{\partial \cos^{m-1} x}{\partial x} \cdot \sin^{n+1} x \cdot \partial x\right]$$

$$\int \frac{\partial \cos^{m-1} x}{\partial x} \sin^{n+1} x \, \partial x = -(m-1)\int \cos^{m-2} x \cdot \sin^{n+2} \partial x =$$

$$-(m-1)\int \cos^{m-2} x \sin^n x (1-\cos^2 x)\partial x = -(m-1)\int \cos^{m-2} x \sin^n x + (m-1)\int \cos^m x \sin^n x \, \partial x$$

folglich

$$\int \sin^n x \cos^m x \, \partial x = \frac{1}{n+1}\left[\cos^{m-1} x \sin^{n+1} x + (m-1)\int \cos^{m-2} x \sin^n x \, \partial x - (m-1)\int \cos^m x \sin^n x \, \partial x\right]$$

Das letzte I rechts auf die linke Seite gebracht und reducirt

$$\int \sin^n x \cos^m x \, \partial x = \frac{\cos^{m-1} x \cdot \sin^{n+1} x}{n+m} + \frac{m-1}{m+n}\int \sin^n x \cos^{m-2} x \, \partial x \qquad (101)$$

In dieser Reductionsformel ist der Exponent des Cosinus um 2 geringer geworden. Die Reduction wiederholt angewendet führt bei geradem m auf

$$\int \sin^n x \cos^0 \partial x = \int \sin^n x \, \partial x$$

welches nach Formel 85 bestimmt wird. Bei ungeradem m entsteht zuletzt

$$\int \sin^n x \cdot \cos x \, \partial x = \int \sin^n x \cdot \partial \sin x \, \partial x$$

$= \frac{\sin^{n+1} x}{n+1}$ und die Integrirung ist ebenfalls geschlossen.

91. Dieselbe Function $\sin^n x \cos^m x$ ist zu integriren, so dafs der Exponent des Sinus mit der Reduction vermindert wird.

Man setzt $\cos^m x = -\frac{\frac{\partial \cos^{m+1}}{\partial x}}{(m+1)\sin x}$

und hat

$$\int \sin^n x \cos^m x \, \partial x = -\int \sin^{n-1} x \cdot \frac{\partial \cos^{m+1} x}{m+1} \partial x$$

$$= -\frac{1}{m+1}\left[\sin^{n-1} x \cos^{m+1} x - \int (n-1)\sin^{n-2} x \cos^{m+2} x \, \partial x\right]$$

$$= \frac{1}{m+1}\left[-\sin^{n-1} x \cos^{m+1} x + (n-1)\int \sin^{n-2} x \cos^m x \, \partial x - (n-1)\int \sin^n x \cos^m x \, \partial x\right]$$

woraus

$$\left(1 + \frac{n-1}{m+1}\right)\int \sin^n x \cos^m x \, \partial x = -\frac{\sin^{n-1} x \cos^{m+1} x}{m+1} + \frac{n-1}{m+1}\int \sin^{n-2} x \cos^m x \, \partial x$$

endlich

$$\int \sin^n x \cos^m x \, \partial x = -\frac{\sin^{n-1} x \cos^{m+1} x}{m+n} + \frac{n-1}{m+n}\int \sin^{n-2} \cos^m x \, \partial x \qquad (102)$$

Ist n eine gerade Zahl, so entsteht durch wiederholte Reduction endlich $\int \cos^m x \, \partial x$, welches nach Formel 90 integrirt wird. Ist n ungerade, so entsteht zuletzt $\int \cos^m x \sin x \, \partial x = -\int \cos^m x \cdot \partial \cos x \, \partial x = -\frac{\cos^{m+1}}{m+1}$

92. Die Function $\frac{\sin^n x}{\cos^m x}$ zu integriren.

Aus Formel 101 das letzte Glied entwickelt ist

$$\int \sin^n x \cos^{m-2} \partial x = -\frac{\cos^{m-1} x \sin^{n+1} x}{m-1} + \frac{m+n}{m-1}\int \sin^n x \cos^m x \, \partial x$$

Hierin für m den Werth $-m+2$ gesetzt gibt

$$\int \sin^n x \cos^{-m} \partial x = -\frac{\cos^{-m+1} x \sin^{n+1} x}{-m+1} + \frac{-m+2-n}{-m+1}\int \sin^n x \cos^{-m+2} x \, \partial x$$

oder

$$\int \frac{\sin^n x}{\cos^m x}\,\partial x = \frac{\sin^{n+1} x}{(m-1)\cos^{m-1} x} + \frac{m-n-2}{m-1}\int \frac{\sin^n x}{\cos^{m-2} x}\,\partial x \qquad (103)$$

93. Die Function $\frac{\cos^m x}{\sin^n x}$ zu integriren.

Entwickele das letzte Glied aus Formel 102:

$$\int \sin^{n-2} x \cos^m x\,\partial x = \frac{\sin^{n-1} x \cos^{m+1} x}{n-1} + \frac{m+n}{n-1}\int \sin^n x \cos^m x\,\partial x$$

Setze $n = -n + 2$, so erhält man

$$\int \sin^{-n} x \cos^m x\,\partial x = \frac{\sin^{-n+1} x \cos^{m+1} x}{-n+1} + \frac{m-n+2}{-n+1}\int \sin^{-n+2} x \cos^m x\,\partial x$$

oder

$$\int \frac{\cos^m x}{\sin^n x}\,\partial x = -\frac{\cos^{m+1} x}{(n-1)\sin^{n-1} x} + \frac{n-m-2}{n-1}\int \frac{\cos^m x\,\partial x}{\sin^{n-2} x} \qquad (104)$$

Für Formel 103 und 104 gelten dieselben Bemerkungen wie für Formel 101 und 102.

94. Die Function $x^n \sin x$ zu integriren.

Es ist $\int x^n \sin x\,\partial x = x^n \int \sin x\,\partial x - \int(\partial x^n \int \sin x\,\partial x)\partial x = -x^n \cos x + n\int x^{n-1} \cos x\,\partial x$

$$= -x^n \cos x + n x^{n-1} \int \cos x\,\partial x - n(n-1)\int x^{n-2} \sin x\,\partial x$$

$$= -x^n \cos x + n x^{n-1} \sin x - n(n-1)\int x^{n-2} \sin x\,\partial x$$

Mit der Reduction so fortgefahren entsteht

$$\int x^n \sin x\,\partial x = -x^n \cos x + n x^{n-1} \sin x + n(n-1) x^{n-2} \cos x$$
$$- n(n-1)(n-2) x^{n-3} \sin x - n(n-1)(n-2)(n-3) x^{n-4} \cos x$$
$$+ + - - \ldots\ldots\ldots \qquad (105)$$

Durch dieselbe Reductionsweise erhält man

95. $\int x^n \cos x\,\partial x = x^n \sin x + n x^{n-1} \cos x - n(n-1) x^{n-2} \sin x$

$$- n(n-1)(n-2) x^{n-3} \cos x + + - - \ldots \qquad (106)$$

D. Cyclometrische Functionen.

96. Die Function $Arc \sin x$ zu integriren.

Es ist $\int Arc \sin x \cdot \partial x = Arc \sin x \int \partial x - \int(\partial\, Arc \sin x \int \partial x)\,\partial x$

$$= x\, Arc \sin x - \int \frac{x\,\partial x}{\sqrt{1-x^2}} = x\, Arc \sin x - \tfrac{1}{2}\int (1-x^2)^{-\frac{1}{2}}(-2x)\,\partial x$$

Mithin $\int Arc \sin x\,\partial x = x\, Arc \sin x + \sqrt{1-x^2}$ (107)

97. Die Function $Arc \cos x$ zu integriren.

Wie ad 96 verfahren, ist

$$\int Arc \cos x\,\partial x = x\, Arc \cos x + \int \frac{x\,\partial x}{\sqrt{1-x^2}}$$

$$= x\, Arc \cos x + \tfrac{1}{2}\int (1-x^2)^{-\frac{1}{2}}(-2x\,\partial x)$$

Mithin $\int Arc \cos x\,\partial x = x\, Arc \cos x - \sqrt{1-x^2}$ (108)

98. Die Function $Arc\, tg\, x$ zu integriren.

Es ist $\int Arc\, tg\, x \cdot \partial x = x\, Arc\, tg\, x - \int x \cdot \partial\, Arc\, tg\, x\,\partial x = x\, Arc\, tg\, x - \int x \cdot \frac{\partial x}{1+x^2}$

$$= x\, Arc\, tg\, x - \tfrac{1}{2}\int \frac{2x\,\partial x}{1+x^2}$$

daher $\int Arc\, tg\, x\,\partial x = x\, Arc\, tg\, x - \tfrac{1}{2}\ln(1+x^2)$ (109)

99. $\int Arc \cot x\,\partial x = x\, Arc \cot x - \int(\partial\, Arc \cot x \int \partial x)\,\partial x$

$$= x\, Arc \cot x + \int \frac{x\,\partial x}{1+x^2}$$

daher $\int Arc\ cot\ x\,\partial x = x\,Arc\ cot\ x + \tfrac{1}{2}\,ln(1 + x^2)$ (110)

100. $\int Arc\ sec\ x\,\partial x = x\,Arc\ sec\ x - \int(\partial\,Arc\ sec\ x \int\partial x)\,\partial x$

$$= x\,Arc\ sec\ x - \int\frac{x\cdot\partial x}{x\sqrt{x^2-1}}$$

woraus $\int Arc\ sec\ x\,\partial x = x\,Arc\ sec\ x - ln\left(x + \sqrt{x^2-1}\right)$ (111)

101. $\int Arc\ cosec\ x\,\partial x = x\,Arc\ cosec\ x + \int\frac{x\,\partial x}{x\sqrt{x^2-1}}$

mithin $\int Arc\ cosec\ x\,\partial x = x\,Arc\ cosec\ x + ln\left(x + \sqrt{x^2-1}\right)$ (112)

102. $\int Arc\ sinv\ x\,\partial x = x\,Arc\ sinv\ x - \int\frac{x\,\partial x}{\sqrt{2x-x^2}}$

$$= x\,Arc\ sinv\ x + \sqrt{2x-x^2} - Arc\ sinv\ x$$

woraus $\int Arc\ sinv\ x\,\partial x = (x-1)\,Arc\ sinv\ x + \sqrt{2x-x^2}$ (113)

103. $\int Arc\ cosv\ x\,\partial x = x\,Arc\ cosv\ x + \int\frac{x\,\partial x}{\sqrt{2x-x^2}}$

woraus $\int Arc\ cosv\ x\,\partial x = (x-1)\,Arc\ cosv\ x - \sqrt{2x-x^2}$ (114)

Integralformel ist ein Ausdruck, der das Integral einer Function von bestimmter Form angibt. Hier folgt eine geordnete Zusammenstellung derjenigen, welche am gebräuchlichsten sind. Am Schluſs der Tabelle sind Erläuterungen für die Entwickelung der complicirteren Formeln hinzugefügt.

Integralformeln.

I. Von algebraischen Gröſsen.

A. Von rationalen Gröſsen.

I. $\int\partial x = x$ (1)

$\int A\,\partial x = A\int\partial x = Ax$ (2)

$\int\varphi' x\,\partial x = \int\partial\varphi\,x\cdot\partial x = \varphi x$ (3)

$\int A\varphi' x\cdot\partial x = A\int\varphi' x\cdot\partial x = A\varphi x$ (4)

$\int(\varphi' x \pm f' x)\,\partial x = \int\varphi' x\cdot\partial x \pm \int f' x\cdot\partial x = \varphi x \pm fx$ (5)

$\int\varphi x\cdot fx\cdot\partial x = \varphi x\int fx\cdot\partial x - \int(\varphi' x\int fx\cdot\partial x)\,\partial x$

$= fx\int\varphi x\cdot\partial x - \int(f' x\int\varphi x\cdot\partial x)\,\partial x$ (6)

$\int(A\varphi x)\cdot(Bfx)\,\partial x = A\cdot B\int\varphi x\cdot fx\cdot\partial x$ (7)

$\int\varphi x\cdot f' x\cdot\partial x = \varphi x\cdot fx - \int fx\cdot\varphi' x\cdot\partial x$ (8)

$\int\varphi x\cdot f' x\cdot\partial x + \int fx\cdot\varphi' x\cdot\partial x = \varphi x\cdot fx$ (9)

$\int\frac{fx\cdot\varphi' x - \varphi x\cdot f' x}{(fx)^2}\,\partial x = \frac{\varphi x}{fx}$ (10)

II. $\int x^n\,\partial x = \frac{x^{n+1}}{n+1}$ (11)

$\int Ax^n\,\partial x = A\int x^n\,\partial x = A\,\frac{x^{n+1}}{n+1}$ (12)

$\int(\varphi x)^n\,\varphi' x\,\partial x = \frac{(\varphi x)^{n+1}}{n+1}$ (13)

$\int x^2\,\partial x = \tfrac{1}{3}x^3$ (14)

$\int x^3\,\partial x = \tfrac{1}{4}x^4$ (15)

$\int x^4\,\partial x = \tfrac{1}{5}x^5$ (16)

III. $\int\frac{\partial x}{x^n} = \int x^{-n}\,\partial x = -\frac{x^{-n+1}}{-n+1}$

$= \frac{1}{(n-1)\,x^{n-1}}$ (17)

$\int\frac{A\,\partial x}{x^n} = A\int\frac{\partial x}{x^n} = -\frac{A}{(n-1)\,x^{n-1}}$ (18)

$\int\frac{\varphi' x\cdot\partial x}{(\varphi x)^n} = -\int\varphi x^{-n}\,\varphi' x\,\partial x$

$= \frac{1}{(n-1)(\varphi x)^{n-1}}$ (19)

$\int\frac{A\varphi' x\cdot\partial x}{(\varphi x)^n} = A\int\frac{\varphi' x\cdot\partial x}{(\varphi x)^n}$

$= \frac{-A}{(n-1)(\varphi x)^{n-1}}$ (20)

$\int\frac{\partial x}{x^2} = \int x^{-2}\,\partial x = -\frac{1}{x}$ (21)

$\int\frac{\partial x}{x^3} = \int x^{-3}\,\partial x = -\frac{1}{2x^2}$ (22)

$\int\frac{\partial x}{x^4} = \int x^{-4}\,\partial x = -\frac{1}{3x^3}$ (23)

$\int\frac{\partial x}{x^5} = \int x^{-5}\,\partial x = -\frac{1}{4x^4}$ (24)

IV. $$\int \frac{\mathfrak{D}x}{x} = \int x^{-1}\,\mathfrak{D}x = ln\,(\pm x) \qquad (25)$$

$$\int \frac{\varphi' x \cdot \mathfrak{D}x}{\varphi x} = \int (\varphi x)^{-1}\,\varphi' x\,\mathfrak{D}x = ln\,(\pm \varphi x) \qquad (26)$$

$$\int \frac{\mathfrak{D}x}{a \pm bx} = \frac{1}{b}\,ln\,(a \pm bx) \qquad (27)$$

$$\int \frac{\varphi' x \cdot \mathfrak{D}x}{a \pm b\varphi x} = \frac{1}{b}\,ln\,(a \pm b\varphi x) \qquad (28)$$

Setzt man $b = 1$, so erhält man

$$\int \frac{\mathfrak{D}x}{a \pm x} = ln\,(a \pm x)$$

$$\int \frac{\varphi' x \cdot \mathfrak{D}x}{a \pm \varphi x} = ln\,(a \pm \varphi x)$$

V. $$\int \frac{\mathfrak{D}x}{x^m (a + bx)} = -\frac{b}{a}\int \frac{\mathfrak{D}x}{x^{m-1}(a + bx)} + \frac{1}{a}\int \frac{\mathfrak{D}x}{x^m} \qquad (29)$$

$$\int \frac{\mathfrak{D}x}{x(a + bx)} = \frac{1}{a}\,ln\,\frac{x}{a + bx} \qquad (30)$$

$$\int \frac{\mathfrak{D}x}{x^2(a + bx)} = \frac{1}{a}\left(-\frac{1}{x} + \frac{b}{a}\,ln\,\frac{a + bx}{x}\right) \qquad (31)$$

$$\int \frac{\mathfrak{D}x}{x^3(a + bx)} = \frac{1}{a}\left[-\frac{1}{2x^2} + \frac{b}{ax} - \frac{b^2}{a^2}\,ln\,\frac{a + bx}{x}\right] \qquad (32)$$

Setzt man $b = 1$, so erhält man die Formeln

$$\int \frac{\mathfrak{D}x}{x^m (a + x)} = -\frac{1}{a}\int \frac{\mathfrak{D}x}{x^{m-1}(a + x)} + \frac{1}{a}\int \frac{\mathfrak{D}x}{x^m}$$

$$\int \frac{\mathfrak{D}x}{x(a + x)} = \frac{1}{a}\,ln\,\frac{x}{a + x}$$

$$\int \frac{\mathfrak{D}x}{x^2(a + x)} = \frac{1}{a}\left(-\frac{1}{x} + \frac{1}{a}\,ln\,\frac{a + x}{x}\right)$$

$$\int \frac{\mathfrak{D}x}{x^3(a + x)} = \frac{1}{a}\left(-\frac{1}{2x^2} + \frac{1}{ax} - \frac{1}{a^2}\,ln\,\frac{a + x}{x}\right)$$

VI. $$\int \frac{\mathfrak{D}x}{x^m (a - bx)} = \frac{b}{a}\int \frac{\mathfrak{D}x}{x^{m-1}(a - bx)} + \frac{1}{a}\int \frac{\mathfrak{D}x}{x^m} \qquad (33)$$

$$\int \frac{\mathfrak{D}x}{x(a - bx)} = \frac{1}{a}\,ln\,\frac{x}{a - bx} \qquad (34)$$

$$\int \frac{\mathfrak{D}x}{x^2(a - bx)} = \frac{1}{a}\left[\frac{1}{x} - \frac{b}{a}\,ln\,\frac{x}{a - bx}\right] \qquad (35)$$

$$\int \frac{\mathfrak{D}x}{x^3(a - bx)} = \frac{1}{a}\left[\frac{1}{2x^2} - \frac{b}{ax} - \frac{b^2}{a^2}\,ln\,\frac{x}{a - bx}\right] \qquad (36)$$

Für $b = 1$ erhält man

$$\int \frac{\mathfrak{D}x}{x^m (a - x)} = \frac{1}{a}\left[\int \frac{\mathfrak{D}x}{x^{m-1}(a - x)} + \frac{1}{a}\int \frac{\mathfrak{D}x}{x^m}\right]$$

$$\int \frac{\mathfrak{D}x}{x(a - x)} = \frac{1}{a}\,ln\,\frac{x}{a - x}$$

$$\int \frac{\mathfrak{D}x}{x^2(a - x)} = \frac{1}{a}\left[-\frac{1}{x} + \frac{1}{a}\,ln\,\frac{x}{a - x}\right]$$

$$\int \frac{\mathfrak{D}x}{x^3(a - x)} = \frac{1}{a}\left[-\frac{1}{2x^2} - \frac{1}{ax} + \frac{1}{a^2}\,ln\,\frac{x}{a - x}\right]$$

VII. $\int \frac{x^m \partial x}{a+bx} = \left(-\frac{a}{b}\right)^m \int \frac{\partial x}{a+bx} - \int \frac{(-a)^m - (bx)^m}{b^m(a+bx)}$ (37)

$\int \frac{x \cdot \partial x}{a+bx} = \frac{1}{b}\left[x - \frac{a}{b}\, ln\,(a+bx)\right]$ (38)

$\int \frac{x^2 \partial x}{a+bx} = \frac{1}{b}\left[\tfrac{1}{2}x^2 - \frac{a}{b}x + \frac{a^2}{b^2}\, ln\,(a+bx)\right]$ (39)

$\int \frac{x^3 \partial x}{a+bx} = \frac{1}{b}\left[\tfrac{1}{3}x^3 - \frac{a}{2b}x^2 + \frac{a^2}{b^2}x - \frac{a^3}{b^3}\, ln\,(a+bx)\right]$ (40)

Für $b=1$ erhält man

$\int \frac{x^m \partial x}{a+x} = (-a)^m \int \frac{\partial x}{a+x} - \int \frac{(-a)^m - x^m}{a+x}$

$\int \frac{x \cdot \partial x}{a+x} = x - a\, ln\,(a+x)$

$\int \frac{x^2 \partial x}{a+x} = \tfrac{1}{2}x^2 - ax + a^2\, ln\,(a+x)$

$\int \frac{x^3 \partial x}{a+x} = \tfrac{1}{3}x^3 - \tfrac{1}{2}ax^2 + a^2x - a^3\, ln\,(a+x)$

VIII. $\int \frac{x^m \partial x}{a-bx} = \left(\frac{a}{b}\right)^m \int \frac{\partial x}{a-bx} - \int \frac{a^m - (bx)^m}{b^m(a-bx)}\,\partial x$ (41)

$\int \frac{x \cdot \partial x}{a-bx} = -\frac{1}{b}\left(x + \frac{a}{b}\, ln\,(a-bx)\right)$ (42)

$\int \frac{x^2 \partial x}{a-bx} = -\frac{1}{b}\left[\tfrac{1}{2}x^2 + \frac{a}{b}x + \frac{a^2}{b^2}\, ln\,(a-bx)\right]$ (43)

$\int \frac{x^3 \partial x}{a-bx} = -\frac{1}{b}\left[\tfrac{1}{3}x^3 + \tfrac{1}{2}\frac{a}{b}x^2 + \frac{a^2}{b^2}x + \frac{a^3}{b^3}\, ln\,(a-bx)\right]$ (44)

Setzt man $b=1$, so erhält man

$\int \frac{x^m \partial x}{a-x} = a^m \int \frac{\partial x}{a-x} - \int \frac{a^m - x^m}{a-x}\,\partial x$

$\int \frac{x \cdot \partial x}{a-x} = -(x + a\, ln\,(a-x))$

$\int \frac{x^2 \partial x}{a-x} = -[\tfrac{1}{2}x^2 + ax + a^2\, ln\,(a-x)]$

$\int \frac{x^3 \partial x}{a-x} = -[\tfrac{1}{3}x^3 + \tfrac{1}{2}ax^2 + a^2x + a^3\, ln\,(a-x)]$

IX. $\int \frac{\partial x}{1+x^2} = \left.\begin{array}{l} + Arc\, tg\, x \\ - Arc\, cot\, x \end{array}\right\}$ (45)

$+ \frac{1}{2\sqrt{-1}}\, ln\, \frac{1+x\sqrt{-1}}{1-x\sqrt{-1}}$ (46)

$\int \frac{\partial x}{1-x^2} = \tfrac{1}{2}\, ln\, \frac{1+x}{1-x}$ (47)

$- \frac{1}{\sqrt{-1}}\, Arc\, tg(x\sqrt{-1})$ (48)

$\int \frac{\partial x}{x^2-1} = \tfrac{1}{2}\, ln\, \frac{x-1}{x+1}$ (49)

$\int \frac{\partial x}{x^2+a^2} = \frac{1}{a}\, Arc\, tg\, \frac{x}{a}$ (50)

$\int \frac{\partial x}{x^2-a^2} = \frac{1}{2a}\, ln\, \frac{x-a}{x+a}$ (51)

$\int \frac{\partial x}{a^2-x^2} = \frac{1}{2a}\, ln\, \frac{a+x}{a-x}$ (52)

X. $\int \frac{x \cdot \partial x}{1+x^2} = \tfrac{1}{2}\, ln\,(1+x^2)$ (53)

$\int \frac{x \cdot \partial x}{1-x^2} = \tfrac{1}{2}\, ln\, \frac{1}{1-x^2}$ (54)

$\int \frac{x \cdot \partial x}{x^2-1} = \tfrac{1}{2}\, ln\,(x^2-1)$ (55)

$\int \frac{x \cdot \partial x}{x^2+a^2} = \tfrac{1}{2}\, ln\,(x^2+a^2)$ (56)

$\int \frac{x \cdot \partial x}{x^2-a^2} = \tfrac{1}{2}\, ln\,(x^2-a^2)$ (57)

$\int \frac{x \cdot \partial x}{a^2-x^2} = \tfrac{1}{2}\, ln\, \frac{1}{a^2-x^2}$ (58)

XI. $\int\frac{x^2\,\partial x}{1+x^2}=x-Arc\,tg\,x$ (59)

$\int\frac{x^2\,\partial x}{1-x^2}=-x+\frac{1}{2}\,ln\,\frac{1+x}{1-x}$ (60)

$\int\frac{x^2\,\partial x}{x^2-1}=x+\frac{1}{2}\,ln\,\frac{x-1}{x+1}$ (61)

$\int\frac{x^2\,\partial x}{x^2+a^2}=x-a\,Arc\,tg\,\frac{x}{a}$ (62)

$\int\frac{x^2\,\partial x}{x^2-a^2}=x+\frac{a}{2}\,ln\,\frac{x-a}{x+a}$ (63)

$\int\frac{x^2\,\partial x}{a^2-x^2}=-x+\frac{a}{2}\,ln\,\frac{a+x}{a-x}$ (64)

XII. $\int\frac{x^3\,\partial x}{1+x^2}=\frac{1}{2}[x^2-ln\,(1+x^2)]$ (65)

$\int\frac{x^3\,\partial x}{1-x^2}=-\frac{1}{2}[x^2+ln\,(1-x^2)]$ (66)

$\int\frac{x^3\,\partial x}{x^2-1}=\frac{1}{2}[x^2+ln\,(x^2-1)]$ (67)

$\int\frac{x^3\,\partial x}{x^2+a^2}=\frac{1}{2}[x^2-a^2\,ln\,(x^2+a^2)]$ (68)

$\int\frac{x^3\,\partial x}{x^2-a^2}=\frac{1}{2}[x^2+a^2(x^2-a^2)]$ (69)

$\int\frac{x^3\,\partial x}{a^2-x^2}=-\frac{1}{2}[x^2+a^2\,ln\,(a^2-x^2)]$ (70)

XIII. $\int\frac{\partial x}{x\,(1+x^2)}=\frac{1}{2}\,ln\,\frac{x^2}{1+x^2}$ (71)

$\int\frac{\partial x}{x^2\,(1+x^2)}=-\left(\frac{1}{x}+Arc\,tg\,x\right)$ (72)

$\int\frac{\partial x}{x^3\,(1+x^2)}=-\frac{1}{2}\left(\frac{1}{x^2}+ln\,\frac{x^2}{1+x^2}\right)$ (73)

$\int\frac{\partial x}{x^m\,(1+x^2)}=-\int\frac{\partial x}{x^{m-2}\,(1+x^2)}+\int\frac{\partial x}{x^m}$ (74)

XIV. $\int\frac{\partial x}{x\,(1-x^2)}=\frac{1}{2}\,ln\,\frac{x^2}{1-x^2}$ (75)

$\int\frac{\partial x}{x^2\,(1-x^2)}=-\frac{1}{x}+\frac{1}{2}\,ln\,\frac{1+x}{1-x}$ (76)

$\int\frac{\partial x}{x^3\,(1-x^2)}=\frac{1}{2}\left[-\frac{1}{x^2}+ln\,\frac{x^2}{1-x^2}\right]$ (77)

$\int\frac{\partial x}{x^m\,(1-x^2)}=\int\frac{\partial x}{x^{m-2}\,(1-x^2)}+\int\frac{\partial x}{x^m}$ (78)

XV. $\int\frac{\partial x}{x\,(x^2-1)}=\frac{1}{2}\,ln\,\frac{x^2-1}{x^2}$ (79)

$\int\frac{\partial x}{x^2\,(x^2-1)}=\frac{1}{x}+\frac{1}{2}\,ln\,\frac{x-1}{x+1}$ (80)

$\int\frac{\partial x}{x^3\,(x^2-1)}=\frac{1}{2}\left[\frac{1}{x^2}+ln\,\frac{x^2-1}{x^2}\right]$ (81)

$\int\frac{\partial x}{x^m\,(x^2-1)}=\int\frac{\partial x}{x^{m-2}\,(x^2-1)}-\int\frac{\partial x}{x^m}$ (82)

XVI. $\int\frac{\partial x}{x\,(x^2+a^2)}=\frac{1}{2a^2}\,ln\,\frac{x^2}{x^2+a^2}$ (83)

$\int\frac{\partial x}{x^2(x^2+a^2)}=-\frac{1}{a^2}\left[\frac{1}{x}+\frac{1}{a}\,Arc\,tg\left(\frac{x}{a}\right)\right]$ (84)

$\int\frac{\partial x}{x^3(x^2+a^2)}=-\frac{1}{2a^2}\left[\frac{1}{x^2}+\frac{1}{a^2}\,ln\,\frac{x^2}{x^2+a^2}\right]$ (85)

$\int\frac{\partial x}{x^m\,(x^2+a^2)}=-\int\frac{\partial x}{a^2\,x^{m-2}\,(x^2+a^2)}+\int\frac{\partial x}{a^2\,x^m}$ (86)

XVII. $\int\frac{\partial x}{x\,(x^2-a^2)}=\frac{1}{2a^2}\,ln\,\frac{x^2-a^2}{x^2}$ (87)

$$\int \frac{\partial x}{x^2(x^2-a^2)} = \frac{1}{a^2}\left[\frac{1}{2a}\, ln\, \frac{x-a}{x+a} + \frac{1}{x}\right] \qquad (88)$$

$$\int \frac{\partial x}{x^3(x^2-a^2)} = \frac{1}{a^2}\left[\frac{1}{2a^2}\, ln\, \frac{x^2-a^2}{x^2} + \frac{1}{2x^2}\right] \qquad (89)$$

$$\int \frac{\partial x}{x^m(x^2-a^2)} = \frac{1}{a^2}\left[\int \frac{\partial x}{x^{m-2}(x^2-a^2)} - \int \frac{\partial x}{x^m}\right] \qquad (90)$$

XVIII. $$\int \frac{\partial x}{x(a^2-x^2)} = \frac{1}{2a^2}\, ln\, \frac{x^2}{a^2-x^2} \qquad (91)$$

$$\int \frac{\partial x}{x^2(a^2-x^2)} = \frac{1}{a^2}\left[\frac{1}{2a}\, ln\, \frac{a+x}{a-x} - \frac{1}{x}\right] \qquad (92)$$

$$\int \frac{\partial x}{x^3(a^2-x^2)} = \frac{1}{a^2}\left[\frac{1}{2a^2}\, ln\, \frac{x^2}{a^2-x^2} - \frac{1}{2x^2}\right] \qquad (93)$$

$$\int \frac{\partial x}{x^m(a^2-x^2)} = \frac{1}{a^2}\left[\int \frac{\partial x}{x^{m-2}(a^2-x^2)} + \int \frac{\partial x}{x^m}\right] \qquad (94)$$

XIX. $$\int \frac{\partial x}{a+cx^2} = \frac{1}{2\sqrt{ac}\sqrt{-1}}\, ln\, \frac{1+x\sqrt{\frac{c}{a}}\sqrt{-1}}{1-x\sqrt{\frac{c}{a}}\sqrt{-1}} \qquad (95)$$

$$= \frac{1}{\sqrt{ac}}\, Arc\, tg\left(x\sqrt{\frac{c}{a}}\right) \qquad (96)$$

$$\int \frac{\partial x}{a-cx^2} = \frac{1}{2\sqrt{ac}}\, ln\, \frac{1+x\sqrt{\frac{c}{a}}}{1-x\sqrt{\frac{c}{a}}} \qquad (97)$$

$$= \frac{\sqrt{-1}}{\sqrt{ac}}\, Arc\, tg\, \frac{x\sqrt{\frac{c}{a}}}{\sqrt{-1}} \qquad (98)$$

$$\int \frac{x\,\partial x}{a+cx^2} = \frac{1}{2c}\, ln\,(a+cx^2) \qquad (99)$$

$$\int \frac{x\,\partial x}{a-cx^2} = -\frac{1}{2c}\, ln\,(a-cx^2) \qquad (100)$$

$$\int \frac{x^2\partial x}{a+cx^2} = \frac{1}{c}\left[x - \sqrt{\frac{a}{c}}\, arc\, tg\left(x\sqrt{\frac{c}{a}}\right)\right] \qquad (101)$$

$$\int \frac{x^2\partial x}{a-cx^2} = \frac{1}{c}\left[-x + \tfrac{1}{2}\sqrt{\frac{a}{c}}\, ln\, \frac{1+x\sqrt{\frac{c}{a}}}{1-x\sqrt{\frac{c}{a}}}\right] \qquad (102)$$

$$\int \frac{x^3\partial x}{a+cx^2} = \frac{1}{2c}\left[x^2 - \frac{a}{c}\, ln\,(a+cx^2)\right] \qquad (103)$$

$$\int \frac{x^3\partial x}{a-cx^2} = -\frac{1}{2c}\left[x^2 + \frac{a}{c}\, ln\,(a-cx^2)\right] \qquad (104)$$

XX. $$\int \frac{\partial x}{a+bx+x^2} = \frac{1}{\sqrt{b^2-4a}}\, ln\, \frac{2x+b-\sqrt{b^2-4a}}{2x+b+\sqrt{b^2-4a}} \qquad (105)$$

$$= \frac{2}{\sqrt{4a-b^2}}\, arc\, tg\, \frac{2x+b}{\sqrt{4a-b^2}} \qquad (106)$$

$$= -\frac{2}{b+2x} \qquad (107)$$

$$\int \frac{\partial x}{a+bx+cx^2} = \frac{1}{\sqrt{b^2-4ac}}\, ln \frac{b+2cx-\sqrt{b^2-4ac}}{b+2cx+\sqrt{b^2-4ac}} \tag{108}$$

$$= \frac{2}{\sqrt{4ac-b^2}}\, Arc\, tg \frac{b+2cx}{\sqrt{4ac-b^2}} \tag{109}$$

$$= -\frac{4a}{b(2a+bx)} \tag{110}$$

$$\int \frac{\partial x}{1+x+x^2} = \tfrac{2}{3}\sqrt{3}\, Arc\, tg \frac{2x+1}{\sqrt{3}} \tag{111}$$

$$\int \frac{\partial x}{1+x-x^2} = \frac{1}{\sqrt{5}}\, ln \frac{1-2x-\sqrt{5}}{1-2x+\sqrt{5}} \tag{112}$$

$$\int \frac{\partial x}{1-x+x^2} = \tfrac{2}{3}\sqrt{3}\, Arc\, tg \frac{2x-1}{\sqrt{3}} \tag{113}$$

$$\int \frac{\partial x}{-1+x+x^2} = \frac{1}{\sqrt{5}}\, ln \frac{1+2x-\sqrt{5}}{1+2x+\sqrt{5}} \tag{114}$$

$$\int \frac{\partial x}{-1-x+x^2} = \frac{1}{\sqrt{5}}\, ln \frac{-1+2x-\sqrt{5}}{-1+2x+\sqrt{5}} \tag{115}$$

$$\int \frac{\partial x}{-1+x-x^2} = \tfrac{2}{3}\sqrt{3}\, Arc\, tg \frac{1-2x}{\sqrt{3}} \tag{116}$$

$$\int \frac{\partial x}{+1-x-x^2} = \frac{1}{\sqrt{5}}\, ln \frac{-1-2x-\sqrt{5}}{-1-2x+\sqrt{5}} \tag{117}$$

$$= -\frac{2\sqrt{5}}{5}\sqrt{-1}\, Arc\, tg \frac{1+2x}{5}\sqrt{5}\cdot\sqrt{-1} \tag{118}$$

$$= \frac{-2}{\sqrt{-5}}\, Arc\, tg \frac{1+2x}{\sqrt{-5}}$$

$$\int \frac{\partial x}{bx+cx^2} = \frac{1}{b}\, ln \frac{cx}{b+cx} \tag{119}$$

$$= \frac{2}{b\sqrt{-1}}\, Arc\, tg \frac{b+2cx}{b\sqrt{-1}} \tag{120}$$

$$\int \frac{\partial x}{bx-cx^2} = \frac{1}{b}\, ln \frac{cx}{b-cx} \tag{121}$$

$$= \frac{2}{b\sqrt{-1}}\, Arc\, tg \frac{b-2cx}{b\sqrt{-1}} \tag{122}$$

XXI.

$$\int \frac{x\,\partial x}{a+bx+x^2} = \tfrac{1}{2}\, ln\,(a+bx+x^2) - \frac{b}{2}\int \frac{\partial x}{a+bx+x^2} \tag{123}$$

$$\int \frac{x\,\partial x}{a+bx+cx^2} = \frac{1}{2c}\, ln\,(a+bx+cx^2) - \frac{b}{2c}\int \frac{\partial x}{a+bx+cx^2} \tag{124}$$

$$\int \frac{(x+A)\,\partial x}{a+bx+x^2} = \tfrac{1}{2}\, ln\,(a+bx+x^2) + \frac{A-\frac{1}{2}b}{2}\int \frac{\partial x}{a+bx+x^2} \tag{125}$$

$$\int \frac{(x+A)\,\partial x}{a+bx+cx^2} = \frac{1}{2c}\, ln\,(a+bx+cx^2) + \frac{A-\frac{1}{2}b}{2c}\int \frac{\partial x}{a+bx+cx^2} \tag{126}$$

$$\int \frac{\partial x}{x(a+bx+x^2)} = \frac{1}{2a}\left[ln \frac{x^2}{a+bx+x^2} - b\int \frac{\partial x}{a+bx+x^2}\right] \tag{127}$$

$$\int \frac{\partial x}{x(a+bx+cx^2)} = \frac{1}{2a}\left[ln \frac{x^2}{a+bx+cx^2} - b\int \frac{\partial x}{a+bx+cx^2}\right] \tag{128}$$

$$\int \frac{\partial x}{x(bx+cx^2)} = \frac{1}{b}\left[-x + \frac{c}{b}\, ln \frac{b+cx}{x}\right] \tag{129}$$

$$\int \frac{\partial x}{x(bx-cx^2)} = \frac{1}{b}\left[-\frac{1}{x} + ln \frac{x}{b-cx}\right] \tag{130}$$

$$\int \frac{\partial x}{x(a+cx^2)} = \frac{1}{2a}\, ln \frac{x^2}{a+cx^2} \tag{131}$$

$$\int \frac{\partial x}{x(a-cx^2)} = \frac{1}{2a}\, ln \frac{x^2}{a-cx} \tag{132}$$

XXII.
$$\int \frac{\partial x}{(a+bx+x^2)^m} = \frac{-(x+\frac{1}{2}b)}{2(m-1)\left(\frac{b^2}{4}-a\right)(a+bx+x^2)^{m-1}} - \frac{2m-3}{2(m-1)\left(\frac{b^2}{4}-a\right)}\int \frac{\partial x}{(a+bx+x^2)^{m-1}} \qquad (133)$$

$$\int \frac{\partial x}{(a+bx+x^2)^2} = -\frac{x+\frac{1}{2}b}{2\left(\frac{b^2}{4}-a\right)(a+bx+x^2)} - \frac{1}{2\left(\frac{b^2}{4}-a\right)}\int \frac{\partial x}{(a+bx+x^2)} \qquad (134)$$

$$\int \frac{\partial x}{(a+bx+x^2)^3} = \frac{-(x+\frac{1}{2}b)}{4\left(\frac{b^2}{4}-a\right)(a+bx+x^2)^2} - \frac{3}{4\left(\frac{b^2}{4}-a\right)}\int \frac{\partial x}{(a+bx+x^2)^2} \qquad (135)$$

$$\int \frac{\partial x}{(a+bx+cx^2)^m} = -\frac{1}{2(m-1)\left(\frac{b^2}{4c}-a\right)}\left[\frac{x+\frac{b}{2c}}{(a+bx+cx^2)^{m-1}} + (2m-3)\int \frac{\partial x}{(a+bx+cx^2)^{m-1}}\right] \qquad (136)$$

$$\int \frac{\partial x}{(a+bx+cx^2)^2} = -\frac{1}{2\left(\frac{b^2}{4c}-a\right)}\left[\frac{x+\frac{b}{2c}}{a+bx+cx^2} + \int \frac{\partial x}{a+bx+cx^2}\right] \qquad (137)$$

$$\int \frac{\partial x}{(a+bx+cx^2)^3} = \frac{-1}{4\left(\frac{b^2}{4c}-a\right)}\left[\frac{x+\frac{b}{2c}}{(a+bx+cx^2)^2} + 3\int \frac{\partial x}{(a+bx+cx^2)^2}\right] \qquad (138)$$

XXIII.
$$\int \frac{x\,\partial x}{(a+bx+x^2)^m} = \frac{1}{2(m-1)\left(\frac{b^2}{4}-a\right)}\left[\frac{a+\frac{1}{2}bx}{(a+bx+x^2)^{m-1}} + \tfrac{1}{2}b(2m-3)\int \frac{\partial x}{(a+bx+x^2)^{m-1}}\right] \qquad (139)$$

$$\int \frac{x\,\partial x}{(a+bx+cx^2)^m} = \frac{-1}{2c(m-1)\left(\frac{b^2}{4c}-a\right)}\left[\frac{a+\frac{b}{2}x}{(a+bx+cx^2)^{m-1}} + \frac{b}{2}(2m-3)\int \frac{\partial x}{(a+bx+cx^2)^{m-1}}\right] \qquad (140)$$

$$\int \frac{x\,\partial x}{(a+bx+x^2)^2} = \frac{1}{2\left(\frac{b^2}{4}-a\right)}\left[\frac{a+\frac{1}{2}bx}{a+bx+x^2} + \tfrac{1}{2}b\int \frac{\partial x}{a+bx+x^2}\right] \qquad (141)$$

$$\int \frac{x\,\partial x}{(a+bx+cx^2)^2} = \frac{-1}{2c\left(\frac{b^2}{4c}-a\right)}\left[\frac{a+\frac{b}{2}x}{a+bx+cx^2} + \frac{b}{2}\int \frac{\partial x}{a+bx+cx^2}\right] \qquad (142)$$

XXIV. $$\int \frac{\partial x}{a + bx^3} = \frac{1}{6ac}\left[ln \frac{(1+cx)^2}{1 - cx + c^2x^2} + 2\sqrt{3}\, Arc\, tg \frac{2cx - 1}{\sqrt{3}} \right] \tag{143}$$

wo $c = \sqrt[3]{\frac{b}{a}}$ bedeutet.

$$\int \frac{x\,\partial x}{a + bx^3} = \frac{1}{6ac^2}\left[ln \frac{1 - cx + c^2x^2}{(1+cx)^2} + 2\sqrt{3}\, Arc\, tg \frac{2cx - 1}{\sqrt{3}} \right] \tag{144}$$

wo $c = \sqrt[3]{\frac{b}{a}}$ bedeutet.

$$\int \frac{x^2\,\partial x}{a + bx^3} = \frac{1}{3b} ln\,(a + bx^3) \tag{145}$$

XXV. $$\int \frac{\partial x}{a + bx^4} = \frac{1}{4ac\sqrt{2}}\left[ln \frac{1 + cx\sqrt{2} + c^2x^2}{1 - cx\sqrt{2} + c^2x^2} + 2\, Arc\, tg \frac{cx\sqrt{2}}{1 - c^2x^2} \right] \left(c = \sqrt[4]{\frac{b}{a}} \right) \tag{146}$$

$$\int \frac{\partial x}{a - bx^4} = \frac{1}{4ac}\left[ln \frac{1 + cx}{1 - cx} + 2\, Arc\, tg\, cx \right] \left(c = \sqrt[4]{\frac{b}{a}} \right) \tag{147}$$

$$\int \frac{x\,\partial x}{a + bx^4} = \frac{1}{2ac^2} \cdot \frac{1}{2\sqrt{-1}} ln \frac{1 + c^2x^2\sqrt{-1}}{1 - c^2x^2\sqrt{-1}} = \frac{1}{2ac^2} Arc\, tg\, (c^2x^2) = \frac{1}{2\sqrt{ab}} Arc\, tg \left(x^2 \sqrt{\frac{b}{a}} \right) \tag{148}$$

$c = \sqrt[4]{\frac{b}{a}}$

$$\int \frac{x\,\partial x}{a - bx^4} = \frac{1}{4\sqrt{ab}} ln \frac{\sqrt{a} + x^2\sqrt{b}}{\sqrt{a} - x^2\sqrt{b}} \tag{149}$$

$$\int \frac{x^2\,\partial x}{a + bx^4} = \frac{1}{4ac^3\sqrt{2}}\left[ln \frac{1 - cx\sqrt{2} + c^2x^2}{1 + cx\sqrt{2} + c^2x^2} + 2\, Arc\, tg \frac{cx\sqrt{2}}{1 - c^2x^2} \right] \tag{150}$$

$$\int \frac{x^2\,\partial x}{a - bx^4} = \frac{1}{4ac^3}\left[ln \frac{1 + cx}{1 - cx} - 2\, Arc\, tg\, cx \right] \tag{151}$$

$$\int \frac{x^3\,\partial x}{a + bx^4} = \frac{1}{4b} (a + bx^4) \tag{152}$$

$$\int \frac{\partial x}{ax + bx^4} = \frac{1}{3a} ln \frac{x^3}{a + bx^3} \tag{153}$$

$$\int \frac{\partial x}{x(a + bx^4)} = \frac{1}{4a} ln \frac{x^4}{a + bx^4} \tag{154}$$

$$\int \frac{\partial x}{bx^2 + cx^4} = -\frac{1}{bx} - \frac{\sqrt{c}}{b\sqrt{b}} Arc\, tg\, x \sqrt{\frac{c}{b}} \tag{155}$$

$$\int \frac{\partial x}{x(bx^2 + cx^4)} = -\frac{1}{2bx^2} + \frac{c}{2b^2} ln \frac{b + cx^2}{x^2} \tag{156}$$

XXVI. $$y = \int \frac{\partial x}{a + bx^2 + cx^4} = \frac{1}{\sqrt{b^2 - 4ac}}\left[\frac{1}{q} Arc\, tg \frac{x}{q} - \frac{1}{p} Arc\, tg \frac{x}{p} \right] \tag{157, A}$$

reell für $b^2 > 4ac$

$$= \frac{1}{8cg^3 \cos\alpha}\left[ln \frac{x^2 + 2gx\cos\alpha + g^2}{x^2 - 2gx\cos\alpha + g^2} + 2 \cot\alpha\, Arc\, tg \frac{2gx\sin\alpha}{g^2 - x^2} \right] \tag{157, B}$$

reell wenn $b^2 < 4ac$

$$= \frac{x}{2a + bx^2} + \frac{1}{\sqrt{2ab}} Arc\, tg\, x \sqrt{\frac{b}{2a}} \tag{157, C}$$

gültig für $b^2 = 4ac$.

Die Bedeutung der Buchstaben p, q, $\bar{g}$, α s. Erläuterungen.

$$y = \int \frac{x\,\partial x}{a + bx^2 + cx^4} = \frac{1}{2\sqrt{b^2 - 4ac}}\, ln \frac{b + 2cx^2 - \sqrt{b^2 - 4ac}}{b + 2cx^2 + \sqrt{b^2 - 4ac}} \qquad (158, A)$$

reell für $b^2 > 4ac$

$$= \frac{1}{\sqrt{4ac - b^2}}\, Arc\,tg \frac{b + 2cx^2}{\sqrt{4ac - b^2}} \qquad (158, B)$$

reell wenn $b^2 < 4ac$

$$= - \frac{2a}{b\,(2a + bx^2)} \qquad (158, C)$$

gültig für $b^2 = 4ac$

$$y = \int \frac{x^2\,\partial x}{a + bx^2 + cx^4} = \frac{1}{\sqrt{b^2 - 4ac}} \left[p\, arc\, tg \frac{x}{p} - q\, arc\, tg \frac{x}{q} \right] \qquad (159, A)$$

reell für $b^2 > 4ac$

$$= \frac{1}{8cg \cos \alpha} \left[ln \frac{x^2 - 2gx \cos \alpha + g^2}{x^2 + 2gx \cos \alpha + g^2} + 2 \cot \alpha \cdot Arc\,tg \frac{2gx \sin \alpha}{g^2 - x^2} \right] \qquad (159, B)$$

reell für $b^2 < 4ac$

$$= \frac{2a}{b} \left[- \frac{x}{2a + bx^2} + \frac{1}{\sqrt{2ab}}\, Arc\,tg\, x \sqrt{\frac{b}{2a}} \right] \qquad (159, C)$$

gültig für $b^2 = 4ac$

$$y = \int \frac{x^3\,\partial x}{a + bx^2 + cx^4} = \frac{1}{4c}\, ln\,(a + bx^2 + cx^4) - \frac{b}{2c} \int \frac{x\,\partial x}{a + bx^2 + cx^4} \qquad (160)$$

Die Ergänzung des I mit der Auflösung des I im 2ten Gliede geschieht durch Formel 158 A, B, C.

$$y = \int \frac{\partial x}{x(a + bx^2 + cx^4)} = \frac{1}{4a}\, ln \frac{x^4}{a + bx^2 + cx^4} - \frac{b}{2a} \int \frac{x\,\partial x}{a + bx^2 + cx^4} \qquad (161)$$

Die Ergänzung des I durch Formel 158, A, B, C.

$$y = \int \frac{\partial x}{1 + x^2 + x^4} = \tfrac{1}{4} \left[ln \frac{1 + x + x^2}{1 - x + x^2} + \tfrac{2}{3}\sqrt{3}\, Arc\,tg \frac{x\sqrt{3}}{1 - x^2} \right]$$

$$y = \int \frac{\partial x}{1 + x^2 - x^4} = \frac{1}{\sqrt{5}} \left[\sqrt{\frac{1 + \sqrt{5}}{2}}\, Arc\,tg\, x \sqrt{\frac{1 + \sqrt{5}}{2}} - \sqrt{\frac{-1 + \sqrt{5}}{2}} \cdot i\, Arc\,tg\, x \sqrt{\frac{-1 + \sqrt{5}}{2}} \right]$$

$$= \frac{1}{\sqrt{5}} \left[\sqrt{\frac{1 + \sqrt{5}}{2}}\, Arc\,tg\, x \sqrt{\frac{1 + \sqrt{5}}{2}} + \tfrac{1}{2} \sqrt{\frac{-1 + \sqrt{5}}{2}}\, ln \frac{\sqrt{2} + x\sqrt{-1 + \sqrt{5}}}{\sqrt{2} - x\sqrt{-1 + \sqrt{5}}} \right]$$

B. Von irrationalen Grössen.

$$XXVII.\quad \int \sqrt[n]{x}\,\partial x = \int x^{\frac{1}{n}}\,\partial x = \frac{x^{\frac{1}{n} + 1}}{\frac{1}{n} + 1} = \frac{n}{n + 1} \sqrt[n]{x^{n+1}} \qquad (162)$$

$$\int \sqrt[n]{\varphi x}\, \varphi' x\,\partial x = \int (\varphi x)^{\frac{1}{n}}\, \varphi' x\,\partial x = \frac{(\varphi x)^{\frac{1}{n} + 1}}{\frac{1}{n} + 1} = \frac{n}{n + 1} \sqrt[n]{(\varphi x)^{n+1}} \qquad (163)$$

$$\int \sqrt{x}\,\partial x = \int x^{\frac{1}{2}}\,\partial x = \tfrac{2}{3} x^{\frac{3}{2}} = \tfrac{2}{3}\sqrt{x^3} \qquad (164)$$

$$\int \sqrt[3]{x}\,\partial x = \int x^{\frac{1}{3}}\,\partial x = \tfrac{3}{4} x^{\frac{4}{3}} = \tfrac{3}{4}\sqrt[3]{x^4} \qquad (165)$$

$$\int \sqrt[4]{x}\,\partial x = \int x^{\frac{1}{4}}\,\partial x = \tfrac{4}{5} x^{\frac{5}{4}} = \tfrac{4}{5}\sqrt[4]{x^5} \qquad (166)$$

$$\int \sqrt[5]{x}\,\partial x = \int x^{\frac{1}{5}}\,\partial x = \tfrac{5}{6} x^{\frac{6}{5}} = \tfrac{5}{6}\sqrt[5]{x^6} \qquad (167)$$

XXVIII. $\int \frac{dx}{\sqrt[n]{x}} = \int x^{-\frac{1}{n}} dx = \frac{x^{-\frac{1}{n}+1}}{-\frac{1}{n}+1} = \frac{n}{n-1} x^{\frac{n-1}{n}} = \frac{n}{n-1} \sqrt[n]{x^{n-1}}$ (168)

$\int \frac{\varphi' x \cdot dx}{\sqrt[n]{\varphi x}} = \int (\varphi x)^{-\frac{1}{n}} \varphi' x\, dx = \frac{n}{n-1} (\varphi x)^{\frac{n-1}{n}} = \frac{n}{n-1} \sqrt[n]{(\varphi x)^{n-1}}$ (169)

$\int \frac{dx}{\sqrt{x}} = \int x^{-\frac{1}{2}} dx = \frac{x^{-\frac{1}{2}+1}}{-\frac{1}{2}+1} = 2\sqrt{x}$ (170)

$\int \frac{dx}{\sqrt[3]{x}} = \int x^{-\frac{1}{3}} dx = \frac{x^{-\frac{1}{3}+1}}{-\frac{1}{3}+1} = \frac{3}{2} \sqrt[3]{x^2}$ (171)

$\int \frac{dx}{\sqrt[4]{x}} = \int x^{-\frac{1}{4}} dx = \frac{x^{-\frac{1}{4}+1}}{-\frac{1}{4}+1} = \frac{4}{3} \sqrt[4]{x^3}$ (172)

$\int \frac{dx}{\sqrt[5]{x}} = \int x^{-\frac{1}{5}} dx = \frac{x^{-\frac{1}{5}+1}}{-\frac{1}{5}+1} = \frac{5}{4} \sqrt[5]{x^4}$ (173)

XXIX. $\int x^{\frac{m}{n}} dx = \int \sqrt[n]{x^m}\, dx = \frac{x^{\frac{m}{n}+1}}{\frac{m}{n}+1} = \frac{n}{m+n} x^{\frac{m+n}{n}} = \frac{n}{m+n} \sqrt[n]{x^{m+n}}$ (174)

$\int \sqrt{x^3}\, dx = \frac{2}{5} \sqrt{x^5}$ (175)

$\int \sqrt{x^5}\, dx = \frac{2}{7} \sqrt{x^7}$ (176)

$\int \sqrt[3]{x^2}\, dx = \frac{3}{5} \sqrt[3]{x^5}$ (177)

$\int \sqrt[3]{x^4}\, dx = \frac{3}{7} \sqrt[3]{x^7}$ (178)

$\int \sqrt[5]{x^3}\, dx = \frac{5}{8} \sqrt[5]{x^8}$ (179)

$\int \sqrt[4]{x^3}\, dx = \frac{4}{7} \sqrt[4]{x^7}$ (180)

$\int \sqrt[4]{x^5}\, dx = \frac{4}{9} \sqrt[4]{x^9}$ (181)

XXX. $\int x^{-\frac{m}{n}} dx = \int \frac{dx}{x^{\frac{m}{n}}} = \frac{x^{-\frac{m}{n}+1}}{-\frac{m}{n}+1} = \frac{n}{n-m} x^{\frac{n-m}{n}}$ (182)

$\int \frac{dx}{\sqrt{x^3}} = -\frac{2}{\sqrt{x}}$ (183)

$\int \frac{dx}{\sqrt{x^5}} = -\frac{2}{3} \frac{1}{\sqrt{x^3}}$ (184)

$\int \frac{dx}{\sqrt[3]{x^2}} = 3\sqrt[3]{x}$ (185)

$\int \frac{dx}{\sqrt[3]{x^4}} = -\frac{3}{\sqrt[3]{x}}$ (186)

$\int \frac{dx}{\sqrt[3]{x^5}} = -\frac{3}{2} \frac{1}{\sqrt[3]{x^2}}$ (187)

$\int \frac{dx}{\sqrt[4]{x^3}} = 4\sqrt[4]{x}$ (188)

$\int \frac{dx}{\sqrt[4]{x^5}} = -4 \frac{1}{\sqrt[4]{x}}$ (189)

XXXI. $$\int (a+bx)^{\frac{m}{n}}\,\partial x = \frac{n}{m+n}\cdot\frac{(a+bx)^{\frac{m+n}{n}}}{b} \qquad (190)$$

$$\int (a-bx)^{\frac{m}{n}}\,\partial x = -\frac{n}{m+n}\cdot\frac{(a-bx)^{\frac{m+n}{n}}}{b} \qquad (191)$$

$$\int (a+bx)^{-\frac{m}{n}}\,\partial x = \frac{n}{n-m}\cdot\frac{(a+bx)^{\frac{n-m}{n}}}{b} \qquad (192)$$

$$\int (a-bx)^{-\frac{m}{n}}\,\partial x = -\frac{n}{n-m}\cdot\frac{(a-bx)^{\frac{n-m}{n}}}{b} \qquad (193)$$

$$\int \sqrt{a+bx}\,\partial x = \frac{2}{3}\,\frac{a+bx}{b}\sqrt{a+bx} \qquad (194)$$

$$\int \sqrt{a-bx}\,\partial x = -\frac{2}{3}\,\frac{a-bx}{b}\sqrt{a-bx} \qquad (195)$$

$$\int \frac{\partial x}{\sqrt{a+bx}} = 2\,\frac{\sqrt{a+bx}}{b} \qquad (196)$$

$$\int \frac{\partial x}{\sqrt{a-bx}} = -2\,\frac{\sqrt{a-bx}}{b} \qquad (197)$$

$$\int \sqrt[3]{a+bx}\,\partial x = \frac{3}{4}\,\frac{a+bx}{b}\sqrt[3]{a+bx} \qquad (198)$$

$$\int \sqrt[3]{a-bx}\,\partial x = -\frac{3}{4}\,\frac{a-bx}{b}\sqrt[3]{a-bx} \qquad (199)$$

$$\int \frac{\partial x}{\sqrt[3]{a+bx}} = \frac{3}{2b}\sqrt[3]{(a+bx)^2} \qquad (200)$$

$$\int \frac{\partial x}{\sqrt[3]{a-bx}} = -\frac{3}{2b}\sqrt[3]{(a-bx)^2} \qquad (201)$$

$$\int \sqrt[3]{(a+bx)^2}\,\partial x = \frac{3}{5b}(a+bx)\sqrt[3]{(a+bx)^2} \qquad (202)$$

$$\int \sqrt[3]{(a-bx)^2}\,\partial x = -\frac{3}{5b}(a-bx)\sqrt[3]{(a-bx)^2} \qquad (203)$$

$$\int \frac{\partial x}{\sqrt[3]{(a+bx)^2}} = 3\,\frac{\sqrt[3]{a+bx}}{b} \qquad (204)$$

$$\int \frac{\partial x}{\sqrt[3]{(a-bx)^2}} = -3\,\frac{\sqrt[3]{a-bx}}{b} \qquad (205)$$

XXXII.

$$\int x^m (a+bx)^{\frac{n}{p}}\,\partial x = \left(\frac{1}{b}\right)^{m+1}\Big[\int (a+bx)^{\frac{n}{p}+m} b\,\partial x - m_1 a \int (a+bx)^{\frac{n}{p}+m-1} b\,\partial x$$
$$+ m_2 a^2 \int (a+bx)^{\frac{n}{p}+m-2} b\,\partial x - m_3 a^3 \int (a+bx)^{\frac{n}{p}+m-3} b\,\partial x + \ldots$$
$$\mp m a^{m-1} \int (a+bx)^{\frac{n}{p}+1} b\,\partial x \pm a^m \int (a+x)^{\frac{n}{p}} b\,\partial x\Big] \qquad (206)$$

dasselbe Integral

$$\int x^m (a+bx)^{\frac{n}{p}}\,\partial x = x^m\frac{(a+bx)^{\frac{n}{p}+1}}{b\left(\frac{n}{p}+1\right)} - \frac{m}{b\left(\frac{n}{p}+1\right)}\int x^{m-1}(a+bx)^{\frac{n}{p}+1}\partial x \qquad (207)$$

$$\int x\sqrt{a+bx}\,\partial x = \frac{2}{15\cdot b^2}(3bx-2a)(a+bx)^{\frac{3}{2}} \tag{208}$$

$$\int x\sqrt{a-bx}\,\partial x = -\frac{2}{15\cdot b^2}(3bx+2a)(a-bx)^{\frac{3}{2}} \tag{209}$$

$$\int\frac{x\,\partial x}{\sqrt{a+bx}} = \frac{2}{3b^2}(bx-2a)\sqrt{a+bx} \tag{210}$$

$$\int\frac{x\,\partial x}{\sqrt{a-bx}} = -\frac{2}{3b^2}(bx+2a)\sqrt{a-bx} \tag{211}$$

$$\int\frac{\sqrt{a+bx}}{x}\partial x = 2\sqrt{a+bx}+\sqrt{a}\,ln\,\frac{2a+bx-2\sqrt{a}\sqrt{a+bx}}{x} \tag{212}$$

$$\int\frac{\sqrt{a-bx}}{x}\partial x = -2\sqrt{a-bx}+\sqrt{a}\,ln\,\frac{-2a+bx+2\sqrt{a}\sqrt{a-bx}}{x} \tag{213}$$

$$\int\frac{\partial x}{x\sqrt{a+bx}} = \frac{1}{\sqrt{a}}\,ln\,\frac{2a+bx-2\sqrt{a}\sqrt{a+bx}}{x} \tag{214}$$

$$\int\frac{\partial x}{x\sqrt{a-bx}} = \frac{1}{\sqrt{a}}\,ln\,\frac{-2a+bx+2\sqrt{a}\sqrt{a-bx}}{x} \tag{215}$$

$$\int x(a+bx)^{\frac{3}{2}}\,\partial x = \frac{2}{35\cdot b^2}(5bx-2a)(a+bx)^{\frac{5}{2}} \tag{216}$$

$$\int x^2\sqrt{a+bx}\,\partial x = \frac{2}{105\cdot b^3}(8a^2-12abx+15b^2x^2)(a+bx)^{\frac{3}{2}} \tag{217}$$

$$\int x^2(a+bx)^{\frac{3}{2}}\,\partial x = \frac{2}{315\cdot b^3}(8a^2-20abx+35b^2x^2)(a+bx)^{\frac{5}{2}} \tag{218}$$

XXXIII. $$\int\sqrt{a+bx^2}\,\partial x = \tfrac{1}{2}x\sqrt{a+bx^2}+\frac{a}{2}\int\frac{\partial x}{\sqrt{a+bx^2}} \tag{219}$$

$$\int\sqrt{a-bx^2}\,\partial x = \tfrac{1}{2}x\sqrt{a-bx^2}+\frac{a}{2}\int\frac{\partial x}{\sqrt{a-bx^2}} \tag{220}$$

$$\int\frac{\partial x}{\sqrt{a+bx^2}} = -\frac{1}{\sqrt{b}}\,ln\left(\sqrt{a+bx^2}-x\sqrt{b}\right) \tag{221 A}$$

$$= \frac{1}{\sqrt{b}}\,ln\,\frac{x\sqrt{b}+\sqrt{a+bx^2}-\sqrt{a}}{x\sqrt{b}-\sqrt{a+bx^2}+\sqrt{a}} \tag{221 B}$$

$$\int\frac{\partial x}{\sqrt{a-bx^2}} = \frac{2}{\sqrt{b}}\,Arc\,tg\sqrt{\frac{\sqrt{a}+x\sqrt{b}}{\sqrt{a}-x\sqrt{b}}} \tag{222 A}$$

$$= \frac{1}{\sqrt{b}}\,Arc\,sin\,x\sqrt{\frac{b}{a}} \tag{222 B}$$

$$\int x\sqrt{a+bx^2}\,\partial x = \frac{1}{3b}(a+bx^2)^{\frac{3}{2}} \tag{223}$$

$$\int x\sqrt{a-bx^2}\,\partial x = -\frac{1}{3b}(a-bx^2)^{\frac{3}{2}} \tag{224}$$

$$\int\frac{x\,\partial x}{\sqrt{a+bx^2}} = \frac{1}{b}\sqrt{a+bx^2} \tag{225}$$

$$\int\frac{x\,\partial x}{\sqrt{a-bx^2}} = -\frac{1}{b}\sqrt{a-bx^2} \tag{226}$$

XXXIV. $$\int\frac{\partial x}{\sqrt{a+bx+cx^2}} = \frac{1}{\sqrt{c}}\,ln\left[\sqrt{a+bx+cx^2}+\frac{b+2cx}{2\sqrt{c}}\right] \tag{227}$$

$$\int\frac{\partial x}{\sqrt{a+bx-cx^2}} = \frac{2}{\sqrt{c}}\,Arc\,tg\,\frac{\sqrt{4ac-b^2}+b+2cx}{\sqrt{4ac-b^2}-b-2cx} \tag{228 A}$$

$$= \frac{1}{\sqrt{c}}\,Arc\,sin\,\frac{2cx-b}{\sqrt{4ac+b^2}} \tag{228 B}$$

$$\int\frac{\partial x}{\sqrt{-a+bx+cx^2}} = -\frac{1}{\sqrt{c}}\, ln\left(\frac{b+2cx}{2\sqrt{c}}-\sqrt{-a+bx+cx^2}\right) \qquad (229)$$

$$\int\frac{x\,\partial x}{\sqrt{a+bx+cx^2}} = \frac{1}{c}\sqrt{a+bx+cx^2}-\frac{b}{2c}\int\frac{\partial x}{\sqrt{a+bx+cx^2}} \qquad (230)$$

$$\int\frac{\partial x}{x\sqrt{a+bx+cx^2}} = -\frac{1}{\sqrt{a}}\, ln\, \frac{2a+bx+2\sqrt{a}\sqrt{a+bx+cx^2}}{x} \qquad (231)$$

$$\int\sqrt{a+bx+cx^2}\,\partial x = \frac{b+2cx}{4c}\sqrt{a+bx+cx^2}+\frac{4ac-b^2}{8c}\int\frac{\partial x}{\sqrt{a+bx+cx^2}} \qquad (232)$$

$$\int x\sqrt{a+bx+cx^2}\,\partial x = \frac{1}{3c}(a+bx+cx^2)^{\frac{3}{2}}-\frac{b}{2c}\int\sqrt{a+bx+cx^2}\,\partial x \qquad (233)$$

$$\int\frac{\sqrt{a+bx+cx^2}}{x}\,\partial x = \sqrt{a+bx+cx^2}+a\int\frac{\partial x}{x\sqrt{a+bx+cx^2}}+\frac{b}{2}\int\frac{\partial x}{\sqrt{a+bx+cx^2}} \qquad (234)$$

II. Von transcendenten Größen.

A. Von Exponentialgrößen.

XXXV. $\int e^x\,\partial x = e^x$ (235)

$\int e^{\varphi x}\,\varphi' x\,\partial x = e^{\varphi x}$ (236)

$\int a^x\,\partial x = \frac{a^x}{ln\,a}$ (237)

$\int a^{\varphi x}\,\varphi' x\,\partial x = \frac{a^{\varphi x}}{ln\,a}$ (238)

$\int x^n e^x\,\partial x = x^n e^x - n\int e^x x^{n-1}\,\partial x$ (239)

$\int x e^x\,\partial x = (x-1)\,e^x$

$\int x^2 e^x\,\partial x = (x^2-2x+2)\,e^x$

$\int x^3 e^x\,\partial x = (x^3-3x^2+6x-6)\,e^x$

$\int x^4 e^x\,\partial x = (x^4-4x^3+12x^2-24x+24)\,e^x$

$\int x^n a^x\,\partial x = \frac{x^n a^x}{ln\,a}-\frac{n}{ln\,a}\int x^{n-1} a^x\,\partial x$ (240)

$\int x a^x\,\partial x = \frac{1}{ln\,a}(x-1)\,a^x$

$\int x^2 a^x\,\partial x = \frac{1}{ln\,a}(x^2-2x+2)\,a^x$

$$\int\frac{e^x\,\partial x}{x^n} = \int x^{-n} e^x\,\partial x = -\frac{e^x}{(n-1)\,x^{n-1}}+\frac{1}{n-1}\int x^{-n+1} e^x\,\partial x \qquad (241)$$

$$\int\frac{a^x\,\partial x}{x^n} = \int x^{-n} a^x\,\partial x = -\frac{a^x}{(n-1)\,x^{n-1}}+\frac{ln\,a}{n-1}\int x^{-n+1} a^x\,\partial x \qquad (242)$$

$$\int\frac{e^x\,\partial x}{x} = \int x^{-1} e^x\,\partial x = ln\,x + x + \frac{x^2}{2\cdot 2}+\frac{x^3}{2\cdot 3\cdot 3}+\dots+\frac{x^m}{2\cdot 3\cdot 4\dots m\cdot m} \qquad (243)$$

$$\int\frac{a^x\,\partial x}{x} = \int x^{-1} a^x\,\partial x = ln\,x + x\,ln\,a + \frac{(x\,ln\,a)^2}{2\cdot 2}+\dots+\frac{(x\,ln\,a)^m}{2\cdot 3\dots m\cdot m} \qquad (244)$$

$$\int\frac{e^x\,\partial x}{x^2} = -\frac{e^x}{x}+\int\frac{e^x\,\partial x}{x}$$

$$\int\frac{a^x\,\partial x}{x^2} = -\frac{a^x}{x}+ln\,a\int\frac{a^x\,\partial x}{x}$$

$$\int\frac{e^x\,\partial x}{x^3} = -\frac{e^x}{2x^2}-\frac{e^x}{2x}+\frac{1}{2}\int\frac{e^x\,\partial x}{x}$$

$$\int \frac{a^x \partial x}{x^3} = -\frac{a^x}{2x^2} - \frac{\ln a \cdot a^x}{2x} + \frac{(\ln a)^2}{2} \int \frac{a^x \partial x}{x}$$

$$\int \frac{\partial x}{e^x} = -\frac{1}{e^x} \qquad (245)$$

$$\int \frac{\partial x}{a^x} = -\frac{1}{a^x \ln a} \qquad (246)$$

$$\int \frac{x^n \partial x}{e^x} = \int (\ln s)^n s^{-2} \partial s = -\frac{(\ln s)^n}{s} + n \int \frac{(\ln s)^{n-1} \partial s}{s^2} \qquad (247)$$

wo $s = e^x$

$$\int \frac{x \partial x}{e^x} = -\frac{1 + x}{e^x} \qquad (248)$$

$$\int \frac{x^2 \partial x}{e^x} = -\frac{2 + 2x + x^2}{e^x} \qquad (249)$$

$$\int \frac{x^3 \partial x}{e^x} = -\frac{1}{e^x}(6 + 6x + 3x^2 + x^3) \qquad (250)$$

$$\int \frac{x^n \partial x}{a^x} = \left(\frac{1}{\ln a}\right)^{n+1} \int (\ln s)^n s^{-2} \partial s$$

$$= \left(\frac{1}{\ln a}\right)^{n+1} \left[-\frac{(\ln s)^n}{s} + n \int \frac{(\ln s)^{n-1} \partial s}{s^2}\right] \qquad (251)$$

$$\int \frac{x \partial x}{a^x} = -\frac{1 + x \ln a}{(\ln a)^2 a^x} \qquad (252)$$

$$\int \frac{x^2 \partial x}{a^x} = -\frac{2 + 2x \ln a + (x \ln a)^2}{(\ln a)^3 a^x} \qquad (253)$$

B. Von logarithmischen Größen.

XXXVI. $\int (\ln x)^m \partial x = x (\ln x)^m - m \int (\ln x)^{m-1} \partial x$ (254)

$\int \ln x \, \partial x = x(\ln x - 1)$

$\int (\ln x)^2 \partial x = x[(\ln x)^2 - 2 \ln x + 2]$

$\int (\ln x)^3 \partial x = x[(\ln x)^3 - 3(\ln x)^2 + 6 \ln x - 6]$

XXXVII. $\int x^n (\ln x)^m \partial x = \frac{1}{n+1}\left[(\ln x)^m x^{n+1} - m \int x^n (\ln x)^{m-1}\right]$ (255)

$\int x \ln x \, \partial x = \frac{1}{4} x^2 (2 \ln x - 1)$

$\int x^2 \ln x \, \partial x = \frac{1}{9} x^3 (3 \ln x - 1)$

$\int x^3 \ln x \, \partial x = \frac{1}{16} x^4 (4 \ln x - 1)$

$\int x^4 \ln x \, \partial x = \frac{1}{25} x^5 (5 \ln x - 1)$

$\int x^n \ln x \, \partial x = \frac{1}{(n+1)^2} x^{n+1} [(n+1) \ln x - 1]$ (256)

XXXVIII. $\int x (\ln x)^2 \partial x = \frac{1}{4} x^2 [2 (\ln x)^2 - 2 \ln x + 1]$

$\int x^2 (\ln x)^2 \partial x = \frac{1}{27} x^3 [9 (\ln x)^2 - 6 \ln x + 2]$

$\int x^3 (\ln x)^2 \partial x = \frac{1}{64} x^4 [16 (\ln x)^2 - 8 \ln x + 2]$

$\int x^4 (\ln x)^2 \partial x = \frac{1}{125} x^5 [25 (\ln x)^2 - 10 \ln x + 2]$

$\int x^n (\ln x)^2 \partial x = \frac{x^{n+1}}{(n+1)^3} [(n+1)^2 (\ln x)^2 - 2(n+1) \ln x + 2]$ (257)

XXXIX. $\int x (\ln x)^3 \partial x = \frac{1}{8} x^2 [4 (\ln x)^3 - 6 (\ln x)^2 + 6 \ln x - 3]$

$\int x^2 (\ln x)^3 \partial x = \frac{1}{27} x^3 [9 (\ln x)^3 - 9 (\ln x)^2 + 6 \ln x - 2]$

$\int x^3 (\ln x)^3 \partial x = \frac{1}{128} x^4 [32 (\ln x)^3 - 24 (\ln x)^2 + 12 \ln x - 3]$

$\int x^4 (\ln x)^3 \partial x = \frac{1}{625} x^5 [125 (\ln x)^3 - 75 (\ln x)^2 + 30 \ln x - 6]$

$\int x^n (\ln x)^3 \partial x = \frac{x^{n+1}}{(n+1)^4} [(n+1)^3 (\ln x)^3 - 3(n+1)^2 (\ln x)^2 + 6(n+1) \ln x - 6]$ (258)

XXXX. $\int x(\ln x)^4 \partial x = \frac{x^2}{8}[2(\ln x)^4 - 4(\ln x)^3 + 6(\ln x)^2 - 6\ln x + 3]$

$\int x^2(\ln x)^4 \partial x = \frac{x^3}{81}[27(\ln x)^4 - 36(\ln x)^3 + 36(\ln x)^2 - 24\ln x + 8]$

$\int x^3(\ln x)^4 \partial x = \frac{x^4}{128}[32(\ln x)^4 - 32(\ln x)^3 + 24(\ln x)^2 - 12\ln x + 3]$

$\int x^4(\ln x)^4 \partial x = \frac{x^5}{3125}[625(\ln x)^4 - 500(\ln x)^3 + 300(\ln x)^2 - 120\ln x + 24]$

$$\int x^n(\ln x)^4 \partial x = \frac{x^{n+1}}{(n+1)^5}[(n+1)^4(\ln x)^4 - 4(n+1)^3(\ln x)^3 + 12(n+1)^2(\ln x)^2 - 24(n+1)\ln x + 24] \quad (259)$$

XXXXI. $$\int \frac{x^n \partial x}{(\ln x)^m} = -\frac{x^{n+1}}{(m-1)(\ln x)^{m-1}} + \frac{n+1}{m-1}\int \frac{x^n \partial x}{(\ln x)^{m-1}} \quad (260)$$

$$\int \frac{\partial x}{\ln x} = \ln(\ln x) + \ln x + \frac{(\ln x)^2}{2\cdot 2} + \frac{(\ln x)^3}{2\cdot 3\cdot 3} + \ldots + \frac{(\ln x)^m}{2\cdot 3\cdot 4\ldots m\cdot m} \quad (261)$$

$$\int \frac{x\,\partial x}{\ln x} = \ln(\ln x) + 2\ln x + (\ln x)^2 + \tfrac{4}{9}(\ln x)^3 + \ldots + \frac{(\ln x)^m}{3\cdot 4\ldots m} \quad (262)$$

$$\int \frac{x^2\,\partial x}{\ln x} = \ln(\ln x) + 3\ln x + \tfrac{9}{4}(\ln x)^2 + \tfrac{3}{2}(\ln x)^3 + \ldots + \frac{(\ln x)^m}{2\cdot 4\cdot 5\ldots m} \quad (263)$$

$$\int \frac{x^n\,\partial x}{\ln x} = \ln(\ln x) + (n+1)\ln x + \frac{(n+1)^2}{2\cdot 2}(\ln x)^2 + \frac{(n+1)^3}{2\cdot 3\cdot 3}(\ln x)^3 + \ldots + \frac{(n+1)^m}{2\cdot 3\cdot 4\ldots m\cdot m}(\ln x)^m \quad (264)$$

XXXXII.

$$\int \frac{\partial x}{(\ln x)^2} = -\frac{x}{\ln x} + \ln(\ln x) + \ln x + \frac{(\ln x)^2}{2\cdot 2} + \frac{(\ln x)^3}{2\cdot 3\cdot 3} + \ldots \frac{(\ln x)^m}{2\cdot 3\ldots m\cdot m} \quad (265)$$

$$\int \frac{x\,\partial x}{(\ln x)^2} = -\frac{x^2}{\ln x} + 2\left[\ln(\ln x) + 2\ln x + (\ln x)^2 + \tfrac{4}{9}(\ln x)^3 + \ldots + \frac{(\ln x)^m}{3\cdot 4\ldots m}\right] \quad (266)$$

$$\int \frac{x^2\,\partial x}{(\ln x)^2} = -\frac{x^3}{\ln x} + 3\left[\ln(\ln x) + 3\ln x + \tfrac{9}{4}(\ln x)^2 + \tfrac{3}{2}(\ln x)^3 + \ldots + \frac{3}{2\cdot 4\ldots m}(\ln x)^m\right] \quad (267)$$

$$\int \frac{x^n\,\partial x}{(\ln x)^2} = -\frac{x^{n+1}}{\ln x} + (n+1)\left[\ln(\ln x) + (n+1)(\ln x) + \frac{n+1}{2}(\ln x)^2 + \frac{n+1}{2\cdot 3}(\ln x)^3 + \ldots + \frac{n+1}{2\cdot 3\ldots m}(\ln x)^m\right] \quad (268)$$

C. Von trigonometrischen Grössen.

XXXXIII. $\int \sin x\,\partial x = -\cos x$ (269)

$\int \cos x\,\partial x = \sin x$ (270)

$\int tg\,x\,\partial x = -\ln\cos x = \ln\sec x$ (271)

$\int \cot x\,\partial x = \ln\sin x$ (272)

$\int \sec x\,\partial x = \ln(\sec x + tg\,x)$ (273)

$\int cosec\,x\,\partial x = -\ln(cosec\,x + \cot x) = \ln tg\frac{x}{2}$ (274)

$\int sinv\,x\,\partial x = x - \sin x$ (275)

$\int cosv\,x\,\partial x = x + \cos x$ (276)

XXXXIV. $\int \sin^n x\,\partial x = -\frac{1}{n}\sin^{n-1}x\cos x + \frac{n-1}{n}\int \sin^{n-2}x\,\partial x$ (277)

$\int \sin^2 x\,\partial x = \frac{1}{2}(x - \sin x\cdot\cos x)$ (278)

$\int \sin^3 x\,\partial x = -\frac{1}{3}\cos x(2 + \sin^2 x)$ (279)

$\int \sin^4 x\,\partial x = \frac{1}{4}(\frac{3}{2}x - \sin x\cos x(\frac{3}{2} + \sin^2 x))$ (280)

XXXXV. $\int \cos^n x\,\partial x = \frac{1}{n}\cos^{n-1}x \sin x + \frac{n-1}{n}\int \cos^{n-2}x$ (281)

$\int \cos^2 x\,\partial x = \frac{1}{2}(x + \sin x \cos x)$ (282)

$\int \cos^3 x\,\partial x = \frac{1}{3}\sin x\,(2 + \cos^2 x)$ (283)

$\int \cos^4 x\,\partial x = \frac{1}{4}[\frac{3}{2}x + \sin x \cos x\,(\frac{3}{2} + \cos^2 x)]$ (284)

XXXXVI. $\int tg^n x\,\partial x = \frac{tg^{n-1}x}{n-1} - \int tg^{n-2}x$ (285)

$\int tg^2 x\,\partial x = -x + tg\,x$ (286)

$\int tg^3 x\,\partial x = \frac{1}{2}tg^2 x + \ln \cos x$ (287)

$\int tg^4 x\,\partial x = x - tg\,x + \frac{1}{3}tg^3 x$ (288)

XXXXVII. $\int \cot^n x\,\partial x = -\frac{\cot^{n-1}x}{n-1} - \int \cot^{n-2}x$ (289)

$\int \cot^2 x\,\partial x = -(x + \cot x)$ (290)

$\int \cot^3 x\,\partial x = -(\frac{1}{2}\cot^2 x + \ln \sin x)$ (291)

$\int \cot^4 x\,\partial x = x + \cot x - \frac{1}{3}\cot^3 x$ (292)

XXXXVIII. $\int \sec^n x\,\partial x = \frac{\sec^{n-2}x\,tg\,x}{n-1} + \frac{n-2}{n-1}\int \sec^{n-2}x$ (293)

$\int \sec^2 x\,\partial x = tg\,x$ (294)

$\int \sec^3 x\,\partial x = \frac{1}{2}[tg\,x \sec x + \ln(tg\,x + \sec x)]$ (295)

$\int \sec^4 x\,\partial x = \frac{1}{3}tg\,x\,(2 + \sec^2 x)$ (296)

XXXXIX. $\int cosec^n x\,\partial x = -\frac{cosec^{n-2}x \cot x}{n-1} + \frac{n-2}{n-1}\int cosec^{n-2}x$ (297)

$\int cosec^2 x\,\partial x = -\cot x$ (298)

$\int cosec^3 x\,\partial x = -\frac{1}{2}[\cot x\,cosec\,x + \ln(\cot x + cosec\,x)]$ (299)

$\int cosec^4 x\,\partial x = -\frac{1}{3}\cot x\,(2 + cosec^2 x)$ (300)

L. $\int \sin^n x \cdot \cos^m x\,\partial x = \frac{\cos^{m-1}x \cdot \sin^{n+1}x}{n+m} + \frac{m-1}{n+m}\int \sin^n x \cos^{m-2}x$ (301)

$\int \sin^n x \cdot \cos^m x\,\partial x = -\frac{\sin^{n-1}x \cdot \cos^{m+1}x}{n+m} + \frac{n-1}{n+m}\int \sin^{n-2}x \cos^m x$ (302)

$\int \sin x \cdot \cos x\,\partial x = \frac{1}{2}\sin^2 x = -\frac{1}{2}\cos^2 x$ (303)

$\int \sin x \cdot \cos^2 x\,\partial x = \frac{1}{3}\cos x\,[\sin^2 x - 1] = -\frac{1}{3}\cos^3 x$ (304)

$\int \sin x \cdot \cos^3 x\,\partial x = \frac{1}{4}\sin^2 x\,(1 + \cos^2 x) = -\frac{1}{4}\cos^4 x$ (305)

$\int \sin x \cdot \cos^4 x\,\partial x = \frac{1}{5}\cos^3 x\,(\sin^2 - 1) = -\frac{1}{5}\cos^5 x$ (306)

$\int \sin^2 x \cdot \cos x\,\partial x = \frac{1}{3}\sin^3 x$ (307)

$\int \sin^2 x \cdot \cos^2 x\,\partial x = \frac{1}{8}(x + 2\sin^3 x \cos x - \sin x \cos x)$ (308)

$\int \sin^2 x \cdot \cos^3 x\,\partial x = \frac{1}{15}\sin^3 x\,(2 + 3\cos^2 x)$ (309)

$\int \sin^2 x \cdot \cos^4 x\,\partial x = \frac{1}{48}[3x + 8\sin^3 x \cos^3 x + 6\sin^3 x \cos x - 3\sin x \cos x]$ (310)

$\int \sin^3 x \cdot \cos x\,\partial x = \frac{1}{4}\sin^4 x$ (311)

$\int \sin^3 x \cdot \cos^2 x\,\partial x = -\frac{1}{15}\cos^3 x\,(2 + 3\sin^2 x)$ (312)

$\int \sin^3 x \cdot \cos^3 x\,\partial x = \frac{1}{12}\sin^4 x\,(1 + 2\cos^2 x)$ (313)

$\int \sin^3 x \cdot \cos^4 x\,\partial x = -\frac{1}{35}\cos^5 x\,(2 - 5\sin^2 x + 3\sin^4 x)$ (314)

$\int \sin^4 x \cdot \cos x\,\partial x = \frac{1}{5}\sin^5 x$ (315)

$\int \sin^4 x \cdot \cos^2 x\,\partial x = \frac{1}{48}[3x + 8\sin^5 x \cos x - 2\sin^3 x \cos x - 3\sin x \cos x]$ (316)

$\int \sin^4 x \cdot \cos^3 x\,\partial x = \frac{1}{35}\sin^5 x\,(2 + 5\cos^2 x)$ (317)

$\int \sin^4 x \cdot \cos^4 x\,\partial x = \frac{1}{128}[3x + 16\sin^5 x \cos^3 x + 8\sin^5 x \cos x$
$- 2\sin^3 x \cos x - 3\sin x \cdot \cos x]$ (318)

LI. $$\int \frac{\sin^n x}{\cos^m x}\,\partial x = \frac{\sin^{n+1} x}{(m-1)\cos^{m-1} x} + \frac{m-n-2}{m-1}\int \frac{\sin^n x}{\cos^{m-2} x} \qquad (319)$$

Für $m = 1$ nicht anzuwenden.

$$\int \frac{\sin x}{\cos x}\,\partial x = \int tg\, x = -\ln \cos x \qquad (320)$$

$$\int \frac{\sin x}{\cos^2 x}\,\partial x = \int tg\, x \sec x = \frac{1}{\cos x} = \sec x \qquad (321)$$

$$\int \frac{\sin x}{\cos^3 x}\,\partial x = \tfrac{1}{2}\, tg^2 x \qquad (322)$$

$$\int \frac{\sin x}{\cos^4 x}\,\partial x = \frac{1}{3\cos^3 x} \qquad (323)$$

$$\int \frac{\sin^2 x}{\cos x}\,\partial x = \int \sin^2 x \cos^{-1} x = -\sin x + \ln(\sec x + tg\, x) \qquad (324)$$

$$\int \frac{\sin^2 x}{\cos^2 x}\,\partial x = tg\, x - x \qquad (325)$$

$$\int \frac{\sin^2 x}{\cos^3 x}\,\partial x = \tfrac{1}{2}\left[\frac{\sin x}{\cos x} - \ln(\sec x + tg\, x)\right] \qquad (326)$$

$$\int \frac{\sin^2 x}{\cos^4 x}\,\partial x = \tfrac{1}{3}\, tg^3 x \qquad (327)$$

$$\int \frac{\sin^3 x}{\cos x}\,\partial x = \int \sin^3 x \cos^{-1} x = -\tfrac{1}{2}\sin^2 x - \ln \cos x \qquad (328)$$

$$\int \frac{\sin^3 x}{\cos^2 x}\,\partial x = \frac{1 + \cos^2 x}{\cos x} \qquad (329)$$

$$\int \frac{\sin^3 x}{\cos^3 x}\,\partial x = \tfrac{1}{2}\, tg^2 x + \ln \cos x \qquad (330)$$

$$\int \frac{\sin^3 x}{\cos^4 x}\,\partial x = \frac{1 - 3\cos^2 x}{3\cos^3 x} \qquad (331)$$

$$\int \frac{\sin^4 x}{\cos x}\,\partial x = \int \sin^4 x \cdot \cos^{-1} x = -(\tfrac{1}{3}\sin^3 x + \sin x) + \ln(\sec x + tg\, x) \qquad (332)$$

$$\int \frac{\sin^4 x}{\cos^2 x}\,\partial x = -\tfrac{3}{2} x + \frac{\sin x}{2\cos x}(2 + \cos^2 x) \qquad (333)$$

$$\int \frac{\sin^4 x}{\cos^3 x}\,\partial x = \frac{\sin x}{2\cos^2 x} + \sin x - \tfrac{3}{2}\ln(\sec x + tg\, x) \qquad (334)$$

$$\int \frac{\sin^4 x}{\cos^4 x}\,\partial x = x + \tfrac{1}{3}\, tg^3 x - tg\, x \qquad (335)$$

LII. $$\int \frac{\cos^m x}{\sin^n x}\,\partial x = -\frac{\cos^{m+1} x}{(n-1)\sin^{n-1} x} + \frac{n-m-2}{n-1}\int \frac{\cos^m x}{\sin^{n-2} x} \qquad (336)$$

Ist für $n = 1$ nicht anzuwenden.

$$\int \frac{\cos x}{\sin x}\,\partial x = \int \cot x = \ln \sin x \qquad (337)$$

$$\int \frac{\cos x}{\sin^2 x}\,\partial x = -\frac{\cos^2 x + \sin^2 x}{\sin x} \qquad (338)$$

$$\int \frac{\cos x}{\sin^3 x}\,\partial x = -\tfrac{1}{2}\cot^2 x \qquad (339)$$

$$\int \frac{\cos x}{\sin^4 x}\,\partial x = -\frac{1}{3\sin^3 x} \qquad (340)$$

$$\int \frac{\cos^2 x}{\sin x}\,\partial x = \int \cos^2 x \sin^{-1} x = \cos x + \ln tg\, \frac{x}{2} \qquad (341)$$

$$\int \frac{\cos^2 x}{\sin^2 x}\,\partial x = \int \cot^2 x = -(x + \cot x) \qquad (342)$$

$$\int \frac{\cos^2 x}{\sin^3 x}\,\partial x = -\tfrac{1}{2}\left(\frac{\cos x}{\sin^2 x} + \ln tg \frac{x}{2}\right) \quad (343)$$

$$\int \frac{\cos^2 x}{\sin^4 x}\,\partial x = -\tfrac{1}{3}\cot^3 x \quad (344)$$

$$\int \frac{\cos^3 x}{\sin x}\,\partial x = \int \cos^3 x \cdot \sin^{-1} x = \tfrac{1}{2}\cos^2 x + \ln \sin x \quad (345)$$

$$\int \frac{\cos^3 x}{\sin^2 x}\,\partial x = -\frac{\cos^2 x + 2\sin^2 x}{\sin x} \quad (346)$$

$$\int \frac{\cos^3 x}{\sin^3 x}\,\partial x = \int \cot^3 x = -\left(\tfrac{1}{2}\cot^2 x + \ln \sin x\right) \quad (347)$$

$$\int \frac{\cos^3 x}{\sin^4 x}\,\partial x = \frac{2\sin^2 x - \cos^2 x}{3\sin^3 x} \quad (348)$$

$$\int \frac{\cos^4 x}{\sin x}\,\partial x = \int \cos^4 x \cdot \sin^{-1} x = \tfrac{1}{3}\cos^3 x + \cos x + \ln tg \frac{x}{2} \quad (349)$$

$$\int \frac{\cos^4 x}{\sin^2 x}\,\partial x = -\tfrac{1}{2}\left[3x + \frac{\cos x}{\sin x}(2 + \sin^2 x)\right] \quad (350)$$

$$\int \frac{\cos^4 x}{\sin^3 x}\,\partial x = -\tfrac{1}{2}\left[\frac{\cos x}{\sin^2 x} + 2\cos x + 3\ln tg \frac{x}{2}\right] \quad (351)$$

$$\int \frac{\cos^4 x}{\sin^4 x}\,\partial x = \int \cot^4 x = x + \cot x - \tfrac{1}{3}\cot^3 x \quad (352)$$

LIII. $\int x^n \sin x\,\partial x = -x^n \cos x + n x^{n-1} \sin x + n(n-1)x^{n-2} \cos x$
$\quad - n(n-1)(n-2)x^{n-3} \sin x - + + \ldots.$ (353)

$\int x \sin x\,\partial x = -x \cos x + \sin x$ (354)

$\int x^2 \sin x\,\partial x = (-x^2 + 2)\cos x + 2x \sin x$ (355)

$\int x^3 \sin x\,\partial x = (-x^3 + 6x)\cos x + (3x^2 - 6)\sin x$ (356)

$\int x^4 \sin x\,\partial x = (-x^4 + 12x^2 - 24)\cos x + (4x^3 - 24x)\sin x$ (357)

LIV. $\int x^n \cos x\,\partial x = x^n \sin x + n x^{n-1} \cos x - n(n-1)x^{n-2} \sin x$
$\quad - n(n-1)(n-2)x^{n-3} \cos x + + - - \ldots..$ (358)

$\int x \cdot \cos x\,\partial x = x \cdot \sin x + \cos x$ (359)

$\int x^2 \cdot \cos x\,\partial x = x^2 \sin x + 2x \cos x - 2 \sin x$ (360)

$\int x^3 \cdot \cos x\,\partial x = x^3 \sin x + 3x^2 \cos x - 6x \sin x - 6 \cos x$ (361)

$\int x^4 \cdot \cos x\,\partial x = x^4 \sin x + 4x^3 \cos x - 12x^2 \sin x - 24x \cos x + 24 \sin x$ (362)

LV. $\int x \sin^n x\,\partial x = \frac{\sin^n x}{n^2} - \frac{x \cos x \sin^{n-1} x}{n} + \frac{n-1}{n}\int x \sin^{n-2} x$ (363)

$\int x \sin x\,\partial x = -x \cos x + \sin x$ (364)

$\int x \sin^2 x\,\partial x = \tfrac{1}{4}(x^2 - 2x \sin x \cdot \cos x + \sin^2 x)$ (365)

$\int x \sin^3 x\,\partial x = \tfrac{1}{9}(\sin^3 x - 3x \sin^2 x \cdot \cos x - 6x \cos x + 6 \sin x)$ (366)

$\int x \sin^4 x\,\partial x = \tfrac{1}{16}[3x^2 - 2x \sin x \cdot \cos x(2\sin^2 x + 3) + \sin^4 x + 3\sin^2 x]$ (367)

LVI. $\int x \cos^n x\,\partial x = \frac{\cos^n x}{n^2} + \frac{x \sin x \cdot \cos^{n-1} x}{n} + \frac{n-1}{n}\int x \cos^{n-2} x$ (368)

$\int x \cos x\,\partial x = x \sin x + \cos x$ (369)

$\int x \cos^2 x\,\partial x = \tfrac{1}{4}(x^2 + 2x \sin x \cdot \cos x + \cos^2 x)$ (370)

$\int x \cos^3 x\,\partial x = \tfrac{1}{9}[3x \sin x(2 + \cos^2 x) + 6\cos x + \cos^3 x]$ (371)

$\int x \cos^4 x\,\partial x = \tfrac{1}{16}[3x^2 + 2x(3 + 2\cos^2 x)\sin x \cdot \cos x + 3\cos^2 x + \cos^4 x]$ (372)

LVII. $\int x^n \sin^m \partial x = -\frac{1}{m} x^n \cos x \cdot \sin^{m-1} x + \frac{n}{m^2} x^{n-1} \sin^m x$
$\quad + \frac{m-1}{m}\int x^n \sin^{m-2} x - \frac{n(n-1)}{m^2}\int x^{n-2} \sin^m x$ (373)

$$\int x^2 \sin^2 x\,\partial x = \tfrac{1}{6}x^3 - \tfrac{1}{2}x^2 \sin x \cdot \cos x + \tfrac{1}{4}x[2\sin^2 x - 1] + \tfrac{1}{4}\sin x \cdot \cos x \quad (374)$$

$$\int x^2 \sin^3 x\,\partial x = -\tfrac{1}{3}x^2 \cos x(2 + \sin^2 x) + \tfrac{2}{9}x \sin x[6 + \sin^2 x] + \tfrac{2}{27}\cos x[20 + \sin^2 x] \quad (375)$$

$$\int x^2 \sin^4 x\,\partial x = \tfrac{1}{8}x^3 - \tfrac{1}{8}x^2(3 + 2\sin^2 x)\sin x \cdot \cos x + \tfrac{x}{64}[-15 + 24\sin^2 x + 8\sin^4 x] + \tfrac{1}{64}[15 + 2\sin^2 x]\sin x \cdot \cos x \quad (376)$$

LVIII. $$\int x^n \cos^m x\,\partial x = \frac{x^n \sin x \cdot \cos^{m-1} x}{m} + \frac{n x^{n-1} \cos^m x}{m^2} + \frac{m-1}{m}\int x^n \cos^{m-2} x - \frac{n(n-1)}{m^2}\int x^{n-2} \cos^m x \quad (377)$$

$$\int x^2 \cos^2 x\,\partial x = \tfrac{1}{12}[2x^3 + 6x^2 \sin x \cdot \cos x - 3x(1 - 2\cos^2 x) - 3\sin x \cdot \cos x] \quad (378)$$

$$\int x^2 \cos^3 x\,\partial x = \tfrac{1}{3}x^2 \sin x(2 + \cos^2 x) + \tfrac{2}{9}x \cos x(6 + \cos^2 x) - \tfrac{2}{27}\sin x(20 + \cos^2 x) \quad (379)$$

$$\int x^2 \cos^4 x\,\partial x = \tfrac{1}{8}x^3 + \tfrac{1}{8}x^2 \sin x \cdot \cos x(3 + 2\cos^2 x) + \frac{x}{64}[-15 + 8\cos^2 x(3 + \cos^2 x)] - \tfrac{1}{64}\sin x \cdot \cos x[15 + 2\cos^2 x] \quad (380)$$

LIX. $$\int \frac{\partial x}{\sin^n x \cdot \cos^m x} = \frac{-1}{(n-1)\sin^{n-1} x \cdot \cos^{m+1} x} + \frac{m+1}{n-1}\int \frac{\partial x}{\sin^{n-2} x \cdot \cos^{m+2} x}$$
$$= \frac{+1}{(m-1)\sin^{n+1} x \cdot \cos^{m-1} x} + \frac{n+1}{m-1}\int \frac{\partial x}{\sin^{n+2} x \cdot \cos^{m-2} x} \quad (381)$$

Die erste Formel ist für $n = 1$, die zweite für $m = 1$ nicht anzuwenden.

$$\int \frac{\partial x}{\sin x \cdot \cos x} = \int \frac{2\,\partial x}{\sin 2x} = \int \operatorname{cosec} 2x \cdot 2\,\partial x = \ln tg\, x \quad (382)$$

$$\int \frac{\partial x}{\sin x \cdot \cos^2 x} = \frac{1}{\cos x} - \ln \frac{1 + \cos x}{\sin x} \quad (383)$$

$$\int \frac{\partial x}{\sin x \cdot \cos^3 x} = \frac{1}{2\cos^2 x} + \ln tg\, x \quad (384)$$

$$\int \frac{\partial x}{\sin x \cdot \cos^4 x} = \frac{1}{3\cos^3 x} + \frac{1}{\cos x} - \ln \frac{1 + \cos x}{\sin x} \quad (385)$$

$$\int \frac{\partial x}{\sin^2 x \cdot \cos x} = \frac{-1}{\sin x} + \ln \frac{1 + \sin x}{\cos x} \quad (386)$$

$$\int \frac{\partial x}{\sin^2 x \cdot \cos^2 x} = \frac{-1 + 2\sin^2 x}{\sin x \cdot \cos x} \quad (387)$$

$$\int \frac{\partial x}{\sin^2 x \cdot \cos^3 x} = \tfrac{1}{2}\left[\frac{1 - 3\cos^2 x}{\sin x \cdot \cos^2 x} + 3\ln \frac{1 + \sin x}{\cos x}\right] \quad (388)$$

$$\int \frac{\partial x}{\sin^2 x \cdot \cos^4 x} = \frac{1 + 4\sin^2 x \cdot \cos^2 x - 4\cos^4 x}{3\sin x \cdot \cos^3 x} \quad (389)$$

$$\int \frac{\partial x}{\sin^3 x \cdot \cos x} = \frac{-1}{2\sin^2 x} + \ln tg\, x \quad (390)$$

$$\int \frac{\partial x}{\sin^3 x \cdot \cos^2 x} = \tfrac{1}{2}\left[\frac{2\sin^2 x - \cos^2 x}{\cos x \cdot \sin^2 x} - 3\ln \frac{1 + \cos x}{\sin x}\right] \quad (391)$$

$$\int \frac{\partial x}{\sin^3 x \cdot \cos^3 x} = \frac{-1 + 2\sin^2 x}{2\sin^2 x \cdot \cos^2 x} + 2\ln tg\, x \quad (392)$$

$$\int \frac{\partial x}{\sin^3 x \cdot \cos^4 x} = \frac{-3 + 5\sin^2 x(1 + 3\cos^2 x)}{6\sin^2 x \cdot \cos^3 x} - \tfrac{5}{2}\ln \frac{1 + \cos x}{\sin x} \quad (393)$$

$$\int \frac{\partial x}{\sin^4 x \cdot \cos x} = -\frac{1 + 3\sin^2 x}{3\sin^3 x} + \ln \frac{1 + \sin x}{\cos x} \quad (394)$$

$$\int \frac{\partial x}{\sin^4 x \cdot \cos^2 x} = \frac{-1 - 4\sin^2 x + 8\sin^4 x}{3\cos x \cdot \sin^3 x} \quad (395)$$

$$\int \frac{\partial x}{\sin^4 x \cdot \cos^3 x} = \frac{-2 - 10\sin^2 x \cdot \cos^2 x + 5\sin^4 x}{6\sin^3 x \cdot \cos^2 x} + \tfrac{5}{2}\ln \frac{1 + \sin x}{\cos x} \quad (396)$$

$$\int \frac{\partial x}{\sin^4 x \cdot \cos^4 x} = \frac{-1 + 2\sin^2 x(1 + 4\sin^2 x \cdot \cos^2 x - 4\cos^4 x)}{3\sin^3 x \cdot \cos^3 x} \quad (397)$$

D. Cyclometrische Functionen, s. pag. 330.

Erläuterungen zu den vorstehenden tabellarisch geordneten Integralformeln.

I. Formel 1 bis 10, s. Integral No. 1 bis 7.
II. „ 11 — 16, s. „ No. 8.
III. „ 17 — 24, s. „ No. 9.
IV. „ 25 — 28, s. „ No. 10.
V. „ 29. Man zerlegt den gegebenen Quotient in 2 Factoren, nämlich

$$\frac{\partial x}{x^m(a+bx)} = \frac{A\partial x}{a+bx} + \frac{N\partial x}{x^m}$$

hieraus ist $Ax^m + N(a+bx) = 1$

oder $x(Ax^{m-1} + Nb) = 1 - Na$

Diese Gleichung gilt für jeden Werth von x, also auch für $x = 0$ und für $Ax^{m-1} + Nb = 0$. Für beide Werthe hat man

$$N = \frac{1}{a}$$

Diesen Werth in die Gleichung: $Ax^{m-1} + Nb = 0$ gesetzt; ergibt $A = -\frac{b}{a} \cdot \frac{1}{x^{m-1}}$

Hiermit erhält man das I:

$$\int_0 \frac{\partial x}{x^m(a+bx)} = -\frac{b}{a}\int_0 \frac{\partial x}{x^{m-1}(a+bx)} + \frac{1}{a}\int_0 \frac{\partial x}{x^m}$$

Das 2te I. wird nach Formel 17 bestimmt, das 1te ist eine Reductionsformel, indem der Exponent von x um 1 kleiner ist als in dem gegebenen I.

Für m nach einander 1, 2, 3 gesetzt ergeben die Formeln 30, 31 und 32.

VI. Formel 33. Man entwickelt, wie für V., F. 29.

Man erhält $N = \frac{1}{a}$, $A = \frac{b}{a} \cdot \frac{1}{x^{m-1}}$

VII. Formel 37. Man kann den Zähler x^m durch den Nenner $bx + a$ wiederholentlich dividiren, wie No. 31 am Schluſs für die Endformel $\frac{x^p}{x+a}$ empfohlen worden, wonach man eine Reihe erhält. Die Formel 37 ist im Resultat nichts als eine Verlängerung, durch welche eben so eine successive Reduction geschieht, wie durch die eben gedachte durch Division abzuleitende Reihe. Verwandelt man nämlich das letzte I in 2 Brüche mit gleichbleibendem Nenner, so ist der erste Bruch gleich dem entgegengesetzten ersten I. rechts des Gleichheitszeichens, der zweite Bruch aber das gegebene I selbst.

Die Formeln 38, 39, 40 entstehen, wenn für m die Werthe 1, 2, 3 gesetzt werden.

Man hat nämlich für $m = 1$

$$\int_0 \frac{x\,\partial x}{a+bx} = -\frac{a}{b}\int_0 \frac{\partial x}{a+bx} - \int_0 \frac{-a-bx}{b(a+bx)}\,\partial x = -\frac{a}{b^2}\int_0 \frac{b\,\partial x}{a+bx} + \int_0 \frac{\partial x}{b}$$
$$= -\frac{a}{b^2}\ln(a+bx) + \frac{1}{b}x$$

$$2.\ \int \frac{x^2\,\partial x}{a+bx} = \left(-\frac{a}{b}\right)^2 \int \frac{\partial x}{a+bx} - \int_0 \frac{(-a)^2-(bx)^2}{b^2(a+bx)}\,\partial x$$
$$= \frac{a^2}{b^3}\int_0 \frac{b\,\partial x}{a+bx} - \int_0 \frac{a-bx}{b^2}\,\partial x$$
$$= \frac{a^2}{b^3}\int_0 \frac{b\,\partial x}{a+bx} - \frac{a}{b^2}\int\partial x + \frac{1}{b}\int x\,\partial x$$

$$3.\ \int \frac{x^3\,\partial x}{a+bx} = \left(-\frac{a}{b}\right)^3 \int \frac{\partial x}{a+bx} - \int_0 \frac{(-a)^3-(bx)^3}{b^3(a+bx)}\,\partial x$$
$$= -\frac{a^3}{b^4}\ln(a+bx) + \int_0 \frac{a^2-abx+b^2x^2}{b^3}\,\partial x$$

VIII. behandelt wie VII. gibt

$$A = \left(\frac{a}{b}\right)^m;\ N = -\frac{a^m-(bx)^m}{(bx)^m(a-bx)}$$

woraus auf dieselbe Weise wie VII. die Formel hervorgeht.

IX. Formel 45 geht unmittelbar aus den Differenzialformeln (DL) 120 und 121 hervor.

Schreibt man

$$\frac{1}{1+x^2}=\frac{1}{1-(x\sqrt{-1})^2}=\frac{\frac{1}{2}}{1+x\sqrt{-1}}+\frac{\frac{1}{2}}{1-x\sqrt{-1}}$$

so ist auch

Formel 46 $$\int\frac{\partial x}{1+x^2}=\frac{1}{2\sqrt{-1}}\left[\int\frac{\partial x\cdot\sqrt{-1}}{1+x\sqrt{-1}}-\int\frac{-\partial x\sqrt{-1}}{1-x\sqrt{-1}}\right]$$
$$=\frac{1}{2\sqrt{-1}}\,ln\,\frac{1+x\sqrt{-1}}{1-x\sqrt{-1}}$$

Hieraus geht hervor:

$$Arc\,tg\,x=\frac{1}{2\sqrt{-1}}\,ln\,\frac{1+x\sqrt{-1}}{1-x\sqrt{-1}}$$

Schreibt man fx für x, so hat man

$$Arc\,tg\,(fx)=\frac{1}{2\sqrt{-1}}\,ln\,\frac{1+fx\sqrt{-1}}{1-fx\sqrt{-1}}$$

Und somit ist der in dem Art. „Arcus", pag. 115 stehende Satz I. als richtig bewiesen. (Vergl. „Erläuterungen No. XIX. Formel 95 und 96).

Formel 47: $$\int\frac{\partial x}{1-x^2}=\frac{1}{2}\int\left(\frac{\partial x}{1+x}+\frac{\partial x}{1-x}\right)=\frac{1}{2}\int\frac{\partial x}{1+x}-\frac{1}{2}\int\frac{-\partial x}{1-x}$$
$$=\frac{1}{2}\,ln\,(1+x)-\frac{1}{2}\,ln\,(1-x)=\frac{1}{2}\,ln\,\frac{1+x}{1-x}$$

Schreibt man $\frac{1}{1-x^2}=\frac{1}{1+(x\sqrt{-1})^2}=\frac{1}{\sqrt{-1}}\cdot\frac{\sqrt{-1}}{1+(x\sqrt{-1})^2}$

so ist auch

Formel 48: $$\int\frac{\partial x}{1-x^2}=\frac{1}{\sqrt{-1}}\,Arc\cdot tg\,(x\sqrt{-1})=\frac{1}{\sqrt{-1}}\,Arc\cdot tg-\frac{x}{\sqrt{-1}}$$
$$=-\frac{1}{\sqrt{-1}}\,Arc\cdot tg\,\frac{x}{\sqrt{-1}}=\sqrt{-1}\cdot Arc\,tg\,\frac{x}{\sqrt{-1}}$$

Mithin ist

$$\frac{1}{2}\,ln\,\frac{1+x}{1-x}=\sqrt{-1}\cdot Arc\,tg\,\frac{x}{\sqrt{-1}}$$

oder $$Arc\,tg\,\frac{x}{\sqrt{-1}}=\frac{1}{2\sqrt{-1}}\,ln\,\frac{1+x}{1-x}$$

Setzt man nun fx für x, so erhält man

$$Arc\,tg\,\frac{fx}{\sqrt{-1}}=\frac{1}{2\sqrt{-1}}\,ln\,\frac{1+fx}{1-fx}$$

und somit ist der in dem Art. „Arcus", pag. 115 stehende Satz II. als richtig bewiesen.

Formel 49: $$\int\frac{\partial x}{x^2-1}=-\frac{1}{2}\int\frac{\partial x}{x+1}+\frac{1}{2}\int\frac{\partial x}{x-1}=\frac{1}{2}\,ln\,\frac{x-1}{x+1}$$

Formel 50: $$\int\frac{\partial x}{x^2+a^2}=\int\frac{\frac{1}{a}\cdot\partial\left(\frac{x}{a}\right)}{1+\left(\frac{x}{a}\right)^2}=\frac{1}{a}\cdot Arc\,tg\left(\frac{x}{a}\right)$$ (Dl. 120)

Formel 51: $$\int\frac{\partial x}{x^2-a^2}=\frac{1}{2a}\left[\int\frac{\partial x}{x-a}-\int\frac{\partial x}{x+a}\right]=\frac{1}{2a}\,ln\,\frac{x-a}{x+a}$$

Formel 52: $$\int\frac{\partial x}{a^2-x^2}=\int\frac{\partial x}{(a+x)(a-x)}=\frac{1}{2a}\,ln\,\frac{a+x}{a-x}$$

X. Formel 53. Schreib $$\int\frac{x\cdot\partial x}{1+x^2}=\frac{1}{2}\int\frac{2x\cdot\partial x}{1+x^2}=\frac{1}{2}\,ln\,(1+x^2)$$ (I. V., 96)

Formel 54. Schreib $$\int\frac{x\cdot\partial x}{1-x^2}=-\frac{1}{2}\int\frac{-2x\cdot\partial x}{1-x^2}=-\frac{1}{2}\,ln\,(1-x^2)=\frac{1}{2}\,ln\,\frac{1}{1-x^2}$$

u. s. w. bis Formel 58.

XI. Formel 59 $$\int\frac{x^2\,\partial x}{1+x^2}=\int\frac{x^2}{x^2+1}\,\partial x=\int\left(1-\frac{1}{1+x^2}\right)\partial x$$
$$=\int\partial x-\int\frac{\partial x}{1+x^2}=x-Arc\,tg\,x$$

Eben so wird verfahren mit Formel 60 bis 64.

XII. Formel 65: $\int \frac{x^3 \partial x}{1+x^2} = \int \left[x - \frac{x}{1+x^2}\right] \partial x = \int x \partial x - \int \frac{x \partial x}{1+x^2}$
u. s. w. bis Formel 70.

XIII. Verfahre mit dem allgemeinen Ausdruck (Formel 74) wie mit dem No. V, 39. Setze:

$$\int \frac{\partial x}{x^m (1+x^2)} = \int \frac{A \cdot \partial x}{1+x^2} + \int \frac{N \cdot \partial x}{x^m}$$

so hat man die Gleichung

$$Ax^m + N + Nx^2 - 1 = 0$$

oder $\quad x^2 (Ax^{m-2} + N) = 1 - N$

Setzt man die Klammergröfse $= 0$, so wird $N = 1$

und aus $Ax^{m-2} + N = Ax^{m-2} + 1 = 0$

entsteht $\quad A = \frac{-1}{x^{m-2}}$

Diese beiden Werthe in die obige Gleichung gesetzt, entsteht die Formel:

$$\int \frac{\partial x}{x^m (1+x^2)} = -\int \frac{\partial x}{x^{m-2}(1+x^2)} + \int \frac{\partial x}{x^m}.$$

Setzt man $m = 1$, so erhält man Formel 71; man hat nämlich:

$$\int \frac{\partial x}{x(1+x^2)} = -\int \frac{\partial x}{x^{-1}(1+x^2)} + \int \frac{\partial x}{x} = -\tfrac{1}{2}\, ln(1+x^2) + ln\, x$$
$$= \tfrac{1}{2}[-ln(1+x^2) + 2\, ln\, x] = \tfrac{1}{2}[-ln(1+x^2) + ln\, x^2]$$
$$= \tfrac{1}{2}\, ln \frac{x^2}{1+x^2} \text{ u. s. w.}$$

XIV. Bei dem Verfahren, wie bei No. XIII., erhält man für Formel 78

$$(Ax^m - Nx^2) = 1 - N$$

Hieraus $N = 1$; $A = \frac{1}{x^{m-2}}$

XV. Formel 82, XVI., 86; XVII., 90 und XVIII., 94 werden entwickelt wie XIII. und XIV.

XIX. Formel 95.

$$\text{Schreib} \int \frac{\partial x}{a + cx^2} = \int \frac{\frac{1}{a} \cdot \partial x}{\left(x\sqrt{\frac{c}{a}}\right)^2 - (\sqrt{-1})^2} = \frac{1}{a} \int \left[\frac{A \cdot \partial x}{x\sqrt{\frac{c}{a}} + \sqrt{-1}} + \frac{B \cdot \partial x}{x\sqrt{\frac{c}{a}} - \sqrt{-1}}\right]$$

so ist nach Integral, No. 29, Beispiel pag. 309,

$x\sqrt{\frac{c}{a}} + \sqrt{-1} = 0$ gesetzt $\qquad x = -\sqrt{\frac{a}{c}}\sqrt{-1}$ und $A = \frac{-1}{2\sqrt{-1}}$

$x\sqrt{\frac{c}{a}} - \sqrt{-1} = 0$ gesetzt $\qquad x = +\sqrt{\frac{a}{c}}\sqrt{-1}$ und $B = \frac{+1}{2\sqrt{-1}}$

Mithin ist reducirt Formel 95:

$$\int \frac{\partial x}{a + cx^2} = \frac{+1}{2\sqrt{ac}\sqrt{-1}} \int \frac{-\sqrt{\frac{c}{a}} \cdot \partial x}{x\sqrt{\frac{c}{a}} + \sqrt{-1}} + \int \frac{\sqrt{\frac{c}{a}} \cdot \partial x}{x\sqrt{\frac{c}{a}} - \sqrt{-1}}$$

$$= + \frac{1}{2\sqrt{ac}\sqrt{-1}}\, ln \frac{x\sqrt{\frac{c}{a}} + \sqrt{-1}}{x\sqrt{\frac{c}{a}} - \sqrt{-1}} = \frac{1}{2\sqrt{ac}\sqrt{-1}}\, ln \frac{x\sqrt{\frac{c}{a}} - \sqrt{-1}}{x\sqrt{\frac{c}{a}} + \sqrt{-1}}$$

$$= \frac{1}{2\sqrt{ac}\sqrt{-1}} \cdot ln \frac{+1 - x\sqrt{-\frac{c}{a}}}{-1 + x\sqrt{-\frac{c}{a}}} = \frac{1}{2\sqrt{ac}\sqrt{-1}} \cdot ln \frac{1 + x\sqrt{-\frac{c}{a}}}{1 - x\sqrt{-\frac{c}{a}}}$$

Schreibt man dagegen

$$\int\frac{\partial x}{a+cx^2} = \sqrt{\frac{1}{ac}}\int\frac{\partial x\sqrt{\frac{c}{a}}}{1+\left(x\sqrt{\frac{c}{a}}\right)^2}$$

so erhält man nach Formel 45 die zweite Formel 96

$$\int\frac{\partial x}{a+cx^2} = \frac{1}{\sqrt{ac}}\,Arctg\left(x\sqrt{\frac{c}{a}}\right)$$

Mit der Auflösung der Formel $\int\frac{\partial x}{a+cx^2}$ in 2 Ausdrücke 95 und 96 ist wie mit Formel 45 der in dem Artikel „Arcus", pag. 115 stehende Satz I. erwiesen, wenn man $c = a$ und $x\sqrt{\frac{c}{a}} = tx$ setzt.

Formel 97. Schreib $\int\frac{\partial x}{a-cx^2} = \frac{1}{a}\int\left(\frac{A\cdot\partial x}{1+x\sqrt{\frac{c}{a}}} + \frac{B\cdot\partial x}{1-x\sqrt{\frac{c}{a}}}\right)$

so erhält man $A = B = \frac{1}{2}$ und man hat

$$\int\frac{\partial x}{a-cx^2} = \frac{1}{2a}\sqrt{\frac{a}{c}}\left[\int\frac{\sqrt{\frac{c}{a}}\,\partial x}{1+x\sqrt{\frac{c}{a}}} - \int\frac{-\sqrt{\frac{c}{a}}\cdot\partial x}{1-x\sqrt{\frac{c}{a}}}\right] = \frac{1}{2\sqrt{ac}}\,ln\,\frac{1+x\sqrt{\frac{c}{a}}}{1-x\sqrt{\frac{c}{a}}}$$

Schreibt man dagegen

$a-cx^2 = 1+\left(x\sqrt{\frac{c}{a}}\sqrt{-1}\right)^2$, also Formel 98

$$\int\frac{\partial x}{a-cx^2} = -\frac{1}{a}\sqrt{\frac{a}{c}}\sqrt{-1}\int\frac{\sqrt{\frac{c}{a}}\sqrt{-1}\cdot\partial x}{1+\left(x\sqrt{\frac{c}{a}}\sqrt{-1}\right)^2} = -\frac{\sqrt{-1}}{\sqrt{ac}}\,arc\,tg\left(x\sqrt{\frac{c}{a}}\sqrt{-1}\right)$$

$$= \frac{\sqrt{-1}}{\sqrt{ac}}\,arc\,tg\,\frac{x\sqrt{\frac{c}{a}}}{\sqrt{-1}}$$

Formel 99. Schreib $\int\frac{x\cdot\partial x}{a+cx^2} = \frac{1}{2c}\int\frac{2cx\cdot\partial x}{a+cx^2}$.

Formel 100. Schreib $\int\frac{x\cdot\partial x}{a-cx^2} = -\frac{1}{2c}\int\frac{-2cx\cdot\partial x}{a-cx^2}$

Formel 101. Schreib $\int\frac{x^2\,\partial x}{a+cx^2} = \int\left(\frac{1}{c}-\frac{a}{c}\cdot\frac{1}{a+cx^2}\right)\partial x$

$$= \int\frac{\partial x}{c} - \frac{1}{a}\cdot\frac{a}{c}\cdot\sqrt{\frac{a}{c}}\int\frac{\partial x\sqrt{\frac{c}{a}}}{1+\left(x\sqrt{\frac{c}{a}}\right)^2} = \frac{1}{c}\,x - \frac{1}{c}\sqrt{\frac{a}{c}}\,Arctg\left(x\sqrt{\frac{c}{a}}\right)$$

Formel 102. Schreib $\int\frac{x^2\,\partial x}{a-cx^2} = \int\left(-\frac{\partial x}{c}+\frac{a}{c}\cdot\frac{\partial x}{a-cx^2}\right)$

$$= -\frac{1}{c}\,x + \frac{1}{c}\int\frac{\partial x}{1-\left(x\sqrt{\frac{c}{a}}\right)^2} = -\frac{1}{c}\,x + \frac{1}{c}\int\left(\frac{\frac{1}{2}\partial x}{1+x\sqrt{\frac{c}{a}}} + \frac{\frac{1}{2}\partial x}{1-x\sqrt{\frac{c}{a}}}\right)$$

$$= -\frac{1}{c}\,x + \frac{1}{2c}\cdot\sqrt{\frac{a}{c}}\left[\int\frac{\partial x\sqrt{\frac{c}{a}}}{1+\left(x\sqrt{\frac{c}{a}}\right)} - \int\frac{-\partial x\sqrt{\frac{c}{a}}}{1-\left(x\sqrt{\frac{c}{a}}\right)}\right]$$

$$= \frac{1}{c}\left[-x+\frac{1}{2}\sqrt{\frac{a}{c}}\,ln\,\frac{1+x\sqrt{\frac{c}{a}}}{1-x\sqrt{\frac{c}{a}}}\right]$$

Formel 103. Schreib $\int\frac{x^3\,\partial x}{a+cx^2}=\int\left(\frac{x}{c}+\frac{a}{c}\cdot\frac{x}{a+cx^2}\right)\partial x$

$$=\frac{1}{c}\left[\int x\cdot\partial x+\frac{a}{2c}\int\frac{2cx\cdot\partial x}{a+cx^2}\right]=\frac{1}{2c}\left[x^2+\frac{a}{c}\ln(a+cx^2)\right]$$

Formel 104. Schreib $\int\frac{x^3\,\partial x}{a-cx^2}=\int\left[-\frac{x\cdot\partial x}{c}+\frac{a}{c}\cdot\frac{x\cdot\partial x}{a-cx^2}\right]$

$$=\frac{1}{c}\int -x\cdot\partial x-\frac{a}{2c}\int\frac{-2cx\cdot\partial x}{a-cx^2}=-\frac{1}{2c}\left[x^2+\frac{a}{c}\ln(a-cx^2)\right]$$

XX. Formel 105 bis 107 sind in dem Art. „Integral", No. 23 vollständig entwickelt.

Formel 105 gilt wenn $b^2>4a$

„ 106 „ „ $4a>b^2$

„ 107 „ „ $4a=b^2$

Formel 108 bis 110.

Formel 108; $b^2>4ac$

Setze $x=s-\frac{b}{2c}$, so hat man

$$a+bx+cx^2=c\left(s^2-\frac{b^2}{4c^2}+\frac{a}{c}\right)$$

oder $\frac{b^2}{4c^2}-\frac{a}{c}=k^2$ gesetzt: $c(s^2-k^2)$

Also $\int\frac{\partial x}{a+bx+cx^2}=\frac{1}{c}\int\left(\frac{A\,\partial s}{s+k}+\frac{B\,\partial s}{s-k}\right)=\frac{1}{2kc}\left(-\int\frac{\partial s}{s+k}+\int\frac{\partial s}{s-k}\right)$

und $\int\frac{\partial x}{a+bx+cx^2}=\frac{\text{logn}}{2ck}\cdot\frac{s-k}{s+k}=\frac{1}{\sqrt{b^2-4ac}}\ln\frac{b+2cx-\sqrt{b^2-4ac}}{b+2cx+\sqrt{b^2-4ac}}$

Formel 109: $a>\frac{b^2}{4c}$

$\frac{a}{c}-\frac{b^2}{4c^2}=k^2$ gesetzt, gibt

$a+bx+cx^2=c(s^2+k^2)$

folglich $\int\frac{\partial x}{a+bx+cx^2}=\frac{1}{c}\int\frac{\partial s}{s^2+k^2}=\frac{1}{ck}\int\frac{\partial\frac{s}{k}}{1+\left(\frac{s}{k}\right)^2}=\frac{1}{ck}\,arc\,tg\left(\frac{s}{k}\right)$

$$=\frac{2}{\sqrt{4ac-b^2}}\cdot Arc\,tg\,\frac{b+2x}{\sqrt{4ac-b^2}}$$

Formel 110: $a=\frac{b^2}{4c}$

Dann ist $\int\frac{\partial x}{a+bx+cx^2}=\frac{1}{c}\int\frac{\partial s}{s^2}=-\frac{1}{cs}=-\frac{2}{b+2cx}=-\frac{4a}{b(2a+bx)}$

Formel 111 entsteht aus Formel 108, denn es ist $a=b=1$, also $4a>b^2$

Formel 112 aus Formel 108, denn es ist $a=b=+1$, $c=-1$ mithin $4ac<b^2$

Formel 113 wie Formel 111. Denn es ist $a=1$, $b=-1$ also $4a>b^2$

Formel 114 aus Formel 105. Denn es ist $a=-1$, $b=+1$ also $4a<b^2$

Formel 115 aus Formel 105. Denn es ist $a=-1$, $b=-1$ also $4a<b^2$

Formel 116 aus Formel 109. Denn es ist $a=-1$, $b=+1$, $c=-1$, also $4ac>b^2$

Formel 117 aus Formel 108. Denn es ist $a=+1$, $b=-1$, $c=-1$; also $4ac<b^2$

Die Formeln 111 bis 117 werden unmögliche Ausdrücke, wenn an deren Entwickelung Formel 105 und 108 mit 106 und 109 vertauscht werden, wie Formel 118 aus Formel 109.

Formel 119 bis 122 entstehen aus Formel 108 und 109, wenn man $c=0$ setzt.

XXI. Formel 123. Es ist in dem Art. „Integral" No. 26 die Aufgabe gelöst

$$\int\frac{(x+A)\,\partial x}{a+bx+x^2}$$

und zwar in 3 Formeln 23, 24, 25 in Beziehung auf die 3 Formeln 20, 21, 22 No. 23, 24, 25, welche in der Tabelle (unter No. XX. 105, 106 und 107) stehen. Man kann demnach in jenen 3 Formeln 23

bis 25 für $A = 0$ setzen um das I. $\int \frac{x\,\partial x}{a+bx+x^2}$ zu erhalten. Um dies aber selbstständig zu lösen, verfahre wie dort bis zu der Gleichung:
$\int \frac{x\,\partial x}{a+bx+x^2} = \int \frac{s\,\partial s}{s^2 \pm c^2} - \frac{b}{2}\int \frac{\partial s}{s^2 \pm c^2}$
Nun ist

$$\int \frac{s\,\partial s}{s^2 \pm c^2} = \frac{1}{2} \int \frac{2s\,\partial s}{s^2 \pm c^2} = \frac{1}{2} \ln (s^2 \pm c^2) = \frac{1}{2} \ln (a + bx + x^2)$$

und $\frac{b}{2}\int \frac{\partial s}{s^2 \pm c^2} = \frac{b}{2}\int \frac{\partial x}{a+bx+x^2}$

Dieses letzte I ist aufgelöst durch Formel 105 bis 108, und je nach dem Verhältniß von $4a : b^2$ ist eine der 3 Formeln anzuwenden. Demnach hat man vollständig

$$\int \frac{x\,\partial x}{a+bx+x^2} = \frac{1}{2} \ln (a + bx + x^2) - \frac{b}{2} \int \frac{\partial x}{a + bx + x^2}$$

Formel 124. Um diese zu entwickeln, verfährt man wie für die Entwickelung der Formeln 108 bis 110.

Formel 125 s. oben XXI., Formel 123.

Formel 126 wie Formel 124.

Formel 127 ist im Art. „Integral" No. 27 entwickelt.

Formel 128 wie Formel 126.

Formel 129 und 130 können mit Hülfe von Formel 128 nicht gelöst werden, weil für $a = 0$ unendlich entsteht. Man schreibe $x^2 (b \pm cx)$ und hat dann die Formeln 31 und 35.

Formel 131 und 132 entstehen aus Formel 126 wenn man $b = a$ setzt, das 2te Glied, das I, fällt fort.

XXII. Formel 133. In dem Art. „Integral" No. 28 ist mit Formel 28 die Aufgabe gelöst: $\int \frac{B\,\partial s}{(s^2 \pm c^2)^m}$

Nun ist $s^2 \pm c^2 = a + bx + x^2$

$s = x + \frac{1}{2} b$

$c^2 = \frac{b^2}{4} - a$

und man erhält Formel 133, wenn man diese Werthe einsetzt und $B = 1$ nimmt.

Formel 134 aus Formel 133, wenn $m = 2$ gesetzt wird; das letzte I ist durch Formel XX., 105 bis 107 zu lösen.

Formel 135 aus Formel 133, wenn $m = 3$ gesetzt wird; das letzte I ist mit Formel 134 bestimmt.

Formel 136 ist die Abänderung von Formel 133 dahin, daß cx^2 statt x^2 im Nenner steht. Mit Rücksicht auf die vorstehende Erläuterung über Formel 133 und auf No. 28 des Art. „Integral" hat man hier $s = x + \frac{b}{2c}$

für $(s^2 - c^2)^m$ setze hier $(s^2 - k^2)^m$

und es ist $k^2 = \frac{b^2}{4c^2} - \frac{a}{c}$

Ferner ist wie für Formel 133 und in No. 28:

$c(s^2 - c^2) = a + bx + cx^2$

Setzt man nun in Formel 28, No. 28 diese Werthe und $B = 1$, so erhält man

$$\int \frac{\partial s}{(s^2 - k^2)^m} = - \frac{s}{2(m-1)k^2 (s^2 - k^2)^{m-1}} - \frac{2m-3}{2(m-1)k^2} \int \frac{\partial s}{(s^2 - k^2)^{m-1}}$$

Hieraus

$$\int \frac{\partial x}{\left(\frac{a+bx+cx^2}{c}\right)^m} = - \frac{1}{2(m-1)\left(\frac{b^2}{4c^2} - \frac{a}{c}\right)} \left[\frac{x + \frac{b}{2c}}{\left(\frac{a+bx+cx^2}{c}\right)^{m-1}} + (2m-3) \int \frac{\partial x}{\left(\frac{a+bx+cx^2}{c}\right)^{m-1}} \right]$$

Dividirt man nun mit c^m (multiplicirt sämmtliche Nenner mit c^m) so entsteht Formel 136.

XXIII. Formel 139.

Formel 27 No. 28 löst die Aufgabe

$$\int\frac{z\,\partial z}{(z^2-c^2)^m}=\frac{-1}{2(m-1)(z^2-c^2)^{m-1}}$$

Nun ist aber die verlangte Aufgabe

$$\int\frac{x\,\partial x}{(a+bx+x^2)^m}=\int\frac{(z-\frac{1}{2}b)\,\partial z}{(z^2-c^2)^m}=\int\frac{z\,\partial z}{(z^2-c^2)^m}-\int\frac{\frac{1}{2}b\,\partial z}{(z^2-c^2)^m}$$

folglich mufs noch dies letzte I hinzukommen; d. h. Es ist

$$\int\frac{x\,\partial x}{(a+bx+x^2)^m}=\frac{-1}{2(m-1)(a+bx+x^2)^{m-1}}-\frac{1}{2}b\int\frac{\partial x}{(a+bx+x^2)^m}$$

Dies letzte I ist aber Formel XXII., 138 mithin ist

$$\int\frac{x\,\partial x}{(a+bx+x^2)^m}=\frac{-1}{2(m-1)(a+bx+x^2)^{m-1}}+\frac{1}{2}b\,\frac{x+\frac{1}{2}b}{2(m-1)\left(\frac{b^2}{4}-a\right)(a+bx+x^2)^{m-1}}$$

$$+\frac{2m-3}{2(m-1)\left(\frac{b^2}{4}-a\right)}\cdot\frac{b}{2}\int\frac{\partial x}{(a+bx+x^2)^{m-1}}$$

welches reducirt die Formel 139 ergibt.

Formel 140.

Hier hat man wie bei der Behandlung der Formel in No. 26.

$$\int\frac{x\,\partial x}{(a+bx+cx^2)^m}=\int\frac{z-\frac{b}{2c}}{(z^2-k^2)^m}=\int\frac{z\,\partial z}{(z^2-k^2)^m}-\frac{b}{2c}\int\frac{\partial z}{(z^2-k^2)^m}$$

Mithin wie für Formel 139:

$$\int\frac{z\,\partial z}{(z^2-k^2)^m}=-\frac{1}{2(m-1)(z^2-k^2)^{m-1}}-\frac{b}{2c}\int\frac{\partial z}{(z^2-k^2)^m}$$

Schreibt man $k^2=\left(\frac{b^2}{4c^2}-\frac{a}{c}\right)$, $c(z^2-k^2)=a+bx+cx^2$

so hat man das erste Glied des I $\int\frac{z\,\partial z}{(z^2-k^2)^m}$

$$=\frac{-1}{2c(m-1)(a+bx+cx^2)^{m-1}}$$

und $-\frac{b}{2c}\int\frac{\partial z}{(z^2-k^2)^m}=-\frac{b}{2c}\times$(Formel 136). Hiernach

$\int\frac{x\,\partial x}{(a+bx+cx^2)^m}=\frac{-1}{2c(m-1)(a+bx+cx^2)^{m-1}}+\frac{b}{2c}\times$(Formel 136) und reducirt die Formel 140.

XXIV. Formel 143 $\int\frac{\partial x}{a+bx^3}$

Setze $x\sqrt[3]{\frac{b}{a}}=z$ so ist $\int\frac{\partial x}{a+bx^3}=\frac{1}{a}\int\frac{\partial z}{1+z^3}\cdot\frac{\partial x}{\partial z}=\sqrt[3]{\frac{1}{ba^2}}\int\frac{\partial z}{1+z^3}$

$$\int\frac{\partial z}{1+z^3}=\int\left(\frac{\frac{1}{3}\partial z}{1+z}+\frac{\frac{1}{3}(2-z)\,\partial z}{1-z+z^2}\right)=\frac{1}{3}\int\frac{\partial z}{1+z}+\frac{2}{3}\int\frac{\partial z}{1-z+z^2}-\frac{1}{3}\int\frac{z\,\partial z}{1-z+z^2}$$

$\frac{1}{3}\int\frac{\partial z}{1+z}=\frac{1}{3}\,ln(1+z)$ nach Formel IV, 36

$-\frac{1}{3}\int\frac{z\,\partial z}{1-z+z^2}=-\frac{1}{6}\,ln(1-z+z^2)-\frac{1}{6}\int\frac{\partial x}{1-z+z^2}$

(nach Formel 123, wenn man $a=1$, $b=-1$ setzt)

Hierzu $\frac{2}{3}\int\frac{\partial z}{1-z+z^2}$ addirt sind $=\frac{1}{2}\int\frac{\partial z}{1-z+z^2}=\frac{1}{3}\sqrt{3}\;arc\,tg\,\frac{2z-1}{\sqrt{3}}$

(nach Formel 113). Mithin

$$\int\frac{\partial s}{1+s^3}=\frac{1}{3}\,ln\,(1+s)-\frac{1}{6}\,ln\,(1-s+s^2)+\frac{1}{3}\sqrt{3}\,Arc\,tg\,\frac{2s-1}{\sqrt{3}}$$

$$=\frac{1}{6}\,ln\,\frac{(1+s)^2}{1-s+s^2}+\frac{1}{\sqrt{3}}\,Arc\,tg\,\frac{2s-1}{\sqrt{3}}$$

wo für s der Werth $x\sqrt[3]{\frac{b}{a}}$ zu setzen ist. Multiplicirt man diese Formel mit $\sqrt[3]{\frac{1}{a^2b}}$ so erhält man Formel 143.

Formel 144. Schreibt man wie vorher $x\sqrt[3]{\frac{b}{a}}=s$ und $\sqrt[3]{\frac{b}{a}}=c$, so ist

$$\int\frac{x\,\partial x}{a+bx^3}=\frac{1}{a}\int\frac{\frac{s}{c}\,\partial s}{1+s^3}\cdot\frac{\partial x}{\partial s}=\frac{1}{ac^2}\int\frac{s\,\partial s}{1+s^3}$$

$$\frac{s}{1+s^3}=\frac{1+s-1}{1+s^3}=\frac{1+s}{1+s^3}-\frac{1}{1+s^3}=\frac{1}{1-s+s^2}-\frac{1}{1+s^3}$$

daher $$\int\frac{s\,\partial s}{1+s^3}=\int\frac{\partial s}{1-s+s^2}-\int\frac{\partial s}{1+s^3}$$

Nun ist nach Formel 113

$$\int\frac{\partial s}{1-s+s^2}=\frac{2}{3}\sqrt{3}\,Arc\,tg\,\frac{2s-1}{\sqrt{3}}$$

$\int\frac{\partial s}{1+s^3}=$ der Formel 143. Mithin

$$\int\frac{s\,\partial s}{1+s^3}=\frac{2}{3}\sqrt{3}\,Arc\,tg\,\frac{2s-1}{\sqrt{3}}-\frac{1}{6}\,ln\,\frac{(1+s)^2}{1-s+s^2}-\frac{1}{\sqrt{3}}\,Arc\,tg\,\frac{2s-1}{\sqrt{3}}$$

$$=\frac{1}{\sqrt{3}}\,Arc\,tg\,\frac{2s-1}{\sqrt{3}}-\frac{1}{6}\,ln\,\frac{(1+s)^2}{1-s+s^2}$$

woraus bei Einsetzung der Werthe für s Formel 144 entsteht.

Formel 145.

Schreib $\frac{1}{3b}\int\frac{3bx^2\,\partial x}{a+bx^3}$ für $\int\frac{x^2\,\partial x}{a+bx^3}$

Für XXV. hat in den Formeln c die Bedeutung von $\sqrt[4]{\frac{b}{a}}$

Formel 146. Man setzt

$$a+bx^4=a\cdot\left[1+\left(x\sqrt[4]{\frac{b}{a}}\right)^4\right]=a\,[1+(cx)^4]$$

ferner der Kürze wegen $x\sqrt[4]{\frac{b}{a}}=cx=s$

alsdann ist $c\cdot\partial x=\partial s$

$$\int\frac{\partial x}{a+bx^4}=\frac{1}{a}\int\frac{\partial s}{1+s^4}\cdot\frac{\partial x}{\partial s}=\frac{1}{ac}\int\frac{\partial s}{1+s^4}$$

Nun ist $1+s^4=(1+s^2)^2-2s^2=(1+s^2)^2-(s\sqrt{2})^2$

$$=(1+s\sqrt{2}+s^2)(1-s\sqrt{2}+s^2)$$

und $$\frac{1}{1+s^4}=\frac{1}{2\sqrt{2}}\left[\frac{\sqrt{2}+s}{1+s\sqrt{2}+s^2}+\frac{\sqrt{2}-s}{1-s\sqrt{2}+s^2}\right]$$

und $\int\frac{\partial s}{1+s^4}=$ der Summe folgender 4 Integrale

$$\frac{1}{2}\int\frac{\partial s}{1+s\sqrt{2}+s^2}=\frac{1}{2}\cdot\frac{2}{\sqrt{2}}\,arc\,tg\,\frac{2s+\sqrt{2}}{\sqrt{2}}=\frac{1}{\sqrt{2}}\,arc\,tg\,(s\sqrt{2}+1)$$

$$\frac{1}{2}\int\frac{\partial s}{1-s\sqrt{2}+s^2}=\frac{1}{2}\,\frac{2}{\sqrt{2}}\,arc\,tg\,\frac{2s-\sqrt{2}}{\sqrt{2}}=\frac{1}{\sqrt{2}}\,arc\,tg\,(s\sqrt{2}-1)$$

$$\frac{1}{2\sqrt{2}}\int\frac{s\,\partial s}{1+s\sqrt{2}+s^2}=\frac{1}{2\sqrt{2}}\left[\frac{1}{2}\,ln\,(1+s\sqrt{2}+s^2)-\frac{\sqrt{2}}{2}\int\frac{\partial s}{1+s\sqrt{2}+s^2}\right]$$

$$\frac{-1}{2\sqrt{2}}\int\frac{s\,\partial s}{1-s\sqrt{2}+s^2} = \frac{-1}{2\sqrt{2}}\left[\tfrac{1}{2}\,ln\,(1-s\sqrt{2}+s^2)+\frac{\sqrt{2}}{2}\int\frac{\partial s}{1-s\sqrt{2}+s^2}\right]$$

Die erste Formel nach Formel 106, weil $4a > b^2$ ist, die zweite desgleichen, indem $b=\sqrt{2}$ subtractiv gesetzt wird, die letzten beiden nach Formel 123. Die beiden Integrale in den Klammern sind mit den ersten beiden Formeln übereinstimmend. Daher sämmtliche 4 Integrale addirt gibt

$$\int\frac{\partial s}{1+s^4} = \frac{1}{4\sqrt{2}}\,ln\,\frac{1+s\sqrt{2}+s^2}{1-s\sqrt{2}+s^2}+\frac{1}{2\sqrt{2}}\,arc\,tg\,(s\sqrt{2}+1)+\frac{1}{2\sqrt{2}}\,arc\,tg\,(s\sqrt{2}-1)$$

Nun ist $tg\,(\alpha+\beta) = \frac{tg\,\alpha+tg\,\beta}{1-tg\,\alpha\cdot tg\,\beta}$

Ferner

$tg\,\alpha = s\sqrt{2}+1;\ tg\,\beta = s\sqrt{2}-2,$

mithin $tg\,(\alpha+\beta) = \frac{s\sqrt{2}}{1-s^2}$

und $\alpha+\beta = arc\,tg\,\frac{s\sqrt{2}}{1-s^2}$,

mithin $$\int\frac{\partial s}{1+s^4} = \frac{1}{4\sqrt{2}}\left[ln\,\frac{1+s\sqrt{2}+s^2}{1-s\sqrt{2}+s^2}+2\,arc\,tg\,\frac{s\sqrt{2}}{1-s^2}\right]$$

Für s den Werth cx gesetzt und mit ac dividirt entsteht Formel 146.

Formel 147. Wie für 146; nämlich

$$\int\frac{\partial x}{a-bx^4} = \frac{1}{ac}\int\frac{\partial s}{1-s^4} = \frac{1}{2ac}\left[\int\frac{\partial s}{1+s^2}+\int\frac{\partial s}{1-s^2}\right]$$

Also nach Formel 45 und 47

$$\int\frac{\partial x}{a-bx^4} = \frac{1}{2ac}\left[Arc\,tg\,s+\tfrac{1}{2}\,ln\,\frac{1+s}{1-s}\right]$$

woraus unmittelbar Formel 147 hervorgeht.

Formel 148. Es ist

$$\int\frac{x\,\partial x}{a+bx^4} = \frac{1}{a}\int\frac{\partial\left(\frac{x^2}{2}\right)}{1+\frac{b}{a}x^4} = \frac{1}{2ac^2}\int\frac{\partial(c^2x^2)}{1+(c^2x^2)^2}$$

mithin nach Formel 45 und 46 die Formeln 148.

Formel 149. $\int\frac{\partial x}{a-bx^4}$

Man erhält das I aus der Formel 148, I, wenn man $-b$ für b setzt. Alsdann ist $c = \sqrt[4]{-\frac{b}{a}} = \sqrt[4]{\frac{b}{a}}\cdot\sqrt[4]{-1}$ und $c^2 = \sqrt{\frac{b}{a}}\cdot\sqrt{-1}$, man hat also in Formel 148, I für $c^2 = c^2\sqrt{-1}$ zu setzen und erhält

$$\frac{1}{2ac^2\sqrt{-1}}\cdot\frac{1}{2\sqrt{-1}}\,ln\,\frac{1+c^2\sqrt{-1}\cdot x^2\sqrt{-1}}{1-c^2\sqrt{-1}\cdot x^2\sqrt{-1}}$$
$$= -\frac{1}{4ac^2}\,ln\,\frac{1-c^2x^2}{1+c^2x^2} = +\frac{1}{4ac^2}\,ln\,\frac{1+c^2x^2}{1-c^2x^2}$$

Für $c^2 = \sqrt{\frac{b}{a}}$ gesetzt entsteht Formel 149.

Formel 150.

Bei der vorigen Bezeichnung ist

$$\int\frac{x^2\,\partial x}{a+bx^4} = \frac{1}{ac^3}\int\frac{s^2\,\partial s}{1+s^4}$$

und wenn man die Zerlegung wie in Formel 146 anwendet:

$$\int\frac{s^2\,\partial s}{1+s^4} = \frac{1}{2\sqrt{2}}\cdot\left(\frac{(\sqrt{2}+s)\,s^2\,\partial s}{1+s\sqrt{2}+s^2}+\frac{(\sqrt{2}-s)\,s^2\,\partial s}{1-s\sqrt{2}+s^2}\right)$$

Setzt man nun den ersten Nenner der Klammergröße $= A$, den zweiten $= B$, so hat man

$$\int_0 \frac{s^2 \partial s}{1+s^4} = \tfrac{1}{2}\int_0 \frac{s^2 \partial s}{A} + \tfrac{1}{2}\int_0 \frac{s^2 \partial s}{B} + \frac{1}{2\sqrt{2}}\int_0 \frac{s^3 \partial s}{A} - \frac{1}{2\sqrt{2}}\int_0 \frac{s^3 \partial s}{B}$$

Nun ist $s^2 = A - s\sqrt{2} - 1$

ebenso $s^2 = B + s\sqrt{2} - 1$

Diese Werthe eingesetzt hat man

$$\int_0 \frac{s^2 \partial s}{1+s^4} = \tfrac{1}{2}\int_0 \frac{s^2 \partial s}{A} + \tfrac{1}{2}\int_0 \frac{s^2 \partial s}{B} + \frac{1}{2\sqrt{2}}\int_0 \frac{s(As - s^2\sqrt{2} - s)\partial s}{A}$$

$$-\frac{1}{2\sqrt{2}}\int_0 \frac{Bs + s^2\sqrt{2} - s}{B} \cdot \partial s$$

Nimmt man die Integrale der letzten beiden Glieder in den einzelnen Summanden und hebt, so erhält man

$$\int \frac{s^2 \partial s}{1+s^4} = \frac{1}{2\sqrt{2}}\left(\int_0 \frac{s\,\partial s}{B} - \int_0 \frac{s\,\partial s}{A}\right) = \frac{1}{4\sqrt{2}}\left[ln\,\frac{1 - s\sqrt{2} + s^2}{1 + s\sqrt{2} + s^2} + \sqrt{2}\int \frac{\partial s}{B} + \sqrt{2}\int \frac{\partial s}{A}\right]$$

Diese Formel erhält man aus Formel tegrale aus Formel 106, wiederum $b = -\sqrt{2}$
123 wenn man für b die Werthe $-\sqrt{2}$ und $+\sqrt{2}$ gesetzt:
und $+\sqrt{2}$ setzt. Die beiden letzten In-

Nun ist $\int \frac{\partial s}{B} + \int \frac{\partial s}{A} \cdot \frac{2}{\sqrt{2}}\left(arc\,tg\,\frac{2s - \sqrt{2}}{\sqrt{2}} + arc\,tg\,\frac{2s + \sqrt{2}}{\sqrt{2}}\right)$

Nun ist $arc\,tg\,\alpha + arc\,tg\,\beta = arc\,\frac{tg\,\alpha + tg\,\beta}{1 - tg\,\alpha \cdot tg\,\beta}$ mithin die Summe der beiden

Bogen $= arc\,tg\,\frac{s\sqrt{2}}{1 - s^2}$

folglich $\int_0 \frac{s^2 \partial s}{1+s^4} = \frac{1}{4\sqrt{2}}\left[ln\,\frac{1 - s\sqrt{2} + s^2}{1 + s\sqrt{2} + s^2} + 2\,arc\,tg\,\frac{s\sqrt{2}}{1 - s^2}\right]$

woraus Formel 150 hervorgeht.

Formel 151.

Es ist $\int \frac{x^2 \partial x}{a - bx^4} = \frac{1}{ac^3}\int \frac{s^2 \partial s}{1 - s^4}$

$$\int_0 \frac{s^2 \partial s}{1 - s^4} = \int_0 \frac{s^2 \partial s}{2(1 + s^2)} + \int_0 \frac{s^2 \partial s}{2(1 - s^2)}$$

Die beiden I nach Formel 59 und 60 ergeben sich

$$\tfrac{1}{2}s - \tfrac{1}{2}arc\,tg\,s + (-\tfrac{1}{2}s) + \tfrac{1}{4}ln\,\frac{1+s}{1-s}$$

woraus $\int \frac{x^2 \partial x}{a - bx^4} = \frac{1}{4ac^3}\left[ln\,\frac{1+s}{1-s} - 2\,Arc\,tg\,s\right]$

Formel 152.

Es ist $\int_0 \frac{x^3 \partial x}{a + bx^4} = \frac{1}{4b}\int_0 \frac{4bx^3 \partial x}{a + bx^4} = \frac{1}{4b}\int_0 \frac{\partial(a + bx^4)\,\partial x}{a + bx^4} = \frac{1}{4b}\,ln\,(a + bx^4)$

Formel 153. (Aus Formel 25 und 152.)

Es ist $\int \frac{\partial x}{ax + bx^4} = \frac{1}{a}\left[\int \frac{\partial x}{x} - \int \frac{bx^2 \partial x}{a + bx^3}\right] = \frac{1}{a}\,[ln\,x - \tfrac{1}{3} \cdot ln\,(a + bx^3)]$

$$= \frac{1}{3a}\,ln\,\frac{x^3}{a + bx^3}$$

Formel 154.

Es ist $\int \frac{\partial x}{x(a+bx^4)} = \frac{1}{a}\int\left[\frac{\partial x}{x} - \frac{bx^3 \partial x}{a + bx^4}\right] = \frac{1}{a}\,ln\,x - \frac{1}{a}\int \tfrac{1}{4} \cdot \frac{4bx^3 \partial x}{a + bx^4}$

$$= \frac{1}{a}\,(ln\,x - \tfrac{1}{4}ln\,(a + bx^4)) = \frac{1}{4a}\,(4\,ln\,x - ln\,(a + bx^4)) = \frac{1}{4a}\,ln\,\frac{x^4}{a + bx^4}$$

Formel 155. (Aus Formel 25 und 145.)

Es ist $\int \frac{\partial x}{bx^2 + cx^4} = \frac{1}{b}\left[\int \frac{\partial x}{x^2} - \int \frac{c\,\partial x}{b + cx^2}\right] = \frac{1}{b}\left[-\frac{1}{x} - \frac{c}{\sqrt{bc}}\, tg\left(x\sqrt{\frac{c}{b}}\right)\right]$

Formel 156. (Aus Formel 21 und 96.)

Schreib $\int \frac{\partial x}{x(bx^2 + cx^4)} = \int \frac{\partial x}{x^3(b + cx^2)} = \frac{1}{b}\int \frac{\partial x}{x^3} - \frac{c}{b}\int \frac{\partial x}{x(b + cx^2)}$

gibt nach Formel 22 und 131 die Formel 156.

XXVI. Formel 157, A, B, C.

Es kommt darauf an, den Nenner in ein Product zu verwandeln.

Setzt man denselben

$$= c\cdot\left(\frac{a + bx^2}{c} - x^4\right) = c(x^2 + p^2)(x^2 + q^2)$$

$$= x^4 + (p^2 + q^2)x^2 + p^2q^2$$

also $p^2 + q^2 = \frac{b}{c}$

und $p^2 q^2 = \frac{a}{c}$

so erhält man $p^2 = \frac{b + \sqrt{b^2 - 4ac}}{2c}$

und $q^2 = \frac{b - \sqrt{b^2 - 4ac}}{2c}$

Setzt man der Kürze wegen $\frac{1}{a + bx^2 + cx^4} = s$ so sei

$$s = \frac{1}{c(x^2 + p^2)(x^2 + q^2)} = \frac{1}{c}\cdot\left(\frac{A}{x^2 + p^2} + \frac{B}{x^2 + q^2}\right)$$

also nach No. 23, pag. 396, den Bruch in die Summe zweier Brüche verwandelt

$$s = \frac{1}{c}\left[\frac{1}{x^2 + q^2} - \frac{1}{x^2 + p^2}\right]\cdot\frac{1}{p^2 - q^2} = \frac{1}{\sqrt{b^2 - 4ac}}\left[\frac{1}{x^2 + q^2} - \frac{1}{x^2 + p^2}\right]$$

Also nach Formel 50 und 51 entsteht die Formel 157, A

$$y = \frac{1}{\sqrt{b^2 - 4ac}}\left[\frac{1}{q}\, Arc\, tg\, \frac{x}{q} - \frac{1}{p}\, Arc\, tg\, \frac{x}{p}\right]$$

Dies I wird für $4ac > b^2$ imaginär.

Um für diesen Fall ein reelles I zu erhalten hat man auch

$$a + bx^2 + cx^4 = c\left(\frac{a}{c} + \frac{b}{c}x^2 + x^4\right) = c\cdot Z$$

Um die Klammergröße Z eben so wie für 157 A in ein Product umzuformen, gestalte sie zunächst in die Differenz zweier Quadrate, setze demnach der Einfachheit wegen

$\sqrt[4]{\frac{a}{c}} = g$, dann hat man

$$Z = g^4 + \frac{b}{2cg^2}\cdot 2g^2x^2 + x^4$$

Man kommt nun zum Zweck, wenn man dem Factor $\frac{b}{2cg^2}$ die Form $1 - 2h^2$ gibt, denn alsdann erhält man

$$Z = g^4 + 2g^2x^2 + x^4 - 4h^2g^2x^2$$

$$= (g^2 + x^2)^2 - (2hgx)^2$$

$$= (g^2 + 2hgx + x^2)(g^2 - 2hgx + x^2)$$

und

$$Y = \int \frac{\partial x}{a + bx^2 + cx^4} = \int \frac{\partial x}{c(g^2 + 2hgx + x^2)(g^2 - 2hgx + x^2)} \qquad (1)$$

Diesen Bruch in die Summe zweier Brüche verwandelt

$$y = \frac{1}{4chg^3}\int\left[\frac{2hg + x}{g^2 + 2hgx + x^2} + \frac{2hg - x}{g^2 - 2hgx + x^2}\right]\partial x \qquad (2)$$

also $y = \frac{1}{4chg^3}\left[2hg\int \frac{\partial x}{g^2 + 2hgx + x^2} + 2hg\int \frac{\partial x}{g^2 - 2hgx + x^2}\right.$

$$\left. + \int \frac{x\,\partial x}{g^2 + 2hgx + x^2} - \int \frac{x\,\partial x}{g^2 - 2hgx + x^2}\right] \qquad (3)$$

Die ersten beiden Integrale werden aufgelöst durch Formel 106. Denn die Entwickelung ist unter der Bedingung $4ac > b^2$ geschehen, welche sich auf die umgeformten Werthe überträgt.

Denn bei diesen beiden I ist nun g^2 für a, 1 für c und ah^2g^2 für b^2 zu schreiben. Es ist also zu vergleichen $4g^2$ mit $4h^2g^2$ oder 1 mit h^2.

Nun ist aber $2h^2 = 1 - \frac{b}{2cg^2}$ und da $b, c, g = \sqrt[4]{\frac{a}{c}}$ positive Größen sind, so ist $h < 1$ also $4g^2 > 4h^2g^2$.

Man hat demnach aus Formel 106:

$$\text{Int. I.} = \frac{2}{\sqrt{4g^2 - 4h^2g^2}} \, Arc\,tg \, \frac{2x + 2hg}{\sqrt{4g^2 - 4h^2g^2}} = \frac{1}{g\sqrt{1-h^2}} \, Arc\,tg \, \frac{x + hg}{g\sqrt{1-h^2}} \qquad (4)$$

$$\text{Int. II.} = \frac{1}{g\sqrt{1-h^2}} \, Arc\,tg \, \frac{x - hg}{g\sqrt{1-h^2}} \qquad (5)$$

Beide I addirt, mit $2hg$ multiplicirt geben

$$\text{Int. I.} + \text{Int. II.} = \frac{2h}{\sqrt{1-h^2}}\left(Arc\,tg \, \frac{x + hg}{g\sqrt{1-h^2}} + Arc\,tg \, \frac{x - hg}{g\sqrt{1-h^2}}\right)$$

Beide Bogen α und β in $\alpha + \beta$ zusammengefafst nach der Formel

$$tg\,(\alpha + \beta) = \frac{tg\,\alpha + tg\,\beta}{1 - tg\,\alpha \cdot tg\,\beta} \text{ entsteht}$$

$$\alpha + \beta = \frac{2gx\sqrt{1-h^2}}{g^2 - x^2}$$

und $$\text{Int. (I. + II.)} = \frac{2h}{\sqrt{1-h^2}} \, Arc\,tg \, \frac{2gx\sqrt{1-h^2}}{g^2 - x^2} \qquad (6)$$

Aus denselben Gründen wie für die ersten beiden I, werden die beiden letzten I nach Formel 123 gelöst.

Es ist $$\text{Int. III.} = \tfrac{1}{2}\, ln\,(g^2 + 2h\,gx + x^2) - hg\int\frac{\partial x}{g^2 + 2h\,gx + x^2} \qquad (7)$$

$$\text{Int. IV.} = \tfrac{1}{2}\, ln\,(g^2 - 2h\,gx + x^2) + hg\int\frac{\partial x}{g^2 - 2h\,gx + x^2} \qquad (8)$$

Int. IV. von Int. III. subtrahirt ergibt in der Differenz der beiden letzten Glieder $= hg$ mal der Summe beider Int. I. und II. $= \frac{1}{2}$ Int. (I. + II.). Demnach ist

$$y = \frac{1}{4chg^3}\left[\tfrac{1}{2}\, ln\, \frac{g^2 + 2hgx + x^2}{g^2 - 2hgx + x^2} + \frac{h}{\sqrt{1-h^2}} \, Arc\,tg \, \frac{2gx\sqrt{1-h^2}}{g^2 - x^2}\right] \qquad (9)$$

Bei der anfangs stattgefundenen Annahme

$$\frac{b}{2cg^2} = 1 - 2h^2$$

hat man für h den Werth $\frac{1}{2}\sqrt{\frac{2cg^2 - b}{cg^2}}$

oder wenn man für g seinen Werth $\sqrt[4]{\frac{a}{c}}$

setzt $\quad h = \frac{1}{2}\sqrt{2 - \frac{b}{\sqrt{ac}}}$

und $\quad h^2 = \frac{1}{2}\left(1 - \frac{b}{2\sqrt{ac}}\right)$

Anstatt dieser Gröfse h führt man auch eine trigonometrische Function ein und zwar setzt man $h = \cos\alpha$.

Aus der letzten Formel hat man nun

$$2h^2 = 1 - \frac{b}{2\sqrt{ac}} = 2\cos^2\alpha$$

Mithin $\quad 2h^2 - 1 = 2\cos^2\alpha - 1 = \cos 2\alpha = -\frac{b}{2\sqrt{ac}}$

woraus α gefunden ist.

Und es ist Formel 157 B

$$y = \frac{1}{8cg^3\cos\alpha}\left[ln\,\frac{g^2 + 2gx\cos\alpha + x^2}{g^2 - 2gx\cos\alpha + x^2} + 2\cot\alpha \; Arc\,tg\,\frac{2gx\sin\alpha}{g^2 - x^2}\right]$$

Für Formel 157 C gilt die Bedingung $b^2 = 4ac$.

Man hat demnach $cx^4 = \frac{b^2}{4a} x^4$

und

$$y = \int \frac{4a\,\partial x}{(2a + bx^2)^2} = \frac{1}{a} \int \frac{\partial x}{\left[1 + \left(x\sqrt{\frac{b}{2a}}\right)^2\right]^2}$$

Setzt man $x\sqrt{\frac{b}{2a}} = tg\,\varphi$

so ist $y = \frac{1}{a} \int \frac{\partial x}{(1 + tg^2\varphi)^2}$

Nun ist $\varphi = Arc\,tg\,x\sqrt{\frac{b}{2a}}$ also

$$\partial\varphi = \partial\,Arc\,tg\,x\sqrt{\frac{b}{2a}} = \frac{\sqrt{\frac{b}{2a}}\cdot\partial x}{1 + \frac{b}{2a}x^2} = \sqrt{\frac{b}{2a}}\cdot\frac{\partial x}{1 + tg^2\varphi}$$

woraus $\partial x = \sqrt{\frac{2a}{b}}(1 + tg^2\varphi)\,\partial\varphi$

und $y = \frac{1}{a}\sqrt{\frac{2a}{b}} \int \frac{1 + tg^2\varphi}{(1 + tg^2\varphi)^2}\,\partial\varphi = \sqrt{\frac{2}{ab}} \int \frac{\partial\varphi}{1 + tg^2\varphi} = \sqrt{\frac{2}{ab}} \int \cos^2\varphi\,\partial\varphi$

also $y = \frac{1}{2}\sqrt{\frac{2}{ab}}\,[\varphi + \sin\varphi\cos\varphi]$

$$= \frac{1}{\sqrt{2ab}}(\varphi + tg\,\varphi\cos^2\varphi) = \frac{1}{\sqrt{2ab}}\left[\varphi + \frac{tg\,\varphi}{1 + tg^2\varphi}\right]$$

$$= \frac{1}{\sqrt{2ab}}\left[Arc\,tg\,x\sqrt{\frac{b}{2a}} + \frac{x\sqrt{\frac{b}{2a}}}{1 + \frac{b}{2a}x^2}\right]$$

$$= \frac{1}{\sqrt{2ab}}\,Arc\,tg\,x\sqrt{\frac{b}{2a}} + \frac{x}{2a + bx^2}$$

wie Formel 157 C angegeben.

Diese letzte Formel findet man auch aus Formel 137, wenn man dort für a den Werth $2a$, für $b = 0$ und den Werth b für c setzt. Dann ist

$$y = \frac{4a}{4a}\left[\frac{x}{2a + bx^2} + \int \frac{\partial x}{2a + bx^2}\right]$$

Das letzte I. wird durch Formel 96 gelöst bei derselben Buchstabenänderung und ist $= \frac{1}{\sqrt{2ab}}\,Arc\,tg\,x\sqrt{\frac{b}{2a}}$

Formel 158, A, B, C.

Schreibt man

$$y = \frac{1}{2}\int \frac{\partial(x^2)}{a + bx^2 + c(x^2)^2}$$

so hat man nach Formel 108, 109 und 110 die verlangten 3 I unmittelbar.

Formel 159, A, B, C.

Man hat wie für Formel 157, A entwickelt

$$y = \frac{1}{\sqrt{b^2 - 4ac}}\left[\frac{x^2}{x^2 + q^2} - \frac{x^2}{x^2 + p^2}\right]$$

Mithin nach Formel 62

$$\int \frac{x^2}{x^2 + q^2} = x - q\,Arc\,tg\,\frac{x}{q}$$

$$\int \frac{x^2}{x^2 + p^2} = x - p\,Arc\,tg\,\frac{x}{p}$$

folglich Formel 159 A

$$y = \frac{1}{\sqrt{b^2 - 4ac}}\left[p\,Arc\,tg\,\frac{x}{p} - q\,Arc\,tg\,\frac{x}{q}\right]$$

Für Formel 159 B hat man wie für Formel 157 B

$$y = \frac{1}{4cbg^3}\left[2hg\int \frac{x^2\,\partial x}{g^2 + 2hgx + x^2} + 2hg\int \frac{x^2\,\partial x}{g^2 - 2hgx + x^2} + \int \frac{x^3\,\partial x}{g^2 + 2hgx + x^2} - \int \frac{x^3\,\partial x}{g^2 - 2hgx + x^2}\right]$$

Bildet man 2 Summen, addirt nämlich das erste mit dem dritten und das zweite mit dem vierten Integral, so erhält man die Klammergröße

$$\int\frac{x^3+2hgx^2}{g^2+2hgx+x^2}\,\partial x-\int\frac{x^3-2hgx^2}{g^2-2hgx+x^2}\,\partial x$$

Setzt man nun $g^2+2hgx+x^2=M$

$$g^2-2hgx+x^2=N$$

so ist der Zähler des 1. I $=x(M-g^2)$

der Zähler des 2. I $=x(N-g^2)$

und die Klammergröße

$$=\int\frac{x(M-g^2)}{M}\,\partial x-\int\frac{x(N-g^2)}{N}\,\partial x$$

und die Klammern aufgelöst und reducirt

$$\int\frac{g^2x\,\partial x}{N}-\int\frac{g^2x\,\partial x}{M}$$

hiernach

$$y=\frac{1}{4chg}\left[\int\frac{x\,\partial x}{N}-\int\frac{x\,\partial x}{M}\right]$$

Die Klammergröße ist also entgegengesetzt übereinstimmend mit den beiden letzten Gliedern in Gleichung 8 der Entwickelung für Formel 157, B und beträgt Gl. 8 − Gl. 7 = − Gl. 9

$$\tfrac{1}{2}\,ln\frac{M}{N}-\frac{h}{\sqrt{1-h^2}}\,Arctg\,\frac{2gx\sqrt{1-h^2}}{g^2-x^2}$$

Demnach ist Formel 159 B

$$y=\frac{1}{8chg}\left[ln\frac{g^2-2ghx+x^2}{g^2+2ghx+x^2}+\frac{2h}{\sqrt{1-h^2}}\,Arctg\,\frac{2gx\sqrt{1-h^2}}{g^2-x^2}\right]$$

worin $h=\cos\alpha$ ist.

Formel 159, C gilt für $b^2=4ac$. Die Form von y ändert sich in

$$y=4a\int\frac{x^2\,\partial x}{(2a+bx^2)^2}=\frac{4a}{b}\int\frac{(2a+bx^2-2a)\,\partial x}{(2a+bx^2)^2}$$

$$=\frac{4a}{b}\int\frac{\partial x}{2a+bx^2}-\frac{8a^2}{b}\int\frac{\partial x}{(2a+bx^2)^2}$$

Das 1te I wird durch Formel 96, das 2te I durch Formel 157, C gelöst.

Formel 160.

Setzt man $a+bx^2+cx^4=s$

so ist $$2bx+4cx^3=\frac{\partial s}{\partial x}$$

Mithin hat man den Zähler

$$x^3\,\partial x=\frac{\partial s-2bx\,\partial x}{4c}$$

mithin

$$y=\frac{1}{4c}\int\frac{\partial s}{s}-\frac{b}{2c}\int\frac{x\,\partial x}{s}$$

$$=\frac{1}{4c}\,ln\,(a+bx^2+cx^4)-\frac{b}{2c}\int\frac{x\,\partial x}{s}$$

Formel 161.

Man hat $$y=\frac{1}{a}\int\left[\frac{1}{x}-\frac{bx+cx^3}{a+bx^2+cx^4}\right]\partial x$$

$$=\frac{1}{a}\int\frac{\partial x}{x}-\frac{b}{a}\int\frac{x\,\partial x}{a+bx^2+cx^4}-\frac{c}{a}\int\frac{x^3\,\partial x}{a+bx^2+cx^4}$$

$$=\frac{1}{a}\,ln\,x-\frac{b}{a}\int\frac{x\,\partial x}{a+bx^2+cx^4}-\frac{c}{a}\left[\frac{1}{4c}\,ln\,(a+bx^2+cx^4)-\frac{b}{2c}\int\frac{x\,\partial x}{a+bx^2+cx^4}\right]$$

$$=\frac{1}{a}\,ln\,x-\frac{1}{4a}\,ln\,(a+bx^2+cx^4)-\frac{b}{2a}\int\frac{x\,\partial x}{a+bx^2+cx^4}$$

also $$y=\frac{1}{4a}\,ln\,\frac{x^4}{a+bx^2+cx^4}-\frac{b}{2a}\int\frac{x\,\partial x}{a+bx^2+cx^4}$$

Irrationale Functionen.

XXVII. bis XXXI. Formel 162 bis 205 s. Integral, B, No. 34.

XXXII., Formel 206 wird entwickelt, wenn man $a+bx=s$ setzt und wie für Formel 39 No. 37 verfährt. Alsdann ist

$$x=\frac{s-a}{b},\quad \partial x=\frac{1}{b}\,\partial s \text{ und } \partial s=b\,\partial x$$

Man hat demnach

$$y = \int z^{\frac{n}{p}} \left(\frac{z-a}{b}\right)^m \cdot \frac{\partial z}{b} = \left(\frac{1}{b}\right)^{m+1} \int z^{\frac{n}{p}} (z-a)^m \partial z$$

$$= \left(\frac{1}{b}\right)^{m+1} \left[\int z^{\frac{n}{p}+m} \partial z - m_1 a \int z^{\frac{n}{p}+m-1} \partial z + m_2 a^2 \int z^{\frac{n}{p}+m-2} \partial z\right.$$

$$\left. - \ldots\ldots \mp m a^{m-1} \int z^{\frac{n}{p}+1} \partial z \pm a^m \int z^{\frac{n}{p}} \partial z\right]$$

für z den Werth $a + bx$, für ∂z den Werth $b\,\partial x$ gesetzt, entsteht

$$y = \left(\frac{1}{b}\right)^{m+1} \left[\int (a+bx)^{\frac{n}{p}+m} b \cdot \partial x - m_1 a \int (a+bx)^{\frac{n}{p}+m-1} b\,\partial x + \ldots\ldots\right]$$

Formel 207, dasselbe I, wird wie No. 37, Formel 40 aus der allgemeinen Reductionsformel entwickelt.

Zur Prüfung des Gebrauchs beider Formeln 206 und 207 ist als Beispiel Formel 217: $\int x^2 \sqrt{a + bx}\,\partial x$ zuerst nach Formel 206 integrirt:

$$= \left(\frac{1}{b}\right)^3 \left[\int (a + bx)^{\frac{5}{2}} b \cdot \partial x - 2a \int (a + bx)^{\frac{3}{2}} b \cdot \partial x + a^2 \int (a+bx)^{\frac{1}{2}} b \cdot \partial x\right]$$

$$= \left(\frac{1}{b}\right)^3 \left[\tfrac{2}{7} (a+bx)^{\frac{7}{2}} - \tfrac{4}{5} a (a+bx)^{\frac{5}{2}} + \tfrac{2}{3} a^2 (a+bx)^{\frac{3}{2}}\right]$$

$$= \frac{2(a+bx)^{\frac{3}{2}}}{105 \cdot b^3} \left[15 (a+bx)^2 - 42 a (a+bx) + 35 a^2\right]$$

$$= \frac{2(a+bx)^{\frac{3}{2}}}{105 \cdot b^3} (8a^2 - 12abx + 15b^2 x^2)$$

Dieselbe nach Formel 207 integrirt:

$$\int x^2 \sqrt{a+bx}\,\partial x = x^2 \frac{(a+bx)^{\frac{3}{2}}}{\frac{3}{2} b} - \frac{2}{\frac{3}{2} b} \int x (a+bx)^{\frac{3}{2}} \partial x$$

$$= \frac{2}{3b} x^2 (a+bx)^{\frac{3}{2}} - \frac{4}{3b} x \int (a+bx)^{\frac{3}{2}} \partial x + \frac{4}{3b} \int \partial x \int (a+bx)^{\frac{3}{2}} \partial x$$

$$- \frac{4}{3b} \cdot \frac{2}{5b} x (a+bx)^{\frac{5}{2}} + \frac{4}{3b} \cdot \frac{2}{5b} \int (a+bx)^{\frac{5}{2}} \partial x$$

$$+ \frac{4}{3b} \cdot \frac{2}{5b} \cdot \frac{2}{7 \cdot b} (a+bx)^{\frac{7}{2}}$$

Hieraus, die Werthe rechts zusammengefafst ist:

$$\int x^2 \sqrt{a+bx}\,\partial x = \frac{2}{3b} x^2 (a+bx)^{\frac{3}{2}} - \frac{8}{15 b^2} x (a+bx)^{\frac{5}{2}} + \frac{16}{105 b^3} (a+bx)^{\frac{7}{2}}$$

$$= \frac{2(a+bx)^{\frac{3}{2}}}{105 b^3} \left[35 b^2 x^2 - 28 bx (a+bx) + 8 (a+bx)^2\right]$$

welches reducirt dieselbe Formel gibt.

Aus dieser Berechnung ist zu ersehen, dafs Formel 206 die bequemere ist und weniger Aufmerksamkeit erfordert als Formel 207.

Formel 208 und 209 sind nach Formel 206

$$\int x (a \pm bx)^{\frac{1}{2}} \partial x = \frac{1}{b^2} \left[\int (a \pm bx)^{\frac{3}{2}} (\pm b) \partial x - 1 \cdot a \int (a \pm bx)^{\frac{1}{2}} (\pm b) \partial x\right]$$

$$= \frac{1}{b^2} \left[\tfrac{2}{5} (a \pm bx)^{\frac{5}{2}} - \tfrac{2}{3} a (a \pm bx)^{\frac{3}{2}}\right]$$

$$= \frac{2}{15 b^2} \left[3 (a \pm bx) - 5a\right] (a \pm bx)^{\frac{3}{2}}$$

Formel 210 und 211 nach Formel 206

$$\int \frac{x\,\partial x}{\sqrt{(a \pm bx)}} = \int x\,(a \pm bx)^{-\frac{1}{2}}\,\partial x = \frac{1}{b^2}\left[\int (a \pm bx)^{\frac{1}{2}}(\pm b)\,\partial x - a\int (a \pm bx)^{-\frac{1}{2}}(\pm b)\,\partial x\right]$$

$$= \frac{2}{3b^2}(\pm bx - 2a)(a \pm bx)^{\frac{1}{2}}$$

Formel 212 und 213

$\int \frac{\sqrt{a \pm bx}}{x}\,\partial x$ kann weder durch Formel 206 noch durch 207 gelöst werden, weil hier $m = -1$ ist. Man muſs umformen: Es ist

$$\int \frac{\sqrt{a \pm bx}}{x}\,\partial x = \int \frac{a \pm bx}{x\sqrt{a \pm bx}}\,\partial x = a\int \frac{\partial x}{x\sqrt{a \pm bx}} \pm b\int \frac{\partial x}{\sqrt{a \pm bx}}$$

Das 2te I ist aus Formel 196 und 197 zu entnehmen.

Setzt man nun um das erste I aufzulösen $\sqrt{a \pm bx} = s$

Dann ist $a \pm bx = s^2$

$$x = \frac{s^2 - a}{\pm b}$$

$$\partial x = \pm\frac{2s}{b}\,\partial s$$

folglich

$$\int \frac{\partial x}{x\sqrt{a \pm bx}} = \pm\frac{1}{b}\int \frac{2s \cdot \partial s}{\frac{s^2 - a}{\pm b} \cdot s} = \int \frac{2\,\partial s}{s^2 - a}$$

und nach Formel 51

$$= 2 \cdot \frac{1}{2\sqrt{a}}\,ln\,\frac{s - \sqrt{a}}{s + \sqrt{a}} = \frac{1}{\sqrt{a}} \cdot ln \cdot \frac{s^2 + a - 2s\sqrt{a}}{s^2 - a}$$

also

$$a\int \frac{\partial x}{x\sqrt{a \pm bx}} = \sqrt{a}\,ln\,\frac{2a \pm bx - 2\sqrt{a}\sqrt{a \pm bx}}{\pm x} \qquad (A)$$

$$\int \frac{\sqrt{a \pm bx}}{x}\,\partial x = \sqrt{a}\,ln\,\frac{\pm 2a + bx \mp 2\sqrt{a}\sqrt{a \pm bx}}{\pm x} \pm 2\sqrt{a \pm bx} \qquad (B)$$

Formel 214 und 215 sind übereinstimmend mit der oben entwickelten Formel A, wenn man sie mit a dividirt.

Die Formel 214 wird auch in Folge einer etwas von der vorstehenden Entwickelung abweichenden Form aufgeführt, nämlich

$$\int \frac{\partial x}{x\sqrt{a + bx}} = -\frac{1}{\sqrt{a}}\,ln\,\frac{2a + bx + 2\sqrt{a}\sqrt{a + bx}}{x} \qquad (C)$$

Um zu ersehen, daſs beide Formeln, diese und No. 214 richtig sind, ist bloſs erforderlich zu finden, daſs deren Differenz eine Constante ist.

Es ist Formel C zu schreiben

$$+ ln\,\frac{1}{2a + bx + 2\sqrt{a}\sqrt{a + bx}} + ln\,x$$

hierzu Formel 214

$$+ ln\,(2a + bx - 2\sqrt{a}\sqrt{a + bx}) - ln\,x$$

wenn in beiden die Constante $\sqrt{\frac{1}{a}}$ fortgelassen wird.

Setzt man nun der leichteren Uebersicht wegen, wie bei der Entwickelung, $a + bx = s^2$ so hat man beide Werthe

$$ln\,\frac{1}{s^2 + a + 2 \cdot s\sqrt{a}} + ln\,x = ln\,\frac{1}{(s + \sqrt{a})^2} + ln\,x$$

$$ln\,(s^2 + a - 2s\sqrt{a}) - ln\,x = ln\,(s - \sqrt{a})^2 - ln\,x$$

oder $2\,ln\,\frac{1}{s+\sqrt{a}}+ln\,x$

$2\,ln\,(s-\sqrt{a})-ln\,x$

und deren Differenz

$2\,ln\,\frac{1}{s+\sqrt{a}}-2\,ln\,(s-\sqrt{a})+2\,ln\,x$

den constanten Factor 2 fortgelassen und $+\,ln\,(s+\sqrt{a})-ln\,(s+\sqrt{a})$ angefügt und reducirt gibt

$$ln\,\frac{s+\sqrt{a}}{s+\sqrt{a}}-ln\,(s^2-a)+ln\,x$$

Nun ist $ln\,\frac{s+\sqrt{a}}{s+\sqrt{a}}=ln\,1=0$; Es ist mithin die Differenz beider I

$$= -ln\,(s^2-a)+ln\,x=-ln\,bx+ln\,x=ln\,\frac{1}{b}$$

XXXIII.

Formel 219 ist die in No. 59 pag. 318 entwickelte Formel, aus welcher die 3 Formeln 67, 68, 69 als geschlossene I hergeleitet sind.

Formel 220 ist aus No. 60, pag. 319, unmittelbar zu entnehmen; aus derselben sind die Formeln 70 und 71 als geschlossene I entwickelt.

Formel 221 A und B, s. die Entwickelungen No. 51 und 52, pag. 314 zu Formel 51 und 52.

Formel 222 A und B, s. die Entwickelungen No. 54 und 55, pag. 315 und 316 zu den Formeln 54 und 55.

Formel 223. Setze $a+bx^2=s^2$

so ist $2bx\,\partial x=2s\,\partial s$

also $\partial x=\frac{s}{bx}\,\partial s$

folglich $\int x\sqrt{a+bx^2}\,\partial x=\int xs\cdot\frac{s}{bx}\,\partial s=\frac{1}{b}\int s^2\,\partial s=\frac{1}{3b}\,s^3$

Formel 224 wird wie 223 entwickelt.

Formel 225 ist No. 50 auf zwei verschiedene Weisen zu Formel 50 entwickelt.

Formel 226 wird auf dieselbe Weise behandelt.

XXXIV.

Formel 227 ist in No. 58, pag. 318 mit noch zwei ähnlichen Formeln, nämlich in den Formeln 60, 61 und 62 entwickelt.

Formel 228, A und B sind in No. 58 zu Formel 63 und 64 entwickelt.

Formel 229, s. No. 58, pag. 318, Formel 65.

Formel 230 wählt man die Bezeichnung wie für Entwickelung der Formeln 106 bis 107, also

$$a+bx+cx^2=c\left(s^2-\frac{b^2}{4c}+\frac{a}{c}\right)=c\,(s^2-k^2)$$

wo also $$k^2=\frac{b^2}{4c}-\frac{a}{c}$$

$$s=x+\frac{b}{2c}\text{ und also }\partial s=\partial x$$

so ist $$\int\frac{x\,\partial x}{\sqrt{a+bx+cx^2}}=\int\frac{\left(s-\frac{b}{2c}\right)\partial s}{\sqrt{cs^2-ck^2}}=\int\frac{s\,\partial s}{\sqrt{cs^2-ck^2}}-\frac{b}{2c}\int\frac{\partial s}{\sqrt{cs^2-ck^2}}$$

also nach Formel 225 und 227 A:

$$=\frac{1}{c}\sqrt{cs^2-ck^2}-\frac{b}{2c}\cdot\frac{1}{\sqrt{c}}\,ln\left(\sqrt{cs^2-ck^2}+s\sqrt{c}\right)$$

$$=\frac{1}{c}\sqrt{a+bx+cx^2}-\frac{b}{2c\sqrt{c}}\,ln\left[\sqrt{a+bx+cx^2}+\left(x+\frac{b}{2c}\right)\sqrt{c}\right]$$

Formel 231.

$$\int\frac{\partial x}{x\sqrt{a+bx+cx^2}}$$

Es ist

$$a+bx+cx^2=c\left(\frac{a}{c}+\frac{b}{c}\,x+x^2\right)$$

Die Klammergröße = 0 gesetzt entstehen die Wurzeln

$$x = -\frac{b}{2c} \pm \sqrt{\frac{b^2}{4c^2} - \frac{a}{c}}$$

und so ist $a + bx + cx^2 = c\left[x + \frac{b + \sqrt{b^2 - 4ac}}{2c}\right]\left[x + \frac{b - \sqrt{b^2 - 4ac}}{2c}\right]$ (1)

$\frac{b + \sqrt{b^2 - 4ac}}{2c}$ durch p (2) so ist $s^2 = \frac{x+p}{x+q}$ (6)

$\frac{b - \sqrt{b^2 - 4ac}}{2c}$ durch q ausgedrückt, (3) hieraus $x = \frac{p - qs^2}{s^2 + 1}$ (7)

gibt $a + bx + cx^2 = c(x+p)(x+q)$ (4) $\partial x = -\frac{2(p-q)s\,\partial s}{(s^2-1)^2}$

Setzt man nun

$\sqrt{(x+p)(x+q)} = (x+q)s$ (5) also nach 4 und 5

$$\int \frac{\partial x}{x\sqrt{a+bx+cx^2}} = \int \frac{\partial x}{x\sqrt{c}(x+q)s} = -\frac{1}{\sqrt{c}}\int \frac{\frac{2(p-q)s\,\partial s}{(s^2-1)^2}}{\frac{p-qs^2}{s^2+1}(x+q)s}$$

$$= -\frac{2}{\sqrt{c}}\int \frac{(p-q)\partial s}{(s^2-1)(x+q)(p-qs^2)}$$

Es ist aber $x + q = \frac{p - qs^2}{s^2 - 1} + q = \frac{p-q}{s^2-1}$

Diesen Werth ins I gesetzt gibt

$$\int \frac{\partial x}{x\sqrt{a+bx+cx^2}} = -\frac{2}{\sqrt{c}}\int \frac{\partial s}{p - qs^2} = -\frac{2}{q\sqrt{c}}\int \frac{\partial s}{\frac{p}{q} - s^2}$$

Nun ist aber nach Formel 6 $s^2 = \frac{x+p}{x+q} = \frac{p+x}{q+x} = \frac{p}{q} - \frac{p-q}{q(x+q)}$

also $s^2 < \frac{p}{q}$ und $\frac{\partial s}{\frac{p}{q} - s^2}$ eine positive Größe. Demnach hat man nach Formel 52

$$\int \frac{\partial s}{\frac{p}{q} - s^2} = \frac{1}{2\sqrt{\frac{p}{q}}}\, ln\, \frac{\sqrt{\frac{p}{q}} + s}{\sqrt{\frac{p}{q}} - s} = \frac{1}{2\sqrt{\frac{p}{q}}}\, ln\, \frac{\sqrt{p} + s\sqrt{q}}{\sqrt{p} - s\sqrt{q}} = \frac{1}{2\sqrt{\frac{p}{q}}}\, ln\, \frac{p + qs^2 + 2s\sqrt{pq}}{p - qs^2}$$

$$= \frac{1}{2\sqrt{\frac{p}{q}}}\, ln\, \frac{p + q\cdot\frac{x+p}{x+q} + 2\,\frac{\sqrt{(x+p)(x+q)}}{x+q}\cdot\sqrt{pq}}{p - q\cdot\frac{x+p}{x+q}}$$

$$= \frac{1}{2\sqrt{\frac{p}{q}}}\, ln\, \frac{2pq + x(p+q) + 2\sqrt{(x+p)(x+q)}\sqrt{pq}}{x(p-q)}$$

$$= \frac{1}{2\sqrt{\frac{p}{q}}}\, ln\, \frac{2a + bx + 2\sqrt{a}\sqrt{a + bx + cx^2}}{x\sqrt{b^2 - 4ac}}$$

Dieser Ausdruck mit $-\frac{2}{q\sqrt{c}}$ multiplicirt gibt, wenn man im Nenner des Logarithmus die Constante $\sqrt{b^2 - 4ac}$ fortläßt:

$$\int \frac{\partial x}{x\sqrt{a + bx + cx^2}} = -\frac{1}{\sqrt{a}}\, ln\, \frac{2a + bx + 2\sqrt{a}\sqrt{a + bx + cx^2}}{x}$$

Formel 232.

Setze wie für Formel 230: $x = s - \frac{b}{2c}$ so ist

$$\int\sqrt{a+bx+cx^2}\,\partial x = \int\sqrt{\frac{4ac-b^2}{4c}+cs^2}\,\partial s$$

mithin nach Formel 219, s durch x ausgedrückt, entsteht Formel 232.

Formel 233. Es ist

$$y = x\sqrt{a+bx+cx^2} = \frac{[(b+2cx)-b]\sqrt{a+bx+cx^2}}{2c}$$

folglich

$$\int y = \frac{1}{2c}\int\left[\sqrt{a+bx+cx^2}\,(b+2cx)\,\partial x - \frac{b}{2c}\int(\sqrt{a+bx+cx^2})\,\partial x\right]$$

woraus Formel 233 unmittelbar hervorgeht.

Formel 234. Es ist

$$\int\frac{\sqrt{a+bx+cx^2}}{x}\,\partial x = \int\frac{a+bx+cx^2}{x\sqrt{a+bx+cx^2}}\,\partial x = a\int\frac{\partial x}{x\sqrt{a+bx+cx^2}} + b\int\frac{\partial x}{\sqrt{a+bx+cx^2}}$$
$$+ c\int\frac{x\,\partial x}{\sqrt{a+bx+cx^2}}$$

Das erste $\int$ löst Formel 231 und ist das 2te Glied von Formel 234; das 3te $\int$ durch Formel 230 gelöst und mit dem 2ten $\int$ vereinigt gibt das 1te + dem dritten Gliede von Formel 234.

Transcendente Functionen.

Exponential Functionen.

XXXV. Die Formeln 235 bis 244 sind aus dem Vortrag: „Integral“ etc. No. 67 und 68 pag. 322 unmittelbar zu entnehmen.

Formel 245. Setze $e^x = s$, so ist $x = ln\, s$, also $\partial x = \frac{\partial s}{s}$

und $\int\frac{\partial x}{e^x} = \int\frac{\partial s}{s^2} = -\frac{1}{s} = -\frac{1}{e^x}$

Formel 246. Setze $a^x = s$ so ist $\partial x = \frac{\partial s}{s\, ln\, a}$

und $\int\frac{\partial x}{a^x} = \frac{1}{ln\, a}\int\frac{\partial s}{s^2} = -\frac{1}{s\, ln\, a} = -\frac{1}{a^x\, ln\, a}$

Formel 247. Die Bezeichnung wie vorhin ist

$$\int\frac{x^n\,\partial x}{e^x} = \int\frac{(ln\, s)^n}{s}\cdot\frac{\partial s}{s} = \int(ln\, s)^n\, s^{-2}\,\partial s$$
$$= (ln\, s)^n\int s^{-2}\,\partial s - \int\left(\frac{n\,(ln\, s)^{n-1}}{s}\cdot\int s^{-2}\,\partial s\right)\partial s$$
$$= -\frac{(ln\, s)^n}{s} + n\int\frac{(ln\, s)^{n-1}\,\partial s}{s^2} = -\frac{x^n}{e^x} + n\int\frac{x^{n-1}}{e^x}\,\partial x$$

Formel 248 aus Formel 247; $n = 1$ gesetzt.

Formel 249 desgl. $n = 2$ gesetzt, nämlich

$$\int\frac{x^2\,\partial x}{e^x} = \int(ln\, s)^2\, s^{-2}\,\partial s = -\frac{(ln\, s)^2}{s} + 2\int ln\, s\cdot s^{-2}\,\partial s$$

$$\int ln\, s\cdot s^{-2}\,\partial s = -\frac{ln\, s}{s} + \int s^{-2}\,\partial s = -\frac{ln\, s}{s} - \frac{1}{s}$$

daher $$\int\frac{x^2\,\partial x}{e^x} = -\frac{(ln\, s)^2}{s} - \frac{2\, ln\, s}{s} - \frac{2}{s} = -\frac{x^2+2x+2}{e^x}$$

Formel 250.

$$\int \frac{x^3\,\partial x}{e^x} = \int (ln\, s)^3 s^{-2}\,\partial s = -\frac{(ln\, s)^3}{s} + 3\int (ln\, s)^2 s^{-2}\,\partial s$$

$$= -\frac{(ln\, s)^3}{s} - \frac{3\,(ln\, s)^2}{s} + 6\int ln\, s \cdot s^{-2}\,\partial s$$

$$= -\frac{(ln\, s)^3}{s} - \frac{3\,(ln\, s)^2}{s} - \frac{6\; ln\, s}{s} - \frac{6}{s}$$

Formel 261. Setze hier $a^x = s$; und $\partial x = \frac{\partial s}{s\; ln\, a}$

dann ist $x\; ln\, a = ln\, s$ also $x = \frac{ln\, s}{ln\, a}$ folglich

$$\int \frac{x^n\,\partial x}{a^x} = \int \left(\frac{ln\, s}{ln\, a}\right)^n \cdot \frac{s^{-2}}{ln\, a}\,\partial s = \left(\frac{1}{ln\, a}\right)^{n+1} \int (ln\, s)^n\, s^{-2}\,\partial s$$

Logarithmische Functionen.

Die Formeln XXXVI. sind in No. 72, pag. 324 entwickelt.

Die Formeln XXXVII. bis XXXX sind in No. 71 und 73 pag. 324 entwickelt.

XXXXI. **Formel 260** ist übereinstimmend mit Formel 18, No. 75, pag. 325.

Aus dieser Formel kann keine Function integrirt werden, deren Nenner $ln\, x$ ist, denn m ist $= 1$ und die Nenner $m-1$ werden Null.

Formel 261 ist übereinstimmend mit Formel 64, No. 74, pag. 325.

Formel 262. Man setzt wie No. 74 $ln\, x = s$, dann erhält man

$$\int \frac{x\,\partial x}{ln\, x} = \int \frac{e^s \cdot (e^s\,\partial s)}{s} = \int \frac{e^{2s}\,\partial s}{s} = \int \frac{(e^s)^2}{s}\,\partial s$$

Folglich in No. 69, Formel 79, für a den Werth e^2 gesetzt, gibt

$$\int \frac{(e^s)^2}{s} = ln\, s + s\; ln\, e^2 + \frac{s^2 (ln\, e^2)^2}{2\cdot 2} + \frac{s^3 (ln\, e^2)^3}{2\cdot 3\cdot 3} + \ldots + \frac{s^m (e^2)^m}{2\cdot 3\cdot 4\ldots m\,m}$$

$$= ln\, s + 2s + s^2 + \tfrac{4}{9}s^3 + \ldots\ldots \frac{s^m}{3\cdot 4\ldots m}$$

Für s seinen Werth $ln\, x$ gesetzt gibt Formel 262.

Formel 263. Hier wird $\int \frac{x^2\,\partial x}{ln\, x} = \int \frac{(e^s)^3}{s}\,\partial s$

$$= ln\, s + s\; ln\, e^3 + s^2 (ln\, e^3)^2 + \ldots\ldots$$

$$= ln\, s + 3s + \tfrac{9}{4}s^2 + \tfrac{3}{2}s^3 + \ldots\ldots + \frac{s^m}{2\cdot 4\cdot 5\ldots\ldots m}$$

Formel 264. Hier ist $\int \frac{x^n\,\partial x}{ln\, x} = \int \frac{(e^{n+1})^s}{s}\,\partial s$ mithin

$$= ln\, s + (n+1)\,s + \frac{(n+1)^2}{2\cdot 2}\,s^2 + \frac{(n+1)^3}{2\cdot 3\cdot 3}\,s^3 + \ldots + \frac{(n+1)^m}{2\cdot 3\ldots\ldots m\cdot m}\,s^m$$

XXXXII. **Formel 265.**

Es ist $\int \frac{\partial x}{(ln\, x)^2} = \int \frac{e^s\,\partial s}{s^2}$

also nach Formel 241

$$= -\frac{e^s}{s} + \int \frac{e^s}{s}\,\partial s$$

also nach Formel 243

$$\int \frac{\partial x}{(ln\, x)^2} = -\frac{e^s}{s} + ln\, s + s + \frac{s^2}{2\cdot 2} + \ldots\ldots + \frac{s^m}{2\cdot 3\cdot 4\ldots m\cdot m}$$

Formel 266 und **267** werden nach Formel 265 entwickelt.

Formel 368.

$$\int \frac{x^n \partial x}{(\ln x)^2} = \int \frac{(e^{n+1})^z \partial z}{z^2}$$

Nach Formel 249

$$= -\frac{(e^{n+1})^z}{z} + \frac{\ln (e^{n+1})}{1} \int \frac{(e^{n+1})^z}{z} \partial z$$

$$= -\frac{(e^{n+1})^z}{z} + (n+1) \int \frac{(e^{n+1})^z}{z} \partial z$$

Das letzte Integral nach No. 69, Formel 70.

Trigonometrische Functionen.

XXXXIII. Formel 369 bis 376 gehen unmittelbar aus No. 76 bis 82 mit Formel 86 bis 93 hervor.

XXXXIV. bis LIV. die allgemeinen Formeln sind entwickelt No. 84 bis 95 mit den Formeln 95 bis 106.

LV. Formel 363 wird entwickelt aus LVII. Formel 373, wenn man $n = 1$ und $m = n$ setzt.

LVI. Formel 368 desgleichen aus LVIII. Formel 377 mit derselben Aenderung.

LVII. Formel 373.

Es ist $\int x^n \sin^m x \, \partial x = \int x^{n-1} \sin^{m-1} x \cdot \partial (\int x \sin x \, \partial x)$

$= \int x^{n-1} \sin^{m-1} \partial (-x \cos x + \sin x)$

$= x^{n-1} \sin^{m-1} x (-x \cos x + \sin x) - \int \partial (x^{n-1} \sin^{m-1} x)(-x \cos x + \sin x) \partial x$

$= -x^n \cos x \sin^{m-1} x + x^{n-1} \sin^m x$

$\quad - \int (m-1) x^{n-1} \sin^{m-2} x \cos x (-x \cos x + \sin x) \partial x$

$\quad - \int (n-1) x^{n-2} \sin^{m-1} x (-x \cos x + \sin x) \partial x$

$= -x^n \cos x \sin^{m-1} x + x^{n-1} \sin^m x$

$\quad + (m-1) \int x^n \sin^{m-2} x \cos^2 x \, \partial x - (m-1) \int x^{n-1} \sin^{m-1} x \cos x \, \partial x$

$\quad + (n-1) \int x^{n-1} \sin^{m-1} x \cos x \, \partial x - (n-1) \int x^{n-2} \sin^m x \, \partial x$

$= -x^n \cos x \sin^{m-1} x + x^{n-1} \sin^m x + (n-m) \int x^{n-1} \sin^{m-1} x \cos x \, \partial x$

$\quad - (n-1) \int x^{n-2} \sin^m x \, \partial x + (m-1) \int x^n \sin^{m-2} x \, \partial x - (m-1) \int x^n \sin^m x \, \partial x$

Mithin das letzte I auf die linke Seite gebracht

$m \int x^n \sin^m x \, \partial x = -x^n \cos x \sin^{m-1} x + x^{n-1} \sin^m x$

$\quad + (n-m) \int x^{n-1} \sin^{m-1} \cos x \, \partial x - (n-1) \int x^{n-2} x \sin^m x \, \partial x$

$\quad + (m-1) \int x^n \sin^{m-2} x \, \partial x$

Nun ist das erste I rechts

$(n-m) \int x^{n-1} \sin^{m-1} \cos x \, \partial x = \frac{n-m}{m} \int x^{n-1} \partial \sin^m x$

$= \frac{n-m}{m} x^{n-1} \sin^m x - \frac{n-m}{m} \int \sin^m x \, \partial x^{n-1}$

$= \frac{n-m}{m} x^{n-1} \sin^m x - \frac{(n-m)(n-1)}{m} \int x^{n-2} \sin^m x \, \partial x$

Diesen Werth statt des ersten I eingesetzt und reducirt gibt

$m \int x^n \sin^m x \, \partial x = -x^n \cos x \cdot \sin^{m-1} x + \frac{n}{m} x^{n-1} \sin^m x + (m-1) \int x^n \sin^{m-2} x \, \partial x$

$\quad - \frac{(n-m)(n-1)}{m} \int x^{n-2} \sin^m x \, \partial x$

Mit m dividirt ergibt Formel 373.

LVIII. Formel 377 wird auf demselben Wege wie Formel 373 entwickelt.

LIX. Formel 361 A und B.

Es ist $\int \frac{\partial x}{\sin^n x \cdot \cos^m x} = \int \sin^{-n} x \cdot \cos^{-m} x \, \partial x = \int \sin^{-n} x \cos x \cdot \cos^{-m-1} x \, \partial x$

$= \frac{1}{-n+1} \int \cos^{-m-1} x \, \partial (\sin^{-n+1} x)$

$= + \frac{1}{-n+1} \cos^{-m-1} x \sin^{-n+1} x - \int \sin^{-n+1} x \, \partial (\cos^{-m-1} x)$

$= \frac{1}{-n+1} \cos^{-m-1} x \sin^{-n+1} x - \frac{-m-1}{-n+1} \int \sin^{-n+2} \cdot \cos^{-m-2} \partial x$

also Formel 381 A.

$$= \frac{-1}{n-1} \cdot \frac{1}{\sin^{n-1}x \cdot \cos^{m+1}x} + \frac{m+1}{n-1} \int \frac{\partial x}{\sin^{n-2}x \cdot \cos^{m+2}x}$$

Formel 381 B.

Es ist $\int \frac{\partial x}{\sin^{n}x \cdot \cos^{m}x} = \int \sin^{-n-1}x \cdot \cos^{-m}x \cdot \sin x \, \partial x$

$$= -\frac{1}{-m+1} \int \sin^{-n-1}x \cdot \partial(\cos^{-m+1}x)$$

$$= \frac{1}{m-1} \sin^{-n-1}x \cdot \cos^{-m+1}x - \frac{1}{m-1} \int \cos^{-m+1} \partial(\sin^{-n-1}x)$$

$$= \frac{1}{m-1} \sin^{-n-1}x \cdot \cos^{-m+1}x + \frac{n+1}{m-1} \int \cos^{-m+2} \sin^{-n-2} \partial x$$

also Formel 381 B.

$$= \frac{1}{m-1} \cdot \frac{1}{\sin^{n+1}x \cdot \cos^{m-1}x} + \frac{n+1}{m-1} \int \frac{\partial x}{\sin^{n+1} \cos^{m-2}}$$

Integralgleichung ist eine Gleichung, die durch die Integrirung einer Differenzialgleichung entsteht.

Die in diesen Artikel gehörende Aufgabe ist allgemein: Eine gegebene Differenzialgleichung zu integriren; oder was dasselbe ist: aus einer gegebenen Differenzialgleichung die derselben zugehörige Stammfunction zu finden.

Aus der Gleichung

$$y^2 = 2ax + x^2$$

geht die Differenzialgleichung hervor

$$y \, \partial y = (a + x) \, \partial x$$

Diese Gleichung wiederum integrirt

$$\tfrac{1}{2} y^2 = ax + \tfrac{1}{2} x^2$$

oder $y^2 = 2ax + x^2$

So einfach wie diese Gleichung ist jede andere Differenzialgleichung zu integriren, in welcher jede einzelne der beiden Functionen bloſs mit ihrer Urveränderlichen und mit Constanten verbunden ist; vorausgesetzt, daſs jede Function selbst integrabel ist. Man sagt von solcher Gleichung: die veränderlichen Gröſsen in derselben seien gesondert.

$$\varphi x \cdot fx \cdot \partial x + Fy \cdot \partial y = 0$$

ist eine Differenzialgleichung mit gesonderten Veränderlichen.

$$\varphi(x,y) \, y + F(x) \, y = 0$$

ist eine Differenzialgleichung mit ungesonderten Veränderlichen, und es ist behufs der Auffindung der ihr zugehörigen Integralgleichung die erste Aufgabe, daſs die Veränderlichen gesondert werden.

Differenzialgleichungen, in welchen die höchsten Potenzen beider Veränderlichen gleiche Exponenten haben heiſsen gleichartig, sonst ungleichartig.

Eine Differenzialgleichung ist vom ersten Grade, wenn ∂x und ∂y nur im ersten Grade vorkommen; sie ist vom $n$ten Grade, wenn $(\partial x)^n$ und $(\partial y)^n$ darin enthalten sind

Eine Differenzialgleichung ist von der ersten Ordnung wenn nur erste Differenziale vorkommen, von der $n$ten Ordnung wenn $\frac{\partial^n y}{\partial x^n}$ darin vorkommt.

$$axy \, \partial y + bx \, \partial x + cx \, \partial y = 0$$

ist eine Differenzialgleichung von der ersten Ordnung und dem ersten Grade.

$$y^2 (\partial y)^2 + 2xy \, \partial y \cdot \partial x + (x^2 - y^2)(\partial x)^2 = 0$$

ist in Bezug auf $\frac{\partial y}{\partial x}$ eine Gleichung vom zweiten Grade und von der ersten Ordnung

$$\partial^2 y + (ax^2 + by^2) \, \partial x^2$$

ist wegen $\frac{\partial^2 y}{\partial x^2}$ eine Gleichung der zweiten Ordnung und vom ersten Grade, da das höchste Differenzial vom ersten Grade ist.

2. Eine gleichartige Differenzialgleichung mit ungesonderten Veränderlichen läſst für die Sonderung derselben ein einfaches Verfahren zu.

Sind $\varphi(x,y)$ und $f(x,y)$ von der Form, daſs jede in 2 Factoren zu zerlegen ist, von welchen der eine Factor eine Function von x, der andere eine Function von y ist, so geschieht deren Sonderung durch Division.

Als $\varphi(x,y) \, \partial x = f(x,y) \, \partial y$ (1)

und $\varphi(x,y) = X \times Y$; $f(x,y) = X' \times Y'$

wo X, X' Functionen von x, Y, Y' Functionen von y sind; dann hat man aus

$$X \times Y \, \partial x = X' \times Y' \times \partial y$$

$$\frac{X}{X'}\,\partial x = \frac{Y'}{Y}\,\partial y \qquad (2)$$

womit die Sonderung geschehen ist.

3. Es seien in der obigen Gleichung $\varphi(x,y)$; $F(x,y)$ keine solche Producte, so setze

$$y = ux$$

und

$$\frac{\varphi(x,y)}{f(x,y)} = Fu$$

Dann ist $\partial y = u \cdot \partial x + x \cdot \partial u$ und aus Gl. 1 zugleich

$$\partial y = \frac{\varphi(x,y)\,\partial x}{f(x,y)} = Fu \cdot \partial x$$

Mithin aus $u\,\partial x + x\,\partial u = Fu \cdot \partial x$

$$(Fu - u)\,\partial x = x\,\partial u$$

und

$$\frac{\partial x}{x} = \frac{\partial u}{Fu - u}$$

Diese Gleichung integrirt gibt die Integralgleichung

$$ln\,x = \int \frac{\partial u}{Fu - u} + C$$

1. Beispiel. Gegeben die Differenzialgleichung:

$$(ax + by)\,\partial x = (Ax + By)\,\partial y$$

für $y = ux$

ist

$$Fu = \frac{ax + by}{Ax + By} = \frac{\frac{ay}{u} + by}{\frac{Ay}{u} + By} = \frac{a + bu}{A + Bu}$$

$$Fu - u = \frac{a + (b - A)\,u - Bu^2}{A + Bu}$$

$$\frac{\partial x}{x} = \frac{(A + Bu)\,\partial u}{a + (b - A)\,u - Bu^2}$$

und

$$ln\,x = \int \frac{(A + Bu)\,\partial u}{a + (b - A)\,u - Bu^2}$$

Multiplicirt man das I und dessen Nenner mit $\frac{1}{2}$ so ist das Differenzial des Nenners $= \frac{1}{2}\,b\,\partial u - \frac{1}{2}\,A\,\partial u - Bu\,\partial u$

Um den Zähler zum Theil in dieser Form zu erhalten, schreibt man denselben

$$-\left[\tfrac{1}{2}\,b\,\partial u - \tfrac{1}{2}\,A\,\partial u - Bu\,\partial u\right] + \tfrac{1}{2}\,b\,\partial u + \tfrac{1}{2}\,A\,\partial u$$

Man hat demnach

$$\frac{\partial x}{x} = -\tfrac{1}{2}\,\frac{\frac{1}{2} \cdot \partial[a + (b - A)]u - Bu^2}{\frac{1}{2}[a + (b - A)\,u - Bu^2]} + \tfrac{1}{2}(b + A)\,\frac{\partial u}{a + (b - A)\,u - Bu^2}$$

folglich

$$\int \frac{\partial x}{x} = ln\,x = -\tfrac{1}{2}\,ln\,\tfrac{1}{2}[a + (b - A)\,u - Bu^2] + \tfrac{1}{2}(b + A)\int \frac{\partial u}{a + (b - A)\,u - Bu^2}$$

Das letzte I ist aus Integralformel 108 zu entwickeln.

2. Beispiel. Gegeben die Differenzialgleichung

$$by\,\partial x + c\,\partial y = 0$$

Hieraus hat man $\frac{\partial y}{y} = -\frac{b}{c}\,\partial x$

also integrirt $ln\,y = -\frac{b}{c}\,x$

und $y = e^{-\frac{b}{c}x} + \text{Constante } (C)$

Für diese Form von y ist die Constante als Summand unmöglich; denn um in diesem allgemeinen Fall die Constante zu bestimmen hat man für die gegebene Gleichung

$$b\left(e^{-\frac{b}{c}x} + C\right) + ce^{-\frac{b}{c}x} = 0$$

woraus $C = -\left(\frac{c}{b} + 1\right)e^{-\frac{b}{c}x}$, also keine Constante.

Die Constante ist hier dem Exponent anzufügen und man hat

$$y = e^{-\frac{b}{c}x + C} = e^{C} \cdot e^{-\frac{b}{c}x}$$

oder wenn man C für e^{C} schreibt

$$y = Ce^{-\frac{b}{c}x} = \frac{C}{e^{\frac{b}{c}x}}$$

Diesen Werth von y in die Differenzialgleichung gesetzt ergibt $C = -\frac{c}{b}$

3. Beispiel. Gegeben die Differenzialgleichung

$$a + by\,\partial x + c\,\partial y = 0$$

Um die Constante fortzuschaffen setze $y = s + p$, so hat man

$$a + bs\,\partial x + bp + c\,\partial s = 0$$

Setzt man nun $a + bp = 0$, also $p = -\frac{a}{b}$

so hat man die Gleichung

$$bs\,\partial x + c\,\partial s = 0$$

woraus $\frac{\partial s}{s} = -\frac{b}{c}\,\partial x$

und integrirt

$$ln\,s = -\frac{b}{c}\,x + C = \left(-\frac{b}{c}\,x + C\right) ln\,e$$

und $s = -e^{-\frac{b}{c}x + C} = -Ce^{-\frac{b}{c}x}$

also nach Beispiel 2:

$$u = -\frac{c}{b}e^{-\frac{b}{c}x}$$

Mithin vollständig

$$y = -\frac{1}{b}\left(a + ce^{-\frac{b}{c}x}\right)$$

4. Gegeben die Differenzialgleichung

$$qx + by\,\partial x + c\,\partial y = 0$$

Setze $y = u f x$ (1)

so ist $\partial y = u f' x + f x \cdot \partial u$

und die Gleichung wird ohne y zu enthalten

$$qx + bu f x + cu f' x + c f x \cdot \partial u = 0 \quad (2)$$

Es soll nun fx in der Weise bestimmt sein, daſs

$$cu f' x + qx = 0 \quad (3)$$

Dann ist, diese Werthe in die Gleichung gesetzt und mit fx dividirt

$$bu + c\,\partial u = 0$$

woraus $\frac{\partial u}{u} = -\frac{b}{c}\,\partial x$

und $\int\frac{\partial u}{u} = ln\,u = \left(-\frac{b}{c}x\right) ln\,e$

und $u = e^{-\frac{b}{c}x}$

Nun ist

$$f' x = -\frac{qx}{cu} = -\frac{1}{c}\,qxe^{\frac{b}{c}x}$$

also $fx = -\frac{1}{c}\int qx \cdot e^{\frac{b}{c}x}\,\partial x$

mithin $y = u f x = \frac{-1 \cdot \int qxe^{\frac{b}{c}x}\,\partial x}{ce^{\frac{b}{c}x}}$

Die Constante fällt hier fort.

5. Beispiel. Gegeben die Differenzialgleichung

$$-x^2 + y + \partial y = 0$$

Hier ist im Vergleich mit der Gleichung No. 4

$$-x^2 = qx;\ b = 1;\ c = 1;$$

$$u = e^{-x}$$

$$fx = \frac{y}{u} = ye^{-x}$$

daher $y = -e^{-x}\int(-x^2)e^x\,\partial x = e^{-x}\int x^2 e^x\,\partial x$

$$= e^{-x} \cdot e^x \cdot (x^2 - 2x + 2) = x^2 - 2x + 2$$

Ueber die Integration der Differenzialgleichungen lassen sich keine allgemein anzuwendende Regeln geben.

Intensität ist in der Aerodynamik gleichbedeutend mit (mechanischem) Moment in der Geomechanik und Hydromechanik. I ist das Product aus der Masse mit der Geschwindigkeit bei der Bewegung luftförmiger Körper.

Interpoliren, s. „Einschalten“.

Inverse, s. v. w. „indirect“.

Involute wurde früher auch für Evolvente gesagt.

Involution früher gebrauchter Ausdruck für Potenzirung.

Irdische Refraction, terrestrische R.; irdische, terrestrische Strahlenbrechung hat denselben Grund wie die schon hier abgehandelte astronomische R, nämlich in der Brechung des Lichtstrahls, wenn er aus einer dünneren Luftschicht in eine dichtere tritt, wodurch der Lichtpunkt höher zu stehen scheint als er in Wirklichkeit steht, indem der Lichtstrahl auf seinem Wege von einem hoch über der Erdoberfläche belegenen Punkt zu dem in dichterer Luft befindlichen Auge fortdauernd nach dem Loth des Auges gebrochen wird und statt in einer geraden Linie in einer nach der Erde hin concaven krummen Linie sich fortbewegt.

Der Lichtstrahl, welcher von einem Gestirn herrührt, durchbricht sämmtliche Erdluftschichten; ein zu dem Erdkörper gehörender hoher Punkt liegt innerhalb des Luftkreises, der von ihm ausgehende Lichtstrahl hat also viel weniger Luftschichten zu durchbrechen, und deshalb ist die irdische Strahlenbrechung geringer als die astronomische. Dennoch aber macht sie Höhenmessungen unrichtig.

Soll z. B. um die Höhe BD zu finden der $\angle DAB$ gemessen werden, so geht der Lichtstrahl von D nach A in einer krummen Linie DA ins Auge, auch das letzte Element des Weges ist noch ein Bogen und das Auge erblickt den wirklichen Punkt D in der Richtung AE, nämlich längs der Tangente des letzten Curvenelements. Es wird der $\angle EAB$ gemessen und die Brechung ergibt die Höhe um die Länge DE zu hoch.

Die Gröſsen der astronomischen R in Winkeln wie $\angle EAD$ ausgedrückt, sind Versuchen zufolge nach La Place Bd. I., pag. 156 angegeben. Ueber die irdische R sind die Angaben abweichend.

Allgemein wird angenommen, daſs die von dem Lichtstrahl beschriebene Curve ein Kreisbogen ist. Ist nun AF ein Bogen der Erdoberfläche, C der Erdmittelpunkt, so wird der Halbmesser des Bo-

Fig. 723.

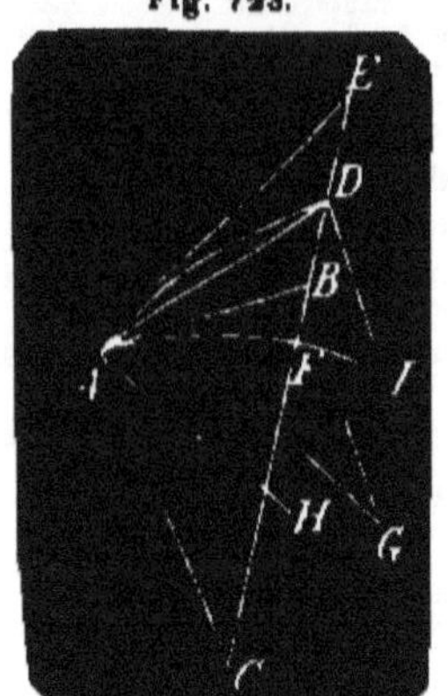

gros AD im Verhältniss zum Erdhalbmesser AC angegeben. Sind AH, DJ Richtungen der Radien von AD, G ihr Durchschnittspunkt, so sind Beobachtungen und Versuchen zufolge

nach Bouguer $AG = 9\,AC$
nach Thobias Mayer $AG = 8\,AC$
nach Lambert $AG = 7\,AC$

Diese letzte Bestimmung wird nun, und besonders von den preussischen Feldmessern als Norm genommen, nämlich dass der Refractionswinkel (der Centriwinkel des Lichtstrahlbogens AGD) $\frac{1}{7}$ des Erdcentriwinkels (ACF) betrage.

Hierbei ist zu bemerken, dass bei grösseren Distanzen AF (bei kleineren ist die Refraction ausser Acht zu lassen) der Bogen AD = dem Bogen AF angenommen wird, und es kann dies auch, ohne dass man einen bemerkbaren Fehler begeht geschehen. Denn in dem Art. „Horizont" ist nachgewiesen worden, dass bei einer Länge $AF = 16000$ Fuss der Bogen AF mit der Tangente AB einerlei Länge hat. Hierbei ist $\angle ACF = 2^\circ\, 50'$, mithin $\angle AGD = 24\frac{2}{7}$ Secunden. Nun ist AE Tangente, mithin nach geometrischen Lehren $\angle DAE = \frac{1}{2} \angle AGD = 12\frac{1}{7}$ Secunden. Bei einer Strecke AF von 8000 Fuss würde $\angle DAE$ nur $6\frac{1}{14}$ Secunden betragen.

AB ist Tangente, daher $\angle BAF = \frac{1}{2} ACF$, mithin $\angle DAE = \frac{1}{7} BAF$. Es ist dieses Verhältniss beider Winkel das besonders bei den preussischen Feldmessern bekannte und gebräuchliche Ein Siebentel und heisst: Der dem gemessenen Höhenwinkel noch zuzufügende Refractionswinkel beträgt ein Siebentel des Abweichungswinkels zwischen der wahren und scheinbaren Horizontalen.

Irrational heisst eine Zahl, wenn sie weder von der Zahl Eins noch von einem ganzen Theil der Zahl Eins ein ganzes Vielfaches ist. Z. B. $\sqrt{3}$; *log nat* 2; π. Eine Zahl, die irrational ist, heisst Irrationalzahl. Irrational sagt man von einem Verhältnisse, wenn es sich nicht durch ganze Zahlen ausdrücken lässt: $\frac{3}{7} : \frac{5}{6}$ ist ein rationales Verhältniss weil es gleich ist 18 : 35, also in ganzen Zahlen ausgedrückt werden kann. $1 : \sqrt{2}$; $\sqrt{2} : \sqrt{3}$ sind irrationale Verhältnisse.

$\sqrt{2} : \sqrt{8}$ ist ein rationales Verhältniss, denn $\sqrt{8} = 2\sqrt{2}$ daher $\sqrt{2} : \sqrt{8} = 1 : 2$. Irrationalzahlen können also in einem rationalen Verhältniss stehen.

Irrationalzahlen können auch ohne ein rationales Verhältniss zu haben, commensurabel sein als $\sqrt[3]{4} : \sqrt[3]{8} - \sqrt[3]{4} : \sqrt[3]{2} \times \sqrt[3]{4} = 1 : \sqrt[3]{2}$; die gemeinschaftliche Einheit beider ist $\sqrt[3]{4}$.

2. Es kann von Nutzen sein, aus einer Gleichung irrationale Aggregate von Grössen fortzuschaffen. Fermat hat für sein Verfahren folgendes Beispiel gegeben (Klügel math. Wörterbuch II., pag. 953).

$$\sqrt[3]{(a^2b + b^3)} + \sqrt{(bc + c^2)} = b$$

Setze $\sqrt{(bc + c^2)} = d$

so ist $\sqrt[3]{(a^2b + b^3)} = b - d$

$$a^2b + b^3 = b^3 - 3b^2d + 3bd^2 - d^3$$

oder $$a^2b = -3b^2d + 3bd^2 - d^3$$

Um das neu eingeführte d auf die erste Potenz zu bringen multiplicire die Gleichung links mit d^2, rechts mit $bc + c^2$ so erhält man reducirt und durch d dividirt

$$3b^3c + 3b^2c^2 = (3b^2c + 3bc^2 - a^2b)d - (bc + c^2)d^2$$

Multiplicire wieder links mit d^2, rechts mit $bc + c^2$ so erhält man

$$d = \frac{b(3bc + 3c^2 - a^2)(b + c)}{3b^3 + 4b^2c + bc^2 + c^3}$$

Diesen Werth in die aus der gegebenen Gleichung abgeleitete Gleichung $a^2b + b^3 = (b - d)^3$ gesetzt, gibt eine der gegebenen Gleichung identische Gleichung, in welcher irrationale Grössen nicht mehr vorkommen.

Die Rechnung ist weitläufig und gewährt wegen der complicirten Endgleichung, welche man erhält, keinen Nutzen.

Bei einfacheren Gleichungen geschieht die Fortschaffung der irrationalen Gröfsen nach der Regel der Buchstabenrechnung. Z. B. $\sqrt{a} + \sqrt{b} + \sqrt{c} = 0$
woraus quadrirt

$$a + b + c + 2\sqrt{ab} + 2\sqrt{ac} + 2\sqrt{bc} = 0$$

wiederum quadrirt, nachdem die 3 Wurzelgröfsen nach rechts gebracht werden und reducirt

$$a^2 + b^2 + c^2 = 2(ab + ac + bc) + 4(\sqrt{a^2bc} + \sqrt{ab^2c} + \sqrt{abc^2})$$
$$= 2(ab + ac + bc) + 4(\sqrt{a} + \sqrt{b} + \sqrt{c})\sqrt{abc}$$

woraus, weil das letzte Glied als = 0 fortfällt,

$$a^2 + b^2 + c^2 = 2(ab + ac + bc)$$

Irrational bei Euklid (Buch X) heifst eine Linie, welche einer rationalen Linie incommensurabel ist (s. die Art.: „commensurabel, incommensurabel"). Nach Erklärung 5 ist jede beliebige angenommene Linie, mit welcher andere verglichen werden sollen, rational. Jede andere Linie, welche mit dieser commensurabel ist, ist ebenfalls rational, und die welche mit ihr incommensurabel ist, ist irrational. Nach Erklärung 8 heifst auch das Quadrat der angenommenen Linie rational und nach Erklärung 6 soll auch diejenige Linie, welche der angenommenen Linie blofs in Potenz commensurabel ist, rational heifsen.

Ist demnach in Zahlen die angenommene Linie = 1, so sind auch die Linien 3 und $\sqrt{3}$ rational, erstere weil sie der angenommenen Linie 1 in Länge und letztere, weil sie in Potenz, d. h. im Quadrat (3) dem Quadrat 1 der Linie 1 commensurabel ist. Die Bezeichnungen für diese Linien s. im Art. „incommensurabel".

Das zehnte Buch des Euklid ist das Capitel der Arithmetik: Von den Irrationalzahlen, die aber dort geometrisch, nämlich als gerade Linien, Quadrate und Rectangel bildlich dargestellt sind. Die alten Mathematiker hatten so gut wie wir heut eine richtige Vorstellung von den Zahlengröfsen, allein nur sehr dürftige arithmetische Hülfsmittel; Es fehlten ihnen unsere Zahlen, unser Zahlensystem, unsere Rechnenkunst und die Buchstabenrechnung. Daher ist denn auch alles, was im Alterthum in Arithmetik geschehen ist, nichts anders als eine synthetisch behandelte analytische Geometrie. Die Leichtigkeit, mit welcher jetzt arithmetische Lehren aufgefafst werden, und wozu schon die Elementarschulen vorbereiten, macht zum Studium des 10ten euklidischen Buches unlustig. Dagegen hat dies Buch nicht nur den historischen Werth, dafs man erfährt, welche Schwierigkeiten die Alten bei den ihnen zu Gebote gestandenen nur geringen arithmetischen Hülfsmitteln vorfanden; es ist auch interessant und belehrend, mit Aufmerksamkeit die geistreichen Gedanken- und Schlufsfolgen kennen zu lernen, mit welchen sie jene Schwierigkeiten überwunden haben.

Folgende Erläuterungen, oder vielmehr algebraische Uebersetzung der euklidischen Constructionen haben den Zweck, das Studium des zehnten Buchs im Euklid zu erleichtern.

Rationallinien, die einander in Länge, also auch in Potenz (im Quadrat) commensurabel sind, werden hier bezeichnet mit den grofsen Buchstaben $A, B, C \ldots X, Y, Z$.

Ganze positive Zahlen mit den kleinen Buchstaben $m, n, p, q \ldots$.

Der Rationallinie A ist die Linie $A\sqrt{m}$ in Länge incommensurabel, in Potenz commensurabel. Die Linien $A\sqrt{n}$ und $B\sqrt{n}$ sind in Länge commensurabel, sie verhalten sich wie $A : B$. Die Linien $A\sqrt{n}$ und $B\sqrt{m}$ sind in Länge incommensurabel in Potenz commensurabel.

Die Linie $B\sqrt[4]{m}$ ist der Linie A in Länge und Potenz incommensurabel. $A\sqrt[4]{n}$ und $B\sqrt[4]{m^3}$ sind in Länge incommensurabel, in Potenz commensurabel.

Die Sätze 1 bis 20 bedürfen keiner Erläuterung.

1. Die Linien A und $B\sqrt{m}$ enthalten ein irrationales Rectangel $AB\sqrt{m}$, und die Linie L, welche solches Rectangel potenzirt (d. h. $L^2 = AB\sqrt{m}$) ist ebenfalls irrational. L hat demnach die Form $A\sqrt[4]{m}$ (Satz 21).

2. Eine Irrationallinie (L), welche ein aus zweien blofs in Potenz commensurabelen Linien ($A\sqrt{m}$, $B\sqrt{n}$) zusammengesetztes Rechteck ($AB\sqrt{mn}$) potenzirt, heifst eine Mediale. Es ist $L = \sqrt{AB}\cdot\sqrt[4]{mn}$, und folglich hat die Mediale L die Form $A\sqrt[4]{m}$ (Satz 22).

3. Jede unter medialen und in Länge commensurablen Linien

($A\sqrt[4]{m}$, $B\sqrt[4]{n}$) enthaltene Rectangel ist medial (Satz 25). $\square = AB\sqrt{mn}$

4. Jedes unter medialen blofs in Potenz commensurablen Linien enthaltene Rectangel ist entweder rational oder medial (Satz 26).

$R = A\sqrt[4]{mn^2} \times B\sqrt[4]{\frac{n^2}{m}} = n\,AB$ (rational)

$R = A\sqrt[4]{m^2} \times B\sqrt[4]{n^2} = AB\sqrt{mn}$ (irrational)

5. Ein Mediales (Rectangel) übertrifft ein Mediales nicht um ein Rationales (Satz 27).

Denn $R(A\sqrt[4]{m} - B\sqrt[4]{n})$ bleibt medial.

6. Zwei mediale blofs in Potenz commensurable Linien, die ein Rationales enthalten zu finden (Satz 28).

Die Construction arithmetisch ausgedrückt ergiebt die Proportion

$$A\sqrt[4]{m^2} : B\sqrt[4]{n^2} = \sqrt{AB} \times \sqrt[4]{mn} : \frac{B\sqrt{n}}{A\sqrt{m}} \cdot \sqrt{AB} \cdot \sqrt[4]{mn}$$

Das dritte Glied ist die mittlere Proportionale der beiden gegebenen ersten Glieder, das 4te Glied die 4te Proportionale der 3 ersten; die beiden letzten Glieder sind die verlangten Linien. Deren Form ist $L = A\sqrt[4]{mn}$; $L' = B\sqrt[4]{\frac{n^3}{m}}$ L und L' sind nur in Potenz commensurabel und das zwischen ihnen Enthaltene ist $= nAB$, also rational

7. Zwei mediale blofs in Potenz commensurable Linien, die ein Mediales enthalten, zu finden (Satz 29)

Die arithmetische Darstellung beider verlangten Linien der Construction zufolge ebbe wie ad 6. Die Form ist

$$L = A\sqrt[4]{mn};\ L' = B\sqrt[4]{mn^3}$$

das Rectangel $L \cdot L'$ ist $= nAB\sqrt{m}$

8. Zwei rationale blofs in Potenz commensurabele Linien zu finden, von denen die gröfsere um das Quadrat einer ihr in Länge commensurabelen Linie über die kleinere potenzirt (Satz 30).

Es sei die eine der gesuchten Rationalen $A\sqrt{m}$

Sind p^2, q^2 Quadratzahlen, $p^2 - q^2$ keine Quadratzahl, so ist die 2te gesuchte Rationale $= A\sqrt{\frac{p^2-q^2}{p^2}} \cdot \sqrt{m}$. Deren Form ist $L = A$; $L' = A\sqrt{\frac{p^2-q^2}{p^2}}$. Beide sind nur in Potenz commensurabel und

$$A^2 - \frac{p^2-q^2}{p^2} \cdot A^2 = A^2 - A^2 + \frac{q^2}{p^2} A^2 = \left(\frac{q}{p} A\right)^2$$

Die gröfsere (A) potenzirt also über die kleinere $A\sqrt{\frac{p^2-q^2}{p^2}}$ um das Quadrat der Linie $\frac{p}{q} A$, welche mit der ersteren A in Länge commensurabel ist.

9. Zwei rationale blofs in Potenz commensurabele Linien zu finden, von denen die gröfsere um das Quadrat einer ihr in Länge incommensurablen Linie über die kleinere potenzirt (Satz 31).

Ist $A\sqrt{m}$ eine der gesuchten Linien, sind p^2, q^2 Quadratzahlen, $p^2 + q^2$ keine Quadratzahl, so ist die zweite gesuchte Linie $A\sqrt{\frac{p^2}{p^2+q^2}}\sqrt{m}$. Deren Form $L = A$; $L' = A\sqrt{\frac{p^2}{p^2+q^2}}$. Beide sind nur in Potenz commensurabel und

$$A^2 - \frac{p^2}{p^2+q^2} A^2 = \frac{q^2}{p^2+q^2} A^2 = \left(\sqrt{\frac{q^2}{p^2+q^2}} A\right)^2$$

$L = A$ und die Linie $A \cdot \sqrt{\frac{q^2}{p^2+q^2}}$ sind wie verlangt in Länge incommensurabel.

10. Zwei mediale, blofs in Potenz commensurabele Linien zu finden, die ein Rationales enthalten und von denen die gröfsere um das Quadrat einer ihr in Länge commensurabelen Linie über die kleinere potenzirt (Satz 32).

Man nimmt nach No. 8 (Satz 30) die beiden Linien A und $A\sqrt{\frac{p^2-q^2}{p^2}}$, so ist die erste der gesuchten Linien die mittlere Proportionale von diesen beiden $= A\cdot\sqrt[4]{\frac{p^2-q^2}{p^2}}$. Die zweite gesuchte ist die dritte Proportionale zwischen der eben gefundenen ersten Linie und der zweiten angenommenen Linie =

$$A^2\frac{p^2-q^2}{p^2} : A\sqrt[4]{\frac{p^2-q^2}{p^2}} = A\cdot\sqrt[4]{\left(\frac{p^2-q^2}{p^2}\right)^3}$$

Also die Form der gesuchten Linien

$$L = A\sqrt[4]{\frac{p^2-q^2}{p^2}} \text{ und } L' = A\sqrt[4]{\left(\frac{p^2-q^2}{p^2}\right)^3}$$

Beide sind in Potenz commensurabel, nämlich

$$A^2\sqrt{\frac{p^2-q^2}{p^2}} : A^2\cdot\frac{p^2-q^2}{p^2}\sqrt{\frac{p^2-q^2}{p^2}} = 1 : \frac{p^2-q^2}{p^2}$$

Beide enthalten ein Rationales, nämlich

$$L\cdot L' = A^2\cdot\frac{p^2-q^2}{p^2}$$

und es ist

$$A^2\cdot\sqrt{\frac{p^2-q^2}{p^2}} - A^2\cdot\frac{p^2-q^2}{p^2}\sqrt{\frac{p^2-q^2}{p^2}} = A^2\sqrt{\frac{p^2-q^2}{p^2}\cdot\frac{q^4}{p^4}} = \left(\frac{q}{p}A\sqrt[4]{\frac{p^2-q^2}{p^2}}\right)^2$$

Die erste Linie L potenzirt also über die zweite L' um das Quadrat der Linie $\frac{q}{p}A\sqrt[4]{\frac{p^2-q^2}{p^2}}$ welche mit L in Länge commensurabel ist und sich zu ihr verhält wie $\frac{q}{p} : 1$.

11. **Zwei Linien wie ad 10 zu finden, von denen die grössere um das Quadrat einer ihr in Länge incommensurabelen Linie über die kleinere potenzirt** (Anmerk. zu Satz 32).

Man nimmt nach No. 9 (Satz 31) die beiden Linien $A\sqrt{m}$ und $A\sqrt{m} = \sqrt{\frac{q^2}{p^2+q^2}}$

Dann ist $L = A\sqrt[4]{\frac{q^2}{p^2+q^2}}$ in der Form $L = A\sqrt[4]{m}$

$$L' = A\sqrt[4]{\left(\frac{q^2}{p^2+q^2}\right)^3} \text{ in der Form } L_1 = A\sqrt[4]{m^3}$$

$$L^2 : L_1^2 = 1 : m$$
$$L\times L' = mA^2$$
$$L^2 - L_1^2 = (A\sqrt[4]{m})^2\cdot\left(\sqrt{1-m}\right)^2$$

Die Potenzirung geschieht also um eine der L in Länge incommensurabele Linie.

12. **Zwei mediale bloss in Potenz commensurabele Linien zu finden, die ein Mediales enthalten und von denen die grössere um das Quadrat einer ihr in Länge commensurabelen Linie über die kleinere potenzirt** (Satz 33).

Nimm 2 Linien nach No. 8 (Satz 30) $l = A$ und $l' = A\sqrt{\frac{p^2-q^2}{p^2}}$, eine dritte $l'' = B\sqrt{m}$. Dann ist die eine der verlangten Linien L die mittlere Proportionale zwischen l und l'', also $L = \sqrt{AB}\cdot\sqrt[4]{m}$. Das Product von L mit der zweiten gesuchten Linie L' also $L\times L'$ ist = dem Product von l'' mit $l' = B\cdot\sqrt{m}\cdot A\cdot\sqrt{\frac{p^2-q^2}{p^2}}$ mithin hat man

$$L' = \frac{l'\cdot l''}{L} = \frac{AB\cdot\sqrt{\frac{p^2-q^2}{p^2}}\sqrt{m}}{\sqrt{AB}\cdot\sqrt[4]{m}}$$
$$= \sqrt{\left(AB\cdot\frac{p^2-q^2}{p^2}\right)}\sqrt[4]{m}$$

Die Form der gesuchten Linien ist demnach

$$L = A\sqrt[4]{m} \text{ und } L' = A\sqrt{\frac{p^2-q^2}{p^2}}\sqrt[4]{m}$$

Beide Linien L und L' sind medial, deren Potenzen

$$A^2\sqrt{m} : A^2\frac{p^2-q^2}{p^2}\sqrt{m} = 1 : \frac{p^2-q^2}{p^2},$$ also die Linien in Potenz commensurabel.

$$L \times L' = A\sqrt{\frac{p^2-q^2}{p^2}}\sqrt{m}$$ enthält ein Mediales und

$$A^2\sqrt{m} - A^2\frac{p^2-q^2}{p^2}\sqrt{m} = A^2\sqrt{m}\cdot\frac{q^2}{p^2}$$

mithin ist die Linie, um deren Quadrat die L über die L' potenzirt, $= A\frac{q}{p}\sqrt[4]{m}$ mit L in Länge commensurabel.

13. **Die Linien ad 12, von denen die gröfsere um das Quadrat einer ihr in Länge incommensurabelen über die kleinere potenzirt zu finden** (Anmerk. zu Satz 33).

Man verfährt so wie No. 11 in Beziehung auf No. 10 und erhält

$$L = A\sqrt[4]{m}$$

$$L' = A\sqrt{\frac{q^2}{p^2+q^2}}\sqrt[4]{m}$$

$$L^2 : L'^2 = 1 : \frac{q^2}{p^2+q^2}$$ ist commensurabel.

$$L \times L' = A^2\sqrt{\frac{q^2}{p^2+q^2}}\sqrt{m}$$ ist medial.

$$A^2\sqrt{m} - A^2\frac{q^2}{p^2+q^2}\sqrt{m} = \left(A\sqrt[4]{m}\cdot\sqrt{\frac{p^2}{p^2+q^2}}\right)^2$$

Die Linie des letzten Quadrats ist mit L nicht in Länge commensurabel.

14. **Zwei in Potenz incommensurable Linien zu finden, die ein Mediales enthalten und deren Quadrate zusammen ein Rationales ausmachen** (Satz 34).

Nimm der Construction zufolge 2 Linien nach No. 8 (Satz 31).

$$l = A;\ l_1 = A\sqrt{\frac{q^2}{p^2+q^2}}$$

Bedeutet X eine Hülfslinie (in Euklids Figur $= BE$)

so ist $$(A - X)X = (\tfrac12 l_1)^2 = \tfrac14 A^2\frac{q^2}{p^2+q^2}$$

hieraus $$X = \tfrac12 A\left(1 - \sqrt{\frac{p^2}{p^2+q^2}}\right)$$

Nun hat man für die verlangten Linien

$$L^2 + L_1^2 = A^2$$

$$L_1^2 = A\cdot X = \frac{A^2}{2}\cdot\left(1 - \sqrt{\frac{p^2}{p^2+q^2}}\right)$$

woraus $$L = A\sqrt{\tfrac12\left(1 + \sqrt{\frac{p^2}{p^2+q^2}}\right)}$$

$$L_1 = A\sqrt{\tfrac12\left(1 + \sqrt{\frac{p^2}{p^2+q^2}}\right)}$$

Die Form beider Linien ist

$$L = A\sqrt{1+\sqrt{m}}$$

$$L_1 = A\sqrt{1-\sqrt{m}}$$

Beide Linien L und L' sind in Potenz incommensurabel, nämlich

$$L^2 : L'^2 = 1+\sqrt{m} : 1-\sqrt{m}$$

Beide Linien enthalten ein Mediales:

$$L \times L_1 = A^2\sqrt{1-m}$$

Die Summe ihrer Quadrate ist rational, nämlich

$$L^2 + L_1^2 = 2A^2$$

15. **Zwei in Potenz incommensurabele Linien zu finden, die ein Rationales enthalten und deren Quadrate zusammen ein Mediales ausmachen** (Satz 35).

Nimm der Construction zufolge 2 Linien nach No. 11 (Anmerk. Satz 32).

$$l = A\sqrt[4]{m};\ l_1 = A\sqrt[4]{m^3}$$

Nun ist wie No. 14:

$$(A\sqrt[4]{m} - X)X = (\tfrac12 l_1)^2 = \tfrac14 A^2\sqrt{m^3}$$

woraus $$X = \tfrac12 A\sqrt[4]{m}\left(1 - \sqrt{1-m}\right)$$

$$L^2 + L_1^2 = A^2\sqrt{m}$$

$$L_1^2 = lX = \tfrac12 A^2\sqrt{m}\left(1 - \sqrt{1-m}\right)$$

$$L^2 = \tfrac12 A^2\sqrt{m}\left(1 + \sqrt{1-m}\right)$$

mithin die beiden verlangten Linien

$$L = A\sqrt[4]{m}\sqrt{\tfrac12\left(1+\sqrt{1-m}\right)} \text{ oder } A\sqrt[4]{m}\sqrt{1+\sqrt{1-m}}$$

$$L_1 = A\sqrt[4]{m}\sqrt{\tfrac12\left(1-\sqrt{1-m}\right)} \text{ oder } A\sqrt[4]{m}\sqrt{1-\sqrt{1-m}}$$

Beide Linien sind in Potenz incommensurabel; sie enthalten ein Rationales, nämlich

$$L\cdot L_1 = A^2\sqrt{m}\sqrt{m} = A^2 m$$

deren Quadrate zusammen sind ein Mediales, nämlich

$$L^2 + L_1^2 = 2A^2\sqrt{m}.$$

16. **Zwei in Potenz incommen**

surabele Linien zu finden, deren Quadrate zusammen ein Mediales ausmachen und welche ein Mediales, das jenem incommensurabel ist, enthalten (Satz 36).

Nimm zufolge der Construction 2 Linien nach No. 13 (Anmerk. zu Satz 33).

$$l = A\sqrt[4]{m}$$

$$l_1 = A\sqrt{\frac{q^2}{p^2+q^2}}\sqrt[4]{m}.$$

Nun wird wie No. 15 verfahren; man hat daher

$$(A\sqrt[4]{m} - X)X = \tfrac{1}{4}A^2\frac{q^2}{p^2+q^2}\sqrt{m}$$

woraus $X = \tfrac{1}{2}A\sqrt[4]{m}\left(1 - \sqrt{\frac{p^2}{p^2+q^2}}\right)$

Eben so ist

$$L^2 + L_1^2 = A^2\sqrt{m}$$

$$L_1^2 = lx = \tfrac{1}{2}A^2\sqrt{m}\left(1 - \sqrt{\frac{p^2}{p^2+q^2}}\right)$$

und die beiden verlangten Linien

$$L = A\sqrt[4]{m}\sqrt{\tfrac{1}{2}\left(1 + \sqrt{\frac{p^2}{p^2+q^2}}\right)} \text{ oder } A\sqrt[4]{m}\sqrt{1 + \sqrt{\frac{p^2}{p^2+q^2}}}$$

$$L_1 = A\sqrt[4]{m}\sqrt{\tfrac{1}{2}\left(1 - \sqrt{\frac{p^2}{p^2+q^2}}\right)} \text{ oder } A\sqrt[4]{m}\sqrt{1 - \sqrt{\frac{p^2}{p^2+q^2}}}$$

Beide Linien sind in Potenz incommensurabel; die Summe ihrer Quadrate ist medial, nämlich $= A^2\sqrt{m}$, und sie enthalten ein Mediales $\frac{A^2}{2}\sqrt{m}\sqrt{\frac{q^2}{p^2+q^2}}$ welches jener Quadratsumme $A^2\sqrt{m}$ incommensurabel ist.

Von den durch das Zusammensetzen entstehenden sechs Irrationallinien.

17. Werden zwei blofs in Potenz commensurabele Rationallinien zusammengesetzt, so ist die ganze irrational und heifst Binomiale (Satz 37).

Die Binomiale hat also die Form $A\sqrt{m} + B\sqrt{n}$ auch $A + B\sqrt{n}$

18. Werden 2 blofs in Potenz commensurabele Mediallinien, die ein Rationales enthalten, zusammengesetzt, so ist die ganze irrational und heifst die erste Bimediale (Satz 38).

Nach No. 6 (Satz 28) hat die erste Bimediale die Form $L = A\sqrt[4]{mn} + B\sqrt[4]{\frac{n^3}{m}}$ beide verhalten sich in Potenz

$$= A\sqrt{mn} : B\frac{n}{m}\sqrt{nm}$$

19. Werden zwei blofs in Potenz commensurabele Mediallinien, die ein Mediales enthalten, zusammengesetzt, so ist die Ganze irrational und heifst die zweite Bimediale (Satz 39).

Nach No. 7 (Satz 29) hat die zweite Bimediale die Form $A\sqrt[4]{mn} + B\sqrt[4]{mn^3}$.

20. Werden zwei in Potenz incommensurabele Linien, die ein Mediales enthalten und deren Quadrate zusammen ein Rationales ausmachen, zusammengesetzt, so ist die ganze irrational und heifst die gröfsere Irrationale (Satz 40).

Nach No. 14 (Satz 34) ist die Form der gröfseren Irrationale

$$A\sqrt{1+\sqrt{m}} + A\sqrt{1-\sqrt{m}}$$

(Hier müssen die Rationallinien A in beiden Gliedern einander gleich sein.)

21. Werden zwei in Potenz incommensurabele Linien, die ein Rationales enthalten und deren Quadrate zusammen ein Mediales ausmachen, zusammengesetzt, so ist die ganze irrational und heifst die ein Rationales und Mediales Potenzirende (Satz 41).

Nach No. 15 (Satz 35) ist die Form der Linie

$$A\sqrt[4]{m}\sqrt{1+\sqrt{1-m}} + B\sqrt[4]{m}\sqrt{1-\sqrt{1-m}}$$

22. Werden zwei in Potenz incommensurabele Linien, deren Quadrate zusammen ein Mediales ausmachen und die ein Mediales, das jenem incommensurabel ist, enthalten, zusammengesetzt, so ist die ganze irrational und heifst die zwei Mediale Potenzirende (Satz 42).

Nach No. 16 (Satz 36) ist die Form der Linie

$$A\sqrt[4]{m}\sqrt{1+\sqrt{\frac{p^2}{p^2+q^2}}} + B\sqrt[4]{m}\sqrt{1-\sqrt{\frac{p^2}{p^2+q^2}}}$$

23. Die Sätze 43 bis 48 im Euklid enthalten die Beweise, dafs jede der von

No. 17 bis No. 22 aufgeführten Irrationallinien nur in einem Punkt in ihre Namen sich zerlegen lasse. Aus den euklidischen Constructionen geht hervor, daſs beide Theile jedesmal mit den einzelnen algebraischen Summanden der vorstehenden Formeln übereinstimmen.

Von den sechs Ordnungen der Binomialen.

24. Eine Binomiale, deren gröſserer Name um das Quadrat einer ihm in Länge commensurabelen Linie über den kleineren potenzirt, heiſst

Die erste Binomiale, wenn der gröſsere Name einer angenommenen Rationallinie in Länge commensurabel ist.

Die zweite Binomiale, wenn der kleinere Name,

Die dritte Binomiale, wenn keiner der beiden Namen solcher Rationallinie in Länge commensurabel ist.

Eine Binomiale hingegen, deren gröſserer Name um das Quadrat einer ihm in Länge incommensurabelen Linie über den kleineren potenzirt, heiſst

Die vierte Binomiale, wenn der gröſsere Name der angenommenen Rationallinie in Länge commensurabel ist.

Die fünfte Binomiale, wenn der kleinere Name,

Die sechste Binomiale, wenn keiner der beiden Namen solcher Rationallinie in Länge commensurabel ist

25. Die erste Binomiale zu finden (Satz 49).

Nimm 2 Zahlen, von welchen sowohl die eine als auch die Summe beider eine Quadratzahl ist; also 2 Zahlen von der Form $(n^2 - m^2)$ und m^2. Sind nun A und B zwei Rationallinien so setze

$$n^2 : n^2 - m^2 = A^2 : B^2$$

Man hat nun den einen Namen $= A$ und den zweiten $B = A\sqrt{\frac{n^2 - m^2}{n^2}}$ beide Namen addirt geben die erste Binomiale

$$A + A\sqrt{\frac{n^2 - m^2}{n^2}}$$

und es ist $A^2 - A^2\frac{n^2 - m^2}{n^2} = \left(\frac{m}{n}A\right)^2$

Mithin potenzirt der gröſsere Name A über den kleineren um das Quadrat $\frac{m^2}{n^2}A^2$ einer mit A commensurablen Linie $\frac{m}{n}A$.

26. Die zweite Binomiale zu finden (Satz 50).

Man erhält die Namen A und $A\sqrt{\frac{n^2}{n^2 - m^2}}$

die zweite Binomiale ist $A + A\sqrt{\frac{n^2}{n^2 - m^2}}$

und $A^2\frac{n^2}{n^2 - m^2} - A^2 = \frac{m^2}{n^2 - m^2}A^2$

Der gröſsere Name $\frac{nA}{\sqrt{n^2 - m^2}}$ potenzirt um das Quadrat der diesem commensurablen Linie $\frac{mA}{\sqrt{n^2 - m^2}}$ und der kleinere Name A ist rational.

27. Die dritte Binomiale zu finden (Satz 61).

n^2 und m^2 Zahlen wie vorher, p keine Quadratzahl.

A, B, C seien in Länge commensurabele Rationalzahlen so setze

$$p : n^2 = A^2 : B^2$$
$$n^2 : n^2 - m^2 = B^2 : C^2$$

so ist aus 1. der eine Name $B = \frac{An}{\sqrt{p}}$

Aus 1 und 2 hat man

$$p : n^2 - m^2 = A^2 : C^2$$

hieraus der andere Name $C = A\sqrt{\frac{n^2 - m^2}{p}}$

Die dritte Binomiale ist

$$A\frac{n}{\sqrt{p}} + A\sqrt{\frac{n^2 - m^2}{p}}$$

Keiner der Namen ist rational. Ferner ist $A^2\frac{n^2}{p} - A^2\frac{n^2 - m^2}{p} = A^2\frac{m^2}{p}$

und der gröſsere Name $\frac{An}{\sqrt{p}}$ potenzirt um das Quadrat der ihm in Länge commensurabelen Linie $\frac{Am}{\sqrt{p}}$.

28. Die vierte Binomiale zu finden (Satz 62).

Nimm zwei Zahlen, von denen keine eine Quadratzahl, deren Summe aber eine Quadratzahl ist, also von der Form $(n^2 - m)$ und m, A und B seien Rationalzahlen, so setze die Proportion

$$n^2 : n^2 - m = A^2 : B^2$$

und man erhält

den einen Namen $= A$

den anderen $= \frac{A}{n}\sqrt{n^2 - m}$

Die vierte Binomiale ist $A + \frac{A}{n}\sqrt{n^2 - m}$

Der gröfsere Name A ist rational und es ist

$$A^2 - \frac{A^2}{n^2}(n^2 - m) = m A^2$$

mithin potenzirt der gröfsere Name A um das Quadrat einer ihm incommensurabelen Linie $A\sqrt{m}$.

29. Die fünfte Binomiale zu finden (Satz 53).

Nimm zwei Quadratzahlen, deren Summe keine Quadratzahl ist, m^2 und n^2, A und B seien 2 Rationallinien, so setze

$$m^2 : m^2 + n^2 = A^2 : B^2$$

und man hat beide Namen $= A$ und $B = A\sqrt{\frac{m^2 + n^2}{m^2}}$

Die fünfte Binomiale ist

$$A + A\sqrt{\frac{m^2 + n^2}{m^2}}$$

der kleinere Name A ist rational und der gröfsere Name $A\sqrt{\frac{m^2 + n^2}{m^2}}$ potenzirt über den kleineren A um das Quadrat der Linie $\left(\frac{n}{m} A\right)$ welche mit dem gröfseren Namen incommensurabel ist.

30. Die sechste Binomiale zu finden (Satz 54).

Nimm zwei Zahlen die nicht Quadratzahlen sind, deren Summe aber eine Quadratzahl ist $(m^2 - n)$ und n, und eine dritte Zahl p, welche weder Quadratzahl ist noch mit einer der ersten beiden das Verhältnifs einer Quadratzahl hat; A, B, C seien Rationallinien. Setze

$$p : m^2 = A^2 : C^2$$

$$m^2 : m^2 - n = C^2 : B^2$$

so ist aus 1. $C^2 = \frac{m^2}{p} A^2$

aus 2 $\quad B^2 = \frac{m^2 - n}{m^2} C^2 = \frac{m^2 - n}{p} A^2$

Die Namen sind $A\sqrt{\frac{m^2}{p}}$ und $A\sqrt{\frac{m^2 - n}{p}}$

Keiner der Namen ist rational und der gröfsere Name $A\sqrt{\frac{m^2}{p}}$ potenzirt über den kleineren $A\sqrt{\frac{m^2 - n}{p}}$ um das Quadrat der Linie $A\sqrt{\frac{n}{p}}$ welche zu dem gröfseren Namen sich verhält wie $\sqrt{n} : m$ also mit demselben incommensurabel ist.

31. Den unter einer Rationallinie und der ersten Binomiale enthaltenen Raum potenzirt eine Binomiale (Satz 55).

Nach No. 25 ist die erste Binomiale $= A + A\sqrt{\frac{n^2 - m^2}{n^2}}$

Nach No. 17 hat eine Binomiale die Form $A\sqrt{m} + B\sqrt{n}$.

Es ist also nachzuweisen, wenn C, D rationale noch unbekannte Linien sind und wenn R die im Satz angenommene Rationallinie bedeutet, dafs das Quadrat einer Linie von der Form $C\sqrt{p} + D\sqrt{q}$ $=$ ist dem Rectangel $R\left(A + A\sqrt{\frac{n^2 - m^2}{n^2}}\right)$

Setzt man die Linie EG (Figur zu Satz 55) $= B$, so hat man der Construction zufolge

$$(AE - EG)\, EG = (\tfrac{1}{2} ED)^2$$

$$(A - B)\, B = \tfrac{1}{4} A^2 \cdot \frac{n^2 - m^2}{n^2}$$

Hieraus ist $B = \frac{1}{2} A\left(1 - \frac{m}{n}\right)$

$$A - B = \tfrac{1}{2} A\left(1 + \frac{m}{n}\right)$$

Die verlangte potenzirende Linie ist nun

$$L = \sqrt{R(A - B)} + \sqrt{RB}$$

$$= \sqrt{\tfrac{1}{2} AR\left(1 + \frac{m}{n}\right)} + \sqrt{\tfrac{1}{2} AR\left(1 - \frac{m}{n}\right)}$$

Ein Ausdruck, der die Form $(C\sqrt{p} + D\sqrt{q})$ annehmen kann, wenn man schreibt

$$L = \sqrt{AR\,\frac{n + m}{2n}} + \sqrt{AR\,\frac{n - m}{2n}}$$

Die Quadrirung von L ergibt aber

$$\tfrac{1}{2} AR\left(1 + \frac{m}{n}\right) + \tfrac{1}{2} AR\left(1 - \frac{m}{n}\right) + 2\sqrt{\tfrac{1}{4} A^2 R^2\left(1 - \frac{m^2}{n^2}\right)} = AR + AR\sqrt{\frac{n^2 - m^2}{n^2}}$$

welches das gegebene Rectangel $R\left(A + A\sqrt{\frac{n^2 - m^2}{n^2}}\right)$ ist, und die potenzirende Linie L ist die Binomiale.

32. Den unter einer Rationallinie R und der zweiten Binomiale $\left(A + A\sqrt{\frac{n^2}{n^2 - m^2}}\right)$ enthaltenen Raum

potenzirt die erste Bimediale (Satz 56).

Es ist also nachzuweisen, dafs (No 18 und 26) mit 2 Linien X, Y eine Gleichung möglich ist:

$$\left(X\sqrt[4]{pq} + Y\sqrt[4]{\frac{p^3}{q}}\right)^2 = AR\left(1 + \sqrt{\frac{n^2}{n^2-m^2}}\right)$$

Bei derselben Construction wie No 31 ist zu beachten, dafs hier das zweite Glied $\sqrt{\frac{n^2}{n^2-m^2}}$ der gröfsere Name ist, und dafs der Construction zufolge die Gleichung entsteht:

$$\left(A\sqrt{\frac{n^2}{n^2-m^2}} - B\right)B = \tfrac{1}{4}A^2 \qquad (1)$$

woraus $B = \frac{A}{2}\left(\frac{n}{\sqrt{n^2-m^2}} - \frac{m}{\sqrt{n^2-m^2}}\right)$ (2)

daher

$$A\sqrt{\frac{n^2}{n^2-m^2}} - B = \frac{A}{2}\left(\frac{n}{\sqrt{n^2-m^2}} + \frac{m}{\sqrt{n^2-m^2}}\right) \qquad (3)$$

Die potenzirende Linie ist nun in ihren beiden Namen

$$L = \sqrt{\left(A\sqrt{\frac{n^2}{n^2-m^2}} - B\right)R} + \sqrt{BR}$$

$$= \sqrt{\frac{A}{2}R\frac{n+m}{\sqrt{n^2-m^2}}} + \sqrt{\frac{A}{2}R\frac{n-m}{\sqrt{n^2-m^2}}} \qquad (4)$$

$$= \sqrt{\frac{A}{2}R}\left[\sqrt[4]{\frac{n+m}{n-m}} + \sqrt[4]{\frac{n-m}{n+m}}\right] \qquad (5)$$

Beide Namen sind medial, sie sind in Potenz commensurabel, wie aus Formel 4 unmittelbar zu ersehen, nämlich

$$\frac{AR}{2\sqrt{n^2-m^2}}(n+m) \text{ und } \frac{AR}{2\sqrt{n^2-m^2}}(n-m)$$

Beide enthalten ein Rationales $= \frac{AR}{2}$

Folglich ist die Linie L nach No. 18 eine erste Bimediale.

Will man den Ausdruck für die Linie L in die obige allgemeine Form der ersten Bimediale bringen, so setze in Formel 5

$$n + m = q$$

$$\frac{1}{n-m} = p \text{ und man hat}$$

$$L = \sqrt{\tfrac{1}{2}AR}\left[\sqrt[4]{qp} + \sqrt[4]{\frac{1}{p\cdot q}}\right]$$

$$= \sqrt{\tfrac{1}{2}AR}\left[\sqrt[4]{pq} + \frac{1}{p}\sqrt[4]{\frac{p^3}{q}}\right]$$

$\sqrt{\tfrac{1}{2}AR} = X$; $\frac{1}{p}\sqrt{\tfrac{1}{2}AR} = Y$ gesetzt, gibt die verlangte Form.

Die Linie L im Quadrat ist aus Formel 4

$$= AR\frac{n}{\sqrt{n^2-m^2}} + AR = AR\left(1+\sqrt{\frac{n^2}{n^2-m^2}}\right)$$

Sie potenzirt also den Raum wie verlangt.

33. Den unter einer Rationallinie R und der dritten Binomiale $A\frac{n}{\sqrt{p}} + A\sqrt{\frac{n^2-m^2}{p}}$ enthaltenen Raum potenzirt die zweite Bimediale (Satz 57).

Bei derselben Construction ist.

$$\left(A\sqrt{\frac{n^2}{p}} - B\right)B = \tfrac{1}{4}A^2\frac{n^2-m^2}{p}$$

woraus $B = \tfrac{1}{2}A\left(\sqrt{\frac{n^2}{p}} - \sqrt{\frac{m^2}{p}}\right)$

$$A\sqrt{\frac{n^2}{p}} - B = \tfrac{1}{2}A\left(\sqrt{\frac{n^2}{p}} + \sqrt{\frac{m^2}{p}}\right)$$

die verlangte Linie

$$\sqrt{\left(A\sqrt{\frac{n^2}{p}} - B\right)R} + \sqrt{BR} = \sqrt{\tfrac{1}{2}AR\frac{n+m}{\sqrt{p}}} + \sqrt{\tfrac{1}{2}AR\frac{n-m}{\sqrt{p}}}$$

Beide Namen bilden die zweite Bimediale (No. 19), denn sie sind Mediallinien, sie sind in Potenz commensurabel:

$$\frac{AR}{2\sqrt{p}}(n+m) \text{ und } \frac{AR}{\sqrt{p}}(n-m)$$

und sie enthalten ein Mediales

$$\tfrac{1}{2}AR\sqrt{\frac{n^2-m^2}{p}}$$

Ihr Quadrat ist $= AR\left[\frac{n}{\sqrt{p}} + \sqrt{\frac{n^2-m^2}{p}}\right]$ wie verlangt.

34. Den unter einer Rationallinie R und der vierten Binomiale $A + \frac{A}{n}\sqrt{n^2 - m}$ enthaltenen Raum potenzirt die größere Irrationale (Satz 58).

Bei derselben Construction ist:

$$(A - B)B = \tfrac{1}{4}A^2\left(1 - \frac{m}{n^2}\right)$$

woraus $$B = \tfrac{1}{2}A\left(1 - \frac{\sqrt{m}}{n}\right)$$

und $$A - B = \tfrac{1}{2}A\left(1 + \frac{\sqrt{m}}{n}\right)$$

Die verlangte Linie ist

$$L = \sqrt{(A-B)R} + \sqrt{BR} = \sqrt{\frac{RA}{2}\left(1 + \frac{\sqrt{m}}{n}\right)} + \sqrt{\frac{RA}{2}\left(1 - \frac{\sqrt{m}}{n}\right)}$$

Beide Namen sind medial, in Potenz incommensurabel, sie enthalten ein Mediales $= \frac{RA}{2}\sqrt{1 - \frac{m}{n^2}}$, deren Quadrate machen zusammen RA, ein Rationales aus; folglich ist L eine größere Irrationale $L^2 = RA\left(1 + \sqrt{\frac{n^2 - m}{n^2}}\right)$ wie verlangt.

35. Den unter einer Rationallinie R und der fünften Binomiale $A + A\sqrt{\frac{m^2+n^2}{m^2}}$ enthaltenen Raum potenzirt die ein Rationales und Mediales Potenzirende (Satz 59).

Bei derselben Construction ist, da der 2te Name der größere ist

$$\left(A\sqrt{\frac{m^2+n^2}{m^2}} - B\right)B = \tfrac{1}{4}A^2$$

woraus $B = \frac{A}{2m}\left(\sqrt{m^2+n^2} - n\right)$

und $A - B = \frac{A}{2m}\left(\sqrt{m^2+n^2} + n\right)$

Die verlangte Linie

$$L = \sqrt{\tfrac{1}{2}AR\,\frac{\sqrt{m^2+n^2}+n}{m}} + \sqrt{\tfrac{1}{2}AR\,\frac{\sqrt{m^2+n^2}-n}{m}}$$

Beide Namen sind medial, in Potenz incommensurabel sie enthalten ein Rationales $= \frac{1}{2}AR$, deren Quadrate zusammen machen ein Mediales aus $\left(\frac{AR}{m}\sqrt{m^2+n^2}\right)$; folglich ist L eine die ein Rationales und Mediales Potenzirende. Ihr Quadrat ist $= AR\left(1 + \frac{\sqrt{m^2+n^2}}{m}\right)$ wie verlangt.

36. Den unter einer Rationallinie R und der sechsten Binomiale $A\sqrt{\frac{m^2}{p}} + A\sqrt{\frac{m^2-n}{p}}$ enthaltenen Raum potenzirt die zwei Mediale Potenzirende (Satz 60).

Bei derselben Construction ist

$$\left(A\sqrt{\frac{m^2}{p}} - B\right)B = \tfrac{1}{4}A^2\,\frac{m^2-n}{p}$$

woraus $$B = \tfrac{1}{2}A\left(\sqrt{\frac{m^2}{p}} - \sqrt{\frac{n}{p}}\right)$$

und $$A\sqrt{\frac{m^2}{p}} - B = \tfrac{1}{2}A\left(\sqrt{\frac{m^2}{p}} + \sqrt{\frac{n}{p}}\right)$$

Die verlangte Linie

$$L = \sqrt{\tfrac{1}{2}AR\left(\sqrt{\frac{m^2}{p}} + \sqrt{\frac{n}{p}}\right)} + \sqrt{\tfrac{1}{2}AR\left(\sqrt{\frac{m^2}{p}} - \sqrt{\frac{n}{p}}\right)}$$

Beide Namen sind medial, in Potenz incommensurabel.

Sie enthalten ein Mediales

$$\tfrac{1}{2}AR\sqrt{\frac{m^2}{p} - \frac{n}{p}}$$

Ihre Quadrate zusammen $AR\sqrt{\frac{m^2}{p}}$ ein Mediales, welches mit dem vorigen incommensurabel ist. Mithin ist L eine zwei Mediale Potenzirende. Ihr Quadrat ist $L^2 = AR\left(\sqrt{\frac{m^2}{p}} + \sqrt{\frac{m^2-n}{p}}\right)$ wie verlangt.

37. Die folgenden sechs Sätze (Satz 61 bis 66) sind die umgekehrten Sätze von (Satz 55 bis 60) No. 31 bis 36. Sie

lauten zusammengezogen nachfolgend, deren Formeln statt der Beweise sind dieselben wie dort.

Sätze. Das an einer Rationalen R entworfene Rectangel hat, wenn es gleich ist dem Quadrat

einer Binomiale	zur Breite die erste Binomiale
der ersten Bimediale	„ „ „ zweite „
der zweiten Bimediale	„ „ „ dritte „
der gröfseren Irrationale	„ „ „ vierte „
der ein Rationales und Mediales Potenzirenden	„ „ „ fünfte „
der zwei Mediale Potenzirenden	„ „ „ sechste „

37. Nun folgen fünf Sätze (Satz 67 bis 71): Jede Linie, welche in Länge commensurabel ist irgend einer der genannten Irrationallinien, ist auch dieselbe Irrationallinie. Ist eine Linie in Länge commensurabel

einer Binomiale,	so ist sie eine Binomiale derselben Ordnung
einer Bimediale,	„ „ „ „ Bimediale „ „
einer gröfseren Irrationale,	„ „ „ „ gröfsere Irrationale

u. s. w. mit einer ein Rationales und Mediales und mit einer zwei Mediale Potenzirende.

Es geht die Richtigkeit dieser Sätze unmittelbar aus den für die Irrationalen aufgestellten algebraischen Formen hervor:

Die erste Binomiale $= A + A\sqrt{\frac{n^2 - m^2}{n^2}}$

„ zweite „ $= A + A\sqrt{\frac{m^2}{n^2 - m^2}}$

„ dritte „ $= A\sqrt{\frac{n^2}{p}} + A\sqrt{\frac{n^2 - m^2}{p}}$

„ vierte „ $= A + A\sqrt{\frac{n^2 - m}{n^2}}$

„ fünfte „ $= A + A\sqrt{\frac{n^2 + m^2}{m^2}}$

„ sechste „ $= A\sqrt{\frac{n^2}{p}} + A\sqrt{\frac{n^2 - m}{p}}$

„ erste Bimediale $= A\sqrt[4]{mn} + A\sqrt[4]{\frac{n^3}{m}} = A\sqrt[4]{mn} + nA\sqrt[4]{\frac{1}{mn}}$

„ zweite „ $= A\sqrt[4]{mn} + A\sqrt[4]{mn^3} = A\sqrt[4]{mn} + nA\sqrt[4]{\frac{m}{n}}$

„ gröfsere Irrationale $= A\sqrt{1 + \sqrt{m}} + A\sqrt{1 - \sqrt{m}}$

„ ein Rationales und Mediales Potenzirende

$$= A\sqrt[4]{m}\sqrt{1 + \sqrt{1 - m}} + A\sqrt[4]{m}\sqrt{1 - \sqrt{1 - m}}$$

„ zwei Mediale Potenzirende

$$= A\sqrt[4]{m}\sqrt{1 + \sqrt{\frac{p^2}{p^2 + q^2}}} + A\sqrt[4]{m}\sqrt{1 - \sqrt{\frac{p^2}{p^2 + q^2}}}$$

Bei der wesentlichen Verschiedenheit der Form jeder einzelnen Linie von allen übrigen sind die vorstehenden Sätze unmittelbar als richtig anzuerkennen.

Die Beweise Euklids sind, algebraisch ausgedrückt, folgende.

$\frown$ bedeutet: In Länge commensurabel.

$\frown$ bedeutet: In Potenz commensurabel.

n und m können je nach der Ordnung der Binomialen auch $= 1$ sein.

I. Es sei die betreffende Binomiale in

ihre Namen zerlegt $A\sqrt{n} + A\sqrt{m}$. C, D seien 2 Linien, so dafs $C + D \cap A\sqrt{n} + A\sqrt{m}$ und dafs

$$A\sqrt{n} + A\sqrt{m} : C + D = A\sqrt{n} : C \qquad (1)$$

so ist $A\sqrt{m} : D = A\sqrt{n} + A\sqrt{m} : C + D$ (2)

weil nun, wie der Satz voraussetzt

$$A\sqrt{n} + A\sqrt{m} \cap C + D \qquad (3)$$

so ist auch $A\sqrt{n} \cap C$
und $A\sqrt{m} \cap D$ (4)

Nun ist $A\sqrt{n} : C = A\sqrt{m} : D$ (aus 1 und 2) (5)

also $A\sqrt{n} : A\sqrt{m} = C : D$ (6)

Da nun $A\sqrt{n} \cap A\sqrt{m}$
so ist auch $C \cap D$
folglich sind C, D rational, blofs in Potenz commensurabel und $C + D$ ist eine Binomiale.

Ist nun $A\sqrt{n} + A\sqrt{m}$ die erste, oder die zweite oder die dritte Binomiale, $A\sqrt{n} > A\sqrt{m}$, so ist nach No. 24, wenn E eine beliebige Rationallinie bedeutet:

$$\sqrt{(A^2n - A^2m)} = E\sqrt{n} \, (\cap A\sqrt{n})$$

Nun ist aus Gleichung 6

$$A^2n : A^2m = C^2 : D^2$$

hieraus

$$\sqrt{(A^2n - A^2m)} : \sqrt{C^2 - D^2} = A\sqrt{n} : C$$

oder $E\sqrt{n} : \sqrt{C^2 - D^2} = A\sqrt{n} : C$

mithin nach Gleichung 4

$$\sqrt{C^2 - D^2} \cap E\sqrt{n}$$

Es potenzirt also der gröfsere Name C über den kleineren Namen D um eine dem gröfseren Namen in Länge commensurabele Linie $E\sqrt{n}$ und es ist $C + D$ die Binomiale derselben Ordnung mit $A\sqrt{n} + A\sqrt{m}$.

Ist aber $A\sqrt{n} + A\sqrt{m}$ die vierte oder fünfte oder sechste Binomiale $A\sqrt{n} > A\sqrt{m}$, so ist No. 24

$$\sqrt{(A^2n - A^2m)} = E\sqrt{n + p}$$

man erhält

$$E\sqrt{n+p} : \sqrt{C^2 - D^2} = A\sqrt{n} : C$$

Es ist also $\sqrt{C^2 - D^2} \cap E\sqrt{n+p}$

Es potenzirt also C über D um eine der Linie $E\sqrt{n+p}$ in Länge commensurabele Linie, mithin um eine der Linie $A\sqrt{n}$ in Länge incommensurabele Linie und es ist $C + D$ eine Binomiale derselben Ordnung mit $A\sqrt{n} + B\sqrt{m}$.

II. Es sei die betreffende Bimediale in ihre Namen zerlegt:

$A\sqrt[4]{n} + A\sqrt[4]{m}$; C, D zwei Linien

so dafs $C + D \cap A\sqrt[4]{n} + A\sqrt[4]{m}$ (1)
und

$$A\sqrt[4]{n} + A\sqrt[4]{m} : C + D = A\sqrt[4]{n} : C = A\sqrt[4]{m} : D \quad (2)$$

folglich aus 1 und 2

$$A\sqrt[4]{n} \cap C \text{ und } A\sqrt[4]{m} \cap D \qquad (3)$$

Da nun $A\sqrt{n} \cap A\sqrt{m}$, so ist auch $C \cap D$ und folglich $C + D$ eine Bimediale.

Nun folgt aus Gleichung 2:

$$A^2\sqrt{n} : A^2\sqrt[4]{n} \cdot \sqrt[4]{m} = C^2 : CD$$

Da nun nach Vergleichung 3

$$A^2\sqrt{n} \cap C^2$$

so ist auch $A^2\sqrt[4]{nm} \cap CD$

Ist nun $A^2\sqrt[4]{nm} \cap$ einem Rationalen E^2, so ist es auch CD; und ist $A\sqrt[4]{nm} \cap E^2$, so ist es auch CD.

Im ersten Fall, wo $A\sqrt[4]{n} + A\sqrt[4]{m}$ die erste Bimediale ist, ist also auch $C + D$ die erste Bimediale; im zweiten Fall ist mit $A\sqrt[4]{n} + \sqrt[4]{m}$ auch $C + D$ die zweite Bimediale.

III. Es sei die betreffende gröfsere Irrationale in ihre Namen zerlegt: $A\sqrt{n} + A\sqrt{m} \cap C + D$, so soll $C + D$ desgleichen eine gröfsere Irrationale sein. D. h. $C \cup D$; $C \cdot D = E^2\sqrt{n}$ und $C^2 + D^2 = F^2$, wo E und F Rationallinien sind.

Es sei wieder

$$A\sqrt{n} + A\sqrt{m} : C + D = A\sqrt{n} : C = A\sqrt{m} : D \quad (1)$$

Da nun $A\sqrt{n} \cup A\sqrt{m}$
so ist 1. auch $C \cup D$

Ferner ist aus 1.

$$(A\sqrt{n} + A\sqrt{m})^2 : (C + D)^2 = A^2n : C^2 = A^2m : D^2$$

Da nun $(A\sqrt{n} + A\sqrt{m})^2 \cap (C + D)^2$
so ist auch $A^2n \cap C^2$
und $A^2m \cap D^2$

Da nun $A^2n + A^2m$ rational
so ist 2. $C^2 + D^2$ rational $= F^2$

Wie ad II. findet man $A^2 \cdot \sqrt[4]{mn} \cap CD$. Da nun $A^2 \cdot \sqrt{mn}$ ein Mediales ist, so ist 3. auch $CD =$ ein Mediales $E^2\sqrt{p}$.

Es ist mithin $C + D$ die gröfsere Irrationale.

IV. Es sei die betreffende Ein Rationales und Mediales Potenzirende in ihre Namen zerlegt: $A\sqrt[4]{p}\sqrt{n} + A\sqrt[4]{p}\sqrt{m} \cap C + D$, so soll $C + D$ dieselbe Irrationallinie sein; nämlich $C \cup D$, $CD = E^2$ und $C^2 + D^2 = F^2\sqrt{q}$

Es ist wieder

$$A\sqrt[4]{p}\sqrt{n} + B\sqrt[4]{p}\sqrt{m} : C + D$$
$$= A\sqrt[4]{p}\sqrt{n} : C = B\sqrt[4]{p}\sqrt{m} : D \quad (1)$$

Da nun $A\sqrt[4]{p}\sqrt{n} \cup B\sqrt[4]{p} \cdot \sqrt{m}$ (2)

so ist 1. auch $C \cup D$

Ferner ist aus der Proportion 1 wie ad III.

$$nA^2\sqrt{p} \cap C^2 \text{ und } mB^2\sqrt{p} \cap D^2 \qquad (3)$$

Da nun $nA^2\sqrt{p} + mB^2\sqrt{p}$ ein Mediales, so ist auch 2. $C^2 + D^2$ ein Mediales $F^2\sqrt{q}$.

Nun ist 3. aus Proportion 1

$$nA^2\sqrt{p} : C^2 = AB\sqrt{p}\cdot\sqrt{nm} : CD$$

und aus der Vergleichung 3

$$nA^2\sqrt{p} \cap C^2$$

so ist auch $AB\sqrt[4]{p}\sqrt{nm} \cap CD$

Da nun $AB\sqrt[4]{p}\sqrt{nm}$ ein Rationales ist, so ist auch CD ein Rationales und es ist $C + D$ die ein Rationales und Mediales Potenzirende.

V. Es sei die betreffende Zwei Mediale Potenzirende in ihre Namen zerlegt $A\sqrt[4]{p}\sqrt{n} + B\sqrt[4]{p}\sqrt{m} \cap C + D$, so soll CD dieselbe Irrationale sein, d. h. $C \cup D$, CD ein Mediales $F^2\sqrt{q}$ und $C^2 + D^2$ ein Mediales, welches diesem Medialen incommensurabel ist $= F^2\sqrt{r}$.

Der Beweis ist wie der ad VI.

38. Durch die Zusammensetzung eines Rationalen (Rectangels) mit einem Medialen (Rectangel) entstehen 4 Irrationalen (deren Quadrate einzeln beiden Rectangeln zusammengenommen gleich sind) entweder die Binomiale oder die erste Bimediale oder die gröfsere Irrationale oder die ein Rationales und Mediales Potenzirende (Satz 72).

Ist AR das rationale Rectangel, F das mediale, so kann dieses in eine von den Dimensionen $AR\sqrt{m}$ verwandelt werden. Man hat demnach das gegebene zusammen gesetzte Rectangel

$$AR + AR\sqrt{m}.$$

In der Seite $A + A\sqrt{m}$ kann nun $A > A\sqrt{m}$ oder $A < A\sqrt{m}$ sein.

Im ersten Fall hat die Seite die Form (s. No. 37)

entweder der ersten Binomiale

$$A + A\sqrt{\frac{n^2-m^2}{n^2}} \qquad (1)$$

oder der vierten Binomiale

$$A + A\sqrt{\frac{n^2-m}{n^2}} \qquad (2)$$

Im 2ten Fall hat die Seite die Form entweder der zweiten Binomiale

$$A + A\sqrt{\frac{n^2}{n^2-m^2}} \qquad (3)$$

oder der fünften Binomiale

$$A + A\sqrt{\frac{n^2+m^2}{m^2}} \qquad (4)$$

In dem Fall 1 potenzirt den Raum $RA\left(1+\sqrt{\frac{n^2-m^2}{n^2}}\right)$ nach No. 31 (Satz 55) eine Binomiale.

In dem Fall 2 potenzirt den Raum $RA\left(1+\sqrt{\frac{n^2-m}{n^2}}\right)$ nach No. 34 (Satz 58) eine gröfsere Irrationale.

In dem Fall 3 potenzirt den Raum $RA\left(1+\sqrt{\frac{n^2}{n^2-m^2}}\right)$ nach No. 32 (Satz 56) eine erste Bimediale.

In dem Fall 4 potenzirt den Raum $RA\left(1+\sqrt{\frac{n^2+m^2}{n^2}}\right)$ nach No. 35 (Satz 59) eine ein Rationales und Mediales Potenzirende.

39. Durch die Zusammensetzung zweier incommensurabelen Medialen entstehen die beiden übrigen Irrationallinien; entweder die zweite Bimediale oder die zwei Mediale Potenzirende.

Die beiden Rectangel haben die allgemeine Form $RA\sqrt{n} + RA\sqrt{m}$ die Seite $A(\sqrt{n}+\sqrt{m})$ ist eine Binomiale. In derselben ist $A\sqrt{n}$ entweder gröfser oder kleiner als $A\sqrt{m}$. Wenn aber die Seite eine Binomiale bleiben soll, so ist Ersteres nur möglich; und zwar ist sie dann entweder eine 3te Binomiale

$$A\sqrt{\frac{n^2}{p}} + A\sqrt{\frac{n^2-m^2}{p}}$$

oder eine 6te Binomiale

$$A\sqrt{\frac{n^2}{p}} + A\sqrt{\frac{n^2-m}{p}}$$

In dem ersten Fall potenzirt den Raum $RA\left(\sqrt{\frac{n^2}{p}}+\sqrt{\frac{n^2-m^2}{p}}\right)$ nach No. 33 (Satz 57) eine zweite Bimediale.

In dem zweiten Fall potenzirt den Raum $RA\left(\sqrt{\frac{n^2}{p}}+\sqrt{\frac{n^2-m}{p}}\right)$ nach No. 36 (Satz 60) eine Zwei Mediale Potenzirende.

In den 11 Formeln No. 37 ist $n > m$ angenommen. Es gibt also keine der Binomialen für die Bedingung, dafs der erste Name kleiner sei als der zweite. Nimmt man für die verlangte Rectangelbildung die beiden Bimedialen so hat man

Die erste Bimediale

$$= A\sqrt[4]{mn} + nA\sqrt[4]{\frac{1}{mn}}$$

Der schon in den früheren Nummern gedachten Construction zufolge hat man

$$B = \tfrac{1}{2}A\sqrt[4]{\frac{1}{mn}}\left(n - \sqrt{(n-m)}\right)$$

$$A - B = \frac{1}{2}A\sqrt[4]{\frac{1}{mn}}\left(n + \sqrt{n(n-m)}\right)$$

Die potenzirende Linie

$$L = \sqrt{R(A-B)} + \sqrt{RB}$$

$$= \sqrt{\frac{1}{2}AR\sqrt[4]{\frac{1}{mn}}\left(n + \sqrt{n(n-m)}\right)} + \sqrt{\frac{1}{2}AR\sqrt[4]{\frac{1}{mn}}\left(n - \sqrt{n(n-m)}\right)}$$

Jeder Name der Linie ist medial, beide Namen sind in Potenz incommensurabel, beide enthalten ein Mediales $= \frac{1}{2}RA\sqrt[4]{mn}$; die Summe ihrer Quadrate ein Mediales $= RA\sqrt[4]{\frac{m^3}{n}}$ welches mit jenem Medialen incommensurabel ist. Demnach ist die potenzirende Linie L eine zwei Mediale Potenzirende.

Die zweite Bimediale

$$A\sqrt[4]{mn} + nA\sqrt[4]{\frac{m}{n}}$$

Hier ist $B = \frac{1}{2}A\sqrt[4]{\frac{m}{n}}\left(n - \sqrt{n(n-1)}\right)$

$$A - B = \frac{1}{2}A\sqrt[4]{\frac{m}{n}}\left(n + \sqrt{n(n-1)}\right)$$

Die potenzirende Linie

$$L = \sqrt{R(A-B)} + \sqrt{RB}$$

$$\sqrt{\frac{1}{2}RA\sqrt[4]{\frac{m}{n}}\left(n + \sqrt{n^2-n}\right)} + \sqrt{\frac{1}{2}RA\sqrt[4]{\frac{m}{n}}\left(n - \sqrt{n^2-n}\right)}$$

Jeder Name der Linie ist medial, beide Namen sind in Potenz incommensurabel, beide enthalten ein Mediales $= \frac{1}{2}RA\sqrt[4]{mn}$. Die Summe beider Quadrate ist medial $= RA\sqrt[4]{mn^3} = RAn\sqrt[4]{\frac{m}{n}}$ mit dem ersten Medialen incommensurabel. Demnach ist die potenzirende Linie L eine zwei Mediale Potenzirende.

Von den durch das Wegnehmen entstehenden sechs Irrationallinien.

40. Wird von einer Rationallinie eine andere ihr blofs in Potenz commensurabele weggenommen, so ist der Rest irrational und heifst Apotome (Satz 74).

41. Wird von einer Mediallinie eine andere, die ihr blofs in Potenz commensurabel ist und mit ihr ein Rationales enthält, weggenommen, so ist der Rest irrational und heifst die erste Medialapotome (Satz 75).

42. Wird von einer Mediallinie eine andere, die ihr blofs in Potenz commensurabel ist, und mit ihr ein Mediales enthält, weggenommen, so ist der Rest irrational und heifst die zweite Medialapotome (Satz 76).

43. Wird von einer Linie eine andere, die ihr in Potenz incommensurabel ist und ihre Quadrate zusammen zu einem Rationalen, das doppelte des unter ihnen enthaltenen Rectangels aber zu einem Medialen macht, weggenommen, so ist der Rest irrational und heifst die kleinere Irrationale (Satz 77).

44. Wird von einer Linie eine andere, die ihr in Potenz incommensurabel ist, und ihre Quadrate zusammen zu einem Medialen, das doppelte des unter ihnen enthaltenen Rectangels aber zu einem Rationalen macht, weggenommen, so ist der Rest irrational und heifst die mit einem Rationalen ein mediales Ganze Gebende (Satz 78).

45. Wird von einer Linie eine andere, die ihr in Potenz incommensurabel ist, ihre Quadrate zusammen zu einem Medialen und das Doppelte des unter ihnen enthaltenen Rectangels gleichfalls zu einem Medialen macht, das aber jenem incommensurabel ist, weggenommen, so ist der Rest irrational und heifst die mit einem Medialen ein mediales Ganze Gebende (Satz 79).

46. Mit Hülfe der Formeln No. 17 bis 22 findet man die Formen der 6 Irrationallinien:

Die Apotome $A - A\sqrt{m}$

Die erste Medialapotome $A\sqrt[4]{mn} - A\sqrt[4]{\frac{m^3}{n}}$

Die zweite Medialapotome $A\sqrt[4]{mn} - A\sqrt[4]{mn^3}$

Die kleinere Irrationale $A\sqrt{1+\sqrt{m}} - A\sqrt{1-\sqrt{m}}$

Die mit einem Rationalen ein mediales Ganze Gebende

$$A\sqrt[4]{m}\sqrt{1+\sqrt{1+m}} - A\sqrt[4]{m}\sqrt{1-\sqrt{1+m}}$$

Die mit einem Medialen ein mediales Ganze Gebende

$$A\sqrt[4]{m}\sqrt{1+\sqrt{\frac{p^2}{p^2+q^2}}} - A\sqrt[4]{m}\sqrt{1-\sqrt{\frac{p^2}{p^2+q^2}}}$$

47. Die folgenden sechs Sätze von Satz 60 bis 65 sind Lehrsätze, die das Umgekehrte der Erklärungssätze (Satz 74 bis 79) beweisen. Sie lauten mit den algebraisch geführten Nachweisen wie folgt und sind mit den Formeln No. 46 als richtig erwiesen.

Satz 60. An die Apotome $(A - A\sqrt{m})$ fügt sich nur eine einzige Rationallinie $(A\sqrt{m})$, die mit der ganzen A bloſs in Potenz commensurabel ist.

Denn eine andere $(A\sqrt{n})$ hinzugefügt würde die Ganze $(A - A\sqrt{m} + A\sqrt{n})$ geben, mit welcher $A\sqrt{n}$ in Potenz incommensurabel ist.

Satz 61. An die erste Medialapotome $\left(A\sqrt[4]{mn} - A\sqrt[4]{\frac{n^3}{m}}\right)$ fügt sich nur eine einzige Mediallinie $\left(A\sqrt[4]{\frac{n^3}{m}}\right)$ die der ganzen $(A\sqrt[4]{mn})$ bloſs in Potenz commensurabel ist und mit der Ganzen ein Rationales enthält. Denn eine andere $(A\sqrt[4]{m})$ hinzugefügt würde die Ganze $\left(A\sqrt[4]{mn} - A\sqrt[4]{\frac{n^3}{m}} + A\sqrt[4]{m}\right)$ geben, mit welcher $A\sqrt[4]{m}$ in Potenz incommensurabel ist.

Satz 62. An die zweite Medialapotome $(A\sqrt[4]{mn} - A\sqrt[4]{mn^3})$ fügt sich nur eine einzige Mediallinie $(A\sqrt[4]{mn^3})$, die der ganzen $(A\sqrt[4]{mn})$ bloſs in Potenz commensurabel ist und mit derselben ein Mediales enthält.

Grund wie im vorigen Satz.

Satz 63. An die kleinere Irrationale $(A\sqrt{1+\sqrt{m}} - A\sqrt{1-\sqrt{m}})$ fügt sich nur eine einzige Linie $(A\sqrt{1-\sqrt{m}})$, die der ganzen u. s. w.

Satz 64. An die mit einem Rationalen ein Mediales Ganze Gebende $(A\sqrt[4]{m}\sqrt{1+\sqrt{1+m}} - A\sqrt[4]{m}\sqrt{1-\sqrt{1+m}})$ fügt sich nur eine einzige Linie $(A\sqrt[4]{m}\sqrt{1-\sqrt{1+m}})$ die der ganzen u. s. w.

Satz 65. An die mit einem Medialen ein mediales Ganze Gebende $\left(A\sqrt[4]{m}\sqrt{1+\sqrt{\frac{p^2}{p^2-q^2}}} - A\sqrt[4]{m}\sqrt{1-\sqrt{\frac{p^2}{p^2+q^2}}}\right)$ fügt sich nur eine einzige Linie $\left(A\sqrt[4]{m}\sqrt{1-\sqrt{\frac{p^2}{p^2+q^2}}}\right)$ die der ganzen u. s. w.

Erklärung der sechs Ordnungen von den Apotomen.

48. Eine Apotome, an die sich eine Linie fügt, so daſs die ganze aus beiden bestehende Linie um das Quadrat einer ihr in Länge commensurabelen Linie über die angefügte potenzirt, heiſst die erste Apotome, wenn solche ganze Linie einer angenommenen Rationallinie in Länge commensurabel ist.

Die zweite Apotome, wenn die angefügte Linie,

Die dritte Apotome, wenn keine von beiden solcher Rationallinie in Länge commensurabel ist.

Eine Apotome, an die sich eine Linie fügt, so daſs die ganze aus beiden bestehende Linie um das Quadrat einer ihr in Länge incommensurabelen Linie über die angefügte potenzirt, heiſst

Die vierte Apotome, wenn solche ganze Linie der angenommenen Rationallinie in Länge commensurabel ist.

Die fünfte Apotome, wenn die angefügte Linie,

Die sechste Apotome, wenn keine von beiden solcher Rationallinie in Länge commensurabel ist.

49. Die erste Apotome zu finden (Satz 86).

Nimm 2 Quadratzahlen n^2, m^2, deren Differenz $n^2 - m^2$ keine Quadratzahl ist; ferner eine Rationallinie A, setze

$$n^2 : n^2 - m^2 = A^2 : X^2$$

so ist $X = A\sqrt{\frac{n^2-m^2}{n^2}}$ und es ist $A - A\sqrt{\frac{n^2-m^2}{n^2}}$ die erste Apotome. Die anzufügende Linie ist die Linie X; denn da A und $A\sqrt{\frac{n^2-m^2}{n^2}}$ bloſs in Potenz commensurabel sind, so ist nach No. 40 $A - A\sqrt{\frac{n^2-m^2}{n^2}}$ eine Apotome.

Nun ist

$$\left(A - A\sqrt{\frac{n^2-m^2}{n^2}}\right) - A\sqrt{\frac{n^2-m^2}{n^2}} = A$$

die Ganze

und $A^2 - \left(A\sqrt{\frac{n^2-m^2}{n^2}}\right)^2 = \left(\frac{m}{n}A\right)^2$

also potenzirt die Ganze A über die angefügte um das Quadrat einer ihr in Länge commensurabelen Linie $\frac{m}{n}A$, und die Ganze A ist eine Rationallinie.

50. **Die zweite Apotome zu finden** (Satz 87).

Nimm zwei Quadratzahlen n^2, m^2, deren Differenz keine Quadratzahl ist; ferner eine Rationallinie A, setze

$$n^2 - m^2 : n^2 = A^2 : X^2$$

so ist $X - A = A\sqrt{\frac{n^2}{n^2-m^2}}$

und $L = A\sqrt{\frac{n^2}{n^2-m^2}} - A$ die zweite Apotome.

Denn die Linie L ist nach No. 40 eine Apotome; ferner ist

$$\left(A\sqrt{\frac{n^2}{n^2-m^2}}\right)^2 - A^2 = \left(A\sqrt{\frac{m^2}{n^2-m^2}}\right)^2$$

D. h. die ganze Linie $A\sqrt{\frac{n^2}{n^2-m^2}}$ potenzirt über die angefügte A um das Quadrat einer der ersten in Länge commensurabelen Linie $A\sqrt{\frac{m^2}{n^2-m^2}}$ und die angefügte Linie A ist rational.

51. **Die dritte Apotome zu finden** (Satz 88).

Nimm zwei Quadratzahlen n^2, m^2, deren Differenz $n^2 - m^2$ keine Quadratzahl ist, ferner eine dritte Zahl p, die weder mit n noch mit m noch mit $n^2 - m^2$ in dem Verhältniss einer Quadratzahl steht, A sei eine Rationalzahl. Setze

$$p : n^2 = A^2 : X^2$$
$$n^2 : n^2 - m^2 = X^2 : Y^2$$

hieraus $X = A\sqrt{\frac{n^2}{p}}$

und $Y = A\sqrt{\frac{n^2-m^2}{p}}$

$L = X - Y = A\sqrt{\frac{n^2}{p}} - A\sqrt{\frac{n^2-m^2}{p}}$ die dritte Apotome.

Denn die Linie L ist nach No. 40 eine Apotome. Ferner ist

$$\left(A\sqrt{\frac{n^2}{p}}\right)^2 - \left(A\sqrt{\frac{n^2-m^2}{p}}\right)^2 = \left(A\sqrt{\frac{m^2}{p}}\right)^2$$

D. h. die ganze Linie $A\sqrt{\frac{n^2}{p}}$ potenzirt über die angefügte $A\sqrt{\frac{n^2-m^2}{p}}$ um das Quadrat einer der ersten in Länge commensurabele Linie $A\sqrt{\frac{m^2}{p}}$ und weder die ganze noch die angefügte Linie ist rational.

52. **Die vierte Apotome zu finden** (Satz 89).

Nimm zwei Zahlen, die keine Quadratzahlen sind, deren Summe aber eine Quadratzahl ist: $n^2 + nm$ und $m^2 + nm$.

Setze $n^2 + mn : n^2 = A^2 : X^2$

so ist $L = A - X = A - A\sqrt{\frac{n}{n+m}}$ die **gesuchte vierte Apotome.**

Denn die Linie L ist nach No. 40 eine Apotome. Ferner ist $A^2 - \left(A\sqrt{\frac{n}{n+m}}\right)^2 = \left(A\sqrt{\frac{m}{n+m}}\right)^2$. D. h. die Ganze A potenzirt über die Angefügte $\left(A\sqrt{\frac{n}{n+m}}\right)$ um das Quadrat der Linie $A\sqrt{\frac{m}{n+m}}$, einer der Ganzen incommensurabelen Linie, und die Ganze A ist eine Rationallinie.

53. **Die fünfte Apotome zu finden** (Satz 90).

Nimm 2 Quadratzahlen n^2, m^2, deren Summe $m^2 + n^2$ keine Quadratzahl ist.

Setze $n^2 : n^2 + m^2 = A^2 : X^2$

und es ist $L = X - A = A\sqrt{\frac{n^2+m^2}{n^2}} - A$ die fünfte Apotome.

Denn nach No. 40 ist L eine Apotome; ferner ist

$$\left(A\sqrt{\frac{n^2+m^2}{n^2}}\right)^2 - A^2 = \left(\frac{m}{n}A\right)^2$$

D. h. die Ganze potenzirt über die Angefügte um das Quadrat einer der ersten incommensurabelen Linie $\frac{m}{n}A$, und die angefügte Linie ist rational.

54. **Die sechste Apotome zu finden** (Satz 91).

Nimm 3 Zahlen m, n, p die keine Quadratzahlen sind. Setze

$$m : n = A^2 : X^2$$
$$n : p = X^2 : Y^2$$

so ist $L = X - Y = A\sqrt{\frac{n}{m}} - A\sqrt{\frac{p}{m}}$ die sechste Apotome. Denn L ist nach No. 40 eine Apotome, ferner weder die Ganze noch die Angefügte rational und die Ganze potenzirt über die angefügte um das Quadrat einer Linie $\left(A\sqrt{\frac{n-p}{m}}\right)$ welche der Ganzen in Länge incommensurabel ist.

55. Den unter einer Rationallinie (R) und der ersten Apotome $\left(A - A\sqrt{\frac{n^2-m^2}{n^2}}\right)$ enthaltenen Raum potenzirt eine Apotome (Satz 91).

Der euklidischen Construction zufolge, wenn x eine Hülfslinie ist entsteht folgendes Calcül:

$$(A - X)\,X = \left(\tfrac{1}{2}A\sqrt{\frac{n^2-m^2}{n^2}}\right)^2$$

woraus $$X = \tfrac{1}{2}A\left(1 - \frac{m}{n}\right)$$

$$A - X = \tfrac{1}{2}A\left(1 + \frac{m}{n}\right)$$

Die potenzirende Linie ist

$$L = \sqrt{\tfrac{1}{2}AR\left(1 + \frac{m}{n}\right)} - \sqrt{\tfrac{1}{2}AR\left(1 - \frac{m}{n}\right)}$$

Sie ist der Form nach eine Apotome und ihr Quadrat ist = dem Rectangel $AR\left(1 - \sqrt{\frac{n^2-m^2}{n^2}}\right)$.

56. Den unter einer Rationallinie (R) und der zweiten Apotome $\left(A\sqrt{\frac{n^2}{n^2-m^2}} - A\right)$ enthaltenen Raum potenzirt die erste Medialapotome (Satz 93).

Hier hat man

$$\left(A\sqrt{\frac{n^2}{n^2-m^2}} - X\right)X = \tfrac{1}{4}A^2$$

woraus $$X = \tfrac{1}{2}A\,\frac{n-m}{\sqrt{n^2-m^2}}$$

$$A - X = \tfrac{1}{2}A\,\frac{n+m}{\sqrt{n^2-m^2}}$$

Die potenzirende Linie

$$L = \sqrt{\tfrac{1}{2}AR\,\frac{n+m}{\sqrt{n^2-m^2}}} - \sqrt{\tfrac{1}{2}AR\,\frac{n-m}{\sqrt{n^2-m^2}}}$$

$$= \sqrt{\tfrac{1}{2}AR\sqrt{\frac{n+m}{n-m}}} - \sqrt{\tfrac{1}{2}AR\sqrt{\frac{n-m}{n+m}}}$$

also wie No. 32 ist

$$L = \sqrt{\tfrac{1}{2}AR}\left[\sqrt[4]{pq} - \frac{1}{p}\sqrt{\frac{p^3}{q}}\right]$$

$$L = \sqrt{\tfrac{1}{2}AR}\left[\sqrt[4]{\frac{n+m}{n-m}} - (n-m)\sqrt[4]{\left(\frac{1}{n-m}\right)^3 \cdot \left(\frac{1}{n+m}\right)}\right]$$

oder $$L = \sqrt{\tfrac{1}{2}AR}\left[\sqrt[4]{\frac{n+m}{n-1}} - \frac{1}{n+m}\sqrt{(n+m)^3\,(n-m)}\right]$$

L ist also nach No. 46 eine erste Medialapotome (s. No. 46).

Die Form No. 46 für die erste Medialapotome ist die einfachste. Hier in der so eben entwickelten Formel hat die zweite Wurzel der Klammergröße noch einen Factor; man übersieht aber und kann sich durch Versuch überzeugen, daß die Formel allen Anforderungen von No. 41 entspricht.

57. Den unter einer Rationallinie (R) und der dritten Apotome $\left(A\sqrt{\frac{n^2}{p}} - A\sqrt{\frac{n^2-m^2}{p}}\right)$ enthaltenen Raum potenzirt die zweite Medialapotome (Satz 94).

Hier hat man

$$\left(A\sqrt{\frac{n^2}{p}} - X\right)X = \tfrac{1}{4}A^2\,\frac{n^2-m^2}{p}$$

woraus

$$X = \tfrac{1}{2}A\,\frac{n-m}{\sqrt{p}} \text{ und } A - X = \tfrac{1}{2}A\,\frac{n+m}{\sqrt{p}}$$

Die potenzirende Linie

$$L = \sqrt{\tfrac{1}{2}AR\,\frac{n+m}{\sqrt{p}}} - \sqrt{\tfrac{1}{2}AR\,\frac{n-m}{\sqrt{p}}}$$

$$= \sqrt{\tfrac{1}{2}AR}\left(\frac{\sqrt{n+m}}{\sqrt[4]{p}} - \frac{\sqrt{n-m}}{\sqrt[4]{p}}\right)$$

Dieser Ausdruck potenzirt die gegebene dritte Apotome. Die Linie L hat alle die Eigenschaften vermöge deren sie nach No. 41 die 2te Medialapotome ist. Um ihn in die Form (No. 46):

$L = A\sqrt[4]{MN} - A\sqrt[4]{MN^3}$ zu bringen setze man $M = \frac{(n+m)^2}{p(n-m)}$ und $N = \frac{n-m}{n+m}$ so erhält man die Klammergröfse

$$= \sqrt[4]{\frac{(n+m)^2}{p(n-m)} \cdot \frac{n-m}{n+m}} - \sqrt[4]{\frac{(n+m)^2}{p(n-m)} \cdot \left(\frac{n-m}{n+m}\right)^3}$$

58. Den unter einer Rationallinie (R) und der vierten Apotome $\left(A - A\sqrt{\frac{n}{n+m}}\right)$ enthaltenen Raum potenzirt die kleinere Irrationale (Satz 95).

Hier hat man

$$(A - X)X = \tfrac{1}{4}A^2 \frac{n}{n+m}$$

woraus

$$X = \tfrac{1}{2}A\left(1 - \sqrt{\frac{m}{n+m}}\right)$$

$$A - X = \tfrac{1}{2}A\left(1 + \sqrt{\frac{m}{n+m}}\right)$$

Die potenzirende Linie ist

$$\sqrt{\tfrac{1}{2}AR\left(1 + \sqrt{\frac{m}{n+m}}\right)} - \sqrt{\tfrac{1}{2}AR\left(1 - \sqrt{\frac{m}{n+m}}\right)}$$

Diese Linie ist nach No. 46 die kleinere Irrationale, und sie potenzirt den gegebenen Raum $R\left(A - A\sqrt{\frac{n}{n+m}}\right)$ (Satz 96).

59. Den unter einer Rationallinie (R) und der fünften Apotome $\left(A\sqrt{\frac{n^2+m^2}{n^2}} - A\right)$ enthaltenen Raum potenzirt die mit einem Rationalen ein mediales Ganze Gebende

Hier hat man

$$\left(A\sqrt{\frac{n^2+m^2}{n^2}} - X\right)X = \tfrac{1}{4}A^2$$

woraus

$$X = \tfrac{1}{2}A\left(\sqrt{\frac{n^2+m^2}{n^2}} - \frac{m}{n}\right)$$

$$A - X = \tfrac{1}{2}A\left(\sqrt{\frac{n^2+m^2}{n^2}} + \frac{m}{n}\right)$$

Die potenzirende Linie ist

$$L = \sqrt{\tfrac{1}{2}AR\left(\sqrt{\frac{n^2+m^2}{n^2}} + \frac{m}{n}\right)} - \sqrt{\tfrac{1}{2}AR\left(\sqrt{\frac{n^2+m^2}{n^2}} - \frac{m}{n}\right)}$$

Diese Linie ist nach No. 44 die verlangte Irrationallinie. Um sie in die Form No. 46 zu bringen, multiplicire in jeder der beiden Wurzelgröfsen vor der Klammer mit $\sqrt{\frac{n^2+m^2}{n^2}}$ und dividire mit derselben in der Klammer, so erhält man

$$\sqrt{\tfrac{1}{2}AR}\,\sqrt[4]{\frac{n^2+m^2}{n^2}}\,\sqrt{1 + \sqrt{\frac{m^2}{n^2+m^2}}} - \sqrt{\tfrac{1}{2}AR}\,\sqrt[4]{\frac{n^2+m^2}{n^2}}\,\sqrt{1 - \sqrt{\frac{m^2}{n^2+m^2}}}$$

60. Den unter einer Rationallinie (R) und der sechsten Apotome $\left(A\sqrt{\frac{n}{m}} - A\sqrt{\frac{p}{m}}\right)$ enthaltenen Raum potenzirt die mit einem Medialen ein mediales Ganze Gebende (Satz 97).

Hier hat man

$$\left(A\sqrt{\frac{n}{m}} - X\right)X = \tfrac{1}{4}A^2 \frac{p}{m}$$

woraus

$$X = \tfrac{1}{2}A\left(\sqrt{\frac{n}{m}} - \sqrt{\frac{n-p}{m}}\right)$$

und

$$A - X = \tfrac{1}{2}A\left(\sqrt{\frac{n}{m}} + \sqrt{\frac{n-p}{m}}\right)$$

Die potenzirende Linie ist

$$\sqrt{\tfrac{1}{2}AR\left(\sqrt{\frac{n}{m}} + \sqrt{\frac{n-p}{m}}\right)} - \sqrt{\tfrac{1}{2}AR\left(\sqrt{\frac{n}{m}} - \sqrt{\frac{n-p}{m}}\right)}$$

Diese Linie ist nach No. 45 die verlangte Irrationallinie. Um sie in die Form No. 46 zu bringen, verfährt man wie No. 59, und man erhält

$$\sqrt{\tfrac{1}{2}AR}\cdot\sqrt[4]{\frac{n}{m}}\sqrt{1+\sqrt{\frac{n-p}{n}}}-\sqrt{\tfrac{1}{2}AR}\sqrt[4]{\frac{n}{m}}\sqrt{1-\sqrt{\frac{n-p}{n}}}$$

61. Die sechs Sätze 98 bis 103 lauten zusammengezogen wie folgt:

Das an einer Rationallinie (R) entworfene Rectangel wenn es gleich ist

dem Quadrat . . . . hat zur Breite
einer Apotome . . . . die erste Apotome
„ ersten Medialapotome . . . . die zweite „
„ zweiten Medialapotome . . . . die dritte „
„ kleineren Irrationale . . . . die vierte „
„ mit einem Rationalen ein mediales Ganze Gebenden . . . . die fünfte „
„ mit einem Medialen ein mediales Ganze Gebenden . . . . die sechste „

Es sind diese Sätze die umgekehrten Sätze der Sätze 92 bis 97, No. 55 bis 60; deren Formeln sind mit den hierher gehörigen dieselben. Wenn man jedesmal die zuletzt erhaltene Formel für L quadrirt, so erzieht man links das Quadrat der jedesmal potenzirenden Linie und rechts das Rectangel zwischen R und der betreffenden Irrationale.

62. Nun folgen fünf Sätze (Satz 104 bis 108): Jede Linie, welche in Länge commensurabel ist irgend einer der hier genannten Apotomen ist auch dieselbe Apotome.

Algebraisch geht die Richtigkeit der Sätze unmittelbar aus den für die Linien aufgestellten Formeln hervor: die ersten 6 Formeln sind in No. 46 zusammengestellt; die Apotomen der 6 Ordnungen sind:

Die erste Apotome ist $A - A\sqrt{\frac{n^2-m^2}{n^2}}$

Die zweite „ „ $A\sqrt{\frac{n^2}{n^2-m^2}} - A$

Die dritte „ „ $A\sqrt{\frac{n^2}{p}} - A\sqrt{\frac{n^2-m^2}{p}}$

Die vierte „ „ $A - A\sqrt{\frac{n}{n+m}}$

Die fünfte „ „ $A\sqrt{\frac{n^2+m^2}{n^2}} - A$

Die sechste „ „ $A\sqrt{\frac{n}{m}} - A\sqrt{\frac{p}{m}}$

Bei der wesentlichen Verschiedenheit der Form jeder einzelnen Linie von jeder aller übrigen sind die vorstehenden Sätze unmittelbar als richtig anzuerkennen.

Die Beweise Euklids sind algebraisch ausgedrückt folgende.

I. Es sei $A\sqrt{n} - A\sqrt{m}$ die Apotome; hieran fügt sich (nach No. 47) die Linie $A\sqrt{m}$, die Ganze wird $A\sqrt{n}$ und $A\sqrt{n}$ mit $A\sqrt{m}$ sind $\cup$. Ist nun $C - D \cap A\sqrt{n} - A\sqrt{m}$ so soll $C - D$ eine Apotome mit $A\sqrt{n} - A\sqrt{m}$ von derselben Ordnung sein, also $C \cup D$.

Mache

$A\sqrt{n} - A\sqrt{m} : C - D = A\sqrt{n} : D$

so ist auch $A\sqrt{n} : C = A\sqrt{n} - A\sqrt{m} : C - D$

Nun folgt aus $C - D \cap A\sqrt{n} - A\sqrt{m}$

$C \cap A\sqrt{n}$ und $D \cap A\sqrt{m}$

Da nun A rational und $A\sqrt{n} \cup A$ so ist auch C rational und $D \cup C$, folglich ist $C - D$ eine Apotome.

Ist $A\sqrt{n} - A\sqrt{m}$ die erste oder zweite oder dritte Apotome, so daß im ersten Fall n, im zweiten $m = 1$ oder eine Quadratzahl, im dritten Fall weder n noch m eine Quadratzahl ist, so ist in allen 3 Fällen $(A\sqrt{n})^2 - (A\sqrt{m})^2 = (E\sqrt{n})^2$, nämlich $E\sqrt{n} \cap A\sqrt{n}$. Ist $A\sqrt{n} - A\sqrt{m}$ die vierte, oder fünfte oder sechste Apotome, so finden dieselben 3 Fälle statt und $(A\sqrt{n})^2 - (A\sqrt{m})^2 = (E\sqrt{p})^2$ nämlich $(A\sqrt{n}) \cup E\sqrt{p}$.

Da nun in allen Fällen die Linie $C \cap$ der Linie $A\sqrt{n}$, so ist sie in allen 6 Fällen = einer Linie $F\sqrt{n}$, desgleichen ist D in allen sechs Fällen = einer Linie $G\sqrt{m}$. Demnach sind in den ersten 3 Fällen $C^2 - D^2 = (H\sqrt{n})^2$ und in den letzten 3

Fällen $=(J\sqrt{p})^2$. Mithin in jedem einzelnen Fall eine Apotome derselben Ordnung.

II. Ist gegeben die erste Medialapotome also von der Form $A\sqrt[4]{mn} - A\sqrt[4]{\frac{n^3}{m}}$ und $\cap$ einer Linie $C - D$, so ist $C \cap A\sqrt[4]{mn}$ und $D \cap A\sqrt[4]{\frac{n^3}{m}}$. Nun erweist Euklid durch Proportionen, daß C die Form haben muß $E\sqrt[4]{mn}$ und D die Form $F\sqrt[4]{\frac{n^3}{m}}$, woraus hervorgeht, daß $C + D$ die erste Medialapotome ist.

III. Dieselbe Form und derselbe Gang des Beweises findet für alle übrigen dahin gehörigen Rationallinien statt.

63. Wird von einem Rationalen (AR) ein Mediales ($RA\sqrt{n}$) weggenommmen, so wird die den Rest $RA(1 - \sqrt{n})$ potenzirende eine der beiden Irrationallinien, entweder die Apotome oder die kleinere Irrationale (Satz 109)

Es ist $A \cap R$, $A\sqrt{n} \cup A$, mithin ist nach No. 40 $A - A\sqrt{n}$ eine Apotome, an welche $A\sqrt{n}$ sich anfügt. Nun ist A rational, also nach No. 48 die Linie $A - A\sqrt{n}$ entweder die erste oder die 4te Apotome. Ist sie die erste Apotome, so ist $A^2 - A^2 n = E^2$, indem $E \cap A$ ist. Ist sie die vierte Apotome, so ist $A^2 - A^2 n = E^2 n$ indem $E\sqrt{n} \cup A$ werden muß.

Im ersten Fall, wenn also $A - A\sqrt{n}$ die erste Apotome ist, hat man nach No. 55 $\sqrt{R(A - A\sqrt{n})}$ = einer Apotome.

Im zweiten Fall, wenn also $A - A\sqrt{n}$ die vierte Apotome ist, hat man nach No. 58 $\sqrt{R(A - A\sqrt{n})}$ = einer kleineren Irrationale.

64. Wird von einem Medialen ($AR\sqrt{n}$) ein Rationales AR weggenommen, so entstehen zwei andere Irrationallinien, entweder die erste Medialapotome oder die mit einem Rationalen ein Mediales Ganze Gebende (Satz 110).

Es ist die Differenz beider Rectangel $RA\sqrt{n} - RA = R(A\sqrt{n} - A)$. Demnach ist $A\sqrt{n} \cup A$ und nach No. 40 $A\sqrt{n} - A$ eine Apotome, an die A sich fügt. Und da die angefügte A rational ist, so ist nach No. 48 die Linie entweder eine zweite oder eine fünfte Apotome.

Ist $A^2 n - A^2 = E^2 n$, indem $E\sqrt{n} \cap A\sqrt{n}$, so ist sie die zweite Apotome und man hat nach No. 56 $\sqrt{R(A\sqrt{n} - A)}$ = einer ersten Medialapotome.

Ist $A^2 n - A^2 = E^2$, indem $E \cup A\sqrt{n}$ so ist nach No. 59 $\sqrt{R(A\sqrt{n} - A)}$ = einer mit einem Rationalen ein mediales Ganze Gebende.

65. Wird von einem Medialen $RA\sqrt{n}$ ein demselben incommensurabeles Mediales $RA\sqrt{m}$ weggenommen, so entstehen die beiden übrigen Irrationallinien, entweder die zweite Medialapotome oder die mit einem Medialen ein mediales Ganze Gebende (Satz 111).

Es ist die Differenz beider Rectangel $RA\sqrt{n} - RA\sqrt{m}$, mithin $A\sqrt{n} - A\sqrt{m}$ nach No. 48 entweder die dritte oder die sechste Apotome. Ist $A^2 n - A^2 m = E^2 n$, indem $E\sqrt{n} \cap A\sqrt{n}$, so ist sie die dritte Apotome und man hat nach No. 57 $\sqrt{R(A\sqrt{n} - A\sqrt{m})}$ = einer zweiten Medialapotome. Ist $A^2 n - A^2 m = E^2 p$, indem $E\sqrt{p} \cup A\sqrt{n}$ so ist $A\sqrt{n} - A\sqrt{m}$ die sechste Apotome und man hat nach No. 60: $\sqrt{R(A\sqrt{n} - A\sqrt{m})}$ = einer mit einem Medialen ein mediales Ganze Gebende.

66. Die Apotome ist von der Binomiale unterschieden (Satz 112).

Der Beweis im Euklid ist sehr weitläufig und soll hier zusammengezogen werden. (Die in solcher Klammer [ ] stehenden beiden Buchstaben sind die Linien in Euklids Figur).

Es sei die Linie $L\,[AB]$ eine Apotome $A - A\sqrt{n}$ (1)

Ist $R\,[CD]$ eine Rationallinie, und ist

$$R \cdot C\,[CD \times DE] = (A - A\sqrt{n})^2 \qquad (2)$$

so ist nach No. 61 die Linie $C\,[DE]$ die

erste Apotome $B - B\sqrt{\frac{n^2 - m^2}{n^2}}$ (3)

und es ist $B \cap B\sqrt{\frac{n^2 - m^2}{n^2}}$ (4)

Wäre nun zugleich $L\,[AB]$ eine Binomiale $D + D\sqrt{m}$ oder für den günstigsten Fall der Uebereinstimmung $= D + D\sqrt{n}$ (5)

Dann ist $RC\,[CD \times DE] = (D + D\sqrt{n})^2$ und nach No. 31 ist $C\,[DE]$ die erste

Binomiale $E + E\sqrt{\frac{n^2 - m^2}{n^2}}$ (6)

und $E \cap E\sqrt{\frac{n^2 - m^2}{n^2}}$ (7)

Es ist also nach Gleichung 3 und 6

$$C\,[DE] = B - B\sqrt{\frac{n^2 - m^2}{n^2}}$$

$$= E + E\sqrt{\frac{n^2 - m^2}{n^2}} \qquad (8)$$

Hieraus $B - E = E\sqrt{\frac{n^2 - m^2}{n^2}} + B\sqrt{\frac{n^2 - m^2}{n^2}} = (B + E)\sqrt{\frac{n^2 - m^2}{n^2}}$ (9)

Nun ist $B \cap R$ und $E \cap R$ also auch
$B - E \cap R$ (10)

Nach Gleichung 4 und 7 aber ist

$B\sqrt{\frac{n^2 - m^2}{n^2}} \cap$ mit B, also nach Gleichung 10 auch $\cap$ mit R

und $E\sqrt{\frac{n^2 - m^2}{n^2}} \cap$ mit E, also nach Gleichung 9 auch $\cap$ mit R

Demnach auch $(B + E)\sqrt{\frac{n^2 - m^2}{n^2}} \cap$ mit R und mit $B - E$

Es kann also Gleichung 9 nicht bestehen, und folglich kann eine Linie, welche Apotome ist, nicht zugleich Binomiale sein.

67. Das dem Quadrat einer Rationallinie gleiche, an einer Binomiale entworfene Rectangel hat zur Breite eine Apotome, deren Namen den Namen der Binomiale commensurabel und in demselben Verhältnifs sind und die mit der Binomiale auch von einerlei Ordnung ist (Satz 113).

In No. 37 sind sämmtliche Binomialen und in No. 63 sämmtliche Apotomen zusammen gestellt. Man ersieht, dafs wenn das von zweien dieser Linie zu bildende Rectangel rational sein soll, eine der Binomialen die eine und eine der Bimedialen die andere Seite sein mufs.

Ist nun die Länge des Rectangels die erste Bimediale, so ist unter allen Binomialen nur die erste, welche das Rectangel rational macht nämlich

$$\left(A - A\sqrt{\frac{n^2 - m^2}{n^2}}\right)\left(A + A\frac{n^2 - m^2}{n^2}\right) = \left(\frac{m}{n}A\right)^2$$

Eben so enthält die zweite Apotome nur mit der zweiten Bimediale ein Rationales.

$$\left(A\sqrt{\frac{n^2}{n^2 - m^2}} - A\right)\left(A + A\sqrt{\frac{n^2}{n^2 - m^2}}\right) = \left(\frac{m}{n - m}A\right)^2$$

u. s. w.

68. Das dem Quadrat einer Rationallinie gleiche, an einer Apotome entworfene Rectangel hat zur Breite eine Binomiale, deren Namen den Namen der Apotome commensurabel und in demselben Verhältnifs sind, und die mit der Apotome auch von einerlei Ordnung ist (Satz 114).

Derselbe Beweis wie No. 67.

69. Jedes unter einer Apotome und einer Binomiale, deren Namen den Namen der Apotome commensurabel und proportionirt sind, enthaltene Rectangel wird von einer Rationale potenzirt (Satz 115).

Derselbe Beweis wie No. 67 und 68.

Irrationale Linien und Flächen sind solche, die gegen eine als rational angenommene Linie und Fläche kein gemeinschaftliches Maafs haben: In einem Quadrat von rationaler Seite A ist die Diagonale irrational $= A\sqrt{2}$. Das Quadrat von A ist rational, die Kreisebene vom Durchmesser A ist irrational $= \frac{1}{4}\pi A^2$.

Irrationales Verhältnifs, s. u. „Irrational".

Irrationale Zahlen, s. u. „Irrational".

Irregulär nennt man Figuren, wenn diese ungleiche Seiten und Winkel haben; Körper, wenn sie ungleiche Begrenzungsebenen, Flächenwinkel und Ecken haben; Curven, wenn deren Bildung keine Coordinatengleichung zu Grunde liegt. Irreguläre Ecken in einem Krystall s. u. „Ecken".

Isogonisch, s. v. w. gleichwinklig.

Isochronisch, s. v. w. gleichzeitig.

Isometrisches Krystallisationssystem ist das reguläre System. (Von ἴσος gleich und μετρεῖν messen, weil alle Axen gleiches Maafs haben.) S. „Axensysteme der Krystalle", pag. 260 zu Anfang.

Jahr, s. „Astronomisches Jahr und Chronologie".

Jahrbücher, s. „Astronomische Jahrbücher".

Jahreszeiten, s. „Astronomische Jahreszeiten".

Jovicentrisch ist was sich auf den Mittelpunkt des Planeten Jupiter bezieht. Was in dem Art. „Geocentrisch" von der Erde gesagt worden, gilt auch für den Jupiter, wenn man Fig. 656, pag. 148 für *E* (Erde) den Buchstaben *J* (Jupiter) und in dem Text für Erde und geocentrisch die Worte Jupiter und jovicentrisch setzt.

Jungfrau (♍) (s. „Absteigendes Zeichen mit Fig. 19) ist das sechste und letzte Himmelszeichen der nördlichen Halbkugel. Es erstreckt sich, wie jedes Zeichen auf 30 Grad Länge, und zwar vom Ende des Zeichens Löwe (60 Grad vom Sommerwendepunkt) bis zum Anfang des Zeichens Waage (90° vom Sommerwendepunkt), dem Herbstpunkt.

Juno (⚵) ist einer der 4 kleinen oberen Planeten (Planetoiden) Vesta, Juno, Ceres, Pallas, zwischen Mars und Jupiter, wurde am 1. September 1804 von Harding entdeckt. Juno ist der dritte der oberen Planeten (Mars, Vesta, Juno, Ceres u. s. w.), deren kleinste Entfernung von der Sonne ist 41, deren größte 69 Millionen Meilen, deren mittlere 55 Millionen Meilen. Sie hat daher die stärkste Excentricität von allen Planeten = 0,259875 der halben großen Axe, in Länge cc. 14 Millionen Meilen. Deren geringste Entfernung von der Erde 21, deren größte 90 Millionen Meilen; Neigung der Bahn gegen unsere Ekliptik = 13° 3′ 28″, tropische Umlaufszeit um die Sonne ist 1592,1 Tage = 4 Jahr 131,1 Tage, Länge des aufsteigenden Knotens 171° 11′ 9″, Länge des Perihels 53° 15′ 18″. Der wirkliche Durchmesser der Juno wird 300 Meilen angegeben, deren scheinbarer Durchmesser 2,4 bis 2,6 Secunden.

Jupiter (♃) ist der sechste der oberen Planeten (wird die Asträa hinzugerechnet, der siebente), der größte und uns glänzendste Planet, er übertrifft an körperlichem Inhalt und Masse alle übrigen Planeten zusammengenommen. Dessen kleinste Entfernung von der Sonne ist 102345000 Meilen, deren größte 112706000 Meilen, dessen mittlere also 107525000 Meilen; dessen Excentricität, die halbe große Axe der Bahn = 1 gesetzt, = 0,0481784 sind 5180000 Meilen. Dessen kleinster Abstand von der Erde beträgt cc. 82000000 Meilen, dessen größter Abstand cc. 133000000 Meilen. Dessen siderische Umlaufszeit (Rückkehr des J. bei seinem Umlauf um die Sonne zum nämlichen Fixstern 4332,58 Tage = 11 Jahr 314 Tage 20 Stunden 2 Minuten 7 Secunden, dessen tropische Umlaufszeit (Rückkehr zur nämlichen Nachtgleiche) nur 11 Jahr 312 Tage 20 Stunden 14 Minuten 10 Secunden. Länge des aufsteigenden Knotens 98° 25′ 36″, Länge des Perihels 11° 6′ 30″. Die Neigung seiner Bahn gegen unsere Ekliptik ist = 1° 18′ 59″. Bei seiner größten Erdnähe ist sein scheinbarer Durchmesser 45 Secunden, bei seiner größten Erdferne 30 Secunden; demnach hat der Durchmesser des J. etwa 11,23 Erddurchmesser = 19300 Meilen. Daher der Umfang seines Aequators 62700 Meilen; seine Oberfläche cc. 1200 Millionen Quadratmeilen, also etwa das 120fache der Erdoberfläche; aus seinem Volumen können cc. 1300 Erdkugeln geschnitten werden. Seine Abplattung ist sehr bedeutend: wenn sein scheinbarer Durchmesser im Aequator 38,44 Secunden beträgt, so beträgt sein Durchmesser durch die Pole 35,64 Secunden, Unterschied 2,80 Secunden, gilt eine Abplattung von $\frac{38,44}{2,80} = \frac{1}{13,73}$ mit ca. 1400 Meilen, während die Abplattung unserer Erde nur zwischen 5 und 6 Meilen beträgt. Dieser große Weltkörper macht die Umdrehung um seine Axe in 9 Stunden 56 Minuten, so daß der Jupitersaequator eine 27 mal schnellere Bewegung hat als der Erdaequator und in 1 Minute cc. 100 Meilen zurücklegt, etwa eben so viel als er in seiner Bahn zurücklegt. Seine Dichtigkeit ist etwa 4 mal geringer als die der Erde, so daß das 1300fache Volumen das nur 325fache der Erdmasse ausmacht. Aus diesem Grunde beträgt die Schwere auf der Jupitersoberfläche gegen die unserer Erde das $\frac{325}{11,23^2}$ = das 2½fache, 1 Centner Gewicht würde auf dem J. 2½ Centner betragen und ein Körper fällt dort in der ersten Secunde 2½ × 15 = 37½ pariser Fuß. Während die Schiefe unserer Ekliptik etwa 23½° beträgt ist sie beim J. kaum 3°, so daß die Sonne fast senkrecht auf der Rotationsaxe verbleibt und die Wendekreise dort nur 6° von einander entfernt sind.

Jupitersmonde, vier an der Zahl sind von Galilei entdeckt. Seine siderische Umlaufszeit macht der erste Mond in 1 Tag 18 Stunden 18 Minuten, der zweite Mond in 3 Tagen 13 Stunden 14 Minuten, der dritte Mond in 7 Tagen 3 Stunden 43 Minuten, der vierte in 16 Tagen 16 Stunden 43 Minuten. Der Abstand vom Mittelpunkt des J. der erste Mond 57300 Meilen, der zweite Mond 91100 Meilen, der dritte Mond 145300 Meilen, der vierte Mond 255600 Meilen.

Die Durchmesser der Monde sind nach Struve: der des ersten Mondes 532 Meilen, der des zweiten 477 Meilen, der des dritten 780 Meilen, der des vierten 667 Meilen.

Die Massen in Verhältniſs zur Masse des J. sind:

Die des ersten Mondes = 0,000017328
„ „ zweiten „ = 0,0000232356
„ „ dritten „ = 0,0000884972
„ „ vierten „ = 0,000042659

Inhaltsverzeichniſs und Sachregister.

Die Gegenstände als Ueberschriften der Artikel sind gesperrt gedruckt.

P.

R.

S.

T.

U.

V.

W.

Z.

Berlin, Druck von Gebr. Unger, Königl. Hofbuchdrucker.

Berichtigungen zum ersten Bande.

Pag. 51 links, Z. 7 v. u. lies ax^3 statt ax
Z. 6 v. u. lies ax^2 statt ax
„ 235 links, Z. 16 v. u. statt $naj \cdot b$ lies: $aj \cdot b$
„ 281 links, Z. 5 v. n. statt $a - a_{m-1}$ lies $a_m - a_{m-1}$
„ 288 links, Z. 11 v. u. statt 41,90556 lies: 2,90556
„ 309 Fig. 102 fehlt an dem links aufrecht stehenden Pfeil der Buchstabe Q
„ 311 links, Z. 1 v. u. statt $-(Q + Q' + Q'' + Q''' + W)$
lies: $(-Q + Q' + Q'' + Q''' + W)$
„ 327 links, Z. 9 v. u. statt $+ \frac{1}{2}(b-1)^2 + \ldots.$
lies: $+ \frac{1}{2}(b-1)^2 - \ldots.$
„ 341 rechts, Z. 3 v. u. statt AGA lies: AGF
„ 362 links, Z. 6 v. u. statt C setze: e
„ 362 rechts, Z. 19 v. u. setze hinter die Formel für e^2 die Zahl (5)
„ 363 links, Z. 9 v. o. statt $\left[1 - \frac{1}{e^{b \cdot d_s}}\right]$ lies:

$$e^2 = \frac{G}{A}\left[1 - \frac{1}{e^{b \cdot d_s}}\right]$$

„ 411 links, Z. 13 v. u. statt $e^b\, tg\, a$ lies: $e^b\, tg\, \varphi$
„ 432 rechts, Z. 3 v. u. lies 262 statt 264
Z. 12 v. u. lies 263 statt 264

Berichtigungen zum zweiten Bande.

Pag. 19. rechts, Z. 11 v. u. statt Aequator 15,054 pariser Fufs lies: Aequator 36,60385 pariser Zoll für $g = 15{,}054$ pariser Fufs.
„ 19 rechts, Z. 8 v. u. statt an den Polen 15,132 pariser Fufs lies: an den Polen 36,78382 pariser Zoll für $g = 15{,}132$ pariser Fufs.
„ 29 links, Z. 31 v. o. statt [illegible] lies: [illegible]
„ 35 links, Z. 29 v. o. statt *abc*, *abd*; lies *abc*, *abd*, *acd*;
„ 36 bis 41 statt Fig. 300, 301, 302, ... 307 lies überall:
Fig. 301, 302, 303, ... 308
„ 44 bis 46 statt Fig. 314, 315, 316 lies überall:
Fig. 315, 316, 317
„ 45 rechts, Z. 22 v. o. hinter „aufzuweisen“, schalte ein: „auf welchem die gleichen entgegengesetzten Ordinaten normal sind; sämmtliche der Axe Parallelen sind Durchmesser, die von diesen halbirten Doppelordinaten sind ∦ der in dem Endpunkt des jedesmaligen Durchmessers an die Parabel gezogenen Tangente.

Die Parabel hat keinen Mittelpunkt aufzuweisen,“.

Pag. 46 Fig. 317 fehlt in dem Durchschnittspunkt zwischen JO und dem Bogen AD der Buchstabe H

" 47 statt Fig. 314, 316, 317 lies überall:
Fig. 316, 318, 319.

" 100 links, Z. 20 v. u. statt $\angle CDG + 2\angle CDG$
lies: $\angle DCG + 2\angle CDG$

" 100 links, Z. 19 v. u. statt $2\angle DCG$ lies: $2\angle CDG$

" 139 rechts, Z. 1 v. u. statt $2 \cos \alpha$ lies: $2 \cos \beta$

" 146 links, Z. 23 v. o. statt $2\,\text{cosv}\,\alpha$ lies: $2 - \text{cosv}\,\alpha$

" 147 rechts, Z. 6 v. u. statt $(2 - \text{sinv}^2\alpha)$ lies: $(2 - \text{sinv}\,\alpha)$
5 v. u. statt $(2 - \text{cosv}^2\alpha)$ lies: $(2 - \text{cosv}\,\alpha)$

" 148 rechts, Z. 1 v. u. statt $\cot^2\alpha = \frac{1}{2}\left(1 + \frac{\cos 2\alpha}{1 - \cos 2\alpha}\right)$
lies: $\cot^2\alpha = 1 + \frac{2\cos 2\alpha}{1 - \cos 2\alpha}$

" 172 rechts, Z. 3 v. u. in der Gleichung (1) lies dy statt dx.

" 177 links, Z. 4 v. o. statt Fig. 516 lies Fig. 515
Z. 14 v. u. statt $c \sin d$ lies $b \sin d$

" 178 rechts, Z. 3 v. o. statt p lies $p - q$

" 199 rechts, Z. 12 v. o. statt Flächenstück ACV lies: Flächenstück ALV

" 202 links, Z. 19 v. o. statt Bogen LCD lies: Bogen LCO

" 213 links, Z. 6 v. u. statt $HAMLG$ lies: $HAMLS$

" 289 Z. 10 v. u. statt $\left[\frac{\partial^n y}{\partial x^n}\right]_0 \frac{x^n}{(x)}$ lies: $\left[\frac{\partial^n y}{\partial x^n}\right]_0 \frac{x^n}{(n)}$

www.ingramcontent.com/pod-product-compliance
Lightning Source LLC
Chambersburg PA
CBHW020740020526
44115CB00030B/720

9783741165788